Milbrodt / Helbig

Mathematische Methoden der Personenversicherung

1749
Walter de Gruyter
250
Berlin · New York
1999

Hartmut Milbrodt
Manfred Helbig

Mathematische Methoden der Personenversicherung

Walter de Gruyter
Berlin · New York 1999

Autoren

Hartmut Milbrodt
Mathematisches Institut
Universität zu Köln
Weyertal 86–90
50931 Köln

Manfred Helbig
Fachbereich Mathematik u. Informatik
Philipps-Universität Marburg
Hans-Meerwein-Straße, Lahnberge
35043 Marburg

1991 Mathematics Subject Classification: 62P05, 60J27, 60H05

♾ Gedruckt auf säurefreiem Papier, das die US-ANSI-Norm über Haltbarkeit erfüllt.

Die Deutsche Bibliothek – CIP-Einheitsaufnahme

Milbrodt, Hartmut:
Mathematische Methoden der Personenversicherung / Hartmut Milbrodt ; Manfred Helbig. – Berlin ; New York : de Gruyter, 1999
ISBN 3-11-014226-0

Printed in Germany.
Konvertierung von TEX-Dateien der Autoren: I. Zimmermann, Freiburg.
Druck und Bindung: Kösel GmbH & Co., Kempten.
Einbandgestaltung: Rainer Engel, Berlin.

Vorwort

Dieses Buch befaßt sich mit denjenigen Teilen der klassischen Personenversicherungsmathematik, bei denen sich das biometrische Risiko mit Hilfe von Sprungprozessen mit endlichen Zustandsräumen modellieren läßt. Das sind insbesondere die Lebensversicherungsmathematik und die Pensionsversicherungsmathematik sowie deren Randgebiete. Ausgehend von Arbeiten von Hoem und später auch von Norberg haben diese Zweige der Versicherungsmathematik, die lange Zeit als statisch und mathematisch wenig attraktiv galten, in den letzten 30 Jahren eine beachtliche Entwicklung erlebt. Mit dem vorliegenden Text greifen wir diese Entwicklung auf, um sie als Grundlage für eine geschlossene Darstellung stochastischer Modelle der Personenversicherung zu verwenden.

Wir möchten mit ihm auch den gewachsenen Anforderungen Rechnung tragen, denen sich die in der Praxis tätigen Versicherungsmathematiker (*Aktuare*) infolge der Deregulierung des europäischen Versicherungsmarktes seit 1994 und der mit ihr einhergehenden Fülle neuer Gestaltungsmöglichkeiten gegenübersehen. Einerseits weisen diese Anforderungen über die Mathematik hinaus, andererseits verlangen sie ein vertieftes Verständnis von Strukturen der Versicherungsmathematik als dauerhafte Grundlage erfolgreicher aktuarieller Arbeit.

Wir wollen also mit diesem Buch verschiedene Leserkreise ansprechen: Versicherungsmathematisch interessierten Studenten bieten wir die Gelegenheit, sich in ein wichtiges Teilgebiet der angewandten Stochastik einzuarbeiten. An mathematischer Forschung im Bereich der Personenversicherung interessierte Leser werden mit aktuellen wissenschaftlichen Fragestellungen und Methoden (etwa aus der Theorie des prospektiven Deckungskapitals) vertraut gemacht. In der Praxis stehende Versicherungsmathematiker möchten wir anregen, sich von der stochastischen Modellbildung bis hin zur rechnerischen Behandlung mit allen Stufen mathematischer Problemlösung in der Personenversicherung zu befassen. Schließlich ist es auch unser Anliegen, dem akademisch tätigen Versicherungsmathematiker einerseits und dem in der Versicherungspraxis tätigen andererseits jeweils einen „Blick über den Zaun" zu ermöglichen — in der Hoffnung, daß beide davon profitieren. Natürlich sind nicht alle Teile des Buches gleichermaßen an alle Lesergruppen gerichtet. Den einzelnen Kapiteln sind, je nach Kapitelumfang sehr ausführliche, Einleitungen vorangestellt, die im Rahmen einer Inhaltsübersicht entsprechende Informationen enthalten.

Im Mittelpunkt unserer Darstellung stehen die Modellbildung, die mathematischen Strukturen und die spartenübergreifenden begrifflichen Gemeinsamkeiten innerhalb der Personenversicherung. Wir haben bewußt vermieden, durch Aneinanderreihung einer Fülle von Einzelfällen und -problemen sowie von Rechenverfahren Praxisnähe zu suggerieren. Trotzdem enthält das Buch zahlreiche praxisnahe Beispiele, die auf der Basis einer sorgfältigen Modellbildung mit den in Deutschland üblichen und größtenteils von der Deutschen Aktuarvereinigung (DAV) bereitgestellten Rechnungsgrundlagen detailliert durchgerechnet werden. Sie zeigen exemplarisch, wie versicherungsmathematische Konzepte in ein Kalkül umgesetzt werden. Ebenso wie die Bearbeitung (eines Teiles) des umfangreichen Übungsmaterials durch den Leser sollen sie das Verständnis aktuarieller Zusammenhänge fördern und ein Gefühl dafür erzeugen, daß versicherungsmathematische Theorie und aktuarielle Praxis zwei Seiten derselben Medaille sind. Die benötigten biometrischen Rechnungsgrundlagen sind teilweise im Tabellarischen Anhang wiedergegeben und vollständig im Internet verfügbar oder mit der beigefügten Anforderungskarte auf Diskette erhältlich.

Die mehr als 270 Übungsaufgaben (davon etwa 30 über fast alle Kapitel des Buches verstreute Programmieraufgaben) sind ein integraler Bestandteil unseres Buches. Sie enthalten zusätzliche Beispiele, vertiefen gewisse theoretische Aspekte, sollen aber auch ein Gefühl für Größenordnungen und praktische Auswirkungen vermitteln, und ihre Ergebnisse finden auch im Haupttext Verwendung. Der Schwierigkeitsgrad ist außerordentlich unterschiedlich: Teilweise handelt es sich um „Einzeiler", teilweise erfordert ihre Lösung aber auch erheblichen Aufwand. Einige der Übungsaufgaben wurden den regelmäßig in den Blättern der Deutschen Gesellschaft für Versicherungsmathematik (DGVM) publizierten Berichten zu Fachprüfungen der DGVM bzw. der DAV entnommen. Die Lösung der Programmieraufgaben kann, wie im Text vorgesehen, durchweg mit Hilfe *irgendeiner* höheren Programmiersprache erfolgen (die Textformulierung hebt auf die Verwendung von *PASCAL* ab), es können aber je nach Aufgabe auch Tabellenkalkulationsprogramme wie *EXCEL* oder Softwarepakete wie *MATHEMATICA* oder *MAPLE* herangezogen werden.

Die Lektüre des Buches setzt, neben gründlichen Kenntnissen der reellen Analysis, durchgängig Kenntnisse der Wahrscheinlichkeitsrechnung, etwa im Umfang einer einsemestrigen Einführungsvorlesung in die Stochastik, voraus. Als Standardreferenzen seien hier die Bücher von Krengel (1998) und von Pfanzagl (1991) genannt. Für die Lektüre der Kapitel 1 bis 3, 5, 7 bis 9 und 11, die keinen wesentlichen Gebrauch von der Theorie stochastischer Prozesse machen, werden kaum weitere Vorkenntnisse benötigt. Die Kapitel 6 und 10 bauen auf der Theorie inhomogener Markovscher Sprungprozesse auf, die in Kapitel 4 entwickelt wird. Zusätzlich spielen in diesen drei Kapiteln multivariate Zählprozesse und einfache markierte Punktprozesse eine gewisse Rolle. Hier sind also weitergehende Vorkenntnisse der Wahrscheinlichkeitstheorie erforderlich, für die wir etwa auf Bauer (1991) oder Gänßler und Stute (1977) verweisen. Soweit die erforderlichen Hilfsmittel den dort dargestellten Stoff erheblich übersteigen, sind sie im mathematischen Anhang (Kapitel 12) zusammengestellt.

Auf die Darstellung der Mathematik der privaten Krankenversicherung haben wir hier ebenso verzichtet wie auf die Einbeziehung besonderer Formen der Lebens- oder Pensionsversicherung mit stochastischem Zins, wie etwa indexgebundener Lebensversicherungen. Da die Versicherungsleistungen in der privaten Krankenversicherung im Schadeneintrittsfalle zufallsabhängig sind, ist die Krankenversicherungsmathematik ihrer Struktur nach ein Teil der Schadenversicherungsmathematik und müßte mit Methoden der mathematischen Risikotheorie betrieben werden. Eine mathematisch befriedigende Behandlung von stochastischen Zinsmodellen *bei kontinuierlicher Zeit* hätte die benötigten Vorkenntnisse aus der Theorie stochastischer Prozesse deutlich ausgeweitet: Sie ist ohne Hilfsmittel aus der Theorie der Diffusionsprozesse und der stochastischen Analysis, wie sie etwa von Karatzas und Shreve (1997) bereitgestellt werden, nicht möglich.

Die vorliegende Monographie entstand aus Lehrveranstaltungen zur Personenversicherungsmathematik an Universitäten sowie aus Seminaren im Rahmen des Fortbildungsprogrammes der DGVM. Dementsprechend kann das Buch sowohl zur Stochastik- und Versicherungsmathematikausbildung an Hochschulen als auch zur praxisorientierten Aktuarausbildung herangezogen werden. Insgesamt entspricht sein Umfang etwa dem zweier einsemestriger, vierstündiger Vorlesungen mit zweistündigen Übungen und begleitenden Seminaren. Damit ist es für die Ausgestaltung sehr verschiedenartiger Lehrveranstaltungen verwendbar. Beispielsweise bieten sich folgende von uns erprobte Gestaltungsvarianten an:

(a) Eine an eine einführende Stochastikvorlesung anschließende vierstündige Vorlesung zur Mathematik der Lebensversicherung auf der Basis von Teilen der Kapitel 1 bis 3, 5 und 7 bis 9.

(b) Eine an eine Wahrscheinlichkeitstheorievorlesung anschließende vierstündige Vorlesung zur Mathematik der Personenversicherung auf der Basis von Teilen der Kapitel 1, 2, 4, 6, 10 und 12 sowie des Abschnittes 8 B.

(c) Ein zweisemestriger Kurs zur Personenversicherungsmathematik als Vertiefungsrichtung innerhalb der Stochastik. Dieser könnte im Anschluß an Einführungsvorlesungen zur Wahrscheinlichkeitsrechnung und -theorie aus einer vierstündigen Vorlesung zur Lebensversicherungsmathematik gemäß (a) sowie einem zeitparallelen Seminar über inhomogene Markovsche Sprungprozesse nach Kapitel 4 und Abschnitt 12 A bestehen und mit einer vierstündigen Vorlesung nach den Kapiteln 6 und 10 sowie den Abschnitten 7 D, 8 B (teilweise) und 12 B fortgesetzt werden. Ein solcher Kurs bietet Zugang auch zu anspruchsvoller Originalliteratur im Bereich der Personenversicherung und ist damit eine Grundlage für wissenschaftliche Arbeit in diesem Gebiet.

(d) Eine zweistündige Spezialvorlesung über inhomogene Markovsche Sprungprozesse nach Kapitel 4 und Abschnitt 12 A. Diese Vorlesung müßte keinen Bezug zur Versicherungsmathematik besitzen.

Bei der Verwendung des Buches zur (nachuniversitären) praxisorientierten Aktuarausbildung können die Kapitel 1, 2 und 12 entfallen und die Kapitel 4, 6 und 10 gekürzt werden. Dabei sind stärkere Kürzungen möglich, falls nicht auf Themen aus der Pensionsversicherung eingegangen wird. Dagegen sollten die Kapitel 7 und 11 intensive Berücksichtigung finden. Auch können die inhaltlichen Schwerpunkte hin zu Beispielen und Übungen verlagert werden. Die Kapiteleinleitungen enthalten zum Teil entsprechende Hinweise.

Dieses Buch verdankt sein Zustandekommen nicht unmaßgeblich der von uns erfahrenen umfangreichen Unterstützung sowie den guten Arbeitsbedingungen am Mathematischen Institut und am Institut für Versicherungswissenschaft an der Universität zu Köln. Wir danken den Kollegen Reinhard Höpfner (Paderborn), Enno Mammen (Heidelberg), Walter Olbricht (Bayreuth), Ulrich Orbanz (Köln), Raimund Rhiel (München), Klaus D. Schmidt (Dresden) und Wolfgang Wefelmeyer (Siegen) für Anregungen, Korrekturen und Literaturhinweise, insbesondere zu den Kapiteln 1, 3, 4, 8, 11 und 12. Daneben danken wir den mit diesem Buch befaßten Mitarbeitern des Mathematischen Instituts der Universität zu Köln: Holger Drees, der neben den Abbildungen zahlreiche Anregungen und Berichtigungen zu allen Teilen des Buches beigesteuert und Kapitel 3 maßgeblich mitgestaltet hat, Andrea Stracke, die — teilweise im Rahmen ihrer Dissertation — wesentliche Beiträge zu den Kapiteln 9 und 10 geleistet hat und Norbert Newe für Anregungen, Korrekturen und seine Beteiligung an der redaktionellen Arbeit. In die Gestaltung der Übungsaufgaben sind zahlreiche Verbesserungsvorschläge von studentischen Hilfskräften am Mathematischen Institut der Universität zu Köln eingegangen; erwähnen möchten wir hier Ilka Krüger, Beate Maas, Frank Rastbichler und Vera Schlüter. Unser besonderer Dank gilt dem Verein der Freunde und Förderer des Instituts für Versicherungswissenschaft an der Universität zu Köln, der die Zusammenarbeit mit Andrea Stracke finanzierte und durch seine Unterstützung des Kölner Versicherungsmathematischen Kolloquiums die Einladung vieler interessanter Gesprächspartner ermöglichte. Schließlich danken wir Elke Lorenz für ihre Mühe und Sorgfalt beim Schreiben der TeX-Fassung des Manuskriptes.

Wir hoffen, daß das Werk durch den unterschiedlichen beruflichen Erfahrungshintergrund der Autoren gewonnen hat, und wünschen uns, daß es von unseren Kollegen an Universitäten und in der Versicherungswirtschaft als ein Beitrag zur weiteren Integration von Theorie und Praxis der Personenversicherungsmathematik empfunden wird.

Köln und Marburg, im März 1999 Hartmut Milbrodt, Manfred Helbig

Inhaltsverzeichnis

Kapitel 1
Versicherungsmathematik: Teil der Versicherungswissenschaft

Die Versicherungsmathematik ist sowohl ein Teilgebiet der Angewandten Mathematik, präziser: der angewandten Stochastik, als auch ein Teil der Versicherungswissenschaft. Demzufolge muß sie mit einem gewissen Verständnis ihres außermathematischen Umfeldes betrieben werden. Obwohl es natürlich nicht Aufgabe eines versicherungs*mathematischen* Lehrbuches sein kann, dieses Umfeld umfassend darzustellen, bemühen wir uns, den Leser mit einer diesbezüglichen Minimalorientierung auszustatten und sein Interesse für das Versicherungsgeschehen und die interdisziplinäre Versicherungswissenschaft als Ganzes zu wecken. Gelegentlich appellieren die Ausführungen dieses Kapitels an ein gewisses intuitives Vorverständnis von Sachverhalten aus dem Versicherungswesen. In späteren Kapiteln wird darauf nicht zurückgegriffen.

Abschnitt A ist der Klärung des Versicherungsbegriffes aus ökonomischer und aus juristischer Sicht und seiner inhaltlichen Untergliederung gewidmet.

Abschnitt B befaßt sich mit der Einordnung der Versicherungsmathematik im Rahmen der Versicherungswissenschaft und im Rahmen der Mathematik sowie mit einigen Aspekten ihrer historischen Entwicklung. Wie in Abschnitt A haben wir uns hier teilweise an einige Beiträge des von Farny et al. (1988) herausgegebenen Handwörterbuches der Versicherung angelehnt, welches für eine allgemeine Orientierung über die Versicherungswissenschaft trotz der seither stark veränderten Rahmenbedingungen nach wie vor sehr zu empfehlen ist. Eine weitere wichtige Quelle, insbesondere zum betriebswirtschaftswissenschaftlichen Umfeld der Versicherungsmathematik, ist Farny (1995).

Abschnitt C führt exemplarisch in Grundlagen des internationalen versicherungsmathematischen Bezeichnungsstandards ein.

A Was ist Versicherung?

Je nach Position des Fragenden im Versicherungsgeschehen fällt die Antwort unterschiedlich aus: Aus der Sicht des Versicherungsnehmers (VN) ist Versicherung primär ein Mittel seiner individuellen Risikopolitik, aus der des Versicherers (VR) ein Schutzversprechen als produziertes Wirtschaftsgut, und aus gemeinsamer Sicht handelt es sich um einen finanziellen Risikotransfer vom VN auf den VR gegen Entgeltzahlung (nach Farny, 1988, Abschnitt V).

Jedenfalls ist Versicherung ein ökonomisches, ein juristisches und ein mathematisches Phänomen. Aus ökonomischer Sicht steht natürlich das Versicherungsgeschäft im Vordergrund und damit die Antwort auf die Frage „*Warum* Versicherung?". Aus juristischer Sicht stehen der Versicherungsvertrag und die Vertragspartner (VN und VR) im Mittelpunkt, also Antworten auf die Fragen, *wer* ein Versicherungsgeschäft abschließt und *was* es beinhaltet. Der Versicherungskalkül, der dem VR Aufschluß darüber gibt, *wie* ein Versicherungsgeschäft inhaltlich auszugestalten ist, ist primär ein mathematisches Problem. Diese Ausführungen zeigen, daß die Versicherungswissenschaft notwendigerweise interdisziplinär ist. Zu den genannten drei Komponenten kommen dabei nachrangig von Fall zu Fall andere hinzu, etwa

- medizinische (in der Personenversicherung),
- technische (in der Sachversicherung)

und viele andere mehr.

Dem interdisziplinären Charakter der Versicherungswissenschaft entsprechend, gibt es verschiedene Definitionen von Versicherung. Die folgende ökonomische Definition zitieren wir aus Farny (1988, p. 870).

1.1 Definition. „Versicherung ist die Deckung eines im einzelnen ungewissen, insgesamt geschätzten Mittelbedarfs auf der Grundlage des Risikoausgleichs im Kollektiv und in der Zeit."

Zum Vergleich zitieren wir nachstehend eine juristische Definition aus Prölss et al. (1997, p. 144).

1.2 Definition. „Versicherungsgeschäfte betreibt, wer, ohne daß ein innerer Zusammenhang mit einem Rechtsgeschäft anderer Art besteht, gegen Entgelt verpflichtet ist, ein wirtschaftliches Risiko dergestalt zu übernehmen, daß er

(a) anderen vermögenswerte Leistungen zu erbringen hat, wenn sich eine für deren wirtschaftliche Verhältnisse nachteilige, ihrem Eintritt nach ungewisse Tatsache ereignet, um die dadurch verursachten Nachteile auszugleichen, oder

(b) anderen vermögenswerte Leistungen zu erbringen hat, wobei es von der Dauer des menschlichen Lebens oder dem Eintritt oder Nichteintritt einer Tatsache im Lauf des menschlichen Lebens abhängt, ob oder wann oder in welchem Umfang zu leisten oder wie hoch das Entgelt ist, sofern der Risikoübernahme eine Kalkulation zugrunde liegt, wonach die dazu erforderlichen Mittel ganz oder im wesentlichen durch die Gesamtheit der Entgelte aufgebracht werden.“

Aus beiden Definitionen zusammen ergeben sich drei Hauptmerkmale des Versicherungsgeschäftes:

- die Finanzierung aus den Entgelten,
- die Ungewißheit hinsichtlich des versicherten Ereignisses,
- Risikokalkulation und Risikoausgleich.

Letzteres, insbesondere der Risikoausgleich im Kollektiv, grenzt Versicherungsgeschäfte gegen Bankgeschäfte ab. Im Zeitalter der neuen Finanzinstrumente und -produkte (Derivate, Futures, ...) wird diese Abgrenzung allerdings zunehmend unschärfer. Die Ungewißheit hinsichtlich des versicherten Ereignisses kann bestehen in Bezug auf die Tatsache seines Eintrittes, den Zeitpunkt des Eintrittes oder in Bezug auf seine Qualität (Art, Ausmaß). Beispielsweise ist der menschliche Tod ein sicheres Ereignis, dessen Zeitpunkt i.a. nicht feststeht; der Eintritt eines Feuerschadens ist ungewiß, seine Höhe im Falle des Eintrittes ist ebenfalls a priori unbestimmt. Diese zufälligen Momente sind maßgeblich dafür, daß die Stochastik, also die mathematische Theorie des Zufalls, mit ihren Teildisziplinen Wahrscheinlichkeitstheorie und Statistik, die Basis der Versicherungsmathematik und der mathematischen Risikotheorie bildet.

Das folgende Schema gibt eine grobe Übersicht über die Rolle des Zufalls bei Leistungshöhe und Fälligkeit von Versicherungen. Die Rolle des Zufalls bei der Prämienzahlung bleibt unberücksichtigt. Bei der temporären (befristeten) Todesfallversicherung (Risikolebensversicherung) wird bei Tod innerhalb der Vertragslaufzeit eine in der Regel todeszeitunabhängige Versicherungssumme fällig, bei der reinen Erlebensfallversicherung wird die Versicherungssumme fällig bei Erleben des Vertragsablaufs und bei der Gemischten Kapitalversicherung bei Tod innerhalb der Vertragslaufzeit oder bei Erleben des Ablaufs. Bei der Versicherung auf festen Termin ist ein fester Betrag zu einem festen Zeitpunkt unabhängig vom Erleben zu zahlen, nur die Prämienzahlungsdauer ist zufällig. Bei der Feuerversicherung wird im Schadensfalle in Abhängigkeit von der zufälligen Schadenshöhe geleistet. Fondsgebundene Gemischte Kapitalversicherungen können so gestaltet werden, daß die Leistung sowohl bei Tod innerhalb der Vertragslaufzeit als auch bei Erleben des Ablaufs in Investmentfondsanteilen definiert wird. Bei Stop-Loss-Rückversicherungen übernimmt der Rückversicherer am Jahresende, also zu einem festen Vertragszeitpunkt, den (zufälligen) Teil des Jahresgesamtschadens aus einem *Portefeuille* (einer Gesamtheit von Risiken) eines Erstversicherers, der über die Priorität, also den Selbstbehalt des Erstversicherers, hinausgeht. Dies erinnert an die Situation bei europäischen Optionen, deren Fälligkeitszeitpunkt (Ausübungstermin) fest ist und deren „Leistung“ (die positive Differenz aus dem aktuellen Kurs des zugrunde liegenden Wertpapieres und dem Ausübungspreis) zufällig ist. Bei der Quotenrückversicherung übernimmt der Rückversicherer am Jahresende einen festen Anteil des zufälligen Gesamtschadens aus einem Erstversicherungsportefeuille. Je nach Art des rückversicherten Portefeuilles kann dabei a priori feststehen, daß der Gesamtschaden strikt positiv ist.

	Versichertes Ereignis		
Leistung	Eintritt	Zeitpunkt	Beispiel
fest	zufällig	zufällig	temporäre Risikolebensversicherung
fest	zufällig	fest	reine Erlebensfallversicherung
fest	sicher	zufällig	Gemischte Kapitalversicherung
fest	sicher	fest	Versicherung auf festen Termin
zufällig	zufällig	zufällig	Feuerversicherung
zufällig	sicher	zufällig	Fondsgebundene Gemischte Kapitalversicherung
zufällig	zufällig	fest	Stop-Loss-Rückversicherung
zufällig	sicher	fest	Quotenrückversicherung

Versicherungsunternehmen (VU) treten in Deutschland historisch bedingt in drei Rechtsformen auf: als öffentlich-rechtliche Versicherer, als Versicherungsvereine auf Gegenseitigkeit (VVaG) und als Aktiengesellschaften (AG). Für den VN ist die Rechtsform seines Vertragspartners kaum von Bedeutung.

Neben den allgemeinen Rechtsvorschriften, zum Beispiel des Bürgerlichen Gesetzbuches (BGB), des Handelsgesetzbuches (HGB), des Steuerrechts usw., die natürlich auch für VU gelten, unterliegt die Versicherungswirtschaft besonderen Rechtsvorschriften, die im Versicherungsaufsichtsgesetz (VAG) aus dem Jahre 1901 und dem Versicherungsvertragsgesetz (VVG) aus dem Jahre 1908 fixiert sind. Das VVG als Teil des Zivilrechts regelt die Beziehungen zwischen VN und VU. Das VAG ist Bestandteil des öffentlichen Rechts. Hier ist u. a. die staatliche Aufsicht durch das Bundesaufsichtsamt für das Versicherungswesen (BAV) in Berlin geregelt, dessen Vorgängerinstitution 1901 gegründet wurde. Auch die Aufgaben und die Rechtsstellung verantwortlicher Versicherungsmathematiker (Aktuare) sind hier seit 1994 geregelt.

In der Praxis gibt es verschiedene, nebeneinander gebräuchliche Einteilungsprinzipien für Versicherungsformen. Sie sind historisch gewachsen und bilden daher kein geschlossenes System. Die folgende Darstellung lehnt sich an Koch (1988b), pp. 1252, 1253 an. Als Einteilungsprinzipien kommen grundsätzlich in Frage:

- der versicherte Gegenstand,
- die Art der Versicherungsleistung und
- die versicherte Gefahr (Risikoart).

Die Einteilung nach dem versicherten Gegenstand führt zur Unterscheidung von *Personenversicherung*, *Sachversicherung* und *Vermögensversicherung*. Letztere bezieht sich auf das Vermögen als Ganzes; ein Beispiel ist die Haftpflichtversicherung, die vermögensmindernde Schadenersatzverpflichtungen versichert. Die Einteilung nach der Art der Versicherungsleistung findet sich im VVG. Sie führt zur Unterscheidung zwischen *Summenversicherungen* und *Schadenversicherungen*. „Bei der Summenversicherung sind die Versicherungsleistungen als ein fester Geldbetrag vereinbart, der nach Eintritt des Versicherungsfalles ohne Nachweis eines konkreten Schadens gezahlt wird.“ (Farny, 1995, p. 328) Die Höhe der Versicherungsleistung kann trotzdem zufallsabhängig sein, wie die Beispiele einer Todesfallversicherung mit todeszeitabhängiger Versicherungssumme oder einer Krankentagegeldversicherung (bei der zwar die Versicherungssumme pro Krankheitstag nicht aber die Krankheitsdauer festliegt) zeigen. Summenversicherungen sind fast stets Personenversicherungen. Bei Schadenversicherungen sind vertragsgemäß eingetretene Vermögens-, Personen- und Sachschäden (teilweise) zu ersetzen, und dies naturgemäß in a priori unbekannter (eventuell aber limitierter) Höhe. Das älteste Klassifikationsprinzip ist die Einteilung von Versicherungszweigen nach Risikoart und versicherter Gefahr, welches zum Beispiel im VAG Verwendung findet. Dazu vergleiche man auch die Beispiele 1.3 und Aufgabe 1.

Die Begriffe „Versicherungszweig“ und „Versicherungssparte“ (ähnlich auch „Versicherungsbranche“) werden hier näherungsweise synonym gebraucht. Sie werden weiter unterteilt in Versicherungsarten, die sowohl nach dem versicherten Gegenstand als auch nach der versicherten Gefahr bezeichnet sein können.

Die Bildung von Versicherungszweigen bzw. -sparten ist u. a. für die Kalkulation von risikogerechten Prämien, für die Vertragsverwaltung und für die Ergebnisermittlung im Rahmen der Rechnungslegung von VR von großer Wichtigkeit. Die Abgrenzung zwischen verschiedenen Versicherungszweigen und -sparten ist in gewissem Ausmaß willkürlich und auch international uneinheitlich.

1.3 Beispiele. Einige wichtige Versicherungszweige und *-arten* in Deutschland (für eine systematische Darstellung siehe Abschnitt 3312 von Farny, 1995):

- Einbruchdiebstahl- und Beraubungsversicherung,
- Gebäudeversicherung: *Feuerversicherung, Glasversicherung, Hagelversicherung, Sturmversicherung,*
- Haftpflichtversicherung: *Berufshaftpflichtversicherung, Betriebshaftpflichtversicherung, Kraftverkehrshaftpflichtversicherung, Privathaftpflichtversicherung,*
- Hausratversicherung,
- Kraftverkehrsversicherung: *Insassen-Unfallversicherung, Kraftfahrzeug(Kasko-)versicherung, Kraftverkehrshaftpflichtversicherung,*
- Krankenversicherung, privat: *Krankheitskostenversicherung, Pflegekostenversicherung, Krankentagegeldversicherung, Krankenhaustagegeldversicherung,*
- Lebensversicherung: *Erlebensfallversicherung, Gemischte Kapitalversicherung, Pensions- und Altersrentenversicherung, Pflegerentenversicherung, Todesfallversicherung (Risikolebensversicherung),*
- Technische Versicherungen: *Maschinenversicherung, Elektronikversicherung,*
- Transportversicherung (als Allgefahrendeckung für Transportmittel und -güter),
- Unfallversicherung,

- Sonderformen: Captive-Versicherung (Selbstversicherung von Unternehmen), Rückversicherung.

Auch nach der Novellierung des VAG im Zusammenhang mit der Errichtung des europäischen Binnenmarktes 1994 bleibt das Spartentrennungsgebot in abgeschwächter Form von Bedeutung: Das Versicherungsgeschäft in der Lebensversicherung ist *EU-weit* zur Vermeidung von „Risikotransfer" zwischen den Sparten getrennt von allen anderen Sparten zu betreiben. Die Dritte Richtlinie Schadenversicherung der EU-Kommision (siehe Prölss et al. (1997), pp. 1335 bis 1366) spezifiziert die private Krankenversicherung als Schadenversicherung. *In Deutschland* gilt für sie, da sie hier auch substitutiv (d. h. als Ersatz für die gesetzliche Krankenversicherung) betrieben wird, ebenfalls das Spartentrennungsgebot. Ein bedingtes Spartentrennungsgebot, das die rechtlich selbständige Schadenabwicklung vorschreibt, gilt für die Rechtsschutzversicherung.

B Aufgaben und Modelle der Versicherungsmathematik

Die *Versicherungsmathematik* behandelt mathematische Modelle und Methoden, die quantifizierbare Sachverhalte des Versicherungswesens beschreiben oder erklären oder mit deren Hilfe Entscheidungsprobleme der Versicherungswirtschaft gelöst werden (nach Helten, 1988, p. 1077).

Bei der Einteilung der Versicherungsmathematik nach Sachgebieten unterscheidet man

- Personenversicherungsmathematik,
- Schadenversicherungsmathematik (international firmiert dieses Teilgebiet unter der Abkürzung ASTIN, *A*ctuarial *ST*udies *I*n *N*on-life insurance),
- Finanzmathematik (AFIR, *A*ctuarial approach for *FI*nancial *R*isk), die u. a. im Hinblick auf die Steuerung von Kapitalanlagen der VU und deren Abstimmung mit den Leistungsverpflichtungen eine wachsende Rolle spielt.

Diese Einteilung ist weder vollständig noch überlappungsfrei: Der erste Punkt korrespondiert zu der Einteilung von Versicherungsformen nach dem versicherten Gegenstand, der zweite zu der Einteilung nach der Art der Versicherungsleistung. Entsprechend gliedert man in der Personenversicherungsmathematik weiter nach Versicherungszweigen auf: Krankenversicherungsmathematik, Lebensversicherungsmathematik, Pensionsversicherungsmathematik, ... Allerdings gibt es hier sehr unterschiedliche Konventionen. Gelegentlich werden die Begriffe „Personenversicherungsmathematik" und „Lebensversicherungsmathematik" synonym im Sinne des ersteren gebraucht (dies ist insbesondere in der angelsächsischen Literatur der Fall), oder „Lebensversicherungsmathematik" wird als eine Sammelbezeichnung für die Personenversicherungsmathematik unter Ausschluß der Krankenversicherungsmathematik verwendet. Uns erscheint es am schlüssigsten, unter „Lebensversicherungsmathematik" denjenigen Teil der Personenversicherungsmathematik zu verstehen, dem ausschließlich das Erlebensfallrisiko oder das Todesfallrisiko (eventuell aufgegliedert nach Todesursachen) für eine oder mehrere Leben zugrunde liegen. Die Aufgliederung der Schadenversicherungsmathematik nach Versicherungszweigen („Feuerversicherungsmathematik", „Hagelversicherungsmathematik", ...) ist unüblich.

Entsprechend der Definition 1.1 besteht die Hauptaufgabe der Versicherungsmathematik in der Bereitstellung von Kalkülen, deren Anwendung durch einen VR einen Risikoausgleich zwischen den VN und in der Zeit erlaubt. Dazu gehören (ganz oder teilweise) die

- mathematische Beschreibung des versicherten Risikos bis hin zur statistisch gesicherten Erstellung von Rechnungsgrundlagen (Schätzung und Vertafelung von Ausscheide- und Übergangswahrscheinlichkeiten),
- Tarifierung und Prämienkalkulation (Identifikation von Schadeneinflußgrößen und Bereitstellung von Tarifierungsmerkmalen, Berechnung von Barwerten, Nettoprämien, Kosten, Deckungskapitalien, ...),
- versicherungstechnische Analyse (Überschußermittlung, Überschußzerlegung nach Ursachen, Renditeberechnungen, Controlling, ...),
- Risikoteilung VN – VR – Rück-VR (Modellierung des Einflusses, den Risikoweitergabe und Selbstbeteiligungen auf Schadenzahlen und -höhen sowie den Gesamtschaden in den Portefeuilles der beteiligten VR haben, ...),
- Berechnung von Rückstellungen für die Schadenabwicklung, von Schwankungsrückstellungen und Sicherheitsreserven (beispielsweise Solvabilitätsüberlegungen),
- Überlegungen zur Beschreibung des Zinsrisikos und zur Steuerung von Kapitalanlagen.

In diese Probleme spielen vielfach außermathematische Überlegungen, zum Beispiel betriebswirtschaftlicher oder steuerlicher Natur, hinein. Versicherungsmathematiker bzw. Aktuare sind folglich nicht nur „Produktentwickler" im Versicherungswesen, sondern wesentlich (mit-)verantwortlich für viele Belange des VR. Dieses Buch beschränkt sich auf die Behandlung von Fragestellungen, die unter die drei erstgenannten Aufgabengruppen fallen, ohne diesbezüglich erschöpfend zu sein.

Die folgende tabellarische Übersicht über die historische Entwicklung der Versicherungsmathematik mit Schwerpunkt im Bereich der Lebensversicherung und auf der Zeit bis etwa 1900 erhebt keinerlei Anspruch auf Vollständigkeit. Sie soll vielmehr exemplarisch auf die Zusammenhänge zur Entwicklung der Demographie, der Statistik und ganz allgemein zur Entwicklung der Stochastik hinweisen. Die vielfältigen gesellschaftlichen und ökonomischen Einflüsse auf die Entwicklung des Versicherungswesens und damit auch auf die der Versicherungsmathematik können hier natürlich nur ganz am Rande Erwähnung finden. Um eine kritische Distanz wahren zu können, wurde die jüngere Vergangenheit nicht berücksichtigt. Den historisch interessierten Leser verweisen wir u. a. auf Braun (1963), Haberman und Sibbett (1995), Hald (1987), Koch (1988a, 1998), Seal (1977) und Sheynin (1977).

1.4 Übersicht. Zur Geschichte der Versicherungsmathematik

≈ 200 n. Chr.	Praefectus praetorio *D. Ulpianus:* Erste bekannte römische Bevölkerungstafel, Prognose der zukünftigen Lebensdauer in Abhängigkeit vom Alter (Interpretation nicht völlig klar).
1308	Ältester bekannter Leibrentenvertrag, zwischen dem Erzbischof von Köln und dem Kloster St. Denis bei Paris.
1489	*J. Widman: Behende und hubsche Rechenung auff allen kauffmannschafft.* „Rechenbuch", mit Zinsrechnung.
1583	*W. Gybbons* unterzeichnet in London den ersten bekannten Lebensversicherungsvertrag der Welt (einen Wettvertrag): Auszahlung von 400 Pfund bei Tod binnen eines Jahres (Einmalprämie 30 Pfund).
1585	*S. Stevin: Practique d'Arithmétique.* Zinstafel, Tabelle von Endwerten von Zeitrenten in Abhängigkeit von der Laufzeit.
1624	*H. Briggs: Arithmetica logarithmica.* Logarithmentafel. Zinsrechnung mittels Logarithmen.
1657	*C. Huygens: De Ratiociniis in Aleae Ludo.* Definition des Erwartungswertes einer einfachen Zufallsvariablen in der Sprache des Glücksspiels.
1662	*J. Graunt: Natural and political observations made upon the bills of mortality.* Grundlagen der Deskriptiven Statistik und der Demographie; Erstellung einer Sterbetafel (teilweise geraten, teilweise auf der Basis der Londoner Todesregister, „bills of mortality"). Anregung durch *W. Petty.*
1669	*C. und L. Huygens:* Briefwechsel. Berechnung von Erwartungswert und Median der zukünftigen Lebensdauer mit Benutzung von Graunts Sterbetafel (mittlere und wahrscheinliche Lebenserwartung); Berechnung dieser Größen für verbundene Leben und für Personengruppen, die beim letzten Tod erlöschen.
1670	Kampener „Kommunaltontine", entsprechend einer Idee von *L. Tonti,* gestaltet als Rentenanleihe.
1671	*J. de Witt: Waerdye van Lyf-Renten Naer proportie van Los-Renten* sowie ein Briefwechsel mit dem Bürgermeister von Amsterdam, *J. Hudde.* Berechnung von Einmalprämien für Leibrenten auf der Basis einer Mischung aus empirisch gefundener Sterbetafel und Sterbegesetz (berechnet mittels des Histogramms der Sterbealter). Barwerte bei verbundenen Leben. „Rechnungsgrundlagen erster Ordnung" (Selektionsgewinne, Sterblichkeitsgewinne, . . .). Zweck: Armeefinanzierung aus Prämieneinnahmen (Niederländisch-Französischer Krieg).
≈ 1680	*J. Hudde:* Bestimmung einer Ausscheideordnung für Leibrentner der Stadt Amsterdam, 1586 bis 1590.
1693	*E. Halley: An estimate of the degrees of mortality of mankind, drawn from curious tables of the births and the funerals at the city of Breslaw; with an attempt to ascertain the price of annuities upon lives.*

	Konstruktion einer Sterbetafel (nach Aufzeichnungen von C. Neumann über die Todesfälle 1687 bis 1691 in Breslau, aufgeschlüsselt nach Alter und Geschlecht). Darstellung von Leibrentenbarwerten mittels der Überlebenswahrscheinlichkeiten; Tabellierung von Leibrentenbarwerten bei einem und bei mehreren verbundenen Leben in Abhängigkeit vom Alter.
1706	Gründung der *Amicable Society*, der ersten Lebensversicherungsgesellschaft der Welt, in London.
1709	*N. Bernoulli: De usu artis conjectandi in jure.* Publikation von Ideen ähnlich denen der Huygens, 1669.
1713	*J. Bernoulli:* Schwaches Gesetz der großen Zahlen für Binomialverteilungen.
1718, 1812	*A. de Moivre, P.S. Laplace:* Zentraler Grenzwertsatz für Binomialverteilungen.
1725	*A. de Moivre: Annuities upon Lives.* Erstes Lehrbuch der Lebensversicherungsmathematik; Sterbegesetz als Approximation von Halleys Sterbetafel, Rekursionsformeln für Leibrentenbarwerte.
1741	*J.P. Süssmilch: Die Göttliche Ordnung in den Veränderungen des menschlichen Geschlechts, aus der Geburt, dem Tode und der Fortpflanzung desselben.* Sterbetafel für Deutschland, mehr als 100 Jahre im Gebrauch.
1755	*J. Dodson: The Mathematical Repository.* Lebensversicherung gegen laufende konstante Prämien, Deckungskapital.
1762	*Deed of settlement* (Gründungsurkunde) der *Society for Equitable Assurances on Lives and Survivorships*: Wahl des auf Dodson zurückgehenden Begriffes „*Actuary*" (Aktuar) als Berufsbezeichnung des Versicherungsmathematikers.
1765	*D. Bernoulli: Essai d'une nouvelle analyse de la mortalité causée par la petite vérole, et des avantages de l'inoculation pour la prévenir.* Zusammengesetzte Ausscheideordnung mit den Ausscheideursachen „Tod ohne vorherige Pockenerkrankung" und „Ausscheiden durch Pockenerkrankung"; Aufstellung einer ersten Ausscheidetafel mit (diesen) zwei Ausscheideursachen (ausgehend von Halleys Sterbetafel).
1767, 1776	*L. Euler: Recherches générales sur la mortalité et la multiplication du genre humain* sowie *Sur les rentes viagères* und *Eclaircissements sur les établissements publics en faveur tant des veuves que des morts avec la déscription d'une nouvelle espèce de tontine aussi favorable au public qu'utile à l'état.* Erweiterung der Halleyschen Sterbetafelkonstruktion auf den Fall einer nichtstationären Bevölkerung. Jahresnettoprämien für Leibrenten (auch rekursiv), Bruttoprämien. Beschreibung einer „kontinuierlichen" (zugangsoffenen) Tontinenversicherung.
1785/86	*N. Tetens: Einleitung zur Berechnung der Leibrenten und Anwartschaften, die vom Leben einer oder mehrerer Personen abhangen.* Erstes

	deutschsprachiges Lehrbuch der Lebensversicherungsmathematik (zweibändig); Einführung der Kommutationszahlen.
1809, 1821	*C.F. Gauß: Theoria motus* und *Theoria combinationis observationum erroribus minimis obnoxiae.* Ausgleichsrechnung und Parameterschätzung (Methode der kleinsten Quadrate), Normalverteilung als „Fehlergesetz".
1820, 1825	*B. Gompertz: A Sketch of an Analysis and Notation applicable to the Value of Life Contingencies* und *On the Nature of the Function Expressive of the Law of Human Mortality and on a New Method of Determining the Values of Life Contingencies.* Sterbegesetz (Formel für die Sterbeintensität).
1845, 1851	*C.F. Gauß:* Gutachten zur Prüfung der Professoren-Witwen- und Waisenkasse zu Göttingen (Gauß (1845, 1851), vergleiche auch Reichel (1977)).
1860, 1866	*W.M. Makeham: On the law of mortality* und *On the principles to be observed in the Construction of Mortality Tables.* Erweiterung des Gompertzschen Sterbegesetzes.
1863	*A. Zillmer: Beiträge zur Theorie der Prämienreserve bei Lebensversicherungsanstalten.* Zur Theorie des Deckungskapitals unter Einschluß von Abschlußkosten.
1864	*S. Homans: On the Equitable Distribution of Surplus.* Erste Verwendung einer Kontributionsformel für Zwecke der Überschußverteilung.
1868	*K. Hattendorff: Das Risiko bei der Lebensversicherung.* Zerlegung der Verlustvarianz einer reinen Todesfallversicherung nach Versicherungsperioden.
1869	*W.S.B. Woolhouse: On an Improved Theory of Annuities and Assurances.* Kontinuierliche Methode der Lebensversicherungsmathematik.
1871/80	Erste Allgemeine Deutsche Sterbetafel (ADSt) für das gesamte Deutsche Reichsgebiet.
1875	*A.N. Thiele:* Differentialgleichung für das prospektive Dekkungskapital einer lebenslangen Todesfallversicherung eines Lebens (unveröffentlicht).
1880	*K. Heym:* Gutachten zur Feststellung der Beitragshöhe in der gesetzlichen Sozialversicherung. Zusammen mit dem ersten Gesetzesentwurf zur Sozialversicherung 1881 dem Deutschen Reichstag vorgelegt.
1895	Gründungskongreß der IAA/AAI (International Actuarial Association/Association Actuarielle Internationale) in Brüssel.
1898	II. IAA/AAI-Kongreß. Erste internationale Standardisierung versicherungsmathematischer Bezeichnungsweisen. Die Grundprinzipien der Notation gehen zurück auf *David Jones* (1843): *On the Value of Annuities and Reversionary Payments.*
1900	*L. Bachelier: Théorie de la Spéculation.* Beginn der stochastischen Finanzmathematik in kontinuierlicher Zeit. Herleitung einer Options-

	preisformel unter Zugrundelegung einer Brownschen Bewegung für die Aktienkursentwicklung.
1901	VAG, Gründung des *Kaiserlichen Aufsichtsamtes für Privatversicherung* als Vorgängerinstitution des BAV.
1909, 1926	*F. Lundberg: Approximerad Framställning av Sannolikhetsfunktionen und Återförsäkring av Kollektivrisker* sowie *Försäkringsteknisk Riskutjämning*. Kollektive Risikotheorie und stochastische Prozesse (Schadenzahlprozesse, Gesamtschadenprozesse), Risikotheorie.
1914	*F.P. Cantelli: Genesi e costruzione delle tavole di mutualità*. „Theorie" (Satz) von Cantelli als Rechtfertigung für die Vernachlässigung der Ausscheideursache „Storno".
1914	*A.H. Mowbray: How Extensive a Payroll Exposure is necessary to give a dependable Pure Premium*. Anfänge der Erfahrungstarifierung, ausgehend von der Unfallversicherung.
1930	*H. Cramér: On the Mathematical Theory of Risk*. Fortführung der Risikotheorie und der Ruintheorie.
1964, 1967, 1970	*H. Bühlmann: Optimale Prämienstufensysteme*, *Experience, Rating and Credibility* und *Mathematical Methods in Risk Theory*. Credibility Theorie und Erfahrungstarifierung mittels Bayesmethoden; Prämienberechnungsprinzipien; umfassende Darstellung der Risikotheorie.
1969	*J. M. Hoem: Markov Chain Models in Life Insurance*. Systematische Darstellung der Lebens- und Pensionsversicherungsmathematik mit Hilfe von Markovschen Sprungprozessen mit endlichen Zustandsräumen.
1973	*F. Black, M. Scholes: The Pricing of Options and Corporate Liabilities*. Stochastische Optionspreistheorie; Martingalmethoden und stochastische Prozesse in der Finanzmathematik (Ökonomie-Nobelpreis für R.G. Merton und M. Scholes 1997).

Im Laufe der historischen Entwicklung hat sich natürlich auch das Aufgabenfeld der Versicherungsmathematiker bzw. Aktuare gewandelt und erweitert. In einem sehr bekannt gewordenen Editorial des ASTIN BULLETIN (1987) unterscheidet Bühlmann

- *Aktuare erster Art*, die deterministische Modelle und Methoden verwenden und hauptsächlich in der Personenversicherung tätig sind (zum Beispiel Huygens, Halley, Tetens und Zillmer)
- *Aktuare zweiter Art*, die stochastische Methoden für unabhängige Risiken oder Schäden verwenden und so auch die Risikotheorie und die Schadenversicherungsmathematik als Tätigkeitsfelder erschlossen haben (beispielsweise Lundberg und Cramér)
- *Aktuare dritter Art*, die mit Martingalmethoden, stochastischer Analysis und anderen Werkzeugen aus der Theorie stochastischer Prozesse in der stochastischen Finanzmathematik tätig sind (zum Beispiel Black und Scholes).

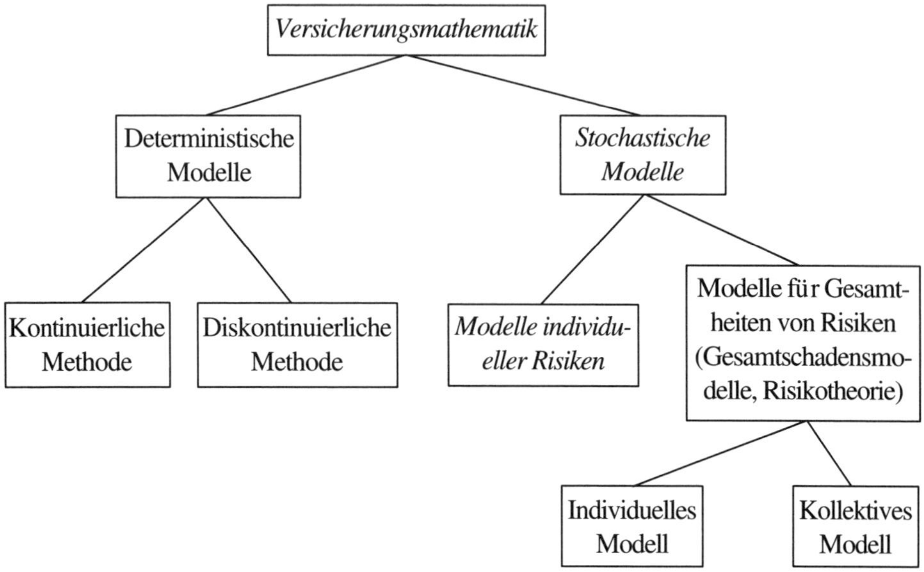

Die vorstehende Graphik gibt eine grobe Übersicht über die Einteilung der Versicherungsmathematik nach Modellen und Methoden. Die *gesperrt gedruckten Einträge* kennzeichnen die Felder, denen dieses Buch hauptsächlich zuzuordnen ist. Der Rest dieses Abschnittes dient der Erläuterung der in dieser Graphik verwendeten Begriffe, wobei wir uns wiederum teilweise an Helten (1988) anlehnen.

Aus wissenschaftstheoretischer Sicht sind *deterministische Modelle* Erklärungsmodelle. Eingangs- und Zielgrößen werden als deterministisch angesehen (Zinssatz, Kosten) oder durch ihre Erwartungswerte ersetzt (rechnungsmäßige, also erwartete Anzahl der Leistungsfälle, erwartete Schadenhöhen). Die Eingangsgrößen bestimmen (erklären) die Zielgrößen. Im Ergebnis erhält man ein reines Mittelwertskalkül, welches ungeeignet ist zur Abbildung von Vorgängen des Versicherungsgeschehens, bei denen Zufallsschwankungen um den Mittelwert von Bedeutung sind. Beispielsweise sind eine fundierte Risikobewertung und die Berechnung von Sicherheitszuschlägen in diesem Rahmen nicht möglich.

1.5 Beispiel. In einer Versicherungsperiode entstehe mit einer gewissen Wahrscheinlichkeit ein einzelner Schaden, der im Falle des Eintritts eine feste Höhe hat. Ist die Eintrittswahrscheinlichkeit $1/2$ und die Schadenhöhe 1, so ist der erwartete Schaden $1/2$, seine Varianz $1/4$. Ist die Eintrittswahrscheinlichkeit $1/6$ und die Schadenhöhe 3, so ist der erwartete Schaden ebenfalls $1/2$, seine Varianz hingegen $5/4$. Beide Schadenvariablen werden nach dem deterministischen Modell als gleich gefährlich angesehen.

Die Unterscheidung zwischen diskontinuierlicher und kontinuierlicher Methode der Versicherungsmathematik geschieht an Hand der Natur der jeweils verwendeten Zeitvariablen. (Zutreffender wäre es, das Wort „Methode“ durch „Modell“ zu ersetzen!) Bei der *diskontinuierlichen Methode* (synonym: *diskreten Methode*) existiert eine höchstens abzählbare Menge von Zeitpunkten (meist äquidistant), zu denen die für das Versicherungsgeschehen relevanten Ereignisse auftreten oder registriert werden. Alle Zufallsvariablen, die Zeiten beschreiben, realisieren in dieser Menge. Gegebenenfalls wird dies durch Diskretisierung (beispielsweise Runden oder Abschneiden) erreicht. Bei der *kontinuierlichen Methode* (synonym: *stetigen Methode*) wird meist angenommen, daß die Verteilungen von Zufallsvariablen, die Zeiten modellieren, Lebesgue-Dichten besitzen. Oft hat das reale Versicherungsgeschehen gemischten Charakter. Zeitvariablen, die Gegenstand von vertraglichen Regelungen und Einschränkungen sind (Prämienzahlungs- und teilweise auch Leistungszeiten, Stornozeiten, ...), sind in der Regel „diskret", während biometrische Variablen (Todeszeitpunkte, Invalidisierungszeitpunkte, ...) als „kontinuierlich" anzusehen sind.

Das folgende Beispiel, in dem gleichzeitig im Wege des Vorgriffs auf Kapitel 2 auch einige in der elementaren Finanzmathematik allgemein übliche Bezeichnungen eingeführt werden, dient der Illustration der Unterscheidung von diskontinuierlicher und kontinuierlicher Methode der Versicherungsmathematik.

1.6 Beispiel. Die deterministische Verzinsung eines Kapitals mit *Barwert* (Anfangswert) B wird beschrieben durch eine *Kapitalfunktion* (Aufzinsungsfunktion) $K\colon [0,\infty) \longrightarrow [1,\infty)$. Per Definition ist K monoton nichtfallend und rechtsseitig stetig, also eine endliche Verteilungsfunktion, mit $K(0) = 1$. Die Größe $S := B \cdot K(t)$ wird interpretiert als Endwert des Startkapitals B zur Zeit $t \geq 0$. Es sei

$r := K(1)$ der *Aufzinsungsfaktor* (für das erste Jahr),
$i := r - 1$ der *Zinssatz* („interest", also der Zinszuwachs im ersten Jahr auf ein Startkapital der Höhe 1),
$p := 100 \cdot i$ der *Zinsfuß* im ersten Jahr,
$v := 1/r$ der *Abzinsungsfaktor (Diskontierungsfaktor)*,
$d := 1 - v$ der *jährliche Diskont* („Vorauszins", vergleiche Aufgabe 2).

Die Verzinsung kann diskontinuierlich (Zinszuschreibung nur zu bestimmten Zeitpunkten, oft in gleichlangen sogenannten *Konversionsperioden*) oder kontinuierlich erfolgen. Die Konversionsperiodenlänge ist meist ein Jahr.

Das einfachste Beispiel einer Kapitalfunktion ist gegeben durch die *einfache (lineare) Verzinsung*. Dabei ist

$$K(t) = K_E(t) := 1 + [t] \cdot i, \quad \text{diskontinuierlich,}$$
$$K(t) = K_E(t) := 1 + t \cdot i, \quad \text{kontinuierlich.}$$

Die Abzinsung erfolgt also gemäß

$$B = \frac{S}{1 + n \cdot i}, \quad \text{diskontinuierlich, } n \text{ Jahre,}$$
$$B = \frac{S}{1 + t \cdot i}, \quad \text{kontinuierlich, Dauer } t.$$

Die Unterscheidung von diskontinuierlicher und kontinuierlicher Methode der Versicherungsmathematik ist historisch gewachsen und rein technischer Natur, ohne wesentlichen versicherungswissenschaftlichen oder mathematischen Hintergrund. Sie hat in der Personenversicherungsmathematik zu einem Methodenstreit geführt, der in einem Nebeneinander von Elementen der kontinuierlichen Methode und der diskontinuierlichen Methode, im unmotivierten Wechsel zwischen beiden Ansätzen und in Doppelentwicklungen resultiert. Für praktische Zwecke wird meist die diskontinuierliche Methode verwandt, während in der Theorie häufig mit der kontinuierlichen Methode argumentiert wird. Besonders auffallende Beispiele dieser unkoordinierten Parallelität finden sich in der Theorie des Deckungskapitals, in der zur Beschreibung der zeitlichen Dynamik des prospektiven Deckungskapitals nebeneinander diskrete Rekursionsformeln und erkennbar gleichartig strukturierte Differentialgleichungen herangezogen werden, ohne aus der Strukturgleichheit weitergehende Schlüsse zu ziehen (vergleiche die Kapitel 9 und 10, insbesondere Bemerkung 9.11 (c)).

Es ist ein Anliegen dieses Buches, zu zeigen, daß das mathematische Standardrepertoire der Maßtheorie und der Stochastik eine Darstellung der Personenversicherungsmathematik ermöglicht, die auf die unnatürliche Unterscheidung zwischen diskontinuierlicher und kontinuierlicher Methode verzichten kann, da sie beide als Spezialfälle enthält. Hierzu ist weder die Einführung eines besonderen Integralbegriffes (etwa des Stieltjes-Schärfschen Integrals, vergleiche Jensen (1992, 1993) und die dort angegebenen Quellen) noch die einer besonderen Funktionenklasse („Versicherungsfunktionen“, siehe u. a. Saxer (1958), § 1.5) erforderlich. Es ist lediglich notwendig, statt einer augenblicksbezogenen Betrachtungsweise konsequent eine zeitraumbezogene (kumulative) Sichtweise einzunehmen, also nicht das Geschehen *exakt zu* sondern dasjenige *bis zu* einem Zeitpunkt zu modellieren. Auf diesen Aspekt kommen wir insbesondere in den Kapiteln 2, 3, 5, 6, 9 und 10 zurück.

Ein einfaches Beispiel ist die Beschreibung der Verzinsung durch Kapitalfunktionen, deren Wert zu einer festen Zeit die Höhe des *bis dahin* unter Einfluß der Verzinsung *kumulierten* Kapitals (bei einem Startkapital der Höhe 1) darstellt. Wie der folgende wohlbekannte maßtheoretische Hilfssatz zeigt, faßt die Kapitalfunktion den diskontinuierlichen und den kontinuierlichen Teil des Zinsgeschehens zusammen.

1.7 Hilfssatz. *Jede Kapitalfunktion K besitzt eine eindeutige Zerlegung der Form*

$$K = K^{(d)} + K^{(c)} = K^{(d)} + K^{(cs)} + K^{(ca)} \tag{1.7.1}$$

in einen rein diskontinuierlichen Anteil

$$K^{(d)}: t \longmapsto \sum_{s \leq t} \Delta K(s) \tag{1.7.2}$$

(Wachstum nur durch Sprünge, $K^{(d)}(0) = 1$) und einen stetigen Anteil

$$K^{(c)} := K - K^{(d)}, \tag{1.7.3}$$

der weiter eindeutig in einen absolutstetigen Anteil

$$K^{(ca)}: t \longmapsto \int_0^t k^{(ca)}(\tau)\, d\tau \tag{1.7.4}$$

und einen stetigen Anteil, der singulär zum Lebesgue-Maß ist,

$$K^{(cs)} := K^{(c)} - K^{(ca)}, \tag{1.7.5}$$

zerlegt werden kann.

Beweis. Offenbar ist $K^{(d)}$ eine Kapitalfunktion, die nur durch Sprünge wächst. $K^{(c)}$ ist eine Verteilungsfunktion, aber wegen $K^{(c)}(0) = 0$ keine Kapitalfunktion. Die Zerlegung (1.7.4), (1.7.5) folgt aus dem Satz von Lebesgue-Radon-Nikodym (siehe zum Beispiel Rudin (1987), Theorem 6.10). □

In diesem Buch werden der Versicherungsmathematik *stochastische Modelle* zugrunde gelegt. Aus wissenschaftstheoretischer Sicht sind solche Modelle Beschreibungsmodelle. Formal ist dabei zwischen statischen stochastischen Modellen und dynamischen stochastischen Modellen zu unterscheiden. Statische Modelle beruhen auf der Beschreibung des Versicherungsgeschehens durch Zufallsvariablen, dynamische Modelle auf der Beschreibung durch stochastische Prozesse. Bei ersteren werden also *Zeitpunkte* oder über einen *festen* Zeitraum aggregierte Größen (Prämien, Schadenzahlen und -höhen, ...) betrachtet, bei letzteren steht der *Versicherungsverlauf* in einem Zeitraum im Mittelpunkt. In den Kapiteln 3, 5, 9 und 11 verwenden wir ausschließlich statische Modelle, während in den Kapiteln 4, 6, 10 und 12 vor allem dynamische Modelle von Bedeutung sind. Die Kapitel 7 und 8 beziehen sich teilweise auf Kapitel 5 und teilweise auf Kapitel 6, so daß dort mittelbar sowohl statische als auch dynamische Modelle eine Rolle spielen.

Vom Untersuchungsgegenstand her unterscheiden wir zwischen stochastischen Modellen für individuelle Risiken und stochastischen Modellen für Gesamtheiten von Risiken. Beide können in statischer und in dynamischer Form auftreten. *Modelle individueller Risiken* haben Aussagen für Verteilungen versicherungsrelevanter Zufallsgrößen für Einzelrisiken zum Ziel. Da sich dieses Buch fast ausschließlich mit dem Einzelrisiko befaßt, verzichten wir hier auf weitere diesbezügliche Ausführungen und erläutern zur Abgrenzung kurz einige Grundbegriffe der *Risikotheorie*. Deren Anliegen sind Aussagen für über ein Portefeuille aggregierte Größen, hauptsächlich für den Gesamtschaden. Im *individuellen Modell* der Risikotheorie (begrifflich nicht zu verwechseln mit Modellen individueller Risiken !) wird der Gesamtschaden ausgehend vom Einzelrisiko modelliert. Dagegen stellt das kollektive Modell gleich auf den Gesamtschaden im Portefeuille ab. Obwohl dies im weiteren nicht benötigt wird, geben wir auch eine formale Definition beider Modelle, beschränken uns dabei aber auf den statischen Fall.

1.8 Definition.

(a) Ein *(statisches) individuelles Risikomodell* ist gegeben durch n unabhängige Versicherungsträger, die *Policen*. Diesen zugeordnet sind Schadenhöhen $X_1, \ldots, X_n$ innerhalb einer Versicherungsperiode, aufgefaßt als stochastisch unabhängige, nichtnegative Zufallsvariablen mit Verteilungen $P_1, \ldots, P_n$. Der Gesamtschaden im Portefeuille ist

$$GS_{\text{ind}} := \sum_{i=1}^{n} X_i \,,$$

seine Verteilung ist gegeben durch das Faltungsprodukt

$$P_{\text{ind}} := \mathop{*}_{i=1}^{n} P_i \,.$$

(b) Bei einem *(statischen) kollektiven Risikomodell* werden die Schäden im Gesamtbestand nach Anzahl und Höhe registriert: Gegeben sind die Schadenzahl $N \in \mathbb{N}$ innerhalb einer Versicherungsperiode und die Schadenhöhen $Y_i > 0$ in der Eintrittsreihenfolge, aufgefaßt als stochastisch unabhängige Zufallsvariablen auf einem Wahrscheinlichkeitsraum $(\Omega, \mathfrak{A}, P)$. Die Schadenhöhen seien identisch gemäß $Q\big|_{\mathfrak{B}(\mathbb{R}^1)}$ verteilt. Der Gesamtschaden im Portefeuille ist

$$GS_{\text{coll}} := \sum_{i=1}^{N} Y_i \,,$$

seine Verteilung ist gegeben als Mischung von Faltungspotenzen von Q,

$$P_{\text{coll}}\colon B \longmapsto P(GS_{\text{coll}} \in B) = \sum_{k=0}^{\infty} P(N = k) \cdot Q^{*k}(B) \,, \qquad B \in \mathfrak{B}([0, \infty)) \,.$$

Im individuellen und im kollektiven Risikomodell wird also derselbe Sachverhalt, die Höhe des Gesamtschadens im Portefeuille, auf zwei unterschiedliche Weisen modelliert: Der Ausgangspunkt des individuellen Modells ist der *Einzelvertrag*, derjenige des kollektiven Modells der *Einzelschaden*. Im Idealfalle sind Modelle für dasselbe Portefeuille so aneinander angepaßt, daß $P_{\text{ind}} = P_{\text{coll}}$; faktisch muß man sich in der Regel damit zufrieden geben, eine „hinreichend gute" Approximation des individuellen Modelles durch das kollektive Modell zu erzielen (vergleiche zum Beispiel Hipp und Michel (1990), Kapitel 2).

1.9 Beispiel. Ist im statischen kollektiven Risikomodell 1.8 (b) $N \sim \mathcal{P}(\lambda)$, so ist P_{coll} eine *zusammengesetzte Poissonverteilung* mit Sprungintensität λ und Sprunghöhenverteilung Q:

$$P_{\text{coll}} = ZP(\lambda, Q)\colon B \longmapsto \exp(-\lambda) \sum_{k=0}^{\infty} \frac{\lambda^k}{k!} \, Q^{*k}(B) \,.$$

C Internationale versicherungsmathematische Bezeichnungsweise

Wir wenden uns dem versicherungsmathematischen Bezeichnungsstandard zu. Von vielen außerhalb der Versicherungsmathematik tätigen Mathematikern werden diese Bezeichnungen als Folterwerkzeuge angesehen, deren Vorzeigen alleine schon genügt, Fluchtinstinkte zu wecken. Insofern bilden sie ein eigenständiges Zugangshindernis zur Personenversicherungsmathematik. Daß wir trotzdem, mit geringfügigen Abstrichen und Modifikationen, dem Bezeichnungsstandard folgen, hat hauptsächlich den Grund, daß er wegen seiner weiten Verbreitung von keinem in der Praxis tätigen Versicherungsmathematiker ignoriert werden kann.

Die Ausführungen dieses Abschnittes enthalten notwendigerweise einige Vorgriffe auf noch folgende Kapitel, da Bezeichnungsgrundsätze nicht ganz losgelöst von Inhalten dargestellt werden können. Sie sollten daher zunächst nur kursorisch zur Gewinnung eines ersten Eindrucks und später nochmals im Zusammenhang mit den entsprechenden Kapiteln gelesen werden.

Auf dem XIV. Internationalen Kongreß der Versicherungsmathematiker in Madrid (1954) wurde die heute noch maßgebliche, überarbeitete Version des internationalen versicherungsmathematischen Bezeichnungsstandards beschlossen und anschließend u. a. in Band II (1955) der Blätter der Deutschen Gesellschaft für Versicherungsmathematik (DGVM), pp. 367 bis 376, publiziert. Eine Übersicht über allgemeine Bezeichnungsregeln, die wir hier teilweise wiedergeben, findet sich zum Beispiel in Appendix 4, pp. 577 bis 583 von Bowers et al. (1986). Ansonsten verzichten wir auf eine systematische Erläuterung der versicherungsmathematischen Bezeichnungsweise und erklären Bezeichnungen ad hoc, dann wenn sie benötigt werden.

1.10 Bemerkungen. Einige Bezeichnungsgrundsätze:

(a) Ein versicherungsmathematisches Symbol, etwa ${}^{(\delta)}\ddot{a}_x^{(k)}$ oder ${}_tp_x$, besteht in der Regel aus mehreren Symbolkomponenten: Dem Grundsymbol, hier $\ddot{a}$ bzw. p, an dessen vier Ecken zusätzliche Symbolkomponenten nach folgendem Schema angebracht werden können:

Bedeutung frei		Zahlungsweise
	Grundsymbol	
Dauer		Alter, Reihenfolge

Beispielsweise ist $\ddot{a}$ das Grundsymbol für einen erwarteten Rentenbarwert bei vorschüssiger Zahlungsweise (siehe Kapitel 2 und 5), p das Grundsymbol für eine Verbleibswahrscheinlichkeit (siehe (b), Beispiel 1.11 (b) und Kapitel 3), $x \geq 0$ gibt in beiden Beispielen das Alter der betreffenden Person an, (k) deutet auf eine k-tel-jährliche Zahlungsweise der Rente hin ($k \in \mathbb{N}$), (δ) auf die Barwertermittlung gemäß der zusammengesetzten Verzinsung mit Zinsintensität $\delta \geq 0$ (Aufgabe 2 (b) und Kapitel 2), und $t > 0$ gibt die Zeitdauer an, für die die Verbleibswahrscheinlichkeit ermittelt wird.

(b) Grundsymbole, die mit dem Ausscheiden aus einem Kollektiv zusammenhängen (vergleiche Kapitel 3):

ℓ : Erwartete Zahl der im Kollektiv Befindlichen
d : Erwartete Zahl der Ausgeschiedenen
p : Verbleibswahrscheinlichkeit
q : Ausscheidewahrscheinlichkeit.

(c) Altersbezeichnungen:

(x) : Person des Alters x (häufig: ein Mann; dann (y): eine Frau des Alters y)
ω : Schlußalter der verwendeten Sterbetafel ($\omega = 101$ bei der Sterbetafel 1994 T der Deutschen Aktuarvereinigung (DAV), vergleiche die Tabellen 13.3 und 13.4).

(d) Als Ausnahmeregelung zu (a) und Konzession an die Bezeichnungsweisen der Finanzmathematik (vergleiche Kapitel 2) kennzeichnet

$$\overline{\text{Buchstabe}}|, \quad \overline{\text{Zahl}}|$$

rechts unten feste, nichtzufällige *Laufzeiten*.

$$\text{Buchstabe}\,|\ldots, \quad \text{Zahl}\,|\ldots$$

links unten kennzeichnet eine *Aufschubzeit*.

$$(\text{Buchstabe}), (\text{Zahl})$$

rechts oben gibt die Anzahl der gleichen Teile an, in welche das Jahr geteilt ist. Bei kontinuierlichen Größen (Anzahl $\longrightarrow \infty$) wird statt der Verwendung von (∞) das Grundsymbol überquert.

1.11 Beispiele (Vergleiche Abschnitt 2 A zu (a) und 3 A zu (b)).

(a) $i^{(k)} := k\left((1+i)^{1/k} - 1\right)$
$=$ *nomineller Jahreszinssatz*, wenn die Zinszahlung k-tel-jährlich in gleichen Raten von $(1+i)^{1/k} - 1$ erfolgt (effektiver Jahreszins i).

(b) ℓ_x : Erwartete Anzahl der im Kollektiv befindlichen x-jährigen Personen.
$d_x := \ell_x - \ell_{x+1}$: Erwartete Anzahl der im Altersintervall $(x, x+1]$ ausscheidenden Personen.
${}_tp_x$: Wahrscheinlichkeit einer x-jährigen Person, auch im Alter $x+t$ einschließlich noch zum Kollektiv zu gehören.
$p_x := {}_1p_x$.
${}_tq_x := 1 - {}_tp_x$: Wahrscheinlichkeit für eine x-jährige Person, im Altersintervall $(x, x+t]$ auszuscheiden.
$q_x := {}_1q_x$.
${}_{s|t}q_x$: Wahrscheinlichkeit einer x-jährigen Person, im Altersintervall $(x+s, x+s+t]$ auszuscheiden (Alter x, Aufschubzeit s, Dauer t).

Der Vorteil dieser Bezeichnungsweisen liegt in ihrer internationalen Standardisierung und in ihrer dadurch bedingten weiten Verbreitung. Auch werden sie von vielen in der Versicherungswirtschaft tätigen Ökonomen und Juristen zumindest teilweise verstanden. Dem stehen Nachteile gegenüber:

- Der wesentliche Nachteil besteht in der Abweichung von der Notation der Stochastik. Ist beispielsweise $(\Omega, \mathfrak{A}, P)$ ein Wahrscheinlichkeitsraum und $T_x\colon (\Omega, \mathfrak{A}) \longrightarrow \big([0, \infty), \mathfrak{B}([0, \infty))\big)$ die zukünftige Lebensdauer von (x), so ist
$$ {}_tp_x = P(T_x > t) $$
und
$$ t \longmapsto {}_tq_x = P(T_x \leq t) $$
die Verteilungsfunktion von T_x. (In allen praktisch relevanten Situationen ist $\mathcal{L}(T_x)$ stetig und damit ${}_tp_x = P(T_x \geq t)$ sowie ${}_tq_x = P(T_x < t)$, in Einklang mit der üblichen Verwendung dieser Symbole in der Lebensversicherungsmathematik.) Zusammen mit Diskrepanzen in der Terminologie hatten solche Notationsunterschiede etliche Doppelentwicklungen in der Versicherungsmathematik einerseits und in sonstigen Bereichen der Stochastik andererseits zur Folge. Ein Beispiel, auf das wir in Abschnitt 3 C näher eingehen, sind Parallelüberlegungen in den Bereichen „unabhängige Wahrscheinlichkeiten" (versicherungsmathematische Terminologie und Notation) und Darstellungen von „Modellen mit konkurrierenden Risiken" mittels „latenter Ausfallzeiten" (Terminologie und Notation der Statistik).
- Die Notation ist wenig textverarbeitungsgerecht, wie u. a. auch bei der Erstellung dieses Buchmanuskriptes auffiel.
- Die Notation ist nicht konsistent: Beispielsweise bedeutet bei einem Modell mit m konkurrierenden Risiken (etwa: $m = 2$, Lebensversicherungsportefeuille mit den Ausscheideursachen Unfalltod und Tod aus sonstigen Gründen) ${}_tq_x^{(j)}$ die Wahrscheinlichkeit, daß (x) im Altersintervall $(x, x+t]$ wegen des Risikos j ausscheidet. Also ist (j) im Widerspruch zu Bemerkung 1.10 (a) keine Zahlungsweise. Ein weiteres Beispiel für mangelnde Konsistenz ist die Verwendung der Bezeichnung $\ddot{a}_{x:\overline{n}|}$ (statt des eigentlich korrekten ${}_n\ddot{a}_x$) für den erwarteten Barwert einer n Jahre jährlich vorschüssig zahlbaren Leibrente für (x) (vergleiche Bemerkung 1.10 (d)).

Diese und andere Probleme legen den Gedanken an eine Bezeichnungsreform nahe. Auch besteht Bedarf an Ergänzungen des Bezeichnungsstandards, da beispielsweise die Bezeichnungsweisen in der Pensionsversicherungsmathematik bisher teilweise noch nicht international vereinheitlicht sind. In diesem Bereich folgen wir im wesentlichen der im deutschsprachigen Raum historisch gewachsenen Bezeichungsweise, wie sie etwa den Richttafeln für die Pensionsversicherung von Heubeck (1983b, 1998) zugrunde liegt. (Für Details sei auf die Abschnitte 6 E und 7 D verwiesen.)

D Aufgaben

Aufgabe 1. Untersuchen Sie folgende Versicherungsarten hinsichtlich der Zufälligkeit von Leistungshöhe, Fälligkeitszeit und Eintritt der (des) versicherten Ereignisse(s) sowie ihrer Einordnung in die Kategorien Summenversicherung/Schadenversicherung bzw. Personenversicherung/Sachversicherung/Vermögensversicherung:

- Altersrentenversicherung (privat),
- Berufsunfähigkeitsversicherung,
- Betriebsunterbrechungsversicherung,
- Hagelversicherung,
- Krankentagegeldversicherung,
- Krankheitskostenversicherung (privat),
- Kredit- und Kautionsversicherung,
- Rechtsschutzversicherung,
- Sturmversicherung.

Aufgabe 2. Zeigen Sie:

(a) $$d = \frac{i}{1+i}, \quad i\,v = d, \quad d\,r = i, \quad (1-d)\,r = 1;$$

begründen Sie mittels der letzten Identität die Bezeichnung „Vorauszins" für d !

(b) $\lim_{k\to\infty} i^{(k)} = \log r =: \delta$.

δ wird als *Zinsintensität* bezeichnet (siehe auch Beispiel 2.5 (a)). Im Sinne der Bezeichnungssystematik 1.10 (d) wäre die Bezeichnung $\bar{\imath}$ statt δ zu verwenden.

Aufgabe 3. Diskutieren Sie die Unabhängigkeitsannahme im individuellen Modell der Risikotheorie !

Aufgabe 4. Formulieren Sie, ausgehend von einem Schadenzahlprozeß $(N(t))_{t\geq 0}$ und Schadenhöhenvariablen $Y_1, Y_2, \ldots$ ein dynamisches Modell der kollektiven Risikotheorie (Gesamtschadenprozeß) !

Literaturhinweis: Schmidt (1996), Abschnitt 5.1.

Aufgabe 5. Gegeben sei das dynamische kollektive Risikomodell mit einem Schadenzahlprozeß mit unabhängigigen stationären Zuwächsen. Zeigen Sie, daß dann auch der Gesamtschadenprozeß unabhängige stationäre Zuwächse besitzt ! Welche endlich-dimensionalen Randverteilungen hat dieser Prozeß, falls der Schadenzahlprozeß ein homogener Poissonprozeß ist ?

Aufgabe 6 (Bezeichnungen wie in Abschnitt C). Sei

$$T_x\colon (\Omega, \mathfrak{A}, P) \longrightarrow \big([0,\infty), \mathfrak{B}([0,\infty))\big), \qquad x \geq 0,$$

eine Familie von Zufallsvariablen, die die Lebensdauer beim Absterben einer Population der Ausgangsgröße ℓ_0 beschreibt:

$$\mathcal{L}(T_x) = \mathcal{L}(T_0 - x \mid T_0 > x), \qquad x \geq 0.$$

(a) Begründen Sie die Verträglichkeitsbeziehung

$$P(T_{x+s} > t) = P(T_x > s + t \mid T_x > s), \qquad x \geq 0, \quad s, t \geq 0,$$

und damit

$${}_n p_x = \prod_{j=1}^{n} p_{x+j-1}, \qquad \ell_n = \ell_0 \prod_{j=1}^{n} p_{j-1}, \qquad x \geq 0, \quad n \in \mathbb{N}\,!$$

(b) Zeigen Sie, daß $T_x > 0$ P-fast sicher für alle $x < \omega_0 := \inf\{t \geq 0 \mid P(T_0 \leq t) = 1\}$ und $T_x = 0$ P-fast sicher für alle $x \geq \omega_0$!

Hinweis: Vergleichen Sie mit Bemerkung und Definition 3.6 !

Kapitel 2
Elementare Finanzmathematik: Der Zins als Rechnungsgrundlage

Ein Versicherungsvertrag in der Personenversicherung muß mindestens drei Punkte festlegen:

- das versicherte Risiko,
- die Versicherungszahlungen (Leistungen und Prämien),
- die Art, wie diese Zahlungen durch Verzinsung zeitlich koordiniert zu bewerten sind.

Entsprechend zerfällt die mathematische Behandlung von Personenversicherungsverträgen in eine biometrische, eine versicherungstechnische und in eine finanzmathematische Komponente. Die mathematische Behandlung des Risikos, welches dem Versicherungsvertrag zugrunde liegt, findet sich in den Kapiteln 3 und 4, die Modellierung von Versicherungsleistungen in den Kapiteln 5 und 6. Hier wenden wir uns dem finanzmathematischen Aspekt zu. Dabei weist der Terminus „elementar“ in der Kapitelüberschrift darauf hin, daß wir stets deterministische Verzinsung unterstellen, uns also nicht mit stochastischer Finanzmathematik (sogenannten AFIR-Themen) befassen. Methodisch hat dies zur Folge, daß *dieses* Kapitel rein maßtheoretisch orientiert ist und ohne Hilfsmittel aus der Theorie stochastischer Prozesse auskommt.

In Abschnitt A stellen wir einige deterministische Kapitalfunktionen (Verzinsungsmodi) vor, besprechen dann das Problem der Bestimmung der Güte der Verzinsung und gehen schließlich auf den nominellen und den effektiven Zins bei unterjährlicher Verzinsung ein. Ein zentraler Begriff in diesem Abschnitt ist der der kumulativen Zinsintensität. Hier wird erstmals deutlich, welcher Grundgedanke eine mathematisch einheitliche Behandlung von „diskreter Methode“ und „stetiger Methode“ der Versicherungsmathematik ermöglicht: An die Stelle der Betrachtung des Zinsgeschehens *exakt zu* einem

Zeitpunkt tritt die Betrachtung des Geschehens *bis zu* einem Zeitpunkt, also eine kumulative Sichtweise.

In Abschnitt B befassen wir uns mit diskreten Zeitrenten und ihren Barwerten. Wie in den anderen elementarmathematischen Teilen dieses Kapitels haben wir hier einige Anleihen bei Wolfsdorf (1997, § 1) sowie bei Bühlmann und Berliner (1992) gemacht. (Ein stärker betriebswirtschaftlich orientierter Text zur elementaren Finanzmathematik ist Kruschwitz (1995).)

Abschnitt C ist der Behandlung von Barwerten allgemeiner Zahlungsströme gewidmet. Neben der Einführung solcher Zahlungsströme steht hier die axiomatische Begründung einer adäquaten Barwertdefinition im Mittelpunkt. Dieser Teil des Abschnittes (ab Definition 2.30), der in den Grundzügen auf eine Arbeit von Norberg (1990) zurückgeht, ist konzeptionell von großer Wichtigkeit, aber für einen ausschließlich an Anwendungen interessierten Leser natürlich von geringerem Interesse.

Abschnitt D schließlich besitzt weitgehend propädeutischen Charakter. In Vorbereitung der Kapitel 8, 9 und 10 werden hier das Äquivalenzprinzip und das Deckungskapital für deterministische Zahlungsströme eingeführt. Methodisch ist dieser Abschnitt entbehrlich.

A Verzinsung

Aus Abschnitt 1 B ist die *einfache Verzinsung* bekannt, die durch lineares Kapitalwachstum gekennzeichnet ist, sich in dieser Reinform in der Praxis allerdings kaum findet. Die häufigsten Formen deterministischer Verzinsung sind in dem folgenden Beispiel zusammengestellt.

2.1 Beispiel.

(a) *Zusammengesetzte (geometrische, mathematische) Verzinsung:*

$$\begin{aligned} K(t) &= K_Z(t) := r^{[t]}, && \text{diskontinuierlich,} \\ K(t) &= K_Z(t) := r^t, && \text{kontinuierlich.} \end{aligned} \tag{2.1.1}$$

Zusammengesetzte Verzinsung bedeutet also exponentielles Kapitalwachstum. Sie ist bei weitem der wichtigste der hier besprochenen Verzinsungsmodi.

(b) *Gemischte Verzinsung:* Zusammengesetzte Verzinsung für vollendete Konversionsperioden, einfache Verzinsung für angebrochene Konversionsperioden,

$$K(t) = K_G(t) := r^{[t]}\big(1 + (t - [t]) \cdot i\big), \quad \text{kontinuierlich,} \tag{2.1.2}$$

d. h. innerhalb des Jahres wird linear aufgezinst.

(c) *Kaufmännische Verzinsung:*

$$K(t) = K_K(t) := \frac{r^{[t]+1}}{1 + i \cdot (1 - (t - [t]))}, \quad \text{kontinuierlich.} \tag{2.1.3}$$

Innerhalb des Jahres wird also linear abgezinst, die Kapitalfunktion verläuft zwischen ganzen Jahren hyperbelförmig.

2.2 Hilfssatz. *Bei kontinuierlicher Verzinsung gelten*

(a) $K_Z(t) \leq K_G(t) \leq K_Z\big([t]+1\big)$,

(b) $K_G(t) - K_Z(t) = (i-\delta)\cdot t + O(t^2) \qquad (t \longrightarrow 0)$,

(c) $K_Z\big([t]\big) \leq K_K(t) \leq K_Z(t)$,

(d) $K_Z(t) - K_K(t) = (\delta - d)\cdot t + O(t^2) \qquad (t \longrightarrow 0)$.

Beweis. Ohne Beschränkung der Allgemeinheit sei $0 \leq t < 1$, also $r^{[t]} = 1$.

Zu (a): Die Konkavität des Logarithmus liefert

$$\log(1+t\cdot i) = \log\big((1-t)\cdot 1 + t\cdot r\big) \geq (1-t)\,\log 1 + t\,\log r = \log r^t.$$

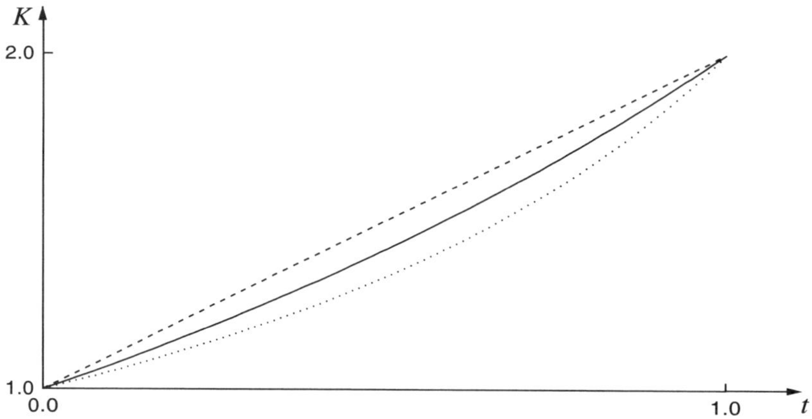

Verzinsung: gemischt (durchbrochen), kaufmännisch (gepunktet), zusammengesetzt (durchgezogen)

Zu (b): Folgt durch Taylorentwicklung von K_Z um 0, da $K_Z'(0) = \delta$.

Zu (c) und (d): Aufgabe 7 (b). □

Die Güte („Intensität“) der durch eine Kapitalfunktion K gegebenen Verzinsung bestimmt man mit Hilfe von Konzepten, die der stochastischen Lebensdaueranalyse (Survival Analysis) entlehnt sind (vergleiche Abschnitt 3 A). Wir motivieren die Vorgehensweise zunächst anhand des Spezialfalles einer absolutstetigen Kapitalfunktion.

2.3 Bemerkungen. Seien $t > 0$ und K eine absolutstetige Kapitalfunktion mit Lebesgue-Dichte k.

(a) Auf Grund des verallgemeinerten Hauptsatzes der Differential- und Integralrechnung (siehe zum Beispiel Rudin (1987), Theorem 7.20) gilt für das relative Kapitalwachstum über $(t, t+\Delta]$ λ^1-fast überall

$$\frac{K(t+\Delta)-K(t)}{\Delta \cdot K(t)} = \frac{\int_t^{t+\Delta} k(\tau)\,d\tau}{\Delta \cdot K(t)} \xrightarrow{\Delta \searrow 0} \frac{k(t)}{K(t)}, \tag{2.3.1}$$

d. h. $\varphi(t) := \frac{k}{K}(t)$ beschreibt das momentane relative Kapitalwachstum durch Verzinsung zur Zeit t,

$$\varphi(t) \cdot \Delta \approx \frac{K(t+\Delta)-K(t)}{K(t)}, \qquad \Delta \text{ „klein“}.$$

(b) Wiederum auf Grund des Hauptsatzes ist φ λ^1-fast überall eindeutig bestimmt, und es gilt

$$\begin{aligned} &\varphi = (\log K)' \ \lambda^1\text{-f.ü.}, \quad \text{bzw. } K = \exp(\Phi), \\ &\Phi\colon t \longmapsto \int_0^t \varphi(\tau)\,d\tau. \end{aligned} \tag{2.3.2}$$

$\Phi(t)$ beschreibt die kumulierte relative Kapitaländerung bis zur Zeit t. In „dichtefreier“ Notation ist

$$\Phi(t) = \int_{(0,t]} \frac{K(d\tau)}{K(\tau)} = \int_{(0,t]} \frac{K(d\tau)}{K(\tau-0)}. \tag{2.3.3}$$

Dies gibt Anlaß zu der folgenden Begriffsbildung.

2.4 Definition. Sei $K\colon [0,\infty) \longrightarrow [1,\infty)$ eine Kapitalfunktion.

(a) Ist $K|_{\mathfrak{B}((0,\infty))} \ll \lambda^1$ mit Dichte k, so heißt $\varphi := k/K$ die *Zinsintensität von* K.

(b) $\Phi\colon t \longmapsto \int_{(0,t]} \frac{K(d\tau)}{K(\tau-0)}$ heißt *kumulative Zinsintensität von* K.

Der Übergang zum linksseitigen Limes im Nenner des Integranden hat technische Gründe, die im Zusammenhang mit Satz 2.7 klar werden.

2.5 Beispiele.

(a) Die kontinuierliche zusammengesetzte Verzinsung ist durch eine konstante Zinsintensität charakterisiert. Es gelten

$$\begin{aligned} \Phi &= \log K_Z : t \longmapsto \delta t, \\ \varphi &= \Phi' \equiv \delta. \end{aligned}$$

Bei diskontinuierlicher zusammengesetzter Verzinsung ist

$$K_Z(t) = r^{[t]} = 1 + \sum_{\nu=1}^{[t]} (r^\nu - r^{\nu-1})$$

und somit

$$\Phi(t) = \sum_{\nu=1}^{[t]} \frac{r^\nu - r^{\nu-1}}{r^{\nu-1}} = \sum_{\nu=1}^{[t]} (r-1) = i \cdot [t]\,, \qquad t \geq 0\,.$$

(b) Für die kontinuierliche einfache Verzinsung ist

$$\Phi = \log K_E : t \longmapsto \log(1 + i \cdot t)\,,$$
$$\varphi = \Phi' : t \longmapsto \frac{i}{1 + i \cdot t}\,,$$

die Zinsintensität also fallend in t. Daß dies für die Praxis nicht sinnvoll sein kann, ist schon daraus ersichtlich, daß man bei Kapitalfunktionen mit dieser Eigenschaft das Zinsergebnis durch Kündigung und unmittelbare Wiederanlage des gekündigten Betrages verbessern kann. Die kumulative Zinsintensität bei diskontinuierlicher einfacher Verzinsung ist

$$\Phi(t) = i \cdot \sum_{\nu=1}^{[t]} \frac{1}{1 + (\nu - 1) \cdot i}\,, \qquad t \geq 0\,.$$

2.6 Bemerkung. Nach Definition ist Φ die Verteilungsfunktion des zu $K|_{\mathfrak{B}((0,\infty))}$ äquivalenten Borelmaßes mit Dichte

$$\frac{d\Phi}{dK|_{\mathfrak{B}((0,\infty))}} = \frac{1}{K(\cdot - 0)}\,.$$

Es folgt

$$\frac{dK|_{\mathfrak{B}((0,\infty))}}{d\Phi} = K(\cdot - 0)$$

und wegen $K(0) = 1$

$$K(t) - 1 = \int_{(0,t]} K(\tau - 0)\, \Phi(d\tau), \qquad t \geq 0.$$

Im absolutstetigen Fall ist diese Volterrasche Integralgleichung äquivalent zu dem Anfangswertproblem

$$\frac{K'}{K} = \Phi' \quad \lambda^1\text{-f.ü.}, \qquad K(0) = 1$$

mit der eindeutigen Lösung $K(t) = \exp\big(\Phi(t)\big)$, $t \geq 0$ (vergleiche (2.3.2) und beachte $\Phi(0) = 0$). Auch im allgemeinen Fall gewinnt man die Kapitalfunktion aus der kumulativen Zinsintensität mittels einer Exponentialformel.

2.7 Satz. *Sei $\Phi\colon [0,\infty) \longrightarrow [0,\infty)$ eine Verteilungsfunktion mit $\Phi(0) = 0$. Dann besitzt die Volterrasche Integralgleichung*

$$K(t) = 1 + \int\limits_{(0,t]} K(\tau - 0)\,\Phi(d\tau), \qquad t \geq 0, \tag{2.7.1}$$

genau eine auf Kompakta beschränkte Lösung, nämlich

$$K(t) = \exp\big(\Phi^{(c)}(t)\big) \cdot \prod_{\tau \leq t} \big(1 + \Delta\Phi(\tau)\big), \qquad t \geq 0. \tag{2.7.2}$$

K ist die Verteilungsfunktion eines Borelmaßes auf $[0,\infty)$.

Gleichung (2.7.1) ist ein Spezialfall der allgemeinen Vorwärtsgleichung (12.17.1) aus Abschnitt A des Mathematischen Anhangs. Die Verwendung von $K(\cdot - 0)$ an Stelle von K in der Definitionsgleichung für Φ ermöglicht also die Einbettung der Theorie der kumulativen Zinsintensitäten in die allgemeine Theorie der Produktintegration additiver Intervallfunktionen. Beispielsweise folgt Satz 2.7 aus den Sätzen 12.16, 12.17 und Folgerung 12.18. Wir geben hier zusätzlich einen direkten Beweis.

Beweis von Satz 2.7.

(a) K gemäß (2.7.2) ist eine wohldefinierte endliche Verteilungsfunktion: Sei $t > 0$. Da $\Phi \geq 0$ und nichtfallend ist, besitzt Φ auf $[0,t]$ höchstens abzählbar viele Sprungstellen, und es gilt

$$\log\Big(\prod_{\tau \leq t}(1 + \Delta\Phi(\tau))\Big) \leq \sum_{\tau \leq t} \Delta\Phi(\tau) \leq \Phi(t) < \infty.$$

Also ist K wohldefiniert und endlich. Monotonie und rechtsseitige Stetigkeit von K sind offensichtlich.

(b) K löst (2.7.1): Seien

$$F\colon t \longmapsto \prod_{\tau \leq t} \big(1 + \Delta\Phi(\tau)\big),$$

$$G\colon t \longmapsto \exp\big(\Phi^{(c)}(t)\big), \qquad t > 0\,.$$

Dann sind F und G endliche Verteilungsfunktionen mit $K = F \cdot G$ und folgenden Eigenschaften:

- $F(0) = 1$. F ist rein diskret mit

$$\Delta F(t) = F(t-0)\Big(\frac{F(t)}{F(t-0)} - 1\Big) = F(t-0)\,\Delta\Phi(t)\,, \qquad t > 0\,.$$

- $G(0) = 1$. G ist stetig und gemäß Aufgabe 3 auch absolutstetig bezüglich $\Phi^{(c)}$ mit Dichte $\dfrac{dG}{d\Phi^{(c)}} = G\,.$

Mit partieller Integration (Aufgabe 1) folgt für alle $t > 0$

$$\begin{aligned}
1 - K(t) &= F(0) \cdot G(0) - F(t) \cdot G(t) \\
&= - \int_{(0,t]} F(\tau - 0)\, G(d\tau) - \int_{(0,t]} G(\tau)\, F(d\tau) \\
&= - \int_{(0,t]} F(\tau - 0) G(\tau)\, \Phi^{(c)}(d\tau) - \sum_{0<\tau\leq t} F(\tau - 0) G(\tau)\, \Delta\Phi(\tau) \\
&= - \int_{(0,t]} F(\tau - 0) G(\tau)\, \Phi(d\tau) = - \int_{(0,t]} K(\tau - 0)\, \Phi(d\tau).
\end{aligned}$$

(c) Der Eindeutigkeitsbeweis beruht auf dem Picardschen Iterationsprinzip; durch wiederholtes Einsetzen in die Volterrasche Gleichung erhält man Abschätzungen für die Differenz zweier Lösungen, die gegen 0 konvergieren. Seien also $\overline{K}$ eine weitere auf Kompakta beschränkte Lösung von (2.7.1), $\tilde{K} := K - \overline{K}$ und $L(t) := \sup_{0\leq\tau\leq t} |\tilde{K}(\tau)|$, $t \geq 0$. Dann gilt für alle $t > 0$, $0 \leq \tau \leq t$

$$|\tilde{K}(\tau)| \leq \int_{(0,\tau]} |\tilde{K}(s - 0)|\, \Phi(ds) \leq L(t) \cdot \Phi(\tau).$$

Iteration vermöge der linken Ungleichung in Aufgabe 2 (c) liefert

$$|\tilde{K}(\tau)| \leq L(t) \int_{(0,\tau]} \Phi(s - 0)\, \Phi(ds) \leq L(t) \cdot \frac{\Phi(\tau)^2}{2}$$

und induktiv für alle $k \in \mathbb{N}$

$$|\tilde{K}(\tau)| \leq L(t) \cdot \frac{\Phi(\tau)^k}{k!} \xrightarrow{k\to\infty} 0\,.$$

Es folgt $\tilde{K}(\tau) = 0$, d. h. $K = \overline{K}$. □

Nun wollen wir die Begriffe „Nominalzins" und „effektiver Jahreszins" einführen. Oft wird Geld nur über kurze Zeit verliehen und verzinst, beispielsweise auf Festgeld- oder Geldmarktkonten. Wir verwenden dann folgende Bezeichnungen:

I_Δ: tatsächlicher Gesamtzins, der in einem Zeitintervall der Länge $\Delta \in (0, 1]$ auf das Kapital 1 gezahlt wird,

$D_\Delta := \frac{I_\Delta}{1+I_\Delta}$, Diskont zu I_Δ.

2.8 Definition. Die *nominelle jährliche Zinsrate* bei Δ-jährlicher Verzinsung ist I_Δ/Δ, also derjenige Jahreszins, der sich bei kontinuierlicher einfacher Verzinsung aus I_Δ errechnet; die *nominelle jährliche Diskontrate* ist D_Δ/Δ. Bei k-tel-jährlicher Zinszahlung

$(\Delta = 1/k)$ schreiben wir

$$i^{(k)} := k \cdot I_{1/k}, \qquad d^{(k)} := k \cdot D_{1/k}\,.$$

Der zugehörige *effektive Jahreszins* ist der Zinssatz i, der bei kontinuierlicher zusammengesetzter Verzinsung (2.1.1) zum Zins I_Δ für die Dauer $t = \Delta$ führt:

$$I_\Delta = (1+i)^\Delta - 1. \tag{2.8.1}$$

Der *effektive Jahresdiskont* ist definiert als

$$d = \frac{i}{1+i}\,. \tag{2.8.2}$$

2.9 Bemerkung. Offenbar gelten

$$D_\Delta = 1 - (1-d)^\Delta, \tag{2.9.1}$$
$$i^{(k)} = k \cdot \big((1+i)^{1/k} - 1\big), \tag{2.9.2}$$
$$d^{(k)} = k \cdot \big(1 - (1-d)^{1/k}\big), \tag{2.9.3}$$
$$i^{(k)} \cdot v^{1/k} = d^{(k)}, \tag{2.9.4}$$
$$i = (1+I_\Delta)^{1/\Delta} - 1 \qquad \text{und} \tag{2.9.5}$$
$$d = \big(1 - (1-D_\Delta)^{1/\Delta}\big). \tag{2.9.6}$$

2.10 Beispiel. Zu einem effektiven Jahreszins von $i = 8\%$ gehört der Monatszins $I_{1/12} = 1.08^{1/12} - 1 = 0.64\%$. Zu $I_{1/12} = 0.64\%$ gehört als nomineller Jahreszins $i^{(12)} = 12 \cdot 0.64\% = 7.68\%$.

2.11 Satz. *Der effektive Jahreszins ist stets größer als der nominelle Jahreszins: Es gelten*

$$i > \frac{I_\Delta}{\Delta}, \quad \frac{D_\Delta}{\Delta} > d \qquad \big(\Delta \in (0,1)\,,\ I_\Delta > 0\big)\,, \tag{2.11.1}$$

$$\lim_{\Delta \searrow 0} \frac{I_\Delta}{\Delta} = \lim_{\Delta \searrow 0} \frac{D_\Delta}{\Delta} = \delta. \tag{2.11.2}$$

Beweis. (2.11.1) folgt aus der Bernoulli-Ungleichung, und (2.11.2) ergibt sich wie folgt:

$$\lim_{\Delta \searrow 0} \frac{I_\Delta}{\Delta} = \lim_{\Delta \searrow 0} \frac{r^\Delta - 1}{\Delta} = \frac{d}{dt}\Big|_{t=0} r^t = \log r,$$

$$\lim_{\Delta \searrow 0} \frac{D_\Delta}{\Delta} = \lim_{\Delta \searrow 0} \frac{I_\Delta}{\Delta \cdot (1+I_\Delta)} = \log r. \qquad \square$$

B Zeitrenten und ihre Barwerte

In diesem Abschnitt befassen wir uns mit Grundformen deterministischer Zahlungsströme mit diskreten Zahlungszeitpunkten.

2.12 Definition.

(a) Eine *Zeitrente* ist ein vertraglich fixiertes System von zeitdiskreten Zahlungen an einen Vertragspartner, bei dem die Beträge und die Zahlungszeitpunkte, insbesondere also auch die Dauer, bei Vertragsabschluß festliegen.

(b) Bei *vorschüssiger Zahlungsweise* erfolgen alle Zahlungen am Beginn des jeweiligen Rentenintervalls, bei *nachschüssiger Zahlungsweise* zu Ende des Intervalls.

(c) Der *Barwert* (Anfangswert) einer Zeitrente ist die Summe aller auf den Vertragsbeginn abgezinsten Zahlungen. Die zugehörigen Grundsymbole im Sinne von Bemerkung 1.10 (a) sind

$\ddot{a}$: bei vorschüssiger Zahlungsweise,
a : bei nachschüssiger Zahlungsweise

(statt $\ddot{a}$ wurde früher a gebraucht). Der *Endwert* einer Zeitrente ist die Summe aller auf das Vertragsende aufgezinsten Zahlungen. Grundsymbole:

$\ddot{s}$: bei vorschüssiger Zahlungsweise,
s : bei nachschüssiger Zahlungsweise.

2.13 Bemerkungen.

(a) Im Gegensatz zu Leibrenten (etwa Alters- oder Invalidenrenten), deren Zahlung vom Leben bzw. allgemeiner vom Status einer Person abhängt, spielt bei Zeitrenten der Zufall keine Rolle.

(b) Im folgenden wird die Jahresrente auf 1 normiert, das Rentenintervall ist meist ein Jahr und die Verzinsung zusammengesetzt (vergleiche Beispiel 2.1 (a)), soweit nichts anderes gesagt wird.

(c) Bei vorschüssiger Zahlungsweise ist das Rentenende verschieden vom Zeitpunkt der letzten Zahlung, bei nachschüssiger Zahlungsweise stimmen Rentenbeginn und Zeitpunkt der ersten Zahlung nicht überein.

2.14 Hilfssatz.

(a) *Der Barwert einer Zahlung vom Betrag* 1 *zu Beginn des* ν*-ten Vertragsjahres ist* $v^{\nu-1}$.

(b) *Barwerte und Endwerte n Jahre lang jährlich zahlbarer Zeitrenten:*

$$\ddot{a}_{\overline{n}|} = \sum_{\nu=0}^{n-1} v^{\nu} = \frac{1 - v^n}{d}, \tag{2.14.1}$$

$$a_{\overline{n}|} = \sum_{\nu=1}^{n} v^{\nu} = v \cdot \ddot{a}_{\overline{n}|} = \frac{1 - v^n}{i}, \tag{2.14.2}$$

$$\ddot{s}_{\overline{n}|} = \ddot{a}_{\overline{n}|} \cdot r^n = \frac{r^n - 1}{d}, \tag{2.14.3}$$

$$s_{\overline{n}|} = a_{\overline{n}|} \cdot r^n = \frac{r^n - 1}{i}. \tag{2.14.4}$$

(c) *Barwerte ewiger Zeitrenten:*

$$\ddot{a}_{\overline{\infty}|} = \lim_{n \to \infty} \ddot{a}_{\overline{n}|} = \frac{1}{d}, \qquad a_{\overline{\infty}|} = \frac{1}{i}. \tag{2.14.5}$$

Beispiele für ewige Zeitrenten sind Stiftungen, Wissenschaftspreise, Kunstpreise usw.

2.15 Beispiel. Eine Erbschaft von 300 000 Geldeinheiten soll bei 7%-iger Verzinsung in eine zwölfmal nachschüssig jährlich zahlbare Zeitrente von x Geldeinheiten umgewandelt werden.

$$300\,000 = x \cdot a_{\overline{12}|} = x \cdot \frac{1 - 1.07^{-12}}{0.07} \quad \Longrightarrow \quad x = 37\,770.60.$$

2.16 Hilfssatz. *Barwerte m Jahre aufgeschobener, n Jahre jährlich zahlbarer Zeitrenten:*

$$_{m|}\ddot{a}_{\overline{n}|} = v^m \, \ddot{a}_{\overline{n}|} = v^{m-1} \, \frac{1 - v^n}{i}, \tag{2.16.1}$$

$$_{m|}a_{\overline{n}|} = v^m \, a_{\overline{n}|} = v^m \, \frac{1 - v^n}{i}. \tag{2.16.2}$$

Strikt im Sinne der versicherungsmathematischen Bezeichnungssystematik 1.10 wäre folgende Symbolik zu verwenden:

$$_{n}\ddot{a} \ \ (_{n}a) \quad \text{statt} \quad \ddot{a}_{\overline{n}|} \ \ (a_{\overline{n}|})$$

und

$$_{m|n}\ddot{a} \ \ (_{m|n}a) \quad \text{statt} \quad _{m|}\ddot{a}_{\overline{n}|} \ \ (_{m|}a_{\overline{n}|}).$$

Die Barwerte periodisch unterjährlich zahlbarer Zeitrenten lassen sich auf die von jährlich zahlbaren Zeitrenten zurückführen.

2.17 Satz. *Seien $\ddot{B}$ (B) der Barwert einer jährlich vorschüssig (nachschüssig) zahlbaren Zeitrente und $\ddot{B}^{(k)}$ $(B^{(k)})$ der Barwert der k-tel-jährlich vorschüssig (nachschüssig) zahlbaren Zeitrente mit denselben Jahresgesamtbeträgen. Dann gilt bei*
(a) *zusammengesetzter Verzinsung:*

$$\ddot{B}^{(k)} = \frac{d}{d^{(k)}} \, \ddot{B}, \tag{2.17.1}$$

$$B^{(k)} = \frac{i}{i^{(k)}}\, B; \tag{2.17.2}$$

(b) *kaufmännischer Verzinsung:*

$$\ddot{B}^{(k)} = \big(1 - \frac{k-1}{2k} d\big)\, \ddot{B}, \tag{2.17.3}$$

$$B^{(k)} = \big(1 + \frac{k-1}{2k} i\big)\, B. \tag{2.17.4}$$

Beweis. Die k-tel-jährliche vorschüssige Zahlung des Betrages 1 im ν-ten Vertragsjahr hat bei zusammengesetzter Verzinsung den Barwert

$$_{\nu-1|}\ddot{a}^{(k)}_{\overline{1}|} = \frac{v^{\nu-1}}{k} \sum_{j=0}^{k-1} v^{j/k} = \frac{v^{\nu-1}}{k}\, \frac{1-v}{1-v^{1/k}} = v^{\nu-1}\, \frac{d}{d^{(k)}}\, .$$

Summation über ν liefert (2.17.1). Die anderen Beziehungen werden ähnlich bewiesen.□

2.18 Folgerung. *Barwerte k-tel-jährlich nk-mal vor- bzw. nachschüssig zahlbarer Zeitrenten bei*

(a) *zusammengesetzter Verzinsung:*

$$\ddot{a}^{(k)}_{\overline{n}|} = \frac{d}{d^{(k)}} \cdot \ddot{a}_{\overline{n}|} = \frac{1}{k}\, \frac{1-v^n}{1-v^{1/k}}\, , \tag{2.18.1}$$

$$a^{(k)}_{\overline{n}|} = \frac{i}{i^{(k)}} \cdot a_{\overline{n}|} = \frac{1}{k}\, \frac{1-v^n}{v^{-1/k}-1}\, ; \tag{2.18.2}$$

(b) *kaufmännischer Verzinsung:*

$$\ddot{a}^{(k)}_{\overline{n}|} = \big(1 - \frac{k-1}{2k}\, d\big) \cdot \ddot{a}_{\overline{n}|} = \frac{1-v^n}{1-v} - \frac{k-1}{2k}\,(1-v^n)\, , \tag{2.18.3}$$

$$a^{(k)}_{\overline{n}|} = \big(1 + \frac{k-1}{2k}\, i\big) \cdot a_{\overline{n}|} = \frac{1-v^n}{v^{-1}-1} + \frac{k-1}{2k}\,(1-v^n)\, . \tag{2.18.4}$$

2.19 Beispiel. Welcher Zinssatz liegt zugrunde, wenn die Abtragung einer Schuld von 1 200 Geldeinheiten in 13 gleichen vorschüssigen Monatsraten von je 100 Geldeinheiten erfolgt? Das *Äquivalenzprinzip*, also die Forderung der Übereinstimmung von Schuld und Barwert der Rückzahlungen liefert bei zusammengesetzter Verzinsung die Bedingung

$$100 \cdot \frac{1-v^{13/12}}{1-v^{1/12}} = 1\,200\, ,$$

aus der man einen effektiven Jahreszins von $i = 17.66\%$ errechnet.

Bei kurzen Rentenintervallen geht der Barwertunterschied zwischen vor- und nachschüssiger Zahlungsweise verloren.

2.20 Folgerung. *Für Barwerte kontinuierlich fließender Zeitrenten gilt mit den Bezeichnungen aus* 2.17 *bei*
(a) *zusammengesetzter Verzinsung:*

$$\overline{B} := \lim_{k\to\infty} \ddot{B}^{(k)} = \lim_{k\to\infty} B^{(k)} = \frac{i}{\delta} B\,; \tag{2.20.1}$$

(b) *kaufmännischer Verzinsung:*

$$\overline{B} := \lim_{k\to\infty} \ddot{B}^{(k)} = \lim_{k\to\infty} B^{(k)} = \frac{2+i}{2} B\,. \tag{2.20.2}$$

Beweis. Teil (a) folgt aus (2.17.1) und (2.17.2) in Verbindung mit (2.11.2) und $v\,\ddot{B} = B$ und Teil (b) aus (2.17.3) und (2.17.4) in Verbindung mit $(2-d)\,\ddot{B} = (2+i)\,B$. □

Als Abschluß dieses Abschnittes bestimmen wir die Barwerte jährlich steigender Zeitrenten. Wir betrachten zunächst *arithmetisch wachsende Renten* und verwenden dabei folgende Bezeichungsweisen:

$(I_{\overline{\ell}|}\,\ddot{a})_{\overline{n}|}$: Barwert einer n-mal vorschüssig jährlich zahlbaren Zeitrente, die mit dem Betrag 1 beginnt, die folgenden $\ell - 1 < n$ Jahre jährlich um 1 wächst und die restlichen $n - \ell$ Jahre konstant $\equiv \ell$ ist. (Das Grundsymbol I steht für „increasing“.)

$(I_{\overline{\ell}|}\,a)_{\overline{n}|}$: Barwert der entsprechenden nachschüssig zahlbaren Zeitrente.

2.21 Hilfssatz. *Für alle* $\ell \le n$ *aus* $\mathbb{N}$ *gelten*

$$(I_{\overline{n}|}\ddot{a})_{\overline{n}|} = \frac{\ddot{a}_{\overline{n}|} - n v^n}{d}\,, \tag{2.21.1}$$

$$(I_{\overline{n}|}a)_{\overline{n}|} = v\cdot(I_{\overline{n}|}\ddot{a})_{\overline{n}|} = \frac{\ddot{a}_{\overline{n}|} - n v^n}{i}\,, \tag{2.21.2}$$

$$(I_{\overline{\ell}|}\ddot{a})_{\overline{n}|} = (I_{\overline{\ell}|}\ddot{a})_{\overline{\ell}|} + \ell\cdot{}_{\ell|}\ddot{a}_{\overline{n-\ell}|}\,, \tag{2.21.3}$$

$$(I_{\overline{\ell}|}a)_{\overline{n}|} = (I_{\overline{\ell}|}a)_{\overline{\ell}|} + \ell\cdot{}_{\ell|}a_{\overline{n-\ell}|}\,. \tag{2.21.4}$$

Beweis von (2.21.1):

$$(I_{\overline{n}|}\ddot{a})_{\overline{n}|} = \sum_{\nu=1}^{n} \nu\cdot v^{\nu-1} = \frac{d}{dv}\,\frac{1-v^{n+1}}{1-v} = \frac{\frac{1-v^n}{d} - n v^n}{d} = \frac{\ddot{a}_{\overline{n}|} - n v^n}{d}\,.$$

Alles Weitere ist offensichtlich. □

Nun wenden wir uns *geometrisch wachsenden Renten* zu und betrachten eine jährlich n-mal vorschüssig zahlbare Zeitrente, die mit dem Betrag 1 beginnt und jährlich (zum Beispiel zum Zwecke des Inflationsausgleichs) um $q\%$ des Vorjahresbetrages steigt.

Mit $j := q/100$ gilt für den Barwert

$$
\begin{aligned}
{}^{\%}(I_{\overline{n|}}\ddot{a})_{\overline{n|}} &:= \sum_{\nu=0}^{n-1}(1+j)^{\nu}v^{\nu} = \sum_{\nu=0}^{n-1}\Big(\frac{1+j}{1+i}\Big)^{\nu} = \sum_{\nu=0}^{n-1}\tilde{v}^{\nu}, \\
\tilde{v} &:= \frac{1}{1+\tilde{\imath}}, \qquad \tilde{\imath} := \frac{1+i}{1+j} - 1 \approx i - j
\end{aligned}
\tag{2.21.5}
$$

(siehe Aufgabe 19). Folglich ist ${}^{\%}(I_{\overline{n|}}\ddot{a})_{\overline{n|}}$ der Barwert $\ddot{a}_{\overline{n|}}$ einer n Jahre jährlich vorschüssig zahlbaren Zeitrente zum Zinssatz $\tilde{\imath} > -1$. Es gilt: $i < j \iff \tilde{\imath} < 0$. In der Regel wird $j < i$ sein.

C Bewertung allgemeiner Zahlungsströme

Zahlungsströme (Renten, Anleihen, Optionen, ...) werden auf Finanzmärkten gehandelt. Ihre Bewertung, die nicht nur die Beträge sondern auch die Zeitpunkte der zugehörigen Zahlungen berücksichtigen muß, geschieht mit Hilfe der Verzinsung. In Erweiterung von Definition 2.12 werden wir in diesem Abschnitt allgemeine Zahlungsströme und ihre Barwerte einführen. Anschließend werden wir zeigen, daß einfach einsehbare Forderungen an die Eigenschaften einer Bewertung von Zahlungsströmen zwangsläufig zu der angegebenen Barwertdefinition führen. Diese axiomatische Begründung des Barwertbegriffes beruht im wesentlichen auf einer Arbeit von Norberg (1990). Natürlich gehen in die reale Bewertung deterministischer Zahlungsströme durch Finanzmärkte außer der Verzinsung weitere Faktoren ein, die hier keine Berücksichtigung finden können. Dazu gehören die Restlaufzeit in Verbindung mit Zinserwartungen für die Zukunft und die Entwicklung auf Alternativmärkten (Aktienmärkten, Terminbörsen, ...) sowie Währungsrelationen.

2.22 Definition. Ein *(deterministischer gerichteter) Zahlungsstrom* ist eine Verteilungsfunktion $Z\colon [0,\infty) \longrightarrow [0,\infty)$. Jede Funktion der Form $Z = Z_1 - Z_2$, wobei die Z_i Zahlungsströme sind und $Z_1(\infty) \wedge Z_2(\infty) < \infty$ ist, heißt *(deterministischer) ungerichteter Zahlungsstrom.* Sei $\mathcal{Z}$ die Menge der ungerichteten Zahlungsströme und $\mathcal{Z}_g \subset \mathcal{Z}$ die der gerichteten Zahlungsströme.

2.23 Bemerkungen. Sei $Z \in \mathcal{Z}$.

(a) $Z(t)$ wird interpretiert als totale Zahlungsbilanz über das Zeitintervall $[0,t]$, $t \geq 0$. Ist K eine Kapitalfunktion, so ist $Z := K - 1$ ein *Zinszahlungsstrom.*

(b) Z ist von beschränkter Variation (BV) auf Kompakta. Bezeichnet

$$V_a^b(Z) := \sup\Big\{\textstyle\sum_{k=1}^{n} |Z(t_k) - Z(t_{k-1})| \,\Big|\, a = t_0 < \cdots < t_n = b\Big\}$$

die *Totalvariation* von Z über $[a, b]$, so gilt für die *unbestimmte Totalvariation*:

$$V_0^\bullet(Z) \le Z_1 + Z_2 - Z_1(0) - Z_2(0) \tag{2.23.1}$$

(dies folgt unmittelbar aus der Definition von V), und es ist

$$\begin{aligned} Z &= Z_+ - Z_-, \quad V_0^\bullet(Z) + |Z(0)| = Z_+ + Z_-, \\ Z_+ &:= \frac{1}{2}\big(V_0^\bullet(Z) + Z + |Z(0)|\big) \in \mathcal{Z}_g, \\ Z_- &:= \frac{1}{2}\big(V_0^\bullet(Z) - Z + |Z(0)|\big) \in \mathcal{Z}_g \end{aligned} \tag{2.23.2}$$

(Jordan-Hahn-Zerlegung von Z, vergleiche Aufgabe 22 sowie Riesz und Sz.-Nagy (1956), Satz I.4, pp. 8, 9). Diese Zerlegung besitzt folgende „Minimaleigenschaft“:

$$\begin{aligned} &Z = Z_1 - Z_2, \quad Z_i \in \mathcal{Z}_g, \quad \big(Z_1(0) = 0 \ \vee \ Z_2(0) = 0\big) \\ &\Longrightarrow \quad Z_+ \le Z_1, \quad Z_- \le Z_2 \end{aligned} \tag{2.23.3}$$

(und damit auch $Z_+(\infty) \wedge Z_-(\infty) < \infty$), denn aus (2.23.1) und (2.23.2) folgt unter den Voraussetzungen von (2.23.3)

$$\begin{aligned} Z_+ &\le \frac{1}{2}\big(Z_1 + Z_2 - (Z_1(0) + Z_2(0)) + Z + |Z(0)|\big) = Z_1, \\ Z_- &\le \frac{1}{2}\big(Z_1 + Z_2 - |Z(0)| - (Z_1 - Z_2) + |Z(0)|\big) \ = Z_2. \end{aligned}$$

(Wie das Korollar zu Theorem 6.14 aus Rudin (1987) zeigt, gilt sogar zusätzlich, daß $Z_1 - Z_+$ und $Z_2 - Z_-$ monoton nichtfallend sind.)

(c) $\mathcal{Z}$ ist also genau die Menge der Verteilungsfunktionen *signierter kompakt-endlicher Borelmaße* auf $[0, \infty)$ (vergleiche 6.6 aus Rudin (1987)).

(d) Analog zu Hilfssatz 1.7 besitzt jeder Zahlungsstrom $Z \in \mathcal{Z}_g$ eine eindeutige Zerlegung

$$Z = Z^{(d)} + Z^{(cs)} + Z^{(ca)} \tag{2.23.4}$$

in einen diskreten Anteil $Z^{(d)}$, einen stetigen singulären Anteil $Z^{(cs)}$ und einen absolutstetigen Anteil $Z^{(ca)}$ mit Dichte $z^{(ca)}$. In Anwendungen gilt normalerweise $Z^{(cs)} \equiv 0$.

Ebenso wie die Zinsintensität kann man im absolutstetigen Fall ($Z \equiv Z^{(ca)}$ mit Lebesgue-Dichte $z := z^{(ca)}$) die *Zahlungsintensität* $\psi := z/Z$ einführen. (Vorsicht: Gelegentlich wird die Dichte z an Stelle von ψ als Zahlungsintensität bezeichnet.) Es gilt dann

$$Z(t) = Z(t_0) \cdot \exp\Big(\int_{t_0}^{t} \psi(\tau)\, d\tau\Big) \qquad \big(Z(t) \wedge Z(t_0) > 0\big). \tag{2.23.5}$$

Im nicht absolutstetigen Fall übertragen sich die Definition 2.4 der kumulativen Zinsintensität und Satz 2.7 sinngemäß.

2.24 Beispiel. Eine (diskrete) *Zeitrente* bestehend aus Zahlungen $z_0, z_1, \ldots \geq 0$ zu Zeitpunkten $t_0, t_1, \ldots \geq 0$

$$Z(t) = \sum_{j=0}^{\infty} z_j \, 1_{[t_j,\infty)}(t) \,, \qquad t \geq 0 \,, \tag{2.24.1}$$

ist ein (deterministischer gerichteter) Zahlungsstrom.

Sei $t \geq 0$. Der Endwert der Zeitrente (2.24.1) bis zur Zeit t ist bei Verzinsung vermöge der Kapitalfunktion $K \colon [0,\infty) \longrightarrow [1,\infty)$ gegeben durch

$$s(Z)(t) := \sum_{t_j \leq t} z_j \cdot \frac{K(t)}{K(t_j)} = K(t) \cdot \int_{[0,t]} \frac{Z(d\tau)}{K(\tau)} \tag{2.24.2}$$

(Aufzinsung der Zahlung z_j zur Zeit t_j bis t vermöge des Aufzinsungsfaktors $K(t) \big/ K(t_j)$). Ihr Barwert ist

$$a(Z)(t) := \sum_{t_j \leq t} \frac{z_j}{K(t_j)} = \int_{[0,t]} \frac{Z(d\tau)}{K(\tau)} \,. \tag{2.24.3}$$

Der Barwert der gesamten Rente ist

$$a(Z) := a(Z)(\infty) = \sum_{j=0}^{\infty} \frac{z_j}{K(t_j)} = \int_{[0,\infty)} \frac{Z(d\tau)}{K(\tau)} \,. \tag{2.24.4}$$

2.25 Definition. *Endwert* und *Barwert* eines ungerichteten Zahlungsstromes Z bis einschließlich zur Zeit t ermittelt vermöge der Kapitalfunktion K sind mit der *Diskontierungsfunktion* $v := 1/K$ gegeben durch

$$s(Z)(t) := \frac{1}{v(t)} \cdot \int_{[0,t]} v(\tau) \, Z(d\tau) \,, \tag{2.25.1}$$

$$a(Z)(t) := \int_{[0,t]} v(\tau) \, Z(d\tau) \,. \tag{2.25.2}$$

Der *Barwert* des gesamten Zahlungsstromes ist

$$a(Z) := a(Z)(\infty) := \int_{[0,\infty)} v(\tau) \, Z(d\tau) \,. \tag{2.25.3}$$

2.26 Bemerkungen. Seien $Z \in \mathcal{Z}$ und K eine Kapitalfunktion.

(a) Wegen $Z_+(\infty) \wedge Z_-(\infty) < \infty$ und $0 < v \leq 1$ ist $0 \leq \int v dZ_+ \wedge \int v dZ_- < \infty$. Folglich sind $a(Z)$ und $s(Z)$ wohldefiniert.

(b) Ist

$$Z(t) = Z(t) \cdot 1_{[0,t_0)}(t) + Z(t_0) \cdot 1_{[t_0,\infty)}(t)$$

ab t_0 konstant (d. h. gilt $\operatorname{supp} \mu_Z \subset [0, t_0]$ für den Träger des durch Z definierten Borelmaßes μ_Z), so ist

$$a(Z)(t) = a(Z)(t_0)\,, \qquad t \geq t_0\,.$$

(c) Die Barwertdefinition 2.25 ist auf den ersten Blick wenig einleuchtend, da nach dem Zahlungsstrom Z und nicht nach der Kapitalfunktion K, der Diskontierungsfunktion v oder der kumulativen Zinsintensität Φ integriert wird. Intuitiv bedeutet dies eine Bewertung der Diskontierung mittels des Zahlungsstromes und nicht umgekehrt. Durch partielle Integration gelangt man zu Barwertformeln, die einer Bewertung des Zahlungsstromes mittels der Kapitalfunktion, der Diskontierungsfunktion oder der kumulativen Zinsintensität entsprechen:

2.27 Satz (Norberg, 1990 und 1993). *Für die Bewertung des Zahlungsstromes $Z \in \mathcal{Z}$ vermöge der Diskontierungsfunktion v, der Kapitalfunktion K und deren kumulativer Zinsintensität Φ gilt*

$$\begin{aligned}
\int\limits_{(s,t]} v(\tau)\, Z(d\tau) &= v(t)\, Z(t) - v(s)\, Z(s) - \int\limits_{(s,t]} Z(\tau - 0)\, v(d\tau) \\
&= v(t)\, Z(t) - v(s)\, Z(s) + \int\limits_{(s,t]} Z(\tau - 0) v(\tau - 0) v(\tau)\, K(d\tau) \qquad (2.27.1) \\
&= v(t)\, Z(t) - v(s)\, Z(s) + \int\limits_{(s,t]} Z(\tau - 0) v(\tau)\, \Phi(d\tau)\,, \qquad 0 \leq s < t\,.
\end{aligned}$$

Speziell für $s = 0$:

$$\begin{aligned}
a(Z)(t) &= v(t)\, Z(t) - \int\limits_{(0,t]} Z(\tau - 0)\, v(d\tau) \\
&= v(t)\, Z(t) + \int\limits_{(0,t]} Z(\tau - 0) v(\tau - 0) v(\tau)\, K(d\tau) \qquad (2.27.2) \\
&= v(t)\, Z(t) + \int\limits_{(0,t]} Z(\tau - 0) v(\tau)\, \Phi(d\tau)\,, \qquad t > 0\,.
\end{aligned}$$

Beweis. Mittels partieller Integration (Aufgabe 1) erhält man die erste Identität in (2.27.1). Für die zweite Identität beachte man, daß nach Aufgabe 2 (a)

$$v \ll K, \qquad \frac{dv}{dK} = -v(\cdot - 0) \cdot v$$

und für die dritte, daß nach Definition von Φ

$$\frac{d\Phi}{dK|_{\mathfrak{B}((0,\infty))}} = v(\cdot - 0)\,.$$

Die Barwertformeln (2.27.2) ergeben sich dann durch Einsetzen von $s = 0$ und Berücksichtigung von

$$v(0)\,Z(0) = \int_{\{0\}} v(\tau)\,Z(d\tau)\,. \qquad \square$$

Zur Interpretation von Satz 2.27 vergleiche man auch Aufgabe 24.

2.28 Beispiele. Anwendung von (2.27.2) bei kontinuierlicher zusammengesetzter Verzinsung mit Zinsintensität $\varphi \equiv \delta$, also $\Phi(d\tau) = \delta\,d\tau$, ergibt

$$a(Z)(t) = Z(t)\cdot v^t + \delta \int_0^t Z(\tau - 0)\,v^\tau\,d\tau. \tag{2.28.1}$$

(a) $Z \equiv 1 \implies 1 = a(Z)(t) = v^t + \delta \int_0^t v^\tau\,d\tau \implies$ Für den Barwert $\overline{a}_{\overline{t}|} := \int_0^t v^\tau\,d\tau$ einer kontinuierlich über $[0, t]$ laufenden Zeitrente des konstanten Jahresbetrages 1, $Z = \mathrm{Id}_{[0,\infty)} \wedge t$, gilt

$$\overline{a}_{\overline{t}|} = \frac{1 - v^t}{\delta} \tag{2.28.2}$$

(vergleiche (2.20.1) in Verbindung mit (2.14.2)).

(b) Einsetzen von $Z = \mathrm{Id}_{[0,\infty)} \wedge t$ in (2.28.1) liefert

$$\overline{a}_{\overline{t}|} = t v^t + \delta \int_0^t v^\tau\,\tau\,d\tau,$$

d. h. für den Barwert $(\overline{I}\,\overline{a})_{\overline{t}|} := 2\int_0^t v^\tau\,\tau\,d\tau$ einer linear über $[0, t]$ wachsenden kontinuierlichen Zeitrente des Betrages 1 im ersten Jahr, $Z\colon \tau \longmapsto \tau^2$, mit Zahlungsintensität

$$\psi\colon \tau \longmapsto \frac{Z'(\tau)}{Z(\tau)} = \frac{2}{\tau}\,,$$

gilt

$$(\overline{I}\,\overline{a})_{\overline{t}|} = 2\,\frac{\overline{a}_{\overline{t}|} - t\,v^t}{\delta} = 2\,\frac{1 - v^t - \delta t\,v^t}{\delta^2}\,. \tag{2.28.3}$$

(c) Sei $Z\colon [0,\infty) \ni \tau \longmapsto \frac{[k\tau]+1}{k} \wedge n = \frac{1}{k}\sum_{j=0}^{nk-1} 1_{[j/k,\infty)}(\tau) \in [0,\infty)$, also eine k-tel-jährlich nk-mal vorschüssig zahlbare Zeitrente des Jahresbetrages 1. Damit ist (vergleiche (2.28.1))

$$\begin{aligned}\ddot{a}_{\overline{n}|}^{(k)} &= nv^n + \frac{\delta}{k}\sum_{j=0}^{nk-1}(j+1)\cdot\int_{j/k}^{(j+1)/k} v^\tau\,d\tau \\ &= nv^n + \frac{1}{k}\sum_{j=0}^{nk-1}(j+1)\cdot\left(v^{j/k} - v^{(j+1)/k}\right) \\ &= nv^n + \left(1-(1-d)^{1/k}\right)\cdot\sum_{j=0}^{nk-1}\frac{j+1}{k}\cdot v^{j/k}.\end{aligned}$$

Bezeichnet man mit

$$\left(I_{\overline{n}|}^{(k)}\ddot{a}\right)_{\overline{n}|}^{(k)} := \frac{2}{k+1}\sum_{j=0}^{nk-1}\frac{j+1}{k}\cdot v^{j/k}$$

den Barwert einer k-tel-jährlich linear wachsenden nk-mal vorschüssig zahlbaren Zeitrente des Jahresbetrages 1 im ersten Jahr, so erhält man als Verallgemeinerung von (2.21.1)

$$\left(I_{\overline{n}|}^{(k)}\ddot{a}\right)_{\overline{n}|}^{(k)} = \frac{2k}{k+1}\,\frac{\ddot{a}_{\overline{n}|}^{(k)} - nv^n}{d^{(k)}}\,. \tag{2.28.4}$$

2.29 Beispiele. Nun wenden wir (2.28.2) bei diskontinuierlicher zusammengesetzter Verzinsung mit Zinssatz $i = r - 1 > 0$, also mit kumulativer Zinsintensität $\Phi(t) = i\cdot[t]$ an (Beispiel 2.5 (a)). Dann gilt

$$a(Z)(t) = Z(t)\cdot v^{[t]} + i\cdot\sum_{\nu=1}^{[t]} Z(\nu-0)\,v^\nu. \tag{2.29.1}$$

(a) $Z \equiv 1, t = n \in \mathbb{N} \implies 1 = v^n + i\cdot\sum_{\nu=1}^{n} v^\nu \implies$ (2.14.1):

$$\ddot{a}_{\overline{n}|} = \frac{1-v^n}{d}\,.$$

(b) $Z(\tau) = [\tau+1]\wedge n, \quad t = n \in \mathbb{N} \quad \implies$

$$\ddot{a}_{\overline{n}|} = nv^n + i\cdot\sum_{\nu=1}^{n}\nu\cdot v^\nu = nv^n + d\sum_{\nu=0}^{n-1}(\nu+1)\,v^\nu,$$

und damit (2.21.1):

$$(I_{\overline{n}|}\ddot{a})_{\overline{n}|} = \frac{\ddot{a}_{\overline{n}|} - nv^n}{d}\,.$$

In Anlehnung an Ergebnisse von Norberg (1990, Theoreme 1 und 2) geben wir jetzt eine axiomatische Begründung der Barwertdefinition 2.25.

2.30 Definition. Eine *Bewertung von Zahlungsströmen* ist eine Abbildung

$$W: [0, \infty) \times \mathcal{Z} \longrightarrow [-\infty, +\infty].$$

$W(t, Z)$ wird interpretiert als Wert des *gesamten* Zahlungsstromes $Z \in \mathcal{Z}$ zur Zeit $t \geq 0$. Eine Bewertung W heißt *regulär*, falls sie folgenden Bedingungen genügt:

$$\textit{Endlichkeit:}\quad W(t, Z) \in \mathbb{R}^1, \quad t \geq 0, \quad Z \in \mathcal{Z}_g \quad \text{mit } Z(\infty) < \infty. \tag{2.30.1}$$

$$\textit{Sensitivität:}\quad W(t, \varepsilon_u) \neq 0, \qquad t, u \geq 0 \quad (\varepsilon_u := 1_{[u,\infty)}). \tag{2.30.2}$$

$$\textit{Additivität:}\quad W(t, Z_1 + Z_2) = W(t, Z_1) + W(t, Z_2)\,, \qquad t \geq 0, \quad Z_i \in \mathcal{Z} \text{ mit } Z_1 + Z_2 \in \mathcal{Z}\,, \tag{2.30.3}$$

falls die rechte Seite wohldefiniert ist.

Monotone Stetigkeit (Beppo-Levi-Eigenschaft):

$$W(\cdot, Z) = \bigvee_{n \in \mathbb{N}} W(\cdot, Z_n), \quad (Z_n)_{n \in \mathbb{N}} \subset \mathcal{Z}_g \text{ mit } Z := \bigvee_{n \in \mathbb{N}} Z_n \in \mathcal{Z}_g. \tag{2.30.4}$$

$$\textit{Unmittelbarkeit:}\ u \longmapsto W(t, \varepsilon_u) \text{ ist rechtsseitig stetig, } t \geq 0. \tag{2.30.5}$$

Konsistenz:

$$W(\cdot, Z) = W\big(\cdot, W(u, Z)\, \varepsilon_u\big), \quad u \geq 0\,, \ Z \in \mathcal{Z}_g \text{ mit } Z(\infty) < \infty\,. \tag{2.30.6}$$

Die Bedingungen (2.30.1) – (2.30.3) sind unmittelbar plausibel. Zu den Forderungen (2.30.4) und (2.30.5) vergleiche man die Bemerkungen 2.36. Die Konsistenzforderung (2.30.6) schließlich, eine Art No-arbitrage-Bedingung, besagt, daß man jeden deterministischen gerichteten Zahlungsstrom Z ohne Wertänderung durch eine Einmalzahlung zu irgendeinem Zeitpunkt u ersetzen kann, wobei der gezahlte Betrag genau der Wert von Z zum Zeitpunkt u sein muß.

2.31 Satz (Norberg, 1990).

(a) *Sei* $K: [0, \infty) \longmapsto [1, \infty)$ *eine Kapitalfunktion. Dann definiert*

$$W: [0, \infty) \times \mathcal{Z} \ni (t, Z) \longmapsto K(t) \cdot a(Z) \in [-\infty, +\infty] \tag{2.31.1}$$

eine reguläre Bewertung von Zahlungsströmen.

(b) *Ist* $W: [0, \infty) \times \mathcal{Z} \longrightarrow [-\infty, +\infty]$ *eine reguläre Bewertung von Zahlungsströmen, so existiert genau eine Kapitalfunktion* $K: [0, \infty) \longrightarrow [1, \infty)$ *mit* (2.31.1). *Diese ist gegeben durch*

$$K(t) := W(t, \varepsilon_0)\,, \qquad t \geq 0\,. \tag{2.31.2}$$

Satz 2.31 erinnert von der Aussage und von der Beweismethode her etwas an den wohlbekannten Darstellungssatz von Riesz, demzufolge ein positives lineares Funktional auf den stetigen reellen Funktionen mit kompaktem Träger als Integral bezüglich eines Borelmaßes aufgefaßt werden kann. Für den Beweis benötigen wir mehrere Hilfssätze.

2.32 Hilfssatz. *Seien* $G\colon [0,\infty) \longrightarrow [0,\infty)$ *rechtsseitig stetig und monoton nichtwachsend und* $(Z_n)_{n\in\mathbb{N}} \subset \mathcal{Z}_g$ *monoton nichtfallend mit* $Z := \bigvee_{n\in\mathbb{N}} Z_n \in \mathcal{Z}_g$. *Dann gilt*

$$\lim_{n\to\infty} \int G\,dZ_n = \int G\,dZ. \tag{2.32.1}$$

Beweis. Da $G \geq 0$ und $(Z_n)_{n\in\mathbb{N}}$ nichtfallend ist, gilt

$$\int\limits_{[0,m)} G\,dZ_n \leq \int\limits_{[0,m)} G\,dZ_{n+1}, \qquad m \in \mathbb{N},\ n \in \mathbb{N}. \tag{2.32.2}$$

Für $G = \sum_{i=1}^{k} \alpha_i 1_{[0,a_i)}$, $\alpha_i \geq 0$, $a_i > 0$, folgt sofort

$$\int\limits_{[0,m)} G\,dZ_n = \sum_{i=1}^{k} \alpha_i Z_n(a_i \wedge m - 0);$$

für beliebige rechtsstetige G greift ein einfaches Approximationsargument. Folglich ist auch $(\int G\,dZ_n)_{n\in\mathbb{N}}$ monoton nichtfallend und $\lim_{n\to\infty} \int G\,dZ_n$ existiert. Andererseits ist $\big(\int_{[0,m)} G\,dZ_n\big)_{m\in\mathbb{N}}$ für alle $n \in \mathbb{N}$ monoton nichtfallend in m. Dies liefert

$$\lim_{n\to\infty} \int G\,dZ_n = \lim_{n\to\infty}\lim_{m\to\infty} \int\limits_{[0,m)} G\,dZ_n \geq \lim_{m\to\infty}\lim_{n\to\infty} \int\limits_{[0,m)} G\,dZ_n$$

und mit (2.32.2) auch

$$\lim_{n\to\infty}\lim_{m\to\infty} \int\limits_{[0,m)} G\,dZ_n \leq \lim_{m\to\infty}\lim_{n\to\infty} \int\limits_{[0,m)} G\,dZ_n\,,$$

insgesamt also

$$\lim_{n\to\infty} \int G\,dZ_n = \lim_{m\to\infty}\lim_{n\to\infty} \int\limits_{[0,m)} G\,dZ_n\,.$$

Ebenso erhält man aus der Tatsache, daß $\big(Z_n(t)\big)$ in n und t monoton nichtfallend ist, $Z_n(\cdot - 0) \nearrow Z(\cdot - 0)$. Mittels des Satzes von B. Levi und partieller Integration (Aufgabe 1) ergibt sich

$$\lim_{n\to\infty} \int G\,dZ_n \;=\; \lim_{m\to\infty}\lim_{n\to\infty} \Big(G(m-0)\,Z_n(m-0) - \int\limits_{[0,m)} Z_n(\cdot - 0)\,dG\Big) =$$

$$= \lim_{m\to\infty} \Big(G(m-0)\, Z(m-0) - \int\limits_{[0,m)} Z(\cdot - 0)\, dG \Big)$$

$$= \lim_{m\to\infty} \int\limits_{[0,m)} G\, dZ = \int G\, dZ\,. \qquad \square$$

Beweis von 2.31 (a).

- Sei $Z \in \mathcal{Z}_g$ mit $Z(\infty) < \infty$. Dann definiert Z ein endliches Maß und $a(Z)$ ist endlich. Also gilt (2.30.1).
- Es gilt (2.30.2): $W(t, \varepsilon_u) = K(t) \cdot a(\varepsilon_u) = K(t)/K(u) > 0,\ t, u \geq 0$.
- Zu (2.30.3): Seien $Z_i \in \mathcal{Z}$ mit $Z_1 + Z_2 \in \mathcal{Z}$ und so, daß nicht einer der beiden Barwerte gleich $+\infty$ und der andere gleich $-\infty$ ist. Dann gilt nach (2.31.1) für alle $t \geq 0$

$$\begin{aligned} W(t, Z_1) + W(t, Z_2) &= K(t)\big(a(Z_1) + a(Z_2)\big) \\ &= K(t)\, a(Z_1 + Z_2) = W(t,\ Z_1 + Z_2)\,. \end{aligned}$$

- Einsetzen von $G := 1/K$ in (2.32.1) zeigt

$$a(Z) = \lim_{n\to\infty} a(Z_n), \qquad 0 \leq Z_n \nearrow Z,$$

  und damit (2.30.4).
- (2.30.5) folgt sofort aus (2.31.1) und der Rechtsstetigkeit von K.
- Seien $t, u \geq 0$ und $Z \in \mathcal{Z}_g$ mit $Z(\infty) < \infty$. Dann liefert (2.31.1)

$$\begin{aligned} W\big(t, W(u, Z) \cdot \varepsilon_u\big) &= K(t) \cdot a\big(W(u, Z) \cdot \varepsilon_u\big) \\ &= \frac{K(t)}{K(u)} \cdot W(u, Z) = W(t, Z)\,. \end{aligned} \qquad \square$$

2.33 Hilfssatz. *Für jede reguläre Bewertung W von Zahlungsströmen gelten*

$$W(\cdot, 0) \equiv 0\,, \tag{2.33.1}$$

$$W(\cdot, Z) \geq 0, \qquad Z \in \mathcal{Z},\ Z \geq 0\,, \tag{2.33.2}$$

$$W(\cdot, -Z) = -W(\cdot, Z), \qquad Z \in \mathcal{Z}_g, \tag{2.33.3}$$

$$W(\cdot, Z) = W(\cdot, Z_+) - W(\cdot, Z_-), \qquad Z \in \mathcal{Z}. \tag{2.33.4}$$

Beweis. Zu (2.33.1): (2.30.1) und (2.30.3) liefern

$$W(t, 0) = 2 \cdot W(t, 0) \in \mathbb{R}^1, \qquad t \geq 0\,.$$

Zu (2.33.2): Für alle $Z \geq 0$ ist $Z = Z \vee 0$, so daß mit (2.30.4) und (2.33.1)

$$W(\cdot, Z) = W(\cdot, Z) \vee W(\cdot, 0) \geq 0\,.$$

Zu (2.33.3): Seien $Z \in \mathcal{Z}_g$ und $t \geq 0$. Sei zunächst $W(t, Z) < \infty$. Dann folgt aus (2.33.1) und (2.30.3)

$$0 = W(t, 0) = W(t, Z - Z) = W(t, Z) + W(t, -Z),$$

also $W(t, -Z) = -W(t, Z)$.

Sei nun $W(t, Z) = \infty$. Unter der Annahme $W(t, -Z) > -\infty$ liefern (2.33.1) und (2.30.3) einen Widerspruch:

$$0 = W(t, Z - Z) = W(t, Z) + W(t, -Z) = \infty.$$

Also gilt (2.33.3) auch in diesem Fall.

Zu (2.33.4): $Z \in \mathcal{Z} \implies Z_+(\infty) < \infty$ oder $Z_-(\infty) < \infty$ ((2.23.3)). Mit (2.30.1), (2.30.3) und (2.33.3) folgt

$$W(\cdot, Z) = W(\cdot, Z_+ - Z_-) = W(\cdot, Z_+) + W(\cdot, -Z_-) = W(\cdot, Z_+) - W(\cdot, Z_-). \quad \square$$

2.34 Hilfssatz.

(a) *Für jedes beschränkte $Z \in \mathcal{Z}_g$ existiert eine monoton nichtfallende Folge von Zeitrenten $(Z_n)_n$ wie in* (2.24.1), *die gleichmäßig gegen Z konvergiert.*

(b) *Für jede reguläre Bewertung W und jede Zeitrente* (2.24.1) *gilt*

$$W(\cdot, Z) = \sum_{j=0}^{\infty} z_j \, W(\cdot, \varepsilon_{t_j}). \tag{2.34.1}$$

Beweis. Zu (a): Ohne Einschränkung sei $Z(\infty) = 1$. Wie üblich setzen wir

$$Z_n(t) := \sum_{i=0}^{2^n} \frac{i}{2^n} \cdot 1_{\{\frac{i}{2^n} \leq Z < \frac{i+1}{2^n}\}}(t) = \frac{1}{2^n} \sum_{i=1}^{2^n} 1_{[Z^{-1}(\frac{i}{2^n}), \infty)}(t).$$

Zu (b): Wegen (2.30.1) und (2.30.3) ist

$$W\big(t, \frac{m}{n} \varepsilon_u\big) = m \, W\big(t, \frac{1}{n} \varepsilon_u\big) = \frac{m}{n} W(t, \varepsilon_u), \qquad t, u \geq 0, \ \{m, n\} \subset \mathbb{N}.$$

Mit (2.30.4) und (2.33.3) folgt

$$W(t, z \, \varepsilon_u) = z \cdot W(t, \varepsilon_u), \qquad t, u \geq 0, \ z \in \mathbb{R}^1. \tag{2.34.2}$$

Also gilt für jede Zeitrente (2.24.1)

$$W(t, Z) = \bigvee_{n \in \mathbb{N}} \sum_{j=0}^{n} W(t, z_j \varepsilon_{t_j}) = \sum_{j=0}^{\infty} z_j \, W(t, \varepsilon_{t_j}), \qquad t \geq 0.$$

(Die erste Identität gilt nach (2.30.4) und (2.30.3), die letzte nach (2.34.2) und (2.33.2).)$\square$

2.35 Hilfssatz. *Für jede reguläre Bewertung W ist K gemäß* (2.31.2) *eine Kapitalfunktion, und es gilt*

$$W(t, \varepsilon_u) = \frac{K(t)}{K(u)}, \qquad t, u \geq 0. \tag{2.35.1}$$

Insbesondere gilt (2.31.1) *für jede Zeitrente* (2.24.1).

Beweis. Ist $Z \in \mathcal{Z}_g$ eine Zeitrente (2.24.1), so folgt (2.31.1) unmittelbar aus (2.34.1) und (2.35.1). Zum Nachweis von (2.35.1) setzen wir $w(t, u) := W(t, \varepsilon_u)$. Einsetzen von $Z = \varepsilon_s$ in (2.30.6) liefert wegen (2.34.2)

$$W(t, \varepsilon_s) = W\big(t, W(u, \varepsilon_s)\,\varepsilon_u\big) = W(u, \varepsilon_s) \cdot W(t, \varepsilon_u),$$

also

$$w(t, s) = w(u, s) \cdot w(t, u), \qquad s, t, u \geq 0. \tag{2.35.2}$$

Durch Einsetzen von $u = t$ folgt unter Beachtung von (2.30.2)

$$w(t, t) = 1, \qquad t \geq 0, \tag{2.35.3}$$

so daß sich mit $t = s$ aus (2.35.2)

$$w(t, u) = \frac{1}{w(u, t)}, \qquad t, u \geq 0, \tag{2.35.4}$$

ergibt. Somit gelten

- $K(0) = w(0, 0) = 1$ ((2.35.3)).
- $K: t \longmapsto w(t, 0) = w(0, t)^{-1}$ ist rechtsseitig stetig (wegen (2.30.5)).
- $\dfrac{K(t)}{K(u)} = \dfrac{w(t, 0)}{w(u, 0)} = w(t, u) = W(t, \varepsilon_u)$, $t, u \geq 0$ (wegen (2.35.2)).
- K ist monoton nichtfallend ($0 \leq s \leq t \implies 0 \leq Z := 1_{[s,\infty)} - 1_{[t,\infty)} \implies$

$$0 \leq W(0, Z) = W(0, \varepsilon_s) - W(0, \varepsilon_t) = \frac{1}{K(s)} - \frac{1}{K(t)},$$

(2.33.2), (2.30.3), (2.33.3) und (2.35.1)). □

Beweis von 2.31 (b). Eindeutigkeit: Aus (2.31.1) folgt mit $a(\varepsilon_0) = 1/K(0) = 1$

$$K(t) = W(t, \varepsilon_0), \qquad t \geq 0. \tag{2.31.2}$$

Existenz: Zum Nachweis, daß mit K gemäß (2.31.2) die Darstellung (2.31.1) für W gilt, genügt es wegen Satz 2.31 (a), (2.30.4) und (2.33.4) die Beziehung (2.31.1) nur für $Z \in \mathcal{Z}_g$ mit kompaktem Träger nachzuweisen. Mit Hilfssatz 2.34 (a) wählen wir eine monoton nichtfallende Folge von Zeitrenten (Z_n), die gleichmäßig gegen Z konvergiert. Dann gilt für alle $t \geq 0$ wegen (2.30.4) und Hilfssatz 2.35

$$W(t, Z) = \lim_{n\to\infty} W(t, Z_n) = K(t) \cdot \lim_{n\to\infty} a(Z_n) = K(t) \cdot a(Z)$$

(letzteres, da $(t, Z) \longmapsto K(t) \cdot a(Z)$ nach Satz 2.31 (a) eine reguläre Bewertung ist). □

2.36 Bemerkungen.

(a) Von Norberg (1990, Abschnitte 3 und 4) wird statt (2.30.5) die Stetigkeit in t benötigt (vergleiche sein Theorem 2 (iii)). Wegen (2.35.4) sind die (Rechts-) Stetigkeit in t und diejenige in u äquivalent.

(b) Die Voraussetzung der monotonen Stetigkeit impliziert nicht diejenige der Unmittelbarkeit. Ausgehend von der Beobachtung, daß punktweise

$$1_{(u,\infty)}(t) = \bigvee_{n\in\mathbb{N}} 1_{[u+\frac{1}{n},\infty)}(t)\,, \qquad t,\, u \geq 0\,,$$

aber

$$1_{[u,\infty)} = \bigvee_{n\in\mathbb{N}} 1_{[u+\frac{1}{n},\infty)}\,,$$

wenn man das Supremum als kleinste obere Schranke im Funktionenverband $\mathcal{Z}_g$ interpretiert, lassen sich die Bedingungen (2.30.4) und (2.30.5) jedoch zusammenfassen:

$$\begin{aligned} W(\cdot, Z) = \bigvee_{n\in\mathbb{N}} W(\cdot, Z_n)\,, \quad (Z_n)_{n\in\mathbb{N}} \subset \mathcal{Z}_g \nearrow,\ \text{beschränkt}, \\ Z := \bigvee_{n\in\mathbb{N}} Z_n \qquad (\text{gebildet in } \mathcal{Z}_g)\,. \end{aligned} \tag{2.30.4'}$$

Offenbar impliziert die *„starke Beppo-Levi-Eigenschaft"* (2.30.4′) die Bedingungen (2.30.4) und (2.30.5). Umgekehrt überprüft man durch eine einfache Modifikation des letzten Beweisteiles von Hilfssatz 2.32, daß jedes W gemäß (2.31.1) die Bedingung (2.30.4′) erfüllt. Da nach Satz 2.31 unserer Fassung jedoch jede reguläre Bewertung im Sinne von Definition 2.30 von der Form (2.31.1) ist, folgt auch (2.30.4′) aus (2.30.4) und (2.30.5).

D Das Äquivalenzprinzip am Beispiel von Sparplänen

Dieser Abschnitt dient der Illustration zweier zentraler Begriffe der Personenversicherungsmathematik, dem des Äquivalenzprinzips und dem des Deckungskapitals, die hier zunächst im Spezialfall deterministischer Zahlungsströme erläutert werden.

Dem *Äquivalenzprinzip* zufolge werden Zahlungsströme an Hand ihrer Werte zu einem festgelegten Zeitpunkt verglichen.

2.37 Definition. Zwei (deterministische) ungerichtete Zahlungsströme $Z_i \in \mathcal{Z}, i = 1, 2$, heißen *äquivalent* unter einer Kapitalfunktion K, wenn ihre vermöge K ermittelten Barwerte endlich sind und übereinstimmen:

$$a(Z_1) = a(Z_2) < \infty\,.$$

Offensichtlich stimmen für äquivalente Zahlungsströme die diskontierten Werte für *jeden gemeinsamen* Bezugszeitpunkt $t \geq 0$ überein:

$$K(t) \cdot \int_{[0,\infty)} \frac{Z_1(d\tau)}{K(\tau)} = K(t) \cdot \int_{[0,\infty)} \frac{Z_2(d\tau)}{K(\tau)} .$$

2.38 Definition. Seien K eine Kapitalfunktion und $Z_L, Z_P \in \mathcal{Z}_g$ deterministische gerichtete Zahlungsströme mit $a(Z_L) \wedge a(Z_P) < \infty$. Dann wird zu jedem Zeitpunkt $t \geq 0$ das *prospektive Deckungskapital* definiert durch

$$\begin{aligned} {}_tV &:= K(t) \cdot \Big(\int_{[t,\infty)} \frac{Z_L(d\tau)}{K(\tau)} - \int_{[t,\infty)} \frac{Z_P(d\tau)}{K(\tau)} \Big) \\ &= K(t) \cdot \big(a\big((Z_L - Z_L(t-0))^+\big) - a\big((Z_P - Z_P(t-0))^+\big)\big) . \end{aligned}$$

Ist ${}_tV$ stets nichtnegativ, so heißt (Z_L, Z_P, K) ein *Sparplan*. Ist ${}_tV$ stets nichtpositiv, spricht man von einem *Kreditvertrag*. $-{}_tV$ heißt dann *Restschuld zur Zeit t*.

Interpretation. Ein Sparplan modelliert einen Vertrag eines Kunden mit einer Bank, bei dem der Kunde den Prämienstrom Z_P an die Bank entrichtet, der diese zur Leistung des insgesamt bei Verzinsung vermöge K gleichwertigen Zahlungsstromes Z_L verpflichtet. ${}_tV$ ist derjenige Betrag, der zum Vertragszeitpunkt t vorhanden sein muß, damit die Bank den Vertrag erfüllen kann. Dabei gelten Zahlungen exakt zur Zeit t konventionsgemäß als noch nicht geleistet. Eine analoge Interpretation gilt für Kreditverträge.

2.39 Beispiel (Teil 1, Teil 2 nach 2.42). *Kapitalplan* bei kontinuierlicher zusammengesetzter Verzinsung ($K = K_Z$): Die Bank verpflichtet sich zur Einmalzahlung eines Kapitals $S > 0$ nach m Jahren,

$$Z_L = S \cdot 1_{[m,\infty)} .$$

Die Finanzierung kann zum Beispiel erfolgen durch eine

- Einmaleinlage (Einmalprämie) von $S\,v^m$ zu Vertragsbeginn; dann ist

$$Z_P = S\,v^m \cdot 1_{[0,\infty)}, \tag{2.39.1}$$

$${}_tV = r^t\,S\,v^m \cdot 1_{[0,m]}(t) - S\,v^m \cdot 1_{\{0\}}(t) = r^t\,S\,v^m \cdot 1_{(0,m]}(t) . \tag{2.39.2}$$

- m Jahre jährlich vorschüssig zahlbare Sparrate (Prämie) P gemäß

$$P\,\ddot{a}_{\overline{m|}} = S\,v^m, \qquad Z_P = P \cdot \sum_{j=0}^{m-1} 1_{[j,\infty)} . \tag{2.39.3}$$

Sei $t \in (\nu - 1, \nu]$, $\nu = 1, \dots, m$. Zukünftig werden Sparraten $P > 0$ fällig zu Zeitpunkten $\nu, \dots, m-1$. Dies ist eine um ν Jahre aufgeschobene jährlich vorschüssig zahlbare Zeitrente der Dauer $m - \nu$. Nach (2.39.3), (2.16.1) und (2.14.1) ist das prospektive Deckungskapital daher

$$
\begin{aligned}
{}_tV &= r^t\big(S\,v^m - P\;{}_{\nu|}\ddot{a}_{\overline{m-\nu}|}\big) = S\,v^{m-t}\Big(1 - v^\nu\,\frac{\ddot{a}_{\overline{m-\nu}|}}{\ddot{a}_{\overline{m}|}}\Big)\\
&= S\,v^{m-t}\Big(1 - v^\nu\,\frac{1-v^{m-\nu}}{1-v^m}\Big) = S\,v^{m-t}\,\frac{1-v^\nu}{1-v^m}
\end{aligned}
$$

und damit

$$
{}_tV = S\,v^{m-t}\,\frac{1-v^{[t-0]+1}}{1-v^m}\cdot 1_{(0,m]}(t)\,. \tag{2.39.4}
$$

2.40 Beispiel. *Zeitrentenplan* bei kontinuierlicher zusammengesetzter Verzinsung ($K = K_Z$): Die Bank verpflichtet sich zum Beispiel zur Zahlung einer um m Jahre aufgeschobenen n-mal jährlich vorschüssig zahlbaren Zeitrente der Höhe $R > 0$:

$$
Z_L = R\cdot\sum_{j=m}^{m+n-1} 1_{[j,\infty)}\,.
$$

Die Finanzierung kann beispielsweise geschehen durch eine

- Einmaleinlage von $R\;{}_{m|}\ddot{a}_{\overline{n}|}$ zu Vertragsbeginn; dann gelten

$$
Z_P = R\;{}_{m|}\ddot{a}_{\overline{n}|}\cdot 1_{[0,\infty)} = R\,v^{m-1}\,\frac{1-v^n}{i}\cdot 1_{[0,\infty)}\,, \tag{2.40.1}
$$

$$
{}_tV = r^t\,R\cdot\begin{cases} {}_{m|}\ddot{a}_{\overline{n}|}\,, & 0 < t \le m\\ {}_{[t+1-0]|}\ddot{a}_{\overline{m+n-[t+1-0]}|}\,, & m < t \le m+n\\ 0, & t > m+n \text{ oder } t = 0,\end{cases}
$$

also mit (2.16.1)

$$
{}_tV = \frac{R\,v^{m-t}}{d}\cdot\begin{cases} 1-v^n\,, & 0 < t \le m\\ v^{[t+1-0]-m} - v^n\,, & m < t \le m+n\\ 0\,, & t > m+n \text{ oder } t = 0\,.\end{cases} \tag{2.40.2}
$$

- m Jahre jährlich vorschüssig zahlbare Sparrate (Prämie) P gemäß $P\,\ddot{a}_{\overline{m}|} = R\;{}_{m|}\ddot{a}_{\overline{n}|}$, also

$$
P = R\,\frac{v^m - v^{m+n}}{1-v^m}\,,\qquad Z_P = P\cdot\sum_{j=0}^{m-1} 1_{[j,\infty)}\,. \tag{2.40.3}
$$

Zur Deckungskapitalberechnung bei Zeitrentenplänen vergleiche Aufgabe 30.

2.41 Beispiel. Für ein in $m = 20$ Jahren beginnendes Studium soll eine $n = 7$ Jahre jährlich vorschüssig zahlbare Rente von $R = 18\,000$ Geldeinheiten durch $t = 15$ jährlich vorschüssig zahlbare Sparraten P bei einem Zinssatz von $i = 7\,\%$ angespart werden.

Das Äquivalenzprinzip mit Bezugszeitpunkt t liefert als Bestimmungsgleichung für P

$$P = \frac{R \cdot_{m-t|}\ddot{a}_{\overline{n}|}}{\ddot{s}_{\overline{t}|}} = R\,\frac{v^m - v^{n+m}}{1 - v^t} \tag{2.40.3'}$$

((2.14.3), (2.16.1)), aus der man $P = 2\,752.39$ Geldeinheiten erhält.

Beispiele von Kreditverträgen finden sich in den Aufgaben 25 und 27.

2.42 Definition. Das *retrospektive Deckungskapital* eines Tripels (Z_L, Z_P, K) zur Zeit $t \geq 0$ ist

$$\begin{aligned} {}^{(r)}_{\ t}V := K(t) \cdot \int\limits_{[0,t)} \frac{Z_P(d\tau)}{K(\tau)} - K(t) \cdot \int\limits_{[0,t)} \frac{Z_L(d\tau)}{K(\tau)} \\ = \frac{K(t)}{K(t-0)} \cdot \big(s(Z_P)(t-0) - s(Z_L)(t-0)\big)\,. \end{aligned}$$

Interpretation. ${}^{(r)}_{\ t}V$ ist der Endwert zur Zeit t der bis ausschließlich zu dieser Zeit aufgelaufenen Verpflichtungen der Bank bzw. des Kunden.

2.39 Beispiel (Teil 2). Bei einem Kapitalplan mit m Jahre jährlich vorschüssig zahlbarer Sparrate gemäß (2.39.3) ist für $t \in (\nu - 1, \nu]$ das retrospektive Deckungskapitel gegeben als Endwert der bisherigen Ratenzahlungen zu Zeitpunkten $0, \ldots, \nu - 1$:

$${}^{(r)}_{\ t}V = P\, v^{-t}\, \ddot{a}_{\overline{\nu}|} = S\, v^{m-t}\, \frac{1 - v^{\nu}}{1 - v^m} = {}_tV.$$

2.43 Satz. *Seien K eine Kapitalfunktion und $Z_L, Z_P \in \mathcal{Z}_g$ unter K äquivalente deterministische gerichtete Zahlungsströme. Dann gilt*

$${}^{(r)}_{\ t}V = {}_tV, \qquad t \geq 0.$$

Beweis. Aus dem Äquivalenzprinzip $a(Z_L) = a(Z_P) < \infty$ folgt

$$\begin{aligned} {}_tV &= K(t) \cdot \Big(a(Z_L) - \int\limits_{[0,t)} \frac{Z_L(d\tau)}{K(\tau)} - \Big(a(Z_P) - \int\limits_{[0,t)} \frac{Z_P(d\tau)}{K(\tau)}\Big)\Big) \\ &= K(t) \cdot \int\limits_{[0,t)} \frac{Z_P(d\tau)}{K(\tau)} - K(t) \cdot \int\limits_{[0,t)} \frac{Z_L(d\tau)}{K(\tau)} = {}^{(r)}_{\ t}V, \quad t \geq 0\,. \end{aligned}$$ □

2.44 Bemerkung. Sind die Kapitalfunktionen bei der Barwertberechnung und der Berechnung des prospektiven Deckungskapitals verschieden oder ist das Äquivalenzprinzip verletzt, so stimmen prospektives und retrospektives Deckungskapital i. a. nicht überein. Stimmen prospektives und retrospektives Deckungskapital nicht überein, so ist ${}_tV$ maßgebend für alle Fragen der Bilanzprüfung (d. h. hinsichtlich dessen, was vorhanden sein muß), während das retrospektive Deckungskapital ${}^{(r)}_{\;t}V$ festlegt, was dem individuellen Vertrag aus dem eigenen Aufkommen zuzuordnen ist.

E Aufgaben

Aufgabe 1 (*Partielle Integration*). Seien $F, G: \mathbb{R}^1 \longrightarrow \mathbb{R}^1$ rechtsseitig stetig und von beschränkter Variation auf Kompakta. Zeigen Sie für alle $-\infty < a < b < \infty$

$$\int_{(a,b]} G(x)\, F(dx) = F(b)\, G(b) - F(a)\, G(a) - \int_{(a,b]} F(y-0)\, G(dy)\,.$$

Hinweis: Satz von Fubini !

Aufgabe 2. Sei $F: \mathbb{R}^1 \longrightarrow \mathbb{R}^1$ von beschränkter Variation auf Kompakta und rechtsseitig stetig. Zeigen Sie:

(a) Ist auch $1/F$ von beschränkter Variation auf Kompakta, so gilt $1/F \ll F$ mit Dichte $(-F(\cdot - 0)\, F)^{-1}$.

(b) Ist F eine Verteilungsfunktion und $k \in \mathbb{N}$, so gilt $F^k \ll F$ mit Dichte

$$\frac{dF^k}{dF} = \sum_{i=0}^{k-1} F^i\, F(\cdot - 0)^{k-i-1}\,.$$

(c) In der Situation von (b) gilt

$$k\, F(\cdot - 0)^{k-1} \leq \frac{dF^k}{dF} \leq k\, F^{k-1}\,.$$

Aufgabe 3. Seien $F: [0, \infty) \longrightarrow [0, \infty)$ eine stetige Verteilungsfunktion und $G := \exp(F)$. Zeigen Sie:

$$G \ll F\,, \qquad \frac{dG}{dF} = G\,.$$

Hinweis: Quantiltransformation !

Aufgabe 4. Berechnen Sie die Zinsintensität und die kumulative Zinsintensität bei gemischter Verzinsung !

Aufgabe 5. Verifizieren Sie die Exponentialformel (2.7.2) direkt für die diskontinuierliche einfache und die diskontinuierliche zusammengesetzte Verzinsung !

Aufgabe 6. Betrachten Sie die Kapitalentwicklung bei einer Einmalzahlung des Betrages B zum Zeitpunkt 0. Schreiben Sie eine Routine, die den jeweils fehlenden Parameter des eingelesenen Datensatzes bestimmt !

Bei der Eingabe steht als erster Parameter G oder Z (gemischte/zusammengesetzte Verzinsung, dieser Wert fehlt nie), dann folgen die Parameter Zinsfuß p (in %), Barwert B, Endwert S und Laufzeit t (in Jahren). Die Verzinsung erfolgt kontinuierlich.

Standardisierungsvorschlag zu allen Programmieraufgaben.

Die Lösung der Aufgaben erfolgt in *TURBO-PASCAL*. Gefragt ist nach dem Quelltext der Programme in einer maschinenlesbaren Form!

Als *Eingabe* dient immer ein Text-File, in dem in jeder Zeile ein Datensatz steht. Numerische Werte sind dabei im *PASCAL*-Format geschrieben; bei Character- und String-Variablen wird nicht zwischen Groß- und Kleinschreibung unterschieden. Alle Daten sind durch mindestens ein Blank voneinander getrennt. Die Reihenfolge der Eingabeparameter ist der jeweiligen Aufgabe zu entnehmen und sollte genau beachtet werden. Eventuell fehlende Werte sind durch einen Unterstrich _ gekennzeichnet.

Das Programm sollte für jeden Datensatz der Eingabe-Datei die gesuchten Werte ermitteln. Zur *Ausgabe* dient wiederum ein Text-File, auf das – im Anschluß an jeden Eingabeparametersatz in derselben Zeile – die ermittelten Werte in der in der Aufgabe angegebenen Reihenfolge (auch jeweils durch mindestens ein Blank getrennt) geschrieben werden.

Beim Start soll das Programm die Namen der Eingabe- und Ausgabe-Datei erfragen.

Biometrische Rechnungsgrundlagen werden im Rahmen des Tabellarischen Anhanges auf der mit der beigefügten Anforderungskarte erhältlichen Diskette (im Verzeichnis A:\DATEN) als *ASCII*-Files zur Verfügung gestellt. Erläuterungen finden sich sowohl auf der Diskette selbst (in A:\READ.ME und in den Kopfzeilen der Daten-Files) als auch in Kapitel 13 und in Abschnitt 3 F. Wo nötig, sollen die Programme auf diese Daten-Files zugreifen und auf ihren Inhalt abgestimmt sein.

Natürlich können die Programmieraufgaben auch in jeder anderen höheren Programmiersprache, etwa *FORTRAN*, *C*, oder *C++* gelöst werden. Daneben bietet sich die Verwendung von Programmpaketen wie *MAPLE* oder *MATHEMATICA* an. Wie die Aufgabensammlung in Appendix C von Gerber (1997) zeigt, sind viele versicherungsmathematische Programmieraufgaben auch für die Bearbeitung mittels eines Tabellenkalkulationsprogrammes, etwa *EXCEL*, geeignet.

Aufgabe 7. Betrachten Sie die Kapitalfunktion

$$K_K : [0, \infty) \ni t \longmapsto \frac{r^{[t]+1}}{1 + i \cdot (1 - (t - [t]))} \in [1, \infty)$$

($r = 1 + i$) der kaufmännischen Verzinsung mit Zinssatz $i > 0$.

(a) Zeigen Sie, daß K_K eine absolutstetige Kapitalfunktion ist!

(b) Skizzieren Sie K_G, K_Z und K_K, und zeigen Sie
- $K_Z([t]) \leq K_K(t) \leq K_Z(t)$,
- $K_Z(t) - K_K(t) = (\delta - d)\, t + O(t^2) \qquad (t \longrightarrow 0)$!

Welche anschauliche Interpretation hat die Diskontierung gemäß K_K?

(c) Berechnen Sie die Zinsintensität und die kumulative Zinsintensität von K_K!

Aufgabe 8. Verallgemeinern Sie die Formel (2.1.2) für die gemischte Verzinsung auf den Fall, daß die Konversionsperioden zu einem Zeitpunkt $s \in [0, 1)$ beginnen und die Verzinsung bis dahin linear ist! Skizze!

Aufgabe 9.
(a) Begründen Sie für die Barwerte n-mal jährlich zahlbarer Zeitrenten folgende Beziehungen:

$$\ddot{a}_{\overline{n}|} = r\, a_{\overline{n}|} = 1 + a_{\overline{n-1}|} \qquad \text{und} \qquad a_{\overline{n}|} = v\, \ddot{a}_{\overline{n}|} = \ddot{a}_{\overline{n+1}|} - 1\,,$$

und geben Sie analoge Formeln für die Endwerte an !
(b) Begründen Sie

$${}_{m|}a_{\overline{n}|} = {}_{m+1|}\ddot{a}_{\overline{n}|}\ !$$

Aufgabe 10.
(a) Gegeben sei die Kapitalfunktion

$$K : t \longmapsto \prod_{k=1}^{[t]} r_k \cdot r_{[t]+1}^{t-[t]}$$

mit variierenden Aufzinsungsfaktoren r_k. Berechnen Sie den durchschnittlichen effektiven Jahresaufzinsungsfaktor für einen Zeitraum $[0, t]$, $t > 0$!
(b) Berechnen Sie den Endwert einer Einmalzahlung von 2 000 Geldeinheiten nach 5 Jahren bei Aufzinsungsfaktoren $r_1 = 1.035$, $r_2 = 1.045$, $r_3 = 1.055$, $r_4 = 1.06$, $r_5 = 1.065$!
(c) („*Sparbuch mit wachsendem Zins*“) Geben Sie die Kapitalfunktion an, bei der die Spareinlagen einer kontinuierlichen gemischten Verzinsung mit Aufzinsungsfaktor r unterliegen und zusätzlich nach Ablauf des ν-ten Vertragsjahres ein verzinslicher Bonus von $b_\nu\%$ der Ersteinlage gewährt wird. (Die Entnahme der Ersteinlage sei erst nach Vertragsablauf gestattet.)
(d) Berechnen Sie mit der Kapitalfunktion aus (c) den Endwert einer Einmalzahlung von 2 000 Geldeinheiten nach 5 Jahren bei $r = 1.025$ und $b_1 = 1$, $b_2 = 2$, $b_3 = 3$, $b_4 = 3.5$, $b_5 = 4$! Vergleich mit (b) !

Aufgabe 11. ${}^{Z}\ddot{B}^{(k)}$ (${}^{Z}B^{(k)}$) bezeichne Barwerte k-tel-jährlich vorschüssig (nachschüssig) zahlbarer Zeitrenten bei zusammengesetzter Verzinsung, ${}^{K}\ddot{B}^{(k)}$ (${}^{K}B^{(k)}$) bei kaufmännischer Verzinsung. In jedem Jahr seien im folgenden die Rentenbeträge jeweils für alle Renten gleich und so, daß die Gesamtrentensumme endlich ist. Zeigen Sie für $d \longrightarrow 0$

$${}^{Z}\ddot{B}^{(k)} = {}^{K}\ddot{B}^{(k)} + O(d^2) \quad \text{und} \quad {}^{Z}B^{(k)} = {}^{K}B^{(k)} + O(d^2)\,.$$

Aufgabe 12. Geben Sie die Barwerte ${}_{m|}\ddot{a}_{\overline{n}|}^{(k)}$ bzw. ${}_{m|}a_{\overline{n}|}^{(k)}$ k-tel-jährlich nk-mal vor- bzw. nachschüssig zahlbarer um m Jahre aufgeschobener Zeitrenten bei zusammengesetzter und kaufmännischer Verzinsung an !

Aufgabe 13. Zeigen Sie, daß für $(k, n) \in \mathbb{N}^2$ bei kaufmännischer und bei zusammengesetzter Verzinsung

$$a_{\overline{n}|} \le a_{\overline{n}|}^{(k)} < \bar{a}_{\overline{n}|} < \ddot{a}_{\overline{n}|}^{(k)} \le \ddot{a}_{\overline{n}|}$$

gilt ! Wann steht „=“ ?

Aufgabe 14. Schreiben Sie eine Routine, die den Barwert a und den Endwert s einer k-tel-jährlich zahlbaren Zeitrente konstanter Jahreshöhe berechnet !

Im Eingabe-File stehen der Verzinsungsmodus K/Z (kaufmännisch/zusammengesetzt), der Zahlungsmodus V/N (vor-/nachschüssig), die Zahlungsdauer n und die Aufschubzeit m in Jahren, das Rentenintervall k, der Zinsfuß p (in %) und die Jahreshöhe A.

Aufgabe 15. Schreiben Sie eine Routine, die in der Situation von Aufgabe 14 den Zinsfuß p (in %) berechnet, falls diese Angabe im Eingabe-File fehlt, stattdessen aber der Barwert a oder der Endwert s angegeben ist !

Aufgabe 16. Berechnen Sie die Barwerte

$$(I_{\overline{\infty}|}\ddot{a})_{\overline{\infty}|} := \lim_{n\to\infty} (I_{\overline{n}|}\ddot{a})_{\overline{\infty}|} \,,$$
$$(I_{\overline{\infty}|}a)_{\overline{\infty}|} := \lim_{n\to\infty} (I_{\overline{n}|}a)_{\overline{\infty}|}$$

ewig wachsender Zeitrenten !

Aufgabe 17.

(a) Sei $(D_{\overline{\ell}|}\ddot{a})_{\overline{n}|}$ $((D_{\overline{\ell}|}a)_{\overline{n}|})$ der Barwert einer n-mal vorschüssig (nachschüssig) jährlich zahlbaren Zeitrente, die mit dem Betrag $\ell \in \mathbb{N}$ beginnt, die folgenden $\ell - 1 < n$ Jahre jährlich um 1 fällt und die restlichen $n - \ell$ Jahre konstant $\equiv 1$ ist (D: decreasing). Begründen Sie:

$$(D_{\overline{\ell}|}\ddot{a})_{\overline{n}|} = (\ell + 1)\,\ddot{a}_{\overline{n}|} - (I_{\overline{\ell}|}\ddot{a})_{\overline{n}|} \,,$$
$$(D_{\overline{\ell}|}a)_{\overline{n}|} = (\ell + 1)\,a_{\overline{n}|} - (I_{\overline{\ell}|}a)_{\overline{n}|} \,.$$

(b) Geben Sie die Barwerte bei zusammengesetzter und kaufmännischer Verzinsung an, wenn die Renten in (a) k-tel-jährlich gezahlt werden !

Aufgabe 18. Geben Sie die Barwerte arithmetisch wachsender und arithmetisch fallender Renten an, falls die jährliche Änderung betragsmäßig von der ersten bzw. der letzten Jahresrente verschieden ist !

Aufgabe 19. (Bezeichnungen wie in (2.21.5)) Begründen Sie die Näherung ${}^{\%}(I_{\overline{n}|}\ddot{a})_{\overline{n}|} \approx {}^{\hat{\imath}}\ddot{a}_{\overline{n}|}$, wobei ${}^{\hat{\imath}}\ddot{a}_{\overline{n}|}$ der Barwert einer n Jahre lang jährlich vorschüssig zahlbaren Zeitrente zum Zinssatz $\hat{\imath} := i - j$ ist !

Aufgabe 20. Wie lauten die Formeln für den Barwert einer nk-mal k-tel-jährlich vorschüssig (nachschüssig) zahlbaren Zeitrente, die mit dem Jahresbetrag 1 beginnt und jährlich um q % des Vorjahresbetrages wächst bei

(a) zusammengesetzter

(b) kaufmännischer

Verzinsung ? Geben Sie das Ergebnis mittels des Barwertes einer jährlich zahlbaren konstanten Zeitrente und eines nur vom Diskontsatz d bzw. Zinssatz i sowie von k abhängigen Korrekturfaktors für unterjährliche Zahlungen an !

Aufgabe 21. Schreiben Sie als Erweiterung von Aufgabe 14 ein Programm zur Berechnung des Barwertes von Zeitrenten, die konstant sind, steigen (ℓ Jahre lang jährlich um Δ oder um q % des Vorjahresbetrages, danach bis zum Rentenende konstant) oder fallen (ℓ Jahre jährlich um Δ, danach bis zum Rentenende konstant).

Als Eingabe verarbeitet das Programm den Verzinsungsmodus K/Z (kaufmännisch/zusammengesetzt), den Zahlungsmodus V/N (vor-/nachschüssig), die Zahlungsdauer n und die Aufschubzeit m in Jahren, das Rentenintervall k (k-tel-jährlich), den Zinsfuß p (in %), die Anfangsjahreshöhe A und den Variationsmodus $C/D/I/\%$ (constant, „standard decreasing", „standard increasing" oder prozentual steigend); auf D, I und % folgen (in der gleichen Zeile) ℓ und Δ (bei D und I) bzw. ℓ und q in % (bei %).

Aufgabe 22. Verifizieren Sie für die Jordan-Hahn-Zerlegung allgemeiner Zahlungsströme $Z = Z_+ - Z_-$ (Abschnitt C, (2.23.2)), daß Z_+ und Z_- gerichtete Zahlungsströme sind!

Aufgabe 23. Zeigen Sie die Linearität folgender Operatoren auf $\mathcal{Z}$: $Z \longmapsto \Delta Z$, $Z \longmapsto Z^{(d)}$ und $Z \longmapsto Z^{(c)}$.

Aufgabe 24. Zeigen Sie, daß für die Bewertung des Zahlungsstromes $Z \in \mathcal{Z}$ vermöge der Diskontierungsfunktion v und deren kumulativer Zinsintensität Φ im Zeitintervall $(s,t]$ die Identitäten

$$\begin{aligned}\int_{(s,t]} v(\tau)Z(d\tau) &= v(t)\,\big(Z(t)-Z(s)\big) - \int_{(s,t]} \big(Z(\tau-0)-Z(s)\big)\,v(d\tau)\\ &= v(t)\,\big(Z(t)-Z(s)\big) + \int_{(s,t]} v(\tau)\,\big(Z(\tau-0)-Z(s)\big)\,v(d\tau)\,,\end{aligned}$$

$$\begin{aligned}\int_{(s,t]} v(\tau)\,Z(d\tau) &= v(s)\,\big(Z(t)-Z(s)\big) + \int_{(s,t]} \big(Z(t)-Z(\tau-0)\big)\,v(d\tau)\\ &= v(s)\,\big(Z(t)-Z(s)\big) - \int_{(s,t]} v(\tau)\,\big(Z(t)-Z(\tau-0)\big)\,\Phi(d\tau)\end{aligned}$$

gelten, und geben Sie Interpretationen durch Vergleich mit (2.27.1) an!

Hinweis: Der Term $v(t)\,\big(Z(t)-Z(s)\big)$ ist der Barwert desjenigen Zahlungsstromes in $(s,t]$, der aus $Z|_{(s,t]}$ dadurch entsteht, daß man den gesamten Kapitalzuwachs auf den Endzeitpunkt verlagert, $\int_{(s,t]} v(\tau)\,\big((Z(\tau-0)-Z(s)\big)\,\Phi(d\tau)$ ist der Barwert des „Zinszahlungsstromes" auf die ab s gemäß Z zu leistenden Zahlungen.

Aufgabe 25. Bei einer *Anleihe* mit einer Laufzeit von n Jahren handelt es sich um ein Kapital B, das ausgeliehen und innerhalb von n Jahren zurückgezahlt wird. Unter Zugrundelegung eines Zinssatzes i sind dann das ausgeliehene Kapital und die Rückzahlungen äquivalent.

- *Ratenschuld*: Über n Jahre wird jährlich nachschüssig ein n-tel des ausgeliehenen Kapitals zuzüglich der auf die Restschuld fälligen Zinsen gezahlt;
- *Annuitätenschuld*: Über n Jahre wird jährlich nachschüssig ein fester Betrag A, die *Annuität*, gezahlt; diese setzt sich aus dem *Zinsanteil* für die Restschuld und dem *Tilgungsanteil* zusammen.

(a) Bestimmen Sie in beiden Fällen die jährlichen Raten, die Höhe der Restschuld sowie für die Raten den Tilgungs- und den Zinsanteil!

(b) Ein Darlehen über 100 000 Geldeinheiten soll bei einem Zinssatz von 8% innerhalb von 5 Jahren getilgt werden. Stellen Sie für beide Rückzahlungsmodi einen *Tilgungsplan* auf,

d. h. eine Tabelle, aus der jährlich die Rate, der Zins, die Tilgung und die Restschuld hervorgehen !

Aufgabe 26. Vergleichen Sie den bei einer Annuitätenschuld und einer Ratenschuld (siehe Aufgabe 25) vom Gläubiger zu zahlenden Gesamtbetrag, falls das aufgenommene Kapital, die Laufzeit und der Zinssatz in beiden Fällen gleich sind !

Aufgabe 27. In der Praxis findet man häufig Anleihen der folgenden Form: Der Gläubiger zahlt C % von B, der Schuldner zahlt über $n-1$ Jahre (*tilgungsfreie Zeit*) jährlich nachschüssig die *nominellen Zinsen* $I\,B$ und am Ende des n-ten Jahres zusätzlich als Tilgung R % von B (B: *Nominalbetrag*, C: *Ausgabe-/Emissionskurs*, R: *Rückkaufswert*). Als Maß für die Rentabilität der Anleihe ermittelt man aus

$$C = 100\,\frac{I}{i}\left(1-\frac{1}{(1+i)^n}\right)+\frac{R}{(1+i)^n}$$

den *Effektivzins* i.

(a) Begründen Sie diesen Ansatz für i !

(b) Seien $C \le 100$ und $R \ge 100$. Dann heißt $100-C$ das *Disagio* und $R-100$ das *Agio* der Anleihe. Zeigen Sie unter dieser Voraussetzung, daß genau ein strikt positiver Effektivzins existiert; für diesen gilt $i \ge I$.

(c) Zu welchem Emissionskurs wird man bei einem marktüblichen Jahreszinssatz von 8% eine 6%-ige Anleihe über 100 000 Geldeinheiten mit einer Laufzeit von 2 Jahren und 100%-iger Rückzahlung auf dem Markt anbieten ?

Aufgabe 28 (*Satz von Baluev, monotone Newtoniteration*). Seien $F\colon [0,\infty) \longrightarrow \mathbb{R}^1$ zweimal stetig differenzierbar, $F'|_{(0,\infty)} < 0$, $F''|_{(0,\infty)} > 0$ und $A \in (F(\infty), F(0))$. Zeigen Sie:

(a) Die Gleichung $F(x) = A$ besitzt genau eine Lösung $x^* \in (0,\infty)$.

(b) Für je zwei Startwerte $x_1 \in (0, x^*]$ und $\hat{x}_1 \in [x^*, \infty)$ konvergieren die Newtoniteration und die „Pseudonewtoniteration"

$$x_{k+1} := x_k - \frac{F(x_k)-A}{F'(x_k)}, \qquad k \in \mathbb{N}, \tag{N}$$

$$\hat{x}_{k+1} := \hat{x}_k - \frac{F(\hat{x}_k)-A}{F'(x_k)}, \qquad k \in \mathbb{N}, \tag{N'}$$

monoton nichtfallend bzw. nichtwachsend gegen x^*:

$$x_k \nearrow x^*, \qquad \hat{x}_k \searrow x^*.$$

Wie erhält man eine a-posteriori-Fehlerabschätzung ?

(c) Was passiert für Startwerte $x_1 > x^*$ oder $\hat{x}_1 < x^*$?

(d) Erläutern Sie die Iterationen an Hand einer Skizze !

Literaturhinweis: Ortega (1972), Abschnitt 8.3.4.

Aufgabe 29. Sei $D > 0$ ein fester Darlehensbetrag, der durch eine diskrete Zeitrente (2.24.1) mit endlicher Gesamtzahlung $G := \sum_{j=0}^{\infty} z_j > D$, nichtnegativen Beträgen $z_j \ge 0$ und äquidistanten Zeitpunkten $t_j > 0$ zurückgezahlt werden soll.

(a) Zeigen Sie: Es existiert genau ein *Effektivzins* $i > 0$, d. h. ein Zinssatz, mit dem für den Barwert des Rückzahlungsstromes gilt

$$a_i(Z) := \sum_{j=0}^{\infty} z_j \, (1+i)^{-t_j} = D \, .$$

(b) Ohne die Voraussetzung $z_j \geq 0$ kann die Eindeutigkeit des Effektivzinses verloren gehen.

(c) Schreiben Sie unter Verwendung von Aufgabe 28 eine Routine zur Berechnung von i, falls statt der Äquidistanz der t_j gefordert wird, daß nur endlich viele Zahlungszeitpunkte $t_0, \ldots, t_n$ existieren ! Im Eingabe-File stehen D, n, $z_0, \ldots, z_n$ und $t_0, \ldots, t_n$.

Aufgabe 30. Berechnen Sie bei Zeitrentenplänen wie in Beispiel 2.40 mit zusammengesetzter Verzinsung das Deckungskapital prospektiv und retrospektiv, und verifizieren Sie die Gleichheit direkt !

Kapitel 3
Ausscheideordnungen in der Lebensversicherung

Nachdem wir in Kapitel 2 mit der Verzinsung einen wesentlichen Teil des ökonomischen Geschehens behandelt haben, welches die Preisbildung bei Versicherungsprodukten bestimmt, wenden wir uns in den folgenden beiden Kapiteln der Modellierung und Analyse des zugrunde liegenden biometrischen Risikos zu. Da die Verzinsung von uns stets als deterministisch angenommen wird, kommt durch das Risiko erstmals der Zufall – und damit die Stochastik – ins Spiel.

Unter „Risiko" verstehen wir in Kapitel 3 stets das Todesfallrisiko, gegebenenfalls nicht nur für Einzelpersonen sondern auch für Gruppen von Leben oder unter zusätzlicher Berücksichtigung von endlich vielen Todesursachen. Solche Risiken können ausschließlich mittels Zufallsvariablen (Lebensdauern und Ausscheideursachen) modelliert werden, da die betrachteten Personen nur einmal ihren Zustand ändern. Das allgemeine Zufallsgeschehen in der Personenversicherungsmathematik hingegen, welches in der Regel darin besteht, daß Personen zwischen endlich vielen Zuständen zu zufälligen Zeitpunkten wechseln, kann nur mit Hilfe stochastischer Prozesse beschrieben werden. Die Behandlung der Grundlagen solcher Modelle, die u. a. in der Pensionsversicherungsmathematik benötigt werden, verschieben wir auf Kapitel 4. Entsprechend dem Anliegen dieses Buches befassen wir uns in den Kapiteln 3 und 4 vorwiegend mit verschiedenen wahrscheinlichkeitstheoretischen Beschreibungsmöglichkeiten des biometrischen Risikos, also der wahrscheinlichkeitstheoretischen Modellbildung, während statistische Aspekte in den Hintergrund treten und nur in Abschnitt 3 F, der die statistische Erfassung des Todesfallrisikos behandelt, eine Rolle spielen.

Wie in Kapitel 2 ist auch in Kapitel 3 die einheitliche Behandlung von „diskreter Methode" und „stetiger Methode" der Versicherungsmathematik ein zentrales Anliegen. Wie dort wird dies dadurch möglich, daß man konsequent an Stelle der Beschreibung des Geschehens *zu* einem Zeitpunkt die Beschreibung des Geschehens *bis zu* einem Zeitpunkt in den Vordergrund stellt. In Kapitel 2 hieß dies beispielsweise, das Konzept der Zinsintensität durch das der kumulativen Zinsintensität zu ersetzen, entsprechend steht in Kapitel 3 an Stelle der Ausscheideintensität die kumulative Ausscheideintensität im Vordergrund. Auf diese Weise entsteht eine starke formale Parallelität zwischen dem Zinskalkül und dem Sterblichkeitskalkül, auf die wir ausdrücklich hinweisen. (Man vergleiche beispielsweise die Exponentialformeln (2.7.2) und (3.1.6).)

Bezeichungsmäßig und in einigen inhaltlichen Details lehnen wir uns in diesem Kapitel an die Kapitel 3, 8 und 9 von Bowers et al. (1986) an, gehen jedoch insbesondere bei zusammengesetzten Ausscheideordnungen und der Statistik von Sterbetafeln deutlich darüber hinaus.

In Abschnitt A befassen wir uns mit einfachen Ausscheideordnungen, also mit der Situation eines unter einem einzigen Risiko stehenden Lebens. Ein zentraler Begriff ist hier, wie erwähnt, der der kumulativen Ausscheideintensität, der zur Exponentialformel (3.1.6) führt. Ebenso ist das Verständnis der Stationaritätsbedingung (3.6.1) von besonderer Wichtigkeit für die weitere Lektüre des Buches.

Abschnitt B ist der Modellierung des Erlöschens einer Gruppe von m unabhängigen Leben gewidmet, die alle nur dem Todesfallrisiko ausgesetzt sind. Den Schwerpunkt bilden Gruppen verbundener Leben, deren kumulative Ausscheideintensität sich nach Satz 3.10 additiv aus denen der einzelnen Leben zusammensetzt. Die Schuette-Nesbitt-Formel (Hilfssatz 3.12), die wir Gerber (1997) entnehmen, dient der Berechnung von Verbleibswahrscheinlichkeiten von Gruppen, deren Bestand nur von der Anzahl der lebenden Mitglieder abhängt. In dem später fast ausschließlich interessierenden Fall $m = 2$ eines Paares kann der nicht an den allgemeinen Ausführungen 3.11 bis 3.14 interessierte Leser die resultierenden Formeln (3.11.7) und (3.11.8) sehr leicht direkt herleiten.

In Abschnitt C verallgemeinern wir die Überlegungen aus Abschnitt A auf zusammengesetzte Ausscheideordnungen, also auf die Situation eines unter mehreren Risiken („Ausscheideursachen") stehenden Lebens. Auch hier beruht die Darstellung wesentlich auf kumulativen Ausscheideintensitäten. Unser Hauptanliegen ist die Klärung der Begriffe „unabhängige Wahrscheinlichkeiten" und „abhängige Wahrscheinlichkeiten", die seit Karup (1893) in der versicherungsmathematischen Literatur eine große Rolle spielen. Der Satz 3.23 von Karup-Loewy zeigt, daß sich unabhängige Wahrscheinlichkeiten tatsächlich mit Hilfe von Verteilungsfunktionen stochastisch unabhängiger Zufallsvariablen, sogenannter latenter Ausfallzeiten, interpretieren lassen. Statistische Anwendungsmöglichkeiten und -beispiele für diesen Sachverhalt werden in 3.27 bis 3.30 diskutiert. In Bemerkung 3.31 wird die Stationaritätsbedingung auf mehrere Ausscheideursachen verallgemeinert. Die Darstellung von Abschnitt C geht davon aus, daß sich die Ausscheideursachen a priori nicht notwendig gegenseitig ausschließen. Dies macht die Notation etwas aufwendiger, da man zunächst von den Einzelursachen zu Kombinationen von Ausscheideursachen übergehen muß, um wechselseitig exklusive Risiken zu erhalten. (Natürlich hätte man mit diesem Argument gleich ohne Beschränkung der Allgemeinheit annehmen können, daß sich die Ausscheideursachen gegenseitig ausschließen.)

Von Abschnitt D über Sterbegesetze, die hier nur der Vollständigkeit halber und summarisch besprochen werden, machen wir im weiteren Verlauf des Buches keinen wesentlichen Gebrauch.

In Abschnitt E befassen wir uns mit der ganzzahlig gestutzten zukünftigen Lebensdauer, deren Verteilung im Gegensatz zu der der nicht gestutzten („vollständigen") zukünftigen Lebensdauer aus einer Vertafelung der einjährigen bedingten Sterbenswahrscheinlichkeiten („Sterbetafel") abgelesen werden kann. Insbesondere beschäftigt uns in Satz 3.42, Bemerkungen 3.43 und Aufgabe 16 die Frage, welche Zusatzannahmen über das unterjährige Ausscheiden sinnvollerweise gemacht werden sollten, um auch die Verteilung der vollständigen zukünftigen Lebensdauer aus einer Sterbetafel berechnen zu können.

Abschnitt F behandelt die Gewinnung von biometrischen Rechnungsgrundlagen, insbesondere die Herleitung von Sterbetafeln aus geeigneten Beobachtungen. Er ist damit der einzige Abschnitt des gesamten Buches, der primär statistischen Fragestellungen gewidmet ist. Trotzdem setzt seine Lektüre keine wesentlichen Kenntnisse der Mathematischen Statistik voraus. Für Leser, die die Rechnungsgrundlagen als gegeben hinzunehmen bereit sind, ist die Lektüre dieses Abschnittes weitgehend entbehrlich. Im Zentrum unserer Darstellung steht die Auffassung des Problems der Sterbetafelerstellung als *statistisches Kurvenschätzproblem.* Sie ermöglicht es, die Statistik von Sterbetafeln in die inzwischen sehr umfangreiche Literatur zur (vorwiegend nichtparametrischen) Kurvenschätzung einzubetten und das in der versicherungsmathematischen Literatur nach wie vor verbreitete Mißverständnis zu bereinigen, es handele sich primär um ein *numerisches Ausgleichsproblem* (für relative Sterbenshäufigkeiten zu verschiedenen Lebensjahren). Im Hinblick auf die Fülle der zur Verfügung stehenden statistischen Modelle und Schätzverfahren sowie unser Bestreben, keine weitergehenden Statistikkenntnisse vorauszusetzen, ist unsere Darstellung hier teilweise informell, weitgehend beweisfrei und als ein erster Einblick gedacht, allerdings mit dem Ziel, auch auf einschlägige neuere Entwicklungen der Mathematischen Statistik hinzuweisen. Wir beginnen mit einigen grundsätzlichen Ausführungen zu Sterblichkeitsbeobachtungen an Personengesamtheiten, die u. a. auch zur Abgrenzung verschiedener Typen von Sterbetafeln (Periodentafeln, Generationentafeln, Selektionstafeln) benötigt werden. Im Hauptteil des Abschnittes befassen wir uns mit der Erstellung von Periodensterbetafeln. Diese zerfällt in drei Schritte:

- Die Ermittlung von „rohen Sterbenswahrscheinlichkeiten", also von relativen Sterbenshäufigkeiten zu jedem *einzelnen* ganzzahligen Lebensalter (Bemerkung 3.47 bis hin zu den Ausführungen im Anschluß an Bemerkung 3.57),
- die Glättung (Ausgleichung) der rohen Sterbenswahrscheinlichkeiten, um eine Schätzung der einjährigen Sterbenswahrscheinlichkeiten *als Funktion* des Lebensalters zu erhalten (Bemerkung 3.58 bis Beispiel 3.79) und schließlich, soweit die Sterbetafel der versicherungsmathematischen Tarifierung dienen soll,

- die Einarbeitung von Sicherheitszu- oder abschlägen. Da dieser Schritt wesentlich von außermathematischen aktuariellen Gesichtspunkten bestimmt wird, wird er hier nicht behandelt.

Bei unserer Darstellung der Statistik von rohen Sterbenswahrscheinlichkeiten konzentrieren wir uns auf die Geburtsjahrmethode (Definition 3.53 bis Bemerkung 3.55) und die Verweildauermethode (Definition 3.56 und Bemerkung 3.57). Der Schwerpunkt unserer Ausführungen zu Glättungsverfahren liegt auf der Glättung mittels Splines (Satz und Definition 3.63) und der verwandten Whittaker-Henderson-Glättung (Satz und Definition 3.61). Wir gehen dabei insbesondere auf *statistische* Optimalitätsresultate wie den Minimax-Satz von Speckman (Satz 3.68) und auf die datenabhängige Wahl des Glättungsparameters durch die Methode der Kreuzvalidierung (Definition 3.70 und Bemerkung 3.71) ein. Daneben stellen wir kurz die Glättung durch gleitende Mittel (Definition 3.72) und durch Kernschätzer (Definitionen 3.75 und 3.77) vor. Von besonderer Wichtigkeit sind dabei der Zusammenhang zwischen beiden Methoden (Hilfssatz 3.76) und die Hinweise auf „Randeffekte" im Umfeld der Definition 3.77). Auf parametrische Glättungsverfahren können wir hier nur ganz am Rande eingehen (Bemerkung 3.79). Den Abschluß dieses Abschnittes bilden einige Ausführungen zum loglinearen Ansatz bei der Erstellung von Generationensterbetafeln.

A Ein unter einem Risiko stehendes Leben

Gegenstand dieses Abschnittes sind Personengesamtheiten, die auf Grund einer einzigen Ausscheideursache abnehmen. Dies entspricht der Situation, die der Versicherung eines unter einem einzigen Risiko stehenden Lebens zugrunde liegt; die Ausscheideursache bezeichnen wir deshalb unabhängig von ihrer Natur als „Tod". Die Personengesamtheit wird gelegentlich als *Kollektiv* oder, falls sie nur aus gleichaltrigen, gleichgeschlechtlichen Personen besteht, als *Kohorte* bezeichnet.

Sei $T_x \geq 0$ die zukünftige Verweildauer von (x) im Kollektiv („Restlebensdauer"), aufgefaßt als Zufallsvariable auf einem Wahrscheinlichkeitsraum $(\Omega, \mathfrak{A}, P)$. Im folgenden studieren wir die Verteilung $\mathcal{L}(T_x|P)$ von T_x unter P.

3.1 Bemerkung. Die Verteilung $\mathcal{L}(T_x|P)$ kann beschrieben werden durch ihre *Verteilungsfunktion*

$$F_x\colon [0, \infty) \ni t \longmapsto P(T_x \leq t) =: {}_tq_x \in [0, 1], \tag{3.1.1}$$

ihre *Überlebensfunktion (Survivalfunktion)*

$$S_x := 1 - F_x\colon [0, \infty) \ni t \longmapsto P(T_x > t) =: {}_tp_x \in [0, 1], \tag{3.1.2}$$

oder ihre *kumulative Ausscheideintensität (kumulative Sterbeintensität, kumulative Hazardrate, kumulative Ausfallrate)*

$$\Lambda_x : [0, \infty) \ni t \longmapsto \int\limits_{[0,t]} \frac{dF_x}{1 - F_x(\cdot - 0)} \in [0, \infty] . \tag{3.1.3}$$

Wegen $\dfrac{dF_x}{d\Lambda_x} = 1 - F_x(\cdot - 0)$ gilt

$$F_x(t) = \int\limits_{[0,t]} \big(1 - F_x(\cdot - 0)\big)\, d\Lambda_x , \qquad t \geq 0 . \tag{3.1.4}$$

Als explizite Darstellung der Überlebensfunktion erhält man unter Beachtung von (3.1.4), sowie von $F_x^{-1}(1) = \Lambda_x^{-1}\big(\Lambda_x(\infty)\big)$ (Aufgabe 3 (a)) und

$$\Delta\Lambda_x = \frac{\Delta F_x}{1 - F_x(\cdot - 0)} \leq 1 \tag{3.1.5}$$

aus dem nachstehenden Hilfssatz die zu (2.7.2) analoge Exponentialformel

$$S_x(t) = \exp\big(-\Lambda_x^{(c)}(t)\big) \cdot \prod_{0 \leq \tau \leq t} \big(1 - \Delta\Lambda_x(\tau)\big) , \quad t \geq 0 . \tag{3.1.6}$$

Insbesondere sind F_x und S_x durch Λ_x eindeutig bestimmt.

Das folgende Resultat findet sich in Gill (1983), Lemma 3.2.1 und Appendix 4. Gleichung (3.2.1) ist ein Spezialfall der Vorwärtsgleichung (4.49.2) für die Übergangsmatrix eines Markovschen Sprungprozesses mit endlichem Zustandsraum. Für eine Formulierung von Hilfssatz 3.2 mittels der in Anhang 12 A dargestellten Theorie der Produktintegrale vergleiche Gill und Johansen (1990), Theorem 11 (siehe auch Folgerung 12.18).

3.2 Hilfssatz. *Seien* $\Lambda : [0, \infty) \longrightarrow [0, \infty]$ *eine Verteilungsfunktion,* $\omega := \Lambda^{-1}\big(\Lambda(\infty)\big)$ *und* $\Delta\Lambda \cdot 1_{[0,\omega]} \leq 1$. *Dann besitzt die Volterrasche Integralgleichung*

$$S(t) = 1 - \int\limits_{[0,t]} S(\tau - 0)\, \Lambda(d\tau) , \qquad t \in [0, \omega] \cap \mathbb{R}^1 , \tag{3.2.1}$$

genau eine Lösung, die BV auf Kompakta ist, nämlich

$$S : t \longmapsto \exp\big(-\Lambda^{(c)}(t)\big) \cdot \prod_{0 \leq \tau \leq t} \big(1 - \Delta\Lambda(\tau)\big) . \tag{3.2.2}$$

$F := (1 - S) \cdot 1_{[0,\omega)} + \big(1 - S(\omega)\big) \cdot 1_{[\omega,\infty)}$ *ist eine substochastische Verteilungsfunktion und stochastisch, falls* $\Lambda(\omega) = \infty$ *oder* $\omega < \infty$ *und* $\Delta\Lambda(\omega) = 1$.

Beweis. Existenz und Eindeutigkeit der Lösung sowie (3.2.2) folgen analog zum Beweis von Satz 2.7 (Aufgabe 1).

Offenbar ist $0 \le F \le 1$, F monoton nichtfallend und rechtsseitig stetig. Sei nun $\Lambda(\infty) = \Lambda(\omega) = \infty$. Ist $\Lambda^{(c)}(\omega) = \infty$, so folgen $S(\omega) = 0$ und $F(\omega) = 1$. Ist

$$\Lambda^{(d)}(\omega) = \sum_{0 \le \tau \le \omega,\ \tau < \infty} \Delta\,\Lambda(\tau) = \infty\,,$$

so liefert die Abschätzung

$$\prod_{0 \le \tau \le t} \big(1 - \Delta\Lambda(\tau)\big) \le \exp\big(-\sum_{0 \le \tau \le t} \Delta\,\Lambda(\tau)\big)\,, \qquad 0 \le t < \omega\,,$$

ebenfalls $F(\omega) = 1$. Ist $\Delta\Lambda(t) = 1$ für ein $t \in [0, \omega) \cap \mathbb{R}^1$, so gilt $F\big|_{[t,\infty)} \equiv 1$. □

Im Zusammenhang mit Hazardraten und Exponentialformeln macht der rechte Eckpunkt der Verteilung oft technische Schwierigkeiten. Diesbezüglich ist die folgende Aussage hilfreich, die wir später beim Beweis des Satzes von Karup-Loewy benötigen.

3.3 Folgerung. *Seien $F\colon [0, \infty) \longrightarrow [0, 1]$ eine Wahrscheinlichkeitsverteilungsfunktion mit kumulativer Ausscheideintensität Λ und $\omega := F^{-1}(1) = \Lambda^{-1}\big(\Lambda(\infty)\big)$. Dann können folgende Fälle auftreten:*

(a) $\omega = \infty$, $\Lambda\big([0, \infty)\big) \subset [0, \infty)$, $\Lambda(\infty) = \infty$

(b) $\omega < \infty$, $\Delta F(\omega) = 0$, $\Lambda(\omega) = \infty$, $\Delta\Lambda(\omega) = 0$

(c) $\omega < \infty$, $\Delta F(\omega) > 0$, $\Lambda(\omega) < \infty$, $\Delta\Lambda(\omega) = 1$.

In allen Fällen gilt $\Delta\Lambda\big|_{[0,\omega)} < 1$.

Beweis. Sei zunächst $\omega = \infty$. In diesem Falle ist $1 - F$ auf Kompakta von 0 weg beschränkt und folglich $\Lambda\big([0, \infty)\big) \subset [0, \infty)$. Wir nehmen an, daß $\Lambda(\infty) < \infty$. Dann ist

$$\sum_{\tau \in [0,\infty)} \Delta\Lambda(\tau) = \Lambda^{(d)}(\infty) < \infty\,.$$

Wählen wir $C > 0$ so, daß $\sum_{\tau \in [C,\infty)} \Delta\Lambda(\tau) \le \frac{1}{2}$, dann folgt vermöge $\log(1 - x) \ge -2x$, $x \in [0, \frac{1}{2}]$

$$\prod_{\tau \in [C,\infty)} \big(1 - \Delta\Lambda(\tau)\big) \ge \exp\big(-2 \sum_{\tau \in [C,\infty)} \Delta\Lambda(\tau)\big) \ge e^{-1}.$$

Mit der Exponentialformel (3.1.6) erhält man

$$1 - F(\infty) = \exp\big(-\Lambda^{(c)}(\infty)\big) \cdot \prod_{\tau \in [0,\infty)} \big(1 - \Delta\Lambda(\tau)\big) > 0\,,$$

also einen Widerspruch dazu, daß F stochastisch ist.

Seien nun $\omega < \infty$ und $\Delta F(\omega) = 0$. Nach (3.1.5) ist dann auch $\Delta\Lambda(\omega) = 0$. Wie im Fall (a) zeigt man durch ein Widerspruchsargument unter Ausnutzung von $F(\omega - 0) = 1$, daß $\Lambda(\omega) = \infty$.

Ist schließlich $\omega < \infty$ und $\Delta F(\omega) > 0$, so ist $1 - F$ auf $[0, \omega)$ von 0 weg beschränkt und folglich $\Lambda(\omega) < \infty$ nach Definition. Aus (3.1.5) folgt

$$\Delta\Lambda(\omega) = \frac{F(\omega) - F(\omega - 0)}{1 - F(\omega - 0)} = 1.$$

Der Zusatz folgt ebenfalls aus (3.1.5). □

3.4 Bemerkung. Sei nun $\mathcal{L}(T_x) \ll \lambda^1|_{\mathfrak{B}([0,\infty))}$, $x \geq 0$. Dann kann die Verteilung beschrieben werden durch ihre *Lebesgue-Dichte* f_x,

$$\int_s^t f_x(\tau)\,d\tau = F_x(t) - F_x(s) = P(s < T_x \leq t) =: {}_{s|t-s}q_x \qquad (0 \leq s \leq t) \quad (3.4.1)$$

oder ihre *Ausscheideintensität (Sterbeintensität, Hazardrate, Ausfallrate)*

$$\lambda_x := \frac{f_x}{S_x} \qquad (0/0 := 0)\,. \quad (3.4.2)$$

Die Ausscheideintensität kann analog zu der durch (2.3.1) definierten Zinsintensität interpretiert werden:

$$\frac{P(t < T_x \leq t + \Delta \mid T_x > t)}{\Delta} = \frac{\int_t^{t+\Delta} f_x(\tau)\,d\tau}{\Delta \cdot S_x(t)} \xrightarrow{\Delta \searrow 0} \lambda_x(t) \quad \lambda^1\text{-f.ü.}; \quad (3.4.3)$$

$\lambda_x(t)$ beschreibt die relative Momentansterblichkeit zur Zeit t,

$$\lambda_x(t) \cdot \Delta \approx P(t < T_x \leq t + \Delta \mid T_x > t), \qquad \Delta \text{ „klein“}.$$

Auf Grund des verallgemeinerten Hauptsatzes der Differential- und Integralrechnung gilt Lebesgue-fast überall auf $[0, F_x^{-1}(1)]$

$$\lambda_x(t) = \frac{d}{dt}\Lambda_x(t) \quad (3.4.4)$$

und analog zu (2.3.2)

$$\lambda_x(t) = -\frac{d}{dt}\log S_x(t) = -\frac{d}{dt}\log {}_tp_x\,. \quad (3.4.5)$$

Daraus folgt als Spezialfall der Exponentialformel (3.1.6) (vergleiche Aufgabe 2)

$$S_x(t) = \exp\Big(-\int_0^t \lambda_x(\tau)\,d\tau\Big) = \exp\big(-\Lambda_x(t)\big), \qquad t \geq 0. \quad (3.4.6)$$

3.5 Bemerkung. Mit diesen Beschreibungen einer Lebensdauerverteilung können versicherungsmathematisch interessante Größen berechnet werden, zum Beispiel

$$\omega_x := x + F_x^{-1}(1)\,, \quad (3.5.1)$$

das *rechnerische Höchstalter von* (x),

$$\operatorname{med}(T_x) := F_x^{-1}\Big(\frac{1}{2}\Big), \tag{3.5.2}$$

die *(vollständige) mittlere Restlebensdauer von* (x),

$$\overset{\circ}{e}_x := E(T_x) = \int_0^\infty S_x(t)\,dt = \int_0^\infty {}_t p_x\,dt\,, \tag{3.5.3}$$

die *(vollständige) Restlebenserwartung von* (x), und falls $\overset{\circ}{e}_x < \infty$,

$$\begin{aligned}\operatorname{Var}(T_x) &= E(T_x^2) - \big(E(T_x)\big)^2\\ &= \int_0^\infty S_x(\sqrt{t})\,dt - \big(\overset{\circ}{e}_x\big)^2 = \int_0^\infty {}_{\sqrt{t}}p_x\;dt - \big(\overset{\circ}{e}_x\big)^2.\end{aligned} \tag{3.5.4}$$

3.6 Bemerkung und Definition. Im folgenden wird stets die schon aus Aufgabe 1.6 bekannte *Stationaritätsbedingung (Verträglichkeitsbeziehung)*

$$P(T_{x+s} > t) = P(T_x > s+t \mid T_x > s), \qquad s,t,x \geq 0\,, \tag{3.6.1}$$

gefordert, die die Verteilungen der zukünftigen Lebensdauern für verschiedene Lebensalter verknüpft: Die Verteilung der zukünftigen Lebensdauer eines s-Jährigen ergibt sich aus der Verteilung der Lebensdauer eines Neugeborenen ($x = 0$) *ausschließlich* durch Berücksichtigung der Zusatzinformation, daß inzwischen das Alter s erreicht wurde. Andere Zusatzinformationen (etwa das Ergebnis einer Risikoprüfung) spielen keine Rolle. Bezogen auf das zugrunde liegende Kollektiv bedeutet (3.6.1) also, daß es sich um eine *stationäre Personengesamtheit* handelt: Jährlich wächst eine Kohorte gleicher Stärke nach, alle Kohorten zeigen dasselbe Absterbeverhalten. Die dieses Absterbeverhalten steuernden einjährigen Sterbenswahrscheinlichkeiten können dann rein altersabhängig geschätzt und tabelliert werden (vergleiche Aufgabe 1.6 (a)).

Ein System $\mathcal{L}(T_x|P)$, $x \geq 0$, von Verteilungen zukünftiger Lebensdauern von (x) heißt *einfache Ausscheideordnung*, falls die Stationaritätsbedingung (3.6.1) erfüllt ist. Diese Sprechweise ist sinnvoll, kollidiert aber mit dem üblichen Sprachgebrauch, demzufolge meist die Folge ℓ_x, $x \in \mathbb{N}_0$, der erwarteten Anzahlen der Lebenden bei einem einzigen Risiko als einfache Ausscheideordnung bezeichnet wird.

Aus der Stationaritätsbedingung folgt die Existenz eines $\omega_0 \in [0, \infty]$ mit

$$P(T_x > 0) = \begin{cases} 1\,, & x < \omega_0 \\ 0\,, & x \geq \omega_0 \end{cases} \tag{3.6.2}$$

(beachte $0/0 := 0$ und vergleiche Aufgabe 1.6 (b)). Weiterhin folgen

$${}_{s+t}p_x = P(T_x > s)\,P(T_x > s+t \mid T_x > s) = {}_s p_x\,{}_t p_{x+s}\,, \qquad s,t,x \geq 0\,, \tag{3.6.3}$$

und

$$
\begin{aligned}
{}_{s+t}q_x - {}_sq_x &= P(s < T_x \le s+t) \\
&= P(T_x > s) \cdot \big(1 - P(T_x > s+t \mid T_x > s)\big) = {}_sp_x \, {}_tq_{x+s} \,, \qquad s,t,x \ge 0 \,.
\end{aligned} \tag{3.6.4}
$$

Von diesen Konsequenzen der Stationaritätsbedingung wird in der Literatur zur Lebensversicherungsmathematik fast durchgängig (und unvermeidbar) Gebrauch gemacht, ohne daß (3.6.1) jemals explizit als Voraussetzung genannt wird. Eine Ausnahme ist Bowers et al. (1986), Abschnitt 3.2.2.

3.7 Satz. *Äquivalent sind:*

(a) *Die Stationaritätsbedingung* (3.6.1).

(b) *Es gelten*

$$
\omega_x = \begin{cases} \omega_0 \,, & x < \omega_0 \\ x \,, & x \ge \omega_0 \,, \end{cases} \tag{3.7.1}
$$

$$
\Lambda_x(t) = \Lambda_0(x+t) - \Lambda_0(x), \qquad x + t \le \omega_0 \,,\ x < \omega_0 \,. \tag{3.7.2}
$$

Ist $\mathcal{L}(T_x) \ll \lambda^1\big|_{\mathfrak{B}([0,\infty))}$, $x < \omega_0$, *so ist zu* (a) *und* (b) *äquivalent:*

(c) *Es gelten*

$$
\mathcal{L}(T_x) = \varepsilon_0 \,, \qquad x \ge \omega_0 \,, \tag{3.7.3}
$$

$$
\lambda_x \overset{(\lambda^1)}{=} \lambda_0(x + \cdot) \,, \qquad x < \omega_0 \,. \tag{3.7.4}
$$

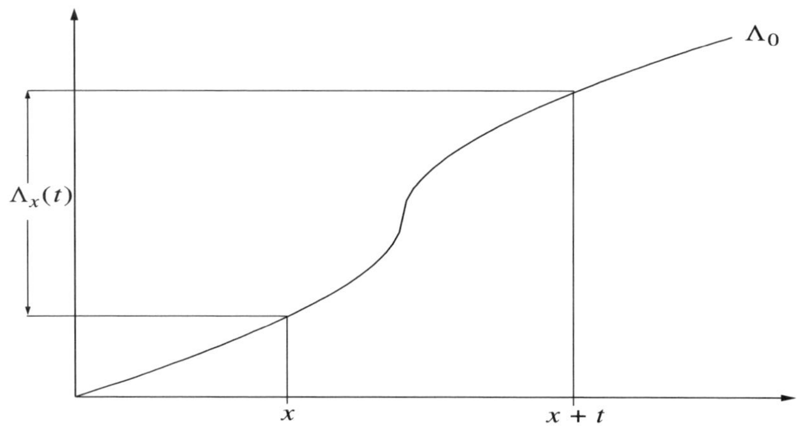

Illustration zu (3.7.2)

3.8 Bemerkung. Bedingung (3.7.1) besagt, daß das rechnerische Höchstalter vom Eingangsalter x unabhängig ist und daß Personen, die es überlebt haben, fast sicher unmittelbar sterben. Nach Bedingung (3.7.2) ergibt sich die Familie der kumulativen Ausscheideintensitäten für verschiedene Lebensalter aus den Zuwächsen einer *einzigen* kumulativen Ausscheideintensität Λ_0. Bedingung (3.7.4) schließlich sagt aus, daß die Ausscheideintensität $(x, t) \longmapsto \lambda_x(t)$ Lebesgue-fast überall nur vom erreichten Alter $x + t$ abhängt, nicht aber davon, wie sich dieses aus dem Alter x bei Beobachtungsbeginn (Versicherungsbeginn) und der seither verstrichenen Zeit t zusammensetzt.

Beweis von Satz 3.7. (3.6.1) $\Longrightarrow$ (3.7.1): Sei $x \geq \omega_0$. Wegen (3.6.2) ist $\mathcal{L}(T_x) = \varepsilon_0$, also $\omega_x = x$. Ist $x < \omega_0$, so erhalten wir für alle $t \geq x$ aus (3.6.1) folgende Kette von Äquivalenzen:

$$\begin{aligned} x + F_x^{-1}(1) > t \quad &\Longleftrightarrow \quad P(T_x > t - x) > 0 \quad \Longleftrightarrow \quad P(T_0 > t \mid T_0 > x) > 0 \\ &\Longleftrightarrow \quad P(T_0 > t) > 0 \qquad\quad \Longleftrightarrow \quad t < F_0^{-1}(1) = \omega_0\,. \end{aligned}$$

In diesem Fall gilt also $x + F_x^{-1}(1) = \omega_0$.

(3.6.1) $\Longrightarrow$ (3.7.2): Für $t, x \geq 0$, $x + t \leq \omega_0$ und $x < \omega_0$ gelten nach (3.1.6)

$$P(T_0 > x + t \mid T_0 > x) = \frac{\exp(-\Lambda_0^{(c)}(x+t)) \cdot \prod_{0 \leq \tau \leq x+t}(1 - \Delta\Lambda_0(\tau))}{\exp(-\Lambda_0^{(c)}(x)) \cdot \prod_{0 \leq \tau \leq x}(1 - \Delta\Lambda_0(\tau))} \tag{3.7.5}$$

und

$$P(T_x > t) = \exp\bigl(-\Lambda_x^{(c)}(t)\bigr) \cdot \prod_{0 \leq \tau \leq t} \bigl(1 - \Delta\Lambda_x(\tau)\bigr)\,. \tag{3.7.6}$$

Mit (3.6.1) folgt

$$\begin{aligned} &\exp\bigl(-\Lambda_0^{(c)}(x+t) + \Lambda_0^{(c)}(x)\bigr) \cdot \prod_{x < \tau \leq x+t} \bigl(1 - \Delta\Lambda_0(\tau)\bigr) \\ &\qquad = \exp\bigl(-\Lambda_x^{(c)}(t)\bigr) \cdot \prod_{0 \leq \tau \leq t} \bigl(1 - \Delta\Lambda_x(\tau)\bigr) \end{aligned}$$

und durch Logarithmieren:

$$\begin{aligned} &-\bigl(\Lambda_0^{(c)}(x+t) - \Lambda_0^{(c)}(x)\bigr) + \sum_{0 < \tau \leq t} \log\bigl(1 - \Delta\Lambda_0(x+\tau)\bigr) \\ &\qquad = -\Lambda_x^{(c)}(t) + \sum_{0 \leq \tau \leq t} \log\bigl(1 - \Delta\Lambda_x(\tau)\bigr)\,. \end{aligned}$$

Die Eindeutigkeit der Zerlegung von Verteilungsfunktionen in einen stetigen und einen diskreten Anteil liefert für $x + t \leq \omega_0$ und $x < \omega_0$

$$\Lambda_0^{(c)}(x+t) - \Lambda_0^{(c)}(x) = \Lambda_x^{(c)}(t)$$

und

$$\sum_{0 < \tau \leq t} \log\bigl(1 - \Delta\Lambda_0(x+\tau)\bigr) = \sum_{0 < \tau \leq t} \log\bigl(1 - \Delta\Lambda_x(\tau)\bigr)$$

(beachte $\Delta\Lambda_x(0) = \Delta F_x(0) = 0$ nach (3.6.2)). Insbesondere gilt

$$\Delta\Lambda_0(x+t) = \Delta\Lambda_x(t)\,, \qquad x + t \leq \omega_0\,, \quad x < \omega_0\,,$$

und daher

$$\Lambda_0(x+t) - \Lambda_0(x) = \Lambda_0^{(c)}(x+t) - \Lambda_0^{(c)}(x) + \sum_{x<\tau\le x+t} \Delta\Lambda_0(\tau)$$
$$= \Lambda_x^{(c)}(t) + \sum_{0<\tau\le t} \Delta\Lambda_x(\tau) = \Lambda_x(t)\,, \quad x+t \le \omega_0\,,\ x<\omega_0\,.$$

(b) $\Longrightarrow$ (3.6.1): Seien $x, s, t \ge 0$ und $x+s+t \ge \omega_0$. Nach Voraussetzung ist dann

$$t \ge F_{x+s}^{-1}(1) = \begin{cases} \omega_0 - x - s\,, & x+s<\omega_0 \\ 0\,, & x+s \ge \omega_0 \end{cases}$$

und

$$s+t \ge F_x^{-1}(1) = \begin{cases} \omega_0 - x\,, & x<\omega_0 \\ 0\,, & x \ge \omega_0\,. \end{cases}$$

Es folgen $P(T_{x+s} \le t) = 1$ und $P(T_x \le s+t) = 1$, also $0 = P(T_{x+s} > t) = P(T_x > s+t \mid T_x > s)$, d. h. (3.6.1) in diesem Fall.

Seien nun $x+s+t < \omega_0$, d. h. $s+t < F_x^{-1}(1)$. Wegen der Exponentialformel ist $\Lambda_x^{(c)}(s+t) < \infty$ und $\prod_{0<\tau\le s+t}\big(1-\Delta\Lambda_x(\tau)\big) > 0$. Damit liefern (3.7.5), (3.7.2) und (3.7.6)

$$P(T_x > s+t \mid T_x > s) = \exp\big(-(\Lambda_x^{(c)}(s+t) - \Lambda_x^{(c)}(s))\big) \cdot \prod_{s<\tau\le s+t} \big(1-\Delta\Lambda_x(\tau)\big)$$
$$= \exp\big(-(\Lambda_0^{(c)}(x+s+t) - \Lambda_0^{(c)}(x+s))\big)$$
$$\cdot \prod_{0<\tau\le t} \big(1 - (\Lambda_0(x+s+\tau) - \Lambda_0(x+s+\tau-0))\big)$$
$$= \exp\big(-\Lambda_{x+s}^{(c)}(t)\big) \cdot \prod_{0\le\tau\le t} \big(1-\Delta\Lambda_{x+s}(\tau)\big) = P(T_{x+s} > t)\,.$$

Sei nun $\mathcal{L}(T_x) \ll \lambda^1\big|_{\mathfrak{B}([0,\infty))}$ mit Dichte f_x, $x<\omega_0$.

(b) $\Longrightarrow$ (c): (3.7.2) ist gleichbedeutend mit

$$\int_0^t \lambda_x(\tau)\,d\tau = \int_x^{x+t} \lambda_0(\tau)\,d\tau = \int_0^t \lambda_0(x+\tau)\,d\tau, \qquad x+t \le \omega_0\,,\ x<\omega_0\,,$$

und dies wiederum äquivalent zu

$$\lambda_x = \lambda_0(x+\cdot) \quad \lambda^1\text{-f.ü. auf } [0,\omega_0 - x],\ \ x<\omega_0\,. \tag{3.7.4'}$$

Außerdem gilt nach (3.7.1) $P(T_x > \omega_0 - x) = 0$ für $x < \omega_0$ und $P(T_0 > \omega_0) = 0$, so daß $f_x\big|_{(\omega_0-x,\infty)} \equiv 0$ und $f_0\big|_{(\omega_0,\infty)} \equiv 0$ jeweils λ^1-fast überall. Es folgt

$$\lambda_x\big|_{(\omega_0-x,\infty)} \equiv 0 \equiv \lambda_0(x+\cdot)\big|_{(\omega_0-x,\infty)} \quad \lambda^1\text{-f.ü.}, x<\omega_0,$$

insgesamt also (3.7.4). Weiterhin impliziert (3.7.1) $F_x^{-1}(1) = 0$ für $x \geq \omega_0$ und damit (3.7.3).

(c) $\Longrightarrow$ (b): Offenbar folgt (3.7.4′) aus (3.7.4); also bleibt nur zu zeigen, daß $x + F_x^{-1}(1) = \omega_0$, falls $x < \omega_0$. Seien dazu $x < \omega_0$ und $t \geq x$. Wegen (3.7.4) ist

$$\int_0^{t-x} \lambda_x(\tau)\,d\tau = \int_x^t \lambda_x(\sigma - x)\,d\sigma = \int_x^t \lambda_0(\sigma)\,d\sigma.$$

Unter Beachtung von $\Lambda_0(x) = \int_0^x \lambda_0(\tau)\,d\tau < \infty$ und (3.4.6) erhalten wir folgende Kette von Äquivalenzen:

$$x + F_x^{-1}(1) > t \Longleftrightarrow \int_0^{t-x} \lambda_x(\tau)\,d\tau < \infty \Longleftrightarrow \int_0^t \lambda_0(\tau)\,d\tau < \infty \Longleftrightarrow \omega_0 > t\,. \quad \square$$

Der Beweis von Satz 3.7 (a) $\Longleftrightarrow$ (b) kann auch ohne die Exponentialformel direkt mit Hilfe der Definition der kumulativen Ausscheideintensitäten geführt werden (vergleiche die spätere Bemerkung 3.31 (d) und Aufgabe 13).

B Mehrere unter einem Risiko stehende Leben

Bei Versicherungen auf mehrere unter einem einfachen Risiko („Tod") stehende Leben betrachtet man stochastisch unabhängige zukünftige Lebensdauern $T_{x_1}, \ldots, T_{x_m} \geq 0$ ($x_i \geq 0$), wobei für jedes i jeweils die Bezeichnungen aus Abschnitt A verwendet werden und die Stationaritätsbedingung (3.6.1) unterstellt wird. (Die Gefahr von Mißverständnissen bewußt in Kauf nehmend, verwenden wir zur Vereinfachung der Notation hier und auch in den Abschnitten 5 D und 7 B folgende Konvention: Es wird bezeichnungsmäßig nicht zwischen den Lebensdauervariablen für $(x_1), \ldots, (x_m)$ unterschieden. Ohne vorauszusetzen, daß diese für gleiche Werte verschiedener Indices gleich oder verteilungsgleich sind, bezeichne zum Beispiel p_{x_1} die einjährige Überlebenswahrscheinlichkeit von (x_1), p_{x_2} diejenige von (x_2). Auf welche der einfachen Ausscheideordnungen sich eine aus den Lebensdauerverteilungen abgeleitete Größe bezieht, soll ausschließlich aus der Indexbezeichnung hervorgehen.)

Meist ist $m = 2$. Im Versicherungskontext ist die Unabhängigkeitsannahme natürlich problematisch. Sie vernachlässigt beispielsweise die Gefahr des gemeinsamen Unfalltodes von Lebenspartnern. Insbesondere im höheren Alter wird die zukünftige Lebensdauer eines Lebenspartners vom Tod des anderen beeinflußt. Wie die folgenden Überlegungen zeigen, bringt die Unabhängigkeitsannahme jedoch erhebliche technische Vereinfachungen, da dann die gemeinsame Verteilung aller zukünftigen Lebensdauern das Produkt der einzelnen Lebensdauerverteilungen und somit durch diese eindeutig bestimmt ist.

3.9 Beispiel. *Gruppen, die beim ersten Ausscheiden erlöschen (verbundene Leben).* Die *zukünftige gemeinsame Lebensdauer* der Gruppenmitglieder ist

$$T_{x_1 \ldots x_m} := \bigwedge_{i=1}^{m} T_{x_i} \,. \tag{3.9.1}$$

Ist $t \geq 0$, so gilt für ihre *t-jährige gemeinsame Überlebenswahrscheinlichkeit*

$$_t p_{x_1 \ldots x_m} := P(T_{x_1 \ldots x_m} > t) = \prod_{i=1}^{m} P(T_{x_i} > t) = \prod_{i=1}^{m} {}_t p_{x_i} \tag{3.9.2}$$

und somit für die *t-jährige Ausscheidewahrscheinlichkeit* (also die Wahrscheinlichkeit einer Auflösung der Gruppe)

$$\begin{aligned} {}_t q_{x_1 \ldots x_m} &:= F_{x_1 \ldots x_m}(t) := P(T_{x_1 \ldots x_m} \leq t) \\ &= 1 - {}_t p_{x_1 \ldots x_m} = 1 - \prod_{i=1}^{m} (1 - {}_t q_{x_i}) \end{aligned} \tag{3.9.3}$$

und für die Verteilungsfunktion der zukünftigen gemeinsamen Lebensdauer

$$F_{x_1 \ldots x_m}(t) = \sum_{k=1}^{m} (-1)^{k-1} \sum_{\{i_1 < \cdots < i_k\} \subset \{1, \ldots, m\}} F_{x_{i_1}}(t) \ldots F_{x_{i_k}}(t) \,. \tag{3.9.4}$$

Die *kumulative gemeinsame Ausscheideintensität* ist definiert durch

$$\Lambda_{x_1 \ldots x_m}(t) := \int_{[0,t]} \frac{1}{1 - F_{x_1 \ldots x_m}(\cdot - 0)} \, dF_{x_1 \ldots x_m} \,, \qquad t \geq 0 \,. \tag{3.9.5}$$

3.10 Satz. *Besitzen $F_{x_1}, \ldots, F_{x_m}$ keine gemeinsamen Sprungstellen bis einschließlich $\bigwedge_{i=1}^{m} F_{x_i}^{-1}(1)$, so ist*

$$\Lambda_{x_1 \ldots x_m} = \sum_{i=1}^{m} \Lambda_{x_i} \qquad \text{auf} \quad \Big[0, \bigwedge_{i=1}^{m} F_{x_i}^{-1}(1)\Big] \,. \tag{3.10.1}$$

Insbesondere gilt im Fall $\mathcal{L}(T_{x_i}) \ll \lambda^1|_{\mathfrak{B}([0,\infty))}$, $i = 1, \ldots, m$, für die „gemeinsame Ausscheideintensität"

$$\lambda_{x_1 \ldots x_m}(t) := \frac{f_{x_1 \ldots x_m}(t)}{1 - F_{x_1 \ldots x_m}(t)} = \sum_{i=1}^{m} \lambda_{x_i}(t) \,, \tag{3.10.2}$$

λ^1-fast überall auf $\big[0, \bigwedge_{i=1}^{m} F_{x_i}^{-1}(1)\big]$.

Beweis. Wegen (3.4.4) genügt der Nachweis von (3.10.1). Auf Grund von (3.9.3) und der Exponentialformel (3.1.6) ist für alle $t \leq F^{-1}_{x_1 \ldots x_m}(1) = \bigwedge_{i=1}^m F^{-1}_{x_i}(1)$

$$
\begin{aligned}
1 - F_{x_1 \ldots x_m}(t) &= \prod_{i=1}^m \bigl(1 - F_{x_i}(t)\bigr) \\
&= \exp\bigl(-\sum_{i=1}^m \Lambda^{(c)}_{x_i}(t)\bigr) \cdot \prod_{i=1}^m \prod_{\tau \leq t} \bigl(1 - \Delta\Lambda_{x_i}(\tau)\bigr) \\
&= \exp\Bigl(-\bigl(\sum_{i=1}^m \Lambda_{x_i}\bigr)^{(c)}(t)\Bigr) \cdot \prod_{\tau \leq t}\Bigl(1 - \Delta\bigl(\sum_{i=1}^m \Lambda_{x_i}\bigr)(\tau)\Bigr).
\end{aligned}
$$

Dabei gilt die letzte Identität, da nach Voraussetzung

$$
\Delta\Lambda_{x_i} \cdot \Delta\Lambda_{x_j} = 0, \qquad i \neq j,
$$

und wegen Aufgabe 2.23. Mit Aufgabe 3 erhalten wir (3.10.1). □

Bei dem folgenden Beispiel 3.11 und der Formel von Schuette-Nesbitt (Hilfssatz 3.12) orientieren wir uns an den Abschnitten 8.5 und 8.6 von Gerber (1997).

3.11 Beispiel (Teil 1, Teil 2 nach 3.13). *Gruppen, deren Bestand nur von der Anzahl der lebenden Mitglieder abhängt.*

Sei $T_{\overline{x_1 \ldots x_m}}^{\ell}$ die Überlebenszeit für mindestens ℓ der m Individuen, also

$$
T_{\overline{x_1 \ldots x_m}}^{\ell} := T_{m-\ell+1:x_m}
$$

die $(m - \ell + 1)$-te Ordnungsstatistik der zukünftigen Lebensdauern. Speziell:

$$
T_{\overline{x_1 \ldots x_m}}^{m} = T_{x_1 \ldots x_m}, \qquad T_{\overline{x_1 \ldots x_m}} := T_{\overline{x_1 \ldots x_m}}^{1} = \bigvee_{i=1}^m T_{x_i}.
$$

Es interessieren die Wahrscheinlichkeiten

$$
{}_t p_{\overline{x_1 \ldots x_m}}^{\ell} := P\bigl(T_{\overline{x_1 \ldots x_m}}^{\ell} > t\bigr) \tag{3.11.1}
$$

dafür, daß mindestens ℓ der m unabhängigen Individuen die Zeit $t \geq 0$ überleben, und

$$
{}_t p_{\overline{x_1 \ldots x_m}}^{[\ell]} := P\bigl(T_{\overline{x_1 \ldots x_m}}^{\ell} > t,\ T_{\overline{x_1 \ldots x_m}}^{\ell+1} \leq t\bigr) \tag{3.11.2}
$$

dafür, daß genau ℓ der Individuen die Zeit t überleben. Diese Wahrscheinlichkeiten werden in der an Beispiel 3.13 anschließenden Fortsetzung des Beispiels 3.11 mit Hilfe der Schuette-Nesbitt-Formel berechnet.

3.12 Hilfssatz (Schuette-Nesbitt-Formel). *Seien* $m \in \mathbb{N}$, $\{A_1, \ldots, A_m\} \subset \mathfrak{A}$ *und*

$$
C = \sum_{i=0}^m c_i \cdot 1_{\{N=i\}}
$$

eine Zufallsvariable, die nur von der Anzahl

$$N(\omega) := \#\{i \mid \omega \in A_i\}$$

der eingetretenen Ereignisse abhängt. Dann gilt

$$E(C) = \sum_{k=0}^{m} (\Delta^k c)_0 \cdot S_k \,, \tag{3.12.1}$$

wobei $c := (c_0, \ldots, c_m)^T \in \mathbb{R}^{m+1}$, $S_0 := 1$,

$$S_k := \sum_{\{i_1 < \cdots < i_k\} \subset \{1,\ldots,m\}} P(A_{i_1} \cap \cdots \cap A_{i_k}), \quad 1 \leq k \leq m, \tag{3.12.2}$$

und der „Differenzenoperator“

$$\Delta \colon \bigcup_{m=1}^{\infty} \mathbb{R}^{m+1} \longrightarrow \bigcup_{m=1}^{\infty} \mathbb{R}^{m} \tag{3.12.3'}$$

definiert ist durch

$$\Delta(c_0, \ldots, c_m) := (c_1 - c_0, \ldots, c_m - c_{m-1})^T \,. \tag{3.12.3''}$$

Beweis. Seien

$$L, R : \bigcup_{m=1}^{\infty} \mathbb{R}^{m+1} \longrightarrow \bigcup_{m=1}^{\infty} \mathbb{R}^{m}$$

der „Linksabschneider“

$$L(c_0, \ldots, c_m) := (c_1, \ldots, c_m)^T \tag{3.12.4}$$

bzw. der „Rechtsabschneider“

$$R(c_0, \ldots, c_m) := (c_0, \ldots, c_{m-1})^T. \tag{3.12.5}$$

Dann kommutieren L, R und Δ, und es gilt

$$\Delta = L - R. \tag{3.12.6}$$

Daraus folgt

$$\begin{aligned} C &= \sum_{i=0}^{m} 1_{\{N=i\}} c_i = \sum_{i=0}^{m} 1_{\{N=i\}} (R^{m-i} \circ L^i)(c) \\ &= (1_{\Omega \setminus A_1} R + 1_{A_1} L) \circ \cdots \circ (1_{\Omega \setminus A_m} R + 1_{A_m} L)\,(c) \\ &= (R + 1_{A_1} \Delta) \circ \cdots \circ (R + 1_{A_m} \Delta)\,(c) = \end{aligned}$$

$$= c_0 + \sum_{k=1}^{m} \sum_{\{i_1 < \cdots < i_k\} \subset \{1,\ldots,m\}} 1_{A_{i_1} \cap \cdots \cap A_{i_k}} \cdot (\Delta^k c)_0 .$$

Erwartungswertbildung liefert die Behauptung. □

3.13 Beispiel. Zur Funktionsweise des iterierten Differenzenoperators (vergleiche auch Aufgabe 6):

i	c_i	$(\Delta^1 c)_i$	$(\Delta^2 c)_i$	$(\Delta^3 c)_i$	$(\Delta^4 c)_i$	$(\Delta^5 c)_i$
0	0	0	1	−3	6	−10
1	0	1	−2	3	−4	
2	1	−1	1	−1		
3	0	0	0			
4	0	0				
5	0					

3.11 Beispiel (Teil 2). Mit $A_i := \{T_{x_i} > t\}$ erhält man aus (3.12.2)

$$_tS_k := S_k = \sum_{\{i_1 < \cdots < i_k\} \subset \{1,\ldots,m\}} {}_tp_{x_{i_1}} \cdots {}_tp_{x_{i_k}} . \tag{3.11.3}$$

Ist nun

$$C = \sum_{i=0}^{m} c_i \cdot 1_{\{N=i\}}$$

eine Zufallsvariable, die nur von der Anzahl N der nach t Jahren noch Lebenden abhängt, so gilt nach (3.12.1) mit $({}_tS_k)$ gemäß (3.11.3)

$$E(C) = \sum_{k=0}^{m} (\Delta^k c)_0 \, {}_tS_k . \tag{3.11.4}$$

Anwendung von (3.11.4) mit $c := c^{[\ell]} := (\delta_{\ell j})_{j=0,\ldots,m}$ und von

$$(\Delta^k c^{[\ell]})_0 = \begin{cases} 0 , & k < \ell \\ (-1)^{k-\ell} \binom{k}{\ell} , & \ell \le k \le m \end{cases} \tag{3.11.5}$$

(vergleiche Beispiel 3.13 und Aufgabe 6) ergibt

$$_tp_{\overline{x_1 \ldots x_m}}^{[\ell]} = \sum_{k=\ell}^{m} (-1)^{k-\ell} \binom{k}{\ell} \cdot {}_tS_k = \sum_{k=0}^{m-\ell} (-1)^k \binom{k+\ell}{\ell} \cdot {}_tS_{k+\ell} . \tag{3.11.6}$$

Sei jetzt C gegeben in der Alternativdarstellung

$$C = \sum_{i=0}^{m} d_i \cdot 1_{\{N \ge i\}} .$$

Dann folgt aus

$$C = \sum_{j=0}^{m} \Big(\sum_{i=0}^{j} d_i \Big) \cdot 1_{\{N=j\}}$$

und (3.11.4)

$$E(C) = d_0\, {}_tS_0 + \sum_{k=1}^{m} (\Delta^{k-1} d)_1\, {}_tS_k\,. \tag{3.11.7}$$

Wegen

$$\begin{aligned}(\Delta^{k-1} c^{[\ell]})_1 &= (\Delta^k c^{[\ell]})_0 + (\Delta^{k-1} c^{[\ell]})_0 = (-1)^{k-\ell} \binom{k}{\ell} + (-1)^{k-\ell-1} \binom{k-1}{\ell} \\ &= (-1)^{k-\ell} \binom{k-1}{\ell-1} = (-1)^{k-\ell} \binom{k-1}{k-\ell}, \qquad \ell < k \le m\,,\end{aligned}$$

$$(\Delta^{\ell-1} c^{[\ell]})_1 = (\Delta^\ell c^{[\ell]})_0 + (\Delta^{\ell-1} c^{[\ell]})_0 = (-1)^{\ell-\ell} \binom{\ell-1}{\ell-1}$$

und

$$(\Delta^{k-1} c^{[\ell]})_1 = 0\,, \qquad k < \ell\,,$$

(man beachte jeweils (3.11.5)) liefert (3.11.7) mit $d := c^{[\ell]}$

$$\begin{aligned}{}_tp_{\overline{x_1 \ldots x_m}}^{\;\ell} &= \sum_{k=\ell}^{m} (-1)^{k-\ell} \binom{k-1}{k-\ell} \cdot {}_tS_k \\ &= \sum_{k=0}^{m-\ell} (-1)^k \binom{k+\ell-1}{k} \cdot {}_tS_{k+\ell}\,.\end{aligned} \tag{3.11.8}$$

3.14 Bemerkungen. Spezialfälle von (3.11.6) und (3.11.8):

(a) Gruppen, die beim letzten Ausscheiden erlöschen ($\ell = 1$):

$${}_tp_{\overline{x_1 \ldots x_m}}^{\;[1]} = \sum_{k=1}^{m} (-1)^{k-1}\, k \cdot {}_tS_k\,, \tag{3.14.1}$$

$${}_tp_{\overline{x_1 \ldots x_m}} := {}_tp_{\overline{x_1 \ldots x_m}}^{\;1} = 1 - \prod_{i=1}^{m} (1 - {}_tp_{x_i}) = \sum_{k=1}^{m} (-1)^{k-1} \cdot {}_tS_k\,. \tag{3.14.2}$$

(b) Beim Beweis von (3.11.6) und (3.11.8) wird die Nichtnegativität der T_{x_i} nicht benötigt. Nach Definition von ${}_tp_{\overline{x_1 \ldots x_m}}^{\;\ell}$ gibt also (3.11.8) ganz allgemein die Verteilungen von Ordnungsstatistiken bei unabhängigen, nicht notwendig identisch verteilten Beobachtungen an.

C Ein unter konkurrierenden Risiken stehendes Leben

Wir wenden uns nun der Beobachtung von Personengesamtheiten zu, die auf Grund von mehreren Ursachen $j \in \{1, \ldots, m\} =: U$ abnehmen, wobei sich die Ausscheideursachen nicht notwendig wechselseitig ausschließen. Dies entspricht der Situation, die der Versicherung eines einzigen, unter m konkurrierenden Risiken stehenden Lebens zugrunde liegt. Seien

$T_x \geq 0$ die zukünftige Verweildauer von (x)

und

$J_x \subset U$ die zutreffende Kombination von Ausscheideursachen ($J_x \neq \emptyset$),

aufgefaßt als Zufallsvariablen auf $(\Omega, \mathfrak{A}, P)$. Oft sind die Ausscheideursachen wechselseitig exklusiv; dann wird J_x als U-wertige Zufallsvariable angesehen.

3.15 Beispiele.

(a) Kollektiv aktiv Berufstätiger, $m = 3$:

$j = 1$: Ausscheiden durch Invalidisierung,

$j = 2$: Ausscheiden durch Tod als Aktiver,

$j = 3$: Ausscheiden durch Pensionierung als Aktiver.
Auch: $m = 4$,

$j = 4$: Ausscheiden durch Austritt (Storno). Diese Ausscheideursache wird nach dem in Abschnitt 10 D behandelten Satz von Cantelli nur benötigt, falls den Austretenden nicht das „Deckungskapital" ausgezahlt wird, zum Beispiel vor Ablauf einer Karenzzeit.

(b) Personengesamtheit von Lebenden (Lebensversicherungsportefeuille), $m = 2$:

$j = 1$: Ausscheiden durch Unfalltod,

$j = 2$: Ausscheiden durch Tod aus anderen Gründen.

Dieses Beispiel ist wichtig für Todesfallversicherungen, die bei Unfalltod erhöhte (verdoppelte) Leistung vorsehen, vergleiche die Beispiele 5.48 (a) und 5.68 (a).

(c) Personengesamtheit ohne Pockenvorerkrankung, $m = 2$:

$j = 1$: Ausscheiden durch Pockenerkrankung (ohne Rücksicht auf Überleben der Krankheit),

$j = 2$: Ausscheiden durch Tod ohne vorherige Pockenerkrankung.

Diese Situation, bei der natürlich auch noch das Absterben derjenigen, die eine Pockenvorerkrankung überlebt haben, in Betracht gezogen werden kann, lag der wohl ersten Untersuchung eines Modells mit konkurrierenden Risiken zugrunde, in der sich Daniel Bernoulli (1760, 1765) wie viele andere Autoren nach ihm für die Frage interessierte, welchen Effekt die Elimination der Pockenkrankheit auf die Bevölkerungssterblichkeit hätte. Informative Überblicke über die Entwicklung der Theorie von Modellen mit konkurrierenden Risiken sowohl in der aktuariellen als auch in der biometrisch-statistischen Literatur geben Seal (1977) und Gail (1982).

3.16 Bemerkung. Die gemeinsame Verteilung $\mathcal{L}(T_x, J_x)$ („*Ausscheidemodell mit mehreren Ausscheideursachen*“) ist gegeben durch die substochastischen *partiellen Verteilungsfunktionen*

$$F_{x,C} : [0, \infty) \ni t \longmapsto P(T_x \leq t,\ J_x = C) \in [0, 1] \tag{3.16.1}$$

bzw. die *(abhängigen) partiellen Ausscheidewahrscheinlichkeiten*

$${}_tq_x^{(C)} := F_{x,C}(t), \qquad t \geq 0,\ \emptyset \neq C \subset U\,, \tag{3.16.2}$$

oder die *(abhängigen) partiellen „Verbleibswahrscheinlichkeiten“*

$${}_tp_x^{(C)} := 1 - {}_tq_x^{(C)}, \qquad t \geq 0,\ \emptyset \neq C \subset U\,. \tag{3.16.3}$$

Den Stochastiker seltsam anmutenden Terminus „abhängige Wahrscheinlichkeiten“, eine versicherungsmathematisch-historische Sprechweise, werden wir später, in Bemerkung 3.26 (a), erläutern.

3.17 Definition. Die *zu* (T_x, J_x) *gehörige Lebensdauerverteilung* ist die Verteilung von T_x und hat die Verteilungsfunktion

$$F_x := \sum_{\emptyset \neq C \subset U} F_{x,C}\,. \tag{3.17.1}$$

$${}_tq_x := F_x(t) = \sum_{\emptyset \neq C \subset U} {}_tq_x^{(C)} \tag{3.17.2}$$

heißt die *totale t-jährige Ausscheidewahrscheinlichkeit* zum Modell $\mathcal{L}(T_x, J_x)$,

$${}_tp_x := 1 - {}_tq_x \tag{3.17.3}$$

seine *t-jährige Verbleibswahrscheinlichkeit.*

Wegen

$$F_{x,C} = \mathcal{L}(T_x \mid J_x = C) \cdot P(J_x = C)\,, \qquad \emptyset \neq C \subset U\,,$$

entspricht (3.16.1) der Beschreibung des Ausscheidemodells mit mehreren Ausscheideursachen durch die Verteilung von J_x und die bedingte Verteilung von T_x gegeben J_x. (3.17.1) ist die Darstellung der Lebensdauerverteilung als „Mischung“ der bedingten Ausscheidemodelle $\mathcal{L}(T_x \mid J_x = C)$, $\emptyset \neq C \subset U$, d. h. mit Hilfe des folgenden zweistufigen Zufallsmechanismus:

- Auswürfeln der Ausscheideursache C gemäß $\mathcal{L}(J_x)$,
- Ausscheiden gemäß $\mathcal{L}(T_x | J_x = C)$.

3.18 Definition. Die *kumulative partielle Ausscheideintensität (Hazardrate, Ausfallrate)* für die Ursachenkombination $\emptyset \neq C \subset U$ ist

$$\Lambda_{x,C}: t \longmapsto \int_{[0,t]} \frac{1}{1 - F_x(\cdot - 0)}\, dF_{x,C}\,.$$

$\Lambda_{x,C}(t)$ beschreibt die Gesamtwirkung der Ursachenkombination C bis einschließlich zur Zeit t.

3.19 Bemerkung. Offenbar gilt für die kumulative totale Ausscheideintensität wegen (3.17.1)

$$\Lambda_x = \sum_{\emptyset \neq C \subset U} \Lambda_{x,C} \, . \tag{3.19.1}$$

Ist umgekehrt eine gemäß (3.19.1) zerlegte totale Ausscheideintensität gegeben, so erhält man aus der Exponentialformel (3.1.6) die Lebensdauerverteilung F_x und dann aus

$$F_{x,C}(t) = \int_{[0,t]} \big(1 - F_x(\cdot - 0)\big) \, d\Lambda_{x,C} \, , \qquad \emptyset \neq C \subset U \, , \tag{3.19.2}$$

die partiellen Verteilungsfunktionen. Diese erfüllen (3.17.1).

3.20 Bemerkung. Sei nun $\mathcal{L}(T_x) \ll \lambda^1|_{\mathfrak{B}([0,\infty))}$ mit Dichte f_x. Dann kann das Ausscheidemodell beschrieben werden durch die Lebesgue-Dichten $f_{x,C} \in \dfrac{dF_{x,C}}{d\lambda^1}$,

$$\int_s^t f_{x,C}(\tau) \, d\tau = P(s < T_x \leq t, \; J_x = C), \quad 0 \leq s \leq t, \; \emptyset \neq C \subset U \, , \tag{3.20.1}$$

bzw. die *partiellen Ausscheideintensitäten*

$$\lambda_{x,C} := \frac{f_{x,C}}{1 - F_x} \, , \qquad \emptyset \neq C \subset U. \tag{3.20.2}$$

Offenbar gelten

$$\Lambda_{x,C}(t) = \int_0^t \lambda_{x,C}(\tau) \, d\tau, \qquad t \geq 0, \; \emptyset \neq C \subset U, \tag{3.20.3}$$

$$f_x = \sum_C f_{x,C} \qquad \lambda^1\text{-f.ü.} \tag{3.20.4}$$

und für die totale Ausscheideintensität

$$\lambda_x = \sum_C \lambda_{x,C} \qquad \lambda^1\text{-f.ü.} \tag{3.20.5}$$

3.21 Beispiel (Verbundene Leben). Sei $(x) = (x_1 \ldots x_m)$ eine Gruppe von Personen mit stochastisch unabhängigen zukünftigen Lebensdauern $T_{x_1}, \ldots, T_{x_m}$, die beim ersten Ausscheiden erlischt. Wir ordnen dieser Personengruppe ein Ausscheidemodell mit mehreren Ausscheideursachen zu. Dazu wird die gesamte Gruppe als ein neues Individuum aufgefaßt. Dann definieren

$$T_x := T_{x_1 \dots x_m} ,$$
$$J_x = \{j_1, \dots, j_k\} \rightleftharpoons T_x = T_{x_{j_1}} = \dots = T_{x_{j_k}} < \bigwedge_{j \notin \{j_1, \dots, j_k\}} T_{x_j}$$

(Erlöschen der Gruppe wegen Ausscheidens von $(x_{j_1}), \dots, (x_{j_k})$) ein Ausscheidemodell mit m Ausscheideursachen. Damit sind sowohl die kumulativen Ausscheideintensitäten Λ_{x_j} der (x_j) als auch die kumulativen Ausscheideintensitäten $\Lambda_{x,C}$, $\emptyset \neq C \subset U$, wohldefiniert. Liegen innerhalb der „Lebensspanne"

$$\mathcal{L}_x := \{t \in [0, \infty) \mid F_x(t-0) < 1\} = \begin{cases} [0, \infty) , & \omega_x = \infty \\ [0, \omega_x - x) , & \omega_x < \infty,\ \Delta F_x(\omega_x - x) = 0 \\ [0, \omega_x - x] , & \omega_x < \infty,\ \Delta F_x(\omega_x - x) > 0 \end{cases} \tag{3.21.1}$$

von T_x keine Bindungen vor, d. h. ist

$$P(T_{x_i} = T_{x_j} \in \mathcal{L}_x) = 0 , \qquad i \neq j , \tag{3.21.2}$$

so gilt

$$\Lambda_{x_j}(t) = \Lambda_{x,\{j\}}(t) , \qquad j \in U ,\ t \in \mathcal{L}_x , \tag{3.21.3}$$

und beide Definitionen stimmen im wesentlichen überein (Aufgabe 11).

Ausgangspunkt der folgenden Überlegungen, die zum Begriff der „unabhängigen Wahrscheinlichkeiten" führen, ist der Wunsch, die Wirkung der einzelnen Ausscheideursachen getrennt voneinander betrachten zu können. Da die partiellen Ausscheideintensitäten das isolierte Wirken der einzelnen Ursachenkombinationen beschreiben, ist es naheliegend, sie zur Grundlage des Vorgehens zu machen. Die umfangreiche Nutzung des Intensitätsbegriffes geht in der deutschen Personenversicherungsmathematik auf diese Fragestellung und die einschlägigen Arbeiten von Karup (1893) und Loewy (1917) zurück. Diese Arbeiten haben zahlreiche weitere Untersuchungen, u. a. von Reichel (1976, Kapitel 8, und 1983) zu demselben Thema angeregt. Im Zentrum dieser Versuche stehen *analytische* Methoden, die auf (3.4.5) und entsprechenden Gleichungen für $\lambda_{x,C}$ basieren. Die vollständige Lösung des Definitions-, Existenz- und Eindeutigkeitsproblems für unabhängige Wahrscheinlichkeiten mit *wahrscheinlichkeitstheoretischen* Methoden beruht auf einer Arbeit von Langberg, Proschan und Quinzi (1978, speziell Theorem 4.1), siehe auch Arjas und Greenwood (1981, Theorem 2.1), Mode (1985, Abschnitt 3.5) und Milbrodt (1992).

3.22 Definition. Eine Darstellung des Ausscheidemodells $\mathcal{L}(T_x, J_x)$ mittels *unabhängiger latenter Ausfallzeiten* ist ein System stochastisch unabhängiger $[0, \infty]$-wertiger Zufallsvariablen T_C, $\emptyset \neq C \subset U$, wobei für jede Kombination C von Ausscheideursachen T_C die alleinige Wirkung dieser Kombination innerhalb der Lebensspanne beschreibt:

$$\Lambda_{T_C}(t) = \Lambda_{x,C}(t)\,, \qquad t \in \mathcal{L}_x\,. \tag{3.22.1}$$

Die Beschränkung auf die Lebensspanne ist plausibel, da nach Eintreten mindestens einer der Ausscheideursachen über das hypothetische Wirken der anderen Ursachen nichts mehr beobachtet werden kann. Wir werden zeigen, daß bei einer solchen Darstellung ein Ausscheidemodell mit mehreren Ausscheideursachen, anschaulich gesprochen, aufgefaßt wird als ein System unabhängig laufender „Lebensuhren“. Die Uhr, die zuerst stoppt, liefert die Todeszeit und -ursachenkombination (vergleiche Teil (c) des folgenden Satzes). Mathematisch bedeutet dies, daß in Umkehrung des Vorgehens aus Beispiel 3.21 dem Ausscheidemodell mit Ausscheideursachen aus U eine durch $2^U \setminus \{\emptyset\}$ indizierte Gruppe stochastisch unabhängiger Leben zugeordnet wird.

3.23 Satz (Karup-Loewy). *Sei $\mathcal{L}(T_x, J_x)$ ein Ausscheidemodell mit m Ausscheideursachen, rechnerischem Höchstalter ω_x und Lebensspanne $\mathcal{L}_x$. Dann gilt*

(a) *Es existiert eine Darstellung von $\mathcal{L}(T_x, J_x)$ mittels unabhängiger latenter Ausfallzeiten T_C, $\emptyset \neq C \subset U$.*

(b) *Die Verteilungsfunktion F_{T_C} von T_C ist auf $\mathcal{L}_x$ eindeutig bestimmt:*

$$\begin{gathered} 1 - F_{T_C}(t) = \exp\bigl(-\Lambda_{x,C}^{(c)}(t)\bigr) \cdot \prod_{\tau \le t}\bigl(1 - \Delta\Lambda_{x,C}(\tau)\bigr)\,, \\ t \in \mathcal{L}_x\,,\ \emptyset \neq C \subset U\,. \end{gathered} \tag{3.23.1}$$

(c) *Besitzen die partiellen Verteilungsfunktionen $F_{x,C}$, $\emptyset \neq C \subset U$, keine gemeinsamen Sprungstellen auf $\mathcal{L}_x$ und ist $T := \bigwedge_C T_C$, also T die zukünftige gemeinsame Verweildauer der „verbundenen Leben“ T_C, so liegen auf $\mathcal{L}_x$ keine Bindungen der T_C vor, d. h. die „ausscheidende Person“ $J \in 2^U \setminus \{\emptyset\}$ ist P-fast sicher wohldefiniert, und für alle $\emptyset \neq C \subset U$ gilt*

$$F_{x,C}(t) = P(T \le t,\ J = C)\,, \qquad t \ge 0\,; \tag{3.23.2}$$

die Verteilungen von (T_x, J_x) und (T, J) stimmen also überein.

(d) *Ist $\omega_x = \infty$ und $\Lambda_{x,C}(\infty) = \infty$, so kann die latente Ausfallzeit T_C endlich gewählt werden. Unter $\omega_x < \infty$ gilt dies für alle latenten Ausfallzeiten.*

(e) *Im Lebesgue-stetigen Fall $\mathcal{L}(T_x) \ll \lambda^1|_{\mathfrak{B}([0,\infty))}$ können alle T_C Lebesgue-stetig auf $[0, \infty)$ gewählt werden. In diesem Fall heißt T_C, $\emptyset \neq C \subset U$, eine dominierte Darstellung von $\mathcal{L}(T_x, J_x)$ mittels unabhängiger latenter Ausfallzeiten. Für die Ausscheideintensitäten gilt*

$$\lambda_{T_C} = \lambda_{x,C} \qquad \textit{f.ü. auf } \mathcal{L}_x\,. \tag{3.23.3}$$

Beweis. Zu (a): Motiviert durch die Exponentialformel (3.1.6) definieren wir für $\emptyset \neq C \subset U$ und $t \in \mathcal{L}_x$

$$F_C(t) := 1 - \exp\big(-\Lambda_{x,C}^{(c)}(t)\big) \prod_{\tau \leq t} \big(1 - \Delta\Lambda_{x,C}(\tau)\big) . \tag{3.23.4}$$

Ist $\omega_x = \infty$, so liefert Aufgabe 3 (b), daß $\Lambda_{x,C}$ mit der kumulativen Ausscheideintensität Λ_C von F_C übereinstimmt.

Ist $\omega_x < \infty$ und $\Lambda_{x,C}(\omega_x - x) = \infty$, so gilt $\Lambda_x(\omega_x - x) = \infty$ und somit nach Folgerung 3.3, Fall (b)

$$\Delta F_x(\omega_x - x) = \Delta\Lambda_x(\omega_x - x) = \Delta\Lambda_{x,C}(\omega_x - x) = 0.$$

In diesem Fall sei

$$F_C(t) := 1, \qquad t \geq \omega_x - x . \tag{3.23.5}$$

Analog zum Beweisschluß von Hilfssatz 3.2 folgt aus (3.23.4) und $\Lambda_{x,C}(\omega_x - x) = \infty$, daß $F_C(\omega_x - x - 0) = 1$. F_C gemäß (3.23.4) und (3.23.5) ist also eine in $\omega_x - x$ stetige Wahrscheinlichkeitsverteilungsfunktion. Nach Aufgabe 3 (b) und (3.23.4) gilt für die kumulative Ausscheideintensität Λ_C von F_C

$$\Lambda_C(t) = \Lambda_{x,C}(t) , \qquad t < \omega_x - x .$$

Wegen $\Delta F_C(\omega_x - x) = \Delta\Lambda_C(\omega_x - x) = 0$ und $\Delta\Lambda_{x,C}(\omega_x - x) = 0$ gilt sogar

$$\Lambda_C(\omega_x - x) = \Lambda_{x,C}(\omega_x - x) .$$

Ist schließlich $\omega_x < \infty$ und $\Lambda_{x,C}(\omega_x - x) < \infty$, so definieren wir

$$\Lambda_C(t) := \begin{cases} \Lambda_{x,C}(t) , & 0 \leq t \leq \omega_x - x \\ \Lambda_{x,C}(\omega_x - x) + t - (\omega_x - x) , & t > \omega_x - x \end{cases} \tag{3.23.6}$$

und wählen in Fortsetzung von (3.23.4) F_C als die gemäß Exponentialformel (3.1.6) zu Λ_C gehörige Wahrscheinlichkeitsverteilungsfunktion auf $[0, \infty)$ (man beachte $\Lambda_C(\infty) = \infty$ und den Schluß von Hilfssatz 3.2).

Seien T_C, $\emptyset \neq C \subset U$, stochastisch unabhängige numerische Zufallsvariablen mit Verteilungsfunktionen F_C gemäß (3.23.4) – (3.23.6). Nach Definition von T_C und von Λ_C gilt dann $\Lambda_{T_C} = \Lambda_C$ und damit nach dem Bewiesenen auch (3.22.1).

Zu (b): Folgt aus (3.22.1) in Verbindung mit der Exponentialformel (3.1.6).

Zu (c): Seien Λ die kumulative Ausscheideintensität von T und F die zugehörige Verteilungsfunktion. Wegen (3.22.1) besitzen die kumulativen Ausscheideintensitäten Λ_{T_C} keine gemeinsamen Sprungstellen auf $\mathcal{L}_x$. Dasselbe gilt für die zugehörigen Verteilungsfunktionen. Damit liegen auf $\mathcal{L}_x$ keine Bindungen der T_C vor, Satz 3.10 (mit $\mathcal{L}_x$ statt $[0, \bigwedge_{\emptyset \neq C \subset U} F_C^{-1}(1)]$) sowie Bemerkung 3.19 liefern

$$\Lambda(t) = \sum_{\emptyset \neq C \subset U} \Lambda_{T_C}(t) = \sum_{\emptyset \neq C \subset U} \Lambda_{x,C}(t) = \Lambda_x(t) , \qquad t \in \mathcal{L}_x ,$$

und daher

$$F(t) = F_x(t)\,, \qquad t \geq 0\,. \tag{3.23.7}$$

Seien nun

$$\Lambda_C : t \longmapsto \int\limits_{[0,t]} \frac{1}{1 - F(\tau - 0)}\, P(T \in d\tau,\ J = C)\,, \qquad \emptyset \neq C \subset U\,,$$

die kumulativen partiellen Ausscheideintensitäten zu $\mathcal{L}(T, J)$. Anwendung von Beispiel 3.21 auf $(T_C)_{\emptyset \neq C \subset U}$ und von (3.22.1) zeigt

$$\Lambda_C(t) = \Lambda_{T_C}(t) = \Lambda_{x,C}(t)\,, \qquad t \in \mathcal{L}_x\,. \tag{3.23.8}$$

Außerdem folgt unmittelbar aus der Definition von Λ_C und $\Lambda_{x,C}$ für alle $\emptyset \neq C \subset U$, $t \in \mathcal{L}_x$

$$P(T \leq t,\ J = C) = \int\limits_{[0,t]} \big(1 - F(\cdot - 0)\big)\, d\Lambda_C\,,$$

$$F_{x,C}(t) = \int\limits_{[0,t]} \big(1 - F_x(\cdot - 0)\big)\, d\Lambda_{x,C}\,.$$

Einsetzen von (3.23.7) und (3.23.8) liefert die Gleichheit beider Verteilungsfunktionen.

Zu (d): Ist $\omega_x = \infty$ und $\Lambda_{x,C}(\infty) = \infty$, so zeigt (3.23.4) in Verbindung mit Hilfssatz 3.2, daß $F_C|_{[0,\infty)}$ stochastisch ist: $F_C(\infty) = 1$. Ist $\omega_x < \infty$, so sind alle Verteilungsfunktionen F_C gemäß (3.23.5) und (3.23.6) stochastisch auf $[0, \infty)$.

Zu (e): Ist $\mathcal{L}(T_x) \ll \lambda^1|_{\mathfrak{B}([0,\infty))}$, so gehen (3.23.4) – (3.23.6) wegen (3.20.3) über in

$$F_C : t \longmapsto \begin{cases} 1 - \exp\big(-\int_0^t \lambda_{x,C}(\tau)\, d\tau\big)\,, & 0 \leq t < \omega_x - x \\ 1\,, & \omega_x - x \leq t < \infty\,,\ \Lambda_{x,C}(\infty) = \infty \\ 1 - \exp\big(-\int_0^{\omega_x - x} \lambda_{x,C}(\tau)\, d\tau - (t - (\omega_x - x))\big)\,, & \omega_x - x \leq t < \infty\,,\ \Lambda_{x,C}(\infty) < \infty\,. \end{cases}$$

Diese Verteilungsfunktion ist absolutstetig. (3.22.1) ergibt

$$\int\limits_0^t \lambda_{x,C}(\tau)\, d\tau = \int\limits_0^t \lambda_{T_C}(\tau)\, d\tau, \qquad t \in \mathcal{L}_x\,,$$

und damit (3.23.3). □

Wie man sich leicht überlegt, ist in Teil (c) des Satzes von Karup-Loewy die Zusatzvoraussetzung, daß die partiellen Verteilungsfunktionen keine gemeinsamen Sprungstellen besitzen, auch notwendig, da sonst die „ausscheidende Person" J nicht „identifizierbar" (d. h. P-fast sicher wohldefiniert) wäre. Diese Voraussetzung ist insbesondere dann erfüllt, wenn Ausscheideursachen $1, \ldots, m-1$ mit Lebesgue-stetigen partiellen Verteilungsfunktionen vorliegen, während die Ausscheideursache m nur zu gewissen diskreten Zeiten eintreten kann. Beispielsweise könnte das Wirken der Ursachen $1, \ldots, m-1$ von der „Natur" bestimmt sein (Tod, Unfall, Invalidisierung, ...) und das Wirken von Ursache m vertraglichen Restriktionen unterliegen (Storno, Pensionierung, ...). Falls die partiellen Verteilungsfunktionen dagegen gemeinsame Sprungstellen besitzen, kann man unter anderweitigen Zusatzvoraussetzungen durch die *Einzelausscheideursachen* (und nicht durch die *Ursachenkombinationen*) indizierte stochastisch unabhängige Zufallsvariablen T_j, $j \in U$, finden, so daß die gemeinsame Verteilung von $T := \bigwedge_{j \in U} T_j$ und $J := \{j \in U \mid T_j = T\}$ mit $\mathcal{L}(T_x, J_x)$ übereinstimmen. Im Falle diskreter Verteilungen $\mathcal{L}(T_x)$ mit endlichem Träger wurde ein solches Ergebnis von Crowder (1996) erzielt, wobei allerdings der rechte Eckpunkt der Verteilung fehlerhaft behandelt wurde.

Jede Kombination von Ausscheideursachen, die bis $\omega_x - x$ fast sicher nicht auftritt, kann aus der Darstellung des Ausscheidemodells mittels unabhängiger latenter Ausfallzeiten eliminiert werden (Wahl der zugehörigen Ausfallzeit $\equiv$ const $\geq \omega_x - x$). Insbesondere liefert der Satz von Karup und Loewy als

3.24 Folgerung. *Sei $\mathcal{L}(T_x, J_x)$ ein Ausscheidemodell mit m identifizierbaren Ausscheideursachen, d. h.*

$$P(\# J_x = 1) = 1\,. \tag{3.24.1}$$

Dann existieren stochastisch unabhängige numerische Zufallsvariablen $T_j \geq 0$, $j \in U$, so daß

$$\Lambda_{T_j}(t) = \Lambda_{x,\{j\}}(t)\,, \qquad t \in \mathcal{L}_x\,. \tag{3.22.1'}$$

Die Verteilungsfunktion F_{T_j} von T_j ist auf $\mathcal{L}_x$ eindeutig bestimmt:

$$1 - F_{T_j}(t) = \exp\bigl(-\Lambda^{(c)}_{x,\{j\}}(t)\bigr) \cdot \prod_{\tau \leq t} \bigl(1 - \Delta\Lambda_{x,\{j\}}(\tau)\bigr)\,, \qquad t \in \mathcal{L}_x\,. \tag{3.23.1'}$$

Haben die $F_{x,\{j\}}$ keine gemeinsamen Sprungstellen auf $\mathcal{L}_x$, so gilt außerdem für alle $j \in U$

$$F_{x,\{j\}}(t) = P\bigl(\bigwedge_i T_i = T_j \leq t\bigr)\,, \qquad t \geq 0\,. \tag{3.23.2'}$$

Im Lebesgue-stetigen Fall können alle T_j Lebesgue-stetig auf $[0, \infty)$ gewählt werden, und für die Ausscheideintensitäten gilt

$$\lambda_{T_j} = \lambda_{x,\{j\}} \qquad \text{f.ü. auf } \mathcal{L}_x\,. \tag{3.23.4'}$$

3.25 Definition. Seien $\mathcal{L}(T_x, J_x)$ ein Ausscheidemodell mit mehreren Ausscheideursachen und $(T_C)_{\emptyset \neq C \subset U}$ eine Darstellung mittels unabhängiger latenter Ausfallzeiten.

Dann heißen die durch die Exponentialformeln

$$
\begin{aligned}
{}^{u}_{t}p_x^{(C)} &:= 1 - {}^{u}_{t}q_x^{(C)} := P(T_C > t) \\
&= \exp\bigl(-\Lambda_{x,C}^{(c)}(t)\bigr) \cdot \prod_{\tau \leq t} \bigl(1 - \Delta\Lambda_{x,C}(\tau)\bigr), \qquad t \in \mathcal{L}_x\,,
\end{aligned} \tag{3.25.1}
$$

definierten Wahrscheinlichkeiten ${}^{u}_{t}p_x^{(C)}$, ${}^{u}_{t}q_x^{(C)}$ die *unabhängigen partiellen Verbleibs-* bzw. *Ausscheidewahrscheinlichkeiten* des Modells.

3.26 Bemerkungen.

(a) Der Begriff „unabhängige Wahrscheinlichkeiten" geht auf Karup zurück und ist dadurch motiviert, daß die ${}^{u}_{t}p_x^{(C)}$, ${}^{u}_{t}q_x^{(C)}$ wegen der Exponentialformeln (3.25.1) jeweils nur von $\Lambda_{x,C}$, nicht aber von den Ausscheideintensitäten zu anderen Ursachenkombinationen abhängen. Dagegen sind die „abhängigen Wahrscheinlichkeiten" auf Grund von

$$
\begin{aligned}
{}_{t}q_x^{(C)} &= \int_{[0,t]} \bigl(1 - F_x(\cdot - 0)\bigr)\, d\Lambda_{x,C} \\
&= \int_{[0,t]} \exp\bigl(-\Lambda_x^{(c)}(\tau)\bigr) \cdot \prod_{s<\tau} \bigl(1 - \Delta\Lambda_x(s)\bigr)\, \Lambda_{x,C}(d\tau)
\end{aligned}
$$

und (3.19.1) auch von den anderen Ursachenkombinationen abhängig.

(b) Für den Zusammenhang von partiellen und totalen Ausscheidewahrscheinlichkeiten gilt ((3.17.2) bzw. stochastische Unabhängigkeit und (3.23.2)):

$$
{}_{t}q_x = \sum_{\emptyset \neq C \subset U} {}_{t}q_x^{(C)}, \qquad t \geq 0 \text{ (additiv)}, \tag{3.26.1}
$$

$$
1 - {}_{t}q_x = \prod_{\emptyset \neq C \subset U} \bigl(1 - {}^{u}_{t}q_x^{(C)}\bigr), \qquad t \in \mathcal{L}_x \text{ (multiplikativ)}. \tag{3.26.2}
$$

Dabei muß für (3.26.2) wieder vorausgesetzt werden, daß die partiellen Verteilungsfunktionen keine gemeinsamen Sprungstellen auf $\mathcal{L}_x$ besitzen. Wegen (3.26.1) und (3.26.2) spricht man gelegentlich auch vom „additiven Modell" bzw. vom „multiplikativen Modell" bei mehreren Ausscheideursachen.

(c) Sind die Ausscheideursachen identifizierbar, so kann man sich auf die Betrachtung der ${}_{t}q_x^{(j)}$ bzw. der ${}^{u}_{t}q_x^{(j)}$ beschränken. (Wir schreiben vereinfachend (j) statt $(\{j\})$.) Dann ist

$$
{}_{t}q_x = \sum_{j=1}^{m} {}_{t}q_x^{(j)}, \qquad t \geq 0\,, \tag{3.26.1'}
$$

$$
1 - {}_{t}q_x = \prod_{j=1}^{m} \bigl(1 - {}^{u}_{t}q_x^{(j)}\bigr), \qquad t \in \mathcal{L}_x\,, \tag{3.26.2'}
$$

und man erhält die übliche Definition abhängiger bzw. unabhängiger Wahrscheinlichkeiten.

(d) Hinsichtlich der Bezeichnungsweise (un-)abhängiger Wahrscheinlichkeiten gibt es in der versicherungsmathematischen Literatur einige Verwirrung. Gelegentlich werden die Schreibweisen

$$\begin{array}{lll} \left({}_t^*q_x^{(j)},\, {}_tq_x^{(j)}\right) & \text{statt} & \left({}_tq_x^{(j)},\, {}_t^uq_x^{(j)}\right) \quad \text{bzw.} \\ \left({}_tq_x^{(j)},\, {}_t^*q_x^{(j)}\right) & \text{statt} & \left({}_tq_x^{(j)},\, {}_t^uq_x^{(j)}\right) \end{array}$$

gebraucht (Zwinggi (1958) bzw. Richttafeln (Heubeck, 1983b, 1998)). Von der $*$-Notation haben wir daher hier abgesehen.

Die Darstellung von Modellen mit mehreren Ausscheideursachen mittels unabhängiger latenter Ausfallzeiten macht es u. a. möglich, solche Modelle in Modelle mit zufälliger (Rechts-)Zensierung überzuführen. In diesen steht eine Fülle statistischer Verfahren zur Verfügung, die man auch für die Personenversicherungsmathematik nutzbar machen kann.

3.27 Definition. Seien $X_1, \ldots, X_n$ u.i.v. auf $(0, \infty)$ mit Verteilungsfunktion F und $Y_1, \ldots, Y_n$ u.i.v. auf $(0, \infty]$ gemäß G. X und Y seien stochastisch unabhängig.

(a) Beim Modell der *zufälligen (Rechts-)Zensierung* faßt man die X_i als *Überlebenszeiten* und die Y_i als *Zensierungszeiten* auf und beobachtet das Paar

$$Z_i := X_i \wedge Y_i, \quad \delta_i := 1_{\{X_i \leq Y_i\}} \qquad (i = 1, \ldots, n),$$

bestehend aus den *Verweilzeiten* Z_i und den *Zensierungsindikatoren* δ_i.

(b) Die Verteilungsfunktion F der Überlebenszeiten kann man durch den *Kaplan-Meier-Schätzer* $\hat{F}_n$ gemäß

$$1 - \hat{F}_n(t) := \prod_{Z_{i:n} \leq t} \left(1 - \frac{\delta_{i:n}}{n - i + 1}\right), \qquad 0 \leq t < \infty, \tag{3.27.1}$$

schätzen. Dabei seien $Z_{1:n} \leq \cdots \leq Z_{n:n}$ die Ordnungsstatistiken der Z_i und $\delta_{1:n}, \ldots, \delta_{n:n}$ die entsprechend umgeordneten Zensierungsindikatoren. Im Falle von Bindungen (Übereinstimmungen) in den Z_i werden die nichtzensierten Z_i $(\delta_i = 1)$ vor die zensierten Beobachtungen gezogen.

Der Kaplan-Meier-Schätzer verallgemeinert die gewöhnliche *empirische Verteilungsfunktion*: Ist

$$F_n \colon [0, \infty) \ni t \longmapsto \frac{1}{n} \sum_{i=1}^{n} 1_{\{X_i \leq t\}} \in [0, 1] \tag{3.27.2}$$

die empirische Verteilungsfunktion der X_i und Λ_n ihre kumulative Ausscheideintensität, so gilt offenbar für alle $t \geq 0$

$$1 - \Delta\Lambda_n(t) = \frac{1 - F_n(t)}{1 - F_n(t-0)} = \frac{n - \#\{i \mid X_i \leq t\}}{n - \#\{i \mid X_i < t\}}.$$

Liegt also keine Zensierung vor, so zeigt die Exponentialformel (3.1.6)

$$\hat{F}_n(t) = 1 - \prod_{X_{i:n} \leq t} \frac{n-i}{n-i+1} = 1 - \prod_{\tau \leq t} \big(1 - \Delta\Lambda_n(\tau)\big) = F_n(t), \qquad t \geq 0,$$

d. h. die Übereinstimmung von Kaplan-Meier-Schätzer und empirischer Verteilungsfunktion. Bei Zensierung werden vom Kaplan-Meier-Schätzer die zensierten Beobachtungen gerade ausgelassen. Für weitere Eigenschaften des Kaplan-Meier-Schätzers vergleiche Shorack and Wellner (1986), Kapitel 7, sowie Andersen et al. (1993), § IV.3.

3.28 Bemerkung. Sei $\mathcal{L}(T_x, J_x)$ ein Modell mit m Ausscheideursachen, $\emptyset \neq B \subset U$ und $F_{T_B}[0, \infty) = 1$. Aus n u.i.v. Beobachtungen $(T_{x1}, J_{x1}), \ldots, (T_{xn}, J_{xn})$ gemäß $\mathcal{L}(T_x, J_x)$ sollen Aufschlüsse über F_{T_B} und damit die unabhängigen Wahrscheinlichkeiten ${}^{u}_{t}q_x^{(B)}$, $t \in \mathcal{L}_x$, gewonnen werden.

Dazu setzen wir voraus, daß die partiellen Verteilungsfunktionen keine gemeinsamen Sprungstellen auf $\mathcal{L}_x$ besitzen. Seien $(T_{Ci})_{\emptyset \neq C \subset U}$, $i = 1, \ldots, n$, u.i.v. Darstellungen von $\mathcal{L}(T_x, J_x)$ mittels unabhängiger latenter Ausfallzeiten. Setzt man

$$X_i := T_{Bi}, \qquad Y_i := \bigwedge_{C \subset U,\ C \notin \{\emptyset, B\}} T_{Ci},$$
$$Z_i := X_i \wedge Y_i = \bigwedge_{\emptyset \neq C \subset U} T_{Ci} \tag{3.28.1}$$

und

$$\delta_i := 1_{\{X_i \leq Y_i\}} = 1_{\{Z_i = X_i\}} \qquad (i = 1, \ldots, n),$$

so erhält man ein Modell mit zufälliger Rechtszensierung. Beobachtbar sind aber stattdessen

$$Z_i^* := T_{xi}, \quad \delta_i^* := 1_{\{J_{xi} = B\}} \qquad (i = 1, \ldots, n). \tag{3.28.2}$$

Nach Satz 3.23 (c) gilt

$$\mathcal{L}(Z_1^*, \delta_1^*, \ldots, Z_n^*, \delta_n^*) = \mathcal{L}(Z_1, \delta_1, \ldots, Z_n, \delta_n). \tag{3.28.3}$$

Ist also $\hat{F}_n^*$ der auf (Z_i^*, δ_i^*) aufgebaute Kaplan-Meier-Schätzer, so gilt

$$\mathcal{L}(\hat{F}_n) = \mathcal{L}(\hat{F}_n^*).$$

$\hat{F}_n^*$ ist damit ebenso wie der nicht beobachtbare Kaplan-Meier-„Schätzer“ $\hat{F}_n$ eine Schätzung für F_{T_B}. Durch Einsetzen in eine der Näherungen von Aufgabe 17 (c) erhält man daraus Schätzer für die abhängigen Wahrscheinlichkeiten ${}_tq_x^{(B)}$.

3.29 Beispiel. Wir gehen aus vom Modell der zufälligen Rechtszensierung gemäß Definition 3.27 (a). Weiter seien $0 = t_0 < \cdots < t_k$, $t_k \in \left[F^{-1}(1), \infty\right]$,

$$D_h := \sum_{i=1}^{n} 1_{\{t_{h-1} < Z_i \le t_h\,,\ \delta_i = 1\}} \tag{3.29.1}$$

die Anzahl der in $(t_{h-1}, t_h]$ Verstorbenen („deaths"),

$$W_h := \sum_{i=1}^{n} 1_{\{t_{h-1} < Z_i \le t_h\,,\ \delta_i = 0\}} \tag{3.29.2}$$

die Anzahl der in $(t_{h-1}, t_h]$ durch Zensierung Ausgeschiedenen („withdrawals") und

$$N_h := n - \sum_{i=1}^{h-1} (D_i + W_i) \tag{3.29.3}$$

die Anzahl der nach t_{h-1} noch unter Risiko stehenden Personen, $h = 1, \ldots, k$. Geschätzt werden sollen die nichtbedingten Sterbenswahrscheinlichkeiten

$$\pi_h := F(t_h) - F(t_{h-1})\,, \qquad h = 1, \ldots, k\,,$$

deren strikte Positivität wir der Einfachheit halber voraussetzen wollen. Mit den bedingten Überlebenswahrscheinlichkeiten bzw. Sterbenswahrscheinlichkeiten

$$p_h := P(X_1 > t_h \mid X_1 > t_{h-1}) =: 1 - q_h$$

gelten wegen der Produktformel

$$\pi_h = p_1 \ldots p_{h-1}\, q_h\,, \qquad h = 1, \ldots, k\,, \tag{3.29.4}$$

und

$$q_h = \frac{\pi_h}{1 - \sum_{i=1}^{h-1} \pi_i}\,, \qquad h = 1, \ldots, k\,, \tag{3.29.5}$$

so daß äquivalent $(\pi_h)_{h=1,\ldots k}$ oder $(q_h)_{h=1,\ldots,k}$ geschätzt werden können.

Sind die Verweilzeiten Z_i und die Zensierungsindikatoren δ_i beobachtbar, so bietet sich die Schätzung der π_h vermöge des Kaplan-Meier-Schätzers an:

$$\hat{\pi}_h := \hat{F}_n(t_h) - \hat{F}_n(t_{h-1})\,, \qquad h = 1, \ldots, k\,. \tag{3.29.6}$$

Bei vielen in der Versicherungsmathematik oder der Demographie interessierenden Problemen stehen jedoch die Beobachtungen (Z_i, δ_i) nicht zur Verfügung – etwa weil nur die summarischen Größen D_*, N_* und W_* (oder gar nur D_* und W_*) registriert wurden oder weil an Stelle einer zeitlichen *Längsschnittbeobachtung* über das gesamte Trägerintervall $(t_0, t_k]$ der Lebensdauerverteilung nur *Querschnittbeobachtungen* für eines oder wenige der Intervalle $(t_{h-1}, t_h]$ vorliegen. Dann muß man sich mit Schätzungen einzelner q_h auf der Basis der zugehörigen D_h, N_h und W_h (oder von D_h und N_h) begnügen.

Ohne Zensierung (alle $Y_i \equiv \infty$) oder falls die W_h nicht zur Verfügung stehen, bietet sich als Schätzer für q_h die relative Häufigkeit

$$\tilde{q}_h := \begin{cases} D_h/N_h, & N_h > 0 \\ 1, & N_h = 0 \end{cases} \tag{3.29.7}$$

an, also der Quotient aus der Anzahl der Verstorbenen und der Anzahl der unter Risiko stehenden Personen. Bei Zensierung wird durch (3.29.7) die bedingte Sterbenswahrscheinlichkeit q_h unterschätzt, da die durch Zensierung ausgeschiedenen Individuen im Zähler keine Berücksichtigung finden, während sie in der Anzahl der unter Risiko stehenden Personen im Nenner enthalten sind. Ausgehend von der vereinfachenden Vorstellung, daß das Ausscheiden durch Zensierung stets in der Intervallmitte erfolgt und damit die zensierten Individuen nur die halbe Zeit unter Risiko stehen, liegt es nahe, von der Anzahl der unter Risiko stehenden Personen N_h zu $N'_h := N_h - W_h/2$, der *effektiven Zahl der unter Risiko stehenden Personen* überzugehen und als korrigierte Schätzung von q_h den sogenannten *Standard-Sterbetafelschätzer*

$$\check{q}_h := \begin{cases} D_h/N'_h, & N'_h > 0 \\ 1, & N'_h = 0 \end{cases} \tag{3.29.8}$$

zu verwenden. Varianten der Schätzer (3.29.7) und (3.29.8) werden in Abschnitt F untersucht (vergleiche Beispiel 3.52 sowie die sonstigen Ausführungen zu rohen Sterbenswahrscheinlichkeiten).

Gegeben sei nun die Situation von Bemerkung 3.28. Zur Schätzung der unabhängigen Wahrscheinlichkeit ${}^u_t q_x^{(B)}$ ($t \in \mathcal{L}_x$) bilden wir für $0 = t_0 < t_1 := t < t_2 := \infty$ mit den Zufallsvariablen

$$D_1^* := \sum_{i=1}^{n} 1_{\{0 < Z_i^* \leq t_1\,,\ \delta_i^* = 1\}}$$

und

$$W_1^* := \sum_{i=1}^{n} 1_{\{0 < Z_i^* \leq t_1\,,\ \delta_i^* = 0\}}$$

(vergleiche (3.28.2)) den Standard-Sterbetafelschätzer

$$\check{q}_1^* := \frac{D_1^*}{n - \frac{W_1^*}{2}} \tag{3.29.9}$$

gemäß (3.29.8). Im Gegensatz zu dem „Standard-Sterbetafelschätzer" $\check{q}_1$ für ${}^u_t q_x^{(B)}$, der auf (Z_i, δ_i) gemäß (3.28.1) beruht, ist $\check{q}_1^*$ beobachtbar. Wegen (3.28.3) gilt

$$\mathcal{L}(\check{q}_1^*) = \mathcal{L}(\check{q}_1)\,,$$

so daß $\check{q}_1^*$ eine sinnvolle Schätzung für ${}^u_t q_x^{(B)}$ ist. Vernachlässigt man bei dem von Zwinggi (1958, Formel I (1.62), p. 36) angegebenen Schätzer der unabhängigen Wahrscheinlichkeiten die Wanderungsbewegung, so stimmt dieser mit $\check{q}_1^*$ überein.

3.30 Beispiel. Wir kommen zurück auf das Beispiel 3.15 (c) einer Personengesamtheit mit den zwei Ausscheideursachen

$j = 1$: Ausscheiden durch Auftreten einer bestimmten Krankheit,

$j = 2$: Ausscheiden ohne vorheriges Auftreten dieser Krankheit.

Die Frage nach der hypothetischen Lebensdauerverteilung nach Elimination der in Rede stehenden Krankheit beantworten wir mit Hilfe einer Darstellung des zugrunde liegenden Ausscheidemodells mittels unabhängiger latenter Ausfallzeiten T_1, T_2: An Stelle der ursprünglichen Lebensdauerverteilung $\mathcal{L}(T_1 \wedge T_2)$ erhält man die Verteilung $\mathcal{L}(T_2)$, deren Verteilungsfunktion durch die unabhängigen Wahrscheinlichkeiten für einen Tod aus anderen Gründen gegeben ist und damit die korrekte Ausscheideintensität (3.22.1′) hat. Haben die beiden partiellen Verteilungsfunktionen bis zum rechnerischen Höchstalter keine gemeinsamen Sprungstellen, so ist diese Lösung des Eliminationsproblems wegen Satz 3.10 äquivalent dazu, daß die zu der zu eliminierenden Ausscheideursache gehörige partielle Ausscheideintensität Null gesetzt wird. In dieser Form geht die Lösung auf Makeham zurück.

Die stochastische Unabhängigkeit von T_1 und T_2 im Satz von Karup-Loewy ist konstruktionsbedingt immer gegeben. Insbesondere ist sie nicht dadurch begründet, daß sich die Todesursachen eventuell „tatsächlich" nicht beeinflussen. In der Literatur zur Lebensdaueranalyse gibt es durchaus Zweifel, ob im Falle gegenseitiger Beeinflussung der Todesursachen das Nullsetzen der entsprechenden partiellen Ausscheideintensität ein sinnvolles Risikoeliminationsverfahren ist. In der Tat ist es bei der Elimination einer Infektionskrankheit wie Pocken durch Impfung eher plausibel, daß dies die Ausscheideintensität eines Todes aus anderen Gründen nicht ändert als bei der Elimination einer expositionsbedingten Berufskrankheit wie Staublunge durch Beendigung der Exposition (Arbeitsplatzwechsel).

Alleine durch die Forderung (3.23.2′)

$$F_{x,j}(t) = P(T_1 \wedge T_2 = T_j \leq t), \qquad t \in \mathcal{L}_x\,, \; j = 1, 2\,,$$

also bei Verzicht auf die Unabhängigkeitsforderung, ist die gemeinsame Verteilung $\mathcal{L}(T_1, T_2)$ auf $\mathcal{L}_x^2$ nicht festgelegt. Folglich ist sie durch Beobachtung der Todeszeit und -ursache nicht identifizierbar. Ohne die Unabhängigkeitsforderung ist durch (3.23.2′) nicht sichergestellt, daß die Intensitäten der T_j mit den partiellen Ausscheideintensitäten übereinstimmen. Es ist also nicht möglich, den Eliminationseffekt mit *irgendeinem* Paar von Zufallsvariablen, welches (3.23.2′) erfüllt, zu quantifizieren. Für eine weitergehende Diskussion dieses Identifizierbarkeitsproblems verweisen wir auf Crowder (1996) und die dort genannte Literatur.

Völlig analog zu dieser Lösung des *Eliminationsproblems* kann man natürlich auch das dazu inverse *Supplementationsproblem* lösen – also die Frage, wie sich eine Lebensdauerverteilung bei Hinzufügung einer Ausscheideursache ändert, dadurch beantworten, daß man die entsprechende Ausscheideintensität additiv ergänzt. Die Ausformulierung von Einzelheiten überlassen wir dem Leser.

In vielen versicherungstechnisch wichtigen Fällen von Personengesamtheiten mit mehreren Ausscheideursachen stehen zur Schätzung der abhängigen Ausscheidewahrscheinlichkeiten keine gemeinsamen Beobachtungen von Ausscheidezeit und -ursache im Kollektiv zur Verfügung. Ebenso fehlen die für die Vorgehensweise gemäß Beispiel 3.29 erforderlichen relativen Häufigkeiten. Stattdessen liegen für paarweise disjunkte (Teil-)Kollektive getrennt jeweils Beobachtungen über das Ausscheiden aus einer einzigen Ausscheideursache vor (beispielsweise die relative Häufigkeit der aus der jeweiligen Ursache Ausgeschiedenen, gegliedert nach dem Alter). Mit diesen Daten lassen sich für jede Ausscheideursache *einzeln* dann Ausscheidewahrscheinlichkeiten durch relative Häufigkeiten schätzen (Beispiel 3.29 ohne Zensierung, siehe auch Beispiel 3.52). Falls trotz eventueller Vernachlässigung der Zensierung genügend Anlaß zu der Annahme besteht, daß die dabei erhaltenen geschätzten Ausscheidewahrscheinlichkeiten die unabhängigen Ausscheidewahrscheinlichkeiten in dem ursprünglichen Kollektiv hinreichend widerspiegeln, verfährt man – motiviert durch die oben angesprochene Lösung des Supplementationsproblems – in der Praxis so, daß man mit Aufgabe 17 (c) diese Wahrscheinlichkeiten in abhängige Wahrscheinlichkeiten umrechnet und diese für das ursprüngliche Kollektiv verwendet. Ein solches Vorgehen liegt zum Beispiel den Richttafeln zugrunde (Heubeck (1983b, 1998), vergleiche die dortigen Abschnitte A 2.2 und A 3.5).

Im Hinblick auf den heuristischen Charakter der Vorgehensweise und die eventuelle Vernachlässigung der Zensierung ist es sowohl erforderlich, die erhaltenen Ergebnisse „auf Plausibilität zu prüfen", als auch mit Hilfe eines Anpassungstests auf der Basis einer Zufallsstichprobe aus dem tatsächlich interessierenden ursprünglichen Kollektiv die einfache Hypothese zu testen, daß die geschätzten abhängigen Ausscheidewahrscheinlichkeiten tatsächlich das Ausscheiden aus diesem Kollektiv bei mehreren Ausscheideursachen steuern. Geeignete Testverfahren, etwa der χ^2-Test oder der Zeichentest, werden in vielen allgemeinen Büchern über statistische Methoden aber auch beispielsweise in Behrens et al. (1985, Kapitel 2), Lawless (1982, Kapitel 9) oder Lee (1992, Kapitel 7) dargestellt. Auf diese Validierung des Modells kann man natürlich verzichten, wenn man zur Gewinnung von vorsichtig bemessenen Rechnungsgrundlagen erster Ordnung die Ausscheidewahrscheinlichkeiten mit so großen Sicherheitsaufschlägen oder -abschlägen versieht, daß die Frage der Adäquatheit des verwendeten Datenmaterials irrelevant erscheint. (Zu Rechnungsgrundlagen erster Ordnung siehe Bemerkung 3.46.)

3.31 Bemerkungen und Definition. Sei $\mathcal{L}(T_x, J_x), x \geq 0$, eine Familie von Ausscheidemodellen mit mehreren Ausscheideursachen. Allgemeiner als (3.6.1) wird im folgenden stets die *Stationaritätsbedingung (Verträglichkeitsbeziehung)*

$$P(T_{x+s} > t,\ J_{x+s} = C) = P(T_x > s + t,\ J_x = C \mid T_x > s), \qquad s, t, x \geq 0,\ \emptyset \neq C \subset U, \tag{3.31.1}$$

gefordert. Unter dieser Voraussetzung bezeichnen wir das System $\mathcal{L}(T_x, J_x)$, $x \geq 0$, auch als *zusammengesetzte Ausscheideordnung*, eine Sprechweise, die wie diejenige aus Bemerkung 3.6 mit dem üblichen Sprachgebrauch kollidiert.

(a) Analog zu Aufgabe 1.6, ist (3.31.1) äquivalent zu

$$\mathcal{L}(T_x, J_x) = \mathcal{L}(T_0 - x,\ J_0 \mid T_0 > x), \qquad x \geq 0 \tag{3.31.2}$$

(Ausscheiden aus einem einzigen Kollektiv).

(b) Aus (3.31.1) folgt, daß die zugehörigen einfachen Ausscheideordnungen (3.6.1) erfüllen. Mit Aufgabe 1.6 (a) und (3.26.1) bzw. (3.26.1′) ergibt sich

$$_kp_x = \prod_{i=1}^{k} p_{x+i-1} = \prod_{i=1}^{k}\Big(1 - \sum_{\emptyset \neq C \subset U} q_{x+i-1}^{(C)}\Big) \tag{3.31.3}$$

bzw. bei identifizierbaren Ausscheideursachen

$$_kp_x = \prod_{i=1}^{k}\Big(1 - \sum_{j=1}^{m} q_{x+i-1}^{(j)}\Big)\,. \tag{3.31.3′}$$

(c) Unter (3.31.1) gilt für die zugehörigen abhängigen partiellen Ausscheidewahrscheinlichkeiten analog zu (3.6.4)

$$_{s+t}q_x^{(C)} - {}_sq_x^{(C)} = {}_sp_x \cdot {}_tq_{x+s}^{(C)}, \qquad s, t, x \geq 0,\ \ \emptyset \neq C \subset U\,, \tag{3.31.4}$$

bzw. bei identifizierbaren Ausscheideursachen

$$_{s+t}q_x^{(j)} - {}_sq_x^{(j)} = {}_sp_x \cdot {}_tq_{x+s}^{(j)}, \qquad s, t, x \geq 0,\ \ j \in U\,. \tag{3.31.4′}$$

(d) Analog zu (3.7.2) gilt unter der Stationaritätsbedingung (3.31.1) für die kumulativen partiellen Ausscheideintensitäten

$$\Lambda_{x,C}(t) = \Lambda_{0,C}(x+t) - \Lambda_{0,C}(x)\,, \qquad x < \omega_0,\ t \geq 0,\ \emptyset \neq C \subset U\,. \tag{3.31.5}$$

Dies läßt sich direkt mit Hilfe der Definition der Intensitäten zeigen (Aufgabe 13), ein Weg, der auch für den Beweis von „(3.6.1) $\Longrightarrow$ (3.7.2)" in Satz 3.7 an Stelle des Beweises über die Exponentialformel offensteht.

D Sterbegesetze für die Gesamtbevölkerung

Der philosophischen Vorstellungswelt des 17. und 18. Jahrhunderts entsprang die Überzeugung, daß sich für die menschliche Sterblichkeit ebenso wie für physikalische Vorgänge etwa in der klassischen Mechanik in einfache Formeln faßbare Gesetze finden lassen müßten. Unter solchen *Sterbegesetzen* verstand man zunächst deterministische Funktionen für Anzahlen von Überlebenden in Abhängigkeit von der verstrichenen Zeit, später dann explizite Formeln für die Verteilungsfunktion, die Überlebensfunktion, die Dichte oder die Ausscheideintensität einer einfachen Ausscheideordnung. Die Formeln enthalten in der Regel einige wenige freie Parameter, die den Gegebenheiten der jeweiligen Population anzupassen sind. Im Sinne der Mathematischen Statistik sind dies Schätzprobleme bei niedrig-dimensionalen parametrischen Modellen.

Die Populationsdynamik, ein Zweig der Mathematischen Biologie, befaßt sich mit der Herleitung und Rechtfertigung von analytischen Modellen für die zahlenmäßige Entwicklung von Populationen. Für die Untersuchung der menschlichen Sterblichkeit hat sie jedoch an Bedeutung verloren, seit sich im 20. Jahrhundert die Überzeugung durchgesetzt hat, daß das komplexe Geschehen menschlicher Mortalität durch Sterbetafeln zutreffender als durch Sterbegesetze zu erfassen ist.

Auch die beiden wesentlichsten praktischen Argumente für die Verwendung von Sterbegesetzen haben heute an Gewicht verloren:

- Die rechnerischen Vereinfachungen, die sich für die Bestimmung der Lebensdauerverteilung bei verbundenen Leben ergeben (siehe Hilfssatz 3.35) sind in Anbetracht der inzwischen vorhandenen Rechnerkapazitäten nahezu gegenstandslos.
- Auch für hoch- oder unendlich-dimensionale Schätzprobleme, wie die Herleitung von Sterbetafeln oder die Schätzung von Regressionsfunktionen und Ausscheideintensitäten ausschließlich unter Gestalts- oder Glattheitsbedingungen hält die Mathematische Statistik inzwischen wirksame Verfahren bereit, etwa die in Abschnitt F angesprochenen Splineschätzer oder Kernschätzer. Eine detailliertere Darstellung überschreitet allerdings den Rahmen dieses Textes. In diesem Zusammenhang erscheint der Hinweis angebracht, daß sich ein theoretisch und empirisch wenig begründetes Sterbegesetz nicht dadurch rechtfertigen läßt, daß ohne Annahme eines Sterbegesetzes die Datenlage keine qualifizierten Aussagen über die Absterbeordnung erlaubt. Dies betrifft insbesondere die in der Praxis häufig anzutreffende Beschreibung des Absterbeverhaltens in höheren Lebensaltern (etwa ≥ 85) durch Gompertz-Makeham-Gesetze (siehe 3.34).

Da Sterbegesetze im weiteren Verlauf des Buches keine wesentliche Rolle spielen, beschränken wir uns hier auf eine summarische Auflistung der populärsten Beispiele (vergleiche auch die historische Übersicht 1.4). Weitere Informationen, insbesondere auch über statistische Test- und Schätzverfahren für diese Modelle, finden sich beispielsweise bei Johnson, Kotz and Balakrishnan (1994, 1995), Lawless (1982) und Lee (1992).

3.32 Beispiel. De Moivre postulierte 1725 die Existenz eines Maximalalters $\omega_0 > 0$ – er setzte $\omega_0 = 86$ – und forderte, daß die zukünftige Lebensdauer von (x) gleichverteilt sei auf $(0, \omega_0 - x)$, $0 \leq x < \omega_0$. Daraus folgt

$$\begin{aligned}
{}_t p_x &= P(T_x > t) = \frac{\omega_0 - x - t}{\omega_0 - x}\,, \\
\Lambda_x(t) &= -\log {}_t p_x = \log(\omega_0 - x) - \log(\omega_0 - x - t)\,, \\
\lambda_x(t) &= \frac{d}{dt}\Lambda_x(t) = \frac{1}{\omega_0 - x - t}\,, \qquad 0 \leq t < \omega_0 - x\,,
\end{aligned}$$

die Ausscheideintensität $(x, t) \longmapsto \lambda_x(t)$ ist also wachsend in $x + t$.

3.33 Beispiel. Gompertz schlug 1825 vor, die Änderung der Ausscheideintensität als proportional zu ihrer Größe anzusetzen:

$$\frac{d}{ds}\lambda_0(s) \propto \lambda_0(s)\,, \qquad s \geq 0\,.$$

Bekanntlich sind die strikt positiven Lösungen dieser Differentialgleichung mit getrennten Veränderlichen genau die Ausscheideintensitäten der Form

$$\lambda_0(s) = B \cdot c^s\,, \qquad s \geq 0\,,$$

wobei $B > 0$ und $c > 0$ beliebige Konstanten sind. Unter der Stationaritätsbedingung (3.6.1) folgen für alle $t \geq 0$, $x \geq 0$

$$\lambda_x(t) = B \cdot c^{x+t}\,, \tag{3.33.1}$$

$$\Lambda_x(t) = \int_0^t \lambda_x(\tau)\,d\tau = \begin{cases} \dfrac{B}{\log c}\,(c^{x+t} - c^x), & c \neq 1 \\ B\,t, & c = 1\,, \end{cases} \tag{3.33.2}$$

$$_tp_x = \begin{cases} \exp\Big(\dfrac{B}{\log c}\,(c^x - c^{x+t})\Big), & c \neq 1 \\ \exp(-B\,t), & c = 1\,. \end{cases} \tag{3.33.3}$$

Im Fall $c > 1$ ist die Ausscheideintensität $(x, t) \longmapsto \lambda_x(t)$ also exponentiell wachsend in $x + t$. Bei $c = 1$ ist sie konstant gleich B, und wir erhalten die einseitige Exponentialverteilung E_B mit Erwartungswert $1/B$. Da Individuen mit dieser Lebensdauerverteilung nicht altern, sprechen wir auch von einer „gedächtnislosen Verteilung“. Im Fall $c < 1$ ist

$$\lim_{t\to\infty} {}_tp_x = \exp\Big(\frac{B}{\log c}\,c^x\Big) > 0\,;$$

folglich ist (3.33.1) dann keine Ausscheideintensität einer fast sicher endlichen Lebensdauer.

Von den zahlreichen Ansätzen, das Gompertzsche Sterbegesetz zu verallgemeinern, war der von Makeham aus dem Jahre 1860 der wichtigste.

3.34 Beispiel und Definition. Makeham forderte ein exponentielles Wachstum der Ausscheideintensität mit Wachstumsparametern $B \geq 0$, $c > 1$ und altersunabhängigem Anteil („Grundrisiko“) $A \geq 0$. Bei Voraussetzung der Stationaritätsbedingung (3.6.1) heißt dies für alle $t \geq 0$, $x \geq 0$

$$\lambda_x(t) = A + B \cdot c^{x+t}\,, \tag{3.34.1}$$

$$\Lambda_x(t) = A\,t + \frac{B}{\log c}\,(c^{x+t} - c^x)\,, \tag{3.34.2}$$

$$_tp_x = \exp\Big(-A\,t + \frac{B}{\log c}\,(c^x - c^{x+t})\Big)\,. \tag{3.34.3}$$

Die dadurch gegebenen Lebensdauerverteilungen heißen *Gompertz-Makeham-Gesetze*.

Gompertz-Makeham-Gesetze ermöglichen beispielsweise eine einfache Berechnung der Verteilung der zukünftigen Lebensdauer bei Gruppen verbundener Leben.

3.35 Hilfssatz. *Seien $T_{x_1}, \ldots, T_{x_m}$ stochastisch unabhängige zukünftige Lebensdauern, die einem Gompertz-Makeham-Gesetz* (3.34.1) *mit identischen Parametern $A \geq 0$, $B \geq 0$, $c > 1$ genügen:*

$$\lambda_{x_i}(t) = A + B\, c^{x_i+t}, \qquad x_i \geq 0,\ t \geq 0\,.$$

Dann genügt $T_{x_1\ldots x_m}$ den Gompertz-Makeham-Gesetzen

$$\lambda_{x_1\ldots x_m}(t) = m(A + B\, c^{\bar{x}+t}) = mA + B\, c^{\tilde{x}+t}, \qquad t \geq 0, \tag{3.35.1}$$

$$\bar{x} := \frac{1}{\log c}\log\Big(\frac{1}{m}\sum_{i=1}^{m} c^{x_i}\Big), \quad \tilde{x} := \frac{1}{\log c}\log\Big(\sum_{i=1}^{m} c^{x_i}\Big), \tag{3.35.2}$$

d. h. die ganze Gruppe kann wahlweise wie m Personen desselben „Zentralalters" $\bar{x} \in \big[\bigwedge_{i=1}^{m} x_i, \bigvee_{i=1}^{m} x_i\big]$ oder wie eine Person des „Ersatzalters" $\tilde{x} \geq \bigvee_{i=1}^{m} x_i$ behandelt werden.

Den Beweis überlassen wir dem Leser. Man beachte, daß das Zentralalter und das Ersatzalter weder von A noch von B, sondern nur von dem Wachstumsparameter c und den Einzelaltern x_i abhängen ! Bei Personen unterschiedlichen Geschlechtes ist die in Hilfssatz 3.35 getroffene Annahme gleicher Gompertz-Makeham-Parameter in der Regel verletzt.

3.36 Beispiel. Im Zusammenhang mit der Untersuchung der Reißfestigkeit von Materialien führte der schwedische Physiker Weibull 1939 eine Verteilung auf $[0, \infty)$ mit Parametern $\alpha > 0$, $c > 0$ ein, die später dann auch als Modell für Lebensdauerverteilungen populär wurde und durch folgende Ausfallrate gegeben ist:

$$\lambda_0(s) = \frac{c}{\alpha^c}\, s^{c-1}, \qquad s \geq 0\,. \tag{3.36.1}$$

Diese Ausfallrate ist hyperbolisch fallend für $0 < c < 1$, konstant für $c = 1$ (Exponentialverteilung $E_{1/\alpha}$!), sublinear wachsend für $1 < c < 2$, linear wachsend für $c = 2$ und superlinear wachsend für $c > 2$ (vergleiche Aufgabe 14 (b)). In dem für die Modellierung der menschlichen Sterblichkeit einzig sinnvollen Fall $c > 1$ liegt ein polynomiales Intensitätswachstum und damit ein langsameres Altern als bei Gompertz-Makeham-Gesetzen vor. Die Verteilung mit der Ausscheideintensität (3.36.1) heißt *Weibull-Verteilung mit Parametern $\alpha > 0$ und $c > 0$*. Ihre kumulative Ausscheideintensität, Verteilungsfunktion und Dichte sind gegeben durch

$$\Lambda_0(s) = \int_0^s \lambda_0(\sigma)\, d\sigma = \frac{s^c}{\alpha^c}\,, \tag{3.36.2}$$

$$F_0(s) = 1 - \exp\bigl(-\Lambda_0(s)\bigr) = 1 - \exp\Bigl(-\frac{s^c}{\alpha^c}\Bigr)\,, \tag{3.36.3}$$

$$f_0(s) = \lambda_0(s)\,\bigl(1 - F_0(s)\bigr) = \frac{c}{\alpha^c}\, s^{c-1} \exp\Bigl(-\frac{s^c}{\alpha^c}\Bigr)\,, \quad s \geq 0\,. \tag{3.36.4}$$

Bei Voraussetzung der Stationaritätsbedingung (3.6.1) gelten nach (3.36.1) – (3.36.3) und Satz 3.7 für die Verteilung von T_x

$$\lambda_x(t) = \frac{c}{\alpha^c}(x+t)^{c-1}\,, \quad \Lambda_x(t) = \frac{1}{\alpha^c}\bigl((x+t)^c - x^c\bigr)\,,$$
$${}_tp_x \;= \exp\Bigl(\frac{1}{\alpha^c}(x^c - (x+t)^c)\Bigr)\,, \qquad t \geq 0,\ x \geq 0\,.$$

3.37 Bemerkung. Technisch ist es oft einfacher, statt der Verteilung einer Lebensdauer T diejenige von $\log T$ zu untersuchen. Dies führt zu Gumbel-Verteilungen, die zur Klasse der *Extremwertverteilungen* gehören:

X ist *Gumbel-verteilt mit Parametern* $m \in \mathbb{R}^1$ *und* $c > 0$

$$\rightleftharpoons \quad P(X \leq x) = \exp\bigl(-e^{-c(x-m)}\bigr)\,, \qquad x \in \mathbb{R}^1\,.$$

Für die Dichte heißt dies

$$\frac{d\mathcal{L}(X)}{d\lambda^1}(x) = c \cdot \exp\bigl(-c\,(x-m) - e^{-c(x-m)}\bigr)\,, \qquad x \in \mathbb{R}^1\,.$$

Per Definition ist X genau dann Gumbel (m, c)-verteilt, wenn

$$P(e^{-X} \leq s) = P(X \geq -\log s) = 1 - \exp\bigl(-e^{c\,m} s^c\bigr)\,, \qquad s \geq 0\,,$$

d. h. wenn e^{-X} Weibull-verteilt ist mit Parametern (e^{-m}, c). Mit anderen Worten:

$$T \sim \text{Weibull}\,(\alpha, c) \quad \Longleftrightarrow \quad -\log T \sim \text{Gumbel}\,(-\log\alpha, c)\,.$$

3.38 Bemerkung. Als weitere Klassen von Verteilungen, die für die Modellierung zufälliger Lebenszeiten wichtig sind, erwähnen wir hier nur die Klasse der *Gammaverteilungen*:

$$T \sim \Gamma(a,b) \quad (a > 0,\ b > 0) \qquad \rightleftharpoons$$

$$P(T \leq t) = \frac{1}{a^b\,\Gamma(b)} \int_0^t s^{b-1}\, e^{-s/a}\, 1_{[0,\infty)}(s)\, ds.$$

Offenbar ist $\Gamma(a, 1) = E_{1/a}$. Die Parameter der Verteilung können wie folgt interpretiert werden:

$$E\big(\Gamma(a, b)\big) = a \cdot b, \quad \operatorname{Var}\big(\Gamma(a, b)\big) = a^2 \cdot b\,;$$

also ist der Variationskoeffizient (d. h. die Standardabweichung bezogen auf den Erwartungswert) $\nu = 1/\sqrt{b}$.

E Diskretisierung: Ganzzahlig gestutzte zukünftige Verweildauer

In diesem Abschnitt gehen wir aus von der Lebensversicherungssituation 3 A bzw. allgemeiner von der Situation 3 C von Ausscheidemodellen mit mehreren Ausscheideursachen und setzen durchgängig voraus, daß die zukünftige Verweildauer T_x von (x) strikt positiv ist.

3.39 Definition. Es seien

$$K_x := [T_x - 0] = \sum_{k=0}^{\infty} k \cdot 1_{\{k<T_x\le k+1\}} \tag{3.39.1}$$

die *ganzzahlig gestutzte zukünftige Verweildauer (Lebensdauer)* von (x) und

$$R_x := T_x - K_x \tag{3.39.2}$$

der *in der Personengesamtheit erlebte Bruchteil des Ausscheidejahres (Todesjahres)* von (x).

Die Definition $K_x := [T_x - 0]$ (an Stelle von $K_x = [T_x]$) empfiehlt sich, wenn man (wie üblich) Verteilungsfunktionen rechtsseitig stetig ansetzt. Damit ist nämlich

$$\nu_x(k) := P(K_x = k) = F_x(k+1) - F_x(k)\,, \qquad k \in \mathbb{N}_0\,. \tag{3.39.3}$$

Ist $\mathcal{L}(T_x) \ll \lambda^1$, so gilt $K_x = [T_x]$ Lebesgue-fast überall.

3.40 Hilfssatz. *Die Kenntnis des Ausscheidemodells $\mathcal{L}(T_x, J_x)$ und die der gemeinsamen Verteilung $\mathcal{L}(K_x, R_x, J_x)$ sind äquivalent. Es gelten*

$$\begin{aligned} &P(T_x \le t,\ J_x = C) \\ &\quad = P\big(K_x \le [t]-1,\ J_x = C\big) + P\big(K_x = [t],\ R_x \le t-[t],\ J_x = C\big)\,, \\ &\qquad\qquad t \ge 0,\ \emptyset \ne C \subset U\,, \end{aligned} \tag{3.40.1}$$

und

$$\begin{aligned} P(K_x = k,\ R_x \le r,\ J_x = C) &= P(k < T_x \le k+r,\ J_x = C)\,, \\ &\quad k \in \mathbb{N}_0,\ r \in (0, 1]\,,\ \emptyset \ne C \subset U\,. \end{aligned} \tag{3.40.2}$$

Beweis. Einfach. □

3.41 Bemerkung. Ausgehend von den einjährigen abhängigen partiellen Ausscheidewahrscheinlichkeiten $q_{x+i}^{(C)}$, $i \in \mathbb{N}_0$, $\emptyset \neq C \subset U$, kann unter der Stationaritätsbedingung (3.31.1) die diskrete Verteilung $\mathcal{L}(K_x, J_x)$ berechnet werden. Mittels (3.31.4) und (3.31.3) ergibt sich

$$\begin{aligned} P(K_x = k,\ J_x = C) &= P(k < T_x \leq k+1,\ J_x = C) \\ &= {}_k p_x \cdot q_{x+k}^{(C)} = \prod_{i=1}^{k} \Big(1 - \sum_{\emptyset \neq B \subset U} q_{x+i-1}^{(B)}\Big) \cdot q_{x+k}^{(C)} , \\ & \qquad x \in [0, \omega_0),\ k \in \mathbb{N}_0,\ \emptyset \neq C \subset U . \end{aligned} \tag{3.41.1}$$

Die ganzzahlig gestutzte Restlebenserwartung von (x) ist

$$e_x := E(K_x) = \sum_{k=1}^{\infty} k \cdot P(K_x = k) = \sum_{k=1}^{\infty} k \prod_{i=1}^{k} (1 - q_{x+i-1})\, q_{x+k} . \tag{3.41.2}$$

Die gemeinsame Verteilung $\mathcal{L}(T_x, J_x)$ ist ohne Zusatzvoraussetzungen, die den unterjährigen Verlauf der Ausscheidewahrscheinlichkeiten festlegen, aus einer Vertafelung von $(q_{x+i}^{(C)})_{i \in \mathbb{N}_0}$ $(\emptyset \neq C \subset U)$ nicht bestimmbar.

3.42 Satz. *Sei* $x \geq 0$. *Folgende Aussagen sind äquivalent:*

(a) R_x *und* (K_x, J_x) *sind stochastisch unabhängig und* $R_x \sim U(0, 1]$.

(b) *Es gelten die linearen Interpolationsformeln*

$$\begin{aligned} {}_{k+r}q_x^{(C)} &= {}_k q_x^{(C)} + r\left({}_{k+1}q_x^{(C)} - {}_k q_x^{(C)}\right), \\ & r \in (0, 1],\ k \in \mathbb{N}_0,\ \emptyset \neq C \subset U . \end{aligned} \tag{3.42.1}$$

Zusatz. *Im Falle von* (a) *und* (b) *sowie bei zusätzlicher Gültigkeit von* (3.31.1) *gilt*

$$\begin{aligned} {}_t q_x^{(C)} &= \sum_{k=0}^{[t]-1} \prod_{i=1}^{k} \Big(1 - \sum_{\emptyset \neq B \subset U} q_{x+i-1}^{(B)}\Big) \cdot q_{x+k}^{(C)} \\ &\quad + (t - [t]) \cdot \prod_{i=1}^{[t]} \Big(1 - \sum_{\emptyset \neq B \subset U} q_{x+i-1}^{(B)}\Big) \cdot q_{x+[t]}^{(C)} , \qquad \emptyset \neq C \subset U,\ t \geq 0. \end{aligned} \tag{3.42.2}$$

Beweis. (a) $\Longrightarrow$ (b) und Zusatz: Seien $\emptyset \neq C \subset U$ und $t \geq 0$. Nach (3.40.2) gilt

$${}_t q_x^{(C)} = {}_{[t]}q_x^{(C)} + (t - [t])\left({}_{[t]+1}q_x^{(C)} - {}_{[t]}q_x^{(C)}\right),$$

d. h. (b). Einsetzen von (3.41.1) liefert (3.42.2).

(b) $\Longrightarrow$ (a): Seien $0 < r \leq 1$, $k \in \mathbb{N}_0$ und $\emptyset \neq C \subset U$. Nach (3.40.1) und (3.42.1) gilt

$$P(K_x = k,\ R_x \leq r,\ J_x = C) = r \cdot P(k < T_x \leq k+1,\ J_x = C)\,.$$

Summation über k und C zeigt $P(R_x \leq r) = r$ und somit $R_x \sim U(0, 1]$. Es folgt

$$P(K_x = k,\ R_x \leq r,\ J_x = C) = P(R_x \leq r) \cdot P(K_x = k,\ J_x = C). \qquad \square$$

3.43 Bemerkungen.

(a) Bei einer einzigen Ausscheideursache reduziert sich 3.42 (a) zu

$$R_x \sim U(0, 1], \quad K_x \text{ stochastisch unabhängig}$$

(für eine Alternativannahme vergleiche Aufgabe 16). Gilt zusätzlich die Stationaritätsbedingung (3.6.1), so liefern (3.6.4) und (3.42.1) für alle $k, r, x, v \geq 0$ mit $r + v \leq 1$ und $x + v < \omega_0$

$${}_{k+r}q_{x+v} = \frac{{}_{k+r+v}q_x - {}_v q_x}{1 - {}_v q_x} = \frac{{}_k q_x + (r+v)({}_{k+1}q_x - {}_k q_x) - v q_x}{1 - v q_x}\,. \tag{3.43.1}$$

Speziell für $k = 0$ ist

$${}_r q_{x+v} = \frac{r\, q_x}{1 - v q_x}\,. \tag{3.43.2}$$

In dieser Form geht die Annahme auf Wittstein und das Jahr 1862 zurück.

(b) Die lineare Interpolationsformel (3.42.1) liegt der Näherung

$${}^u q_x^{(j)} \approx q_x^{(j)} \Big(1 + \frac{1}{2} \sum_{\substack{i=1 \\ i \neq j}}^{m} q_x^{(i)}\Big), \qquad j \in U,$$

aus Aufgabe 17 (d) zu Grunde, vergleiche Zwinggi (1958), Formel I (1.51), p. 31.

(c) Unter 3.42 (a) oder (b) gelten

$$\mathring{e}_x = E(T_x) = E(K_x) + E(R_x) = e_x + \frac{1}{2}\,,$$

$$\operatorname{Var}(T_x) = \operatorname{Var}(K_x) + \operatorname{Var}(R_x) = \operatorname{Var}(K_x) + \frac{1}{12}\,.$$

Diese Varianzkorrektur um $1/12$ der Klassenbreite beim Übergang von quantitativen Originaldaten zu mit konstanter Klassenbreite gruppierten Beobachtungen ist in der deskriptiven Statistik unter dem Namen *„Sheppard-Korrektur"* bekannt.

(d) Seien (K_x, J_x) und R_x stochastisch unabhängig. Natürlich sind auch andere (und allgemeinere) Annahmen als die der Gleichverteilung des erlebten Teiles des Todesjahres denkbar. Von Willmot (1996, Example 2) wird für R_x eine Betaverteilung mit (zu schätzenden) Parametern $a > 0$, $b > 0$ vorgeschlagen,

$$P(R_x \leq t) = \frac{B(a, b; t)}{B(a, b)}\,, \qquad t \in (0, 1)\,.$$

Dabei bezeichne

$$B(\cdot,\cdot;\cdot)\colon (a,b;t) \longmapsto \int\limits_0^t r^{a-1}(1-r)^{b-1}\,dr$$

die unvollständige Betafunktion und $B(\cdot,\cdot) := B(\cdot,\cdot;1)$ die vollständige Betafunktion. Diese Annahme ist sehr flexibel (siehe Johnson, Kotz und Balakrishnan (1995, pp. 220, 221) für die vielfältige Gestalt der B-Dichten). Für $a = b = 1$ erhält man als Spezialfall die Gleichverteilungsannahme $R_x \sim U(0,1]$. Auch unter der Annahme einer Betaverteilung oder anderer Spezifikationen für $\mathcal{L}(R_x)$ lassen sich die wesentlichen Folgerungen aus der Gleichverteilungsannahme geeignet modifiziert formulieren. Beispielsweise kann man wie in Satz 5.15, Hilfssatz 5.60 sowie den Aufgaben 5.39 und 9.7 die erwarteten Barwerte und die prospektiven Deckungskapitalien von Versicherungszahlungen bei unterjährlichen Fälligkeiten von Prämien und Leistungen auf die bei Zahlungen höchstens zu ganzzahligen Zeitpunkten zurückführen. Der interessierte Leser sei dazu auf die Abschnitte 3 bis 6 von Willmot (1996) verwiesen. Eine weitere Alternative zu den Annahmen aus Satz 3.42 (a) wird in Aufgabe 16 (b) – (e) diskutiert.

Die eigentliche Problematik all dieser Annahmen liegt jedoch weniger in der Gestalt der Marginalverteilung von R_x, als vielmehr in der Voraussetzung, daß K_x und (R_x, J_x) stochastisch unabhängig sind. Diese steht in offensichtlichem Widerspruch zu der Tatsache, daß die unterjährige Zeitabhängigkeit der Sterbeintensität insbesondere für hohe und für geringe Alter von dem Wert der ganzzahlig gestutzten Lebensdauer abhängt.

Natürlich ist es bei mehreren stochastisch unabhängigen Leben, die jeweils der Bedingung (3.42.1) genügen, möglich, die gemeinsame Verteilungsfunktion der zukünftigen Lebensdauern und daraus abgeleitete Größen mittels einer Vertafelung der einjährigen bedingten Sterbenswahrscheinlichkeiten zu berechnen. Wir illustrieren dies an Hand des folgenden Hilfssatzes, der in Abschnitt 5 D Verwendung bei der Berechnung des erwarteten Barwertes einseitiger Todesfallversicherungen bei zwei Leben findet.

3.44 Hilfssatz. *Seien $(T_x)_{x\geq 0}$, $(T_y)_{y\geq 0}$ stochastisch unabhängige Familien zukünftiger Lebensdauern, die jede die Stationaritätsbedingung* (3.6.1) *erfüllen und für die jeweils die ganzzahlig gestutzte Lebensdauer und der erlebte Teil des Todesjahres für alle Ausgangsalter x, y stochastisch unabhängig sind; letzterer sei $U(0,1]$-verteilt. Dann ist*

$$P(k-1 < T_x \leq k,\ T_x < T_y) = {}_{k-1}p_{xy}\ q_{x+k-1}\,\frac{1+p_{y+k-1}}{2}\,, \qquad k \in \mathbb{N}.$$

Beweis. Seien $x \geq 0$, $y \geq 0$, $K_x := [T_x - 0]$, $K_y := [T_y - 0]$ und $k \in \mathbb{N}$. Dann gilt

$$\begin{aligned} P(k-1 < T_x \leq k,\ T_x < T_y) \\ &= P(K_x = k-1 < K_y) + P(K_x = K_y = k-1,\ R_x < R_y) \\ &= P(K_x = k-1) \cdot \big(P(K_y > k-1) + \frac{1}{2} P(K_y = k-1)\big). \end{aligned}$$

Einsetzen der aus den Stationaritätsbedingungen folgenden Beziehungen

$$P(K_x = k-1) = {}_{k-1}p_x \cdot q_{x+k-1}\,,$$

$$P(K_y = k-1) = {}_{k-1}p_y \cdot q_{y+k-1}$$

und

$$P(K_y > k-1) = {}_k p_y = {}_{k-1}p_y \cdot p_{y+k-1}$$

liefert die Behauptung. □

Zum Schluß dieses Abschnitts weisen wir noch auf einen einfachen Zusammenhang zwischen der kumulativen Ausscheideintensität der ganzzahlig gestutzten Lebensdauer und den einjährigen Sterbenswahrscheinlichkeiten hin.

3.45 Hilfssatz. *Unter der Stationaritätsbedingung* (3.6.1) *sind die Massen der kumulativen Ausscheideintensität* Λ_{K_x} *von* K_x *gegeben durch die einjährigen Sterbenswahrscheinlichkeiten:*

$$\Lambda_{K_x}(\{k\}) = q_{x+k}\,, \qquad \{k,\ x\} \subset \mathbb{N}_0\,.$$

Beweis. Nach (3.1.3) und (3.6.4) ist

$$\Lambda_{K_x}(\{k\}) = \frac{P(K_x = k)}{P(K_x \geq k)} = \frac{P(k < T_x \leq k+1)}{P(T_x > k)} = \frac{{}_{k+1}q_x - {}_k q_x}{{}_k p_x} = q_{x+k}\,. \qquad □$$

F Ausscheidewahrscheinlichkeiten als Rechnungsgrundlagen. Sterbetafeln

Abschnitt F setzt die Beschreibung des dem Versicherungsgeschehen zugrunde liegenden Risikos fort. Während in Kapitel 3 bisher die Modellbildung und andere theoretische Aspekte im Vordergrund standen, wenden wir uns in diesem Abschnitt der quantitativen Erfassung des Risikos zu.

Wie in der Kapiteleinleitung erwähnt, besteht das Zufallsgeschehen in der Personenversicherung in der Regel darin, daß Personen zwischen endlich vielen Zuständen zu zufälligen Zeiten wechseln. Es wird mit Hilfe von Sprungprozessen mit endlichen

Zustandsräumen und kontinuierlicher Zeit beschrieben (siehe Abschnitt 4 A). „Quantitative Erfassung des Risikos“ bedeutet also, die Verteilungen solcher Prozesse explizit anzugeben. Ohne Zusatzannahmen ist dies ein aussichtsloses Unterfangen. Nimmt man jedoch zusätzlich an, daß das zukünftige Verhalten des Prozesses nur von dem aktuellen Zustand und nicht von der gesamten Vorgeschichte abhängt (*Markov-Eigenschaft*, vergleiche Abschnitt 4 B), so kann man sich auf die in Abschnitt C behandelte Situation eines unter konkurrierenden Risiken stehenden Lebens zurückziehen: Man betrachtet zu jedem Zustand („lebend“) die direkt von diesem erreichbaren Zustände („ausgeschieden aus der Ursache ...“) und erhält so Modelle mit mehreren wechselseitig exklusiven Ausscheideursachen, für die die Verteilung der zukünftigen Verweildauer und der Ausscheideursache – also zum Beispiel die unabhängigen Ausscheidewahrscheinlichkeiten – zu bestimmen sind. Durch Diskretisierung gemäß Abschnitt E wird das Problem weiter reduziert auf das der Schätzung und Vertafelung von unabhängigen (oder abhängigen) Ausscheidewahrscheinlichkeiten zu ganzzahligen Zeitpunkten. Die Erstellung solcher *Ausscheidetafeln*, deren Einträge auf der Basis beobachteter Ausscheidezeitpunkte und -ursachen oder daraus abgeleiteter relativer Ausscheidehäufigkeiten statistisch ermittelt werden können, ist Gegenstand dieses Abschnittes. Da eine systematische Diskussion dieser Problematik den Rahmen des Buches sprengen würde, beschränken wir uns weitgehend darauf, wesentliche Grundideen an Hand einiger Methoden zu erläutern, die bei der Erstellung von *Sterbetafeln* Anwendung finden. Aber auch diesbezüglich kann unsere Darstellung nur eine erste Orientierung bieten, so daß wir dem an biometrischen Rechnungsgrundlagen interessierten Leser zusätzlich zur Lektüre dieses Abschnittes die Beschäftigung mit der im Text jeweils angegebenen Literatur empfehlen. Entsprechend wird für Beweise hier weitgehend auf diese Literatur verwiesen. Aus demselben Grund verzichten wir auf „theoretische“ Übungsaufgaben zu diesem Abschnitt; einige Programmieraufgaben finden sich am Ende des Aufgabenteiles G.

Ausgangspunkt der folgenden Überlegungen ist eine Personengesamtheit, welche auf Grund der Ausscheideursache „Tod“ sowie eventuell weiterer Ausscheideursachen abnehmen kann, die hier nicht interessieren und daher zu einer einzigen Ausscheideursache („Emigration“, „Zensierung“) zusammengefaßt werden. Zugleich sei es möglich, daß die Gesamtheit durch Zuwanderung („Immigration“) zunimmt. Weiterhin seien die Sterblichkeit beeinflussende qualitative oder quantitative Risikomerkmale vorgegeben, darunter in der Regel das Geschlecht und das Alter. Risikoklassen, die vermöge der Merkmale Geschlecht und (gruppiertes) Lebensalter gebildet werden, bezeichnen wir als *Kohorten*. Unter der Annahme, daß die Verteilung der zukünftigen Lebensdauer einer Person nur von den Ausprägungen der Risikomerkmale abhängt, sollen die unabhängigen einjährigen Sterbenswahrscheinlichkeiten als Funktion dieser Ausprägungen geschätzt werden. Bevor wir auf einschlägige Verfahren eingehen, stellen wir kurz dar, in welcher Form man die resultierenden Schätzwerte üblicherweise vertafelt.

Wir betrachten zunächst den Fall, daß nur nach den Risikomerkmalen Alter und Geschlecht differenziert wird, wobei die Lebensalter in einem Bereich $AB := \{x_0, x_0 + 1, \ldots, \omega\} \subset \mathbb{N}_0$ mit Minimalalter x_0 und Schlußalter ω berücksichtigt werden. (Meistens ist $x_0 = 0$, in der Pensionsversicherung gelegentlich auch $x_0 = 15$ oder $x_0 = 20$;

übliche Schlußalter sind $\omega = 101$ oder $\omega = 111$.) In getrennten Sterbetafeln für Frauen und für Männer werden dann zu jedem Alter $x \in AB$ jeweils ein Schätzwert für die unabhängige Wahrscheinlichkeit ${}^{u}q_x$ festgehalten, daß eine Person des Kollektivs, die das Alter x erreicht hat, bis zur Vollendung des $(x+1)$-ten Lebensjahres stirbt. In unserer Sprechweise ist das Schlußalter $\omega \in AB$ das kleinste Alter mit unabhängiger einjähriger Sterbenswahrscheinlichkeit 1; gegebenenfalls wird die Sterbetafel für den Gebrauch in der Personenversicherungsmathematik um ein solches erweitert. Wir wollen an dieser Stelle zur Vereinfachung der Nomenklatur und der Notation der Konvention folgen, das Attribut „unabhängig" in der Bezeichnung der Sterbenswahrscheinlichkeiten zu unterdrücken und auch auf die Unterscheidung von tatsächlichen Wahrscheinlichkeiten und ihren Schätzwerten zu verzichten. Die Sterbenswahrscheinlichkeiten werden somit *ebenso wie ihre Schätzwerte* mit q_x, $x \in AB$, bezeichnet. Wir weisen jedoch ausdrücklich darauf hin, daß es sich bei den Einträgen in Sterbetafeln nicht um die tatsächlichen Sterbenswahrscheinlichkeiten handelt, sondern um Schätzwerte, die mit statistischen Fehlern behaftet sind.

Zusätzlich werden in Sterbetafeln oft Schätzwerte für aus den Sterbenswahrscheinlichkeiten abgeleitete Größen angegeben. Dabei wird eine Anfangsgröße der Kohorte ℓ_{x_0} zugrunde gelegt, die man auch als *Radix* der jeweiligen Sterbetafel bezeichnet. Außerdem wird vorausgesetzt, daß die Sterbetafel eine einfache Ausscheideordnung beschreibt, daß also die Stationaritätsbedingung (3.6.1) erfüllt ist. Seien

$$\ell_x := \ell_{x_0}\,{}_{x-x_0}p_{x_0} = \ell_{x_0} \prod_{j=1}^{x-x_0} p_{x_0+j-1}\,, \qquad x \in AB \cup \{\omega+1\},$$

und

$$d_x := \ell_x\, q_x = \ell_x - \ell_{x+1}\,, \qquad x \in AB,$$

die aus der Kohorte *erwartete Anzahl der Lebenden des Alters* x bzw. die *erwartete Anzahl der Toten des Alters* x. (Da man diese Anzahlen oft mit fünf geltenden Ziffern angeben will, ist $\ell_{x_0} = 100\,000$ üblich.) Liest man die Wahrscheinlichkeiten in den vorstehenden Formeln konventionsgemäß alternativ zur Interpretation als tatsächliche Werte als Schätzwerte, so sind natürlich auch die ℓ_x und die d_x zu interpretieren als daraus abgeleitete Schätzwerte für die erwarteten Anzahlen von Lebenden bzw. Toten des Alters x, die aus einer Kohorte von ℓ_{x_0} x_0-Jährigen hervorgehen. Meistens werden diese Größen ganzzahlig gerundet und als *„rechnungsmäßige" Anzahlen der Lebenden* bzw. *Toten* bezeichnet. In Definition 7.1 werden sie zur Definition rechnerischer Hilfsgrößen, sogenannter Kommutationszahlen, herangezogen, mit denen sie meistens gemeinsam vertafelt werden (siehe zum Beispiel die DAV-Sterbetafel 1994 T in den Tabellen 13.3 und 13.4).

Je nach betrachteter Personengesamtheit und berücksichtigten Risikomerkmalen werden verschiedene Typen von Sterbetafeln unterschieden. *Periodensterbetafeln* enthalten Schätzungen für die Wahrscheinlichkeiten, daß eine Person eines Kollektivs, die innerhalb eines festen (kurzen) Zeitraumes das Alter x erreicht, im Laufe eines Jahres stirbt, $x \in AB$. Von diesem Typ sind beispielsweise die in den Tabellen 13.3 und 13.4 wiedergegebene DAV-Sterbetafel 1994 T und die auf Volkszählungen beruhenden Allgemeinen Deutschen Sterbetafeln (ADSt) in den Tabellen 13.1 und 13.2. (Dabei bedeutet eine ergänzende Jahresangabe der Form $n/n+k-1$, daß der vor und in Bemerkung 3.47 erläuterte Beobachtungszeitraum zu Anfang des Jahres n beginnt und eine Dauer von k Jahren hat.)

Einerseits beinhalten Personenversicherungsverträge oft sehr langfristige Leistungszusagen; andererseits sind die einjährigen Sterbenswahrscheinlichkeiten in der Regel nicht zeitlich konstant, sondern werden, zumindest in Deutschland, mit der Zeit kleiner („säkulare Sterblichkeitsabnahme" auf Grund verbesserter medizinischer und sozialer Versorgung). Daher werden auch Sterbetafeln benötigt, die die Absterbeordnung fester Geburtsjahrgänge beschreiben. Zu diesem Zweck sind in einer *Generationensterbetafel* zum festen Geburtsjahr $\tau = t - x$ Schätzwerte für die Wahrscheinlichkeiten $q_x^{(\tau)} = q_{x,t}$ erfaßt, daß eine in τ geborene Person, die zum Zeitpunkt t (angegeben als Kalenderjahr) das Alter x erreicht, innerhalb eines Jahres stirbt. Der betrachtete Zeitraum, in dem gegebenenfalls der Tod einer x-jährigen Person eintritt, hängt also anders als bei einer Periodensterbetafel von x ab. Da die Erstellung einer vollständigen Generationensterbetafel an Hand der im betrachteten Geburtsjahrgang eingetretenen Todesfälle erst nach Absterben dieser gesamten Generation möglich wäre, ist es für Anwendungen in der Personenversicherung erforderlich, die gesuchten Sterbenswahrscheinlichkeiten mittels geeigneter Extrapolationsverfahren aus den geschätzten Sterbenswahrscheinlichkeiten früherer Geburtsjahrgänge zu ermitteln. Der dabei oft verwendete loglineare Ansatz, der auch der DAV-Sterbetafel 1994 R (Tabellen 13.5 bis 13.7) zugrunde liegt, wird am Ende dieses Abschnittes vorgestellt. Auf Rueff (1955) geht die Idee zurück, die zweidimensionalen Tafeln $\left(q_x^{(\tau)}\right)$ mittels des Verfahrens der *Altersverschiebung* zu approximieren und so vereinfacht darzustellen. Ausgangspunkte sind dabei eine sogenannte *Grundtafel* $(\overline{q}_x)$, im Falle der DAV-Sterbetafel 1994 R die in Tabelle 13.6 wiedergegebenen Modifikationen der Generationensterbetafeln 1955: $\overline{q}_x \approx q_x^{(1955)}$, und eine Vertafelung ganzzahliger Altersverschiebungen $\Delta(\tau)$ in Abhängigkeit vom Geburtsjahrgang τ, die für die DAV-Sterbetafel 1994 R in Tabelle 13.7 wiedergegeben ist. Beide Tafeln sind so konstruiert, daß die Näherung $q_x^{(\tau)} \approx \overline{q}_{x+\Delta(\tau)}$ „in einem versicherungstechnisch relevanten Alters- und Generationenbereich möglichst gut ist". Für Einzelheiten verweisen wir auf Kapitel III von Rueff (1955) und Abschnitt 6 von Schmithals und Schütz (1995) (siehe auch Aufgabe 27).

In einigen Fällen erscheint es angebracht, neben dem Geschlecht und dem Alter weitere Risikomerkmale zu berücksichtigen, die leicht erfaßt werden können und einen nachweisbaren Einfluß auf die Sterblichkeit haben. In Frage kommt hier zum Beispiel der Raucherstatus der Person, der allerdings im Gegensatz zum Alter und zum Geschlecht durch die Person jederzeit veränderbar ist. Auch läßt sich oft beobachten, daß die einjährigen Sterbenswahrscheinlichkeiten einer x-jährigen Person, die zu einem vergangenen Zeitpunkt einem Selektionsvorgang unterlag, von der seit der Selektion verstrichenen Dauer abhängen. So ist die Wahrscheinlichkeit, daß eine x-jährige Person im ersten Jahr nach Invalidisierung verstirbt, deutlich höher als die einjährige Sterbenswahrscheinlichkeit, falls die Invalidisierung schon längere Zeit zurückliegt. Auch sind die beobachteten relativen Sterbenshäufigkeiten in Kollektiven x-jähriger Personen, die kürzlich eine Rentenversicherung abgeschlossen haben, meist niedriger als bei x-jährigen Rentenversicherten mit schon älteren Verträgen. Dies beruht auf einer *Autoselektion*: Personen, deren zukünftige Lebenserwartung nach eigener Einschätzung eher unterdurchschnittlich ist, werden in der Regel keine Rentenversicherung abschließen. Sinngemäß Entsprechendes gilt für die Selektion, die *der VR* auf der Basis einer Gesundheitsprüfung bei Todesfallversicherungen vornimmt. Solche Verweildauereffekte werden durch *Selektionssterbetafeln* quantitativ erfaßt, in denen Schätzwerte für die (unabhängigen) Wahrscheinlichkeiten $q_{[x-t]+t}$, $t = 0, \ldots, r$, $x \in AB$, $x \geq t$, vertafelt werden, daß eine x-jährige Person, die vor t Jahren dem der Tafel zugrunde liegenden Selektionsprozeß unterlag, innerhalb eines Jahres verstirbt. Da der Selektionseffekt mit der Zeit abklingt, wird dabei angenommen, daß sich die Sterbenswahrscheinlichkeiten nicht mehr ändern, wenn die Selektion wenigstens r Jahre zurückliegt: $q_{[x-t]+t} = q_{[x-r]+r} =: q_x$, $t \geq r$. Die Vertafelung dieser q_x bezeichnet man als *Schlußtafel* der Selektionssterbetafel und r als *(Länge der) Selektionsperiode*. Für die Versicherung einer bei Vertragsabschluß x-jährigen Person werden offenbar die Sterbenswahrscheinlichkeiten $q_{[x]}, q_{[x]+1}, \ldots, q_{[x]+r} = q_{x+r}, q_{x+r+1}, \ldots$ benötigt. Der Selektionseffekt läßt sich auf diese Weise sowohl bei Periodensterbetafeln als auch bei Generationensterbetafeln berücksichtigen. Bei den im Tabellarischen Anhang aufgeführten DAV-Selektionssterbetafeln 1997 TI für berufsunfähige Männer bzw. Frauen (Tabellen 13.13 und 13.14) handelt es sich um Periodentafeln. Die Länge der Selektionsperiode ist $r = 5$, eine mögliche weitere Ausscheideursache hier die Reaktivierung (vergleiche die DAV-Selektionsreaktivierungstafeln 1997 RI in den Tabellen 13.15 und 13.16).

3.46 Bemerkung. In der Personenversicherung finden in Deutschland *Rechnungsgrundlagen erster Ordnung* und *Rechnungsgrundlagen zweiter Ordnung* Verwendung.

- Die *Rechnungsgrundlagen erster Ordnung* dienen der Tarifierung. Sie sind vorsichtig bemessen; denn auf Grund von Vorgaben durch das VAG muß die dauernde Erfüllbarkeit der teilweise äußerst langfristigen Personenversicherungsverträge gewährleistet sein.

  Da beispielsweise bei Versicherungen, die nur im Todesfalle leisten, der Barwert der vom VR zu erbringenden Leistungen in der Regel mit steigenden Sterbenswahrscheinlichkeiten im Mittel zunimmt, während er bei Versicherungen, die nur im Erlebensfalle leisten, im Mittel abnimmt, ist je nach Anwendung eine *Sterbetafel erster Ordnung* zu verwenden, die die tatsächlichen Sterbenswahrscheinlichkeiten überschätzt bzw. unterschätzt. (Auf diese Weise wird erreicht, daß der Leistungsbarwert im Mittel beide Male überschätzt wird.) Versicherungen, die sowohl Todesfalleistungen als auch Erlebensfalleistungen vorsehen, versucht man danach zu klassifizieren, ob sie sich in ihrer Reaktion auf monotone Variation von Sterbenswahrscheinlichkeiten wie reine Todesfallversicherungen oder wie reine Erlebensfallversicherungen verhalten, ob sie also *Todesfallcharakter* oder *Erlebensfallcha-*

rakter besitzen. (Für Einzelheiten verweisen wir auf die Abschnitte 5 B und 8 B.) Ausgehend von einer Sterbetafel, die üblicherweise auf beobachteten Sterbenshäufigkeiten in der Gesamtbevölkerung oder in unternehmensübergreifenden Versichertenkollektiven beruht, werden durch Einarbeitung von Sicherheitszuschlägen bzw. -abschlägen *zwei* Sterbetafeln erster Ordnung erstellt, von denen die erste bei der Tarifierung von Versicherungen mit Todesfallcharakter Verwendung findet und die zweite bei Versicherungen mit Erlebensfallcharakter benutzt wird. Wie erwähnt, nehmen in Deutschland die Sterbenswahrscheinlichkeiten mit der Zeit ab, so daß bei der Erstellung einer Sterbetafel für Versicherungen mit Todesfallcharakter von einer Periodensterbetafel zu einer vergangenen Periode ausgegangen werden kann, die mit Sicherheitszuschlägen zu versehen ist, während bei Versicherungen mit Erlebensfallcharakter der Sterblichkeitsabnahme etwa durch Verwendung einer geeigneten Generationensterbetafel mit Sicherheitsabschlägen Rechnung zu tragen ist. Für Details zur Festlegung geeigneter Sicherheitszuschläge bzw. -abschläge, die wir hier nicht behandeln wollen, verweisen wir auf die Ausführungen zur Erstellung der DAV-Sterbetafeln 1994 T von Loebus (1994, Abschnitte 2 und 3) bzw. 1994 R von Schmithals und Schütz (1995, Abschnitte 3 und 4.4) sowie auf Pannenberg (1997).

Als Rechnungsgrundlage erster Ordnung für die Verzinsung finden in Deutschland seit Jahrzehnten technische Zinssätze zwischen 3% und 4% Anwendung. Seit Inkrafttreten der *Dritten Richtlinie Lebensversicherung* der EU-Kommission (siehe Prölss et al. (1997), pp. 1421 bis 1455) im Juli 1994 beträgt der technische Zins höchstens 60% des gleitenden Durchschnittes der Zinssätze von Staatsanleihen über die jeweils vergangenen 10 Jahre. Durch Verordnung des BAV ist er derzeit auf $i = 4\%$ festgelegt; eine Absenkung ist im Jahre 2000 zu erwarten.

- Die *Rechnungsgrundlagen zweiter Ordnung* dienen der Nachkalkulation, zum Beispiel im Rahmen des Controlling und der Überschußanalyse. Sie sollten daher möglichst realitätsnah sein.

  Zur Erstellung einer *Sterbetafel zweiter Ordnung* sind daher unternehmenseigene Daten heranzuziehen. Sind die Portefeuilles des VR zu klein, um mit den im Laufe dieses Abschnittes angesprochenen Verfahren eine statistisch hinreichend gesicherte Sterbetafel zu erstellen (siehe Beispiel 3.52 für eine Abschätzung des Schätzfehlers), so wird mitunter ein nur von wenigen Parametern abhängiger funktionaler Zusammenhang zwischen einer festen Sterbetafel und den tatsächlichen Sterbenswahrscheinlichkeiten im betrachteten Portefeuille postuliert, und die unbekannten Parameter werden dann ausgehend von den im Portefeuille beobachteten relativen Sterbenshäufigkeiten, zum Beispiel mittels der Methode der (gewichteten) kleinsten Quadrate, geschätzt.

  Als Referenztafel können etwa eine geeignete Bevölkerungssterbetafel oder eine aus einem Datenpool von Beständen mehrerer VR gewonnene Sterbetafel dienen. Im einfachsten Fall wird angenommen, daß die Versichertensterbetafel und die Referenztafel zueinander proportional sind, ihre Einträge sich also nur um einen altersunabhängigen Faktor unterscheiden. Branchenweit ist derzeit ein Zinssatz zweiter Ordnung von knapp 7% realistisch.

Durch die Ermittlung ihrer Verpflichtungen an Hand von Rechnungsgrundlagen erster Ordnung erzielen die VR Überschüsse, die durch eine Nachkalkulation mit Grundlagen zweiter Ordnung nachgewiesen und einzelnen Überschußquellen zugeordnet werden (siehe Kapitel 11). Dies führt zur rückwirkenden Ausschüttung von Gewinnen in Form von geschäftsplanmäßig festgelegten Überschußbeteiligungen von mindestens 90% des Rohüberschusses (vergleiche auch die Verordnung über die Mindestbeitragsrückerstattung in der Lebensversicherung (BAV, 1996b)).

Wir wenden uns nun der Erstellung von Periodensterbetafeln zu. Dabei sollen Aspekte im Vordergrund stehen, die sich mit Methoden der Mathematischen Statistik behandeln lassen. Die in der Versicherungspraxis darüber hinaus auftretenden Probleme – beispielsweise die Definition des Versichertenalters oder die Unterscheidung zwischen Policensterblichkeit und Versichertensterblichkeit – sind in starkem Maße situationsspezifisch und können daher hier nur vereinzelt Berücksichtigung finden; weiterführende Hinweise finden sich in Behrens et al. (1985, Abschnitte 1.2 und 1.6).

Ziel unserer Überlegungen ist es, für eine vorgegebene Personengesamtheit in einem noch zu präzisierenden Sinne möglichst gute Schätzwerte für die einjährigen Sterbenswahrscheinlichkeiten zu bestimmen. Dabei gehen wir stets davon aus, daß nur nach den Risikomerkmalen Alter und Geschlecht differenziert wird. Als Beobachtungsmaterial liegen die Zeitpunkte der Todesfälle vor, die in einer zweiten (nicht notwendigerweise verschiedenen) Personengesamtheit während einer Periode $(t, t + \Delta]$ beobachtet wurden, sowie für jede Person, die zumindest zeitweise in dieser Periode zu der zweiten Gesamtheit gehört(e), das Geschlecht und das Alter zum Zeitpunkt t. Die Altersangabe kann eventuell diskretisiert oder in anderer Form summarisch sein.

3.47 Bemerkung. Bei der Auswahl der zur Datenerhebung herangezogenen Personengesamtheit ist einerseits anzustreben, daß sie hinsichtlich der Verteilung der Risikomerkmale und nach anderen relevanten Kriterien möglichst der Personengesamtheit ähnelt, für die die Mortalität ermittelt werden soll – idealerweise, daß beide Gesamtheiten übereinstimmen. Andererseits nimmt der erwartete Schätzfehler mit abnehmendem Umfang der beobachteten Gesamtheit zu, so daß eine vorgegebene Schätzgenauigkeit eine gewisse Mindestgröße voraussetzt (vergleiche Beispiel 3.52). Ist diese bei der ersten Personengesamtheit nicht gegeben, so wird oft eine große Personengesamtheit (zum Beispiel die deutsche Wohnbevölkerung) zur Schätzung herangezogen und vermuteten Unterschieden zwischen den Sterbenswahrscheinlichkeiten in beiden Gesamtheiten durch pauschal angesetzte Zu- oder Abschläge Rechnung getragen. Beispielsweise fand bei der Erstellung der DAV-Sterbetafel 1994 R die gegenüber der Bevölkerungssterblichkeit verringerte Sterblichkeit von privat Rentenversicherten durch einen stückweise linear vom Alter x abhängigen Korrekturfaktor $f_x \in [0.75, 0.9]$ Berücksichtigung, für dessen Bestimmung die relative Sterbenshäufigkeit in einem gepoolten Bestand von

Rentenversicherten mehrerer VU mit der Bevölkerungssterblichkeit verglichen wurde (siehe Schmithals und Schütz (1995), Abschnitt 4.3).

Ebenso sinkt der erwartete *zufällige* Schätzfehler mit steigender Länge Δ des Beobachtungszeitraumes, während eine kürzere Beobachtungsperiode die *systematischen* Abweichungen zwischen den Schätzwerten und den in der Regel interessierenden aktuellen Sterbenswahrscheinlichkeiten verringert, die auf Grund der säkularen Sterblichkeitsabnahme zu erwarten sind. Bei den ADSt wird zum Ausgleich zwischen diesen gegenläufigen Effekten seit der Tafel 1924/26 stets eine dreijährige Periode verwendet, die (möglichst zentral) den Stichtag einer Volkszählung enthält; zu diesem liegen besonders zuverlässige Informationen über die Altersverteilung in der Bevölkerung vor.

Außerdem sind bei der Festlegung der Beobachtungsperiode Sondereffekte wie zum Beispiel Grippeepidemien zu berücksichtigen, die einen Einfluß auf die beobachteten relativen Sterbenshäufigkeiten haben. Ausführliche Diskussionen solcher Aspekte finden sich in Behrens et al. (1985, Abschnitt 1.5), in den Ausführungen zu den ADSt 1960/62 von Münzner (1966), den ADSt 1970/72 von Meyer und Rückert (1974) und den ADSt 1986/88 von Meyer und Paul (1991) sowie in den entsprechenden Veröffentlichungen des Statistischen Bundesamtes (1965, 1976, 1991).

Im folgenden nehmen wir an, daß bereits eine Trennung nach Geschlechtern erfolgt ist, daß also alle Personen der beobachteten Gesamtheit das gleiche Geschlecht besitzen. Die Anzahl der Personen, die während der Beobachtungsperiode wenigstens zeitweise dieser Gesamtheit angehör(t)en, werde mit n bezeichnet. Seien x_i das (rechnerische) Alter der i-ten Person zum Zeitpunkt t und $T_i > x_i$ ihre Gesamtlebensdauer ($1 \leq i \leq n$), aufgefaßt als Zufallsvariable auf einem Wahrscheinlichkeitsraum $(\Omega, \mathfrak{A}, P)$. Wir setzen voraus, daß die T_i stochastisch unabhängig sind und die folgende Version der Stationaritätsbedingung (3.6.1) erfüllen:

$$\begin{aligned} P(T_i > x_j + h \mid T_i > x_j) &= P(T_j > x_j + h \mid T_j > x_j)\,, \\ h \geq 0,\ \ 1 \leq i, j \leq n \text{ mit } x_i + \Delta &\geq x_j \geq x_i \geq 0\,. \end{aligned}$$

3.48 Bemerkung. Während die Unabhängigkeitsvoraussetzung als näherungsweise gerechtfertigt erscheint, widerspricht die Stationaritätsbedingung der empirisch beobachtbaren säkularen Sterblichkeitsabnahme. Für die nachfolgenden Überlegungen wird sich allerdings die folgende, formal schwächere Stationaritätsbedingung als hinreichend erweisen:

$$\begin{aligned} P(T_i > x_j + h \mid T_i > x_j) &= P(T_j > x_j + h \mid T_j > x_j)\,, \\ \Delta + 1 > h \geq 0,\ \ 1 \leq i, j &\leq n \text{ mit } x_j \geq x_i \geq 0\,. \end{aligned} \tag{3.48.1}$$

Es werden also nur die bedingten Verteilungen von zukünftigen Lebensdauern von Personen verglichen, deren Geburtszeitpunkte sich höchstens um $\Delta + 1$ unterscheiden. Beträgt die Periodenlänge Δ nur wenige Jahre, so erscheint die Vernachlässigung der Sterblichkeitsabnahme als gerechtfertigt.

3.49 Bemerkung. Alternativ zu dem hier dargestellten Ansatz, der die Zahl n der unter Beobachtung stehenden Personen als deterministisch modelliert, schlagen Brillinger (1986) und Schmidbauer (1989, Kapitel 4, und 1990) für Anwendungen in der Demographie ein Modell vor, das die Geburtszeitpunkte dieser Personen durch die Punkte eines markierten Poissonschen Punktprozesses beschreibt, die mit der jeweiligen Gesamtlebensdauer als Marke versehen werden. Die Gesamtheit der irgendwann in der Beobachtungsperiode im Bestand befindlichen Personen ergibt sich dann durch Einschränkung dieses markierten Punktprozesses, ihr Umfang ist folglich eine Poisson-verteilte Zufallsvariable.

Man unterscheidet zwei Typen von Personengesamtheiten, je nachdem, ob Migration erlaubt ist oder nicht.

3.50 Definition. Eine Personengesamtheit heißt (im Beobachtungszeitraum) *geschlossen,* falls keine Migration stattfindet: Es erfolgt keine Zunahme und Abnahme nur durch Tod. Andernfalls heißt sie *offen.*

Damit folgen wir der Sprechweise von Wolff (1970, p. 21). Einige Autoren, beispielsweise Saxer (1955) und Wolfsdorf (1997), schließen für geschlossene Personengesamtheiten nur die Zuwanderung aus, gestatten aber auch andere Ausscheidegründe als den Tod.

3.51 Bemerkung. Ist die Personengesamtheit geschlossen, so kann grundsätzlich für jede Person i festgestellt werden, ob und gegebenenfalls wann sie innerhalb der Beobachtungsperiode verstirbt: Beobachtet werden die Zufallsvariablen $1_{\{x_i < T_i \leq x_i + \Delta\}}$ und $T_i \wedge (x_i + \Delta)$, $1 \leq i \leq n$. Also liegt ein Modell mit deterministischer Rechtszensierung vor, bei dem die Zensierungszeiten $x_i + \Delta$ (abweichend von Definition 3.27) mit der Person variieren können. Betrachtet man dagegen eine offene Personengesamtheit, bei der Zuwanderung ausgeschlossen, ein Ausscheiden aber auch aus einer anderen Ursache als durch Tod möglich ist, so führt dies analog zu Bemerkung 3.28 zu einem Modell mit zufälliger Rechtszensierung, wobei die Verteilung der Zensierungszeiten hier vom Alter x_i der Person bei Beobachtungsbeginn abhängt.

Wir wollen nun einen Schätzer bestimmen für den Vektor $(q_x)_{x \in AB} \in [0, 1]^{\omega - x_0 + 1}$ der einjährigen Sterbenswahrscheinlichkeiten $q_x := P(T_i \leq x+1 \mid T_i > x)$, der wegen der Stationaritätsbedingung (3.48.1) nicht von $i \in \{1, \ldots, n\}$ abhängt. Als Gütekriterium streben wir an, daß der Erwartungswert eines geeignet definierten Abstandes zwischen $(q_x)_{x \in AB}$ und seinem Schätzwert möglichst klein wird. Eine solche Schätzung erfolgt üblicherweise in zwei Schritten: Zunächst werden die Sterbenswahrscheinlichkeiten q_x *für jedes Alter* $x \in AB$ *einzeln* durch sogenannte *„rohe Sterbenswahrscheinlichkeiten"* $\tilde{q}_x$ geschätzt. Da die so erhaltene Funktion $x \longmapsto \tilde{q}_x$ bedingt durch zufällige Schätzfehler einen „unregelmäßigen Verlauf" haben wird, während die Abbildung $x \longmapsto q_x$, die jedem Alter die tatsächlichen einjährigen Sterbenswahrscheinlichkeiten zuordnet, plausiblerweise „glatt“ sein sollte, wird in einem zweiten Schritt, der die *Schätzung des Parametervektors als Ganzes* zum Ziel hat, der Vektor $(\tilde{q}_x)_{x\in AB}$ der rohen Sterbenswahrscheinlichkeiten durch ein sogenanntes Ausgleichsverfahren in eine neue Schätzung $(\hat{q}_x)_{x\in AB}$ mit „gleichmäßigerem“ Verlauf übergeführt.

Bei der Schätzung einer einzelnen Sterbenswahrscheinlichkeit q_x ist der mittlere quadratische Fehler MSE (*M*ean *S*quared *E*rror) das verbreitetste Gütekriterium; es soll also die Größe

$$\mathrm{MSE}(\tilde{q}_x) := E\big((\tilde{q}_x - q_x)^2\big)$$

minimiert werden. Wie wir jetzt an Hand eines vereinfachten Modelles erläutern wollen, motiviert dieses Kriterium die schon in Beispiel 3.29 angesprochene Verwendung von (modifizierten) relativen Sterbenshäufigkeiten als rohe Sterbenswahrscheinlichkeiten.

3.52 Beispiel. Wir registrieren für m x-jährige, gleichgeschlechtliche Personen mit stochastisch unabhängigen zukünftigen Lebensdauern $T_{x1}, \ldots, T_{xm}$, ob sie innerhalb eines Jahres versterben. Beobachtet werden also m stochastisch unabhängige Bernoulliverteilte Zufallsvariablen $Z_i := 1_{\{T_{xi}\le 1\}}$, $1 \le i \le m$, mit identischer „Erfolgswahrscheinlichkeit“ $P(T_{xi} \le 1) =: q_x$. Es ist dann naheliegend, die unbekannte Erfolgswahrscheinlichkeit durch die relative Erfolgshäufigkeit zu schätzen, also den Schätzer

$$\tilde{q}_x = \frac{1}{m}\sum_{i=1}^{m} Z_i \tag{3.52.1}$$

zu verwenden. Dieser Schätzer ist *erwartungstreu für* q_x: Unabhängig von dem wahren Wert der Sterbenswahrscheinlichkeit q_x gilt

$$E(\tilde{q}_x) = q_x\,, \tag{3.52.2}$$

d. h. es tritt kein systematischer Schätzfehler auf. Als Optimalitätseigenschaft läßt sich zeigen, daß $\tilde{q}_x$ in der Klasse aller erwartungstreuen Schätzer für q_x den gleichmäßig (in q_x) kleinsten MSE besitzt: Ist $h\colon \{0,1\}^m \longrightarrow \mathbb{R}^1$ und $\check{q}_x := h\big((Z_i)_{1\le i\le m}\big)$ erwartungstreu, so gilt

$$\mathrm{MSE}(\check{q}_x) = \mathrm{Var}(\check{q}_x) \ge \mathrm{Var}(\tilde{q}_x) = \mathrm{MSE}(\tilde{q}_x) = \frac{q_x\,(1-q_x)}{m}\,, \tag{3.52.3}$$

unabhängig von dem wahren Wert der Sterbenswahrscheinlichkeit (Witting (1985), Beispiel 2.112).

Die Präzision der Schätzung kann man dadurch abschätzen, daß man zu einem vorgegebenen $\alpha \in (0,1)$ ein *Konfidenzintervall zum Niveau* $1-\alpha$ konstruiert, also ein Intervall $I^{(\alpha)} = [a_-^{(\alpha)}, a_+^{(\alpha)}]$ mit meßbar von den Beobachtungen abhängenden Intervallgrenzen, so daß

$$P(q_x \in I^{(\alpha)}) \ge 1-\alpha \qquad \text{für alle } q_x \in [0,1]\,. \tag{3.52.4}$$

Setzt man

$$a_{\pm}^{(\alpha)} := a_{\pm}^{(\alpha)}(\tilde{q}_x) := \frac{2\,m\,\tilde{q}_x + 1/\alpha \pm \left(\frac{4m}{\alpha}\,\tilde{q}_x(1-\tilde{q}_x) + 1/\alpha^2\right)^{1/2}}{2\,(m+1/\alpha)},$$

so ist $q_x \in I^{(\alpha)}$ äquivalent zu $|\tilde{q}_x - q_x| \leq \left(\frac{q_x\,(1-q_x)}{m\,\alpha}\right)^{1/2}$, und aus der Tschebyschev-Ungleichung folgt (3.52.4).

Bei einem großen Bestandsumfang m ist $\tilde{q}_x$ auf Grund des Zentralen Grenzwertsatzes der Wahrscheinlichkeitstheorie unabhängig vom wahren Wert der Sterbenswahrscheinlichkeit näherungsweise normalverteilt mit Mittelwert q_x und Varianz $q_x\,(1-q_x)/m$. Diese Normalapproximation führt auf ein um $\tilde{q}_x$ symmetrisches *Konfidenzintervall* $I_m^{(\alpha)} = [a_{m,-}^{(\alpha)}, a_{m,+}^{(\alpha)}]$ *zum asymptotischen Niveau* $1-\alpha$,

$$\lim_{m\to\infty} P(q_x \in I_m^{(\alpha)}) \geq 1-\alpha \qquad \text{für alle } q_x \in [0,1]\,, \tag{3.52.4'}$$

indem man mit der Quantilfunktion Φ^{-1} der Standardnormalverteilung die Intervallgrenzen durch

$$a_{m,\pm}^{(\alpha)} := a_{m,\pm}^{(\alpha)}(\tilde{q}_x) := \tilde{q}_x \pm \Phi^{-1}\left(1-\frac{\alpha}{2}\right)\left(\frac{\tilde{q}_x\,(1-\tilde{q}_x)}{m}\right)^{1/2}, \qquad m \in \mathbb{N},$$

definiert.

Beispiel 3.52 bildet nicht alle mit der Erstellung von Periodensterbetafeln zusammenhängenden Probleme ab. Abweichend von der dort betrachteten Situation kann selbst bei geschlossenen Gesamtheiten für Personen, die im Zeitraum $(t+\Delta-1,\, t+\Delta]$ das Alter x erreichen, nicht beobachtet werden, ob sie anschließend ein volles Jahr überleben. Ebenso können Personen, die zu Beobachtungsbeginn t ein Alter $x_i \in (x, x+1]$ besitzen, nicht ein volles Jahr als x-Jährige unter Risiko stehen, da ein Teil dieses Lebensjahres bei Beobachtungsbeginn schon verstrichen ist. Bei der *Geburtsjahrmethode von Becker und Zeuner* werden daher für die Ermittlung der rohen Sterbenswahrscheinlichkeiten beide Personengruppen ignoriert und nur die x-Jährigen mit einem Geburtszeitpunkt in $(t-x, t+\Delta-x-1]$ berücksichtigt, also diejenigen, die zur Zeit t ein rechnerisches Alter zwischen $x+1-\Delta$ und x haben. Die Methode setzt folglich $\Delta > 1$ voraus. Der Name „Geburtsjahrmethode" rührt daher, daß die bei der Definition des Schätzers berücksichtigte Teilgesamtheit mit Hilfe der Geburtszeitpunkte festgelegt wird.

3.53 Definition. Bei einer geschlossenen Personengesamtheit heißt der Schätzer

$$\tilde{q}_x^G := \frac{\sum_{i=1}^n 1_{\{x+1-\Delta \leq x_i < x,\; x < T_i \leq x+1\}}}{\sum_{i=1}^n 1_{\{x+1-\Delta \leq x_i < x,\; x < T_i\}}}$$

die *nach der Geburtsjahrmethode berechnete rohe Sterbenswahrscheinlichkeit.*

3.54 Bemerkung. Die zukünftigen Lebensdauern $T_{xi} := T_i - x,\ i \in I_x := \{i \in \{1, \ldots, n\} \mid x + 1 - \Delta \leq x_i < x,\ x < T_i\}$ sind stochastisch unabhängige Zufallsvariablen und wegen der Stationaritätsbedingung (3.48.1) identisch verteilt. Die der Definition 3.53 zugrunde liegende Situation unterscheidet sich von der Situation des Beispiels 3.52 also nur dadurch, daß die Anzahl $\# I_x$ der betrachteten Zufallsvariablen zufällig ist, beispielsweise Poisson-verteilt in dem Punktprozeßmodell der Bemerkung 3.49. Das in Beispiel 3.52 behandelte Modell ergibt sich durch Bedingen an dem Ereignis $\{\# I_x = m\}$, der durch (3.52.1) definierte Schätzer $\tilde{q}_x$ entspricht dann gerade $\tilde{q}_x^G$.

3.55 Bemerkung. Bei der Erstellung von Bevölkerungssterbetafeln ist zu berücksichtigen, daß die Erfassung der Gesamtheit nur zu einem festen Zeitpunkt $t_S \in (t, t + \Delta]$, dem Stichtag der Volkszählung, möglich ist, wohingegen die Ermittlung der während der Periode in der Gesamtheit Verstorbenen zumeist keine Schwierigkeiten bereitet. Dies hat zur Folge, daß zwar der Zähler von $\tilde{q}_x^G$ direkt berechnet werden kann, der Nenner dagegen zunächst umgeschrieben werden muß als Summe der Anzahl der Personen der betrachteten Kohorten, die den Stichtag erleben, und der Anzahl der Personen, die vor dem Stichtag sterben, nachdem sie das Alter x erreicht haben, abzüglich der Anzahl der Personen, die den Stichtag überleben und dann bis zum Erreichen des Alters x sterben:

$$\begin{aligned} \sum_{i=1}^{n} 1_{\{x+1-\Delta \leq x_i < x,\, x < T_i\}} &= \sum_{i=1}^{n} 1_{\{x+1-\Delta \leq x_i < x,\, x_i + t_S - t < T_i\}} \\ &+ \sum_{i=1}^{n} 1_{\{x+1-\Delta \leq x_i < x,\, x < T_i \leq x_i + t_S - t\}} - \sum_{i=1}^{n} 1_{\{x+1-\Delta \leq x_i,\, x_i + t_S - t < T_i \leq x\}}. \end{aligned} \tag{3.55.1}$$

Ferner muß man die Wohnbevölkerung eines Landes realistischerweise als offene Personengesamtheit modellieren. Natürlich ist (3.55.1) in dieser Situation so zu modifizieren, daß auf der rechten Seite nur die Anzahlen der Personen eingehen, die am Stichtag zur Gesamtheit gehören bzw. die aus der Gesamtheit durch Tod ausscheiden. Bezeichne $S_i \in [x_i, T_i)$ das Alter der i-ten Person beim Eintritt in die Gesamtheit und $U_i \in (S_i, T_i]$ ihr Alter beim Ausscheiden, $1 \leq i \leq n$, wobei für Personen, die bereits bei Beobachtungsbeginn t zur Gesamtheit gehören, $S_i := x_i$ gesetzt wird und angenommen wird, daß ein Wiedereintritt nicht möglich ist. Die rechte Seite von (3.55.1) ist dann durch die rechnerische Anzahl L_{xr} von x-Jährigen der betrachteten Kohorten zu ersetzen, die man aus der zum Stichtag beobachteten Anzahl durch Fort- bzw. Rückschreibung vermöge der beobachteten Todesfälle erhält:

$$\begin{aligned} L_{xr} &= \sum_{i=1}^{n} 1_{\{x+1-\Delta \leq x_i < x,\ S_i \leq x_i + t_S - t < U_i\}} \\ &+ \sum_{i=1}^{n} 1_{\{x+1-\Delta \leq x_i < x,\, x < T_i \leq (x_i + t_S - t) \wedge U_i\}} - \sum_{i=1}^{n} 1_{\{x+1-\Delta \leq x_i,\, x_i + t_S - t < T_i \leq x \wedge U_i\}}. \end{aligned} \tag{3.55.2}$$

Als rohe Sterbenswahrscheinlichkeit ergibt sich nach der für den Fall offener Gesamtheiten *modifizierten Geburtsjahrmethode* somit das Verhältnis zwischen den beobachteten Todesfällen der betrachteten Jahrgänge im Altersbereich $(x, x+1]$ und der rechnerischen Anzahl L_{xr}:

$$\tilde{q}_x^{G,o} := \frac{\sum_{i=1}^{n} 1_{\{x+1-\Delta \leq x_i < x,\ x < T_i \leq (x+1) \wedge U_i\}}}{L_{xr}} .$$

Der in Bemerkung 3.54 skizzierte Zusammenhang zu der in Beispiel 3.52 behandelten Situation geht bei offenen Gesamtheiten natürlich verloren.

Personengesamtheiten wie die, die in die Definition von rohen Sterbenswahrscheinlichkeiten zum Beispiel nach der Geburtsjahrmethode eingehen, lassen sich mit Hilfe sogenannter *Beckerscher Diagramme* (oft auch als *Lexis-Diagramme* bezeichnet) graphisch darstellen und abgrenzen. Dabei wird in ein rechtwinkliges Koordinatensystem, auf dessen Abszisse die Kalenderzeit (Beobachtungszeit) und auf dessen Ordinate die Geburtszeit von Mitgliedern der Personengesamtheit abgetragen wird, für jedes Mitglied eine auf der Winkelhalbierenden beginnende horizontale Strecke, seine *Lebenslinie,* eingezeichnet, die seine Lebenszeit markiert. Für Einzelheiten verweisen wir auf Abschnitt 4.1 von Wolff (1970) sowie auf Abschnitt 1.1 von Schmidbauer (1989), wo eine andere Variante solcher Diagramme erläutert wird. Im Hinblick auf die hier gebotene Kürze machen wir keinen Gebrauch von dieser sehr anschaulichen Darstellungsweise.

Der konzeptionellen Klarheit der Geburtsjahrmethode bei geschlossenen Personengesamtheiten steht als schwerwiegender Nachteil gegenüber, daß der Schätzer $\tilde{q}_x^G$ die Information ignoriert, die in der Anzahl derjenigen im Altersintervall $(x, x+1]$ Verstorbenen enthalten ist, die kein volles Jahr unter Risiko stehen konnten. Nehmen wir an, daß der erlebte Anteil des Todesjahres gleichverteilt und die „Geburtenrate“ im Zeitraum $(t-x-1, t+\Delta-x]$ konstant ist, so werden in den Randjahren $(t, t+1]$ und $(t+\Delta-1, t+\Delta]$ der Beobachtungsperiode näherungsweise die Hälfte aller Verstorbenen der Altersklasse $(x, x+1]$ bei der Schätzung nicht berücksichtigt, bei einer insgesamt dreijährigen Beobachtungsperiode also etwa ein Drittel der Todesfälle dieser Altersgruppe. Im Hinblick auf (3.52.3) erscheint es als plausibel, daß durch eine geeignete Berücksichtigung auch derjenigen Personen, die nicht ein volles Jahr unter Risiko stehen konnten, der MSE des Schätzers reduzierbar ist.

Außerdem wird im Falle offener Personengesamtheiten in der durch Fort- bzw. Rückschreibung gewonnenen Formel (3.55.2) für die rechnerische Anzahl von x-Jährigen eine eventuelle Migration völlig vernachlässigt. Findet beispielsweise im Zeitraum (t, t_S) eine Abwanderung von Angehörigen der betrachteten Jahrgänge statt, so gehen diese Personen nicht mehr in den Nenner von $\tilde{q}_x^{G,o}$ ein, obwohl sie zur Gesamtrisikozeit beitragen; die Sterbenswahrscheinlichkeit wird dann systematisch überschätzt. Ebenso führen eine Abwanderung nach dem Stichtag oder eine Zuwanderung vor dem Stichtag tendenziell zu einer Unterschätzung von q_x.

Wegen (3.43.2) ist die erwartete Anzahl der Toten der Altersklasse $(x, x+1]$ näherungsweise proportional zu der Gesamtdauer, die alle Personen dieser Altersgruppe zusammen unter Risiko stehen, falls der erlebte Teil des Todesjahres gleichverteilt auf $(0,1]$ und q_x klein ist. Es liegt daher nahe, den Schätzer $\tilde{q}_x^G$ dahingehend zu modifizieren, daß im Zähler alle Todesfälle der Altersgruppe und im Nenner alle ihre Mitglieder mit ihrer jeweiligen Risikozeit berücksichtigt werden. Diese Idee wollen wir nun präzisieren.

3.56 Definition. Es seien $S_i \in [x_i, x_i + \Delta)$ das Alter der i-ten Person beim Eintritt in die Personengesamtheit und $U_i \in (S_i, x_i + \Delta]$ ihr Alter zum Ausscheidezeitpunkt, $1 \leq i \leq n$, wobei für Personen, die zu Beginn der Beobachtungsperiode bzw. an ihrem Ende zur Gesamtheit gehören, $S_i := x_i$ bzw. $U_i := x_i + \Delta$ gesetzt wird und angenommen wird, daß ein Wiedereintritt nicht möglich ist. Weiter bezeichne

$$D_{xi} := \big(U_i \wedge (x+1) - S_i \vee x\big)^+$$

die *Verweildauer der i-ten Person als x-Jährige* (präziser: als Angehörige der Altersklasse $(x, x+1]$) *in der Personengesamtheit,* $1 \leq i \leq n$. Dann heißt der Schätzer

$$\tilde{q}_x^D := \frac{\sum_{i=1}^n 1_{\{x < T_i \leq (x+1) \wedge U_i\}}}{\sum_{i=1}^n \big(D_{xi} + (1 - D_{xi})\, 1_{\{x < T_i \leq (x+1) \wedge U_i\}}\big)}$$

die *nach der Verweildauermethode berechnete rohe Sterbenswahrscheinlichkeit.*

3.57 Bemerkung. Während bei Überleben die Risikozeit natürlich mit der Verweildauer übereinstimmt, haben wir, Behrens et al. (1985, Abschnitt 1.3.5) folgend, den beobachteten Toten die Risikozeit 1 zugeordnet. Dadurch wird einerseits erreicht, daß der Schätzwert stets in $[0, 1]$ liegt, andererseits, daß die Gesamtrisikodauer nicht von den Todeszeitpunkten abhängt. Letzteres könnte auch dadurch erreicht werden, daß den Toten i die bei ihrem Eintritt in die Gesamtheit maximal mögliche Verweildauer zugeordnet wird, nämlich $(x_i + \Delta) \wedge (x+1) - S_i \vee x$. Es würde so vermieden, daß zum Beispiel einer Person, die im Alter $x + 1/4$ in die Gesamtheit eintritt und dann innerhalb eines dreiviertel Jahres verstirbt, eine größere Risikozeit zugeordnet wird als einer, die bei gleichem Eintrittsalter das Alter $x + 1$ erreicht.

Hoem (1984) betrachtet einen verwandten Schätzer, bei dem auch die Toten mit ihrer Verweildauer als x-Jährige berücksichtigt werden:

$$\check{q}_x := \frac{\sum_{i=1}^n 1_{\{x < T_i \leq (x+1) \wedge U_i\}}}{\sum_{i=1}^n D_{xi}}\,.$$

Er diskutiert einen Fehlschluß in der gängigen Motivation für $\check{q}_x$ als Momentenschätzer und schlägt alternativ den Schätzer

$$\tilde{q}_x^H := 1 - \exp(-\check{q}_x)$$

vor, der als Maximum-Likelihood-Schätzer für q_x interpretiert werden kann, falls für $x_i < x$ die bedingte Verteilung von T_i gegeben $T_i > x$, eingeschränkt auf $(x, x+1]$ absolutstetig mit konstanter Ausscheideintensität ist. Unter geeigneten Annahmen über das Zuwanderungs- und das Ausscheideverhalten läßt sich die asymptotische Normalität des Schätzers $\tilde{q}_x^H$ nachweisen.

Ist q_x klein, so werden sich die drei Schätzer $\tilde{q}_x^D$, $\check{q}_x$ und $\tilde{q}_x^H$ wegen

$$0 \le \check{q}_x - \tilde{q}_x^D \le \check{q}_x \, \tilde{q}_x^D \qquad \text{und} \qquad 0 \le \check{q}_x - \tilde{q}_x^H \le \frac{1}{2} \check{q}_x^2$$

in der Regel nur geringfügig unterscheiden.

Die Verweildauermethode kann zur Schätzung von q_x nur dann herangezogen werden, wenn für jede Person ihre Verweildauer als x-Jährige in der Gesamtheit beobachtet wird. Bei der Erstellung von Bevölkerungssterbetafeln erscheint dies als kaum realisierbar. Will man dennoch, anders als bei der Geburtsjahrmethode, für die Schätzung alle im Altersintervall $(x, x+1]$ beobachteten Todesfälle heranziehen, so muß die Tatsache, daß die Personen der Geburtsjahrgänge $(t-x-1, t-x)$ und $(t+\Delta-x-1, t+\Delta-x)$ kein volles Jahr unter Risiko stehen können, durch pauschale Korrekturen berücksichtigt werden, die natürlich nicht in allen Situationen adäquat sein können.

Es gibt eine Vielzahl derartiger Verfahren, deren Motivation meist auf der schon in Beispiel 3.29 verwendeten Annahme beruht, daß (bei geschlossenen Gesamtheiten) die Angehörigen dieser Jahrgänge während des Beobachtungszeitraumes im Mittel etwa ein halbes Jahr als x-Jährige unter Risiko stehen bzw. daß etwa die Hälfte der Todesfälle aus diesen Kohorten im Beobachtungszeitraum liegt. Beispielsweise erhält man im Fall $\Delta = k \in \mathbb{N}$ die rohe Sterbenswahrscheinlichkeit des Alters x nach der *Sterbeziffernmethode (Methode von Farr)*, indem man die Anzahl der beobachteten Todesfälle im Altersbereich $(x, x+1]$ in Relation setzt zu der Summe der Anzahlen von Personen, die zu einem der Zeitpunkte $t+j$, $j = 1, \ldots, k-1$, mit einem Alter zwischen x und $x+1$ zur Gesamtheit gehörten und der Hälfte der Anzahl von Personen, für die dies bei Beobachtungsbeginn t oder bei Beobachtungsende $t+k$ galt. Ausführliche Beschreibungen dieses und weiterer Schätzverfahren, wie etwa der *Sterbejahrmethode* (deren Name andeuten soll, daß bei ihr alle Sterbefälle der Beobachtungsperiode berücksichtigt werden) und der *Methode von Böckh,* finden sich bei Behrens et al. (1985, Abschnitte 1.3.3 und 1.3.4) sowie bei Schmidbauer (1989, Abschnitte 2.4 bis 2.6, und 1990, Abschnitt 2). Schmidbauer untersucht ferner die statistischen Eigenschaften dieser Schätzer $\tilde{q}_x$ in dem bereits in Bemerkung 3.49 angesprochenen Punktprozeßmodell einer geschlossenen Personengesamtheit, wobei insbesondere ihre Verzerrungen $E(\tilde{q}_x) - q_x$ und ihre Varianzen $\mathrm{Var}(\tilde{q}_x)$ verglichen werden, da sich ihr MSE aus diesen additiv gemäß

$$\mathrm{MSE}(\tilde{q}_x) = \mathrm{Var}(\tilde{q}_x) + \big(E(\tilde{q}_x) - q_x\big)^2$$

zusammensetzt. (Abweichend von der in Behrens et al. (1985) und der in den Veröffentlichungen des Statistischen Bundesamtes (1965, 1976, 1991) verwendeten Terminologie nennt Schmidbauer das dort als Sterbejahrmethode bezeichnete Schätzverfahren *Me-*

thode von Rahts, während er das auch als Methode von Böckh bezeichnete Verfahren Sterbejahrmethode nennt.)

Ergänzende Hinweise, insbesondere zur Anwendung all dieser Verfahren in der Demographie, finden sich u. a. in den erwähnten Veröffentlichungen des Statistischen Bundesamtes (1965, 1976, 1991) sowie von Münzner (1966), Meyer und Rückert (1974) und Meyer und Paul (1991).

Im folgenden befassen wir uns mit der Ausgleichung der rohen Sterbenswahrscheinlichkeiten als zweitem Schritt bei der Erstellung einer Periodensterbetafel und nehmen dazu an, daß als Ausgangsgrößen für alle einjährigen Sterbenswahrscheinlichkeiten q_x, $x \in AB$, „Startschätzer" in Form von rohen Sterbenswahrscheinlichkeiten $\tilde{q}_x$, $x \in AB$, zur Verfügung stehen. Jeder dieser Schätzer ist mit einem zufälligen Fehler ε_x behaftet, der wie die rohen Sterbenswahrscheinlichkeiten selbst als Zufallsvariable auf einem Wahrscheinlichkeitsraum $(\Omega, \mathfrak{A}, P)$ aufgefaßt wird:

$$\tilde{q}_x = q_x + \varepsilon_x\,, \qquad x \in AB\,.$$

Motiviert durch (3.52.2) setzen wir durchgängig $E(\varepsilon_x) = 0$, $x \in AB$, voraus. Wie schon erwähnt, gehen wir bei der Ausgleichung davon aus, daß die Abbildung $x \longmapsto q_x$ in einem geeigneten Sinne „glatt" ist und Entsprechendes daher auch für die Altersabhängigkeit der geschätzten einjährigen Sterbenswahrscheinlichkeiten gelten sollte. Folglich hoffen wir, einen gegenüber $(\tilde{q}_x)_{x \in AB}$ verbesserten Schätzer $(\hat{q}_x)_{x \in AB}$ von $(q_x)_{x \in AB}$ zu erhalten, indem wir die auf Grund der zufälligen Schätzfehler ε_x „unregelmäßig" verlaufende Abbildung $x \longmapsto \tilde{q}_x$ glätten. Die zufälligen Schätzfehler für verschiedene Alter sollten sich so teilweise gegenseitig aufheben.

3.58 Bemerkung. In der Mathematischen Statistik wird die Aufgabe, eine Funktion auf der Basis von mit Zufallsfehlern behafteten Beobachtungen ihrer Funktionswerte zu schätzen, als *Regressionsproblem* bezeichnet. In diesem Sinne ist unser Modell

$$\tilde{q}_x = q_x + \varepsilon_x\,, \quad E(\varepsilon_x) = 0\,, \qquad x \in AB\,, \tag{3.58.1}$$

ein Regressionsmodell. Natürlich kann es durch Annahmen über $(q_x)_{x \in AB}$ oder über $(\varepsilon_x)_{x \in AB}$ weiter spezifiziert werden. So werden wir teilweise voraussetzen, daß die Fehler ε_x, $x \in AB$, paarweise unkorreliert oder sogar stochastisch unabhängig sind. Im Hinblick auf die in Beispiel 3.52 und Bemerkung 3.57 erwähnte asymptotische Normalität der dort betrachteten Schätzer können wir ferner bei einer hinreichend großen Personengesamtheit ε_x als normalverteilt (mit i. a. altersabhängiger Varianz) ansehen. Bekanntlich fallen bei Vorliegen einer *gemeinsamen* Normalverteilung die Voraussetzungen der paarweisen Unkorreliertheit und der stochastischen Unabhängigkeit der Fehler zusammen. Für den Parametervektor $(q_x)_{x \in AB}$ werden wir eine gewisse Glattheit fordern; als gängiges Glattheitsmaß dient zum Beispiel die Quadratsumme der zweiten Differenzen (vergleiche Hilfssatz 3.12 und Beispiel 3.13),

$$J\big((q_x)_{x\in AB}\big) := \sum_{x=x_0}^{\omega-2} (\Delta^2 q)_x^2 = \sum_{x=x_0}^{\omega-2} (q_x - 2\,q_{x+1} + q_{x+2})^2\,, \tag{3.58.2}$$

die man im Rahmen von Modellannahmen durch eine vorgegebene Konstante nach oben beschränken kann. (Siehe die Definition von Q_ϱ in Satz 3.68.) Alternativ könnte man fordern, daß die Absterbeordnung einem Sterbegesetz genügt und folglich der Vektor $(q_x)_{x\in AB}$ in bekannter Weise von wenigen unbekannten (und damit zu schätzenden) Modellparametern abhängt.

Ist die Verteilung von $(\tilde{q}_x)_{x\in AB}$ durch solche Zusatzannahmen bis auf wenige unbekannte Parameter bestimmt, so wird das Modell (3.58.1) mit diesen Zusatzannahmen *parametrisch* genannt. Hängen die interessierenden Größen q_x, $x \in AB$, nur von wenigen Parametern ab, während die möglichen Verteilungen der Fehler $(\varepsilon_x)_{x\in AB}$, die nicht von eigenständigem Interesse sind, durch einen unendlich-dimensionalen Raum parametrisiert werden, so spricht man von einem *semiparametrischen Modell.* Ist schließlich auch der interessierende Vektor $(q_x)_{x\in AB}$ durch einen unendlich-dimensionalen Raum (zum Beispiel von Funktionen auf dem Altersbereich $[x_0, \omega]$) gegeben, so liegt ein *nichtparametrisches Modell* vor. (Wegen der Endlichkeit der Menge AB der interessierenden Alter kann man das Modell (3.58.1) in den q_* natürlich stets endlich-dimensional parametrisieren und damit als parametrisches oder semiparametrisches Modell im Sinne der in der Mathematischen Statistik gebräuchlichen Sprechweise auffassen. Allerdings ist die parametrische Sichtweise nur bei Zugrundelegung von Sterbegesetzen üblich. Siehe auch Bemerkung 3.59.)

Die Güte eines Schätzers $(\tilde{q}_x)_{x\in AB}$ für $(q_x)_{x\in AB}$, die durch Glättung verbessert werden soll, wird oft durch den summierten mittleren quadratischen Fehler

$$\mathrm{SMSE}\big((\tilde{q}_x)_{x\in AB}\big) := \sum_{x\in AB} E\big((\tilde{q}_x - q_x)^2\big) \tag{3.58.3}$$

gemessen. Andere Gütekriterien berücksichtigen auch Abstände zwischen Differenzenfolgen $\Delta^i\tilde{q}$ und $\Delta^i q$ (siehe zum Beispiel Borgan (1979), (2.2) und (2.6)). Das Ziel der Glättung ist also *nicht eine möglichst gute numerische Approximation* der rohen Sterbenswahrscheinlichkeiten $\tilde{q}_x$, $x \in AB$, durch einen „geglätteten Vektor" $(\hat{q}_x)_{x\in AB}$; vielmehr soll eine *im quadratischen Mittel über den Stichprobenraum* möglichst gute Näherung der unbekannten Sterbenswahrscheinlichkeiten erreicht werden. Die in der versicherungsmathematischen Literatur häufig anzutreffende Interpretation als numerisches Approximationsproblem (siehe etwa Behrens et al. (1985), Abschnitt 3.1; Saxer (1958), Abschnitt 5.2, p. 152 unten oder Wolfsdorf (1997), Abschnitt 2.3.2) berücksichtigt nicht in ausreichendem Maße, daß die rohen Sterbenswahrscheinlichkeiten nicht die eigentlich interessierenden Größen, sondern nur mit Zufallsfehlern behaftete Schätzer derselben sind.

3.59 Bemerkung. Häufig wird die Abbildung $AB = \{x_0, \ldots, \omega\} \ni x \longmapsto q_x \in [0, 1]$ zu einer Funktion $q\colon [x_0, \omega] \longrightarrow \mathbb{R}^1$ fortgesetzt, d. h. $q(x) = q_x$, $x \in AB$. Eine solche Fortsetzung ergibt sich zum Beispiel dann völlig zwanglos, wenn den Sterbenswahrscheinlichkeiten ein Sterbegesetz zugrunde gelegt wird. In derartigen Situationen wird ein Schätzer $\hat{q}$ für die Fortsetzung q konstruiert, aus dem man durch Einschränkung einen Schätzer $(\hat{q}_x)_{x\in AB} := \big(\hat{q}(x)\big)_{x\in AB}$ für $(q_x)_{x\in AB}$ erhält. Auf einem solchen Vorgehen beruhende Glättungsmethoden werden in der versicherungsmathematischen Literatur oft als *analytische Ausgleichsverfahren* bezeichnet, während Ausgleichsverfahren, bei denen ein Schätzer $(\hat{q}_x)_{x\in AB}$ direkt aus den rohen Sterbenswahrscheinlichkeiten berechnet wird, *mechanisch* genannt werden. Durch diese Unterscheidung werden mathematisch eng verwandte Verfahren, etwa das in Satz und Definition 3.61 sowie Bemerkung 3.62 behandelte Whittaker-Henderson-Verfahren und die anschließend betrachteten Splineschätzverfahren, verschiedenen Klassen zugeordnet. Außerdem ignoriert sie die Tatsache, daß sich offensichtlich jeder Vektor $(q_x)_{x\in AB}$ leicht zu einer (beliebig glatten) Funktion auf $[x_0, \omega]$ fortsetzen läßt und erzeugt so zwangsläufig eine gewisse Willkür. Daher werden wir diese Klassifikation von Ausgleichsverfahren nicht aufgreifen.

3.60 Bemerkung. Bei der Geburtsjahrmethode sind rohe Sterbenswahrscheinlichkeiten zu unterschiedlichen Altern $\tilde{q}_{x_1}$ und $\tilde{q}_{x_2}$ in der Regel nur dann stochastisch unabhängig, wenn die Altersdifferenz $|x_1 - x_2| \geq \Delta - 1$ erfüllt, bei der Verweildauermethode ist $|x_1 - x_2| \geq \Delta + 1$ zu fordern: Unter diesen Voraussetzungen beruhen die beiden rohen Sterbenswahrscheinlichkeiten jeweils auf disjunkten Personengesamtheiten. Die Schätzer $\tilde{q}_x$, $x \in AB$, bilden also jeweils eine sogenannte *m-abhängige Folge,* wobei $m = [\Delta - 1 - 0]$ bzw. $m = [\Delta + 1 - 0]$. Die oft geforderte stochastische Unabhängigkeit der Schätzfehler ε_x, $x \in AB$, ist folglich eine idealisierende Annahme, die meistens nur näherungsweise gilt.

Wie bereits in der Einleitung zu Abschnitt D sinngemäß bemerkt, lassen sich parametrische Annahmen für den Vektor $(q_x)_{x\in AB}$ nur selten rechtfertigen. Daher stehen nichtparametrische Regressionsverfahren, bei denen nur Glattheitsforderungen an $(q_x)_{x\in AB}$ gestellt werden, im Mittelpunkt der folgenden Betrachtungen. Oft werden für verschiedene Altersbereiche unterschiedliche Ausgleichsverfahren verwendet. Zur Vereinfachung der Notation bezeichnen wir jedoch den Altersbereich, über den geglättet werden soll, stets wieder mit $AB = \{x_0, \ldots, \omega\}$.

Unterstellen wir zunächst, daß in dem Modell (3.58.1) das durch (3.58.2) definierte Glattheitsmaß $J\big((q_x)_{x\in AB}\big)$ für den Vektor der unbekannten Sterbenswahrscheinlichkeiten „klein" ist, so liegt es nahe, dies auch für jeden „vernünftigen" Vektor von Schätzwerten $(\hat{q}_x)_{x\in AB}$ zu fordern. Andererseits sollte der Abstand zwischen den Vektoren $(\hat{q}_x)_{x\in AB}$ und $(\tilde{q}_x)_{x\in AB}$ „nicht zu groß" sein, da letzterer als eine erste Schätzung für $(q_x)_{x\in AB}$ aufgefaßt wird. Diese beiden, in der Regel konkurrierenden, Forderungen werden durch den folgenden Ansatz berücksichtigt, der (in leicht modifizierter Form) bereits von Whittaker (1923) vorgeschlagen wurde.

3.61 Satz und Definition. *Seien* $\lambda \in [0, \infty]$ *und* $w_x > 0$, $x \in AB$. *Zu jedem* $u = (u_x)_{x \in AB} \in \mathbb{R}^{AB}$ *existiert genau eine Minimalstelle* $WH_\lambda(u)$ *der Funktion*

$$\mathbb{R}^{AB} \ni v = (v_x)_{x \in AB} \longmapsto \sum_{x \in AB} w_x\,(v_x - u_x)^2 + \lambda\, J(v) \in [0, \infty]. \qquad (3.61.1)$$

Wie üblich setzen wir dabei $\infty \cdot 0 = 0$ *und* $\infty \cdot j = \infty$ *für* $j > 0$. *Die Abbildung* $WH_\lambda \colon \mathbb{R}^{AB} \longrightarrow \mathbb{R}^{AB}$ *bezeichnen wir als „Whittaker-Henderson-Glättung zum Glättungsparameter* λ*", der resultierende Schätzer* $(\hat{q}_x)_{x \in AB} := WH_\lambda\big((\tilde{q}_x)_{x \in AB}\big)$ *heißt „Whittaker-Henderson-Schätzer für* $(q_x)_{x \in AB}$ *mit Gewichten* w_* *und Glättungsparameter* λ*".*

3.62 Bemerkung. Den unterschiedlichen Schätzgenauigkeiten der rohen Sterbenswahrscheinlichkeiten für verschiedene Alter kann man dadurch Rechnung tragen, daß man die Gewichte $1/\mathrm{Var}(\tilde{q}_x)$ oder geeignete Schätzer dieser Größen verwendet, wobei sich in Anbetracht von (3.52.3) und Bemerkung 3.54 die Wahl

$$w_x := \frac{\# I_x}{\tilde{q}_x\,(1 - \tilde{q}_x)}, \qquad x \in AB,$$

anbietet. Eine Vernachlässigung der Heteroskedastizität (Altersabhängigkeit der Varianz) wird durch die Wahl $w_x \equiv 1$ erreicht.

Der freie Parameter λ steuert die Glattheit von WH_λ: Für $\lambda = 0$ findet keine Glättung statt, da $WH_\lambda(u) = u$ (3.61.1) minimiert. Für $\lambda = \infty$ ist (3.61.1) genau dann endlich, wenn die Punkte (x, v_x), $x \in AB$, auf einer Geraden liegen; in diesem Fall liefert die Whittaker-Henderson-Glättung denselben Lösungsvektor wie die Methode der gewichteten kleinsten Quadrate in dem entsprechenden linearen Regressionsmodell. Da nicht a priori bekannt ist, wie glatt der zu schätzende Vektor $(q_x)_{x \in AB}$ ist, sollte bei der Whittaker-Henderson-Schätzung die Wahl des Glättungsparametes λ datenabhängig, d. h. in Abhängigkeit von den rohen Sterbenswahrscheinlichkeiten $(\tilde{q}_x)_{x \in AB}$ erfolgen. Dazu lassen sich die in Definition 3.70 eingeführten Kreuzvalidierungsverfahren sinngemäß übertragen.

Greville (1981), Abschnitt 4, und Behrens et al. (1985), Abschnitt 3.2.2.3, geben eine Beweisskizze für Satz 3.61 sowie eine Darstellung des Whittaker-Henderson-Schätzers als lineare Transformation, d. h. in der Form $(\hat{q}_x)_{x \in AB} = G_\lambda \cdot (\tilde{q}_x)_{x \in AB}$ mit einer $(\# AB) \times (\# AB)$-Matrix G_λ, zu deren Berechnung der in Bemerkung 3.67 skizzierte Reinsch-Algorithmus herangezogen werden kann.

Auf der gleichen Idee wie die Whittaker-Henderson-Glättung beruhen die in der statistischen Literatur gründlicher untersuchten *Glättungssplines*, die von Schoenberg (1964) eingeführt wurden. Zu ihrer Definition setzt man die Abbildung $AB \ni x \longmapsto q_x \in [0, 1]$ zu einer Funktion q auf $[x_0, \omega]$ fort und ersetzt das Glattheitsmaß J durch eine kontinuierliche Version J_c gemäß

$$J_c(q) := \int_{x_0}^{\omega} \big(q''(x)\big)^2\, dx\,, \tag{3.63.1}$$

wobei angenommen wird, daß q dem *Sobolev-Raum zweiter Ordnung*

$$W_2^2[x_0,\omega] := \big\{f\colon [x_0,\omega] \longrightarrow \mathbb{R}^1 \mid f,\, f' \text{ absolutstetig mit Dichten } f' \text{ bzw. } f'',\;\; f'' \in L^2[x_0,\omega]\big\}$$

entstammt.

3.63 Satz und Definition. *Seien $\lambda \in (0,\infty]$ und $w_x > 0$, $x \in AB$. Zu jedem $u = (u_x)_{x\in AB} \in \mathbb{R}^{AB}$ existiert genau eine Minimalstelle $GS_\lambda(u)$ des Funktionals*

$$W_2^2[x_0,\omega] \ni v \longmapsto \sum_{x\in AB} w_x\big(v(x)-u_x\big)^2 + \lambda J_c(v) \in [0,\infty]\,. \tag{3.63.2}$$

Die Abbildung GS_λ bezeichnen wir als „Glättung mittels Splines", die resultierenden Schätzer $\hat{q} := GS_\lambda\big((\tilde{q}_x)_{x\in AB}\big)$ und $(\hat{q}_x)_{x\in AB} := \big(\hat{q}(x)\big)_{x\in AB}$ heißen „Splineschätzer für q bzw. $(q_x)_{x\in AB}$ zum Glättungsparameter λ".

Zur Rechtfertigung der Bezeichnungsweise verweisen wir auf Definition 3.65 und Hilfssatz 3.66. Der Parameter λ steuert die Glattheit der Funktion $GS_\lambda(u)$ in analoger Weise wie bei der Whittaker-Henderson-Glättung. (Im Fall $\lambda = 0$ ist die Minimalstelle v von (3.63.2) nicht mehr eindeutig bestimmt; für jede Minimalstelle gilt aber $v(x) = u_x$, $x \in AB$, so daß man in diesem Fall als Splineschätzer für $(q_x)_{x\in AB}$ den Vektor $(\tilde{q}_x)_{x\in AB}$ selbst definieren kann.) Da $J_c(v)$ mit zunehmender Glattheit von v abnimmt, führt ein großer Wert von λ dazu, daß bei dem zu minimierenden Funktional (3.63.2) die Glattheit der Funktion v im Vergleich zu der Güte der Anpassung von v an die Beobachtungen u_x, $x \in AB$, ein verhältnismäßig großes Gewicht erhält, die minimierende Funktion $GS_\lambda(u)$ also glatt aber i. a. nur schlecht an die Beobachtungen angepaßt ist. Umgekehrt ist $GS_\lambda(u)$ für einen kleinen Glättungsparameter λ gut an die Beobachtungen angepaßt, besitzt aber einen eher unregelmäßigen Verlauf.

Schränkt man vermöge eines vorgegebenen $\varrho \geq 0$ die Klasse der möglichen Funktionen q (und damit auch $(q_x)_{x\in AB}$) durch die Glattheitsbedingung

$$J_c(q) \leq \varrho \tag{3.64.1}$$

explizit ein, so liegt es nahe, alternativ zu $GS_\lambda(u)$ eine Minimalstelle des Funktionals

$$W_2^2[x_0,\omega] \ni v \longmapsto \sum_{x\in AB} w_x\big(v(x)-u_x\big)^2 \in [0,\infty) \tag{3.64.2}$$

unter der Nebenbedingung

$$J_c(v) \leq \varrho \tag{3.64.3}$$

zu betrachten.

3.64 Hilfssatz. *Für alle* $u \in \mathbb{R}^{AB}$ *und alle nichtnegativen* $\varrho \leq \varrho_u := \inf\{J_c(v) \mid v \in W_2^2[x_0, \omega]$ mit $v(x) = u_x,\ x \in AB\}$ *existiert genau eine Minimalstelle* $\widetilde{GS}_\varrho(u)$ *von* (3.64.2) *unter der Nebenbedingung* (3.64.3). *Ferner existiert eine strikt monoton fallende Funktion* $g_u\colon [0, \varrho_u) \longrightarrow (0, \infty]$, *so daß*

$$\widetilde{GS}_\varrho(u) = GS_{g_u(\varrho)}(u)\,, \qquad \varrho \in [0, \varrho_u)\,.$$

Der Beweis kann völlig analog zum Nachweis von Theorem 4 in Reinsch (1971) geführt werden.

Für einen festen, zu glättenden Beobachtungsvektor $u \in \mathbb{R}^{AB}$ stimmen also die Lösungen der durch (3.63.2) bzw. (3.64.2) und (3.64.3) beschriebenen numerischen Minimierungsprobleme überein, wenn die Glättungsparameter λ bzw. ϱ in einer bestimmten Relation zueinander stehen. Da diese Beziehung jedoch von u abhängt, ergibt sich der Splineschätzer $GS_\lambda\big((\tilde{q}_x)_{x\in AB}\big)$ *nicht* als geglättete Funktion $\widetilde{GS}_\varrho\big((\tilde{q}_x)_{x\in AB}\big)$ für *ein festes* $\varrho \geq 0$. Dürfen auch die Glättungsparameter von $(\tilde{q}_x)_{x\in AB}$ abhängen (vergleiche Bemerkung 3.62 und Definition 3.70), so sind die aus den beiden Minimierungsproblemen resultierenden Schätzerklassen identisch.

Wie der Name und die Notation bereits vermuten lassen, sind die $GS_*(u)$ Splinefunktionen im Sinne der folgenden Definition.

3.65 Definition. Eine Funktion $s\colon [x_0, \omega] \longrightarrow \mathbb{R}^1$ heißt *kubischer Spline mit Knoten* $x \in AB$, falls

- $s|_{[x,x+1]}$ für alle $x \in AB \setminus \{\omega\}$ ein Polynom dritten Grades und
- s zweimal stetig differenzierbar ist.

Eine kubische Splinefunktion ist also stückweise aus kubischen Polynomen so zusammengesetzt, daß die Funktion selbst und ihre ersten beiden Ableitungen an den Knoten keine Sprünge besitzen.

3.66 Hilfssatz. *Definiert man Bandmatrizen* $Q = (Q_{ij})_{1\leq i\leq \#AB,\, 1\leq j\leq \#AB-2}$ *und* $R = (R_{ij})_{1\leq i,j\leq \#AB-2}$ *durch*

$$Q_{ij} := \begin{cases} 1, & i = j \text{ oder } i = j+2 \\ -2, & i = j+1 \\ 0, & i < j \text{ oder } i > j+2 \end{cases}$$

bzw.

$$R_{ij} := \begin{cases} 2/3, & i = j \\ 1/6, & |i-j| = 1 \\ 0, & |i-j| > 1 \end{cases}$$

sowie eine $(\#AB) \times (\#AB)$*-Diagonalmatrix* W *durch Diagonaleinträge* $w_{x_0}, \ldots, w_\omega$, *und damit die sogenannte Hutmatrix zum Glättungsparameter* $\lambda > 0$,

$$H_\lambda := (W + \lambda\, Q\, R^{-1}\, Q^T)^{-1}\, W\,, \tag{3.66.1}$$

so ist $GS_\lambda(u)$, $u \in \mathbb{R}^{AB}$, *der eindeutig bestimmte kubische Spline s mit Knoten* $x \in AB$ *und*

$$\big(s(x)\big)_{x\in AB} = H_\lambda \cdot u\,. \tag{3.66.2}$$

Beweis. Green und Silverman (1994), Theorem 3.2. □

3.67 Bemerkung. Die Hutmatrix gibt die lineare Transformation an, die auf die Beobachtungen $(\tilde{q}_x)_{x\in AB}$ anzuwenden ist, um den Schätzer $(\hat{q}_x)_{x\in AB}$ („q-Hut") zu erhalten. Jedoch ist die Darstellung (3.66.2) nur schlecht zur Berechnung des Glättungssplines geeignet, da hierfür die stark besetzte Matrix $W + \lambda\, Q\, R^{-1}\, Q^T$ zu invertieren ist. Der im folgenden skizzierte *Reinsch-Algorithmus* erlaubt dagegen eine schnelle Berechnung von $(\hat{q}_x)_{x\in AB}$ in $O(\#AB)$ Schritten: Man beachte, daß

$$(R + \lambda\, Q^T\, W^{-1}\, Q)\,\gamma = Q^T\, u$$

und

$$\big(s(x)\big)_{x\in AB} = u - \lambda\, W^{-1}\, Q\,\gamma\,, \tag{3.67.1}$$

$$\gamma := R^{-1}\, Q^T \big(s(x)\big)_{x\in AB}\,.$$

Die Bandmatrix $R + \lambda\, Q^T\, W^{-1}\, Q$ läßt sich nun mit Hilfe einer Cholesky-Zerlegung leicht invertieren, so daß sich die Werte des Glättungssplines in den Knoten aus (3.67.1) ergeben. Weitere Details sowie eine leicht in moderne Programmiersprachen übertragbare *ALGOL*-Implementation dieses Algorithmus finden sich in Reinsch (1967). In Abschnitt 2.4 der Monographie von Green und Silverman (1994) wird schließlich beschrieben, wie man den Glättungsspline an Zwischenstellen $x \in [x_0, \omega] \setminus AB$ berechnen kann.

Im folgenden wollen wir einige statistische Eigenschaften von Splineschätzern diskutieren. Der Einfachheit halber beschränken wir uns dabei auf Modelle (3.58.1) mit unkorrelierten Fehlern ε_x, $x \in AB$, deren Varianzen nicht vom Alter x abhängen, so daß in (3.63.2) $w_x \equiv 1$ gewählt werden kann. Jedoch lassen sich (mit Ausnahme der asymptotischen Optimalität von $\hat{\lambda}_{\mathrm{GCV}}$, siehe Bemerkung 3.71) alle nachfolgenden Ergebnisse bei Verwendung geeigneter Gewichte sinngemäß auch auf den Fall altersabhängiger Varianzen übertragen.

Gemäß Hilfssatz 3.64 ergeben sich die Glättungssplines auch als Lösung des numerischen Problems, (3.64.2) unter einer Nebenbedingung vom Typ (3.64.3) zu minimieren, die mit der Annahme (3.64.1) motiviert worden ist. Speckman (1980) hat nachgewiesen, daß unter dieser Annahme die resultierenden Splineschätzer auch in einem statistischen Sinne minimale Fehler unter allen Schätzern besitzen, die sich als lineare Transformation der Beobachtungen schreiben lassen (siehe Eubank (1988), Theorem 5.2):

3.68 Satz (Speckman, 1980). *Sei* $\sigma^2 > 0$. *Es gelte* (3.58.1) *mit*

$$\mathrm{Cov}\,(\varepsilon_{x_1}, \varepsilon_{x_2}) = \sigma^2\, \delta_{x_1 x_2}\,, \qquad \{x_1, x_2\} \subset AB\,. \tag{3.68.1}$$

Weiter seien $w_x \equiv 1$, $\varrho > 0$, $\hat{q} = GS_\lambda\big((\tilde{q}_x)_{x\in AB}\big)$ *der Splineschätzer zum Glättungsparameter* $\lambda := \dfrac{\sigma^2}{\varrho \cdot \#AB}$ *und*

$$Q_\varrho := \big\{q \in W_2^2[x_0, \omega] \mid \big(q(x)\big)_{x\in AB} = (q_x)_{x\in AB}\,,\ J_c(q) \le \varrho\big\}.$$

Dann gilt für alle $x \in [x_0, \omega]$ *und jeden in* $(\tilde{q}_z)_{z\in AB}$ *linearen Schätzer* $\check{q}_x = \sum_{z\in AB} \alpha_z\, \tilde{q}_z$ $(\alpha_z \in \mathbb{R}^1,\ z \in AB)$*:*

$$\sup_{q\in Q_\varrho} E\Big(\big(\hat{q}(x) - q(x)\big)^2\Big) \le \sup_{q\in Q_\varrho} E\Big(\big(\check{q}_x - q(x)\big)^2\Big). \tag{3.68.2}$$

3.69 Bemerkung. Der Splineschätzer $\hat{q}$ minimiert also *lokal für jedes Alter* x den in dem durch (3.58.1), (3.64.1) und (3.68.1) beschriebenen Modell maximal möglichen MSE unter allen in den Beobachtungen linearen Schätzern. Da jedoch der gesamte Vektor $(q_x)_{x\in AB}$ geschätzt und die Güte eines Schätzers durch den SMSE (3.58.3) quantifiziert werden soll, wäre die folgende *globale Minimax-Eigenschaft* eines Schätzers q^* für q eher problemadäquat:

$$\sup_{q\in Q_\varrho} \mathrm{SMSE}\Big(\big(q^*(x)\big)_{x\in AB}\Big) \le \sup_{q\in Q_\varrho} \mathrm{SMSE}\big((\check{q}_x)_{x\in AB}\big) \tag{3.69.1}$$

für alle Schätzer $(\check{q}_x)_{x\in AB}$ der Form $(\check{q}_x)_{x\in AB} = A\cdot(\tilde{q}_x)_{x\in AB}$ mit einer $(\#AB)\times(\#AB)$-Matrix A. Diese globale Minimax-Bedingung führt auf andere kubische Splines, die von Speckman (1985) konstruiert wurden (siehe auch Eubank (1988), Abschnitt 7.3).

Man beachte, daß die Menge Q_ϱ auch Funktionen enthält, die nicht geeignet sind, die Altersabhängigkeit einjähriger Sterbenswahrscheinlichkeiten zu beschreiben, zum Beispiel da diese Abhängigkeit in der Regel über weite Bereiche monoton ist. Die Bedeutung der erwähnten Minimax-Resultate hängt daher auch davon ab, ob Funktionen $q \in Q_\varrho$, für die die Suprema in (3.68.2) bzw. (3.69.1) angenommen oder gut approximiert werden, im vorliegenden Sterbetafelkontext natürlich erscheinen. In Abschnitt 6 von van de Geer (1990) wird die Optimalität von Splineschätzern unter weiteren Kriterien nachgewiesen, die nicht die Wahl einer festen oberen Schranke ϱ von $J_c(q)$ erfordern.

Ebenso wie beim Whittaker-Henderson-Schätzer (siehe Bemerkung 3.62) muß der Glättungsparameter λ, der die Form des Glättungssplines und somit auch die Güte des Splineschätzers entscheidend beeinflußt, in der Regel in Abhängigkeit von den Beobachtungen $(\tilde{q}_x)_{x\in AB}$ gewählt werden. Oft werden dazu einfach die Splineschätzer für verschiedene Werte graphisch miteinander verglichen und ein nach subjektiven Kriterien passend erscheinender Schätzer ausgewählt. Wie bereits erwähnt, macht sich dabei ein zu kleiner Glättungsparameter λ durch einen sehr unregelmäßigen Kurvenverlauf bemerkbar, während ein zu großer Wert zu einer eher glatten Kurve führt, die aber nur schlecht an die rohen Sterbenswahrscheinlichkeiten angepaßt ist (vergleiche auch Eubank (1988), Figure 5.3, sowie Green und Silverman (1994), Figure 1.3 bis Figure 1.5). Eine objektive, datenabhängige Wahl des Glättungsparameters wird durch Kreuzvalidierung (cross validation) und verallgemeinerte Kreuzvalidierung (generalized cross validation) ermöglicht.

3.70 Definition. Für $\lambda \in (0, \infty]$ und $x \in AB$ sei $\hat{q}_\lambda := \hat{q} = GS_\lambda\big((\tilde{q}_z)_{z\in AB}\big)$, und $\hat{q}_{-x,\lambda} := GS_\lambda\big((\tilde{q}_z)_{z\in AB\setminus\{x\}}\big)$ bezeichne denjenigen Splineschätzer zum Glättungsparameter λ, der auf der Basis aller rohen Sterbenswahrscheinlichkeiten zu Altern $z \neq x$ berechnet wird. Definiert man Funktionen

$$\mathrm{CV}\colon (0,\infty] \ni \lambda \longmapsto \sum_{x\in AB} \big(\hat{q}_{-x,\lambda}(x) - \tilde{q}_x\big)^2 \in [0,\infty)\,,$$

$$\mathrm{GCV}\colon (0,\infty] \ni \lambda \longmapsto \frac{\sum_{x\in AB}\big(\hat{q}_\lambda(x) - \tilde{q}_x\big)^2}{\big(1 - \frac{1}{\#AB}\sum_{i=1}^{\#AB}(H_\lambda)_{ii}\big)^2} \in [0,\infty]\,,$$

wobei $(H_\lambda)_{ii}$ den i-ten Diagonaleintrag der in (3.66.1) definierten Hutmatrix bezeichnet, so heißt jede Minimalstelle $\hat{\lambda}_{\mathrm{CV}}$ von CV ein durch *Kreuzvalidierung* und jede Minimalstelle $\hat{\lambda}_{\mathrm{GCV}}$ von GCV ein durch *verallgemeinerte Kreuzvalidierung bestimmter Glättungsparameter.*

3.71 Bemerkung. Für jedes $x \in AB$ läßt sich $\hat{q}_{-x,\lambda}(x)$ interpretieren als Prognose für die Sterbenswahrscheinlichkeit im Alter x, wenn man die für dieses Alter beobachtete rohe Sterbenswahrscheinlichkeit ignoriert; $\big(\hat{q}_{-x,\lambda}(x) - \tilde{q}_x\big)^2$ wird dann aufgefaßt als Schätzer für den entsprechenden quadrierten Prognosefehler. Die Grundidee der Kreuzvalidierung ist es mithin, den über alle Alter summierten quadrierten Prognosefehler durch geeignete Wahl des Glättungsparameters zu minimieren. Ferner kann man zeigen, daß

$$\mathrm{CV}(\lambda) = \sum_{x\in AB} \frac{\big(\hat{q}_\lambda(x) - \tilde{q}_x\big)^2}{\big(1 - (H_\lambda)_{x-x_0+1,\,x-x_0+1}\big)^2}\,, \qquad \lambda > 0$$

(Eubank (1988), Lemma 5.2, oder Green und Silverman (1994), Theorem 3.1). Bei der verallgemeinerten Kreuzvalidierung wird folglich der sogenannte *Einflußfaktor* (leverage value) $(H_\lambda)_{x-x_0+1,\,x-x_0+1}$, der das Gewicht angibt, mit dem die rohe Sterbenswahrscheinlichkeit $\tilde{q}_x$ in die Berechnung von $\hat{q}_\lambda(x)$ eingeht, durch den mittleren Einflußfaktor $\frac{1}{\#AB}\sum_{i=1}^{\#AB}(H_\lambda)_{ii}$ ersetzt. Damit wird erreicht, daß bei der Funktion GCV Alter mit einem großen Einflußfaktor mit geringerem Gewicht eingehen als bei der Funktion CV. Dies erscheint sinnvoll, da für solche Alter der auf $\big(\hat{q}_\lambda(x) - \tilde{q}_x\big)^2$ beruhende Schätzer für $E\big((\hat{q}_\lambda(x) - q_x)^2\big)$ auf Grund der starken Abhängigkeit von $\hat{q}_\lambda(x)$ und $\tilde{q}_x$ mit einem großen Fehler behaftet sein kann.

Green und Silverman (1994) beschreiben in den Abschnitten 3.2 und 3.3 effiziente Methoden für die Berechnung der Funktionen CV und GCV, wobei letztere einfacher zu bestimmen ist, da der mittlere Einflußfaktor berechnet werden kann, ohne die einzelnen Einflußfaktoren zu ermitteln. In Abschnitt 3.5.3 werden von ihnen zudem die im Fall gewichteter Splines erforderlichen Modifikationen angedeutet.

Li (1986), Corollary auf p. 1111, hat gezeigt, daß die verallgemeinerte Kreuzvalidierung unter bestimmten Bedingungen zu einer asymptotisch optimalen Wahl des Glättungsparameters führt, falls die Knoten im Intervall $[x_0, \omega]$ äquidistant sind und ihr Abstand gegen 0 konvergiert. *Asymptotische Optimalität* bedeutet hier, daß der Quotient aus dem über alle Alter aufsummierten quadrierten Schätzfehler SSE (*S*ummed *S*quared *E*rror),

$$\mathrm{SSE}(\hat{q}_\lambda) := \sum_{x \in AB} (\hat{q}_\lambda(x) - q_x)^2 ,$$

bei verallgemeinerter Kreuzvalidierung, also für die Wahl $\lambda = \hat{\lambda}_{\mathrm{GCV}}$, und dem kleinstmöglichen solchen Fehler, $\inf_{\lambda \geq 0} \mathrm{SSE}(\hat{q}_\lambda)$, unabhängig von dem wahren Wert der Sterbenswahrscheinlichkeiten stochastisch gegen 1 konvergiert. Im Hinblick auf den im Sterbetafelkontext fixen Altersabstand ist dieses Optimalitätsresultat dort allerdings nur von eingeschränktem Interesse.

Gemäß Hilfssatz 3.66 hängen Splineschätzer linear von den rohen Sterbenswahrscheinlichkeiten ab, wobei das Gewicht $(H_\lambda)_{ij}$, mit dem $\tilde{q}_{x_0+j-1}$ bei der Berechnung von $\hat{q}_{x_0+i-1}$ eingeht, i. a. für alle Paare (i, j) verschieden ist. Alternativ kann man die rohen Sterbenswahrscheinlichkeiten durch lokale gewichtete Mittelung glätten, wobei die Gewichte nur von der Differenz $i - j$ der Alter abhängen.

3.72 Definition. Für $(r, s) \in \mathbb{N}_0^2$ mit $r + s \leq \#AB - 1 = \omega - x_0$ sei $AB(r, s) := \{x_0 + r, x_0 + r + 1, \ldots, \omega - s\}$. Weiter sei $a = (a_j)_{-r \leq j \leq s} \in \mathbb{R}^{r+s+1}$ mit $\sum_{j=-r}^{s} a_j = 1$. Dann heißt die Abbildung

$$GM_a : \mathbb{R}^{AB} \ni (u_x)_{x \in AB} \longmapsto \Big(\sum_{j=-r}^{s} a_j \, u_{x+j} \Big)_{x \in AB(r,s)} \tag{3.72.1}$$

Glättung durch das gleitende Mittel mit Gewichten a_*, und der Schätzer $(\hat{q}_x)_{x \in AB(r,s)} := GM_a\big((\tilde{q}_x)_{x \in AB}\big)$ für $(q_x)_{x \in AB(r,s)}$ heißt *gleitendes Mittel der rohen Sterbenswahrscheinlichkeiten* $(\tilde{q}_x)_{x \in AB}$. Das Intervall $[-r, s]$ wird als *Fenster des gleitenden Mittels* bezeichnet, $r + s$ heißt *Fensterbreite*.

Anders als die bislang vorgestellten Schätzer liefert die Glättung durch gleitende Mittel mit Fenster $[-r, s]$ also keine Schätzwerte der Sterbenswahrscheinlichkeiten für die Randalter $x_0, \ldots, x_0 + r - 1$ und $\omega - s + 1, \ldots, \omega$. Das an diese Situation angepaßte Gütekriterium (3.58.3) für den Schätzer $(\hat{q}_x)_{x \in AB(r,s)}$ ist

$$\begin{aligned} \mathrm{SMSE}\big((\hat{q}_x)_{x \in AB(r,s)}\big) &= \sum_{x \in AB(r,s)} E\big((\hat{q}_x - q_x)^2\big) \qquad (3.58.3') \\ &= \sum_{x \in AB(r,s)} \mathrm{Var}(\hat{q}_x) + \sum_{x \in AB(r,s)} \big(E(\hat{q}_x) - q_x\big)^2 . \end{aligned}$$

Eine Liste bekannter gleitender Mittel ist in Behrens et al. (1985), Tabelle 24, zusammengestellt. Da die Minimierung von (3.58.3′) über alle gleitenden Mittel mit Fenster $[-r, s]$ kaum in geschlossener Form durchführbar ist, werden oft nur die Summen der Varianzen derjenigen gleitenden Mittel miteinander verglichen, die erwartungstreu für die gleiche Familie von Parametervektoren $(q_x)_{x\in AB}$ sind, für die also die letzte Summe in (3.58.3′) verschwindet.

3.73 Definition. In der Situation von Definition 3.72 heißt die Glättung GM_a *invariant gegen* $f = (f_x)_{x\in AB}$, falls $GM_a(f) = (f_x)_{x\in AB(r,s)}$. GM_a heißt *exakt vom Grad* $\ell \in \mathbb{N}_0$, falls GM_a für jedes Polynom π vom Grad ℓ invariant gegen $\big(\pi(x)\big)_{x\in AB}$ ist.

Im Modell (3.58.1) ist wegen $E(\tilde{q}_x) = q_x$, $x \in AB$, ein gleitendes Mittel der rohen Sterbenswahrscheinlichkeiten genau dann ein erwartungstreuer Schätzer für $(q_x)_{x\in AB(r,s)}$, wenn die zugehörige Glättung GM_a invariant gegen $(q_x)_{x\in AB}$ ist. Läßt sich $(q_x)_{x\in AB}$ zumindest lokal um jedes Alter $x \in AB(r, s)$ durch einen Vektor $f^{(x)}$ approximieren, gegen den GM_a invariant ist, d. h. gilt

$$(q_{x+j})_{-r\le j\le s} \approx (f^{(x)}_{x+j})_{-r\le j\le s}\,, \qquad x \in AB(r, s)\,, \tag{3.73.1}$$

so ist wegen

$$E\Big(\sum_{j=-r}^{s} a_j\,\tilde{q}_{x+j}\Big) \approx \sum_{j=-r}^{s} a_j\, f^{(x)}_{x+j} = f^{(x)}_x \approx q_x\,, \qquad x \in AB(r, s)\,, \tag{3.73.2}$$

der Vektor der Verzerrungen $E\big(GM_a((\tilde{q}_x)_{x\in AB})\big) - (q_x)_{x\in AB(r,s)}$ „klein".

Borgan (1979), (2.7), hat mit Hilfe der Theorie linearer Differenzengleichungen gezeigt, daß ein Vektor $(f_x)_{x\in AB}$, gegen den ein von der identischen Abbildung verschiedenes gleitendes Mittel invariant ist, von der Form

$$f_x = \sum_{j=1}^{\ell}\sum_{k=0}^{h_j-1} \alpha_{jk}\, x^k\, c_j^x\,, \qquad x \in AB\,, \tag{3.74.1}$$

sein muß für gewisse natürliche Zahlen $\ell, h_1, \dots, h_\ell$ sowie komplexe Zahlen $c_j \neq 0$ und α_{jk} $(k \in \{0, \dots, h_j - 1\},\ j \in \{1, \dots, \ell\})$. (Die c_j sind die paarweise verschiedenen Nullstellen der sogenannten charakteristischen Gleichung des gleitenden Mittels und die h_j deren Vielfachheiten.)

3.74 Definition. Seien $\ell, h_j \in \mathbb{N}$ und $c_j \in \mathbb{C}\setminus\{0\}$ $(j \in \{1, \dots, \ell\})$. Der Vektorraum

$$\begin{aligned}\mathcal{F} := \Big\{(f_x)_{x\in AB} \in \mathbb{R}^{AB} \;\Big|\; (f_x)_{x\in AB} &\text{ erfüllt (3.74.1) für gewisse } \alpha_{jk} \in \mathbb{C},\\ &k \in \{0, \dots, h_j - 1\},\ j \in \{1, \dots, \ell\}\Big\}\end{aligned}$$

heißt *Basis von* GM_a, falls GM_a invariant gegen jedes $f \in \mathcal{F}$ ist.

Borgan (1979) vergleicht die Varianzen von gleitenden Mitteln der rohen Sterbenswahrscheinlichkeiten, die alle dasselbe Fenster $[-r, s]$ und eine gemeinsame, vorgegebene Basis $\mathcal{F}$ besitzen. Läßt sich im Modell (3.58.1) der Vektor der wahren Sterbenswahrscheinlichkeiten im Sinne von (3.73.1) lokal durch Vektoren aus $\mathcal{F}$ annähern (etwa vermöge einer Polynomapproximation), so ist nach (3.73.2) die Verzerrung gering und der summierte mittlere quadratische Fehler (3.58.3′) näherungsweise gleich der Summe der Varianzen. Insbesondere leitet Borgan in Theorem 3.4 optimale gleitende Mittel in Abhängigkeit von $\mathcal{F}$ und der Kovarianzmatrix des Fehlervektors $(\varepsilon_x)_{x\in AB}$ her, wobei er neben (3.58.3′) auch allgemeinere Gütekriterien betrachtet, in die auch Ausdrücke der Form $E\big(((\Delta^i\hat{q})_x - (\Delta^i q)_x)^2\big)$, $i \in \mathbb{N}$, eingehen können. Ferner wird die Wahl des Fensters $[-r, s]$ diskutiert, wobei sich herausstellt, daß es in vielen Fällen optimal ist, symmetrische gleitende Mittel zu verwenden, deren Symmetriezentrum von 0 verschieden ist.

Im folgenden soll der Zusammenhang zwischen gleitenden Mitteln und den aus der Theorie nichtparametrischer Regressionsprobleme besser bekannten *Kernschätzern* dargestellt werden, wobei wir uns auf Kerne mit kompaktem Träger beschränken. Dazu wird die Abbildung $AB \ni x \longmapsto q_x \in [0, 1]$ wieder zu einer Funktion $q\colon [x_0, \omega] \longrightarrow \mathbb{R}^1$ fortgesetzt (vergleiche Bemerkung 3.59).

3.75 Definition. Eine Borel-meßbare Funktion $K\colon \mathbb{R}^1 \longrightarrow \mathbb{R}^1$ mit $K\big|_{\mathbb{R}^1\setminus[-1,1]} \equiv 0$ und $\int_{-1}^{1} K(t)\,dt = 1$ heißt *(Integral-)Kern*. Der in Modell (3.58.1) durch

$$\hat{q}_{K,b}(x) := \frac{\sum_{z\in AB} K\Big(\frac{z-x}{b}\Big)\cdot \tilde{q}_z}{\sum_{z\in AB} K\Big(\frac{z-x}{b}\Big)}, \qquad x \in [x_0, \omega]\,, \tag{3.75.1}$$

definierte Schätzer $\hat{q}_{K,b}$ für q heißt *(Nadaraya-Watson-)Kernschätzer zum Kern K mit Bandweite* $b > 0$. (Hierbei gelte wiederum die Konvention $0/0 := 0$.)

Wie bei gleitenden Mitteln ergeben sich die Schätzwerte $\hat{q}_{K,b}(x)$, $x \in [x_0, \omega]$, durch lokale gewichtete Mittelung der Beobachtungen $(\tilde{q}_z)_{z\in AB}$, wobei sich die Gewichte zu 1 aufsummieren, falls der Nenner in (3.75.1) von Null verschieden ist, und bei $|z-x| > b$ verschwinden. Ferner hängen für zentrale Alter $x \in [x_0 + b, \omega - b]$ die Gewichte

$$\Big(\sum_{z\in AB} K\Big(\frac{z-x}{b}\Big)\Big)^{-1} K\Big(\frac{z-x}{b}\Big) = \Big(\sum_{i=-[z-x+b]}^{[z-x+b]} K\Big(\frac{z-x+i}{b}\Big)\Big)^{-1} K\Big(\frac{z-x}{b}\Big)$$

nur von der Altersdifferenz $z-x$ ab. Schränkt man den Kernschätzer $\hat{q}_{K,b}$ auf in diesem Bereich liegende Alter $x \in AB$ ein, so erhält man gerade wieder ein gleitendes Mittel.

3.76 Satz. *Zu jedem Kern K und zu jeder Bandweite* $b \in \left(0, \frac{\omega - x_0}{2}\right]$ *mit* $0 \neq \sum_{i=-[b]}^{[b]} K\left(\frac{i}{b}\right)$ *definiert*

$$a_j := \Big(\sum_{i=-[b]}^{[b]} K\Big(\frac{i}{b}\Big)\Big)^{-1} K\Big(\frac{j}{b}\Big), \qquad 0 \leq |j| \leq [b] =: r\,,$$

einen Vektor $a = (a_j)_{-r \leq j \leq r}$ *von Gewichten, so daß*

$$\big(\hat{q}_{K,b}(x)\big)_{x \in AB(r,r)} = GM_a\big((\tilde{q}_x)_{x \in AB}\big)\,. \tag{3.76.1}$$

Umgekehrt kann man zu jedem Vektor $a = (a_j)_{-r \leq j \leq s}$ *von Gewichten eine Bandweite* $b := r \vee s + 1/2$ *und einen Kern*

$$K := b \cdot \sum_{j=-r}^{s} a_j \, 1_{\left(\frac{j-1/2}{b}, \frac{j+1/2}{b}\right]}$$

definieren, so daß (3.76.1) *gilt mit* $AB(r,s)$ *an Stelle von* $AB(r,r)$.

Beispielsweise entspricht der sogenannte *Minimum-Varianz-Kern der Ordnung* 4, $K\colon x \longmapsto \frac{3}{8}(3 - 5x^2) \cdot 1_{[-1,1]}(x)$, gerade (näherungsweise) den gewichteten Mitteln nach Altenburger. Den Beweis von Satz 3.76, der auf der Substitution $j := z - x$ beruht, überlassen wir dem Leser als einfache Übungsaufgabe. Weitere Beispiele sowie eine ausführlichere Diskussion des Zusammenhanges zwischen gleitenden Mitteln und Kernschätzern finden sich bei Hopf (1998), Abschnitte 3.7 und 3.8 (siehe auch Ramlau-Hansen (1983), Abschnitt 5). Da also gleitende Mittel außerhalb des Randbereiches nichts anderes als in ganzzahligen Altern ausgewertete Kernschätzer sind, lassen sich die Resultate über Kernschätzer auf gleitende Mittel übertragen. Insbesondere werden wir ausgehend von diesem Zusammenhang einen systematischen Ansatz zur Glättung in den Randbereichen vorstellen. Eine Übersicht über die Theorie der Kernschätzer geben die Monographien von Eubank (1988), Kapitel 4, Müller (1988) und Härdle (1990), Abschnitt 3.1 sowie Kapitel 4 und 5.

Die Bedeutung des Intervalles $[-b, b]$ entspricht der des Fensters $[-r, s]$: Je größer die Bandweite b und damit die Breite des Fensters ist, umso größer ist die Zahl der rohen Sterbenswahrscheinlichkeiten, über die gemittelt wird; Vergrößerung von b führt also dazu, daß die resultierende Kurve $\hat{q}_{K,b}$ glatter wird und in den Argumenten $x \in AB$ in der Regel stärker von $\tilde{q}_x$ abweicht. Die Bandweite ist folglich der Glättungsparameter des Kernschätzverfahrens. Ebenso wie der Parameter λ bei Splineschätzern sollte sie zum Beispiel mittels der in Definition 3.70 vorgestellten Methode der Kreuzvalidierung in Abhängigkeit von den beobachteten rohen Sterbenswahrscheinlichkeiten gewählt werden.

Es läßt sich zeigen, daß der Nadaraya-Watson-Kernschätzer in den Randaltersbereichen $[x_0, x_0 + b)$ und $(\omega - b, \omega]$ Trends der Funktion q, wie sie bei einjährigen Sterbenswahrscheinlichkeiten oft auftreten, nicht korrekt erfaßt, indem er die Sterblichkeit je nach Situation systematisch unter- oder überschätzt. Solche Randeffekte lassen sich durch die Verwendung spezieller Randkerne an Stelle des Kerns K vermeiden. Alternativ wird häufig der Ansatz von Definition 3.75 dadurch verallgemeinert, daß man – wie auch in der Praxis durchaus üblich – lokal ein Polynom mittels der Methode der gewichteten kleinsten Quadrate an die rohen Sterbenswahrscheinlichkeiten anpaßt.

3.77 Definition. Seien K ein Kern, $b > 0$ und $d \in \mathbb{N}_0$. Existiert im Modell (3.58.1) zu jedem $x \in [x_0, \omega]$ ein Vektor $(\hat{\beta}_{x0}, \ldots, \hat{\beta}_{xd})^T \in \mathbb{R}^{d+1}$, der

$$\mathbb{R}^{d+1} \ni (\beta_0, \ldots, \beta_d)^T \longmapsto \sum_{z \in AB} \Big(\tilde{q}_z - \sum_{i=0}^{d} \beta_i \, (z-x)^i\Big)^2 K\Big(\frac{z-x}{b}\Big) \in \mathbb{R}^1 \qquad (3.77.1)$$

minimiert, so heißt $\hat{q}^{(d)}_{K,b}\colon [x_0, \omega] \ni x \longmapsto \hat{\beta}_{x0} \in \mathbb{R}^1$ der *lokal polynomiale Kernschätzer vom Grad d für q*. Im Falle $d = 1$ heißt der Schätzer *lokal linear.*

3.78 Bemerkung. Gilt $K\big(\frac{z-x}{b}\big) \neq 0$ für mehr als d Argumente z (zum Beispiel, falls $K\big|_{(-1,1)} > 0$ und $2\,[b]+1 > d$), so existiert eine eindeutige Minimalstelle von (3.77.1). Man sieht leicht, daß diese im Fall $d = 0$ gerade durch den Nadaraya-Watson-Kernschätzer gegeben ist. Für beliebiges $d \in \mathbb{N}_0$ finden sich explizite Formeln zur Berechnung von $\hat{\beta}_{x0}$ als lineare Funktion von $(\tilde{q}_z)_{z \in AB}$ in Abschnitt 3.2 von Müller (1988) sowie bei Wand und Jones (1995) in Abschnitt 5.2. In Kapitel 5 der Monographie von Wand und Jones (1995) werden auch statistische Eigenschaften lokal polynomialer Kernschätzer untersucht.

Wählt man den Grad d ungerade (meist $d \in \{1, 3\}$), so erreicht man gegenüber dem Nadaraya-Watson-Kernschätzer (ohne Randmodifikationen) eine deutliche Reduktion der Verzerrung $E(\hat{q}_x) - q_x$ für Randalter $x \notin [x_0 + b, \omega - b]$ bei nur mäßiger Zunahme der Varianz. Im Gegensatz zu gleitenden Mitteln und Nadaraya-Watson-Kernschätzern sind also zum Beispiel lokal lineare Kernschätzer gut geeignet, Schätzwerte auch in den Randbereichen zu bestimmen. Verwendet man in Definition 3.77 etwa den populären *Epanechnikov-Kern* $K\colon x \longmapsto \frac{3}{4}(1-x^2) \cdot 1_{[-1,1]}(x)$, der gewisse asymptotische Optimalitätseigenschaften besitzt, so ergeben sich mit $d = 1$ und einer Bandweite von zum Beispiel $b = 5/2$ bei Rundung der Gewichte die Schätzer

$$\hat{q}_{x_0} = 0.8829\,\tilde{q}_{x_0} + 0.2342\,\tilde{q}_{x_0+1} - 0.1171\,\tilde{q}_{x_0+2}\,,$$
$$\hat{q}_{x_0+1} = 0.3597\,\tilde{q}_{x_0} + 0.3480\,\tilde{q}_{x_0+1} + 0.2248\,\tilde{q}_{x_0+2} + 0.0675\,\tilde{q}_{x_0+3}$$

sowie analoge Formeln für $\hat{q}_\omega$ und $\hat{q}_{\omega-1}$. Für eine detaillierte Analyse des Randverhaltens verschiedener Kernschätzer verweisen wir auf die Abschnitte 5.5 und 5.6 von Wand und Jones (1995).

Als Abschluß unserer Betrachtungen zu Glättungsverfahren sprechen wir parametrische Methoden an. Bei diesen hat der zu schätzende Vektor $(q_x)_{x \in AB}$ eine bis auf wenige unbekannte Parameter vorgegebene Form. Da parametrische Verfahren heutzutage nur noch geringe praktische Bedeutung für die Glättung in den Randbereichen besitzen und sie in der bisherigen versicherungsmathematischen Lehrbuchliteratur ausführlich gewürdigt wurden (siehe etwa Saxer (1958), Abschnitt 5.6 oder Wolfsdorf (1997), Abschnitte 2.3.2.1 bis 2.3.2.3), beschränken wir uns hier darauf, exemplarisch einige Anmerkungen zu Schätzverfahren in einem Gompertz-Makeham-Modell zu machen.

3.79 Beispiel. Es liege das Modell (3.58.1) vor, wobei die wahren Sterbenswahrscheinlichkeiten durch ein Gompertz-Makeham-Gesetz (3.34.3) gegeben seien:

$$q_x = 1 - \exp\Big(-A - \frac{B(c-1)}{\log c}\, c^x\Big), \qquad x \in AB\,.$$

Zu schätzen sind also die Parameter $A \geq 0$, $\tilde{B} := \dfrac{B(c-1)}{\log c} \geq 0$ und $c > 1$. Dies geschieht oft mittels der Methode der (gewichteten) kleinsten Quadrate, bei der eine Minimalstelle einer Abbildung der Form

$$F\colon [0,\infty)^2 \times (1,\infty) \ni (A, \tilde{B}, c) \longmapsto \sum_{x \in AB} w_x \big(1 - \exp(-A - \tilde{B}\, c^x) - \tilde{q}_x\big)^2 \tag{3.79.1}$$

bestimmt wird, wobei für die Wahl der Gewichte $w_* > 0$ Bemerkung 3.62 zu berücksichtigen ist. Eine notwendige Bedingung für ein lokales Minimum im Inneren des Definitionsbereiches geben die *Normalgleichungen*

$$\frac{\partial}{\partial A} F(A, \tilde{B}, c) = \frac{\partial}{\partial \tilde{B}} F(A, \tilde{B}, c) = \frac{\partial}{\partial c} F(A, \tilde{B}, c) = 0\,, \tag{3.79.2}$$

die sich i. a. nur numerisch (etwa mit Hilfe des mehrdimensionalen Newton-Raphson-Verfahrens) lösen lassen. Ist eine Lösung von (3.79.2) gefunden, so ist anschließend zu prüfen, ob sie auch (3.79.1) minimiert. Einzelheiten überlassen wir dem Leser (siehe Aufgabe 24).

Hoem (1972b) gibt in Abschnitt 6 allgemeine Kriterien an, die die Existenz einer Lösung von (3.79.1) mit gegen 1 konvergierender Wahrscheinlichkeit sowie die asymptotische Normalität dieses Schätzers sicherstellen, wenn der Fehlervektor $(\varepsilon_x)_{x \in AB}$ bei wachsendem Umfang der der Schätzung zugrunde liegenden Personengesamtheit näherungsweise normalverteilt ist. (Eine solche Asymptotik wird durch Beispiel 3.52 und Bemerkung 3.54 nahegelegt, denen zufolge für alle Alter $x \in AB$ der Schätzfehler ε_x der nach der Geburtsjahrmethode ermittelten rohen Sterbenswahrscheinlichkeiten $\tilde{q}_x$ asymptotisch normalverteilt ist, wenn die Anzahl der beobachteten x-Jährigen gegen ∞ geht.) In den Abschnitten 7 und 8 von Hoems Arbeit werden darüberhinaus weitere parametrische Glättungsverfahren beschrieben, darunter die auf einem Vergleich empirischer und theoretischer Momente („*Momentenmethode*") beruhende *King-Hardy-Methode*, und deren asymptotisches Verhalten untersucht.

Wir beschließen diesen Abschnitt mit einer Diskussion des loglinearen Ansatzes zur Erstellung von Generationensterbetafeln, wobei als Ausgangsdatensatz eine Folge von n Periodensterbetafeln vorliegen möge. Betrachtet man die Logarithmen der dort vertafelten Schätzwerte $\hat{q}_{x,t_i}$ der Sterbenswahrscheinlichkeiten eines x-Jährigen, $x \in AB$, in den Jahren t_i, $1 \leq i \leq n$, so stellt man oft fest, daß sie sich näherungsweise als lineare Funktion der Kalenderzeit t_i darstellen lassen. (Für die elf ADSt ist dies in Aufgabe 25 zu verifizieren.) Es liegt daher nahe, für jedes Alter $x \in AB$ das folgende loglineare Regressionsmodell für die Sterbetafeleinträge zu verwenden:

$$\log \hat{q}_{x,t_i} = \log q_{x,t_i} + \varepsilon_{x,t_i}\,, \quad E(\varepsilon_{x,t_i}) = 0,\ 1 \leq i \leq n\,;$$
$$\log q_{x,t} = a_x\, t + b_x\,, \quad (a_x,\, b_x)^T \in \mathbb{R}^2,\ t \in \mathcal{T},$$

wobei $\mathcal{T}$ ein geeignetes Zeitintervall mit $\{t_1, \ldots, t_n\} \subset \mathcal{T}$ ist und zusätzlich oft $\operatorname{Cov}\big((\varepsilon_{x,t_i})_{1\leq i\leq n}\big) \propto \mathcal{E}$ angenommen wird. Es wird folglich unterstellt, daß die relative Sterblichkeitsabnahme über jedes Zeitintervall (also die Sterblichkeitsabnahme bezogen auf die Sterbenswahrscheinlichkeit zu Intervallbeginn) nur von der Länge des Intervalles und nicht von seiner Position auf der Zeitachse abhängt. (Man beachte bei der Modellierung der Fehler ε_{x,t_i}, daß wegen der Jensenschen Ungleichung $E(\varepsilon_{x,t_i}) = 0$ im Widerspruch zu der ebenfalls üblichen Annahme $E(\hat{q}_{x,t_i}) = q_{x,t_i}$ steht, falls nicht fast sicher $\varepsilon_{x,t_i} = 0$ gilt.) Schätzer $\breve{a}_x$ und $\breve{b}_x$ für den Parameter des Modells werden dann meist mittels der Methode der kleinsten Quadrate bestimmt, d. h. $(\breve{a}_x, \breve{b}_x)$ wird als Minimalstelle von

$$(a_x, b_x) \longmapsto \sum_{i=1}^{n} (\log \hat{q}_{x,t_i} - a_x\, t_i - b_x)^2$$

gewählt. Durch direkte Rechnung erhält man aus den Normalgleichungen (vergleiche Beispiel 3.79) die wohlbekannten Formeln der einfachen linearen Regression:

$$\breve{a}_x = \frac{\frac{1}{n}\sum_{i=1}^{n} t_i \log \hat{q}_{x,t_i} - \left(\frac{1}{n}\sum_{i=1}^{n} t_i\right)\cdot\left(\frac{1}{n}\sum_{i=1}^{n} \log \hat{q}_{x,t_i}\right)}{\frac{1}{n}\sum_{i=1}^{n} t_i^2 - \left(\frac{1}{n}\sum_{i=1}^{n} t_i\right)^2}\,,$$
$$\breve{b}_x = \frac{1}{n}\sum_{i=1}^{n} \log \hat{q}_{x,t_i} - \breve{a}_x \frac{1}{n}\sum_{i=1}^{n} t_i\,.$$

Beispielsweise wurden bei der Erstellung der DAV-Sterbetafel 1994 R Schätzwerte für a_x und b_x aus allen elf ADSt bestimmt und diese anschließend weiteren pauschalen Modifikationen unterworfen, um der im Vergleich zum langfristigen (säkularen) Trend stärkeren Sterblichkeitsabnahme in den letzten zwei Jahrzehnten Rechnung zu tragen. (Einzelheiten finden sich in Abschnitt 3 von Schmithals und Schütz (1995).) Hat man Schätzer $\breve{a}_x$ und $\breve{b}_x$ berechnet, so ergibt sich für jedes Alter $x \in AB$ und jeden Zeitpunkt $t \in \mathcal{T}$ ein Schätzer $\breve{q}_{x,t} := \exp(\breve{a}_x\, t + \breve{b}_x)$ für $q_{x,t}$. Insbesondere liefert dieser Ansatz alle für die Generationensterbetafel zu einem Geburtsjahrgang τ benötigten Schätzwerte

$$\breve{q}_x^{(\tau)} := \breve{q}_{x,\tau+x} = \exp\big(\breve{a}_x\,(\tau + x) + \breve{b}_x\big)$$

für $q_x^{(\tau)}$, $x \in AB$, falls $\tau + AB \subset \mathcal{T}$.

Eine Variante dieses loglinearen Ansatzes, die zum Beispiel der zeitlich letzten der verwendeten Periodensterbetafeln besonderes Gewicht beimißt, findet sich in Aufgabe 27. Wie in Abschnitt V.3.3 von Reiss und Thomas (1997) gezeigt wird, läßt sich ferner insbesondere für hohe Alter eine bessere Anpassung der geschätzten Sterbenswahrscheinlichkeiten an die vertafelten Werte dadurch erreichen, daß man anstelle des loglinearen ein logquadratisches Regressionsmodell zugrunde legt.

G Aufgaben

Aufgabe 1. Imitieren Sie den Beweis von Satz 2.7, um in Hilfssatz 3.2 die Existenz der Lösung, ihre Eindeutigkeit und die Exponentialformel nachzuweisen !

Aufgabe 2. Verifizieren Sie die Identität (3.4.6) auch für $t \geq F_x^{-1}(1)$!

Aufgabe 3. Seien $F\colon [0,\infty] \longrightarrow [0,1]$ eine Wahrscheinlichkeitsverteilungsfunktion mit gemäß (3.1.3) definierter kumulativer Ausscheideintensität $\Lambda\colon [0,\infty) \to [0,\infty]$ und $\omega := F^{-1}(F(\infty - 0))$. (Da F auf $[0,\infty]$ definiert ist, schreiben wir hier zur Vermeidung von Mißverständnissen ausnahmsweise $F(\infty-0)$ statt $F(\infty)$ für $\lim_{t\to\infty} F(t)$.) Zeigen Sie:

(a) $\omega = \Lambda^{-1}(\Lambda(\infty - 0))$.

(b) Sind $\Phi\colon [0,\omega) \longrightarrow [0,\infty)$ eine Verteilungsfunktion und $c \in [0,\omega]$ mit $\Delta\Phi|_{[0,c)} < 1$ sowie

$$1 - F(t) = \exp\left(-\Phi^{(c)}(t)\right) \cdot \prod_{\tau \leq t} \left(1 - \Delta\Phi(\tau)\right) , \qquad t < c ,$$

so gilt

$$\Lambda(t) = \Phi(t) , \qquad t < c .$$

(c) Sind $F|_{[0,\infty)}$ stochastisch (d. h. $F(\infty - 0) = 1$), $\omega < \infty$ und $\Phi\colon [0,\omega] \longrightarrow [0,\infty]$ eine Verteilungsfunktion mit $\Delta\Phi \leq 1$, $\Phi([0,\omega)) \subset [0,\infty)$ sowie

$$1 - F(t) = \exp\left(-\Phi^{(c)}(t)\right) \cdot \prod_{\tau \leq t} \left(1 - \Delta\Phi(\tau)\right) , \qquad t \leq \omega ,$$

so gilt

$$\Lambda(t) = \Phi(t) , \qquad t \leq \omega .$$

Hinweis zu (b)*:* Imitieren Sie den Beweis von „(3.6.1) $\Longrightarrow$ (3.7.2)“.

Aufgabe 4. Gegeben seien stochastisch unabhängige zukünftige Lebensdauern $T_{x_1}, \ldots, T_{x_m}$ mit Lebesgue-stetigen Verteilungen $F_{x_1}, \ldots, F_{x_m}$ und Ausscheideintensitäten $\lambda_{x_1}, \ldots, \lambda_{x_m}$. Sei $\lambda_{x_1 \ldots x_m}$ die gemeinsame Ausscheideintensität. Gilt stets

$$\lambda_{x_1 \ldots x_m} = \sum_{i=1}^{m} \lambda_{x_i} \qquad \lambda^1\text{-f.ü. auf } \Big[\bigwedge_{i=1}^{m} F_{x_i}^{-1}(1), \infty\Big) \,?$$

Begründung oder Gegenbeispiel !

Aufgabe 5. Seien $T_{x_1}, T_{x_2} > 0$ zukünftige Lebensdauern mit stetigen Ausscheideintensitäten $\Lambda_{x_1}, \Lambda_{x_2}$. Für die Ausscheideintensität $\Lambda_{x_1 x_2}$ von $T_{x_1} \wedge T_{x_2}$ gelte $\Lambda_{x_1 x_2} = \Lambda_{x_1} + \Lambda_{x_2}$. Zeigen Sie durch ein Gegenbeispiel, daß T_{x_1} und T_{x_2} nicht notwendig stochastisch unabhängig sein müssen!

Aufgabe 6. Zeigen Sie: Mit Δ wie in Hilfssatz 3.12 und $c^{[\ell]} \in \mathbb{R}^{m+1}$ gemäß Beispiel 3.11 (Teil 2) gilt

$$(\Delta^k c^{[\ell]})_0 = 1_{\{0,\ldots,k\}}(\ell) \cdot (-1)^{k-\ell} \binom{k}{\ell}, \qquad k, \ell \in \{0, \ldots, m\}.$$

Aufgabe 7. Schreiben Sie eine Routine, die für m unabhängige Ereignisse mit Eintrittswahrscheinlichkeiten $p_1, \ldots, p_m$ und eine Zufallsvariable

$$C = \sum_{i=0}^{m} c_i \cdot 1_{\{N=i\}},$$

die nur von der Anzahl N der eingetretenen Ereignisse abhängt, den Erwartungswert von C berechnet. Dabei soll C alternativ auch in der Form

$$C = \sum_{i=0}^{m} d_i \cdot 1_{\{N \geq i\}}$$

vorliegen können.

Im Eingabe-File stehen zunächst '1' oder '2' (erste oder zweite Darstellung) und danach $m,\ p_1, \ldots, p_m,\ c_0, \ldots, c_m$ bzw. $d_0, \ldots, d_m$.

Von Gerber (1997, p. 83) wird folgende Bezeichnungskonvention eingeführt: Sind $T_{x_1}, \ldots, T_{x_m}$ zukünftige Lebensdauern und ist u ein Zustand, der eine Funktion des Lebensstatus (lebend, tot) von $(x_1), \ldots, (x_m)$ ist, so bezeichnet T_u die zukünftige Dauer dieses Zustandes. Faßt man T_u als Lebensdauer einer Person auf, so kann man daraus Sterbens- und Überlebenswahrscheinlichkeiten, Verteilungsfunktionen, (kumulative) Ausscheideintensitäten, ... ableiten. Ist beispielsweise $u = \overline{x_1 \ldots x_m}$ der Zustand, daß mindestens eines der Individuen überlebt, so bezeichnet λ_u (Λ_u) die (kumulative) Ausscheideintensität für den letzten Überlebenden.

Aufgabe 8. Seien $T,\ U \geq 0$ Zufallsvariablen mit Verteilungsfunktionen $F_T,\ F_U$ und kumulativen Ausscheideintensitäten $\Lambda_T,\ \Lambda_U$. Zeigen Sie:

(a) Sind F_T und F_U beide stetig, so gilt

$$F_T \leq F_U \iff \Lambda_T \leq \Lambda_U.$$

(b) Ohne die Stetigkeitsvoraussetzung ist keine der Implikationen aus (a) richtig.

Sei $T_{x_1}, T_{x_2}, \ldots$ eine Folge stochastisch unabhängiger zukünftiger Lebensdauern mit stetigen Verteilungsfunktionen F_{x_i} und kumulativen Ausscheideintensitäten Λ_{x_i}.

(c) Bestimmen Sie $\Lambda_{\overline{x_1 \ldots x_m}}$ und zeigen Sie, daß $(\Lambda_{\overline{x_1 \ldots x_m}})_{m \in \mathbb{N}}$ monoton nichtwachsend in m ist!

(d) Seien nun alle F_{x_i} sogar Lebesgue-stetig mit Dichten f_{x_i}. Berechnen Sie $\lambda_{\overline{x_1 \ldots x_m}}$ und zeigen Sie, daß unter der Zusatzvoraussetzung identischer Verteilung auch $(\lambda_{\overline{x_1 \ldots x_m}})_{m \in \mathbb{N}}$ monoton nichtwachsend in m ist! Vergleichen Sie die Monotonieaussagen aus (c) und (d)!

Aufgabe 9. Gegeben sei ein Ausscheidemodell mit mehreren Ausscheideursachen und Lebesgue-stetiger Lebensdauerverteilung. Begründen Sie in Anlehnung an die Bemerkungen 2.3 (a) und 3.4, daß die partiellen Ausscheideintensitäten die relativen Ausscheideraten für die jeweils zugrunde liegende Ursachenkombination beschreiben !

Aufgabe 10. Seien $X,\ Y\colon(\Omega, \mathfrak{A}, P) \longrightarrow \big((-\infty,+\infty], \mathfrak{B}((-\infty,+\infty])\big)$ stochastisch unabhängig. Zeigen Sie, daß die Verteilungsfunktionen von X und Y genau dann auf $\mathbb{R}^1$ keine gemeinsamen Sprungstellen besitzen, wenn

$$P(X = Y < \infty) = 0\,!$$

Aufgabe 11. Sei $(x) = (x_1 \dots x_m)$ eine Gruppe von Personen mit stochastisch unabhängigen zukünftigen Lebensdauern $T_{x_1}, \dots, T_{x_m}$, die beim ersten Ausscheiden erlischt. Für $C = \{j_1, \dots, j_k\} \subset \{1, \dots, m\}$ seien $\Lambda_{x,C}$ die zugehörige kumulative partielle Ausscheideintensität und

$$G_{x,C}\colon t \longmapsto P(T_{x_{j_1}} = \dots = T_{x_{j_k}} \le t)\,.$$

Zeigen Sie:

(a) $$\frac{1}{\prod_{j\in C}(1 - F_{x_j}(\cdot - 0))} \cdot \prod_{i\notin C} \frac{1 - F_{x_i}}{1 - F_{x_i}(\cdot - 0)} \in \frac{d\Lambda_{x,C}}{dG_{x,C}}\,.$$

(b) Liegen innerhalb der Lebensspanne $\mathcal{L}_x$ keine Bindungen vor ((3.21.2)), so gilt

$$\Lambda_{x,\{j\}}(t) = \Lambda_{x_j}(t)\,, \qquad j \in \{1, \dots, m\},\ t \in \mathcal{L}_x\,.$$

Aufgabe 12. Konstruieren Sie ein Beispiel eines Ausscheidemodells mit mehreren Ausscheideursachen, bei dessen Darstellung mittels unabhängiger latenter Ausfallzeiten nicht alle diese Zeiten endlich gewählt werden können !

Aufgabe 13. Zeigen Sie, daß die Stationaritätsbedingung (3.31.1) die Bedingung (3.31.5) über die kumulativen partiellen Ausscheideintensitäten impliziert ! Wie steht es mit der Umkehrung ?

Aufgabe 14. Sei X eine nichtnegative Zufallsvariable.

(a) Seien $\alpha > 0,\ c > 0$. Zeigen Sie, daß X genau dann Weibull (α, c)-verteilt ist, wenn $(X/\alpha)^c$ einseitig standardexponentialverteilt ist !

Sei nun X Weibull (α, c)-verteilt.

(b) Skizzieren Sie die Ausscheideintensität von X für $\alpha = 1$ und $c = 0.5, 1, 1.5, 2, 3$!

(c) Berechnen Sie alle zentralen Momente von X !

Aufgabe 15. Seien T_{x_1} und T_{x_2} stochastisch unabhängige zukünftige Lebensdauern, wobei T_{x_j} Weibull-verteilt ist mit Parametern $\alpha = \mu_j$ und $c = j$ $(j = 1, 2)$. Berechnen Sie für das durch $T_x := T_{x_1} \wedge T_{x_2}$ und $J_x = j \rightleftharpoons T_x = T_{x_j}$ definierte Ausscheidemodell (T_x, J_x) mit identifizierbaren Ausscheideursachen die abhängigen Wahrscheinlichkeiten ${}_tq_x^{(j)}$ und die unabhängigen Wahrscheinlichkeiten ${}^u_tq_x^{(j)}$!

Aufgabe 16. Seien $\mathcal{L}(T_x, J_x)$ Ausscheidemodelle mit m Ausscheideursachen $j \in U := \{1, \dots, m\}$.

(a) Zeigen Sie: Für alle $x \geq 0$ ist Bedingung 3.42 (a) äquivalent dazu, daß $\mathcal{L}(T_x)$ absolutstetig ist und die partiellen Ausscheideintensitäten für alle $\emptyset \neq C \subset U$, alle $k \in \mathbb{N}_0$ mit $P(T_x > k) > 0$ und λ^1-fast alle $t \in (k, k+1]$ gegeben sind durch

$$\lambda_{x,C}(t) = \frac{P(T_x \leq k+1,\ J_x = C \mid T_x > k)}{1 - (t-k)\, P(T_x \leq k+1 \mid T_x > k)} . \tag{$*$}$$

Gilt zusätzlich die Stationaritätsbedingung (3.31.1), so geht $(*)$ über in

$$\lambda_{x,C}(t) = \frac{q_{x+k}^{(C)}}{1 - (t-k)\, q_{x+k}} .$$

An Stelle von $(*)$ wird im folgenden angenommen, daß die Ausscheideintensitäten stückweise konstant sind:

$$\lambda_{x,C} = \sum_{k=0}^{\infty} \lambda_{x,C}\Big(k + \frac{1}{2}\Big) \cdot 1_{(k,k+1]} , \qquad \emptyset \neq C \subset U,\ x \geq 0 . \tag{$**$}$$

(b) Vergleichen Sie die Intensitätsverläufe gemäß $(*)$ und gemäß $(**)$ bei Gültigkeit der Stationaritätsbedingung (3.31.1) und Zugrundelegung derselben abhängigen einjährigen Ausscheidewahrscheinlichkeiten ! Skizze !

(c) Berechnen Sie für alle $k \in \mathbb{N}_0$, $x \geq 0$, $r \in (0, 1]$ und $\emptyset \neq C \subset U$ die Differenz ${}_{k+r}q_x^{(C)} - {}_kq_x^{(C)}$ mit Hilfe abhängiger einjähriger Ausscheidewahrscheinlichkeiten !

Gelte nun zusätzlich die Stationaritätsbedingung (3.31.1).

(d) Sind $K_x := [T_x - 0]$ und $R_x := T_x - K_x$ stochastisch unabhängig ?

(e) Wie ist die zusammengesetzte Ausscheideordnung $\mathcal{L}(T_x, J_x)$, $x \geq 0$, aus einer Vertafelung der abhängigen einjährigen Ausscheidewahrscheinlichkeiten $q_{x+i}^{(C)}$, $i \in \mathbb{N}_0$, $\emptyset \neq C \subset U$, zu berechnen ?

Zusatzinformation: Eine Modifikation von (a) am rechten Eckpunkt der Lebensdauerverteilungen und ein entsprechendes Anwendungsbeispiel finden sich in Aufgabe 10.13 und Beispiel 10.16. Eine weitere häufig in der versicherungsmathematischen Literatur verwandte Alternativannahme zu 3.42 (a), die unter der Bezeichnung *Balducci-Annahme* bekannt ist, wird von Bowers et al. (1986) in Abschnitt 3.6 besprochen.

Aufgabe 17. Sei $\mathcal{L}(T_x, J_x)$ ein Ausscheidemodell mit m identifizierbaren Ausscheideursachen $j \in U := \{1, \ldots, m\}$ und Lebesgue-stetiger Lebensdauerverteilung $\mathcal{L}(T_x)$.

(a) Zeigen Sie für alle $j \in U$: $\lambda_{x,j}(t) = -\frac{d}{dt} \log(1 - {}_t^u q_x^{(j)})$ Lebesgue-fast überall auf $[0, F_x^{-1}(1)]$.

(b) Zeigen Sie:

$${}_tq_x^{(j)} = \int_0^t \frac{d}{dr}\Big|_{r=s} {}_r^u q_x^{(j)} \cdot \prod_{\substack{i=1 \\ i \neq j}}^{m} \Big(1 - {}_s^u q_x^{(i)}\Big)\, ds \qquad (t \leq F_x^{-1}(1),\ j \in U).$$

(c) Sei $T_1, \ldots, T_m$ eine dominierte unabhängige Darstellung des Ausscheidemodells, bei der $K_j := [T_j - 0]$ und $R_j := T_j - K_j$ stochastisch unabhängig sind und $\mathcal{L}(R_j) = U(0, 1]$

gilt ($j \in U$). Präzisieren Sie die Approximationen

$$q_x^{(j)} \approx {}^u q_x^{(j)} \cdot \prod_{\substack{i=1\\ i\neq j}}^{m} \Big(1 - \frac{1}{2}\, {}^u q_x^{(i)}\Big) \quad \text{und} \quad q_x^{(j)} \approx {}^u q_x^{(j)} \cdot \Big(1 - \frac{1}{2} \sum_{\substack{i=1\\ i\neq j}}^{m} {}^u q_x^{(i)}\Big)$$

($j \in U,\ 1 \le F_x^{-1}(1)$), und geben Sie jeweils eine Fehlerabschätzung an !

Hinweis: Benutzen Sie eine lineare Interpolation von ${}^u_t q_x^{(j)}$ (wie in Satz 3.42) und verwenden Sie danach ein Taylorpolynom zur Approximation der Funktion

$$g_j : t \longmapsto \prod_{\substack{i=1\\ i\neq j}}^{m} (1 - {}^u_t q_x^{(i)})\ !$$

(d) Seien $K_x := [T_x - 0]$, $R_x := T_x - K_x$, R_x und (K_x, J_x) stochastisch unabhängig und $\mathcal{L}(R_x) = U(0, 1]$. Präzisieren Sie die Approximation

$${}^u q_x^{(j)} \approx q_x^{(j)} \Big(1 + \frac{1}{2} \sum_{\substack{i=1\\ i\neq j}}^{m} q_x^{(i)}\Big) \qquad (j \in U,\ 1 \le F_x^{-1}(1)),$$

und geben Sie eine Fehlerabschätzung an !

Hinweis: Verwenden Sie (3.42.1) und Aufgabe 16 (a).

(e) Sind die Annahmen aus (c) und (d) miteinander vereinbar? Begründung !

Aufgabe 18. Schreiben Sie ein Programm, welches mittels Aufgabe 17 die unabhängigen Ausscheidewahrscheinlichkeiten aus der Grundgesamtheit der Aktiven ausgehend von den abhängigen Wahrscheinlichkeiten nach Heubeck (1983b oder 1998) tabelliert ! Vergleich !

Als Eingabe verwendet das Programm eine vom Benutzer vorab zu erstellende Datei HEUMAEAB.DAT, in der (nach drei Kopfzeilen) in jeder Zeile das ganzzahlig gestutzte Alter x, die abhängige Wahrscheinlichkeit q_x^{aa} (in Promille), im Alter $(x, x+1]$ als Aktiver zu sterben, und die abhängige Invalidisierungswahrscheinlichkeit i_x (in Promille) stehen sollen (Männerdaten). Als Ausgabe erstellt das Programm eine Datei HEUMAEUN.DAT mit identischem Format, jedoch mit den unabhängigen Wahrscheinlichkeiten.

Aufgabe 19. Seien $R_1, \dots, R_n$ u.i.v. gemäß $U(0, 1]$ und $R := \bigwedge_{i=1}^n R_i$. Zeigen Sie, daß

$$P(R \le t) = t \cdot \sum_{j=0}^{n-1} (1-t)^j = 1 - (1-t)^n, \qquad 0 \le t \le 1.$$

Aufgabe 20. Seien (x) und (y) zwei Leben mit zukünftigen Lebensdauern $T_x = K_x + R_x$ und $T_y = K_y + R_y$. Weiter seien $K_{xy} := [T_{xy} - 0]$, $R_{xy} := T_{xy} - K_{xy}$, $K_{\overline{xy}} := [T_{\overline{xy}} - 0]$ und $R_{\overline{xy}} := T_{\overline{xy}} - K_{\overline{xy}}$. Es werde vorausgesetzt, daß K_x, K_y, $R_x \sim U(0, 1]$ und $R_y \sim U(0, 1]$ alle stochastisch unabhängig sind.

(a) Geben Sie die gemeinsame Verteilung von K_{xy} und R_{xy} mit Hilfe der eindimensionalen Verteilungen von K_x, K_y, R_x und R_y an ! Stellen Sie so insbesondere fest, ob
   - K_{xy} und R_{xy} stets stochastisch unabhängig sind,

- stets $R_{xy} \sim U(0,1]$ gilt!

(b) Lösen Sie (a) für den Zustand $(\overline{xy})$ an Stelle von (xy)!

Aufgabe 21. Ausgehend von einer Personengesamtheit von $\ell_{x_0} = \ell_{x_0}^a$ aktiv Berufstätigen, auf die die beiden Ausscheideursachen Tod und Invalidisierung (ohne Reaktivierung) wirken, bezeichnet man die erwartete Anzahl der invaliden x-Jährigen mit ℓ_x^i und die der aktiven x-Jährigen mit ℓ_x^a. Bezeichne ${}_tp_x^a$ $({}_tp_x^i)$ die Wahrscheinlichkeit, daß ein x-jähriger Aktiver (Invalide) das Alter $x+t$ erreicht, und ${}_tp_x$ die Wahrscheinlichkeit eines – aktiven oder invaliden – x-Jährigen, das Alter $x+t$ zu erreichen. Zeigen Sie

$$ {}_tp_x^a = \frac{1}{\ell_x^a}\left(\ell_x\,{}_tp_x - \ell_x^i\,{}_tp_x^i\right)! $$

Aufgabe 22. Gegeben seien die unabhängigen Wahrscheinlichkeiten ${}^ui_x$ und ${}^uq_x^{aa}$ (Mann) bzw. ${}^ui_y$ und ${}^uq_y^{aa}$ (Frau), invalide zu werden oder als Aktive(r) zu sterben. Leiten Sie eine Rekursionsformel für die erwarteten Anzahlen ℓ_{xy}^a von aktiven Paaren (x, y) her, in der nur die abhängigen Wahrscheinlichkeiten i_x, q_x^{aa}, i_y, q_y^{aa} (berechnet mit Hilfe der Näherung aus Aufgabe 17) sowie die Verbleibswahrscheinlichkeiten p_x^{aa}, p_y^{aa} vorkommen!

Aufgabe 23. Betrachten Sie eine Personengesamtheit von aktiv Berufstätigen, auf die die beiden Ausscheideursachen Tod und Invalidisierung einwirken (die Reaktivierung von Invaliden sei zunächst ausgeschlossen). Leiten Sie eine Rekursionsformel her für die Erwartungswerte ℓ_x^a, wobei nur die

(a) abhängigen Ausscheidewahrscheinlichkeiten q_x^{aa} durch Tod als Aktiver bzw. die abhängigen Invalidisierungswahrscheinlichkeiten i_x,

(b) unabhängigen Ausscheidewahrscheinlichkeiten ${}^uq_x^{aa}$ durch Tod als Aktiver bzw. die unabhängigen Invalidisierungswahrscheinlichkeiten ${}^ui_x$ auftreten.

(c) Seien nun die Reaktivierungswahrscheinlichkeiten r_x (Wahrscheinlichkeit, daß ein x-jähriger Invalide innerhalb $(x, x+1]$ reaktiviert wird) nicht notwendig 0. Leiten Sie dann entsprechende Rekursionsformeln für ℓ_x^a her, wobei zusätzlich r_y, $y \le x$, und q_y^{ii}, $y \le x$, bzw. die zugehörigen unabhängigen Wahrscheinlichkeiten $({}^ur_y, {}^uq_y^{ii})$, $y \le x$, gegeben sind.

Aufgabe 24. An die ADSt 1986/88 und an die DAV-Sterbetafel 1994 T sollen jeweils für beide Geschlechter im Altersintervall [25, 100] Gompertz-Makeham-Gesetze (3.34.3)

$$ -\log{}_tp_x = At + \frac{B(c^t-1)}{\log c}c^x \qquad (c \neq 1) $$

nach der gewichteten Kleinste-Quadrate-Methode angepaßt werden.

(a) Wählen Sie geeignete Gewichte, und leiten Sie die Normalgleichungen für A, $B' := B(c-1)/\log c$ und c her!

(b) Schreiben Sie ein Programm zur Ermittlung von A, B und c und vergleichen Sie die Ergebnisse sowohl für beide Geschlechter als auch zwischen der ADSt 1986/88 und der Tafel 1994 T!

(c) Modifizieren Sie das Programm aus Teil (b) so, daß die Parameterschätzungen in den Altersintervallen [25, 70] und [70, 100] getrennt durchgeführt werden, und vergleichen Sie die numerischen Ergebnisse mit denen aus (b)!

(d) Tabellieren Sie das ganzzahlig gerundete Zentralalter gemäß Hilfssatz 3.35 zu $x, y \in \{25, \dots, 70\}$ mit $0 \leq x - y \leq 20$ für die ADSt 1986/88 und die DAV-Sterbetafel 1994 T jeweils auf der Basis des in (c) für die Männertafel geschätzten Wertes von c!

Hinweis: Die ADSt 1986/88 und die DAV-Tafel 1994 T enthalten schon die ausgeglichenen und nicht die ursprünglichen Rohdaten. In der Praxis wäre Aufgabe 24 mit den zugrunde liegenden rohen Sterbenswahrscheinlichkeiten zu lösen.

Aufgabe 25.

(a) Schreiben Sie eine Routine, welche ausgehend von dem loglinearen Modell der Sterblichkeitsabnahme eine einjährige Sterbenswahrscheinlichkeit in Abhängigkeit vom Alter x, dem Zeitpunkt t und dem Geschlecht nach der Methode der kleinsten Quadrate schätzt!

Verwenden Sie als Basisdaten die ADSt 1871/80, 1881/90, 1891/00, 1901/10, 1910/11, 1924/26, 1932/34, 1949/51, 1960/62, 1970/72 und 1986/88, die getrennt nach Geschlechtern auf Files ADST_M.DAT und ADST_F.DAT zur Verfügung stehen sollen. Jede der Tafeln liefert einen Wert $\left(t_i, \log(q_{x,t_i})\right)$, wobei t_i als Mittelpunkt des Sterbetafelintervalles gewählt wird. Von einem weiteren File EINGABE.DAT werden das Geschlecht (M/F), das Alter $x \in \{0, 1, \dots, 100\}$ und der Berechnungszeitpunkt t eingelesen.

(b) Schreiben Sie eine Routine, welche für das loglineare Modell der Sterblichkeitsabnahme und die Daten aus Aufgabenteil (a) zu jedem Alter x das Bestimmtheitsmaß $B(\log q_x, t)$ berechnet! Die Eingabe soll wie in Teil (a) erfolgen.

Stellen Sie die gefundene Altersabhängigkeit $x \longmapsto B(\log q_x, t)$ der Bestimmtheitsmaße graphisch dar, und geben Sie eine Interpretation!

Erinnerung: Das Bestimmtheitsmaß ist der Anteil an der Gesamtstreuung des Response (hier der logarithmierten Sterbenswahrscheinlichkeiten), der durch die Schwankung des Prädiktormerkmals (hier der Zeitpunkte) und die Steigung der Regressionsgeraden erklärt wird. Es kann berechnet werden als Quadrat des Stichprobenkorrelationskoeffizienten, also als Quotient aus dem Quadrat der Stichprobenkovarianz und dem Produkt beider Stichprobenvarianzen.

Aufgabe 26.

(a) Verwenden Sie Aufgabe 25 (a) zur Erstellung eines Programmes, welches Generationensterbetafeln für beide Geschlechter für die Jahrgänge 1930, 1940, ..., 2050 berechnet! Ist dies sinnvoll?

(b) Verwenden Sie die Methode der kleinsten Quadrate und die Daten aus Aufgabenteil (a), um für die Generationen 1930, 1940, ..., 2000 im Altersbereich zwischen 20 und 80 jeweils eine optimale ganzzahlige Altersverschiebung gegenüber der Generationensterbetafel des Jahrganges 1960 zu bestimmen! Geben Sie eine kurze Beschreibung des Algorithmus, erstellen Sie ein entsprechendes Programm und diskutieren Sie die Güte der durch Altersverschiebung erreichten Approximation!

Aufgabe 27.

(a) Wie sieht die Kleinste-Quadrate-Schätzung der einjährigen Sterbenswahrscheinlichkeiten aus, wenn man das loglineare Modell für die Sterblichkeitsabnahme so ansetzt, daß die Sterbenswahrscheinlichkeiten nach diesem Modell zu einem festen Zeitpunkt – zum Beispiel dem der letzten Volkszählung – exakt mit denen der dann gültigen Periodentafel übereinstimmen?

(b) Modifizieren Sie die Programme aus den Aufgaben 25 (a) und 26 (a) gemäß Aufgabenteil (a), und vergleichen Sie die von beiden Modellvarianten gelieferten numerischen Ergebnisse !

Literaturhinweis: Lühr (1986), Abschnitt 3.

Kapitel 4
Stochastische Prozesse in der Personenversicherung

Das der Personenversicherung zugrunde liegende Zufallsgeschehen besteht in der Regel darin, daß eine endliche Anzahl von Personen zwischen endlich vielen Zuständen zu endlich vielen zufälligen Zeitpunkten wechselt, wobei die Zustandswechsel reversibel sein können. In einfachen Fällen – zum Beispiel bei einem oder mehreren von einer Ausscheideursache oder von mehreren Ausscheideursachen betroffenen Leben – läßt sich dieses Geschehen, wie in Kapitel 3 ausgeführt, mittels Zufallsvariablen modellieren. Generell jedoch benötigt man stochastische Prozesse. Dies wird schon an Hand einfacher Situationen der Pensions- und der Invaliditätsversicherung deutlich. Das Anliegen von Kapitel 4 ist, die entsprechenden Hilfsmittel aus der Theorie stochastischer Prozesse bereitzustellen. Von besonderer Wichtigkeit sind diese Hilfsmittel für die Barwertberechnungen in Kapitel 6 sowie für die Untersuchungen zur zeitlichen Dynamik des prospektiven Deckungskapitals und zum Risiko eines Personenversicherungsvertrages in Kapitel 10. Die an Kapitel 3 anknüpfenden Kapitel 5 und 9 sowie die eher praxisorientierten Kapitel 7, 8 und 11 machen keinen wesentlichen Gebrauch von der in Kapitel 4 entwickelten Theorie.

Bei den Ausführungen dieses Kapitels wurde kein Wert auf größtmögliche Allgemeinheit gelegt, unser Ziel war vielmehr eine auf die Bedürfnisse der Personenversicherungsmathematik zugeschnittene Darstellung. Da jedoch die hier benötigten Ausschnitte aus der Theorie stochastischer Prozesse in der rein wahrscheinlichkeitstheoretisch oder statistisch orientierten Literatur teilweise nicht genügend Beachtung finden, ist eine gewisse Ausführlichkeit erforderlich. Dies trifft insbesondere auf die Abschnitte 4 B und 4 C über inhomogene Markovsche Sprungprozesse zu, da sich der weitaus überwiegende Teil der Literatur über Markov-Prozesse nur mit dem für unsere Zwecke nicht adäquaten Fall stationärer Übergangswahrscheinlichkeiten befaßt. (Eine Ausnahme bilden große Teile des Kapitels 7 des Einführungslehrbuches von Gikhman und Skorohod (1969).) Zusätzlichen technischen Aufwand verursacht hier das auch schon die vergangenen Kapitel durchziehende Bestreben, eine einheitliche Darstellungsweise der „diskreten Methode“ und der „stetigen Methode“ der Personenversicherungsmathematik zu ermöglichen.

In Abschnitt 4 A werden drei Beschreibungsmöglichkeiten für die zufällige zeitliche Abfolge von Policenzuständen behandelt: Sprungprozesse, multivariate Zählprozesse und markierte Punktprozesse. Die Äquivalenz dieser drei Ansätze wird gezeigt (Sätze 4.8, 4.12 und 4.13). Von allen drei Beschreibungsmöglichkeiten wird in Abschnitt 6 A bei der Einführung natürlicher Versicherungsleistungsfunktionen in der Personenversicherung bzw. bei der Herleitung von Leistungsbarwerten Gebrauch gemacht.

Markov-Prozesse spielen traditionell in der Personenversicherungsmathematik eine große Rolle. Grundlegend sind hier die Arbeiten von Hoem (1968, 1969, 1988), Norberg (1991, 1992) und Ramlau-Hansen (1988a), auf deren Ideen wir in den Kapiteln 9 und 10 im Zusammenhang mit der Theorie des Deckungskapitals eingehen. Weitere Referenzen finden sich bei Wolthuis (1994). Entsprechend der Bedeutung von Markov-Modellen für die Personenversicherungsmathematik bilden die Abschnitte 4 B und 4 C, die sich beide mit nicht notwendig homogenen Markovschen Sprungprozessen mit endlichem Zustandsraum befassen, das Herzstück dieses Kapitels. Sie fußen auf den Arbeiten von Jacobsen (1972), Gill und Johansen (1990) sowie Gill (1994).

Der zentrale Begriff des Abschnittes 4 B ist der der kumulativen Übergangsintensität, der in Definition 4.28 in Anlehnung an Bemerkung 3.1 und Definition 3.18 eingeführt wird. Es zeigt sich, daß sich die Verteilungen Markovscher Sprungprozesse sowohl durch die Startverteilung und die Übergangsmatrix, als auch durch die Startverteilung und die kumulative Intensitätsmatrix charakterisieren lassen (Satz 4.34). Das Hauptergebnis dieses Abschnittes ist der Existenzsatz 4.35, demzufolge unter gewissen Regularitätsvoraussetzungen zu jeder kumulativen Intensitätsmatrix und jeder Startverteilung ein Markovscher Sprungprozeß existiert. Der Schluß dieses Abschnitts (Satz 4.43 bis Beispiel 4.45), der sich mit dem Zusammenhang der Markov-Eigenschaften von Sprungprozessen, multivariaten Zählprozessen und markierten Punktprozessen befaßt, richtet sich vorwiegend an die an technischen Feinheiten interessierten Leser.

Abschnitt 4 C widmet sich dem Zusammenhang von kumulativer Intensitätsmatrix und Übergangsmatrix. Die Rückwärtsintegralgleichungen und die Vorwärtsintegralgleichungen, die diesen Zusammenhang beschreiben, werden jeweils in einer auf Jacobsen (1972) zurückgehenden Form (Hilfssätze 4.46 und 4.48) und in einer dazu äquivalenten „Kompaktform“ (Folgerung 4.49) hergeleitet. Die Eindeutigkeit der Lösungen wird gezeigt (Satz 4.50). Den Schluß des Abschnitts bildet die Spezialisierung auf den klassischen Fall absolutstetiger kumulativer Intensitätsmatrizen, in dem man an Stelle von Integralgleichungen lineare Differentialgleichungssysteme mit nichtkonstanten Koeffizienten erhält.

A Sprungprozesse, multivariate Zählprozesse und markierte Punktprozesse

Ausgangspunkt der Betrachtung von Versicherungsleistungen im allgemeinen Rahmen der Personenversicherung in den Abschnitten 5 C und 6 A ist der Begriff des Zustandsverlaufs, mit dem die zeitliche Entwicklung von Einzelpolicen beschrieben wird. Ein Zustandsverlauf entsteht dadurch, daß man zu jedem Zeitpunkt den aktuellen Zustand der Personenversicherungspolice registriert.

Auf Grund von Einschränkungen an die möglichen Zustandsverläufe gibt es in vielen Fällen Vereinfachungen. So basiert die Abgrenzung von Erlebens- und Todesfalleistungen bei der Versicherung eines oder mehrerer Leben unter einfachem Risiko bzw. unter konkurrierenden Risiken in Kapitel 5 auf den in Hilfssatz 4.5 hergeleiteten vereinfachten Charakterisierungen von Zustandsverläufen mit Hilfe von Todeszeiten und -ursachen in diesen Situationen. In der Pensionsversicherung ist eine solche Vereinfachungnicht generell möglich, da hier eine versicherte Person mehr als zwei Zustände durchlaufen kann und Zustandswechsel häufig reversibel sind. Auch bietet die Beschreibung 4.5 (b) von möglichen Zustandsverläufen mit Hilfe der Todeszeitpunkte bei mehr als zwei Personen wenig Vereinfachungen hinsichtlich der Definition von Versicherungsleistungsfunktionen. Der Versuch liegt daher nahe, die zeitliche Abfolge von Policenzuständen auch anders als durch Zustandsverläufe zu beschreiben. Zwei Möglichkeiten bieten sich unmittelbar an:

- Für jedes denkbare Paar verschiedener Zustände und jeden aktuellen Zeitpunkt registriert man die Anzahl der bis dato aufgetretenen Übergänge (Sprünge) vom ersten in den zweiten Zustand.
- Man registriert die Folge der Sprungzeiten und der Sprungziele.

Wie wir sehen werden, sind alle diese Ansätze in gewissem Sinne äquivalent. Jeder Ansatz führt zu einem anderen Typ stochastischer Prozesse. Zustandsverläufe führen auf *Sprungprozesse*, das Zählen der Sprünge führt auf *multivariate Zählprozesse* und das Registrieren von Sprungzeiten und Sprungzielen führt auf *markierte Punktprozesse*.

Sei $\mathcal{S}$ ein endlicher *Zustandsraum*, versehen mit der diskreten Topologie und σ-Algebra $2^{\mathcal{S}}$. $J := \{(y, z) \in \mathcal{S}^2 \mid y \neq z\}$ sei der zugehörige *Übergangsraum*.

4.1 Definition.

(a) Ein *Zustandsverlauf* ist eine nichtkonstante, rechtsseitig stetige Abbildung $[0, \infty) \ni t \longmapsto x_t \in \mathcal{S}$, die auf beschränkten Intervallen höchstens endlich viele Sprünge hat. Sei $\mathcal{X} \subset \mathcal{S}^{[0,\infty)}$ die Menge der Zustandsverläufe und $\mathcal{V} \subset \mathcal{X}$ die *Menge der* in der gegebenen Situation *möglichen Zustandsverläufe*.

(b) $\mathcal{X}$ wird versehen mit der Spur-σ-Algebra $\mathfrak{X}$ der Produkt-σ-Algebra,

$$\mathfrak{X} := \mathcal{X} \cap (2^{\mathcal{S}})^{[0,\infty)} = a_\sigma(\mathrm{pr}_t \mid t \geq 0)\,,$$

d. h. der kleinsten σ-Algebra $\mathfrak{C} \subset 2^{\mathcal{X}}$, für die alle Koordinatenprojektionen $\mathrm{pr}_t \colon \mathcal{X} \ni x \longmapsto x_t \in \mathcal{S}$, $t \geq 0$, $\mathfrak{C}$–$2^{\mathcal{S}}$-meßbar sind. Für $t \geq 0$ sei

$$\mathfrak{X}_t := a_\sigma(\mathrm{pr}_s \mid s \leq t)$$

die *σ-Algebra der Ereignisse bis zur Zeit t*. Wir setzen $\mathfrak{V} := \mathcal{V} \cap \mathfrak{X}$ und $\mathfrak{V}_t := \mathcal{V} \cap \mathfrak{X}_t$, $t \geq 0$.

Dann sind $(\mathfrak{X}_t)_{t\geq 0}$ bzw. $(\mathfrak{V}_t)_{t\geq 0}$ rechtsseitig stetige Filtrationen von $(\mathcal{X}, \mathfrak{X})$ bzw. $(\mathcal{V}, \mathfrak{V})$, d. h. monoton nichtfallende Familien von Teil-σ-Algebren von $\mathfrak{X}$ bzw. $\mathfrak{V}$ mit

$$\mathfrak{X}_t = \bigcap_{s>t} \mathfrak{X}_s \quad \text{bzw.} \quad \mathfrak{V}_t = \bigcap_{s>t} \mathfrak{V}_s\,, \qquad t \geq 0\,,$$

vergleiche Brémaud (1981), T 26, p. 304.

4.2 Beispiele.

(a) Bei der Versicherung eines unter einfachem Risiko stehenden Lebens ist $\mathcal{S} = \{0, 1\}$, 0 entspricht „lebend“, der absorbierende Zustand 1 bedeutet „tot“. Jeder mögliche Zustandsverlauf ist von der Form $x := 1_{[s,\infty)}$, wobei $s > 0$ der Todeszeitpunkt ist.

(b) Bei der Versicherung einer Gruppe G von unter einfachem Risiko stehenden Leben ist $\mathcal{S} = 2^G$, wobei $z \in \mathcal{S}$ die Menge der Lebenden ist. Also ist G der Anfangszustand, der Endzustand $\emptyset$ ist absorbierend. Jeder mögliche Zustandsverlauf hat die Gestalt

$$t \longmapsto x_t := \left\{ i \in G \mid 1_{[0,s_i)}(t) = 1 \right\},$$

wobei $s_i > 0$ die Todeszeitpunkte sind.

(c) Bei der Versicherung eines unter konkurrierenden Risiken stehenden Lebens ist $\mathcal{S} = 2^U$, wobei U die Menge der Ausscheideursachen ist, $\emptyset$ „lebend“ entspricht und $\emptyset \neq C \subset U$ den absorbierenden Zustand „gestorben aus der Ursachenkombination C“ bedeutet. Jeder mögliche Zustandsverlauf ist von der Form

$$t \longmapsto x_t := \begin{cases} \emptyset, & t < s \\ C, & t \geq s\,, \end{cases}$$

wobei $s > 0$ der Todeszeitpunkt und $\emptyset \neq C \subset U$ die zutreffende Kombination von Ausscheideursachen ist.

Schließen sich die Ausscheideursachen wechselseitig aus, so wählen wir $\mathcal{S} = \{0\} \cup U$ mit ansonsten offensichtlichen Modifikationen.

4.3 Bemerkung. Wie diese Beispiele zeigen, entsteht die Menge $\mathcal{V} \subset \mathcal{X}$ möglicher Zustandsverläufe in der Regel durch eine Kombination von Einschränkungen der folgenden Arten:

(a) Einschränkungen an den Anfangszustand: Mit einer fest vorgegebenen, meist einelementigen Menge $A \subset \mathcal{S}$ erlaubter Anfangszustände ist

$$\mathcal{V}_a := \left\{ x \in \mathcal{X} \mid x_0 \in A \right\} \in \mathfrak{X}_0 \subset \mathfrak{X}\,.$$

(b) Einschränkungen an die Übergänge: Mit einer Menge $\ddot{U} \subset J$ erlaubter Übergänge ist

$$\mathcal{V}_{\ddot{u}} := \{x \in \mathcal{X} \mid x \text{ vollzieht nur Übergänge aus } \ddot{U}\}.$$

(c) Einschränkung auf endlich viele Übergänge:

$$\mathcal{V}_e := \{x \in \mathcal{X} \mid x \text{ hat höchstens endlich viele Sprünge}\}.$$

(d) Einschränkungen an den Schlußzustand bei endlich vielen Übergängen: Mit einer fest vorgegebenen Menge $S \subset \mathcal{S}$ (meist ausschließlich absorbierender) erlaubter Schlußzustände ist

$$\mathcal{V}_s := \{x \in \mathcal{V}_e \mid x_\infty \in S\}.$$

In der Regel ist $\mathcal{V}$ von der Form

$$\mathcal{V} = \mathcal{V}_a \cap \mathcal{V}_{\ddot{u}} \in \mathfrak{X} \quad \text{oder} \quad \mathcal{V} = \mathcal{V}_a \cap \mathcal{V}_{\ddot{u}} \cap \mathcal{V}_s \in \mathfrak{X}.$$

(Man beachte $\mathcal{V}_a = \mathcal{X}$ für $A = \mathcal{S}$, $\mathcal{V}_{\ddot{u}} = \mathcal{X}$ für $\ddot{U} = J$ und $\mathcal{V}_s = \mathcal{V}_e$ für $S = \mathcal{S}$ sowie Aufgabe 5). Einschränkungen an Übergänge führen oft zu Einschränkungen an ihre zeitliche Abfolge (siehe Aufgabe 2); in dieser Form spielen sie in Abschnitt 10 C im Zusammenhang mit der Lösung Thielescher Integralgleichungen eine Rolle. Zeitabhängige Einschränkungen an die Übergänge, wie etwa der Ausschluß der Reaktivierung von Invaliden ab einem gewissen Lebensalter oder nach einer gewissen Dauer der Invalidität sind so allerdings nicht erfaßbar. Ebenso sind auf diese Weise keine Einschränkungen an Übergangsvielfachheiten, beispielsweise der Ausschluß wiederholter Reaktivierung nach erneuter Invalidität, modellierbar. Eine deutliche Limitierung ist insbesondere, daß alle auf der stochastischen Struktur des versicherungstechnischen Geschehens beruhenden Einschränkungen von Zuständen und Übergängen nicht beschrieben werden können. Hierzu zählen zum Beispiel Forderungen an die erwartete Gesamtverweildauer in einzelnen Zuständen.

4.4 Beispiel. Das vereinfachte Modell der Pensionsversicherung, welches beispielsweise den Richttafeln (Heubeck, 1983b, 1998) zugrunde liegt, geht aus von der Zustandsmenge

$$\mathcal{S} := \{a, i, A, \ell, w, t\},$$

a: aktiv
i: invalide
A: Altersrentner
ℓ: Tod ohne Hinterlassung einer Witwe (als „Lediger")
w: Tod mit Hinterlassung einer Witwe
t: Tod der Witwe,

und den Übergängen

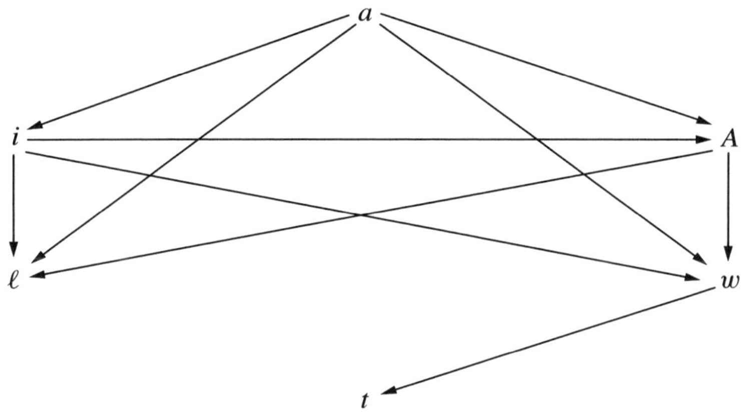

Es kennt also keine Reaktivierung. Mit den Bezeichnungen von Bemerkung 4.3 ist $A = \{a\}$, $S = \{\ell, t\}$ und

$$\ddot{U} = \big\{(a,i), (a,A), (a,\ell), (a,w), (i,A), (i,\ell), (i,w), (A,\ell), (A,w), (w,t)\big\}.$$

Es ist offensichtlich, wie diese Formulierung des Modells, die von einem männlichen Hauptversicherten und einer weiblichen Hinterbliebenen ausgeht, an andere Geschlechterkonstellationen anzupassen ist.

In den Beispielen 4.2 läßt sich die Beschreibung vereinfachen. Bekanntlich heißen zwei Meßräume $(\Omega_i, \mathfrak{A}_i)$ *isomorph*, falls eine bijektive, bimeßbare Abbildung $I\colon (\Omega_1, \mathfrak{A}_1) \longrightarrow (\Omega_2, \mathfrak{A}_2)$ existiert.

4.5 Hilfssatz.

(a) *Bei der Versicherung eines unter einfachem Risiko stehenden Lebens sind* $(\mathcal{V}, \mathfrak{V})$ *und* $\big((0,\infty), \mathfrak{B}((0,\infty))\big)$ *isomorph vermöge* $I\colon 1_{[s,\infty)} \longmapsto s$. *Für* $t \geq 0$ *gilt*

$$I(\mathfrak{V}_t) = \big\{B \in \mathfrak{B}((0,\infty)) \mid B \cap (t,\infty) \in \{\emptyset, (t,\infty)\}\big\} =: \mathfrak{F}_t\,. \qquad (4.5.1)$$

(b) *Bei der Versicherung einer Gruppe G von m unter einfachem Risiko stehenden Leben sind* $(\mathcal{V}, \mathfrak{V})$ *und* $\big((0,\infty)^m, \mathfrak{B}((0,\infty)^m)\big)$ *isomorph vermöge*

$$I\colon \big\{i \in G \mid 1_{[0,s_i)} = 1\big\} \longmapsto (s_1, \ldots, s_m)\,.$$

Es gilt $I(\mathfrak{V}_t) = \mathfrak{F}_t^m$, $t \geq 0$.

(c) *Bei der Versicherung eines unter konkurrierenden Risiken stehenden Lebens sind* $(\mathcal{V}, \mathfrak{V})$ *und* $\big((0,\infty) \times (2^U \setminus \{\emptyset\}), \mathfrak{B}((0,\infty)) \otimes 2^{(2^U \setminus \{\emptyset\})}\big)$ *isomorph unter*

$$I\colon \left(t \mapsto \begin{cases} \emptyset, & t < s \\ C, & t \geq s \end{cases}\right) \longmapsto (s, C)\,.$$

Seien $t \geq 0$ und

$$\mathfrak{G}_t := \left\{ B_1 \cup B_2 \mid B_1 \in \mathfrak{B}((0,t]) \otimes 2^{(2^U \setminus \{\emptyset\})},\ B_2 \in \{\emptyset, (t,\infty) \times (2^U \setminus \{\emptyset\})\} \right\}.$$

Dann gilt $I(\mathfrak{V}_t) = \mathfrak{G}_t$.

Beweis. (a) und (b) sind einfach.

Zu (c)*:* Offenbar ist I bijektiv. $I = (I_1, I_2)$ ist $\mathfrak{V}$–$\mathfrak{B}((0,\infty)) \otimes 2^{(2^U \setminus \{\emptyset\})}$-meßbar, denn die Koordinatenfunktionen sind meßbar: Es gelten

$$I_1^{-1}\big((0,t]\big) = \left\{x \in \mathcal{V} \mid x_t \neq \emptyset\right\} = \mathrm{pr}_t^{-1}\big(2^U \setminus \{\emptyset\}\big), \qquad t \geq 0,$$

und

$$I_2^{-1}\big(\{C\}\big) = \left\{x \in \mathcal{V} \mid x_\infty = C\right\} = \varliminf_{n\to\infty} \mathrm{pr}_n^{-1}\big(\{C\}\big), \qquad \emptyset \neq C \subset U.$$

Auch I^{-1} ist meßbar, denn für alle $t \geq 0$ ist

$$\mathrm{pr}_t \circ I^{-1} \colon (s, C) \longmapsto \begin{cases} \emptyset, & t < s \\ C, & t \geq s \end{cases}$$

meßbar: Es gelten

$$(\mathrm{pr}_t \circ I^{-1})^{-1}\big(\{\emptyset\}\big) = I\big(\{x \mid x_t = \emptyset\}\big) = (t,\infty) \times \big(2^U \setminus \{\emptyset\}\big) \tag{4.5.2}$$

und für alle $\emptyset \neq C \subset U$

$$(\mathrm{pr}_t \circ I^{-1})^{-1}\big(\{C\}\big) = I\big(\{x \mid x_t = C\}\big) = (0,t] \times \{C\}. \tag{4.5.3}$$

Sei nun $t \geq 0$. Aus (4.5.2) und (4.5.3) folgt, daß die Projektion pr_s für alle $s \leq t$ $I^{-1}(\mathfrak{G}_t)$–$2^{\mathcal{S}}$-meßbar ist. Folglich gilt $I(\mathfrak{V}_t) \subset \mathfrak{G}_t$. Auch die umgekehrte Inklusion ist klar. □

Dieser Hilfssatz formalisiert einfach einsehbare Sachverhalte: In der Situation eines unter einfachem Risiko stehenden Lebens genügt die Beobachtung des Todeszeitpunktes, bei mehreren unter einfachem Risiko stehenden Leben genügt die Beobachtung aller Todeszeitpunkte, während bei einem unter konkurrierenden Risiken stehenden Leben die Todeszeit und die zutreffende Kombination von Ausscheideursachen zu beobachten sind. Dadurch wird die Situation in diesen Fällen auf diejenige der Abschnitte 3 A, 3 B oder 3 C reduziert. Da vergleichbare Vereinfachungen nicht immer möglich sind, sind die im folgenden betrachteten alternativen Beschreibungsmöglichkeiten für Policenverläufe von Wichtigkeit.

4.6 Definition. Ein *Übergangsverlauf* ist eine von 0 verschiedene rechtsseitig stetige Abbildung

$$[0,\infty) \ni t \longmapsto (n_{yz,t})_{(y,z)\in J} \in \mathbb{N}_0^J$$

mit folgenden Eigenschaften:

(a) $n_{yz,0} = 0, \qquad (y,z) \in J.$

(b) Alle Koordinatenfunktionen $t \longmapsto n_{yz,t}$ haben höchstens endlich viele Sprünge auf beschränkten Intervallen.

(c) Für alle $t \geq 0$ und $(y_1, z_1) \neq (y_2, z_2)$ gelten

$$\Delta n_{y_1 z_1,t} \in \{0, 1\}, \qquad \Delta n_{y_1 z_1,t} \cdot \Delta n_{y_2 z_2,t} = 0 .$$

(d) Sind $s < t$ und $(y_i, z_i) \in J$ mit $z_1 \neq y_2$ und $\Delta n_{y_1 z_1,s} \cdot \Delta n_{y_2 z_2,t} = 1$, so existieren ein $r \in (s, t)$ und ein Paar $(y_3, z_3) \in J$ mit $\Delta n_{y_3 z_3,r} = 1$.

Sei $\mathcal{N} \subset (\mathbb{N}_0^J)^{[0,\infty)}$ die Menge der Übergangsverläufe. $\mathcal{N}$ wird versehen mit der Spur-σ-Algebra

$$\mathfrak{N} := \mathcal{N} \cap (2^{(\mathbb{N}_0^J)})^{[0,\infty)} = a_\sigma(n \longmapsto n_t \mid t \geq 0) ,$$

also der kleinsten σ-Algebra bezüglich der alle Koordinatenprojektionen $\mathcal{N} \ni n \longmapsto n_t \in \mathbb{N}_0^J$, $t \geq 0$, meßbar sind. Wir definieren eine rechtsstetige Filtration von $(\mathcal{N}, \mathfrak{N})$ durch

$$\mathfrak{N}_t := a_\sigma(n \longmapsto n_s \mid s \leq t) , \qquad t \geq 0 ,$$

und bezeichnen auch hier $\mathfrak{N}_t$ als die *σ-Algebra der Ereignisse bis zur Zeit t*.

Bedingung (a) besagt, daß der Zählvorgang bei 0 beginnt. Bedingung (b) stellt sicher, daß n stückweise konstant ist mit endlich vielen rechts halboffenen Konstanzintervallen bis zu jedem festen endlichen Zeitpunkt. Nach (c) haben die Sprünge der Koordinatenfunktionen alle die Größe $+1$ und schließen einander wechselseitig aus. Forderung (d) ist äquivalent dazu, daß die Übergänge eine (eventuell abbrechende) zeitlich geordnete Kette $(y^{(0)}, z^{(0)}), (y^{(1)}, z^{(1)}), \ldots$ bilden, wobei $y^{(0)}$ der Startzustand ist und $z^{(i-1)} = y^{(i)}$ für alle i gilt.

4.7 Bemerkung. Offenbar kann man den zeitlichen Verlauf der Übergänge alternativ zu Definition 4.6 auch dadurch beschreiben, daß man zu jedem Zustand und jedem aktuellen Zeitpunkt die Anzahl der bis dahin aufgetretenen Übergänge in diesen Zustand registriert, den Herkunftszustand also formal „vergißt". Bis auf den Startzustand $y^{(0)}$, der nicht vergessen werden darf, ist der Herkunftszustand natürlich rekonstruierbar. Durch Einführung eines „künstlichen Sprunges" zur Zeit 0 in den Zustand $y^{(0)}$ erhält man so Abbildungen

$$[0, \infty) \ni t \longmapsto (m_{y,t})_{y \in \mathcal{S}} \in \mathbb{N}_0^{\mathcal{S}}$$

mit Koordinatenfunktionen, die – bis auf $m_{y^{(0)}}$ – in 0 beginnen, rechtsseitig stetig sind und auf beschränkten Intervallen endlich viele einander ausschließende Sprünge der Höhe $+1$ besitzen; es ist $m_{y^{(0)},0} = 1$. Der Bedingung 4.6 (d) entspricht, daß zwischen zwei Übergängen in denselben Zustand mindestens einer in einen anderen Zustand liegt. Die Bedingung, daß überhaupt ein Übergang stattfindet, bedeutet, daß $m_{y,\infty} \geq 1$ für mindestens ein $y \neq y^{(0)}$.

Der folgende Satz zeigt die Äquivalenz der Beschreibung der zeitlichen Entwicklung von Policen durch Zustandsverläufe und durch Übergangsverläufe.

4.8 Satz. *Die Meßräume* $(\mathcal{X}, \mathfrak{X})$ *und* $(\mathcal{N}, \mathfrak{N})$ *sind isomorph. Die durch*

$$H_{yz,t}(x) := \sum_{s \leq t} 1_{\{x_{s-0}=y,\, x_s=z\}} \tag{4.8.1}$$

definierte Abbildung $H = (H_{yz})_{(y,z)\in J} \colon \mathcal{X} \longrightarrow \mathcal{N}$ *ist ein Isomorphismus, und es gilt*

$$H(\mathfrak{X}_t) = \mathfrak{N}_t\,, \qquad t \geq 0\,. \tag{4.8.2}$$

Vor einem Beweis dieses Satzes ist es zweckmäßig, die Sprungzeiten bei beiden Beschreibungsweisen zu studieren. Für $n \in \mathcal{N}$ und $x \in \mathcal{X}$ definieren wir induktiv

$$\begin{aligned} s_0(n) &:= 0\,, \\ s_m(n) &:= \min\left\{s > s_{m-1}(n) \mid \textstyle\sum_{(y,z)\in J} \Delta n_{yz,s} = 1\right\} \end{aligned} \tag{4.8.3}$$

und

$$\begin{aligned} t_0(x) &:= 0\,, \\ t_m(x) &:= \min\left\{t > t_{m-1}(x) \mid x_t \neq x_{t_{m-1}(x)}\right\}, \qquad m \in \mathbb{N}. \end{aligned} \tag{4.8.4}$$

Offenbar sind s_m und t_m jeweils die Zeiten des m-ten Überganges. (Liegen weniger als m Übergänge vor, so sind nach Definition $s_m(n) = \infty$ und $t_m(x) = \infty$.) Da $(t, n) \longmapsto n_t$ und $(t, x) \longmapsto x_t$ stochastische Prozesse und s_m und t_m Stoppzeiten sind (siehe 4.10), erinnern wir nun an einige Grundlagen über stochastische Prozesse und Stoppzeiten, die wir als technische Hilfsmittel benötigen.

4.9 Bemerkung. Seien $(\Omega, \mathfrak{A})$ ein Meßraum und $(\mathfrak{A}_t)_{t\geq 0} \subset \mathfrak{A}$ eine Filtration von $(\Omega, \mathfrak{A})$. Weiter sei E ein metrischer Raum (also zum Beispiel $E = \mathbb{R}^k$ oder aber abzählbar und diskret). $\mathfrak{B}(E)$ sei die Borel-σ-Algebra von E.

(a) Ein stochastischer Prozeß $(X_t)_{t\geq 0}$ auf $(\Omega, \mathfrak{A})$ mit Zustandsraum E heißt *adaptiert an* $(\mathfrak{A}_t)_{t\geq 0}$ (oder *nichtvorgreifend*), falls X_t $\mathfrak{A}_t$–$\mathfrak{B}(E)$-meßbar ist für alle $t \geq 0$. Ist $(t, \omega) \longmapsto X_t(\omega)$ $\mathfrak{B}([0, \infty)) \otimes \mathfrak{A}$–$\mathfrak{B}(E)$-meßbar, so heißt der Prozeß *meßbar.* Ist sogar für alle $t \geq 0$

$$[0, t] \times \Omega \ni (s, \omega) \longmapsto X_s(\omega) \in E$$

$\mathfrak{B}([0, t]) \otimes \mathfrak{A}_t$–$\mathfrak{B}(E)$-meßbar, so heißt der Prozeß *progressiv meßbar*.

Im folgenden benutzen wir, daß jeder adaptierte stochastische Prozeß $(X_t)_{t\geq 0}$ mit rechtsseitig stetigen Pfaden oder mit linksseitig stetigen Pfaden progressiv meßbar ist. Der Beweis ist einfach, wir beschränken uns auf den Fall rechtsstetiger Pfade. Seien $t > 0$, $\ell \in \mathbb{N}$ und

$$X_s^{(\ell)} := \begin{cases} X_{\frac{(k+1)t}{2^\ell}}\,, & \frac{kt}{2^\ell} \leq s < \frac{(k+1)t}{2^\ell}\,, \quad k = 0, \dots, 2^\ell - 1 \\ X_t\,, & s = t\,. \end{cases}$$

$X^{(\ell)}$ ist $\mathfrak{B}([0,t]) \otimes \mathfrak{A}_t$-meßbar:

$$\{X^{(\ell)} \in B\} = \bigcup_{k=0}^{2^\ell - 1} \Big(\Big[\frac{kt}{2^\ell}, \frac{(k+1)t}{2^\ell}\Big) \times \Big\{X_{\frac{(k+1)t}{2^\ell}} \in B\Big\}\Big) \cup \big(\{t\} \times \{X_t \in B\}\big)$$
$$\in \mathfrak{B}([0,t]) \otimes \mathfrak{A}_t\,, \qquad B \in \mathfrak{B}(E)\,.$$

Wegen der rechtsseitigen Stetigkeit der Pfade gilt

$$\lim_{\ell \to \infty} X_s^{(\ell)}(\omega) = X_s(\omega)\,, \qquad (s,\omega) \in [0,t] \times \Omega\,,$$

woraus die behauptete progressive Meßbarkeit folgt.

(b) Eine Abbildung $T\colon \Omega \longrightarrow [0,\infty]$ heißt eine *Stoppzeit bezüglich* $(\mathfrak{A}_t)_{t \geq 0}$, falls

$$\{T \leq t\} \in \mathfrak{A}_t\,, \qquad t \geq 0\,.$$

Ist die Filtration $(\mathfrak{A}_t)_{t \geq 0}$ rechtsstetig, so ist T genau dann eine Stoppzeit, wenn

$$\{T < t\} \in \mathfrak{A}_t\,, \qquad t > 0\,.$$

Auch ohne die Rechtsstetigkeit von $(\mathfrak{A}_t)_{t \geq 0}$ ist diese Bedingung offenbar notwendig. Daß sie bei Rechtsstetigkeit hinreichend ist, folgt aus

$$\{T \leq t\} = \bigcap_{n=1}^{\infty} \Big\{T < t + \frac{1}{n}\Big\} \in \bigcap_{n=1}^{\infty} \mathfrak{A}_{t+\frac{1}{n}} = \mathfrak{A}_t\,, \qquad t \geq 0\,.$$

Für jede Stoppzeit T ist

$$\mathfrak{A}_T := \{A \in \mathfrak{A} \mid A \cap \{T \leq t\} \in \mathfrak{A}_t \quad \text{für alle } t \geq 0\}$$

eine Teil-σ-Algebra von $\mathfrak{A}$. $\mathfrak{A}_T$ heißt die *σ-Algebra der Ereignisse vor T*. T ist $\mathfrak{A}_T$-meßbar. Offensichtlich ist $\mathfrak{A}_T = \mathfrak{A}_t$, falls $T \equiv t$ konstant ist.

(c) Seien nun $(X_t)_{t \geq 0}$ ein progressiv meßbarer stochastischer Prozeß mit Zustandsraum E, $X_\infty\colon (\Omega, \mathfrak{A}) \longrightarrow \big(E, \mathfrak{B}(E)\big)$ eine Zufallsgröße und $T\colon \Omega \longrightarrow [0,\infty]$ eine Stoppzeit. Dann gilt:

- Der *bei T gestoppte Prozeß* $X^T\colon (t,\omega) \longmapsto X_{t \wedge T(\omega)}(\omega)$ ist adaptiert an $(\mathfrak{A}_t)_{t \geq 0}$.
- Die Zufallsgröße $X_T\colon \omega \longmapsto X_{T(\omega)}(\omega)$ ist $\mathfrak{A}_T$–$\mathfrak{B}(E)$-meßbar.
- $X_t^T = X_{t \wedge T}$ ist $\mathfrak{A}_T$-meßbar für alle $t \geq 0$.

Zum Beweis sei $t \geq 0$. Nach Voraussetzung ist

$$[0,t] \times \Omega \ni (s,\omega) \longmapsto X_s(\omega) \in E$$

$\mathfrak{B}([0,t]) \otimes \mathfrak{A}_t$–$\mathfrak{B}(E)$-meßbar. Außerdem ist der Graph

$$\Omega \ni \omega \longmapsto \big(T(\omega) \wedge t, \omega\big) \in [0,t] \times \Omega$$

$\mathfrak{A}_t$–$\mathfrak{B}([0,t]) \otimes \mathfrak{A}_t$-meßbar. Also ist die Komposition

$$\Omega \ni \omega \longmapsto X_{t \wedge T(\omega)}(\omega) \in E$$

$\mathfrak{A}_t$–$\mathfrak{B}(E)$-meßbar, d. h. es gilt die erste Teilaussage. Aus dieser folgt unmittelbar die zweite; denn für alle $B \in \mathfrak{B}(E)$ ist

$$\{X_T \in B\} \cap \{T \le t\} = \{X_{t \wedge T} \in B\} \cap \{T \le t\} \in \mathfrak{A}_t$$

und damit $\{X_T \in B\} \in \mathfrak{A}_T$ nach Definition von $\mathfrak{A}_T$. Für den Beweis der letzten Teilaussage seien $B \in \mathfrak{B}(E)$ und zunächst $s \in [0, t]$. Dann ist

$$\{X_{t \wedge T} \in B\} \cap \{T \le s\} = \{X_T \in B\} \cap \{T \le s\} \in \mathfrak{A}_s$$

wegen der zweiten Teilaussage. Im Falle $s > t$ ist

$$\{X_{t \wedge T} \in B\} \cap \{T \le s\} = \big(\{X_T \in B\} \cap \{T \le t\}\big) \cup \big(\{X_t \in B\} \cap \{t < T \le s\}\big) \in \mathfrak{A}_s\,,$$

da $\{X_T \in B\} \cap \{T \le t\} \in \mathfrak{A}_t \subset \mathfrak{A}_s$ (wiederum auf Grund der zweiten Teilaussage) und $\{X_t \in B\} \in \mathfrak{A}_t \subset \mathfrak{A}_s$ (Adaptiertheit) sowie $\{t < T \le s\} \in \mathfrak{A}_s$.

(d) Seien jetzt $E \subset \mathbb{R}^1$ und $(X_t)_{t \ge 0}$ ein adaptierter càdlàg-Prozeß, d. h. die Pfade von X seien rechtsseitig stetig mit linksseitigen Limiten (*càdlàg*: continue à droite avec des limites à gauche). Weiter sei $(X_{t-0})_{t \ge 0}$ die *linksseitig stetige Version von* X. Nach (a) sind sowohl (X_t) als auch (X_{t-0}) progressiv meßbar. Damit ist auch $(\Delta X_t) = (X_t - X_{t-0})$, der Prozeß der Sprünge von (X_t), progressiv meßbar. Ist Y irgendeine „terminale Variable“ und T eine Stoppzeit, so folgt mit (c), daß

$$\Delta X_T : \omega \longmapsto \Delta X_{T(\omega)}(\omega) \cdot 1_{\{T(\omega) < \infty\}} + Y(\omega) \cdot 1_{\{T(\omega) = \infty\}}$$

$\mathfrak{A}_T$-meßbar ist.

Wir kehren zurück zur Betrachtung von Zustandsverläufen, Übergangsverläufen und der zugehörigen Übergangszeiten.

4.10 Hilfssatz.

(a) *Die stochastischen Prozesse* $(t, x) \longmapsto x_t$ *und* $(t, n) \longmapsto n_t$ *sind adaptiert an* $(\mathfrak{X}_t)_{t \ge 0}$ *bzw.* $(\mathfrak{N}_t)_{t \ge 0}$.

(b) $s_m(n) = \sup\big\{s \ge 0 \mid \sum_{(y,z) \in J} n_{yz,s} \le m - 1\big\}$
$\qquad = \min\big\{s \ge 0 \mid \sum_{(y,z) \in J} n_{yz,s} \ge m\big\}, \quad m \in \mathbb{N}_0,\ n \in \mathcal{N}.$

(c) *Jedes* s_m *ist eine Stoppzeit bezüglich* $(\mathfrak{N}_t)_{t \ge 0}$.

(d) $s_m \circ H = t_m\,, \quad m \in \mathbb{N}_0.$

(e) *Jedes* t_m *ist eine Stoppzeit bezüglich* $(\mathfrak{X}_t)_{t \ge 0}$.

Beweis. (a) folgt unmittelbar aus den Definitionen 4.1 und 4.6.

Zu (b): Für alle $n \in \mathcal{N}$ ist die Funktion

$$s \longmapsto \sum_{(y,z) \in J} n_{yz,s}$$

nach Definition von $\mathcal{N}$ stückweise konstant mit rechts halboffenen Konstanzintervallen und Sprüngen der Größe $+1$. Daher liefert (4.8.3)

$$\sum_{(y,z)\in J} n_{yz,s} = m \iff s \in \big[s_m(n), s_{m+1}(n)\big),$$

also (b). Wie dieses Argument zeigt, gilt auch

$$\begin{aligned} s_m(n) &= \sup\big\{s \geq 0 \mid \textstyle\sum_{(y,z)\in J} n_{yz,s} = m-1\big\} \\ &= \min\big\{s \geq 0 \mid \textstyle\sum_{(y,z)\in J} n_{yz,s} = m\big\}, \qquad m \in \mathbb{N}_0,\ n \in \mathcal{N}. \end{aligned}$$

Zu (c)*:* Wegen (b) und (a) gilt für alle $t \geq 0$, $m \in \mathbb{N}_0$

$$\{s_m \leq t\} = \big\{\textstyle\sum_{(y,z)\in J} n_{yz,t} \geq m\big\} \in \mathfrak{N}_t\,.$$

Zu (d)*:* Vollständige Induktion über m.

Zu (e)*:* Auch (e) beweist man mittels vollständiger Induktion: Wegen

$$t_m(x) = \min\big\{s > 0 \mid x_s \neq x_{s\wedge t_{m-1}(x)}\big\}, \qquad x \in \mathfrak{X},\ m \in \mathbb{N},$$

und der rechtsseitigen Stetigkeit aller $x \in \mathfrak{X}$ gilt für alle $t > 0$, $m \in \mathbb{N}$

$$\{t_m \geq t\} = \bigcap_{s<t}\big\{x \mid x_s = x_{s\wedge t_{m-1}(x)}\big\} = \bigcap_{q\in\mathbb{Q},\ 0\leq q<t}\big\{x \mid x_q = x_{q\wedge t_{m-1}(x)}\big\}.$$

Nach Induktionsvoraussetzung und Bemerkung 4.9 (c) ist mit $(t,x) \longmapsto x_t$ auch der gestoppte Prozeß $(t,x) \longmapsto x_t^{t_{m-1}(x)}$ adaptiert, so daß $\{t_m \geq t\} \in \mathfrak{X}_t$. Da $(\mathfrak{X}_t)_{t\geq 0}$ rechtsseitig stetig ist, ist t_m eine Stoppzeit (Bemerkung 4.9 (b)). □

Nun sind wir in der Lage, Satz 4.8 zu beweisen.

Beweis von Satz 4.8. Zur Bijektivität von H vergleiche Aufgabe 4. Für alle $t \geq 0$ ist

$$H_{yz,t}(x) = \sum_{m\in\mathbb{N}} 1_{\{t_m(x)\leq t\}} \cdot 1_{\{x_{t_{m-1}(x)}=y\}} \cdot 1_{\{x_{t_m(x)}=z\}}, \qquad (y,z) \in J,$$

so daß die Abbildungen

$$x \longmapsto H_{yz,t}(x), \qquad (y,z) \in J,$$

nach Hilfssatz 4.10 (e) und Bemerkung 4.9 (c) alle $\mathfrak{X}_t$–$2^{\mathbb{N}_0}$-meßbar sind. Also ist

$$x \longmapsto \big(H_{yz,t}(x)\big)_{(y,z)\in J}$$

$\mathfrak{X}_t$–$2^{(\mathbb{N}_0^J)}$-meßbar. Dies zeigt die Meßbarkeit von H sowie $H(\mathfrak{X}_t) \supset \mathfrak{N}_t$.

Bei der Untersuchung von H^{-1} gehen wir aus von der Darstellung

$$\begin{aligned}&\{n \in \mathcal{N} \mid (H^{-1}(n))_t = z\}\\&\quad = \bigcup_{m\in\mathbb{N}_0} \{n \in \mathcal{N} \mid s_m(n) \le t,\ s_{m+1}(n) > t,\ \textstyle\sum_{\zeta\neq z} \Delta n_{z\zeta,s_{m+1}(n)} = 1\}, \qquad (4.8.5)\\&\qquad\qquad z \in \mathcal{S},\ t \ge 0.\end{aligned}$$

In dieser Formel sichern die Bedingungen $s_m(n) \le t$ und $s_{m+1}(n) > t$, daß $s_{m+1}(n)$ der Zeitpunkt des ersten Übergangs ab ausschließlich der Zeit t ist; die Forderung $\sum_{\zeta\neq z} \Delta n_{z\zeta,s_{m+1}(n)} = 1$ besagt, daß bei diesem $(m+1)$-ten Übergang der Zustand z verlassen wird. Wir werden für alle $z \in \mathcal{S}$, $t \ge 0$, $m \in \mathbb{N}_0$ zeigen, daß

$$\{n \in \mathcal{N} \mid s_m(n) \le t,\ s_{m+1}(n) > t,\ \textstyle\sum_{\zeta\neq z} \Delta n_{z\zeta,s_{m+1}(n)} = 1\} \in \mathfrak{N}_t\,. \qquad (4.8.6)$$

Mit (4.8.5) folgt dann die $\mathfrak{N}_t$–$2^{\mathcal{S}}$-Meßbarkeit von $n \longmapsto (H^{-1}(n))_t$. Dies beweist die Meßbarkeit von H^{-1} sowie $H(\mathfrak{X}_t) \subset \mathfrak{N}_t$.

Zu (4.8.6)*:* Nach Bemerkung 4.9 (d) ist $\sum_{\zeta\neq z} \Delta n_{z\zeta,s_{m+1}(n)}$ $\mathfrak{N}_{s_{m+1}}$-meßbar, also

$$\{n \in \mathcal{N} \mid s_{m+1}(n) > t,\ \textstyle\sum_{\zeta\neq z} \Delta n_{z\zeta,s_{m+1}(n)} = 1\} \in \mathfrak{N}_t\,.$$

Da s_m eine Stoppzeit ist, folgt (4.8.6). □

Wie der Beweis von Satz 4.8 illustriert, stellen die Sprungzeiten das wichtigste Bindeglied zwischen Zustandsverläufen und Übergangsverläufen dar. Daher wenden wir uns nun der Beschreibung der zeitlichen Entwicklung von Policenzuständen mittels der Folge der Sprungzeiten (t_m) und der der Sprungziele (z_m) zu.

4.11 Definition. Eine *Sprungkette* ist eine Folge $((t_m, z_m))_{m\in\mathbb{N}_0} \subset [0,\infty] \times \mathcal{S}$ mit folgenden Eigenschaften:

(a) $t_m < \infty \Longleftrightarrow z_m \neq z_{m-1}$.

(b) $0 = t_0 \le t_1 \le \cdots \nearrow \infty\,;\ t_1 < \infty$.

(c) $t_m < t_{m+1}$, falls $t_m < \infty$.

Sei $\mathcal{K}$ die Menge der Sprungketten. $\mathcal{K}$ wird versehen mit der Spur der Produkt-σ-Algebra $\mathfrak{K} := \mathcal{K} \cap (\mathfrak{B}([0,\infty]) \otimes 2^{\mathcal{S}})^{\mathbb{N}_0}$.

Bedingung 4.11 (a) besagt, daß genau zu endlichen Sprungzeiten ein Sprung (Zustandswechsel) gehört, 4.11 (b) beinhaltet, daß mindestens ein Sprung stattfindet und die Folge der Sprungzeiten in 0 beginnt und gegen ∞ wächst, und (c) stellt sicher, daß keine zwei Sprünge gleichzeitig erfolgen.

4.12 Satz. *Die Meßräume* $(\mathcal{X}, \mathfrak{X})$ *und* $(\mathcal{K}, \mathfrak{K})$ *sind isomorph. Die durch*

$$G_m(x) := (t_m(x), x_{t_m(x)}), \qquad x \in \mathcal{X},\ m \in \mathbb{N}_0\,, \qquad (4.12.1)$$

($x_\infty := \lim_{t\to\infty} x_t$, *im Falle der Existenz) definierte Abbildung*

$$G = (G_m)_{m\in\mathbb{N}_0}\colon \mathcal{X} \longrightarrow \mathcal{K}$$

ist ein Isomorphismus. Es ist

$$G^{-1}\big(((t_m, z_m))_{m\in\mathbb{N}_0}\big)_t = z_m\,, \quad t \in [t_m, t_{m+1})\,, \quad ((t_m, z_m))_{m\in\mathbb{N}_0} \in \mathcal{K}\,. \tag{4.12.2}$$

Beweis. Sei $L\colon \mathcal{K} \longrightarrow \mathcal{X}$ die in (4.12.2) definierte Abbildung. Als Nachweis der Bijektivität von G sowie von $L = G^{-1}$ rechnet man leicht nach, daß $L \circ G = \mathrm{Id}_{\mathcal{X}}$ und $G \circ L = \mathrm{Id}_{\mathcal{K}}$.

Die Meßbarkeit von G folgt daraus, daß jede Sprungzeit $x \longmapsto t_m(x)$ eine Stoppzeit, insbesondere also meßbar ist (Hilfssatz 4.10 (e)), und daß $x \longmapsto x_{t_m(x)}$ $\mathfrak{X}_{t_m}$-meßbar ist (Bemerkung 4.9 (c)). Zum Nachweis der Meßbarkeit von G^{-1} seien $t \geq 0$ und $z \in \mathcal{S}$. Weiter sei $\mathrm{pr}_m = (\mathrm{pr}_{m1}, \mathrm{pr}_{m2})\colon \mathcal{K} \longrightarrow [0,\infty] \times \mathcal{S}$ die Projektion auf das m-te Folgenglied. Nach (4.12.2) ist

$$\begin{aligned} &\big\{((t_m, z_m))_{m\in\mathbb{N}_0} \in \mathcal{K} \mid G^{-1}\big(((t_m, z_m))_{m\in\mathbb{N}_0}\big)_t = z\big\} \\ &= \bigcup_{m\in\mathbb{N}_0} \big(\{\mathrm{pr}_{m1} \leq t\} \cap \{\mathrm{pr}_{m+1,1} > t\} \cap \{\mathrm{pr}_{m2} = z\}\big) \in \mathfrak{K}\,. \end{aligned}$$ □

Wie zu erwarten, kann man sowohl die natürliche Filtration $(\mathfrak{X}_t)_{t\geq 0}$ des Prozesses $(t, x) \longmapsto x_t$ mit Hilfe der zugehörigen Sprungkette beschreiben (Aufgabe 7), als auch umgekehrt die Filtration

$$\mathfrak{K}_m := a_\sigma(\mathrm{pr}_0, \ldots, \mathrm{pr}_m)\,, \qquad m \in \mathbb{N}_0\,,$$

von $(\mathcal{K}, \mathfrak{K})$ aus Zustandsverläufen gewinnen: Der folgende Satz zeigt, daß die σ-Algebra der Ereignisse bis zur m-ten Übergangszeit genau die Informationen über die ersten m Übergangszeiten und die bis dahin durchlaufenen Zustände enthält.

4.13 Satz. *Mit den Stoppzeiten* (t_m) *gemäß* (4.8.4) *und* G *gemäß* (4.12.1) *gilt*

$$G(\mathfrak{X}_{t_m}) = \mathfrak{K}_m\,, \qquad m \in \mathbb{N}_0\,.$$

Beweis. Sei $\mathfrak{A}_m := a_\sigma(G_0, \ldots, G_m)$, $m \in \mathbb{N}_0$. Offenbar ist $G(\mathfrak{A}_m) = \mathfrak{K}_m$, so daß

$$\mathfrak{X}_{t_m} = \mathfrak{A}_m\,, \qquad m \in \mathbb{N}_0\,,$$

zu zeigen ist. Nach Hilfssatz 4.10 (e) und Bemerkung 4.9 (c) ist G_m $\mathfrak{X}_{t_m}$-meßbar. Mit $\mathfrak{X}_{t_0} \subset \cdots \subset \mathfrak{X}_{t_m}$ folgt $\mathfrak{X}_{t_m} \supset \mathfrak{A}_m$. Für den Beweis der umgekehrten Inklusion $\mathfrak{X}_{t_m} \subset \mathfrak{A}_m$, der wesentlich aufwendiger ist, verweisen wir auf Brémaud (1981), T 30 (a), p. 307. □

Zur Menge $\mathcal{V} \subset \mathcal{X}$ der möglichen Zustandsverläufe korrespondieren eine Menge $\mathcal{U} := H(\mathcal{V})$ möglicher Übergangsverläufe mit σ-Algebra $\mathfrak{U} := \mathcal{U} \cap \mathfrak{N}$ und Filtration $\mathfrak{U}_t := \mathcal{U} \cap \mathfrak{N}_t$, $t \geq 0$, sowie eine Menge $G(\mathcal{V})$ möglicher Sprungketten.

Sei nun (p) eine Personenversicherungspolice. (Falls nicht auf eine bestimmte Person oder Personengruppe und definierte Alter Bezug genommen wird, schreiben wir (p) statt (x) oder $(x_1 \ldots x_m)$.) Zu (p) gehört ein *zufälliger Zustandsverlauf*, d. h. ein stochastischer Prozeß $\big(\Omega, \mathfrak{A}, P, (X_t)_{t\geq 0}\big)$, dessen Pfade $t \longmapsto X_t(\omega)$, $\omega \in \Omega$, in $\mathcal{V}$ liegen. (X_t) ist ein Sprungprozeß im Sinne der folgenden

4.14 Definition. Ein càdlàg-Prozeß (siehe 4.9 (d)) mit endlichem Zustandsraum $\mathcal{S}$ heißt *Sprungprozeß.*

Wie man durch ein Widerspruchsargument leicht zeigt, ist jeder Pfad eines Sprungprozesses stückweise konstant mit Sprungstellen, die sich im Endlichen nirgends häufen; die Pfade liegen also in $\mathcal{X}$, falls überhaupt ein Sprung vorliegt.

Der zu (p) gehörige *zufällige Übergangsverlauf* $\big(\Omega, \mathfrak{A}, P, (N_t)_{t\geq 0}\big)$, $N := H \circ X$, ist ein stochastischer Prozeß mit Zustandsraum $\mathbb{N}_0^J$ und Pfaden in $\mathcal{U}$. (N_t) ist ein multivariater Zählprozeß im Sinne von

4.15 Definition. Sei J irgendeine endliche Menge. Ein bei 0 startender càdlàg-Prozeß mit Zustandsraum $\mathbb{N}_0^J$ heißt *multivariater Zählprozeß*, falls die Sprungstellen der Koordinatenfunktionen seiner Pfade sich wechselseitig ausschließen und die Sprunghöhen stets $+1$ sind.

Schließlich ist die zu (p) gehörige *zufällige Sprungkette*

$$\big(\Omega, \mathfrak{A}, P, ((T_m, Z_m))_{m\in\mathbb{N}_0}\big), \quad (T, Z) := G \circ X,$$

ein *markierter Punktprozeß* auf $[0, \infty]$ mit *Markenraum* $\mathcal{S}$. Dies bedeutet definitionsgemäß, daß alle Pfade $m \longmapsto \big(T_m(\omega), Z_m(\omega)\big)$, $\omega \in \Omega$, in $\mathcal{K}$ liegen.

Hier sollte erwähnt werden, daß die multivariaten Zählprozesse bzw. die markierten Punktprozesse entsprechend unserer Definition in der Terminologie der meisten Autoren als *einfache* multivariate Zählprozesse bzw. als *einfache* markierte Punktprozesse bezeichnet werden, „einfach“ deshalb, weil zu jedem Zeitpunkt höchstens ein Ereignis (Übergang, Sprung) stattfindet. Allgemeinere Prozesse werden wir jedoch nicht benötigen.

B Markovsche Sprungprozesse

Nach Abschnitt A kann die zufällige zeitliche Entwicklung von Personenversicherungspolicen beschrieben werden durch Sprungprozesse, multivariate Zählprozesse oder markierte Punktprozesse. Will man Leistungs- und Prämienbarwerte oder später auch Deckungskapitalien berechnen, so benötigt man die Verteilungen dieser stochastischen Prozesse (vergleiche Abschnitt 6 A), die im allgemeinen weder statistisch zugänglich noch gar vertafelbar sind.

Eine wichtige Ausnahme bilden *Markov-Prozesse*, bei denen nach Definition zu jedem aktuellen Zeitpunkt s die bedingte Verteilung des zukünftigen Prozeßverlaufs, gegeben die bis einschließlich zur Zeit s erhältliche Information, nicht von dieser gesamten Information sondern nur vom Zustand des Prozesses exakt zur Zeit s abhängt. Die „echte Vergangenheit" spielt also für die zukünftige Entwicklung des Prozesses keine Rolle. Offensichtlich ist die Verteilung eines solchen Prozesses durch die Verteilung des Ausgangszustandes (*Startverteilung*) und die *Übergangsverteilungen*, die für je zwei Zeitpunkte $s < t$ und jeden Zustand zur Zeit s die (bedingte) Verteilung des Zustandes zur zukünftigen Zeit t angeben, festgelegt. In der Personenversicherungsmathematik ist der Zustandsraum in der Regel endlich, der kontinuierliche Zeitbereich wird (analog zu Abschnitt 3 E) durch Diskretisierung in Jahresschritten endlich, so daß die Übergangsverteilungen – geeignetes Datenmaterial vorausgesetzt – geschätzt und tabelliert werden können.

Obwohl bei endlichem Zustandsraum die Pfade von Sprungprozessen, multivariaten Zählprozessen und markierten Punktprozessen *als Ganzes* jeweils durch Isomorphismen auseinander hervorgehen (Sätze 4.8 und 4.12), ist die jeweils in einem Zustand zu einem *festen* Zeitpunkt enthaltene Information unterschiedlich. Die Markov-Eigenschaften für diese Typen von Prozessen werden sich also jeweils unterscheiden (vergleiche die Ausführungen vor und nach Hilfssatz 4.32 und ab Satz 4.43). Es erscheint als natürlich, die Markov-Eigenschaft für Sprungprozesse – also für zufällige Zustandsverläufe – zur Basis der Personenversicherungsmathematik zu machen. Diese aus Praktikabilitätsgründen (s.o.) getroffene Annahme ist nicht immer unproblematisch. Zum Beispiel wird bei einer Invaliditätsversicherung die Reaktivierungswahrscheinlichkeit nicht nur vom derzeitigen Zustand (invalide), sondern auch von der bisherigen Invaliditätsdauer sowie der Anzahl der bisherigen Reaktivierungen und damit von der echten Vergangenheit abhängen. Ebenso hängt bei Versicherungen mit Todesfallcharakter (siehe Abschnitt 5 B) die Versichertensterblichkeit für eine gewisse Zeit von der bisherigen Versicherungsdauer, also der seit einer eventuellen Gesundheitsprüfung verstrichenen Zeit (der Selektionsdauer), ab. Wie die Verwendung von Selektionssterbetafeln im letzten Beispiel zeigt, kann man solche Dauereffekte allerdings nach Diskretisierung durch Einführung zusätzlicher Merkmale und Zustände („versichert seit ... Jahren") modellieren. (Man vergleiche dazu auch die Ausführungen zur vereinfachten Kollektivmethode der Berechnung erwarteter Barwerte von Witwenrentenanwartschaften in der späteren Bemerkung 6.29.) Dies ist auch die grundlegende Idee der auf Lévy zurückgehenden Theorie der Semi-Markovschen Sprungprozesse. Das sind Sprungprozesse, bei denen die gemeinsame Beobachtung des aktuellen Zustandes und der bisherigen Verweildauer in diesem Zustand seit dem letzten Zustandswechsel einen Markov-Prozeß bildet. Diesen Ansatz werden wir hier nicht weiter verfolgen, einen informellen Einblick gibt Hoem (1972a), vergleiche auch Janssen (1986), Janssen und de Dominicis (1984) sowie Nollau (1981). Anwendungen in der Berufsunfähigkeitsversicherung finden sich u. a. bei Möller und Zwiesler (1996).

Seien nun $(\Omega, \mathfrak{A}, P)$ ein Wahrscheinlichkeitsraum, $(\mathfrak{A}_t)_{t\geq 0}$ eine Filtration von $(\Omega, \mathfrak{A})$ und $(X_t)_{t\geq 0}$ ein an $(\mathfrak{A}_t)_{t\geq 0}$ adaptierter stochastischer Prozeß mit polnischem Zustandsraum $\big(E, \mathfrak{B}(E)\big)$. Die folgende Definition ist eine Formalisierung der eingangs formulierten Eigenschaft der „Gedächtnislosigkeit".

4.16 Definition. $\big((X_t, \mathfrak{A}_t)\big)_{t\geq 0}$ besitzt die *(elementare) Markov-Eigenschaft*, wenn für alle $0 \leq s \leq t$ und alle $B \in \mathfrak{B}(E)$

$$P(X_t \in B \mid \mathfrak{A}_s) = P(X_t \in B \mid X_s) \quad P\text{-f.s.} \tag{4.16.1}$$

$\big((X_t, \mathfrak{A}_t)\big)_{t\geq 0}$ heißt dann ein *Markov-Prozeß*. Geht $\mathfrak{A}_t = a_\sigma\big(a_\sigma((X_s)_{s\leq t}) \cup \mathfrak{B}\big)$, $t \geq 0$, aus der natürlichen Filtration von X durch Ergänzung einer zeitunabhängigen Anfangsinformation $\mathfrak{B}$ hervor, so wird die Filtration in der Bezeichnung häufig weggelassen. $\pi := \mathcal{L}(X_0|P)$ heißt die *Startverteilung* des Markov-Prozesses. Jede Familie bedingter Verteilungen

$$p(s,t)\colon E \times \mathfrak{B}(E) \ni (e, B) \longmapsto p_{eB}(s,t) \overset{\text{(f.s.)}}{=} P(X_t \in B | X_s = e) \in [0,1] \tag{4.16.2}$$

heißt ein *Satz von Übergangswahrscheinlichkeiten* für $(X_t)_{t\geq 0}$.

4.17 Bemerkungen. Sei $\big((X_t, \mathfrak{A}_t)\big)_{t\geq 0}$ ein Markov-Prozeß.

(a) Die elementare Markov-Eigenschaft, die sich a priori auf nur einen zukünftigen Zeitpunkt $t \geq s$ bezieht, kann zu einer generellen Aussage über die Zukunft erweitert werden (Aufgabe 8 (a)):

$$P(A \mid \mathfrak{A}_s) = P(A \mid X_s) \quad P\text{-f.s.}, \qquad A \in a_\sigma((X_t)_{t\geq s}),\ \ s \geq 0. \tag{4.16.1$'$}$$

(b) Da E als polnisch vorausgesetzt wurde, existiert nach dem Existenzsatz für reguläre bedingte Wahrscheinlichkeiten stets ein Satz von Übergangswahrscheinlichkeiten; $p_{\cdot B}(s,t)$ ist für alle $0 \leq s \leq t$ und alle $B \in \mathfrak{B}(E)$ $\mathcal{L}(X_s|P)$-fast sicher eindeutig bestimmt.

(c) Die Startverteilung π und der Satz von Übergangswahrscheinlichkeiten $\big(p(s,t)\big)_{0\leq s\leq t<\infty}$ legen die Verteilung des Prozesses eindeutig fest: Für alle $n \in \mathbb{N}$, $0 = t_0 < \cdots < t_n < \infty$, $B_i \in \mathfrak{B}(E)$ $(i \in \{0, \ldots, n\})$ gilt

$$\begin{aligned} &P(X_{t_0} \in B_0, \ldots, X_{t_n} \in B_n) \\ &= \int_{B_0}\int_{B_1} \cdots \int_{B_{n-1}} p_{e_{n-1}B_n}(t_{n-1}, t_n)\, p_{e_{n-2},de_{n-1}}(t_{n-2}, t_{n-1}) \ldots p_{e_0,de_1}(t_0, t_1)\pi(de_0)\,. \end{aligned} \tag{4.17.1}$$

Dies zeigt man leicht durch vollständige Induktion.

(d) Mit den üblichen Linearitäts- und Stetigkeitsargumenten folgt aus (c) für alle $n \in \mathbb{N}$ und alle $F\colon \big(E^{n+1}, \mathfrak{B}(E^{n+1})\big) \longrightarrow \big([0,\infty), \mathfrak{B}([0,\infty))\big)$

$$\begin{aligned} &\int F\, d\mathcal{L}(X_{t_0}, \ldots, X_{t_n}|P) \\ &= \int\int \cdots \int F(e_0, \ldots, e_n)\, p_{e_{n-1},de_n}(t_{n-1}, t_n) \ldots p_{e_0,de_1}(t_0, t_1)\pi(de_0)\,. \end{aligned} \tag{4.17.2}$$

(e) Die Übergangswahrscheinlichkeiten erfüllen die folgenden *Chapman-Kolmogorov-Gleichungen:*

$$p_{eB}(r,t) = \int p_{fB}(s,t)\,p_{e,df}(r,s) \tag{4.17.3}$$

für $\mathcal{L}(X_r|P)$-fast alle $e \in E$ $(0 \leq r \leq s \leq t,\ B \in \mathfrak{B}(E))$. Anschaulich besagen diese Integralgleichungen, daß man die bedingte Verteilung des Zustandes zur zukünftigen Zeit t gegeben den Zustand zur Ausgangszeit r wie folgt erhält: Man betrachtet für einen beliebigen Zwischenzeitpunkt s die bedingte Verteilung des Zustandes zur zukünftigen Zeit t gegeben denjenigen zur Zeit s und mittelt diese bedingte Verteilung über die Zwischenzustände vermöge der bedingten Verteilung des Zustandes zur Zeit s gegeben denjenigen zur Ausgangszeit r.

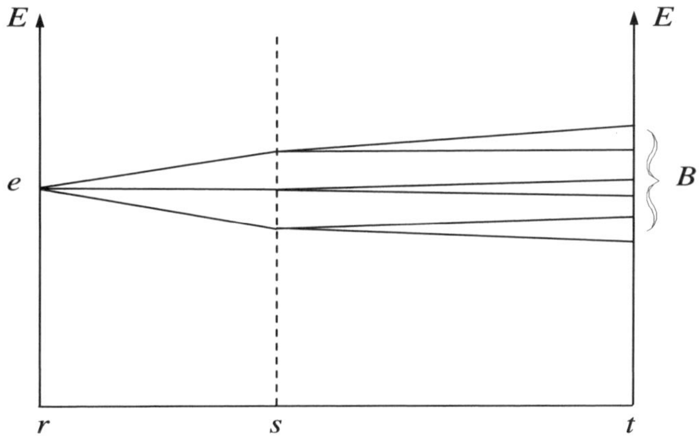

Illustration zu (4.17.3)

Zum Beweis beachte man, daß nach (c) und (d)

$$P(X_r \in A,\ X_t \in B) = \int_A \int_E p_{fB}(s,t)\ p_{e,df}(r,s)\ \mathcal{L}(X_r|P)(de)\,,\ A \in \mathfrak{B}(E)\,,$$

d. h. daß

$$e \longmapsto \int_E p_{fB}(s,t)\ p_{e,df}(r,s)$$

die Radon-Nikodym-Gleichung für $P(X_t \in B \mid X_r = \cdot)$ erfüllt.

(f) Seien $s \geq 0$ und $B \in \mathfrak{B}(E)$. Dann gilt offensichtlich

$$p_{eB}(s,s) = 1_B(e) \quad \text{für } \mathcal{L}(X_s|P)\text{-f.a. } e \in E\,. \tag{4.17.4}$$

4.18 Definition. Ein Satz von bedingten Verteilungen

$$p(s,t)\colon E \times \mathfrak{B}(E) \longrightarrow [0,1]\,, \qquad 0 \le s \le t < \infty\,,$$

heißt ein *regulärer Satz von Übergangswahrscheinlichkeiten*, falls er die Chapman-Kolmogorov-Gleichungen (4.17.3) sowie (4.17.4) identisch (ohne Ausnahmenullmengen) erfüllt:

$$p_{eB}(r,t) = \int p_{fB}(s,t)\, p_{e,df}(r,s)\,, \quad 0 \le r \le s \le t,\ e \in E,\ B \in \mathfrak{B}(E)\,,$$

$$p_{eB}(s,s) = 1_B(e)\,, \qquad s \ge 0,\ e \in E,\ B \in \mathfrak{B}(E)\,.$$

4.19 Satz. *Seien* $\big(p(s,t)\big)_{0\le s\le t<\infty}$ *ein regulärer Satz von Übergangswahrscheinlichkeiten und* $\pi|_{\mathfrak{B}(E)}$ *ein Wahrscheinlichkeitsmaß. Dann existiert ein Markov-Prozeß* $\big(\Omega, \mathfrak{A}, P, (X_t)_{t\ge 0}\big)$ *mit Startverteilung* π *und Übergangswahrscheinlichkeiten* $p(\cdot,\cdot)$. *Dieser Prozeß kann als kanonischer Prozeß („Koordinatenrepräsentationsmodell") gewählt werden, d. h.* $(\Omega, \mathfrak{A}) := (E^{[0,\infty)}, \mathfrak{B}(E)^{[0,\infty)})$, $X_t := \mathrm{pr}_t$ $(t \ge 0)$ *und* $P = \mathcal{L}\big((X_t)_{t\ge 0}\big)$.

Beweisskizze. Mit Hilfe der Chapman-Kolmogorov-Gleichungen verifiziert man leicht, daß die in Anlehnung an (4.17.1) durch

$$B_0 \times \cdots \times B_n \longmapsto \int\limits_{B_0} \cdots \int\limits_{B_{n-1}} p_{e_{n-1}B_n}(t_{n-1},t_n)\, p_{e_{n-2},de_{n-1}}(t_{n-2},t_{n-1}) \ldots \pi(de_0)$$

definierten Wahrscheinlichkeitsmaße auf $\mathfrak{B}(E)^{\{t_0,\ldots,t_n\}}$ $(0 = t_0 < \cdots < t_n < \infty)$ eine projektive Familie bilden. Da E polnisch ist, existiert der zugehörige projektive Limes $P\big|_{\mathfrak{B}(E)^{[0,\infty)}}$ nach dem Konsistenzsatz von Bochner-Kolmogorov. Sei

$$\big(\Omega, \mathfrak{A}, P, (X_t)_{t\ge 0}\big) = \big(E^{[0,\infty)}, \mathfrak{B}(E)^{[0,\infty)}, P\big|_{\mathfrak{B}(E)^{[0,\infty)}}, (\mathrm{pr}_t)_{t\ge 0}\big)\,.$$

Offenbar gilt

$$P(X_0 \in B_0) = \pi(B_0)\,, \qquad B_0 \in \mathfrak{B}(E)\,.$$

Zum Nachweis, daß der Prozeß Markovsch ist mit Übergangswahrscheinlichkeiten $p(\cdot,\cdot)$, seien $0 = t_0 < \cdots < t_n$, $B \in \mathfrak{B}(E)^n$ und $B_n \in \mathfrak{B}(E)$. Dann liefert die Definition von $(X_t)_{t\ge 0}$ in Verbindung mit Bemerkung 4.17 (d)

$$\begin{aligned} &P\big((X_{t_0},\ldots,X_{t_{n-1}})^T \in B,\ X_{t_n} \in B_n\big) \\ &= \int\limits_B p_{e_{n-1}B_n}(t_{n-1},t_n)\, \mathcal{L}(X_{t_0},\ldots,X_{t_{n-1}}|P)(de_0,\ldots,de_{n-1})\,, \end{aligned}$$

d. h. $(e_{n-1}, B_n) \longmapsto p_{e_{n-1}B_n}(t_{n-1},t_n)$ löst die Radon-Nikodym-Gleichung für

$$(e_0,\ldots,e_{n-1},B_n) \longmapsto P(X_{t_n} \in B_n \mid X_{t_0} = e_0,\ldots,X_{t_{n-1}} = e_{n-1})\,. \qquad \square$$

4.20 Bemerkung. Sei $\big(p(s,t)\big)_{0\le s\le t<\infty}$ ein regulärer Satz von Übergangswahrscheinlichkeiten. Für $0 \le s < \infty$ und $e \in E$ sei $P_{es}\big|_{\mathfrak{B}(E)^{[0,\infty)}}$ diejenige Verteilung auf dem Pfadraum $E^{[0,\infty)}$, die man aus (4.17.1) mit $t_0 = s$ statt $t_0 = 0$ und der Einpunktverteilung $\pi = \varepsilon_e$ erhält:

$$P_{es}(B_s \times B_{t_1} \times \cdots \times B_{t_n} \times \prod_{t\notin\{s,t_1,\ldots,t_n\}} E) \tag{4.17.1'}$$

$$= \int\limits_{B_{t_1}} \cdots \int\limits_{B_{t_{n-1}}} p_{e_{n-1}B_{t_n}}(t_{n-1}, t_n)\, p_{e_{n-2},de_{n-1}}(t_{n-2}, t_{n-1}) \ldots p_{e,de_1}(s, t_1) \cdot 1_{B_s}(e)\,,$$

$$s = t_0 < t_1 < \cdots < t_n\,, \quad B_{t_i} \in \mathfrak{B}(E)\,, \quad 0 \le i \le n \in \mathbb{N}.$$

P_{es} ist also die Verteilung des Markov-Prozesses, wenn man zur Zeit s in e startet. Der Markovkern

$$E \times \mathfrak{B}(E)^{[0,\infty)} \ni (e, C) \longmapsto P_{es}(C) \in [0,1]$$

ist eine Version der bedingten Verteilung von $(X_{\tau+s})_{\tau\ge 0}$ gegeben X_s (und damit auch gegeben $(X_t)_{t\le s}$), denn er löst die definierende Radon-Nikodym-Gleichung: Für alle $0 = \tau_0 < \tau_1 < \cdots < \tau_n < \infty$, $B_{\tau_i+s} \in \mathfrak{B}(E)$, $0 \le i \le n \in \mathbb{N}$ gilt nach (4.17.1′), (4.17.2) und (4.17.1)

$$\int\limits_{B_s} P_{es}\big(B_{\tau_1+s} \times \cdots \times B_{\tau_n+s} \times E^{[0,\infty)\setminus\{\tau_0,\ldots,\tau_n\}}\big)\mathcal{L}(X_s|P)(de)$$

$$= \int\limits_{B_s}\int\limits_{B_{\tau_1+s}}\cdots\int\limits_{B_{\tau_{n-1}+s}} p_{e_{n-1}B_{\tau_n+s}}(\tau_{n-1}+s, \tau_n+s)\, p_{e_{n-2},de_{n-1}}(\tau_{n-2}+s, \tau_{n-1}+s)$$

$$\ldots p_{e,de_1}(s, \tau_1+s)\, p_{e_0,de}(0,s)\, \pi(de_0)$$

$$= P(X_s \in B_s,\ X_{\tau_1+s} \in B_{\tau_1+s}, \ldots, X_{\tau_{n-1}+s} \in B_{\tau_{n-1}+s})\,.$$

Vereinbarungsgemäß ist bei einem regulären Satz von Übergangswahrscheinlichkeiten im folgenden mit $P\big((X_{\tau+s})_{\tau\ge 0} \mid X_s = e\big)$ stets die durch P_{es} gegebene Version der bedingten Verteilung gemeint.

Für den Rest des Kapitels sei der Zustandsraum $E = \mathcal{S}$ endlich und diskret. Die Übergangswahrscheinlichkeiten sind dann durch die „Einpunkt-Übergangswahrscheinlichkeiten“

$$p_{yz}(s,t) := p_{y\{z\}}(s,t) = P(X_t = z \mid X_s = y) \quad \text{f.s.,} \quad 0 \le s \le t,\ (y,z) \in \mathcal{S}^2\,,$$

und damit durch die *Übergangsmatrix*

$$p(s,t) := \big(p_{yz}(s,t)\big)_{(y,z)\in\mathcal{S}^2}\,, \qquad 0 \le s \le t\,,$$

eindeutig bestimmt. Die Übergangsmatrix heißt *regulär*, falls ihr ein regulärer Satz von Übergangswahrscheinlichkeiten zugrunde liegt.

4.21 Hilfssatz. *Sei $(X_t)_{t\geq 0}$ Markovsch mit endlichem Zustandsraum $E = \mathcal{S}$. Dann existiert eine reguläre Übergangsmatrix für $(X_t)_{t\geq 0}$.*

Beweis. Man verifiziert leicht, daß

$$p_{yz}(s,t) := \begin{cases} P(X_t = z \mid X_s = y)\,, & 0 \leq s \leq t, \quad P(X_s = y) > 0 \\ \delta_{yz}\,, & 0 \leq s = t, \quad P(X_s = y) = 0 \\ P(X_t = z)\,, & 0 \leq s < t, \quad P(X_s = y) = 0 \end{cases}$$

einen regulären Satz von Übergangswahrscheinlichkeiten für $(X_t)_{t\geq 0}$ definiert. □

4.22 Beispiel (Teil 1, Teil 2 nach 4.28). Wir betrachten die Situation 4.2 (c) eines unter konkurrierenden Risiken stehenden Lebens (x). Dabei seien U die Menge der Ausscheideursachen, $\mathcal{S} := 2^U$, $T_x > 0$ die zukünftige Lebensdauer und $J_x \neq \emptyset$ die zugrunde liegende Kombination von Ausscheideursachen. Der zugehörige zufällige Zustandsverlauf ist gegeben durch

$$X_t = \begin{cases} \emptyset\,, & T_x > t \\ J_x\,, & T_x \leq t\,. \end{cases} \tag{4.22.1}$$

Dieser Prozeß ist Markovsch. Intuitiv gesprochen liegt das daran, daß für jedes $s > 0$ bei $X_s = \emptyset$ die gesamte Vergangenheit des Prozesses vor s festliegt und bei $X_s \neq \emptyset$ seine gesamte Zukunft nach s: Seien $0 = t_0 < \cdots < t_m = s < t_{m+1}$ und $C_i \in \mathcal{S}$ $(i = 0, \ldots, m+1)$ eine mögliche Zustandsfolge der Form $\emptyset = C_0 = \cdots = C_j \neq C_{j+1} = \cdots = C_{m+1}$ $(j \in \{0, \ldots, m+1\})$. Dann gilt

$$\begin{aligned} P(X_{t_{m+1}} &= C_{m+1} \mid X_s = C_m, \ldots, X_0 = C_0) \\ &= \begin{cases} P(T_x > t_{m+1} \mid T_x > s)\,, & j = m+1 \\ P(t_m < T_x \leq t_{m+1},\ J_x = C_{m+1} \mid T_x > s)\,, & j = m \\ 1\,, & j < m\,. \end{cases} \end{aligned}$$

Also ist $(X_t)_{t\geq 0}$ Markovsch mit Übergangswahrscheinlichkeiten

$$p_{CD}(s,t) = \begin{cases} P(T_x > t \mid T_x > s)\,, & C = D = \emptyset \\ P(s < T_x \leq t,\ J_x = D \mid T_x > s)\,, & C = \emptyset,\ D \neq \emptyset \\ \varepsilon_C(\{D\})\,, & C \neq \emptyset \end{cases} \tag{4.22.2}$$

$(0 \leq s < t < \infty)$ bzw.

$$p_{CD}(s,s) = \varepsilon_C(\{D\})\,, \qquad 0 \leq s < \infty\,. \tag{4.22.3}$$

4.23 Bemerkung. Sei

$$p = (p_{yz})_{(y,z)\in\mathcal{S}^2} \colon \{(s,t) \mid 0 \leq s \leq t < \infty\} \longrightarrow \mathbb{R}^{\mathcal{S}^2}$$

eine reguläre Übergangsmatrix eines Markovschen Sprungprozesses X. Dann ist p *multiplikativ*, d. h. es gelten

$$p(r,t) = p(r,s) \cdot p(s,t)\,, \qquad 0 \le r \le s \le t < \infty\,, \tag{4.23.1}$$

(*Chapman-Kolmogorov-Gleichungen*) und

$$p_{yz}(s,s) = \delta_{yz}\,, \qquad s \ge 0,\ (y,z) \in \mathcal{S}^2\,. \tag{4.23.2}$$

Außerdem ist $p(s,t)$ stets eine *stochastische Matrix*:

$$p \ge 0 \quad \text{und} \quad \sum_{z \in \mathcal{S}} p_{yz}(s,t) = 1\,, \quad 0 \le s \le t,\ y \in \mathcal{S}\,.$$

Im Zusammenhang mit der Ausdehnung der Markov-Eigenschaft (4.16.1) auf zufällige Ausgangszeitpunkte s ist wichtig, daß Übergangswahrscheinlichkeiten Markovscher Sprungprozesse im wesentlichen rechtsstetig sind.

4.24 Hilfssatz. *Sei* $\big((X_t, \mathfrak{A}_t)\big)_{t\ge 0}$ *ein Markovscher Sprungprozeß mit Zustandsraum* $\mathcal{S}$ *und Übergangsmatrix* p.

(a) *Für alle* $(y,z) \in \mathcal{S}^2$ *ist* $p_{yz}(\cdot,\cdot)$ *produktmeßbar auf* $\{(s,t) \mid 0 \le s \le t < \infty\}$ *und gemeinsam rechtsstetig in allen Punkten* (s,t) *mit* $P(X_s = y) > 0$.

(b) *Ist* p *regulär und im zweiten Argument rechtsseitig stetig auf der Diagonalen, d. h. gilt*

$$\lim_{h \searrow 0} p_{yz}(s, s+h) = \delta_{yz}\,, \qquad s \ge 0,\ (y,z) \in \mathcal{S}^2\,, \tag{4.24.1}$$

so ist p *gemeinsam rechtsstetig auf* $\{(s,t) \mid 0 \le s \le t < \infty\}$.

Beweis. Für alle $y \in \mathcal{S}$ und alle $s \ge 0$ gilt

$$\{X_s = y\} = \bigcup_{\varepsilon>0} \bigcap_{0<h\le\varepsilon} \{X_{s+h} = y\} = \bigcap_{\varepsilon>0} \bigcup_{0<h\le\varepsilon} \{X_{s+h} = y\} = \lim_{h\searrow 0} \{X_{s+h} = y\}\,,$$

denn die Pfade von X sind rechtsseitig stetig und stückweise konstant. Dies liefert

$$P(X_s = y) = \lim_{h \searrow 0} P(X_{s+h} = y)\,.$$

Ebenso zeigt man

$$P(X_s = y,\ X_t = z) = \lim_{h\searrow 0,\ k\searrow 0} P(X_{s+h} = y,\ X_{t+k} = z)\,, \qquad (y,z) \in \mathcal{S}^2\,,$$

woraus (a) unmittelbar folgt.

Zum Beweis der gemeinsamen Rechtsstetigkeit regulärer Übergangsmatrizen auf $\{(s,t) \mid 0 \le s < t < \infty\}$ genügt es wegen der Chapman-Kolmogorov-Gleichungen

$$p_{yz}(s+h, t+k) = \sum_{v \in \mathcal{S}} p_{yv}(s+h, t)\, p_{vz}(t, t+k)\,, \quad s < s+h < t < t+k,\ (y,z) \in \mathcal{S}^2,$$

und (4.24.1), die partielle Rechtsstetigkeit im ersten Argument

$$\lim_{h \searrow 0} p_{yv}(s+h, t) = p_{yv}(s, t), \quad (y, v) \in \mathcal{S}^2,$$

nachzuweisen. Für $s < s + h < t$ und $(y, v) \in \mathcal{S}^2$ liefert die einschlägige Chapman-Kolmogorov-Gleichung

$$|p_{yv}(s, t) - p_{yv}(s+h, t)| \leq 1 - p_{yy}(s, s+h) + \sum_{u \neq y} p_{yu}(s, s+h) \overset{h \searrow 0}{\longrightarrow} 0,$$

letzteres nach (4.24.1). Den Beweis der gemeinsamen Rechtsstetigkeit von p auf der Diagonalen, der ähnlich funktioniert, überlassen wir dem Leser. □

Wie der Beweis von Hilfssatz 4.21 zeigt, ist nicht jede reguläre Übergangsmatrix rechtsseitig stetig. Sind dort $(y, z) \in J$ und $s \geq 0$ so gewählt, daß $P(X_s = y) = 0 < P(X_s = z)$, so gilt

$$\lim_{t \searrow s} p_{yz}(s, t) = \lim_{t \searrow s} P(X_t = z) = P(X_s = z) > 0 = p_{yz}(s, s).$$

Im folgenden geben wir ein Beispiel eines Markovschen Sprungprozesses an, der keine rechtsseitig stetige reguläre Version der Übergangsmatrix besitzt.

4.25 Beispiel. Wir betrachten einen Markovschen Sprungprozeß mit dreielementigem Zustandsraum $\mathcal{S} = \{0, 1, 2\}$, der Startverteilung $\pi := \frac{1}{2}(\varepsilon_0 + \varepsilon_1)$ und den möglichen Übergängen

$$\begin{array}{ccccc} & & 0 & & \\ & \swarrow & & \searrow & \\ 1 & & \longrightarrow & & 2, \end{array}$$

2 sei also ein absorbierender Zustand. Die Übergangswahrscheinlichkeiten von 0 aus seien

$$p_{0z}(s, t) := \begin{cases} \exp(s - t), & 0 \leq s \leq t,\ z = 0 \\ \frac{1}{2}\big(1 - \exp(s - t)\big), & 0 \leq s \leq t,\ z \neq 0; \end{cases}$$

d. h. zu jedem Zeitpunkt $s \geq 0$ sei die zukünftige Verweildauer in 0 standard-exponential-verteilt, und für alle $t \geq s$ seien die Zielzustände 1 und 2 bedingt gleichwahrscheinlich. Zur Definition der Übergangswahrscheinlichkeiten von 1 aus sei $\gamma := \{1\} \cup \big\{1 + \frac{1}{n} \mid n \in \mathbb{N}\big\}$. Ist $s \in [0, \infty) \setminus \gamma$ und $X_s = 1$, so verbleibt der Prozeß mit Wahrscheinlichkeit 1 bis zum Zeitpunkt $\min \gamma \cap (s, \infty)$ in 1 und springt dann nach 2. Für die Übergangswahrscheinlichkeiten bedeutet dies im Falle $s \notin \gamma$

$$p_{1z}(s, t) = \begin{cases} 1, & z = 1,\ \gamma \cap (s, t] = \emptyset \\ 0, & z = 2,\ \gamma \cap (s, t] = \emptyset \\ 0, & z = 1,\ \gamma \cap (s, t] \neq \emptyset \\ 1, & z = 2,\ \gamma \cap (s, t] \neq \emptyset. \end{cases}$$

Nach Definition der Verteilung von X gelten $P(X_s = 0) > 0$ und $P(X_s = 2) > 0$ für alle $s > 0$ sowie $P(X_s = 1) > 0$ für alle $s \in [0, \infty) \setminus \gamma$ und $P(X_s = 1) = 0$, $s \in \gamma$. Folglich ist die Übergangsmatrix bis auf die Einträge $p_{1z}(s, t)$, $s \in \gamma$, $s \leq t$, $z \in \mathcal{S}$, eindeutig bestimmt. Man zeigt leicht, daß für jede rechtsseitig stetige Version p der Übergangsmatrix

$$p_{11}(1, 1) = \lim_{t \searrow 1} p_{11}(1, t)$$

gelten muß, so daß p (4.23.2) verletzt und folglich nicht regulär sein kann.

Unter einer *multiplikativen Intervallfunktion* verstehen wir eine Abbildung

$$p: \{(s, t) \mid 0 \leq s \leq t < \infty\} \longrightarrow \mathbb{R}^{\mathcal{S}^2}$$

mit den Eigenschaften (4.23.1), (4.23.2) und (4.24.1). Solche Intervallfunktionen spielen später in der allgemeinen Theorie der Vorwärts- und der Rückwärtsgleichungen eine wichtige Rolle (vergleiche Anhang 12 A und Abschnitt 4 C). Beispiel 4.25 zeigt, daß nicht jeder Markovsche Sprungprozeß mit endlichem Zustandsraum eine multiplikative Intervallfunktion als Übergangsmatrix besitzt. Trotz der Rechtsstetigkeit der Pfade kann die Rechtsstetigkeitsforderung (4.24.1) verletzt sein.

Für Markovsche Sprungprozesse läßt sich zeigen, daß die Markov-Eigenschaft (4.16.1) sogar für zufällige Ausgangszeitpunkte s gilt.

4.26 Definition. Ein Markovscher Sprungprozeß $\big((X_t, \mathfrak{A}_t)\big)_{t \geq 0}$ mit Zustandsraum $\mathcal{S}$ und Übergangsmatrix (p_{yz}) besitzt die *starke Markov-Eigenschaft*, wenn für alle $z \in \mathcal{S}$, $\tau \geq 0$ und alle Stoppzeiten T die folgende „Einsetzungsregel" gilt:

$$P(X_{\tau+T} = z \mid \mathfrak{A}_T) = p_{yz}(s, \tau + s)\big|_{(s,y)=(T,X_T)} \quad P\text{-f.s. auf } \{T < \infty\}\,. \qquad (4.26.1)$$

Da $p_{yz}(s, \tau + s)\big|_{(s,y)=(T,X_T)} \cdot 1_{\{T<\infty\}}$ für alle $z \in \mathcal{S}$, $\tau \geq 0$ $a_\sigma(T, X_T)$-meßbar ist, folgt aus der starken Markov-Eigenschaft unmittelbar

$$P(X_{\tau+T} = z \mid T, X_T) = p_{yz}(s, \tau + s)\big|_{(s,y)=(T,X_T)} \quad P\text{-f.s. auf } \{T < \infty\} \qquad (4.26.2)$$

und damit auch

$$P(X_{\tau+T} = z \mid \mathfrak{A}_T) = P(X_{\tau+T} = z \mid T, X_T) \quad P\text{-f.s. auf } \{T < \infty\}\,. \qquad (4.26.3)$$

(Siehe Yushkevitch (1957), Abschnitt 2, Definition 5.) Wie die elementare Markov-Eigenschaft kann auch die starke Markov-Eigenschaft zu einer generellen Aussage über die Zukunft erweitert werden (Aufgabe 9).

4.27 Satz. *Jeder Markovsche Sprungprozeß* $\big((X_t, \mathfrak{A}_t)\big)_{t \geq 0}$ *mit Zustandsraum* $\mathcal{S}$ *besitzt die starke Markov-Eigenschaft.*

Beweis. Wir zeigen zunächst, daß die die starke Markov-Eigenschaft definierende Einsetzungsregel (4.26.1) für Stoppzeiten mit abzählbarem Wertevorrat gilt. Die Erweiterung auf beliebige Stoppzeiten mit Hilfe eines Approximationsargumentes basiert dann auf Hilfssatz 4.24 (a).

Seien $\tau \geq 0$, $z \in \mathcal{S}$ und T eine Stoppzeit. Zunächst sei

$$T(\Omega) \cap [0, \infty) = \{t_1, t_2, \ldots\}$$

höchstens abzählbar. Dann gilt für alle $A \in \mathfrak{A}_T$ wegen $A \cap \{T = t_i\} \in \mathfrak{A}_{t_i}$

$$P\big(A \cap \{X_{\tau+T} = z\} \cap \{T < \infty\}\big) = \sum_{i=1}^{\infty} \int_{A \cap \{T = t_i\}} P(X_{\tau+t_i} = z \mid \mathfrak{A}_{t_i})\, dP$$

$$= \int_A \sum_{i=1}^{\infty} P(X_{\tau+t_i} = z \mid X_{t_i}) \cdot 1_{\{T=t_i\}}\, dP = \int_A p_{yz}(s, \tau + s)\big|_{(s,y)=(T,X_T)}\, 1_{\{T<\infty\}}\, dP,$$

also die Einsetzungsregel (4.26.1).

Seien nun T eine beliebige Stoppzeit und

$$T_n := \sum_{k=1}^{\infty} \frac{k}{2^n} \cdot 1_{\{\frac{k-1}{2^n} < T \leq \frac{k}{2^n}\}} + \infty \cdot 1_{\{T=\infty\}}, \qquad n \in \mathbb{N}.$$

$(T_n)_{n \in \mathbb{N}}$ ist eine gegen T fallende Folge von Stoppzeiten mit höchstens abzählbarem Wertevorrat (Aufgabe 10), und es gilt $\{T = \infty\} = \{T_n = \infty\}$, $n \in \mathbb{N}$. Mit dem ersten Beweisteil folgt P-fast sicher auf $\{T < \infty\}$

$$\begin{aligned} P(X_{\tau+T} = z \mid \mathfrak{A}_T) &= \lim_{n\to\infty} P(X_{\tau+T_n} = z \mid \mathfrak{A}_T) \\ &= \lim_{n\to\infty} E\big(P(X_{\tau+T_n} = z \mid \mathfrak{A}_{T_n}) \mid \mathfrak{A}_T\big) \\ &= E\big(\lim_{n\to\infty} p_{yz}(s, \tau + s)\big|_{(s,y)=(T_n,X_{T_n})} \mid \mathfrak{A}_T\big). \end{aligned}$$

Aus Hilfssatz 4.24 (a) und der Tatsache, daß bei festem $\omega \in \Omega$ $X_{T_n(\omega)}(\omega) = X_{T(\omega)}(\omega)$ für schließlich alle n, erhält man dann die Behauptung:

$$\begin{aligned} P(X_{\tau+T} = z \mid \mathfrak{A}_T) &= E\big(p_{yz}(s, \tau + s)\big|_{(s,y)=(T,X_T)} \mid \mathfrak{A}_T\big) \\ &= p_{yz}(s, \tau + s)\big|_{(s,y)=(T,X_T)} \qquad P\text{-f.s. auf } \{T < \infty\}. \end{aligned}$$

(Bei der letzten Identität beachte man zusätzlich, daß nach Bemerkung 4.9 (b) und (c) (T, X_T) $\mathfrak{A}_T$-$\mathfrak{B}([0, \infty]) \otimes 2^{\mathcal{S}}$-meßbar ist.) □

Wir wollen nun das Konzept der (partiellen) kumulativen Ausscheideintensitäten aus Kapitel 3 verallgemeinern. Für $s \geq 0$ sei

$$T(s) := \min\{t > s \mid X_t \neq X_s\} = s + t_1\big((X_{\tau+s})_{\tau \geq 0}\big) \qquad (4.28.1)$$

die Zeit des ersten Sprungs nach s. Ist

$$\big((T_m, Z_m)\big) := G \circ X$$

die zu $(X_t)_{t\geq 0}$ gehörige Sprungkette, so ist

$$T(s) = \sum_{m=1}^{\infty} T_m \cdot 1_{[T_{m-1}, T_m)}(s), \qquad s \geq 0, \tag{4.28.2}$$

und folglich

$$Z_m = X_{T(s)}, \qquad s \in [T_{m-1}, T_m), \qquad m \in \mathbb{N}. \tag{4.28.3}$$

Das Paar $\big(T(s), X_{T(s)}\big)$ wird im folgenden aufgefaßt als ein Ausscheidemodell mit mehreren Ausscheideursachen, wobei $T(s)$ die Rolle der zufälligen Ausscheidezeit und $X_{T(s)}$ die der zufälligen Ausscheideursache übernimmt. Bei einem solchen Modell liegt allerdings der Ausgangszustand („lebend") fest. Um die Konzepte aus 3.16 bis 3.19 auf die vorliegende Situation formal übertragen zu können, muß man also den Ausgangszustand zur Zeit s fixieren, indem man nach ihm konditioniert. Für festes $y \in \mathcal{S}$ und gegeben $X_s = y$ ist dann $\mathcal{S} \setminus \{y\}$ die Menge der möglichen Ausscheideursachen.

4.28 Definition. Für $s \geq 0$, $y \in \mathcal{S}$ und $z \neq y$ setzen wir

$$E_{yz}(s, \cdot)\colon [s, \infty) \ni t \longmapsto P\big(T(s) \leq t,\ X_{T(s)} = z \mid X_s = y\big) \in [0, 1], \tag{4.28.4}$$

$$E_y(s, \cdot) := \sum_{\zeta \neq y} E_{y\zeta}(s, \cdot)\colon [s, \infty) \ni t \longmapsto P\big(T(s) \leq t \mid X_s = y\big) \in [0, 1], \tag{4.28.5}$$

$$q_{yz}(s, \cdot)\colon [s, \infty) \ni t \longmapsto \int_{(s,t]} \frac{1}{1 - E_y(s, \cdot - 0)}\, dE_{yz}(s, \cdot) \in [0, \infty], \tag{4.28.6}$$

und

$$q_{yy}(s, \cdot)\colon [s, \infty) \ni t \longmapsto -\int_{(s,t]} \frac{1}{1 - E_y(s, \cdot - 0)}\, dE_y(s, \cdot) \in [-\infty, 0]. \tag{4.28.7}$$

q_{yz} heißt die *kumulative Übergangsintensität vom Zustand y in den Zustand z*, $-q_{yy}$ die *kumulative Ausscheideintensität aus dem Zustand y* und

$$q(s, t) := \big(q_{yz}(s, t)\big)_{(y,z)\in\mathcal{S}^2}, \qquad 0 \leq s \leq t < \infty, \tag{4.28.8}$$

die *kumulative Intensitätsmatrix* von X.

Wegen der Konditionierung an $X_s = y$ sind $(z, t) \longmapsto E_{yz}(s, t)$ und $(z, t) \longmapsto q_{yz}(s, t)$ für $\mathcal{L}(X_s|P)$-fast alle $y \in \mathcal{S}$ eindeutig bestimmt mit einer Ausnahmenullmenge, die nur von s abhängt. In Anlehnung an Definition 3.18 wird $q_{yz}(s, \cdot)$ interpretiert als bedingte kumulative partielle Ausscheideintensität in den Zustand z, gegeben $X_s = y \neq z$. Wir schreiben $q_{yz}(s, d\tau)$ für die Integration nach dem zugehörigen Maß. Analog zu Bemerkung 3.19 ist $-q_{yy}(s, \cdot)$ die bedingte kumulative totale Ausscheideintensität aus dem Zustand y gegeben $X_s = y$. Ist also $s \geq 0$ mit $P(X_s = y) > 0$ und

$$\begin{aligned}\overline{p}_y(s,t) &:= P\Big(\bigcap_{u\in[s,t]} \{X_u = y\}\,\Big|\,X_s = y\Big) \\ &= P\big(T(s) > t\,\big|\,X_s = y\big) = 1 - E_y(s,t)\end{aligned} \tag{4.28.9}$$

die bedingte Wahrscheinlichkeit, den Zustand y im Zeitintervall $[s,t]$ nicht zu verlassen, vorausgesetzt er lag zu Intervallbeginn vor, so zeigt die Exponentialformel (3.1.6)

$$\overline{p}_y(s,t) = \exp\big(q_{yy}^{(c)}(s,t)\big) \prod_{s<\tau\leq t} \big(1 + \Delta q_{yy}(s,\tau)\big), \quad t \geq s\,. \tag{4.28.10}$$

Dabei beziehen sich die Operatoren (c) und Δ auf die Abhängigkeit vom zweiten Zeitargument.

4.22 Beispiel (Teil 2). Sei $x < \omega_0$. Weiter seien $s = 0$ und $y = \emptyset$. Offenbar ist

$$E_{\emptyset D}(0,\cdot)\colon t \longmapsto P(T_x \leq t,\ J_x = D) = F_{x,D}(t)\,, \qquad \emptyset \neq D \subset U\,,$$

und

$$E_{\emptyset}(0,\cdot)\colon t \longmapsto P(T_x \leq t) = F_x(t)\,.$$

Folglich ist

$$q_{\emptyset D}(0,\cdot) = \Lambda_{x,D}\,, \qquad \emptyset \neq D \subset U\,,$$

und

$$-\,q_{\emptyset\emptyset}(0,\cdot) = \Lambda_x\,.$$

Seien nun $0 < s < \omega_x - x$, $y = \emptyset$ und $\emptyset \neq D \subset U$. Dann ist

$$E_{\emptyset D}(s,\cdot)\colon t \longmapsto P(T_x \leq t,\ J_x = D \mid T_x > s) = \frac{F_{x,D}(t) - F_{x,D}(s)}{1 - F_x(s)}$$

und

$$E_{\emptyset}(s,\cdot)\colon t \longmapsto P(T_x \leq t \mid T_x > s) = \frac{F_x(t) - F_x(s)}{1 - F_x(s)}\,.$$

Dies liefert für alle $t \geq s$

$$q_{\emptyset D}(s,t) = \int\limits_{(s,t]} \frac{1}{1 - F_x(\tau - 0)}\, F_{x,D}(d\tau) = \Lambda_{x,D}(t) - \Lambda_{x,D}(s)$$

und

$$-\,q_{\emptyset\emptyset}(s,t) = \Lambda_x(t) - \Lambda_x(s)\,.$$

Gilt zusätzlich die Stationaritätsbedingung (3.31.1), so folgen mit Bemerkung 3.31 (d) für $s < \omega_x - x = \omega_0 - x$

$$q_{\emptyset D}(s,\cdot) = \Lambda_{x+s,D}(\cdot - s)\,, \quad \emptyset \neq D \subset U\,,$$

und

$$-\, q_{\emptyset\emptyset}(s,\cdot) = \Lambda_{x+s}(\cdot - s)\,.$$

Bei einer einfachen Ausscheideordnung ($U = \{1\}$) erhält man in der dann üblichen Notation der Zustände

$$q_{01}(s,t) = \Lambda_{x+s}(t-s) = \Lambda_x(t) - \Lambda_x(s)\,, \quad 0 \le s < t \wedge (\omega_0 - x)$$

(vergleiche (3.7.2)), also insbesondere $q_{01}(0,\cdot) = \Lambda_x$.

Aus diesem Beispiel ist (ebenso wie unmittelbar aus Definition 4.28 in Verbindung mit Folgerung 3.3) ersichtlich, daß auch bei $P(X_s = y) > 0$ die kumulativen Übergangsintensitäten $q_{yz}(s,\cdot),\ z \in \mathcal{S}$, nicht stets endlich sind.

4.29 Hilfssatz. *Seien* $\big((X_t, \mathfrak{A}_t)\big)_{t\ge 0}$ *ein Markovscher Sprungprozeß mit Zustandsraum* $\mathcal{S}$, $s \ge 0$ *und* $y \in \mathcal{S}$ *mit* $P(X_s = y) > 0$. *Dann gelten*

$$q_{yz}(s,t) + q_{yz}(t,u) = q_{yz}(s,u)\,, \quad s \le t \le u\,,\ z \in \mathcal{S}\,,\ 1 - E_y(s,t) > 0\,, \tag{4.29.1}$$

$$q_{yz}(s,s) = 0\,, \quad z \in \mathcal{S}\,, \tag{4.29.2}$$

$$\lim_{t \searrow s} q_{yz}(s,t) = 0\,, \quad z \in \mathcal{S}\,, \tag{4.29.3}$$

$$q_{yz}(s,t) \ge 0\,, \quad q_{yy}(s,t) \le 0\,, \quad s \le t\,,\ z \ne y\,, \tag{4.29.4}$$

$$\sum_{z \ne y} q_{yz}(s,t) = -q_{yy}(s,t)\,, \quad s \le t\,, \tag{4.29.5}$$

$$q_{zz}(t-0,t) \ge -1\,, \quad t > 0\,,\ z \in \mathcal{S}\,,\ P(X_{t-0} = z) > 0\,, \tag{4.29.6}$$

$$\begin{aligned}&\big(q_{zz}(t-0,t) = -1 \Longrightarrow q_{zz}(t-0,\tau) = -1,\ \tau \ge t\big)\,,\\ &\qquad\qquad t > 0\,,\ z \in \mathcal{S}\,,\ P(X_{t-0} = z) > 0\,.\end{aligned} \tag{4.29.7}$$

Beweis. Zum Nachweis der Additivität zeigen wir zunächst

$$q_{yz}(t,u) = \int\limits_{(t,u]} \frac{1}{1 - E_y(s,\cdot - 0)}\, dE_{yz}(s,\cdot)\,, \quad z \ne y\,, \tag{4.29.8}$$

(und damit, daß die durch die Verteilungsfunktionen $q_{yz}(s,\cdot)$ und $q_{yz}(t,\cdot)$ definierten Maße auf (t,∞) übereinstimmen). (4.29.1) ist dann offensichtlich. Aus der Markov-Eigenschaft folgen für alle $\tau \ge t$

$$\begin{aligned} E_{yz}(t,\tau) &= P\big(T(t) \le \tau,\ X_{T(t)} = z \mid X_r = y,\ r \in [s,t]\big)\,,\\ E_y(t,\tau) &= P\big(T(t) \le \tau \mid X_r = y,\ r \in [s,t]\big) \end{aligned}$$

und damit wegen $P\big(X_r = y,\ r \in [s,t]\big) = \big(1 - E_y(s,t)\big) \cdot P(X_s = y) > 0$

$$q_{yz}(t,u) = \int\limits_{(t,u]} \frac{P(T(t) \in d\tau;\ X_{T(t)} = z;\ X_r = y,\ r \in [s,t])}{P(T(t) \ge \tau;\ X_r = y,\ r \in [s,t])}\,.$$

Nach Definition der Sprungzeiten gelten für alle $\tau > t$

$$\{T(t) \geq \tau;\ X_r = y,\ r \in [s,t]\} = \{T(s) \geq \tau,\ X_s = y\}$$

und $T(s) = T(t)$ auf $\{T(s) > t\}$. Dies liefert

$$\begin{aligned} q_{yz}(t,u) &= \int_{(t,u]} \frac{P(T(s) \in d\tau,\ X_{T(s)} = z,\ X_s = y)}{P(T(s) \geq \tau,\ X_s = y)} \\ &= \int_{(t,u]} \frac{P(T(s) \in d\tau,\ X_{T(s)} = z \mid X_s = y)}{P(T(s) \geq \tau \mid X_s = y)}, \end{aligned}$$

also (4.29.8).

(4.29.2) ist klar, ebenso (4.29.4) und (4.29.5). Für den Beweis der Rechtsstetigkeit wählen wir $t_0 > s$ so, daß $P\big(T(s) \geq t_0 \mid X_s = y\big) > 0$. Dann gilt für alle $t \in (s, t_0]$, $z \neq y$

$$q_{yz}(s,t) \leq q_{yz}(s,t_0) \leq \frac{P(s < T(s) \leq t_0,\ X_{T(s)} = z \mid X_s = y)}{P(T(s) \geq t_0 \mid X_s = y)} < \infty$$

und damit

$$\lim_{t \searrow s} q_{yz}(s,t) = q_{yz}(s,s) = 0$$

nach dem Satz von Beppo Levi. Mit (4.29.5) folgt (4.29.3) dann auch für $z = y$.

(4.29.6) ist eine für kumulative Ausscheideintensitäten allgemein gültige Beziehung (vergleiche Bemerkung 3.1 und Aufgabe 13). Alternativ folgt (4.29.6) auch direkt aus Hilfssatz 4.32. (4.29.7) ist ebenfalls eine für kumulative Ausscheideintensitäten allgemein gültige Beziehung (siehe Folgerung 3.3). □

Hilfssatz 4.29 legt folgende Begriffsbildung nahe:

4.30 Definition. Eine matrixwertige Funktion

$$q = (q_{yz})_{(y,z)\in\mathcal{S}^2} : \{(s,t) \mid 0 \leq s \leq t < \infty\} \longrightarrow \mathbb{R}^{\mathcal{S}^2}$$

heißt *additive Intervallfunktion*, falls sie die Eigenschaften (4.29.1) – (4.29.3) ohne Ausnahmemengen besitzt. Vermöge $q((s,t]) := q(s,t)$, $0 \leq s \leq t < \infty$, wird q dann mit dem zugehörigen matrixwertigen Inhalt – bzw. bei dessen Fortsetzbarkeit zu einem matrixwertigen Borelmaß auf $(0,\infty)$ auch mit diesem – identifiziert. Beide Schreibweisen werden wir in Zukunft nebeneinander verwenden. Im Falle der Fortsetzbarkeit von q zu einem Borelmaß schreiben wir $q(dt)$ (bzw. $q_{yz}(dt)$) für die Integration bezüglich (der Komponenten) von q.

Eine *reguläre kumulative Intensitätsmatrix* ist eine additive Intervallfunktion, welche zusätzlich die Eigenschaften (4.29.4) – (4.29.7) ohne Ausnahmemengen besitzt.

Jede additive Intervallfunktion mit der Zusatzeigenschaft (4.29.4) (ohne Ausnahmemengen) ist fortsetzbar zu einem Borelmaß auf $(0, \infty)$, da die Komponenten $\emptyset$-stetig sind und jeweils keine Vorzeichenwechsel besitzen (vergleiche auch Aufgabe 22 (a)). Insbesondere kann jede reguläre kumulative Intensitätsmatrix als Borelmaß aufgefaßt werden. Ist X ein Markovscher Sprungprozeß mit regulärer kumulativer Intensitätsmatrix q, so ist für alle $y \in \mathcal{S}$

$$\omega_y := \inf\{t \geq 0 \mid q_{yy}(\{t\}) = -1\}$$

der rechte Eckpunkt des Borelmaßes q_{yy}. Die rechten Eckpunkte der bedingten Sprungzeitverteilungen $E_y(s, \cdot)$,

$$\omega_{sy} := E_y(s, \cdot)^{-1}\left(E_y(s, \infty)\right), \qquad s \geq 0,$$

sind für $s \leq \omega_y$ unabhängig von s und stimmen mit ω_y überein; es gilt

$$s \vee \omega_y = \omega_{sy}, \qquad y \in \mathcal{S}, \ s \geq 0.$$

Dies ist eine unmittelbare Konsequenz aus (4.29.7), Folgerung 3.3 und Aufgabe 3.3 (a).

Wie schon im Zusammenhang mit Beispiel 4.22 (Teil 2) erwähnt, gibt es nicht stets eine endliche Version der kumulativen Intensitätsmatrix. Aber selbst falls eine solche existiert, bedeutet die Gültigkeit der Additivität (4.29.1) auch im Falle $1 - E_y(s, t) = 0$ eine weitere Einschränkung: Ein Zustand y, der nach s mit Sicherheit vor t verlassen und dann vor t mit positiver Wahrscheinlichkeit wieder angenommen wird, ist „ab t absorbierend", d. h. für alle $t > 0$ mit $P(X_t = y) > 0$ gilt folgende Implikation:

$$1 - E_y(s, t) = 0 \text{ für ein } s \in [0, t) \text{ mit } P(X_s = y) > 0 \ \Rightarrow \ q_{yy}(t, \cdot) \equiv 0. \qquad (4.31.1)$$

Dies ergibt sich daraus, daß $q_{yz}(s, \cdot)$ nach Definition gemäß (4.28.6) konstant ist ab ω_{sy}. Zusammen mit Beschränktheitsvoraussetzungen ist diese notwendige Bedingung auch hinreichend für die Existenz einer regulären kumulativen Intensitätsmatrix:

4.31 Satz. *Sei $\left((X_t, \mathfrak{A}_t)\right)_{t \geq 0}$ ein Markovscher Sprungprozeß mit einer auf Kompakta beschränkten kumulativen Intensitätsmatrix q, die* (4.31.1) *erfüllt. Dann existiert eine reguläre kumulative Intensitätsmatrix $\overline{q}$ von X.*

Beweis. Wir lehnen uns an Wehner (1995) an. Sei $y \in \mathcal{S}$ fest. Ohne Beschränkung der Allgemeinheit existiere ein $s \geq 0$ mit $P(X_s = y) > 0$. Wir setzen

$$\overline{q}_{yz}(t, u) := q_{yz}(s, u) - q_{yz}(s, t), \qquad s \leq t \leq u, \ z \in \mathcal{S}, \qquad (4.31.2)$$

und zeigen zunächst, daß diese Definition unabhängig von der Wahl von s ist. Dazu ist für alle $r \geq 0$ mit $P(X_r = y) > 0$

$$q_{yz}(r, u) - q_{yz}(r, t) = q_{yz}(s, u) - q_{yz}(s, t), \qquad r \vee s \leq t \leq u, \qquad (4.31.3)$$

zu zeigen. Ohne Einschränkung sei $r \geq s$. Ist $1 - E_y(s, r) > 0$, so folgt (4.31.3) sofort aus (4.29.1):

$$q_{yz}(r, u) - q_{yz}(r, t) = q_{yz}(s, u) - q_{yz}(s, r) - \big(q_{yz}(s, t) - q_{yz}(s, r)\big) .$$

Ist $1 - E_y(s, r) = 0$, so gilt $E_y(s, \cdot)\big|_{\mathfrak{B}((r,\infty))} = 0$ und damit auch $E_{yz}(s, \cdot)\big|_{\mathfrak{B}((r,\infty))} = 0$. Die Definitionsgleichungen (4.28.6) und (4.28.7) liefern dann $q_{yz}(s, u) = q_{yz}(s, r) = q_{yz}(s, t)$; andererseits gilt auf Grund von (4.31.1) aber auch $q_{yz}(r, \cdot) \equiv 0$, so daß (4.31.3) auch in diesem Falle folgt.

Sei nun $s_y := \inf\{s \geq 0 \mid P(X_s = y) > 0\}$. Man rechnet leicht nach, daß $\overline{q}$ gemäß $\overline{q}_{y*}\colon \{(s, t) \mid s_y < s \leq t\} \longrightarrow \mathbb{R}^1$ die Eigenschaften (4.29.1) – (4.29.7) ohne Ausnahmemengen erfüllt. Ist $P(X_{s_y} = y) > 0$, so ist $\overline{q}_{yz}(s_y, \cdot)$, $z \in \mathcal{S}$, in (4.31.2) schon definiert, und nach (4.29.1) sowie (4.29.3) gilt

$$\overline{q}_{yz}(s_y, t) = \lim_{\sigma \searrow s_y} \overline{q}_{yz}(\sigma, t) , \qquad s_y < t ;$$

andernfalls definieren wir $\overline{q}_{yz}(s_y, t)$ durch diese Beziehung. Also ist durch (4.31.2) in Verbindung mit

$$\overline{q}_{yz}(s, t) := \begin{cases} \lim\limits_{\sigma \searrow s_y} \overline{q}_{yz}(\sigma, t) , & s = s_y < t \\ 0 , & 0 \leq s \leq t < s_y \\ \overline{q}_{yz}(s_y, t) , & 0 \leq s \leq s_y \leq t \end{cases} \tag{4.31.4}$$

$\overline{q}\colon \{(s, t) \mid 0 \leq s \leq t < \infty\} \longrightarrow \mathbb{R}^{\mathcal{S}^2}$ eindeutig definiert. Es ist unmittelbar einsichtig, daß die Eigenschaften (4.29.1) – (4.29.7) ohne Ausnahmemengen auch auf dem größeren Definitionsbereich gelten.

Mit q ist auch $\overline{q}$ eine kumulative Intensitätsmatrix von X: Seien $0 \leq s \leq t$, $(y, z) \in \mathcal{S}^2$ und $P(X_s = y) > 0$. Auf Grund des ersten Beweisteiles ist die Definition (4.31.2) unabhängig von der Wahl des Basispunktes s, so daß

$$\overline{q}_{yz}(s, t) = q_{yz}(s, t) - q_{yz}(s, s) = q_{yz}(s, t) . \qquad \square$$

Mit Hilfe der kumulativen Übergangsintensitäten lassen sich die bedingten Sprungwahrscheinlichkeiten eines Markovschen Sprungprozesses explizit angeben. Der folgende Hilfssatz ist ein Spezialfall der in Abschnitt C bewiesenen Vorwärtsgleichungen.

4.32 Hilfssatz. *Sei $\big((X_t, \mathfrak{A}_t)\big)_{t \geq 0}$ ein Markovscher Sprungprozeß mit Zustandsraum $\mathcal{S}$ und kumulativer Intensitätsmatrix q. Dann gilt für alle $y \in \mathcal{S}$ und alle $t > 0$ mit $P(X_{t-0} = y) > 0$*

$$P(X_t = z \mid X_{t-0} = y) = \begin{cases} q_{yz}(t - 0, t) , & y \neq z \\ 1 + q_{yy}(t - 0, t) , & y = z . \end{cases} \tag{4.32.1}$$

Beweis. Wir betrachten zunächst den Fall $y \neq z$. Da die Pfade von X stückweise konstant sind, gilt $\{X_{t-0} = y\} = \lim_{s \nearrow t} \{X_s = y\}$ und damit

$$0 < P(X_{t-0} = y) = \lim_{\varepsilon \searrow 0} P(X_s = y,\ t - \varepsilon < s < t) = \lim_{s \nearrow t} P(X_s = y)\,. \qquad (4.32.2)$$

Folglich existiert ein $s_0 < t$ mit $P(X_s = y) > 0$ und

$$1 - E_y(s, \tau) = P(X_r = y,\ s \leq r \leq \tau \mid X_s = y) > 0\,, \qquad s_0 \leq s < \tau < t\,.$$

Weiter gilt nach (4.29.8) für $s_0 \leq s < \tau < t$

$$q_{yz}(\tau, t) = \int\limits_{(\tau,t]} \frac{1}{1 - E_y(s, \cdot - 0)}\, dE_{yz}(s, \cdot) \stackrel{\tau \nearrow t}{\longrightarrow} \frac{E_{yz}(s, t) - E_{yz}(s, t-0)}{1 - E_y(s, t-0)}\,.$$

(Wegen Aufgabe 3.3 (a) ist der Limes gleich 0 im Falle $E_y(s, t-0) = 1$; wie man sich leicht überlegt, ist dann auch $P(X_t = z \mid X_{t-0} = y) = 0$.) Sei nun $E_y(s, t-0) < 1$. Auf Grund von (4.29.1) gelten offenbar

$$\Delta q_{yy}(s, \tau) = q_{yy}(s, \tau) - q_{yy}(s, \tau - 0) = q_{yy}(s_0, \tau) - q_{yy}(s_0, \tau - 0) = \Delta q_{yy}(s_0, \tau)$$

und

$$q_{yy}^{(c)}(s, t) = q_{yy}^{(c)}(s_0, t) - q_{yy}^{(c)}(s_0, s)\,;$$

zusammen mit der Exponentialformel (4.28.10) liefert dies

$$1 - E_y(s, t-0) = \exp\bigl(q_{yy}^{(c)}(s_0, t) - q_{yy}^{(c)}(s_0, s)\bigr) \cdot \prod_{s<\tau<t} \bigl(1 + \Delta q_{yy}(s_0, \tau)\bigr) \stackrel{s \nearrow t}{\longrightarrow} 1\,.$$

Außerdem gilt nach Definition von E_{yz}

$$\Delta E_{yz}(s, t) = P\bigl(T(s) = t,\ X_{T(s)} = z \mid X_s = y\bigr) = \frac{P(T(s) = t,\ X_t = z,\ X_s = y)}{P(X_s = y)}\,.$$

Ist $X_s = y$ und $X_t = z$, so ist wegen der stückweisen Konstanz der Pfade von X die Bedingung $T(s) = t$ für s nahe bei t automatisch erfüllt, so daß

$$\lim_{s \nearrow t} \bigl\{T(s) = t,\ X_t = z,\ X_s = y\bigr\} = \bigl\{X_t = z,\ X_{t-0} = y\bigr\}\,,$$

also

$$\lim_{s \nearrow t} P\bigl(T(s) = t,\ X_t = z,\ X_s = y\bigr) = P\bigl(X_t = z,\ X_{t-0} = y\bigr)$$

und zusammen mit (4.32.2)

$$\lim_{s \nearrow t} \bigl(E_{yz}(s, t) - E_{yz}(s, t-0)\bigr) = P(X_t = z \mid X_{t-0} = y)\,.$$

Insgesamt folgt

$$q_{yz}(t-0, t) = \frac{E_{yz}(s, t) - E_{yz}(s, t-0)}{1 - E_y(s, t-0)} \stackrel{s \nearrow t}{\longrightarrow} P(X_t = z \mid X_{t-0} = y)\,,$$

d. h. der erste Teil von (4.32.1). Zusammen mit (4.29.5) ergibt sich daraus der zweite Teil von (4.32.1). □

Da die kumulativen Übergangsintensitäten in der Regel besser als die Übergangswahrscheinlichkeiten interpretierbar sind, wird die Modellierung eines zufälligen Geschehens durch Markov-Prozesse oft nicht mittels der Übergangswahrscheinlichkeiten sondern mittels der Übergangsintensitäten durchgeführt. Dazu benötigt man Eindeutigkeits- und Existenzresultate. Zunächst ist in diesem Zusammenhang von Interesse, ob nicht nur die Übergangswahrscheinlichkeiten gemeinsam mit der Startverteilung die Verteilung des Markov-Prozesses eindeutig festlegen (Bemerkung 4.17 (c)), sondern ob auch die kumulative Intensitätsmatrix zusammen mit der Startverteilung die Verteilung des Markov-Prozesses bestimmt.

Daß das tatsächlich der Fall ist, wird durch Hilfssatz 4.32 nahegelegt, da bei Markovschen Sprungprozessen Zustandsänderungen trivialerweise nur durch Sprünge erfolgen können. Wir beweisen diese Eindeutigkeit im folgenden mit Hilfe des zugehörigen markierten Punktprozesses. Ausgehend von der starken Markov-Eigenschaft des Markovschen Sprungprozesses (Satz 4.27) zeigen wir dazu zunächst, daß der markierte Punktprozeß eine Markov-Kette ist und bestimmen die Übergangswahrscheinlichkeiten. Dabei verstehen wir unter einer *Markov-Kette* einen an eine Filtration adaptierten stochastischen Prozeß mit Zeitbereich $\mathbb{N}_0$ oder $\mathbb{N}$, der der Definition 4.16 mit $\mathbb{N}_0$ oder $\mathbb{N}$ statt $[0, \infty)$ genügt.

4.33 Hilfssatz. *Sei* $\big((X_t, \mathfrak{A}_t)\big)_{t \geq 0}$ *ein Markovscher Sprungprozeß mit Zustandsraum* $\mathcal{S}$. *Dann ist der zugehörige markierte Punktprozeß* $\big((T_n, Z_n)\big)_{n \in \mathbb{N}_0}$ *eine Markov-Kette mit Zustandsraum* $[0, \infty] \times \mathcal{S}$ *und Einschritt-Übergangswahrscheinlichkeiten*

$$p(n, n+1)\colon \big((s, y), B \times \{z\}\big) \longmapsto P(T_{n+1} \in B,\ Z_{n+1} = z \mid T_n = s,\ Z_n = y)$$

$$= \begin{cases} P_{ys}(s + t_1 \in B,\ \mathrm{pr}_{t_1} = z)\,, & s < \infty \\ \varepsilon_{(\infty, y)}(B \times \{z\})\,, & s = \infty \end{cases} \tag{4.33.1}$$

$$= \begin{cases} 1_{\mathcal{S} \setminus \{z\}}(y)\, E_{yz}\big(s, B \setminus \{\infty\}\big) + 1_{\{z\}}(y)\, 1_B(\infty)\big(1 - E_y(s, \infty)\big)\,, & s < \infty \\ \varepsilon_{(\infty, y)}\big(B \times \{z\}\big)\,, & s = \infty \end{cases} \tag{4.33.2}$$

($n \in \mathbb{N}_0$, $y \in \mathcal{S}$, $B \in \mathfrak{B}([0, \infty])$, $z \in \mathcal{S}$*).*

Beweis. Sei $n \in \mathbb{N}_0$. Die Gestalt der Übergangswahrscheinlichkeiten für $s = \infty$ ergibt sich daraus, daß nach Definition

$$T_n = \infty\,,\ Z_n = y \quad \Longrightarrow \quad T_{n+1} = \infty\,,\ Z_{n+1} = y\,.$$

Seien nun $B \in \mathfrak{B}([0, \infty])$ und $z \in \mathcal{S}$. Nach Satz 4.13 und Aufgabe 9 (angewandt mit $f\colon [0, \infty) \times \mathcal{X} \ni (s, x) \longmapsto 1_{\{s + t_1(x) \in B\} \cap \{\mathrm{pr}_{t_1(x)}(x) = z\}} \in \{0, 1\}$) gilt P-fast sicher auf

$\{T_n < \infty\}$

$$\begin{aligned} P(T_{n+1} \in B,\ Z_{n+1} = z \mid T_0, \dots, T_n,\ Z_0, \dots, Z_n) \\ = P(T_{n+1} \in B,\ Z_{n+1} = z \mid \mathfrak{A}_{T_n}) \\ = P\big(T_n + t_1\big((X_{\tau+T_n})_{\tau\geq 0}\big) \in B,\ \mathrm{pr}_{t_1}\big((X_{\tau+T_n})_{\tau\geq 0}\big) = z \mid \mathfrak{A}_{T_n}\big) \\ = P_{ys}(s + t_1 \in B,\ \mathrm{pr}_{t_1} = z)\big|_{(s,y)=(T_n,Z_n)} . \end{aligned}$$

Dies zeigt (4.33.1). Zum Beweis von (4.33.2) verwenden wir, daß für alle $0 \leq s < t < \infty$ und alle $y \in \mathcal{S}$ mit $P(X_s = y) > 0$

$$\begin{aligned} P_{ys}(s + t_1 \leq t,\ \mathrm{pr}_{t_1} = z) &= 1_{\mathcal{S}\setminus\{z\}}(y)\, P\big(T(s) \leq t,\ X_{T(s)} = z \mid X_s = y\big) \\ &= 1_{\mathcal{S}\setminus\{z\}}(y)\, E_{yz}(s, t) \end{aligned}$$

und

$$P_{ys}(s + t_1 = \infty,\ \mathrm{pr}_{t_1} = z) = \delta_{yz}\big(1 - P_{ys}(s + t_1 < \infty)\big) = \delta_{yz}\big(1 - E_y(s, \infty)\big)$$

gelten. Also erhalten wir P-fast sicher auf $\{T_n < \infty\}$

$$\begin{aligned} &P(T_{n+1} \in B,\ Z_{n+1} = y \mid T_0, \dots, T_n,\ Z_0, \dots, Z_n) \\ &= \Big(P_{ys}(s+t_1 \in B\setminus\{\infty\},\ \mathrm{pr}_{t_1} = z) + P_{ys}\big(s+t_1 \in B \cap \{\infty\},\ \mathrm{pr}_{t_1} = z\big)\Big)\Big|_{(s,y)=(T_n,Z_n)} \\ &= 1_{\mathcal{S}\setminus\{z\}}(Z_n)\, E_{Z_n z}(T_n, B \setminus \{\infty\}) + 1_B(\infty)\, 1_{\{z\}}(Z_n)\, \big(1 - E_{Z_n}(T_n, \infty)\big) , \end{aligned}$$

und damit (4.33.2). □

Die zu einem Markovschen Sprungprozeß gehörige Markov-Kette ist *zeitlich homogen*: Gemäß (4.33.1) sind die Übergangswahrscheinlichkeiten *stationär*, d. h. unabhängig von $n \in \mathbb{N}_0$. Umgekehrt definiert aber nicht jeder Markovsche markierte Punktprozeß auf $[0, \infty]$ mit Markenraum $\mathcal{S}$ und stationären Übergangswahrscheinlichkeiten einen Sprungprozeß, der die Markov-Eigenschaft besitzt (vergleiche Jacobsen (1972), p. 33 und Theorem 6.1 sowie unseren daran angelehnten Satz 4.43). Ist $\big((X_t, \mathfrak{A}_t)\big)_{t\geq 0}$ ein Markovscher Sprungprozeß, so ist die „eingebettete Kette" $\big((Z_n, \mathfrak{A}_{T_n})\big)_{n\in\mathbb{N}}$ nicht generell Markovsch, denn nach (4.33.1) und Satz 4.13 ist für alle $n \in \mathbb{N}_0$ und alle $C \subset \mathcal{S}$

$$P(Z_{n+1} \in C \mid \mathfrak{A}_{T_n}) = P_{Z_n T_n}(\mathrm{pr}_{t_1} \in C) \quad P\text{-f.s. auf } \{T_n < \infty\} ,$$

wobei die rechte Seite neben der Abhängigkeit von Z_n auch eine explizite Abhängigkeit von T_n aufweisen kann.

4.34 Satz. *Die Verteilung eines Markovschen Sprungprozesses mit Zustandsraum $\mathcal{S}$ ist durch die Startverteilung und die kumulative Intensitätsmatrix eindeutig bestimmt.*

Beweis. Sei $\big((X_t, \mathfrak{A}_t)\big)_{t\geq 0}$ ein Markovscher Sprungprozeß mit Zustandsraum $\mathcal{S}$, Startverteilung π und kumulativer Intensitätsmatrix q; $(T, Z) := G \circ X$ sei der zugehörige markierte Punktprozeß. Da G ein Isomorphismus von Meßräumen ist (Satz 4.12), zeigen wir, daß die Verteilung von (T, Z) eindeutig bestimmt ist. Nach Hilfssatz 4.33 ist (T, Z) eine homogene Markov-Kette. Analog zu Bemerkung 4.17 (c) ist also die Verteilung von (T, Z) durch die Startverteilung und die Übergangsverteilungen eindeutig bestimmt. Nach Definition ist $(T_0, Z_0) = (0, X_0)$, so daß (T, Z) die Startverteilung $\varepsilon_0 \otimes \pi$ besitzt und nur die Betrachtung der Übergangswahrscheinlichkeiten verbleibt. Wie generell bei Markov-Ketten kann man sich in Anbetracht der Chapman-Kolmogorov-Gleichungen auf die Festlegung der Einschritt-Übergangswahrscheinlichkeiten beschränken. Wegen der zeitlichen Homogenität des Prozesses genügt es sogar zu zeigen, daß die erste Einschritt-Übergangswahrscheinlichkeit

$$P(T_1 \leq t,\ Z_1 = z \mid T_0 = 0,\ Z_0 = y) = E_{yz}(0, t)\,, \qquad t \geq 0,\ z \in \mathcal{S}\,,$$

für alle $y \neq z$ mit $\pi(\{y\}) = P(X_0 = y) > 0$ eindeutig bestimmt ist. Nach (4.28.6) gilt

$$E_{yz}(0, t) = \int\limits_{(0,t]} \big(1 - E_y(0, \tau - 0)\big)\, q_{yz}(0, d\tau)\,,$$

wobei der Integrand gemäß (4.28.9) und (4.28.10) aus der kumulativen Ausscheideintensität aus dem Zustand y berechnet werden kann. □

Neben dem Eindeutigkeitssatz 4.34 wird für die Modellierung eines Zufallsgeschehens mit Hilfe von Markovschen Sprungprozessen mit vorgegebener Startverteilung der folgende Existenzsatz benötigt, bei dem wir Zusatzvoraussetzungen an die Intensitäten machen und deren Regularität fordern.

4.35 Satz. *Ist $\pi: 2^{\mathcal{S}} \longrightarrow [0, 1]$ ein Wahrscheinlichkeitsmaß und $q = (q_{yz})_{(y,z)\in\mathcal{S}^2}$ eine reguläre kumulative Intensitätsmatrix, so existiert ein Markovscher Sprungprozeß $\big(\Omega, \mathfrak{A}, P, (X_t)_{t\geq 0}\big)$ mit Startverteilung π und kumulativer Intensitätsmatrix q.*

Der folgende Beweis dieses Satzes ist angelehnt an die Abschnitte 2 bis 4 von Jacobsen (1972) und an Gill und Johansen (1990, pp. 1544, 1545), vergleiche auch Abschnitt 3 von Gill (1994). Wir geben zunächst eine

Beweisübersicht. Der Prozeß $(X_t)_{t\geq 0}$ wird mit Hilfe des zugehörigen markierten Punktprozesses konstruiert, d. h. wir setzen

$$X = G^{-1}(T, Z) \tag{4.35.1}$$

mit G wie in Satz 4.12 (eventuell sinngemäß fortgesetzt) und einer geeigneten bivariaten homogenen Markov-Kette $\big((T_n, Z_n)\big)_{n\in\mathbb{N}_0}$ mit Zustandsraum $[0, \infty] \times \mathcal{S}$, deren Verteilung über ihre Startverteilung und die Übergangswahrscheinlichkeiten definiert wird. Die Startverteilung sei

$$\mathcal{L}(T_0, Z_0) := \varepsilon_0 \otimes \pi\,. \tag{4.35.2}$$

Nach Definition 4.28 muß die Definition der Übergangswahrscheinlichkeiten fast sicher gewährleisten, daß für gegebenes $s \geq 0$, $y \in \mathcal{S}$

$$F_y(s,\cdot)\colon [s,\infty) \ni t \longmapsto 1-\exp\bigl(q_{yy}^{(c)}(s,t)\bigr) \prod_{s<\tau\leq t} \bigl(1+\Delta q_{yy}(s,\tau)\bigr) \in [0,1] \qquad (4.35.3)$$

die Verteilung der Wartezeit $T(s)$ auf den nächsten Sprung nach s gegeben $X_s = y$ beschreibt (vergleiche (4.28.5) und (4.28.10)) und daß die Verteilung des Sprungzieles $X_{T(s)}$ unter den Bedingungen $X_s = y$ und $T(s) = t$ gegeben ist durch $z \longmapsto -\frac{dq_{yz}}{dq_{yy}}(t)$ (Aufgabe 14). Einsetzen von $(s, y) = (T_n, Z_n)$ legt folgende Definition der Übergangswahrscheinlichkeiten nahe: Für $\bigl((t_n, z_n)\bigr)_{n\in\mathbb{N}_0} \in \mathcal{K}$ und $n \in \mathbb{N}_0$ seien

$$\begin{aligned}
&P(T_{n+1} > t_{n+1} \mid T_0 = t_0,\ Z_0 = z_0, \ldots, T_n = t_n,\ Z_n = z_n)\\
&\quad := P(T_{n+1} > t_{n+1} \mid T_n = t_n,\ Z_n = z_n) := 1 - F_{z_n}(t_n, t_{n+1}),
\end{aligned}$$

falls $t_n < \infty$, und (4.35.4)

$$\begin{aligned}
&P(T_{n+1} = \infty \mid T_0 = t_0,\ Z_0 = z_0, \ldots, T_n = \infty,\ Z_n = z_n)\\
&\quad := P(T_{n+1} = \infty \mid T_n = \infty,\ Z_n = z_n) \ := 1,
\end{aligned}$$

sowie

$$\begin{aligned}
&P(Z_{n+1} = z_{n+1} \mid T_0 = t_0,\ Z_0 = z_0, \ldots, T_n = t_n,\ Z_n = z_n,\ T_{n+1} = t_{n+1})\\
&\quad := P(Z_{n+1} = z_{n+1} \mid T_{n+1} = t_{n+1},\ Z_n = z_n) := -\frac{dq_{z_n z_{n+1}}}{dq_{z_n z_n}}(t_{n+1}),
\end{aligned}$$

falls $t_{n+1} < \infty$, und $z_n \neq z_{n+1}$ und (4.35.5)

$$\begin{aligned}
&P(Z_{n+1} = z_n \mid T_0 = t_0,\ Z_0 = z_0, \ldots, T_n = t_n,\ Z_n = z_n,\ T_{n+1} = \infty)\\
&\quad := P(Z_{n+1} = z_n \mid T_{n+1} = \infty,\ Z_n = z_n) := 1.
\end{aligned}$$

Gemäß (4.35.4) wird die bedingte Verteilung der Zeit des $(n+1)$-ten Sprunges gegeben die Geschichte des markierten Punktprozesses bis zum n-ten Sprung geregelt durch die totalen bedingten kumulativen Ausscheideintensitäten q_{yy}, $y \in \mathcal{S}$, während der „Anteil" der einzelnen partiellen bedingten kumulativen Ausscheideintensitäten an diesen totalen Ausscheideintensitäten nach (4.35.5) die bedingte Verteilung des $(n+1)$-ten Sprungzieles gegeben die $(n+1)$-te Sprungzeit und die Geschichte des Prozesses bis zum n-ten Sprung regelt. Die Einschritt-Übergangswahrscheinlichkeiten ergeben sich aus (4.35.4) und (4.35.5) mittels

$$\begin{aligned}
&P(T_{n+1} \in B,\ Z_{n+1} \in C \mid T_0 = t_0,\ Z_0 = z_0, \ldots, T_n = t_n,\ Z_n = z_n)\\
&\quad = P(T_{n+1} \in B,\ Z_{n+1} \in C \mid T_n = t_n,\ Z_n = z_n) \qquad (4.35.6)\\
&\quad = \int_B P(Z_{n+1} \in C \mid T_{n+1} = \tau,\ Z_n = z_n) P(T_{n+1} \in d\tau \mid T_n = t_n,\ Z_n = z_n),\\
&\qquad\qquad n \in \mathbb{N}_0,\ \bigl((t_n, z_n)\bigr)_{n\in\mathbb{N}_0} \in \mathcal{K},\ B \in \mathfrak{B}(\overline{\mathbb{R}}^1),\ C \subset \mathcal{S}.
\end{aligned}$$

Nach dem Satz von Ionescu Tulcea (Gänßler und Stute (1977), Satz 1.9.3) existiert genau eine Verteilung auf $\bigl(([0,\infty] \times \mathcal{S})^{\mathbb{N}_0}, (\mathfrak{B}([0,\infty]) \otimes 2^{\mathcal{S}})^{\mathbb{N}_0}\bigr)$, die die endlich-dimensionalen Verteilungen als Randverteilungen hat. Wir wählen (T, Z) als das zugehörige Koordinatenrepräsentationsmodell. Zunächst ist zu zeigen, daß (T, Z) eine Markov-Kette ist, deren Pfade $n \longmapsto \big(T_n(\omega), Z_n(\omega)\big)$ fast sicher die Forderungen 4.11 (a), (b) ohne $T_1(\omega) < \infty$ und (c) erfüllen. Dies ist unmittelbar aus der Definition der Übergangswahrscheinlichkeiten ersichtlich, bis auf die Tatsache, daß auf jedem kompakten Zeitintervall fast sicher nur endlich viele Sprünge stattfinden:

$$M_{z,t} := \sum_{n\in\mathbb{N}} 1_{\{T_n \le t,\ Z_n = z\}} < \infty \quad P\text{-f.s.}, \qquad z \in \mathcal{S}\,,\ \ t \ge 0\,. \tag{4.35.7}$$

Damit ist dann klar, daß X gemäß (4.35.1) ein wohldefinierter Sprungprozeß ist, der wegen (4.35.2) die Startverteilung π besitzt. Außer (4.35.7) verbleibt zu zeigen, daß X die weiteren behaupteten Eigenschaften hat:

(a) X besitzt die elementare Markov-Eigenschaft,

(b) X besitzt die kumulative Intensitätsmatrix q.

Die Aussagen (4.35.7), (a) und (b) werden in den folgenden Hilfssätzen und Folgerungen bewiesen. □

4.36 Bemerkung. Der in Satz 4.35 konstruierte Markovsche Sprungprozeß hat genau dann fast sicher Pfade in $\mathcal{X}$, wenn $P(T_1 < \infty) = 1$. Ist $\emptyset \neq \mathcal{S}_0 \subset \mathcal{S}$, so sind äquivalent:

(a) $P(T_1 < \infty) = 1$ für alle Startverteilungen $\pi|_{2^{\mathcal{S}}}$ mit Träger $\mathcal{S}_0$.

(b) $F_y(0, \cdot)$ gemäß (4.35.3) ist stochastisch für alle $y \in \mathcal{S}_0$.

(c) Für alle $y \in \mathcal{S}_0$ gilt folgende Alternative für den rechten Eckpunkt ω_y von q_{yy}:

$$\omega_y = \infty \implies q_{yy}(0, \omega_y - 0) = -\infty$$
$$\omega_y < \infty \implies \Delta q_{yy}(0, \omega_y) \quad = -1.$$

Die Äquivalenz von (a) und (b) folgt unmittelbar aus (4.35.4). Die Implikation „(a) $\Longrightarrow$ (c)“ ergibt sich aus Folgerung 3.3 und der Regularität von q, und die Implikation „(c) $\Longrightarrow$ (b)“ folgt aus der Definitionsformel (4.35.3) in Verbindung mit der letzten Teilaussage von Hilfssatz 3.2.

Zur Vervollständigung des Beweises von Satz 4.35 beweisen wir nun die dortigen Aussagen (4.35.7), (a) und (b). Wir beginnen mit dem Beweis von (4.35.7) und zeigen zunächst

4.37 Hilfssatz. *Unter den Voraussetzungen von Satz* 4.35 *besitzt der Zählprozeß* M_z *gemäß* (4.35.7) *den Kompensator*

$$A_{z,t} = \sum_{y\neq z} \int_{(0,t]} 1_{\{X_{s-0}=y\}}\, q_{yz}(ds)\,, \qquad t \ge 0\,. \tag{4.37.1}$$

Beweis. Wir legen die natürliche Filtration des multivariaten Zählprozesses M zugrunde. Nach einem im Anhang 12 B als Satz 12.29 rekapitulierten Resultat von Jacod (1975) ist der Kompensator von M_z von der Form

$$A_{z,t} = \sum_{n=0}^{\infty} A_{z,t}^{(n)}, \qquad t \geq 0,$$

wobei

$$A_{z,t}^{(n)} := \int\limits_{(T_n \wedge t,\ T_{n+1} \wedge t]} \frac{1}{G_n(\cdot, [s, \infty] \times \mathcal{S})} G_n\big(\cdot, ds, \{z\}\big)$$

und

$$G_n \colon \Omega \times \big(\mathfrak{B}([0, \infty]) \otimes 2^{\mathcal{S}}\big) \longrightarrow [0, 1]$$

für alle $n \in \mathbb{N}_0$ eine reguläre bedingte Verteilung von (T_{n+1}, Z_{n+1}) gegeben $a_\sigma(T_0, Z_0, \ldots, T_n, Z_n)$ ist. Offenbar gilt P-fast sicher

$$G_n\big(\cdot, (s, \infty) \times \{y\}\big) \cdot 1_{\{T_n < \infty,\ Z_n = y\}} = 0, \quad n \in \mathbb{N}_0,\ s \geq 0,\ y \in \mathcal{S}. \tag{4.37.2}$$

Wir zeigen

$$\begin{aligned} &G_n\big(\cdot, (s, \infty) \times \{z\}\big) \cdot 1_{\{T_n < \infty,\ Z_n = y\}} \\ &\quad = \int\limits_{(s,\infty)} \big(1 - F_y(T_n, v - 0)\big)\, q_{yz}(dv) \cdot 1_{\{T_n < \infty,\ Z_n = y\}} \quad P\text{-f.s.}, \\ &\qquad\qquad n \in \mathbb{N}_0,\ s \geq 0,\ (y, z) \in J. \end{aligned} \tag{4.37.3}$$

Nach (4.35.3) und Hilfssatz 3.2 ist für alle $r \geq 0$, $y \in \mathcal{S}$

$$F_y(r, \cdot)|_{\mathfrak{B}((r,\infty))} \ll -q_{yy}, \quad -\frac{dF_y(r, \cdot)}{dq_{yy}} = 1 - F_y(r, \cdot - 0). \tag{4.37.4}$$

Seien nun $0 \leq r < s < \infty$, $(y, z) \in J$ und $n \in \mathbb{N}_0$. Dann liefern (4.35.4)–(4.35.6) in Verbindung mit (4.37.4)

$$\begin{aligned} &P(s < T_{n+1} < \infty,\ Z_{n+1} = z \mid T_n = r,\ Z_n = y) \\ &\quad = \int\limits_{(s,\infty)} -\frac{dq_{yz}}{dq_{yy}}(v)\, F_y(r, dv) = \int\limits_{(s,\infty)} \big(1 - F_y(r, v - 0)\big)\, q_{yz}(dv), \end{aligned}$$

also (4.37.3). Zusammen mit (4.37.2), (4.35.4), (4.29.5), (4.37.3) und (4.37.4) folgt

$$\begin{aligned} &G_n\big(\cdot, (s, \infty] \times \mathcal{S}\big) \cdot 1_{\{T_n < \infty\}} \\ &= \sum_{y \in \mathcal{S}} \Big(\sum_{z \neq y} G_n\big(\cdot, (s, \infty) \times \{z\}\big) + G_n\big(\cdot, \{\infty\} \times \mathcal{S}\big) \Big) \cdot 1_{\{T_n < \infty,\ Z_n = y\}} \\ &= \sum_{y \in \mathcal{S}} \Big(\sum_{z \neq y} \int\limits_{(s,\infty)} \big(1 - F_y(T_n, v - 0)\big)\, q_{yz}(dv) + \lim_{t \to \infty} \big(1 - F_y(T_n, t)\big) \Big) \cdot 1_{\{T_n < \infty,\ Z_n = y\}} \\ &= \sum_{y \in \mathcal{S}} F_y\big(T_n, (s, \infty]\big) \cdot 1_{\{T_n < \infty,\ Z_n = y\}} \qquad P\text{-f.s.} \end{aligned}$$

Durch Einsetzen dieses Ergebnisses und der Formeln (4.37.2) und (4.37.3) in die Definitionsgleichung von $A_{z,t}^{(n)}$ erhalten wir

$$A_{z,t}^{(n)} = \sum_{y \neq z} \int_{(T_n \wedge t,\ T_{n+1} \wedge t]} 1_{\{Z_n = y\}} \frac{1 - F_y(T_n, s-0)}{F_y(T_n, [s, \infty])} q_{yz}(ds)$$
$$= \sum_{y \neq z} \int_{(T_n \wedge t,\ T_{n+1} \wedge t]} 1_{\{X_{s-0} = y\}} q_{yz}(ds) .$$

(Auch im Falle $F_y(T_n, s-0) = 1$ ist Kürzen erlaubt, denn dann existiert ein $\tau \in (T_n, s)$ mit $q_{yy}(\{\tau\}) = -1$, nach (4.29.7) ist der rechte Eckpunkt von q_{yy} gleich τ, und es folgt $q_{yz}([s, \infty)) = 0$, $z \in \mathcal{S}$.) Mit $T_\infty := \sup_{n \in \mathbb{N}_0} T_n$ ist der Kompensator A_z von M_z also von der Form

$$A_{z,t} = \sum_{y \neq z} \int_{(0, T_\infty) \cap (0,t]} 1_{\{X_{s-0} = y\}} q_{yz}(ds) , \qquad t \geq 0 ,$$

d. h. in (4.37.1) steht „$\leq$". Dies genügt zum Beweis von $E(M_{z,t}) < \infty$, $t > 0$, $z \in \mathcal{S}$, in der nachstehenden Folgerung und folglich von $T_\infty = \infty$ fast sicher. Also steht in (4.37.1) tatsächlich „$=$". □

4.38 Folgerung. *Unter den Voraussetzungen von Satz* 4.35 *ist die erwartete Anzahl der Sprünge in jedem beschränkten Zeitintervall endlich:*

$$E\Big(\sum_{z \in \mathcal{S}} M_{z,t}\Big) < \infty , \qquad t > 0 .$$

Beweis. Seien $z \in \mathcal{S}$ und A_z der Kompensator von M_z. Dann gilt für alle $t > 0$

$$E(M_{z,t}) = E(A_{z,t}) \leq \sum_{y \neq z} E\Big(\int_{(0,t]} 1_{\{X_{s-0} = y\}} q_{yz}(ds)\Big) \leq \sum_{y \neq z} q_{yz}\big((0,t]\big) < \infty . \qquad \square$$

Folgerung 4.38 liefert unmittelbar (4.35.7). Die Voraussetzung der Endlichkeit der kumulativen Intensitätsmatrix q wird also entscheidend dazu benötigt, nachzuweisen, daß auf beschränkten Zeitintervallen nur endlich viele Sprünge stattfinden. Kann man dies anderweitig sicherstellen, so kann sie abgeschwächt werden. Andersen et al. (1993) weisen auf p. 94 darauf hin, daß natürlich bei denjenigen Komponenten der kumulativen Intensitätsmatrix, die Sprünge in absorbierende Zustände beschreiben, auf sie verzichtet werden kann. Dies ist der Grund, wieso die Endlichkeitsvoraussetzung in der Situation eines unter einfachem Risiko oder unter konkurrierenden Risiken stehenden Lebens entbehrlich ist. (In diesen Fällen wäre sie gleichbedeutend mit der Gültigkeit der Implikation „$\omega_x < \infty \Longrightarrow \Delta F_x(\omega_x - x) > 0$".)

Zum Nachweis der elementaren Markov-Eigenschaft des durch (4.35.1) definierten Sprungprozesses benötigen wir die folgenden beiden Hilfssätze:

4.39 Hilfssatz. *Seien $q = (q_{yz})_{(y,z)\in\mathcal{S}^2}$ eine reguläre kumulative Intensitätsmatrix, welche der Voraussetzung*

$$q_{yy}(\{s\}) > -1\,, \qquad y \in \mathcal{S},\ s > 0\,, \tag{4.39.1}$$

genügt, und (T, Z) eine Markov-Kette mit Zustandsraum $[0,\infty]\times\mathcal{S}$ und durch (4.35.3) – (4.35.6) definierten Übergangswahrscheinlichkeiten. Dann gilt

$$\begin{aligned} &P\big((T_n, Z_n)_{n\in\mathbb{N}} \mid T_1 > t,\ T_0 = s,\ Z_0 = y\big) \\ &\quad = P\big((T_n, Z_n)_{n\in\mathbb{N}} \mid T_0 = t,\ Z_0 = y\big)\,, \qquad 0 \le s \le t < \infty,\ y \in \mathcal{S}\,, \end{aligned}$$

für eine geeignete Version der bedingten Verteilungen (siehe Bemerkung 4.20).

Beweis. Da (T, Z) eine Markov-Kette ist, genügt es offenbar,

$$\begin{aligned} &P(T_1 > u,\ Z_1 = z \mid T_1 > t,\ T_0 = s,\ Z_0 = y) \\ &\quad = P(T_1 > u,\ Z_1 = z \mid T_0 = t,\ Z_0 = y)\,, \qquad 0 \le s \le t \wedge u\,,\ (y,z) \in \mathcal{S}^2\,, \end{aligned}$$

für eine geeignete Version der bedingten Verteilungen zu zeigen. Sei $t \in [0,\infty)$. Bekanntlich ist

$$\begin{aligned} &\big([0,\infty] \times \mathcal{S}\big)\times\big(\big(\mathfrak{B}([0,\infty]) \otimes 2^{\mathcal{S}}\big) \times 2^{\{0,1\}}\big) \ni \big((s,y),\ B \times C\big) \\ &\qquad \longmapsto \int_C P\big((T_1, Z_1) \in B \mid 1_{\{T_1>t\}} = \delta,\ T_0 = s,\ Z_0 = y\big) \\ &\qquad\qquad P\big(1_{\{T_1>t\}} \in d\delta \mid T_0 = s,\ Z_0 = y\big) \in [0,1] \end{aligned}$$

für jede Wahl der bedingten Verteilungen

$$P(T_1, Z_1 \mid 1_{\{T_1>t\}},\ T_0, Z_0\big) \quad \text{und} \quad P(1_{\{T_1>t\}} \mid T_0, Z_0)$$

eine Version der bedingten Verteilung von $(T_1, Z_1, 1_{\{T_1>t\}})$ gegeben (T_0, Z_0). Also gilt für $\mathcal{L}(T_0, Z_0)$-fast alle (s, y) und alle $u \ge s$

$$\begin{aligned} &P(T_1 > u,\ Z_1 = z \,|\, T_1 > t,\ T_0 = s,\ Z_0 = y) \cdot P(T_1 > t \,|\, T_0 = s,\ Z_0 = y) \\ &\quad = P(T_1 > u \vee t,\ Z_1 = z \,|\, T_0 = s,\ Z_0 = y)\,. \end{aligned} \tag{4.39.2}$$

Seien nun $0 \le s \le t \wedge u$ und $(y, z) \in J$. Für die rechte Seite von (4.39.2) liefern (4.35.4) – (4.35.6)

$$P(T_1 > u \vee t,\ Z_1 = z \,|\, T_0 = s,\ Z_0 = y) = \int_{(u\vee t,\,\infty)} -\frac{dq_{yz}}{dq_{yy}}(\tau)\, F_y(s, d\tau) \tag{4.39.3}$$

(wegen $z \ne y$ kann der Punkt ∞ aus dem Integrationsbereich ausgenommen werden). Nach (4.35.4) und nach Voraussetzung ist

$$P(T_1 > t \mid T_0 = s,\ Z_0 = y) = 1 - F_y(s,t) > 0\,.$$

Wie im Beweis von Hilfssatz 4.32 gelten

$$\Delta q_{yy}(s,v) = \Delta q_{yy}(t,v) \qquad \text{und} \qquad q_{yy}^{(c)}(s,v) - q_{yy}^{(c)}(s,t) = q_{yy}^{(c)}(t,v)\,,$$

so daß

$$\frac{1-F_y(s,v)}{1-F_y(s,t)} = 1 - F_y(t,v)\,, \qquad t \le v\,, \tag{4.39.4}$$

und damit (bei Interpretation der F_* als Verteilungen)

$$\frac{1}{1-F_y(s,t)} F_y(s,\cdot)\big|_{(t,\infty]} = F_y(t,\cdot)\,.$$

Aus (4.39.2) – (4.39.4) folgt

$$P(T_1 > u,\ Z_1 = z \mid T_1 > t,\ T_0 = s,\ Z_0 = y) = \int\limits_{(u\vee t,\infty)} -\frac{dq_{yz}}{dq_{yy}}(\tau) F_y(t, d\tau)$$
$$= P(T_1 > u,\ Z_1 = z \mid T_0 = t,\ Z_0 = y)\,.$$

Die Gültigkeit der Behauptung für alle $z \neq y$ in Verbindung mit

$$P(T_1 > u \mid T_1 > t,\ T_0 = s,\ Z_0 = y) = \frac{1-F_y(s, u\vee t)}{1-F_y(s,t)}$$
$$= 1 - F_y(t, u \vee t) = P(T_1 > u \mid T_0 = t,\ Z_0 = y)$$

liefert dann auch

$$P(T_1 > u,\ Z_1 = y \mid T_1 > t,\ T_0 = s,\ Z_0 = y)$$
$$= P(T_1 > u,\ Z_1 = y \mid T_0 = t,\ Z_0 = y)\,. \qquad \square$$

Wie dieser Beweis zeigt, genügt es in Hilfssatz 4.39 schwächer als Bedingung (4.39.1) $F_y(s,t) < 1$ nur für die betreffenden s, t, y vorauszusetzen.

4.40 Hilfssatz. *Seien $\pi : 2^{\mathcal{S}} \longrightarrow [0,1]$ ein Wahrscheinlichkeitsmaß und $q = (q_{yz})_{(y,z)\in\mathcal{S}^2}$ eine reguläre kumulative Intensitätsmatrix. Weiter seien (T,Z) die durch* (4.35.2) – (4.35.6) *definierte homogene Markov-Kette, $X := G^{-1}(T,Z)$ mit G wie in Satz* 4.12 *und $M := \sum_{z\in\mathcal{S}} M_z$ mit M_z wie in* (4.35.7). *Dann ist (X,M) ein bivariater Markov-Prozeß mit Zustandsraum $\mathcal{S} \times \mathbb{N}_0$, Startverteilung $\pi \otimes \varepsilon_0$ und nur von $n-m$ abhängenden Übergangswahrscheinlichkeiten*

$$p_{(y,m),(z,n)}(s,t) = \begin{cases} P(X_t = z,\ M_t = n-m \mid T_0 = s,\ Z_0 = y), & m \le n \\ 0, & m > n \end{cases} \tag{4.40.1}$$

$((y,z) \in \mathcal{S}^2,\ 0 \le s \le t)$.

Die Bedingung $T_0 = s$, $Z_0 = y$ ist hier und im weiteren Verlauf folgendermaßen zu interpretieren: Wir betrachten die Verteilung des Sprungprozesses X mit Startzeitpunkt s statt 0, Anfangszustand y, zugehörigem markiertem Punktprozeß $\big((\hat{T}_n, \hat{Z}_n)\big)_{n\in\mathbb{N}_0}$ und multivariatem Zählprozeß $(\hat{M}_t)_{t\geq s}$. Für $m \leq n$ ist die rechte Seite von (4.40.1) zu lesen als

$$P(X_t = z,\ \hat{M}_t = n - m \mid \hat{T}_0 = s,\ \hat{Z}_0 = y)\,.$$

Der Einfachheit halber wird in Zukunft auf die notationsmäßige Unterscheidung von $(\hat{T}_n, \hat{Z}_n)$ und (T_n, Z_n) sowie $\hat{M}_t$ und M_t verzichtet, man muß aber die auftretenden Größen korrekt interpretieren. So gibt beispielsweise M_t bei der Konditionierung an $T_0 = s$ die Anzahl der in $[s, t]$ aufgetretenen Sprünge von X an.

Beweis von Hilfssatz 4.40. Wir betrachten nur den Fall $y \neq z$, $m < n$ und $s < t$. Sei $p_{yz}^{(n-m)}(s,t)$ die rechte Seite von (4.40.1). Weiter seien $\nu \in \mathbb{N}$, $0 \leq t_1 < \cdots < t_\nu = s < t_{\nu+1} = t$, $y_i \in \mathcal{S}$ $(i = 1, \ldots, \nu+1)$ mit $y_\nu = y$ und $y_{\nu+1} = z$ sowie $0 \leq m_1 \leq \cdots \leq m_\nu = m < m_{\nu+1} = n$. Wir setzen $A_i := \{X_{t_i} = y_i,\ M_{t_i} = m_i\}$ und zeigen

$$P\Big(\bigcap_{i=1}^{\nu+1} A_i\Big) = P\Big(\bigcap_{i=1}^{\nu} A_i\Big) \cdot p_{yz}^{(n-m)}(s,t)\,. \tag{4.40.2}$$

Nach Definition von X und wegen

$$M_t = \max\big\{m \in \mathbb{N}_0 \mid T_m \leq t\big\}$$

gilt

$$A_i = \{T_{m_i} \leq t_i < T_{m_i+1},\ Z_{m_i} = y_i\}\,, \qquad i = 1, \ldots, \nu+1\,.$$

Seien nun

$$\tilde{A}_i := \begin{cases} A_i, & m_i < m \\ \{T_m \leq t_i,\ Z_m = y_i\}, & m_i = m\,, \end{cases}$$

$i = 1, \ldots, \nu$, und

$$\mathfrak{A}_{T_m} := a_\sigma(T_0, Z_0, \ldots, T_m, Z_m)$$

(beachte Satz 4.13). Dann ist

$$\begin{aligned} P\Big(\bigcap_{i=1}^{\nu+1} A_i\Big) &= E\Big(P\Big(\bigcap_{i=1}^{\nu+1} A_i \mid \mathfrak{A}_{T_m}\Big)\Big) \\ &= E\Big(1_{\bigcap_{i=1}^{\nu} \tilde{A}_i} \cdot P(\{T_{m+1} > s\} \cap A_{\nu+1} \mid \mathfrak{A}_{T_m})\Big)\,. \end{aligned} \tag{4.40.3}$$

Wie unten gezeigt wird, gilt P-fast sicher auf $\tilde{A}_\nu$

$$P\big(\{T_{m+1} > s\} \cap A_{\nu+1} \mid \mathfrak{A}_{T_m}\big) = P\big(T_{m+1} > s \mid \mathfrak{A}_{T_m}\big) \cdot p_{yz}^{(n-m)}(s,t)\,. \tag{4.40.4}$$

Durch Einsetzen in (4.40.3) folgt (4.40.2):

$$P\Big(\bigcap_{i=1}^{\nu+1} A_i\Big) = E\big(1_{\bigcap_{i=1}^{\nu} \tilde{A}_i}\, P(T_{m+1} > s \mid \mathfrak{A}_{T_m})\big)\cdot p_{yz}^{(n-m)}(s,t) = P\Big(\bigcap_{i=1}^{\nu} A_i\Big)\cdot p_{yz}^{(n-m)}(s,t)\,.$$

Für den Nachweis von (4.40.4) unterscheiden wir die Fälle $F_y(T_m, s) = 1$ und $F_y(T_m, s) < 1$. Weil (T, Z) eine Markov-Kette ist, gilt P-fast sicher

$$\begin{aligned}
&1_{\tilde{A}_\nu} \cdot P\big(\{T_{m+1} > s\} \cap A_{\nu+1} \mid \mathfrak{A}_{T_m}\big) \cdot 1_{\{F_y(T_m,s)=1\}} \\
&\le 1_{\tilde{A}_\nu} \cdot P(T_{m+1} > s \mid T_m,\, Z_m) \cdot 1_{\{F_y(T_m,s)=1\}} \\
&= 1_{\tilde{A}_\nu} \cdot \big(1 - F_y(T_m, s)\big) \cdot 1_{\{F_y(T_m,s)=1\}} = 0
\end{aligned}$$

(für die erste Identität beachte man $\tilde{A}_\nu \subset \{Z_m = y\}$ und (4.35.4)); ebenso folgt

$$1_{\tilde{A}_\nu} \cdot P\big(T_{m+1} > s \mid \mathfrak{A}_{T_m}\big) \cdot 1_{\{F_y(T_m,s)=1\}} = 0\,,$$

insgesamt also (4.40.4) im Falle $F_y(T_m, s) = 1$.

Sei nun $F_y(T_m, s) < 1$. Da (T, Z) eine homogene Markov-Kette ist, gilt P-fast sicher

$$\begin{aligned}
&P\big(\{T_{m+1} > s\} \cap A_{\nu+1} \mid \mathfrak{A}_{T_m}\big) \\
&= P\big(\{T_{m+1} > s\} \cap \{T_n \le t < T_{n+1},\ Z_n = z\} \mid T_m,\ Z_m\big) \\
&= P\big(\{T_1 > s\} \cap \{T_{n-m} \le t < T_{n+1-m},\ Z_{n-m} = z\} \mid T_0 = r,\ Z_0 = \zeta\big)\big|_{r=T_m,\,\zeta=Z_m} \\
&= P\big(T_1 > s \mid T_0 = r,\ Z_0 = \zeta\big)\big|_{r=T_m,\,\zeta=Z_m} \\
&\qquad \cdot P\big(T_{n-m} \le t < T_{n+1-m},\ Z_{n-m} = z \mid T_1 > s,\ T_0 = r,\ Z_0 = \zeta\big)\big|_{r=T_m,\,\zeta=Z_m}
\end{aligned}$$

(die letzte Identität folgt aus (4.39.2)). Wiederum wegen der Stationarität der Übergangswahrscheinlichkeiten ist

$$\begin{aligned}
&P(T_1 > s \mid T_0 = r,\ Z_0 = \zeta)\big|_{r=T_m,\,\zeta=Z_m} \\
&= P(T_{m+1} > s \mid T_m,\ Z_m) = P(T_{m+1} > s \mid \mathfrak{A}_{T_m})\,.
\end{aligned}$$

Zur Umrechnung des zweiten Faktors auf der Menge

$$\hat{A}_\nu := \tilde{A}_\nu \cap \{F_y(T_m, s) < 1\} = \{T_m \le s,\ Z_m = y,\ F_y(T_m, s) < 1\}$$

wird Hilfssatz 4.39 benutzt. Danach gilt für eine geeignete Version der bedingten Verteilungen

$$\begin{aligned}
&P(T_{n-m} \le t < T_{n+1-m},\ Z_{n-m} = z \mid T_1 > s,\ T_0 = r,\ Z_0 = \zeta)\big|_{r=T_m,\,\zeta=Z_m} \cdot 1_{\hat{A}_\nu} \\
&= P(T_{n-m} \le t < T_{n+1-m},\ Z_{n-m} = z \mid T_0 = s,\ Z_0 = y) \cdot 1_{\hat{A}_\nu} \\
&= P(X_t = z,\ M_t = n - m \mid T_0 = s,\ Z_0 = y) \cdot 1_{\hat{A}_\nu} = p_{yz}^{(n-m)}(s,t) \cdot 1_{\hat{A}_\nu}\,,
\end{aligned}$$

insgesamt also (4.40.4) auch im Falle $F_y(T_m, s) < 1$. □

Die bedingten Wahrscheinlichkeiten

$$p_{yz}^{(\ell)}(s,t) := P(X_t = z,\ M_t = \ell \mid T_0 = s,\ Z_0 = y)\,, \qquad 0 \le s \le t,\ (y,z) \in \mathcal{S}^2, \tag{4.40.5}$$

heißen die *ℓ-Schritt-Übergangswahrscheinlichkeiten von X* ($\ell \in \mathbb{N}_0$).

4.41 Folgerung. *Unter den Voraussetzungen von Hilfssatz* 4.40 *ist X ein Markovscher Sprungprozeß mit Übergangswahrscheinlichkeiten*

$$p_{yz}(s,t) := \sum_{\ell=0}^{\infty} p_{yz}^{(\ell)}(s,t)\,, \qquad (y,z) \in \mathcal{S}^2,\ \ 0 \le s \le t.$$

Beweis. Seien $\nu \in \mathbb{N}$, $0 \le t_1 < \cdots < t_\nu = s < t_{\nu+1} = t$ und $y_i \in \mathcal{S}$ $(i = 1, \ldots, \nu+1)$ mit $y := y_\nu \ne y_{\nu+1} =: z$. Summiert man (4.40.2) über alle $(m_1, \ldots, m_{\nu+1}) \in \mathbb{N}_0^{\nu+1}$ mit $m_1 \le \cdots \le m_{\nu+1}$ und setzt dabei $\ell := m_{\nu+1} - m_\nu$, so erhält man

$$P(X_{t_1} = y_1, \ldots, X_{t_{\nu+1}} = y_{\nu+1}) = P(X_{t_1} = y_1, \ldots, X_{t_\nu} = y_\nu) \cdot p_{yz}(s,t)$$

und damit

$$\begin{aligned} &P(X_t = z \mid X_{t_1} = y_1, \ldots, X_{t_{\nu-1}} = y_{\nu-1}\,,\ X_s = y) \\ &\quad = P(X_t = z \mid X_s = y) = p_{yz}(s,t)\,. \end{aligned}$$

□

Als Abschluß des Beweises von Satz 4.35 zeigen wir

4.42 Hilfssatz. *Unter den Voraussetzungen von Hilfssatz* 4.40 *besitzt X die kumulative Intensitätsmatrix q. Insbesondere ist $F_y(s,\cdot) = E_y(s,\cdot)$, $s \ge 0$, $y \in \mathcal{S}$, und es gilt* (4.35.4) *mit E_* an Stelle von F_*.*

Beweis. Seien $s \ge 0$ und $(y,z) \in J$ mit $P(X_s = y) > 0$. Mit den Bezeichnungen von Definition 4.28 gilt dann für alle $t \ge s$

$$\begin{aligned} E_{yz}\big(s,[t,\infty]\big) &= P\big(T(s) \ge t,\ X_{T(s)} = z \mid X_s = y\big) \\ &= \frac{1}{P(X_s = y)} \sum_{n=0}^{\infty} P(T_n \le s < t \le T_{n+1},\ Z_{n+1} = z,\ Z_n = y) \\ &= \frac{1}{P(X_s = y)} \sum_{n=0}^{\infty} \int\limits_{[0,s]} \int\limits_{[t,\infty)} P(Z_{n+1} = z \mid T_{n+1} = \tau,\ T_n = \sigma,\ Z_n = y) \\ &\qquad\qquad P(T_{n+1} \in d\tau \mid T_n = \sigma,\ Z_n = y)\, P(T_n \in d\sigma,\ Z_n = y) \\ &= \frac{1}{P(X_s = y)} \sum_{n=0}^{\infty} \int\limits_{[0,s]} \int\limits_{[t,\infty)} -\frac{dq_{yz}}{dq_{yy}}(\tau)\, F_y(\sigma, d\tau)\, P(T_n \in d\sigma,\ Z_n = y)\,. \end{aligned}$$

Dabei beruht die letzte Identität auf (4.35.4) und (4.35.5). Unter Beachtung von (4.37.4) ergibt sich

$$
\begin{aligned}
E_{yz}\big(s, [t, \infty)\big) \\
&= \frac{1}{P(X_s = y)} \sum_{n=0}^{\infty} \int\limits_{[0,s]} \int\limits_{[t,\infty)} \big(1 - F_y(\sigma, \tau - 0)\big)\, q_{yz}(d\tau)\, P(T_n \in d\sigma,\ Z_n = y) \\
&= \int\limits_{[t,\infty)} \frac{1}{P(X_s = y)} \sum_{n=0}^{\infty} \int\limits_{[0,s]} \big(1 - F_y(\sigma, \tau - 0)\big)\, P(T_n \in d\sigma,\ Z_n = y)\, q_{yz}(d\tau)\,;
\end{aligned}
$$

also ist $E_{yz}(s, \cdot) \ll q_{yz}$ mit von z unabhängiger Dichte

$$
\tau \longmapsto \frac{1}{P(X_s = y)} \sum_{n=0}^{\infty} \int\limits_{[0,s]} \big(1 - F_y(\sigma, \tau - 0)\big)\, P(T_n \in d\sigma, Z_n = y)\,.
$$

Summiert man andererseits die eingangs bewiesene Identität mit ζ statt z über $\zeta \neq y$, so folgt mit Hilfe von (4.29.5)

$$
1 - E_y(s, \tau - 0) = \sum_{\zeta \neq y} E_{y\zeta}\big(s, [\tau, \infty)\big) + E_y(s, \{\infty\}) = \frac{dE_{yz}(s, \cdot)}{dq_{yz}}(\tau)\,, \qquad \tau > 0\,.
$$

Also ist $q_{yz}(s, t)$ tatsächlich die kumulative Übergangsintensität von y zur Zeit s nach $z \neq y$ zur Zeit $t > s$ für den Sprungprozeß X. Mittels der Rechtsstetigkeit folgt die Behauptung dann für $s = t$ und $z \neq y$ und mittels der Bedingung (4.29.5) schließlich auch für $z = y$. □

Der Beweis des Existenzsatzes 4.35 ist damit komplett. Als Abschluß dieses Abschnittes beschäftigen wir uns mit dem Zusammenhang der Markov-Eigenschaften von Sprungprozessen, markierten Punktprozessen und multivariaten Zählprozessen. Aus Hilfssatz 4.33 ist bekannt, daß der zu einem Markovschen Sprungprozeß X gehörige markierte Punktprozeß (T, Z) eine homogene Markov-Kette ist. Im Beweis von Satz 4.35 wurde umgekehrt X ausgehend von einer homogenen Markov-Kette (T, Z) konstruiert. Diese Kette wies eine spezielle, durch (4.35.6) gegebene Struktur der Übergangswahrscheinlichkeiten auf. Das Bemerkenswerte an diesen Übergangswahrscheinlichkeiten ist, daß der Integrand auf der rechten Seite von (4.35.6) $P(Z_{n+1} \in C \mid T_{n+1} = \tau,\ Z_n = z)$ und nicht $P(Z_{n+1} \in C \mid T_{n+1} = \tau,\ T_n = t_n,\ Z_n = z_n)$ lautet, daß er also nicht explizit vom Wert von T_n abhängt. Der folgende Satz 4.43, der an Theorem 6.1 von Jacobsen (1972) angelehnt ist, zeigt, daß jeder zu einem Markovschen Sprungprozeß gehörige markierte Punktprozeß notwendigerweise diese Struktur der Übergangswahrscheinlichkeiten besitzt. Also liefert nicht jeder homogene Markovsche markierte Punktprozeß (T, Z) einen Markovschen Sprungprozeß X: Die Markov-Eigenschaft von (T, Z) mit stationären Übergangswahrscheinlichkeiten impliziert nicht die Markov-Eigenschaft von X.

4.43 Satz. *Sei X ein Markovscher Sprungprozeß mit Zustandsraum $\mathcal{S}$, regulärer kumulativer Intensitätsmatrix und zugehörigem markiertem Punktprozeß (T, Z). Für alle $n \in \mathbb{N}_0$, $t \geq 0$, $z \in \mathcal{S}$ gilt dann P-fast sicher auf $\{T_n < \infty\}$*

$$\begin{aligned} &P\big(T_{n+1} \leq t,\ Z_{n+1} = z \mid T_n, Z_n\big) \\ &\quad = \int_{(T_n,t]} P\big(Z_{n+1} = z \mid T_{n+1} = \tau,\ Z_n\big)\, P\big(T_{n+1} \in d\tau \mid T_n, Z_n\big)\,. \end{aligned}$$

Zum Beweis benötigen wir den folgenden

4.44 Hilfssatz. *In der Situation von Satz 4.43 gelten für alle $n \in \mathbb{N}_0$, $t \geq 0$ und alle $z \in \mathcal{S}$ jeweils P-fast sicher*

$$P\big(T_{n+1} \leq t,\ Z_{n+1} = z \mid T_n, Z_n\big) = E_{Z_n z}(T_n, t) \quad \text{auf } \{T_n < \infty,\ Z_n \neq z\}\,, \tag{4.44.1}$$

$$P\big(Z_{n+1} = z \mid T_{n+1}, T_n, Z_n\big) = P\big(Z_{n+1} = z \mid T_{n+1}, Z_n\big) \quad \text{auf } \{T_{n+1} < \infty\}\,. \tag{4.44.2}$$

Beweis. (4.44.1) folgt unmittelbar aus (4.33.2).

Zum Beweis von (4.44.2) genügt es zu zeigen, daß eine Version der linken Seite existiert, die auf $\{T_{n+1} < \infty\}$ nicht von T_n abhängt. Dazu sei q eine reguläre kumulative Intensitätsmatrix von X. Wir weisen durch Verifikation der entsprechenden Radon-Nikodym-Gleichung die Beziehung

$$P\big(Z_{n+1} = z \mid T_{n+1}, T_n, Z_n\big) = -\frac{dq_{Z_n z}}{dq_{Z_n Z_n}}(T_{n+1}) \quad P\text{-f.s. auf } \{T_{n+1} < \infty\} \tag{4.44.3}$$

nach. Wegen (4.28.6) und (4.28.7) gilt (bei Interpretation der E_* als Verteilungen)

$$E_{yz}(s, \cdot) = -\frac{dq_{yz}}{dq_{yy}} E_y(s, \cdot)\,, \qquad \text{falls } P(X_s = y) > 0\,. \tag{4.44.4}$$

Mit (4.44.1) folgt P-fast sicher

$$\begin{aligned} &P\big(T_{n+1} \leq t,\ Z_{n+1} = z \mid T_n, Z_n\big) \cdot 1_{\{T_n<\infty,\ Z_n\neq z\}} \\ &\quad = E_{Z_n z}(T_n, t) \cdot 1_{\{T_n<\infty,\ Z_n\neq z\}} \\ &\quad = -\int_{(T_n,t]} \frac{dq_{Z_n z}}{dq_{Z_n Z_n}}(\tau)\, E_{Z_n}(T_n, d\tau) \cdot 1_{\{T_n<\infty,\ Z_n\neq z\}} \\ &\quad = -\int_{(T_n,t]} \frac{dq_{Z_n z}}{dq_{Z_n Z_n}}(\tau)\, P\big(T_{n+1} \in d\tau \mid T_n, Z_n\big) \cdot 1_{\{T_n<\infty,\ Z_n\neq z\}}\,. \end{aligned}$$

Also gilt für alle $s \le t$ und alle $y \neq z$

$$
\begin{aligned}
&P\big(T_{n+1} \le t,\ Z_{n+1} = z,\ T_n \le s,\ Z_n = y\big) \\
&\quad = \int\limits_{[0,s]\times\{y\}} P\big(T_{n+1} \le t,\ Z_{n+1} = z \mid T_n = \sigma,\ Z_n = \zeta\big)\, \mathcal{L}(T_n, Z_n)\,(d\sigma, d\zeta) \\
&\quad = -\int\limits_{[0,s]\times\{y\}} \int\limits_{(\sigma,t]} \frac{dq_{\zeta z}}{dq_{\zeta\zeta}}(\tau)\, P\big(T_{n+1} \in d\tau \mid T_n = \sigma,\ Z_n = \zeta\big)\, \mathcal{L}(T_n, Z_n)\,(d\sigma, d\zeta) \\
&\quad = -\int\limits_{[0,s]\times\{y\}\times(0,t]} \frac{dq_{\zeta z}}{dq_{\zeta\zeta}}(\tau)\, \mathcal{L}(T_n, Z_n, T_{n+1})\,(d\sigma, d\zeta, d\tau) \\
&\quad = -\int\limits_{\{T_n \le s,\ Z_n = y,\ T_{n+1} \le t\}} \frac{dq_{Z_n z}}{dq_{Z_n Z_n}}(T_{n+1})\, dP\,.
\end{aligned}
$$

Dies liefert (4.44.3). □

Beweis von Satz 4.43. Mit Hilfe von (4.44.2) läßt sich zeigen, daß die rechte Seite der behaupteten Identität der Radon-Nikodym-Gleichung für $P(T_{n+1} \le t,\ Z_{n+1} = z \mid T_n, Z_n)$ genügt: Für alle $s \le t$ und alle $y \neq z$ gilt

$$
\begin{aligned}
&P(T_{n+1} \le t,\ Z_{n+1} = z,\ T_n \le s,\ Z_n = y) \\
&\quad = \int\limits_{[0,s]\times\{y\}\times(0,t]} P(Z_{n+1} = z \mid T_{n+1} = \tau,\ Z_n = \zeta)\, \mathcal{L}(T_n, Z_n, T_{n+1})\,(d\sigma, d\zeta, d\tau) \\
&\quad = \int\limits_{\{T_n \le s,\ Z_n = y\}} \int\limits_{(T_n,t]} P(Z_{n+1} = z \mid T_{n+1} = \tau,\ Z_n)\, P(T_{n+1} \in d\tau \mid T_n, Z_n)\, dP\,. \square
\end{aligned}
$$

Das folgende Gegenbeispiel von Wehner (1995) zeigt, daß der zu einem Markovschen Sprungprozeß X mit endlichem Zustandsraum gehörige multivariate Zählprozeß N nicht stets Markovsch ist.

4.45 Beispiel. Seien $\mathcal{S}$:=$\{0, 1\}$, P die Gleichverteilung auf $(\Omega, \mathfrak{A})$:=$\big(\{1, 2\}, 2^{\Omega}\big)$ und

$$
X_t(\omega) := \begin{cases} 1_{[0,1)}(t) + 1_{[2,3)}(t)\,, & \omega = 1 \\ 1_{[1,2)}(t) + 1_{[3,\infty)}(t)\,, & \omega = 2. \end{cases}
$$

Offenbar ist X ein Sprungprozeß. Da die beiden möglichen Pfade von X zu keiner Zeit übereinstimmen, ist für alle $t \ge 0$ die Beobachtung von $X_t(\omega)$ gleichbedeutend mit der Beobachtung von ω, d. h. mit $X_t(\omega)$ kennt man sowohl die gesamte Vergangenheit des Prozesses von t als auch die Zukunft. Folglich ist X Markovsch.

Der zu X gehörige bivariate Zählprozeß (N_{01}, N_{10}) ist nicht Markovsch: Man rechnet leicht nach, daß einerseits

$$P(N_{01,3} = 2,\ N_{10,3} = 1 \mid N_{01,1} = 0,\ N_{10,1} = 1,\ N_{01,2} = 1,\ N_{10,2} = 1) = 0\,,$$

obwohl andererseits

$$P(N_{01,3} = 2,\ N_{10,3} = 1 \mid N_{01,2} = 1,\ N_{10,2} = 1) = \frac{1}{2}\,.$$

Wie Kellerer (1987, Proposition 1) gezeigt hat, impliziert die Markov-Eigenschaft eines univariaten Zählprozesses die des zugehörigen Punktprozesses. Für multivariate Zählprozesse ist dies falsch; Aufgabe 16 enthält ein Gegenbeispiel. Die umgekehrte Implikation gilt ebenfalls nicht: Wegen Hilfssatz 4.33 ist der zu X gemäß Beispiel 4.45 gehörige markierte Punktprozeß (T, Z) eine homogene Markov-Kette, obwohl der bivariate Zählprozeß N die Markov-Eigenschaft nicht besitzt. Im univariaten Fall läßt sich jedoch eine Zusatzvoraussetzung angeben, unter der die Markov-Eigenschaft des Punktprozesses die des Zählprozesses impliziert (Kellerer, 1987, Proposition 2). Der Versuch, im multivariaten Fall eine zu Kellerers Zusatzvoraussetzung der „schwachen Multiplikativität" aller gemeinsamen Verteilungen je zweier aufeinanderfolgender Sprungzeiten analoge hinreichende Zusatzvoraussetzung anzugeben, scheint allerdings nicht erfolgversprechend zu sein. In einem allgemeineren Rahmen werden Markov-Eigenschaften für Punktprozesse von Lüxmann-Ellinghaus (1989) untersucht.

C Rückwärtsgleichungen und Vorwärtsgleichungen

Nach Bemerkung 4.17 (c) und Satz 4.34 bestimmen sich die Übergangsmatrix eines Markovschen Sprungprozesses und die Intensitätsmatrix jeweils wechselseitig. Ein expliziter Zusammenhang ist jedoch meist schwer anzugeben. In Anlehnung an Abschnitt 5 von Jacobsen (1972) leiten wir in diesem Abschnitt zwei Systeme von Integralgleichungen her, denen die Übergangsmatrix p bei gegebener Intensitätsmatrix q genügt. Die Lösung dieser Integralgleichungen mit Hilfe der in Anhang 12 A dargestellten Methode der Produktintegration liefert eine „explizite" Korrespondenz von p und q. Außerdem erhält man in Satz 4.52 aus den beiden Integralgleichungssystemen eine Interpretation der Regularitätsbedingung (4.29.7) für q mit Hilfe von p. Sei nun X stets ein Markovscher Sprungprozeß mit endlichem Zustandsraum $\mathcal{S}$, regulärer kumulativer Intensitätsmatrix q und Übergangsmatrix p.

4.46 Hilfssatz. *Die ℓ-Schritt-Übergangswahrscheinlichkeiten* (4.40.5) *und die Übergangswahrscheinlichkeiten von X genügen den „Kolmogorovschen Rückwärtsglei-*

chungen"

$$p_{yz}^{(\ell)}(s,t) = \sum_{v \neq y} \int_{(s,t]} p_{vz}^{(\ell-1)}(r,t)\, E_{yv}(s,dr)\,, \tag{4.46.1}$$

$$p_{yz}(s,t) = \delta_{yz} \cdot \big(1 - E_y(s,t)\big) + \sum_{v \neq y} \int_{(s,t]} p_{vz}(r,t)\, E_{yv}(s,dr) \tag{4.46.2}$$

($0 \leq s \leq t < \infty$, $(y,z) \in \mathcal{S}^2$ mit $P(X_s = y) > 0$, $\ell \in \mathbb{N}$).

Beweis. Wegen Folgerung 4.41 liefert (4.46.1)

$$p_{yz}(s,t) = p_{yz}^{(0)}(s,t) + \sum_{v \neq y} \int_{(s,t]} p_{vz}(r,t)\, E_{yv}(s,dr)\,,$$

woraus (4.46.2) vermöge

$$p_{yz}^{(0)}(s,t) = \begin{cases} P(T_1 > t \mid T_0 = s,\ Z_0 = y) = 1 - E_y(s,t), & z = y \\ 0, & z \neq y \end{cases}$$

folgt (beachte Hilfssatz 4.42 und (4.35.4)). Es genügt also, (4.46.1) zu zeigen.

Nach Definition von (X, M) und (T, Z) gilt

$$p_{yz}^{(\ell)}(s,t) = P(Z_\ell = z,\ T_\ell \leq t < T_{\ell+1} \mid T_0 = s,\ Z_0 = y)\,. \tag{4.46.3}$$

Konditionieren nach (T_1, Z_1) und die Markov-Eigenschaft von (T, Z) liefern

$$\begin{aligned} p_{yz}^{(\ell)}(s,t) = \int_{(s,t]} \int_{\mathcal{S}} & P(Z_\ell = z,\ T_\ell \leq t < T_{\ell+1} \mid T_1 = r,\ Z_1 = v) \\ & P(Z_1 \in dv \mid T_1 = r,\ T_0 = s,\ Z_0 = y)\, P(T_1 \in dr \mid T_0 = s,\ Z_0 = y)\,. \end{aligned}$$

Weiter folgt mit der zeitlichen Homogenität von (T, Z), mit (4.46.3), (4.35.4) und (4.35.5) und schließlich mit (4.44.4)

$$\begin{aligned} p_{yz}^{(\ell)}(s,t) &= \sum_{v \neq y} \int_{(s,t]} P(Z_{\ell-1} = z,\ T_{\ell-1} \leq t < T_\ell \mid T_0 = r,\ Z_0 = v) \\ &\qquad \cdot P(Z_1 = v \mid T_1 = r,\ Z_0 = y)\, P(T_1 \in dr \mid T_0 = s,\ Z_0 = y) \\ &= \sum_{v \neq y} \int_{(s,t]} p_{vz}^{(\ell-1)}(r,t)\Big(-\frac{dq_{yv}}{dq_{yy}}(r)\Big)\, E_y(s,dr) \\ &= \sum_{v \neq y} \int_{(s,t]} p_{vz}^{(\ell-1)}(r,t)\, E_{yv}(s,dr)\,, \end{aligned}$$

also (4.46.1). □

4.47 Bemerkung. Der Name „Rückwärtsgleichungen“ für (4.46.1) und (4.46.2) erklärt sich daraus, daß auf der rechten Seite der Gleichungen die Übergangswahrscheinlichkeiten bei festem Endzeitpunkt t nach dem zurückliegenden Zeitpunkt r integriert werden. Dies ergibt sich, da im Beweis die Identität (4.46.3) nach den ersten Sprungvariablen (T_1, Z_1) konditioniert wird. Konditioniert man (4.46.3) stattdessen nach den letzten Sprungvariablen (T_ℓ, Z_ℓ), so erhält man die nachstehenden „Vorwärtsgleichungen“ (4.48.1) und (4.48.2), auf deren rechter Seite die Integration bei festem Anfangszeitpunkt s nach dem zukünftigen Zeitpunkt r erfolgt. Diese Gleichungen werden auch als *Fokker-Planck-Gleichungen* bezeichnet.

4.48 Hilfssatz. *Die ℓ-Schritt-Übergangswahrscheinlichkeiten* (4.40.5) *und die Übergangswahrscheinlichkeiten von X genügen den „Kolmogorovschen Vorwärtsgleichungen“*

$$p_{yz}^{(\ell)}(s,t) = \sum_{v\neq z} \int_{(s,t]} \big(1 - E_z(r,t)\big)\, p_{yv}^{(\ell-1)}(s, r-0)\, q_{vz}(dr)\,, \tag{4.48.1}$$

$$p_{yz}(s,t) = \delta_{yz}\big(1 - E_y(s,t)\big) + \sum_{v\neq z} \int_{(s,t]} \big(1 - E_z(r,t)\big)\, p_{yv}(s, r-0)\, q_{vz}(dr) \tag{4.48.2}$$

$(0 \le s \le t < \infty,\ (y,z) \in \mathcal{S}^2$ mit $P(X_s = y) > 0,\ \ell \in \mathbb{N})$.

Beweis. Analog zum Beweis der Rückwärtsgleichungen genügt es, (4.48.1) nachzuweisen.

Konditionieren von (4.46.3) nach (T_ℓ, Z_ℓ) und die Markov-Eigenschaft von (T, Z) ergeben

$$\begin{aligned}
p_{yz}^{(\ell)}(s,t) = \int \int_{(s,t]\times\{z\}} & P(T_{\ell+1} > t \mid T_\ell = \tau,\ Z_\ell = v,\ T_{\ell-1} = \sigma,\ Z_{\ell-1} = u,\ T_0 = s,\ Z_0 = y) \\
& P(T_\ell \in d\tau,\ Z_\ell \in dv \mid T_{\ell-1} = \sigma,\ Z_{\ell-1} = u,\ T_0 = s,\ Z_0 = y) \\
& P(T_{\ell-1} \in d\sigma,\ Z_{\ell-1} \in du \mid T_0 = s,\ Z_0 = y) \\
= \int_{\{T_{\ell-1}<t\}} \int_{(T_{\ell-1},t]\times\{z\}} & P(T_{\ell+1} > t \mid T_\ell = \tau,\ Z_\ell = v) \\
& \cdot P(T_\ell \in d\tau,\ Z_\ell \in dv \mid T_{\ell-1}, Z_{\ell-1})\, dP(\cdot \mid T_0 = s,\ Z_0 = y)\,.
\end{aligned}$$

Mit (4.44.1) und (4.44.4) folgt

$$\begin{aligned}
p_{yz}^{(\ell)}(s,t) = - \int_{\{T_{\ell-1}<t\}} \int_{(T_{\ell-1},t]} & \big(1 - E_z(\tau,t)\big) \frac{dq_{Z_{\ell-1}z}}{dq_{Z_{\ell-1}Z_{\ell-1}}}(\tau) \\
& E_{Z_{\ell-1}}(T_{\ell-1}, d\tau)\, dP(\cdot \mid T_0 = s,\ Z_0 = y) =
\end{aligned}$$

$$= -\sum_{v \neq z} \int_{\{T_{\ell-1}<t,\ Z_{\ell-1}=v\}} \int_{(T_{\ell-1},t]} \big(1 - E_z(\tau,t)\big) \frac{dq_{vz}}{dq_{vv}}(\tau)$$
$$E_v(T_{\ell-1}, d\tau)\, dP(\cdot \mid T_0 = s,\ Z_0 = y)\,.$$

Weiter liefern (4.28.7) und der Satz von Fubini

$$p_{yz}^{(\ell)}(s,t) = \sum_{v \neq z} \int_{\{T_{\ell-1}<t,\ Z_{\ell-1}=v\}} \int_{(T_{\ell-1},t]} \big(1 - E_z(\tau,t)\big) \frac{dq_{vz}}{dq_{vv}}(\tau)$$
$$\cdot \big(1 - E_v(T_{\ell-1}, \tau - 0)\big)\, q_{vv}(d\tau)\, dP(\cdot \mid T_0 = s,\ Z_0 = y)$$
$$= \sum_{v \neq z} \int_{(s,t]} \Bigg(\int_{\{T_{\ell-1}<\tau,\ Z_{\ell-1}=v\}} \big(1 - E_v(T_{\ell-1}, \tau - 0)\big)\, dP(\cdot \mid T_0 = s,\ Z_0 = y) \Bigg)$$
$$\cdot \big(1 - E_z(\tau,t)\big)\, q_{vz}(d\tau)\,.$$

Dabei sind die inneren Integrale nach (4.44.1) und (4.46.3)

$$\int_{\{T_{\ell-1}<\tau,\ Z_{\ell-1}=v\}} \big(1 - E_v(T_{\ell-1}, \tau - 0)\big)\, dP(\cdot \mid T_0 = s,\ Z_0 = y)$$
$$= \int_{\{T_{\ell-1}<\tau,\ Z_{\ell-1}=v\}} P(T_\ell \geq \tau \mid T_{\ell-1},\ Z_{\ell-1})\, dP(\cdot \mid T_0 = s,\ Z_0 = y)$$
$$= P(T_{\ell-1} < \tau \leq T_\ell,\ Z_{\ell-1} = v \mid T_0 = s,\ Z_0 = y)$$
$$= p_{yv}^{(\ell-1)}(s, \tau - 0). \qquad \square$$

Johansen (1986, p. 12) hat gezeigt, daß die Rückwärtsgleichungen (4.46.2) bzw. die Vorwärtsgleichungen (4.48.2) äquivalent sind zu den folgenden „Kompaktversionen" (4.49.1) bzw. (4.49.2) dieser Gleichungen. Wir beschränken uns hier zunächst auf die Herleitung dieser Kompaktversionen (vergleiche aber Satz 4.52 (a) und Abschnitt 10 C, insbesondere Bemerkung 10.22).

4.49 Folgerung. *Seien q eine reguläre kumulative Intensitätsmatrix, p eine rechtsstetige reguläre Übergangsmatrix für X, die die Rückwärtsgleichungen* (4.46.2) *bzw. die Vorwärtsgleichungen* (4.48.2) *identisch (d. h. ohne Ausnahmemengen) löst, und $\mathcal{E}$ die Einheitsmatrix entsprechender Dimension. Dann genügt p den Rückwärtsgleichungen*

$$p(s,t) - \mathcal{E} = \int_{(s,t]} q(dr)\, p(r,t)\,, \qquad 0 \leq s \leq t < \infty\,, \tag{4.49.1}$$

bzw. den Vorwärtsgleichungen

$$p(s,t) - \mathcal{E} = \int_{(s,t]} p(s, r - 0)\, q(dr)\,, \qquad 0 \leq s \leq t < \infty\,. \tag{4.49.2}$$

(Die Integrale sind dabei durch formale Matrixmultiplikation definiert.)

Beweis. Für den Beweis von (4.49.1) zeigen wir zunächst

$$E_y(s,t) = -\int_{(s,t]} \big(1 - E_y(r,t)\big)\, q_{yy}(dr)\,, \quad 0 \le s \le t < \infty\,,\ y \in \mathcal{S}. \tag{4.49.3}$$

Dabei beschränken wir uns auf den Fall $E_y(0,t) < 1$. Aus (4.39.4), Hilfssatz 4.42, (4.28.7) und Aufgabe 2.2 (a) erhält man

$$\begin{aligned}
-\int_{(s,t]} \big(1 - E_y(r,t)\big)\, q_{yy}(dr) &= -\int_{(s,t]} \frac{1 - E_y(0,t)}{1 - E_y(0,r)}\, q_{yy}(dr) \\
&= \big(1 - E_y(0,t)\big) \int_{(s,t]} \frac{E_y(0,dr)}{(1 - E_y(0,r))\,(1 - E_y(0,r-0))} \\
&= \big(1 - E_y(0,t)\big) \int_{(s,t]} \Big(\frac{1}{1 - E_y(0,\cdot)}\Big)(dr) \\
&= 1 - \frac{1 - E_y(0,t)}{1 - E_y(0,s)} = E_y(s,t)\,.
\end{aligned}$$

Mittels (4.49.3) zeigen wir nun

$$p_{yz}(s,t) = \delta_{yz} + \sum_{v \in \mathcal{S}} \int_{(s,t]} p_{vz}(r,t)\, q_{yv}(dr)\,, \quad (y,z) \in \mathcal{S}^2,\ 0 \le s \le t < \infty\,, \tag{4.49.4}$$

also (4.49.1). Aus den Rückwärtsgleichungen (4.46.2) in Verbindung mit (4.28.6) erhalten wir

$$p_{yz}(s,t) = \delta_{yz}\big(1 - E_y(s,t)\big) + \sum_{v \ne y} \int_{(s,t]} p_{vz}(r,t)\, \big(1 - E_y(s,r-0)\big)\, q_{yv}(dr)\,.$$

Dieses und zweimalige Ausnutzung von (4.49.3) liefern dann (4.49.4):

$$\begin{aligned}
&\delta_{yz} - p_{yz}(s,t) + \sum_{v \ne y} \int_{(s,t]} p_{vz}(r,t)\, q_{yv}(dr) \\
&= \delta_{yz}\, E_y(s,t) + \sum_{v \ne y} \int_{(s,t]} p_{vz}(r,t)\, E_y(s,r-0)\, q_{yv}(dr) \\
&= -\int_{(s,t]} \Big(\delta_{yz}\big(1 - E_y(\tau,t)\big) + \sum_{v \ne y} \int_{(\tau,t]} p_{vz}(r,t)\, \big(1 - E_y(\tau,r-0)\big)\, q_{yv}(dr)\Big)\, q_{yy}(d\tau) \\
&= -\int_{(s,t]} p_{yz}(\tau,t)\, q_{yy}(d\tau)
\end{aligned}$$

(letzteres nach (4.28.6) und (4.46.2); hier wird die Voraussetzung benötigt, daß p die Rückwärtsgleichungen (4.46.2) identisch löst).

Ähnlich erhält man durch zweimalige Anwendung der Vorwärtsgleichungen (4.48.2) und von (4.28.7) für alle $0 \leq s \leq t < \infty$, $(y, z) \in \mathcal{S}^2$

$$\begin{aligned}
\delta_{yz} - p_{yz}(s,t) &+ \sum_{v \neq z} \int_{(s,t]} p_{yv}(s, r-0)\, q_{vz}(dr) \\
&= \delta_{yz}\, E_z(s,t) + \sum_{v \neq z} \int_{(s,t]} E_z(r,t)\, p_{yv}(s, r-0)\, q_{vz}(dr) \\
&\quad - \delta_{yz} \int_{(s,t]} \big(1 - E_z(s, \tau - 0)\big)\, q_{zz}(d\tau) \\
&\quad - \sum_{v \neq z} \int_{(s,t]} p_{yv}(s, r-0) \int_{(r,t]} \big(1 - E_z(r, \tau - 0)\big)\, q_{zz}(d\tau)\, q_{vz}(dr) \\
&= - \int_{(s,t]} \Big(\delta_{yz}\big(1 - E_z(s, \tau - 0)\big) \\
&\quad + \sum_{v \neq z} \int_{(s,\tau)} p_{yv}(s, r-0)\big(1 - E_z(r, \tau - 0)\big) q_{vz}(dr) \Big)\, q_{zz}(d\tau) \\
&= - \int_{(s,t]} p_{yz}(s, \tau - 0)\, q_{zz}(d\tau)\,,
\end{aligned}$$

also (4.49.2). □

Die Existenz einer Version der Übergangsmatrix für X, die den Voraussetzungen von Folgerung 4.49 genügt, wird durch Satz 4.52 (a) gewährleistet.

Sowohl die Vorwärtsgleichungen als auch die Rückwärtsgleichungen bestimmen die Übergangsmatrix eindeutig:

4.50 Satz. *Sei q eine reguläre kumulative Intensitätsmatrix. Dann besitzen sowohl die Rückwärtsgleichungen* (4.49.1) *als auch die Vorwärtsgleichungen* (4.49.2) *jeweils genau eine auf beschränkten Mengen beschränkte Lösung. Die Lösungen stimmen überein und sind gegeben durch eine zu X gehörige Übergangsmatrix.*

Im Hinblick auf den nachstehenden Satz 4.52 bleiben hier nur die Eindeutigkeitsaussagen zu zeigen. Diese sind jedoch Spezialfälle des Eindeutigkeitssatzes 12.17 aus Teil A des Mathematischen Anhanges, zudem folgt die eindeutige Lösbarkeit der Rückwärtsgleichungen auch aus dem Eindeutigkeitssatz 10.24 für die Lösungen Thielescher Integralgleichungen. Wir beschränken uns hier deshalb darauf, den folgenden einfachen

Hilfssatz anzugeben, mit dem leicht ein direkter Beweis des Eindeutigkeitsteiles von Satz 4.50 geführt werden kann (Aufgabe 17).

4.51 Hilfssatz. *Seien $s < t$ und $\mu|_{\mathfrak{B}((s,t])}$ ein endliches Maß. Dann gelten*

$$\int_{(s,t]} \mu\big((s,r)\big)^{n-1}\,\mu(dr) \le \frac{1}{n}\,\mu\big((s,t]\big)^n\,, \qquad n\in\mathbb{N}\,, \tag{4.51.1}$$

und

$$\int_{(s,t]} \mu\big((r,t]\big)^{n-1}\,\mu(dr) \le \frac{1}{n}\,\mu\big((s,t]\big)^n\,, \qquad n\in\mathbb{N}\,, \tag{4.51.2}$$

jeweils mit Gleichheit, falls μ stetig ist.

Beweis. Ohne Beschränkung der Allgemeinheit sei μ ein Wahrscheinlichkeitsmaß. Wir identifizieren μ mit seiner Verteilungsfunktion (so daß $\mu(s) = 0$ und $\mu(t) = 1$) und schreiben μ^{-1} für die Quantilfunktion (Pseudoinverse). Dann gilt

$$\int_{(s,t]} \mu\big((s,r)\big)^{n-1}\,\mu(dr) = \int_{(s,t]} \mu(r-0)^{n-1}\,\mathcal{L}(\mu^{-1}|\lambda^1|_{(0,1]})\,(dr)$$

$$= \int_{(0,1]} \mu\big(\mu^{-1}(u)-0\big)^{n-1}\,du \le \int_0^1 u^{n-1}\,du = \frac{1}{n}\,, \qquad n\in\mathbb{N}\,,$$

also (4.51.1). Der Beweis von (4.51.2) ist ähnlich. □

Die „explizite“ Lösung der Gleichungen (4.49.1) und (4.49.2) ist mit Hilfe der Methode der Produktintegration möglich, für die wir auf Anhang 12 A verweisen:

4.52 Satz.

(a) *Ist q eine reguläre kumulative Intensitätsmatrix und p das zugehörige Produktintegral,*

$$p(s,t) := \prod_{(s,t]} (\mathcal{E} + dq)\,, \qquad 0 \le s \le t\,, \tag{4.52.1}$$

so ist p eine rechtsstetige reguläre Übergangsmatrix für X, die für alle $y \in \mathcal{S}$, $t \ge 0$ der Implikation

$$p_{yy}(t-0,t) = 0 \Longrightarrow p_{yz}(s,\tau) = \delta_{yz}\,, \qquad t \le s \le \tau\,,\ z\in\mathcal{S}\,, \tag{4.52.2}$$

genügt, $p - \mathcal{E}$ ist BV auf Kompakta, und p löst die Rückwärtsgleichungen (4.49.1) *und* (4.46.2) *sowie die Vorwärtsgleichungen* (4.49.2) *und* (4.48.2) *jeweils identisch.*

(b) *Ist p eine rechtsstetige reguläre Übergangsmatrix für X mit* (4.52.2), $p - \mathcal{E}$ BV *auf Kompakta und q das additive Integral von p,*

$$q(s,t) := \int_{(s,t]} d(p - \mathcal{E})\,, \quad 0 \le s \le t\,, \tag{4.52.3}$$

so ist q eine reguläre kumulative Intensitätsmatrix für X.

Beweis. Sei zunächst q regulär. Wegen (4.29.4) und (4.29.5) ist q dominiert durch die nichtnegative additive Intervallfunktion

$$(s,t) \longmapsto -2 \sum_{y \in \mathcal{S}} q_{yy}(s,t) =: -2 \operatorname{spur} q(s,t).$$

Nach Satz 12.9 ist p gemäß (4.52.1) eine multiplikative (insbesondere also rechtsstetige) Intervallfunktion, für die $p - \mathcal{E}$ BV auf Kompakta ist, und nach Satz 12.16 löst p die Rückwärtsgleichungen (4.49.1) sowie die Vorwärtsgleichungen (4.49.2), so daß p wegen des Eindeutigkeitssatzes 4.50 auch eine Übergangsmatrix für X ist. Beim Nachweis der Rückwärtsgleichungen (4.46.2) beschränken wir uns auf den Fall $y \neq z$. Seien $0 \le s \le t$. Anwendung der Rückwärtsgleichung (4.49.4) und von (4.29.5) im ersten Schritt sowie von Aufgabe 15 (d) mit

$$Z := \sum_{v \neq y} \big(p_{vz}(\cdot,t) - p_{yz}(\cdot,t)\big)\, q_{yv}$$

im zweiten Schritt liefert

$$\begin{aligned}
p_{yz}(s,t) &= \sum_{v \neq y} \int_{(s,t]} \big(p_{vz}(r,t) - p_{yz}(r,t)\big)\, q_{yv}\,(dr) \\
&= \sum_{v \neq y} \int_{(s,t]} \overline{p}_y(s, r-0)\, \big(p_{vz}(r,t) - p_{yz}(r,t)\big)\, q_{yv}\,(dr) \\
&\quad - \sum_{v \neq y} \int_{(s,t]} \overline{p}_y(s, r-0) \int_{(r,t]} \big(p_{vz}(\sigma,t) - p_{yz}(\sigma,t)\big)\, q_{yv}\,(d\sigma)\, q_{yy}\,(dr)\,.
\end{aligned}$$

Wiederum mit (4.49.4) und (4.29.5) sowie schließlich mit (4.28.6) folgt

$$\begin{aligned}
p_{yz}(s,t) &= \sum_{v \neq y} \int_{(s,t]} \overline{p}_y(s, r-0)\, \big(p_{vz}(r,t) - p_{yz}(r,t)\big)\, q_{yv}(dr) \\
&\quad - \int_{(s,t]} \overline{p}_y(s, r-0)\, p_{yz}(r,t)\, q_{yy}(dr) \\
&= \sum_{v \neq y} \int_{(s,t]} p_{vz}(r,t)\, E_{yv}(s, dr)\,,
\end{aligned}$$

also (4.46.2) in diesem Fall. Den Beweis, daß die Vorwärtsgleichungen (4.48.2) identisch gelten, der analog geführt werden kann, überlassen wir dem Leser. (4.52.2) wird in Aufgabe 22 (b) gezeigt. Also gilt (a).

Zum Beweis von (b) seien p eine rechtsstetige reguläre Übergangsmatrix für X und $p - \mathcal{E}$ BV auf Kompakta. Nach Satz 12.10 ist q wie in (4.52.3) eine additive Intervallfunktion, welche die Eigenschaften (4.29.4) und (4.29.5) besitzt. (Diese gelten für die gemäß Satz 12.10 approximierenden Summen, da p stochastisch ist.) Die Eigenschaft (4.29.6) erhält man aus der Vorwärtsgleichung (12.16.1), denn danach ist

$$p(t-0,t) - \mathcal{E} = q(t-0,t)\,, \qquad t > 0\,,$$

und (4.29.7) gilt wiederum nach Aufgabe 22 (b). Insgesamt ist q eine reguläre kumulative Intensitätsmatrix. Mit Satz 4.35 wählen wir einen Markovschen Sprungprozeß $(\tilde{X}_t)_{t\geq 0}$ mit Zustandsraum $\mathcal{S}$, kumulativer Intensitätsmatrix q und derselben Startverteilung wie X. Sei $\tilde{p}$ eine rechtsstetige reguläre Übergangsmatrix für $\tilde{X}$. Nach Folgerung 4.49 und Satz 12.16 genügen sowohl $\tilde{p}$ als auch p den Vorwärtsgleichungen mit q. Der Eindeutigkeitssatz liefert dann $\tilde{p} = p$. Also stimmen die Verteilungen von $\tilde{X}$ und X überein, und q ist auch eine reguläre kumulative Intensitätsmatrix von X. □

Wie von Gill und Johansen (1990, Abschnitt 4) gezeigt wird, bleibt die Korrespondenz von p und q wie in Satz 4.52 auch gültig, falls man für p auf die Forderung (4.52.2) und für q auf die nach Aufgabe 22 (b) dazu äquivalente Regularitätsbedingung (4.29.7) (ohne Ausnahmemengen) verzichtet. Allerdings kann jedes q_{yy} dann mehrere Atome der Masse -1 haben, und der durch (4.28.6) bzw. (4.28.7) gegebene Zusammenhang von Intensitätsmatrix q und Markovschem Sprungprozeß X ist für jedes $y \in \mathcal{S}$ nur bis einschließlich zum ersten solchen Atom gewährleistet.

Die Beziehung (4.52.1) kann zur numerischen Berechnung von Übergangsmatrizen ausgehend von kumulativen Intensitätsmatrizen herangezogen werden, beispielsweise indem man das Produktintegral auf der rechten Seite durch approximierende Riemannsche Produkte gemäß Satz 12.9 oder durch Partialsummen der Peano-Reihe gemäß Satz 12.15 ersetzt (siehe Møller (1992), Theorem 1.1, Theorem 2.3 und (2.7)).

Wir wollen nun den Spezialfall absolutstetiger kumulativer Intensitätsmatrizen studieren. Sei also q eine reguläre kumulative Intensitätsmatrix und $q \ll \lambda^1|_{\mathfrak{B}([0,\infty))}$ mit Dichtematrix (= *Intensitätsmatrix*)

$$\frac{dq}{d\lambda^1} =: (\mu_{yz})_{(y,z)\in\mathcal{S}^2} =: M\,.$$

Nach (4.49.1) oder (4.49.2) ist dann p als Funktion jedes der beiden Argumente absolutstetig, und durch Differenzieren der Rückwärtsgleichungen

$$p(s,t) - \mathcal{E} = \int\limits_{(s,t]} M(r)\, p(r,t)\, dr \qquad (4.49.1')$$

nach s und der Vorwärtsgleichungen

$$p(s,t) - \mathcal{E} = \int_{(s,t]} p(s,r)\, M(r)\, dr \tag{4.49.2'}$$

nach t erhält man beide Gleichungssysteme in ihrer klassischen Form als lineare Differentialgleichungssysteme mit nichtkonstanten Koeffizienten:

$$\frac{\partial}{\partial s} p(s,t) = -M(s)\, p(s,t) \quad \lambda^1|_{[0,t]}\text{-f.ü.}, \quad t \geq 0, \tag{4.49.1''}$$

(*Rückwärtsdifferentialgleichungen*) bzw.

$$\frac{\partial}{\partial t} p(s,t) = p(s,t)\, M(t) \quad \lambda^1|_{[s,\infty)}\text{-f.ü.}, \quad s \geq 0, \tag{4.49.2''}$$

(*Vorwärtsdifferentialgleichungen*).

Natürlich lassen sich unter der Absolutstetigkeitsvoraussetzung die Gleichungen (4.49.1″) und (4.49.2″) auch aus den Gleichungen (4.46.2) und (4.48.2) gewinnen. Zum Beispiel ist dann

$$E_y(s,t) = 1 - \exp\Big(\int_s^t \mu_{yy}(\tau)\, d\tau\Big), \qquad 0 \leq s \leq t < \infty, \quad y \in \mathcal{S},$$

so daß (4.46.2) mit (4.28.6) übergeht in

$$p_{yz}(s,t) = \delta_{yz} \exp\Big(\int_s^t \mu_{yy}(\tau)\, d\tau\Big) + \sum_{v \neq y} \int_s^t \mu_{yv}(r)\, p_{vz}(r,t) \exp\Big(\int_s^r \mu_{yy}(\tau)\, d\tau\Big)\, dr$$

($0 \leq s \leq t < \infty$, $(y,z) \in \mathcal{S}^2$). Differenzieren nach s liefert für λ^1-fast alle $s \in [0,t]$

$$\begin{aligned}\frac{\partial}{\partial s} p_{yz}(s,t) &= -\,\delta_{yz}\, \mu_{yy}(s) \exp\Big(\int_s^t \mu_{yy}(\tau)\, d\tau\Big) - \sum_{v \neq y} \mu_{yv}(s)\, p_{vz}(s,t) \\ &\quad + \sum_{v \neq y} \int_s^t \mu_{yv}(r)\, p_{vz}(r,t) \big(-\mu_{yy}(s)\big) \exp\Big(\int_s^r \mu_{yy}(\tau)\, d\tau\Big)\, dr \\ &= -\sum_{v \in \mathcal{S}} \mu_{yv}(s)\, p_{vz}(s,t),\end{aligned}$$

also (4.49.1″). Ähnlich ergibt sich (4.49.2″) aus den Vorwärtsgleichungen (4.48.2) (Aufgabe 19).

D Aufgaben

Aufgabe 1. Spezifizieren Sie in den Beispielen 4.2 die Menge der möglichen Zustandsverläufe durch Angabe von $\mathcal{V}_a$, $\mathcal{V}_{ü}$ und $\mathcal{V}_s$ (vergleichen Sie mit Bemerkung 4.3)!

Aufgabe 2. Seien $\mathcal{S}$ ein endlicher Zustandsraum, $\mathcal{V} \subset \mathcal{X}$ die Menge der möglichen Zustandsverläufe und

$$\ddot{U} := \left\{(y, z) \in J \mid H_{yz}(x) \neq 0 \quad \text{für ein } x \in \mathcal{V}\right\}$$

die Menge der erlaubten Übergänge. Als Vorbereitung der nachstehenden Aufgaben (a)–(g), die teilweise aus Wolthuis (1994, Kapitel 11) adaptiert wurden, benötigen wir zunächst einige

Definitionen.

- Ein Zustand $y \in \mathcal{S}$ heißt *absorbierend*, falls er nicht verlassen werden kann: $(y, z) \notin \ddot{U}$ für alle $z \in \mathcal{S}$. y heißt *nicht wiederkehrend*, falls y stets verlassen und dann nicht wieder angenommen wird: Für alle $m \in \mathbb{N}_0$, $x \in \mathcal{V}$ gilt

  $$z_m(x) = y \implies z_n(x) \neq y\,, \qquad n > m\,.$$

  z heißt *von y aus erreichbar*, falls $x \in \mathcal{V}$ und $n > m$ existieren mit $z_m(x) = y$ und $z_n(x) = z$. Ist $(y, z) \in \ddot{U}$, so heißt z *von y aus direkt erreichbar.*
- $\ddot{U}$ heißt *hierarchisch*, falls eine Anordnung $\mathcal{S} = \{y_1, \ldots, y_n\}$ von $\mathcal{S}$ existiert, so daß von jedem Zustand aus nur Übergänge in nachfolgende Zustände möglich sind, d. h. daß $\left(1_{\ddot{U}}(y_i, y_j)\right)_{i,j=1,\ldots,n}$ eine obere Dreiecksmatrix und y_n somit absorbierend ist.
- $\mathcal{V}$ heißt *gestuft*, falls eine Zerlegung

  $$\mathcal{S} = \mathcal{S}_0 \cup \cdots \cup \mathcal{S}_r$$

  existiert, so daß
  - $\mathcal{S}_0 = \{y_0\}$ einelementig ist und
  - $\mathcal{S}_i = \{z \mid (y, z) \in \ddot{U} \quad \text{für ein } y \in \mathcal{S}_{i-1}\} \cap \{z \mid (y, z) \notin \ddot{U} \quad \text{für alle } y \in \bigcup_{j=i}^{r} \mathcal{S}_j\}$,
    $i = 1, \ldots, r$.

  $\mathcal{S}_0$ enthält also den einzig möglichen Startzustand und $\mathcal{S}_i$ jeweils alle Zustände, die von $\mathcal{S}_{i-1}$ aus direkt erreichbar und aus $\mathcal{S}_i$ oder nachfolgenden Stufen nicht erreichbar sind.

(a) Geben Sie ein Beispiel *eines* Zustandsraumes $\mathcal{S}$ und *zweier* Mengen $\mathcal{V}_1$, $\mathcal{V}_2$ möglicher Zustandsverläufe mit derselben Menge $\ddot{U}$ erlaubter Übergänge an, so daß ein $y \in \mathcal{S}$ existiert, welches bezüglich $\mathcal{V}_1$ nicht wiederkehrend ist, nicht aber bezüglich $\mathcal{V}_2$!

(b) Beweisen oder widerlegen Sie: z ist genau dann von y aus erreichbar, wenn eine endliche Folge $y_0 = y, \ldots, y_m = z$ existiert, so daß y_i von y_{i-1} aus direkt erreichbar ist.

(c) Zeigen Sie ohne Benutzung der nachfolgenden Aufgabenteile, daß $\ddot{U}$ gemäß Beispiel 4.4 hierarchisch ist! Geben Sie dazu eine geeignete Anordnung von $\mathcal{S}$ an! Bleibt $\ddot{U}$ hierarchisch, falls Reaktivierung zugelassen, also der Übergang (i, a) hinzugefügt wird?

(d) Zeigen Sie: Ist $\mathcal{V}$ gestuft, so ist $\ddot{U}$ hierarchisch. Gilt auch die Umkehrung?

(e) Beweisen oder widerlegen Sie: Besteht $\mathcal{S}$ ausschließlich aus absorbierenden und aus nicht wiederkehrenden Zuständen und existiert genau ein Startzustand, von dem aus alle anderen Zustände erreichbar sind, so ist $\mathcal{V}$ gestuft!

(f) Zeigen Sie durch explizite Angabe einer geeigneten Zerlegung von $\mathcal{S}$, daß $\mathcal{V}$ gemäß Beispiel 4.4 gestuft ist!

(g) Betrachten Sie die Situation 4.2 (b) der Versicherung einer Gruppe G von unter einfachem Risiko stehenden Leben, und zeigen Sie, daß $\mathcal{V}$ gestuft ist!

Aufgabe 3. Erweitern Sie das Heubecksche Modell der Pensionsversicherung (Beispiel 4.4) so, daß die Hinterbliebenenversorgung von bis zu zwei Halb- oder Vollwaisen mit beschrieben werden kann!

Aufgabe 4. Beweisen Sie die Bijektivität des in (4.8.1) definierten Übergangs H von Zustandsverläufen zu Übergangsverläufen!

Hinweise: Verwenden Sie Sprungketten (Definition 4.11)! Beachten Sie beim Nachweis der Injektivität, daß nach Definition von $\mathcal{X}$ jeder Zustandsverlauf mindestens einen Sprung hat und deshalb aus dem Übergangsverlauf auch der Startzustand rekonstruiert werden kann!

Augabe 5. Verwenden Sie die Bezeichnungen aus Bemerkung 4.3, den Definitionen 4.1 und 4.6 sowie aus Satz 4.8 und zeigen Sie

(a) $\mathcal{V}_ü = \bigcap_{(y,z)\in J\setminus Ü} H^{-1}\left(\{n \in \mathcal{N} \mid n_{yz,\infty} = 0\}\right) \in \mathfrak{X}$,

(b) $\mathcal{V}_e = \bigcap_{(y,z)\in J} H^{-1}\left(\{n \in \mathcal{N} \mid n_{yz,\infty} < \infty\right) \in \mathfrak{X}$,

(c) $\mathcal{V}_s \in \mathfrak{X}$.

Aufgabe 6.

(a) Führen Sie analog zum Konzept der Sprungkette (Definition 4.11), welches intuitiv auf Zustandsverläufen basiert, ausgehend von Übergangsverläufen das Konzept der *Übergangskette* ein! Fassen Sie dabei Übergangsverläufe als geeignete Folgen im Raum $[0,\infty]\times\mathcal{S}^2$ auf ($\mathcal{S}$ ist der endliche Zustandsraum).

(b) Sei $\mathcal{M}$ die Menge der Übergangsketten, versehen mit der kleinsten σ-Algebra $\mathfrak{M}$, die alle Koordinatenprojektionen meßbar macht. Zeigen Sie, daß die ausgehend von (4.8.3) definierte kanonische Abbildung $F: \mathcal{N} \longrightarrow \mathcal{M}$ ein Isomorphismus der Meßräume $(\mathcal{N}, \mathfrak{N})$ und $(\mathcal{M}, \mathfrak{M})$ ist!

(c) Geben sie $G \circ H^{-1} \circ F^{-1}: \mathcal{M} \longrightarrow \mathcal{K}$ explizit an!

Aufgabe 7. Für $m \in \mathbb{N}_0$ sei

$$\mathrm{pr}_m = (\mathrm{pr}_{m1}, \mathrm{pr}_{m2}): \mathcal{K} \longrightarrow [0,\infty] \times \mathcal{S}$$

die Projektion auf das m-te Folgenglied. Seien $z \in \mathcal{S}$ fest, $m \in \mathbb{N}_0$ und $t \geq 0$. Ausgehend von

$$f_{mt} := \mathrm{pr}_{m1} \cdot 1_{\{\mathrm{pr}_{m1} \leq t\}} + \infty \cdot 1_{\{\mathrm{pr}_{m1} > t\}}$$

und

$$g_{mt} := \begin{cases} \mathrm{pr}_{m2}, & \mathrm{pr}_{m1} \leq t \\ z, & \mathrm{pr}_{m1} > t \end{cases}$$

definieren wir eine Filtration von $(\mathcal{K}, \mathfrak{K})$ durch

$$\mathfrak{K}_t := a_\sigma\left((f_{mt}, g_{mt}) \mid m \in \mathbb{N}_0\right), \qquad t \geq 0.$$

Zeigen Sie:

$$G(\mathfrak{X}_t) = \mathfrak{K}_t\,, \qquad t \geq 0\,!$$

Aufgabe 8.

(a) Beweisen Sie Bemerkung 4.17 (a) !

(b) Zeigen Sie, daß $(X_t)_{t\geq 0}$ genau dann ein Markov-Prozeß bezüglich der natürlichen Filtration ist, wenn eine der beiden folgenden Bedingungen erfüllt ist:
- $P(B \mid X_{t_0}, \ldots, X_{t_n}, X_t) = P(B \mid X_t)$ P-f.s.,
  $0 \leq t_0 < \cdots < t_n \leq t$, $B \in a_\sigma\,((X_s)_{s>t})$;
- $P(A \cap B \mid X_{t_0}, \ldots, X_{t_n}, X_t) = P(A \mid X_{t_0}, \ldots, X_{t_n}, X_t) \cdot P(B \mid X_t)$ P-f.s.,
  $0 \leq t_0 < \cdots < t_n \leq t$, $A \in a_\sigma\,((X_s)_{s<t})$, $B \in a_\sigma\,((X_s)_{s>t})$.

(c) Zeigen Sie, daß $(X_t)_{t\geq 0}$ genau dann ein Markov-Prozeß bezüglich der natürlichen Filtration ist, wenn eine der drei folgenden Bedingungen erfüllt ist:
- $P(A \cap B \mid X_t) = P(A \mid X_t) \cdot P(B \mid X_t)$ P-f.s.,
  $A \in a_\sigma\big((X_s)_{s\leq t}\big)$, $B \in a_\sigma\,((X_s)_{s>t})$, $t \geq 0$;
- $P(A \cap B \mid X_t) = P(A \mid X_t) \cdot P(B \mid X_t)$ P-f.s.,
  $A \in a_\sigma\big((X_s)_{s\leq t}\big)$, $B \in a_\sigma\big((X_s)_{s\geq t}\big)$, $t \geq 0$;
- $P(A \cap B \mid X_t) = P(A \mid X_t) \cdot P(B \mid X_t)$, P-f.s.,
  $A \in a_\sigma\,((X_s)_{s<t})$, $B \in a_\sigma\big((X_s)_{s\geq t}\big)$, $t \geq 0$.

Interpretieren Sie diese Bedingungen als Unabhängigkeitsaussagen !

Hinweise: Zeigen Sie in (a) zunächst mittels vollständiger Induktion, daß

$$E(f \mid \mathfrak{A}_s) = E(f \mid X_s) \quad P\text{-f.s.}$$

für alle meßbaren Funktionen der Gestalt $f = \prod_{i=1}^n g_i(X_{t_i})$, $s < t_1 < \cdots < t_n$. Verwenden Sie (a) zum Beweis von (b) und (c).

Aufgabe 9. Sei $((X_t, \mathfrak{A}_t))_{t\geq 0}$ ein Markov-Prozeß mit Zustandsraum $\mathcal{S}$. Zeigen Sie, daß $((X_t, \mathfrak{A}_t))_{t\geq 0}$ genau dann die starke Markov-Eigenschaft besitzt, wenn für alle Stoppzeiten T und alle $f\colon ([0,\infty) \times \mathcal{X},\ \mathfrak{B}([0,\infty)) \otimes \mathfrak{X}) \longrightarrow ([0,\infty], \mathfrak{B}([0,\infty]))$

$$E\big(f(T, (X_{\tau+T})_{\tau\geq 0}) \mid \mathfrak{A}_T\big) = \int_{\mathcal{X}} f(s,\cdot)\, dP_{ys}|_{(s,y)=(T,X_T)} \quad P\text{-f.s. auf } \{T < \infty\}$$

gilt (zur Definition von P_{ys} vergleiche man Bemerkung 4.20).

Aufgabe 10. Zeigen Sie die im Beweis von Satz 4.27 verwandte Tatsache, daß jede Stoppzeit durch eine monoton fallende Folge von Stoppzeiten mit höchstens abzählbarem Wertevorrat punktweise approximierbar ist, wobei die Endlichkeitsmengen aller Stoppzeiten identisch gewählt werden können !

Aufgabe 11. Zeigen Sie analog zum Beweis von Satz 4.27: Ist $((X_t, \mathfrak{A}_t))_{t\geq 0}$ ein Markovscher Sprungprozeß mit endlichem Zustandsraum $\mathcal{S}$, so gilt für alle $z \in \mathcal{S}$, $\tau \geq 0$ und alle $(\mathfrak{A}_t)$-Stoppzeiten T

$$P(X_{\tau\vee T} = z \mid \mathfrak{A}_T) = p_{yz}(s, \tau \vee s)|_{(s,y)=(T,X_T)} \quad P\text{-f.s. auf } \{T < \infty\}$$

und damit auch

$$P(X_{\tau \vee T} = z \mid T, X_T) = p_{yz}(s, \tau \vee s)|_{(s,y)=(T,X_T)} \quad P\text{-f.s. auf } \{T < \infty\}.$$

Aufgabe 12. Betrachten Sie die Versicherung einer Gruppe stochastisch unabhängiger unter einfachem Risiko stehender Leben. Zeigen Sie, daß der auf der Basis von Beispiel 4.2 (b) definierte zufällige Zustandsverlauf ein Markovscher Sprungprozeß ist, und bestimmen Sie die Übergangswahrscheinlichkeiten sowie die kumulativen Übergangsintensitäten! Welche Vereinfachungen ergeben sich für den Fall, daß die Lebensdauerverteilungen keine gemeinsamen Sprungstellen besitzen?

Aufgabe 13. Verifizieren Sie die Ungleichung (4.29.6) ohne Benutzung von Hilfssatz 4.32!

Aufgabe 14. Seien $(\Omega, \mathfrak{A}, P, (X_t)_{t\geq 0})$ ein Markovscher Sprungprozeß mit Zustandsraum $\mathcal{S}$ und kumulativer Intensitätsmatrix q, $s \geq 0$, $T(s) := s + t_1\left((X_{\tau+s})_{\tau\geq 0}\right)$ und $(E_{yz})_{(y,z)\in\mathcal{S}^2}$ wie in Definition 4.28. Zeigen Sie

$$P\left(X_{T(s)} = z \mid T(s) = \cdot\,,\ X_s = y\right) = \frac{dE_{yz}(s,\cdot)}{dE_y(s,\cdot)} = -\frac{dq_{yz}}{dq_{yy}}$$

$\mathcal{L}(T(s) \mid X_s = y)$-fast sicher für alle $y \neq z$ mit $P(X_s = y) > 0$.

Aufgabe 15. Seien $\mathcal{S} \neq \emptyset$ endlich,

$$q = (q_{yz})_{(y,z)\in\mathcal{S}^2}\colon \{(s,t) \mid 0 \leq s \leq t\} \longrightarrow \mathbb{R}^{\mathcal{S}^2}$$

eine reguläre kumulative Intensitätsmatrix, $y \in \mathcal{S}$, und

$$\overline{p}_y(s,t) := \exp\left(q_{yy}^{(c)}(s,t)\right) \prod_{\tau\in(s,t]} \left(1 + \Delta q_{yy}(s,\tau)\right), \quad 0 \leq s \leq t.$$

Zeigen Sie:

(a) $\overline{p}_y(r,s)\,\overline{p}_y(s,t) = \overline{p}_y(r,t), \quad 0 \leq r \leq s \leq t.$

(b) Für alle $t \geq 0$ ist $\overline{p}_y(\cdot,t)$ BV auf $[0,t]$.

(c) Für alle $t \geq 0$ ist $\overline{p}_y(\cdot,t)|_{\mathfrak{B}([0,t])} \ll q_{yy}|_{\mathfrak{B}([0,t])}$ mit Dichte $\frac{d\overline{p}_y(\cdot,t)}{dq_{yy}} = -\overline{p}_y(\cdot,t)$.

(d) Für jeden Zahlungsstrom $Z\colon [0,\infty) \longrightarrow \mathbb{R}^1$ und alle $0 \leq s \leq t$ gelten

$$Z((s,t]) = \int\limits_{(s,t]} \overline{p}_y(s,r-0)\,Z(dr) - \int\limits_{(s,t]} \overline{p}_y(s,r-0)\,Z((r,t])\,q_{yy}(dr),$$

$$Z((s,t]) = \int\limits_{(s,t]} \overline{p}_y(s,r-0)\,Z(dr) - \int\limits_{(s,t]}\int\limits_{(r,t]} \overline{p}_y(r,\tau-0)\,Z(d\tau)\,q_{yy}(dr).$$

Hinweise zu (c) *und* (d)*:* Beweisen Sie (c) mit Hilfe von (a) und Aufgabe 2.2 (a). Die erste Identität in Teil (d) kann aus

$$\overline{p}_y(s,r-0) - 1 = \int\limits_{(s,r)} \overline{p}_y(s,\tau-0)\,q_{yy}(d\tau), \quad r > s,$$

unter Anwendung des Satzes von Fubini hergeleitet werden. Analog kann (c) verwendet werden, um zunächst

$$\overline{p}_y(s, r-0) - 1 = \int\limits_{(s,r)} \overline{p}_y(\tau, r-0)\, q_{yy}(d\tau)\,, \qquad r > s\,,$$

zu zeigen und daraus dann die zweite Identität zu folgern.

Aufgabe 16. Seien $\mathcal{S} := \{0, 1, 2, 3\}$, P die Gleichverteilung auf $(\Omega, \mathfrak{A}) := \big(\{1, 2\}, 2^{\Omega}\big)$ und

$$X_t(\omega) := \begin{cases} 2 \cdot 1_{[1,2)}(t) + 3 \cdot 1_{[2,\infty)}(t), & \omega = 1 \\ 1_{[1,2)}(t) + 3 \cdot 1_{[2,3)}(t), & \omega = 2. \end{cases}$$

Zeigen Sie, daß der zu X gehörige multivariate Zählprozeß N Markovsch ist, während der zugehörige markierte Punktprozeß (T, Z) die Markov-Eigenschaft nicht besitzt! Ist X Markovsch?

Aufgabe 17. Sei q eine reguläre kumulative Intensitätsmatrix. Zeigen Sie mittels Hilfssatz 4.51, daß sowohl die Rückwärtsgleichungen (4.49.1) als auch die Vorwärtsgleichungen (4.49.2) jeweils genau eine auf Kompakta beschränkte Lösung besitzen!

Hinweise: Seien $d := \#\mathcal{S}$, $\mathcal{M}(d, d)$ der Raum der reellen $d \times d$-Matrizen versehen mit der maximalen Zeilensummennorm $|\cdot|$,

$$\hat{p},\, \tilde{p}\colon \{(s, t) \mid 0 \le s \le t < \infty\} \longrightarrow \mathcal{M}(d, d)$$

zwei auf Kompakta beschränkte Lösungen der Vorwärtsgleichungen und

$$\|q\|\colon \mathfrak{B}([0, \infty)) \ni B \longmapsto \sum_{(y,z)\in\mathcal{S}^2} |q_{yz}(B)| = 2 \sum_{(y,z)\in J} q_{yz}(B) \in [0, \infty]\,.$$

Zeigen Sie mittels vollständiger Induktion und (4.51.1) für alle $n \in \mathbb{N}$, $0 \le s \le t < \infty$

$$|\hat{p}(s, t) - \tilde{p}(s, t)| \le \sup_{r\in(s,t]} |\hat{p}(s, r) - \tilde{p}(s, r)|\, \frac{(\|q\|((s, t]))^n}{n!}\,,$$

und folgern Sie $\tilde{p} = \hat{p}$. Der Eindeutigkeitsbeweis für die Lösung der Rückwärtsintegralgleichungen kann ähnlich geführt werden, indem man an Stelle der maximalen Zeilensummennorm die maximale Spaltensummennorm und an Stelle von (4.51.1) die Abschätzung (4.51.2) verwendet.

Aufgabe 18. Zeigen Sie, daß die durch eine reguläre kumulative Intensitätsmatrix definierte Übergangsmatrix regulär ist!

Aufgabe 19. Leiten Sie unter der Voraussetzung, daß die reguläre kumulative Intensitätsmatrix q absolutstetig ist, die Vorwärtsdifferentialgleichungen (4.49.2″) aus den Vorwärtsintegralgleichungen (4.48.2) her!

Aufgabe 20. Seien $\mu_{yz}\colon ([0, \infty), \mathfrak{B}([0, \infty))) \longrightarrow ([0, \infty), \mathfrak{B}([0, \infty)))$ eigentlich Lebesgue-integrierbar über Kompakta ($(y, z) \in J$) und $\mu_{yy} := -\sum_{z\neq y} \mu_{yz}$ ($y \in \mathcal{S}$). Verifizieren Sie, daß $q = (q_{yz})_{(y,z)\in\mathcal{S}^2}$ gemäß

$$q_{yz}(s,t) := \int_s^t \mu_{yz}(\tau)\,d\tau\,, \qquad 0 \le s \le t < \infty\,,$$

eine reguläre kumulative Intensitätsmatrix ist!

Aufgabe 21. Sei $\big(\Omega, \mathfrak{A}, P, (X_t)_{t\ge 0}\big)$ ein Markovscher Sprungprozeß mit Zustandsraum $\mathcal{S}$. Zeigen Sie, daß sich für alle $0 \le s \le t < \infty$ und alle $(y,z) \in J$ die bedingte Wahrscheinlichkeit gegeben $X_s = y$, daß X im Zeitintervall $(s,t]$ genau einen Sprung und zwar nach z durchführt, wie folgt berechnen läßt:

$$\begin{aligned}\overline{p}_{yz}(s,t) &:= P\big(T(s) \le t,\ X_{T(s)} = z,\ T(T(s)) > t \mid X_s = y\big)\\ &= \int_{(s,t]} (1 - E_z(\tau,t))\ E_{yz}(s,d\tau)\,.\end{aligned}$$

Aufgabe 22. Sei

$$q = (q_{yz})_{(y,z)\in\mathcal{S}^2} \colon \{(s,t) \mid 0 \le s \le t < \infty\} \longrightarrow \mathbb{R}^{\mathcal{S}^2}$$

eine additive Intervallfunktion, welche den Eigenschaften (4.29.4) und (4.29.5) ohne Ausnahmemengen genügt.

(a) Zeigen Sie, daß q BV auf Kompakta im Sinne von Definition 12.7 und somit das Produktintegral

$$p(s,t) := \prod_{(s,t]} (\mathcal{E} + dq)\,, \qquad 0 \le s \le t\,,$$

wohldefiniert ist!

(b) Zeigen Sie mit Hilfe der Vorwärtsgleichungen und der Rückwärtsgleichungen für alle $y \in \mathcal{S}$ und alle $t \ge 0$ die Äquivalenz der folgenden beiden Implikationen:

- $q_{yy}(\{t\}) = -1 \quad\Longrightarrow\quad q_{yy}(t,\tau) = 0\,, \quad \tau \ge t,$
- $p_{yy}(t-0,t) = 0 \Longrightarrow p_{yz}(s,\tau) = \delta_{yz}\,, \quad t \le s \le \tau,\ z \in \mathcal{S}.$

Aufgabe 23. Gegeben sei die Situation von Aufgabe 21. Zusätzlich sei $q \ll \lambda^1|_{\mathfrak{B}([0,\infty))}$ mit stetiger Lebesgue-Dichtematrix $(\mu_{yz})_{(y,z)\in\mathcal{S}^2}$. Zeigen Sie für alle $s \ge 0$, $(y,z) \in J$ bei $\delta \searrow 0$

(a) $\overline{p}_y(s, s+\delta) = 1 + \mu_{yy}(s)\cdot\delta + o(\delta)$,

(b) $\overline{p}_{yz}(s, s+\delta) = \mu_{yz}(s)\cdot\delta + o(\delta)$.

Kapitel 5
Versicherungsleistungen in der Lebensversicherung

Die Beschreibung von Versicherungsleistungen und ihren Barwerten in der Personenversicherung ruht auf drei Säulen:

- der Modellierung des versicherten Risikos, also desjenigen zufälligen Geschehens, welches die Versicherungsleistungen determiniert (biologische Ebene),
- der Modellierung der Versicherungsleistungen bei unterstellter Kenntnis des Zufallsgeschehens (versicherungstechnische Ebene),
- der Bewertung deterministischer Zahlungen unter dem Einfluß von Verzinsung (finanztechnische Ebene).

Aufbauend auf den Begriffen „Kapitalfunktion" und „Zahlungsstrom" wurde der finanztechnische Aspekt in Kapitel 2 behandelt. In Kapital 3 wurde, mit Hilfe von Lebensdauervariablen, das für die *Lebens*versicherung relevante biologische Geschehen modelliert. Die für die Behandlung des biometrischen Risikos in komplexeren Situationen der Personenversicherung benötigten Hilfsmittel aus der Theorie stochastischer Prozesse finden sich in Kapitel 4.

Das Hauptanliegen dieses und des folgenden Kapitels ist die Bereitstellung eines genügend allgemeinen Modells für Versicherungsleistungen, welches eine geschlossene Behandlung von Barwerten (und später auch von Reserven) in der Lebensversicherung (Kapitel 5) und in der Pensions- und Invaliditätsversicherung (Kapitel 6) ermöglicht und zum Beispiel die künstliche Trennung von „kontinuierlicher Methode" und „diskontinuierlicher Methode" in der Personenversicherungsmathematik auch auf der versicherungstechnischen Ebene überwindet. Im Mittelpunkt steht dabei der Begriff der Versicherungsleistungsfunktion, der sich implizit in vielen Arbeiten der „Skandinavischen Schule" der Personenversicherungsmathematik findet (zum Beispiel in der grundlegenden Arbeit von Hoem (1969), §3 und in Hoem und Aalen (1978), §§ 2,3). In der hier und in Kapitel 6 eingeführten Form fußt er im wesentlichen auf Norberg (1991, §§ 2,3). Der Begriff der *Versicherungsleistungsfunktion* ist zu unterscheiden von dem auf Schärf zurückgehenden Begriff der *Versicherungsfunktion* (siehe Saxer (1958), Kapitel I).

In den Abschnitten 5 A und 5 B befassen wir uns der Verständlichkeit halber ausschließlich mit der Beschreibung von Versicherungsleistungen, Barwerten und erwarteten Barwerten bei der Versicherung eines unter einem einzigen Risiko stehenden Lebens – auch um den Preis gewisser Wiederholungen in den Folgeabschnitten. Zentrale Punkte des Abschnittes A sind die Definition 5.1 der Versicherungsleistungsfunktion in der Lebensversicherung, die Barwertdefinitionen 5.7 und 5.8 sowie die zahlreichen Beispiele, die die Anwendung der Barwertformeln auf konkrete Versicherungen illustrieren. Für praktische Zwecke ist Satz 5.15 interessant, der einen völlig allgemeinen Zusammenhang von erwarteten Barwerten bei jährlicher und bei unterjährlicher Zahlungsweise angibt.

Abschnitt B behandelt natürliche Versicherungsleistungsfunktionen in der Lebensversicherung (Definition 5.20), die sich durch eine leicht handhabbare Gestalt und die Eigenschaft, in einem geeigneten Sinne „nichtvorgreifend" zu sein, auszeichnen. Von praktischem Interesse sind hier insbesondere die Ausführungen 5.22 bis 5.27 über Varianzen und andere höhere Momente von Barwerten natürlicher Versicherungsleistungen, bei denen wir uns teilweise an den entsprechenden Passagen der Kapitel 4 und 5 von Bowers et al. (1986) orientiert haben. Die anschließenden Ausführungen zur Frage des Todes- oder Erlebensfallcharakters von Versicherungsleistungen knüpfen an Ideen von Leepin (1956) und Storck (1958) an. Die vorliegende, auf dem Konzept der stochastischen Ordnung beruhende Darstellungsweise fußt auf Milbrodt (1993). Unter Anwendungsgesichtspunkten (Wahl einer geeigneten Sterbetafel) kann man sich hier auf die Bemerkungen 5.33 und den Schlußteil des Abschnitts ab den Folgerungen 5.35 beschränken.

In den Abschnitten 5 C und 5 D befassen wir uns mit der Beschreibung von Versicherungsleistungen und (erwarteten) Barwerten in der Personenversicherung allgemein und greifen in diesem Rahmen die meisten Gedanken der Abschnitte 5 A und 5 B nochmals auf. Zu Beginn von Abschnitt C werden ausgehend vom Begriff des Zustandsverlaufs in Definition 5.39 allgemeine Versicherungsleistungsfunktionen in der Personenversicherung eingeführt. Diese werden dann in 5.40 bis 5.46 auf die Situation der Versicherung von zwei unter einfachem Risiko stehenden Leben und in 5.47 sowie 5.48 auf ein Leben bei konkurrierenden Risiken spezialisiert, wobei das jeweils zentrale Konzept das der natürlichen Versicherungsleistungsfunktion in der betreffenden Situation ist (Definitionen 5.40 und 5.47).

In Abschnitt D werden zunächst als Erweiterung der Definitionen 5.7 und 5.8 (erwartete) Barwerte von Versicherungsleistungen in der Personenversicherung allgemein definiert (5.49, 5.50) und die Barwertformeln dann auf Versicherungen auf zwei Leben bzw. bei konkurrierenden Risiken spezialisiert (Hilfssätze 5.51, 5.56 und 5.66). Die aus der Situation der Versicherung eines unter einfachem Risiko stehenden Lebens bekannten Überlegungen zu höheren Momenten (zum Beispiel Varianzen) von Barwerten und zum

Zusammenhang von Barwerten bei jährlicher und bei unterjährlicher Fälligkeit lassen sich leicht auf zwei Leben oder auf die Versicherung eines Lebens bei konkurrierenden Risiken übertragen. In den Beispielen 5.59 geben wir eine umfangreiche Liste von erwarteten Barwerten bei zwei Leben an. Als Anwendungsbeispiele bei konkurrierenden Risiken werden die Gemischte Kapitalversicherung mit Unfallzusatzversicherung und die Gemischte Kapitalversicherung mit Teilauszahlung bei Dread Disease behandelt (Beispiele 5.48 und 5.68).

Die Behandlung natürlicher Versicherungsleistungsfunktionen in der Personenversicherung allgemein, die wesentlichen Gebrauch von der Theorie stochastischer Prozesse macht, verschieben wir auf Abschnitt A von Kapitel 6. Dort wird gezeigt, wie sich natürliche Versicherungsleistungsfunktionen bei einem oder mehreren unter einem einzigen Risiko stehenden Leben sowie bei einem Leben und konkurrierenden Risiken zu einem einheitlichen Konzept zusammenfassen lassen. Mit Hilfe dieser natürlichen Versicherungsleistungsfunktionen in der Personenversicherung kann man dann auch Versicherungsleistungen und Barwerte in der Pensionsversicherung untersuchen.

A Leistungen und Barwerte: Ein unter einem Risiko stehendes Leben

5.1 Definition. Eine (*kumulative*) *Versicherungsleistungsfunktion* (*bei einem unter einem Risiko stehenden Leben*) ist eine Abbildung

$$A\colon (0,\infty)\times[0,\infty)\ni(s,t)\longmapsto A_s(t)\in[0,\infty)$$

mit folgenden Eigenschaften:

(a) Für alle $s>0$ ist $t\longmapsto A_s(t)$ eine Verteilungsfunktion auf $[0,\infty)$.

(b) Für alle $t\geq 0$ ist $s\longmapsto A_s(t)$ Borel-meßbar.

Bei festem s ist A_s also ein gerichteter Zahlungsstrom im Sinne von Definition 2.22. $A_s(t)$ wird interpretiert als die unverzinste Gesamtleistung des VR bis zur Zeit t einschließlich, falls der Versicherte zur Zeit s stirbt. Folglich beschreibt A das vom VR angebotene Produkt. Dabei bleiben der Aspekt des Verkaufs (Verzinsung und Preis) sowie zufällige Momente (Zufälligkeit des Todeszeitpunktes) zunächst unberücksichtigt.

5.2 Bemerkungen.

(a) Jede Versicherungsleistungsfunktion A bei einem unter einem Risiko stehenden Leben definiert einen Übergangskern

$$K_A\colon (0,\infty)\times\mathfrak{B}([0,\infty))\longrightarrow[0,\infty]\,,$$

der beschränkten Ereignissen ein endliches Maß zuordnet. In der Regel ist zusätzlich zu 5.1 (a) und (b) bei gegebenem Todeszeitpunkt $s>0$ der „*Zahlungshorizont*“

endlich:

$$A_s^{-1}\big(A_s(\infty)\big) = \inf\big\{t \geq 0 \mid A_s(t) = A_s(\infty)\big\} < \infty\,.$$

K_A ist dann endlich.

(b) Jede kumulative Versicherungsleistungsfunktion A bei einem unter einem Risiko stehenden Leben kann aufgespalten werden in einen *Todesfallanteil* (*death part*) DA von Leistungen ab einschließlich des Todeszeitpunktes und einen *Erlebensfallanteil* (*survival part*) SA von Zahlungen bis ausschließlich zum Todeszeitpunkt:

$$A = DA + SA\,, \tag{5.2.1}$$

$$DA_s\colon t \longmapsto \big(A_s(t) - A_s(s-0)\big)^+\,, \qquad s > 0\,, \tag{5.2.2}$$

$$SA_s\colon t \longmapsto A_s(t) \wedge A_s(s-0)\,, \qquad s > 0\,. \tag{5.2.3}$$

5.3 Beispiele. Seien $0 = s_0 < \cdots < s_k < \cdots \nearrow \infty$, $s > 0$ und $t \geq 0$.

(a) *Todesfallversicherung, diskretisiert:*
Bei Tod im Zeitintervall $(s_{k-1}, s_k]$ wird die Leistung (Versicherungssumme) $D(s_k) \geq 0$ zur Zeit s_k fällig,

$$A_s(t) = DA_s(t) = \sum_{k=1}^{\infty} D(s_k) \cdot 1_{[s_k,\infty)}(t) \cdot 1_{(s_{k-1},s_k]}(s)\,.$$

(b) *Leibrente, diskretisiert:*
Die Leistung $S(s_k) \geq 0$ wird direkt bei Erleben des Zeitpunktes s_k fällig,

$$\begin{aligned} A_s(t) = SA_s(t) &= \sum_{k=0}^{\infty} S(s_k) \cdot 1_{[s_k,\infty)}(t) \cdot 1_{(s_k,\infty)}(s) \\ &= \sum_{k=1}^{\infty}\Big(\sum_{\ell=0}^{k-1} S(s_\ell) \cdot 1_{[s_\ell,\infty)}(t)\Big) \cdot 1_{(s_{k-1},s_k]}(s)\,. \end{aligned}$$

(c) *Gemischte Versicherung, diskretisiert:*
Dabei ist $A = DA + SA$ mit DA und SA gemäß (a) und (b), also

$$A_s(t) = \sum_{k=1}^{\infty}\Big(D(s_k) \cdot 1_{[s_k,\infty)}(t) + \sum_{\ell=0}^{k-1} S(s_\ell) \cdot 1_{[s_\ell,\infty)}(t)\Big) \cdot 1_{(s_{k-1},s_k]}(s)\,.$$

(d) *Todesfallzeitrente (Nachrente), diskretisiert:*
Der Tod im Zeitintervall $(s_{k-1}, s_k]$ löst eine Zeitrente mit Beträgen $D_k(s_k)$, $D_k(s_{k+1}), \ldots \geq 0$ zu Zeiten $s_k, s_{k+1}, \ldots$ aus,

$$A_s(t) = DA_s(t) = \sum_{k=1}^{\infty}\Big(\sum_{\ell=k}^{\infty} D_k(s_\ell) \cdot 1_{[s_\ell,\infty)}(t)\Big) \cdot 1_{(s_{k-1},s_k]}(s)\,.$$

Solche Todesfallzeitrenten treten zum Beispiel als Bestandteil von Leibrenten mit Rentengarantie auf (vergleiche Aufgabe 28).

5.4 Beispiele. Seien $s > 0$ und $t \geq 0$.

(a) *Unmittelbar zahlbare Todesfallversicherung:*
Die Leistung $D(s)$ wird direkt bei Tod zur Zeit s fällig,

$$A_s(t) = DA_s(t) = D(s) \cdot 1_{[s,\infty)}(t) .$$

(b) *Kontinuierliche Leibrente:*
Bis zum Tod zur Zeit s wird eine Rente mit beschränkt integrabler Lebesgue-Dichte $\sigma\colon [0, \infty) \longrightarrow [0, \infty)$ gezahlt,

$$A_s(t) = SA_s(t) = \int_0^{s \wedge t} \sigma(\tau)\, d\tau .$$

(c) *Kontinuierliche Todesfallzeitrente (Nachrente):*
Der Tod zur Zeit s löst eine Zeitrente mit beschränkt integrabler Lebesgue-Dichte $\vartheta(s, \cdot)\colon [0, \infty) \longrightarrow [0, \infty)$ aus:

$$A_s(t) = DA_s(t) = \int_s^{s \vee t} \vartheta(s, \tau)\, d\tau .$$

Um die Meßbarkeitseigenschaft 5.1 (b) zu gewährleisten, wird ϑ als produktmeßbar vorausgesetzt.

Die Beschreibung von Leistungsversprechen in der Lebensversicherung mittels kumulativer Versicherungsleistungsfunktionen bietet ein einheitliches Dach einerseits für Erlebens- und Todesfallversicherungen und andererseits für die „kontinuierliche Methode“ und die „diskrete Methode“ der Versicherungsmathematik. Wie in Kapitel 2 ist dazu wesentlich, daß die Zahlungen *bis zu* den jeweiligen Zeitpunkten kumuliert werden, statt zu beschreiben, was *genau zu* festen Zeitpunkten passiert.

5.5 Satz. *Sei A eine Versicherungsleistungsfunktion bei einem unter einem Risiko stehenden Leben. A, DA und SA können jeweils eindeutig in einen rein diskreten Anteil, einen absolutstetigen Anteil und einen zum Lebesgue-Maß singulären stetigen Anteil zerlegt werden:*

$$A = A^{(d)} + A^{(ca)} + A^{(cs)} , \tag{5.5.1}$$

$$DA = DA^{(d)} + DA^{(ca)} + DA^{(cs)} , \tag{5.5.2}$$

$$SA = SA^{(d)} + SA^{(ca)} + SA^{(cs)} . \tag{5.5.3}$$

Alle diese Funktionen sind Versicherungsleistungsfunktionen. Es ist

$$A^{(d)} = DA^{(d)} + SA^{(d)} , \tag{5.5.4}$$

$$A^{(ca)} = DA^{(ca)} + SA^{(ca)} , \tag{5.5.5}$$

$$A^{(cs)} = DA^{(cs)} + SA^{(cs)} . \tag{5.5.6}$$

Aus maßtheoretischer Sicht ist Satz 5.5 ein Zerlegungssatz für Übergangskerne. Beispielsweise ergeben sich die Aussagen über die (*ca*)-Anteile aus der Doobschen Lebesgue-Zerlegung für Kerne (Doob (1953), Example 2.7 des Supplement, p. 616). Für den vollständigen Beweis, der beim ersten Lesen zunächst übergangen werden kann, benötigen wir einige Hilfsmittel. Sei $\mathcal{M} = \mathcal{M}\big([0,\infty), \mathfrak{B}([0,\infty))\big)$ der Raum der Borelmaße auf $[0,\infty)$ versehen mit der von den „Auswertungsabbildungen“

$$\mathcal{M} \ni \mu \longmapsto \mu(B) \in [0,\infty]\,, \qquad B \in \mathfrak{B}([0,\infty))\,,$$

erzeugten σ-Algebra $\mathfrak{M}$.

5.6 Hilfssatz (Dubins und Freedman, 1964).

(a) *Eine Abbildung* $K\colon [0,\infty) \times \mathfrak{B}([0,\infty)) \longrightarrow [0,\infty]$ *mit* $K(s,\cdot) \in \mathcal{M}$, $s \geq 0$, *ist genau dann ein Übergangskern, wenn*

$$[0,\infty) \ni s \longmapsto K(s,\cdot) \in \mathcal{M}$$

$\mathfrak{B}([0,\infty))$–$\mathfrak{M}$*-meßbar ist.*

(b) *Der rein diskrete Anteil*

$$\mathcal{M} \ni \mu \longmapsto \mu^{(d)} \in \mathcal{M}$$

ist $\mathfrak{M}$–$\mathfrak{M}$*-meßbar.*

(c) *Der Lebesgue-stetige Anteil*

$$\mathcal{M} \ni \mu \longmapsto \mu^{(ca)} \in \mathcal{M}$$

ist $\mathfrak{M}$–$\mathfrak{M}$*-meßbar.*

Beweis. Zu (a)*:* Sei $(\Omega, \mathfrak{A})$ ein Meßraum. Per Definition von $\mathfrak{M}$ ist eine Abbildung $\varphi\colon \Omega \longrightarrow \mathcal{M}$ genau dann $\mathfrak{A}$–$\mathfrak{M}$-meßbar, wenn für irgendein Erzeugendensystem $\mathfrak{C} \subset \mathfrak{B}([0,\infty))$ die Abbildungen

$$\Omega \ni \omega \longmapsto \varphi(\omega)(B) \in [0,\infty]\,, \qquad B \in \mathfrak{C}\,,$$

alle $\mathfrak{A}$–$\mathfrak{B}([0,\infty])$-meßbar sind.

Zu (b)*:* Folgt aus 2.7 und Theorem 2.12 von Dubins und Freedman (1964).

Zu (c)*:* Ergibt sich aus Theorem 2.10 von Dubins und Freedman (1964). □

Beweis von Satz 5.5. Analog zum Beweis von Hilfssatz 1.7 ergeben sich die Existenz und die Eindeutigkeit der Zerlegungen (5.5.1) – (5.5.3) unmittelbar aus der Zerlegung einer Verteilungsfunktion in einen rein diskreten und einen stetigen Anteil sowie aus dem klassischen Zerlegungssatz von Lebesgue-Radon-Nikodym. Die Gleichungen (5.5.4) – (5.5.6) folgen aus der Eindeutigkeit.

Es bleibt zu zeigen, daß alle zerlegenden Funktionen Versicherungsleistungsfunktionen, also als Funktionen des ersten Argumentes s Borel-meßbar sind. Für die diskreten und die stetigen Anteile folgt dies aus Hilfssatz 5.6 (a) und (b) und für die absolutstetigen und die stetigen singulären Anteile aus Hilfssatz 5.6 (a) und (c). □

5.7 Definition und Bemerkung. Sei A eine Versicherungsleistungsfunktion bei einem unter einem Risiko stehenden Leben. Erwirbt ein VN für eine Person (x) mit zukünftiger Lebensdauer $T_x > 0$ (wie üblich aufgefaßt als Zufallsvariable auf einem Wahrscheinlichkeitsraum $(\Omega, \mathfrak{A}, P)$) dieses Leistungsversprechen, so wird der Leistungsverlauf dieser Police beschrieben durch den (*individuellen kumulativen*) *Versicherungsleistungsprozeß*

$$(\omega, t) \longmapsto A_{T_x(\omega)}(t)\,. \tag{5.7.1}$$

Dieser meßbare stochastische Prozeß ist ein zufälliger gerichteter Zahlungsstrom. Zur Bewertung des Leistungsverlaufs mittels einer Kapitalfunktion K betrachtet man als Zufallsvariable den *Barwert*

$$B_x(\omega) := a(A_{T_x(\omega)}) = \int\limits_{[0,\infty)} \frac{1}{K(\tau)}\, A_{T_x(\omega)}\,(d\tau)\,, \qquad \omega \in \Omega, \tag{5.7.2}$$

d. h. die auf den Zeitpunkt des Vertragsabschlusses diskontierte Gesamtversicherungsleistung für (x).

Die Definition (5.7.2) des Barwertes eines Versicherungsleistungsprozesses ist auch adäquat für Fondsgebundene Lebensversicherungen, d. h. für Lebensversicherungen, bei denen die Beiträge in Fondsanteilen angelegt und die Leistungen ganz oder teilweise in Fondsanteilen oder deren Geld-Gegenwert erbracht werden, vergleiche den (Muster-) Geschäftsplan für die Fondsgebundene Lebensversicherung (BAV, 1990), Sax (1990) und Squires (1986). Zur Beschreibung der dann zufälligen Verzinsung ist die Kapitalfunktion K durch einen geeigneten bei 1 startenden stochastischen Prozeß (üblicherweise ein Semimartingal) zu ersetzen und die Versicherungsleistungsfunktion zusätzlich von den Pfaden dieses Prozesses abhängig zu machen. In der Regel können die zufällige Todeszeit und die Zinsentwicklung zur Vereinfachung als stochastisch unabhängig angenommen werden. Sinngemäß trifft dies auch auf Indexgebundene Lebensversicherungen zu, also auf Lebensversicherungen, bei denen die Leistungen in Abhängigkeit von der Entwicklung eines Wertpapierindex definiert sind. Für entsprechende Überlegungen verweisen wir auf die Originalliteratur, insbesondere auf Bühlmann (1995), Møller (1995), Norberg (1995b), Persson (1998) und Koller (1999) sowie auf weitere dort zitierte Quellen.

5.8 Definition. Der *erwartete Barwert* (die *Nettoeinmalprämie*) einer Versicherungsleistung A für (x) gebildet mit der Kapitalfunktion K ist

$$E(B_x) = \int\limits_{\Omega} \int\limits_{[0,\infty)} \frac{1}{K(\tau)}\, A_{T_x(\omega)}\,(d\tau)\, P(d\omega) = \int\limits_{(0,\infty)} \int\limits_{[0,\infty)} \frac{1}{K(\tau)}\, A_s(d\tau)\, \mathcal{L}(T_x|P)\,(ds)\,.$$

Gelegentlich bezeichnet man die Zufallsvariable B_x auch als *finanzmathematischen Barwert* der Versicherungsleistung für (x) und ihren Erwartungswert $E(B_x)$ als den *versicherungsmathematischen Barwert*, eine Bezeichnungskonvention, der wir nicht folgen wollen.

Das Rechnen mit erwarteten Barwerten ohne weitergehende Betrachtung der zugrunde liegenden Verteilung $\mathcal{L}(B_x|P)$ ist der eigentliche Inhalt der klassischen deterministischen Methode der Versicherungsmathematik. Der erwartete Leistungsbarwert $E(B_x)$ ist *kein* Indikator des vom Versicherungsunternehmen getragenen Risikos. Wichtig für die Risikobemessung und die Bestimmung von Sicherheitszuschlägen sind die *Exzeßwahrscheinlichkeiten*

$$P(B_x > E(B_x) + c)\,, \qquad c \in \mathbb{R}^1\,,$$

und damit die gesamte Verteilung $\mathcal{L}(B_x|P)$. Ist diese nicht erhältlich, so interessieren Konzentrationsmaße für $\mathcal{L}(B_x|P)$, insbesondere – wegen der Tschebyschev-Ungleichung und des zentralen Grenzwertsatzes – die zentralen Momente, zum Beispiel Var (B_x).

5.9 Beispiele. (Bezeichnungen wie in den Beispielen 5.3 und 5.4.) Sei K eine Kapitalfunktion.

(a) Todesfallversicherung, diskretisiert:

$$B_x = \sum_{k=1}^{\infty} \frac{D(s_k)}{K(s_k)} \cdot 1_{(s_{k-1},s_k]}(T_x)\,, \quad E(B_x) = \sum_{k=1}^{\infty} \frac{D(s_k)}{K(s_k)} \cdot P(s_{k-1} < T_x \le s_k)\,.$$

(b) Leibrente, diskretisiert:

$$B_x = \sum_{k=0}^{\infty} \frac{S(s_k)}{K(s_k)} \cdot 1_{(s_k,\infty)}(T_x) = \sum_{k=1}^{\infty} \Big(\sum_{\ell=0}^{k-1} \frac{S(s_\ell)}{K(s_\ell)} \Big) \cdot 1_{(s_{k-1},s_k]}(T_x)\,,$$

$$E(B_x) = \sum_{k=0}^{\infty} \frac{S(s_k)}{K(s_k)} \cdot P(T_x > s_k) = \sum_{k=1}^{\infty} \Big(\sum_{\ell=0}^{k-1} \frac{S(s_\ell)}{K(s_\ell)} \Big) \cdot P(s_{k-1} < T_x \le s_k)\,.$$

(c) Gemischte Versicherung, diskretisiert:

$$B_x = \sum_{k=1}^{\infty} \Big(\frac{D(s_k)}{K(s_k)} + \sum_{\ell=0}^{k-1} \frac{S(s_\ell)}{K(s_\ell)} \Big) \cdot 1_{(s_{k-1},s_k]}(T_x)\,,$$

$$E(B_x) = \sum_{k=1}^{\infty} \Big(\frac{D(s_k)}{K(s_k)} + \sum_{\ell=0}^{k-1} \frac{S(s_\ell)}{K(s_\ell)} \Big) \cdot P(s_{k-1} < T_x \le s_k)\,.$$

(d) Todesfallzeitrente, diskretisiert:

$$B_x = \sum_{k=1}^{\infty}\Big(\sum_{\ell=k}^{\infty}\frac{D_k(s_\ell)}{K(s_\ell)}\Big)\cdot 1_{(s_{k-1},s_k]}(T_x)\,,$$

$$E(B_x) = \sum_{k=1}^{\infty}\Big(\sum_{\ell=k}^{\infty}\frac{D_k(s_\ell)}{K(s_\ell)}\Big)\cdot P(s_{k-1} < T_x \le s_k)\,.$$

(e) Unmittelbar zahlbare Todesfallversicherung:

$$B_x = \frac{D}{K}\circ T_x\,, \qquad E(B_x) = \int\limits_{(0,\infty)} \frac{D}{K}(s)\,\mathcal{L}(T_x|P)\,(ds)\,.$$

(f) Kontinuierliche Leibrente:

$$B_x = \int\limits_0^{T_x} \frac{\sigma(\tau)}{K(\tau)}\,d\tau\,, \qquad E(B_x) = \int\limits_{(0,\infty)}\int\limits_0^{s} \frac{\sigma(\tau)}{K(\tau)}\,d\tau\,\mathcal{L}(T_x|P)\,(ds)\,.$$

(g) Kontinuierliche Todesfallzeitrente:

$$B_x = \int\limits_{T_x}^{\infty} \frac{\vartheta(T_x,\tau)}{K(\tau)}\,d\tau\,, \qquad E(B_x) = \int\limits_{(0,\infty)}\int\limits_s^{\infty} \frac{\vartheta(s,\tau)}{K(\tau)}\,d\tau\,\mathcal{L}(T_x|P)\,(ds)\,.$$

Die folgenden Überlegungen dienen der Berechnung von erwarteten Barwerten mit Hilfe von Sterbetafeln. Sie schließen an Abschnitt 3 E an.

5.10 Hilfssatz. *Seien A eine Versicherungsleistungsfunktion, $K_x := [T_x - 0]$ die ganzzahlig gestutzte zukünftige Lebensdauer von (x) und $R_x := T_x - K_x$. Dann gilt*

$$E(B_x) = \sum_{k=0}^{\infty} b_x(k)\,\nu_x(k)\,, \tag{5.10.1}$$

wobei für $k \in \mathbb{N}_0$

$$\nu_x(k) := P(K_x = k) = P(k < T_x \le k+1)$$

und

$$b_x(k) := \int\limits_{(0,1]}\int\limits_{[0,\infty)} \frac{1}{K(\tau)}\,A_{k+r}(d\tau)\,\mathcal{L}(R_x \mid K_x = k)(dr) \tag{5.10.2}$$

der (bedingte) erwartete Barwert der Versicherungsleistung beim Tod in $(k,\ k+1]$ *ist. Sind* K_x *und* R_x *stochastisch unabhängig und ist* $R_x \sim U(0,1]$*, so gilt* (5.10.1) *mit*

$$b_x(k) = \int_0^1 \int_{[0,\infty)} \frac{1}{K(\tau)}\, A_{k+r}(d\tau)\, dr\,, \qquad k \in \mathbb{N}_0\,. \tag{5.10.3}$$

Beweis. Wegen

$$\begin{aligned}\mathcal{L}(T_x|P) = \mathcal{L}(K_x + R_x|P) &= \int \mathcal{L}(K_x + R_x \mid K_x = k)\, \mathcal{L}(K_x|P)\,(dk)\\ &= \sum_{k=0}^{\infty} \mathcal{L}(k + R_x \mid K_x = k)\, \nu_x(k)\end{aligned}$$

liefert Definition 5.8

$$\begin{aligned}E(B_x) &= \sum_{k=0}^{\infty} \int_{(0,\infty)} \int_{[0,\infty)} \frac{1}{K(\tau)}\, A_r(d\tau)\, \mathcal{L}(k + R_x \mid K_x = k)(dr) \cdot \nu_x(k)\\ &= \sum_{k=0}^{\infty} \int_{(0,1]} \int_{[0,\infty)} \frac{1}{K(\tau)}\, A_{k+r}(d\tau)\, \mathcal{L}(R_x \mid K_x = k)(dr) \cdot \nu_x(k)\,,\end{aligned}$$

also (5.10.1). Sind K_x und $R_x \sim U(0,1]$ stochastisch unabhängig, so gilt für alle k mit $\nu_x(k) > 0$

$$\mathcal{L}(R_x \mid K_x = k) = \mathcal{L}(R_x) = U(0,1]$$

und damit (5.10.3). □

5.11 Beispiele. Gemischte Versicherung, diskretisiert:

(a) Beispiel 5.9 (c) liefert im allgemeinen Fall

$$b_x(k) = \sum_{j=1}^{\infty} \left(\frac{D(s_j)}{K(s_j)} + \sum_{\ell=0}^{j-1} \frac{S(s_\ell)}{K(s_\ell)} \right) \cdot P(s_{j-1} - k < R_x \le s_j - k \mid K_x = k)\,.$$

(b) Sind Zahlungen nur zu ganzzahligen Zeitpunkten zugelassen ($s_\ell \equiv \ell$), so folgt aus $0 < R_x \le 1$

$$b_x(k) = \frac{D(k+1)}{K(k+1)} + \sum_{\ell=0}^{k} \frac{S(\ell)}{K(\ell)}\,.$$

(c) Bei n-tel-jähriger Fälligkeit ($s_\ell \equiv \frac{\ell}{n}$) und unter der Voraussetzung, daß K_x und $R_x \sim U(0,1]$ stochastisch unabhängig sind, liefert (a)

$$b_x(k) = \frac{1}{n} \sum_{j=nk+1}^{nk+n} \Big(\frac{D(j/n)}{K(j/n)} + \sum_{\ell=0}^{j-1} \frac{S(\ell/n)}{K(\ell/n)} \Big) .$$

5.12 Beispiel. Kontinuierliche Leibrente:

$$b_x(k) = \int\limits_{(0,1]} \int\limits_0^{k+r} \frac{\sigma(\tau)}{K(\tau)} \, d\tau \, \mathcal{L}(R_x \mid K_x = k)(dr) , \qquad k \in \mathbb{N}_0 .$$

Sind K_x und R_x stochastisch unabhängig und ist $R_x \sim U(0,1]$, so gilt

$$b_x(k) = \int\limits_0^1 \int\limits_0^{k+r} \frac{\sigma(\tau)}{K(\tau)} \, d\tau \, dr , \qquad k \in \mathbb{N}_0 .$$

Sind K_x und $R_x \sim U(0,1]$ stochastisch unabhängig oder Zahlungen nur zu ganzzahligen Zeitpunkten zugelassen, so ist der erwartete Barwert nach Hilfssatz 5.10 und Beispiel 5.11 (b) ein inneres Produkt der Form

$$E(B_x) = \langle b_x(\cdot), \nu_x(\cdot) \rangle , \tag{5.10.1'}$$

wobei der „Leistungsvektor" $b_x(\cdot)$ ausschließlich mit Hilfe der Versicherungsleistungsfunktion und der Kapitalfunktion berechnet werden kann und der „Sterblichkeitsvektor" $\nu_x(\cdot)$ sich aus der Sterbetafel ergibt. Insbesondere genügt als Kenntnis der Ausscheideordnung die Sterbetafel.

5.13 Bemerkung. Ist $F_x^{-1}(1) = \omega_x - x < \infty$ die Höchstverbleibzeit, d. h. $\omega_x < \infty$ das Höchstalter für x-Jährige, so ist in den Formeln für den erwarteten Barwert aus Definition 5.8 und den Beispielen 5.9 (e) – (g) das (äußere) zu $\mathcal{L}(T_x|P)$ gehörige Integral nur über $(0, \omega_x - x]$ zu bilden, zum Beispiel in 5.8

$$E(B_x) = \int\limits_{(0,\omega_x - x]} \int\limits_{[0,\infty)} \frac{1}{K(\tau)} \, A_s(d\tau) \, \mathcal{L}(T_x|P)(ds) . \tag{5.13.1}$$

Die $\sum_{k=1}^{\infty}$ in den Beispielen 5.9 (a) – (d) gehen über in $\sum_{s_{k-1} < \omega_x - x}$, und statt (5.10.1) erhält man

$$E(B_x) = \sum_{k=0}^{[\omega_x - x - 0]} b_x(k) \, \nu_x(k) . \tag{5.13.2}$$

In der Regel wird $\omega_x \equiv \omega_0 \in \mathbb{N}$ angenommen (Stationaritätsbedingung (3.6.1), Satz 3.7). Das Schlußalter der Sterbetafel gemäß üblicher Sprechweise ist dann $\omega_0 - 1$ (und nicht ω_0); oftmals wird es auch als ω bezeichnet.

5.14 Beispiele. Als Anwendung von 5.11 (b) und 5.13 stellen wir nun die erwarteten Barwerte einiger gebräuchlicher Versicherungen eines unter einfachem Risiko stehenden Lebens (x) zusammen, wobei zusammengesetzte Verzinsung zugrunde gelegt, die Stationaritätsbedingung (3.6.1) vorausgesetzt und Gebrauch von der in Abschnitt 1 C angesprochenen internationalen versicherungsmathematischen Notation gemacht wird.

(a) *Lebenslängliche Todesfallversicherung:* $s_k \equiv k,\ \ D \equiv 1,\ \ S \equiv 0.$

$$A_x := E(B_x) = \sum_{k=0}^{\omega_0-1-x} v^{k+1}\, \nu_x(k) = \sum_{k=0}^{\omega_0-1-x} v^{k+1}\, {}_k p_x\, q_{x+k}\,. \tag{5.14.1}$$

n-jährige temporäre Todesfallversicherung (Risikolebensversicherung): $s_k \equiv k$, $D(k) = 1_{\{1,\dots,n\}}(k)$, $S \equiv 0$.

$${}_n A_x := E(B_x) = \sum_{k=0}^{n-1} v^{k+1}\, {}_k p_x\, q_{x+k} \tag{5.14.2}$$

(Bezeichnung auch $A^{\,1}_{x:\overline{n|}}$).

Im Rahmen des deterministischen versicherungsmathematischen Kalküls hat zum Beispiel (5.14.2) folgende Interpretation: Man lege eine Sterbetafel $(\ell_0, \dots, \ell_{\omega_0-1})^T$ zugrunde und betrachte ℓ_x x-Jährige, die eine n-jährige Todesfallversicherung abschließen. Die Sterbetafel wird als deterministisches Naturgesetz interpretiert. Dem VR erwächst dann aus diesem Portefeuille der Gesamtschaden

$$\sum_{k=0}^{n-1} v^{k+1} (\ell_{x+k} - \ell_{x+k+1})\,,$$

pro Police also

$$\sum_{k=0}^{n-1} v^{k+1} \frac{\ell_{x+k} - \ell_{x+k+1}}{\ell_x} = \sum_{k=0}^{n-1} v^{k+1} \frac{\ell_{x+k}}{\ell_x} \cdot \frac{\ell_{x+k} - \ell_{x+k+1}}{\ell_{x+k}} = {}_n A_x\,.$$

(b) *n-jährige Erlebensfallversicherung:* $s_k \equiv k$, $D \equiv 0$, $S(k) = 1_{\{n\}}(k)$.

$${}_n E_x := E(B_x) = \sum_{k=0}^{\omega_0-1-x} v^n\, 1_{\{n,n+1,\dots\}}(k)\, \nu_x(k) = v^n\, {}_n p_x \tag{5.14.3}$$

(Alternativbezeichnung $A_{x:\overline{n|}}^{\ \ \,1}$).

Jährlich vorschüssig zahlbare lebenslängliche Leibrente mit Jahresbetrag 1*:* $s_k \equiv k\,,\ \ D \equiv 0\,,\ \ S \equiv 1.$

$$\ddot{a}_x := E(B_x) = \sum_{k=0}^{\omega_0-1-x} {}_k E_x\ . \tag{5.14.4}$$

Wird die Leibrente höchstens n Jahre gezahlt, so ist

$$\ddot{a}_{x:\overline{n}|} := E(B_x) = \sum_{k=0}^{n-1} {}_kE_x \ . \tag{5.14.5}$$

(c) *n-jährige Gemischte Kapitalversicherung für (x): $s_k \equiv k$, $D(k) = 1_{\{1,\ldots,n\}}(k)$,* $S(k) = 1_{\{n\}}(k)$. Addition von (5.14.2) und (5.14.3) liefert

$$A_{x:\overline{n}|} := E(B_x) = {}_nA_x + {}_nE_x = \sum_{k=0}^{n-1} v^{k+1} {}_kp_x \ q_{x+k} + v^n \ {}_np_x \ . \tag{5.14.6}$$

(d) *Versicherung auf festen Termin* (*Termefixeversicherung*, Fälligkeit der Versicherungssumme vom Betrag 1 nach n Jahren unabhängig vom Erleben, Prämienzahlung bis zum Tod und längstens n Jahre, gedacht zum Beispiel als Ausbildungsversicherung für begünstigte Kinder):

$$A_s(t) = 1_{[n,\infty)}(t) \ , \quad \text{unabhängig von } s \ .$$

Der Todesfallanteil ist gegeben durch

$$DA_s(t) = \left(1_{[n,\infty)}(t) - 1_{[n,\infty)}(s-0)\right)^+ = 1_{(0,n]}(s) \cdot 1_{[n,\infty)}(t) \ ,$$

und der Erlebensfallanteil durch

$$SA_s(t) = 1_{[n,\infty)}(t) \wedge 1_{[n,\infty)}(s-0) = 1_{(n,\infty)}(s) \cdot 1_{[n,\infty)}(t) \ , \quad s > 0, \ t \geq 0.$$

Da die Versicherungsleistung deterministisch ist, erhält man unmittelbar

$$E(B_x) \equiv B_x \equiv v^n \ . \tag{5.14.7}$$

Ähnlich wie für deterministische Zahlungsströme in Satz 2.17 ausgeführt, kann man auch für Versicherungsleistungen die Berechnung von (erwarteten) Barwerten bei unterjährlicher Zahlungsweise auf die bei jährlicher Zahlungsweise reduzieren. Eine ausführliche Auflistung erwarteter Barwerte bei unterjährlicher Zahlungsweise erübrigt sich also.

5.15 Satz. *Seien K_x und $R_x \sim U(0,1]$ stochastisch unabhängig. Dann gilt bei zusammengesetzter Verzinsung:*

(a) *Ist B_x der Barwert einer Todesfallversicherung* 5.3 (a) *bei Fälligkeit am Ende des Todesjahres,*

$$DA_s(t) = \sum_{k=1}^{\infty} D(k) \cdot 1_{[k,\infty)}(t) \cdot 1_{(k-1,k]}(s) \ ,$$

und $B_x^{(n)}$ *der Barwert der entsprechenden Todesfallversicherung bei n-tel-jähriger Fälligkeit,*

$$DA_s^{(n)}(t) = \sum_{k=0}^{\infty} D(k+1) \cdot \sum_{\ell=1}^{n} 1_{[k+\frac{\ell}{n},\infty)}(t) \cdot 1_{(k+\frac{\ell-1}{n},k+\frac{\ell}{n}]}(s), \quad s > 0, t \geq 0,$$

so ist

$$E(B_x^{(n)}) = \frac{i}{i^{(n)}} E(B_x). \tag{5.15.1}$$

(b) *Ist* B_x *der Barwert einer Leibrente* 5.3 (b) *bei jährlicher Zahlungsweise,*

$$SA_s(t) = \sum_{k=0}^{\infty} S(k) \cdot 1_{[k,\infty)}(t) \cdot 1_{(k,\infty)}(s),$$

und $B_x^{(n)}$ *der Barwert der entsprechenden Leibrente bei n-tel-jährlicher Zahlungsweise,*

$$SA_s^{(n)}(t) = \sum_{k=0}^{\infty} \frac{S(k)}{n} \cdot \sum_{\ell=0}^{n-1} 1_{[k+\frac{\ell}{n},\infty)}(t) \cdot 1_{(k+\frac{\ell}{n},\infty)}(s), \quad s > 0,\ t \geq 0,$$

so ist

$$E(B_x^{(n)}) = \frac{d}{d^{(n)}} E(B_x) - \frac{d}{d^{(n)}} \left(\frac{1}{i^{(n)}} - \frac{1}{i}\right) u_x. \tag{5.15.2}$$

Dabei ist

$$u_x := \sum_{k=0}^{\infty} S(k)\, v^k\, \nu_x(k) \tag{5.15.3}$$

der erwartete Barwert einer Todesfallversicherung mit Versicherungssumme $S(\ell-1)/v$ *fällig zur Zeit* ℓ *bei Tod in* $(\ell-1, \ell]$, $\ell \in \mathbb{N}$.

Beweis. Zu (a): Aus Beispiel 5.11 (c) folgt mit $D\left(\frac{j}{n}\right) = D(k+1)$, $j \in \{nk+1, \ldots, nk+n\}$, $k \in \mathbb{N}_0$,

$$\begin{aligned} E(B_x^{(n)}) &= \frac{1}{n} \sum_{k=0}^{\infty} D(k+1) \sum_{j=nk+1}^{nk+n} v^{j/n}\, \nu_x(k) \\ &= \frac{1}{nv} v^{1/n} \frac{1-v}{1-v^{1/n}} \sum_{k=0}^{\infty} D(k+1)\, v^{k+1}\, \nu_x(k) = \frac{i}{i^{(n)}} E(B_x), \end{aligned}$$

letzteres nach (2.9.2) und Beispiel 5.11 (b).

Zu (b): Aus Beispiel 5.11 (c) folgt mit $\tilde{S}(\frac{\ell}{n}) := \frac{1}{n}S(k)$, $\ell \in \{nk, \dots, nk+n-1\}$, $k \in \mathbb{N}_0$,

$$\begin{aligned}
E(B_x^{(n)}) &= \frac{1}{n}\sum_{k=0}^{\infty}\sum_{m=nk+1}^{nk+n}\Big(\sum_{p=0}^{k-1}\sum_{q=0}^{n-1}\tilde{S}\Big(\frac{pn+q}{n}\Big)v^{(pn+q)/n} + \sum_{\ell=kn}^{m-1}\tilde{S}\Big(\frac{\ell}{n}\Big)v^{\ell/n}\Big)\,\nu_x(k) \\
&= \frac{1}{n}\sum_{k=0}^{\infty}\sum_{p=0}^{k}S(p)\,v^p\sum_{q=0}^{n-1}v^{q/n}\,\nu_x(k) \\
&\quad - \frac{1}{n^2}\sum_{k=0}^{\infty}S(k)\,v^k\sum_{m=nk+1}^{nk+n}\sum_{\ell=m-nk}^{n-1}v^{\ell/n}\,\nu_x(k)\,.
\end{aligned}$$

Dabei ist nach (2.9.3) und (2.9.2)

$$\frac{1}{n}\sum_{q=0}^{n-1}v^{q/n} = \frac{1}{n}\cdot\frac{1-v}{1-v^{1/n}} = \frac{d}{d^{(n)}}$$

und

$$\begin{aligned}
\frac{1}{n^2}\sum_{m=nk+1}^{nk+n}\sum_{\ell=m-nk}^{n-1}v^{\ell/n} &= \frac{1}{n^2}\sum_{m=1}^{n}\sum_{\ell=m}^{n-1}v^{\ell/n} = \frac{1}{n^2}\sum_{\ell=1}^{n-1}v^{\ell/n}\,\ell \\
&= \frac{1}{n^2}\,\frac{v^{1/n}}{(1-v^{1/n})^2}\big(1-n\,v^{1-1/n}+(n-1)\,v\big) = \frac{d}{d^{(n)}}\Big(\frac{1}{i^{(n)}}-\frac{1}{i}\Big).
\end{aligned}$$

Insgesamt erhalten wir

$$\begin{aligned}
E(B_x^{(n)}) &= \frac{d}{d^{(n)}}\sum_{k=0}^{\infty}\sum_{p=0}^{k}S(p)\,v^p\,\nu_x(k) - \frac{d}{d^{(n)}}\Big(\frac{1}{i^{(n)}}-\frac{1}{i}\Big)\sum_{k=0}^{\infty}S(k)\,v^k\,\nu_x(k) \\
&= \frac{d}{d^{(n)}}E(B_x) - \frac{d}{d^{(n)}}\Big(\frac{1}{i^{(n)}}-\frac{1}{i}\Big)u_x\,,
\end{aligned}$$

d. h. (5.15.2). □

Hinweise zu einem sehr anschaulichen, auf Satz 2.17 zurückgreifenden Beweis von Teil (b) dieses Satzes finden sich in Aufgabe 13.

5.16 Beispiel. Als Anwendung von Satz 5.15 (b) leiten wir nun unter den dortigen Voraussetzungen eine wohlbekannte Darstellung des erwarteten Barwertes $\ddot{a}_x^{(n)}$ einer n-tel-jährlich vorschüssig zahlbaren Leibrente mit Jahresbetrag 1 her. In diesem Falle gilt für u_x gemäß (5.15.3) wegen (5.14.1) und Aufgabe 9 (a)

$$u_x = \frac{1}{v}A_x = \frac{1}{1-d}A_x = \frac{1}{1-d} - \frac{d}{1-d}\ddot{a}_x$$

und somit nach (5.15.2)

$$\begin{aligned}
\ddot{a}_x^{(n)} &= \frac{d}{d^{(n)}}\,\ddot{a}_x - \frac{d}{d^{(n)}}\Big(\frac{1}{i^{(n)}} - \frac{1}{i}\Big)\Big(\frac{1}{1-d} - \frac{d}{1-d}\,\ddot{a}_x\Big) \\
&= \frac{d}{d^{(n)}}\,\frac{i}{i^{(n)}}\,\ddot{a}_x - \frac{1}{d^{(n)}}\Big(\frac{i}{i^{(n)}} - 1\Big)\,.
\end{aligned} \tag{5.16.1}$$

Mittels der Binomischen Reihe läßt sich daraus eine Approximation von $\ddot{a}_x^{(n)}$ für kleine i gewinnen: Aus dem Beweis von Satz 5.15 (b) folgt

$$\begin{aligned}
\frac{1}{d^{(n)}}\Big(\frac{i}{i^{(n)}} - 1\Big) &= \frac{1}{n^2}\sum_{\ell=1}^{n-1} \ell\,(1+i)^{1-\ell/n} \\
&= \frac{1}{n^2}\sum_{k=0}^{\infty}\Bigg(\sum_{\ell=1}^{n-1}\ell\binom{1-\ell/n}{k}\Bigg)\,i^k \\
&= \frac{1}{n^2}\sum_{\ell=1}^{n-1}\ell + \frac{1}{n^2}\sum_{\ell=1}^{n-1}\ell\Big(1-\frac{\ell}{n}\Big)\,i + \frac{1}{n^2}\sum_{\ell=1}^{n-1}\frac{\ell\,(1-\frac{\ell}{n})\,(-\frac{\ell}{n})}{2}\,i^2 + o(i^2) \\
&= \frac{n-1}{2n} + \frac{n^2-1}{6n^2}\,i\Big(1-\frac{i}{4}\Big) + o(i^2)\,.
\end{aligned}$$

Ebenso ergibt sich aus dem Beweis von Satz 5.15 (b)

$$\frac{d}{d^{(n)}}\,\frac{i}{i^{(n)}} = 1 + \frac{n^2-1}{12n^2}\,i^2 + o(i^2)\,,$$

so daß man insgesamt für $i \searrow 0$ die Näherung

$$\ddot{a}_x^{(n)} = \Big(1 + \frac{n^2-1}{12n^2}\,i^2\Big)\,\ddot{a}_x - \frac{n-1}{2n} - \frac{n^2-1}{6n^2}\,i\cdot\Big(1-\frac{i}{4}\Big) + o(i^2) \tag{5.16.2}$$

erhält (siehe auch Bowers et al. (1986), Aufgabe 5.44, pp. 158, 601). Entsprechend gilt für den erwarteten Barwert $\ddot{a}_{x:\overline{m}|}^{(n)}$ einer m Jahre n-tel-jährlich vorschüssig zahlbaren Leibrente des Jahresbetrages 1

$$\ddot{a}_{x:\overline{m}|}^{(n)} = \frac{d}{d^{(n)}}\,\frac{i}{i^{(n)}}\,\ddot{a}_{x:\overline{m}|} - \frac{1}{d^{(n)}}\Big(\frac{i}{i^{(n)}} - 1\Big)\big(1 - {}_mE_x\big)\,, \tag{5.16.3}$$

woraus man sofort für $i \searrow 0$ die folgende Näherung erhält:

$$\ddot{a}_{x:\overline{m}|}^{(n)} = \Big(1+\frac{n^2-1}{12n^2}\,i^2\Big)\,\ddot{a}_{x:\overline{m}|} - \Big(\frac{n-1}{2n} + \frac{n^2-1}{6n^2}\,i\Big(1-\frac{i}{4}\Big)\Big)(1-{}_mE_x) + o(i^2)\,. \tag{5.16.4}$$

B Natürliche Leistungen und Barwerte: Ein unter einem Risiko stehendes Leben

Einerseits ist die Klasse der Versicherungsleistungsfunktionen gemäß Definition 5.1 für viele Zwecke zu groß, um substantielle Ergebnisse zuzulassen, andererseits ist diese Allgemeinheit aus praktischen Gründen nicht sinnvoll. Zum Beispiel ist nicht ausgeschlossen, daß der bis zu einer Zeit t gezahlte Betrag von einer zukünftigen Todeszeit $s > t$ abhängt. Wie in (4.5.1) sei

$$\mathfrak{F}_t := \{B \in \mathfrak{B}((0,\infty)) \mid B \cap (t,\infty) \in \{\emptyset,\ (t,\infty)\}\}$$

die *σ-Algebra der Ereignisse bis zur Zeit $t \geq 0$.*

5.17 Hilfssatz. *Seien $(\Omega, \mathfrak{A})$ ein Meßraum mit einer σ-Algebra $\mathfrak{A}$, die alle Einpunktmengen enthält, $t \geq 0$ und $f\colon \big((0,\infty),\ \mathfrak{B}((0,\infty))\big) \longrightarrow (\Omega, \mathfrak{A})$. Dann sind äquivalent:*

- *f ist $\mathfrak{F}_t$–$\mathfrak{A}$-meßbar.*
- *$f\big|_{(t,\infty)}$ ist konstant.*

Beweis. Einfach (Aufgabe 17)! □

5.18 Definition. Sei A eine Versicherungsleistungsfunktion in der Lebensversicherung. A heißt *nichtvorgreifend*, falls $s \longmapsto A_s(t)$ $\mathfrak{F}_t$-meßbar ist für alle $t \geq 0$.

5.19 Folgerung. *Sei A eine Versicherungsleistungsfunktion in der Lebensversicherung. Dann gilt:*

(a) *Der Todesfallanteil DA ist nichtvorgreifend.*

(b) *Der Erlebensfallanteil SA ist genau dann nichtvorgreifend, wenn eine Verteilungsfunktion $F\colon [0,\infty) \longrightarrow [0,\infty)$ existiert mit*

$$SA_s(t) = F(t) \cdot 1_{[0,s)}(t) + F(s-0) \cdot 1_{[s,\infty)}(t)$$

$(s > 0,\ t \geq 0)$. F ist eindeutig bestimmt.

Beweis. Zu (a): Nach (5.2.2) ist $DA_s(t) = 0$, $s > t$, so daß die Behauptung aus Hilfssatz 5.17 folgt.

Zu (b): Besitzt SA die angegebene Darstellung, so ist $SA_s(t) = F(t)$, $s > t$, und damit $s \longmapsto SA_s(t)$ nach Hilfssatz 5.17 $\mathfrak{F}_t$-meßbar für alle $t \geq 0$.

Ist umgekehrt SA nichtvorgreifend, so ist für alle $t \geq 0$

$$(t,\infty) \ni s \longmapsto A_s(t) = SA_s(t) =: F(t) \in [0,\infty)$$

konstant in s. F ist wohldefiniert und eine Verteilungsfunktion wegen 5.1 (a). Die Eindeutigkeit folgt sofort aus der angegebenen Darstellung. □

5.20 Definition. Eine Versicherungsleistungsfunktion der Form

$$SA_s\colon t \longmapsto F(t) \cdot 1_{[0,s)}(t) + F(s-0) \cdot 1_{[s,\infty)}(t)\,, \tag{5.20.1}$$

wobei $F\colon [0,\infty) \longrightarrow [0,\infty)$ eine Verteilungsfunktion ist, heißt *natürliche Erlebensfalleistungsfunktion*.

Eine Versicherungsleistungsfunktion der Form

$$DA_s\colon t \longmapsto D(s) \cdot 1_{[DT(s),\,\infty)}(t) \tag{5.20.2}$$

mit monoton nichtfallender *Leistungszeit* (*Fälligkeitszeit*) $DT\colon (0,\infty) \longrightarrow (0,\infty)$, $DT \geq \mathrm{Id}$, und *Leistungshöhe* („*Versicherungssumme*") $D\colon \big((0,\infty),\ \mathfrak{B}((0,\infty))\big) \longrightarrow \big([0,\infty),\ \mathfrak{B}([0,\infty))\big)$ heißt *natürliche Todesfalleistungsfunktion*.

Jede Kombination der Gestalt

$$A := DA + SA \tag{5.20.3}$$

mit DA und SA gemäß (5.20.2) und (5.20.1) heißt *natürliche Versicherungsleistungsfunktion bei einem unter einem Risiko stehenden Leben*.

5.21 Beispiele. Wir verwenden dieselben Bezeichnungen wie in den Beispielen 5.3, 5.4 und 5.14 (d).

(a) Eine diskretisierte Todesfallversicherung ist gegeben durch eine natürliche Todesfalleistungsfunktion mit

$$D := \sum_{k=1}^{\infty} D(s_k) \cdot 1_{(s_{k-1},s_k]}\,, \qquad DT := \sum_{k=1}^{\infty} s_k \cdot 1_{(s_{k-1},s_k]}\,.$$

(b) Eine diskretisierte Leibrente ist gegeben durch eine natürliche Erlebensfalleistungsfunktion mit

$$F := \sum_{k=0}^{\infty} S(s_k) \cdot 1_{[s_k,\infty)}\,.$$

(c) Eine Versicherung auf festen Termin ist gegeben durch eine natürliche Versicherungsleistungsfunktion mit

$$D(s) := 1_{(0,n]}(s)\,, \quad DT(s) := s \vee n\,, \qquad s > 0\,,$$

und

$$F(t) := 1_{[n,\infty)}(t)\,, \qquad t \geq 0\,.$$

(d) Die Todesfallzeitrenten gemäß Beispiel 5.3 (d) und 5.4 (c) definieren keine natürlichen Versicherungsleistungsfunktionen.

5.22 Bemerkung. Seien $A = DA + SA$ eine natürliche Versicherungsleistungsfunktion, K eine Kapitalfunktion und $T_x = K_x + R_x$ die zukünftige Lebensdauer von (x). Der

Barwert der Todesfalleistung (5.20.2) bzw. der Erlebensfalleistung (5.20.1) ist

$$DB_x := \frac{D}{K \circ DT}(T_x) \tag{5.22.1}$$

bzw.

$$SB_x := \int\limits_{[0,T_x)} \frac{1}{K(\tau)} F(d\tau)\,, \tag{5.22.2}$$

so daß $B_x = DB_x + SB_x$. Insbesondere gilt analog zu Hilfssatz 5.10 für die nichtzentralen Momente der Barwerte der Todesfalleistung

$$E(DB_x^\nu) = \sum_{k=0}^{\infty} db_x(k,\nu) \cdot v_x(k)\,, \tag{5.22.3}$$

$$db_x(k,\nu) := \int\limits_{(0,1]} \Big(\frac{D}{K \circ DT}(k+r)\Big)^\nu \mathcal{L}(R_x|K_x = k)(dr)\,, \tag{5.22.4}$$

bzw. für die der Erlebensfalleistung

$$E(SB_x^\nu) = \sum_{k=0}^{\infty} sb_x(k,\nu) \cdot v_x(k)\,, \tag{5.22.5}$$

$$sb_x(k,\nu) := \int\limits_{(0,1]} \Big(\int\limits_{[0,k+r)} \frac{1}{K(\tau)} F(d\tau)\Big)^\nu \mathcal{L}(R_x|K_x = k)(dr) \tag{5.22.6}$$

($\nu \in \mathbb{N}$). Das erste gemischte Moment ist

$$E(DB_x \cdot SB_x) = \sum_{k=0}^{\infty} dsb_x(k) \cdot v_x(k)\,, \tag{5.22.7}$$

$$dsb_x(k) := \int\limits_{(0,1]} \Big(\frac{D}{K \circ DT}(k+r) \int\limits_{[0,k+r)} \frac{F(d\tau)}{K(\tau)}\Big) \mathcal{L}(R_x|K_x = k)(dr)\,. \tag{5.22.8}$$

Die mittleren quadratischen Risiken erhält man damit aus

$$\text{Var}\,(B_x) = \text{Var}\,(DB_x) + \text{Var}\,(SB_x) + 2 \cdot \text{Cov}\,(DB_x, SB_x) \tag{5.22.9}$$

und den Steinerschen Verschiebungsformeln

$$\text{Var}\,(DB_x) = E(DB_x^2) - \big(E(DB_x)\big)^2\,, \tag{5.22.10}$$

$$\text{Var}\,(SB_x) = E(SB_x^2) - \big(E(SB_x)\big)^2\,, \tag{5.22.11}$$

$$\text{Cov}\,(DB_x, SB_x) = E(DB_x\, SB_x) - E(DB_x) \cdot E(SB_x)\,. \tag{5.22.12}$$

Die Kenntnis des mittleren quadratischen Risikos kann zum Beispiel benutzt werden, um Sicherheitszuschläge zu berechnen (vergleiche Aufgabe 21).

5.23 Bemerkungen. Wir betrachten höhere Momente von Barwerten natürlicher Versicherungsleistungen nicht allgemein, sondern nur in speziellen Situationen.

(a) Seien K_x und $R_x \sim U(0, 1]$ stochastisch unabhängig. Dann gelten unabhängig von x für alle $k \in \mathbb{N}_0$ und $\nu \in \mathbb{N}$

$$db_x(k, \nu) = \int_0^1 \Big(\frac{D}{K \circ DT}(k+r)\Big)^\nu \, dr \,, \tag{5.23.1}$$

$$sb_x(k, \nu) = \int_0^1 \Big(\int_{[0,k+r)} \frac{1}{K(\tau)} \, F(d\tau)\Big)^\nu \, dr \,, \tag{5.23.2}$$

$$dsb_x(k) = \int_0^1 \Big(\frac{D}{K \circ DT}(k+r) \int_{[0,k+r)} \frac{1}{K(\tau)} \, F(d\tau)\Big) \, dr \,. \tag{5.23.3}$$

(b) Ist A eine diskretisierte gemischte Versicherung, die Leistungen nur zu ganzzahligen Zeitpunkten zuläßt ($s_\ell \equiv \ell$), so gelten für alle $k \in \mathbb{N}_0$ und $\nu \in \mathbb{N}$ unabhängig von x

$$db_x(k, \nu) = \Big(\frac{D(k+1)}{K(k+1)}\Big)^\nu \,, \tag{5.23.4}$$

$$sb_x(k, \nu) = \Big(\sum_{\ell=0}^{k} \frac{S(\ell)}{K(\ell)}\Big)^\nu \,, \tag{5.23.5}$$

$$dsb_x(k) = \frac{D(k+1)}{K(k+1)} \cdot \sum_{\ell=0}^{k} \frac{S(\ell)}{K(\ell)} \,. \tag{5.23.6}$$

Speziell für $\nu = 2$ erhält man

$$E(B_x^2) = \sum_{k=0}^{\infty} \Big(\frac{D(k+1)}{K(k+1)} + \sum_{\ell=0}^{k} \frac{S(\ell)}{K(\ell)}\Big)^2 \cdot \nu_x(k) \,. \tag{5.23.7}$$

Wie in (5.10.3) und Beispiel 5.11 (b) genügt es auch in 5.23 (a) und (b), von der Ausscheideordnung nur die Sterbetafel zu kennen.

5.24 Beispiel. Bei kontinuierlicher zusammengesetzter Verzinsung mit Zinsintensität $\delta := -\log v$ und $D((0, \infty)) \subset \{0, 1\}$ bzw. $F(t) = 1_{[u,\infty)}(t)$ gelten für alle $\nu \in \mathbb{N}$

$$E(DB_x^\nu) = \int_{[0,\infty)} D(s) \, v^{\nu \cdot DT(s)} \, \mathcal{L}(T_x | P)(ds) \,, \tag{5.24.1}$$

$$db_x(k, \nu) = \int_{(0,1]} D(k+r) \, v^{\nu \cdot DT(k+r)} \, \mathcal{L}(R_x | K_x = k)(dr) \,, \quad k \in \mathbb{N}_0 \,, \tag{5.24.2}$$

bzw.

$$E(SB_x^\nu) = P(T_x > u) \cdot v^{\nu u} . \tag{5.24.3}$$

In diesen beiden Fällen ist also das ν-te Moment des Barwertes bei Zinsintensität δ gleich dem erwarteten Barwert zur Zinsintensität $\nu\delta$: Es gelten

$$E\big({}^{(\delta)}DB_x^\nu\big) = E\big({}^{(\delta\nu)}DB_x\big), \quad E\big({}^{(\delta)}SB_x^\nu\big) = E\big({}^{(\delta\nu)}SB_x\big), \tag{5.24.4}$$

wobei der linke Oberindex die Zinsintensität angibt. Eine leichte Verallgemeinerung findet sich in Aufgabe 19.

5.25 Beispiele. Nun geben wir das mittlere quadratische Risiko für die Beispiele 5.14 an.

(a) Lebenslängliche Todesfallversicherung (man beachte (5.24.4)):

$$\mathrm{Var}\,(DB_x) = {}^{(2\delta)}A_x - \big({}^{(\delta)}A_x\big)^2. \tag{5.25.1}$$

n-jährige temporäre Todesfallversicherung:

$$\mathrm{Var}\,(DB_x) = {}^{(2\delta)}_{\ \ n}A_x - \big({}^{(\delta)}_{\ n}A_x\big)^2 . \tag{5.25.2}$$

(b) n-jährige Erlebensfallversicherung (vergleiche (5.24.3)):

$$\mathrm{Var}\,(SB_x) = {}_np_x\, v^{2n} - ({}_np_x\, v^n)^2 = {}^{(2\delta)}_{\ \ n}E_x - \big({}^{(\delta)}_{\ n}E_x\big)^2 \tag{5.25.3}$$

bzw.

$$\mathrm{Var}\,(SB_x) = v^{2n}\ {}_np_x\ {}_nq_x\, . \tag{5.25.3'}$$

Jährlich vorschüssig zahlbare lebenslängliche Leibrente des Jahresbetrages 1: Aus (5.23.5), dem Verschiebungssatz und $1 - d\ddot{a}_x = A_x$ (Aufgabe 9) folgt

$$\begin{aligned}\mathrm{Var}\,(SB_x) &= \sum_{k=0}^{\omega_0-1-x} \Big(\sum_{\ell=0}^{k} v^\ell\Big)^2 \cdot \nu_x(k) - \ddot{a}_x^2 \qquad (5.25.4)\\ &= \frac{1}{d^2}\Big(1 - 2\sum_{k=0}^{\omega_0-1-x} v^{k+1}\nu_x(k) + \sum_{k=0}^{\omega_0-1-x} v^{2k+2}\nu_x(k)\Big) - \frac{(1-{}^{(\delta)}A_x)^2}{d^2}\\ &= \frac{1}{d^2}\big({}^{(2\delta)}A_x - ({}^{(\delta)}A_x)^2\big).\end{aligned}$$

(c) n-jährige Gemischte Kapitalversicherung: Aus (5.25.2), (5.25.3′) und (5.22.9) folgt

$$\mathrm{Var}\,(B_x) = {}^{(2\delta)}_{\ \ n}A_x - ({}^{(\delta)}_{\ n}A_x)^2 + v^{2n}\ {}_np_x\ {}_nq_x + 2\,\mathrm{Cov}\,(DB_x, SB_x)\, ,$$

wobei nach (5.22.12), (5.23.6) und (5.22.7)

$$\mathrm{Cov}\,(DB_x, SB_x) = E(DB_x \cdot SB_x) - {}^{(\delta)}_{\ n}A_x\ {}^{(\delta)}_{\ n}E_x = -{}^{(\delta)}_{\ n}A_x \cdot {}^{(\delta)}_{\ n}E_x\, .$$

Insgesamt:

$$\operatorname{Var}(B_x) = {}^{(2\delta)}_{\;\;n}A_x - \left({}^{(\delta)}_{\;n}A_x\right)^2 + v^{2n}\,{}_np_x\,{}_nq_x - 2\,{}^{(\delta)}_{\;n}A_x\;{}^{(\delta)}_{\;n}E_x\,. \tag{5.25.5}$$

(d) Bei der Versicherung auf festen Termin ist die Leistung zufallsunabhängig und daher

$$\operatorname{Var}(B_x) = 0\,. \tag{5.25.6}$$

5.26 Bemerkungen.

(a) Neben dem mittleren quadratischen Risiko eines Barwertes ist vor allem die Varianz des diskontierten Wertes des *gesamten* Zahlungsstromes

Versicherungsleistungsfunktion − Prämienzahlungsfunktion

nach Einsetzen der Restlebensdauer T_x von Interesse. (Eine Prämienzahlungsfunktion ist eine Erlebensfalleistungsfunktion des VN an den VR.) Die Varianz dieses *Gesamtverlustes* und die des Leistungsbarwertes stimmen überein, falls die Versicherungsleistung durch eine Einmalprämie bezahlt wird. Im allgemeinen Fall kann man zur Berechnung der ersteren das von uns in Abschnitt 9 D behandelte Hattendorff-Theorem heranziehen.

(b) Bei der n-jährigen Gemischten Kapitalversicherung gilt gemäß Beispiel 5.25 (c)

$$\operatorname{Cov}(DB_x, SB_x) \le 0\,.$$

Todes- und Erlebensfalleistung sind negativ korreliert. Das mittlere quadratische Risiko des Einzelverkaufs beider an unabhängige Individuen ist – bei Bezahlung durch Einmalprämien – mindestens so groß wie das des gemeinsamen Verkaufs als Kapitalversicherung an eine Person. Dies gilt allgemeiner:

5.27 Satz. *Sei $B_x = DB_x + SB_x$ der Barwert einer natürlichen Versicherungsleistung für (x). $D/K \circ DT$ sei monoton nichtwachsend. Dann gelten*

$$\operatorname{Cov}(DB_x, SB_x) \le 0\,, \tag{5.27.1}$$

$$\operatorname{Var}(B_x) \le \operatorname{Var}(DB_x) + \operatorname{Var}(SB_x)\,. \tag{5.27.2}$$

Zum Beweis wird das Konzept der stochastischen Ordnung benötigt.

5.28 Definition. Seien $\mu_i|_{\mathfrak{B}(\mathbb{R}^1)}$ endliche Maße mit identischer Gesamtmasse und Verteilungsfunktionen F_i , $i = 1, 2$. μ_2 *majorisiert* μ_1 *stochastisch*, in Zeichen: $\mu_1 \le_{\text{st}} \mu_2$, falls $F_1 \ge F_2$.

Eine Zufallsvariable X_2 heißt *stochastisch größer als* eine Zufallsvariable X_1, in Zeichen: $X_1 \le_{\text{st}} X_2$, falls $\mathcal{L}(X_1) \le_{\text{st}} \mathcal{L}(X_2)$.

5.29 Bemerkungen. Seien $\mu_i|_{\mathfrak{B}(\mathbb{R}^1)} \ne 0$ endliche Maße mit identischer Gesamtmasse c und Verteilungsfunktionen F_i, $i = 1, 2$.

(a) $\mu_1 \leq_{\text{st}} \mu_2$ bedeutet, daß

$$\mu_1\big((t,\infty)\big) \leq \mu_2\big((t,\infty)\big)\,, \qquad t \in \mathbb{R}^1\,.$$

Offenbar definiert $\leq_{\text{st}}$ eine Halbordnung endlicher Borelmaße auf $\mathbb{R}^1$.

(b) Äquivalent sind:

(α) $\mu_1 \leq_{\text{st}} \mu_2$.

(β) Es existieren Zufallsvariablen $X_i \sim \mu_i/c$ auf einem Wahrscheinlichkeitsraum $(\Omega, \mathfrak{A}, P)$ mit $X_1 \leq X_2$.

(γ) $\int h\,d\mu_1 \leq \int h\,d\mu_2$, $h \in L_1(\mu_1) \cap L_1(\mu_2)$ monoton nichtfallend.

Begründung von $(\alpha) \Longrightarrow (\beta)$: Wir setzen

$$(\Omega, \mathfrak{A}, P) := \big((0,1],\ \mathfrak{B}((0,1]),\ U(0,1]\big)$$

und

$$X_i(\omega) := F_i^{-1}(c\,\omega) = \inf\Big\{t \geq 0 \mid \frac{F_i(t)}{c} \geq \omega\Big\}\,.$$

Dann ist

$$X_1(\omega) = F_1^{-1}(c\,\omega) \leq F_2^{-1}(c\,\omega) = X_2(\omega)\,.$$

$(\beta) \Longrightarrow (\gamma)$: Für alle monoton nichtfallenden h aus $L_1(\mu_1) \cap L_1(\mu_2)$ ist

$$\int h\,d\mu_1 = c\int h \circ X_1\,dP \leq c\int h \circ X_2\,dP = \int h\,d\mu_2\,.$$

$(\gamma) \Longrightarrow (\alpha)$: Einsetzen von $h := 1_{(t,\infty)}$, $t \in \mathbb{R}^1$.

5.30 Hilfssatz. *Seien $Q|_{\mathfrak{B}((0,\infty))}$ ein Wahrscheinlichkeitsmaß, $f\colon [0,\infty) \longrightarrow [0,\infty)$ monoton nichtwachsend und $g\colon [0,\infty) \longrightarrow [0,\infty)$ monoton nichtfallend mit $\int g\,dQ < \infty$. Dann gelten*

(a) $\int f\,dQ < \infty$, $\int fg\,dQ < \infty$,

(b) $\operatorname{Cov}_Q(f,g) = \int fg\,dQ - \int f\,dQ \cdot \int g\,dQ \leq 0$.

Beweis. Die Integrabilitätsaussagen (a) sind klar. Zum Nachweis von (b) beachte man, daß für alle $t \geq 0$

$$\begin{aligned}\int\limits_{(t,\infty)} f(\tau)\,Q(d\tau) \cdot Q\big([0,t]\big) &\leq f(t)\,Q\big((t,\infty)\big) \cdot Q\big([0,t]\big)\\ &\leq \int\limits_{[0,t]} f(\tau)\,Q(d\tau) \cdot Q\big((t,\infty)\big)\end{aligned}$$

und folglich

$$\int\limits_{(t,\infty)} f(\tau)\,Q(d\tau) \leq \int f\,dQ \cdot Q\big((t,\infty)\big)\,.$$

Also wird das endliche Maß $f\,Q$ mit Q-Dichte f majorisiert durch das Maß $\int f\,dQ \cdot Q$, welches die gleiche Gesamtmasse besitzt. Kriterium 5.29 (b) (γ) liefert für alle monoton nichtfallenden integrablen $g\colon [0, \infty) \longrightarrow [0, \infty)$

$$\int g\,d(fQ) \leq \int f\,dQ \cdot \int g\,dQ\,,$$

also 5.30 (b). □

Beweis von Satz 5.27. Mittels des *faktorisierten Barwertes*

$$BA := DBA + SBA\colon s \longmapsto \int\limits_{[0,\infty)} \frac{1}{K(\tau)}\,DA_s(d\tau) + \int\limits_{[0,\infty)} \frac{1}{K(\tau)}\,SA_s(d\tau)$$

kann der Barwert eines jeden Versicherungsleistungsprozesses $(\omega, t) \longmapsto A_{T_x(\omega)}(t)$ in der Form $B_x = BA \circ T_x$ dargestellt werden. Für natürliche Versicherungsleistungsfunktionen gilt nach (5.22.1) und (5.22.2)

$$DBA = \frac{D}{K \circ DT} \quad \text{und} \quad SBA\colon s \longmapsto \int\limits_{[0,s)} \frac{1}{K(\tau)}\,F(d\tau)\,.$$

DBA ist nach Voraussetzung monoton nichtwachsend und SBA stets monoton nichtfallend. (5.27.1) folgt deshalb aus Hilfssatz 5.30 (b). □

Motiviert durch das Problem der Wahl einer als Rechnungsgrundlage geeigneten Sterbetafel wenden wir uns nun der Frage nach dem Charakter einer Versicherungs*leistung* zu. Mit Hilfe des Konzeptes der stochastischen Ordnung läßt sich präzisieren, wann eine Versicherungsleistungsfunktion Todesfall- und wann sie Erlebensfallcharakter hat. Die Form der Prämienzahlung bleibt darin zunächst unberücksichtigt. Die folgenden Ausführungen lehnen sich an Milbrodt (1993) an.

5.31 Definition. Seien $(q_{ix})_{x\in\mathbb{N}_0}$ die einjährigen Sterbenswahrscheinlichkeiten zweier Sterbetafeln, $i = 1, 2$.

(a) *Sterbetafel* 2 *majorisiert Sterbetafel* 1, in Zeichen: $(q_{1x}) \leq_{\text{st}} (q_{2x})$, falls $q_{1x} \geq q_{2x}$ für alle x.

(b) Seien $(q_{1x}) \leq_{\text{st}} (q_{2x})$, K eine Kapitalfunktion und A eine Versicherungsleistungsfunktion. A besitzt *Todesfallcharakter* (*Erlebensfallcharakter*) *bezüglich* K *sowie* (q_{1x}) *und* (q_{2x}), falls für alle $x \in \mathbb{N}_0$ und jedes Paar zukünftiger Lebensdauern $T_{ix} = K_{ix} + R_{ix}$, $K_{ix} := [T_{ix} - 0]$, $(i = 1, 2)$ mit

- $P(K_{ix} = k) = \prod\limits_{\ell=0}^{k-1} (1 - q_{i,x+\ell})\,q_{i,x+k}\,, \quad k \in \mathbb{N}_0\,,\ i = 1, 2,$
- K_{ix} und R_{ix} sind stochastisch unabhängig, $i = 1, 2$,
- $\mathcal{L}(R_{1x}|P) = \mathcal{L}(R_{2x}|P)$

die zugehörigen erwarteten Barwerte (vergleiche Definition 5.8)

$$E(B_{2x}) \le E(B_{1x}) \qquad \bigl(E(B_{2x}) \ge E(B_{1x})\bigr)$$

erfüllen.

(c) Eine Versicherungsleistungsfunktion hat *Todesfallcharakter* (*Erlebensfallcharakter*) *bezüglich einer Kapitalfunktion*, wenn die Bedingung aus (b) für jedes Paar durch Majorisierung geordneter Sterbetafeln gilt.

Im Falle von Versicherungsleistungsfunktionen, die Zahlungen nur zu ganzzahligen Zeitpunkten zulassen und bei zusammengesetzter Verzinsung stimmt Definition 5.31 (b) des Charakters einer Versicherungsleistung bezüglich zweier Sterbetafeln mit der von Reichel (1987) auf p. 89 nach Leepin (1956) angegebenen Definition des Charakters einer Versicherung überein, wenn man Einmalprämienzahlung zu Vertragsbeginn unterstellt. Sie beruht auf der intuitiven Idee, daß bei Versicherungen mit Todesfallcharakter (Erlebensfallcharakter) eine erhöhte Sterblichkeit zu einer erhöhten (reduzierten) Einmalprämie führen sollte. Eine Erweiterung dieser Gedanken auf den Fall eines beliebigen Prämienzahlungsmodus findet sich am Schluß von Abschnitt 8 B.

Der folgende Hilfssatz dient der Interpretation der Bedingungen aus Definition 5.31. Die erste Forderung in 5.31 (b) besagt, daß die Verteilungen aller ganzzahlig gestutzten Lebensdauern K_{ix}, $x \in \mathbb{N}_0$, durch die Sterbetafel i gegeben sind und bedeutet insbesondere, daß

$$P(K_{ix} > t) = \prod_{k=0}^{t}(1 - q_{i,x+k}), \qquad t \in \mathbb{N}_0,\ i = 1, 2.$$

5.32 Hilfssatz. *Seien K_{ix} nichtnegative ganzzahlige Zufallsvariablen mit durch $(q_{i,x+t})_{t\in\mathbb{N}_0}$ gegebenen Verteilungen, $x \in \mathbb{N}_0$, $i = 1, 2$. Weiter seien R_{ix} $(0, 1]$-wertige Zufallsvariablen, so daß K_{ix} und R_{ix} stochastisch unabhängig sind, $T_{ix} := K_{ix} + R_{ix}$ zukünftige Lebensdauern und Λ_{ix} die kumulative Ausscheideintensität von T_{ix}, $x \in \mathbb{N}_0$, $i = 1, 2$. Es gelte $\mathcal{L}(R_{1x}|P) = \mathcal{L}(R_{2x}|P)$, $x \in \mathbb{N}_0$. Dann sind äquivalent:*

(a) $(q_{1x}) \le_{\text{st}} (q_{2x})$,

(b) $K_{1x} \le_{\text{st}} K_{2x}$ *für alle* x,

(c) $T_{1x} \le_{\text{st}} T_{2x}$ *für alle* x,

(d) $\Lambda_{1x}((s, t]) \ge \Lambda_{2x}((s, t])$ *für alle* $0 \le s \le t < \infty$ *und alle* x.

Beweis. Gelte (a) und seien t, x aus $\mathbb{N}_0$. Dann ist

$$P(K_{1x} > t) = \prod_{k=0}^{t}(1 - q_{1,x+k}) \le \prod_{k=0}^{t}(1 - q_{2,x+k}) = P(K_{2x} > t),$$

also gilt (b). Wegen $q_{ix} = P(K_{ix} = 0)$, $i = 1, 2$, ist die Umkehrung offensichtlich. Sie gilt ebenso wie die Äquivalenz

$$K_{1x} \le_{\text{st}} K_{2x} \iff T_{1x} \le_{\text{st}} T_{2x}$$

für jedes x einzeln: Da K_{ix} eine monoton nichtfallende Funktion von T_{ix} ist, $i = 1, 2$, und die stochastische Ordnung von Zufallsvariablen bei Transformation mit solchen Funktionen erhalten bleibt, ist klar, daß (b) aus (c) folgt. Gilt umgekehrt (b), so ist

$$\begin{aligned} P(T_{1x} \leq t) &= \int P(K_{1x} \leq t - r)\, \mathcal{L}(R_{1x}|P)\,(dr) \\ &= \int P(K_{1x} \leq t - r)\, \mathcal{L}(R_{2x}|P)\,(dr) \\ &\geq \int P(K_{2x} \leq t - r)\, \mathcal{L}(R_{2x}|P)\,(dr) \\ &= P(T_{2x} \leq t)\,, \qquad t \in \mathbb{N}_0\,,\ x \in \mathbb{N}_0\,. \end{aligned}$$

Zum Nachweis der Äquivalenz von (a) und (d) beachte man, daß für alle $k \in \mathbb{N}_0$ und alle $k \leq s < t \leq k+1$

$$\begin{aligned} \Lambda_{ix}((s,t]) &= \int\limits_{(s,t]} \frac{\mathcal{L}(K_{ix} + R_{ix}|P)\,(d\tau)}{P(K_{ix} \geq k,\ R_{ix} \geq \tau - k)} \\ &= \int\int \frac{1}{P(K_{ix} \geq k)\, P(R_{ix} \geq m + r - k)}\, 1_{(s,t]}(m + r) \\ &\qquad\qquad \mathcal{L}(K_{ix}|P)(dm)\, \mathcal{L}(R_{ix}|P)(dr) \\ &= \frac{P(K_{ix} = k)}{P(K_{ix} \geq k)} \int\limits_{(s-k,t-k]} \frac{\mathcal{L}(R_{ix}|P)(dr)}{P(R_{ix} \geq r)} \\ &= q_{i,x+k} \int\limits_{(s-k,t-k]} \frac{\mathcal{L}(R_{ix}|P)(dr)}{P(R_{ix} \geq r)}\,, \qquad x \in \mathbb{N}_0,\ i = 1, 2, \end{aligned}$$

woraus die behauptete Äquivalenz wegen

$$\int\limits_{(s-k,t-k]} \frac{\mathcal{L}(R_{1x}|P)(dr)}{P(R_{1x} \geq r)} = \int\limits_{(s-k,t-k]} \frac{\mathcal{L}(R_{2x}|P)(dr)}{P(R_{2x} \geq r)}\,, \qquad x \in \mathbb{N}_0\,,$$

folgt. □

Um Mißinterpretationen von Hilfssatz 5.32 vorzubeugen, weisen wir nochmals darauf hin, daß zwar bei stetigen Verteilungsfunktionen die stochastische Ordnung der zukünftigen Lebensdauern identisch ist mit der *punktweisen* Ordnung der kumulativen Ausscheideintensitäten,

$$T_{1x} \leq_{\text{st}} T_{2x} \iff \Lambda_{1x}(t) \geq \Lambda_{2x}(t)\,, \qquad t \geq 0\,,$$

daß bei ersatzloser Streichung der Stetigkeitsvoraussetzung dies jedoch falsch wird (Aufgabe 3.8).

5.33 Bemerkungen.

(a) Der Charakter einer Versicherungsleistung ist von Bedeutung für die Wahl der Rechnungsgrundlagen. Verwendung von *Rechnungsgrundlagen erster Ordnung* für die Sterblichkeit heißt, daß man von zwei Sterbetafeln (q_{ix}) ausgeht, von denen die erste die aktuelle Sterblichkeit überschätzt (etwa die DAV-Sterbetafel 1994 T) und die zweite die Sterblichkeit höchstens realistisch einschätzt (etwa die DAV-Sterbetafel 1994 R), dann feststellt, ob die Leistung bezüglich (q_{1x}) und (q_{2x}) Todes- oder Erlebensfallcharakter hat, und im ersten Fall (q_{1x}) und im zweiten (q_{2x}) zugrunde legt.

(b) Oft ist die Entscheidung über Todes- oder Erlebensfallcharakter nicht bezüglich zweier kompletter Sterbetafeln interessant, da man dabei Barwerte für alle Lebensalter nach den jeweiligen Sterbetafeln vergleicht. Interessieren nur ein Alter oder ausgewählte Alter x, so ist statt nach Definition 5.31 (b) der Vergleich nur für diese(s) Alter durchzuführen.

Dies ist zum Beispiel der Fall, wenn man sich zwischen der Verwendung einer Periodensterbetafel und einer doppelt abgestuften Tafel, etwa einer Selektionssterbetafel, entscheiden möchte. Für unterschiedliche Eintrittsalter sind hier *verschiedene* einfach abgestufte Sterbetafeln (in dem folgenden Schema entlang den Pfeilen) zu verwenden.

$$
\begin{array}{ccccccc}
q_{[0]} & & & & & & \\
& \searrow & & & & & \\
q_{[1]} & & q_{[0]+1} & & & & \\
& \searrow & & \searrow & & & \\
q_{[2]} & & q_{[1]+1} & & q_{[0]+2} & & \\
& \searrow & & \searrow & & \searrow & \\
q_{[3]} & & q_{[2]+1} & & q_{[1]+2} & & q_{[0]+3} = q_3 \\
& \searrow & & \searrow & & \searrow & \downarrow \\
q_{[4]} & & q_{[3]+1} & & q_{[2]+2} & & q_{[1]+3} = q_4 \\
& \searrow & & \searrow & & \searrow & \downarrow \\
q_{[5]} & & q_{[4]+1} & & q_{[3]+2} & & q_{[2]+3} = q_5 \\
\vdots & & \vdots & & \vdots & & \vdots
\end{array}
$$

(Selektionssterbetafel, Periodenlänge 3)

Dieselbe Situation liegt vor, falls man die Versicherungsleistung bezüglich einer Periodentafel und einer (zum Beispiel durch Altersverschiebung gewonnenen) Generationentafel vergleicht und dabei die Zeit t und nicht die Generation $t - x$

festhält:

$$\begin{array}{ccccccccc}
q_{0,t} & & q_{0,t+1} & & q_{0,t+2} & & q_{0,t+3} & \cdots \\
& \searrow & & & & & & \\
q_{1,t} & & q_{1,t+1} & & q_{1,t+2} & & q_{1,t+3} & \cdots \\
& \searrow & & \searrow & & & & \\
q_{2,t} & & q_{2,t+1} & & q_{2,t+2} & & q_{2,t+3} & \cdots \\
& \searrow & & \searrow & & \searrow & & \\
q_{3,t} & & q_{3,t+1} & & q_{3,t+2} & & q_{3,t+3} & \\
\vdots & & \vdots & & \vdots & & \vdots &
\end{array}$$

Auch hier sind für unterschiedliche Eintrittsalter *verschiedene* einfach abgestufte Sterbetafeln (entlang Pfeilrichtung) zu verwenden.

5.34 Hilfssatz. *Seien A eine Versicherungsleistungsfunktion und K eine Kapitalfunktion.*

(a) *Ist der durch A und K definierte Barwert ein stochastisch fallendes (wachsendes) Funktional der zugrunde liegenden Lebensdauervariablen, d. h. gilt*

$$T_{1x} \leq_{\text{st}} T_{2y} \implies B_{2y} \leq_{\text{st}} B_{1x} \qquad (B_{1x} \leq_{\text{st}} B_{2y}),$$

so besitzt A Todesfallcharakter (Erlebensfallcharakter) bezüglich K.

(b) *Ist der faktorisierte Barwert*

$$BA\colon s \longmapsto \int\limits_{[0,\infty)} \frac{1}{K(\tau)}\, A_s(d\tau)$$

monoton nichtwachsend (nichtfallend), so besitzt A Todesfallcharakter (Erlebensfallcharakter) bezüglich K.

Beweis. Teil (a) folgt unmittelbar aus Hilfssatz 5.32 und Teil (b) aus (a) in Verbindung mit der Tatsache, daß stochastische Ordnung unter nichtwachsenden Abbildungen umgekehrt wird und unter nichtfallenden Abbildungen erhalten bleibt. □

5.35 Folgerungen. *Seien A eine natürliche Versicherungsleistungsfunktion und K eine Kapitalfunktion.*

(a) *A besitzt Todesfallcharakter (bzw. Erlebensfallcharakter) bezüglich K, falls für alle* $0 \leq r < s$

$$\int\limits_{[r,s)} \frac{1}{K(\tau)}\, F(d\tau) \leq \frac{D}{K \circ DT}(r) - \frac{D}{K \circ DT}(s)$$

(bzw. $\geq$*) gilt.*

(b) *DA besitzt Todesfallcharakter (bzw. Erlebensfallcharakter) bezüglich K, falls* $D/(K \circ DT)$ *monoton nichtwachsend (bzw. nichtfallend) ist.*

(c) *SA besitzt Erlebensfallcharakter bezüglich jeder Kapitalfunktion.*

Beweis. Teil (a) folgt aus Hilfssatz 5.34 (b), da

$$BA\colon s \longmapsto \int\limits_{[0,s)} \frac{1}{K(\tau)}\, F(d\tau) + \frac{D}{K \circ DT}(s)\,,$$

(b) und (c) ergeben sich unmittelbar aus (a). □

5.36 Beispiel. Wir betrachten eine gemischte Versicherung bestehend aus einer kontinuierlichen Leibrente mit konstanter Zahlungsdichte $\sigma \geq 0$ und einer unmittelbar zahlbaren Todesfallversicherung mit konstanter Versicherungssumme $D > 0$. Die Kapitalfunktion K sei absolutstetig mit Zinsintensität φ. Offenbar ist dann

$$BA(s) = \frac{D}{K(s)} + \sigma \int\limits_0^s \frac{d\tau}{K(\tau)}\,,$$

und nach Folgerung 5.35 (a) hat A Todesfallcharakter (Erlebensfallcharakter) bezüglich K, wenn für alle $0 < r < s$

$$\frac{K(s) - K(r)}{K(s)\,K(r)} \cdot \Big(\int\limits_r^s \frac{d\tau}{K(\tau)} \Big)^{-1} \geq \frac{\sigma}{D}$$

(bzw. $\leq$) gilt. Wegen

$$\lim_{s \searrow r} \frac{K(s) - K(r)}{K(s)\,K(r)} \Big(\int\limits_r^s \frac{d\tau}{K(\tau)} \Big)^{-1} = \varphi(r) \qquad \lambda^1\text{-f.ü.}$$

ist dies äquivalent zu

$$\varphi \geq \frac{\sigma}{D} \quad (\text{bzw. } \leq) \qquad \lambda^1\text{-f.ü.}$$

Sei nun $i > 0$ der Zinssatz. Die Versicherungsleistung hat nach Beispiel 2.5 (a), Aufgabe 2.4 und Aufgabe 2.7 (c) Todesfallcharakter bezüglich K, wenn

$$\frac{\sigma}{D} \leq \begin{cases} \log(1+i)\,, & K \text{ zusammengesetzt} \\ \dfrac{i}{1+i}\,, & K \text{ gemischt oder kaufmännisch} \end{cases}$$

gilt. Erlebensfallcharakter liegt vor, falls

$$\frac{\sigma}{D} \geq \begin{cases} \log(1+i)\,, & K \text{ zusammengesetzt} \\ i\,, & K \text{ gemischt oder kaufmännisch.} \end{cases}$$

5.37 Folgerung. *Seien A eine gemischte Versicherung, die Leistungen nur zu ganzzahligen Zeitpunkten zuläßt,*

$$A_s(t) = \sum_{k=1}^{\infty}\Big(D(k)\cdot 1_{[k,\infty)}(t) + \sum_{\ell=0}^{k-1} S(\ell)\cdot 1_{[\ell,\infty)}(t)\Big)\cdot 1_{(k-1,k]}(s)\,,$$

und K eine Kapitalfunktion. A hat Todesfallcharakter (Erlebensfallcharakter) bezüglich K, wenn

$$h\colon k \longmapsto \frac{D(k+1)}{K(k+1)} + \sum_{\ell=0}^{k} \frac{S(\ell)}{K(\ell)}$$

monoton nichtwachsend (nichtfallend) ist.

Beweis. Nach Beispiel 5.9 (c) ist

$$BA = \sum_{k=1}^{\infty} h(k-1)\cdot 1_{(k-1,k]}$$

und somit genau dann monoton nichtwachsend (nichtfallend), wenn h dies ist. Die Behauptung folgt damit aus Hilfssatz 5.34 (b). □

5.38 Beispiel. Die Leistung der n-jährigen Gemischten Kapitalversicherung aus Beispiel 5.14 (c) besitzt Todesfallcharakter bezüglich jeder Kapitalfunktion, denn für sie ist

$$h\colon k \longmapsto \frac{1}{K(k+1)} 1_{\{0,\ldots,n-1\}}(k) + \frac{1}{K(n)} 1_{\{n,n+1,\ldots\}}(k)$$

stets monoton nichtwachsend.

C Natürliche Leistungen: Zwei Leben bei einem Risiko und ein Leben bei konkurrierenden Risiken

Das in den Definitionen 5.1 und 5.20 angegebene Modell zur Beschreibung von Versicherungsleistungen soll nun so erweitert werden, daß auch Versicherungsleistungen bei verbundenen Leben, bei mehreren Ausscheideursachen und in der Pensions- und der Invaliditätsversicherung mit abgedeckt werden. Sei dazu $(\mathcal{V}, \mathfrak{V})$ ein Meßraum möglicher Zustandsverläufe gemäß Definition 4.1.

5.39 Definition. Eine (*kumulative*) *Versicherungsleistungsfunktion in der Personenversicherung* ist eine Abbildung

$$A\colon \mathcal{W}\times[0,\infty) \ni (w,t) \longmapsto A_w(t) \in [0,\infty)\,,$$

wobei $(\mathcal{W}, \mathfrak{W})$ ein vermöge I zu $(\mathcal{V}, \mathfrak{V})$ isomorpher Meßraum ist, der *Modellraum* genannt wird, und A folgende Eigenschaften besitzt:

(a) Für alle $w \in \mathcal{W}$ ist $t \longmapsto A_w(t)$ eine Verteilungsfunktion auf $[0, \infty)$.

(b) Für alle $t \geq 0$ ist $w \longmapsto A_w(t)$ $\mathfrak{W}$–$\mathfrak{B}([0, \infty))$-meßbar.

Je nach zugrunde liegender Menge $\mathcal{V}$ von Zustandsverläufen sprechen wir zum Beispiel von *Versicherungsleistungsfunktionen (bei einem Leben und einem Risiko)*, von *Versicherungsleistungsfunktionen bei mehreren Leben*, von *Versicherungsleistungsfunktionen bei konkurrierenden Risiken* usw.

Sei $\mathfrak{W}_t := I(\mathfrak{V}_t)$, $t \geq 0$. A heißt *nichtvorgreifend*, falls $w \longmapsto A_w(t)$ $\mathfrak{W}_t$-meßbar ist für alle $t \geq 0$.

Die Bemerkungen im Anschluß an Definition 5.1 gelten sinngemäß. Insbesondere wird $A_{I(x)}(t)$ interpretiert als die unverzinste Gesamtleistung des VR bis einschließlich zur Zeit t, falls die Police dem Zustandsverlauf x unterliegt.

Die Wahl des Modellraumes $(\mathcal{W}, \mathfrak{W})$ und der zugehörigen Isomorphie ist frei und sollte so erfolgen, daß die Beschreibung der Versicherungsleistung möglichst einfach wird. Im Hinblick auf Hilfssatz 4.5 wählen wir meistens

$$(\mathcal{W}, \mathfrak{W}) := \big((0, \infty),\ \mathfrak{B}((0, \infty))\big) \tag{5.39.1}$$

bei der Versicherung eines unter einfachem Risiko stehenden Lebens,

$$(\mathcal{W}, \mathfrak{W}) := \big((0, \infty)^m,\ \mathfrak{B}((0, \infty)^m)\big) \tag{5.39.2}$$

bei der Versicherung einer Gruppe von m unter einfachem Risiko stehenden Leben und

$$(\mathcal{W}, \mathfrak{W}) := \big((0, \infty) \times (2^U \setminus \{\emptyset\}),\ \mathfrak{B}((0, \infty)) \otimes 2^{(2^U \setminus \{\emptyset\})}\big) \tag{5.39.3}$$

bei der Versicherung eines unter konkurrierenden Risiken stehenden Lebens. Sind die Risiken wechselseitig exklusiv, so setzen wir einfacher

$$(\mathcal{W}, \mathfrak{W}) := \big((0, \infty) \times U,\ \mathfrak{B}((0, \infty)) \otimes 2^U\big)\,. \tag{5.39.3'}$$

Eine Mischform aus „mehreren Leben" und „konkurrierenden Risiken" liegt bei der heute seltenen Aussteuerversicherung vor (vergleiche Aufgabe 29). Die allgemeine Pensionsversicherung erlaubt keine wesentliche Reduktion der Beschreibung von Versicherungsleistungen, da hier eine versicherte Person in der Regel mehr als zwei Zustände durchläuft und Zustandswechsel auch reversibel sein können. Sie wird deshalb gesondert in Kapitel 6 besprochen.

Wir wenden uns nun der Versicherung zweier Leben bei einfachem Risiko zu. Die folgenden Überlegungen lassen sich leicht auf den Fall einer Gruppe von $m > 2$ Personen übertragen.

5.40 Definition (Teil 1, Teil 2 nach 5.43). Eine *natürliche Todesfalleistungsfunktion bei zwei Leben* ist eine Versicherungsleistungsfunktion der Form

$$\begin{aligned} DA_{r,s}(t) &= \big(D_{11}(r)\cdot 1_{(r,\infty)}(s) + D_{21}(r)\cdot 1_{(0,r)}(s)\big)\cdot 1_{[DT(r),\infty)}(t) \\ &\quad + \big(D_{12}(s)\cdot 1_{(0,s)}(r) + D_{22}(s)\cdot 1_{(s,\infty)}(r)\big)\cdot 1_{[DT(s),\infty)}(t) \\ &\quad + D_3(r)\cdot 1_{\{s\}}(r)\cdot 1_{[DT(r),\infty)}(t) \qquad (5.40.1) \\ &= 1_{(r,\infty)}(s)\cdot\big(D_{11}(r)\cdot 1_{[DT(r),\infty)}(t) + D_{12}(s)\cdot 1_{[DT(s),\infty)}(t)\big) \\ &\quad + 1_{(0,r)}(s)\cdot\big(D_{21}(r)\cdot 1_{[DT(r),\infty)}(t) + D_{22}(s)\cdot 1_{[DT(s),\infty)}(t)\big) \\ &\quad + 1_{\{s\}}(r)\cdot D_3(r)\cdot 1_{[DT(r),\infty)}(t) \end{aligned}$$

mit meßbaren *Leistungshöhen* („*Versicherungssummen*") $D_* > 0$ und monoton nichtfallender *Leistungszeit* (*Fälligkeitszeit*) $DT\colon (0,\infty) \longrightarrow (0,\infty)$, $DT \geq \mathrm{Id}$.

Der Tod der ersten Person zur Zeit r löst eine zur Zeit $DT(r)$ fällige Leistung $D_{11}(r)$ aus, falls die zweite Person nach der ersten stirbt, eine Leistung $D_{21}(r)$, falls die zweite Person vor der ersten verstorben ist und eine Leistung $D_3(r)$ bei gleichzeitigem Tod. Der Tod der zweiten Person zur Zeit s löst eine zur Zeit $DT(s)$ fällige Leistung $D_{22}(s)$ aus, falls die erste Person nach der zweiten stirbt und eine Leistung $D_{12}(s)$, falls die zweite Person nach der ersten verstirbt. Natürlich könnte auch der Fälligkeitszeitpunkt von der Todesreihenfolge und von der die Leistung auslösenden Person abhängen. Ebenso wäre es grundsätzlich denkbar, die durch den Tod einer Person ausgelösten Leistungen vom Todeszeitpunkt der anderen Person abhängen zu lassen, falls diese früher verstorben ist. Letzteres hieße jedoch, die Todesfalleistung von der strikten Vergangenheit abhängig zu machen und würde im Zusammenhang mit der Theorie des Deckungskapitals in Kapitel 10 zu Schwierigkeiten bei der Ausnutzung der Markov-Eigenschaft führen. Nicht sinnvoll ist es hingegen, die durch den früheren Tod begründete Leistung vom späteren Todeszeitpunkt und damit von der Zukunft abhängen zu lassen.

5.41 Satz. *Eine natürliche Todesfalleistungsfunktion bei zwei Leben ist nichtvorgreifend.*

Zum Beweis benötigen wir den folgenden

5.42 Hilfssatz.

(a) $(\mathfrak{F}_t^2)_{t\geq 0}$ *ist eine rechtsseitig stetige Filtration von* $\big((0,\infty)^2,\ \mathfrak{B}((0,\infty)^2)\big)$.

(b) *Seien* $(\Omega,\mathfrak{A})$ *ein Meßraum mit einer* σ*-Algebra* $\mathfrak{A}$*, die alle Einpunktmengen enthält,* $t \geq 0$ *und* $f\colon \big((0,\infty)^2,\ \mathfrak{B}((0,\infty)^2)\big) \longrightarrow (\Omega,\mathfrak{A})$. *Dann sind äquivalent*

- f *ist* $\mathfrak{F}_t^2$*–*$\mathfrak{A}$*-meßbar.*
- f *ist von der Form*

$$\begin{aligned} f(r,s) = {}& f(r,s)\cdot 1_{(0,t]\times(0,t]}(r,s) + g(r)\cdot 1_{(0,t]}(r)\cdot 1_{(t,\infty)}(s) \\ & + h(s)\cdot 1_{(t,\infty)}(r)\cdot 1_{(0,t]}(s) + \mathit{const}\cdot 1_{(t,\infty)\times(t,\infty)}(r,s) \end{aligned}$$

mit meßbaren Funktionen g *und* h.

Beweis. (a) ist klar, und (b) ergibt sich unmittelbar durch Anwendung von Hilfssatz 5.17 auf die Schnittfunktionen $f(r,\cdot)$ und $f(\cdot,s)$. □

Beweis von Satz 5.41. Seien DA von der Form (5.40.1) und $t \geq 0$. Für $s > t$ ist

$$DA_{r,s}(t) = D_{11}(r) \cdot 1_{[DT(r),\infty)}(t)$$

unabhängig von s und für $r > t$

$$DA_{r,s}(t) = D_{22}(s) \cdot 1_{[DT(s),\infty)}(t)$$

unabhängig von r. Mit Hilfssatz 5.42 folgt die $\mathfrak{F}_t^2$–$\mathfrak{B}([0,\infty))$-Meßbarkeit. □

5.43 Beispiele.

(a) *Todesfallversicherung auf den ersten Tod:* $D_{12} \equiv D_{21} \equiv 0$,

$$\begin{aligned} DA_{r,s}(t) = {} & D_{11}(r)\cdot 1_{(r,\infty)}(s)\cdot 1_{[DT(r),\infty)}(t) + D_{22}(s)\cdot 1_{(s,\infty)}(r)\cdot 1_{[DT(s),\infty)}(t) \\ & + D_3(r)\cdot 1_{\{s\}}(r)\cdot 1_{[DT(r),\infty)}(t)\,. \end{aligned}$$

Bei einer *n-jährigen Todesfallversicherung auf den ersten Tod* gelten zusätzlich $D_{11}(r) = 0$ für $r > n$, $D_{22}(s) = 0$ für $s > n$ und $D_3(r) = 0$ für $r > n$.

(b) *Todesfallversicherung auf den zweiten Tod:* $D_{11} \equiv D_{22} \equiv 0$,

$$\begin{aligned} DA_{r,s}(t) = {} & D_{21}(r)\cdot 1_{(0,r)}(s)\cdot 1_{[DT(r),\infty)}(t) + D_{12}(s)\cdot 1_{(0,s)}(r)\cdot 1_{[DT(s),\infty)}(t) \\ & + D_3(r)\cdot 1_{\{s\}}(r)\cdot 1_{[DT(r),\infty)}(t)\,. \end{aligned}$$

(c) Asymmetrische Todesfallversicherungen. *Versicherung auf den Tod der ersten vor der zweiten Person:* $D_{21} \equiv D_{12} \equiv D_{22} \equiv D_3 \equiv 0$,

$$DA_{r,s}(t) = D_{11}(r) \cdot 1_{(r,\infty)}(s) \cdot 1_{[DT(r),\infty)}(t)\,.$$

Versicherung auf den Tod der ersten nach der zweiten Person: $D_{11} \equiv D_{12} \equiv D_{22} \equiv 0$,

$$DA_{r,s}(t) = \big(D_{21}(r) \cdot 1_{(0,r)}(s) + D_3(r) \cdot 1_{\{s\}}(r)\big) \cdot 1_{[DT(r),\infty)}(t)\,.$$

In der Praxis liegen die Versicherungen meist *diskretisiert* vor, d. h. es existieren Zeitpunkte $0 = t_0 < \cdots < t_k < \cdots \nearrow \infty$, so daß

$$DT = \sum_{k=1}^{\infty} t_k \cdot 1_{(t_{k-1},t_k]}\,, \qquad D_* = \sum_{k=1}^{\infty} D_*(t_k) \cdot 1_{(t_{k-1},t_k]}\,. \tag{5.43.1}$$

Dann ist

$$\begin{aligned} DA_{r,s}(t) = {} & \sum_{k=1}^{\infty}\big(D_{11}(t_k)\cdot 1_{(r,\infty)}(s) + D_{21}(t_k)\cdot 1_{(0,r)}(s)\big)\cdot 1_{(t_{k-1},t_k]}(r)\cdot 1_{[t_k,\infty)}(t) \\ & + \sum_{k=1}^{\infty}\big(D_{12}(t_k)\cdot 1_{(0,s)}(r) + D_{22}(t_k)\cdot 1_{(s,\infty)}(r)\big)\cdot 1_{(t_{k-1},t_k]}(s)\cdot 1_{[t_k,\infty)}(t) + \end{aligned}$$

$$+\sum_{k=1}^{\infty} D_3(t_k)\cdot 1_{\{s\}}(r)\cdot 1_{(t_{k-1},t_k]}(r)\cdot 1_{[t_k,\infty)}(t)\,. \tag{5.43.2}$$

5.40 Definition (Teil 2). Eine Versicherungsleistungsfunktion der Form

$$\begin{aligned} SA_{r,s} : t \longmapsto\; & F_{12}(t) \wedge F_{12}(r \wedge s - 0) \\ & + \big(F_1(t) - F_1(s-0)\big)^+ \wedge \big(F_1(r-0) - F_1(s-0)\big)^+ \\ & + \big(F_2(t) - F_2(r-0)\big)^+ \wedge \big(F_2(s-0) - F_2(r-0)\big)^+ , \end{aligned} \tag{5.40.2}$$

wobei $F_{12}, F_1, F_2 \colon [0, \infty) \longrightarrow [0, \infty)$ Verteilungsfunktionen sind, heißt *natürliche Erlebensfalleistungsfunktion bei zwei Leben*. Jede Kombination der Gestalt

$$A := DA + SA \tag{5.40.3}$$

mit DA gemäß (5.40.1) und SA gemäß (5.40.2) heißt *natürliche Versicherungsleistungsfunktion bei zwei Leben.*

F_{12} beschreibt die Erlebensfalleistungen, die gezahlt werden, solange beide Personen leben, F_1 beschreibt die Leistungen, die gezahlt werden, solange Person 1 (Todeszeitpunkt r) lebt, nicht aber Person 2 (Todeszeitpunkt s), und F_2 diejenigen, die gezahlt werden, solange Person 2 lebt, nicht aber Person 1. Für SA gemäß (5.40.2) gilt

$$SA_{r,s}(t) = \begin{cases} F_{12}(t)\,, & t < r \wedge s \\ F_{12}(r-0) + F_2(t) - F_2(r-0)\,, & r \le t < s \\ F_{12}(r-0) + F_2(s-0) - F_2(r-0)\,, & r \le s \le t \\ F_{12}(s-0) + F_1(t) - F_1(s-0)\,, & s \le t < r \\ F_{12}(s-0) + F_1(r-0) - F_1(s-0)\,, & s < r \le t\,. \end{cases} \tag{5.40.4}$$

Im Gegensatz zur Situation bei der Versicherung eines Lebens ist bei zwei (und mehr) Leben die Zerlegung (5.40.3) von Versicherungsleistungsfunktionen in Todes- und Erlebensfallanteil nicht eindeutig. Dies ist jedoch irrelevant, da in der Praxis stets eine Zerlegung der Versicherungsleistung nach Leistungsursachen vorgegeben und nicht zu konstruieren ist.

5.44 Folgerung. *Jede natürliche Erlebensfalleistungsfunktion bei zwei Leben ist nichtvorgreifend.*

Beweis. Für $s > t$ ist

$$SA_{r,s}(t) = F_{12}(t) \wedge F_{12}(r-0) + \big(F_2(t) - F_2(r-0)\big)^+ ,$$

unabhängig von s. Analoges gilt für $r > t$, so daß die Behauptung aus Hilfssatz 5.42 folgt. □

Wegen Satz 5.41 und Folgerung 5.44 ist jede natürliche Versicherungsleistungsfunktion bei zwei Leben nichtvorgreifend.

5.45 Beispiele.

(a) *Verbindungsrente:* $F_1 \equiv F_2 \equiv 0$,

$$SA_{r,s}(t) = F_{12}(t) \wedge F_{12}(r \wedge s - 0).$$

(b) *Wechselseitige Überlebensrente:* $F_{12} \equiv 0$,

$$\begin{aligned} SA_{r,s}(t) =& \big(F_1(t) - F_1(s-0)\big)^+ \wedge \big(F_1(r-0) - F_1(s-0)\big)^+ \\ &+ \big(F_2(t) - F_2(r-0)\big)^+ \wedge \big(F_2(s-0) - F_2(r-0)\big)^+ . \end{aligned}$$

(c) *Einseitige Überlebensrente* für die erste Person nach dem Tod der zweiten Person: $F_{12} \equiv F_2 \equiv 0$,

$$SA_{r,s}(t) = \big(F_1(t) - F_1(s-0)\big)^+ \wedge \big(F_1(r-0) - F_1(s-0)\big)^+ .$$

In der Praxis liegen auch Erlebensfalleistungsfunktionen meist *diskretisiert* vor, d. h. es existieren Zeitpunkte $0 = t_0 < \cdots < t_k < \cdots \nearrow \infty$ und Zahlungshöhen $S_*(t_k) \geq 0$, so daß

$$F_* = \sum_{k=0}^{\infty} S_*(t_k) \cdot 1_{[t_k,\infty)} . \tag{5.45.1}$$

Dann ist

$$\begin{aligned} SA_{r,s}(t) = \sum_{k=0}^{\infty} \big(& S_{12}(t_k) \cdot 1_{(t_k,\infty)}(r \wedge s) + S_1(t_k) \cdot 1_{(0,t_k]}(s) \cdot 1_{(t_k,\infty)}(r) \\ &+ S_2(t_k) \cdot 1_{(0,t_k]}(r) \cdot 1_{(t_k,\infty)}(s)\big) \cdot 1_{[t_k,\infty)}(t) . \end{aligned} \tag{5.45.2}$$

Diskretisierte gemischte Versicherungen bei zwei Leben sind meist von der Form $A = DA + SA$ mit DA gemäß (5.43.2) und SA wie in (5.45.2).

5.46 Beispiel. *n-jährige Gemischte Kapitalversicherung auf zwei verbundene Leben:* Diese Versicherung ist gegeben durch Fälligkeitszeiten $t_k = k \in \mathbb{N}_0$, sowie eine

- *n-jährige Todesfallversicherung* 5.43 (a) *auf den ersten Tod*, wobei speziell $D_{11} = D_{22} = D_3 = 1_{\{1,\ldots,n\}}$ und eine
- *n-jährige gemeinsame Erlebensfallversicherung* als Verbindungsrente 5.45 (a), d. h. speziell $F_{12} = 1_{[n,\infty)}$ (also $S_1 \equiv S_2 \equiv 0$ und $S_{12}(k) = 1_{\{n\}}(k)$ in (5.45.1)).

Dies liefert

$$\begin{aligned} A_{r,s}(t) = \sum_{k=1}^{n} & \big(1_{[r,\infty)}(s) \cdot 1_{(k-1,k]}(r) + 1_{(s,\infty)}(r) \cdot 1_{(k-1,k]}(s)\big) \cdot 1_{[k,\infty)}(t) \\ &+ 1_{(n,\infty)}(r \wedge s) \cdot 1_{[n,\infty)}(t) . \end{aligned}$$

Wir betrachten nun die Versicherung eines unter mehreren konkurrierenden Risiken stehenden Lebens. Bis zum Tod ist die Ausscheideursache unbekannt. Sie kann also für die Erlebensfalleistung keine Rolle spielen: Erlebensfalleistungsfunktionen sind deshalb genauso wie bei einfachem Risiko zu definieren. In Anlehnung an Definition 5.20 legen wir fest:

5.47 Definition. Eine Versicherungsleistungsfunktion der Form

$$SA_{s,C}\colon t \longmapsto F(t)\cdot 1_{[0,s)}(t) + F(s-0)\cdot 1_{[s,\infty)}(t)\,, \tag{5.47.1}$$

wobei $F\colon[0,\infty) \longrightarrow [0,\infty)$ eine von der Ausscheideursachenkombination C unabhängige Verteilungsfunktion ist, heißt *natürliche Erlebensfalleistungsfunktion bei konkurrierenden Risiken.*

Eine Versicherungsleistungsfunktion der Gestalt

$$DA_{s,C}\colon t \longmapsto D(s,C)\cdot 1_{[DT(s),\infty)}(t) \tag{5.47.2}$$

mit monoton nichtfallender *Leistungszeit* (*Fälligkeitszeit*) $DT\colon(0,\infty) \longrightarrow (0,\infty)$, $DT \geq \mathrm{Id}$, und *Leistungshöhe* (*„Versicherungssumme“*)

$$D\colon \big((0,\infty)\times(2^U\setminus\{\emptyset\}),\ \mathfrak{B}((0,\infty))\otimes 2^{(2^U\setminus\{\emptyset\})}\big) \longrightarrow \big([0,\infty),\ \mathfrak{B}([0,\infty))\big)$$

heißt *natürliche Todesfalleistungsfunktion bei konkurrierenden Risiken.*

Jede Kombination der Gestalt

$$A := DA + SA \tag{5.47.3}$$

mit DA und SA gemäß (5.47.1) und (5.47.2) heißt *natürliche Versicherungsleistungsfunktion bei konkurrierenden Risiken.*

Auch natürliche Versicherungsleistungsfunktionen bei konkurrierenden Risiken liegen in der Praxis meist *diskretisiert* vor, d. h. wie in den Beispielen 5.21 (a) und (b) ist

$$F(t) = \sum_{k=0}^{\infty} S(s_k)\cdot 1_{[s_k,\infty)}(t)\,, \qquad t \geq 0\,,$$

$$D(s,C) = \sum_{k=1}^{\infty} D(s_k,C)\cdot 1_{(s_{k-1},s_k]}(s)\,, \qquad s > 0,\ \emptyset \neq C \subset U\,,$$

und

$$DT(s) = \sum_{k=1}^{\infty} s_k\cdot 1_{(s_{k-1},s_k]}(s)\,, \qquad s > 0\,.$$

Zusammengefaßt erhält man wie in Beispiel 5.3 (c)

$$\begin{aligned} A_{s,C}(t) = &\sum_{k=1}^{\infty} D(s_k, C) \cdot 1_{[s_k,\infty)}(t) \cdot 1_{(s_{k-1},s_k]}(s) \\ &+ \sum_{k=0}^{\infty} S(s_k) \cdot 1_{(s_k,\infty)}(s) \cdot 1_{[s_k,\infty)}(t) \,. \end{aligned} \tag{5.47.4}$$

Wie üblich ist bei wechselseitig exklusiven Ausscheideursachen in Definition 5.47 der Urbildbereich $2^U \setminus \{\emptyset\}$ durch U zu ersetzen.

Offensichtlich ist jede natürliche Versicherungsleistungsfunktion bei konkurrierenden Risiken nichtvorgreifend (Aufgabe 30).

5.48 Beispiele. Jede *natürliche Versicherungsleistungsfunktion bei zwei wechselseitig exklusiven Ausscheideursachen* hat die Gestalt

$$\begin{aligned} A_{s,j}(t) = F(t)\cdot 1_{[0,s)}(t) + F(s-0)\cdot 1_{[s,\infty)}(t) + D(s,j)\cdot 1_{[DT(s),\infty)}(t)\,, \\ s > 0,\ t \geq 0,\ j \in U := \{1, 2\}\,. \end{aligned} \tag{5.48.1}$$

(a) Bei der *Unfallzusatzversicherung* bedeutet
$j = 1$: Ausscheiden durch Unfalltod,
$j = 2$: Ausscheiden durch Tod aus anderen Gründen
(vergleiche Beispiel 3.15 (b)). Diese Versicherung wird meistens als Ergänzung zu einer n-jährigen Gemischten Kapitalversicherung 5.14 (c) angeboten, und zwar so, daß bei Unfalltod die doppelte Versicherungssumme ausbezahlt wird. Dann ist

$$\begin{aligned} &F(t) = 1_{[n,\infty)}(t)\,, \qquad D(s,1) = 2 \cdot D(s,2) = 2 \cdot 1_{(0,n]}(s)\,, \\ &DT(s) = \sum_{k=1}^{\infty} k \cdot 1_{(k-1,k]}(s)\,. \end{aligned} \tag{5.48.2}$$

Als selbständige Versicherungen werden Unfallversicherungen von Schadenversicherern angeboten. Sie beinhalten dann in der Regel eine Ausscheideleistung bei Unfalltod und eine Unfallberufsunfähigkeitsleibrente für Invalide, Reaktivierung nicht ausgeschlossen. Die solchen Versicherungsleistungen zugrunde liegenden Modelle sind von derselben Art wie in der Pensionsversicherung.

(b) Ausgehend von Südafrika, wo ein solches Versicherungsprodukt erstmals 1983 angeboten wurde, kamen seit 1985 zunächst in den angelsächsischen Ländern und später dann auch in Deutschland sogenannte *Dread-Disease-Zusatzversicherungen* auf (Takao, 1993). Wörtlich übersetzt bedeutet „Dread Disease" etwa „Furcht vor Krankheit". Unter Dread Disease versteht man dabei eine Gruppe schwerer Erkrankungen, die häufig zum Tode führen. Die Klassifikation ist nicht einheitlich. Krebs, Herzinfarkt und Schlaganfall werden stets unter Dread Disease subsumiert. Manche Autoren (Lörper et al., 1991) belassen es dabei, andere (Allerdissen et al., 1993) nehmen zusätzlich Multiple Sklerose, Nierenversagen und Herzkrankheiten, die eine Bypass-Operation erfordern, hinzu. Jedenfalls liegt eine Personengesamt-

heit zugrunde mit den Ausscheideursachen
$j = 1$: Ausscheiden durch Dread Disease,
$j = 2$: Ausscheiden durch Tod.
Für die „Nebengesamtheit“ der Invaliden (d. h. der an Dread Disease Erkrankten) wird in der Regel keine Reaktivierung (also Gesundung) berücksichtigt, so daß man insgesamt folgendes Modell für die möglichen Übergänge erhält:

$$\begin{array}{ccc} & & 0 \\ & \swarrow & \\ 1 & & \downarrow \\ & \searrow & \\ & & 2 \end{array}$$

Es wird in dieser Form zum Beispiel benötigt, wenn man die n-jährige Gemischte Kapitalversicherung 5.14 (c) durch eine Zusatzversicherung ergänzt, die Leibrentenzahlungen ab Eintritt einer Dread-Disease-Erkrankung vorsieht. Da dieses Modell jedoch ähnlich zu Modellen der Pensionsversicherung die Möglichkeit (mindestens) zweier Übergänge beinhaltet, wird es genau wie diese erst im folgenden Kapitel behandelt.

Bei der weitaus häufigsten Form der Dread-Disease-Zusatzversicherung – der *n-jährigen Gemischten Kapitalversicherung mit Teilauszahlung bei Dread Disease* – kommt man jedoch für die Leistungs*beschreibung* (nicht aber bei der Leistungs*bewertung*) mit dem einfachen Modell

$$\begin{array}{ccc} & 0 & \\ \swarrow & & \searrow \\ 1 & & 2 \end{array}$$

zweier wechselseitig exklusiver Ausscheideursachen aus. Bei dieser Versicherung wird ein Teilauszahlungsbetrag $\alpha \in [0, 1]$ vereinbart, der durch Dread Disease fällig wird. Der Restbetrag $1 - \alpha$ wird entweder durch Tod innerhalb der Laufzeit $(0, n]$ oder bei Erleben des Ablaufzeitpunktes n fällig. Die gesamte Versicherungsleistung kann additiv zerlegt werden in eine gewöhnliche Gemischte Kapitalversicherung 5.14 (c) mit Versicherungssumme $1 - \alpha$ (statt 1) sowie eine natürliche Versicherungsleistungsfunktion (5.48.1) mit

$$\begin{aligned} F(t) &= \alpha \cdot 1_{[n,\infty)}(t)\,, \\ D(s, 1) = D(s, 2) &= \alpha \cdot 1_{(0,n]}(s)\,, \\ DT(s) &= \sum_{k=1}^{\infty} k \cdot 1_{(k-1,k]}(s)\,. \end{aligned} \tag{5.48.3}$$

Da D nicht von der Ausscheideursache abhängt, könnte man hier sogar die beiden Ausscheideursachen Tod und Dread Disease zusammenfassen und ein Modell mit einer Ausscheideursache verwenden, bei dem sich die Gesamtausscheidewahrscheinlichkeit additiv zusammensetzt aus den (abhängigen) Wahrscheinlichkeiten

$dd_x = q_x^{(1)}$, an Dread Disease zu erkranken, und $q_x^{aa} = q_x^{(2)}$, zu sterben, ohne vorher an Dread Disease zu erkranken. Jedoch sind auch Fälle mit $D(\cdot, 1) \neq D(\cdot, 2)$ denkbar. In der Praxis sind die Ausscheideleistungen bei gemischten Versicherungen mit Einschluß von Dread-Disease-Deckungen meist unmittelbar fällig, d. h. in (5.48.3) ist $DT = \mathrm{Id}$.

Dem Bedürfnis des VN, bei tödlicher Erkrankung vorzeitig einen wesentlichen Teil der Versicherungssumme einer Kapitallebensversicherung ausgezahlt zu erhalten, welches der Dread-Disease-Konstruktion zugrunde liegt, kann alternativ auch durch Verkauf der gehaltenen Police an einen Dritten Rechnung getragen werden, der dann natürlich ebenfalls den Nachweis der Erkrankung verlangen wird. Ein entsprechender Markt hat sich inzwischen in den USA und Großbritannien herausgebildet (Lilienthal, 1997).

Auch bei „gewöhnlichen" Todesfallversicherungen wird durch die AVB (Allgemeinen Versicherungsbedingungen) implizit zwischen mehreren Ausscheideursachen unterschieden, zum Beispiel

- Ausscheiden durch Selbstmord,
- Tötung durch den Begünstigten,
- Ausscheiden durch Tod aus anderen Gründen.

Bei Selbstmord in den ersten drei Vertragsjahren oder Tötung durch den Begünstigten entfällt in der Regel die Leistungspflicht des VU.

Die Umständlichkeit der Definition 5.40 (und mehr noch die analoger Definitionen für mehr als zwei Leben) legt es nahe, im Rahmen der allgemeinen Beschreibung von Versicherungsleistungen nach einer übersichtlicheren Darstellung natürlicher Versicherungsleistungsfunktionen zu suchen, die die bisherigen Definitionen zusammenfaßt und verallgemeinert. Diesen Gedanken werden wir in Abschnitt 6 A weiter verfolgen.

D Barwerte: Mehrere Leben bei einem Risiko und ein Leben bei konkurrierenden Risiken

Wir wenden uns nun wieder der Frage der Leistungsbewertung zu. Dazu kehren wir zurück zur allgemeinen Situation der Definition 5.39 und betrachten eine versicherte Person oder Personengruppe, die im folgenden auch mit (p) statt mit (x) oder (xy) bezeichnet wird. Sei $(\mathcal{V}, \mathfrak{V})$ der Meßraum möglicher Zustandsverläufe (Definition 4.1).

5.49 Bemerkung und Definition. Zu (p) gehört als *zufälliger Zustandsverlauf* ein stochastischer Prozeß $\big(\Omega, \mathfrak{A}, P, (X_t)_{t\geq 0}\big)$ mit Pfaden in $\mathcal{V}$. Ist $I\colon (\mathcal{V}, \mathfrak{V}) \longrightarrow (\mathcal{W}, \mathfrak{W})$ eine Isomorphie von Meßräumen und $A\colon \mathcal{W}\times[0, \infty) \longrightarrow [0, \infty)$ eine Versicherungsleistungsfunktion, so wird der Leistungsverlauf der Police (p) beschrieben durch den

Versicherungsleistungsprozeß

$$(\omega, t) \longmapsto A_{I \circ X(\omega)}(t) \,. \tag{5.49.1}$$

Dieser stochastische Prozeß ist ein zufälliger gerichteter Zahlungsstrom mit *Barwert*

$$B_{(p)}(\omega) := a(A_{I \circ X(\omega)}) = \int\limits_{[0,\infty)} \frac{1}{K(\tau)} A_{I \circ X(\omega)}(d\tau) \,, \qquad \omega \in \Omega \,. \tag{5.49.2}$$

In den Versicherungsleistungsprozeß geht also sowohl die Kenntnis der Versicherungsleistungsfunktion als auch die des Isomorphismus ein. Falls nicht explizit anderes gesagt wird, wird in den bisher betrachteten Situationen der Modellraum $(\mathcal{W}, \mathfrak{W})$ gemäß (5.39.1) – (5.39.3′) und I gemäß Hilfssatz 4.5 gewählt; im Falle $(\mathcal{V}, \mathfrak{V}) = (\mathcal{W}, \mathfrak{W})$ ist ohne anderweitige Festlegung $I = \mathrm{Id}_{\mathcal{V}}$.

Als Verallgemeinerung von Definition 5.8 erhalten wir

5.50 Definition. Der *erwartete Barwert* (die *Nettoeinmalprämie*) einer Versicherungsleistung A für (p) gebildet mit der Kapitalfunktion K ist

$$E(B_{(p)}) = \int\limits_{\Omega} \int\limits_{[0,\infty)} \frac{1}{K(\tau)} A_{I \circ X(\omega)}(d\tau) \, P(d\omega) \,.$$

5.51 Hilfssatz.

(a) *Ist A eine Versicherungsleistungsfunktion für zwei Leben (x) und (y) mit stochastisch unabhängigen zukünftigen Lebensdauern $T_x > 0$ und $T_y > 0$, so gilt für den erwarteten Barwert der Versicherungsleistung*

$$\begin{aligned} E(B_{xy}) &= \int\limits_{\Omega} \int\limits_{[0,\infty)} \frac{1}{K(\tau)} A_{T_x(\omega), T_y(\omega)}(d\tau) \, P(d\omega) \\ &= \int\limits_{(0,\infty)} \int\limits_{(0,\infty)} \int\limits_{[0,\infty)} \frac{1}{K(\tau)} A_{s_x, s_y}(d\tau) \, \mathcal{L}(T_x|P)(ds_x) \, \mathcal{L}(T_y|P)(ds_y). \end{aligned}$$

(b) *Ist A eine Versicherungsleistungsfunktion für (x) bei konkurrierenden Risiken, so ist der erwartete Barwert*

$$\begin{aligned} E(B_x) &= \int\limits_{\Omega} \int\limits_{[0,\infty)} \frac{1}{K(\tau)} A_{T_x(\omega), J_x(\omega)}(d\tau) \, P(d\omega) \\ &= \int\limits_{(0,\infty) \times (2^U \setminus \{\emptyset\})} \int\limits_{[0,\infty)} \frac{1}{K(\tau)} A_{s,C}(d\tau) \, \mathcal{L}(T_x, J_x)\,(ds, dC) \,. \end{aligned}$$

Wie üblich ist dabei $T_x > 0$ die zukünftige Verweildauer von (x) und $J_x \neq \emptyset$ die zutreffende Kombination von Ausscheideursachen.

Beweis. Ergibt sich unmittelbar aus Hilfssatz 4.5 und den Definitionen 5.39 und 5.50.□

Nun sollen einige der in den Abschnitten A und B für Barwerte von Lebensversicherungsleistungen bei einem unter einfachem Risiko stehenden Leben angestellten Überlegungen auf die Situation zweier Leben übertragen werden. Dazu seien stets K eine Kapitalfunktion sowie (x) und (y) zwei Leben mit stochastisch unabhängigen zukünftigen Lebensdauern T_x und T_y.

5.52 Bemerkung. Der Barwert einer natürlichen Todesfalleistung DA gemäß (5.40.1) für (x) und (y) ist

$$\begin{aligned} DB_{xy} = {} & \frac{1}{K \circ DT}(T_x) \cdot \big(D_{11} \circ T_x \cdot 1_{(T_x,\infty)}(T_y) + D_{21} \circ T_x \cdot 1_{(0,T_x)}(T_y) \\ & \qquad + D_3 \circ T_x \cdot 1_{\{T_x\}}(T_y)\big) \\ & + \frac{1}{K \circ DT}(T_y) \cdot \big(D_{12} \circ T_y \cdot 1_{(0,T_y)}(T_x) + D_{22} \circ T_y \cdot 1_{(T_y,\infty)}(T_x)\big)\,. \end{aligned}$$

Für den erwarteten Barwert bei Diskretisierung wie in (5.43.1) und (5.43.2) gilt

$$\begin{aligned} E(DB_{xy}) = {} & \sum_{k=1}^{\infty} \frac{1}{K(t_k)} \\ & \cdot \big(D_{11}(t_k) \cdot P(t_{k-1} < T_x \le t_k,\ T_x < T_y) + D_{21}(t_k) \cdot P(t_{k-1} < T_x \le t_k,\ T_y < T_x) \\ & + D_3(t_k) \cdot P(t_{k-1} < T_x = T_y \le t_k) + D_{12}(t_k) \cdot P(t_{k-1} < T_y \le t_k,\ T_x < T_y) \\ & + D_{22}(t_k) \cdot P(t_{k-1} < T_y \le t_k,\ T_y < T_x)\big)\,. \end{aligned}$$

5.53 Beispiele. Wir greifen nun die Beispiele 5.43 wieder auf.

(a) Todesfallversicherung auf den ersten Tod: Hier ist

$$\begin{aligned} DB_{xy} = {} & \frac{D_{11}}{K \circ DT}(T_x) \cdot 1_{(T_x,\infty)}(T_y) + \frac{D_{22}}{K \circ DT}(T_y) \cdot 1_{(T_y,\infty)}(T_x) \\ & + \frac{D_3}{K \circ DT}(T_x) \cdot 1_{\{T_x\}}(T_y)\,. \end{aligned}$$

Für den erwarteten Barwert bei Diskretisierung gilt

$$\begin{aligned} E(DB_{xy}) = {} & \sum_{k=1}^{\infty} \frac{1}{K(t_k)} \cdot \big(D_{11}(t_k) \cdot P(t_{k-1} < T_x \le t_k,\ T_x < T_y) \\ & + D_{22}(t_k) \cdot P(t_{k-1} < T_y \le t_k,\ T_y < T_x) + D_3(t_k) \cdot P(t_{k-1} < T_x = T_y \le t_k)\big)\,. \end{aligned}$$

Ist die Versicherungssumme $D_{11} = D_{22} = D_3 =: D$ unabhängig davon, wessen Tod den Versicherungsfall auslöst, so folgt

$$\begin{aligned} E(DB_{xy}) &= \sum_{k=1}^{\infty} \frac{D(t_k)}{K(t_k)} P(t_{k-1} < T_{xy} \le t_k) \qquad (5.53.1) \\ &= \sum_{k=1}^{\infty} \frac{D(t_k)}{K(t_k)} \big(P(T_x > t_{k-1})P(T_y > t_{k-1}) - P(T_x > t_k)P(T_y > t_k)\big). \end{aligned}$$

(b) Todesfallversicherung auf den zweiten Tod: Hier ist

$$\begin{aligned} DB_{xy} = \frac{D_{21}}{K \circ DT}(T_x) \cdot 1_{(0,T_x)}(T_y) + \frac{D_{12}}{K \circ DT}(T_y) \cdot 1_{(0,T_y)}(T_x) \\ + \frac{D_3}{K \circ DT}(T_x) \cdot 1_{\{T_x\}}(T_y)\,. \end{aligned}$$

Für den erwarteten Barwert bei Diskretisierung gilt

$$\begin{aligned} E(DB_{xy}) = \sum_{k=1}^{\infty} \frac{1}{K(t_k)} \big(D_{21}(t_k)\, P(t_{k-1} < T_x \le t_k,\ T_y < T_x) \\ + D_{12}(t_k)\, P(t_{k-1} < T_y \le t_k,\ T_x < T_y)\big) + D_3(t_k)\, P(t_{k-1} < T_x = T_y \le t_k). \end{aligned}$$

Ist die Versicherungssumme $D_{21} = D_{12} = D_3 =: D$ unabhängig davon, welche Person überlebt, so erhält man

$$\begin{aligned} E(DB_{xy}) &= \sum_{k=1}^{\infty} \frac{D(t_k)}{K(t_k)} P(t_{k-1} < T_{\overline{xy}} \le t_k) \qquad (5.53.2) \\ &= \sum_{k=1}^{\infty} \frac{D(t_k)}{K(t_k)} \big(P(t_{k-1} < T_x \le t_k) + P(t_{k-1} < T_y \le t_k) \\ &\qquad + P(T_x > t_k)P(T_y > t_k) - P(T_x > t_{k-1})P(T_y > t_{k-1})\big)\,, \end{aligned}$$

also wie in (5.53.1) einen Ausdruck, der sich direkt mit Kenntnis der eindimensionalen Verteilungen $\mathcal{L}(T_x|P)$ und $\mathcal{L}(T_y|P)$ berechnen läßt.

(c) Versicherung auf den Tod der ersten vor der zweiten Person:

$$DB_{xy} = \frac{D_{11}}{K \circ DT}(T_x) \cdot 1_{(T_x,\infty)}(T_y)\,,$$

und bei Diskretisierung

$$E(DB_{xy}) = \sum_{k=1}^{\infty} \frac{D_{11}(t_k)}{K(t_k)} \cdot P(t_{k-1} < T_x \le t_k,\ T_x < T_y)\,. \qquad (5.53.3)$$

Wegen der vorausgesetzten stochastischen Unabhängigkeit von T_x und T_y ist

$$P(t_{k-1} < T_x \leq t_k,\ T_x < T_y) = \int\limits_{(t_{k-1},t_k]} P(T_y > t)\, \mathcal{L}(T_x|P)(dt)$$

natürlich prinzipiell aus den eindimensionalen Verteilungen erhältlich, die praktische Berechnung dieses Integrals ist jedoch schwierig. Unter Zusatzvoraussetzungen läßt sich allerdings eine Formel angeben, die sich direkt mit Hilfe von Sterbetafeln für (x) und (y) auswerten läßt (Hilfssatz 3.44).

Versicherungen auf den Tod der ersten nach der zweiten Person führen auf dasselbe Problem. Dabei ist

$$DB_{xy} = \frac{D_{21}}{K \circ DT}(T_x) \cdot 1_{(0,T_x)}(T_y) + \frac{D_3}{K \circ DT}(T_x) \cdot 1_{\{T_x\}}(T_y)$$

und bei Diskretisierung

$$E(DB_{xy}) = \sum_{k=1}^{\infty} \frac{1}{K(t_k)} \big(D_{21}(t_k) \cdot P(t_{k-1} < T_x \leq t_k,\ T_y < T_x) \\ + D_3(t_k) \cdot P(t_{k-1} < T_x = T_y \leq t_k) \big)\,.$$

Ist $D_{21} = D_3 =: D$, so erhält man

$$E(DB_{xy}) = \sum_{k=1}^{\infty} \frac{D(t_k)}{K(t_k)} \cdot P(t_{k-1} < T_x \leq t_k,\ T_y \leq T_x)\,. \qquad (5.53.4)$$

5.54 Bemerkung. Der Barwert einer natürlichen Erlebensfalleistung (5.40.2) für (x) und (y) ist

$$SB_{xy} := \int\limits_{[0,T_{xy})} \frac{1}{K(\tau)}\, F_{12}(d\tau) + \int\limits_{[T_y,T_x)} \frac{1}{K(\tau)}\, F_1(d\tau) + \int\limits_{[T_x,T_y)} \frac{1}{K(\tau)}\, F_2(d\tau)\,.$$

Der erwartete Barwert bei Diskretisierung gemäß (5.45.1) und (5.45.2) ist also

$$E(SB_{xy}) = \sum_{k=0}^{\infty} \frac{1}{K(t_k)} \big(S_{12}(t_k)\, P(T_x > t_k)\, P(T_y > t_k) \\ + S_1(t_k)\, P(T_x > t_k)\, P(T_y \leq t_k) + S_2(t_k)\, P(T_x \leq t_k)\, P(T_y > t_k) \big).$$

5.55 Beispiele. Wir greifen nun die Beispiele 5.45 wieder auf.

(a) Verbindungsrente: Hier ist

$$SB_{xy} = \int\limits_{[0,T_{xy})} \frac{1}{K(\tau)}\, F_{12}(d\tau)\,,$$

$$E(SB_{xy}) = \int\limits_{[0,\infty)} \frac{P(T_x > \tau)\, P(T_y > \tau)}{K(\tau)}\, F_{12}(d\tau) \tag{5.55.1}$$

und bei Diskretisierung

$$E(SB_{xy}) = \sum_{k=0}^{\infty} \frac{S_{12}(t_k)}{K(t_k)} \cdot P(T_x > t_k)\, P(T_y > t_k)\,. \tag{5.55.2}$$

(b) Wechselseitige Überlebensrente: Hier ist

$$SB_{xy} = \int\limits_{[T_y,T_x)} \frac{1}{K(\tau)}\, F_1(d\tau) + \int\limits_{[T_x,T_y)} \frac{1}{K(\tau)}\, F_2(d\tau)\,,$$

und falls die Erlebensfalleistung $F_1 = F_2 =: F$ nicht davon abhängt, welche Person überlebt,

$$SB_{xy} = \int\limits_{[T_{xy},T_{\overline{xy}})} \frac{1}{K(\tau)}\, F(d\tau)\,.$$

Für den erwarteten Barwert erhält man

$$\begin{aligned} E(SB_{xy}) = & \int\limits_{[0,\infty)} \frac{P(T_x > \tau)\, P(T_y \le \tau)}{K(\tau)}\, F_1(d\tau) \\ & + \int\limits_{[0,\infty)} \frac{P(T_x \le \tau)\, P(T_y > \tau)}{K(\tau)}\, F_2(d\tau) \end{aligned} \tag{5.55.3}$$

und bei Diskretisierung

$$\begin{aligned} E(SB_{xy}) = \sum_{k=0}^{\infty} \frac{1}{K(t_k)} \big(& S_1(t_k)\, P(T_x > t_k)\, P(T_y \le t_k) \\ & + S_2(t_k)\, P(T_x \le t_k)\, P(T_y > t_k)\big)\,. \end{aligned} \tag{5.55.4}$$

(c) Bei der einseitigen Überlebensrente für die erste Person ist

$$SB_{xy} = \int\limits_{[T_y,T_x)} \frac{1}{K(\tau)}\, F_1(d\tau)$$

mit im Anschluß an (b) offensichtlichen Formeln für den Erwartungswert.

Als Analogon von Hilfssatz 5.10 erhalten wir bei zwei Leben den folgenden

5.56 Hilfssatz. *Sei A eine Versicherungsleistungsfunktion für zwei Leben (x) und (y) mit stochastisch unabhängigen zukünftigen Lebensdauern $T_x = K_x + R_x > 0$ und*

$T_y = K_y + R_y > 0$. *Dann gilt für den erwarteten Barwert der Versicherungsleistung*

$$E(B_{xy}) = \sum_{k=0}^{\infty} \sum_{\ell=0}^{\infty} b_{xy}(k, \ell)\, \nu_x(k)\, \nu_y(\ell)\,, \tag{5.56.1}$$

wobei $\nu_x(k) := P(K_x = k)$, $\nu_y(\ell) := P(K_y = \ell)$, $(k, \ell) \in \mathbb{N}_0^2$, *und*

$$\begin{aligned} b_{xy}(k, \ell) := \int_{(0,1]} \int_{(0,1]} \int_{[0,\infty)} \frac{1}{K(\tau)}\, A_{k+r_x,\, \ell+r_y}(d\tau) \\ \mathcal{L}(R_x \mid K_x = k)(dr_x)\, \mathcal{L}(R_y \mid K_y = \ell)(dr_y)\,. \end{aligned} \tag{5.56.2}$$

Sind auch K_x *und* R_x *sowie* K_y *und* R_y *stochastisch unabhängig und ist* $\mathcal{L}(R_x) = \mathcal{L}(R_y) = U(0, 1]$, *so gilt* (5.56.1) *mit*

$$b_{xy}(k, \ell) = \int_0^1 \int_0^1 \int_{[0,\infty)} \frac{1}{K(\tau)}\, A_{k+r_x,\, \ell+r_y}(d\tau)\, dr_x\, dr_y\,. \tag{5.56.3}$$

Beweis. Analog zum Beweis von Hilfssatz 5.10 folgen (5.56.1) und (5.56.2) aus Hilfssatz 5.51 (a) unter Beachtung von

$$\begin{aligned} \mathcal{L}(T_x, T_y) &= \mathcal{L}(K_x + R_x) \otimes \mathcal{L}(K_y + R_y) \\ &= \sum_{k=0}^{\infty} \mathcal{L}(k + R_x \mid K_x = k)\, \nu_x(k) \otimes \sum_{\ell=0}^{\infty} \mathcal{L}(\ell + R_y \mid K_y = \ell)\, \nu_y(\ell) \\ &= \sum_{k,\ell=0}^{\infty} \mathcal{L}(k + R_x \mid K_x = k) \otimes \mathcal{L}(\ell + R_y \mid K_y = \ell)\, \nu_x(k)\, \nu_y(\ell)\,. \end{aligned}$$

Der Rest ist dann offensichtlich. □

Bei natürlichen Todesfalleistungsfunktionen schreiben wir in Anlehnung an die in Bemerkung 5.22 eingeführte Konvention gelegentlich db_{xy} statt b_{xy} und bei natürlichen Erlebensfalleistungsfunktionen sb_{xy} statt b_{xy}.

5.57 Beispiel. Für die diskretisierte Versicherung auf den Tod der ersten vor der zweiten Person liefert (5.53.3)

$$db_{xy}(k, \ell) = \begin{cases} \displaystyle\sum_{j=1}^{\infty} \frac{D_{11}(t_j)}{K(t_j)}\, P(t_{j-1} - k < R_x \le t_j - k \mid K_x = k,\ K_y = \ell), & \ell > k \\ \displaystyle\sum_{j=1}^{\infty} \frac{D_{11}(t_j)}{K(t_j)}\, P(t_{j-1} - k < R_x \le t_j - k,\ R_x < R_y \mid K_x = K_y = k), & \ell = k \\ 0, & \ell < k. \end{cases}$$

Sind Zahlungen nur zu ganzzahligen Zeitpunkten zugelassen ($t_j \equiv j$), so vereinfacht sich dies wegen $0 < R_x \leq 1$ zu

$$db_{xy}(k,\ell) = \begin{cases} \dfrac{D_{11}(k+1)}{K(k+1)}, & \ell > k \\ \dfrac{D_{11}(k+1)}{K(k+1)} P(R_x < R_y \mid K_x = K_y = k), & \ell = k \\ 0, & \ell < k. \end{cases}$$

Bei n-tel-jähriger Fälligkeit ($t_j \equiv \frac{j}{n}$) und unter der Voraussetzung, daß $K_x, K_y, R_x \sim U(0,1]$ und $R_y \sim U(0,1]$ stochastisch unabhängig sind, folgt

$$db_{xy}(k,\ell) = \begin{cases} \dfrac{1}{n} \displaystyle\sum_{j=nk+1}^{nk+n} \dfrac{D_{11}(\frac{j}{n})}{K(\frac{j}{n})}, & \ell > k \\ \dfrac{1}{2n^2} \displaystyle\sum_{j=nk+1}^{nk+n} \dfrac{D_{11}(\frac{j}{n})}{K(\frac{j}{n})} \big(2n - 2(j-nk) + 1\big), & \ell = k \\ 0, & \ell < k. \end{cases}$$

In dieser Situation gilt also

$$E(DB_{xy}) = \frac{1}{n} \sum_{k=0}^{\infty} \sum_{j=nk+1}^{nk+n} \frac{D_{11}(\frac{j}{n})}{K(\frac{j}{n})} P(k < T_x \leq k+1)$$
$$\cdot \Big(P(T_y > k+1) + \Big(k + 1 - \frac{j}{n} + \frac{1}{2n}\Big) P(k < T_y \leq k+1) \Big).$$

Der erwartete Barwert einer diskretisierten Todesfallversicherung mit Versicherungssumme $D_{21} = D_3 = D$ auf den Tod der ersten nach der zweiten Person läßt sich berechnen als Differenz aus dem erwarteten Barwert der Todesfallversicherung mit Versicherungssumme D auf den Tod der ersten Person alleine und dem erwarteten Barwert der Todesfallversicherung mit Versicherungssumme D auf den Tod der ersten vor der zweiten Person. Durch Zusammenfassung der letzten Formel mit Beispiel 5.11 (c) erhält man also zum Beispiel für den erwarteten Barwert einer solchen Versicherung bei n-tel-jähriger Fälligkeit und unter der Voraussetzung, daß $K_x, K_y, R_x \sim U(0,1]$ und $R_y \sim U(0,1]$ stochastisch unabhängig sind,

$$E(DB_{xy}) = \frac{1}{n} \sum_{k=0}^{\infty} \sum_{j=nk+1}^{nk+n} \frac{D(\frac{j}{n})}{K(\frac{j}{n})} P(k < T_x \leq k+1)$$
$$\cdot \Big(P(T_y \leq k+1) + \Big(\frac{j}{n} - k - 1 - \frac{1}{2n}\Big) P(k < T_y \leq k+1) \Big).$$

In analoger Weise lassen sich die Formeln (5.56.1)–(5.56.3) auch auf die allgemeine Form (5.43.2) diskretisierter natürlicher Todesfalleistungsfunktionen übertragen (Aufgabe 32).

5.58 Beispiel. Um entsprechende Formeln für den erwarteten Barwert einer diskretisierten natürlichen Erlebensfalleistungsfunktion (5.45.2) für (x) und (y) herzuleiten, ist es zunächst sinnvoll, das in Bemerkung 5.54 erhaltene Resultat durch Umsummation umzuformen. Es ist

$$E(SB_{xy}) = \sum_{k=0}^{\infty}\sum_{\ell=0}^{\infty}\Big(\sum_{j=0}^{k\wedge\ell} \frac{S_{12}(t_j)}{K(t_j)}\Big)\, P(t_k < T_x \le t_{k+1})\, P(t_\ell < T_y \le t_{\ell+1})$$
$$+\sum_{k=0}^{\infty}\sum_{\ell=0}^{\infty}\Big(\sum_{j=\ell+1}^{k} \frac{S_1(t_j)}{K(t_j)}\Big)\, P(t_k < T_x \le t_{k+1})\, P(t_\ell < T_y \le t_{\ell+1})$$
$$+\sum_{k=0}^{\infty}\sum_{\ell=0}^{\infty}\Big(\sum_{j=k+1}^{\ell} \frac{S_2(t_j)}{K(t_j)}\Big)\, P(t_k < T_x \le t_{k+1})\, P(t_\ell < T_y \le t_{\ell+1})\,.$$

Sind Zahlungen nur zu ganzzahligen Zeitpunkten zugelassen, so gilt also

$$sb_{xy}(k,\ell) = \sum_{j=0}^{k\wedge\ell} \frac{S_{12}(j)}{K(j)} + \sum_{j=\ell+1}^{k} \frac{S_1(j)}{K(j)} + \sum_{j=k+1}^{\ell} \frac{S_2(j)}{K(j)}\,;$$

dabei werden „leere Summen" wie üblich als 0 interpretiert. Bei n-tel-jährlicher Zahlungsweise und unter der Voraussetzung, daß K_x und $R_x \sim U(0,1]$ sowie K_y und $R_y \sim U(0,1]$ jeweils stochastisch unabhängig sind, folgt

$$sb_{xy}(k,\ell) = \frac{1}{n^2}\sum_{\mu=nk+1}^{nk+n}\ \sum_{\nu=n\ell+1}^{n\ell+n}\Big(\sum_{j=0}^{\mu\wedge\nu-1} \frac{S_{12}(\frac{j}{n})}{K(\frac{j}{n})} + \sum_{j=\nu}^{\mu-1} \frac{S_1(\frac{j}{n})}{K(\frac{j}{n})} + \sum_{j=\mu}^{\nu-1} \frac{S_2(\frac{j}{n})}{K(\frac{j}{n})}\Big)\,.$$

Bemerkung 5.13 für Lebensdauerverteilungen mit beschränktem Träger überträgt sich sinngemäß auf die Situation mehrerer Leben. Insbesondere erhält man statt (5.56.1)

$$E(B_{xy}) = \sum_{k=0}^{[\omega_x - x - 0]}\ \sum_{\ell=0}^{[\omega_y - y - 0]} b_{xy}(k,\ell)\, \nu_x(k)\, \nu_y(\ell)\,,$$

falls $\omega_x \vee \omega_y < \infty$. Im folgenden wird $\omega_x \equiv \omega_y \equiv \omega_0 \in \mathbb{N}$ angenommen, die Schlußalter für beide Sterbetafeln sollen also übereinstimmen.

5.59 Beispiele. Als Anwendung von 5.53 bis 5.58 stellen wir jetzt die erwarteten Barwerte einiger gebräuchlicher Versicherungen auf zwei Leben zusammen, wobei zusammengesetzte Verzinsung und Zahlungen höchstens zu ganzzahligen Zeitpunkten zugrunde gelegt werden.

(a) *Lebenslängliche Todesfallversicherung von (x) und (y) auf den ersten Tod:* $D_{11} \equiv D_{22} \equiv D_3 \equiv 1$, $D_{12} \equiv D_{21} \equiv S_* \equiv 0$.

$$A_{xy} := E(DB_{xy}) = \sum_{k=0}^{\omega_0-1-x\vee y} v^{k+1}({}_kp_{xy} - {}_{k+1}p_{xy})\,. \tag{5.59.1}$$

n-jährige Todesfallversicherung von (x) und (y) auf den ersten Tod: $D_{11}(k) = D_{22}(k) = D_3(k) = 1_{\{1,\ldots,n\}}(k)$, $D_{12} \equiv D_{21} \equiv S_* \equiv 0$.

$${}_nA_{xy} := E(DB_{xy}) = \sum_{k=0}^{n-1} v^{k+1}({}_kp_{xy} - {}_{k+1}p_{xy})\,. \tag{5.59.2}$$

(b) *Lebenslängliche Todesfallversicherung von (x) und (y) auf den zweiten Tod:* $D_{21} \equiv D_{12} \equiv D_3 \equiv 1$, $D_{11} \equiv D_{22} \equiv S_* \equiv 0$.

$$\begin{aligned} A_{\overline{xy}} := E(DB_{xy}) &= \sum_{k=0}^{\omega_0-1-x} v^{k+1}{}_kp_x\,q_{x+k} + \sum_{k=0}^{\omega_0-1-y} v^{k+1}{}_kp_y\,q_{y+k} \\ &\quad - \sum_{k=0}^{\omega_0-1-x\vee y} v^{k+1}({}_kp_{xy} - {}_{k+1}p_{xy}) \\ &= A_x + A_y - A_{xy}\,. \end{aligned} \tag{5.59.3}$$

n-jährige Todesfallversicherung von (x) und (y) auf den zweiten Tod: $D_{21}(k) = D_{12}(k) = D_3(k) = 1_{\{1,\ldots,n\}}(k)$, $D_{11} \equiv D_{22} \equiv S_* \equiv 0$.

$$\begin{aligned} {}_nA_{\overline{xy}} := A_{\overline{xy}:\overline{n}|} := E(DB_{xy}) &= \sum_{k=0}^{n-1} v^{k+1}{}_kp_x\,q_{x+k} + \sum_{k=0}^{n-1} v^{k+1}{}_kp_y\,q_{y+k} \\ &\quad - \sum_{k=0}^{n-1} v^{k+1}({}_kp_{xy} - {}_{k+1}p_{xy}) \\ &= {}_nA_x + {}_nA_y - {}_nA_{xy}\,. \end{aligned} \tag{5.59.4}$$

(c) *Lebenslängliche Todesfallversicherung auf den Tod von (x) vor (y) (einseitige Todesfallversicherung auf den ersten Tod):* $D_{11} \equiv 1$, $D_{21} \equiv D_{12} \equiv D_{22} \equiv D_3 \equiv S_* \equiv 0$. Wie in Hilfssatz 3.44 setzen wir voraus, daß K_x, K_y, $R_x \sim U(0,1]$ und $R_y \sim U(0,1]$ alle stochastisch unabhängig sind und für beide Ausscheideordnungen die Stationaritätsbedingung (3.6.1) gilt. Dann ist

$$A^1_{xy} := E(DB_{xy}) = \sum_{k=0}^{\omega_0-1-x\vee y} v^{k+1}{}_kp_{xy}\,q_{x+k}\,\frac{1+p_{y+k}}{2}\,. \tag{5.59.5}$$

Unter denselben Voraussetzungen erhält man für die *n-jährige Todesfallversicherung auf den Tod von (x) vor (y)* mit $D_{11}(k) = 1_{\{1,\dots,n\}}(k)$

$$ {}_nA^{\,1}_{xy} := A^{\,1}_{xy:\overline{n}|} := E(DB_{xy}) = \sum_{k=0}^{n-1} v^{k+1}\, {}_kp_{xy}\, q_{x+k}\, \frac{1+p_{y+k}}{2}\,. \tag{5.59.6} $$

(d) *Lebenslängliche Todesfallversicherung auf den Tod von (x) nach (y) (einseitige Todesfallversicherung auf den zweiten Tod): $D_{21} \equiv D_3 \equiv 1$, $D_{11} \equiv D_{12} \equiv D_{22} \equiv S_* \equiv 0$.* Offenbar ist

$$ A^{\,2}_{xy} := E(DB_{xy}) = A_x - A^{\,1}_{xy}\,, \tag{5.59.7} $$

also unter den Voraussetzungen von Hilfssatz 3.44

$$ A^{\,2}_{xy} = \sum_{k=0}^{\omega_0-1-x} v^{k+1}\, {}_kp_x\, q_{x+k} - \sum_{k=0}^{\omega_0-1-x\vee y} v^{k+1}\, {}_kp_{xy}\, q_{x+k} \frac{1+p_{y+k}}{2}\,. \tag{5.59.7$'$} $$

Entsprechend gilt, falls die Versicherung die Laufzeit n hat,

$$ {}_nA^{\,2}_{xy} := A^{\,2}_{xy:\overline{n}|} = {}_nA_x - {}_nA^{\,1}_{xy}\,. \tag{5.59.8} $$

(e) *n-jährige gemeinsame Erlebensfallversicherung: $S_{12}(k) = 1_{\{n\}}(k)$, $S_1 \equiv S_2 \equiv D_* \equiv 0$.* Der zugehörige erwartete Barwert ist

$$ {}_nE_{xy} := E(SB_{xy}) = v^n\, {}_np_{xy}\,. \tag{5.59.9} $$

Jährlich vorschüssig zahlbare lebenslängliche Verbindungsrente mit Jahresbetrag 1: $S_{12} \equiv 1$, $S_1 \equiv S_2 \equiv D_* \equiv 0$.

$$ \ddot{a}_{xy} := E(SB_{xy}) = \sum_{k=0}^{\omega_0-1-x\vee y} {}_kE_{xy}\,. \tag{5.59.10} $$

Um m Jahre aufgeschobene, jährlich vorschüsig zahlbare lebenslängliche Verbindungsrente mit Jahresbetrag 1: $S_{12}(k) = 1_{\{m,m+1,\dots\}}(k)$, $S_1 \equiv S_2 \equiv D_* \equiv 0$.

$$ {}_{m|}\ddot{a}_{xy} := E(SB_{xy}) = \sum_{k=m}^{\omega_0-1-x\vee y} {}_kE_{xy}\,. \tag{5.59.11} $$

Um m Jahre aufgeschobene, n Jahre jährlich vorschüssig zahlbare Verbindungsrente mit Jahresbetrag 1: $S_{12}(k) = 1_{\{m,\dots,m+n-1\}}(k)$, $S_1 \equiv S_2 \equiv D_* \equiv 0$.

$$ {}_{m|n}\ddot{a}_{xy} := E(SB_{xy}) = \sum_{k=m}^{m+n-1} {}_kE_{xy}\,. \tag{5.59.12} $$

(f) *Jährlich vorschüssig zahlbare lebenslängliche Leibrente mit Jahresbetrag 1 auf das letzte Leben (Verbindungsrente mit Übergang auf den Überlebenden):*

$S_* \equiv 1,\ D_* \equiv 0.$

$$\begin{aligned} \ddot{a}_{\overline{xy}} &:= E(SB_{xy}) = \sum_{k=0}^{\omega_0-1-x\wedge y} v^k \left({}_kp_x\,{}_kp_y + {}_kp_x\,{}_kq_y + {}_kq_x\,{}_kp_y\right) \\ &= \sum_{k=0}^{\omega_0-1-x} v^k\,{}_kp_x + \sum_{k=0}^{\omega_0-1-y} v^k\,{}_kp_y - \sum_{k=0}^{\omega_0-1-x\wedge y} v^k\,{}_kp_{xy} \\ &= \ddot{a}_x + \ddot{a}_y - \ddot{a}_{xy}\,. \end{aligned} \tag{5.59.13}$$

Entsprechend gelten für *um m Jahre aufgeschobene lebenslängliche* bzw. *n-jährige Leibrenten auf das letzte Leben*

$${}_{m|}\ddot{a}_{\overline{xy}} := E(SB_{xy}) = {}_{m|}\ddot{a}_x + {}_{m|}\ddot{a}_y - {}_{m|}\ddot{a}_{xy} \tag{5.59.14}$$

bzw.

$${}_{m|n}\ddot{a}_{\overline{xy}} := E(SB_{xy}) = {}_{m|n}\ddot{a}_x + {}_{m|n}\ddot{a}_y - {}_{m|n}\ddot{a}_{xy}\,. \tag{5.59.15}$$

(g) *Jährlich vorschüssig zahlbare lebenslängliche Überlebensrente mit Jahresbetrag* 1 *für* (x) *nach dem Tod von* (y)*, um m Jahre aufgeschoben:* $S_1(k) = 1_{\{m,m+1,\ldots\}}(k)$, $S_{12} \equiv S_2 \equiv D_* \equiv 0$.

$${}_{m|}\ddot{a}_{y|x} := E(SB_{xy}) = \sum_{k=m}^{\omega_0-1-x} v^k\left({}_kp_x - {}_kp_{xy}\right) = {}_{m|}\ddot{a}_x - {}_{m|}\ddot{a}_{xy}\,. \tag{5.59.16}$$

Entsprechend gilt für *um m Jahre aufgeschobene n-jährige einseitige Überlebensrenten für* (x) *nach dem Tod von* (y)

$${}_{m|n}\ddot{a}_{y|x} := E(SB_{xy}) = {}_{m|n}\ddot{a}_x - {}_{m|n}\ddot{a}_{xy}\,. \tag{5.59.17}$$

(h) Aus (g) lassen sich Barwerte *jährlich vorschüssig zahlbarer wechselseitiger Überlebensrenten mit Jahresbetrag* 1 zusammensetzen. Beispielsweise ist für $S_1 \equiv S_2 \equiv 1$ und $S_{12} \equiv D_* \equiv 0$

$$\ddot{a}_{\overline{xy}}^{[1]} := E(SB_{xy}) = \ddot{a}_{y|x} + \ddot{a}_{x|y}\,. \tag{5.59.18}$$

Die Modifikationen bei Aufschub oder Laufzeitbeschränkung sind offensichtlich.

(i) Bei mehreren Leben lassen sich auf sehr verschiedene Weisen *gemischte Versicherungen* aus Todesfall- und Erlebensfallanteilen kombinieren. Wir betrachten exemplarisch die *n-jährige Gemischte Kapitalversicherung auf zwei verbundene Leben* gemäß Beispiel 5.46. Der erwartete Barwert ist

$$\begin{aligned} A_{xy:\overline{n}|} &:= E(B_{xy}) = {}_nA_{xy} + {}_nE_{xy} \\ &= \sum_{k=0}^{n-1} v^{k+1}\left({}_kp_{xy} - {}_{k+1}p_{xy}\right) + v^n\,{}_np_{xy}\,. \end{aligned} \tag{5.59.19}$$

Ähnlich wie bei der Versicherung eines unter einfachem Risiko stehenden Lebens in Satz 5.15 ausgeführt, kann man auch bei mehreren Leben die Berechnung erwarteter Barwerte bei unterjähriger Fälligkeit auf die bei Zahlungen höchstens zu ganzzahligen Zeitpunkten zurückführen. Da die Betrachtung allgemeiner diskretisierter gemischter Versicherungen (additiv zusammengesetzt aus (5.43.2) und (5.45.2)) zu sehr unübersichtlichen Formeln führt, beschränken wir uns hier auf zwei spezielle Versicherungsarten und behandeln einige weitere in den Übungen (Aufgabe 39).

5.60 Hilfssatz. *Seien K_x, K_y, $R_x \sim U(0,1]$ und $R_y \sim U(0,1]$ stochastisch unabhängig. Dann gilt bei zusammengesetzter Verzinsung:*

(a) *Ist DB_{xy} der Barwert einer diskretisierten Todesfallversicherung auf den ersten Tod bei Fälligkeit am Ende des Todesjahres und mit Versicherungssumme $D_{11} = D_{22} = D_3 =: D$,*

$$DA_{r,s}(t) = \sum_{k=1}^{\infty} D(k) \cdot 1_{(k-1,k]}(r) \cdot 1_{[k,\infty)}(t) \cdot 1_{[r,\infty)}(s) + \sum_{k=1}^{\infty} D(k) \cdot 1_{(k-1,k]}(s) \cdot 1_{[k,\infty)}(t) \cdot 1_{(s,\infty)}(r)\,,$$

und $DB_{xy}^{(n)}$ der Barwert der entsprechenden Todesfallversicherung bei n-tel-jähriger Fälligkeit,

$$DA_{r,s}^{(n)}(t) = \sum_{k=0}^{\infty} D(k+1) \sum_{\ell=1}^{n} 1_{(k+\frac{\ell-1}{n},k+\frac{\ell}{n}]}(r) \cdot 1_{[k+\frac{\ell}{n},\infty)}(t) \cdot 1_{[r,\infty)}(s) + \sum_{k=0}^{\infty} D(k+1) \sum_{\ell=1}^{n} 1_{(k+\frac{\ell-1}{n},k+\frac{\ell}{n}]}(s) \cdot 1_{[k+\frac{\ell}{n},\infty)}(t) \cdot 1_{(s,\infty)}(r)\,,$$

so gilt

$$E(DB_{xy}^{(n)}) = \frac{i}{i^{(n)}} E(DB_{xy}) + \frac{i}{i^{(n)}} \left(1 + \frac{2}{i} + \frac{1}{n} - \frac{2}{d^{(n)}}\right) \cdot u_{xy}\,. \tag{5.60.1}$$

Dabei ist

$$u_{xy} := \sum_{k=0}^{\infty} D(k+1)\, v^{k+1}\, \nu_x(k)\, \nu_y(k) \tag{5.60.2}$$

der erwartete Barwert einer Todesfallversicherung für (x) und (y), die am Ende des k-ten Jahres die Leistung $D(k)$ vorsieht, falls (x) und (y) beide in diesem Jahr sterben; Versicherungsleistungsfunktion:

$$(r,s;t) \longmapsto \sum_{k=1}^{\infty} D(k) \cdot 1_{(k-1,k]}(r) \cdot 1_{(k-1,k]}(s) \cdot 1_{[k,\infty)}(t)\,.$$

(b) *Ist DB_{xy} der Barwert einer diskretisierten Todesfallversicherung auf den Tod von (x) vor (y) bei Fälligkeit am Ende des Todesjahres und mit Versicherungssumme D_{11},*

$$DA_{r,s}(t) = \sum_{k=1}^{\infty} D_{11}(k) \cdot 1_{(k-1,k]}(r) \cdot 1_{[k,\infty)}(t) \cdot 1_{(r,\infty)}(s)\,,$$

und $DB_{xy}^{(n)}$ der Barwert der entsprechenden Todesfallversicherung bei n-tel-jähriger Fälligkeit,

$$DA_{r,s}^{(n)}(t) = \sum_{k=0}^{\infty} D_{11}(k+1) \sum_{\ell=1}^{n} 1_{(k+\frac{\ell-1}{n},k+\frac{\ell}{n}]}(r) \cdot 1_{[k+\frac{\ell}{n},\infty)}(t) \cdot 1_{(r,\infty)}(s)\,,$$

so ist

$$E(DB_{xy}^{(n)}) = \frac{i}{i^{(n)}} E(DB_{xy}) + \frac{i}{i^{(n)}} \left(\frac{1}{2} + \frac{1}{i} + \frac{1}{2n} - \frac{1}{d^{(n)}}\right) \cdot \tilde{u}_{xy}\,. \tag{5.60.3}$$

Dabei wird $\tilde{u}_{xy}$ gemäß (5.60.2) *mit D_{11} statt D gebildet.*

Beweis. Zu (a)*:* Nach Beispiel 5.53 (a) ist

$$E(DB_{xy}^{(n)}) = \sum_{k=0}^{\infty} D(k+1) \sum_{j=nk+1}^{nk+n} v^{j/n}\Big(P\Big(\frac{j-1}{n} < T_x \le \frac{j}{n},\ T_x \le T_y\Big) + P\Big(\frac{j-1}{n} < T_y \le \frac{j}{n},\ T_y < T_x\Big)\Big)\,.$$

Für $j \in \{nk+1, \ldots, nk+n\}$ erhält man analog zu Beispiel 5.57

$$P\Big(\frac{j-1}{n} < T_x \le \frac{j}{n},\ T_x \le T_y\Big) = \frac{1}{n}\, \nu_x(k)\, {}_{k+1}p_y + \frac{2n-2(j-nk)+1}{2n^2}\, \nu_x(k)\, \nu_y(k)$$

und somit aus Symmetriegründen

$$\begin{aligned} &P\Big(\frac{j-1}{n} < T_x \le \frac{j}{n},\ T_x \le T_y\Big) + P\Big(\frac{j-1}{n} < T_y \le \frac{j}{n},\ T_y < T_x\Big) \\ &= \frac{1}{n}\big(\nu_x(k)\, {}_{k+1}p_y + \nu_y(k)\, {}_{k+1}p_x\big) + \frac{2n-2(j-nk)+1}{n^2}\, \nu_x(k)\, \nu_y(k)\,. \end{aligned}$$

Einsetzen liefert

$$\begin{aligned} E(DB_{xy}^{(n)}) = &\sum_{k=0}^{\infty} D(k+1)\, v^{k+1}\big(\nu_x(k)\, {}_{k+1}p_y + \nu_y(k)\, {}_{k+1}p_x\big) \cdot \frac{1}{nv} \sum_{\ell=1}^{n} v^{\ell/n} \\ &+ u_{xy} \cdot \frac{1}{n^2 v} \sum_{\ell=1}^{n} v^{\ell/n}(2n-2\ell+1)\,; \end{aligned}$$

speziell für $n = 1$ (Fälligkeit am Ende des Todesjahres) gilt

$$E(DB_{xy}) = \sum_{k=0}^{\infty} D(k+1)\, v^{k+1}\big(\nu_x(k)\, {}_{k+1}p_y + \nu_y(k)\, {}_{k+1}p_x\big) + u_{xy}\,.$$

Auf Grund von

$$\frac{1}{nv}\sum_{\ell=1}^{n} v^{\ell/n} = \frac{1-v}{v}\,\frac{v^{1/n}}{n(1-v^{1/n})} = \frac{i}{i^{(n)}}$$

ist

$$E(DB_{xy}^{(n)}) = \frac{i}{i^{(n)}}E(DB_{xy}) + \frac{i}{i^{(n)}}\Big(\frac{i^{(n)}}{i}\,\frac{1}{n^2 v}\sum_{\ell=1}^{n} v^{\ell/n}(2n-2\ell+1) - 1\Big)\cdot u_{xy}\,,$$

so daß zum Beweis von (a) wegen $1 + \frac{2}{i} = \frac{2}{d} - 1$

$$\frac{i^{(n)}}{i}\,\frac{1}{n^2 v}\sum_{\ell=1}^{n} v^{\ell/n}(2n-2\ell+1) = \frac{2}{d} + \frac{1}{n} - \frac{2}{d^{(n)}} \tag{5.60.4}$$

zu zeigen bleibt. Mittels (2.9.2) erhält man

$$\frac{1}{n^2 v}\sum_{\ell=1}^{n} v^{\ell/n}(2n-2\ell+1) = \frac{2v^{-1/n} - 2nv^{-1} + 2(n-1)v^{-1-1/n}}{(i^{(n)})^2} - \frac{1-v^{-1}}{n\cdot i^{(n)}}\,,$$

und mit $\frac{1-v^{-1}}{i} = \frac{v-1}{iv} = -1$, (2.9.2) sowie (2.9.4) folgt

$$\frac{i^{(n)}}{i}\,\frac{1}{n^2 v}\sum_{\ell=1}^{n} v^{\ell/n}(2n-2\ell+1) = -\frac{2}{d^{(n)}} + \frac{2}{d} + \frac{1}{n}\,,$$

also (5.60.4).

Da der Beweis von (b) ähnlich dem von (a) ist, fassen wir uns kurz. Aus Beispiel 5.57 und (5.60.4) ergibt sich

$$\begin{aligned}
E(DB_{xy}^{(n)}) &= \sum_{k=0}^{\infty} D_{11}(k+1)\, v^{k+1}\nu_x(k)\, {}_{k+1}p_y \cdot \frac{1}{nv}\sum_{\ell=1}^{n} v^{\ell/n} \\
&\quad + \tilde{u}_{xy}\cdot\frac{1}{n^2 v}\sum_{\ell=1}^{n} v^{\ell/n}\Big(n-\ell+\frac{1}{2}\Big) \\
&= \frac{i}{i^{(n)}}E(DB_{xy}) + \frac{i}{i^{(n)}}\Big(\frac{i^{(n)}}{i}\,\frac{1}{n^2 v}\sum_{\ell=1}^{n} v^{\ell/n}\Big(n-\ell+\frac{1}{2}\Big) - \frac{1}{2}\Big)\cdot\tilde{u}_{xy} \\
&= \frac{i}{i^{(n)}}E(DB_{xy}) + \frac{i}{i^{(n)}}\Big(\frac{1}{d} - \frac{1}{2} + \frac{1}{2n} - \frac{1}{d^{(n)}}\Big)\cdot\tilde{u}_{xy}\,,
\end{aligned}$$

also (5.60.3). □

Wir wenden uns nun „kontinuierlichen“ Todesfallversicherungen bei zwei Leben zu.

5.61 Bemerkung. In der Situation von Hilfssatz 5.60 (a) betrachten wir zusätzlich die zugehörige unmittelbar zahlbare Todesfallversicherung auf den ersten Tod, gegeben durch die Versicherungsleistungsfunktion

$$\begin{aligned}\overline{DA}_{r,s}(t) &= \sum_{k=1}^{\infty} D(k)\cdot 1_{(k-1,k]}(r)\cdot 1_{(r,\infty)}(t)\cdot 1_{(r,\infty)}(s)\\ &\quad+\sum_{k=1}^{\infty} D(k)\cdot 1_{(k-1,k]}(s)\cdot 1_{[s,\infty)}(t)\cdot 1_{(s,\infty)}(r)\,.\end{aligned}$$

Für den erwarteten Barwert erhält man, indem man in (5.60.1) unter Beachtung von Satz 2.11 den Grenzübergang $n\to\infty$ durchführt, heuristisch folgende Beziehung:

$$E(\overline{DB}_{xy}) = \frac{i}{\delta}E(DB_{xy}) + \frac{i}{\delta}\Big(1+\frac{2}{i}-\frac{2}{\delta}\Big)\,u_{xy}\,. \tag{5.60.1'}$$

Ebenso erhält man für den erwarteten Barwert der zu 5.60 (b) gehörigen unmittelbar zahlbaren Todesfallversicherung auf den Tod von (x) vor (y)

$$E(\overline{DB}_{xy}) = \frac{i}{\delta}E(DB_{xy}) + \frac{i}{\delta}\Big(\frac{1}{2}+\frac{1}{i}-\frac{1}{\delta}\Big)\,\tilde{u}_{xy}\,. \tag{5.60.3'}$$

Wir skizzieren einen Beweis von (5.60.1′) und überlassen dem Leser denjenigen von (5.60.3′). Nach Hilfssatz 5.56 gilt bei zusammengesetzter Verzinsung

$$E(\overline{DB}_{xy}) = \sum_{k=0}^{\infty}\sum_{\ell=0}^{\infty} b_{xy}(k,\ell)\nu_x(k)\nu_y(\ell)\,,$$

wobei

$$\begin{aligned}b_{xy}(k,\ell) &= D(k+1)\,v^k\int_0^1\!\!\int_0^1 v^{r_x}\cdot 1_{[k+r_x,\infty)}(\ell+r_y)\,dr_x dr_y\\ &\quad+D(\ell+1)\,v^{\ell}\int_0^1\!\!\int_0^1 v^{r_y}\cdot 1_{(\ell+r_y,\infty)}(k+r_x)\,dr_x dr_y\,.\end{aligned}$$

Man rechnet leicht nach, daß

$$b_{xy}(k,\ell) = \begin{cases} D(k\wedge\ell+1)\,\dfrac{v^{k\wedge\ell}-v^{k\wedge\ell+1}}{\delta}\,, & k\neq\ell\\[2mm] 2\,D(k+1)\,v^k\,\Big(\dfrac{1}{\delta}-\dfrac{d}{\delta^2}\Big)\,, & k=\ell\,.\end{cases}$$

Einsetzen in die Formel für $E(\overline{DB}_{xy})$ liefert

$$E(\overline{DB}_{xy}) = \frac{i}{\delta}\sum_{k=0}^{\infty} D(k+1)\, v^{k+1} \nu_x(k)\, {}_{k+1}p_y + \frac{i}{\delta}\sum_{\ell=0}^{\infty} D(\ell+1)\, v^{\ell+1} \nu_y(\ell)\, {}_{\ell+1}p_x + \frac{2}{v}\Big(\frac{1}{\delta} - \frac{d}{\delta^2}\Big)\cdot u_{xy}$$

und damit (5.60.1′). □

Ebenso kann man die Überlegungen zur Berechnung von höheren Momenten, insbesondere von Varianzen von Barwerten, sehr einfach von der Versicherung eines Lebens auf die von zwei oder mehr unabhängigen Leben übertragen. Beispielsweise ist in Analogie zu (5.22.5) und (5.22.6) das ν-te Moment des Barwertes einer natürlichen Erlebensfalleistung (5.40.2) für (x) und (y)

$$E(SB_{xy}^{\nu}) = \sum_{k=0}^{\infty}\sum_{\ell=0}^{\infty} sb_{xy}(k,\ell,\nu)\, \nu_x(k)\, \nu_y(\ell)\,,$$

wobei

$$sb_{xy}(k,\ell,\nu) := \int\limits_{(0,1]}\int\limits_{(0,1]} \Bigg(\int\limits_{[0,(k+r_x)\wedge(\ell+r_y))} \frac{1}{K(\tau)}\, F_{12}(d\tau) + \int\limits_{[\ell+r_y,k+r_x)} \frac{1}{K(\tau)}\, F_1(d\tau) + \int\limits_{[k+r_x,\ell+r_y)} \frac{1}{K(\tau)}\, F_2(d\tau)\Bigg)^{\nu} \mathcal{L}(R_x \mid K_x = k)(dr_x)\, \mathcal{L}(R_y \mid K_y = \ell)(dr_y)\,.$$

Sind K_x und $R_x \sim U(0,1]$ sowie K_y und $R_y \sim U(0,1]$ jeweils stochastisch unabhängig, so gilt unabhängig von x und y für alle $(k,\ell) \in \mathbb{N}_0^2$, $\nu \in \mathbb{N}$

$$sb_{xy}(k,\ell,\nu) = \int_0^1\int_0^1 (\ldots)^{\nu}\, dr_x\, dr_y\,.$$

Ist die Erlebensfalleistungsfunktion diskret, d. h. von der Form (5.45.2) mit Zahlungen höchstens zu ganzzahligen Zeitpunkten, so gilt unabhängig von x und y

$$sb_{xy}(k,\ell,\nu) = \Big(\sum_{j=0}^{k\wedge\ell} \frac{S_{12}(j)}{K(j)} + \sum_{j=\ell+1}^{k} \frac{S_1(j)}{K(j)} + \sum_{j=k+1}^{\ell} \frac{S_2(j)}{K(j)}\Big)^{\nu}.$$

Man vergleiche Aufgabe 41 wegen analoger Formeln für natürliche Todesfalleistungsfunktionen.

Daraus läßt sich beispielsweise die Varianz des Barwertes einer jährlich vorschüssig zahlbaren Verbindungsrente mit Jahresbetrag 1 für (x) und (y) (siehe 5.59 (e)) berechnen. Wie in 5.24 und 5.25 bezeichne der linke Oberindex die Zinsintensität. Dann zeigt eine einfache Rechnung unter Ausnutzung von Aufgabe 34 (a) (und Berücksichtigung von $1 - v^2 = {}^{(2\delta)}d$)

$$\begin{aligned}\operatorname{Var}(SB_{xy}) &= \sum_{k=0}^{\omega_0-1-x} \sum_{\ell=0}^{\omega_0-1-y} \Big(\sum_{j=0}^{k\wedge\ell} v^j\Big)^2 \nu_x(k)\,\nu_y(\ell) - \big({}^{(\delta)}\ddot{a}_{xy}\big)^2 \\ &= \frac{2}{d}\,{}^{(\delta)}\ddot{a}_{xy} - \frac{1-v^2}{d^2}\,{}^{(2\delta)}\ddot{a}_{xy} - \big({}^{(\delta)}\ddot{a}_{xy}\big)^2 \\ &= \frac{1}{d^2}\Big({}^{(2\delta)}A_{xy} - \big({}^{(\delta)}A_{xy}\big)^2\Big).\end{aligned}$$

Dasselbe Ergebnis kann man völlig ohne Rechnung aus (5.25.4) erhalten, indem man diese Varianzformel formal auf den Zustand $u = xy$ anwendet, der andauert, solange (x) und (y) beide leben (vergleiche die vor Aufgabe 3.8 in Anlehnung an Gerber (1997) eingeführte Bezeichnungskonvention). Ebenso lassen sich natürlich auch Varianzen anderer Barwerte bei mehreren Leben mittels solcher bei einem Leben berechnen (Aufgabe 42).

Auch bei der Versicherung von zwei (oder mehr) unter einem einfachen Risiko stehenden Leben stellt sich, ausgehend vom Problem der vorsichtigen Wahl von Rechnungsgrundlagen erster Ordnung für die Sterblichkeit, die Frage nach dem Charakter der betrachteten Versicherungsleistung. Sie kann grundsätzlich mit denselben Methoden wie für ein Leben behandelt werden. Neben Todesfallcharakter und Erlebensfallcharakter, die den gleichsinnigen Monotonien des faktorisierten Barwertes in beiden Lebensdauervariablen entsprechen, ist dabei jedoch auch unterschiedliches Monotonieverhalten in beiden Variablen von Interesse. Dies tritt insbesondere bei Versicherungen auf, deren vorrangiges Anliegen die Hinterbliebenenversorgung ist. Wir begnügen uns hier mit dem pragmatischen Hinweis, daß man zum Beispiel die erwarteten Barwerte für alle vier Sterbetafelpaare, die sich als Kombination der DAV-Sterbetafeln 1994 T und 1994 R bilden lassen, berechnen kann, um dann diejenige Tafelkombination zugrunde zu legen, die den erwarteten Barwert maximiert.

Die Ideen und Bezeichnungsweisen aus Abschnitt 3 B aufgreifend, befassen wir uns nun mit Versicherungen auf $m \geq 2$ unter einfachem Risiko stehende Leben $(x_1), \dots, (x_m)$ mit stochastisch unabhängigen zukünftigen Lebensdauern $T_{x_1}, \dots, T_{x_m} > 0$. Wie dort sei $T_{\overline{x_1 \dots x_m}}^{\;\ell}$ die zukünftige Überlebenszeit für mindestens $\ell \in \{1, \dots, m\}$ der m Personen, d. h. der Zeitpunkt des $(m - \ell + 1)$-ten Todes. Wir beschränken uns auf Versicherungsleistungen, die nur von der Anzahl der noch lebenden Personen abhängen, bei denen also keine Person ausgezeichnet ist. Zu „asymmetrischen“ Leibrenten und Todesfallversicherungen verweisen wir auf Wolff (1970, Abschnitt 9.5 über allgemeine Überlebensversicherungen), auf Bowers et al. (1986, Abschnitte 17.3 bis 17.5) und Gerber (1997, Abschnitte 8.7 und 8.8).

5.62 Bemerkung. Todesfallversicherungen auf $m \geq 2$ Leben: Seien $DT\colon (0,\infty) \longrightarrow (0,\infty)$ monoton wachsend mit $DT \geq \mathrm{Id}$ und

$$D^{(\ell)}\colon \big((0,\infty), \mathfrak{B}((0,\infty))\big) \longrightarrow \big([0,\infty), \mathfrak{B}([0,\infty))\big), \quad \ell \in \{1,\dots,m\}.$$

$D^{(\ell)}(s)$ sei die Versicherungssumme, die zur Zeit $DT(s)$ fällig wird, falls der $(m-\ell+1)$-te Tod zur Zeit $s > 0$ eintritt, also $D^{(m)}$ die durch den ersten Tod ausgelöste Todesfallsumme und $D^{(1)}$ die durch den letzten Tod ausgelöste Todesfallsumme. Der zugehörige Versicherungsleistungsprozeß ist

$$(\omega,t) \longmapsto \sum_{\ell=1}^{m} D^{(\ell)}\big(T_{\overline{x_1\dots x_m}}^{\;\ell}(\omega)\big)\cdot 1_{\left[DT\left(T_{\overline{x_1\dots x_m}}^{\;\ell}(\omega)\right),\infty\right)}(t), \tag{5.62.1}$$

der Leistungsbarwert gebildet mit der Kapitalfunktion K ist folglich

$$DB_{x_1\dots x_m}\colon \omega \longmapsto \sum_{\ell=1}^{m} \frac{D^{(\ell)}\big(T_{\overline{x_1\dots x_m}}^{\;\ell}(\omega)\big)}{K\circ DT\big(T_{\overline{x_1\dots x_m}}^{\;\ell}(\omega)\big)}, \tag{5.62.2}$$

und der erwartete Barwert ist

$$E(DB_{x_1\dots x_m}) = \sum_{\ell=1}^{m} \int_{(0,\infty)} \frac{D^{(\ell)}(s)}{K\circ DT(s)}\, \mathcal{L}(T_{\overline{x_1\dots x_m}}^{\;\ell} \mid P)\,(ds). \tag{5.62.3}$$

Erfolgen die Leistungen ausschließlich am Ende des jeweiligen Todesjahres und liegt zusammengesetzte Verzinsung mit Diskontierungsfaktor v vor, so spezialisiert sich (5.62.3) zu

$$E(DB_{x_1\dots x_m}) = \sum_{\ell=1}^{m}\sum_{k=0}^{\infty} v^{k+1}\, D^{(\ell)}(k+1)\,\big({}_k p_{\overline{x_1\dots x_m}}^{\;\ell} - {}_{k+1} p_{\overline{x_1\dots x_m}}^{\;\ell}\big), \tag{5.62.4}$$

wobei die Wahrscheinlichkeiten ${}_k p_{\overline{x_1\dots x_m}}^{\;\ell}$ gemäß (3.11.8) und (3.11.3) zu berechnen sind.

5.63 Bemerkung. Erlebensfallversicherungen bei $m \geq 2$ Leben: Für $\ell \in \{1,\dots,m\}$ sei $F^{(\ell)}\colon [0,\infty) \longrightarrow [0,\infty)$ die Verteilungsfunktion, nach der Verbleibsleistungen akkumuliert werden, solange genau ℓ Personen leben. Da zu einem Zeitpunkt $t \geq 0$ genau dann ℓ Personen leben, wenn

$$T_{\overline{x_1\dots x_m}}^{\;\ell+1} \leq t < T_{\overline{x_1\dots x_m}}^{\;\ell},$$

ist der zugehörige Versicherungsleistungsprozeß von der Form

$$(\omega,t) \longmapsto \sum_{\ell=1}^{m} F^{(\ell)}\big([T_{\overline{x_1\dots x_m}}^{\;\ell+1}(\omega), T_{\overline{x_1\dots x_m}}^{\;\ell}(\omega)) \cap [0,t]\big), \tag{5.63.1}$$

der Leistungsbarwert gebildet mit der Kapitalfunktion K ist folglich

$$SB_{x_1\ldots x_m}\colon \omega \longmapsto \sum_{\ell=1}^{m} \int\limits_{\left[T_{\overline{x_1\ldots x_m}}^{\ell+1}(\omega),\,T_{\overline{x_1\ldots x_m}}^{\ell}(\omega)\right)} \frac{1}{K(\tau)}\, F^{(\ell)}(d\tau)\,, \tag{5.63.2}$$

und der erwartete Barwert ist

$$E(SB_{x_1\ldots x_m}) = \sum_{\ell=1}^{m} \int_{\Omega} \int\limits_{\left[T_{\overline{x_1\ldots x_m}}^{\ell+1},\,T_{\overline{x_1\ldots x_m}}^{\ell}\right)} \frac{1}{K(\tau)}\, F^{(\ell)}(d\tau)\, dP\,. \tag{5.63.3}$$

Erfolgen die Leistungen jährlich, d. h. sind die $F^{(\ell)}$ von der Form

$$F^{(\ell)} = \sum_{k=0}^{\infty} S^{(\ell)}(k)\, 1_{[k,\infty)}\,, \quad \ell \in \{1,\ldots,m\}\,,$$

und liegt zusammengesetzte Verzinsung mit Diskontierungsfaktor v vor, so geht (5.63.3) über in

$$\begin{aligned} E(SB_{x_1\ldots x_m}) &= \sum_{\ell=1}^{m} \sum_{k=0}^{\infty} v^k\, S^{(\ell)}(k)\, P\big(T_{\overline{x_1\ldots x_m}}^{\ell+1} \le k < T_{\overline{x_1\ldots x_m}}^{\ell}\big) \\ &= \sum_{\ell=1}^{m} \sum_{k=0}^{\infty} v^k\, S^{(\ell)}(k)\, {}_k p_{\overline{x_1\ldots x_m}}^{[\ell]}\,, \end{aligned} \tag{5.63.4}$$

wobei die Wahrscheinlichkeiten ${}_k p_{\overline{x_1\ldots x_m}}^{[\ell]}$ gemäß (3.11.6) und (3.11.3) zu berechnen sind.

5.64 Beispiele. Erwartete Leistungsbarwerte bei $m \ge 2$ Leben.

(a) *n-jährige Todesfallversicherung auf den ersten Tod* mit Versicherungssumme 1, fällig am Ende des ersten Todesjahres, $n \le \omega_0 - \bigvee_{i=1}^{m} x_i$: (5.62.4) liefert

$${}_nA_{x_1\ldots x_m} = \sum_{k=0}^{n-1} v^{k+1}\left({}_kp_{x_1}\cdots{}_kp_{x_m} - {}_{k+1}p_{x_1}\cdots{}_{k+1}p_{x_m}\right). \tag{5.64.1}$$

(b) *n-jährige Todesfallversicherung auf den letzten Tod* mit Versicherungssumme 1, fällig am Ende des letzten Todesjahres, $n \le \omega_0 - \bigwedge_{i=0}^{m} x_i$: Einsetzen in (5.62.4) ergibt

$${}_nA_{\overline{x_1\ldots x_m}} = \sum_{k=0}^{n-1} v^{k+1}\left({}_kp_{\overline{x_1\ldots x_m}} - {}_{k+1}p_{\overline{x_1\ldots x_m}}\right). \tag{5.64.2}$$

Dabei ist

$$ {}_kp_{\overline{x_1\ldots x_m}} = 1 - \prod_{i=1}^{m}(1 - {}_kp_{x_i}) $$

(vergleiche (3.11.8)), so daß (5.64.2) als Verallgemeinerung von (5.59.4) erkennbar ist.

(c) *Jährlich vorschüssig zahlbare temporäre Verbindungsrente* der Dauer $n \leq \omega_0 - \bigvee_{i=1}^{m} x_i$ mit Jahresbetrag 1: (5.63.4) liefert

$$ \ddot{a}_{x_1\ldots x_m:\overline{n}|} = \sum_{k=0}^{n-1} v^k \, {}_kp_{\overline{x_1\ldots x_m}}^{[m]} = \sum_{k=0}^{n-1} v^k \, {}_kp_{x_1} \cdots {}_kp_{x_m} \,. \tag{5.64.3} $$

(d) *Jährlich vorschüssig zahlbare temporäre Leibrente auf das letzte Leben*, Dauer $n \leq \omega_0 - \bigwedge_{i=1}^{m} x_i$, Jahresbetrag 1 (gezahlt wird, solange mindestens eine Person den Jahresanfang überlebt):

$$ \ddot{a}_{\overline{x_1\ldots x_m}:\overline{n}|} = \sum_{k=0}^{n-1} v^k \, {}_kp_{\overline{x_1\ldots x_m}} \,. \tag{5.64.4} $$

Mit (3.14.2) und der dortigen Notation ergibt sich

$$ \begin{aligned} \ddot{a}_{\overline{x_1\ldots x_m}:\overline{n}|} &= \sum_{k=0}^{n-1} v^k \sum_{j=1}^{m} (-1)^{j-1} \, {}_kS_j \\ &= \sum_{j=1}^{m} (-1)^{j-1} \sum_{\{i_1<\cdots<i_j\}\subset\{1,\ldots,m\}} \ddot{a}_{x_{i_1}\ldots x_{i_j}} \,, \end{aligned} $$

ein Zusammenhang, der zur Siebformel von Sylvester-Poincaré zur Berechnung der Wahrscheinlichkeit einer Vereinigung nicht notwendig paarweise disjunkter Ereignisse $C_1, \ldots, C_m$ – dem sogenannten Einschluß-Ausschluß-Prinzip – korrespondiert:

$$ P\Big(\bigcup_{i=1}^{n} C_i\Big) = \sum_{j=1}^{m} (-1)^{j-1} \sum_{\{i_1<\cdots<i_j\}\subset\{1,\ldots,m\}} P\Big(\bigcap_{\ell+1}^{j} C_{i_\ell}\Big) \,. $$

Abschließend wenden wir uns kurz der Betrachtung von Barwerten von Lebensversicherungsleistungen bei einem unter konkurrierenden Risiken stehenden Leben (x) zu. Dazu seien stets K eine Kapitalfunktion, U die Menge der möglichen Ausscheideursachen, T_x die zukünftige Lebensdauer von (x) und $J_x \neq \emptyset$ die zutreffende Kombination von Ausscheideursachen.

5.65 Bemerkung. Der Barwert einer natürlichen Todesfalleistung DA gemäß (5.47.2) ist

$$DB_x = \frac{D \circ (T_x, J_x)}{K \circ DT \circ T_x} .$$

Für den erwarteten Barwert bei Diskretisierung wie in (5.47.4) gilt

$$\begin{aligned} E(DB_x) &= \sum_{k=1}^{\infty} \frac{1}{K(s_k)} \sum_{\emptyset \neq C \subset U} D(s_k, C)\, P(s_{k-1} < T_x \leq s_k,\ J_x = C) \\ &= \sum_{k=1}^{\infty} \frac{1}{K(s_k)} \sum_{\emptyset \neq C \subset U} D(s_k, C)\, ({}_{s_k}q_x^{(C)} - {}_{s_{k-1}}q_x^{(C)}) . \end{aligned}$$

Unter der Stationaritätsbedingung (3.31.1) folgt mit (3.31.4)

$$E(DB_x) = \sum_{k=1}^{\infty} \frac{{}_{s_{k-1}}p_x}{K(s_k)} \sum_{\emptyset \neq C \subset U} D(s_k, C)\, {}_{s_k - s_{k-1}}q_{x+s_{k-1}}^{(C)}$$

und bei Fälligkeit am Ende des Todesjahres ($s_k \equiv k$)

$$E(DB_x) = \sum_{k=1}^{\infty} \frac{{}_{k-1}p_x}{K(k)} \sum_{\emptyset \neq C \subset U} D(k, C)\, q_{x+k-1}^{(C)} .$$

Für Barwerte natürlicher Erlebensfalleistungen gelten exakt dieselben Formeln wie bei einfachem Risiko. Als Verallgemeinerung von Hilfssatz 5.10 zeigt man ausgehend von Hilfssatz 5.51 (b) leicht den folgenden Hilfssatz, dessen Beweis wir dem Leser überlassen.

5.66 Hilfssatz. *Seien A eine Versicherungsleistung für (x) bei konkurrierenden Risiken, $K_x := [T_x - 0]$ und $R_x := T_x - K_x$. Dann gilt für den erwarteten Barwert*

$$E(B_x) = \sum_{k=0}^{\infty} \sum_{\emptyset \neq C \subset U} b_x(k, C)\, \nu_x^{(C)}(k) , \tag{5.66.1}$$

wobei

$$\nu_x^{(C)}(k) := P(K_x = k,\ J_x = C) , \qquad k \in \mathbb{N}_0 ,\ \emptyset \neq C \subset U , \tag{5.66.2}$$

und

$$b_x(k, C) := \int\limits_{(0,1]} \int\limits_{[0,\infty)} \frac{1}{K(\tau)} A_{k+r,C}(d\tau)\, \mathcal{L}(R_x \mid K_x = k,\ J_x = C)(dr) . \tag{5.66.3}$$

Sind (K_x, J_x) und $R_x \sim U(0,1]$ stochastisch unabhängig, so folgt

$$b_x(k,C) = \int_0^1 \int_{[0,\infty)} \frac{1}{K(\tau)} A_{k+r,C}(d\tau)\, dr\,, \qquad k \in \mathbb{N}_0\,,\ \emptyset \neq C \subset U\,. \tag{5.66.3'}$$

5.67 Beispiel. Für diskretisierte Versicherungsleistungsfunktionen (5.47.4) liefern Beispiel 5.9 (b) und Bemerkung 5.65

$$b_x(k,C) = \sum_{j=1}^{\infty} \Big(\frac{D(s_j, C)}{K(s_j)} + \sum_{\ell=0}^{j-1} \frac{S(s_\ell)}{K(s_\ell)} \Big) \cdot P\big(s_{j-1} - k < R_x \le s_j - k \mid K_x = k,\ J_x = C\big)\,.$$

Sind Zahlungen nur zu ganzzahligen Zeitpunkten zugelassen, so vereinfacht sich dies zu

$$b_x(k,C) = \frac{D(k+1,C)}{K(k+1)} + \sum_{\ell=0}^{k} \frac{S(\ell)}{K(\ell)}\,.$$

Bei n-tel-jähriger Fälligkeit und unter der Voraussetzung, daß (K_x, J_x) und $R_x \sim U(0,1]$ stochastisch unabhängig sind, ist

$$b_x(k,C) = \frac{1}{n} \sum_{j=nk+1}^{nk+n} \Big(\frac{D(j/n,\ C)}{K(j/n)} + \sum_{\ell=0}^{j-1} \frac{S(\ell/n)}{K(\ell/n)} \Big)\,.$$

5.68 Beispiele. Vorausgesetzt werden zusammengesetzte Verzinsung, Fälligkeiten am Jahresende und die Stationaritätsbedingung (3.31.1).

(a) Bei einer Gemischten Kapitalversicherung 5.14 (c) mit Unfallzusatzversicherung 5.48 (a), die bei Unfalltod die doppelte Versicherungssumme vorsieht, ist

$$E(B_x) = \sum_{k=0}^{n-1} v^{k+1}\, {}_k p_x (q_{x+k}^{(1)} + q_{x+k}) + v^n\, {}_n p_x\,. \tag{5.68.1}$$

Dabei sind $q_{x+k}^{(1)}$ die abhängigen Wahrscheinlichkeiten für einen Unfalltod, $q_{x+k}^{(2)}$ diejenigen für einen Tod aus sonstigen Gründen und $q_{x+k} = q_{x+k}^{(1)} + q_{x+k}^{(2)}$. In Deutschland werden dieses und vergleichbare Produkte nur für einen eingeschränkten Altersbereich, zum Beispiel $15 \le x \le 65 - n$, angeboten. In diesem Bereich wird dann für Männer $q_{x+k}^{(1)} \equiv q \approx 0.001$ angenommen. Diese Altersunabhängigkeit der Wahrscheinlichkeiten für einen Unfalltod ist jedoch faktisch nicht einmal näherungsweise gegeben, wie beispielsweise der „Unfallbuckel“ im Altersbereich zwischen 18 und 25 Jahren der ADSt 1986/88 zeigt (Tabelle 13.1).

(b) Bei der n-jährigen Gemischten Kapitalversicherung mit Teilauszahlung bei Dread Disease (5.48 (b)) hat die Teilversicherung (5.48.3) den erwarteten Barwert

$$\alpha \cdot \sum_{k=0}^{n-1} v^{k+1} {}_k p_x^{aa} (dd_{x+k} + q_{x+k}^{aa}) + \alpha\, v^n \, {}_n p_x^{aa} \,,$$

wobei dd_{x+k} und q_{x+k}^{aa} die abhängigen einjährigen Wahrscheinlichkeiten sind, an Dread Disease zu erkranken beziehungsweise ohne vorherige solche Erkrankung direkt zu sterben (siehe die Tabellen 13.10 und 13.11) und

$${}_k p_x^{aa} := \prod_{j=1}^{k} (1 - dd_{x+j-1} - q_{x+j-1}^{aa})$$

die k-jährige Wahrscheinlichkeit ist, weder zu sterben noch an Dread Disease zu erkranken (vergleiche (3.31.3′)). Mit (5.14.6) erhält man für den erwarteten Barwert der gesamten Versicherung

$$\begin{aligned} E(B_x) = (1-\alpha) \cdot \sum_{k=0}^{n-1} v^{k+1} {}_k p_x \, q_{x+k} + (1-\alpha)\, v^n \, {}_n p_x \\ + \alpha \cdot \sum_{k=0}^{n-1} v^{k+1} {}_k p_x^{aa} \, (dd_{x+k} + q_{x+k}^{aa}) + \alpha\, v^n \, {}_n p_x^{aa} \,. \end{aligned} \tag{5.68.2}$$

Bei der Berechnung des erwarteten Leistungsbarwertes auf der Grundlage dieser Zerlegung der Versicherungsleistung wurde allerdings implizit unterstellt, daß die Sterbenswahrscheinlichkeiten q_{x+k} innerhalb der gesamten Population und q_{x+k}^{dd} für an Dread Disease Erkrankte übereinstimmen. Faktisch sind letztere natürlich größer (vergleiche zum Beispiel die Tabellen 13.3 und 13.10), so daß (5.68.2) nur näherungsweise korrekt ist und zu einer geringfügigen *Unter*schätzung des Leistungsbarwertes führt. Wir kommen darauf in Beispiel 6.27 zurück, wo wir den erwarteten Leistungsbarwert der n-jährigen Gemischten Kapitalversicherung mit Teilauszahlung bei Dread Disease korrekt auf der Basis des Diagramms

$$\begin{array}{ccc} 0 & & \\ & \searrow & \\ \downarrow & & 1 \\ & \swarrow & \\ 2 & & \end{array}$$

und der zugehörigen einjährigen bedingten Übergangswahrscheinlichkeiten q_x^{aa}, dd_x und q_x^{dd} sowohl für $DT = \sum_{k=1}^{\infty} k\, 1_{(k-1,k]}$ (wie hier) als auch für $DT = \mathrm{Id}$ berechnen.

Auch Satz 5.15 über den Zusammenhang von erwarteten Barwerten von Versicherungsleistungen bei Zahlungen nur zu ganzzahligen Zeitpunkten und bei unterjährigen

Zahlungszeitpunkten läßt sich leicht auf mehrere Ausscheideursachen verallgemeinern (Aufgabe 48). Dasselbe gilt für die Überlegungen zur Berechnung von höheren Momenten (zum Beispiel Varianzen) von Barwerten.

E Aufgaben

Aufgabe 1 (Positive Linearität des Barwertes). Zeigen Sie: Sind $A_1, \ldots, A_n$ Versicherungsleistungsfunktionen bei einem unter einem einzigen Risiko stehenden Leben und $\alpha_1, \ldots, \alpha_n \geq 0$, so ist auch $A := \sum_{i=1}^{n} \alpha_i A_i$ eine Versicherungsleistungsfunktion, und der Barwert B_x der Leistung A für (x) ist die Linearkombination der Barwerte B_{ix} der Einzelleistungen A_i:

$$B_x = \sum_{i=1}^{n} \alpha_i B_{ix} .$$

Aufgabe 2. Seien A eine kumulative Versicherungsleistungsfunktion und K eine Kapitalfunktion mit zugehöriger Diskontierungsfunktion v und kumulativer Zinsintensität Φ. Die erwartete Gesamtversicherungsleistung für (x) sei endlich:

$$G_x := E\left(A_{T_x}(\infty)\right) < \infty .$$

Zeigen Sie, daß der erwartete Barwert $E(B_x)$ der Versicherungsleistung den folgenden Beziehungen genügt:

$$\begin{aligned}
E(B_x) &= v(\infty)\, G_x - \int\limits_{(0,\infty)} E\left(A_{T_x}(\tau - 0)\right) v(d\tau) \\
&= v(\infty)\, G_x + \int\limits_{(0,\infty)} E\left(A_{T_x}(\tau - 0)\right) v(\tau)\, v(\tau - 0)\, K(d\tau) \\
&= v(\infty)\, G_x + \int\limits_{(0,\infty)} E\left(A_{T_x}(\tau - 0)\right) v(\tau)\, \Phi(d\tau) .
\end{aligned}$$

Aufgabe 3. Schreiben Sie eine Routine, die den erwarteten Leistungsbarwert a einer gemischten Versicherung mit k-tel-jähriger Fälligkeit berechnet. Die Verzinsung erfolge zusammengesetzt, kaufmännisch oder gemischt mit einem Effektivzinsfuß p, die Sterblichkeit errechne sich aus einer der DAV-Sterbetafeln 1994 T oder 1994 R. Die ganzzahlig gestutzte Lebensdauer und der erlebte Teil des Todesjahres seien stochastisch unabhängig, letzterer sei $U(0, 1]$-verteilt. Es gelte die Stationaritätsbedingung (3.6.1).

Als Eingabe liest die Routine die Parameter Verzinsungsmodus $Z/K/G$, den Zinsfuß $p \geq 0$, die Sterbetafel $94T/94R$, das Geschlecht M/W, das Eintrittsalter $x \in \mathbb{N}_0$, das Geburtsjahr $t-x$, die Fälligkeit $k \in \mathbb{N}$, die Laufzeit des Vertrages (Dauer entweder $n \in \mathbb{N}$ oder bis zum Tod), den Vektor der Todesfallzahlungen und den der Erlebensfallzahlungen, jeweils zeitlich geordnet.

Aufgabe 4. Erweitern Sie die Routine aus Aufgabe 3 so, daß der Fälligkeitsparameter auch die Werte ku, $k \in \mathbb{N}$, annehmen kann! Dabei bedeute ein Wert der Form ku, daß der Erlebensfallanteil der gemischten Versicherung k-tel-jährig zahlbar ist und die Versicherungssumme der Todesfallversicherung k-tel-jährlich variieren kann, aber unmittelbar bei Tod fällig wird.

Aufgabe 5. Schreiben Sie Ergänzungsroutinen, welche zu den folgenden Versicherungen jeweils einen Eingabe-File für die Routine aus Aufgabe 3 und 4 erzeugen:

(a) *Todesfallversicherung:* Während der Laufzeit des Vertrages wird die Summe $D \geq 0$ unmittelbar beim Tod oder am Ende des Sterbejahres/-monats fällig.

(b) *Erlebensfallversicherung:* Erlebt die versicherte Person (x) das Ende der Laufzeit $x + n$, so wird zu diesem Zeitpunkt die Summe $S \geq 0$ fällig.

(c) *Gemischte Kapitalversicherung:* Stirbt (x) während der Laufzeit bis $x + n$, so wird die Summe $D \geq 0$ unmittelbar oder am Ende des Sterbejahres/-monats fällig, erlebt sie das Ende der Laufzeit, so wird dann die Summe $S \geq 0$ fällig.

Als Eingabe lesen die Routinen $Z/K/G$, p, $94T/94R$, M/W, x, $t - x$, k bzw. ku (soweit erforderlich) und die jeweils angegebenen der Parameter D, S und n.

Aufgabe 6. Betrachten Sie eine kontinuierliche Leibrente 5.4 (b) mit Zahlungsdichte $\sigma \equiv 1$, und bestimmen Sie bei zusammengesetzter Verzinsung mit Zinsintensität δ

(a) die kumulative Versicherungsleistungsfunktion A,

(b) den Barwert B_x der Versicherungsleistung für (x),

(c) den erwarteten Barwert $\overline{a}_x := E(B_x)$. Nehmen Sie dazu und in (d) an, daß $R_x \sim U(0, 1]$ und K_x stochastisch unabhängig sind !

(d) Zeigen Sie

$$\overline{a}_x = \frac{1}{\delta} (1 - \overline{A}_x),$$

wobei $\overline{A}$ der erwartete Leistungsbarwert einer unmittelbar zahlbaren Todesfallversicherung 5.4 (e) für (x) mit Versicherungssumme $D \equiv 1$ ist !

Aufgabe 7. Betrachten Sie eine kontinuierliche Leibrente 5.4 (b) mit Zahlungsdichte $\sigma(t) = 2t$, $t \geq 0$, und bestimmen Sie bei zusammengesetzter Verzinsung mit Zinsintensität δ

(a) die kumulative Versicherungsleistungsfunktion A,

(b) den Barwert B_x der Versicherungsleistung für (x),

(c) den erwarteten Barwert $(\overline{I}\,\overline{a})_x := E(B_x)$. Nehmen Sie dazu und für (d) an, daß $R_x \sim U(0, 1]$ und K_x stochastisch unabhängig sind !

(d) Sei $(\overline{I}\,\overline{A})_x$ der erwartete Leistungsbarwert einer unmittelbar zahlbaren Todesfallversicherung 5.4 (a) für (x) mit Versicherungssumme $D(s) = s$, $s > 0$. Zeigen Sie

$$(\overline{I}\,\overline{a})_x = 2\,\frac{\overline{a}_x - (\overline{I}\,\overline{A})_x}{\delta}\ .$$

Vergleich mit (2.28.3) !

Aufgabe 8. Betrachten Sie Versicherungsleistungen für (x) bei zusammengesetzter Verzinsung mit Abzinsungsfaktor v, und beweisen Sie die folgenden Rekursionsformeln:

(a) $A_x = v\,q_x + v\,p_x\,A_{x+1}$,

(b) $\ddot{a}_x = 1 + v\,p_x\,\ddot{a}_{x+1}$.

Leiten Sie ähnliche Rekursionsformeln her für

(c) ${}_nA_x$,

(d) den erwarteten Barwert $\ddot{a}_{x:\overline{n}|}$ einer jährlich vorschüssig zahlbaren Leibrente der Jahreshöhe 1 und Dauer n.

Aufgabe 9. Zeigen Sie bei zusammengesetzter Verzinsung mit jährlichem Diskont d für alle $x \geq 0, n \in \mathbb{N}$:

(a) $A_x = 1 - d \cdot \ddot{a}_x$,

(b) $A_{x:\overline{n}|} = 1 - d \cdot \ddot{a}_{x:\overline{n}|}$,

(c) $A_{x:\overline{n}|} = (1-d)^n + d\,(\ddot{a}_{\overline{n}|} - \ddot{a}_{x:\overline{n}|})$. Interpretieren Sie diese Identität !

Aufgabe 10. Gegeben sei eine lebenslängliche Todesfallversicherung für (x) mit Versicherungssumme 1, die zum Zeitpunkt $\frac{j}{n}$ fällig wird, falls $\frac{j-1}{n} < T_x \leq \frac{j}{n}$. K_x und $R_x \sim U(0, 1]$ seien stochastisch unabhängig. Berechnen Sie den erwarteten Barwert $A_x^{(n)}$ und drücken Sie das Ergebnis mittels A_x und eines von n abhängigen Korrekturfaktors aus bei

(a) zusammengesetzter Verzinsung,

(b) kaufmännischer Verzinsung,

(c) gemischter Verzinsung.

Aufgabe 11. Im Rahmen eines einjährigen Versicherungsverhältnisses kann für $s \in [0, 1]$ eine Leistung fällig werden, deren Barwert zum Zeitpunkt 0 mit $B(s)$ bezeichnet wird. Es gelte (lineare Interpolation):

$$B(s) = (1-s)\,B(0) + s\,B(1)\,, \qquad s \in [0, 1]\,.$$

(a) Geben Sie den erwarteten Barwert der Leistungen des Jahres zum Zeitpunkt 0 unter der Annahme an, daß der Fälligkeitszeitpunkt T gleichverteilt auf $\left\{\frac{1}{n+1}, \ldots, \frac{n}{n+1}\right\}$, $n \in \mathbb{N}$, ist !

(b) Sei T nun gleichverteilt auf $[0, 1]$. Berechnen Sie den erwarteten Barwert der Leistungen, sowohl direkt als auch durch eine Grenzwertbetrachtung mit Hilfe des Ergebnisses aus (a) !

Aufgabe 12. Seien K_x und $R_x \sim U(0, 1]$ stochastisch unabhängig. B_x sei der Barwert einer Todesfallversicherung 5.3 (a) bei Fälligkeit am Ende des Todesjahres und $B_x^{(n)}$ der Barwert der entsprechenden Todesfallversicherung bei n-tel-jähriger Fälligkeit. Berechnen Sie $E(B_x^{(n)})/E(B_x)$ bei kaufmännischer Verzinsung !

Aufgabe 13.

(a) Zeigen Sie: Der erwartete Barwert einer diskretisierten Leibrente 5.3 (b) für (x) stimmt überein mit dem Barwert einer ewigen Zeitrente, bei der zu Zeitpunkten s_k Zahlungen der Höhe $S(s_k)\,P(T_x > s_k)$ erfolgen.

(b) Führen Sie mit Hilfe von (a) und Satz 2.17 (a) einen weiteren Beweis von Satz 5.15 (b) !

(c) Beweisen Sie ein Analogon zu Satz 5.15 (b) bei kaufmännischer Verzinsung !

Aufgabe 14. Gegeben sei der folgende Bestand stochastisch unabhängiger Policen von am Ende des Todesjahres zahlbaren Todesfallversicherungen für Männer, jeweils mit Versicherungssumme 50 000 und einer Laufzeit von 10 Jahren:

Alter (Jahre)	25	35	45	55
Anzahl	50	100	200	100

(a) Legen Sie die Sterblichkeit der DAV-Sterbetafel 1994 T zugrunde, um den aus diesem Portefeuille im Lauf der Versicherungszeit anfallenden Kapitalbedarf zu simulieren!

Als Eingabe liest das Programm den Zinsfuß p (in %) und die Anzahl n der Simulationsläufe. Als Ausgabe schreibt das Programm jahresweise die im Mittel fällig werdenden Beträge. Als letzte Zeile ermittelt es den Mittelwert und die Standardabweichung der Barwerte der Gesamtleistungen.

(b) Bestimmen Sie die Prämie pro Police so, daß der VN den erwarteten Leistungsbarwert am Beginn der Laufzeit zahlt, und beurteilen Sie an Hand der Simulationsergebnisse für $p = 3.5$, $p = 4.0$, $p = 4.5$ und $n = 150$, $n = 5000$, ob diese Prämie ausreicht!

Aufgabe 15.

(a) Leiten Sie aus Beispiel 5.16 eine zu (5.16.1) analoge Beziehung zwischen $a_x^{(n)}$ und a_x ab! Verwenden Sie diese zur Gewinnung einer zu (5.16.2) analogen Näherungsformel bei $i \searrow 0$!

(b) Tabellieren Sie jeweils die Korrekturfaktoren und das absolute Korrekturglied gemäß Beispiel 5.16 und Teil (a) dieser Aufgabe für $i = 3.0\%$, $i = 3.5\%, \ldots, i = 7.5\%$ sowie für $n = 2$, $n = 4$ und $n = 12$!

Aufgabe 16. Bei Leibrenten gibt es neben vorschüssiger und nachschüssiger auch *nachträgliche* Zahlungsweise. Sie beinhaltet, daß wie bei vorschüssiger Zahlungsweise zu Beginn einer Zahlungsperiode der Anspruch auf Zahlung überprüft wird, daß jedoch wie bei nachschüssiger Zahlungweise die Zahlung erst am Ende der Periode erfolgt. Die zugehörige Versicherungsleistungsfunktion besitzt dann auch einen Todesfallanteil und hat bei n-tel-jährlicher Zahlungsweise und Jahresrente 1 die Gestalt

$$
\begin{aligned}
A_s^{(n)}(t) &:= D\,A_s^{(n)}(t) + S\,A_s^{(n)}(t) \\
&:= \frac{1}{n} \sum_{k=0}^{\infty} \sum_{\ell=1}^{n} 1_{[k+\frac{\ell}{n},\infty)}(t)\, 1_{(k+\frac{\ell-1}{n},k+\frac{\ell}{n})}(s) \\
&\quad + \frac{1}{n} \sum_{k=1}^{\infty} \sum_{\ell=0}^{n-1} 1_{[k+\frac{\ell}{n},\infty)}(t)\, 1_{(k+\frac{\ell}{n},\infty)}(s) \\
&\quad + \frac{1}{n} \sum_{\ell=1}^{n-1} 1_{[\frac{\ell}{n},\infty)}(t)\, 1_{(\frac{\ell}{n},\infty)}(s)\,, \qquad s > 0\,,\ t \geq 0\,.
\end{aligned}
$$

Im folgenden seien K_x und $R_x \sim U(0, 1]$ stochastisch unabhängig. Es werde zusammengesetzt verzinst.

(a) Zeigen Sie: $E(B_x^{(n)}) = v^{1/n}\, \ddot{a}_x^{(n)}$.

(b) Sei $k(n) := \frac{n-1}{2n}$, $n \in \mathbb{N}$. Begründen Sie mit Hilfe von Beispiel 5.16 folgende in der Praxis üblichen Näherungen:

$$
\begin{aligned}
\ddot{a}_x^{(n)} &\approx \ddot{a}_x - k(n)\,, \\
a_x^{(n)} &\approx a_x + k(n) = \ddot{a}_x - 1 + k(n)\,, \\
E(B_x^{(n)}) &\approx v^{1/n}\,(\ddot{a}_x - k(n))\,.
\end{aligned}
$$

(c) Berechnen Sie mit (b) näherungsweise die Differenzen zwischen dem erwarteten Barwert einer vierteljährlich vorschüssig zahlbaren Rente $\ddot{a}_x^{(4)}$ und den erwarteten Barwerten der Monatsrenten bei vorschüssiger, nachschüssiger und nachträglicher Zahlungsweise mit $p = 6.0$! Drücken Sie die Ergebnisse anschließend als Vielfache einer Monatsrente aus !

Aufgabe 17. Beweisen Sie Hilfssatz 5.17 !

Hinweis: Zeigen Sie: Sind $(\Omega_i, \mathfrak{A}_i)$ Meßräume $(i = 1, 2)$ und enthält $\mathfrak{A}_2$ alle Einpunktmengen von Ω_2, so ist jedes $\mathfrak{A}_1$–$\mathfrak{A}_2$-meßbare $f: \Omega_1 \longrightarrow \Omega_2$ konstant auf allen Atomen von $\mathfrak{A}_1$. Dabei heißt $A_1 \in \mathfrak{A}_1 \setminus \{\emptyset\}$ ein *Atom* von $\mathfrak{A}_1$, wenn keine echte nichtleere $\mathfrak{A}_1$-meßbare Teilmenge von A_1 existiert.

Aufgabe 18. Untersuchen Sie die Zufallsvariablen B_x (Barwerte bei zusammengesetzter Verzinsung) für die folgenden Versicherungen:

- Lebenslängliche Todesfallversicherung mit Versicherungssumme 1 fällig am Ende des Todesjahres,
- temporäre Todesfallversicherung, Laufzeit n Jahre, Versicherungssumme 1 fällig am Ende des Todesjahres,
- n-jährige Erlebensfallversicherung mit Erlebensfalleistung 1,
- jährlich vorschüssig zahlbare lebenslängliche Leibrente der Höhe 1.

(a) Skizzieren Sie die Zählmaßdichten der Verteilungen $\mathcal{L}(B_x)$ für männliche Personen der Alter $x = 20$ und 60 (Zinssatz jeweils 4%, $n = 5$, DAV-Sterbetafel 1994 T für die ersten beiden Beispiele und 1994 R für die letzten beiden Beispiele) !

(b) Bestimmen Sie für jeden der Fälle aus (a) die Schiefe

$$\gamma := \frac{E\left((B_x - E(B_x))^3\right)}{\mathrm{Var}\,(B_x)^{3/2}} \;!$$

(c) Schätzen Sie jeweils die Exzeßwahrscheinlichkeiten $P(B_x > E(B_x) + c)$, $c \in \mathbb{R}^1$, mit der Tschebyschev-Ungleichung nach oben ab ! Vergleichen Sie die Resultate für $c = E(B_x)/10$ und $c = 4\,E(B_x)$ jeweils mit den tatsächlichen Exzeßwahrscheinlichkeiten !

Aufgabe 19. Seien K eine beliebige Kapitalfunktion, DA eine Todesfalleistungsfunktion für (x) mit „0-1-wertiger“ Versicherungssumme D und $\nu \in \mathbb{N}$. Drücken Sie $E(DB_x^\nu)$ als erwarteten Barwert bezüglich einer geeigneten Kapitalfunktion aus, und verallgemeinern Sie so die erste der Formeln (5.24.4) !

Aufgabe 20. Berechnen Sie die Varianz des Barwertes einer um m Jahre aufgeschobenen n Jahre jährlich vorschüssig zahlbaren Leibrente der Jahreshöhe 1 für (x), und drücken Sie sie bei zusammengesetzter Verzinsung mit Hilfe von erwarteten Barwerten aus !

Aufgabe 21. Gegeben sei das Portefeuille aus Aufgabe 14.

(a) Berechnen Sie den Erwartungswert und die Varianz des Gesamtleistungsbarwertes auf der Basis der DAV-Sterbetafel 1994 T und eines Zinsfußes von $p = 4.0$!

Gehen Sie im folgenden davon aus, daß jeder Versicherungsnehmer den individuellen erwarteten Leistungsbarwert zuzüglich eines Sicherheitszuschlages am Beginn der Laufzeit als Prämie zahlt. Der Gesamtsicherheitszuschlag im Portefeuille sei Σ.

(b) Wie groß muß Σ mindestens gewählt werden, damit der Gesamtleistungsbarwert die Kollektivprämie mit 95%-iger (99%-iger) Sicherheit nicht überschreitet? Verwenden Sie eine Normalverteilungsapproximation für die Verteilung des Gesamtleistungsbarwertes!

(c) Diskutieren Sie die Normalverteilungsapproximation in (b)
- hinsichtlich ihrer mathematischen Voraussetzungen,
- durch Vergleich mit den Simulationsergebnissen aus Aufgabe 14. Wie groß wäre nach diesen Ergebnissen Σ mindestens zu wählen?

(d) Machen Sie einen Vorschlag zur Aufteilung von Σ auf die einzelnen Policen!

Aufgabe 22. Seien $T, U \geq 0$ Zufallsvariablen auf $(\Omega, \mathfrak{A}, P)$ mit Lebesgue-stetigen Verteilungen und Ausscheideintensitäten λ_T, λ_U. Es gelte $\lambda_T \leq \lambda_U$ Lebesgue-fast überall. Zeigen Sie $U \leq_{\text{st}} T$!

Hinweis: Aufgabe 3.8.

Aufgabe 23. Geben Sie ein Beispiel einer natürlichen Todesfalleistungsfunktion an, die bezüglich zusammengesetzter Verzinsung weder Todesfall- noch Erlebensfallcharakter hat!

Aufgabe 24. Welchen Charakter besitzt die Versicherungsleistung bei einer Versicherung auf festen Termin? Hängt die Antwort ab von der zugrunde gelegten Kapitalfunktion?

Aufgabe 25. Seien $(q_{ix})_{x\in\{0,\dots,\omega\}}$, $i = 1, 2$, die einjährigen Sterbenswahrscheinlichkeiten zweier Sterbetafeln mit Schlußalter ω. Es gelte $(q_{1x}) \leq_{\text{st}} (q_{2x})$, und es liege zusammengesetzte Verzinsung vor. Erwartete Leistungsbarwerte bezüglich Sterbetafel i werden durch einen linken Oberindex (i) gekennzeichnet. Zeigen Sie für alle $x \in \mathbb{N}_0$ und $n \in \mathbb{N}$ mit $x + n < \omega$:

(a) ${}^{(1)}\ddot{a}_{x:\overline{n}|} \leq {}^{(2)}\ddot{a}_{x:\overline{n}|}$, ${}^{(2)}A_{x:\overline{n}|} \leq {}^{(1)}A_{x:\overline{n}|}$, $\dfrac{{}^{(2)}A_{x:\overline{n}|}}{{}^{(2)}\ddot{a}_{x:\overline{n}|}} \leq \dfrac{{}^{(1)}A_{x:\overline{n}|}}{{}^{(1)}\ddot{a}_{x:\overline{n}|}}$.

(b) Gilt sogar $q_{2t} < q_{1t}$ für alle $t \in \{0, \dots, \omega - 1\}$, so sind alle Ungleichungen in (a) strikt!

Literaturhinweis: Reichel (1987), Aufgabe 3.1.

Aufgabe 26. Betrachten Sie eine Versicherung auf festen Termin für (x) mit Laufzeit n und Versicherungssumme S, bei der während der gesamten Laufzeit oder bis zum Tode von (x) jährlich vorschüssig eine Prämie der konstanten Höhe $\mathcal{P}$ gezahlt wird. Legen Sie dabei die gemischte Verzinsung (Zinsfuß p) zugrunde.

(a) Bestimmen Sie $\mathcal{P}$ nach dem *Äquivalenzprinzip*, d. h. so, daß der Leistungsbarwert und der erwartete Barwert der Prämienzahlungen übereinstimmen!

(b) Berechnen Sie $\mathcal{P}$ für eine männliche Person des Alters $x = 45$, $n = 25$, $p = 4.0$ und $S = 50\,000$! Entscheiden Sie sich dabei für die geeignetere der beiden DAV-Sterbetafeln 1994 T und 1994 R.

Aufgabe 27. Betrachten Sie eine um 5 Jahre aufgeschobene 10-jährige Gemischte Kapitalversicherung mit Erlebensfalleistung 10 000 und Todesfalleistung 20 000 für einen 45-jährigen Mann! Berechnen Sie bei $p = 4.0$

(a) den erwarteten Barwert,

(b) das mittlere quadratische Risiko

mit der geeigneteren der beiden DAV-Sterbetafeln 1994 T und 1994 R.

Aufgabe 28. Betrachten Sie eine diskrete Leibrente mit *Rentengarantie*, bei der die Zahlungen $S(s_0), \ldots, S(s_g)$ garantiert (d. h. nur in Abhängigkeit vom Erleben von s_0 und nicht vom Erleben von $s_1, \ldots, s_g$ fällig) sind und danach Leistungen $S(s_k)$ direkt bei Erleben jedes s_k fällig werden $(0 = s_0 < \cdots < s_g < \cdots < s_k < \cdots,\ g \in \mathbb{N})$.

(a) Bestimmen Sie die zugehörige Versicherungsleistungsfunktion!

(b) Bestimmen Sie den Barwert und den erwarteten Barwert der Versicherungsleistung für (x) bei einer allgemeinen Kapitalfunktion!

(c) Wie vereinfacht sich die Lösung von (b) bei zusammengesetzter Verzinsung und jährlicher Zahlungsweise?

(d) Gerda Rüstig (70 Jahre) möchte eine sofort beginnende Rentenversicherung mit 10-jähriger Laufzeit, 5-jähriger Rentengarantie und Jahresrente 50 000 bei jährlich vorschüssiger Zahlungsweise abschließen. Berechnen Sie den erwarteten Barwert dieser Versicherung mittels einer geeigneten Sterbetafel!

Aufgabe 29. Bei der *Aussteuerversicherung* ist ein Versorger VN Versicherter und ein lediges Mädchen M Begünstigte und Mitversicherte. Der Vertrag läuft bis zu einer Altersgrenze g für M. Innerhalb dieser Zeit sind Beiträge fällig, solange sowohl M als Ledige als auch VN leben. Die Versicherungsleistung 1 wird fällig, wenn M im Vertragszeitraum erstmalig heiratet; stirbt M als Ledige innerhalb dieser Zeit, so wird eine Versicherungsleistung $D \in [0, 1]$ und bei Erreichen der Altersgrenze als Ledige eine Leistung $S \in [0, 1]$ fällig.

(a) Erstellen Sie analog zu den Beispielen 4.2 und Hilfssatz 4.5 ein Modell zur Beschreibung von Zustandsverlauf und Versicherungsleistungen auf der Basis des Heirats- und des Todeszeitpunktes von M!

(b) Geben Sie die Versicherungsleistungsfunktion im Rahmen dieses Modelles an!

Aufgabe 30 (Bezeichnungen wie in Hilfssatz 4.5 (c) und Definition 5.47).

(a) Seien $(\Omega, \mathfrak{A})$ ein Meßraum mit einer σ-Algebra $\mathfrak{A}$, die alle Einpunktmengen enthält, $t \geq 0$ und

$$f\colon \Big((0,\infty) \times (2^U \setminus \{\emptyset\}),\ \mathfrak{B}((0,\infty)) \otimes 2^{(2^U \setminus \{\emptyset\})}\Big) \longrightarrow (\Omega, \mathfrak{A})\,.$$

Zeigen Sie, daß f genau dann $\mathfrak{G}_t$–$\mathfrak{A}$-meßbar ist, wenn $f|_{(t,\infty)\times(2^U\setminus\{\emptyset\})}$ konstant ist!

(b) Leiten Sie daraus zu Folgerung 5.19 analoge Aussagen für Versicherungsleistungsfunktionen bei mehreren Ausscheideursachen her, und zeigen Sie insbesondere, daß jede natürliche Versicherungsleistungsfunktion bei mehreren Ausscheideursachen nichtvorgreifend ist!

Aufgabe 31. Bei der (in Deutschland verbotenen) *Tontinenversicherung* zahlen m Personen jeweils einen Betrag D an den VR (zum Beispiel den Staat), der nach n Jahren den Gesamtbetrag $m\,D\,r^n$ zu gleichen Teilen an die Überlebenden (soweit solche vorhanden sind) auszahlt.

(a) Bestimmen Sie die kumulative Versicherungsleistungsfunktion sowohl für die Gesamtleistung des VR an die Gruppe als auch für die Leistung an eine einzelne feste Person!

(b) Bestimmen Sie den Versicherungsleistungsprozeß, den Barwert und den erwarteten Barwert sowohl für die Gesamtleistung des VR an die Gruppe als auch für die Leistung an eine feste Person!

Im folgenden sollen alle Gruppenmitglieder von gleichem Alter x und von gleichem Geschlecht (männlich) sein.

(c) Bestimmen Sie die Versicherungssumme einer n-jährigen Erlebensfallversicherung für eine feste Einzelperson (x) so, daß beide Versicherungen den gleichen erwarteten Barwert haben !

(d) Sei ${}^1B$ der Barwert der Tontinenversicherungsleistung für die gesamte Gruppe und ${}^2B$ der Barwert der Gesamtversicherungsleistung für ein Portefeuille von m Erlebensfallversicherungen gemäß (c). Bestimmen Sie $E({}^iB)$ und $\operatorname{Var}({}^iB)$ für $i = 1, 2$!

(e) Berechnen Sie $\operatorname{Var}({}^2B) / \operatorname{Var}({}^1B)$, und beurteilen Sie anhand dieses Quotienten die mit beiden Portefeuilles verbundenen Risiken für $m = 2$, $n = 10$ und $x = 20$ bei Zugrundelegung der DAV-Sterbetafel 1994 R (Versicherungsbeginn 1997) !

Aufgabe 32. Leiten Sie analog zu Beispiel 5.57 die Darstellung (5.56.1) – (5.56.3) für die allgemeine Form (5.43.2) diskretisierter natürlicher Todesfalleistungsfunktionen bei zwei Leben her ! Geben Sie insbesondere unter geeigneten Voraussetzungen explizite Formeln für die erwarteten Barwerte solcher Versicherungsleistungen bei unterjähriger Fälligkeit an !

Aufgabe 33. Zeigen Sie in der Situation von 5.59 (c)

$$A_{\overset{1}{x}y} = \frac{1}{2}\,(A_{xy} - v\, p_x\, \ddot{a}_{x+1:y} + v\, p_y\, \ddot{a}_{x:y+1})\,.$$

Hinweis: Im Sinne der versicherungsmathematischen Bezeichnungssystematik wird der Doppelpunkt : hier als Trennsymbol verwandt, also ist zum Beispiel

$$\ddot{a}_{x+1:y} = \ddot{a}_{zy}\big|_{z=x+1}\,.$$

Aufgabe 34. Gegeben seien Eintrittsalter $x \geq 0$, $y \geq 0$, eine Laufzeit $n \in \mathbb{N}$ und zusammengesetzte Verzinsung mit jährlichem Diskont d.

(a) Zeigen Sie (unter geeigneten Voraussetzungen)
- $A_{xy} = 1 - d \cdot \ddot{a}_{xy}$,
- $A_{xy:\overline{n}|} = 1 - d \cdot \ddot{a}_{xy:\overline{n}|}$.

(b) Geben Sie eine Formel an für den erwarteten Barwert $A_{\overline{xy}:\overline{n}|}$ einer gemischten Versicherung für (x) und (y) mit Versicherungssumme 1, die beim letzten Tod spätestens aber bei Ablauf der Versicherungsdauer fällig wird ! Drücken Sie das Resultat mittels $\ddot{a}_{x:\overline{n}|}$, $\ddot{a}_{y:\overline{n}|}$ und $\ddot{a}_{xy:\overline{n}|}$ aus, und vergleichen Sie mit $A_{xy:\overline{n}|}$! Wie hängen $A_{\overline{xy}:\overline{n}|}$ und $\ddot{a}_{\overline{xy}:\overline{n}|}$ zusammen ?

Aufgabe 35. Die beiden Lebensdauern T_{x_1} und T_{x_2} seien stochastisch unabhängig und genügen dem gleichen Gompertz-Makeham-Gesetz (3.34.1)

$$\lambda_{x_i}(t) = A + B\, c^{x_i+t}\,, \quad t \geq 0\,,\ i = 1, 2\,,$$

mit $A, B \geq 0$ und $c > 1$. Zeigen Sie, daß der erwartete Barwert $\ddot{a}_{x_1 x_2}$ einer Verbindungsrente für (x_1) und (x_2) gleich dem erwarteten Barwert $\ddot{a}_{\overline{x}\,\overline{x}}$ für zwei unabhängige Personen des Zentralalters $\overline{x}$ aus (3.35.2) ist ! Bestimmen Sie für $c = 1.106$ und $x_1 = 20$, $x_2 = 30$ das gerundete Zentralalter $\overline{x}$!

Aufgabe 36. Seien m unabhängige Leben $(x_1), \ldots, (x_m)$ gegeben. An diese werde eine n Jahre jährlich vorschüssige Verbindungsrente der Jahreshöhe 1 gezahlt (vergleiche Beispiel 5.64 (c)). Die Lebensdauern T_{x_i}, $i = 1, \ldots, m$, genügen einem Gompertz-Makeham-Gesetz (3.34.1) mit denselben Parametern $A \geq 0$, $B > 0$, $c > 1$.

(a) Zeigen Sie analog zu Hilfssatz 3.35, daß $T_{x_1 \ldots x_m}$ dem Gompertz-Makeham-Gesetz

$$\lambda_{x_1 \ldots x_m}(t) = mA + B\, c^{y+t}, \quad t \geq 0,$$

mit *Ersatzalter* $y := \frac{1}{\log c} \log\Big(\sum\limits_{i=1}^{m} c^{x_i}\Big)$ genügt!

(b) Führen Sie mit einer Zinstransformation $\ddot{a}_{x_1 \ldots x_n : \overline{n}|}$ auf den erwarteten Barwert einer vorschüssigen Leibrente auf ein Leben zurück!

(c) Berechnen Sie nach dieser Methode für $x_1 = 10$, $x_2 = 15$, $x_3 = 20$ das auf ganze Jahre abgerundete Ersatzalter und den Rechnungszins, wenn $i = 0.03$, $A = 0.0096$ und $c = 1.106$ vorgegeben sind.

Aufgabe 37. Obwohl in Hinblick auf Aufgabe 3.20 und Aufgabe 44 bedenklich, wird in der Praxis als Näherung für den erwarteten Barwert einer Verbindungsrente der Jahreshöhe 1 mit n-tel-jährlicher vorschüssiger Zahlungsweise analog zu Aufgabe 16 (b)

$$\ddot{a}_{xy}^{(n)} \approx \ddot{a}_{xy} - k(n), \quad k(n) = \frac{n-1}{2n},$$

angenommen.

(a) Berechnen Sie unter dieser Annahme den erwarteten Barwert einer Überlebensrente $\ddot{a}_{x|y}^{(n)}$! Was fällt auf?

(b) Seien $\ddot{a}_x(i)$, $\ddot{a}_{xy}(i)$ und $\ddot{a}_{x|y}(i)$ die erwarteten Barwerte jährlich vorschüssig zahlbarer Renten der Höhe 1 mit Zinssatz i und ${}^{\%}I\ddot{a}_x(i)$, ${}^{\%}I\ddot{a}_{xy}(i)$ und ${}^{\%}I\ddot{a}_{x|y}(i)$ die erwarteten Barwerte jährlich vorschüssig zahlbarer geometrisch wachsender Renten mit Zinssatz i, deren Beträge im ersten Jahr 1 sind und dann jährlich um den Faktor s steigen (vergleiche (2.21.5) mit $j = s - 1$). Zeigen Sie, daß ein $\bar{\imath}$ existiert mit ${}^{\%}I\ddot{a}_x(i) = \ddot{a}_x(\bar{\imath})$, ${}^{\%}I\ddot{a}_{xy}(i) = \ddot{a}_{xy}(\bar{\imath})$ und ${}^{\%}I\ddot{a}_{x|y}(i) = \ddot{a}_{x|y}(\bar{\imath})$! Gilt auch $\big({}^{\%}I\ddot{a}_x(i)\big)^{(n)} = \ddot{a}_x^{(n)}(\bar{\imath})$?

(c) Zeigen Sie mit Hilfe von Satz 5.15 analog zu Beispiel 5.16:

$$\big({}^{\%}I\ddot{a}_x(i)\big)^{(n)} = \Big(1 + \frac{1-s}{s}\, k(n)\Big)\, {}^{\%}I\ddot{a}_x(i) - \frac{1}{s}\, k(n) + O(i) \qquad \text{für } i \to 0.$$

Nehmen Sie wieder

$$\big({}^{\%}I\ddot{a}_{xy}(i)\big)^{(n)} \approx \Big(1 + \frac{1-s}{s}\, k(n)\Big)\, {}^{\%}I\ddot{a}_{xy}(i) - \frac{1}{s}\, k(n)$$

an. Was gilt nun für $\Big({}^{\%}I\ddot{a}_{x|y}(i)\Big)^{(n)}$?

Aufgabe 38. Ein Rentner des Alters x besitzt die Zusage auf eine lebenslänglich laufende, jährlich vorschüssig zahlbare Rente mit Anfangsjahresbetrag $R > 0$, die alle 3 Jahre um den Faktor $s > 0$ erhöht wird. Außerdem besitzt er eine Zusage auf eine lebenslänglich laufende jährlich vorschüssig zahlbare Witwenrente an seine derzeitig y-jährige Ehefrau. Deren Höhe sei der w-te Bruchteil der Rentenhöhe des Mannes. Nehmen Sie im folgenden zusammengesetzte Verzinsung und die Stationaritätsbedingung (3.6.1) sowie Unabhängigkeit der beiden Lebensdauern an.

(a) Berechnen Sie die erwarteten Barwerte beider Renten!

(b) Berechnen Sie den *bedingten* erwarteten Barwert zum Zeitpunkt $m \in \mathbb{N}_0$ aller Rentenzahlungen ab m an den Mann, falls dieser den Zeitpunkt m erlebt!

Hinweis: Ersetzen Sie in Beispiel 5.9 (b) $P(T_x > s_k)$ durch die passende bedingte Wahrscheinlichkeit, summieren Sie nur über Zeitpunkte ab m inklusive und achten Sie auf die passende Diskontierung !

(c) Berechnen Sie analog zu (b) den bedingten erwarteten Barwert zum Zeitpunkt m der Witwenrente ab m, falls der Rentner und seine Frau den Zeitpunkt m erleben !

Hinweis: (b) und Bemerkung 5.54.

(d) Nach $n \in \mathbb{N}$ Jahren erhöht das Unternehmen die Rentenanwartschaft auf $\overline{R}$ und die Witwenrentenanwartschaft auf $w\,\overline{R}$. Die Beträge sollen solange festgehalten werden, bis die ursprüngliche Rentensteigerung wieder greift. Wie lauten die bedingten erwarteten Barwerte zum Zeitpunkt n, falls der Rentner bzw. beide den Zeitpunkt n erleben ?

Aufgabe 39. Leiten Sie unter geeigneten Voraussetzungen einen Zusammenhang her zwischen erwarteten Barwerten von Versicherungsleistungen für (x) und (y) bei Fälligkeit am Jahresende und am Ende eines n-tel-jährigen Zeitabschnittes ($n \in \mathbb{N}$) für

(a) Todesfallversicherungen auf den letzten Tod,
(b) Todesfallversicherungen auf den Tod von (x) nach (y),
(c) Erlebensfallversicherungen (5.45.2).

Hinweis: Die Berechnungen erfordern etwas Geduld !

Aufgabe 40. Leiten Sie durch Grenzübergang $n \to \infty$ heuristisch „kontinuierliche Versionen" der Beziehungen (5.15.1) und (5.15.2) sowie der Beziehungen aus Aufgabe 39 her, und beweisen Sie diese exakt !

Aufgabe 41. Wie lauten die Analoga zu (5.22.3), (5.22.4), (5.23.1) und (5.23.4) für natürliche Todesfallversicherungen bei zwei unabhängigen Leben ?

Aufgabe 42. Berechnen Sie die Varianzen der Barwerte der folgenden Versicherungsleistungen für (x) und (y) bei Fälligkeit am Ende des Todesjahres:

(a) lebenslängliche (oder n-jährige) Todesfallversicherung auf den ersten (oder den letzten) Tod, Versicherungsumme 1.
(b) n-jährige Gemischte Kapitalversicherung mit Versicherungssumme 1 gemäß Beispiel 5.46.

Aufgabe 43. Wie hängt die Varianz des Barwertes einer diskretisierten natürlichen Versicherungsleistung bei Zahlungen höchstens zu ganzzahligen Zeitpunkten mit der der zugehörigen Versicherungsleistung bei n-tel-jährlicher Fälligkeit zusammen ? Unterstellen sie zusammengesetzte Verzinsung und betrachten Sie bei der Versicherung

(a) eines Lebens die Situationen von Satz 5.15,
(b) zweier unabhängiger Leben die Situationen von Hilfssatz 5.60.

Versuchen Sie jeweils sowohl einen formelmäßigen Zusammenhang als auch einen Größenvergleich zu erhalten ! Was liefert der Grenzübergang $n \to \infty$ für den „kontinuierlichen Fall" ?

Aufgabe 44. Wieso versagt das Argument, (5.60.1) durch formale Anwendung von (5.15.1) auf den Zustand $u = xy$ (an Stelle von x) herzuleiten ?

Aufgabe 45. Schreiben Sie eine Routine, die den erwarteten Leistungsbarwert a einer diskretisierten natürlichen Versicherungsleistung mit k-tel-jährlicher Fälligkeit für zwei unabhängige

Leben berechnet. Der Todesfallanteil sei von der Form (5.43.2), die Verzinsung sei zusammengesetzt, kaufmännisch oder gemischt mit einem Effektivzinsfuß p, die Sterblichkeiten errechnen sich aus einer der DAV-Sterbetafeln 1994 T oder 1994 R. Die ganzzahlig gestutzten Lebensdauern und die erlebten Teile der Todesjahre seien alle stochastisch unabhängig, letztere seien $U(0, 1]$-verteilt. Es gelte jeweils die Stationaritätsbedingung (3.6.1).

Als Eingabe liest die Routine die Parameter Verzinsungsmodus $Z/K/G$, den Zinsfuß $p \geq 0$, das Paar der Sterbetafeln $(94T, 94R)/\ldots$, die Geschlechter $(M, M)/\ldots$, die Eintrittsalter $(x, y) \in \mathbb{N}_0^2$, die Geburtsjahre $(t-x, t-y)$, die Fälligkeit $k \in \mathbb{N}$, die Laufzeit des Vertrages (Dauer $n \in \mathbb{N}$ oder in Abhängigkeit von beiden maximalen zukünftigen Lebensdauern) und die Leistungsvektoren D_{11}, D_{21}, D_{12}, D_{22}, S_{12}, S_{11}, S_2, jeweils zeitlich geordnet. (Wieso wird D_3 nicht benötigt?)

Die Routine kann zum Beispiel auf Aufgabe 32 und Beispiel 5.58 aufbauen.

Aufgabe 46. Schreiben Sie Ergänzungsroutinen, welche zu den folgenden Versicherungen jeweils ein Eingabe-File für die Routine aus Aufgabe 45 erzeugen:

(a) *Todesfallversicherung:* Während der Laufzeit des Vertrages wird die konstante Summe $D \geq 0$ am Ende des Jahres/Monats des ersten Todes fällig.

(b) *Erlebensfallversicherung:* Erleben beide Versicherte (x) und (y) das Ende der Laufzeit nach n Jahren, so wird zu diesem Zeitpunkt die Summe $S \geq 0$ fällig.

(c) *Gemischte Versicherung:* Tritt der erste Tod innerhalb der n-jährigen Laufzeit ein, so wird die konstante Summe $D \geq 0$ am Ende des Sterbejahres/–monats fällig; erleben beide Versicherte das Ende der Laufzeit, so wird dann die Summe $S \geq 0$ fällig.

Als Eingabe lesen die Routinen $Z/K/G$, p, die Sterbetafeln, die Geschlechter, x, y, die Geburtsjahre $(t-x, t-y)$ (soweit erforderlich), k (soweit erforderlich) und die jeweils angegebenen der Parameter D, S und n.

Aufgabe 47. Begründen Sie ohne zu rechnen, welche der folgenden Todesfallversicherungsleistungen für zwei stochastisch unabhängige Personen bei gleicher Versicherungssumme und gleicher Laufzeit den höheren erwarteten Barwert hat:

- Todesfallversicherung der verbundenen Leben (x) und (y) auf den ersten Tod.
- Todesfallversicherung für (x) und (y) jeweils separat.

Aufgabe 48. Wie hängen die erwarteten Barwerte von Versicherungsleistungen bei mehreren Ausscheideursachen bei ganzjähriger Fälligkeit und bei unterjähriger Fälligkeit zusammen? Verallgemeinern Sie Satz 5.15, und leiten Sie wie in Aufgabe 40 „kontinuierliche Versionen" der Beziehungen her!

Aufgabe 49. Schreiben Sie eine Routine, die den erwarteten Leistungsbarwert a einer diskretisierten natürlichen Versicherungsleistung mit k-tel-jähriger Fälligkeit bei zwei wechselseitig exklusiven Ausscheideursachen berechnet! Die Verzinsung sei zusammengesetzt, kaufmännisch oder gemischt mit einem Effektivzinsfuß p, die einjährigen abhängigen partiellen Ausscheidewahrscheinlichkeiten $(q_x^{(1)}, q_x^{(2)})$, $x = 0, \ldots, \omega_0 - 1$, liegen je nach Geschlecht auf Daten-Files AUSWEI.DAT bzw. AUSMAE.DAT (jeweils ein durch mindestens ein Leerzeichen getrenntes Datenpaar pro Zeile) vor. Die ganzzahlig gestutzte Verweildauer und die Ausscheideursache einerseits sowie der erlebte Teil des Ausscheidejahres andererseits seien stochastisch unabhängig, letzterer sei $U(0, 1]$-verteilt. Es gelte die Stationaritätsbedingung (3.31.1).

Als Eingabe liest die Routine die Parameter Verzinsungsmodus $Z/K/G$, den Zinsfuß $p \geq 0$, das Geschlecht M/W, das Eintrittsalter $x \in \mathbb{N}_0$, die Fälligkeit $k \in \mathbb{N}$, die Laufzeit des Vertrages (Dauer entweder $n \in \mathbb{N}$ oder bis zum Tod), den Vektor der Todesfallzahlungen für Ausscheideursache 1, den für Ausscheideursache 2 und den Vektor der Erlebensfallzahlungen, jeweils zeitlich geordnet.

Aufgabe 50. Schreiben Sie Ergänzungsroutinen, welche zu den folgenden Versicherungen jeweils einen Eingabe-File für die Routine aus Aufgabe 49 erzeugen!

(a) Gemischte Kapitalversicherung mit Unfallzusatzversicherung: Tritt der Tod innerhalb der n-jährigen Laufzeit ein, so wird die konstante Summe $D \geq 0$ am Ende des Sterbejahres/-monats fällig, falls der Tod nicht durch Unfall eintritt, bei Unfalltod wird die Summe $2D$ fällig. Erlebt die versicherte Person das Ende der Laufzeit, so wird die Summe $S \geq 0$ fällig.

(b) n-jährige Gemischte Kapitalversicherung mit Versicherungsssume $D \geq 0$ und Teilauszahlung von αD $(0 \leq \alpha \leq 1)$ am Ende des Erkrankungsmonats bei Dread Disease.

Als Eingabe lesen die Routinen $Z/K/G$, p, das Geschlecht, x, k (soweit erforderlich), n, D und die jeweils angegebenen der Parameter S und α. Bei (a) wird $20 \leq x < x + n \leq 65$ vorausgesetzt, die abhängige Unfalltodwahrscheinlichkeit altersunabhängig als 0.001 für Männer und 0.0003 für Frauen angenommen und die DAV-Sterbetafel 1994 T für die totalen Sterbenswahrscheinlichkeiten zugrunde gelegt. Bei (b) wird $15 \leq x \leq 75 - n$ vorausgesetzt und die zusammengesetzte Ausscheideordnung gemäß Allerdissen et al. (1993), Tabelle 1, p. 279 zugrunde gelegt, die im Tabellarischen Anhang in den Tabellen 13.10 und 13.11 wiedergegeben ist.

Kapitel 6
Versicherungsleistungen in der allgemeinen Personenversicherung

In diesem Kapitel führen wir die in Kapitel 5 begonnenen Überlegungen zur Modellierung von Versicherungsleistungen und zur Berechnung von Leistungsbarwerten fort. In Abschnitt C von Kapitel 5 wurden allgemeine Versicherungsleistungsfunktionen in der Personenversicherung eingeführt und als Spezialfälle – nach dem Vorbild natürlicher Versicherungsleistungsfunktionen bei einem unter einfachem Risiko stehenden Leben (Abschnitt 5 B) – natürliche Versicherungsleistungsfunktionen bei mehreren unter einfachem Risiko stehenden Leben sowie bei einem Leben und konkurrierenden Risiken betrachtet. Das in Abschnitt 6 A in Anlehnung an Norberg (1991, §3) vorgestellte Konzept natürlicher Versicherungsleistungsfunktionen in der Personenversicherung (Definitionen 6.1 und 6.5) führt diese Konzepte natürlicher Versicherungsleistungsfunktionen so zusammen, daß auch komplexere Situationen wie in der Pensions- und der Invaliditätsversicherung mit abgedeckt werden, und bildet damit eine wesentliche Grundlage einer allgemeinen mathematischen Theorie der Personenversicherung. Bei dieser Definition natürlicher Versicherungsleistungsfunktionen wird ebenso wie bei den anschließend hergeleiteten Barwertformeln (Satz 6.9, Folgerungen 6.10, 6.13 und Hilfssatz 6.17) umfangreich Gebrauch davon gemacht, daß sich die zufällige zeitliche Abfolge der Policenzustände nicht nur durch Sprungprozesse sondern auch durch multivariate Zählprozesse oder durch markierte Punktprozesse beschreiben läßt.

Da die Barwertformeln des Abschnitts 6 A zwar von beweistechnischem Interesse, aber in der Regel nicht direkt für praktische Rechnungen einsetzbar sind, wird in Abschnitt 6 B ein Prinzip zur Berechnung erwarteter Barwerte bei Markovschem Zustandsverlauf hergeleitet, welches auch ohne weitere Begründung plausibel erscheint und daher in der Praxis vielfach Anwendung findet. Das wichtigste Hilfsmittel dazu ist ein lineares Integralgleichungssystem für das prospektive Deckungskapital eines Versicherungs*leistungs*prozesses (Satz 6.20), das sich in Kapitel 10 als Spezialfall der Thieleschen Integralgleichungen vom Typ 1 herausstellen wird und beweistechnisch auf Abschnitt 4 C aufbaut. Als Vorbereitung auf Abschnitt C werden außerdem Erweiterungen zweier Konzepte aus Kapitel 3 auf die hier betrachtete allgemeine Situation der Personenversicherung benötigt: Eine adäquate Version der Stationaritätsbedingung und die Bedingung der unterjährlichen Gleichverteilung der Zeit des nächsten Sprunges (Satz 6.24).

Abschnitt 6 C ist inhaltlich insofern eine Fortsetzung der Abschnitte 5 A und 5 D, als die Herleitung von Formeln für den erwarteten Barwert, hier in der Pensions- und in der Invaliditätsversicherung, im Mittelpunkt steht. Ausführlich betrachtet werden die Situation der Penionsversicherung ohne Hinterbliebenenversorgung (Beispiel 6.26) sowie die Gemischte Kapitalversicherung mit Teilauszahlung bei Dread Disease (Beispiel 6.27), bei denen die Methoden des vorangehenden Abschnitts zum Einsatz kommen. Daneben werden die Grundzüge der Individualmethode (Bemerkung 6.28) und der Kollektivmethode (Bemerkung 6.29) zur Berechnung von erwarteten Barwerten von Anwartschaften auf Witwenrente erläutert.

Das mathematische Verständnis dieses Kapitels setzt den Inhalt von Kapitel 4 und den des Mathematischen Anhanges als bekannt voraus. Die Grundideen des für die Praxis besonders interessanten Abschnitts 6 C sind intuitiv teilweise auch ohne solche Vorkenntnisse erfaßbar.

A Natürliche Leistungen und Barwerte in der allgemeinen Personenversicherung

Mit den in Abschnitt 4 A bereitgestellten Hilfsmitteln sind wir in der Lage, die aus verschiedenen Versicherungsbereichen stammenden Konzepte natürlicher Versicherungsleistungsfunktionen (Definitionen 5.20, 5.40 und 5.47) zu vereinheitlichen und so deren gemeinsame Struktur zu verstehen. Dazu verwenden wir die dortigen Bezeichungen. Insbesondere seien $\mathcal{S} \neq \emptyset$ ein endlicher Zustandsraum, $J = \{(y, z) \in \mathcal{S}^2 \mid y \neq z\}$ der zugehörige Übergangsraum und $(\mathcal{V}, \mathfrak{V})$ ein Meßraum möglicher Zustandsverläufe gemäß Definition 4.1.

6.1 Bemerkung und Definition. Seien $(\mathcal{W}, \mathfrak{W})$ ein Modellraum und $I\colon (\mathcal{V}, \mathfrak{V}) \longrightarrow (\mathcal{W}, \mathfrak{W})$ eine Isomorphie. Eine *natürliche Übergangsleistungsfunktion in der Personenversicherung* ist eine Versicherungsleistungsfunktion der Form

$$DA = \sum_{(y,z)\in J} DA_{yz}\colon \mathcal{W} \times [0, \infty) \longrightarrow [0, \infty)\,, \tag{6.1.1}$$

wobei die Versicherungsleistungsfunktion DA_{yz} die durch den Übergang von y nach z ausgelöste Leistung beschreibt. Sie ist gegeben durch einen monoton nichtfallenden, vom

Zustandswechsel unabhängigen *Leistungszeitpunkt* $DT\colon (0,\infty) \longrightarrow (0,\infty)$, $DT \geq \mathrm{Id}$, und eine meßbare *Leistungshöhe* $D_{yz}\colon (0,\infty) \longrightarrow [0,\infty)$: Mit H gemäß (4.8.1) ist $H \circ I^{-1}(w)$ der zu $w \in \mathcal{W}$ gehörige Übergangsverlauf und

$$L_{yz,t}(w) := \left\{ s > 0 \mid \Delta H_{yz,s} \circ I^{-1}(w) = 1,\ DT(s) \leq t \right\} \tag{6.1.2}$$

die (endliche) Menge der Übergangszeiten mit Leistungen bis einschließlich zur Zeit t. Daher beschreibt

$$DA_{yz,w}(t) := \sum_{s \in L_{yz,t}(w)} D_{yz}(s) \tag{6.1.3}$$

die insgesamt bis einschließlich zur Zeit t durch Zustandswechsel von y nach z kumulierte Versicherungsleistung. Für beweistechnische Zwecke ist es oft bequemer, DA_{yz} als elementares stochastisches Integral aufzufassen:

$$DA_{yz,w}(t) = \int\limits_{\{DT \leq t\}} D_{yz}\, d\, H_{yz} \circ I^{-1}(w)\,. \tag{6.1.4}$$

Ist $\mathcal{V}_{ü} \subset \mathcal{V}$ wie in Bemerkung 4.3 mit Hilfe einer Menge $\ddot{U} \subset J$ erlaubter Übergänge eingeschränkt, so gilt für alle $(y,z) \notin \ddot{U}$

$$L_{yz,t}(w) = \emptyset\,, \qquad w \in \mathcal{W}\,,\ t \geq 0\,,$$

und damit $DA_{yz} \equiv 0$. In diesem Falle genügt es, die Summation (6.1.1) nur über $\ddot{U}$ zu erstrecken.

Mindestens zwei Verallgemeinerungen von Definition 6.1, auf die wir hier verzichten wollen, sind denkbar:

- Der Leistungszeitpunkt könnte wie die Leistungshöhe auch vom Übergang und nicht nur vom Übergangszeitpunkt abhängen. Dies ist zwar leicht zu modellieren, besitzt jedoch kaum praktische Relevanz, da die Leistung fast immer entweder unmittelbar mit dem Übergang fällig wird oder aber die Leistungszeitpunkte durch eine übergangsunabhängige Diskretisierung bestimmt werden.
- Die Leistungshöhe könnte nicht nur vom auslösenden Übergang und dessen Zeitpunkt, sondern auch von vorherigen Übergängen und Übergangszeiten abhängen. Dafür gibt es durchaus sinnvolle Beispiele (vergleiche Aufgabe 1 und die Ausführungen nach dem ersten Teil von Definition 5.40). Teilweise lassen sie sich durch Erweiterung des Zustandsraumes um endlich viele neue Zustände im Rahmen unseres Modells behandeln (ein Beispiel ist die Aufspaltung des Zustandes „invalide“ in die Zustände „erstmalig invalidisiert“ und „wiederholt invalidisiert“). Häufig würde ihre Einbindung die Modelle nicht unerheblich komplizieren, wie dies zum Beispiel bei der Berücksichtigung von Dauereffekten oft der Fall ist (dazu vergleiche man auch die Einleitung von Abschnitt 4 B).

6.2 Beispiel. Gemäß Beispiel 4.2 (c) existieren bei der Versicherung eines unter konkurrierenden Risiken stehenden Lebens die folgenden Zustände und Übergangsmöglichkeiten:

$$\begin{array}{ccccc} & & \emptyset & & \\ & \swarrow & & \searrow & \\ \{u\} & & \dots & & U \end{array}$$

(U sei die Menge der Ausscheideursachen.) Wir wählen die Beschreibung (5.39.3) für die Menge der möglichen Zustandsverläufe und bezeichnen mit s den Todeszeitpunkt und mit C die Ausscheideursachenkombination. Gegeben sei nun eine natürliche Übergangsleistungsfunktion (6.1.1) – (6.1.3). Setzen wir $\overline{D}(s, C) := D_{\emptyset C}(s)$ und $\overline{DT} := DT$, so ist DA von der Form (5.47.2) mit $\overline{D}$ und $\overline{DT}$ statt D und DT, also eine natürliche Todesfalleistungsfunktion bei mehreren Ausscheideursachen. Ist U eine Einpunktmenge, so ergibt sich eine natürliche Todesfalleistungsfunktion in der Lebensversicherung (5.20.2).

6.3 Beispiel. Gemäß Beispiel 4.2 (b) existieren bei zwei unter einfachem Risiko stehenden Leben die folgenden Zustände und Übergangsmöglichkeiten:

$$\begin{array}{ccccc} & & G & & \\ & \swarrow & & \searrow & \\ \{1\} & & \downarrow & & \{2\} \\ & \searrow & & \swarrow & \\ & & \emptyset & & \end{array}$$

Wir wählen die Beschreibung (5.39.2) für die Menge der möglichen Zustandsverläufe und bezeichnen mit r den Todeszeitpunkt von 1 sowie mit s den Todeszeitpunkt von 2. Gegeben sei nun eine natürliche Übergangsleistungsfunktion (6.1.1) – (6.1.3). Setzen wir $\overline{DT} = DT$,

$$\begin{aligned} &\overline{D}_{11}(r) := D_{G\{2\}}(r)\,, \quad \overline{D}_{22}(s) := D_{G\{1\}}(s)\,, \\ &\overline{D}_{12}(s) := D_{\{2\}\emptyset}(s)\,, \quad \overline{D}_{21}(r) := D_{\{1\}\emptyset}(r)\,, \quad \overline{D}_{3}(r) := D_{G\emptyset}(r)\,, \end{aligned}$$

so ist DA von der Form (5.40.1) mit $\overline{D}$ und $\overline{DT}$ statt D und DT, also eine natürliche Todesfalleistungsfunktion bei zwei Leben. Insbesondere ist DA nichtvorgreifend.

6.4 Hilfssatz. *Jede natürliche Übergangsleistungsfunktion in der Personenversicherung ist nichtvorgreifend.*

Beweis. Dies folgt aus der Integraldarstellung (6.1.4): Wegen $\mathfrak{W}_t = I(\mathfrak{V}_t)$ und (4.8.2) ist

$$\mathcal{W} \ni w \longmapsto (H \circ I^{-1})(w) \in \mathcal{N}$$

$\mathfrak{W}_t$–$\mathfrak{N}_t$-meßbar für alle $t > 0$. Außerdem ist für alle $t \geq 0$

$$\begin{aligned}\mathcal{N} \ni n \longmapsto \sum_{(y,z)\in J} \int_{\{DT\leq t\}} D_{yz}\, dn_{yz} \\ = \sum_{(y,z)\in J} \sum_{\{s>0 \mid DT(s)\leq t,\ \Delta n_{yz,s}=1\}} D_{yz}(s) \in [0,\infty)\end{aligned}$$

$\mathfrak{N}_t$–$\mathfrak{B}([0,\infty))$-meßbar (man beachte $DT \geq \mathrm{Id}$), so daß $w \longmapsto DA_w(t)$ als Komposition dieser Abbildungen $\mathfrak{W}_t$–$\mathfrak{B}([0,\infty))$-meßbar ist. □

6.5 Bemerkung und Definition. Seien $(\mathcal{W}, \mathfrak{W})$ ein Modellraum und $I: (\mathcal{V}, \mathfrak{V}) \longrightarrow (\mathcal{W}, \mathfrak{W})$ eine Isomorphie. Eine *natürliche Verbleibsleistungsfunktion in der Personenversicherung* ist eine Versicherungsleistungsfunktion der Gestalt

$$SA = \sum_{z\notin \mathcal{S}_a} SA_z : \mathcal{W} \times [0,\infty) \longrightarrow [0,\infty)\,, \tag{6.5.1}$$

wobei $\mathcal{S}_a \subset \mathcal{S}$ die Menge der absorbierenden Zustände ist und die Versicherungsleistungsfunktion SA_z die durch den Verbleib im Zustand z bedingte Leistung beschreibt. Mit einer Verteilungsfunktion $F_z: [0,\infty) \longrightarrow [0,\infty)$ und dem zu $w \in \mathcal{W}$ gehörigen Zustandsverlauf $I^{-1}(w)$ ist

$$SA_{z,w}(t) := F_z\big([0,t] \cap \{s \mid I^{-1}(w)_s = z\}\big) = \int_{[0,t]} 1_{\{z\}}\big(I^{-1}(w)_s\big)\, F_z(ds)\,. \tag{6.5.2}$$

(In Zukunft setzen wir $F_z \equiv 0$, $z \in \mathcal{S}_a$.) Jede Kombination

$$A := DA + SA \tag{6.5.3}$$

mit DA gemäß (6.1.1) und SA gemäß (6.5.1) heißt *natürliche Versicherungsleistungsfunktion in der Personenversicherung*.

Ähnlich wie bei Übergangsleistungsfunktionen könnte man auch die Verbleibsleistung nicht nur vom aktuellen Zustand sondern sogar von der gesamten Vergangenheit des Zustandsverlaufs abhängen lassen (Aufgabe 2), was wir wiederum nicht tun wollen. Gelegentlich fallen wiederkehrende Leistungen auch in absorbierenden Zuständen an (vergleiche die Todesfallzeitrente 5.3 (d) oder Leibrenten mit Rentengarantie wie in Aufgabe 5.28). Solche Versicherungsleistungsfunktionen sind nicht natürlich im Sinne von Definition 6.5. Im Gegensatz zur Zerlegung (5.20.3) ist die Zerlegung (6.5.3) offenbar nicht eindeutig.

6.6 Beispiel. Wir betrachten die Versicherung eines unter konkurrierenden Risiken stehenden Lebens in der Beschreibung (5.39.3). Dabei ist $\emptyset$ der einzige nichtabsorbierende Zustand. Ist SA eine natürliche Verbleibsleistungsfunktion (6.5.1), (6.5.2), so ist SA von der Form (5.47.1) mit $F_\emptyset$ statt F, also eine natürliche Erlebensfalleistungsfunktion.

6.7 Beispiel. Sei SA eine natürliche Verbleibsleistungsfunktion bei zwei unter einfachem Risiko stehenden Leben im Modell (5.39.2). Setzen wir $\overline{F}_{12} := F_{\{1,2\}}$, $\overline{F}_1 := F_{\{1\}}$ und $\overline{F}_2 := F_{\{2\}}$, so besitzt SA die Gestalt (5.40.2) mit $\overline{F}_*$ statt F_*, ist also eine natürliche Erlebensfalleistungsfunktion bei zwei verbundenen Leben.

6.8 Satz. *Jede natürliche Versicherungsleistungsfunktion in der Personenversicherung ist nichtvorgreifend.*

Beweis. Nach Hilfssatz 6.4 ist jede natürliche Übergangsleistungsfunktion nichtvorgreifend, dasselbe gilt für natürliche Verbleibsleistungsfunktionen (Aufgabe 3). □

Für theoretische Zwecke und bei etwas komplizierteren Beispielen als den bisher betrachteten ist es meistens angebracht, in den Definitionen 6.1 und 6.5 den Modellraum $(\mathcal{W}, \mathfrak{W}) := (\mathcal{V}, \mathfrak{V})$ und $I := \mathrm{Id}_{\mathcal{V}}$ zu wählen.

Wie zum Schluß von Abschnitt 4 A sei nun (p) eine Personenversicherungspolice mit zufälligem Zustandsverlauf $\big(\Omega, \mathfrak{A}, P, (X_t)_{t\geq 0}\big)$, zufälligem Übergangsverlauf $(N_t)_{t\geq 0}$ und zufälliger Sprungkette $\big((T_m, Z_m)\big)_{m\in\mathbb{N}_0}$.

6.9 Satz. *Sei K eine Kapitalfunktion.*
(a) *Der Barwert einer natürlichen Übergangsleistung DA für (p) gemäß* 6.1 *ist*

$$DB_{(p)} = \sum_{(y,z)\in J} \int \frac{D_{yz}}{K \circ DT}(s)\, dN_{yz,s} = \sum_{(y,z)\in J} \sum_{\{s \mid \Delta N_{yz,s}=1\}} \frac{D_{yz}(s)}{K \circ DT(s)} . \tag{6.9.1}$$

(b) *Der Barwert einer natürlichen Verbleibsleistung SA für (p) gemäß* 6.5 *ist*

$$SB_{(p)} = \sum_{z\in\mathcal{S}} \int_{\{s \mid X_s = z\}} \frac{1}{K(\tau)}\, F_z(d\tau) . \tag{6.9.2}$$

Beweis. Zu (a)*:* Seien $\omega \in \Omega$ und $(y,z) \in J$. Nach (6.1.4) ist $DA_{yz,I\circ X(\omega)}$ die Verteilung von DT unter dem diskreten Borelmaß auf $(0,\infty)$ mit Dichte D_{yz} bezüglich $N_{yz,\cdot}(\omega)$:

$$DA_{yz,I\circ X(\omega)} = \mathcal{L}\big(DT \mid D_{yz}\, N_{yz,\cdot}(\omega)\big) .$$

Also liefert der Transformationssatz

$$\int \frac{1}{K(\tau)}\, DA_{yz,I\circ X(\omega)}(d\tau) = \int \frac{D_{yz}}{K \circ DT}(s)\, dN_{yz,s}(\omega)$$

und damit (6.9.1) durch Summation über $(y,z) \in J$ und Einsetzen in (5.49.2).

Zu (b)*:* (6.9.2) folgt unmittelbar aus der offensichtlichen Beziehung

$$SA_{I \circ X(\omega)}(t) = \sum_{z \in \mathcal{S}} F_z\big([0,t] \cap \{s \mid X_s(\omega) = z\}\big)$$
$$= \sum_{z \in \mathcal{S}} \int_{[0,t]} 1_{\{s \mid X_s(\omega)=z\}}(\tau)\, F_z(d\tau)\,, \qquad \omega \in \Omega,\ t \geq 0. \qquad \square$$

Die Barwertformeln (6.9.1) und (6.9.2) verallgemeinern die Formeln für Barwerte natürlicher Versicherungsleistungen bei der Versicherung eines Lebens, welches unter einfachem Risiko oder unter konkurrierenden Risiken steht, sowie die bei mehreren unabhängigen Leben unter einfachem Risiko (Aufgabe 5).

Aus Satz 6.9 leitet man leicht die folgenden Darstellungen für Barwerte natürlicher Versicherungsleistungen in der Personenversicherung mit Hilfe der zugrunde liegenden markierten Punktprozesse ab:

6.10 Folgerung. *Sei K eine Kapitalfunktion. Dann gelten*

$$DB_{(p)} = \sum_{m=1}^{\infty} \frac{D_{Z_{m-1}Z_m} \circ T_m}{K \circ DT \circ T_m} \cdot 1_{\{T_m < \infty\}}\,, \tag{6.10.1}$$

$$SB_{(p)} = \sum_{m=0}^{\infty} \int_{[T_m, T_{m+1})} \frac{1}{K(\tau)}\, F_{Z_m}(d\tau)\,. \tag{6.10.2}$$

Für die Berechnung von erwarteten Barwerten natürlicher Übergangsleistungen ist es hilfreich, an einige Sachverhalte über multivariate Zählprozesse zu erinnern.

6.11 Bemerkung. Jeder bei 0 startende multivariate stochastische Prozeß $A = (A_{j,t})_{j \in J,\, t \geq 0}$ auf einem Wahrscheinlichkeitsraum $(\Omega, \mathfrak{A}, P)$ mit Zustandsraum $[0, \infty)^J$ und monoton nichtfallenden rechtsseitig stetigen Komponenten kann aufgefaßt werden als zufälliger $[0, \infty)$-wertiger Inhalt

$$\mu_A\colon \big(\omega, (s,t] \times I\big) \longmapsto \sum_{i \in I} \big(A_{i,t}(\omega) - A_{i,s}(\omega)\big)$$

auf dem Halbring

$$\mathfrak{H} := \big\{(s,t] \times I \mid 0 \leq s \leq t < \infty,\ I \subset J\big\}.$$

Da $\mu_A\big(\cdot, (s,t] \times I\big)$ stets meßbar und $\mu_A(\omega, \cdot)$ stets endlich und wegen der Rechtsstetigkeit von A $\emptyset$-stetig ist, kann μ_A eindeutig zu einem Übergangskern von $(\Omega, \mathfrak{A})$ nach $\big((0,\infty) \times J,\ \mathfrak{B}((0,\infty)) \otimes 2^J\big)$ fortgesetzt werden, der wiederum mit μ_A bezeichnet wird. Die Meßbarkeit der Fortsetzung in ω ergibt sich daraus, daß für alle $n \in \mathbb{N}$

$$\big\{B \times I \in \mathfrak{B}((0,n]) \times 2^J \mid \omega \longmapsto \mu_A(\omega, B \times I) \text{ meßbar}\big\}$$

ein Dynkin-System in $(0, n]$ bildet, welches $\mathfrak{H} \cap \big((0, n] \times J\big)$ umfaßt. Die Fortsetzung μ_A ist $[0, \infty]$-wertig, und für alle $\omega \in \Omega$ gilt

$$\mu_A(\omega, B \times I) < \infty, \qquad B \in \mathfrak{B}((0, \infty)) \text{ beschränkt}, \quad I \subset J\,.$$

Umgekehrt definiert jeder solche Übergangskern μ von $(\Omega, \mathfrak{A})$ nach $\big((0, \infty) \times J, \mathfrak{B}((0, \infty)) \otimes 2^J\big)$ eindeutig einen bei 0 startenden multivariaten Prozeß A_μ mit monoton nichtfallenden rechtsseitig stetigen Komponenten vermöge

$$A_{\mu,j,t} := \mu\big((0, t] \times \{j\}\big), \quad t \geq 0, \ j \in J\,,$$

und beide Prozeduren sind zueinander invers:

$$\mu_{(A_\mu)} = \mu\,, \quad A_{(\mu_A)} = A\,.$$

(Für festes $\omega \in \Omega$ und einelementiges J ist diese Korrespondenz nichts anderes als die übliche Identifikation von Borelmaßen auf $(0, \infty)$ mit ihren Verteilungsfunktionen.) Ist A univariat, so wird A aufgefaßt als Übergangskern nach $\big((0, \infty), \mathfrak{B}((0, \infty))\big)$. Mit dieser Konvention gilt dann im multivariaten Fall für die Randverteilung

$$\mathcal{L}\big(\mathrm{pr}_{(0,\infty)} \mid \mu_A\big) = \sum_{j \in J} \mu_{A_j}\,.$$

Das *Mittelwertsmaß* (*Intensitätsmaß*) von A ist definiert durch

$$\overline{\mu}_A : \mathfrak{B}((0, \infty)) \otimes 2^J \ni C \longmapsto E\big(\mu_A(\cdot, C)\big) \in [0, \infty]\,.$$

Sei nun speziell $A = N$ ein multivariater Zählprozeß. Dann ist μ_N $\overline{\mathbb{N}}_0$-wertig und hat folgende zwei Zusatzeigenschaften:

$$\begin{aligned} \mu_N\big(\omega, \{(t, j)\}\big) &= \Delta N_{j,t}(\omega) \in \{0, 1\}\,, && \omega \in \Omega, \ t > 0, \ j \in J\,, \\ \mu_N\big(\omega, \{(t, i)\}\big) \cdot \mu_N\big(\omega, \{(t, j)\}\big) &= 0\,, && \omega \in \Omega, \ t > 0, \ \{i \neq j\} \subset J\,. \end{aligned}$$

Ist $J = \big\{(y, z) \in \mathcal{S}^2 \mid y \neq z\big\}$, N der zu X gehörige zufällige Übergangsverlauf und (T, Z) der zugehörige markierte Punktprozeß, so gilt

$$\mu_N = \sum_{\{m \in \mathbb{N} \mid T_m < \infty\}} \varepsilon_{T_m, Z_m}\,.$$

Im Rahmen von Bemerkung 6.11 erhält der wohlbekannte Satz von Fubini für Übergangskerne folgende Gestalt (vergleiche Reiss (1993), Lemma 5.3.1):

6.12 Hilfssatz („Campbell-Theorem“). *Sei $A = (A_{j,t})_{j \in J, t \geq 0}$ ein bei 0 startender Prozeß auf $(\Omega, \mathfrak{A}, P)$ mit Zustandsraum $[0, \infty)^J$ und monoton nichtfallenden rechtsseitig stetigen Komponenten sowie zugehörigem Übergangskern μ_A. Dann gelten:*

(a) *Das Mittelwertsmaß $\overline{\mu}_A$ ist ein Maß.*

(b) *Für alle* $f:\big((0,\infty)\times J,\ \mathfrak{B}((0,\infty))\otimes 2^J\big) \longrightarrow \big([0,\infty],\ \mathfrak{B}([0,\infty])\big)$ *ist*

$$\omega \longmapsto \int f\, d\mu_A(\omega,\cdot)$$

$\mathfrak{A}$–$\mathfrak{B}\big([0,\infty]\big)$*-meßbar, und es ist*

$$E\Big(\int f\, d\mu_A\Big) = \int f\, d\overline{\mu}_A\,. \tag{6.12.1}$$

(c) *Ist* $f:\big((0,\infty)\times J,\ \mathfrak{B}((0,\infty))\otimes 2^J\big) \longrightarrow \big(\overline{\mathbb{R}}^1, \mathfrak{B}(\overline{\mathbb{R}}^1)\big)$ *eigentlich* $\overline{\mu}_A$*–integrierbar, so ist* $\int f\, d\mu_A$ *P-fast sicher wohldefiniert und endlich,* $\mathfrak{A}$–$\mathfrak{B}(\overline{\mathbb{R}}^1)$*-meßbar, und es gilt* (6.12.1).

Beweis. (a) ergibt sich direkt daraus, daß μ_A ein Übergangskern ist. Für Indikatorfunktionen $f = 1_C$ $\big(C \in \mathfrak{B}((0,\infty))\otimes 2^J\big)$ gilt (b) wegen der Meßbarkeitseigenschaft von Kernen und nach Definition des Mittelwertsmaßes. Der allgemeine Fall in (b) sowie (c) folgen daraus unmittelbar mit Hilfe der üblichen Linearitäts- und Stetigkeitsargumente. □

6.13 Folgerung. *Der erwartete Barwert einer natürlichen Übergangsleistung DA für* (p) *gemäß* 6.1 *ist*

$$\begin{aligned} E(DB_{(p)}) &= \sum_{(y,z)\in J} E\Big(\int \frac{D_{yz}}{K\circ DT}(s)\, dN_{yz,s}\Big) \\ &= \sum_{(y,z)\in J} \int \frac{D_{yz}}{K\circ DT}\, d\overline{\mu}_{N_{yz}} = \int \frac{D_{yz}(\tau)}{K\circ DT(\tau)}\overline{\mu}_N\big(d(\tau;y,z)\big)\,. \end{aligned}$$

Beweis. (6.9.1) und (6.12.1). □

Für das folgende greifen wir zurück auf einige martingaltheoretische Grundlagen über multivariate Zählprozesse, die in Anhang 12 B dargestellt sind. Wir versehen $(\Omega, \mathfrak{A}, P)$ mit einer Filtration der Gestalt

$$\mathfrak{A}_t := a_\sigma\big(\mathfrak{B}\cup a_\sigma(N_s \mid s\le t)\big)\,, \qquad t\ge 0\,,$$

wobei wie gewöhnlich $\mathfrak{B}$ als „Anfangsinformation" zu interpretieren ist. Die Filtration ist dann rechtsstetig (Brémaud (1981), T 35, p. 309 in Verbindung mit T 26, p. 304).

6.14 Folgerung. *Sei* $E(N_t) < \infty$, $t\ge 0$. $(A_t)_{t\ge 0}$ *sei der kumulative Intensitätsprozeß von N bezüglich* $(\mathfrak{A}_t)_{t\ge 0}$. *Dann ist der erwartete Barwert einer natürlichen Übergangsleistung DA für* (p) *gemäß* 6.1

$$E(DB_{(p)}) = \sum_{(y,z)\in J} E\Big(\int \frac{D_{yz}}{K\circ DT}(s)\, dA_{yz,s}\Big)\,.$$

Beweis. Nach Definition von A und da jedes A_t komponentenweise integrabel ist, ist $M_{yz} := N_{yz} - A_{yz}$ für alle $(y, z) \in J$ ein quadratintegrables Martingal (Satz 12.27). Insbesondere gilt

$$0 = E(M_{yz,t}) - E(M_{yz,s}) = \overline{\mu}_{N_{yz}}((s,t]) - \overline{\mu}_{A_{yz}}((s,t]), \quad 0 \leq s \leq t < \infty,$$

so daß die Mittelwertsmaße $\overline{\mu}_N$ und $\overline{\mu}_A$ übereinstimmen. Damit folgt die Behauptung unmittelbar aus Folgerung 6.13 und Hilfssatz 6.12:

$$\begin{aligned} E(DB_{(p)}) &= \int \frac{D_{yz}(s)}{K \circ DT(s)}\, \overline{\mu}_N\big(d(s; y, z)\big) = \int \frac{D_{yz}(s)}{K \circ DT(s)}\, \overline{\mu}_A\big(d(s; y, z)\big) \\ &= \sum_{(y,z)\in J} E\Big(\int \frac{D_{yz}(s)}{K \circ DT(s)}\, dA_{yz,s}\Big). \end{aligned}$$

□

Zweite Momente (Varianzen, Kovarianzen) von Barwerten natürlicher Versicherungsleistungen können mit Hilfe von Aufgabe 6 behandelt werden. Auf erwartete Barwerte spezieller Formen der Pensionsversicherung gehen wir in den Abschnitten 6 C und 7 D ein.

B Ein Prinzip zur Berechnung erwarteter Barwerte bei Markovschem Zustandsverlauf

Wir gehen aus von einer Personenversicherungspolice (p) mit natürlicher Versicherungsleistungsfunktion $A = DA + SA$ gemäß 6.1 und 6.5, Kapitalfunktion K und einem zufälligen Zustandsverlauf, der gegeben ist durch einen Markovschen Sprungprozeß $\big(\Omega, \mathfrak{A}, P, (X_t)_{t\geq 0}\big)$ mit endlichem Zustandsraum $\mathcal{S}$, den zugehörigen multivariaten Zählprozeß $(N_t)_{t\geq 0}$ oder den markierten Punktprozeß $((T_m, Z_m))_{m\in\mathbb{N}_0}$. Ziel dieses Abschnittes ist die Darstellung eines allgemeinen Prinzips zur Ermittlung erwarteter Leistungsbarwerte in dieser Situation.

Dazu wird das Konzept des prospektiven Deckungskapitals des Versicherungs*leistungs*prozesses $A_{I\circ X}$ für (p) benötigt (vergleiche (5.49.1)). In diesem Abschnitt behandeln wir das prospektive Deckungskapital nur insoweit, als dies für die Begründung des Berechnungsprinzips hilfreich ist. Eine umfassende Darstellung, die auch Prämienzahlungsströme mit einbezieht, bleibt den Kapiteln 9 und 10 vorbehalten. Kapitel 9 gibt eine Einführung des Deckungskapitalbegriffes in der speziellen Situation eines unter einfachem Risiko stehenden Lebens, die parallel zu Abschnitt 6 B gelesen werden kann und sollte.

Für $s \geq 0$ seien $DB_{(p),s}$ der Barwert zur Zeit s aller *strikt nach s ausgelösten* Übergangsleistungen für (p), $SB_{(p),s}$ der Barwert zur Zeit s aller *ab einschließlich s fälligen*

Verbleibsleistungen und $B_{(p),s} := DB_{(p),s} + SB_{(p),s}$. Dann ist

$$DB_{(p),0} = DB_{(p)}, \quad SB_{(p),0} = SB_{(p)} \quad \text{und} \quad B_{(p),0} = B_{(p)}.$$

Man beachte, daß bei der Definition von Barwerten zukünftiger Übergangsleistungen der Auslösezeitpunkt und nicht der Fälligkeitszeitpunkt der Leistung entscheidend ist. Dadurch wird sichergestellt, daß keine Zahlungen, die von der echten Vergangenheit abhängen, in die zukünftigen Übergangsleistungen einfließen. Dies ist für die spätere Anwendung der Markov-Eigenschaft von Wichtigkeit (vergleiche zum Beispiel den Beweis von Satz 6.20). Als Verallgemeinerung von Satz 6.9 und von Folgerung 6.10 erhalten wir (Aufgabe 7)

6.15 Hilfssatz. *Für alle $s \geq 0$ gelten*

$$\begin{aligned} DB_{(p),s} &= \sum_{(y,z)\in J} \int_{(s,\infty)} \frac{D_{yz}}{K \circ DT}(t)\, dN_{yz,t} \cdot K(s) \\ &= \sum_{m=1}^{\infty} 1_{\{s<T_m<\infty\}} \frac{D_{Z_{m-1}Z_m} \circ T_m}{K \circ DT \circ T_m} \cdot K(s) \end{aligned} \tag{6.15.1}$$

und

$$\begin{aligned} SB_{(p),s} &= \sum_{z\in \mathcal{S}} \int_{[s,\infty)} 1_{\{X_t=z\}} \frac{1}{K(t)}\, F_z(dt) \cdot K(s) \\ &= \sum_{m=0}^{\infty} \int_{[s\vee T_m, T_{m+1})} \frac{1}{K(t)}\, F_{Z_m}(dt) \cdot K(s). \end{aligned} \tag{6.15.2}$$

Seien nun $(\mathfrak{A}_t)_{t\geq 0}$ eine Filtration von $(\Omega, \mathfrak{A})$ und $(X_t)_{t\geq 0}$ adaptiert an $(\mathfrak{A}_t)_{t\geq 0}$.

6.16 Definition. $V(s) := E(B_{(p),s} \,|\, \mathfrak{A}_s)$ heißt das *prospektive Deckungskapital des Versicherungsleistungsprozesses $A_{I\circ X}$ zur Zeit $s \geq 0$ bezüglich $(\mathfrak{A}_t)_{t\geq 0}$.*

Da $B_{(p),s}$ als Barwert der zukünftigen Leistungen nichtnegativ ist, existiert V_s stets, ist allerdings nicht notwendigerweise endlich. Ist $B_{(p),s}$ quadratintegrabel, so ist das prospektive Deckungskapital $V(s)$ die beste Vorhersage von $B_{(p),s}$, die auf der Basis der Information $\mathfrak{A}_s$ bis zur Zeit s bei quadratischem Verlust möglich ist:

$$E\big((B_{(p),s} - V(s))^2\big) = \min\big\{E((B_{(p),s} - Y)^2) \mid Y \in L_2(\Omega, \mathfrak{A}_s, P)\big\}.$$

Dies folgt aus der Projektionseigenschaft bedingter Erwartungswerte. $V(s)$ repräsentiert also den Wert der *zukünftigen* Leistungsverpflichtungen des VR gegenüber dem VN, ermittelt auf der Basis der bis zum gegenwärtigen Zeitpunkt s erhältlichen Information $\mathfrak{A}_s$ – daher das Attribut *prospektiv*. Man beachte, daß wegen der Nichteindeutigkeit der Zerlegung (6.5.3) und der unterschiedlichen Behandlung des gegenwärtigen Zeitpunktes s

beim natürlichen Erlebensfallanteil und beim natürlichen Todesfallanteil $V(s)$ in der Tat von der gegebenen Zerlegung (DA, SA) der Versicherungsleistung A und nicht nur von A abhängt. Diese unterschiedliche Behandlung ist einerseits in der Praxis üblich (siehe zum Beispiel Bowers et al. (1986), (7.4.5) oder Gerber (1997), (6.3.1)), andererseits ist sie auch mathematisch zweckmäßig: Sie führt zu einer übersichtlicheren Form der Thieleschen Integralgleichungen (6.20.1) und (6.20.2) und verwandter Ergebnisse, zerstört allerdings im Gegenzug die Rechtsstetigkeit der Pfade von $(s, \omega) \longmapsto V(s, \omega)$. Norberg (1991) zieht die rechtsstetige Variante des prospektiven Deckungskapitals vor, was darauf hinausläuft, in (6.15.2) die Integrationsbereiche (s, ∞) bzw. $(s, \infty) \cap [T_m, T_{m+1})$ zu verwenden (vergleiche Norbergs Ausführungen auf p. 9, Stracke (1997), Bemerkung 3.30 und unsere daraus entlehnte Aufgabe 10.18).

Sei nun $((X_t, \mathfrak{A}_t))_{t \geq 0}$ Markovsch mit regulärer Übergangsmatrix p und kumulativer Intensitätsmatrix q.

6.17 Hilfssatz. *Für $x \in \mathfrak{X}$ und $s \geq 0$ sei*

$$b(s, x) := \sum_{z \in \mathcal{S}} \int_{[s,\infty)} 1_{\{x_{t-s}=z\}} \frac{1}{K(t)} F_z(dt) \cdot K(s) + \sum_{(y,z) \in J} \int_{(s,\infty)} \frac{D_{yz}}{K \circ DT}(t) H_{yz}(x_{\cdot - s})(dt) \cdot K(s)$$

der Barwert zur Zeit s des Zahlungsstromes $[s, \infty) \ni t \longmapsto A_{I(x_{\cdot-s})}(t) \in [0, \infty)$. Dann gelten

(a) *b ist $\mathfrak{B}([0, \infty)) \otimes \mathfrak{X}$–$\mathfrak{B}([0, \infty))$-meßbar, und es ist*

$$B_{(p),s} = b\big(s, (X_{t+s})_{t \geq 0}\big), \qquad s \geq 0.$$

(b) $V(s) = E(B_{(p),s} \mid X_s) = E\big(b(s, (X_{t+s})_{t \geq 0}) \mid X_s\big)$ *P-f.s., $s \geq 0$.*

Beweis. (a) ist offensichtlich (siehe Hilfssatz 6.15), die erste Identität in (b) folgt aus der Markov-Eigenschaft von $((X_t, \mathfrak{A}_t))_{t \geq 0}$, die zweite aus Teil (a). □

Wegen Teil (b) dieses Hilfssatzes ist die folgende Definition sinnvoll.

6.18 Definition. Das *prospektive Deckungskapital des Versicherungsleistungsprozesses $A_{I \circ X}$ zur Zeit $s \geq 0$ im Zustand $y \in \mathcal{S}$* ist der bedingte Erwartungswert zukünftiger Leistungen gegeben $X_s = y$,

$$V_y(s) := E(B_{(p),s} \mid X_s = y).$$

6.19 Hilfssatz. *Sei $s \geq 0$. Dann gelten*

(a) $V(s) = \sum_{y \in \mathcal{S}} 1_{\{X_s = y\}} V_y(s)$ *P-f.s.*

(b) $V_y(s) = E\big(b(s, (X_{t+s})_{t \geq 0}) \mid X_s = y\big), \quad y \in \mathcal{S},\ P(X_s = y) > 0.$

(c) $y \in \mathcal{S}_a\,,\;\; P(X_s = y) > 0 \implies V_y(s) = 0.$

Dies folgt unmittelbar aus Definition 6.18, Hilfssatz 6.17 (b) und der Forderung, daß in absorbierenden Zuständen keine natürlichen Verbleibsleistungen anfallen (siehe Definition 6.5).

6.20 Satz. *Für alle* $(s, y) \in [0, \infty) \times \mathcal{S}$ *mit* $P(X_s = y) > 0$ *gilt*

$$\begin{aligned} V_y(s) = & \int\limits_{[s,\infty)} v(t)\,\overline{p}_y(s,t)\,F_y(dt)\cdot K(s) \\ & + \sum_{z\neq y} \int\limits_{(s,\infty)} \Big(v\big(DT(t)\big)\,D_{yz}(t) + v(t)\,V_z(t)\Big)\,E_{yz}(s,dt)\cdot K(s)\,; \end{aligned} \tag{6.20.1}$$

ist q regulär, so ist

$$\begin{aligned} V_y(s) = & \int\limits_{[s,\infty)} v(t)\,\overline{p}_y(s,t)\,F_y(dt)\cdot K(s) \\ & + \sum_{z\neq y} \int\limits_{(s,\infty)} \Big(v\big(DT(t)\big)\,D_{yz}(t) + v(t)\,V_z(t)\Big)\,\overline{p}_y(s,t-0)\,q_{yz}(dt)\cdot K(s)\,. \end{aligned} \tag{6.20.2}$$

Dieser Satz, der im Anschluß an die Bemerkungen 6.21 bewiesen wird, ist ein Spezialfall der in Abschnitt 10 C behandelten *Thieleschen Integralgleichungen vom Typ* 1 für prospektive Deckungskapitalien von Versicherungs*zahlungs*prozessen (also unter Einbeziehung von Prämienzahlungen). Wir benötigen ihn hier zur Berechnung von Leistungsbarwerten in der Personenversicherung (vergleiche Bemerkung 6.21 (c)). Eine ausführliche Behandlung Thielescher Integralgleichungen, die auch auf ihre historischen Hintergründe, wichtige Spezialfälle und weitere Anwendungen eingeht, bleibt den Kapiteln 9 und 10 vorbehalten.

6.21 Bemerkungen.

(a) Der erwartete Barwert der Versicherungsleistung A für (p) ergibt sich aus

$$E(B_{(p)}) = \sum_{y\in\mathcal{S}} E(B_{(p)} \mid X_0 = y)\cdot P(X_0 = y)\,, \tag{6.21.1}$$

wobei sich die bedingten Erwartungswerte gegeben $X_0 = y$ nach Satz 6.20 (angewandt mit $s = 0$) wie folgt berechnen:

$$\begin{aligned} E(B_{(p)} \mid X_0 = y) = & \int\limits_{[0,\infty)} v(t)\,\overline{p}_y(0,t)\,F_y(dt) \\ & + \sum_{z\neq y} \int\limits_{(0,\infty)} \Big(v\big(DT(t)\big)\,D_{yz}(t) + v(t)\,V_z(t)\Big)\,E_{yz}(0,dt)\,. \end{aligned} \tag{6.21.2}$$

(b) Sei nun $y \in \mathcal{S}$ mit $P(X_0 = y) > 0$ so gewählt, daß von y aus nur absorbierende Zustände erreichbar sind. Dann gilt nach (6.21.2) und Hilfssatz 6.19 (c)

$$\begin{aligned} E(B_{(p)} \mid X_0 = y) = & \int\limits_{[0,\infty)} v(t)\, \overline{p}_y(0,t)\, F_y(dt) \\ & + \sum_{z \neq y} \int\limits_{(0,\infty)} v\big(DT(t)\big)\, D_{yz}(t)\, E_{yz}(0,dt)\,. \end{aligned} \tag{6.21.3}$$

(c) Ein Vergleich von (6.21.2) und (6.21.3) führt zu einem allgemeinen Prinzip für die Berechnung des erwarteten Barwertes $E(B_{(p)})$: Zur Berechnung von $E(B_{(p)} \mid X_0 = y)$ legt man ein Modell mit mehreren Ursachen $\mathcal{S} \setminus \{y\}$ des Ausscheidens aus dem Zustand y zugrunde mit Verbleibsleistung F_y und Ausscheideleistung $\overline{D}_{yz} = D_{yz} + v \cdot K \circ DT \cdot V_z$, fällig zur Zeit DT beim Ausscheiden in den Zustand z, und ermittelt dann $E(B_{(p)} \mid X_0 = y)$ gemäß (6.21.3) mit $\overline{D}$ an Stelle von D. Falls nötig, wird dazu $V_z(t)$ für $t \geq 0$ auf dieselbe Weise ermittelt, das Verfahren also (mit t statt 0) wiederholt. Ist die Menge möglicher Übergänge hierarchisch (siehe Aufgabe 4.2), so liefert eine endliche Iteration des Verfahrens den gesuchten erwarteten Leistungsbarwert. Da dieses Prinzip unmittelbar einzuleuchten scheint, wird es in der Praxis vielfach ohne weitere Begründung eingesetzt, um die Barwertberechnung auf den Fall mehrerer Ausscheideursachen zu reduzieren (beispielsweise in Neuburger (1997), Abschnitt 2.4, oder bei Bowers et al. (1986), (10.4.1)). Eine (in der Regel aufwendigere) Alternative findet sich in Aufgabe 23.

Beweis von Satz 6.20. Wir übernehmen den von Milbrodt und Stracke (1997) in Abschnitt 5 gegebenen ersten Beweis der Thieleschen Integralgleichungen vom Typ 1. Offenbar genügt es, (6.20.1) zu beweisen.

Dazu sei $X_s = y$. Eine Idee von Hoem (1969, Abschnitt 4) aufgreifend, werden die Versicherungsleistungen nach s wie folgt zerlegt:

- Verbleibsleistungen bis ausschließlich zum ersten Zustandswechsel nach s (also für den Verbleib in y bis $T(s)$),
- Übergangsleistungen für den ersten Zustandswechsel nach s (bei dem man y zur Zeit $T(s)$ verläßt),
- Versicherungsleistungen nach dem ersten Zustandswechsel.

Diese Aufgliederung liefert

$$\begin{aligned} B_{(p),s} \cdot 1_{\{X_s = y\}} = 1_{\{X_s = y\}} & \int\limits_{[s,T(s))} \frac{1}{K(t)}\, F_y(dt) \cdot K(s) \\ & + 1_{\{X_s = y,\ T(s) < \infty\}}\, \frac{D_{yX_{T(s)}}}{K \circ DT}\,(T(s)) \cdot K(s) \\ & + 1_{\{X_s = y,\ T(s) < \infty\}} \cdot \frac{B_{(p),T(s)}}{K(T(s))} \cdot K(s)\,. \end{aligned}$$

Sei nun $P(X_s = y) > 0$. Für den ersten Summanden liefert der Satz von Fubini

$$E\Big(\int\limits_{[s,T(s))} \frac{1}{K(t)}\, F_y(dt) \cdot K(s) \mid X_s = y\Big) = \int\limits_{[s,\infty)} \frac{\overline{p}_y(s,t)}{K(t)}\, F_y(dt) \cdot K(s)\,.$$

Für den zweiten Summanden erhalten wir

$$\begin{aligned} &E\Big(1_{\{T(s)<\infty\}}\, \frac{D_{yX_{T(s)}}}{K \circ DT}(T(s)) \cdot K(s) \mid X_s = y\Big) \\ &= \sum_{z \neq y} \int\limits_{(s,\infty)} \frac{D_{yz}}{K \circ DT}\,(t)\, E_{yz}(s,dt) \cdot K(s)\,. \end{aligned}$$

Für die Behandlung des letzten Summanden benötigen wir die starke Markov-Eigenschaft von X in der Form von Aufgabe 4.9. Zusammen mit den Hilfssätzen 6.17 (a) und 6.19 (b) liefert sie P-fast sicher auf $\{T(s) < \infty\}$

$$\begin{aligned} E(B_{(p),T(s)} \mid \mathfrak{A}_{T(s)}) &= E\big(b\left(T(s), (X_{t+T(s)})_{t\geq 0}\right) \mid \mathfrak{A}_{T(s)}\big) \\ &= E(B_{(p),t} \mid X_t = z)\big|_{(t,z)=(T(s),X_{T(s)})} = V_z(t)\big|_{(t,z)=(T(s),X_{T(s)})}\,. \end{aligned}$$

Also gilt

$$\begin{aligned} &E\Big(1_{\{T(s)<\infty\}} \cdot \frac{B_{(p),T(s)}}{K(T(s))} \cdot K(s) \mid X_s = y\Big) \\ &= E\Big(1_{\{T(s)<\infty\}} \cdot \frac{E(B_{(p),T(s)} \mid \mathfrak{A}_{T(s)})}{K(T(s))} \mid X_s = y\Big) \cdot K(s) \\ &= E\Big(1_{\{T(s)<\infty\}} \cdot \frac{1}{K(T(s))}\, V_{X_{T(s)}}(T(s)) \mid X_s = y\Big) \cdot K(s) \\ &= \sum_{z \neq y} \int\limits_{(s,\infty)} \frac{V_z(t)}{K(t)}\, E_{yz}(s,dt) \cdot K(s)\,. \end{aligned}$$

Addition dieser drei Terme ergibt (6.20.1). □

In der Praxis sind die partiellen Verteilungsfunktionen $E_{yz}(s,\cdot)$ in der Regel nur für diskrete, meistens ganzzahlige Zeitpunkte $n > s$ gegeben (zum Beispiel durch die Richttafeln (Heubeck, 1983b, 1998), durch Sterbetafeln oder andere im tabellarischen Buchanhang wiedergegebene Tafeln). Zur Umsetzung des Prinzips 6.21 (c) für die Ermittlung von erwarteten Barwerten benötigt man Zusatzannahmen, die

- es erlauben, aufgeschobene bedingte Sprungwahrscheinlichkeiten $E_{yz}(s+h,\cdot)$ mittels nicht aufgeschobener bedingter Sprungwahrscheinlichkeiten $E_{yz}(s,\cdot)$ auszudrücken, indem man die Aufschubzeit h dem Eintrittsalter zuschlägt,
- eine Berechnung von $E_{yz}(s,\cdot)$ an nicht ganzzahligen Zwischenstellen ermöglichen.

Das erste führt auf eine Verallgemeinerung der Stationaritätsbedingungen (3.6.1) und (3.31.1), das zweite in Anlehnung an Abschnitt 3 E zur Verwendung der Annahme einer unterjährlichen bedingten Gleichverteilung des Sprungzeitpunktes $T(s)$, die sich im Spezialfall mehrerer Ausscheideursachen auf die Bedingungen (a) oder (b) aus Satz 3.42 reduziert.

Zur Formulierung der Stationaritätsbedingung benötigen wir eine durch das Alter $x \geq 0$ von (p) indizierte Familie von Markovschen Sprungprozessen $\big(\Omega, \mathfrak{A}, P, (X_t^{(x)})_{t\geq 0}\big)$ mit Zustandsraum $\mathcal{S}$; dabei beschreibt $(X_t^{(x)})_{t\geq 0}$ das von (x) ausgehende Risiko. Wir schreiben $T^{(x)}(s)$ für die zu $(X_t^{(x)})_{t\geq 0}$ gehörige Zeit des ersten Sprunges nach $s \geq 0$,

$$E_{yz}^{(x)}(s,t) := P\big(T^{(x)}(s) \leq t,\ X_{T^{(x)}(s)}^{(x)} = z \mid X_s^{(x)} = y\big)\,, \qquad 0 \leq s \leq t,\ (y,z) \in J\,,$$
$$E_y^{(x)}(s,t) := \sum_{z \neq y} E_{yz}^{(x)}(s,t)\,, \qquad 0 \leq s \leq t,\ y \in \mathcal{S}\,,$$

und $q^{(x)}$ für die gemäß (4.28.6) und (4.28.7) zu $E^{(x)}$ gehörige kumulative Intensitätsmatrix.

6.22 Bemerkung und Definition. In Verallgemeinerung von 3.6 und 3.31 wird für $(E^{(x)})_{x\geq 0}$ im folgenden die *Stationaritätsbedingung* (*Verträglichkeitsbeziehung*)

$$E_{yz}^{(x)}(s+h, t+h) = E_{yz}^{(x+h)}(s,t)\,, \quad 0 \leq s \leq t,\ x \geq 0,\ h \geq 0,\ (y,z) \in J\,, \tag{6.22.1}$$

bzw. äquivalent

$$\begin{aligned} &P\big(T^{(x)}(s+h) \leq t+h,\ X_{T^{(x)}(s+h)}^{(x)} = z \mid X_{s+h}^{(x)} = y\big) \\ &\quad = P\big(T^{(x+h)}(s) \leq t,\ X_{T^{(x+h)}(s)}^{(x+h)} = z \mid X_s^{(x+h)} = y\big)\,, \\ &\qquad 0 \leq s \leq t,\ x \geq 0,\ h \geq 0,\ (y,z) \in J\,, \end{aligned} \tag{6.22.2}$$

gefordert. Offensichtlich gilt dann auch

$$E_y^{(x)}(s+h, t+h) = E_y^{(x+h)}(s,t)\,, \quad 0 \leq s \leq t,\ x \geq 0,\ h \geq 0,\ y \in \mathcal{S}. \tag{6.22.3}$$

Analog zu Satz 3.7 und Bemerkung 3.31 (d) erhalten wir unter der Stationaritätsbedingung (6.22.1) die kumulativen Intensitätsmatrizen $q^{(x)}$, $x \geq 0$, aus den Zuwächsen einer einzigen kumulativen Intensitätsmatrix:

$$q_{yz}^{(x)}(s,t) = q_{yz}^{(0)}(s+x, t+x)\,, \quad 0 \leq s \leq t,\ x \geq 0,\ (y,z) \in J \tag{6.22.4}$$

(Aufgabe 9).

Wegen des folgenden Hilfssatzes ermöglicht es die Stationaritätsbedingung, analog zu Bemerkung 3.31 (b) die mehrjährigen Verbleibswahrscheinlichkeiten als Produkte von einjährigen Verbleibswahrscheinlichkeiten auszurechnen.

6.23 Hilfssatz. *Seien* $\big(\Omega, \mathfrak{A}, P, (X_t^{(x)})_{t\geq 0}\big)$, $x \geq 0$, *Markovsche Sprungprozesse mit Zustandsraum* $\mathcal{S}$, *die die Stationaritätsbedingung* (6.22.1) *erfüllen. Weiter seien* $\{k, t, x\} \subset [0, \infty)$. *Dann gilt für die bedingten Verbleibswahrscheinlichkeiten in je-*

dem Zustand $y \in \mathcal{S}$

$$\overline{p}_y^{(x)}(0, t + k) = \overline{p}_y^{(x)}(0, k) \cdot \overline{p}_y^{(x+k)}(0, t)\,; \tag{6.23.1}$$

insbesondere ist für $k \in \mathbb{N}$ die bedingte k-jährige Verbleibswahrscheinlichkeit

$$\overline{p}_y^{(x)}(0, k) = \prod_{\ell=0}^{k-1} \overline{p}_y^{(x+\ell)}(0, 1)\,. \tag{6.23.2}$$

Beweis. Es genügt der Beweis von (6.23.1). Für alle $y \in \mathcal{S}$ ist

$$\begin{aligned}
&\overline{p}_y^{(x+k)}(0, t) \cdot \overline{p}_y^{(x)}(0, k)\\
&\quad = P\big(T^{(x)}(k) > t + k \mid X_k^{(x)} = y\big) \cdot P\big(T^{(x)}(0) > k \mid X_0^{(x)} = y\big)\\
&\quad = P\big(T^{(x)}(k) > t + k \mid X_s^{(x)} = y,\ s \in [0, k]\big) \cdot P\big(X_s^{(x)} = y,\ s \in [0, k] \mid X_0^{(x)} = y\big)\\
&\quad = P\big(T^{(x)}(k) > t + k;\ X_s^{(x)} = y,\ s \in [0, k] \mid X_0^{(x)} = y\big)\\
&\quad = P\big(T^{(x)}(0) > t + k \mid X_0^{(x)} = y\big) = \overline{p}_y^{(x)}(0, t + k)\,.
\end{aligned}$$

Dabei gilt die erste Identität wegen der Stationaritätsbedingung in der Form (6.22.2), und die zweite folgt aus der Markov-Eigenschaft von $X^{(x)}$. □

Bei der Darstellung der unterjährlichen bedingten Gleichverteilungsannahme folgen wir Stracke (1997), Satz 2.15.

6.24 Satz. *Seien $y \in \mathcal{S}$ und $n \in \mathbb{N}_0$ mit $P(X_n = y) > 0$. Es gelte*

$$E_{yz}(n, t) = (t - n)\, E_{yz}(n, n + 1)\,, \quad z \neq y,\ t \in (n, n + 1]\,. \tag{6.24.1}$$

Dann folgen

$$E_{yz}(s, t) = \frac{(t - s)\, E_{yz}(n, n + 1)}{1 - (s - n)\, E_y(n, n + 1)}\,, \quad z \neq y,\ n \leq s \leq t \leq n + 1\,, \tag{6.24.2}$$

und

$$E_y(s, t) = \frac{(t - s)\, E_y(n, n + 1)}{1 - (s - n)\, E_y(n, n + 1)}\,, \quad n \leq s \leq t \leq n + 1\,. \tag{6.24.3}$$

Die kumulative Intensitätsmatrix $(q_{yz})_{(y,z)\in\mathcal{S}^2}$ gemäß (4.28.6) und (4.28.7) definiert Lebesgue-stetige Maße auf $\mathfrak{B}((n, n + 1])$ mit Dichten

$$\mu_{yz}(t) = \frac{E_{yz}(n, n + 1)}{1 - (t - n)\, E_y(n, n + 1)}\,, \quad z \neq y,\ t \in (n, n + 1]\,, \tag{6.24.4}$$

und

$$\mu_{yy}(t) = -\frac{E_y(n, n + 1)}{1 - (t - n)\, E_y(n, n + 1)}\,, \quad t \in (n, n + 1]\,. \tag{6.24.5}$$

$q_{yy}\big|_{\mathfrak{B}((n,n+1])}$ ist genau dann endlich, wenn $E_y(n, n + 1) < 1$.

Beweis. Wir beschränken uns auf den Beweis von (6.24.2). Die Beziehungen (6.24.3)–(6.24.5) folgen daraus durch Summation über $z \neq y$, mittels (4.28.6) und Differentiation nach t, sowie durch erneute Summation über z.

Seien also $z \neq y$ und $n \leq s \leq t \leq n+1$. Dann liefert die Markov-Eigenschaft von X

$$\begin{aligned} &E_{yz}(n,t) - E_{yz}(n,s) \\ &\quad = P\big(X_r = y,\ r \in [n,s];\ T(s) \leq t,\ X_{T(s)} = z \mid X_n = y\big) \\ &\quad = P\big(T(s) \leq t,\ X_{T(s)} = z \mid X_r = y,\ r \in [n,s]\big) \cdot P\big(X_r = y,\ r \in [n,s] \mid X_n = y\big) \\ &\quad = P\big(T(s) \leq t,\ X_{T(s)} = z \mid X_s = y\big) \cdot P\big(T(n) > s \mid X_n = y\big) \\ &\quad = E_{yz}(s,t) \cdot \big(1 - E_y(n,s)\big)\,, \end{aligned}$$

woraus die Beziehung (6.24.2) mittels (6.24.1) folgt. □

6.25 Bemerkungen. Seien $y \in \mathcal{S}$ und $n \in \mathbb{N}_0$ mit $P(X_n = y) > 0$.

(a) Ist $E_{yz}(n, n+1) > 0$, $z \neq y$, so ist die Annahme (6.24.1) äquivalent zu

$$P\big(T(n) \leq t \mid T(n) \leq n+1,\ X_{T(n)} = z,\ X_n = y\big) = t - n\,, \qquad z \neq y,\ t \in (n, n+1]\,, \tag{6.25.1}$$

denn

$$\frac{E_{yz}(n,t)}{E_{yz}(n,n+1)} = P\big(T(n) \leq t \mid T(n) \leq n+1,\ X_{T(n)} = z,\ X_n = y\big)\,.$$

Die Bedingung (6.24.1) ist also eine bedingte Gleichverteilungsannahme auf $(n, n+1]$ für den Sprungzeitpunkt $T(n)$ gegeben $T(n) \leq n+1$, $X_{T(n)} = z$, $X_n = y$.

(b) In der Pensionsversicherung findet häufig ein Teil der Übergänge kontinuierlich (d. h. mit stetigen Verteilungsfunktionen der Übergangszeiten) und ein anderer Teil diskret (zum Beispiel nur zu Monats- oder Jahreswechseln) statt. Das erste ist bei den meisten biologisch bestimmten Übergängen (beispielsweise in den Tod), das zweite bei den meisten administrativ geregelten Übergängen (beispielsweise zur Altersrente oder dem Ausscheiden durch Storno) der Fall. Satz 6.24 kann – mit geringfügig erweitertem Beweis – an diese Situation angepaßt werden. Wir beschränken uns auf die Darstellung der Ergebnisse.

Sei $\widetilde{\mathcal{S}} \subset \mathcal{S} \setminus \{y\}$ die Menge der Zustände, die von y aus im Zeitintervall $(n, n+1]$ höchstens zum Zeitpunkt $n+1$ erreicht werden können. Es gelte

$$\begin{aligned} E_{yz}(n,t) &= (t-n)\, E_{yz}(n,n+1)\,, && z \neq y,\ z \notin \widetilde{\mathcal{S}},\ t \in (n,n+1]\,, \\ E_{yz}(n,t) &= 0\,, && z \in \widetilde{\mathcal{S}},\ t \in (n,n+1)\,. \end{aligned} \tag{6.24.1'}$$

Dann folgen

$$E_{yz}(s,t) = \frac{(t-s)\, E_{yz}(n,n+1)}{1 - (s-n)\, E_y(n,n+1-0)}\,, \quad z \neq y,\ z \notin \widetilde{\mathcal{S}}, \quad n \leq s \leq t \leq n+1\,, \tag{6.24.2'}$$

und

$$E_y(s,t) = \frac{(t-s)\,E_y(n,n+1-0)}{1-(s-n)\,E_y(n,n+1-0)}, \qquad n \leq s \leq t < n+1 \qquad (6.24.3')$$

(man beachte $E_y(n,s) = (s-n)\,E_y(n,n+1-0)$, $n \leq s < n+1$). Für $z \neq y$, $z \notin \tilde{\mathcal{S}}$ definiert q_{yz} ein Lebesgue-stetiges Maß auf $\mathfrak{B}((n,n+1])$ mit Dichte

$$\mu_{yz}(t) = \frac{E_{yz}(n,n+1)}{1-(t-n)\,E_y(n,n+1-0)}, \qquad t \in (n,n+1]\,. \qquad (6.24.4')$$

C Erwartete Barwerte in der Pensions- und der Invaliditätsversicherung

In diesem Abschnitt illustrieren wir die Anwendung des Prinzips 6.21 (c) zur Berechnung erwarteter Barwerte an Hand wichtiger Beispiele aus der Pensions- und der Invaliditätsversicherung. In der Vertragsphase vor Leistungsbeginn werden Leistungsversprechen in der Pensions- und der Invaliditätsversicherung üblicherweise als *Anwartschaften* bezeichnet. In diesem Sinne ist unser Anliegen hier die Berechnung von erwarteten Anwartschaftsbarwerten.

6.26 Beispiel. In Anlehnung an Beispiel 3.16 von Stracke (1997) untersuchen wir nun ein gegenüber Beispiel 4.4 weiter vereinfachtes Modell der Pensionsversicherung ohne Hinterbliebenenversorgung. Die Zusammenfassung der dortigen Zustände ℓ, w, t zu einem einzigen absorbierenden Zustand t („Tod") liefert

$$\mathcal{S} = \{a, i, A, t\}, \qquad \ddot{U} = \big\{(a,i), (a,A), (a,t), (i,A), (i,t), (A,t)\big\}\,.$$

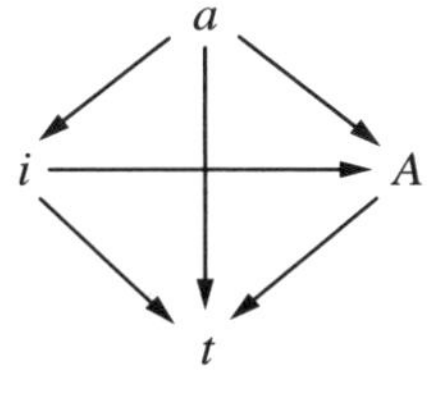

Wir betrachten eine zu Versicherungsbeginn aktive Person und setzen für deren zufälligen Zustandsverlauf die Markov-Eigenschaft sowie die Stationaritätsbedingung (6.22.1) voraus. Es existiere ein minimales Eintrittsalter x_0 (zum Beispiel $x_0 = 20$) und ein absolutes Rentenalter z (beispielsweise $z = 60$), zu dem jeder Aktive und jeder Invalide zum Altersrentner wird. Vorherige Verrentung sei nicht möglich. Ansonsten erfolge das Ausscheiden aus dem

- Aktivenbestand mit abhängigen einjährigen partiellen Ausscheidewahrscheinlichkeiten i_x in die Nebengesamtheit der Invaliden und q_x^{aa} in den Tod ($x = x_0, \ldots, z-1$),
- Invalidenbestand mit einjährigen Sterbenswahrscheinlichkeiten q_x^{ii} ($x = x_0, \ldots, z-1$),
- Altersrentnerbestand mit einjährigen Sterbenswahrscheinlichkeiten q_x^A ($x = z, z+1, \ldots$).

Weiter gelte die unterjährliche Gleichverteilungsannahme (6.24.1) für die Übergänge (a, i), (a, t), (i, t) und (A, t). Es seien ${}_s p_x^{aa}$, ${}_s p_x^{ii}$, ${}_s p_x^A$ die s-jährigen Verbleibswahrscheinlichkeiten in den entsprechenden Teilbeständen ($s \geq 0$); beispielsweise sei

$$p_x^{aa} := {}_1 p_x^{aa} := 1 - i_x - q_x^{aa}, \quad x \in \{x_0, \ldots, z-1\},$$

die Wahrscheinlichkeit, daß ein Aktiver des Alters x bis zum Alter $x+1$ weder invalide wird noch stirbt.

In der Notation von Definition 4.28 erhalten wir aus der Stationaritätsbedingung (6.22.1) als einjährige bedingte Sprungwahrscheinlichkeiten für (x)

$$\begin{aligned} E_{ai}(k, k+1) &= i_{x+k}, & k &\in \{0, \ldots, z-x-1\}, \\ E_{at}(k, k+1) &= q_{x+k}^{aa}, & k &\in \{0, \ldots, z-x-1\}, \\ E_{it}(k, k+1) &= q_{x+k}^{ii}, & k &\in \{1, \ldots, z-x-1\}, \\ E_{At}(k, k+1) &= q_{x+k}^{A}, & k &\in \{z-x, z-x+1, \ldots\}, \end{aligned}$$

und für die Übergänge zur Altersrente

$$E_{aA}(k, k+1) = \begin{cases} 0, & k \in \{0, \ldots, z-x-2\} \\ p_{z-1}^{aa}, & k = z-x-1, \end{cases}$$

$$E_{iA}(k, k+1) = \begin{cases} 0, & k \in \{1, \ldots, z-x-2\} \\ p_{z-1}^{ii}, & k = z-x-1. \end{cases}$$

Die Ausscheidewahrscheinlichkeiten i_x und q_x^{aa} können zum Beispiel den Richttafeln (Heubeck, 1983b oder 1998) entnommen werden. (Heubeck schreibt q_x^a statt q_x^{aa}.) Alternativ kann man unabhängige Invalidisierungswahrscheinlichkeiten und Aktivensterbenswahrscheinlichkeiten der DAV-Sterbetafel 1997 I (Tabelle 13.12) und einer der DAV-Sterbetafeln 13.3 bis 13.6 entnehmen und diese gemäß Aufgabe 3.17 (c) in abhängige Wahrscheinlichkeiten umrechnen. (Wir empfehlen die Verwendung der DAV-Sterbetafel 1994 R; in der Praxis üblich ist die Verwendung der Tafel 1994 T, der materielle Unterschied ist allerdings sehr gering.) Im Hinblick auf die Gleichsetzung von Aktivensterblichkeit und Bevölkerungssterblichkeit und auf die unterstellte Unabhängigkeit der Ausscheidewahrscheinlichkeiten ist dieses Verfahren mit Unwägbarkeiten behaftet. Geeignete Invalidensterbenswahrscheinlichkeiten $q_x^{ii} = {}^u q_x^{ii}$ finden sich bei Heubeck (1983b oder 1998, dort als q_x^i bezeichnet) oder in den Schlußtafeln der DAV-Selektionssterbetafeln 1997 TI für Berufsunfähige (Tabellen 13.13 und 13.14).

Die Rentnersterblichkeit wird zweckmäßigerweise mit der Bevölkerungssterblichkeit gleichgesetzt und der DAV-Sterbetafel 1994 R entnommen.

Wir wollen nun den *erwarteten Anwartschaftsbarwert* $\ddot{a}_x^{aiA}$ *einer lebenslänglichen, jährlich vorschüssig zahlbaren Invaliden- und Altersrente der Jahreshöhe* 1 *für* (x) bei zusammengesetzter Verzinsung mit Diskontierungsfaktor v berechnen. Die zugehörige natürliche Versicherungsleistungsfunktion (6.5.3) ist gegeben durch

$$DA \equiv 0\,, \qquad F_a \equiv 0\,, \qquad F_i = \sum_{k=1}^{z-x-1} 1_{[k,\infty)}\,, \qquad F_A = \sum_{k=z-x}^{\infty} 1_{[k,\infty)}\,. \tag{6.26.1}$$

Bemerkung 6.21 (a) und die Thielesche Integralgleichung (6.20.1) liefern

$$\ddot{a}_x^{aiA} = V_a(0) = \int\limits_{(0,\infty)} v^\tau\, V_i(\tau)\, E_{ai}(0, d\tau) + \int\limits_{(0,\infty)} v^\tau\, V_A(\tau)\, E_{aA}(0, d\tau)\,. \tag{6.26.2}$$

Dabei ist

$$\ddot{a}_x^{ai} := \int\limits_{(0,\infty)} v^\tau\, V_i(\tau)\, E_{ai}(0, d\tau) \tag{6.26.3}$$

der *erwartete Anwartschaftsbarwert einer jährlich vorschüssig zahlbaren Invalidenrente der Höhe* 1 *mit entsprechender lebenslänglicher Altersrente ab Erreichen der Altersgrenze als Invalider* und

$$\ddot{a}_x^{aA} := \int\limits_{(0,\infty)} v^\tau\, V_A(\tau)\, E_{aA}(0, d\tau) \tag{6.26.4}$$

der *erwartete Barwert der Anwartschaft auf jährlich vorschüssig zahlbare lebenslängliche Altersrente der Höhe* 1 *ab Erreichen der Altersgrenze als Aktiver.*

Nach Voraussetzung ist $E_{aA}(0, d\tau) = {}_{z-x}p_x^{aa}\, \varepsilon_{z-x}(d\tau)$ und damit

$$\ddot{a}_x^{aA} = v^{z-x}\, V_A(z-x)\, {}_{z-x}p_x^{aa} = v^{z-x}\, {}_{z-x}p_x^{aa}\, \ddot{a}_z^A\,, \tag{6.26.5}$$

wobei wegen der Stationaritätsbedingung (6.22.1)

$$\ddot{a}_z^A = V_A(z-x) = \sum_{\ell=z-x}^{\omega_0-x-1} v^{\ell-z+x}\, \overline{p}_A(z-x, \ell) = \sum_{k=0}^{\omega_0-z-1} v^k\, {}_kp_z^A \tag{6.26.6}$$

(vergleiche (5.14.4)).

Zur weiteren Auswertung von (6.26.3) verwenden wir, daß für das Ausscheiden aus der Aktivengesamtheit in die Zustände i und t die unterjährliche Gleichverteilungsannahme (6.24.1) gilt: Für alle $k \in \{0, \ldots, z-x-1\}$ ist

$$\begin{aligned} E_{ai}(0, d\tau)\big|_{\mathfrak{B}((k,k+1])} &= \overline{p}_a(0, \tau - 0)\, q_{ai}(d\tau)\big|_{\mathfrak{B}((k,k+1])} \\ &= \overline{p}_a(0, k)\, \overline{p}_a(k, \tau - 0)\, q_{ai}(d\tau)\big|_{\mathfrak{B}((k,k+1])} = {}_kp_x^{aa}\, E_{ai}(k, d\tau)\big|_{\mathfrak{B}((k,k+1])} \\ &= {}_kp_x^{aa}\, i_{x+k}\, d\tau\big|_{\mathfrak{B}((k,k+1])} \end{aligned}$$

(man beachte (4.28.6) und Aufgabe 4.15(a); alternativ kann man für $\tau \in (k, k+1]$ $E_{ai}(0,\tau) - E_{ai}(0,k)$ wie zum Schluß des Beweises von Satz 6.24 berechnen). Mit dem Mittelwertsatz der Integralrechnung erhält man näherungsweise

$$\begin{aligned} \ddot{a}_x^{ai} &= \sum_{k=0}^{z-x-1} {}_k p_x^{aa}\, i_{x+k} \int_k^{k+1} v^\tau\, V_i(\tau)\, d\tau \\ &\approx \sum_{k=0}^{z-x-1} {}_k p_x^{aa}\, i_{x+k}\, v^{k+\frac{1}{2}}\, V_i\Big(k+\frac{1}{2}\Big). \end{aligned} \tag{6.26.7}$$

(Hier können prinzipiell natürlich auch bessere Quadraturformeln verwendet werden.) Analog zur Berechnung von $E_{aA}(0, d\tau)$ gilt für $k \in \{0, \ldots, z-x-1\}$

$$E_{iA}\Big(k+\frac{1}{2}, d\tau\Big) = {}_{\frac{1}{2}}p^{ii}_{x+k+\frac{1}{2}}\; {}_{z-x-k-1}p^{ii}_{x+k+1}\, \varepsilon_{z-x}(d\tau).$$

Zusammen mit Satz 6.20 liefert dies für das prospektive Deckungskapital eines Invaliden des Alters $x+k+\frac{1}{2}$

$$\begin{aligned} V_i\Big(k+\frac{1}{2}\Big) &= \int_{[k+\frac{1}{2},\infty)} v^{\tau-k-\frac{1}{2}}\, \overline{p}_i\Big(k+\frac{1}{2}, \tau\Big)\, F_i(d\tau) \\ &\qquad + \int_{(k+\frac{1}{2},\infty)} v^{\tau-k-\frac{1}{2}}\, V_A(\tau)\, E_{iA}\Big(k+\frac{1}{2}, d\tau\Big) \\ &= \sum_{\nu=k+1}^{z-x-1} v^{\nu-k-\frac{1}{2}}\, \overline{p}_i\Big(k+\frac{1}{2}, \nu\Big) \\ &\qquad + v^{z-x-k-\frac{1}{2}}\, V_A(z-x)\; {}_{\frac{1}{2}}p^{ii}_{x+k+\frac{1}{2}}\; {}_{z-x-k-1}p^{ii}_{x+k+1} \end{aligned}$$

und weiter mit (6.26.6)

$$\begin{aligned} V_i\Big(k+\frac{1}{2}\Big) &= \sum_{\nu=k+1}^{z-x-1} v^{\nu-k-\frac{1}{2}}\; {}_{\frac{1}{2}}p^{ii}_{x+k+\frac{1}{2}}\; {}_{\nu-k-1}p^{ii}_{x+k+1} \\ &\qquad + v^{z-x-k-\frac{1}{2}}\; {}_{\frac{1}{2}}p^{ii}_{x+k+\frac{1}{2}}\; {}_{z-x-k-1}p^{ii}_{x+k+1}\, \ddot{a}_z^A. \end{aligned} \tag{6.26.8}$$

Insgesamt erhalten wir durch Einsetzen von (6.26.5) und (6.26.7) in (6.26.2)

$$\ddot{a}_x^{aiA} = \ddot{a}_x^{ai} + \ddot{a}_x^{aA} \approx \sum_{k=0}^{z-x-1} {}_k p_x^{aa}\, i_{x+k}\, v^{k+\frac{1}{2}}\, V_i\Big(k+\frac{1}{2}\Big) + {}_{z-x}p_x^{aa}\, v^{z-x}\, \ddot{a}_z^A \tag{6.26.9}$$

mit $V_i\big(k+\frac{1}{2}\big)$ und $\ddot{a}_z^A$ gemäß (6.26.8) und (6.26.6).

Wegen der Stationaritätsbedingung lassen sich die in den Formeln (6.26.5) – (6.26.9) enthaltenen mehrjährigen Verbleibswahrscheinlichkeiten wie folgt mit Hilfe einjähriger Verbleibswahrscheinlichkeiten berechnen:

$$ {}_k p_x^{aa} = \prod_{\ell=0}^{k-1} p_{x+\ell}^{aa}, \quad x \in \{x_0, \ldots, z-1\},\ k \in \{1, \ldots, z-x\}, \tag{6.26.10} $$

$$ {}_k p_z^{A} = \prod_{\ell=0}^{k-1} p_{z+\ell}^{A}, \quad k \in \mathbb{N}, \tag{6.26.11} $$

$$ {}_k p_y^{ii} = \prod_{\ell=0}^{k-1} p_{y+\ell}^{ii}, \quad y \in \{x_0, \ldots, z-1\},\ k \in \{1, \ldots, z-y\}, \tag{6.26.12} $$

und

$$ {}_{k+\frac{1}{2}} p_{y+\frac{1}{2}}^{ii} = \frac{2}{1+p_y^{ii}} \cdot \prod_{\ell=0}^{k} p_{y+\ell}^{ii},\ y \in \{x_0, \ldots, z-1\},\ k \in \{0, \ldots, z-y-1\}. \tag{6.26.13} $$

(6.26.10) – (6.26.12) folgen sofort aus Hilfssatz 6.23, und (6.26.13) ergibt sich aus Bemerkung 3.43 (a) in Verbindung mit Hilfssatz 6.23:

$$ {}_{k+\frac{1}{2}} p_{y+\frac{1}{2}}^{ii} = \frac{1 - {}_{k+1}q_y^{ii}}{\frac{1}{2}(1 + (1 - q_y^{ii}))} = \frac{2\,{}_{k+1}p_y^{ii}}{1+p_y^{ii}} = \frac{2}{1+p_y^{ii}} \prod_{\ell=0}^{k} p_{y+\ell}^{ii}. $$

Mit (6.26.10) – (6.26.13) ist die Näherung (6.26.9) für den erwarteten Anwartschaftsbarwert $\ddot{a}_x^{ai\,A}$ einfach explizit berechenbar. In der Literatur werden jedoch häufig (und überflüssigerweise) innerhalb dieser Näherung weitere Näherungen vorgenommen, um die Berechnung von $V_i(k+\frac{1}{2})$ gemäß (6.26.8) zu vermeiden: Faßt man den zukünftigen zufälligen Zahlungsstrom für einen $(x+k+\frac{1}{2})$-jährigen Invaliden als Bestandteil eines neuen Versicherungsvertrages auf, der nach $k+\frac{1}{2}$ Jahren Laufzeit beginnt, so handelt es sich – in der Zeitskala des neuen Vertrages – um eine in der *Jahresmitte* fällige lebenslänglich zahlbare Invaliden- und Altersrente für $(x+k+\frac{1}{2})$. Sie unterscheidet sich von einer lebenslänglich jährlich vorschüssig zahlbaren Invaliden- und Altersrente für $(x+k+\frac{1}{2})$, deren erwarteter Barwert mit $\ddot{a}^i_{x+k+\frac{1}{2}}$ bezeichnet wird, durch um ein halbes Jahr nach hinten verschobene Fälligkeiten. Dies legt die folgende Approximation nahe:

$$ V_i\big(k+\frac{1}{2}\big) \approx \ddot{a}^i_{x+k+\frac{1}{2}} - \frac{1}{2}. \tag{6.26.14} $$

Bei weiterer Näherung von $\ddot{a}^i_{x+k+\frac{1}{2}}$ durch das Mittel der erwarteten Barwerte zu den beiden ganzzahligen Nachbarzeitpunkten erhält man an Stelle von (6.26.9) die Approximation

$$ \ddot{a}_x^{ai\,A} \approx \sum_{k=0}^{z-x-1} {}_k p_x^{a}\, i_{x+k}\, v^{k+\frac{1}{2}}\, \frac{\ddot{a}^i_{x+k} + \ddot{a}^i_{x+k+1} - 1}{2} + {}_{z-x}p_x^{aa}\, v^{z-x}\, \ddot{a}_z^{A}, \tag{6.26.15} $$

deren Auswertung ebenfalls unmittelbar mit Hilfe von (6.26.10)–(6.26.12) erfolgen kann. Für Details verweisen wir auf Heubeck (1983b, 1998), Abschnitt C.2, und Neuburger (1997), Abschnitte 2.3 und 2.4, insbesondere p. 60, wo als Erweiterungen von (6.26.15) Näherungsformeln für den erwarteten Anwartschaftsbarwert $\ddot{a}_x^{ai\,A(n)}$ bei n-teljährlichen Fälligkeiten zu finden sind. Hier geben wir als Verallgemeinerung von (6.26.9) die folgende Näherung an, die man durch Spezialisierung aus Aufgabe 13 erhält:

$$\begin{aligned}\ddot{a}_x^{ai\,A(n)} &\approx \frac{1}{n}\sum_{k=0}^{z-x-1} {}_kp_x^{aa}\, i_{x+k} \sum_{\ell=0}^{n-1} v^{k+\frac{\ell+1/2}{n}}\, V_i\Big(k+\frac{\ell+1/2}{n}\Big) \\ &\quad + {}_{z-x}p_x^{aa}\, v^{z-x}\, \ddot{a}_z^{A(n)}\,,\end{aligned} \tag{6.26.16}$$

wobei

$$\begin{aligned}V_i\Big(k+\frac{\ell+1/2}{n}\Big) = v^{-k-\frac{\ell+1/2}{n}}\Big(\frac{1}{n}\sum_{\nu=nk+\ell+1}^{n(z-x)-1} {}_{\frac{\nu-\ell-1/2}{n}-k}p^{ii}_{x+k+\frac{\ell+1/2}{n}}\, v^{\nu/n} \\ + v^{z-x}\; {}_{z-x-k-\frac{\ell+1/2}{n}}p^{ii}_{x+k+\frac{\ell+1/2}{n}}\, \ddot{a}_z^{A(n)}\Big)\end{aligned} \tag{6.26.17}$$

und nach (5.16.1)

$$\ddot{a}_z^{A(n)} = \frac{d}{d^{(n)}}\,\frac{i}{i^{(n)}}\,\ddot{a}_z^{A} - \frac{1}{d^{(n)}}\Big(\frac{i}{i^{(n)}} - 1\Big)\,. \tag{6.26.18}$$

Beispiel 6.26 zeigt, wie man mit Hilfe des Prinzips 6.21 (c) und des dahinter stehenden Satzes 6.20 die üblichen Näherungsformeln für Anwartschaftsbarwerte in der Pensionsversicherung herleitet. Natürlich läßt sich unter den obigen Annahmen in (6.26.7) das Integral statt einer Näherung mit dem Mittelwertsatz auch leicht exakt ausrechnen. Man erhält so eine Formel für den exakten Wert des erwarteten Anwartschaftsbarwertes $\ddot{a}_x^{ai\,A}$ (Aufgabe 17, vergleiche auch Aufgabe 10.16), die natürlich jeder Näherungsformel vorzuziehen ist.

Da wir in Beispiel 6.26 von einem absoluten Rentenalter ausgehen, Reaktivierung ausschließen und Invaliden- und Altersrente gleiche Höhe haben, hätten wir das zugrunde liegende Modell durch Zusammenfassung der Zustände i und A vereinfachen können. Dies ist natürlich nicht immer möglich.

Die Ausführungen dieses Beispiels verwenden offensichtlich nur die Struktur des abgebildeten Übergangsdiagrammes, nicht aber eine konkrete inhaltliche Interpretation der Zustände. Sie sind daher sowohl gültig, wenn Invalidität im Sinne von Berufsunfähigkeit, als auch zum Beispiel im Sinne von Erwerbsunfähigkeit (oder Minderung der Erwerbsfähigkeit) oder krankheitsbedingter Arbeitsunfähigkeit verstanden wird. Die Rechnungsgrundlagen sind jeweils entsprechend zu wählen.

6.27 Beispiel. In Beispiel 5.68 (b) wurde der erwartete Barwert einer Gemischten Kapitalversicherung mit Teilauszahlung bei Dread Disease näherungsweise auf der Basis der Zerlegung in eine gewöhnliche Gemischte Kapitalversicherung und in eine Gemischte Kapitalversicherung bei zwei Ausscheideursachen berechnet. Als weiteres Anwendungsbeispiel für die Thieleschen Integralgleichungen (6.20.1) berechnen wir nun in Anlehnung an Beispiel 6.26 diesen erwarteten Barwert exakt und zeigen, daß in der Tat die Barwertformel (5.68.2) den erwarteten Leistungsbarwert (wenn auch geringfügig) unterschätzt.

An Stelle der in den Beispielen 5.48 (b) und 5.68 (b) gewählten Zustandsbezeichnungen 0, 1 und 2 (die von der allgemeinen Bezeichnungsweise bei zwei Ausscheideursachen herrühren) verwenden wir hier die in der Praxis üblichen Bezeichnungen

a : aktiv (lebend, nicht an Dread Disease erkrankt)

dd : an Dread Disease erkrankt

t : tot,

so daß wir

$$\mathcal{S} = \{a, dd, t\}, \qquad \ddot{U} = \{(a, dd), (a, t), (dd, t)\}$$

und das Diagramm

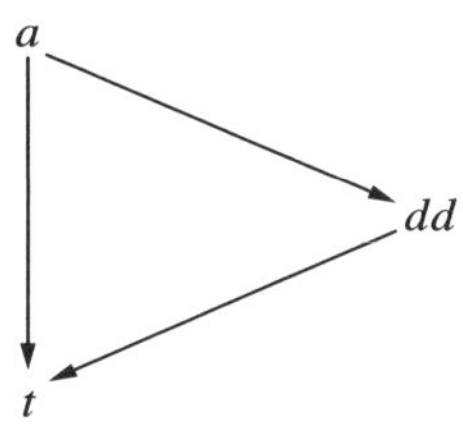

erhalten.

Wir betrachten eine zu Versicherungsbeginn aktive Person (x) und setzen für deren zufälligen Zustandsverlauf die Markov-Eigenschaft voraus. Weiter gelte die Stationaritätsbedingung (6.22.1) und für alle drei möglichen Übergänge die Gleichverteilungsannahme (6.24.1). Wie später in (6.27.4) – (6.27.6) ausgeführt, lassen sich dann (nach dem Vorbild von Beispiel 6.26) die bedingten Sprungverteilungen E_* mittels der einjährigen bedingten Übergangswahrscheinlichkeiten $q_{x+k}^{aa} = E_{at}(k, k+1)$, $dd_{x+k} = E_{a,dd}(k, k+1)$ und $q_{x+k}^{dd} = E_{dd,t}(k, k+1)$ sowie der Verbleibswahrscheinlichkeiten ${}_kp_x^{aa}$, ${}_{\ell-k}p_{x+k}^{dd}$ in den Zuständen a und dd angeben. Es liege zusammengesetzte Verzinsung mit Diskontierungsfaktor $v \in (0, 1]$ vor. Die natürliche Versicherungsleistungsfunktion (6.5.3) der n-jährigen Gemischten Kapitalversicherung mit Versicherungssumme 1 und Teilauszahlung des Betrages $\alpha \in [0, 1]$ bei Dread Disease am Ende des Erkrankungsjahres ist gegeben durch

$$\begin{aligned} D_{at} &= 1_{(0,n]}, & D_{a,dd} &= \alpha \cdot 1_{(0,n]}, \\ D_{dd,t} &= (1-\alpha) \cdot 1_{(0,n]}, & DT &= \sum_{\ell=1}^{\infty} \ell \cdot 1_{(\ell-1,\ell]}, \\ F_a &= 1_{[n,\infty)}, & F_{dd} &= (1-\alpha) \cdot 1_{[n,\infty)}. \end{aligned} \tag{6.27.1}$$

Dabei sei $n < \omega_x - x$. Die Thieleschen Integralgleichungen (6.20.1) liefern

$$\begin{aligned} E(B_x) = \overline{p}_a(0,n)\, v^n &+ \int\limits_{(0,n]} v^{DT(\tau)}\, E_{at}(0, d\tau) \\ &+ \int\limits_{(0,n]} \left(\alpha\, v^{DT(\tau)} + V_{dd}(\tau)\, v^{\tau}\right) E_{a,dd}(0, d\tau)\,, \end{aligned} \tag{6.27.2}$$

wobei für $\tau \in (0, n]$

$$V_{dd}(\tau) = (1-\alpha)\,\overline{p}_{dd}(\tau,n)\, v^{n-\tau} + (1-\alpha)\, v^{-\tau} \int\limits_{(\tau,n]} v^{DT(s)}\, E_{dd,t}(\tau, ds)\,. \tag{6.27.3}$$

Analog zur Berechnung der bedingten Sprungverteilung E_{ai} in Beispiel 6.26 erhalten wir für $k \in \{0, \ldots, n-1\}$

$$E_{at}(0, d\tau)\big|_{\mathfrak{B}((k,k+1])} = {}_k p_x^{aa}\, q_{x+k}^{aa}\, d\tau \tag{6.27.4}$$

und

$$E_{a,dd}(0, d\tau)\big|_{\mathfrak{B}((k,k+1])} = {}_k p_x^{aa} dd_{x+k}\, d\tau\,. \tag{6.27.5}$$

Nach (4.28.10) und (6.24.5) gilt für $\tau \in [0, n)$

$$\overline{p}_{dd}\big(\tau, [\tau]+1\big) = \exp\Big(-\int\limits_{\tau}^{[\tau]+1} \frac{q_{x+[\tau]}^{dd}}{1-(r-[\tau])\, q_{x+[\tau]}^{dd}}\, dr\Big) = \frac{1-q_{x+[\tau]}^{dd}}{1-(\tau-[\tau])\, q_{x+[\tau]}^{dd}}\,.$$

Aus dieser Beziehung erhalten wir (bei notationsmäßiger Identifikation von Verteilungsfunktion und Wahrscheinlichkeitsmaß)

$$E_{dd,t}\big(\tau, (\tau, [\tau]+1]\big) = 1 - \overline{p}_{dd}\big(\tau, [\tau]+1\big) = 1 - \frac{1-q_{x+[\tau]}^{dd}}{1-(\tau-[\tau])\, q_{x+[\tau]}^{dd}}$$

und für $\ell \in \big\{[\tau]+1, \ldots, n-1\big\}$, $s \in (\ell, \ell+1]$ nach (6.24.1)

$$\begin{aligned} E_{dd,t}\big(\tau, (\ell, s]\big) &= \overline{p}\big(\tau, [\tau]+1\big) \cdot \overline{p}_{dd}\big([\tau]+1, \ell\big) \cdot E_{dd,t}(\ell, s) \\ &= \frac{1-q_{x+[\tau]}^{dd}}{1-(\tau-[\tau])\, q_{x+[\tau]}^{dd}}\, \overline{p}_{dd}\big([\tau]+1, \ell\big)\, (s-\ell)\, q_{x+\ell}^{dd}\,. \end{aligned}$$

Aufgabe 4.15 (a) und (6.23.1) liefern

$$\overline{p}_{dd}\big([\tau]+1, \ell\big) = \frac{\overline{p}_{dd}^{(x)}(0, \ell)}{\overline{p}_{dd}^{(x)}(0, [\tau]+1)} = \overline{p}_{dd}^{(x+[\tau]+1)}\big(0, \ell-[\tau]-1\big) = {}_{\ell-[\tau]-1} p_{x+[\tau]+1}^{dd}\,,$$

so daß

$$E_{dd,t}\big(\tau, (\ell, s]\big) = \frac{1-q_{x+[\tau]}^{dd}}{1-(\tau-[\tau])q_{x+[\tau]}^{dd}}\, {}_{\ell-[\tau]-1} p_{x+[\tau]+1}^{dd}\, q_{x+\ell}^{dd} \cdot (s-\ell)\,. \tag{6.27.6}$$

Damit können wir das prospektive Deckungskapital (6.27.3) im Zustand Dread Disease berechnen:

$$
\begin{aligned}
V_{dd}(\tau) = (1-\alpha)\, v^{-\tau} \Bigg(& v^n \frac{1-q^{dd}_{x+[\tau]}}{1-(\tau-[\tau])\, q^{dd}_{x+[\tau]}}\ {}_{n-[\tau]-1}p^{dd}_{x+[\tau]+1} \\
& + v^{[\tau]+1}\Big(1-\frac{1-q^{dd}_{x+[\tau]}}{1-(\tau-[\tau])\, q^{dd}_{x+[\tau]}}\Big) \\
& + \frac{1-q^{dd}_{x+[\tau]}}{1-(\tau-[\tau])\, q^{dd}_{x+[\tau]}} \sum_{\ell=[\tau]+1}^{n-1} v^{\ell+1}\ {}_{\ell-[\tau]-1}p^{dd}_{x+[\tau]+1}\, q^{dd}_{x+\ell} \Bigg) .
\end{aligned}
\tag{6.27.7}
$$

Einsetzen von (6.27.4), (6.27.5) und (6.27.7) in (6.27.2) liefert unter Beachtung von

$$
\int_k^{k+1} \frac{1}{1-(\tau-k)\, q^{dd}_{x+k}}\, d\tau = -\frac{1}{q^{dd}_{x+k}} \log(p^{dd}_{x+k}) , \qquad k = 0, \ldots, n-1 ,
$$

$$
\begin{aligned}
E(B_x) &= {}_np^{aa}_x\, v^n + \sum_{k=0}^{n-1} v^{k+1}\ {}_kp^{aa}_x (dd_{x+k} + q^{aa}_{x+k}) \\
&\quad - (1-\alpha)\, v^n \sum_{k=0}^{n-1} {}_{n-k}p^{dd}_{x+k}\ {}_kp^{aa}_x\ dd_{x+k} \frac{\log(p^{dd}_{x+k})}{q^{dd}_{x+k}} \\
&\quad + (1-\alpha) \sum_{k=0}^{n-1} v^{k+1}\ {}_kp^{aa}_x\ dd_{x+k}\ p^{dd}_{x+k} \frac{\log(p^{dd}_{x+k})}{q^{dd}_{x+k}} \\
&\quad - (1-\alpha) \sum_{k=0}^{n-2} \Big(\sum_{\ell=k+1}^{n-1} v^{\ell+1}\ {}_{\ell-k}p^{dd}_{x+k}\, q^{dd}_{x+\ell} \Big)\ {}_kp^{aa}_x\, dd_{x+k} \frac{\log(p^{dd}_{x+k})}{q^{dd}_{x+k}} .
\end{aligned}
\tag{6.27.8}
$$

Dabei gelten nach (6.23.2)

$$
{}_kp^{aa}_x = \prod_{j=0}^{k-1} (1 - dd_{x+j} - q^{aa}_{x+j}) \quad \text{und} \quad {}_{\ell-k}p^{dd}_{x+k} = \prod_{j=0}^{\ell-k-1} (1 - q^{dd}_{x+k+j}) .
$$

Wir wollen nun das Ergebnis (6.27.8) mit der Näherungsformel (5.68.2) für den erwarteten Leistungsbarwert vergleichen. Dazu sind zunächst unter den hier getroffenen Annahmen die Überlebenswahrscheinlichkeiten ${}_kp_x$ und die Sterbenswahrscheinlichkeiten q_{x+k} auszurechnen und anschließend in (5.68.2) einzusetzen. Offenbar ist

$$
\begin{aligned}
{}_kq_x &= P(T_1 \le k,\ Z_1 = t) + P(T_1 < T_2 \le k,\ Z_1 = dd) \\
&= \int_{(0,k]} P(Z_1 = t \mid T_1 = \tau)\, \mathcal{L}(T_1 \mid P)(d\tau) +
\end{aligned}
\tag{6.27.9}
$$

$$+ \int_{(0,k)} P(\tau < T_2 \le k \mid T_1 = \tau,\ Z_1 = dd)\, P(Z_1 = dd \mid T_1 = \tau)\, \mathcal{L}(T_1 \mid P)\,(d\tau)\,.$$

Bezeichnen wir wie üblich mit μ_* die Übergangsintensitäten, so erhalten wir aus (4.35.4) und (4.35.5) für $\tau \in (0, k]$

$$P(T_1 \le \tau) = 1 - \overline{p}_a(0, \tau) = 1 - \exp\Big(-\int_0^\tau \big(\mu_{at}(\sigma) + \mu_{a,dd}(\sigma)\big)\, d\sigma\Big)\,, \qquad (6.27.10)$$

$$P(Z_1 = t \mid T_1 = \tau) = -\frac{dq_{at}}{dq_{aa}}(\tau) = \frac{\mu_{at}(\tau)}{\mu_{at}(\tau) + \mu_{a,dd}(\tau)}\,, \qquad (6.27.11)$$

$$P(Z_1 = dd \mid T_1 = \tau) = -\frac{dq_{a,dd}}{dq_{aa}}(\tau) = \frac{\mu_{a,dd}(\tau)}{\mu_{at}(\tau) + \mu_{a,dd}(\tau)} \qquad (6.27.12)$$

sowie

$$\begin{aligned} P(\tau < T_2 \le k \,|Z_1 = dd,\ T_1 = \tau) &= 1 - \overline{p}_{dd}(\tau, k) \\ &= 1 - \exp\Big(-\int_\tau^k \mu_{dd,t}(\sigma)\, d\sigma\Big)\,. \end{aligned} \qquad (6.27.13)$$

Dabei sind nach (6.24.4) die Übergangsintensitäten gegeben durch

$$\mu_{at}\colon \tau \longmapsto \frac{q^{aa}_{x+[\tau]}}{1 - (\tau - [\tau])\,(q^{aa}_{x+[\tau]} + dd_{x+[\tau]})}\,, \qquad (6.27.14)$$

$$\mu_{a,dd}\colon \tau \longmapsto \frac{dd_{x+[\tau]}}{1 - (\tau - [\tau])\,(q^{aa}_{x+[\tau]} + dd_{x+[\tau]})} \qquad (6.27.15)$$

und

$$\mu_{dd,t}\colon \tau \longmapsto \frac{q^{dd}_{x+[\tau]}}{1 - (\tau - [\tau])\, q^{dd}_{x+[\tau]}}\,. \qquad (6.27.16)$$

Einsetzen von (6.27.14) – (6.27.16) in (6.27.10) – (6.27.13) und der Ergebnisse in (6.27.9) führt nach längerer, aber elementarer Rechnung zu

$$\begin{aligned} {}_kq_x &= \sum_{\ell=0}^{k-1} q^{aa}_{x+\ell}\, {}_\ell p^{aa}_x + \sum_{\ell=0}^{k-1} dd_{x+\ell}\, {}_\ell p^{aa}_x \\ &\quad + \sum_{\ell=0}^{k-1} {}_{k-\ell}p^{dd}_{x+\ell}\, {}_\ell p^{a}_x\; dd_{x+\ell} \frac{\log(p^{dd}_{x+\ell})}{q^{dd}_{x+\ell}}\,, \end{aligned} \qquad (6.27.17)$$

insbesondere also zu den einjährigen Sterbenswahrscheinlichkeiten

$$q_x = q^{aa}_x + dd_x + p^{dd}_x\, dd_x \frac{\log(p^{dd}_x)}{q^{dd}_x}\,. \qquad (6.27.18)$$

Bezeichne $E(B_x)^{(5D)}$ den gemäß (5.68.2) genäherten erwarteten Leistungsbarwert der Gemischten Kapitalversicherung mit Teilauszahlung bei Dread Disease. Einsetzen von (6.27.17) und (6.27.18) in (5.68.2) ergibt

$$
\begin{aligned}
E(B_x)^{(5D)} &= {}_n p_x^{aa}\, v^n + \sum_{k=0}^{n-1} v^{k+1}\, {}_k p_x^{aa} (dd_{x+k} + q_{x+k}^{aa}) \\
&\quad - (1-\alpha)\, v^n \sum_{k=0}^{n-1} {}_{n-k}p_{x+k}^{dd}\, {}_k p_x^{aa}\, dd_{x+k} \frac{\log(p_{x+k}^{dd})}{q_{x+k}^{dd}} \\
&\quad + (1-\alpha) \sum_{k=0}^{n-1} v^{k+1}\, {}_k p_x^{aa}\, dd_{x+k}\, p_{x+k}^{dd} \frac{\log(p_{x+k}^{dd})}{q_{x+k}^{dd}} \\
&\quad - (1-\alpha) \sum_{k=1}^{n-1} v^{k+1} \Big(\sum_{\ell=0}^{k-1} {}_{k-\ell}p_{x+\ell}^{dd}\, {}_\ell p_x^{aa}\, dd_{x+\ell} \frac{\log(p_{x+\ell}^{dd})}{q_{x+\ell}^{dd}} \Big) \\
&\qquad \cdot \Big(q_{x+k}^{aa} + dd_{x+k} + p_{x+k}^{dd}\, dd_{x+k} \frac{\log(p_{x+k}^{dd})}{q_{x+k}^{dd}} \Big) .
\end{aligned}
\tag{6.27.19}
$$

Für die Differenz von exaktem Wert (6.27.8) und Näherungswert (6.27.19) folgt

$$
\begin{aligned}
&E(B_x) - E(B_x)^{(5D)} \\
&= (1-\alpha) \cdot \sum_{k=1}^{n-1} v^{k+1} \Big(\sum_{\ell=0}^{k-1} {}_{k-\ell}p_{x+\ell}^{dd}\, {}_\ell p_x^{aa}\, dd_{x+\ell} \frac{\log(p_{x+\ell}^{dd})}{q_{x+\ell}^{dd}} \Big) (q_{x+k} - q_{x+k}^{dd}) .
\end{aligned}
\tag{6.27.20}
$$

Bei $q_{x+k}^{dd} = q_{x+k}, k \in \{1, \ldots, n-1\}$, verschwindet also die Differenz. Faktisch herrscht natürlich in der Gesamtheit der an Dread Disease Erkrankten eine deutlich höhere Sterblichkeit als in der Gesamtpopulation, so daß (6.27.20) einen Beleg der in Beispiel 5.68 (b) aufgestellten Behauptung liefert, daß (5.68.2) nur eine Näherung ist – und zwar mit Irrtum zur *falschen* Seite !

Als Abschluß dieses Beispiels berechnen wir den erwarteten Leistungsbarwert der Gemischten Kapitalversicherung mit Teilauszahlung bei Dread Disease in dem gegenüber (6.27.1) wesentlich realitätsnäheren Fall unmittelbar fälliger Übergangsleistungen, d. h. für $DT = \text{Id}$. Analog zu (6.27.2) liefert die Thielesche Integralgleichung (6.20.1)

$$
\begin{aligned}
E(B_x) &= \overline{p}_a(0,n)\, v^n + \int_{(0,n]} v^\tau\, E_{at}(0, d\tau) \\
&\quad + \alpha \cdot \int_{(0,n]} v^\tau\, E_{a,dd}(0, d\tau) + \int_{(0,n]} v^\tau\, V_{dd}(\tau)\, E_{a,dd}(0, d\tau) .
\end{aligned}
\tag{6.27.21}
$$

Sei $\delta := -\log v$ die Zinsintensität. Nach (6.27.4) und (6.27.5) gelten

$$\int\limits_{(0,n]} v^\tau\, E_{at}(0, d\tau) = \frac{1}{\delta} \sum_{k=0}^{n-1} {}_k p_x^{aa} q_{x+k}^{aa}\, (v^k - v^{k+1}) \tag{6.27.22}$$

und

$$\alpha \cdot \int\limits_{(0,n]} v^\tau\, E_{a,dd}(0, d\tau) = \frac{\alpha}{\delta} \sum_{k=0}^{n-1} {}_k p_x^{aa}\, dd_{x+k}\, (v^k - v^{k+1})\,. \tag{6.27.23}$$

Die Berechnung von $v^\tau\, V_{dd}(\tau)$ erfolgt wie in (6.27.3) mittels der Thieleschen Integralgleichung (6.20.1):

$$v^\tau\, V_{dd}(\tau) = (1-\alpha)\, \overline{p}_{dd}(\tau, n)\, v^n + (1-\alpha) \int\limits_{(\tau,n]} v^s\, E_{dd,t}(\tau, ds)\,. \tag{6.27.24}$$

Dabei ist für $s \in \big(\tau, [\tau]+1\big]$ nach (6.24.3)

$$E_{dd,t}\big(\tau, (\tau, s]\big) = \frac{(s-\tau)\, q_{x+[\tau]}^{dd}}{1-(\tau-[\tau])\, q_{x+[\tau]}^{dd}}\,.$$

Durch Einsetzen dieser Beziehung und des Ergebnisses (6.27.6) in (6.27.24) erhält man für das prospektive Deckungskapital im Zustand Dread Disease

$$\begin{aligned} v^\tau\, V_{dd}(\tau) = {} & (1-\alpha)\, v^n \frac{1-q_{x+[\tau]}^{dd}}{1-(\tau-[\tau])q_{x+[\tau]}^{dd}}\; {}_{n-[\tau]-1}p_{x+[\tau]+1}^{dd} \\ & + \frac{1-\alpha}{\delta} \frac{q_{x+[\tau]}^{dd}}{1-(\tau-[\tau])q_{x+[\tau]}^{dd}}\, (v^\tau - v^{[\tau]+1}) \\ & + \frac{1-\alpha}{\delta} \frac{1-q_{x+[\tau]}^{dd}}{1-(\tau-[\tau])q_{x+[\tau]}^{dd}} \sum_{\ell=[\tau]+1}^{n-1} {}_{\ell-[\tau]-1}p_{x+[\tau]+1}^{dd}\, q_{x+\ell}^{dd}\, (v^\ell - v^{\ell+1})\,. \end{aligned} \tag{6.27.25}$$

Wegen (6.27.5) ist

$$\int\limits_{(0,n]} v^\tau\, V_{dd}(\tau)\, E_{a,dd}(0, d\tau) = \sum_{k=0}^{n-1} {}_k p_x^{aa} dd_{x+k} \int\limits_k^{k+1} v^\tau\, V_{dd}(\tau)\, d\tau \tag{6.27.26}$$

zu berechnen. Die Substitution $\sigma := \frac{\delta}{q^{dd}_{x+k}}\left(1-(\tau-k)\,q^{dd}_{x+k}\right)$ liefert

$$\int\limits_k^{k+1} \frac{v^\tau}{1-(\tau-k)q^{dd}_{x+k}}\,d\tau = \frac{v^{k+1/q^{dd}_{x+k}}}{q^{dd}_{x+k}} \int\limits_{\delta \frac{p^{dd}_{x+k}}{q^{dd}_{x+k}}}^{\frac{\delta}{q^{dd}_{x+k}}} \frac{\exp(\sigma)}{\sigma}\,d\sigma$$

$$= \frac{v^{k+1/q^{dd}_{x+k}}}{q^{dd}_{x+k}} \left(\mathrm{Ei}\Big(\frac{\delta}{q^{dd}_{x+k}}\Big) - \mathrm{Ei}\Big(\delta\frac{p^{dd}_{x+k}}{q^{dd}_{x+k}}\Big)\right);$$

dabei bezeichnet Ei $(\cdot)$ das wohlbekannte Exponentialintegral, welches zum Beispiel in Kapitel 5 von Abramowitz und Stegun (1970) erklärt und tabelliert ist. Also erhält man durch Einsetzen von (6.27.25) in (6.27.26) und weiter in (6.27.21) sowie von (6.27.22) und (6.27.23) in (6.27.21)

$$\begin{aligned} E(B_x) = {}& {}_n p^{aa}_x\, v^n + \frac{1}{\delta}\sum_{k=0}^{n-1} {}_k p^{aa}_x\, q^{aa}_{x+k}\,(v^k - v^{k+1}) + \frac{\alpha}{\delta}\sum_{k=0}^{n-1} {}_k p^{aa}_x\, dd_{x+k}\,(v^k - v^{k+1}) \\ & - (1-\alpha)\,v^n \sum_{k=0}^{n-1} {}_{n-k}p^{dd}_{x+k}\,{}_k p^{aa}_x\, dd_{x+k} \frac{\log(p^{dd}_{x+k})}{q^{dd}_{x+k}} \\ & + \frac{1-\alpha}{\delta}\sum_{k=0}^{n-1} v^{k+1}\,{}_k p^{aa}_x\, dd_{x+k} \qquad\qquad (6.27.27) \\ & \cdot \left(v^{p^{dd}_{x+k}/q^{dd}_{x+k}} \left(\mathrm{Ei}\Big(\frac{\delta}{q^{dd}_{x+k}}\Big) - \mathrm{Ei}\Big(\delta\frac{p^{dd}_{x+k}}{q^{dd}_{x+k}}\Big)\right) + \log\big(p^{dd}_{x+k}\big)\right) \\ & - \frac{1-\alpha}{\delta}\sum_{k=0}^{n-1}\Big(\sum_{\ell=k+1}^{n-1} (v^\ell - v^{\ell+1})\,{}_{\ell-k}p^{dd}_{x+k}\,q^{dd}_{x+\ell}\Big)\,{}_k p^{aa}_x\, dd_{x+k}\,\frac{\log\big(p^{dd}_{x+k}\big)}{q^{dd}_{x+k}}\,. \end{aligned}$$

Analog zu (6.26.7) ist es natürlich auch möglich, (6.27.25) in die Näherung

$$\int\limits_{(0,n]} v^\tau\, V_{dd}(\tau)\, E_{a,dd}(0,d\tau) \approx \sum_{k=0}^{n-1} {}_k p^{aa}_x\, dd_{x+k}\, v^{k+1/2}\, V_{dd}\Big(k+\frac{1}{2}\Big) \qquad (6.27.28)$$

einzusetzen. Dies vermeidet das Exponentialintegral und führt zusammen mit (6.27.21) – (6.27.23) zu einer – verglichen mit (6.27.27) – etwas übersichtlicheren Näherungsformel für $E(B_x)$ (siehe Aufgabe 16 (a)).

Beispiel 6.26 zeigt exemplarisch, wie in der Pensionsversicherung erwartete Barwerte von Anwartschaften auf Leistungen an den Hauptversicherten zu berechnen sind. Als Abschluß dieses Abschnittes wollen wir an Hand des Beispiels von Witwenrenten kurz auf die Berechnung von erwarteten Barwerten von Anwartschaften auf Hinterbliebenenrenten eingehen. Für solche Berechnungen existieren zwei grundsätzlich verschiedene Ansätze, die *Individualmethode* und die *Kollektivmethode*. Nachfolgend erläutern wir die Grundzüge beider Methoden, insbesondere die jeweilige Modellbildung, und geben in der Praxis üblicherweise benutzte (Näherungs-)Formeln für erwartete Barwerte an. Die Herleitung „exakter" Formeln für diese erwarteten Barwerte, die den Näherungsformeln bei konkreten Berechnungen natürlich überlegen sind, ist mathematisch nicht schwierig aber sehr schreibaufwendig. Für Einzelheiten verweisen wir auf die Übungsaufgaben 18 bis 22, die neben Lösungshinweisen teilweise zusätzlich die herzuleitenden „exakten" Barwertformeln selbst enthalten. Auch findet der Leser dort Hinweise, wie die Näherungsformeln zu begründen sind.

6.28 Bemerkung. Bei der *Individualmethode* zur Berechnung von erwarteten Barwerten von Anwartschaften auf Witwenrente werden der Hauptversicherte (x) und die zu versorgende Person (y) zu einem Paar zusammengefaßt. Die Tatsache, daß man wie bei verbundenen Leben ein Paar konkret benannter Individuen betrachtet, gibt der Methode den Namen. Der zufällige Zustandsverlauf dieses Paares wird durch einen Markovschen Sprungprozeß mit endlichem Zustandsraum $\mathcal{S} = \{a, i, A, w, t\}$ beschrieben, wobei die Zustände folgende Bedeutung haben:

a: (x) ist aktiv, (y) lebt
i : (x) ist invalide, (y) lebt
A: (x) ist Altersrentner, (y) lebt
w: (x) ist tot, (y) lebt („(y) ist Witwe")
t : (y) ist tot („Bindung von (y) an (x) gelöst").

Das Übergangsdiagramm ist

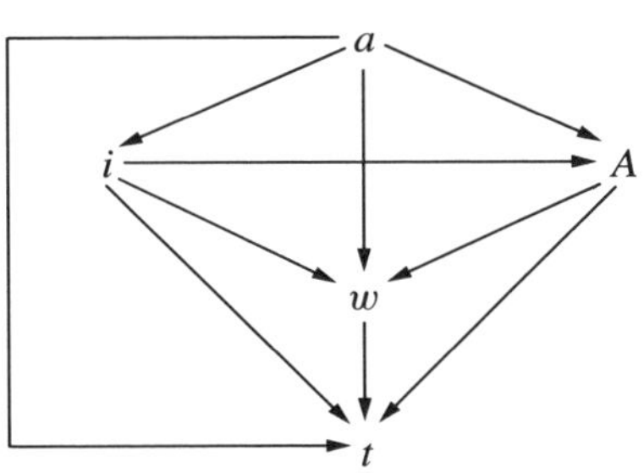

Die Menge möglicher Übergänge ist also

$$\ddot{U} = \big\{(a,i), (a,A), (a,w), (a,t), (i,A), (i,w), (i,t), (A,w), (A,t), (w,t)\big\}.$$

Damit geht dieses Modell aus demjenigen von Beispiel 6.26 formal dadurch hervor, daß man einen zusätzlichen Zustand w einführt, der als Zwischenstufe zwischen jedem der

Zustände a, i, A und dem absorbierenden Zustand t angenommen werden kann. Soll die Witwenrente nur bis zur Wiederheirat gezahlt werden, so ist für das Ausscheiden aus dem Zustand w neben dem Tod der Witwe als zweite Ausscheideursache „Wiederheirat" vorzusehen. Zur Vereinfachung wird die Möglichkeit der Wiederheirat allerdings in der Regel vernachlässigt. Diese Vernachlässigung verringert die totalen Ausscheidewahrscheinlichkeiten aus dem Zustand w und vergrößert somit die erwarteten Barwerte von Witwenrentenanwartschaften, so daß der VR damit auf der sicheren Seite kalkuliert.

Zu beachten ist, daß natürlich die Berechnung der Übergangswahrscheinlichkeiten an die gegenüber Beispiel 6.26 geänderte Interpretation der Zustände angepaßt werden muß. In der Regel geht man dabei folgendermaßen vor: Man unterstellt, daß die Zustandswechsel von (x) den Voraussetzungen von Beispiel 6.26 genügen, legt also für diese dieselben Rechnungsgrundlagen wie dort, die Stationaritätsbedingung (6.22.1) sowie die unterjährliche Gleichverteilungsannahme (6.24.1) für den Tod als Aktiver, Invalider oder Altersrentner und die Invalidisierung zugrunde. Die Verteilung der zukünftigen Lebensdauer T_y von (y) beschreibt man durch eine Sterbetafel (zum Beispiel die DAV-Sterbetafel 1994 R), wobei auch hier die Stationaritätsbedingung und die unterjährliche Gleichverteilungsannahme gefordert werden. Zusätzlich setzt man die stochastische Unabhängigkeit der Zustandsverläufe beider Einzelpersonen voraus. Diese nicht ganz realistische Annahme ermöglicht die Berechnung aller Übergangswahrscheinlichkeiten für das obige Markov-Modell als Produkte der entsprechenden Übergangswahrscheinlichkeiten für den Zustandsverlauf von (x) und der entsprechenden Sterbens- und Überlebenswahrscheinlichkeiten von (y). Beispielsweise gelten für alle $s \geq 0, h \geq 0$

$$\begin{aligned} p_{ai}(s, s+h) &= P\big((x) \text{ ist zur Zeit } s+h \text{ invalide} \mid (x) \text{ ist zur Zeit } s \text{ aktiv}\big) \\ &\quad \cdot P(T_y > s+h \mid T_y > s) \end{aligned}$$

und

$$p_{at}(s, s+h) = P(T_y \leq s+h \mid T_y > s)\,.$$

Analog berechnet man alle anderen Übergangswahrscheinlichkeiten.

Damit können alle erwarteten Barwerte von Anwartschaften auf Witwenrente analog zu Beispiel 6.26 mit Hilfe des Prinzips 6.21 (c) berechnet werden. In einfachen Fällen kann man sie auch direkt angeben. Beispielsweise gilt für den erwarteten Barwert $\ddot{a}_{x|y}^{Aw(n)}$ der *Anwartschaft eines Altersrentners* (x) *auf eine lebenslänglich n-tel-jährlich vorschüssig zahlbare Witwenrente für* (y) *mit Jahresbetrag* 1 nach (5.59.16)

$$\ddot{a}_{x|y}^{Aw(n)} = \ddot{a}_{y}^{(n)} - \ddot{a}_{xy}^{A(n)}\,, \tag{6.28.1}$$

wobei zur Berechnung des erwarteten Barwertes $\ddot{a}_{xy}^{A(n)}$ der Verbindungsrente die Ausscheideordnung der Altersrentner für (x) zugrunde gelegt wird. Ebenso einfach sieht man, daß der erwartete Barwert $\ddot{a}_{x|y}^{iw(n)}$ der *Anwartschaft eines Invaliden* (x) *auf eine lebenslänglich n-tel-jährlich vorschüssig zahlbare Witwenrente für* (y) *mit Jahresbetrag* 1 gegeben ist durch

$$\ddot{a}^{iw(n)}_{x|y} = \ddot{a}^{(n)}_{y} - \ddot{a}^{i(n)}_{xy:\overline{z-x}|} - v^{z-x}\ {}_{z-x}p^{ii}_{x}\ {}_{z-x}p_{y}\ \ddot{a}^{A(n)}_{z:y+z-x}\,, \tag{6.28.2}$$

wobei zur Berechnung des erwarteten Barwertes $\ddot{a}^{i(n)}_{xy:\overline{z-x}|}$ der temporären Verbindungsrente die Invalidensterbetafel für (x) Verwendung findet. (Hier und im folgenden bezieht sich die *versicherungsmathematische* Notation von Ausscheide- und Verbleibswahrscheinlichkeiten jeweils auf die *individuellen* Zustandsverläufe. Beispielsweise ist ${}_{z-x}p^{ii}_{x}$ die Wahrscheinlichkeit, daß der Invalide (x) bis zur Verrentung im Alter z invalide bleibt und ${}_{z-x}p_{y}$ die $(z-x)$-jährige Überlebenswahrscheinlichkeit von (y).) Für den erwarteten Barwert $\ddot{a}^{aw(n)}_{x|y}$ der *Anwartschaft eines Aktiven* (x) *auf eine lebenslänglich* n*-tel-jährlich vorschüssig zahlbare Witwenrente für* (y) *mit Jahresbetrag* 1 gilt

$$\ddot{a}^{aw(n)}_{x|y} = \ddot{a}^{aaw(n)}_{x|y} + \ddot{a}^{aiw(n)}_{x|y} + \ddot{a}^{aAw(n)}_{x|y}\,, \tag{6.28.3}$$

wobei $\ddot{a}^{aaw(n)}_{x|y}$ der erwartete Barwert der *Anwartschaften eines Aktiven* (x) *auf Witwenrente für* (y) *nach Tod als Aktiver* ist, $\ddot{a}^{aiw(n)}_{x|y}$ den erwarteten Barwert der *Anwartschaft eines Aktiven* (x) *auf Witwenrente für* (y) *nach Tod als Invalider* bezeichnet und $\ddot{a}^{aAw(n)}_{x|y}$ für den erwarteten Barwert der *Anwartschaft eines Aktiven* (x) *auf Witwenrente für* (y) *nach Tod als Altersrentner* steht. Offensichtlich ist

$$\ddot{a}^{aAw(n)}_{x|y} = v^{z-x}\ {}_{z-x}p^{aa}_{x}\ {}_{z-x}p_{y}\ \ddot{a}^{Aw(n)}_{z|y+z-x}\,. \tag{6.28.4}$$

Aus Platzgründen muß hier auf eine Berechnung von $\ddot{a}^{aaw(n)}_{x|y}$ und $\ddot{a}^{aiw(n)}_{x|y}$ in Anlehnung an die Herleitung von (6.26.9) bzw. die Lösung von Aufgabe 17 verzichtet werden. Wir verweisen dazu auf Aufgabe 18 (b) und (c) und beschränken uns hier auf die Angabe von zu (6.26.15) analogen Näherungsformeln (Aufgabe 18 (d)). Es ist

$$\ddot{a}^{aaw(n)}_{x|y} \approx \frac{1}{2}\sum_{k=0}^{z-x-1} {}_{k}p^{aa}_{x}\ {}_{k}p_{y}\ q^{aa}_{x+k}\,(1+p_{y+k})v^{k+\frac{1}{2}}\left(\frac{\ddot{a}^{(n)}_{y+k}+\ddot{a}^{(n)}_{y+k+1}}{2}-\frac{1}{2n}\right) \tag{6.28.5}$$

und

$$\ddot{a}^{aiw(n)}_{x|y} \approx \frac{1}{2}\sum_{k=0}^{z-x-1} {}_{k}p^{aa}_{x}\ {}_{k}p_{y}\ i_{x+k}\,(1+p_{y+k})\,v^{k+\frac{1}{2}}\ \frac{\ddot{a}^{iw(n)}_{x+k|y+k}+\ddot{a}^{iw(n)}_{x+k+1|y+k+1}}{2}\,. \tag{6.28.6}$$

In vielen Fällen, insbesondere der betrieblichen Altersversorgung, stehen Daten über den Zivilstand des Hauptversicherten und gegebenenfalls die Altersdifferenz zwischen ihm und der zu versorgenden Person (Witwe) nicht zur Verfügung. Auch ist es im Hinblick auf eine mögliche Auflösung der Verbindung vor Eintritt des Versorgungsfalles vielfach unerwünscht, die Zusage auf Hinterbliebenenversorgung an eine konkret benannte zu versorgende Person zu binden. Dann kommt die im folgenden dargestellte Kollektivmethode zur Anwendung.

6.29 Bemerkung. Bei der *Kollektivmethode* zur Berechnung von erwarteten Barwerten von Anwartschaften auf Witwenrente wird erst beim Tod des Hauptversicherten geprüft, ob eine versorgungsberechtigte Witwe existiert und gegebenenfalls ihr Alter festgestellt. Die Tatsache, daß alle Hauptversicherten gleichen Alters (und Geschlechts) unabhängig vom Zivilstand beim rechnungsmäßigen Beginn der Versicherung nach gleichen Rechnungsgrundlagen behandelt werden, gibt der Methode den Namen. Der zufällige Zustandsverlauf der Police wird beschrieben durch einen Markovschen Sprungprozeß X mit Zustandsraum $\mathcal{S} = \{a, i, A, \ell, wd_0, \ldots, wd_1, t\}$, wobei die Zustände folgende Bedeutung haben:

a : Der Hauptversicherte ist aktiv
i : Der Hauptversicherte ist invalide
A : Der Hauptversicherte ist Altersrentner
ℓ : Tod des Hauptversicherten ohne Hinterlassung einer Witwe (als „Lediger")
wd_0: Tod des Hauptversicherten mit Hinterlassung einer Witwe mit kleinstmöglicher Altersdifferenz d_0 zum Hauptversicherten, d. h. es ist $d_0 := x_0 - y_1$, wobei x_0 das kleinstmögliche ganzzahlige Eintrittsalter des Hauptversicherten und y_1 das größtmögliche ganzzahlige Verwitwungsalter (also in der Regel $y_1 + 1 \in \mathbb{N}$ das rechnerische Höchstalter der Witwen) ist.

$\vdots$

wd_1: Tod des Hauptversicherten mit Hinterlassung einer Witwe mit größtmöglicher Altersdifferenz d_1 zum Hauptversicherten, d. h. es ist $d_1 := \omega_0 - 1 - y_0$, wobei ω_0 das rechnerische Höchstalter des Hauptversicherten und y_0 das kleinstmögliche Verwitwungsalter ist
t : Tod der Witwe.

(Oftmals sind x_0 und y_0 identisch, zum Beispiel $y_0 = x_0 = 20$, während y_1 mit $\omega_0 - 1$ übereinstimmt.) Das Übergangsdiagramm ist

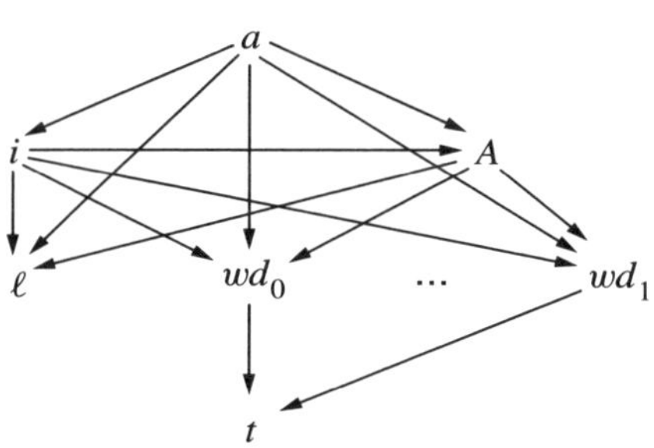

Der Raum möglicher Übergänge ist also

$$\begin{aligned} \ddot{U} \;=\; \big\{&(a,i), (a,A), (a,wd_0), \ldots, (a,wd_1), (a,\ell), (i,A), (i,wd_0), \ldots, \\ &(i,wd_1), (i,\ell), (A,wd_0), \ldots, (A,wd_1), (A,\ell), (wd_0,t), \ldots, (wd_1,t)\big\}. \end{aligned}$$

Damit geht dieses Modell aus demjenigen von Beispiel 4.4 formal dadurch hervor, daß der Zustand w in Einzelzustände aufgespalten wird, die zusätzlich die Information über die Altersdifferenz zur Witwe bei Tod des Hauptversicherten enthalten. Hinsichtlich einer eventuellen Wiederheirat einer Witwe gilt dasselbe wie bei der Individualmethode. Gegenüber der naheliegenderen Modellierung der verschiedenen Witwenzustände unmittelbar mit Hilfe der möglichen Witwenalter $y_0, \ldots, y_1$ hat diejenige mittels der möglichen Altersdifferenzen $d_0, \ldots, d_1$ den Vorteil, daß der zufällige Zustandsverlauf Markovsch (und nicht nur Semi-Markovsch) ist: Aus der Altersdifferenz und dem Eintrittsalter des Hauptversicherten sowie der seit Vertragsbeginn verstrichenen Zeit läßt sich zu jedem Vertragszeitpunkt nach Tod des Hauptversicherten und vor dem der Witwe das Witwenalter errechnen. Bei der Modellierung direkt über die Witwenalter benötigte man dazu zusätzlich die seit der Verwitwung verstrichene Zeit.

Für die Übergänge (a, i), (a, A) und (i, A) bieten sich dieselben Rechnungsgrundlagen und Voraussetzungen wie in Beispiel 6.26 an. Für die verbleibenden Übergänge $(a, wd_0), \ldots, (a, wd_1)$, (a, ℓ), $(i, wd_0), \ldots, (i, wd_1)$, (i, ℓ), $(A, wd_0), \ldots, (A, wd_1)$, (A, ℓ) und $(wd_0, t), \ldots, (wd_1, t)$ gelte ebenfalls die Stationaritätsbedingung (6.22.2) sowie die unterjährliche Gleichverteilungsannahme (6.24.1), so daß es genügt, die einjährigen bedingten Übergangswahrscheinlichkeiten festzulegen. Dazu seien zunächst folgende Rechnungsgrundlagen gegeben:

- einjährige partielle Sterbenswahrscheinlichkeiten q_x^{aa} für Aktive, die zusammen mit den zugehörigen partiellen Invalidisierungswahrscheinlichkeiten den Tod und die Invalidisierung von Aktiven steuern ($x = x_0, \ldots, z-1$),
- einjährige Sterbenswahrscheinlichkeiten q_x^A für Altersrentner ($x = z, \ldots, \omega_0 - 1$),
- einjährige Sterbenswahrscheinlichkeiten q_y^w für Witwen, unabhängig vom Alter beim Tod des Hauptversicherten ($y = y_0, \ldots, y_1$).

Die Rechnungsgrundlagen q_x^{aa}, q_x^{ii} und q_x^A können denselben Tabellen wie in Beispiel 6.26 entnommen werden, die Witwensterblichkeit wird der Einfachheit halber (und nicht ganz der Realität entsprechend) mit der Bevölkerungssterblichkeit gleichgesetzt und der DAV-Sterbetafel 1994 R entnommen. Sei

$$T := \{\ell, wd_0, \ldots, wd_1\}$$

der Zustand „Tod des Hauptversicherten“. Zwar legen die genannten Rechnungsgrundlagen die einjährigen Übergangswahrscheinlichkeiten in *irgendeinen* der Zustände aus T fest – beispielsweise gilt bei Eintritt als Aktiver mit Alter x mit der Notation von 6.22

$$q_x^{aa} = P\big(T^{(x)}(0) \leq 1,\ X^{(x)}_{T^{(x)}(0)} \in T\big)$$

– die Übergangswahrscheinlichkeiten in einen *bestimmten* Zustand aus T lassen sich daraus natürlich nicht ableiten. Zu ihrer Festlegung benötigen wir für die drei Zustände a, i und A jeweils die bedingten Wahrscheinlichkeiten $h^a_{x,y}$, $h^i_{x,y}$ und $h^A_{x,y}$, daß ein Hauptversicherter eine Witwe des Alters y hinterläßt, gegeben, daß er im Alter x in dem betreffenden Zustand ist und bis einschließlich zum Alter $x+1$ verstirbt. Üblicherweise wird unterstellt, daß diese bedingten Wahrscheinlichkeiten vom Zustand unmittelbar vor Tod unabhängig sind und daher mit der bedingten Wahrscheinlichkeit $h_{x,y}$, daß ein Hauptversicherter eine Witwe des Alters y hinterläßt, gegeben, daß er im Alter x lebt und bis einschließlich zum Alter $x+1$ verstirbt, übereinstimmen:

$$h_{x,y} = \begin{cases} h^a_{x,y} = h^i_{x,y}\,, & x \in \{x_0, \ldots, z-1\},\ y \in \{y_0, \ldots, y_1\} \\ h^A_{x,y}\,, & x \in \{z, \ldots, \omega_0 - 1\},\ y \in \{y_0, \ldots, y_1\}\,. \end{cases}$$

Offenbar ist dann

$$h_x := \sum_{y=y_0}^{y_1} h_{x,y}$$

die bedingte Wahrscheinlichkeit, daß ein Hauptversicherter des Alters x, der bis einschließlich zum Alter $x+1$ verstirbt, eine Witwe hinterläßt. Wegen der Abhängigkeit der Sterblichkeit vom Zivilstand ist diese bedingte Wahrscheinlichkeit, die häufig auch kurz als *Wahrscheinlichkeit, beim Tod im Alter x verheiratet zu sein*, bezeichnet wird, nicht identisch mit der Wahrscheinlichkeit, daß ein lebender Hauptversicherter des Alters x verheiratet ist.

In der Notation von 6.22 erhalten wir damit als einjährige bedingte Sprungwahrscheinlichkeiten eines Aktiven (x) in die einzelnen Zustände aus T

$$\begin{aligned} E^{(x)}_{a,wd}(k,k+1) &= P\big(T^{(x+k)}(0) \le 1,\ X^{(x+k)}_{T^{(x+k)}(0)} = wd \mid X^{(x+k)}_0 = a\big) \\ &= P\big(X^{(x+k)}_{T^{(x+k)}(0)} = wd \mid T^{(x+k)}(0) \le 1,\ X^{(x+k)}_{T^{(x+k)}(0)} \in T,\ X^{(x+k)}_0 = a\big) \\ &\qquad \cdot P\big(T^{(x+k)}(0) \le 1,\ X^{(x+k)}_{T^{(x+k)}(0)} \in T \mid X^{(x+k)}_0 = a\big) \\ &= h_{x+k,y}\, q^{aa}_{x+k}\,, \quad d \in \{d_0, \ldots, d_1\},\ y := x+k-d \in \{y_0, \ldots, y_1\}, \end{aligned}$$

und analog

$$E^{(x)}_{a\ell}(k,k+1) = (1-h_{x+k})\, q^{aa}_{x+k}\,, \quad x \in \{x_0, \ldots, z-1\},\ k \in \{0, \ldots, z-x-1\}\,.$$

Ebenso gelten für die einjährigen bedingten Sprungwahrscheinlichkeiten eines Invaliden (x) in die einzelnen Zustände aus T

$$\begin{aligned} E^{(x)}_{i,wd}(k,k+1) &= h_{x+k,y}\, q^{ii}_{x+k}\,, \quad d \in \{d_0, \ldots, d_1\},\ y := x+k-d \in \{y_0, \ldots, y_1\}, \\ E^{(x)}_{i\ell}(k,k+1) &= (1-h_{x+k})\, q^{ii}_{x+k}\,,\ x \in \{x_0, \ldots, z-1\},\ k \in \{0, \ldots, z-x-1\}\,, \end{aligned}$$

und für diejenigen eines Altersrentners

$$\begin{aligned} E^{(x)}_{A,wd}(k,k+1) &= h_{x+k,y}\, q^{A}_{x+k}\,, \quad d \in \{d_0, \ldots, d_1\},\ y := x+k-d \in \{y_0, \ldots, y_1\}, \\ E^{(x)}_{A\ell}(k,k+1) &= (1-h_{x+k})\, q^{A}_{x+k}\,,\ x \in \{z, \ldots, \omega_0-1\},\ k \in \{0, \ldots, \omega_0-x-1\}\,. \end{aligned}$$

Die einjährigen bedingten Sprungwahrscheinlichkeiten für die Übergänge (a,i), (a,A) und (i,A) berechnen sich wie im Beispiel 6.26, und für die einjährigen bedingten Sprungwahrscheinlichkeiten einer Witwe erhalten wir

$$\begin{aligned} E^{(x)}_{wd,t}(k,k+1) = q^w_y\,, \quad & x \in \{x_0, \ldots, \omega_0-1\},\ k \in \{0, \ldots, \omega_0-x-1+y_1-y_0\}, \\ & y := x+k-d \in \{y_0, \ldots, y_1\}. \end{aligned}$$

Wie üblich wird der Oberindex (x) nachfolgend in der Regel unterdrückt.

Damit können wiederum alle erwarteten Barwerte von Anwartschaften auf Witwenrente analog zu Beispiel 6.26 und mit Hilfe des Prinzips 6.21 (c) berechnet werden. Wir beschränken uns auf die Betrachtung eines einfachen Beispiels und berechnen den erwarteten Barwert $\ddot{a}_x^{Aw}$ der *Anwartschaft eines Altersrentners* (x) *auf eine lebenslänglich jährlich vorschüssig zahlbare Witwenrente mit Jahresbetrag* 1. Nach (6.20.1) und (6.24.1) sowie auf Grund der üblichen Näherung vermöge des Mittelwertsatzes der Integralrechnung ist

$$\begin{aligned}\ddot{a}_x^{Aw} &= \sum_{d=d_0}^{d_1} \int\limits_{(0,\omega_0-x]} v^\tau \, V_{wd}(\tau)\, E_{A,wd}(0, d\tau)\\ &= \sum_{y=y_0}^{y_1} \sum_{k=0}^{\omega_0-x-1} {}_kp_x^A \, q_{x+k}^A \, h_{x+k,y} \int\limits_{(k,k+1]} v^\tau \, V_{w(x+k-y)}(\tau)\, d\tau \qquad (6.29.1)\\ &\approx \sum_{y=y_0}^{y_1} \sum_{k=0}^{\omega_0-x-1} {}_kp_x^A \, q_{x+k}^A \, h_{x+k,y} \, v^{k+\frac{1}{2}} \, V_{w(x+k-y)}\Big(k+\frac{1}{2}\Big),\end{aligned}$$

wobei

$$V_{w(x+k-y)}\Big(k+\frac{1}{2}\Big) = v^{\frac{1}{2}} \, {}_{\frac{1}{2}}p_{y+\frac{1}{2}}^w \, \ddot{a}_{y+1}^w = {}_{\frac{1}{2}}p_{y+\frac{1}{2}}^w \sum_{\nu=1}^{y_1-y} v^{\nu-\frac{1}{2}} \, {}_{\nu-1}p_{y+1}^w . \qquad (6.29.2)$$

Natürlich sind auch hier sowohl eine exakte Berechnung als auch eine Verallgemeinerung auf n-tel-jährlich vorschüssig zahlbare Witwenrenten leicht möglich (Aufgabe 19); wie üblich wird der entsprechende erwartete Anwartschaftsbarwert mit $\ddot{a}_x^{Aw(n)}$ bezeichnet. Für den erwarteten Barwert $\ddot{a}_x^{iw(n)}$ der *Anwartschaft eines Invaliden* (x) *auf eine n-tel-jährlich vorschüssig zahlbare Witwenrente mit Jahresbetrag* 1 gilt

$$\ddot{a}_x^{iw(n)} = \ddot{a}_x^{iiw(n)} + \ddot{a}_x^{iAw(n)}, \qquad (6.29.3)$$

wobei $\ddot{a}_x^{iiw(n)}$ der erwartete Barwert der *Anwartschaft eines Invaliden* (x) *auf Witwenrente nach Tod als Invalider* und

$$\ddot{a}_x^{iAw(n)} = v^{z-x} \, {}_{z-x}p_x^{ii} \, \ddot{a}_z^{Aw(n)} \qquad (6.29.4)$$

der erwartete Barwert der *Anwartschaft eines Invaliden auf Witwenrente nach Tod als Altersrentner* ist ((6.20.1)). Entsprechend gilt für die *Anwartschaft eines Aktiven* (x) *auf eine n-tel-jährlich vorschüssig zahlbare Witwenrente des Jahresbetrages* 1

$$\ddot{a}_x^{aw(n)} = \ddot{a}_x^{aaw(n)} + \ddot{a}_x^{aiw(n)} + \ddot{a}_x^{aAw(n)} \qquad (6.29.5)$$

mit offensichtlicher Interpretation der erwarteten Anwartschaftsbarwerte auf der rechten Seite und

$$\ddot{a}_x^{aAw(n)} = v^{z-x} \, {}_{z-x}p_x^{aa} \, \ddot{a}_z^{Aw(n)} \qquad (6.29.6)$$

(wiederum nach (6.20.1)). Die exakte Berechnung der erwarteten Anwartschaftsbarwerte $\ddot{a}_x^{iiw(n)}$, $\ddot{a}_x^{aaw(n)}$ und $\ddot{a}_x^{aiw(n)}$ müssen wir aus Platzgründen dem Leser überlassen (Aufgabe 20), Näherungsformeln finden sich bei Wolff (1970) in Abschnitt 19.2.

In der Regel ist davon auszugehen, daß die Datenlage die Anwendung der Kollektivmethode in der oben dargestellten Weise nicht erlaubt, da keine oder keine hinreichend guten Schätzungen aller bedingten Wahrscheinlichkeiten $h_{x,y}$, $x \in \{x_0, \ldots, \omega_0 - 1\}$, $y \in \{y_0, \ldots, y_1\}$, zur Verfügung stehen. Man verwendet daher in der Praxis meistens die im folgenden beschriebene *vereinfachte Kollektivmethode* zur Berechnung von erwarteten Barwerten von Anwartschaften auf Witwenrente, die beispielsweise den Richttafeln von Heubeck (1983b, 1998) zugrunde liegt. Ihren historischen Ursprung konnten wir nicht ermitteln, jedoch findet sie sich schon in der „Anlage zu der Begründung des Gesetzentwurfs, betreffend die Unfallversicherung der Arbeiter“, Stenographische Berichte über die Verhandlungen des Reichstages (1883), pp. 223 bis 227. Bei der vereinfachten Kollektivmethode geht man davon aus, daß neben den bedingten Wahrscheinlichkeiten h_x, bei Tod im Alter $x \in \{x_0, \ldots, \omega_0 - 1\}$ verheiratet zu sein, nur der ganzzahlig gerundete bedingte Erwartungswert $y(x)$ des ganzzahligen Alters der Witwe, gegeben daß der Tod des Hauptversicherten in $(x, x+1]$ stattfindet und der Tote verheiratet war, zur Verfügung steht. Offenbar ist

$$y(x) := \begin{cases} \left[\frac{1}{h_x} \sum_{y=y_0}^{y_1} y h_{x,y}\right], & \frac{1}{h_x} \sum_{y=y_0}^{y_1} y h_{x,y} - \left[\frac{1}{h_x} \sum_{y=y_0}^{y_1} y h_{x,y}\right] \le \frac{1}{2} \\ \left[\frac{1}{h_x} \sum_{y=y_0}^{y_1} y h_{x,y}\right] + 1\,, & \text{sonst.} \end{cases}$$

Alle erwarteten Barwerte von Witwenrentenanwartschaften werden dann so berechnet, als hätte die Witwe bei Tod des Hauptversicherten im Alter (x) mit Sicherheit das Alter $y(x)$. Dies kann auf zwei äquivalente Arten modelliert werden: Wir werden hier das bisherige Modell der Kollektivmethode beibehalten und nur die bedingten Wahrscheinlichkeiten $h_{x,y}$ ersetzen durch $h_x \, \delta_{y(x)y}$, $x \in \{x_0, \ldots, \omega_0 - 1\}$, $y \in \{y_0, \ldots, y_1\}$, mit entsprechenden Konsequenzen für die einjährigen bedingten Sprungwahrscheinlichkeiten $E_{*,wd}^{(x)}$. Auf diese Weise bleibt das Modell Markovsch. Üblicher ist es, die Zustände wd, $d \in \{d_0, \ldots, d_1\}$, wieder zu einem Zustand w zusammenzufassen, also wie Heubeck (1983b, 1998) das vereinfachte Modell der Pensionsversicherung des Beispiels 4.4 zugrunde zu legen, und die Übergangswahrscheinlichkeiten von w nach t von der ganzzahlig gestutzten Verweildauer K_x des bei Versicherungsbeginn x-jährigen Hauptversicherten abhängen zu lassen:

$$E_{wt}^{(x)}(k, k+1) := q_{y(x+K_x)+k}^{w}, \quad k \in \{0, \ldots, y_1 - y(x+K_x)\}\,.$$

Da diese Übergangswahrscheinlichkeiten zufällig sind und man zu ihrer Festlegung für die Zukunft die bisherige Verweildauer im Zustand w kennen muß – diese Kenntnis ist äquivalent zu der von K_x – ist dieses Modell nur Semi-Markovsch und nicht Markovsch. Zur Vermeidung von Mißverständnissen weisen wir hier noch explizit darauf hin, daß

Zwinggi (1958), Heubeck (1983b, 1998), Neuburger (1997), und andere die Bezeichnung $h_{x+\frac{1}{2}}$ an Stelle von h_x verwenden, da sie von der Hilfsvorstellung ausgehen, daß der Tod stets in der Mitte des Jahres eintritt.

Auch hier können wiederum alle erwarteten Barwerte von Anwartschaften auf Witwenrenten analog zu Beispiel 6.26 mit Hilfe des Prinzips 6.21 (c) berechnet werden. Beispielsweise erhält man an Stelle von (6.29.1)

$$\begin{aligned} \ddot{a}_x^{Aw} &= \sum_{k=0}^{\omega_0-x-1} {}_k p_x^A \, q_{x+k}^A \, h_{x+k} \int_{(k,k+1]} v^\tau \, V_{w(x+k-y(x+k))}(\tau)\, d\tau \\ &\approx \sum_{k=0}^{\omega_0-x-1} {}_k p_x^A \, q_{x+k}^A \, h_{x+k} \, v^{k+\frac{1}{2}} \, V_{w(x+k-y(x+k))}\big(k+\frac{1}{2}\big) \end{aligned} \tag{6.29.7}$$

mit $V_{w(x+k-y(x+k))}(k+\frac{1}{2})$ gemäß (6.29.2). Durch Vergleich mit (6.29.1) wird klar, welchen Effekt der Übergang vom Kollektivmodell zum vereinfachten Kollektivmodell hat: Für jedes Alter $x+k$ tritt an Stelle des bedingten Erwartungswertes einer Funktion des Alters y bei Verwitwung,

$$\sum_{y=y_0}^{y_1} h_{x+k,y} \int_{(k,k+1]} v^\tau \, V_{w(x+k-y)}(\tau)\, d\tau \,,$$

diese Funktion ausgewertet am bedingten Erwartungswert $y(x+k)$ des Witwenalters

$$h_{x+k} \int_{(k,k+1]} v^\tau \, V_{w(x+k-y(x+k))}(\tau)\, d\tau \,.$$

(Der zusätzliche Vorfaktor h_{x+k} rührt daher, daß nicht nur am Todesalter $x+k$ des Hauptversicherten (x) sondern auch an dessen Zivilstand beim Tode konditioniert wird und sich folglich die $h_{x+k,y}$ nicht zu 1 sondern zu h_{x+k} aufsummieren.) Dieser Übergang läuft also auf die Vertauschung einer Funktion mit einer Erwartungswertbildung hinaus. Da die Funktion nichtlinear ist, führt dies nur zu einer Näherung, nicht zu einer Identität, und die Güte dieser Näherung hängt von dem unbekannten „Ausmaß der Nichtlinearität“ der Funktion ab.

Exakte Formeln für $\ddot{a}_x^{iiw(n)}$, $\ddot{a}_x^{aaw(n)}$ und $\ddot{a}_x^{aiw(n)}$ sowie Näherungsformeln analog zu (6.26.9), (6.26.15) und (6.26.16) möge der Leser als Aufgabe 22 berechnen. Wir beschränken uns hier auf die Wiedergabe der zu (6.26.15) analogen Näherungsformeln, die in der Praxis vielfach Verwendung finden:

$$\ddot{a}_x^{iiw(n)} \approx \sum_{k=0}^{z-x-1} {}_k p_x^{aa} \, q_{x+k}^{ii} \, h_{x+k} \, v^{k+\frac{1}{2}} \Big(\frac{\ddot{a}_{y(x+k)}^{w(n)} + \ddot{a}_{y(x+k)+1}^{w(n)}}{2} - \frac{1}{2n} \Big), \tag{6.29.8}$$

$$\ddot{a}_x^{aaw(n)} \approx \sum_{k=0}^{z-x-1} {}_k p_x^{aa}\, q_{x+k}^{aa}\, h_{x+k}\, v^{k+\frac{1}{2}} \Big(\frac{\ddot{a}_{y(x+k)}^{w(n)} + \ddot{a}_{y(x+k)+1}^{w(n)}}{2} - \frac{1}{2n}\Big) \tag{6.29.9}$$

und

$$\ddot{a}_x^{aiw(n)} \approx \sum_{k=0}^{z-x-1} {}_k p_x^{aa}\, i_{x+k}\, v^{k+\frac{1}{2}} \frac{\ddot{a}_{x+k}^{iw(n)} + \ddot{a}_{x+k+1}^{iw(n)}}{2}\,. \tag{6.29.10}$$

D Aufgaben

Aufgabe 1. Geben Sie ein sinnvolles Beispiel aus der Pensionsversicherung, bei dem die Übergangsleistung nicht nur vom auslösenden Übergang und dessen Zeitpunkt, sondern auch von den Daten vorheriger Übergänge abhängt! Gefragt ist (auch) nach einer expliziten Formel für die Versicherungsleistungsfunktion.

Hinweis: Die Todesfalleistung für einen Invaliden kann abhängen vom Zeitpunkt der Invalidisierung.

Aufgabe 2. Geben Sie in Anlehnung an Aufgabe 1 ein sinnvolles Beispiel aus der Pensionsversicherung, bei dem die Verbleibsleistung nicht nur vom leistungsbegründenden Zustand und dessen Dauer, sondern von weiteren Informationen über die Vergangenheit des Zustandsverlaufs abhängt!

Aufgabe 3. Zeigen Sie, daß jede natürliche Verbleibsleistungsfunktion in der Personenversicherung nichtvorgreifend ist!

Aufgabe 4. Eine Versorgungszusage sehe Invalidenrentenanwartschaften mit einer *Wartezeit* (*Karenzzeit*) von $\ell \in \mathbb{N}_0$ Jahren vor. Die Höhe der Invalidenrente hänge von der bis zur Invalidisierung verstrichenen Vertragszeit ab. Sie betrage bei Invalidisierung im ersten Jahr nach Ablauf der Wartezeit jährlich $R > 0$. Für jedes weitere Vertragsjahr vor Invalidisierung wird ein jährlicher Steigerungsbetrag von $\varepsilon > 0$ gewährt, insgesamt jedoch höchstens $n\,\varepsilon$ ($n \in \mathbb{N}_0$). Bei Erreichen des Pensionsalters $z \in \{\ell+1, \ell+2, \ldots\}$ als Aktiver werde eine Altersrente in der Höhe jener Invalidenrente fällig, die bei Eintritt der Invalidität unmittelbar nach z fällig geworden wäre.

Sei nun $x \in \mathbb{N}$, $x \leq z - (\ell \vee 1)$ das Eintrittsalter eines Aktiven. Ist $\ell + n \leq z - x =: g$, so erreicht die Altersrente nach Definition der Versorgungszusage den Höchstbetrag $R + n\,\varepsilon$ der Invalidenrente. Ist hingegen $\ell + n > g > \ell$, so kann die Invalidenrente höchstens den Betrag $R + (g - \ell - 1)\,\varepsilon$ und die Altersrente höchstens den Betrag $R + (g - \ell)\,\varepsilon$ erreichen. Im Fall $\ell = g$ wird keine Invalidenrente fällig, die Altersrente hat den Betrag R.

Geben Sie ein mathematisches Modell für diese von Wolff (1970, p. 207) beschriebene Invaliditäts- und Alterspension an! Gehen Sie bei der Aufstellung der Versicherungsleistungsfunktion davon aus, daß die Renten k-tel-jährlich vorschüssig zahlbar sind!

Aufgabe 5. Zeigen Sie, daß Satz 6.9 die Formeln für Barwerte natürlicher Versicherungsleistungen aus den Bemerkungen 5.22, 5.52, 5.54, 5.62 und 5.63 verallgemeinert!

Aufgabe 6. Seien $A_i = (A_{i,t})_{t\geq 0}$, $i = 1, 2$, bei 0 startende stochastische Prozesse auf einem Wahrscheinlichkeitsraum $(\Omega, \mathfrak{A}, P)$ mit Zustandsraum $[0, \infty)$ und monoton nichtfallenden rechtsstetigen Pfaden. Zeigen Sie:

(a) Der durch

$$\mu_{A_1 A_2}(\cdot, (q, r] \times (s, t]) \longmapsto (A_{1,r} - A_{1,q})(A_{2,t} - A_{2,s})$$

definierte zufällige Inhalt $\mu_{A_1 A_2}$ kann eindeutig zu einem (wiederum mit $\mu_{A_1 A_2}$ bezeichneten) Übergangskern von $(\Omega, \mathfrak{A})$ nach $\big((0, \infty)^2, \mathfrak{B}((0, \infty)^2)\big)$ fortgesetzt werden.

(b) Durch

$$\overline{\mu}_{A_1 A_2}: B \longmapsto E\left(\mu_{A_1 A_2}(\cdot, B)\right)$$

wird ein Maß auf $\mathfrak{B}\left((0, \infty)^2\right)$ definiert, das sogenannte *Produktmomentenmaß* von A_1 und A_2.

(c) Für alle $f: \big((0, \infty)^2, \mathfrak{B}((0, \infty)^2)\big) \longrightarrow \big([0, \infty], \mathfrak{B}([0, \infty])\big)$ ist

$$\omega \longmapsto \int f \, d\mu_{A_1 A_2}(\omega, \cdot)$$

$\mathfrak{A}$–$\mathfrak{B}([0, \infty])$-meßbar, und es gilt

$$E\Big(\int f \, d\mu_{A_1 A_2}\Big) = \int f \, d\overline{\mu}_{A_1 A_2} .$$

Seien nun K eine Kapitalfunktion und (p) eine Personenversicherungspolice mit zufälligem Übergangsverlauf $\big(\Omega, \mathfrak{A}, P, (N_t)_{t\geq 0}\big)$. Weiter seien (u, v) und (y, z) zwei Übergänge mit zugehörigen Übergangsleistungsfunktionen DA_{uv} und DA_{yz} gemäß (6.1.2) und (6.1.3).

(d) Zeigen Sie: Das erwartete Produkt der Barwerte der Leistungen für (p) ist

$$E\left(DB_{uv,(p)} \cdot DB_{yz,(p)}\right) = \int \frac{D_{uv}}{K \circ DT}(s) \cdot \frac{D_{yz}}{K \circ DT}(t) \, \overline{\mu}_{N_{uv}, N_{yz}}(d(s, t)) .$$

Hinweise: Argumentieren Sie bei (a) wie in Bemerkung 6.11, und verfahren Sie bei (b) und (c) analog zum Beweis des Campbell-Theorems !

Aufgabe 7. Beweisen Sie Hilfssatz 6.15 durch Anwendung von Satz 6.9 und Folgerung 6.10 auf geeignet modifizierte natürliche Versicherungsleistungsfunktionen !

Aufgabe 8. Geben Sie eine zu Bemerkung 3.6 analoge Interpretation der Stationaritätsbedingung (6.22.1) !

Aufgabe 9. Leiten Sie aus der Stationaritätsbedingung (6.22.1) und der Definitionsgleichung (4.28.6) für die kumulative Intensitätsmatrix die Beziehung (6.22.4) ab !

Aufgabe 10. Sei $((X_t, \mathfrak{A}_t))_{t\geq 0}$ Markovsch mit kumulativer Intensitätsmatrix q. Weiter seien $y \in \mathcal{S}$ und $n \in \mathbb{N}_0$ mit $P(X_n = y) > 0$ und $E_y(n, n+1) = 1$. Es gelte (6.24.1). Zeigen Sie, daß q nicht regulär ist, da die Endlichkeitsbedingung verletzt ist !

Aufgabe 11. Gegeben sei ein Modell mit mehreren Ausscheideursachen. Verwenden Sie die Notation aus Beispiel 4.22, und zeigen Sie die Äquivalenz der folgenden beiden Bedingungen:

- $E_{\emptyset D}(n,t) = (t-n)\, E_{\emptyset D}(n, n+1), \qquad t \in (n, n+1), n \in \mathbb{N}_0,$
  $n < \omega_x - x, \emptyset \neq D \subset U,$
- R_x und (K_x, J_x) sind stochastisch unabhängig und $R_x \sim U(0,1]$.

Aufgabe 12. Betrachten Sie eine Personengesamtheit von $(z-1)$-jährigen Invaliden, auf die die beiden Ausscheideursachen Tod und Verrentung wie in Beispiel 6.26 derart wirken, daß
- vor Erreichen des Alters z keine Verrentung erfolgt,
- exakt zum Alter z der Tod mit Wahrscheinlichkeit 0 eintritt,
- unmittelbar bei Erreichen des Alters z alle noch lebenden Invaliden verrentet werden.

Zeigen Sie, daß die unabhängigen einjährigen Sterbenswahrscheinlichkeiten und die abhängigen einjährigen Sterbenswahrscheinlichkeiten übereinstimmen!

Aufgabe 13. Erweitern Sie Beispiel 6.26, indem Sie gleichzeitig
- n-tel-jährliche Rentenfälligkeiten, $n \in \mathbb{N}$,
- in (6.26.1) eine Invalidenrente der Jahreshöhe $\alpha \in [0,1]$

vorsehen!

Hinweis: Für $\alpha = 1$ ist die Lösung in (6.26.16) – (6.26.18) angegeben. Die allgemeine Lösungsformel erhält man daraus, indem man in (6.26.17) die $\sum_\nu$ mit einem zusätzlichen Vorfaktor α versieht.

Aufgabe 14. Schreiben Sie eine Routine, die den erwarteten Anwartschaftsbarwert $\ddot{a}_x^{ai\,A(n)}(\alpha, 1)$ einer n-tel-jährlich vorschüssig zahlbaren Invalidenrente der Jahreshöhe $\alpha \in [0,1]$ und Altersrente der Jahreshöhe 1 für (x) berechnet! Die Invalidenrente werde bis ausschließlich zum absoluten Rentenalter $z \in \mathbb{N}$ gezahlt, die Altersrente lebenslänglich ab z. Die Verzinsung sei zusammengesetzt mit Zinsfuß $p \geq 0$. Setzen Sie voraus, daß
- der zufällige Zustandsverlauf Markovsch ist,
- für das Ausscheiden aus allen Teilgesamtheiten die bedingte Gleichverteilungsannahme (6.24.1) und die Stationaritätsbedingung (6.22.1) gelten.

Als Eingabe liest die Routine die Parameter Geschlecht (M/W), p, z, x, n, α und passende Ausscheidetafeln gemäß Beispiel 6.26.

Aufgabe 15. Berechnen Sie den erwarteten Anwartschaftsbarwert für die in Aufgabe 4 beschriebene Invaliden- und Altersrente! Verfahren Sie dazu wie in Beispiel 6.26.

Aufgabe 16. Betrachten Sie eine Gemischte Kapitalversicherung der Dauer n für (x) mit Versicherungssumme 1 und Teilauszahlung des Betrages $\alpha \in [0,1]$ bei Dread Disease.
(a) Berechnen Sie ausgehend von (6.27.28) eine Näherungsformel für den erwarteten Barwert bei unmittelbarer Fälligkeit der Übergangsleistungen!
(b) Vergleichen Sie diesen Näherungswert mit dem exakten Wert nach (6.27.27) sowie dem exakten Wert nach (6.27.8) und dem Näherungswert aus (6.27.19), die sich beide bei Fälligkeit der Übergangsleistungen am Ende des Jahres ergeben! Wählen Sie dazu folgende Parameter: $x = 30$, $n = 20$, $\alpha = 0.5$ und die einjährigen Übergangswahrscheinlichkeiten gemäß Tabelle 13.10! Diskutieren Sie Art und Größe der Abweichungen!

Aufgabe 17. Berechnen Sie in der Situation des Beispiels 6.26 den erwarteten Anwartschaftsbarwert $\ddot{a}_x^{ai\,A}$ exakt, indem Sie $\ddot{a}_x^{ai}$ exakt berechnen! Lehnen Sie sich dabei an die Berechnung von $E(B_x)$ im ersten Teil des Beispiels 6.27 an!

Hinweis: Zeigen Sie

$$\ddot{a}_x^{ai} = - \sum_{k=0}^{z-x-1} {}_k p_x^{aa}\, i_{x+k} \frac{p_{x+k}^{ii}}{q_{x+k}^{ii}} \log(p_{x+k}^{ii}) \cdot \Big(\sum_{\ell=k+1}^{z-x-1} v^\ell\ {}_{\ell-k-1}p_{x+k+1}^{ii} + \sum_{\ell=z-x}^{\omega_0-x-1} v^\ell\ {}_{\ell-z-x}p_z^A\ {}_{z-x-1}p_{x+k+1}^{ii} \Big) .$$

Aufgabe 18. Legen Sie die Individualmethode zur Modellierung von Anwartschaften auf Witwenrente zugrunde, und verwenden Sie die Bezeichnungen und Voraussetzungen von Bemerkung 6.28. Setzen Sie also insbesondere voraus, daß für die Zustandsverläufe der beiden *Einzelpersonen* die Annahme der unterjährlichen Gleichverteilung gilt.

(a) Zeigen Sie, daß der der Individualmethode zugrunde liegende *gemeinsame* Zustandsverlauf des *Paares* die unterjährliche Gleichverteilungsannahme zwar nicht exakt aber doch in sehr guter Näherung erfüllt. Quantifizieren Sie die maximale Abweichung der dabei zu vergleichenden Verteilungsfunktionen !

Hinweis: Vergleichen Sie mit der Lösung von Aufgabe 3.20 !

Betrachten Sie im folgenden die erwarteten Barwerte $\ddot{a}_{x|y}^{aaw(n)}$ und $\ddot{a}_{x|y}^{aiw(n)}$, setzen Sie die Alterskonstellation $\omega_0 - y \geq z - x$ voraus, und approximieren Sie, wo erforderlich, im Hinblick auf (a) die bedingten unterjährlichen Sprungzeitverteilungen des gemeinsamen Zustandsverlaufs des Paares durch eine Gleichverteilung auf (0, 1].

(b) Rechnen Sie – abgesehen von dieser Approximation – „exakt", und zeigen Sie

$$\ddot{a}_{x|y}^{aaw(n)} \approx \frac{1}{2n^2} \sum_{k=0}^{z-x-1} {}_k p_x^{aa}\ {}_k p_y\ q_{x+k}^{aa} (1 + p_{y+k}) \sum_{\ell=0}^{n-1} \frac{(\ell+1)\, q_{y+k} - n}{q_{y+k}} \log\Big(1 - \frac{q_{y+k}}{n - \ell\, q_{y+k}}\Big) \sum_{\nu=nk+\ell+1}^{n(\omega_0-y)-1} v^{\nu/n}\ {}_{\frac{\nu-\ell-1}{n}-k}p_{y+k+\frac{\ell+1}{n}} ,$$

$$\ddot{a}_{x|y}^{aiw(n)} \approx \frac{1}{2n} \sum_{k=0}^{z-x-1} {}_k p_x^{aa}\ {}_k p_y\ i_{x+k} (1 + p_{y+k}) \sum_{\ell=0}^{n-1} \Bigg(q_{x+k}^{ii} \frac{1+p_{y+k}}{2} \Bigg(\frac{n - (\ell+1)\, q_{y+k}}{n\, q_{y+k}} \Bigg(\sum_{\mu=1}^{\infty} \frac{q_{y+k}^{\mu}}{\mu (q_{x+k}^{ii} + q_{y+k} - q_{x+k}^{ii}\, q_{y+k})^{\mu+1}} \cdot \Big(\sum_{\kappa=1}^{\mu} \frac{1}{\kappa} \big((\frac{\ell+1}{n})^\kappa - (\frac{\ell}{n})^\kappa \big) (q_{x+k}^{ii} + q_{y+k} - q_{x+k}^{ii}\, q_{y+k})^\kappa - \log \frac{1 - \frac{\ell}{n}(q_{x+k}^{ii} + q_{y+k} - q_{x+k}^{ii}\, q_{y+k})}{1 - \frac{\ell+1}{n}(q_{x+k}^{ii} + q_{y+k} - q_{x+k}^{ii}\, q_{y+k})} \Big) - \log \frac{1 - \frac{\ell}{n}(q_{x+k}^{ii} + q_{y+k} - q_{x+k}^{ii}\, q_{y+k})}{1 - \frac{\ell+1}{n}(q_{x+k}^{ii} + q_{y+k} - q_{x+k}^{ii}\, q_{y+k})} \frac{\log(1 - \frac{\ell+1}{n}\, q_{y+k})}{q_{x+k}^{ii} + q_{y+k} - q_{x+k}^{ii}\, q_{y+k}} \Bigg) .$$

$$\cdot \sum_{\nu=nk+\ell+1}^{n(\omega_0-y)-1} v^{\nu/n} \; {}_{\frac{\nu-\ell-1}{n}-k}p_{y+k+\frac{\ell+1}{n}}$$

$$+ \frac{1}{q^{ii}_{x+k} + q_{y+k} - q^{ii}_{x+k}\, q_{y+k}} \log \frac{1 - \frac{\ell}{n}(q^{ii}_{x+k} + q_{y+k} - q^{ii}_{x+k}\, q_{y+k})}{1 - \frac{\ell+1}{n}(q^{ii}_{x+k} + q_{y+k} - q^{ii}_{x+k}\, q_{y+k})}$$

$$\cdot \sum_{h=\ell+1}^{n-1} \frac{n-(h+1)\, q_{y+k}}{n\, q_{y+k}} \log \frac{1 - \frac{h}{n} q_{y+k}}{1 - \frac{h+1}{n} q_{y+k}}$$

$$\left. \cdot \sum_{\nu=nk+h+1}^{n(\omega_0-y)-1} v^{\nu/n} \; {}_{\frac{\nu-h-1}{n}-k}p_{y+k+\frac{h+1}{n}} \right)$$

$$+ \frac{1 - q^{ii}_{x+k} - q_{y+k} + q^{ii}_{x+k}\, q_{y+k}}{q^{ii}_{x+k} + q_{y+k} - q^{ii}_{x+k}\, q_{y+k}} \log \frac{1 - \frac{\ell}{n}(q^{ii}_{x+k} + q_{y+k} - q^{ii}_{x+k}\, q_{y+k})}{1 - \frac{\ell+1}{n}(q^{ii}_{x+k} + q_{y+k} - q^{ii}_{x+k}\, q_{y+k})}$$

$$\cdot \sum_{m=k+1}^{z-x-1} {}_{m-k-1}p^{ii}_{x+k+1} \; {}_{m-k-1}p_{y+k+1} \; q^{ii}_{x+m} \frac{1 + p_{y+m}}{2}$$

$$\cdot \sum_{h=0}^{n-1} \frac{n-(h+1)\, q_{y+m}}{n\, q_{y+m}} \log \frac{1 - \frac{h}{n}\, q_{y+m}}{1 - \frac{h+1}{n}\, q_{y+m}}$$

$$\left. \cdot \sum_{\nu=nm+h+1}^{n(\omega_0-y)-1} v^{\nu/n} \; {}_{\frac{\nu-h-1}{n}-m}p_{y+m+\frac{h+1}{n}} \right) .$$

(c) Berechnen Sie die beiden erwarteten Barwerte näherungsweise in Anlehnung an die Herleitung von (6.26.9) bzw. diejenige von (6.26.16) in Aufgabe 13, also indem Sie zusätzlich zu der Approximation (a) bezüglich der Gleichverteilungsannahme den Mittelwertsatz der Integralrechnung verwenden !

Hinweise: Zeigen Sie

$$\ddot{a}^{aaw(n)}_{x|y} \approx \frac{1}{2n^2} \sum_{k=0}^{z-x-1} {}_kp^{aa}_x \; {}_kp_y \; q^{aa}_{x+k}(1 + p_{y+k}) \sum_{\ell=0}^{n-1} \sum_{\nu=nk+\ell+1}^{n(\omega_0-y)-1} v^{\nu/n} \; {}_{\frac{\nu-\ell-1/2}{n}-k}p_{y+k+\frac{\ell+1/2}{n}} ,$$

$$\ddot{a}^{aiw(n)}_{x|y} \approx \frac{1}{2n^3} \sum_{k=0}^{z-x-1} {}_kp^{aa}_x \; {}_kp_y \; i_{x+k}(1 + p_{y+k})$$

$$\sum_{\ell=0}^{n-1} \left(\frac{q^{ii}_{x+k}(1 + p_{y+k})/2}{1 - \frac{\ell+1/2}{n}(q^{ii}_{x+k} + q_{y+k} - q^{ii}_{x+k}\, q_{y+k})} \right.$$

$$\left(\frac{1}{2} \sum_{\nu=nk+\ell+1}^{n(\omega_0-y)-1} v^{\nu/n} \; {}_{\frac{\nu-\ell-3/4}{n}-k}p_{y+k+\frac{\ell+3/4}{n}} \right.$$

$$\left. + \sum_{h=\ell+1}^{n-1} \sum_{\nu=nk+h+1}^{n(\omega_0-y)-1} v^{\nu/n} \; {}_{\frac{\nu-h-1/2}{n}-k}p_{y+k+\frac{h+1/2}{n}} \right) +$$

$$+\sum_{m=k+1}^{z-x-1} \frac{1-q^{ii}_{x+k}-q_{y+k}+q^{ii}_{x+k}\,q_{y+k}}{1-\frac{\ell+1/2}{n}(q^{ii}_{x+k}+q_{y+k}-q^{ii}_{x+k}\,q_{y+k})}\; {}_{m-k-1}p^{ii}_{x+k+1}\;{}_{m-k-1}p_{y+k+1}$$
$$\cdot\, q^{ii}_{x+m}\,\frac{1+p_{y+m}}{2}\sum_{h=0}^{n-1}\sum_{\nu=nm+h+1}^{n(\omega_0-y)-1} v^{\nu/n}\;{}_{\frac{\nu-h-1/2}{n}-m}p_{y+m+\frac{h+1/2}{n}}\Bigg).$$

(d) Begründen sie die folgenden, in Bemerkung 6.28 angegebenen Näherungen:

$$\ddot{a}^{aaw(n)}_{x|y} \approx \frac{1}{2}\sum_{k=0}^{z-x-1} {}_kp^{aa}_x\;{}_kp_y\;q^{aa}_{x+k}\,(1+p_{y+k})\,v^{k+\frac{1}{2}}\left(\ddot{a}^{(n)}_{y+k+1/2}-\frac{1}{2n}\right)$$
$$\approx \frac{1}{2}\sum_{k=0}^{z-x-1} {}_kp^{aa}_x\;{}_kp_y\;q^{aa}_{x+k}\,(1+p_{y+k})\,v^{k+\frac{1}{2}}\left(\frac{\ddot{a}^{(n)}_{y+k}+\ddot{a}^{(n)}_{y+k+1}}{2}-\frac{1}{2n}\right),$$
$$\ddot{a}^{aiw(n)}_{x|y} \approx \frac{1}{2}\sum_{k=0}^{z-x-1} {}_kp^{aa}_x\;{}_kp_y\;q^{aa}_{x+k}\,(1+p_{y+k})\,v^{k+\frac{1}{2}}\,\ddot{a}^{iw(n)}_{x+k+1/2\,|\,y+k+1/2}$$
$$\approx \frac{1}{2}\sum_{k=0}^{z-x-1} {}_kp^{aa}_x\;{}_kp_y\;q^{aa}_{x+k}\,(1+p_{y+k})\,v^{k+\frac{1}{2}}\,\frac{\ddot{a}^{iw(n)}_{x+k|y+k}+\ddot{a}^{iw(n)}_{x+k+1|y+k+1}}{2}.$$

(e) Programmieren Sie die Näherungen (b) bis (d), und untersuchen Sie in Beispielsituationen die Größenordnung der Abweichungen !

Literaturhinweis: Rastbichler (1999), Kapitel 2. In dieser Arbeit finden sich auch die Lösungen der folgenden vier Aufgaben, und zwar in Kapitel 3 diejenigen der Aufgaben 19 und 20 sowie in Kapitel 4 diejenigen der Aufgaben 21 und 22.

Aufgabe 19. Legen Sie die Kollektivmethode zur Modellierung von Anwartschaften auf Witwenrente zugrunde. Berechnen Sie den erwarteten Anwartschaftsbarwert $\ddot{a}^{Aw(n)}_x$

(a) exakt, indem Sie Integrale der Form $\int_{\frac{\mu}{n}}^{\frac{\mu+1}{n}} v^{\tau}\,V_{wd}(\tau)\,d\tau$ exakt auswerten:

$$\ddot{a}^{Aw(n)}_x = \frac{1}{n^2}\sum_{y=y_0}^{y_1}\sum_{k=0}^{\omega_0-x-1} {}_kp^A_x\,q^A_{x+k}\,h_{x+k,y}\sum_{\ell=0}^{n-1}\frac{(\ell+1)\,q^w_y-n}{q^w_y}$$
$$\log\left(1-\frac{q^w_y}{n-\ell q^w_y}\right)\sum_{\nu=nk+\ell+1}^{n(y_1+1+k-y)-1} v^{\nu/n}\;{}_{\frac{\nu-\ell-1}{n}-k}p^w_{y+\frac{\ell+1}{n}},$$

(b) näherungsweise, indem Sie den Mittelwertsatz der Integralrechnung verwenden und so (6.29.1) und (6.29.2) geeignet verallgemeinern:

$$\ddot{a}^{Aw(n)}_x \approx \frac{1}{n^2}\sum_{y=y_0}^{y_1}\sum_{k=0}^{\omega_0-x-1} {}_kp^A_x\,q^A_{x+k}\,h_{x+k,y}\sum_{\ell=0}^{n-1}\sum_{\nu=nk+\ell+1}^{n(y_1+1+k-y)-1} v^{\nu/n}\;{}_{\frac{\nu-\ell-1/2}{n}-k}p^w_{y+\frac{\ell+1/2}{n}},$$

(c) näherungsweise analog zu Aufgabe 18 (d):

$$\ddot{a}_x^{Aw(n)} \approx \sum_{y=y_0}^{y_1} \sum_{k=0}^{\omega_0-x-1} {}_kp_x^A\, q_{x+k}^A\, h_{x+k,y}\, v^{k+\frac{1}{2}} \left(\ddot{a}_{y+1/2}^{w(n)} - \frac{1}{2n}\right)$$

$$\approx \sum_{y=y_0}^{y_1} \sum_{k=0}^{\omega_0-x-1} {}_kp_x^A\, q_{x+k}^A\, h_{x+k,y}\, v^{k+\frac{1}{2}} \left(\frac{\ddot{a}_y^{w(n)} + \ddot{a}_{y+1}^{w(n)}}{2} - \frac{1}{2n}\right).$$

(Wie üblich bezeichne $\ddot{a}_y^{w(n)}$ den erwarteten Barwert einer fälligen, lebenslänglich n-tel-jährlich vorschüssig zahlbaren Leibrente an eine Witwe (y).)

Aufgabe 20. Legen Sie die Kollektivmethode zur Modellierung von Anwartschaften auf Witwenrente zugrunde, und berechnen Sie die erwarteten Anwartschaftsbarwerte $\ddot{a}_x^{iiw(n)}$, $\ddot{a}_x^{aaw(n)}$ und $\ddot{a}_x^{aiw(n)}$ aus (6.29.3) und (6.29.5)

(a) analog zu Aufgabe 19 (a) exakt,
(b) analog zu Aufgabe 19 (b) näherungsweise mit Hilfe des Mittelwertsatzes der Integralrechnung,
(c) näherungsweise analog zu Aufgabe 19 (c) !

Hinweise: Für $\ddot{a}_x^{iiw(n)}$ erhält man

$$\ddot{a}_x^{iiw(n)} = \frac{1}{n^2} \sum_{y=y_0}^{y_1} \sum_{k=0}^{z-x-1} {}_kp_x^{ii}\, q_{x+k}^{ii}\, h_{x+k,y} \sum_{\ell=0}^{n-1} \frac{(\ell+1)\, q_y^w - n}{q_y^w}$$
$$\log\left(1 - \frac{q_y^w}{n - \ell q_y^w}\right) \sum_{\nu=nk+\ell+1}^{n(y_1+1+k-y)-1} v^{\nu/n}\ {}_{\frac{\nu-\ell-1}{n}-k}p_{y+\frac{\ell+1}{n}}^w\,,$$

$$\ddot{a}_x^{iiw(n)} \approx \frac{1}{n^2} \sum_{y=y_0}^{y_1} \sum_{k=0}^{z-x-1} {}_kp_x^{ii}\, q_{x+k}^{ii}\, h_{x+k,y} \sum_{\ell=0}^{n-1} \sum_{\nu=nk+\ell+1}^{n(y_1+1+k-y)-1} v^{\nu/n}\ {}_{\frac{\nu-\ell-1/2}{n}-k}p_{y+\frac{\ell+1/2}{n}}^w\,,$$

$$\ddot{a}_x^{iiw(n)} \approx \sum_{y=y_0}^{y_1} \sum_{k=0}^{z-x-1} {}_kp_x^{ii}\, q_{x+k}^{ii}\, h_{x+k,y}\, v^{k+\frac{1}{2}} \left(\ddot{a}_{y+1/2}^{w(n)} - \frac{1}{2n}\right)$$

$$\approx \sum_{y=y_0}^{y_1} \sum_{k=0}^{z-x-1} {}_kp_x^{ii}\, q_{x+k}^{ii}\, h_{x+k,y}\, v^{k+\frac{1}{2}} \left(\frac{\ddot{a}_y^{w(n)} + \ddot{a}_{y+1}^{w(n)}}{2} - \frac{1}{2n}\right).$$

Daraus ergeben sich die Ergebnisse für $\ddot{a}_x^{aaw(n)}$, indem man auf den rechten Seiten aller drei Formeln jeweils ${}_kp_x^{ii}$ durch ${}_kp_x^{aa}$ und q_{x+k}^{ii} durch q_{x+k}^{aa} ersetzt; alle anderen Formelbestandteile auf den rechten Seiten bleiben unverändert. Die Rechnungen für $\ddot{a}_x^{aiw(n)}$ sind strukturell, vom Schreibaufwand und vom Ergebnis her ähnlich zu denen für $\ddot{a}_x^{aiw(n)}$ in Aufgabe 18.

Aufgabe 21. Lösen Sie Aufgabe 19 für die vereinfachte Kollektivmethode an Stelle der Kollektivmethode !

Hinweis: Man erhält die Ergebnisse aus denen von Aufgabe 19 jeweils durch Einsetzen von $h_{x+k}\,\delta_{y(x+k)y}$ an Stelle von $h_{x+k,y}$. Beispielsweise ergeben sich aus Aufgabe 19 (c) die Näherungen

$$\begin{aligned}\ddot{a}_x^{Aw(n)} &\approx \sum_{k=0}^{\omega_0-x-1} {}_kp_x^A\, q_{x+k}^A\, h_{x+k}\, v^{k+\frac{1}{2}} \left(\ddot{a}^{w(n)}_{y(x+k)+1/2} - \frac{1}{2n}\right)\\ &\approx \sum_{k=0}^{\omega_0-x-1} {}_kp_x^A\, q_{x+k}^A\, h_{x+k}\, v^{k+\frac{1}{2}} \left(\frac{\ddot{a}^{w(n)}_{y(x+k)} + \ddot{a}^{w(n)}_{y(x+k)+1}}{2} - \frac{1}{2n}\right).\end{aligned}$$

Aufgabe 22. Legen Sie die vereinfachte Kollektivmethode zur Modellierung von Anwartschaften auf Witwenrente zugrunde, und berechnen Sie die erwarteten Anwartschaftsbarwerte $\ddot{a}_x^{iiw(n)}$, $\ddot{a}_x^{aaw(n)}$ und $\ddot{a}_x^{aiw(n)}$ wie in Aufgabe 20 exakt und näherungsweise, indem Sie die dortigen Ergebnisse und den Hinweis zu Aufgabe 21 verwenden (vergleichen Sie mit (6.29.8)–(6.29.10)) !

Aufgabe 23. Gehen Sie aus von einer Personenversicherungspolice (p) mit natürlicher Versicherungsleistungsfunktion $A = DA + SA$ gemäß 6.1 und 6.5, Diskontierungsfunktion v und einem zufälligen Zustandsverlauf, der gegeben ist durch einen Markovschen Sprungprozeß $(\Omega, \mathfrak{A}, P, (X_t)_{t\geq 0})$ mit endlichem Zustandsraum $\mathcal{S}$, Übergangsraum J und regulärer kumulativer Intensitätsmatrix q. Verwenden Sie Satz 6.9(b), Folgerung 6.14 und den im Beweis von Hilfssatz 4.37 gezeigten Sachverhalt, daß die Komponenten N_{yz} des zu X gehörigen multivariaten Zählprozesses die Kompensatoren

$$t \longmapsto \int_{(0,t]} 1_{\{X_{\tau-0}=y\}}\, q_{yz}(d\tau)$$

besitzen, und zeigen Sie:

(a) $$E(SB_{(p)}) = \sum_{z\in\mathcal{S}} \int_{[0,\infty)} v(t)\, P(X_t = z)\, F_z(dt)\,,$$

(b) $$E(DB_{(p)}) = \sum_{(y,z)\in J} \int_{[0,\infty)} v\left(DT(t)\right)\, D_{yz}(t)\, P(X_{t-0} = y)\, q_{yz}(dt)\,.$$

Zusatzinformation: Aufgabe 23 ist ein Spezialfall der in Hilfssatz 10.4 behandelten Definitionsformel für das prospektive Deckungskapital. Sie kann alternativ zu dem Prinzip 6.21(c) für die Berechnung erwarteter Leistungsbarwerte herangezogen werden. Die dazu erforderlichen Berechnungen von Übergangswahrscheinlichkeiten machen dies allerdings in der Regel aufwendiger als die Verwendung von 6.21(c).

Kapitel 7
Berechnung erwarteter Barwerte spezieller Versicherungsleistungen mittels Kommutationszahlen

Die praktische Berechnung erwarteter Barwerte von Versicherungsleistungen kann unmittelbar mit Hilfe der in den Kapiteln 5 und 6 hergeleiteten Formeln erfolgen. Diesen Weg wird man insbesondere bei variierendem Zinssatz oder dann wählen, wenn die Versicherungsleistungen eine komplizierte Zeitabhängigkeit aufweisen. Wie die Programmieraufgaben zu den Kapiteln 5 und 6 illustrieren, sollte dann ein Rechner zur Verfügung stehen.

Wenn jedoch die Leistungen konstant sind oder linear beziehungsweise geometrisch wachsen und falls weiterhin der Rechnungszins während der gesamten Vertragsdauer gleich bleibt (was in der Regel der Fall ist), bedient man sich häufig sogenannter *Kommutationszahlen*, durch die die Einträge der Ausscheidetafeln in Verbindung mit den Abzinsungsfaktoren dargestellt werden. Die Kommutationszahlen gehen auf Tetens zurück, der sie erstmals in seinem 1785 erschienenen Lehrbuch der Versicherungsmathematik dargestellt hat. Sie fungieren als Rechenhilfe, insbesondere auch bei manuellen Berechnungen, und sind der rekursiven Struktur erwarteter Leistungsbarwerte (vergleiche zum Beispiel Aufgabe 5.8) angepaßt. Obwohl nach Meinung einiger Autoren „the days of glory for the commutation functions now belong to the past" (Gerber (1997), p. 119), finden sie in der Praxis bei vielen Versicherern nach wie vor Verwendung und erfreuen sich dank der wachsenden Verbreitung von Tabellenkalkulationsprogrammen anhaltender Beliebtheit.

Kapitel 7 dient vorwiegend zu Referenzzwecken für den Praktiker, der hier eine Übersicht über erwartete Barwerte vieler Versicherungen in vertrauter Darstellung findet. In Abschnitt A werden Formeln aus den Abschnitten 5 A und 5 B in Kommutationszahlen umgesetzt, in den Abschnitten B und C im wesentlichen solche aus Abschnitt 5 D, und die Kommutationszahlendarstellungen des Abschnittes D beziehen sich auf Beispiel 6.26 und die Bemerkungen 6.28 und 6.29 aus Abschnitt 6 C sowie die zugehörigen Aufgaben. Diese Formeln werden natürlich in den Kapiteln 8, 9 und 10 bei der Herleitung entsprechender Darstellungen für Nettoprämien und Deckungskapitalien (teilweise) benötigt. Für die weitere theoretische Entwicklung sind sie ohne Interesse, so daß Kapitel 7 von einem ausschließlich mathematisch interessierten Leser übergangen werden kann.

A Versicherungen auf ein unter einem Risiko stehendes Leben

Gegeben sei eine einfache Ausscheideordnung, d. h. ein System $\mathcal{L}(T_x|P)$, $x \geq 0$, von Verteilungen zukünftiger Lebensdauern von (x), welches die Stationaritätsbedingung (3.6.1) erfüllt, mit Höchstalter $\omega_0 \in \mathbb{N}$. Die zugehörige Sterbetafel hat dann das Schlußalter $\omega := \omega_0 - 1$. Unter Verwendung der üblichen versicherungsmathematischen Bezeichnungsweise (vergleiche Abschnitt 1 C) führen wir bei zusammengesetzter Verzinsung mit Diskontierungsfaktor v die folgende Notation ein:

7.1 Definition. Unter den *Kommutationszahlen bei Versicherungen auf ein Leben und einer Ausscheideursache* verstehen wir die *diskontierten Zahlen der Lebenden* bzw. *der Toten*,

$$D_x := v^x\,\ell_x\,,\quad C_x := v^{x+1}(\ell_x - \ell_{x+1}) = v^{x+1}\,d_x = v^{x+1}\,\ell_x\,q_x\,, \tag{7.1.1}$$

die *summierten diskontierten Zahlen der Lebenden* bzw. *der Toten*,

$$N_x := \sum_{\nu=x}^{\omega} D_\nu\,,\quad M_x := \sum_{\nu=x}^{\omega} C_\nu \tag{7.1.2}$$

und die *doppelt summierten diskontierten Zahlen der Lebenden* bzw. *der Toten*,

$$S_x := \sum_{\nu=x}^{\omega} N_\nu\,,\quad R_x := \sum_{\nu=x}^{\omega} M_\nu \tag{7.1.3}$$

$(x \in \{0, \ldots, \omega\})$.

Die Kommutationszahlen sind ausschließlich als rechnerische Hilfsgrößen gedacht und besitzen keinerlei anschauliche Interpretation.

7.2 Bemerkungen. Beziehungen zwischen Kommutationszahlen:

(a) Zwischen den diskontierten Zahlen der Toten und denen der Lebenden besteht der Zusammenhang

$$C_x = D_x\,q_x\,v = v\,D_x - D_{x+1}\,. \tag{7.2.1}$$

Aus ihm folgen dann auch

$$M_x = \sum_{\nu=x}^{\omega} v\, D_\nu - \sum_{\nu=x}^{\omega} D_{\nu+1} = v\, N_x - N_{x+1} \tag{7.2.2}$$

und

$$R_x = \sum_{\nu=x}^{\omega} v\, N_\nu - \sum_{\nu=x}^{\omega} N_{\nu+1} = v\, S_x - S_{x+1}\,. \tag{7.2.3}$$

(b) Offensichtlich können die Kommutationszahlen rekursiv berechnet werden. Beispielsweise gelten für die diskontierten Zahlen der Lebenden

$$\begin{aligned} D_0 &= \ell_0\,,\\ D_x &= v\, v^{x-1}\, \ell_{x-1}(1-q_{x-1}) = D_{x-1}\, p_{x-1}\, v\,, \quad x \in \{0,\dots,\omega\}\,, \end{aligned} \tag{7.2.4}$$

sowie

$$\begin{aligned} N_\omega &= D_\omega\,,\\ N_x &= N_{x+1} + D_x\,, \quad x \in \{0,\dots,\omega-1\}\,, \end{aligned} \tag{7.2.5}$$

und

$$\begin{aligned} S_\omega &= N_\omega\,,\\ S_x &= S_{x+1} + N_x\,, \quad x \in \{0,\dots,\omega-1\}\,. \end{aligned} \tag{7.2.6}$$

(c) Für die diskontierten Zahlen der Toten gelten

$$\begin{aligned} C_0 &= v\, \ell_0\, q_0\,,\\ C_x &= v^x\, \ell_{x-1}\, q_{x-1}\, \frac{\ell_x}{\ell_{x-1}}\, \frac{q_x}{q_{x-1}} v = C_{x-1}\, p_{x-1} \frac{q_x}{q_{x-1}} v\,,\\ &\qquad x \in \{0,\dots,\omega\}\,, \end{aligned} \tag{7.2.7}$$

sowie

$$\begin{aligned} M_\omega &= C_\omega\,,\\ M_x &= M_{x+1} + C_x\,, \quad x \in \{0,\dots,\omega-1\}\,, \end{aligned} \tag{7.2.8}$$

und

$$\begin{aligned} R_\omega &= M_\omega\,,\\ R_x &= R_{x+1} + M_x\,, \quad x \in \{0,\dots,\omega-1\}\,. \end{aligned} \tag{7.2.9}$$

7.3 Beispiele. Erwartete Barwerte von Lebensversicherungen für (x) mit ausschließlich Erlebensfalleistungen:

(a) n-jährige Erlebensfallversicherung mit Versicherungssumme 1, $n \le \omega + 1 - x$: Ausgehend von (5.14.3) erhalten wir

$${}_nE_x = v^n\, {}_np_x = v^n \frac{\ell_{x+n}}{\ell_x} = \frac{D_{x+n}}{D_x}\,. \tag{7.3.1}$$

(b) Jährlich vorschüssig zahlbare temporäre Leibrente der Dauer $n \leq \omega + 1 - x$ mit Jahresbetrag 1:

$$\ddot{a}_{x:\overline{n}|} = \sum_{k=0}^{n-1} {}_kE_x = \frac{1}{D_x} \sum_{k=0}^{n-1} D_{x+k} = \frac{N_x - N_{x+n}}{D_x} . \tag{7.3.2}$$

(c) Jährlich vorschüssig zahlbare lebenslängliche Leibrente: Setzen wir in (b) $n := \omega + 1 - x$, so erhalten wir als erwarteten Barwert

$$\ddot{a}_x = \frac{N_x}{D_x} . \tag{7.3.3}$$

(d) Jährlich nachschüssig zahlbare temporäre Leibrente der Dauer $n \leq \omega + 1 - x$ mit Jahresbetrag 1:

$$a_{x:\overline{n}|} = \sum_{k=1}^{n} {}_kE_x = \frac{N_{x+1} - N_{x+n+1}}{D_x} . \tag{7.3.4}$$

(e) Jährlich nachschüssig zahlbare lebenslängliche Leibrente des Jahresbetrages 1:

$$a_x = \frac{N_{x+1}}{D_x} = \frac{N_x - D_x}{D_x} = \ddot{a}_x - 1 . \tag{7.3.5}$$

(f) Jährlich vorschüssig zahlbare, um $m \leq n$ Jahre aufgeschobene temporäre Leibrente der Dauer $n - m$ mit Jahresbetrag 1, $n \leq \omega + 1 - x$:

$$_{m|n-m}\ddot{a}_x = \sum_{k=m}^{n-1} {}_kE_x = \frac{N_{x+m} - N_{x+n}}{D_x} . \tag{7.3.6}$$

(g) Jährlich vorschüssig zahlbare, um $m \leq \omega + 1 - x$ Jahre aufgeschobene lebenslängliche Leibrente des Jahresbetrages 1: Setzen wir in (f) $n := \omega + 1 - x$, so erhalten wir als erwarteten Barwert

$$_{m|}\ddot{a}_x = \frac{N_{x+m}}{D_x} . \tag{7.3.7}$$

(h) Jährlich vorschüssig zahlbare temporäre steigende Leibrente der Dauer $n \leq \omega + 1 - x$ mit bei 1 beginnendem und jährlich um 1 steigendem Leistungsbetrag:

$$\begin{aligned}(I\ddot{a})_{x:\overline{n}|} = \sum_{k=0}^{n-1} {}_{k|n-k}\ddot{a}_x &= \sum_{k=0}^{n-1} \frac{N_{x+k} - N_{x+n}}{D_x} \\ &= \frac{S_x - S_{x+n} - nN_{x+n}}{D_x} .\end{aligned} \tag{7.3.8}$$

Hierbei steht wie üblich I für „increasing". (7.3.8) liefert sofort auch eine Formel für den erwarteten Barwert einer temporären linear fallenden Leibrente (vergleiche Aufgabe 4).

In den Beispielen 7.3 haben wir uns lediglich mit dem Fall jährlicher Rentenzahlungen befaßt. Die erwarteten Barwerte für unterjährliche Rentenzahlungen erhält man daraus mittels Satz 5.15 (b), der auch zur Herleitung von Näherungsformeln bei Zinssatz $i \searrow 0$, etwa der bekannten Näherung

$$\ddot{a}_x^{(k)} = \Big(1 + \frac{k^2-1}{12k^2}\, i^2\Big)\, \ddot{a}_x - \frac{k-1}{2k} - \frac{k^2-1}{6k^2}\, i\Big(1 - \frac{i}{4}\Big) + o(i^2)\,, \qquad (5.16.2)$$

benutzt werden kann (siehe Beispiel 5.16 sowie die Aufgaben 5.15 und 5.16 (b)).

Für Versicherungen mit ausschließlich Todesfalleistungen können die erwarteten Leistungsbarwerte bei unterjähriger Fälligkeit auf die bei Fälligkeit am Ende des Todesjahres mittels Satz 5.15 (a) zurückgeführt werden, so daß wir uns auch in den folgenden Beispielen auf den Fall der Zahlungsfälligkeit am Jahresende beschränken können.

7.4 Beispiele. Erwartete Leistungsbarwerte von Lebensversicherungen für (x), die Todesfalleistungen enthalten:

(a) n-jährige temporäre Todesfallversicherung mit Versicherungssumme 1, fällig am Ende des Todesjahres, $n \le \omega + 1 - x$: Ausgehend von (5.14.2) erhalten wir

$$_nA_x = \sum_{k=0}^{n-1} v^{k+1}\, {}_kp_x\, q_{x+k}$$

und wegen

$$_kp_x = \frac{\ell_{x+k}}{\ell_x} \qquad \text{sowie} \qquad q_{x+k} = \frac{\ell_{x+k} - \ell_{x+k+1}}{\ell_{x+k}}$$

mit Hilfe der Kommutationszahlen (7.1.1) und (7.1.2)

$$_nA_x = \frac{1}{D_x} \sum_{k=0}^{n-1} C_{x+k} = \frac{1}{D_x}(M_x - M_{x+n})\,. \qquad (7.4.1)$$

(b) Lebenslängliche Todesfallversicherung: Setzen wir in (a) $n := \omega + 1 - x$, so erhalten wir als erwarteten Barwert

$$A_x = \frac{M_x}{D_x}\,. \qquad (7.4.2)$$

(c) n-jährige Gemischte Kapitalversicherung mit Versicherungssumme 1, fällig bei Ablauf oder am Ende des Todesjahres, $n \le \omega + 1 - x$: Addition von (7.3.1) und (7.4.1) liefert für den erwarteten Barwert

$$A_{x:\overline{n}|} = {}_nA_x + {}_nE_x = \frac{M_x - M_{x+n} + D_{x+n}}{D_x}\,. \qquad (7.4.3)$$

Eine andere Darstellung erhält man aus Aufgabe 5.9 (b) in Verbindung mit (7.3.2):

$$A_{x:\overline{n}|} = 1 - d\, \frac{N_x - N_{x+n}}{D_x}\,. \qquad (7.4.4)$$

In vielen Fällen können auch die Varianzen der Barwerte von Versicherungsleistungen mit Hilfe von Kommutationszahlen angegeben werden:

7.5 Beispiele. Wir knüpfen an die Beispiele 5.25 an und verwenden die dortigen Bezeichnungsweisen. Zusätzlich bezeichne auch bei Kommutationszahlen ein fakultativer linker Oberindex (δ) die zugrunde liegende Zinsintensität.

(a) n-jährige Erlebensfallversicherung für (x) mit Versicherungssumme 1, $n \leq \omega + 1 - x$: Ausgehend von (5.25.3) erhalten wir

$$\operatorname{Var}(SB_x) = \frac{{}^{(2\delta)}D_{x+n}}{{}^{(2\delta)}D_x} - \left(\frac{{}^{(\delta)}D_{x+n}}{{}^{(\delta)}D_x}\right)^2 . \tag{7.5.1}$$

(b) n-jährige temporäre Todesfallversicherung für (x) mit Versicherungssumme 1, fällig am Ende des Todesjahres: Aus (5.25.2) folgt

$$\operatorname{Var}(DB_x) = \frac{{}^{(2\delta)}M_x - {}^{(2\delta)}M_{x+n}}{{}^{(2\delta)}D_x} - \left(\frac{{}^{(\delta)}M_x - {}^{(\delta)}M_{x+n}}{{}^{(\delta)}D_x}\right)^2 . \tag{7.5.2}$$

(c) Lebenslängliche Todesfallversicherung für (x): Setzen wir in (b) $n := \omega + 1 - x$, so erhalten wir

$$\operatorname{Var}(DB_x) = \frac{{}^{(2\delta)}M_x}{{}^{(2\delta)}D_x} - \left(\frac{{}^{(\delta)}M_x}{{}^{(\delta)}D_x}\right)^2 . \tag{7.5.3}$$

B Versicherungen auf zwei und mehr Leben bei einem Risiko

Gegeben sei eine zweifache Ausscheideordnung, d. h. ein System $\mathcal{L}(T_x, T_y|P)$, $x \geq 0$, $y \geq 0$, von Verteilungen zukünftiger Lebensdauern von $((x), (y))$, so daß $(T_x)_{x\geq 0}$ und $(T_y)_{y\geq 0}$ stochastisch unabhängig sind und sowohl $\mathcal{L}(T_x|P)$, $x \geq 0$, als auch $\mathcal{L}(T_y|P)$, $y \geq 0$, die Stationaritätsbedingung (3.6.1) erfüllen. Seien ω das beiden einfachen Ausscheideordnungen gemeinsame Schlußalter, ℓ_0 die beiden gemeinsame Größe der Ausgangspopulation und v der Diskontierungsfaktor. Die Vorgehensweise ist parallel zu der des Abschnitts A.

7.6 Definition. Unter den *Kommutationszahlen bei Versicherungen auf zwei Leben* verstehen wir die *diskontierten Zahlen der Lebenden* bzw. *der Toten*

$$\begin{aligned} D_{xy} &:= v^{x\vee y}\, \ell_x\, \ell_y\,, \\ C_{xy} &:= v^{x\vee y+1}(\ell_x\, \ell_y - \ell_{x+1}\, \ell_{y+1}) = v^{x\vee y+1}\, \ell_x\, \ell_y\, q_{xy} \end{aligned} \tag{7.6.1}$$

und die *summierten diskontierten Zahlen der Lebenden* bzw. *der Toten*

$$N_{xy} := \sum_{k=0}^{\omega - x\vee y} D_{x+k:y+k}\,, \quad M_{xy} := \sum_{k=0}^{\omega - x\vee y} C_{x+k:y+k}\,. \tag{7.6.2}$$

Da wir weder linear wachsende noch linear fallende Renten bei Versicherungen auf zwei Leben betrachten, ist hier die Einführung doppelt summierter Kommutationszahlen, die analog (7.1.3) erfolgen kann, nicht erforderlich.

Die Definition von Kommutationszahlen bei Versicherungen auf zwei (oder mehr) Leben ist in der Literatur nicht einheitlich. Alternativ zu (7.6.1) findet man zum Beispiel

$$D_{xy} = v^{\frac{1}{2}(x+y)} \ell_x \, \ell_y \,, \quad C_{xy} = v^{\frac{1}{2}(x+y)+1} (\ell_x \, \ell_y - \ell_{x+1} \, \ell_{y+1}) \tag{7.6.1'}$$

(Wolfsdorf (1997), Abschnitt 5.8.3, p. 206) oder die in x und y nicht symmetrischen Festlegungen $D_{xy} = v^x \, \ell_x \, \ell_y$ (Wolff (1970), p. 113) und $C_{xy} = v^{x+1}(\ell_x \, \ell_y - \ell_{x+1} \, \ell_{y+1})$. Da die Unterschiede in den Definitionen nur die Potenzen des Diskontierungsfaktors v betreffen und die nachfolgenden Barwertformeln nur Quotienten von (Summen von) Kommutationszahlen enthalten, wirken sich die unterschiedlichen Definitionen nicht auf die Gestalt der Barwertformeln aus.

7.7 Bemerkungen. Beziehungen zwischen Kommutationszahlen:

(a) Analog zu 7.2 (a) gilt

$$C_{xy} = v \, D_{xy} - D_{x+1:y+1} \tag{7.7.1}$$

und

$$M_{xy} = v \, N_{xy} - N_{x+1:y+1} \,. \tag{7.7.2}$$

(b) Offensichtlich können auch die Kommutationszahlen bei Versicherungen auf zwei Leben rekursiv berechnet werden. Für die diskontierten Zahlen der Toten ist dies Aufgabe 9, und für die diskontierten Zahlen der Lebenden verfährt man wie folgt:

$$\begin{aligned} D_{x0} &= D_x \, \ell_0 \,, \quad D_{0y} = D_y \, \ell_0 \,, \\ D_{xy} &= v \, v^{(x-1)\vee(y-1)} \, \ell_{x-1} \, \ell_{y-1} \, p_{x-1} \, p_{y-1} \\ &= D_{x-1:y-1} \, v \, p_{x-1:y-1} \,, \quad \{x, y\} \subset \{0, \ldots, \omega\} \,, \end{aligned} \tag{7.7.3}$$

und

$$\begin{aligned} N_{x\omega} &= D_{x\omega} \,, \quad N_{\omega y} = D_{\omega y} \,, \\ N_{xy} &= N_{x+1:y+1} + D_{xy} \,, \quad \{x, y\} \subset \{0, \ldots, \omega\} \,. \end{aligned} \tag{7.7.4}$$

7.8 Beispiele. Erwartete Barwerte von Versicherungen auf zwei Leben mit ausschließlich Erlebensfalleistungen:

(a) n-jährige gemeinsame Erlebensfallversicherung mit Versicherungssumme 1: Ausgehend von (5.59.9) erhalten wir

$${}_nE_{xy} = \frac{v^{(x+n)\vee(y+n)} \, \ell_{x+n} \, \ell_{y+n}}{v^{x \vee y} \, \ell_x \, \ell_y} = \frac{D_{x+n:y+n}}{D_{xy}} \,. \tag{7.8.1}$$

(b) Jährlich vorschüssig zahlbare, um $m \leq n$ Jahre aufgeschobene temporäre Verbindungsrente der Dauer $n - m$ mit Jahresbetrag 1, $n \leq \omega + 1 - x \vee y$: (5.59.12) und

(7.8.1) liefern

$$\begin{aligned} {}_{m|n-m}\ddot{a}_{xy} &= \sum_{k=m}^{n-1} {}_kE_{xy} = \frac{1}{D_{xy}} \sum_{k=m}^{n-1} D_{x+k:y+k} \\ &= \frac{N_{x+m:y+m} - N_{x+n:y+n}}{D_{xy}} \end{aligned} \tag{7.8.2}$$

und speziell für die jährlich vorschüssig zahlbare, sofort beginnende temporäre Verbindungsrente der Dauer $n \leq \omega + 1 - x \vee y$ mit Jahresbetrag 1

$$\ddot{a}_{xy:\overline{n}|} = \frac{N_{xy} - N_{x+n:y+n}}{D_{xy}}\,. \tag{7.8.3}$$

(c) Jährlich vorschüssig zahlbare lebenslängliche Verbindungsrente mit Jahresbetrag 1: Setzen wir in (7.8.3) $n = \omega + 1 - x \vee y$, so erhalten wir als erwarteten Barwert

$$\ddot{a}_{xy} = \frac{N_{xy}}{D_{xy}}\,. \tag{7.8.4}$$

(d) Jährlich vorschüssig zahlbare, um $m \leq n$ Jahre aufgeschobene temporäre Leibrente der Dauer $n - m$ auf das letzte Leben mit Jahresbetrag 1 (*Verbindungsrente mit Übergang auf den Überlebenden*), $n \leq \omega + 1 - x \vee y$: Aus (5.59.15) und (7.3.6) folgt

$${}_{m|n-m}\ddot{a}_{\overline{xy}} = \frac{N_{x+m} - N_{x+n}}{D_x} + \frac{N_{y+m} - N_{y+n}}{D_y} - \frac{N_{x+m:y+m} - N_{x+n:y+n}}{D_{xy}} \tag{7.8.5}$$

und speziell für die jährlich vorschüssig zahlbare, sofort beginnende temporäre Leibrente auf das letzte Leben, Dauer $n \leq \omega + 1 - x \vee y$,

$$\ddot{a}_{\overline{xy}:\overline{n}|} = \frac{N_x - N_{x+n}}{D_x} + \frac{N_y - N_{y+n}}{D_y} - \frac{N_{xy} - N_{x+n:y+n}}{D_{xy}}\,. \tag{7.8.6}$$

(e) Jährlich vorschüssig zahlbare, sofort beginnende lebenslängliche Leibrente auf das letzte Leben mit Jahresbetrag 1: Setzen wir in (7.8.6) $n = \omega + 1 - x \vee y$, so erhalten wir als erwarteten Barwert

$$\ddot{a}_{\overline{xy}} = \frac{N_x}{D_x} + \frac{N_y}{D_y} - \frac{N_{xy}}{D_{xy}}\,. \tag{7.8.7}$$

Auch in den Beispielen 7.8 haben wir uns lediglich mit dem Fall jährlicher Rentenzahlungen befaßt. Die erwarteten Barwerte für unterjährliche Rentenzahlungen erhält man daraus mittels Satz 5.15 (b), indem man diesen Satz formal auf Zustände anwendet, die eine Funktion des Lebensstatus (lebend, tot) von (x) und (y) sind (siehe die vor Aufgabe 3.8 in Anlehnung an Gerber (1997) eingeführte Bezeichnungskonvention). Durch Anwendung von Beispiel 5.16 auf den Zustand xy erhält man beispielsweise für die k-tel-jährlich vorschüssig zahlbare lebenslängliche Verbindungsrente als erwarteten

Barwert

$$\ddot{a}_{xy}^{(k)} = \frac{d}{d^{(k)}} \frac{i}{i^{(k)}} \ddot{a}_{xy} - \frac{1}{d^{(k)}}\Big(\frac{i}{i^{(k)}} - 1\Big) \tag{5.16.1'}$$

und daraus als Näherung für $i \searrow 0$

$$\ddot{a}_{xy}^{(k)} = \Big(1 + \frac{k^2-1}{12k^2} i^2\Big)\ddot{a}_{xy} - \frac{k-1}{2k} - \frac{k^2-1}{6k^2} i \Big(1 - \frac{i}{4}\Big) + o\,(i^2) \tag{5.16.2'}$$

(vergleiche Aufgabe 5.39). Dieser Ansatz setzt allerdings voraus, daß die gemeinsame Lebensdauer $T_{xy} = K_{xy} + R_{xy}$ die Annahme von Satz 5.15 erfüllt, was in der Regel nur näherungsweise der Fall sein wird (vergleiche die Aufgaben 5.37 (a), 5.39 und 5.44). Auch für Versicherungen bei zwei unter einfachem Risiko stehenden Leben, die ausschließlich Todesfalleistungen enthalten, können die erwarteten Leistungsbarwerte bei unterjähriger Fälligkeit auf die bei Fälligkeit am Ende des Todesjahres zurückgeführt werden (zum Beispiel mittels Hilfssatz 5.60 und Aufgabe 5.39), weshalb wir uns auch in den folgenden Beispielen auf den Fall der Fälligkeit der Versicherungssumme am Ende des Todesjahres beschränken.

7.9 Beispiele. Erwartete Leistungsbarwerte von Lebensversicherungen für (x) und (y), die Todesfalleistungen enthalten:

(a) n-jährige Todesfallversicherung auf den ersten Tod mit Versicherungssumme 1, fällig am Ende des Todesjahres, $n \leq \omega + 1 - x \vee y$: Ausgehend von (5.59.2) erhalten wir

$$\begin{aligned} {}_nA_{xy} &= \sum_{k=0}^{n-1} v^{k+1}\,({}_kp_{xy} - {}_{k+1}p_{xy}) \\ &= \sum_{k=0}^{n-1} v^{k+1}\Big(\frac{\ell_{x+k}\,\ell_{y+k}}{\ell_x\,\ell_y} - \frac{\ell_{x+k+1}\,\ell_{y+k+1}}{\ell_x\,\ell_y}\Big) \\ &= \frac{1}{D_{xy}} \sum_{k=0}^{n-1} C_{x+k:y+k} \end{aligned}$$

und damit

$${}_nA_{xy} = \frac{M_{xy} - M_{x+n:y+n}}{D_{xy}}\,. \tag{7.9.1}$$

(b) Lebenslängliche Todesfallversicherung auf den ersten Tod: Setzen wir in (7.9.1) $n = \omega + 1 - x \vee y$, so erhalten wir als erwarteten Barwert

$$A_{xy} = \frac{M_{xy}}{D_{xy}}\,. \tag{7.9.2}$$

(c) n-jährige Todesfallversicherung auf den zweiten Tod mit Versicherungssumme 1, fällig am Ende des Todesjahres, $n \leq \omega + 1 - x \wedge y$: (5.59.4), (7.4.1) und (7.9.1) liefern

$$ {}_nA_{\overline{xy}} = \frac{M_x - M_{x+n}}{D_x} + \frac{M_y - M_{y+n}}{D_y} - \frac{M_{xy} - M_{x+n:y+n}}{D_{xy}} . \tag{7.9.3} $$

(d) Lebenslängliche Todesfallversicherung auf den zweiten Tod: Setzen wir in (7.9.3) $n = \omega + 1 - x \wedge y$, so erhalten wir als erwarteten Barwert

$$ A_{\overline{xy}} = \frac{M_x}{D_x} - \frac{M_y}{D_y} - \frac{M_{xy}}{D_{xy}} \tag{7.9.4} $$

(vergleiche auch (5.59.3)).

(e) n-jährige Todesfallversicherung auf den Tod von (x) vor (y) (einseitige Todesfallversicherung auf den ersten Tod) mit Versicherungssumme 1, fällig am Ende des Todesjahres, $n \leq \omega+1-x\vee y$: Wie in Beispiel 5.59 (c) setzen wir zusätzlich voraus, daß K_x, K_y, $R_x \sim U(0, 1]$ und $R_y \sim U(0, 1]$ alle stochastisch unabhängig sind. Einsetzen der drei aus der Stationaritätsbedingung (3.6.1) folgenden Beziehungen

$$ {}_kp_{xy}\, p_{x+k} = p_x\, {}_kp_{x+1:y} , \quad {}_kp_{xy}\, p_{y+k} = p_y\, {}_kp_{x:y+1} , $$
$$ {}_kp_{xy}\, p_{x+k}\, p_{y+k} = {}_{k+1}p_{xy} $$

in der Barwertformel (5.59.6) und anschließende Ausnutzung von (5.59.9), (5.59.12) und Aufgabe 5.34 liefern

$$ \begin{aligned} {}_nA^1_{xy} &= \frac{1}{2}\Big(v \sum_{k=0}^{n-1} v^k\, {}_kp_{xy} - vp_x \sum_{k=0}^{n-1} v^k\, {}_kp_{x+1:y} \\ &\qquad + vp_y \sum_{k=0}^{n-1} v^k\, {}_kp_{x:y+1} - \sum_{k=0}^{n-1} v^{k+1}\, {}_{k+1}p_{xy}\Big) \\ &= \frac{1}{2}\big(v\, \ddot{a}_{xy:\overline{n}|} - vp_x\, \ddot{a}_{x+1:y:\overline{n}|} + vp_y\, \ddot{a}_{x:y+1:\overline{n}|} - (\ddot{a}_{xy:\overline{n}|} + {}_nE_{xy} - 1)\big) \\ &= \frac{1}{2}\big({}_nA_{xy} - vp_x\, \ddot{a}_{x+1:y:\overline{n}|} + vp_y\, \ddot{a}_{x:y+1:\overline{n}|}\big) . \end{aligned} $$

Mittels (7.8.3) und (7.9.1) erhalten wir folgende Darstellung von ${}_nA^1_{xy}$ mit Hilfe von Kommutationszahlen,

$$ \begin{aligned} {}_nA^1_{xy} &= \frac{1}{2}\Big(\frac{M_{xy} - M_{x+n:y+n}}{D_{xy}} - \\ &\qquad vp_x \frac{N_{x+1:y} - N_{x+n+1:y+n}}{D_{x+1:y}} + vp_y \frac{N_{x:y+1} - N_{x+n:y+n+1}}{D_{x:y+1}}\Big), \end{aligned} \tag{7.9.5} $$

die sich durch Fallunterscheidung wegen Definition 7.6 weiter vereinfachen läßt:

Für $x \geq y + 1$ ist beispielsweise

$$\begin{aligned} {}_n A^1_{xy} &= \frac{1}{2D_{xy}}\big(M_{xy} - M_{x+n:y+n} \\ &\quad - N_{x+1:y} + N_{x+n+1:y+n} + v(N_{x:y+1} - N_{x+n:y+n+1})\big)\,. \end{aligned} \tag{7.9.5'}$$

(f) n-jährige Todesfallversicherung auf den Tod von (x) nach (y) (einseitige Todesfallversicherung auf den zweiten Tod) mit Versicherungssumme 1, fällig am Ende des Todesjahres, $n \leq \omega + 1 - x \vee y$: Unter den Voraussetzungen von (e) erhält man aus (5.59.8), (7.4.1) und (7.9.5) für den erwarteten Barwert

$$\begin{aligned} {}_n A^2_{xy} &= {}_n A_x - {}_n A^1_{xy} \\ &= \frac{M_x - M_{x+n}}{D_x} - \frac{1}{2}\Big(\frac{M_{xy} - M_{x+n:y+n}}{D_{xy}} \\ &\quad - vp_x \frac{N_{x+1:y} - N_{x+n+1:y+n}}{D_{x+1:y}} + vp_y \frac{N_{x:y+1} - N_{x+n:y+n+1}}{D_{x:y+1}}\Big)\,. \end{aligned} \tag{7.9.6}$$

(g) n-jährige Gemischte Kapitalversicherung auf verbundene Leben gemäß Beispiel 5.46 und Beispiel 5.59 (i):

$$A_{xy:\overline{n}|} = {}_n A_{xy} + {}_n E_{xy} = \frac{M_{xy} - M_{x+n:y+n} + D_{x+n:y+n}}{D_{xy}} \tag{7.9.7}$$

bzw. mit Aufgabe 5.34 und (7.8.3)

$$A_{xy:\overline{n}|} = 1 - d\,\frac{N_{xy} - N_{x+n:y+n}}{D_{xy}}\,. \tag{7.9.8}$$

7.10 Beispiele. Wir geben nun exemplarisch erwartete Leistungsbarwerte für Versicherungen auf $m \geq 2$ Leben bei einfachem Risiko mit Hilfe von Kommutationszahlen an. Dazu sei eine m-fache Ausscheideordnung $\mathcal{L}(T_{x_1}, \ldots, T_{x_m}|P)$, $x_1 \geq 0, \ldots, x_m \geq 0$, gegeben, so daß $(T_{x_1})_{x_1 \geq 0}, \ldots, (T_{x_m})_{x_m \geq 0}$ stochastisch unabhängig sind und alle $\mathcal{L}(T_{x_i}|P)$, $x_i \geq 0$, die Stationaritätsbedingung (3.6.1) erfüllen. Seien ω das allen einfachen Ausscheideordnungen gemeinsame Schlußalter und $z := \bigvee_{i=1}^m x_i$. Analog zu Definition 7.6 definieren wir Kommutationszahlen

$$D_{x_1 \ldots x_m} := v^z \ell_{x_1} \ldots \ell_{x_m},\; C_{x_1 \ldots x_m} := v^{z+1}(\ell_{x_1} \ldots \ell_{x_m} - \ell_{x_1+1} \ldots \ell_{x_m+1}), \tag{7.10.1}$$

$$N_{x_1 \ldots x_m} := \sum_{k=0}^{\omega - z} D_{x_1+k \ldots x_m+k}\,,\quad M_{x_1 \ldots x_m} := \sum_{k=0}^{\omega - z} C_{x_1+k \ldots x_m+k}\,. \tag{7.10.2}$$

(a) Für den erwarteten Leistungsbarwert einer n-jährigen Todesfallversicherung auf den ersten Tod mit Versicherungssumme 1 fällig am Ende des ersten Todesjahres,

$n \leq \omega + 1 - z$, liefert (5.64.1)

$$ {}_nA_{x_1\dots x_m} = \sum_{k=0}^{n-1} v^{k+1}\Big(\frac{\ell_{x_1+k}\dots\ell_{x_m+k}}{\ell_{x_1}\dots\ell_{x_m}} - \frac{\ell_{x_1+k+1}\dots\ell_{x_m+k+1}}{\ell_{x_1}\dots\ell_{x_m}}\Big) $$
$$ = \frac{1}{D_{x_1\dots x_m}} \sum_{k=0}^{n-1} C_{x_1+k\dots x_m+k} $$

und damit

$$ {}_nA_{x_1\dots x_m} = \frac{M_{x_1\dots x_m} - M_{x_1+n\dots x_m+n}}{D_{x_1\dots x_m}} . \tag{7.10.3} $$

(b) Für den erwarteten Leistungsbarwert einer jährlich vorschüssig zahlbaren Verbindungsrente der Dauer $n \leq \omega + 1 - z$ mit Jahresbetrag 1 erhalten wir aus (5.64.3)

$$ \ddot{a}_{x_1\dots x_m:\overline{n}|} = \frac{1}{D_{x_1\dots x_m}} \sum_{k=0}^{n-1} D_{x_1+k\dots x_m+k} = \frac{N_{x_1\dots x_m} - N_{x_1+n\dots x_m+n}}{D_{x_1\dots x_m}} . \tag{7.10.4} $$

Insoweit wird nirgends die Voraussetzung benötigt, daß die einfachen Ausscheideordnungen für (x) und (y) bzw. für $(x_1), \dots, (x_m)$ übereinstimmen. Will man jedoch von den Rechenvereinfachungen Gebrauch machen, die die Einführung eines Zentralalters gemäß Hilfssatz 3.35 bietet (vergleiche die Aufgaben 5.35 und 5.36), so ist die Zusatzvoraussetzung, daß alle Ausscheideordnungen auf *demselben* Gompertz-Makeham-Gesetz beruhen, erforderlich.

C Versicherungen auf ein Leben bei konkurrierenden Risiken

Gegeben sei eine zusammengesetzte Ausscheideordnung $\mathcal{L}(T_x, J_x|P)$, $x \geq 0$, mit zukünftigen Verweildauern $T_x > 0$, wechselseitig exklusiven Ausscheideursachen $J_x \in \{1, \dots, m\} =: U$ und Schlußalter $\omega := \omega_0 - 1$. Wir unterstellen wiederum zusammengesetzte Verzinsung mit Diskontierungsfaktor v. Die (summierten, doppelt summierten) diskontierten Zahlen der Lebenden werden wie in Definition 7.1 definiert.

7.11 Definition. Die *diskontierten Zahlen der aus der Ursache $j \in U$ Ausgeschiedenen* sind

$$ C_x^{(j)} := v^{x+1}\, \ell_x\, q_x^{(j)} , \tag{7.11.1} $$

und die *summierten diskontierten Zahlen der aus der Ursache $j \in U$ Ausgeschiedenen* werden definiert als

$$M_x^{(j)} := \sum_{\nu=x}^{\omega} C_\nu^{(j)}, \qquad x \in \{0, \dots, \omega\}. \tag{7.11.2}$$

7.12 Bemerkung. Beziehungen zwischen Kommutationszahlen: Analog zu (7.2.7) und (7.2.8) gelten die Rekursionsformeln

$$\begin{aligned} C_0^{(j)} &= v\,\ell_0\,q_0^{(j)}, \\ C_x^{(j)} &= v^x\,\ell_{x-1}\,q_{x-1}^{(j)} \cdot \frac{\ell_x}{\ell_{x-1}}\,\frac{q_x^{(j)}}{q_{x-1}^{(j)}}\,v = C_{x-1}^{(j)} \cdot p_{x-1}\,\frac{q_x^{(j)}}{q_{x-1}^{(j)}}\,v, \end{aligned} \tag{7.12.1}$$

$x \in \{0, \dots, \omega\}$, und

$$\begin{aligned} M_\omega^{(j)} &= C_\omega^{(j)}, \\ M_x^{(j)} &= M_{x+1}^{(j)} + C_x^{(j)}, \qquad x \in \{0, \dots, \omega - 1\}. \end{aligned} \tag{7.12.2}$$

7.13 Bemerkung. Erwartete Barwerte: Nach Hilfssatz 5.66 und Beispiel 5.67 ist der erwartete Barwert einer allgemeinen gemischten Versicherung für (x), bei der beim Ausscheiden aus der Ursache j im Jahr $(k-1, k]$ am Jahresende die Ausscheideleistung $D(k, j)$ fällig wird und beim Erleben des Zeitpunktes k die Verbleibsleistung $S(k)$ ausgezahlt wird, gegeben als

$$E(B_x) = E(SB_x) + E(DB_x),$$

wobei

$$\begin{aligned} E(SB_x) &= \sum_{k=0}^{\omega-x} \sum_{\ell=0}^{k} v^\ell\, S(\ell)\, {}_k p_x\, q_{x+k} = \sum_{k=0}^{\omega-x} v^k\, S(k)\, {}_k p_x \\ &= \frac{1}{D_x} \sum_{k=0}^{\omega-x} S(k)\, D_{x+k} \end{aligned} \tag{7.13.1}$$

der erwartete Barwert der Verbleibsleistungen und

$$\begin{aligned} E(DB_x) &= \sum_{k=0}^{\omega-x} \sum_{j=1}^{m} v^{k+1}\, D(k+1, j)\, {}_k p_x\, q_{x+k}^{(j)} \\ &= \frac{1}{D_x} \sum_{k=0}^{\omega-x} \sum_{j=1}^{m} D(k+1, j)\, C_{x+k}^{(j)} \end{aligned}$$

der erwartete Barwert der Ausscheideleistungen ist. Unter geeigneten Voraussetzungen an S kann $E(SB_x)$ wie in den Beispielen 7.3 dargestellt werden. (So geht (7.13.1) für $S = 1_{\{0,\dots,n-1\}}$ über in (7.3.2).) Ebenso läßt sich die Formel für $E(DB_x)$ für spezielle

Ausscheideleistungen vereinfachen. Beispielsweise gilt

$$D(\cdot, j) = D^{(j)}\, 1_{\{1,\ldots,n\}} \Longrightarrow E(DB_x) = \frac{1}{D_x} \sum_{j=1}^{m} D^{(j)} (M_x^{(j)} - M_{x+n}^{(j)}) \,. \tag{7.13.2}$$

7.14 Beispiele.

(a) Nach Beispiel 5.68 (a) und (7.13.2) ist der erwartete Barwert einer Gemischten Kapitalversicherung 5.14 (c) mit Unfallzusatzversicherung 5.48 (a) für (x)

$$E(B_x) = \frac{2(M_x^{(1)} - M_{x+n}^{(1)}) + M_x^{(2)} - M_{x+n}^{(2)} + D_{x+n}}{D_x} \,. \tag{7.14.1}$$

(b) Nach Beispiel 5.68 (b) hat die n-jährige Gemischte Kapitalversicherung mit Teilauszahlung bei Dread Disease (vergleiche Beispiel 5.48 (b)) näherungsweise den erwarteten Barwert

$$\begin{aligned} E(B_x) &\approx (1-\alpha)\, \frac{M_x - M_{x+n} + D_{x+n}}{D_x} \\ &\quad + \alpha\, \frac{{}^{(dd)}M_x - {}^{(dd)}M_{x+n} + {}^{(dd)}D_{x+n}}{{}^{(dd)}D_x} \,; \end{aligned} \tag{7.14.2}$$

dabei beziehen sich die Kommutationszahlen mit linkem Oberindex (dd) auf die einfache Ausscheideordnung, die durch Ausscheiden durch Tod oder Dread Disease aus dem Ausgangskollektiv gegeben ist.

D Pensionsversicherung

Wir beginnen mit der Betrachtung von Leistungen an den Hauptversicherten und legen daher zunächst das vereinfachte Modell der Pensionsversicherung ohne Hinterbliebenenversorgung des Beispiels 6.26 zugrunde. Die Bezeichnungen und Voraussetzungen werden von dort übernommen. Ausgangspunkt ist ein Grundkollektiv von $\ell_{x_0}^a$ Aktiven des Alters x_0, welches zunächst durch Tod und Aufbau der Nebengesamtheit der Invaliden abnimmt und nach $z - x_0$ Jahren durch Pensionierung des verbliebenen Aktivenbestandes erlischt.

7.15 Definition. Für $x \in \{x_0, \ldots, z-1\}$ seien

$$\ell_x^a := \ell_{x_0}^a \cdot {}_{x-x_0}p_{x_0}^{aa} \tag{7.15.1}$$

die erwartete Anzahl von Aktiven des Alters x und

$$\ell_x^i := \ell_{x_0}^a \cdot p_{ai}(0, x - x_0) \tag{7.15.2}$$

die erwartete Anzahl von Invaliden des Alters x (dargestellt mittels der Übergangsmatrix p). Wir definieren *diskontierte Zahlen von Aktiven* durch

$$D_x^a := v^x \, \ell_x^a \,, \qquad x \in \{x_0, \ldots, z-1\}\,, \tag{7.15.3}$$

und *diskontierte Zahlen von Invaliden* durch

$$D_x^i := v^x \, \ell_x^i \,, \qquad x \in \{x_0, \ldots, x-1\}\,. \tag{7.15.4}$$

Weiter sei für $x \in \{z, \ldots, \omega\}$

$$\ell_x^A := \ell_{x_0}^a \cdot p_{aA}(0, x - x_0) \tag{7.15.5}$$

die erwartete Anzahl von Altersrentnern des Alters x und

$$D_x^A := v^x \, \ell_x^A \tag{7.15.6}$$

die *diskontierte Zahl der Altersrentner* dieses Alters.

Wir verzichten hier auf die Diskussion rekursiver Beziehungen und führen geeignete summierte Kommutationszahlen im folgenden jeweils ad hoc ein.

7.16 Beispiele. Erwartete Barwerte fälliger Renten und erwartete Barwerte für Rentenanwartschaften bei Leistungen an den Hauptversicherten:

(a) Die erwarteten Barwerte fälliger Renten ergeben sich unmittelbar aus den Ausführungen für einfache Ausscheideordnungen in den Beispielen 7.3, wobei nur die Bezeichnungen anzupassen sind. Der erwartete Barwert einer fälligen, lebenslänglich jährlich vorschüssig zahlbaren Altersrente für (x) des Jahresbetrages 1 ist

$$\ddot{a}_x^A = \frac{N_x^A}{D_x^A}\,, \quad N_x^A := \sum_{\nu=x}^{\omega} D_\nu^A \qquad \big(x \in \{z, \ldots, \omega\}\big)\,, \tag{7.16.1}$$

der erwartete Barwert einer fälligen, jährlich vorschüssig zahlbaren temporären Aktivenrente der Dauer $n \in \{0, \ldots, z-x\}$ mit Jahresbetrag 1 ist

$$\ddot{a}_{x:\overline{n}|}^{aa} = \frac{N_{x:\overline{n}|}^a}{D_x^a}\,, \quad N_{x:\overline{n}|}^a := \sum_{\nu=x}^{n-1} D_\nu^a \qquad \big(x \in \{x_0, \ldots, z-1\}\big)\,, \tag{7.16.2}$$

und für den erwarteten Barwert einer fälligen, jährlich vorschüssig zahlbaren temporären Invalidenrente der Dauer $n \in \{0, \ldots, z-x\}$ mit Jahresbetrag 1 ergibt sich

$$\ddot{a}_{x:\overline{n}|}^{i} = \frac{N_{x:\overline{n}|}^i}{D_x^i}\,, \quad N_{x:\overline{n}|}^i := \sum_{\nu=x}^{n-1} D_\nu^i \qquad \big(x \in \{x_0, \ldots, z-1\}\big)\,. \tag{7.16.3}$$

(b) Für den erwarteten Barwert der Anwartschaft eines Aktiven (x) auf eine ab Erreichen der Altersgrenze als Aktiver lebenslänglich jährlich vorschüssig zahlbare

Altersrente vom Jahresbetrag 1 liefern (6.26.5) und (7.16.1)

$$\ddot{a}_x^{aA} = \frac{D_z^a}{D_x^a} \cdot \frac{N_z^A}{D_z^A}\,, \qquad x \in \{x_0, \ldots, z-1\}\,. \tag{7.16.4}$$

Die Kommutationszahl D_z^a ist erklärungsbedürftig: $D_z^a := v^z\, \ell_{x_0}^a\, \overline{p}_a(0, z-x_0-0)$ ist die diskontierte Zahl der Aktiven des Alters $z-0$ (die im Alter z als Aktive pensioniert werden). Im Einklang mit der üblichen Notation verwenden wir hier die Bezeichung D_z^a statt der eigentlich korrekten D_{z-0}^a. Entsprechendes gilt für die Interpretation von D_z^i in den Aufgaben 18 und 20.

(c) Der erwartete Barwert der Anwartschaft eines Aktiven (x) auf eine jährlich vorschüssig zahlbare Invalidenrente vom Jahresbetrag 1 mit entsprechender lebenslänglicher Altersrente ab Erreichen der Altersgrenze als Invalider läßt sich nach (6.26.7) und (6.26.14) folgendermaßen mittels Kommutationszahlen *approximieren*:

$$\ddot{a}_x^{ai} \approx \frac{N_x^{ai}}{D_x^a}\,, \qquad x \in \{x_0, \ldots, z-1\}\,, \tag{7.16.5}$$

wobei

$$N_x^{ai} := \sum_{\nu=x}^{z-1} D_\nu^{ai} \quad \text{und} \quad D_\nu^{ai} := D_\nu^a\, i_\nu \big(\ddot{a}_{\nu+\frac{1}{2}}^i - \frac{1}{2}\big)\, v^{\frac{1}{2}}\,. \tag{7.16.6}$$

Mit (7.16.4) und (6.26.9) folgt für $x \in \{x_0, \ldots, z-1\}$

$$\ddot{a}_x^{aiA} \approx \frac{N_x^{aiA}}{D_x^a}\,, \quad N_x^{aiA} := N_x^{ai} + D_z^a \frac{N_z^{aA}}{D_z^A}\,. \tag{7.16.7}$$

Eine Verallgemeinerung auf unterjährlich vorschüssig zahlbare Altersrenten läßt sich leicht aus (6.26.16) herleiten (Aufgabe 19).

Bei der folgenden Darstellung erwarteter Barwerte von Anwartschaften auf Hinterbliebenenleistungen mit Hilfe von Kommutationszahlen beschränken wir uns auf Witwenrenten mit konstantem Jahresbetrag. Natürlich kann die Struktur von Leistungen an eine Witwe sehr viel komplexer sein: Bei Witwenrenten können die Jahresbeträge veränderlich sein (steigen), es kann eine Karenzzeit Vertragsbestandteil sein, oder die Jahresbeträge können in komplizierterer Weise von der Aktivitätsdauer des Hauptversicherten abhängen (vergleiche Aufgabe 6.4), es können Abfindungen bei Wiederheirat oder sogar überhaupt nur eine Einmalzahlung vereinbart werden und vieles mehr. Für (Näherungs-)Formeln für die erwarteten Barwerte solcher Leistungen an eine Witwe verweisen wir ebenso auf die klassische Literatur zur Personenversicherungsmathematik wie für die Behandlung von Waisenrenten. Erwähnt seien hier insbesondere Schönwiese (1948), Saxer (1955, Kapitel V), Zwinggi (1958, §§ 56 bis 61), Wolff (1970, Kapitel 19), Helbig Hrsg. (1987, Abschnitt 2.4.3.4) und Neuburger (1997, Kapitel 2). Eine Quelle für exakte Rechnungen auf der Basis geeigneter Markov-Modelle (analog zu Beispiel 6.26 sowie den Bemerkungen 6.28 und 6.29) ist uns nicht bekannt.

7.17 Beispiele. Erwartete Barwerte von Witwenrentenanwartschaften nach der Individualmethode:

(a) Für den erwarteten Barwert der Anwartschaft eines Aktiven (x) auf eine lebenslänglich k-tel-jährlich vorschüssig zahlbare Witwenrente mit Jahresbetrag 1 für (y) nach Tod von (x) als Altersrentner gilt nach (6.28.4)

$$\ddot{a}_{x|y}^{aAw(k)} = \frac{D_z^a}{D_x^a} \frac{\ell_{y+z-x}}{\ell_y} \ddot{a}_{z|y+z-x}^{Aw(k)} . \tag{7.17.1}$$

(b) Mit

$$D_{x+\mu|y+\mu}^{aaw(k)} := v^{1/2} D_{x+\mu}^a q_{x+\mu}^{aa} \ell_{y+\mu+\frac{1}{2}} \left(\frac{\ddot{a}_{y+\mu}^{(k)} + \ddot{a}_{y+\mu+\frac{1}{2}}^{(k)}}{2} - \frac{1}{2k} \right), \quad \mu \in \{0, \ldots, z-x-1\}, \tag{7.17.2}$$

und

$$N_{x|y}^{aaw(k)} := \sum_{\nu=x}^{z-1} D_{\nu|y+\nu-x}^{aaw(k)} \tag{7.17.3}$$

erhält man aus (6.28.5) für den erwarteten Barwert der Anwartschaft eines Aktiven (x) auf eine lebenslänglich k-tel-jährlich vorschüssig zahlbare Witwenrente mit Jahresbetrag 1 für (y) nach Tod von (x) als Aktiver

$$\ddot{a}_{x|y}^{aaw(k)} \approx \frac{N_{x|y}^{aaw(k)}}{D_x^a \ell_y} . \tag{7.17.4}$$

(c) Ebenso erhält man mit

$$D_{x+\mu|y+\mu}^{aiw(k)} := v^{1/2} D_{x+\mu}^a i_{x+\mu} \ell_{y+\mu+\frac{1}{2}} \frac{\ddot{a}_{x+\mu|y+\mu}^{iw(k)} + \ddot{a}_{x+\mu+1|y+\mu+1}^{iw(k)}}{2}, \quad \mu \in \{0, \ldots, z-x-1\}, \tag{7.17.5}$$

und

$$N_{x|y}^{aiw(k)} := \sum_{\nu=x}^{z-1} D_{\nu|y+\nu-x}^{aiw(k)} \tag{7.17.6}$$

für den erwarteten Barwert der Anwartschaft eines Aktiven (x) auf eine lebenslänglich k-tel-jährlich vorschüssig zahlbare Witwenrente mit Jahresbetrag 1 für (y) nach Tod von (x) als Invalider

$$\ddot{a}_{x|y}^{aiw(k)} \approx \frac{N_{x|y}^{aiw(k)}}{D_x^a \ell_y} . \tag{7.17.7}$$

(d) Definiert man eine zusammenfassende Kommutationszahl durch

$$N_{x|y}^{aw(k)} := N_{x|y}^{aaw(k)} + N_{x|y}^{aiw(k)} + D_z^a \, \ell_{y+z-x} \, \ddot{a}_{z|y+z-x}^{Aw(k)} , \tag{7.17.8}$$

so folgt für den erwarteten Barwert der Anwartschaft eines Aktiven (x) auf eine lebenslänglich k-tel-jährlich vorschüssig zahlbare Witwenrente für (y) mit Jahresbetrag 1

$$\ddot{a}_{x|y}^{aw(k)} = \frac{N_{x|y}^{aw(k)}}{D_x^a \, \ell_y} . \tag{7.17.9}$$

7.18 Beispiele. Erwartete Barwerte von Witwenrentenanwartschaften nach der vereinfachten Kollektivmethode:

(a) Für den erwarteten Barwert der Anwartschaft eines Altersrentners (x) auf eine lebenslänglich k-tel-jährlich vorschüssig zahlbare Witwenrente mit Jahresbetrag 1 erhält man aus Aufgabe 6.21

$$\ddot{a}_x^{Aw(k)} \approx \frac{N_x^{Aw(k)}}{D_x^A} ; \tag{7.18.1}$$

dabei seien

$$N_x^{Aw(k)} := \sum_{\nu=x}^{\omega} D_\nu^{Aw(k)} , \qquad x \in \{z, \dots, \omega\} , \tag{7.18.2}$$

und

$$D_\nu^{Aw(k)} := v^{1/2} \, D_\nu^A \, h_\nu \, q_\nu^A \left(\frac{\ddot{a}_{y(\nu)}^{w(k)} + \ddot{a}_{y(\nu)+1}^{w(k)}}{2} - \frac{1}{2k} \right) . \tag{7.18.3}$$

(b) Nach (6.29.9) läßt sich der erwartete Barwert der Anwartschaft eines Aktiven (x) auf eine lebenslänglich k-tel-jährlich vorschüssig zahlbare Witwenrente vom Jahresbetrag 1 nach Tod von (x) als Aktiver folgendermaßen mittels Kommutationszahlen approximieren:

$$\ddot{a}_x^{aaw(k)} \approx \frac{N_x^{aaw(k)}}{D_x^a} , \tag{7.18.4}$$

wobei

$$N_x^{aaw(k)} := \sum_{\nu=x}^{z-1} D_\nu^{aaw(k)} , \qquad x \in \{x_0, \dots, z-1\} , \tag{7.18.5}$$

und

$$D_\nu^{aaw(k)} := v^{1/2} \, D_\nu^a \, h_\nu \, q_\nu^{aa} \left(\frac{\ddot{a}_{y(\nu)}^{w(k)} + \ddot{a}_{y(\nu)+1}^{w(k)}}{2} - \frac{1}{2k} \right) . \tag{7.18.6}$$

(c) Für den erwarteten Barwert der Anwartschaft eines Aktiven (x) auf eine lebenslänglich k-tel-jährlich vorschüssig zahlbare Witwenrente vom Jahresbetrag 1 nach

Tod von (x) als Invalider gilt nach (6.29.10)

$$\ddot{a}_x^{aiw(k)} \approx \frac{N_x^{aiw(k)}}{D_x^a}\,, \tag{7.18.7}$$

wobei

$$N_x^{aiw(k)} := \sum_{\nu=x}^{z-1} D_\nu^{aiw(k)}\,, \qquad x \in \{x_0, \dots, z-1\}\,, \tag{7.18.8}$$

und

$$D_\nu^{aiw(k)} := v^{1/2}\, D_\nu^a\, i_\nu\, \frac{\ddot{a}_\nu^{iw(k)} + \ddot{a}_{\nu+1}^{iw(k)}}{2}\,. \tag{7.18.9}$$

(d) Definiert man eine zusammenfassende Kommutationszahl durch

$$N_x^{aw(k)} := N_x^{aaw(k)} + N_x^{aiw(k)} + D_z^a\, \ddot{a}_z^{aw(k)}\,, \tag{7.18.10}$$

so liefern (6.29.5), (6.29.6), (7.18.4) und (7.18.7)

$$\ddot{a}_x^{aw(k)} \approx \frac{N_x^{aw(k)}}{D_x^a}\,. \tag{7.18.12}$$

E Aufgaben

Aufgabe 1. Schreiben Sie eine Routine, die für eine Sterbetafel die zugehörigen Kommutationszahlen bei Versicherungen auf ein Leben mit adäquater Stellenzahl tabelliert, falls die Ausgangspopulation die Größe $\ell_0 = 100\,000$ hat!

Im Eingabe-File stehen der Name der Sterbetafel-Datei und der Zinsfuß p (in %). Die Ausgabe-Datei enthält nach zwei erklärenden Kopfzeilen eine Zeile für die Tabellenbeschriftung und anschließend in jeder Zeile ein Alter x, die Sterbenswahrscheinlichkeit q_x und die zugehörigen Kommutationszahlen in der Reihenfolge D_x, N_x, S_x, C_x, M_x, R_x.

Zusatz: Zur Lösung von Aufgaben dieser Art sind Tabellenkalkulationsprogramme besonders geeignet. Lösen Sie Aufgabe 1 mit *EXCEL*!

Aufgabe 2. Seien v eine Diskontierungsfunktion und $(q_x)_{x\in\{0,\dots,\omega\}}$ die einjährigen Sterbenswahrscheinlichkeiten einer Sterbetafel mit Schlußalter $\omega \in \mathbb{N}$. $(\ell_x)_{x\in\{0,\dots,\omega\}}$ seien die zugehörigen erwarteten Anzahlen der Lebenden. Wir definieren verallgemeinerte Kommutationszahlen bei Versicherungen auf ein Leben wie folgt:

$D_x := v(x)\,\ell_x\,,$ diskontierte Zahl der Lebenden des Alters x,

$C_x := D_x\, q_x\, \frac{v(x+1)}{v(x)}\,,$ diskontierte Zahl der Toten des Alters x,

$N_x := \sum_{\nu=x}^{\omega} D_\nu\,, \qquad M_x := \sum_{\nu=x}^{\omega} C_\nu\,, \quad x \in \{0, \dots, \omega\}.$

(a) Zeigen Sie als Verallgemeinerung von (7.2.1)

$$C_x = \frac{v(x+1)}{v(x)} D_x - D_{x+1}\,, \qquad x \in \{0, \ldots, \omega - 1\}\,!$$

(b) Sei $x \in \{0, \ldots, \omega - 1\}$. Geben Sie eine zur Gültigkeit von

$$M_x = \frac{v(x+1)}{v(x)} N_x - N_{x+1}$$

äquivalente Bedingung für v an!

Aufgabe 3. Zeigen Sie

$${}_{m|}\ddot{a}_x = \frac{D_{x+m}}{D_x}\,\ddot{a}_{x+m}\,, \qquad \{x, m\} \subset \mathbb{N}_0\,, \quad x + m \le \omega\,!$$

Aufgabe 4. Sei $(D\ddot{a})_{x:\overline{n}|}$ der erwartete Barwert einer jährlich vorschüssig zahlbaren temporären Leibrente für (x) der Dauer $n \le \omega + 1 - x$ mit bei n beginnender und jährlich um 1 fallender Leistungshöhe. D steht wie üblich für „decreasing". Zeigen Sie

$$(D\ddot{a})_{x:\overline{n}|} = (n+1)\,\ddot{a}_{x:\overline{n}|} - (I\ddot{a})_{x:\overline{n}|}\,,$$

und leiten Sie daraus eine Darstellung mittels Kommutationszahlen ab!

Aufgabe 5. Schreiben Sie eine Routine, die die in Aufgabe 1 zu erzeugende Tabelle von Kommutationszahlen einliest und einen beliebigen, vom Benutzer aus den Beispielen 7.3 und 7.4 auszuwählenden erwarteten Barwert ausgibt!

Im Eingabe-File stehen als Parameter der Name der Kommutationszahlen-Datei, die Randnummer der Formel für den vom Benutzer ausgewählten Barwert in der Form 7.3.1, ..., 7.4.4, das Alter x, die Aufschubzeit m (soweit benötigt) und die Dauer n (soweit benötigt). Die Ausgabe-Datei enthält eine Zeile für die textliche Beschreibung der Versicherung, dann eine Zeile mit Angabe der Barwertparameter und in der Schlußzeile den berechneten erwarteten Barwert.

Aufgabe 6. Geben Sie mit Hilfe von Kommutationszahlen den erwarteten Barwert einer lebenslänglich k-tel-jährlich vorschüssig zahlbaren Leibrente mit Jahresbetrag 1 für (x) an, bei der zusätzlich ein fallender Todesfallschutz derart besteht, daß am Ende des k-tel-Jahres des Todes der Positivteil der Differenz des erwarteten Barwerts der gesamten Versicherungsleistung und der erhaltenen Renten als Leistung erbracht wird!

Setzen Sie voraus, daß die ganzzahlig gestutzte zukünftige Lebensdauer von (x) und der erlebte Bruchteil des Todesjahres stochastisch unabhängig sind und letzterer $U(0, 1]$-verteilt ist.

Aufgabe 7. Wie ist der erwartete Barwert $\ddot{a}_x$ einer jährlich vorschüssig zahlbaren lebenslänglichen Leibrente mit Jahresbetrag 1 für (x) zu modifizieren, wenn die genauen Zahlungsmodalitäten berücksichtigt werden sollen und diese wie folgt geregelt sind (Vertragsbeginn zu Beginn des Kalenderjahres):

(a) Die Rente wird am Ende des 15. eines jeden Monats gezahlt. Die letzte Zahlung erfolgt für den Todesmonat.

(b) Die Auszahlung der Rente erfolgt jeweils zu Beginn des 1. Juli, falls der Berechtigte diesen erlebt.

(c) Die Rente wird am Ende eines jeden Monats gezahlt. Die letzte Zahlung erfolgt am Ende des Vierteljahres, in dem der Tod eintritt.

Setzen Sie voraus, daß die ganzzahlig gestutzte zukünftige Lebensdauer von (x) und der erlebte Bruchteil des Todesjahres stochastisch unabhängig sind und letzterer $U(0, 1]$-verteilt ist. Verwenden Sie Kommutationszahlen ! Gefragt ist sowohl nach einer exakten Rechnung als auch nach einer Näherung für kleinen Zinssatz.

Aufgabe 8. Geben Sie mit Hilfe von Kommutationszahlen eine Formel an für die Varianz des Barwertes einer n-jährigen Gemischten Kapitalversicherung für (x) mit Versicherungssumme 1 fällig am Ende des Todesjahres oder nach Ablauf !

Aufgabe 9. Geben Sie zu (7.7.3) und (7.7.4) analoge Rekursionsformeln für die diskontierten Zahlen der Toten an !

Aufgabe 10. Schreiben Sie eine Routine, die für zwei Sterbetafeln die zugehörigen Kommutationszahlen bei Versicherungen auf zwei Leben mit adäquater Stellenzahl tabelliert, falls beide Ausgangspopulationen die Größe 100 000 haben !

Im Eingabe-File stehen die Namen der beiden Sterbetafel-Dateien, der Zinsfuß p (in %) und eine obere Schranke $d \leq 10$ für den Absolutbetrag des Unterschiedes der Lebensalter. Die Sterbetafel-Dateien enthalten nach zwei Kopfzeilen (für Tafelbezeichnung und Quellenangabe) in jeder Zeile ein Alter x bzw. y und die zugehörige einjährige Sterbenswahrscheinlichkeit q_x bzw. q_y. Für D_*, N_*, C_* und M_* werden jeweils getrennte Ausgabe-Dateien erzeugt. Jede Ausgabe-Datei enthält nach zwei Kopfzeilen (s.o.) eine Zeile für die Tabellenbeschriftung und anschließend die Matrix der entsprechenden Kommutationszahlen, ergänzt um die Angabe des Alters x am linken Tabellenrand und die Angabe der Altersdifferenz am oberen Tabellenrand.

Aufgabe 11. Geben Sie ausgehend von den Beispielen 5.59 (g), (h) und (c) die erwarteten Barwerte der folgenden Versicherungen bei zwei Leben (x) und (y) mit Hilfe von Kommutationszahlen an:

(a) Um m Jahre aufgeschobene, jährlich vorschüssig zahlbare n-jährige bzw. lebenslängliche Leibrente mit Jahresbetrag 1 für (y) nach dem Tod von (x) („Witwenrente“, einseitige Überlebensrente).

(b) Um m Jahre aufgeschobene, jährlich vorschüssig zahlbare n-jährige bzw. lebenslängliche wechselseitige Überlebensrente mit Jahresbetrag 1.

(c) Lebenslängliche Todesfallversicherung auf den Tod von (x) vor (y) mit Versicherungssumme 1, fällig am Ende des Todesjahres. Verfahren Sie analog zu Beispiel 7.9 (e), und verwenden Sie Aufgabe 5.33 !

Aufgabe 12. Schreiben Sie eine Routine, die die in Aufgabe 10 zu erzeugenden Tabellen von Kommutationszahlen einliest und einen beliebigen, vom Benutzer aus den Beispielen 7.8 und 7.9 auszuwählenden Barwert ausgibt !

Im Eingabe-File stehen als Parameter die Namen der Kommutationszahlen-Dateien für D_*, N_*, C_* und M_*, die Randnummern für den vom Benutzer ausgewählten Barwert in der Form 7.8.1, ..., 7.9.7, die Alter x und y, die Aufschubzeit m (soweit benötigt) und die Dauer n (soweit benötigt). Die Ausgabe erfolgt wie in Aufgabe 5.

Aufgabe 13. Von Wolfsdorf (1997, Abschnitt 5.8.3, Formel (31), p. 208) wird folgende Näherung für den erwarteten Barwert einer k-tel-jährlich vorschüssig zahlbaren temporären Verbindungsrente für (x) und (y) mit Dauer n und Jahresbetrag 1 angegeben:

$$\ddot{a}^{(k)}_{xy:\overline{n}|} \approx \ddot{a}_{xy:\overline{n}|} - \frac{k-1}{2k}\left(1 - \frac{D_{x+n:y+n}}{D_{xy}}\right).$$

(a) Motivieren Sie diese Näherung ausgehend von der linearen Barwertinterpolation

$$_{\frac{\nu}{k}|}\ddot{a}_{xy:\overline{n}|} \approx \ddot{a}_{xy:\overline{n}|} - \frac{\nu}{k}\left(\ddot{a}_{xy:\overline{n}|} - a_{xy:\overline{n}|}\right), \qquad \nu = 0, \ldots, k\,!$$

(b) Zeigen Sie, daß die Näherung von $_{\frac{\nu}{k}|}\ddot{a}_{xy:\overline{n}|}$ durch die lineare Interpolation bedingter Überlebenswahrscheinlichkeiten

$$_{\mu+\frac{k}{n}}p_{xy} \approx {}_{\mu}p_{xy} + \frac{\nu}{k}\left({}_{\mu+1}p_{xy} - {}_{\mu}p_{xy}\right)$$

zu einem anderen Ergebnis führt, und diskutieren Sie die Größe der Abweichung!

Aufgabe 14. Geben Sie aufbauend auf den Ausführungen vor Bemerkung 5.62 und auf Aufgabe 5.42 mit Hilfe von Kommutationszahlen die Varianzen der Barwerte der folgenden Versicherungsleistungen für (x) und (y) an:
(a) n-jährige jährlich vorschüssig zahlbare Verbindungsrente mit Jahresbetrag 1.
(b) Um m Jahre aufgeschobene lebenslängliche bzw. n-jährige Todesfallversicherung auf den ersten bzw. auf den letzten Tod, Versicherungssumme 1, fällig am Ende des Todesjahres.
(c) n-jährige Gemischte Kapitalversicherung mit Versicherungssumme 1, fällig am Ende des Todesjahres.

Aufgabe 15. Geben Sie den erwarteten Leistungsbarwert einer jährlich vorschüssig zahlbaren temporären Leibrente der Jahreshöhe 1 auf das letzte von drei stochastisch unabhängigen Leben mittels Kommutationszahlen an!

Aufgabe 16
(a) Modifizieren Sie Beispiel 6.27, um den erwarteten Barwert einer Anwartschaft eines x-Jährigen nicht an Dread Disease Erkrankten auf eine lebenslängliche jährlich vorschüssig zahlbare „Invalidenrente“ auf Grund von Dread Disease zu berechnen!
(b) Welche Modifikationen ergeben sich in (a), wenn wie in Aufgabe 6.13 n-tel-jährliche Rentenfälligkeiten angenommen werden, $n \in \mathbb{N}$?
(c) Stellen Sie die Ergebnisse aus (a) und (b) mittels geeigneter Kommutationszahlen dar!

Literaturhinweis: Allerdissen et al. (1993, pp. 286, 287).

Aufgabe 17. Geben Sie eine Formel für die in (7.15.2) definierte erwartete Anzahl ℓ^i_x der Invaliden des Alters x an, die sich direkt mit Hilfe einer Vertafelung der biometrischen Rechnungsgrundlagen auswerten läßt!

Aufgabe 18. Gehen Sie aus vom vereinfachten Modell der Pensionsversicherung ohne Hinterbliebenenversorgung des Beispiels 6.26, und zeigen Sie, daß der erwartete Barwert einer fälligen, jährlich vorschüssig zahlbaren Invalidenrente des Jahresbetrages 1 mit entsprechender lebenslänglicher Altersrente ab Erreichen der Altersgrenze als Invalider für (x), $x \in \{x_0, \ldots, z-1\}$, gegeben ist durch

$$\ddot{a}_x^i = \ddot{a}^i_{x:\overline{z-x}|} + v^{z-x}\,{}_{z-x}p_x^{ii}\,\ddot{a}_z^A\,,$$

so daß er mit der zusammenfassenden Kommutationszahl

$${}^{(z)}N_x^i := N^i_{x:\overline{z-x}|} + \frac{D_z^i}{D_z^A}\,N_z^A$$

geschrieben werden kann als

$$\ddot{a}_x^i = \frac{{}^{(z)}N_x^i}{D_x^i}\,.$$

Hinweis: Die korrekte Interpretation der Kommutationszahl D_z^i ist analog zu derjenigen von D_z^a in Beispiel 7.16 (b).

Aufgabe 19. Leiten Sie aus (6.26.16) als Verallgemeinerung von (7.16.5) auf k-tel-jährliche Rentenzahlungen die folgende Approximation von $\ddot{a}_x^{ai(k)}$ mittels Kommutationszahlen her:

$$\ddot{a}_x^{ai(k)} \approx \frac{N_x^{ai(k)}}{D_x^a}\,,$$

wobei

$$N_x^{ai(k)} := \sum_{\nu=x}^{z-1} D_\nu^{ai(k)} \quad \text{und} \quad D_\nu^{ai(k)} := D_\nu^a\, i_\nu \Big(\ddot{a}^{i(k)}_{\nu+\frac{1}{2}} - \frac{1}{2k}\Big)\, v^{1/2}\,.$$

Was folgt für $\ddot{a}_x^{ai\,A(k)}$?

Aufgabe 20. Legen Sie die vereinfachte Kollektivmethode zur Berechnung von erwarteten Barwerten von Anwartschaften auf Witwenrente zugrunde.

(a) Begründen Sie mittels (6.29.8) die folgende Approximation von $\ddot{a}_x^{ii\,w(k)}$ mittels Kommutationszahlen:

$$\ddot{a}_x^{ii\,w(k)} \approx \frac{N_x^{ii\,w(k)}}{D_x^i}\,, \qquad x \in \{x_0, \ldots, z-1\},\ k \in \mathbb{N}\,,$$

wobei

$$N_x^{ii\,w(k)} := \sum_{\nu=x}^{z-1} D_\nu^{ii\,w(k)} \quad \text{und} \quad D_\nu^{ii\,w(k)} := v^{1/2}\, D_\nu^i\, h_\nu\, q_\nu^{ii} \left(\frac{\ddot{a}^{w(k)}_{y(\nu)} + \ddot{a}^{w(k)}_{y(\nu)+1}}{2} - \frac{1}{2k}\right).$$

(b) Für $x \in \{x_0, \ldots, z-1\}$ und $k \in \mathbb{N}$ sei

$$N_x^{i\,w(k)} := N_x^{ii\,w(k)} + D_z^i\, \ddot{a}_z^{A\,w(k)}\,.$$

(Zur korrekten Interpretation von D_z^i vergleiche Aufgabe 18.) Begründen Sie mittels (a), (6.29.3) und (6.29.4) die Näherung

$$\ddot{a}_x^{i\,w(k)} \approx \frac{N_x^{i\,w(k)}}{D_x^i}\,.$$

Kapitel 8
Prämien

Das Ziel unserer bisherigen Überlegungen war eine Bewertung der Leistungen des VR. Dazu waren das versicherte Risiko zu beschreiben (Kapitel 3 und 4), die Leistungen des VR zu modellieren (Kapitel 5 und 6), und es war zu erklären, wie Zahlungsströme zeitlich koordiniert zu bewerten sind (Kapitel 2). In diesem Kapitel wollen wir auf die Frage eingehen, wie der Preis, den der VN für das Wirtschaftsgut Versicherungsschutz zu zahlen hat, zu bestimmen ist. Im Einklang mit dem wissenschaftlichen Sprachgebrauch und mit dem VVG werden wir diesen Preis als *Prämie* bezeichnen. Daneben ist die Bezeichnung *Beitrag* in Gebrauch, die u. a. vom BAV verwendet wird und daran erinnert, daß bei VU in der Rechtsform eines Versicherungsvereins auf Gegenseitigkeit die VN den Status von Mitgliedern besitzen. In der Personenversicherung kann die Prämienzahlung aufgefaßt werden als Leistung des VN an den VR, die gebunden ist an den Aufenthalt des Versicherten in gewissen Zuständen (beispielsweise „lebend", „aktiv" o.ä.). Insofern bietet die Frage der Bewertung von Prämienzahlungen mathematisch nichts Neues – ein Grund für die vergleichsweise Kürze dieses Kapitels. Allerdings ist zu fragen, welcher Wert der Prämienzahlung einem gegebenen Wert der Versicherungsleistung adäquat ist.

Wir betrachten zunächst als Beispiel ein Portefeuille einjähriger Todesfallversicherungen mit Versicherungssumme 1 für stochastisch unabhängige Personen gleichen Alters und Geschlechts. Jeweils nach einem Jahr werde das Portefeuille stochastisch unabhängig von der Vorgeschichte durch Abschluß derselben Anzahl gleichartiger Verträge komplett repliziert, wobei „gleichartig" bedeuten soll, daß die Personen in allen Jahren dasselbe Eintrittsalter und Geschlecht haben sollen und daß die Barwerte der Versicherungssummen bezogen auf den Beginn des ersten Versicherungsjahres identisch sind. Beschreiben wir den diskontierten Gesamtschaden dieses Portefeuilles innerhalb eines *festen* Versicherungsjahres mit Hilfe des *individuellen Modelles* 1.8 (a) und ist die Anzahl der Policen genügend groß, so legen es das starke Gesetz der großen Zahlen und der zentrale Grenzwertsatz nahe, als adäquate Einmalprämie zu Beginn des Versicherungsjahres den erwarteten diskontierten Schaden dieses Risikos, also den erwarteten Barwert der Leistung an diese Person, zu verlangen. Dieser wird auch als *Nettoprämie* bezeichnet. Für das gesamte Portefeuille wird damit der erwartete, auf den Beginn des Versicherungsjahres diskontierte Gesamtschaden des Kollektivs als Prämie verlangt. Zur Beantwortung der Frage, ob dies adäquat ist, gehen wir davon aus, daß dem VR neben den Prämieneinnahmen eine anfängliche freie Reserve für die Zahlung von Versicherungsleistungen im ersten Versicherungsjahr zur Verfügung steht. Diese freie Reserve wird jeweils zu Beginn des Folgejahres durch Addition der Differenz der Prämieneinnahmen des abgelaufenen Jahres und der auf dessen Beginn diskontierten Versicherungsleistungen dieses Jahres sowie anschließende Aufzinsung des Saldos aktualisiert. Der *versicherungstechnische Ruin* des VR im Geschäftssegment des betrachteten Portefeuilles ist dann definiert als das Ereignis, daß die aktualisierte freie Reserve zu Beginn irgendeines Versicherungsjahres negativ wird. Nach einem wohlbekannten Resultat der *kollektiven Risikotheorie* tritt mit Sicherheit ein solcher technischer Ruin ein, falls für das gesamte Portefeuille zu Beginn eines jeden Versicherungsjahres höchstens die kollektive Nettoprämie – also der erwartete, auf den Beginn des Versicherungsjahres diskontierte Gesamtschaden des Portefeuilles – verlangt wird. Die kollektive Nettoprämie alleine ist also nicht ausreichend, ein Prämienzuschlag, der eine gewisse Sicherheit gegen technischen Ruin bietet, ist erforderlich. Auf Details können wir hier nicht eingehen, wir verweisen stattdessen auf Kapitel 5 von Hipp und Michel (1990). In dem sehr einfachen, hier beschriebenen Fall läßt sich das Resultat allerdings auch leicht direkt herleiten (Aufgabe 1). Die individuelle Nettoprämie zuzüglich des Sicherheitszuschlages wird gelegentlich auch als Risikoprämie bezeichnet (Bühlmann (1970), Abschnitt 4.2.1), ein Sprachgebrauch, dem wir hier nicht folgen wollen, da er im Zusammenhang mit der in Abschnitt 9 A diskutierten Zerlegung der Prämie in einen Sparanteil und einen Risikoanteil zu Mißverständnissen führen kann.

Neben dem Sicherheitszuschlag kommen zur Nettoprämie noch Zuschläge für die Deckung der dem VR entstehenden Kosten, gegebenenfalls ein Gewinnzuschlag, ein Ratenzuschlag bei unterjährlicher (ratierlicher) Prämienzahlung und möglicherweise die Versicherungssteuer hinzu, wobei die Zuschläge teilweise stark sparten-, unternehmens- und produktabhängig sind und je nach betrachteter Situation einzelne Bestandteile ganz fehlen können. Nach Höckner (1912, p. 644) wird die Summe aus Nettoprämie, Sicherheitszuschlag und Kostenzuschlägen als *ausreichende Prämie* bezeichnet, zusammen mit dem Gewinnzuschlag und einem eventuellen Ratenzuschlag erhält man die *Tarifprämie*, und die gesamte Prämienzahlung, einschließlich der Versicherungssteuer, wird als *Bruttoprämie* bezeichnet. Für die Zusammensetzung der Bruttoprämie ergibt sich damit folgendes Schema:

Nettoprämie (erwarteter Leistungsbarwert)
+ Sicherheitszuschlag
+ Kostenzuschläge

Ausreichende Prämie
+ Gewinnzuschlag

Tarifprämie (als Jahres- oder Einmalprämie)
+ Ratenzuschlag

Tarifprämie (bei ratierlicher Prämienzahlung)
+ Versicherungssteuer

Bruttoprämie

In Abschnitt A gehen wir kurz auf Möglichkeiten zur Bestimmung der Nettoprämie zuzüglich eines geeigneten expliziten Sicherheitszuschlages ein. Wir beschränken uns dabei auf die Angabe einiger Prämienberechnungsprinzipien, ohne mathematisch in die Tiefe zu gehen, denn für die Personenversicherung haben die meisten dieser Prinzipien keine wesentliche praktische Bedeutung.

Abschnitt B ist der zentrale Teil dieses Kapitels. Hier wird das Äquivalenzprinzip, das Prinzip der Gleichwertigkeit von Leistung und Gegenleistung, besprochen, welches der Prämienkalkulation in der privaten Personenversicherung weitgehend zugrunde liegt. Zu Referenzzwecken für den Praktiker werden Prämien für zahlreiche der in den vorangegangenen Kapiteln behandelten Beispiele angegeben. Daneben wird erläutert, wie in diesem Rahmen Sicherheitszuschläge durch vorsichtige Wahl der Rechnungsgrundlagen implizit in die Prämien einzuarbeiten sind. Hierzu setzen wir die in Abschnitt 5 B begonnene Diskussion des Charakters von Lebensversicherungsformen fort.

Abschnitt C befaßt sich mit der Tarifierung erhöhter Risiken sowie mit Kostenzuschlägen, also mit der ausreichenden Prämie. Auch hier fassen wir uns kurz, einerseits, da Kosten als Leistungen des VR an den VN aufgefaßt und somit wie Versicherungsleistungen im bisher betrachteten Sinne behandelt werden können, andererseits, da die EU-weite Deregulierung des Versicherungsmarktes seit 1994 zu einer Gestaltungsvielfalt geführt hat, deren Erörterung nicht Anliegen eines wissenschaftlichen mathematischen Textes sein kann. Auf die weiteren Bestandteile der Bruttoprämie gehen wir hier aus ähnlichen Gründen nicht ein, verweisen aber für die Betrachtung von prämienrelevanten Formen der Überschußbeteiligung auf Abschnitt 11 C.

A Prämienberechnungsprinzipien

Prämienberechnungsprinzipien sind Kalkulationsverfahren, mit deren Hilfe dem in einer Versicherungsperiode anfallenden diskontierten Schaden eine nur von dessen Verteilung abhängige Prämienhöhe zugeordnet wird, die den erwarteten Schadenaufwand (die Nettoprämie) sowie einen Sicherheitszuschlag beinhalten sollte. Sie können sowohl auf die Verteilung des Gesamtschadens eines Portefeuilles als auch auf diejenige des Schadens jedes Einzelrisikos in der betrachteten Periode angewandt werden. Im ersten Fall liefern sie eine Kollektivprämie für das gesamte Portefeuille, die dann noch weiter auf die Einzelrisiken zu verteilen ist, im zweiten Fall erhält man unmittelbar eine Prämie für jedes Einzelrisiko.

8.1 Definition. Sei $\mathcal{F} \subset \mathcal{M}^1\big([0,\infty), \mathfrak{B}([0,\infty))\big)$ eine Menge von Verteilungen auf der positiven Halbachse, die alle Verteilungen mit kompaktem Träger enthält. Ein *Prämienberechnungsprinzip auf* $\mathcal{F}$ ist ein Funktional $H\colon \mathcal{F} \longrightarrow [0,\infty]$. Ein Portefeuille oder ein Einzelrisiko heißt *nicht versicherbar unter* H, falls die Verteilung des zugehörigen Schadens entweder nicht zu $\mathcal{F}$ gehört oder unter H auf ∞ abgebildet wird.

8.2 Beispiele. Seien $\mathcal{F} := \big\{P \in \mathcal{M}^1\big([0,\infty), \mathfrak{B}([0,\infty))\big) \mid \int_{[0,\infty)} s\, P(ds) < \infty\big\}$, $P \in \mathcal{F}$ und S eine nichtnegative, gemäß P verteilte Zufallsvariable.

(a) Als *Erwartungswertprinzip* bezeichnet man jedes Funktional H der Form

$$H(P) := (1+\lambda)\, E(S)\,,$$

bei dem der Sicherheitszuschlag proportional zum Erwartungswert der Schadenvariablen mit einem nichtnegativen Proportionalitätsfaktor $\lambda \geq 0$ ist. Ist $\lambda = 0$, so spricht man vom *Nettoprämienprinzip* oder vom *Äquivalenzprinzip* (Abschnitt B).

(b) Unter einem *Standardabweichungsprinzip* versteht man ein Funktional H der Form

$$H(P) := E(S) + \alpha\sqrt{\operatorname{Var}(S)}\,,$$

bei dem der Sicherheitszuschlag proportional zur Standardabweichung der Schadenvariablen ist mit einem positiven Proportionalitätsfaktor $\alpha > 0$.

(c) Ist der Sicherheitszuschlag proportional zur Varianz der Schadenvariablen mit einem positiven Proportionalitätsfaktor $\beta > 0$,

$$H(P) := E(S) + \beta\, \operatorname{Var}(S)\,,$$

so spricht man von einem *Varianzprinzip*.

(d) Beim *Semivarianzprinzip* wird der Sicherheitszuschlag proportional zur positiven Semivarianz $\operatorname{Var}_+(S) := E\big(((S-E(S))^+)^2\big)$ gewählt:

$$H(P) := E(S) + \gamma\, \operatorname{Var}_+(S)\,, \qquad \gamma > 0\,.$$

8.3 Beispiel. Sei $u\colon \mathbb{R}^1 \longrightarrow \mathbb{R}^1$ eine *risikoabweisende Nutzenfunktion*, d. h. u sei zweimal stetig differenzierbar mit $u' > 0$ und $u'' \leq 0$. Der Wert $u(x)$ wird interpretiert als der subjektive Nutzen („utility"), den der Besitzstand x (zum Beispiel gemessen in Geldeinheiten) einem Referenzindividuum bietet. Nach Voraussetzung ist dieser Nutzen strikt monoton wachsend und der „Grenznutzen" u' monoton nichtwachsend. Seien nun

$$\mathcal{F}_u := \big\{P \in \mathcal{M}^1\big([0,\infty), \mathfrak{B}([0,\infty))\big) \mid \textstyle\int_{[0,\infty)} u(-s)\, P(ds) > -\infty\big\}\,,$$

$P \in \mathcal{F}_u$ und S eine nichtnegative, gemäß P verteilte Zufallsvariable. Für alle $h \geq 0$ gilt dann $u(-S) \leq u(h-S) \leq u(h)$ und folglich $E\big(|u(h-S)|\big) < \infty$. Die Abbildung

$$[0, \infty) \ni h \longmapsto E\big(u(h-S)\big) \in \mathbb{R}^1$$

ist strikt monoton wachsend und stetig. Auf Grund der Jensenschen Ungleichung und der Monotonie von u gilt

$$E\big(u\big(E(S)-S\big)\big) \leq u(0) < \lim_{h\to\infty} E\big(u(h-S)\big) = u(\infty)\,.$$

Folglich existiert genau eine Lösung $H(P) \in \big[E(S), \infty\big)$ der Gleichung

$$E\big(u(h-S)\big) = u(0)\,.$$

Das dadurch gegebene Funktional $H\colon \mathcal{F}_u \longrightarrow [0, \infty)$ heißt *Nullnutzenprinzip zur Nutzenfunktion u*. Die Idee von Nullnutzenprinzipien ist also, daß die erwartete, aus dem Saldo von Prämien- und Schadenzahlung resultierende Nutzenänderung Null sein soll. Nullnutzenprinzipien mit Nutzenfunktionen der Form

$$u\colon x \longmapsto \frac{1}{a}\big(1-\exp(-ax)\big)\,, \qquad a > 0\,,$$

bezeichnet man als *Exponentialprinzipien*.

In der Literatur werden zahlreiche weitere Prämienberechnungsprinzipien betrachtet, etwa das Percentilsprinzip, das Prinzip des maximalen Schadens, Mittelwertprinzipien und, als gemeinsame Verallgemeinerung von Nullnutzenprinzipien und Mittelwertprinzipien, das Prinzip der Schweizer Prämie.

Im Zusammenhang mit (der Auswahl geeigneter) Prämienberechnungsprinzipien stellen sich u. a. folgende Probleme:

- Untersuchung, inwieweit diese Prinzipien gewisse wünschenswerte Eigenschaften besitzen (vergleiche Aufgabe 3),
- Charakterisierung einzelner Prämienberechnungsprinzipien durch funktionale Eigenschaften,
- Festlegung freier Parameter, etwa der Proportionalitätsfaktoren in den Beispielen 8.2 oder der Nutzenfunktion in Beispiel 8.3.

Im Hinblick auf die eingeschränkte praktische Bedeutung von Prämienberechnungsprinzipien für die Personenversicherungsmathematik können wir darauf hier nicht näher eingehen. Wir verweisen den interessierten Leser stattdessen auf Bühlmann (1970, Kapitel 4 und 6), Gerber (1979, Kapitel 5), Goovaerts, de Vylder and Haezendonck (1984) sowie de Vylder (1996, Kapitel II.10).

In der Personenversicherungsmathematik (mit Ausnahme der Krankenversicherungsmathematik) wird in der Regel kein expliziter Sicherheitszuschlag zur Nettoprämie erhoben. Die Sicherheit entsteht vielmehr ausschließlich durch vorsichtige Wahl der Rechnungsgrundlagen, sogenannter Rechnungsgrundlagen erster Ordnung für den Zins und für den Risikoverlauf (siehe die Bemerkungen 3.46 und 5.33 (a)). Während beim Zins zunächst unmittelbar plausibel scheint, daß die Wahl von Rechnungsgrundlagen erster

Ordnung einen gegenüber dem faktisch erzielten Zinssatz niedrigeren Ansatz für den Rechnungszins bedeutet, ist beim Zustandsverlauf der Police nicht a priori klar, was vorsichtige Wahl der Rechnungsgrundlagen heißt. Auf diese Fragen gehen wir in Abschnitt B näher ein (siehe insbesondere die Ausführungen vor Definition 8.14). Sind jedoch geeignete Rechnungsgrundlagen erster Ordnung gewählt, so bewirken diese auch bei Verwendung des Erwartungswertprinzips mit $\lambda = 0$ – also wenn der VR nur die Nettoprämie verlangt – schon einen impliziten Sicherheitszuschlag.

B Prämien nach dem Äquivalenzprinzip

In den Kapiteln 5, 6 und 7 haben wir ausschließlich Zahlungen des VR an den VN (bzw. an die versicherte oder versorgte Person) betrachtet. Um auch Prämienzahlungen, also Zahlungen in umgekehrter Richtung, erfassen zu können, müssen wir das Konzept der natürlichen Versicherungsleistungsfunktion in der Personenversicherung aus Definition 6.5 dahingehend verallgemeinern, daß wir als Verbleibszahlungsströme auch signierte Verteilungsfunktionen zulassen, deren Negativteile dann die Prämienzahlungen modellieren. Wie in Abschnitt 6 A seien $\mathcal{S} \neq 0$ ein endlicher Zustandsraum, $J = \{(y, z) \in \mathcal{S}^2 \mid y \neq z\}$ der zugehörige Übergangsraum, $(\mathcal{V}, \mathfrak{V})$ der Meßraum der möglichen Zustandsverläufe, $(\mathcal{W}, \mathfrak{W})$ ein geeigneter Modellraum und $I \colon (\mathcal{V}, \mathfrak{V}) \longrightarrow (\mathcal{W}, \mathfrak{W})$ ein Isomorphismus von Meßräumen.

8.4 Definition. Eine *natürliche Verbleibszahlungsfunktion in der Personenversicherung* ist eine Funktion der Gestalt

$$SA = \sum_{z \in \mathcal{S}} SA_z \colon \mathcal{W} \times [0, \infty) \longrightarrow \mathbb{R}^1 , \tag{8.4.1}$$

wobei SA_z die an den Verbleib im Zustand z geknüpfte Zahlung beschreibt. Mit einer signierten Verteilungsfunktion $F_z \colon [0, \infty) \longrightarrow \mathbb{R}^1$, $F_{z-}(\infty) < \infty$, und dem zu $w \in \mathcal{W}$ gehörigen Zustandsverlauf $I^{-1}(w)$ ist

$$SA_{z,w}(t) = F_z\big([0, t] \cap \{s \mid I^{-1}(w)_s = z\}\big) = \int_{[0,t]} 1_{\{z\}}\big(I^{-1}(w)_s\big)\, F_z(ds) \,. \tag{8.4.2}$$

Ist z absorbierend, so sei $F_z \equiv 0$. Jede Kombination

$$A := DA + SA \tag{8.4.3}$$

einer natürlichen Übergangsleistungsfunktion DA mit einer natürlichen Verbleibszahlungsfunktion SA heißt eine *natürliche Versicherungszahlungsfunktion in der Personenversicherung*.

Völlig analog dazu gehen *natürliche Erlebensfallzahlungsfunktionen* und *natürliche Versicherungszahlungsfunktionen bei einem oder mehreren Leben oder bei mehreren*

Ausscheideursachen aus den entsprechenden Versicherungsleistungsfunktionen dadurch hervor, daß als Erlebensfallzahlungsströme signierte Verteilungsfunktionen zugelassen werden, deren Negativteile die Prämienzahlungen modellieren.

8.5 Bemerkungen.

(a) Bei allgemeinen Überlegungen werden wir in der Regel die Prämienzahlungsströme als Bestandteil der Verbleibszahlungsströme F_* auffassen und notationsmäßig nicht besonders hervorheben. Soweit eine solche Hervorhebung zweckmäßig erscheint – dies ist etwa in Kapitel 9 bei der Zerlegung von Prämienzahlungen in einen Sparanteil und einen Risikoanteil der Fall – schreiben wir Λ_* für F_{*+} und Π_* für F_{*-}. Ist Π_* Lebesgue-stetig, so wird die Dichte mit π_* bezeichnet. Die zugehörige *natürliche Prämienzahlungsfunktion*

$$PA := \sum_{z \in \mathcal{S}} PA_z \colon \mathcal{W} \times [0, \infty) \longrightarrow [0, \infty)$$

ist gegeben durch

$$PA_{z,w}(t) = \Pi_z\big([0,t] \cap \{s \mid I^{-1}(w)_s = z\}\big) = \int\limits_{[0,t]} 1_{\{z\}}\big(I^{-1}(w)_s\big)\, \Pi_z(ds)\,,$$

und die zugehörige natürliche Versicherungsleistungsfunktion ist $LA := A + PA$.

(b) Bei konkreten Versicherungsprodukten kann der VN normalerweise zwischen verschiedenen Prämienzahlungsweisen wählen, etwa der Zahlung einer Einmalprämie zu Vertragsbeginn, einer lebenslänglich oder temporär jährlich oder unterjährlich vorschüssig zahlbaren Prämie gleichbleibender Höhe oder regelmäßig wiederkehrenden Prämienzahlungen, deren Höhe sich in vorher festgelegter Weise verändert (zum Beispiel linear oder geometrisch wächst). Ein *Prämienzahlungsmodus* ist eine Familie von Verteilungsfunktionen $\mathrm{Mod}_z \colon [0, \infty) \longrightarrow [0, \infty)$, $z \in \mathcal{S}$, mit der Normierungsbedingung

$$\sum_{z \in \mathcal{S}} \mathrm{Mod}_z(\infty) = 1.$$

Sind Π_z, $z \in \mathcal{S}$, Prämienzahlungsströme mit endlichen Gesamtzahlungen $\Pi_z(\infty)$, $z \in \mathcal{S}$, in den Einzelzuständen, so gilt für den zugehörigen Prämienzahlungsmodus

$$\Pi_z(t) = \sum_{\zeta \in \mathcal{S}} \Pi_\zeta(\infty) \cdot \mathrm{Mod}_z(t)\,, \qquad t \geq 0,\ z \in \mathcal{S}\,.$$

Durch den Prämienzahlungsmodus sind die Prämienzahlungsströme festgelegt bis auf den Proportionalitätsfaktor $\sum_{z \in \mathcal{S}} \Pi_z(\infty)$. Insbesondere liegen die Prämienzahlungsdauern und, bei diskreten Zahlungen, die Zahlungszeitpunkte fest. Der Proportionalitätsfaktor und damit die absoluten Prämienhöhen müssen noch aus den Versicherungsleistungen und den Rechnungsgrundlagen bestimmt werden.

In aller Regel läßt das Versicherungsgeschehen nur einen einzigen Anfangszustand $z_0 \in \mathcal{S}$ zu („lebend", „aktiv", ...), und in allen anderen Zuständen wird keine Prämie gezahlt, d. h. es gilt $\mathrm{Mod}_z \equiv 0$, $z \neq z_0$.

Ein Paar $\big(LA, (\mathrm{Mod}_z)_{z\in\mathcal{S}}\big)$ bestehend aus einer Versicherungsleistungsfunktion LA und einem Prämienzahlungsmodus $(\mathrm{Mod}_z)_{z\in\mathcal{S}}$ bezeichnen wir gelegentlich als eine *Versicherungsform.*

8.6 Beispiele.

(a) Eine Einmalprämienzahlung zu Vertragsbeginn ist gegeben durch den Prämienzahlungsmodus

$$\mathrm{Mod}_z = \frac{1}{\#\mathcal{S}}\, 1_{[0,\infty)}\,, \qquad z \in \mathcal{S}\,,$$

oder durch

$$\mathrm{Mod}_z = 1_{\{z_0\}}(z)\, 1_{[0,\infty)}\,, \quad z \in \mathcal{S}\,,$$

falls z_0 der einzige mögliche Anfangszustand ist.

(b) Bei einer Versicherung eines unter einem einfachen Risiko stehenden Lebens mit n-jähriger Vertragslaufzeit wird eine über $m \leq n$ Jahre jährlich vorschüssig zahlbare Erlebensfallprämie gleichbleibender Höhe beschrieben durch

$$\mathrm{Mod}_0 = \frac{1}{m}\sum_{\ell=0}^{m-1} 1_{[\ell,\infty)}\,, \qquad \mathrm{Mod}_1 \equiv 0\,.$$

Bei variierender Höhe der Erlebensfallprämie sind *Prämienbewertungsfaktoren* ${}_0f \geq 0, \ldots, {}_{m-1}f \geq 0$ mit $\sum_{\ell=0}^{m-1} {}_\ell f = 1$ vorgegeben, und die Gesamtprämie (das „Prämienniveau") $\mathcal{P} = \Pi_0(\infty)$ bleibt zu bestimmen. Es ist

$$\mathrm{Mod}_0 = \sum_{\ell=0}^{m-1} {}_\ell f \cdot 1_{[\ell,\infty)}\,, \quad \mathrm{Mod}_1 \equiv 0\,.$$

(c) Im vereinfachten Modell der Pensionsversicherung ohne Hinterbliebenenversorgung des Beispiels 6.26 ist die jährlich vorschüssig zahlbare Aktivenprämie konstanter Höhe gegeben durch

$$\mathrm{Mod}_a = \frac{1}{z-x}\sum_{\ell=0}^{z-x-1} 1_{[\ell,\infty)}\,, \qquad \mathrm{Mod}_\zeta \equiv 0 \text{ für } \zeta \neq a\,.$$

Wie schon in Abschnitt A erwähnt, werden in der Personenversicherungsmathematik in der Regel keine expliziten Sicherheitszuschläge erhoben. Ausgehend von Rechnungsgrundlagen erster Ordnung bestimmen sich die Prämien nach dem Äquivalenzprinzip (Nettoprämienprinzip). Seien (p) eine Personenversicherungspolice, deren zufälliger Zustandsverlauf beschrieben wird durch einen Sprungprozeß $\big(\Omega, \mathfrak{A}, P, (X_t)_{t\geq 0}\big)$ mit

Zustandsraum $\mathcal{S}$, K eine Kapitalfunktion und A eine natürliche Versicherungszahlungsfunktion für (p). Die folgende Definition verallgemeinert Definition 2.37.

8.7 Definition. Sei $\tilde{A}$ eine weitere natürliche Versicherungszahlungsfunktion für (p). A und $\tilde{A}$ heißen *äquivalent unter* K, wenn die Erwartungswerte der vermöge K ermittelten zugehörigen Barwerte $B_{(p)}$ und $\tilde{B}_{(p)}$ endlich sind und übereinstimmen:

$$E(B_{(p)}) = E(\tilde{B}_{(p)}) < \infty . \tag{8.7.1}$$

A erfüllt das Äquivalenzprinzip, falls A äquivalent ist zu $\tilde{A} \equiv 0$, falls also $E(B_{(p)}) = 0$. Mit der natürlichen Prämienzahlungsfunktion PA und der natürlichen Versicherungsleistungsfunktion LA gemäß Bemerkung 8.5 (a) sowie deren Barwerten $PB_{(p)}$ und $LB_{(p)}$ bedeutet dies

$$E(LB_{(p)}) = E(PB_{(p)}) < \infty . \tag{8.7.2}$$

Prämienzahlungsströme, die dem Äquivalenzprinzip genügen, wobei als Gegenleistung des VR ausschließlich die direkten Versicherungsleistungen (ohne Kosten) eingehen, bezeichnet man auch als *Nettoprämienzahlungen*.

Finanziert der VN die Versicherungsleistung LA durch eine Nettoeinmalprämienzahlung zu Vertragsbeginn, so hat er nach dem Äquivalenzprinzip den erwarteten Leistungsbarwert $E(LB_{(p)})$ zu entrichten, der in den Kapiteln 5, 6 und 7 für zahlreiche Leistungsformen angegeben ist. Solche Einmalprämienzahlungen sind insbesondere bei Leibrentenversicherungen ohne Aufschubzeit üblich und sinnvoll. Als Nächstes wollen wir, beginnend mit der Situation der Versicherung eines unter einem einzigen Risiko stehenden Lebens, Äquivalenzprämien für den Fall konstanter periodisch vorschüssig zahlbarer Prämien angeben, die temporär oder unbefristet fällig sind, bis die Police den Ausgangszustand (zum Beispiel „lebend") verläßt. Wir setzen dazu stets zusammengesetzte Verzinsung voraus und bezeichnen den Diskontierungsfaktor mit v.

Als generisches Symbol für Prämienhöhen verwenden wir $\mathcal{P}$ (um Verwechslungen mit dem zugrunde liegenden Wahrscheinlichkeitsmaß P zu vermeiden) oder aber P – wenn die Prämienhöhe nach dem Äquivalenzprinzip kalkuliert ist und das Symbol nach den in Abschnitt 1 C geschilderten Bezeichungsgrundsätzen der internationalen versicherungsmathematischen Notation mit rechten und linken Unter- und Oberindices versehen wird. Beispielsweise bedeuten ${}_nP_x$ die Höhe einer konstanten, jährlich vorschüssig während der gesamten Vertragslaufzeit zahlbaren Prämie für eine n-jährige Todesfallversicherung für (x) mit Versicherungssumme 1 fällig am Ende des Todesjahres und $P_{x:\overline{n}|}$ die Höhe einer konstanten, jährlich vorschüssig während der gesamten Vertragslaufzeit zahlbaren Prämie für eine n-jährige Gemischte Kapitalversicherung für (x) mit Versicherungssumme 1 fällig am Ende des Todesjahres oder bei Erleben des Ablaufs. Diese Notation ist natürlich nicht immer eindeutig, zum Beispiel da auch andere Versicherungsformen mit Eintrittsalter x und Laufzeit n existieren, oder auch, da sich die ergänzenden Unter- und Oberindices sowohl auf die Versicherungsleistungsfunktion als auch auf den Prämienzahlungsmodus beziehen können. Bei Präzisierungsbedarf kann man in Anlehnung an die Schreibweise von Wolff (1970), Abschnitt 5.6, Bezeichnungen der Form $P(*)$ verwenden, wobei $(*)$ das Symbol für den jeweiligen erwarteten Leistungsbarwert bedeutet. Dies führt beispielsweise zu

$$_nP_x = P(_nA_x) \quad \text{und} \quad P_{x:\overline{n}|} = P(A_{x:\overline{n}|}).$$

8.8 Beispiele. Seien nun B_x der Barwert einer Lebensversicherungsleistung für (x) und $n \in \{1, \dots, \omega_x - x\}$ die Vertragslaufzeit; vereinbart sei eine jährlich vorschüssig zahlbare Erlebensfallprämie der Dauer $m \in \{1, \dots, n\}$ mit konstanter Jahreshöhe $\mathcal{P}$. Dann geht die Äquivalenzgleichung (8.7.2) über in

$$E(B_x) = \mathcal{P} \cdot \ddot{a}_{x:\overline{m}|}. \tag{8.8.1}$$

Ist B_x unabhängig von der Prämienhöhe $\mathcal{P}$ (eine Annahme, die zum Beispiel für Versicherungen mit Prämienrückgewähr verletzt ist), so erhält man aus (8.8.1) und (7.3.2) als Bestimmungsgleichung für $\mathcal{P}$

$$\mathcal{P} = \frac{E(B_x)}{\ddot{a}_{x:\overline{m}|}} = E(B_x) \cdot \frac{D_x}{N_x - N_{x+m}}. \tag{8.8.2}$$

Den Beispielen 7.3 folgend, geben wir diese Prämienhöhe zunächst für einige Lebensversicherungen mit ausschließlich Erlebensfalleistungen an.

(a) n-jährige Erlebensfallversicherung mit Versicherungssumme 1 und Prämienzahlung während der gesamten Vertragslaufzeit:

$$P(_nE_x) = \frac{_nE_x}{\ddot{a}_{x:\overline{n}|}} = \frac{D_{x+n}}{N_x - N_{x+n}}. \tag{8.8.3}$$

(b) Jährlich vorschüssig zahlbare, um $m \leq n$ Jahre aufgeschobene temporäre Leibrente der Dauer $n-m$ mit Jahresbetrag 1 und Prämienzahlung während der Aufschubzeit:

$$P(_{m|n-m}\ddot{a}_x) = \frac{_{m|n-m}\ddot{a}_x}{\ddot{a}_{x:\overline{m}|}} = \frac{N_{x+m} - N_{x+n}}{N_x - N_{x+m}}. \tag{8.8.4}$$

(c) Jährlich vorschüssig zahlbare, um $m < \omega_x - x$ Jahre aufgeschobene lebenslängliche Leibrente mit Jahresbetrag 1 und Prämienzahlung während der Aufschubzeit:

$$P(_{m|}\ddot{a}_x) = \frac{_{m|}\ddot{a}_x}{\ddot{a}_{x:\overline{m}|}} = \frac{N_{x+m}}{N_x - N_{x+m}}. \tag{8.8.5}$$

(d) Versicherung auf festen Termin mit Versicherungsdauer n, Versicherungssumme 1 und Prämienzahlung während der gesamten Vertragslaufzeit:

$$P(v^n) = \frac{v^n}{\ddot{a}_{x:\overline{n}|}} = v^n \frac{D_x}{N_x - N_{x+n}}. \tag{8.8.6}$$

Nun betrachten wir in Anlehnung an die Beispiele 7.4 Versicherungen, die auch Todesfalleistungen enthalten.

(e) n-jährige temporäre Todesfallversicherung mit Versicherungssumme 1 und Prämienzahlung während der gesamten Vertragslaufzeit:

$$_nP_x = \frac{_nA_x}{\ddot{a}_{x:\overline{n}|}} = \frac{M_x - M_{x+n}}{N_x - N_{x+n}} \,. \tag{8.8.7}$$

(f) n-jährige Gemischte Kapitalversicherung mit Versicherungssumme 1 und Prämienzahlung während der gesamten Vertragslaufzeit:

$$P_{x:\overline{n}|} = \frac{A_{x:\overline{n}|}}{\ddot{a}_{x:\overline{n}|}} = \frac{M_x - M_{x+n} + D_{x+n}}{N_x - N_{x+n}} = \frac{1}{\ddot{a}_{x:\overline{n}|}} - d = \frac{D_x}{N_x - N_{x+n}} - d \,. \tag{8.8.8}$$

Soll die Zahlung der Erlebensfallprämie k-tel-jährlich vorschüssig über die Dauer m und mit konstanter Jahreshöhe $\mathcal{P}$ erfolgen, so erhält man an Stelle von (8.8.2) als Bestimmungsgleichung für $\mathcal{P}$

$$\mathcal{P} = \frac{E(B_x)}{\ddot{a}^{(k)}_{x:\overline{m}|}} \,, \tag{8.8.9}$$

wobei $\ddot{a}^{(k)}_{x:\overline{m}|}$ aus (5.16.3) bzw. der Näherungsformel (5.16.4) in Verbindung mit (7.3.2) zu bestimmen ist (siehe Aufgabe 6).

8.9 Beispiele. Wir gehen aus von der Situation des Abschnittes 7 B. B_{xy} bezeichne den Barwert einer Lebensversicherungsleistung für (x) und (y) und n die Vertragslaufzeit. Vereinbart sei eine über $m \in \{1, \ldots, n\}$ Jahre jährlich vorschüssig zahlbare Äquivalenzprämie mit konstanter Jahreshöhe $\mathcal{P}$, die längstens bis zum ersten Tod gezahlt wird. Ist B_{xy} unabhängig von der Prämienhöhe $\mathcal{P}$, so erhält man aus (8.7.2) und (7.8.3) als Bestimmungsgleichung für $\mathcal{P}$

$$\mathcal{P} = \frac{E(B_{xy})}{\ddot{a}_{xy:\overline{m}|}} = E(B_{xy}) \cdot \frac{D_{xy}}{N_{xy} - N_{x+m:y+m}} \,. \tag{8.9.1}$$

Den Beispielen 7.8 folgend, geben wir diese Prämienhöhe zunächst für einige Versicherungen auf zwei Leben mit ausschließlich Erlebensfalleistungen an.

(a) n-jährige gemeinsame Erlebensfallversicherung mit Versicherungssumme 1 und Prämienzahlung während der gesamten Vertragslaufzeit:

$$P(_nE_{xy}) = \frac{_nE_{xy}}{\ddot{a}_{xy:\overline{n}|}} = \frac{D_{x+n:y+n}}{N_{xy} - N_{x+n:y+n}} \,. \tag{8.9.2}$$

(b) Jährlich vorschüssig zahlbare, um $m \leq n$ Jahre aufgeschobene temporäre Verbindungsrente der Dauer $n - m$ mit Jahresbetrag 1 und Prämienzahlung während der Aufschubzeit:

$$P(_{m|n-m}\ddot{a}_{xy}) = \frac{_{m|n-m}\ddot{a}_{xy}}{\ddot{a}_{xy:\overline{m}|}} = \frac{N_{x+m:y+m} - N_{x+n:y+n}}{N_{xy} - N_{x+m:y+m}} \,. \tag{8.9.3}$$

(c) Jährlich vorschüssig zahlbare, um m Jahre aufgeschobene lebenslängliche Verbindungsrente mit Jahresbetrag 1 und Prämienzahlung während der Aufschubzeit:

$$P({}_{m|}\ddot{a}_{xy}) = \frac{{}_{m|}\ddot{a}_{xy}}{\ddot{a}_{xy:\overline{m}|}} = \frac{N_{x+m:y+m}}{N_{xy} - N_{x+m:y+m}} . \tag{8.9.4}$$

Nun betrachten wir in Anlehnung an die Beispiele 7.9 Lebensversicherungen für (x) und (y), die auch Todesfalleistungen enthalten.

(d) n-jährige Todesfallversicherung auf den ersten Tod mit Versicherungssumme 1 und Prämienzahlung während der gesamten Vertragslaufzeit, d. h. längstens bis zum ersten Tod:

$$P({}_nA_{xy}) = \frac{{}_nA_{xy}}{\ddot{a}_{xy:\overline{n}|}} = \frac{M_{xy} - M_{x+n:y+n}}{N_{xy} - N_{x+n:y+n}} . \tag{8.9.5}$$

(e) n-jährige Gemischte Kapitalversicherung auf verbundene Leben mit Versicherungssumme 1 und Prämienzahlung während der gesamten Vertragslaufzeit:

$$\begin{aligned} P_{xy:\overline{n}|} &= \frac{A_{xy:\overline{n}|}}{\ddot{a}_{xy:\overline{n}|}} = \frac{M_{xy} - M_{x+n:y+n} + D_{x+n:y+n}}{N_{xy} - N_{x+n:y+n}} \\ &= \frac{1}{\ddot{a}_{xy:\overline{n}|}} - d = \frac{D_{xy}}{N_{xy} - N_{x+n:y+n}} - d . \end{aligned} \tag{8.9.6}$$

Weitere Beispiele finden sich in Aufgabe 8. Soll die Prämie k-tel-jährlich vorschüssig über m Jahre und mit konstanter Jahreshöhe $\mathcal{P}$ gezahlt werden, so erhält man an Stelle von (8.9.1) als Bestimmungsgleichung für $\mathcal{P}$

$$\mathcal{P} = \frac{E(B_{xy})}{\ddot{a}^{(k)}_{xy:\overline{m}|}} , \tag{8.9.7}$$

wobei $\ddot{a}^{(k)}_{xy:\overline{m}|}$ in der Praxis aus

$$\begin{aligned} \ddot{a}^{(k)}_{xy:\overline{m}|} =& \Big(1 + \frac{k^2-1}{12k^2} i^2\Big) \ddot{a}_{xy:\overline{m}|} \\ & - \Big(\frac{k-1}{2k} + \frac{k^2-1}{6k^2} i\big(1 - \frac{i}{4}\big)\Big) \big(1 - {}_mE_{xy}\big) + o(i^2) \end{aligned} \tag{5.16.4'}$$

bestimmt wird. (Dabei vergleiche man aber die Ausführungen im Anschluß an Beispiel 7.8.)

8.10 Beispiel. Wir betrachten nun eine n-jährige Gemischte Kapitalversicherung mit Versicherungssumme 1, fällig bei Erleben des Ablaufs oder am Ende des Todesjahres bei Tod innerhalb der Vertragslaufzeit, sowie mit Verdopplung der Todesfalleistung, falls der Tod durch Unfall eintritt, und gehen davon aus, daß jährlich vorschüssig während der gesamten Vertragslaufzeit eine Erlebensfallprämie mit konstantem Jahresbetrag $\mathcal{P}$

gezahlt wird. Aus (5.68.1), (7.14.1), (7.3.2) und dem Äquivalenzprinzip folgt

$$\begin{aligned} \mathcal{P} &= \frac{\sum_{k=0}^{n-1} v^{k+1} \prod_{i=0}^{k-1}(1-q_{x+i})(q_{x+k}+q^{(1)}_{x+k}) + v^n \prod_{i=0}^{n-1}(1-q_{x+i})}{\ddot{a}_{x:\overline{n}|}} \\ &= \frac{2\,(M^{(1)}_x - M^{(1)}_{x+n}) + M^{(2)}_x - M^{(2)}_{x+n} + D_{x+n}}{N_x - N_{x+n}} \,. \end{aligned} \tag{8.10.1}$$

8.11 Beispiele. Als Nächstes geben wir einige Äquivalenzprämienhöhen bei laufender Prämienzahlung in der Pensionsversicherung an. Vereinbart sei dabei stets eine jährlich vorschüssig zahlbare Aktivenprämie mit konstantem Jahresbetrag. Wir beginnen mit der Berechnung von Prämien für Rentenanwartschaften bei Leistungen an einen aktiven Hauptversicherten (x) und legen zunächst das vereinfachte Modell der Pensionsversicherung ohne Hinterbliebenenversorgung des Beispiels 6.26 zugrunde.

(a) Anwartschaft auf eine jährlich vorschüssig zahlbare Altersrente vom Jahresbetrag 1:

$$P(\ddot{a}^{aA}_x) = \frac{\ddot{a}^{aA}_x}{\ddot{a}^{aa}_{x:\overline{z-x}|}} = \frac{D^a_z}{D^A_z} \cdot \frac{N^A_z}{N^a_{x:\overline{z-x}|}} \tag{8.11.1}$$

((7.16.2) und (7.16.4)).

(b) Anwartschaft auf eine jährlich vorschüssig zahlbare Invalidenrente vom Jahresbetrag 1 mit entsprechender lebenslänglicher Altersrente ab Erreichen der Altersgrenze als Invalider:

$$P(\ddot{a}^{ai}_x) = \frac{\ddot{a}^{ai}_x}{\ddot{a}^{aa}_{x:\overline{z-x}|}} \approx \frac{N^{ai}_x}{N^a_{x:\overline{z-x}|}} \tag{8.11.2}$$

((7.16.2) und (7.16.5)).

(c) Anwartschaft auf eine jährlich vorschüssig zahlbare Invalidenrente vom Jahresbetrag 1 mit entsprechender lebenslänglicher Altersrente ab Erreichen der Altersgrenze:

$$P(\ddot{a}^{aiA}_x) = \frac{\ddot{a}^{aiA}_x}{\ddot{a}^{aa}_{x:\overline{z-x}|}} \approx \frac{N^{aiA}_x}{N^a_{x:\overline{z-x}|}} \tag{8.11.3}$$

((7.16.2) und (7.16.7)). Eine exakte Formel für $P(\ddot{a}^{aiA}_x)$ an Stelle der Näherungsformel (8.11.3) findet sich in Aufgabe 10.16 (b). Eine Verallgemeinerung von (8.11.2) und (8.11.3) auf unterjährliche Zahlungsweise für die Altersrente erhält man unmittelbar aus Aufgabe 7.19.

In Anlehnung an Neuburger (1997), Abschnitt 3.2, wären in (8.11.1) – (8.11.3) die Bezeichnungen P^{aA}_x, P^{ai}_x und P^{aiA}_x zu verwenden; hebt man mit der Bezeichnung auf die Prämienzahlungen an Stelle der Versicherungsleistungen ab, so erscheint in allen drei Fällen dieselbe Bezeichnung $P^{aa}_{x:\overline{z-x}|}$ (wie in Aufgabe 10.16) angebracht – eine Situation, die den kreativen Aktuar mit einer gewissen Gestaltungsfreiheit hinsichtlich der Notation ausstattet. Im folgenden betrachten wir laufende konstante Aktivenprämien für Witwenrentenanwartschaften eines Aktiven (x) nach der Individualmethode und nach der vereinfachten Kollektivmethode.

(d) Anwartschaft auf eine lebenslänglich k-tel-jährlich vorschüssig zahlbare Witwenrente mit Jahresbetrag 1 für (y) nach Tod von (x) als Altersrentner:

$$P(\ddot{a}_{x|y}^{aAw(k)}) = \frac{\ddot{a}_{x|y}^{aAw(k)}}{\ddot{a}_{x:\overline{z-x}|}^{aa}} = \frac{D_z^a}{N_{x:\overline{z-x}|}^a} \cdot \frac{\ell_{y+z-x}}{\ell_y}\, \ddot{a}_{z|y+z-x}^{A(k)} \tag{8.11.4}$$

((7.16.2) und (7.17.1)).

(e) Anwartschaft auf eine lebenslänglich k-tel-jährlich vorschüssig zahlbare Witwenrente mit Jahresbetrag 1 für (y) nach Tod von (x) als Aktiver:

$$P(\ddot{a}_{x|y}^{aaw(k)}) = \frac{\ddot{a}_{x|y}^{aaw(k)}}{\ddot{a}_{x:\overline{z-x}|}^{aa}} \approx \frac{N_{x|y}^{aaw(k)}}{\ell_y\, N_{x:\overline{z-x}|}^a} \tag{8.11.5}$$

((7.16.2) und (7.17.4)).

(f) Anwartschaft auf eine lebenslänglich k-tel-jährlich vorschüssig zahlbare Witwenrente mit Jahresbetrag 1 für (y) nach Tod von (x) als Invalider:

$$P(\ddot{a}_{x|y}^{aiw(k)}) = \frac{\ddot{a}_{x|y}^{aiw(k)}}{\ddot{a}_{x:\overline{z-x}|}^{aa}} \approx \frac{N_{x|y}^{aiw(k)}}{\ell_y\, N_{x:\overline{z-x}|}^a} \tag{8.11.6}$$

((7.16.2) und (7.17.7)).

(g) Anwartschaft auf eine lebenslänglich k-tel-jährlich vorschüssig zahlbare Witwenrente mit Jahresbetrag 1 für (y):

$$P(\ddot{a}_{x|y}^{aw(k)}) = \frac{\ddot{a}_{x|y}^{aw(k)}}{\ddot{a}_{x:\overline{z-x}|}^{aa}} = \frac{N_{x|y}^{aw(k)}}{\ell_y\, N_{x:\overline{z-x}|}^a} \tag{8.11.7}$$

((7.16.2) und (7.17.9)).

(h) Anwartschaft auf eine lebenslänglich k-tel-jährlich vorschüssig zahlbare Witwenrente mit Jahresbetrag 1 nach Tod von (x) als Altersrentner (berechnet nach der vereinfachten Kollektivmethode):

$$P(\ddot{a}_x^{aAw(k)}) = \frac{\ddot{a}_x^{aAw(k)}}{\ddot{a}_{x:\overline{z-x}|}^{aa}} = \frac{D_z^a}{N_{x:\overline{z-x}|}^a}\, \ddot{a}_x^{Aw(k)} \tag{8.11.8}$$

((7.16.2) und (6.29.6)).

(i) Anwartschaft auf eine lebenslänglich k-tel-jährlich vorschüssig zahlbare Witwenrente vom Jahresbetrag 1 nach Tod von (x) als Aktiver (berechnet nach der vereinfachten Kollektivmethode):

$$P(\ddot{a}_x^{aaw(k)}) = \frac{\ddot{a}_x^{aaw(k)}}{\ddot{a}_{x:\overline{z-x}|}^{aa}} \approx \frac{N_x^{aaw(k)}}{N_{x:\overline{z-x}|}^a} \tag{8.11.9}$$

((7.16.2) und (7.18.4)).

(j) Anwartschaft auf eine lebenslänglich k-tel-jährlich vorschüssig zahlbare Witwenrente vom Jahresbetrag 1 nach Tod von (x) als Invalider (berechnet nach der vereinfachten Kollektivmethode):

$$P(\ddot{a}_x^{aiw(k)}) = \frac{\ddot{a}_x^{aiw(k)}}{\ddot{a}^{aa}_{x:\overline{z-x}|}} \approx \frac{N_x^{aiw(k)}}{N^a_{x:\overline{z-x}|}} \tag{8.11.10}$$

((7.16.2) und (7.18.7)).

(k) Anwartschaft auf eine lebenslänglich k-tel-jährlich vorschüssig zahlbare Witwenrente mit Jahresbetrag 1 (berechnet nach der vereinfachten Kollektivmethode):

$$P(\ddot{a}_x^{aw(k)}) = \frac{\ddot{a}_x^{aw(k)}}{\ddot{a}^{aa}_{x:\overline{z-x}|}} \approx \frac{N_x^{aw(k)}}{N^a_{x:\overline{z-x}|}} \tag{8.11.11}$$

((7.16.2) und (7.18.12)).

Der Vollständigkeit halber sei auch hier darauf hingewiesen, daß an Stelle der in (8.11.8) – (8.11.11) für die Prämien verwendeten Symbole auch die Bezeichnungen ${}^{(k)}P_x^{aAw}$, ${}^{(k)}P_x^{aaw}$, ${}^{(k)}P_x^{aiw}$ und ${}^{(k)}P_x^{aw}$ in Gebrauch sind (Neuburger (1997), Abschnitt 3.2).

8.12 Bemerkung. Bei aufgeschobenen Leibrenten gegen Prämienzahlung innerhalb der Aufschubzeit trägt der VN das Risiko des Verlustes bei vorzeitigem Tod. Zur Verringerung dieses Risikos bieten sich zum Beispiel die folgenden beiden Möglichkeiten – einzeln oder geeignet kombiniert – an:

- die zusätzliche Vereinbarung von Todesfalleistungen,
- die Festlegung einer Rentengarantiezeit (siehe Aufgabe 5.28).

Eine in der Praxis häufig anzutreffende Variante der ersten Möglichkeit ist die Vereinbarung einer *Prämienrückgewähr* derart, daß der VN bei Tod als unmittelbar fällige Todesfalleistung die positive Differenz aus bis ausschließlich zum Todeszeitpunkt gezahlten Prämien und erhaltenen Leistungen erhält. In einem solchen Fall wird die Berechnung von Äquivalenzprämien dadurch erschwert, daß sowohl die rechte als auch die linke Seite der Äquivalenzgleichung (8.7.2) von den Prämienzahlungen abhängen.

Seien $x > 0$ und $T_x > 0$ die zukünftige Lebensdauer von (x). Zur Illustration gehen wir von folgenden Annahmen über die natürliche Versicherungszahlungsfunktion (8.4.3) aus:

- Es existiert eine Aufschubzeit $m > 0$, die Prämienzahlungen und Erlebensfalleistungen zeitlich trennt, d. h. der Prämienzahlungsstrom ist von der Form

$$\Pi_0 \colon s \longmapsto \Pi_0(m)\,\mathrm{Mod}_0(s)\,,$$

wobei der Zahlungsmodus Mod_0 der Erlebensfallprämie

$$\mathrm{Mod}_0(m-0) = \mathrm{Mod}_0(\infty) = 1$$

erfüllt, und für den Erlebensfalleistungsstrom gilt

$$\Lambda_0(m-0) = 0\,.$$

- Für die Todesfallsumme gilt

$$D(s) = \begin{cases} \Pi_0(m)\,\mathrm{Mod}_0(s-0)\,, & s \le m \\ \big(\Pi_0(m) - \Lambda_0(s-0)\big)^+\,, & s > m\,, \end{cases}$$

  und für deren Fälligkeitszeit $DT = \mathrm{Id}$.

Weiterhin setzen wir zusammengesetzte Verzinsung mit Diskontierungsfaktor $v \in (0, 1)$ voraus und nehmen an, daß

$$\int_{[0,\infty)} v^\tau\, \Lambda_0(d\tau) < \infty\,.$$

Dann geht die Äquivalenzgleichung (8.7.2) über in

$$E\big(D(T_x)\, v^{T_x}\big) + E\Big(\int_{[m,T_x)} v^\tau\, \Lambda_0(d\tau)\Big) = \Pi_0(m)\, E\Big(\int_{[0,T_x\wedge m)} v^\tau\, \mathrm{Mod}_0(d\tau)\Big)\,,$$

wobei wegen der Beschränktheit der Integranden alle Erwartungswerte endlich sind. Weiteres Einsetzen liefert

$$\begin{aligned} \Pi_0(m) &\int_{[0,m]} \mathrm{Mod}_0(s-0)\, v^s\, \mathcal{L}(T_x|P)\,(ds) \\ &+ \int_{(m,\Lambda_0^{-1}(\Pi_0(m))]} \big(\Pi_0(m) - \Lambda_0(s-0)\big)\, v^s\, \mathcal{L}(T_x|P)\,(ds) \\ &+ \int_{[0,\infty)} \int_{[m,s)} v^\tau\, \Lambda_0(d\tau)\, \mathcal{L}(T_x|P)\,(ds) \\ &- \Pi_0(m) \int_{[0,\infty)} \int_{[0,s\wedge m)} v^\tau\, \mathrm{Mod}_0(d\tau)\, \mathcal{L}(T_x|P)\,(ds) = 0\,. \end{aligned} \tag{8.12.1}$$

Man überlegt sich leicht, daß die linke Seite von (8.12.1) eine stetige und strikt monoton fallende Funktion der Gesamtprämie $\Pi_0(m)$ ist, die für $\Pi_0(m) = 0$ den Wert $\int_{[0,\infty)} \int_{[m,s)} v^\tau\, \Lambda_0(d\tau)\, \mathcal{L}(T_x|P)\,(ds) \ge 0$ hat und bei $\Pi_0(m) \to \infty$ gegen $-\infty$ strebt. Falls also überhaupt mit positiver Wahrscheinlichkeit eine Erlebensfalleistung fällig wird $\big(P(T_x > \Lambda_0^{-1}(0)) > 0\big)$, besitzt die Äquivalenzgleichung (8.12.1) eine eindeutige Lösung, die zum Beispiel mittels des Bisektionsverfahrens näherungsweise ermittelt werden kann.

8.13 Beispiel. Als Spezialfall von Bemerkung 8.12 betrachten wir nun eine um $m \in \mathbb{N}$ Jahre aufgeschobene, lebenslänglich jährlich vorschüssig zahlbare Leibrente für (x) mit Jahresbetrag 1 bei jährlich vorschüssig während der Aufschubzeit zahlbaren Prämien konstanter Jahreshöhe $\mathcal{P}$ und mit unmittelbar bei Tod fälliger Prämienrückgewähr. Wir setzen zusätzlich die Stationaritätsbedingung (3.6.1) voraus und nehmen wie üblich an, daß $K_x = [T_x - 0]$ und $R_x = T_x - K_x$ stochastisch unabhängig sind und R_x gleichverteilt auf (0, 1] ist. Offenbar liegt dann die Situation von Bemerkung 8.12 vor mit

$$\begin{aligned} \mathrm{Mod}_0 &= \frac{1}{m}\sum_{\ell=0}^{m-1} 1_{[\ell,\infty)}\,, \qquad \Pi_0(m) = m\,\mathcal{P}\,, \\ \Lambda_0 &= \sum_{\ell=m}^{\infty} 1_{[\ell,\infty)}\,, \qquad \Lambda_0^{-1}\big(\Pi_0(m)\big) = [m\,\mathcal{P}] + m - 1 =: n\,. \end{aligned} \tag{8.13.1}$$

Unser Ziel ist die Berechnung der Äquivalenzprämie $\mathcal{P} = {}^R P({}_{m|}\ddot{a}_x)$. (Dabei kennzeichnet der linke Oberindex R, daß Prämienrückgewähr vereinbart wurde.) Wir berechnen zunächst die einzelnen Terme aus (8.12.1). Dazu bezeichnen wir für $h \in \mathbb{N}_0, k \in \mathbb{N}_0$ und $\ell \in \{h+k, h+k+1, \ldots\}$ mit ${}_{h|}(I_{\overline{k|}\,|\ell-h}\overline{A})_x$ den erwarteten Barwert einer um h Jahre aufgeschobenen Todesfallversicherung der (Gesamt-)Dauer ℓ mit Versicherungssumme 1 im ersten Jahr (also im Zeitintervall $(h, h+1]$), die $k-1$ Jahre jeweils zu Beginn eines Jahres um 1 wächst und unmittelbar bei Tod fällig ist; wie üblich schreiben wir $(I_{\overline{k|}\,|\ell}\overline{A})_x$, falls $h = 0$, und ${}_{h|\ell-h}\overline{A}_x$, falls $k = 0$. Nach (5.22.1) und (8.13.1) ist

$$\begin{aligned} \Pi_0(m)\Big(\int_{[0,m]} \mathrm{Mod}_0(s-0)\, v^s\, \mathcal{L}(T_x|P)\,(ds) \\ + \int_{(m,\Lambda_0^{-1}(\Pi_0(m)))]} v^s\, \mathcal{L}(T_x|P)\,(ds)\Big) = \mathcal{P}\cdot (I_{\overline{m|}\,|n}\overline{A})_x\,, \end{aligned} \tag{8.13.2}$$

sowie

$$\int_{(m,\Lambda_0^{-1}(\Pi_0(m)))]} \Lambda_0(s-0)\, v^s\, \mathcal{L}(T_x|P)\,(ds) = {}_{m|}(I_{\overline{n-m|}\,|n-m}\overline{A})_x\,, \tag{8.13.3}$$

wobei nach (5.22.3), (5.22.4) und (3.41.1)

$$\begin{aligned} \int_{[0,m]} \mathrm{Mod}_0(s-0)\, v^s\, \mathcal{L}(T_x|P)\,(ds) &= \frac{1}{m}\sum_{\ell=0}^{m-1} (\ell+1)\, {}_\ell p_x\, q_{x+\ell}\, v^\ell \int_0^1 v^r\, dr \\ &= \frac{1}{m\delta}\sum_{\ell=0}^{m-1} (\ell+1)\, {}_\ell p_x\, q_{x+\ell}\, (v^\ell - v^{\ell+1})\,, \end{aligned}$$

$$\int\limits_{(m,\Lambda_0^{-1}(\Pi_0(m))]} v^s\, \mathcal{L}(T_x|P)\,(ds) = \sum_{\ell=m}^{n-1} {}_{\ell}p_x\, q_{x+\ell}\, v^{\ell} \int\limits_0^1 v^r\, dr$$

$$= \frac{1}{\delta} \sum_{\ell=m}^{n-1} {}_{\ell}p_x\, q_{x+\ell}\, (v^{\ell} - v^{\ell+1}),$$

sowie

$$\int\limits_{(m,\Lambda_0^{-1}(\Pi_0(m))]} \Lambda_0(s-0)\, v^s\, \mathcal{L}(T_x \mid P)\,(ds) = \sum_{\ell=m}^{n-1} (\ell+1-m)\, {}_{\ell}p_x\, q_{x+\ell}\, v^{\ell} \int\limits_0^1 v^r\, dr$$

$$= \frac{1}{\delta} \sum_{\ell=m}^{n-1} (\ell+1-m)\, {}_{\ell}p_x\, q_{x+\ell}\, (v^{\ell} - v^{\ell+1}).$$

Weiterhin gelten nach (5.22.2) und (8.13.1)

$$\int\limits_{[0,\infty)} \int\limits_{[m,s)} v^{\tau}\, \Lambda_0(d\tau)\, \mathcal{L}(T_x|P)\,(ds) = {}_{m|}\ddot{a}_x \tag{8.13.4}$$

und

$$\Pi_0(m) \int\limits_{[0,\infty)} \int\limits_{[0,s\wedge m)} v^{\tau}\, \mathrm{Mod}_0(d\tau)\, \mathcal{L}(T_x|P)\,(ds) = \mathcal{P}\, \ddot{a}_{x:\overline{m}|}. \tag{8.13.5}$$

Einsetzen von (8.13.2)–(8.13.5) in (8.12.1) liefert als Bestimmungsgleichung für die Äquivalenzprämie ${}^{R}P({}_{m|}\ddot{a}_x)$

$${}^{R}P({}_{m|}\ddot{a}_x) = \frac{{}_{m|}(I_{\overline{n-m}|}\, {}_{|n-m}\overline{A})_x - {}_{m|}\ddot{a}_x}{(I_{\overline{m}|}\, {}_{|n}\overline{A})_x - \ddot{a}_{x:\overline{m}|}}. \tag{8.13.6}$$

Da die rechte Seite von (8.13.6) über n von $\mathcal{P}$ abhängt, ist dies eine Fixpunktgleichung für die Äquivalenzprämie, die iterativ gelöst werden muß.

Als Abschluß dieses Abschnittes gehen wir nochmals auf das Problem impliziter Sicherheitszuschläge durch vorsichtige Wahl der Rechnungsgrundlagen für die Verzinsung und das biometrische Risiko, sogenannter Rechnungsgrundlagen erster Ordnung, ein. Wir beschränken uns dabei auf die Situation eines unter einem einfachen Risiko stehenden Lebens. In der deutschsprachigen Literatur zur Personenversicherungsmathematik und auch in den aufsichtsrechtlichen Bestimmungen wird weitgehend akzeptiert, daß vorsichtige Wahl des Rechnungszinses bei zusammengesetzter Verzinsung bedeutet, diesen niedriger als den tatsächlich erzielbaren Zins anzusetzen. Ein solcher Ansatz für den Rechnungszins führt natürlich zu einer schwächeren Abzinsung der (vom Vertragsbeginn aus betrachtet) in der Zukunft liegenden Versicherungsleistungen und damit zu einem höheren Leistungsbarwert. Einmalprämienzahlungen zu Vertragsbeginn fallen also dadurch höher aus. Da insbesondere aber auch Leibrentenbarwerte durch einen zu niedrigen Ansatz für den Rechnungszins erhöht werden, ist der Effekt eines solchen Ansatzes auf laufende, nach dem Äquivalenzprinzip berechnete Prämienzahlungen nicht a priori klar. In einem ohne den Deckungskapitalbegriff nicht präzisierbaren Sinne sind jedoch fast alle Personenversicherungsprodukte so konstruiert, daß der VN zunächst in Vorleistung geht. (Mathematisch bedeutet dies, daß das in den Definitionen 9.3 und 10.3 eingeführte prospektive Deckungskapital nichtnegativ ist; siehe dazu auch die Ausführungen vor Folgerung 10.31 und in Aufgabe 10.22.) Dies hat, intuitiv gesprochen, zur Folge, daß die Abzinsung bei der Berechnung von erwarteten Leistungsbarwerten „länger wirkt“ als bei der Berechnung von Prämienbarwerten, was dann in der Tat zu höheren Prämien durch einen niedrigeren Ansatz für den Rechnungszins führt.

Hinsichtlich der Rechnungsgrundlagen für die Sterblichkeit greifen wir die Ausführungen aus Abschnitt 5 B zum Charakter von Versicherungsleistungen wieder auf und erweitern Definition 5.31 so, daß die Prämienzahlungsweise Berücksichtigung findet.

8.14 Definition.

(a) Seien $(q_{ix})_{x\in\mathbb{N}_0}$ die einjährigen Sterbenswahrscheinlichkeiten zweier Sterbetafeln, $i = 1, 2$, mit $(q_{1x}) \leq_{\text{st}} (q_{2x})$, K eine Kapitalfunktion, LA eine Versicherungsleistungsfunktion in der Lebensversicherung und Mod_0 ein Prämienzahlungsmodus in der Lebensversicherung. Die Versicherungsform (LA, Mod_0) hat *Todesfallcharakter* (*Erlebensfallcharakter*) *bezüglich K sowie (q_{1x}) und (q_{2x})*, falls für alle $x \in \mathbb{N}_0$ und für jedes Paar zukünftiger Lebensdauern $T_{ix} = K_{ix} + R_{ix}$, $K_{ix} := [T_{ix} - 0]$, $(i = 1, 2)$ mit
- $P(K_{ix} = k) = \prod_{\ell=0}^{k-1}(1 - q_{i,x+\ell})\, q_{i,x+k}$, $k \in \mathbb{N}_0$, $i = 1, 2$,
- K_{ix} und R_{ix} sind stochastisch unabhängig, $i = 1, 2$,
- $\mathcal{L}(R_{1x}|P) = \mathcal{L}(R_{2x}|P)$

die zugehörigen Gesamtprämien Π_{ix}, die sich nach dem Äquivalenzprinzip mit den Lebensdauern T_{ix} ergeben, $i = 1, 2$, die Ungleichung

$$\Pi_{2x} \leq \Pi_{1x} \qquad (\Pi_{2x} \geq \Pi_{1x})$$

erfüllen.

(b) Eine Lebensversicherungsform (LA, Mod_0) hat *Todesfallcharakter* (*Erlebensfallcharakter*) *bezüglich einer Kapitalfunktion*, wenn die Bedingung aus (a) für jedes Paar durch Majorisierung geordneter Sterbetafeln gilt.

Offenbar besitzt eine Versicherungsleistungsfunktion in der Lebensversicherung genau dann Todesfallcharakter (Erlebensfallcharakter) bezüglich einer Kapitalfunktion im Sinne von Definition 5.31, wenn sie zusammen mit der Einmalprämienzahlung zu Vertragsbeginn eine Versicherungsform mit Todesfallcharakter (Erlebensfallcharakter) bezüglich dieser Kapitalfunktion im Sinne von Definition 8.14 bildet.

8.15 Hilfssatz. *Seien LA eine Versicherungsleistungsfunktion bei einem unter einfachem Risiko stehenden Leben, K eine Kapitalfunktion und $(q_{ix})_{x\in\mathbb{N}_0}$ die einjährigen*

Sterbenswahrscheinlichkeiten zweier Sterbetafeln, $i = 1, 2$, *mit* $(q_{1x}) \leq_{\text{st}} (q_{2x})$. *Hat* LA *Todesfallcharakter bezüglich* K *sowie* (q_{1x}) *und* (q_{2x}), *so hat für jeden Prämienzahlungsmodus* Mod_0 *auch die Versicherungsform* (LA, Mod_0) *Todesfallcharakter bezüglich* K *sowie* (q_{1x}) *und* (q_{2x}).

Beweis. Seien T_{ix} Lebensdauervariablen gemäß Definition 5.31 (b) oder Definition 8.14 (a), LB_{ix} die zugehörigen Leistungsbarwerte und Π_{ix} die zugehörigen Gesamtprämien nach dem Äquivalenzprinzip bei Zugrundelegung irgendeines Prämienzahlungsmodus Mod_0, $i = 1, 2$. Nach dem Äquivalenzprinzip gilt

$$E(LB_{ix}) = \Pi_{ix}\, E\Big(\int\limits_{[0,T_{ix})} \frac{1}{K(\tau)}\, \text{Mod}_0(d\tau)\Big), \qquad i = 1, 2,$$

aus $T_{1x} \leq_{\text{st}} T_{2x}$ (Hilfssatz 5.32) folgt

$$E\Big(\int\limits_{[0,T_{1x})} \frac{1}{K(\tau)}\, \text{Mod}_0(d\tau)\Big) \leq E\Big(\int\limits_{[0,T_{2x})} \frac{1}{K(\tau)}\, \text{Mod}_0(d\tau)\Big),$$

und nach Voraussetzung ist $E(LB_{2x}) \leq E(LB_{1x})$. Insgesamt erhalten wir

$$\Pi_{1x} = \frac{E(LB_{1x})}{E(\int_{[0,T_{1x})} \frac{1}{K(\tau)}\, \text{Mod}_0(d\tau))} \geq \frac{E(LB_{2x})}{E(\int_{[0,T_{2x})} \frac{1}{K(\tau)}\, \text{Mod}_0(d\tau))} = \Pi_{2x}\,. \qquad \square$$

Damit gelten die hinreichenden Bedingungen für das Vorliegen von Todesfallcharakter aus Hilfssatz 5.34 und den Folgerungen 5.35 und 5.37 auch für Versicherungsformen und nicht nur für Versicherungsleistungen, so daß beispielsweise die n-jährige Gemischte Kapitalversicherung aus Beispiel 5.14 (c) zusammen mit jedem Beitragszahlungsmodus als Versicherungsform Todesfallcharakter bezüglich jeder Kapitalfunktion besitzt (vergleiche Beispiel 5.38). Eine zu Hilfssatz 8.15 analoge Aussage für Versicherungsleistungen und -formen mit Erlebensfallcharakter gilt nicht (Aufgabe 12).

Es bleibt jedoch darauf hinzuweisen, daß die Frage, ob eine getroffene Wahl von Rechnungsgrundlagen erster Ordnung für die Verzinsung und die Sterblichkeit vorsichtig ist oder nicht, adäquat nur *für beide Rechnungsgrundlagen gemeinsam* beantwortet werden kann und daß sich die Antwort daran orientieren muß, ob die Rückstellungen, die der VR nach den gewählten Rechnungsgrundlagen erster Ordnung für seine zukünftigen vertraglichen Verpflichtungen bildet, tatsächlich ausreichen, diese Verpflichtungen zu bedienen. Eine solche Antwort kann mit Hilfe der Thieleschen Integralgleichungen für das prospektive Deckungskapital gegeben werden (Abschnitt 9 C).

Geht man wie bisher in diesem Abschnitt davon aus, daß das versicherte Kollektiv in Risikoklassen jeweils homogener Risiken eingeteilt ist und die Prämienkalkulation getrennt nach diesen individuellen Risikoklassen erfolgt, so bezeichnet man die erhaltenen Prämien als *Individualprämien*. Bei diesem Finanzierungsverfahren liegt *individuelle Äquivalenz* zwischen Prämien und Leistungen vor.

Verzichtet man dagegen auf die Bildung homogener Risikoklassen, wendet man also das Äquivalenzprinzip nicht mehr auf die einzelne Risikoklasse, sondern auf eine Gesamtheit aus unterschiedlichen Risikoklassen an, so spricht man von *kollektiver Äquivalenz*: Die Barwerte der Versicherungsleistungen müssen lediglich in ihrer Summe über alle Versicherten der Gesamtheit der Summe der Barwerte der Prämienzahlungen (gegebenenfalls zuzüglich eines vorhandenen Ausgangskapitals) entsprechen. Die Prämien können hierbei für alle Versicherten der Gesamtheit in absoluter oder in relativer Höhe zu einer definierten Bezugsgröße („Gehalt") identisch sein (*technische Durchschnittsprämie*); sie können aber auch nach beliebigen (zum Beispiel sozialpolitischen) Kriterien – unabhängig vom individuellen versicherungstechnischen Risiko – ausgestaltet sein. Es muß lediglich kollektive Äquivalenz für die Gesamtheit bestehen. Ein *Abschnittsdeckungsverfahren* ist dadurch gekennzeichnet, daß die Barwerte der Versicherungsleistungen und der Prämienzahlungen nur einen abgekürzten Zeitraum n (zum Beispiel $n = 10$ Jahre) einschließen. Ist $n = 1$ und liegt kein Ausgangskapital vor, spricht man von *Umlageverfahren*. Außerdem kann man bei der Betrachtung von Finanzierungsverfahren danach unterscheiden, ob das zugrunde gelegte Kollektiv eine geschlossene Gesamtheit, in die später keine neuen Risiken einbezogen werden, oder eine offene Gesamtheit ist, deren Neuzugänge bereits in die Prämienkalkulation mittels Prognoseverfahren einbezogen werden (vergleiche Wünsche (1964), Helbig (1987), Abschnitt 3.3 mit weiteren Literaturhinweisen sowie Rhiel (1991)).

Von Persson (1998, Abschnitt 3) wird für den Fall zufälliger Verzinsung eine Modifikation des individuellen Äquivalenzprinzips vorgeschlagen, das sogenannte risikoadjustierte Äquivalenzprinzip („risk-adjusted principle of equivalence"), welches eine Korrektur bezüglich des Finanzmarktrisikos enthält und in der Regel zu Prämien führt, die niedriger als diejenigen sind, die sich aus der formalen Übertragung des Äquivalenzprinzips bei deterministischem Zins auf stochastische Zinsmodelle ergeben.

C Zuschläge für erhöhte Risiken und Kostenzuschläge in der Lebensversicherung

In diesem Abschnitt beschränken wir uns auf die Situation eines unter einem einzigen Risiko stehenden Lebens und zusammengesetzter Verzinsung. Bei der Berechnung von erwarteten Barwerten von Lebensversicherungsleistungen und von Äquivalenzprämien haben wir bisher generell Rechnungsgrundlagen erster Ordnung zugrunde gelegt, wobei die Sterblichkeit mit Ausnahme der Verwendung von Selektionssterbetafeln nur als alters- und geschlechtsabhängig angesehen wurde. Tatsächlich ist die „Güte" des versicherten Risikos natürlich von sehr vielen weiteren Einflußfaktoren abhängig, zum Beispiel vom Konsumverhalten, der Körpergröße und dem Körpergewicht, dem ausgewählten Beruf, ausgeübten Sportarten, dem Zivilstand, dem Wohnort, Vorerkrankungen und dem Gesundheitszustand bei Vertragsabschluß. In weiten Teilen der Schadenversicherung, etwa der Kraftfahrtversicherung, ist es inzwischen üblich, wichtige Einflußfaktoren auf das versicherte Risiko mit multivariaten statistischen Methoden aus der Theorie verallgemeinerter linearer Modelle zu identifizieren und mit Hilfe solcher Segmentierungsverfahren eine Vielzahl von Risikoklassen zu bilden. In der Lebensversicherung hat sich dieses Vorgehen bisher nicht durchgesetzt: Obwohl vereinzelt weitere Tarifierungsmerkmale berücksichtigt werden, so beispielsweise der Raucherstatus bei vorwiegend von Direktversicherern angebotenen Nichtrauchertarifen in der Todesfallversicherung, findet eine systematische Identifikation wichtiger Einflußgrößen auf das versicherte Risiko und ihrer Zusammenhänge mit multivariaten statistischen Methoden derzeit in Deutschland nicht statt. Solche Überlegungen gehen dementsprechend auch nicht in die Tarifierung ein. Es ist aber üblich, den Abschluß von Versicherungen mit Todesfallcharakter von der Beantwortung eines Fragenkataloges abhängig zu machen, der u. a. Auskünfte über Gesundheitszustand, Beruf und ausgeübte Sportarten fordert und – zusammen mit einer eventuellen ergänzenden medizinischen Untersuchung – die Erkennung und Quantifizierung erhöhter Risiken ermöglichen soll. In so ermittelten Ausnahmefällen wird an Stelle der üblichen Sterbetafel (q_x) (zum Beispiel der DAV-Sterbetafel 1994 T) eine Sterbetafel (q_x^*) mit geeignet erhöhter Sterblichkeit, $(q_x^*) \leq_{\text{st}} (q_x)$, der Tarifierung zugrunde gelegt. Dabei sind Klassen (annähernd) gleichartiger anomaler Risiken zu bilden und für diese jeweils die gesamte Sterbetafel (q_x^*) zu schätzen. Da diese Risikoklassen in der Regel schwach besetzt sind, ist eine zuverlässige Schätzung häufig nicht möglich. In der Praxis geht man deshalb davon aus, daß sich die erhöhte Sterblichkeit mit Hilfe einer einfachen, einparametrigen Transformation aus der Normalsterblichkeit ergibt, wobei dann nur der eine unbekannte Parameter zu schätzen bleibt.

Die in der nachstehenden Tabelle zusammengestellten Ansätze sind für die Tarifierung erhöhter Risiken in Gebrauch (x bezeichnet das Eintrittsalter). Die dort vermerkte Tatsache, daß eine Alterserhöhung in der Regel zu einer zunächst wachsenden und dann fallenden Übersterblichkeit führt, muß für die verwendete Sterbetafel erster Ordnung jeweils nachgeprüft werden (Aufgabe 14). Verfahren zur Schätzung der Parameter α, β oder a finden sich bei Wolff (1970) in Abschnitt 10.1. Eine unter versicherungstechnischen Gesichtspunkten nach wie vor lesenswerte, sehr ausführliche Darstellung der Behandlung erhöhter Risiken gibt Jecklin im Anhang des zweiten Bandes von Saxer (1958).

8.16 Bemerkung. Für die in Deutschland am häufigsten benutzte multiplikative Sterblichkeitserhöhung um einen Faktor $1 + \alpha \in \{2, 3, \ldots\}$ lassen sich erwartete Barwerte bei der Versicherung eines unter einem so erhöhten Risiko stehenden Lebens (x) näherungsweise berechnen als erwartete Barwerte bei $1 + \alpha$ stochastisch unabhängigen Leben desselben Alters x, die unter dem normalen Sterblichkeitsrisiko nach Rechnungsgrundlagen erster Ordnung stehen. Bei $\alpha = 1$ gilt für die einjährigen Überlebenswahrscheinlichkeiten

$$p_x^* = 1 - 2q_x \approx (1 - q_x)^2 = p_{xx} ,$$

Ansatz	**Wirkung/Beurteilung**
Multiplikative Sterblichkeitserhöhung $q^*_{x+\ell} = (1+\alpha)\, q_{x+\ell}, \quad \alpha > 0$	$\frac{q^*_{x+\ell}}{q_{x+\ell}} = 1 + \alpha$ altersunabhängiges Krankheitsbild (z. B. behandelter Bluthochdruck)
Additive Sterblichkeitserhöhung $q^*_{x+\ell} = q_{x+\ell} + \beta, \quad \beta > 0$	$\frac{q^*_{x+\ell}}{q_{x+\ell}} = 1 + \frac{\beta}{q_{x+\ell}}$ Gefährlichkeit der Krankheit wird abnehmen (z. B. Magengeschwür)
Alterserhöhung $q^*_{x+\ell} = q_{x+\ell+a}, \quad a \in \mathbb{N}$	$\frac{q^*_{x+\ell}}{q_{x+\ell}} = \frac{q_{x+\ell+a}}{q_{x+\ell}}$ Das Krankheitsbild zeigt zunächst anwachsende, später fallende Schwere (z. B. Krebs)

d. h. das unter einem so erhöhten Risiko stehende Leben kann näherungsweise so behandelt werden wie zwei stochastisch unabhängige verbundene Leben des gleichen Alters x mit normalem Sterblichkeitsrisiko. Folglich gilt zum Beispiel für die jährlich vorschüssig zahlbare Prämie einer n-jährigen Gemischten Kapitalversicherung für (x) nach um 100% erhöhtem Risiko

$$P^*_{x:\overline{n}|} \approx P_{xx:\overline{n}|}$$

mit $P_{xx:\overline{n}|}$ gemäß (8.9.6). Ähnlich erhalten wir für $\alpha = 2$

$$p^*_x = 1 - 3q_x \approx (1 - q_x)^3 = p_{xxx}$$

mit entsprechenden Konsequenzen für die Äquivalenzprämien bei einem so erhöhten Risiko.

8.17 Bemerkung. Die Differenz aus nach Rechnungsgrundlagen für erhöhtes Risiko und nach Rechnungsgrundlagen für normales Risiko zu zahlenden Prämien bezeichnet man als *Risikozuschlag*. Häufig wünscht ein als erhöhtes Risiko eingestufter VN die Summe der Risikozuschläge im Erlebensfall wieder ausbezahlt zu bekommen. Wir illustrieren die Berechnung von Äquivalenzprämien und Risikozuschlägen in dieser Situation an Hand des Beispiels einer n-jährigen Gemischten Kapitalversicherung für das erhöhte Risiko (x) mit Versicherungssumme 1 bei jährlich vorschüssig während der gesamten Vertragslaufzeit zahlbaren konstanten Prämien. Wie üblich seien $P_{x:\overline{n}|}$ die Prämienhöhe nach Rechnungsgrundlagen erster Ordnung und $P^*_{x:\overline{n}|}$ die Prämienhöhe für erhöhtes Risiko ohne Rückgewähr der Risikozuschläge. Weiter seien ${}^{ZR}P^*_{x:\overline{n}|}$ die Prämienhöhe bei erhöhtem Risiko und Zuschlagsrückgewähr, $\ddot{a}^*_{x:\overline{n}|}$ der erwartete Barwert einer n Jahre jährlich vorschüssig zahlbaren temporären Leibrente der Jahreshöhe 1 und ${}_nE^*_x$ der erwartete Barwert einer n-jährigen reinen Erlebensfallversicherung, jeweils nach Rechnungsgrundlagen für erhöhtes Risiko. Der erwartete Barwert der Risikozuschlagsrückgewähr ist dann

$$n\left({}^{ZR}P^*_{x:\overline{n}|} - P_{x:\overline{n}|}\right){}_nE^*_x\,,$$

der erwartete Barwert der für die Rückgewähr des Zuschlages zu zahlenden Zusatzprämien ist

$$\left({}^{ZR}P^*_{x:\overline{n}|} - P^*_{x:\overline{n}|}\right)\ddot{a}^*_{x:\overline{n}|}\,.$$

Beide stimmen nach dem Äquivalenzprinzip überein, so daß für den *Rückgewährfaktor*, also das Verhältnis aus Risikozuschlag mit Risikozuschlagsrückgewähr und aus Risikozuschlag ohne Rückgewähr,

$$\frac{{}^{ZR}P^*_{x:\overline{n}|} - P_{x:\overline{n}|}}{P^*_{x:\overline{n}|} - P_{x:\overline{n}|}} = \frac{\ddot{a}^*_{x:\overline{n}|}}{\ddot{a}^*_{x:\overline{n}|} - n\,{}_nE^*_x} \tag{8.17.1}$$

gilt. Dieselbe Formel für den Rückgewährfaktor gilt natürlich für jede n-jährige Lebensversicherung mit Todesfallcharakter bei jährlich vorschüssig während der gesamten Vertragsdauer zahlbaren Prämien.

Eine Besserstellung von VN mit erhöhtem Todesfallrisiko bei Lebensversicherungen mit Erlebensfallcharakter ist in Deutschland bisher unüblich. Beispielsweise gibt es keine Rauchertarife in der Rentenversicherung.

Die bisher in diesem Kapitel betrachteten Nettoprämien lassen sowohl die Abschlußkosten als auch die Verwaltungskosten von Versicherungsverträgen außer acht. Grundsätzlich können alle Kosten als Leistungen des VR an den VN aufgefaßt, als solche zeitgenau in die Versicherungsleistungsfunktion miteinbezogen und in das Äquivalenzprinzip bei der Prämienberechnung eingebracht werden. Die auf diese Weise errechneten Äquivalenzprämienzahlungen bezeichnet man nach Höckner als *ausreichende Prämien*, die in sie eingerechneten Kostenzuschläge als *rechnerische Kosten*. Mathematisch bietet die Bestimmung von ausreichenden Prämien also nichts Neues. Da die rechnerischen Kosten allerdings ökonomisch eine völlig andere Rolle als die Versicherungsleistungen spielen, erscheint ihre getrennte Ausweisung als sinnvoll. Sie können so zum Beispiel geeignet geschlüsselt und *explizit* in die Äquivalenzgleichung eingebracht werden. Formal bedeutet dies, daß man in Anlehnung an Bemerkung 8.5 (a) neben der natürlichen

Versicherungsleistungsfunktion LA und der natürlichen Prämienzahlungsfunktion PA explizit eine *natürliche Kostenfunktion* KA: $(0, \infty) \times [0, \infty) \longrightarrow [0, \infty)$ einführt und die natürliche Versicherungszahlungsfunktion A aus diesen drei Bestandteilen zusammensetzt:

$$A = LA + KA - PA\,.$$

Wir verzichten darauf und begnügen uns mit der folgenden informellen Beschreibung.

Die Kosten eines Versicherungsvertrages werden unterteilt in *Abschlußkosten* und in *Verwaltungskosten*. Die Abschlußkosten werden auch als *α-Kosten* bezeichnet und als *vor* Vertragsbeginn entstanden angenommen. Unter Abschlußkosten fallen beispielsweise die Kosten der Versicherungsvermittlung (die je nach Vertriebsweg zum Beispiel für den angestellten oder selbständigen Außendienst, für Versicherungsmakler oder den Direktvertrieb anfallen), die Kosten der Erstellung von Werbe- und Tarifdruckstücken und die Kosten einer eventuellen Gesundheitsprüfung (nach Aktenlage oder in Form einer ärztlichen Untersuchung). Unter Verwaltungskosten werden sowohl dem einzelnen Vertrag direkt zurechenbare Kosten, wie Kosten des Zahlungsverkehrs und von Serviceleistungen an den einzelnen VN, als auch Kosten, die beim VR und für den Versicherungsbetrieb als Ganzes anfallen, subsumiert, etwa Kosten für die Erstellung des Jahresabschlusses, allgemeine Kosten der Datenverarbeitung und der selbstgenutzten Immobilien sowie Unternehmenssteuern und allgemeine Personalkosten. Diese müssen notwendigerweise nach Schlüsseln verteilt werden.

Es gibt u. a. folgende Möglichkeiten der Zuweisung von Kosten zu den einzelnen Versicherungsverträgen:

- Aufteilung der Kosten proportional zur versicherten Leistung (etwa zur Versicherungssumme oder zur Jahresrente) bzw. proportional zur höchstmöglichen Summe aller Prämien,
- Aufteilung der Kosten proportional zur (einzelnen) ausreichenden Prämie,
- Aufteilung der Kosten pro Police (*Stückkosten*).

Da die Abschlußkosten – außer bei VU mit Direktvertrieb – überwiegend aus den Kosten für die Versicherungsvermittlung bestehen und Provisionen üblicherweise proportional zur versicherten Leistung angesetzt werden, erscheint es als angebracht, die Abschlußkosten ebenfalls proportional zur versicherten Leistung anzusetzen bzw. proportional zur höchstmöglichen Summe aller Prämien als Indikator für die versicherte Leistung. Weniger eindeutig ist die Situation bei den Verwaltungskosten. Sie werden üblicherweise aufgeteilt in einen Anteil, der proportional zur ausreichenden Prämie angesetzt und zu den Fälligkeitszeiten der Prämienzahlungen als entstanden angenommen wird, die *β-Kosten*, und einen zur versicherten Leistung proportionalen Anteil, die *γ-Kosten*, die während der gesamten Vertragslaufzeit zahlbar sein und möglicherweise einen Tilgungsanteil der Abschlußkosten enthalten können. Ein Teil der Verwaltungskosten besitzt sicherlich Stückkostencharakter (etwa die Kosten der Datenhaltung). Offensichtlich führt die Verwendung von Stückkosten für große Verträge, die eine hohe Bemessungsgrundlage nach anderen Kostenverteilungsmaßstäben (ausreichende Prämie, versicherte Leistung) haben, zu niedrigeren Kostenzuschlägen als proportionale Kostenansätze, bei denen allerdings durch sogenannte Summenrabatte ein Ausgleich geschaffen werden kann. Wir werden hier auf die Verwendung von Stückkosten verzichten und entsprechende Modifikationen der folgenden Überlegungen dem Leser überlassen. Im Hinblick auf die inzwischen vorhandene Gestaltungsfreiheit besitzen diese Überlegungen ohnedies nur exemplarischen Charakter.

8.18 Bemerkung. Seien (x) ein unter einem einzigen Risiko stehendes Leben, A eine Versicherungsleistungsfunktion in der Lebensversicherung, die nicht prämienabhängig ist, und B_x der Barwert dieser Versicherungsleistung für (x). Wir gehen aus von einer Versicherungsdauer von $n \in \mathbb{N}$ Jahren und jährlich vorschüssig während einer Prämienzahlungsdauer von $m \in \{0, \dots, n\}$ Jahren zahlbaren konstanten ausreichenden Prämie ${}^a\mathcal{P}$. (Wie allgemein üblich kennzeichnen wir ausreichende Prämien durch einen linken Oberindex a.) Seien $GA > 0$ bzw. $GG > 0$ die Bemessungsgrundlagen für die Abschlußkosten bzw. für die allgemeinen Verwaltungskosten (etwa die höchstmögliche Summe aller Prämien, die Versicherungssumme oder die Jahresrente). Weiter seien $\alpha \geq 0$ der Abschlußkostensatz, also $\alpha \cdot GA$ die rechnerischen Abschlußkosten, $\beta \cdot {}^a\mathcal{P}$ die jährlich vorschüssig während der Prämienzahlungsdauer in Rechnung gestellten β-Kosten ($\beta \in [0, 1)$) und $\gamma \cdot GG$ die jährlich vorschüssig während der gesamten Vertragslaufzeit in Rechnung gestellten γ-Kosten ($\gamma \geq 0$ der allgemeine Verwaltungskostensatz).

Die Umlage (eines Teiles) der Abschlußkosten auf die laufende Prämie (an Stelle einer Einmalprämienzahlung für den Abschluß zu Vertragsbeginn) wird zur Erinnerung an die einschlägige Arbeit von Zillmer (1863) *Zillmerung* genannt; die laufende Prämie, die man erhält, indem man im Äquivalenzprinzip neben den eigentlichen Versicherungsleistungen nur die rechnerischen Abschlußkosten berücksichtigt, heißt dementsprechend *gezillmerte Prämie* oder *Zillmerprämie* und wird mit ${}^\alpha\mathcal{P}$, also mit einem linken Oberindex α, bezeichnet; α heißt auch *Zillmersatz*. Offenbar gilt

$$ {}^\alpha\mathcal{P} = \frac{E(B_x) + \alpha \cdot GA}{\ddot{a}_{x:\overline{m|}}}. \tag{8.18.1}$$

In einigen Ländern wird der Begriff *Inventarprämie* verwandt. Dabei handelt es sich um die Nettoprämie zuzüglich des Prämienanteils für die γ-Kosten.

Die Äquivalenzgleichung für die ausreichende Prämie lautet

$$ {}^a\mathcal{P} \cdot \ddot{a}_{x:\overline{m|}} = E(B_x) + \alpha \cdot GA + \beta \cdot {}^a\mathcal{P} \cdot \ddot{a}_{x:\overline{m|}} + \gamma \cdot GG \cdot \ddot{a}_{x:\overline{n|}}, \tag{8.18.2}$$

so daß

$$ {}^a\mathcal{P} = \frac{E(B_x) + \alpha \cdot GA}{(1-\beta)\,\ddot{a}_{x:\overline{m|}}} + \frac{\gamma \cdot GG}{1-\beta}\,\frac{\ddot{a}_{x:\overline{n|}}}{\ddot{a}_{x:\overline{m|}}}. \tag{8.18.3}$$

Wird während der Prämienzahlungsdauer ein γ-Kostensatz von $\gamma_1 \geq 0$ und danach bis zum Ende der Vertragslaufzeit ein reduzierter γ-Kostensatz $\gamma_2 \in [0, \gamma_1)$ verlangt, so geht (8.18.3) wegen $\ddot{a}_{x:\overline{n|}} = \ddot{a}_{x:\overline{m|}} + {}_{m|n-m}\ddot{a}_x$ über in

$$ {}^a\mathcal{P} = \frac{E(B_x) + \alpha \cdot GA}{(1-\beta)\,\ddot{a}_{x:\overline{m|}}} + GG\,\frac{\gamma_1 - \gamma_2}{1-\beta} + GG\,\frac{\gamma_2}{1-\beta}\,\frac{\ddot{a}_{x:\overline{n|}}}{\ddot{a}_{x:\overline{m|}}}. \tag{8.18.4}$$

In Deutschland bei der Gemischten Kapitalversicherung zur Zeit verwendete Kostensätze sind etwa ein Zillmersatz von $\alpha = 4\%$ der Prämiensumme, $\beta = 3\%$ und $\gamma = 4.25‰$ der Versicherungssumme bzw. $\gamma_1 = 4.25‰$ und $\gamma_2 = 2.75‰$ der Versicherungssumme bei abgekürzter Prämienzahlungsdauer und unterschiedlichen Verwaltungskostensätzen innerhalb der Prämienzahlungsdauer und danach. Bei aufgeschobenen Leibrenten konstanter Höhe gegen laufende konstante Prämien innerhalb der Aufschubzeit kann man etwa $\alpha = 4\%$ der Prämiensumme, $\beta = 4\%$, $\gamma_1 = 2\%$ der Jahresrente (innerhalb der Aufschubzeit) und $\gamma_2 = 1.5\%$ der Jahresrente (während der Rentenbezugszeit) setzen.

D Aufgaben

Aufgabe 1. Seien $q \in (0,1)$, $n \in \mathbb{N}$ und X_i $(i \in \mathbb{N})$ stochastisch unabhängige, identisch $\mathcal{B}(n,q)$-verteilte Zufallsvariablen auf einem Wahrscheinlichkeitsraum $(\Omega, \mathfrak{A}, P)$. Zeigen Sie für alle $C > 0$

$$P\Big(\bigcap_{m=1}^{\infty}\Big\{\sum_{i=1}^{m}(X_i - nq) \leq C\Big\}\Big) = 0\,,$$

und interpretieren Sie dies im Sinne der Einleitung von Kapitel 8 als Aussage über den sicheren Eintritt eines technischen Ruins!

Hinweis: Sie können das Donskersche Invarianzprinzip in Verbindung mit der Tatsache, daß für jeden eindimensionalen Standard-Wienerprozeß $(W_t)_{0\leq t\leq 1}$

$$P\Big(\max_{0\leq t\leq 1} W_t \geq a\Big) = \frac{2}{\sqrt{2\pi}}\int_a^{\infty}\exp\Big(-\frac{x^2}{2}\Big)\,dx\,, \qquad a > 0\,,$$

gilt, verwenden (siehe zum Beispiel Abschnitt 10.1 von Gänßler und Stute (1977)).

Aufgabe 2. Sei $S \geq 0$ eine Schadenvariable.

(a) Zeigen Sie: Ist $a > 0$ und die momenterzeugende Funktion von S in a endlich, $E\big(\exp(aS)\big) < \infty$, so gilt für die nach dem Exponentialprinzip H_a mit Parameter a ermittelte Prämie

$$H_a\big(\mathcal{L}(S)\big) = \frac{1}{a}\log E\big(\exp(aS)\big)\,.$$

(b) Zeigen Sie, daß die Exponentialprämie monoton nichtfallend in a ist: Sind $0 < a_1 \leq a_2$ und ist $E\big(\exp(a_2 S)\big) < \infty$, so gilt

$$H_{a_1}\big(\mathcal{L}(S)\big) \leq H_{a_2}\big(\mathcal{L}(S)\big) < \infty\,.$$

(c) Wie verhält sich H_a für $a \to 0$, wie für $a \to \infty$?

Literaturhinweis: Gerber (1979, Abschnitt 5.2).

Definition. Seien $\mathcal{F} \subset \mathcal{M}^1\big([0,\infty), \mathfrak{B}([0,\infty))\big)$ und $H\colon \mathcal{F} \longrightarrow [0,\infty]$ ein Prämienberechnungsprinzip auf $\mathcal{F}$. Für $P \in \mathcal{F}$ sei S eine gemäß P verteilte Zufallsvariable.

- H *erzeugt einen nichtnegativen Sicherheitszuschlag*, falls
$$H(P) \geq E(S), \qquad P \in \mathcal{F}.$$
- H erfüllt die „*No-rip-off-Bedingung*", falls
$$H(P) \leq \operatorname{ess\,sup} S, \qquad P \in \mathcal{F},$$
d. h. falls die Prämie den essentiellen Maximalschaden nicht überschreitet (to rip off: wegreißen).
- H ist *positiv homogen*, falls für alle $P \in \mathcal{F}$ und alle $c \geq 0$ auch $\mathcal{L}(cS) \in \mathcal{F}$ und
$$H\Big(\mathcal{L}(cS)\Big) = c\,H(P),$$
falls also eine Reskalierung des Schadens mit einem nichtnegativen Faktor zu einer entsprechenden Reskalierung der Prämie führt.
- H ist *translationsinvariant*, falls für alle $P \in \mathcal{F}$ und alle $c \geq 0$ auch $\varepsilon_c * P \in \mathcal{F}$ und
$$H(\varepsilon_c * P) = H(P) + c.$$
(An Stelle des irreführenden aber üblichen Terminus „translations*invariant*" wäre „translations*äquivariant*" vorzuziehen.)
- H ist *additiv*, falls für alle $P_1 \in \mathcal{F}$, $P_2 \in \mathcal{F}$ auch $P_1 * P_2 \in \mathcal{F}$ und
$$H(P_1 * P_2) = H(P_1) + H(P_2),$$
falls also für eine Summe unabhängiger Risiken als Prämie die Summe der Einzelprämien verlangt wird.

Aufgabe 3. Zeigen Sie:

(a) Das Nettoprämienprinzip besitzt alle fünf obengenannten Eigenschaften.

(b) Jedes Erwartungswertprinzip mit strikt positivem Proportionalitätsfaktor erzeugt einen nichtnegativen Sicherheitszuschlag, ist positiv homogen und additiv und verletzt die No-rip-off-Bedingung sowie die Bedingung der Translationsinvarianz.

(c) Jedes Standardabweichungsprinzip erzeugt einen nichtnegativen Sicherheitszuschlag, ist translationsinvariant und positiv homogen und verletzt die No-rip-off-Bedingung sowie die Bedingung der Additivität.

(d) Jedes Varianzprinzip erzeugt einen nichtnegativen Sicherheitszuschlag, ist translationsinvariant und additiv, verletzt aber die No-rip-off-Bedingung und die Bedingung der positiven Homogenität.

(e) Jedes Semivarianzprinzip erzeugt einen nichtnegativen Sicherheitszuschlag, ist translationsinvariant, aber weder positiv homogen noch additiv und verletzt auch die No-rip-off-Bedingung.

(f) Jedes Exponentialprinzip erzeugt einen nichtnegativen Sicherheitszuschlag, erfüllt die No-rip-off-Bedingung und ist translationsinvariant und additiv, aber nicht positiv homogen.

(g) Jedes Nullnutzenprinzip erzeugt einen nichtnegativen Sicherheitszuschlag, erfüllt die No-rip-off-Bedingung und ist translationsinvariant.

Literaturhinweise: Lösungen zu den Aufgaben 3 (a) – (f) finden sich in Gerber (1979, Abschnitte 5.2 und 5.3) und Goovaerts, de Vylder and Haezendonck (1984, Kapitel 3). Das die Aufgabenteile (f) und (g) ergänzende Faktum, daß die einzigen additiven Nullnutzenprinzipien das Nettoprämienprinzip und Exponentialprinzipien sind, wird von Gerber (1979) in Abschnitt 5.4 gezeigt, und eine Charakterisierung positiv homogener Nullnutzenprinzipien findet sich bei Goovaerts, de Vylder and Haezendonck (1984) in Abschnitt 3.5.7. Eine weitere wichtige Eigenschaft von Prämienberechnungsprinzipien, die wir hier allerdings nicht diskutieren können, ist die der Iterativität. Dazu verweisen wir auf Abschnitt 4.2.4 von Bühlmann (1970).

Aufgabe 4. Betrachten Sie eine Versicherung eines unter einem einfachen Risiko stehenden Lebens mit n-jähriger Dauer und geben Sie folgende Prämienzahlungsmodi formal an:
(a) Über $m \leq n$ Jahre jährlich vorschüssig zahlbare Erlebensfallprämien mit linear wachsender Höhe.
(b) Wie (a), allerdings mit geometrisch wachsender Prämienhöhe.

Welche Änderungen ergeben sich, falls mehrere Ausscheideursachen zugrunde gelegt werden, und welche, falls zwei unter einem einfachen Risiko stehende Leben (x) und (y) betrachtet werden, die Prämienzahlung an das Leben von (x) gebunden ist und höchstens über m Jahre erfolgt?

Aufgabe 5. Geben Sie für die Prämienzahlungsmodi aus Aufgabe 4 in den in den Beispielen 8.8 betrachteten Fällen die Höhe der ersten Jahresprämie an!

Aufgabe 6. Geben Sie für die in den Beispielen 8.8 betrachteten Versicherungen jeweils die Jahreshöhe der Prämien an, falls eine k-tel-jährlich vorschüssig zahlbare Erlebensfallprämie vereinbart wurde, $k \in \mathbb{N}$!

Aufgabe 7. Schreiben Sie eine Routine, die die in Aufgabe 7.1 zu erzeugende Tabelle von Kommutationszahlen einliest und eine vom Benutzer aus den Beispielen 8.8 auszuwählende Prämienhöhe ausgibt!

Im Eingabe-File stehen als Parameter der Name der Kommutationszahlen-Datei, die Randnummer der Formel für die vom Benutzer ausgewählte Versicherungsform in der Gestalt 8.8.3, ..., 8.8.8, das Alter x, die Prämienzahlungsdauer m (soweit benötigt), die Dauer n (soweit benötigt) und $k \in \mathbb{N}$ zur Spezifikation eines Prämienzahlungsintervalls der Länge $1/k$. Die Ausgabe-Datei enthält eine Zeile für die textliche Beschreibung der Versicherungszahlungen, dann eine Zeile mit der Angabe der Parameter und in der Schlußzeile die zu berechnende Prämienhöhe.

Aufgabe 8. Gehen Sie aus von der Situation des Abschnittes 7 B, und legen Sie eine Versicherungsdauer von n Jahren sowie eine über $m \in \{1, \dots, n\}$ Jahre, jedoch längstens bis zum ersten Tod jährlich vorschüssig zahlbare Äquivalenzprämie mit konstanter Jahreshöhe $\mathcal{P}$ zugrunde. Ermitteln Sie $\mathcal{P}$ für
(a) eine jährlich vorschüssig zahlbare, um m Jahre aufgeschobene temporäre Leibrente auf das letzte Leben der Dauer $n - m$ und mit Jahresbetrag 1 bei Prämienzahlung während der Aufschubzeit,
(b) eine jährlich vorschüssig zahlbare, um m Jahre aufgeschobene lebenslängliche Leibrente auf das letzte Leben mit Jahresbetrag 1 bei Prämienzahlung während der Aufschubzeit,
(c) eine jährlich vorschüssig zahlbare, um m Jahre aufgeschobene lebenslängliche einseitige Überlebensrente mit Jahresbetrag 1 bei Prämienzahlung während der Aufschubzeit,

(d) eine n-jährige Todesfallversicherung auf den zweiten Tod mit Versicherungssumme 1, fällig am Ende des Todesjahres, wobei $m = n$,

(e) eine n-jährige Todesfallversicherung auf den Tod von (x) vor (y) mit Versicherungssumme 1 fällig am Ende des Todesjahres bei Prämienzahlung während der gesamten Vertragslaufzeit,

(f) eine n-jährige Todesfallversicherung auf den Tod von (x) nach (y) mit Versicherungssumme 1, fällig am Ende des Todesjahres, wobei $m = n$.

Betrachten Sie bei (d) zusätzlich den Fall, daß die Prämien längstens bis zum letzten Tod gezahlt werden und bei (f) zusätzlich den Fall der Prämienzahlung bis zum Tod von (x) !

Aufgabe 9. Gehen Sie aus von der Situation des Abschnittes 7 B, und setzen Sie zusätzlich voraus, daß für beide Ausscheideordnungen jeweils die ganzzahlig gestutzte Lebensdauer und der erlebte Teil des Todesjahres stochastisch unabhängig sind und letzterer gleichverteilt auf $(0, 1]$ ist. Eine Rentenversicherung für (x) und (y) mit ganzjähriger Aufschubzeit m und Beginn an einem Monatsersten sehe folgende Leistungen vor: Die erste Altersrente wird fällig, wenn beide Personen den Ablauf der Aufschubzeit erleben; sie wird sodann monatlich gezahlt, solange (x) und (y) den jeweiligen Fälligkeitstermin erleben. Stirbt eine der versicherten Personen vor oder nach Beginn der Altersrente, so wird eine monatliche Hinterbliebenenrente von $p \cdot 100\%$ der versicherten Altersrente bei Tod von (x) und $p' \cdot 100\%$ der Altersrente bei Tod von (y) gezahlt, solange die hinterbliebene Person lebt, erstmals an dem auf den Todestag folgenden Monatsersten.

(a) Geben Sie mit Hilfe von ${}_{m|}\ddot{a}_{xy}$, $\ddot{a}_{x|y}$ und $\ddot{a}_{y|x}$ eine Formel für den erwarteten Leistungsbarwert an !

(b) Wie lautet die Formel für die Nettojahresprämie, falls die Prämien jährlich vorschüssig während der Aufschubzeit solange zu zahlen sind, als beide Personen leben, und die Prämienhöhe konstant ist ?

Literaturhinweis: Drude, Strobel und Helbig (1992), Aufgabe 4.

Aufgabe 10. Verallgemeinern Sie (8.9.5) mit Hilfe von (7.10.3) und (7.10.4) auf die Situation einer temporären Todesfallversicherung auf den ersten Tod bei mindestens zwei stochastisch unabhängigen Leben !

Aufgabe 11. Seien $x > 0, m \in \mathbb{N}$ und $n \in \{m, m+1, \ldots\}$. Es gelte die Stationaritätsbedingung (3.6.1), K_x und $R_x \sim U(0, 1]$ seien stochastisch unabhängig. Geben Sie die Äquivalenzprämie an für eine

(a) um m Jahre aufgeschobene, $n - m$ Jahre jährlich vorschüssig zahlbare temporäre Leibrente für (x) mit Jahresbetrag 1 bei jährlich vorschüssig während der Aufschubzeit zahlbaren Prämien konstanter Jahreshöhe und unmittelbar bei Tod fälliger Prämienrückgewähr,

(b) n-jährige reine Erlebensfallversicherung für (x) mit Erlebensfallsumme 1, jährlich vorschüssig während der gesamten Vertragsdauer zahlbaren Prämien konstanter Jahreshöhe und unmittelbar bei Tod fälliger Prämienrückgewähr.

Wie verändert sich die Äquivalenzprämienhöhe in Beispiel 8.13, in (a) und in (b), falls angenommen wird, daß die Prämienrückgewähr nicht unmittelbar bei Tod sondern am Ende des Todesjahres fällig wird ?

Hinweise: Im Fall (a) findet sich die Lösung bei Fälligkeit am Ende des Todesjahres in Wolff (1970), (5.65); (b) ist ein Spezialfall von (a).

Aufgabe 12. Zeigen Sie durch ein Gegenbeispiel, daß eine Versicherungs*leistung*, die bezüglich einer Kapitalfunktion und zweier durch Majorisierung geordneter Sterbetafeln Erlebensfallcharakter hat, nicht zusammen mit jedem Prämienzahlungsmodus zu einer Versicherungs*form* mit Erlebensfallcharakter bezüglich der gegebenen Kapitalfunktion und Sterbetafeln führen muß !

Aufgabe 13. Welchen Charakter besitzt eine Versicherung auf festen Termin bei jährlich vorschüssig während der gesamten Vertragslaufzeit zahlbaren Prämien ? Hängt die Antwort ab von der zugrunde gelegten Kapitalfunktion ? Vergleichen Sie die Antworten mit Ihrer Lösung von Aufgabe 5.24 !

Aufgabe 14.

(a) Schreiben Sie ein Programm, welches zu einer gegebenen Sterbetafel $(q_x), x \in \{0, \ldots, \omega\}$, mit Schlußalter ω und einer Altersdifferenz $\Delta \in \mathbb{N}$ die Quotienten $q_{x+\Delta}/q_x$, $x \in \{0, \ldots, \omega - \Delta\}$, tabelliert ! Als Eingabe liest das Programm den Namen der Sterbetafel-Datei und die Altersdifferenz. Die Ausgabe enthält, nach zwei erklärenden Kopfzeilen, nach wachsendem Alter x geordnet in jeder Zeile ein Datenpaar $(x,\ q_{x+\Delta}/q_x)$.

(b) Wenden Sie Ihr Programm an auf die DAV-Sterbetafel 1994 T und die Δ-Werte 1, 5, 10, 20, 30 ! Stellen Sie das Ergebnis graphisch dar !

Aufgabe 15. Unterstellen Sie, daß die Sterblichkeit erster Ordnung (q_x) durch ein Gompertz-Gesetz (3.33.1) mit $c > 1$ gegeben ist und daß die Sterblichkeit (q_x^*) für erhöhte Risiken daraus durch eine Alterserhöhung um $a > 0$ hervorgeht. Zeigen Sie unter Verwendung der Potenzreihenentwicklung von $\log(1 - \cdot)$, daß dann näherungsweise eine multiplikative Übersterblichkeit mit Faktor $1 + \alpha = c^a > 1$ vorliegt !

Aufgabe 16.

(a) Zeigen Sie durch ein Beispiel, daß eine Versicherungsform mit Todesfallcharakter diesen durch Einführung einer Rückgewähr des Risikozuschlages verlieren kann !

(b) Zeigen Sie, daß eine Gemischte Kapitalversicherung mit jährlich vorschüssig während der gesamten Vertragslaufzeit zahlbaren konstanten Prämien bei zusammengesetzter Verzinsung, multiplikativer Sterblichkeitserhöhung und Einführung einer Rückgewähr des Risikozuschlages ihren Todesfallcharakter beibehält !

Aufgabe 17. Verallgemeinern Sie die Formel (8.17.1) für den Rückgewährfaktor auf den Fall k-tel-jährlich vorschüssig während der gesamten Vertragslaufzeit zahlbarer konstanter Prämien !

Aufgabe 18. Wie lauten die Formeln für die natürliche Kostenfunktion, für die gezillmerte Nettoprämie und für die ausreichende Prämie einer aufgeschobenen Rentenversicherung mit Prämienrückgewähr und Rentengarantie bei jährlich vorschüssig während der Aufschubzeit zahlbaren konstanten Erlebensfallprämien und ab Ende der Aufschubzeit lebenslänglich jährlich vorschüssig, jedoch mindestens für $g \in \mathbb{N}$ Jahre, zahlbaren konstanten Renten ? Als am Ende des Todesjahres fällige Leistung im Falle des Todes vor Beginn der Altersrente sei der mit einem Zinssatz $j \in [0, i)$ (i der Rechnungszins) bestimmte Endwert der eingezahlten Prämien versichert. Die Verwaltungskosten seien während der Aufschubzeit mit $100 \cdot \beta\,\%$ der Prämie und $100 \cdot \gamma_1\,\%$ der versicherten Rente jährlich und während der Rentenzahlung mit $100 \cdot \gamma_2\,\%$ der versicherten Rente jährlich angesetzt. Die Abschlußkosten betragen $100 \cdot \alpha\,\%$ der versicherten Rente.

Literaturhinweis: Drude und Helbig (1991), Aufgabe 4.

Aufgabe 19. Betrachten Sie eine n-jährige Gemischte Kapitalversicherung für (x) mit Versicherungssumme 1 und jährlich vorschüssig während der gesamten Vertragslaufzeit zahlbaren konstanten Prämien bei zusammengesetzter Verzinsung mit jährlichem Diskont d und Kostensätzen α, β, γ wie in Bemerkung 8.18. Als Bemessungsgrundlage für die α-Kosten und die γ-Kosten diene die Versicherungssumme. Geben Sie die natürliche Kostenfunktion an und zeigen Sie den folgenden Zusammenhang zwischen ausreichender Prämie und Nettoprämie:

$$ {}^{a}P_{x:\overline{n}|} = P_{x:\overline{n}|}\,\frac{1+\alpha}{1-\beta} + \frac{\alpha d + \gamma}{1-\beta} \,. $$

Kapitel 9
Das Deckungskapital einer Versicherung eines unter einem einzigen Risiko stehenden Lebens

Personenversicherungsverträge erstrecken sich meist über mehrere Jahre, häufig über Jahrzehnte. In dieser Zeit verändert sich alterungsbedingt das biometrische Risiko, und auch die Leistungsversprechen sind oft zeitabhängig. Demgegenüber sind die Prämien zeitlich konstant, oder sie verändern sich nach sehr einfachen Regeln, zum Beispiel bei Einmalprämien zu Beginn von Versicherungsverträgen oder bei dynamischen laufenden Prämien. Neben dem Risikoausgleich im Kollektiv erfolgt also auch ein Risikoausgleich in der Zeit: Bei laufenden Prämien zahlt der VN in der Regel zunächst mehr als die der jeweils zugehörigen Versicherungsperiode entsprechende *natürliche Prämie*, d. h. den zu Periodenbeginn erwarteten Barwert der Versicherungsleistungen in dieser Periode, während er später weniger zahlt. Dies bewirkt, daß die nach dem Äquivalenzprinzip zu Vertragsbeginn vorhandene Gleichheit des erwarteten Barwertes zukünftiger Leistungen und des erwarteten Barwertes zukünftiger Prämien innerhalb der Vertragslaufzeit nicht erhalten bleibt. Die zur Zeit $s \geq 0$ erwartete Differenz zwischen dem Barwert zukünftiger Leistungen und demjenigen zukünftiger Prämien bezeichnet man als das *prospektive Deckungskapital zur Zeit* s. Das prospektive Deckungskapital ist also der bedingte Erwartungswert des zukünftigen Verlustes des VR, gegeben den bisherigen Zustandsverlauf (vergleiche auch Definition 6.16). Die folgende einfache Graphik verdeutlicht die Situation zum Zeitpunkt des Vertragsabschlusses („Gleichgewicht" von Leistungen und Prämien) und zu einem späteren Vertragszeitpunkt („Gleichgewicht" von zukünftigen Leistungen einerseits sowie zukünftigen Prämien und prospektivem Deckungskapital andererseits):

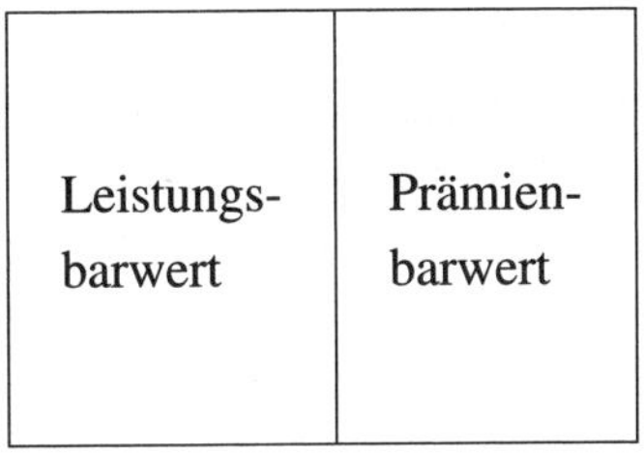

$s = 0$

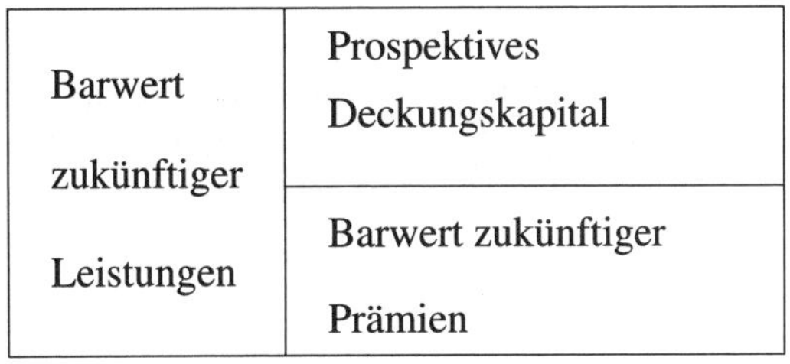

$s > 0$

An Stelle der Bezeichnung Deckungskapital werden gelegentlich auch die Worte *Dekkungsrückstellung* oder *Reserve* verwendet. Bei dem Begriff Deckungsrückstellung denkt man an die Erfüllbarkeit für die Zukunft eingegangener Leistungsverpflichtungen aus Bilanzsicht, bei dem Begriff Prämienreserve an die schon gezahlten, aber noch nicht für die Erfüllung der für die Vergangenheit eingegangenen Leistungsverpflichtungen verbrauchten Prämien oder Beiträge, sieht das Ganze also eher retrospektiv. Dabei läßt der Begriff Deckungsrückstellung im Gegensatz zu dem neutralen Begriff Deckungskapital erkennen, daß dieser Betrag in der Bilanz des VU als Rückstellung passiviert werden muß. Der früher (vergleiche zum Beispiel das VAG) verwendete Begriff Deckungsrücklage sollte tunlichst vermieden werden, da Rücklagen im betriebswirtschaftlichen Sinne zum Eigenkapital gehören. Ähnliches gilt für den Begriff Reserve.

Grundsätzlich bezieht sich der Begriff Deckungskapital auf ein Versichertenkollektiv, das Deckungskapital kann aber durch Aufteilung auf die Mitglieder des Kollektivs zu einem Einzeldeckungskapital werden. Seiner Natur nach ist das Deckungskapital ein auf die Zukunft gerichteter Begriff: Es hat sicherzustellen, daß der VR auch in Zukunft seine Verpflichtungen erfüllen kann, sofern der VN dies tut. In Anlehnung an Abschnitt 2 D kann man auch ein auf der Vergangenheit beruhendes *retrospektives Deckungskapital* einführen, welches das zu Vertragsbeginn vorhandene „Gleichgewicht“ von Leistungen und Prämien zu späteren Vertragszeitpunkten s in ein „Gleichgewicht“ von Endwert der bisherigen Leistungen und Deckungskapital einerseits sowie Endwert der bisherigen Prämien andererseits überführt:

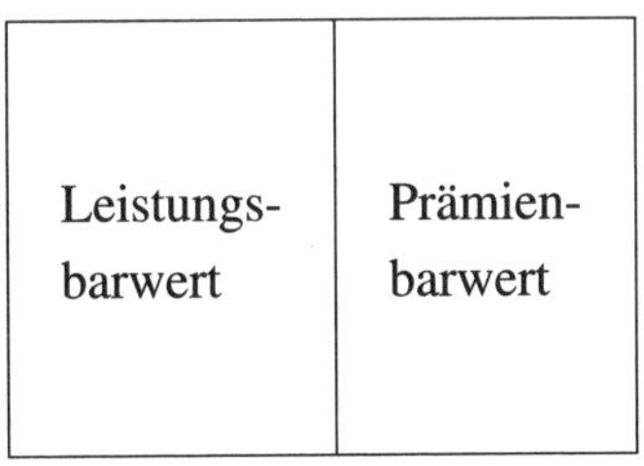

$s = 0$

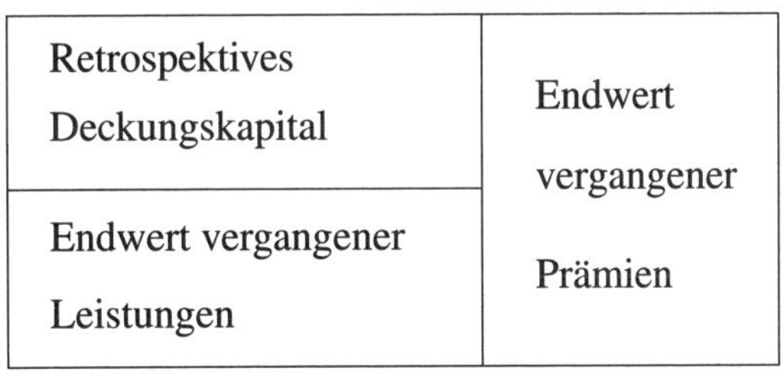

$s > 0$

Je nach Interpretation des Wortes „Gleichgewicht“ erhält man aus dieser Grundidee jedoch unterschiedliche Definitionen des retrospektiven Deckungskapitals, die auf Hoem (1969, 1988), Wolthuis und Hoem (1990), Norberg (1991) sowie auf Wolthuis (1992) zurückgehen. Eine Übersicht findet sich in Kapitel 9 von Wolthuis (1994). Da außerdem das deutsche Versicherungsbilanzrecht in § 341 f HGB vorschreibt, daß das Deckungskapital bei nach Art der Lebensversicherung betriebenem Versicherungsgeschäft wenn möglich prospektiv zu berechnen ist, verzichten wir in diesem Buch auf eine weitere Diskussion des Begriffes des retrospektiven Deckungskapitals und beschränken uns in dieser Hinsicht auf die Angabe retrospektiver Formeln für das prospektive Deckungskapital, wie sie in der Versicherungspraxis üblicherweise dann Verwendung finden, wenn eine prospektive Berechnung nicht möglich ist, und wie sie bei Gruppenverträgen mit Durchschnittsprämien benötigt werden.

Schon der Umfang der dem Deckungskapitalbegriff gewidmeten Kapitel 9 und 10 zeigt, daß sie ein zentraler Bestandteil dieses Buches sind. Inhaltlich ist dies wesentlich darin begründet, daß im Deckungskapitalbegriff die beiden Grundgedanken der Personenversicherung, nämlich

- der Risikoausgleich zwischen den VN (durch bedingte Erwartungswertbildung) und
- der Risikoausgleich in der Zeit (durch Elimination des zeitlichen Verlaufs der natürlichen Prämie)

zusammengeführt werden, so daß Strukturresultate über das Deckungskapital wesentlich für das Verständnis des Personenversicherungsgeschehens sind. Wie schon in allen vorherigen Kapiteln ist es auch hier unser Ziel, konsequent auf die unnatürliche Unterscheidung zwischen diskontinuierlicher und kontinuierlicher Methode zu verzichten und – aufbauend auf einer kumulativen Sichtweise – eine übergreifende Darstellung der Theorie des Deckungskapitals zu entwickeln, die beide Methoden als Spezialfälle enthält und auch „gemischte Fälle" mit umfaßt. Die dadurch in vielen Resultaten dieser Kapitel auftretenden Integrabilitätsbedingungen sind schwächer als die traditionellen Summierbarkeits- oder Glattheitsvoraussetzungen und im Hinblick auf die beschränkte Laufzeit von Personenversicherungsverträgen in der Praxis völlig unproblematisch.

Die Hauptanliegen dieser Kapitel sind

- die mathematisch exakte Einführung des prospektiven Deckungskapitals,
- die Berechnung des prospektiven Deckungskapitals für konkrete Versicherungen,
- die Untersuchung der zeitlichen Dynamik des prospektiven Deckungskapitals, präziser die Herleitung von Rekursionsformeln, Differential- und Integralgleichungen für das prospektive Deckungskapital und
- die Untersuchung der Zufallsschwankung des (zukünftigen) Verlustes.

Alle diese Anliegen haben eine bis mindestens in das 19. Jahrhundert zurückreichende Geschichte. So geht die Herleitung von Differentialgleichungen für das prospektive Deckungskapital in zeitkontinuierlichen Modellen auf eine unveröffentlichte Note von Thiele (1875) zurück, während die Aufteilung der Varianz des zukünftigen Verlustes auf die einzelnen Versicherungsperioden von Hattendorff (1868) ihren Ausgang nimmt.

Kapitel 9 gibt eine Einführung in die zentralen, mit dem Deckungskapitalbegriff verbundenen Ideen. Obwohl sich große Teile dieses Kapitels durch Spezialisierung aus weitaus allgemeineren Resultaten des Kapitels 10 ergeben, empfehlen wir die intensive Lektüre gerade dieses Kapitels sowohl dem mehr theoretisch interessierten Versicherungsmathematiker als auch dem Praktiker, da sich hier die mit dem Deckungskapitalkonzept verknüpften Grundideen und mathematischen Methoden besonders einfach herausarbeiten lassen. Beispielsweise werden die Kapitel 4 und 6 (und damit auch der mathematische Anhang) hier nicht benötigt. Weite Teile von Kapitel 9 lehnen sich eng an die einführenden Abschnitte von Milbrodt und Stracke (1997) bzw. von Milbrodt (1999a) an. Die Beispiele entstammen teilweise Tirpitz (1997). Um die inhaltliche Parallelität der Kapitel 9 und 10 besser sichtbar zu machen, wurden beide Kapitel ähnlich strukturiert.

Abschnitt 9 A dient der Erläuterung des Deckungskapitalbegriffes in der Situation eines unter einem einzigen Risiko stehenden Lebens. Im Anschluß an die Definition 9.3 des prospektiven Deckungskapitals geben wir in Satz 9.4 zunächst eine explizite Darstellung des Deckungskapitals mit Hilfe der Versicherungsvertragsparameter an, auf der die folgenden Deckungskapitalberechnungen für konkrete Versicherungen und (fast) alle weiteren theoretischen Überlegungen aufbauen.

Die Untersuchungen zur Dynamik des prospektiven Deckungskapitals beginnen wir in Abschnitt 9 B mit der Bereitstellung von Rekursionsformeln in diskreten Modellen (Folgerung 9.9 und Bemerkung 9.13), die auch als versicherungsmathematische Bilanzgleichungen bezeichnet werden und die Grundlage für die retrospektive Darstellung des Deckungskapitals (Folgerung 9.10) sowie für die Prämienzerlegung in Sparprämie und Risikoprämie im diskreten Fall sind (Bemerkung 9.11 (b)). Die Thielesche Differentialgleichung (Aufgabe 8) erlaubt eine entsprechende Prämienzerlegung im kontinuierlichen Fall (Bemerkung 9.11 (c)).

Als gemeinsame Verallgemeinerung von Rekursionsformeln und Thielescher Differentialgleichung leiten wir in Abschnitt 9 C als Satz 9.15 eine Thielesche Integralgleichung her, die zum Beispiel zur Zerlegung von Prämienströmen in einen Sparanteil und in einen Risikoanteil im allgemeinen Fall dient (Bemerkung 9.16) und auch zum Vergleich von Rechnungsgrundlagen für die Verzinsung und die Sterblichkeit herangezogen werden kann (Satz 9.18 und Bemerkungen 9.19).

Diese Überlegungen zum bedingten *Erwartungswert* des prospektiven Verlustes werden ergänzt durch die Überlegungen zur Verlust*varianz* in Abschnitt 9 D. Der Verlust bis zu einem bestimmten Vertragszeitpunkt wird in 9.20 definiert, zum prospektiven Verlust in Beziehung gesetzt und in Hilfssatz 9.22 als stochastisches Integral bezüglich eines zentrierten quadratintegrablen Martingals dargestellt. Diese Integraldarstellung ist die beweistechnische Grundlage für das Hattendorffsche Theorem (Satz 9.24), welches eine Aufteilung der Varianz des Verlustes auf die einzelnen Versicherungsperioden liefert und eine explizite Varianzformel angibt. Der Satz ermöglicht auch die Berechnung der Varianz des prospektiven Verlustes zu einem späteren Vertragszeitpunkt (Bemerkung 9.25).

Die Abschnitte 9 E und 9 F behandeln primär praktisch relevante Themen. Abschnitt 9 E befaßt sich, anknüpfend an Abschnitt 8 C, mit dem prospektiven Deckungskapital unter Berücksichtigung nur der Abschlußkosten, also dem gezillmerten Deckungskapital, bzw. unter Berücksichtigung aller Kosten, also dem ausreichenden Deckungskapital. Das Hauptergebnis, Satz 9.27, gibt an, wie diese Deckungskapitalien mit Hilfe des Nettodeckungskapitals, das keinerlei Kosten beinhaltet, zu berechnen sind.

Schließlich gehen wir in Abschnitt 9 F kurz auf die Begriffe Zeitwert und Rückkaufswert eines Lebensversicherungsvertrages ein und besprechen versicherungstechnische Vertragsumwandlungen.

A Das prospektive Deckungskapital

Ausgehend von der Diskrepanz zwischen natürlicher und faktischer Prämie, führen wir in diesem Abschnitt zunächst das prospektive Deckungskapital einer Versicherung auf ein unter einem einzigen Risiko stehendes Leben (x) ein.

9.1 Beispiele. Wir legen ein Alter von $x = 30$, eine Laufzeit von $n = 30$ Jahren, die Versicherungssumme 1, zusammengesetzte Verzinsung mit Zinssatz $i = 4\%$ und die DAV-Sterbetafel 1994 T zugrunde.

(a) Zunächst betrachten wir eine temporäre Todesfallversicherung mit Fälligkeit am Ende des Todesjahres und vergleichen die natürliche Prämie mit der konstanten, jährlich vorschüssig fälligen Prämie. Offenbar ist die natürliche Prämie *NP* proportional zur einjährigen Sterbenswahrscheinlichkeit:

$$NP(k) = vq_{x+k} = \frac{q_{30+k}}{1.04}, \quad k = 0, \ldots, 29.$$

Sie liegt also zunächst unterhalb der laufenden Jahresprämie von 0.00406 und ab der halben Vertragslaufzeit darüber.

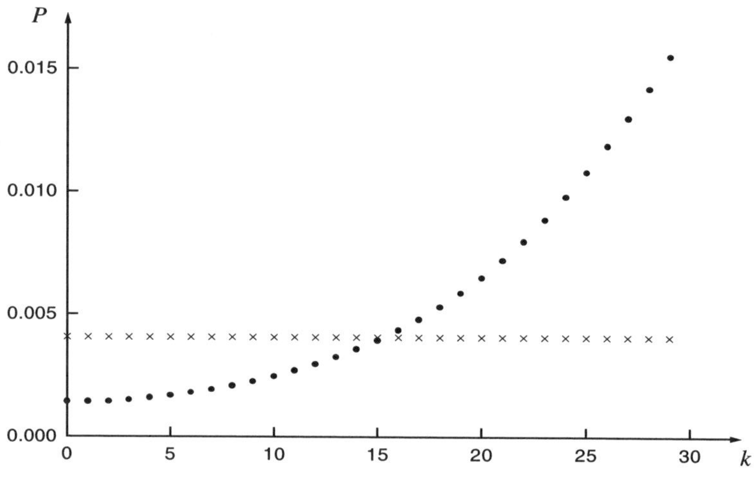

Todesfallversicherung: Natürliche Prämie (Punkte) versus laufende konstante Prämie (Kreuze)

(b) Betrachten wir eine reine Erlebensfallversicherung mit Fälligkeit bei Ablauf, so trägt der VR nur im letzten Versicherungsjahr ein Risiko, und die natürliche Prämie ist

$$NP(k) = \begin{Bmatrix} 0\,, & k = 0, \ldots, n-2 \\ {}_1E_{x+n-1}\,, & k = n-1 \end{Bmatrix} = \frac{p_{59}}{1.04} \cdot 1_{\{29\}}(k)\,.$$

Im Hinblick auf Teil (c) dieses Beispiels berechnen wir dies ebenfalls mit der DAV-Sterbetafel 1994 T (an Stelle der in der Praxis anzuwendenden Tafel 1994 R) und erhalten $NP(29) = 0.94600$ im Vergleich zu der konstanten, jährlich vorschüssig fälligen Prämie von 0.01496. Wie dieses und das folgende Beispiel zeigen, sind natürliche Prämien bei Versicherungen, bei denen die Erlebensfalleistungen im Mittelpunkt stehen, nicht sinnvoll.

(c) Gegeben sei schließlich eine Gemischte Kapitalversicherung mit Fälligkeit am Ende des Todesjahres oder bei Erleben des Ablaufs. Offenbar stimmt die natürliche Prämie in den ersten $n-1$ Versicherungsjahren mit der der Todesfallversicherung überein, während sie im letzten Jahr gleich der diskontierten Versicherungssumme, also gleich 0.96154, ist und (bis auf eine Rundungsdifferenz) mit der Summe der natürlichen Prämien der reinen Todesfallversicherung aus (a) und der reinen Erlebensfallversicherung aus (b) übereinstimmt. Die konstante, jährlich vorschüssig fällige Prämie ist 0.01902. In der folgenden Graphik stellen wir die natürliche Prämie und die konstante Prämie im halblogarithmischen Maßstab gegenüber.

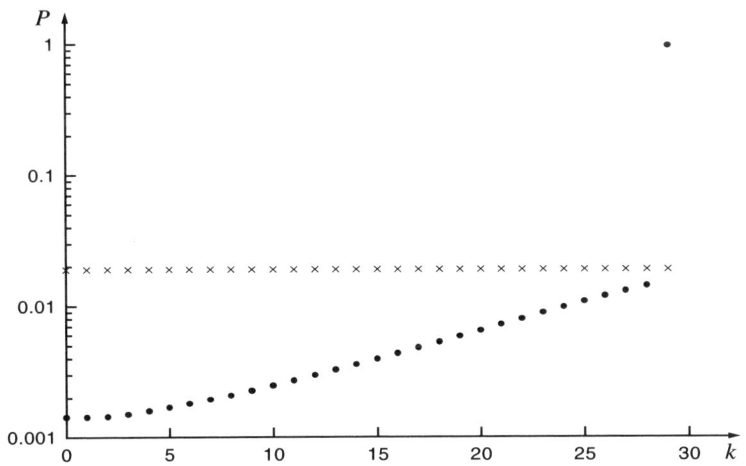

Gemischte Kapitalversicherung: Natürliche Prämie (Punkte) versus laufende konstante Prämie (Kreuze), halblogarithmisch

Wie üblich seien nun $T_x > 0$ die zukünftige Lebensdauer von (x), aufgefaßt als Zufallsvariable auf einem Wahrscheinlichkeitsraum $(\Omega, \mathfrak{A}, P)$ mit Verteilungsfunktion F_x und kumulativer Ausscheideintensität Λ_x, $A = DA + SA$,

$$DA\colon (0,\infty)\times[0,\infty) \ni (s,t) \longmapsto DA_s(t) := D(s)\cdot 1_{[DT(s),\infty)}(t) \in [0,\infty)\,,$$

$$SA\colon (0,\infty)\times[0,\infty)\ni(s,t) \longmapsto SA_s(t) := F(t)\cdot 1_{[0,s)}(t) + F(s-0)\cdot 1_{[s,\infty)}(t) \in \mathbb{R}^1\,,$$

sei eine natürliche Versicherungszahlungsfunktion bei einem unter einem einzigen Risiko stehenden Leben und K eine Kapitalfunktion mit Diskontierungsfunktion v und kumulativer Zinsintensität Φ. Die Einführung des prospektiven Deckungskapitals der Versicherungs*zahlung* (einschließlich Prämien) geschieht in Anlehnung an Abschnitt 6 B.

9.2 Bemerkung. Für $s \geq 0$ seien $DB_{x,s}$ der Barwert zur Zeit s aller *strikt nach s ausgelösten* Todesfalleistungen, $SB_{x,s}$ der Barwert zur Zeit s aller *ab einschließlich s* fälligen Erlebensfallzahlungen (Leistungen − Prämien) und $B_{x,s} := DB_{x,s} + SB_{x,s}$. Als unmittelbare Verallgemeinerung von (5.22.1) und (5.22.2) gelten

$$DB_{x,s} = 1_{(s,\infty)}(T_x)\cdot \frac{D}{K\circ DT}(T_x)\cdot K(s)\,, \tag{9.2.1}$$

$$SB_{x,s} = \int\limits_{[s,T_x)} \frac{1}{K(\tau)}\, F(d\tau)\cdot K(s)\,. \tag{9.2.2}$$

9.3 Definition. Das *prospektive Deckungskapital der natürlichen Versicherungszahlung A für* (x) *zur Zeit* $s \geq 0$ ist

$$V_0(s) := E(B_{x,s} \mid T_x > s)\,,$$

vorausgesetzt die rechte Seite ist wohldefiniert.

Das prospektive Deckungskapital ist also der bedingte Erwartungswert zukünftiger Versicherungszahlungen, gegeben daß die versicherte Person zum aktuellen Zeitpunkt lebt. Dies entspricht der Definition von V_0 gemäß Definition 6.18, wenn man dort $\mathcal{S} = \{0,1\}$ und $X_s = 1_{[T_x,\infty)}(s)$, $s \geq 0$, setzt (vergleiche die Beispiele 4.2 (a) und 4.22, Teil 1). Für $s \geq \omega_x - x := F_x^{-1}(1)$ gilt definitionsgemäß $V_0(s) = 0$. Offenbar ist Definition 9.3 eine Verallgemeinerung der Deckungskapitaldefinition in 2.38.

Hinsichtlich der Notation für das prospektive Deckungskapital ist es wie bei den Bezeichnungsweisen für Prämien im Hinblick auf die vorhandene Literatur zweckmäßig, zwischen der Notation bei allgemeinen Überlegungen und der bei Betrachtung konkreter Versicherungen zu unterscheiden.

Für die erste verwenden wir im Falle eines unter einem einzigen Risiko stehenden Lebens die Bezeichnungsweise aus Definition 9.3. Für die Bezeichnung des Deckungskapitals konkreter Versicherungen verwenden wir das Grundsymbol V, welches gemäß den in Abschnitt 1 C skizzierten Bezeichnungsgrundsätzen der internationalen versicherungsmathematischen Notation mit rechten und linken Unter- und Oberindices versehen wird. Beispielsweise bedeuten ${}_{s|n}V_x$ das Deckungskapital zur Zeit s einer n-jährigen Todesfallversicherung für (x) mit Versicherungssumme 1 fällig am Ende des Todesjahres bei jährlich vorschüssig fälligen konstanten Prämien und ${}_sV_{x:\overline{n}|}$ das Deckungskapital zur Zeit s einer n-jährigen Gemischten Kapitalversicherung für (x) mit Versicherungssumme 1 fällig am Ende des Todesjahres und Erlebensfalleistung 1 bei jährlich vorschüssig fälligen konstanten Prämien. Ebenso wie die Bezeichungsweise für Prämienhöhen in Abschnitt 8 B ist auch diese Notation nicht immer eindeutig. Bei Klarstellungsbedarf kann man in Anlehnung an die Konventionen von Wolff (1970), Abschnitt 6.1, Bezeichnungen der Form ${}_sV(*)$ oder ${}_sV(*;\, **)$ verwenden, wobei $*$ das Symbol für den jeweiligen Leistungsbarwert und $**$ das Symbol für die jeweilige Prämie bedeutet. Man erhält so beispielsweise

$$ {}_sV_{x:\overline{n}|} = {}_sV(A_{x:\overline{n}|};\ P_{x:\overline{n}|}) \,, $$

eine pragmatische Symbolik, die ihren Charme allerdings erst nach geduldigem Hinsehen entfaltet.

Der folgende Satz, der in der hier betrachteten Situation eine explizite Darstellung des prospektiven Deckungskapitals mit Hilfe der Versicherungsvertragsparameter liefert, wird sich in Abschnitt 10 C als Spezialfall der Thieleschen Integralgleichungen vom Typ 1 erweisen.

9.4 Satz. *Ist*

$$ \int_{[0,\omega_x-x)} v(t)\big(1 - F_x(t)\big)\, |F|(dt) < \infty \,, \tag{9.4.1} $$

so ist das prospektive Deckungskapital stets wohldefiniert, und für alle $s \geq 0$ gilt

$$ \begin{aligned} V_0(s) = & \int_{[s,\omega_x-x)} v(t)\, P(T_x > t \mid T_x > s)\, F(dt) \cdot K(s) \\ & + \int_{(s,\omega_x-x]} v\big(DT(t)\big)\, D(t)\, P(T_x \geq t \mid T_x > s)\, \Lambda_x(dt) \cdot K(s) \,. \end{aligned} \tag{9.4.2} $$

Ist zusätzlich

$$ \int_{(0,\omega_x-x]} v\big(DT(t)\big)\, D(t)\, F_x(dt) < \infty \,, \tag{9.4.3} $$

so ist V_0 stets beschränkt, und es gilt $\lim_{s\to\infty} v(s)\, V_0(s) = 0$.

Beweis. Nach (9.2.2) und dem Satz von Fubini gilt

$$\begin{aligned} E(SB_{x,s} \mid T_x > s) &= \int\limits_{(s,\omega_x-x]} \int\limits_{[s,\tau)} v(t)\, F(dt)\, \mathcal{L}(T_x \mid T_x > s)\,(d\tau) \cdot K(s) \\ &= \int\limits_{[s,\omega_x-x)} v(t)\, P(T_x > t \mid T_x > s)\, F(dt) \cdot K(s)\,, \quad s \geq 0\,. \end{aligned}$$

Insbesondere ist $\left|E(SB_{x,s} \mid T_x > s)\right| < \infty$ wegen (9.4.1). Weiterhin liefert (9.2.1) in Verbindung mit der Definition von Λ_x

$$\begin{aligned} E(DB_{x,s} \mid T_x > s) &= \int\limits_{(s,\omega_x-x]} v\big(DT(t)\big)\, D(t)\, \mathcal{L}(T_x \mid T_x > s)\,(dt) \cdot K(s) \\ &= \int\limits_{(s,\omega_x-x]} v\big(DT(t)\big)\, D(t)\, P(T_x \geq t \mid T_x > s)\, \Lambda_x(dt) \cdot K(s)\,, \end{aligned}$$

wobei die rechte Seite unter der Bedingung (9.4.3) stets endlich ist. □

9.5 Folgerung. *Sei A eine natürliche Versicherungszahlungsfunktion mit diskreten Zahlungszeitpunkten* $0 = s_0 < \cdots < s_k < \cdots \nearrow \infty$, *d. h.*

$$D = \sum_{\ell=1}^{\infty} D(s_\ell) \cdot 1_{(s_{\ell-1},s_\ell]}\,, \quad DT = \sum_{\ell=1}^{\infty} s_\ell \cdot 1_{(s_{\ell-1},s_\ell]}\,, \quad F = \sum_{\ell=0}^{\infty} S(s_\ell) \cdot 1_{[s_\ell,\infty)}\,.$$

Es gelte

$$\sum_{s_\ell < \omega_x - x} v(s_\ell)\,\big(1 - F_x(s_\ell)\big)\, |S(s_\ell)| < \infty\,. \tag{9.5.1}$$

Dann ist V_0 *wohldefiniert, und für alle* $k \in \mathbb{N}_0$ *gilt*

$$\begin{aligned} V_0(s_k) = K(s_k) &\sum_{s_k \leq s_\ell < \omega_x - x} v(s_\ell)\, S(s_\ell)\, P(T_x > s_\ell \mid T_x > s_k) \\ &+ K(s_k) \sum_{s_k \leq s_\ell < \omega_x - x} v(s_{\ell+1})\, D(s_{\ell+1})\, P(s_\ell < T_x \leq s_{\ell+1} \mid T_x > s_k)\,. \end{aligned} \tag{9.5.2}$$

Beweis. Die Umrechnung des ersten Summanden aus (9.4.2) ist trivial. Für den zweiten Summanden gilt nach Definition von Λ_x

$$\begin{aligned} &\int\limits_{(s_k,\omega_x-x]} v\big(DT(t)\big)\, D(t)\, P(T_x \geq t \mid T_x > s_k)\, \Lambda_x(dt) \cdot K(s_k) \\ &= K(s_k) \cdot \sum_{\ell=k}^{\infty} v(s_{\ell+1})\, D(s_{\ell+1}) \int\limits_{(s_\ell,s_{\ell+1}] \cap (s_k,\omega_x-x]} P(T_x \geq t \mid T_x > s_k)\, \Lambda_x(dt) = \end{aligned}$$

$$= K(s_k) \cdot \sum_{\ell=k}^{\infty} v(s_{\ell+1})\, D(s_{\ell+1})\, \frac{F_x(s_{\ell+1} \wedge (\omega_x - x)) - F_x(s_\ell \wedge (\omega_x - x))}{1 - F_x(s_k)} . \qquad \square$$

9.6 Bemerkung. Sei A eine diskrete natürliche Versicherungszahlungsfunktion bei einem unter einem einzigen Risiko stehenden Leben, die Zahlungen nur zu Jahreswechseln erlaubt,

$$D = \sum_{\ell=1}^{\infty} D(\ell) \cdot 1_{(\ell-1,\ell]}\,, \quad DT = \sum_{\ell=1}^{\infty} \ell \cdot 1_{(\ell-1,\ell]}\,, \quad F = \sum_{\ell=0}^{\infty} S(\ell) \cdot 1_{[\ell,\infty)}\,.$$

Weiter liege zusammengesetzte Verzinsung mit Diskontierungsfaktor v vor. Gilt dann

$$\sum_{\ell=0}^{[\omega_x - x - 0]} v^\ell \big(1 - F_x(\ell)\big)\, |S(\ell)| < \infty \tag{9.6.1}$$

(zum Beispiel, falls $\omega_x < \infty$), so geht (9.5.2) über in

$$\begin{aligned} V_0(k) = & \sum_{\ell=k}^{[\omega_x - x - 0]} v^{\ell-k}\, S(\ell) \cdot P(T_x > \ell \mid T_x > k) \\ & + \sum_{\ell=k}^{[\omega_x - x - 0]} v^{\ell+1-k} D(\ell+1) \cdot P(\ell < T_x \le \ell+1 \mid T_x > k)\,, \quad k \in \mathbb{N}_0 . \end{aligned} \tag{9.6.2}$$

Gelte nun zusätzlich die Stationaritätsbedingung (3.6.1). Dann spezialisiert sich (9.6.2) zu der aus der Lehrbuchliteratur wohlbekannten prospektiven Darstellung des prospektiven Deckungskapitals

$$\begin{aligned} V_0(k) = & \sum_{\ell=k}^{[\omega_x - x - 0]} v^{\ell-k}\, S(\ell)\, {}_{\ell-k}p_{x+k} \\ & + \sum_{\ell=k}^{[\omega_x - x - 0]} v^{\ell+1-k}\, D(\ell+1)\, {}_{\ell-k}p_{x+k}\, q_{x+\ell} . \end{aligned} \tag{9.6.3}$$

Mit Hilfe von (9.6.3) kann das prospektive Deckungskapital der meisten bisher behandelten Versicherungen eines unter einem einzigen Risiko stehenden Lebens, die Zahlungen nur zu Jahreswechseln erlauben, zu ganzzahligen Zeitpunkten leicht berechnet werden.

9.7 Bemerkung. Wie in Bemerkung 9.6 sei A eine natürliche Versicherungszahlungsfunktion, die Zahlungen nur zu Jahreswechseln vorsieht. Es liege zusammengesetzte Verzinsung mit Diskontierungsfaktor v vor, und vorausgesetzt werde die Gültigkeit von (9.6.1) sowie die Stationaritätsbedingung (3.6.1). Will man das Deckungskapital zu nicht ganzzahligen Zeitpunkten ausschließlich mit Hilfe der der Ausscheideordnung zugrunde liegenden Sterbetafel berechnen, so benötigt man Zusatzannahmen. Wie üblich setzen wir dazu voraus, daß $K_x := [T_x - 0]$ und $R_x := T_x - K_x$ stochastisch unabhängig sind und $R_x \sim U(0, 1]$. (9.4.2) liefert für alle $k \in \mathbb{N}_0$ und $r \in (0, 1]$

$$\begin{aligned} V_0(k+r) &= \sum_{\ell=k+1}^{[\omega_x - x - 0]} v^{\ell-k-r}\, S(\ell)\, P(T_x > \ell \mid T_x > k+r) \\ &\quad + \sum_{\ell=k}^{[\omega_x - x - 0]} v^{\ell+1-k-r}\, D(\ell+1)\, P(\ell < T_x \le \ell+1 \mid T_x > k+r) \\ &= V_0(k+1)\, v^{1-r}\, P(T_x > k+1 \mid T_x > k+r) \\ &\quad + D(k+1)\, v^{1-r}\, P(T_x \le k+1 \mid T_x > k+r)\,. \end{aligned}$$

Aus der Stationaritätsbedingung (3.6.1) und (3.43.2) folgt

$$P(T_x > k+1 \mid T_x > k+r) = P(T_{x+k+r} > 1-r) = \frac{p_{x+k}}{1 - r\, q_{x+k}}$$

und damit auch

$$P(T_x \le k+1 \mid T_x > k+r) = \frac{(1-r)\, q_{x+k}}{1 - r\, q_{x+k}}\,.$$

Einsetzen in obige Formel für V_0 ergibt

$$V_0(k+r) = \frac{v^{1-r}}{1 - r\, q_{x+k}} \big(D(k+1)\,(1-r)\, q_{x+k} + V_0(k+1)\, p_{x+k} \big)\,, \tag{9.7.1}$$

ein Ergebnis, welches mittels Rekursionsformeln für das prospektive Deckungskapital als Interpolationsformel zwischen $V_0(k)$ und $V_0(k+1)$ umgeschrieben werden kann (siehe Aufgabe 11).

9.8 Beispiele.

(a) n-jährige Erlebensfallversicherung mit Versicherungssumme 1 und jährlich vorschüssig zahlbaren konstanten Prämien: Für $k \in \{0, \ldots, n\}$ ist

$$\begin{aligned} {}_kV({}_nE_x) &= v^{n-k}\, {}_{n-k}p_{x+k} - P({}_nE_x) \sum_{\ell=k}^{n-1} v^{\ell-k}\, {}_{\ell-k}p_{x+k} \\ &= {}_{n-k}E_{x+k} - P({}_nE_x)\, \ddot{a}_{x+k:\overline{n-k}|}\,, \end{aligned} \tag{9.8.1}$$

insbesondere ist ${}_0V({}_nE_x) = 0$ (Äquivalenzprinzip) und ${}_nV({}_nE_x) = 1$. In Kommutationszahlendarstellung erhält man

$${}_kV({}_nE_x) = \frac{D_{x+n}}{D_{x+k}} - \frac{D_{x+n}}{D_{x+k}}\, \frac{N_{x+k} - N_{x+n}}{N_x - N_{x+n}}\,. \tag{9.8.2}$$

Der Deckungskapitalverlauf ist dem einer entsprechenden Gemischten Kapitalversicherung, der in Teil (d) dieses Beispiels dargestellt ist, sehr ähnlich (wobei hier allerdings in der Praxis die DAV-Sterbetafel 1994 R zugrunde zu legen wäre).

(b) Jährlich vorschüssig zahlbare, um $m \le n$ Jahre aufgeschobene temporäre Leibrente der Dauer $n - m$ mit Jahresbetrag 1 und nur während der Aufschubzeit jährlich vorschüssig zahlbaren konstanten Prämien: Für $k \in \{0, \dots, n\}$ ist

$$
\begin{aligned}
{}_kV({}_{m|n-m}\ddot{a}_x) &= \sum_{\ell=k\vee m}^{n-1} v^{\ell-k}\,{}_{\ell-k}p_{x+k} - P({}_{m|n-m}\ddot{a}_x) \sum_{\ell=k}^{m-1} v^{\ell-k}\,{}_{\ell-k}p_{x+k} \\
&= {}_{(k\vee m)-k|n-k}\ddot{a}_{x+k} - P({}_{m|n-m}\ddot{a}_x)\,\ddot{a}_{x+k:\overline{m-(k\wedge m)}|}, \qquad (9.8.3)
\end{aligned}
$$

insbesondere ist ${}_0V({}_{m|n-m}\ddot{a}_x) = {}_nV({}_{m|n-m}\ddot{a}_x) = 0$. In Kommutationszahlendarstellung erhält man

$$
\begin{aligned}
{}_kV({}_{m|n-m}\ddot{a}_x) = {}& \frac{N_{x+(k\vee m)} - N_{x+n}}{D_{x+k}} \\
& - \frac{N_{x+m} - N_{x+n}}{N_x - N_{x+m}} \cdot \frac{N_{x+k} - N_{x+k+m-(k\wedge m)}}{D_{x+k}} \,. \qquad (9.8.4)
\end{aligned}
$$

Das Deckungskapital wächst zunächst durch Prämienzahlungen bis auf den Maximalwert von $\ddot{a}_{x+m:\overline{n-m}|}$ zur Zeit m an, um danach durch Rentenzahlungen wieder auf 0 abzufallen.

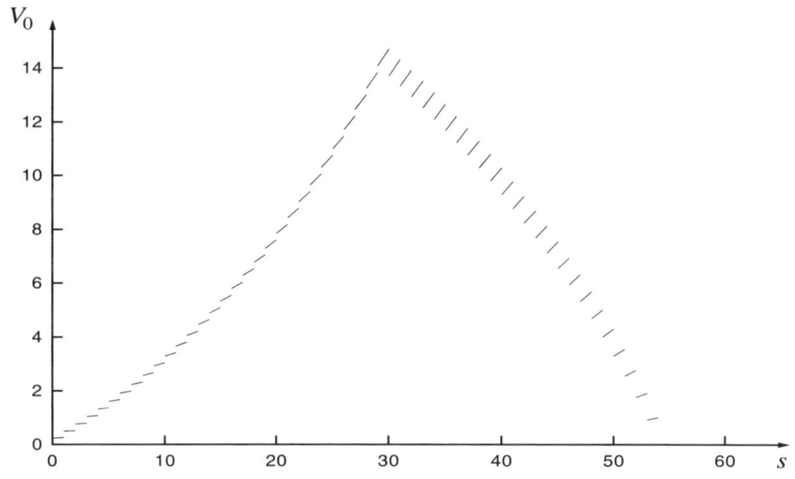

Aufgeschobene temporäre Leibrente: Deckungskapitalverlauf

Das obige Schaubild zeigt diesen Verlauf für eine männliche versicherte Person des Alters $x = 30$ bei einer Aufschubzeit von $m = 30$, einer Rentenbezugsdauer von $n - m = 25$ und einem Rechnungszins von $i = 4\%$ bei Verwendung der DAV-Sterbetafel 1994 R (Versicherungsbeginn 1997). Die Sprünge nach oben werden durch Prämienzahlungen, diejenigen nach unten durch Rentenzahlungen erzeugt. Die Interpolation für nichtganzzahlige Vertragsdauern beruht auf (9.7.1) und damit auf der Annahme, daß K_x und $R_x \sim U(0, 1]$ stochastisch unabhängig sind. (Das unterjährliche Wachstum des prospektiven Deckungskapitals über die gesamte Laufzeit ist darin begründet, daß der Vorfaktor $\frac{v^{1-r}}{1-r\, q_{x+k}}$ in r wächst.)

(c) n-jährige Todesfallversicherung für (x) mit Versicherungssumme 1 und jährlich vorschüssig zahlbaren konstanten Prämien: Für $k \in \{0, \ldots, n\}$ ist

$$\begin{aligned} {}_{k|n}V_x &= \sum_{\ell=k}^{n-1} v^{\ell+1-k}\, {}_{\ell-k}p_{x+k}\, q_{x+\ell} - {}_nP_x \sum_{\ell=k}^{n-1} v^{\ell-k}\, {}_{\ell-k}p_{x+k} \\ &= {}_{|n-k}A_{x+k} - {}_nP_x\, \ddot{a}_{x+k:\overline{n-k|}}\,. \end{aligned} \tag{9.8.5}$$

In Kommutationszahlendarstellung erhält man

$$ {}_{k|n}V_x = \frac{M_{x+k} - M_{x+n}}{D_{x+k}} - \frac{M_x - M_{x+n}}{N_x - N_{x+n}}\, \frac{N_{x+k} - N_{x+n}}{D_{x+k}}\,. \tag{9.8.6}$$

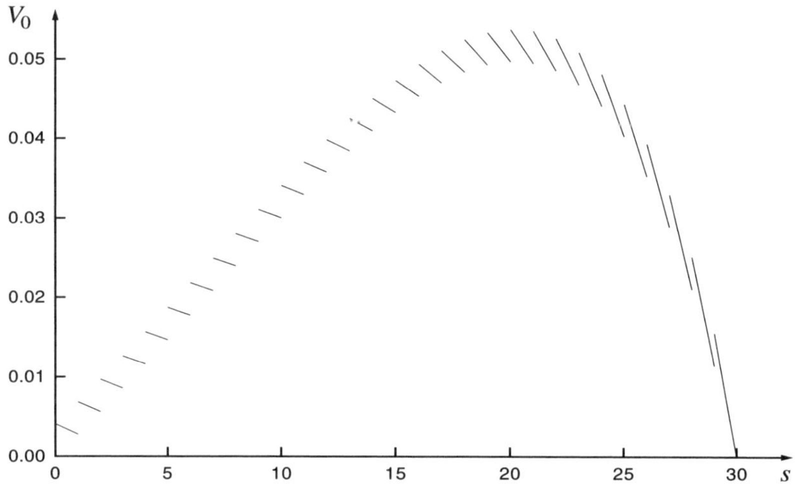

Todesfallversicherung: Deckungskapitalverlauf

Es bildet sich insgesamt ein nur sehr geringes Deckungskapital, welches bei 0 beginnt, dann langsam anwächst und etwas schneller wieder auf 0 fällt, da keine Ablaufleistung vorgesehen ist. Das Deckungskapital fällt unterjährlich über die gesamte Vertragslaufzeit. Die obige Graphik zeigt diesen Verlauf in der Situation des Beispiels 9.1 (a), d. h. für $x = n = 30$, $i = 4\%$ und die DAV-Sterbetafel 1994 T.

(d) Gemischte Kapitalversicherung für (x) mit Laufzeit n und Versicherungssumme 1 fällig am Ende des Todesjahres oder bei Erleben des Ablaufs mit jährlich vorschüssig während der gesamten Vertragsdauer zahlbaren konstanten Prämien: Für

$k \in \{0, \ldots, n\}$ ist

$$
\begin{aligned}
{}_kV_{x:\overline{n}|} &= \sum_{\ell=k}^{n-1} v^{\ell+1-k}\, {}_{\ell-k}p_{x+k}\, q_{x+\ell} + v^{n-k}\, {}_{n-k}p_{x+k} - P_{x:\overline{n}|} \sum_{\ell=k}^{n-1} v^{\ell-k}\, {}_{\ell-k}p_{x+k} \\
&= A_{x+k:\overline{n-k}|} - P_{x:\overline{n}|}\, \ddot{a}_{x+k:\overline{n-k}|}\,, \qquad (9.8.7)
\end{aligned}
$$

und in Kommutationszahlendarstellung

$$
\begin{aligned}
{}_kV_{x:\overline{n}|} = \; & \frac{M_{x+k} - M_{x+n} + D_{x+n}}{D_{x+k}} \\
& - \frac{M_x - M_{x+n} + D_{x+n}}{N_x - N_{x+n}} \cdot \frac{N_{x+k} - N_{x+n}}{D_{x+k}}\,. \qquad (9.8.8)
\end{aligned}
$$

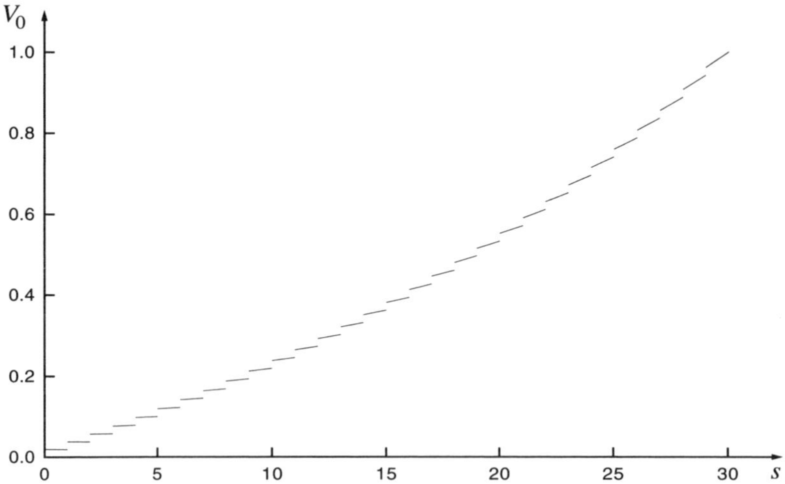

Gemischte Kapitalversicherung: Deckungskapitalverlauf

Das Deckungskapital beginnt bei 0 und wächst bis zur Ablaufleistung 1 an. Dieser Anstieg ist monoton, da die natürliche Prämie bis auf die im letzten Versicherungsjahr stets kleiner als die laufende konstante Prämie ist. Der Deckungskapitalverlauf ist im wesentlichen durch die Erlebensfallzahlungen bestimmt. Das obige Schaubild zeigt diesen Verlauf in der Situation des Beispiels 9.1 (c), also für $x = n = 30$, $i = 4\%$ und die DAV-Sterbetafel 1994 T.

B Rekursionsformeln und retrospektive Darstellung

Sowohl für die Berechnung von Deckungskapitalien im diskreten Fall als auch für das qualitative Verständnis des Deckungskapitalverlaufs sind Rekursionsformeln hilfreich.

9.9 Folgerung. *Sei A eine natürliche Versicherungszahlungsfunktion bei einem unter einem einzigen Risiko stehenden Leben (x), die Zahlungen nur zu Jahreswechseln vorsieht. Weiter sei*

$$\sum_{\ell=0}^{[\omega_x - x - 0]} v(\ell)\,\big(1 - F_x(\ell)\big)\,|S(\ell)| < \infty\,.$$

Dann gilt für alle $k \in \mathbb{N}_0$ mit $P(T_x > k) > 0$

$$\begin{aligned} V_0(k) = S(k) &+ v(k+1)\,K(k)\,P(T_x \le k+1 \mid T_x > k)\,D(k+1) \\ &+ v(k+1)\,K(k)\,P(T_x > k+1 \mid T_x > k)\,V_0(k+1)\,; \end{aligned} \tag{9.9.1}$$

im Spezialfall zusammengesetzter Verzinsung mit Diskontierungsfaktor v und bei zusätzlicher Gültigkeit der Stationaritätsbedingung (3.6.1) *ist*

$$V_0(k) = S(k) + vq_{x+k}\,D(k+1) + vp_{x+k}\,V_0(k+1)\,. \tag{9.9.2}$$

Beweis. Zweimalige Anwendung von Satz 9.4 liefert für alle $k \in \mathbb{N}_0$ mit $P(T_x > k) > 0$

$$\begin{aligned} V_0(k) = &\int_{[k,k+1)} v(t)\,P(T_x > t \mid T_x > k)\,F(dt)\cdot K(k) \\ &+ \int_{(k,k+1]} v\big(DT(t)\big)\,D(t)\,P(T_x \ge t \mid T_x > k)\,\Lambda_x(dt)\cdot K(k) \\ &+ \int_{[k+1,\omega_x - x)} v(t)\,P(T_x > t \mid T_x > k+1)\,F(dt)\cdot K(k+1) \\ &\qquad \cdot v(k+1)\,K(k)\,P(T_x > k+1 \mid T_x > k) \\ &+ \int_{(k+1,\omega_x - x]} v\big(DT(t)\big)\,D(t)\,P(T_x \ge t \mid T_x > k+1)\,\Lambda_x(dt)\cdot K(k+1) \\ &\qquad \cdot v(k+1)\,K(k)\,P(T_x > k+1 \mid T_x > k) \\ = &\; S(k) + v(k+1)\,K(k)\,D(k+1)\,P(T_x \le k+1 \mid T_x > k) \\ &+ v(k+1)\,K(k)\,P(T_x > k+1 \mid T_x > k)\,V_0(k+1)\,. \end{aligned}$$

□

Natürlich kann man bei der Herleitung von (9.9.1) auch direkt von (9.6.2) ausgehen. Die Rekursionsformel (9.9.1) (bzw. deren Spezialfall (9.9.2)) wird von Praktikern häufig auch als *versicherungsmathematische Bilanzgleichung* oder als *Fundamentalgleichung für das prospektive Deckungskapital* bezeichnet. Ist die Dauer n des Vertrages endlich, so läßt sich die Rekursion rückwärts, ausgehend von dem Anfangswert $V_0(n) = S(n)$, lösen. Man spricht dann von der Berechnung des prospektiven Deckungskapitals nach der *retrospektiven Methode.* Gilt das Äquivalenzprinzip $V_0(0) = 0$, so läßt sich die Rekursion mit diesem Startwert in der Form

$$V_0(k+1) = \frac{K(k+1)v(k)}{P(T_x > k+1 \mid T_x > k)} \cdot \big(V_0(k) - S(k) - v(k+1)\, K(k)\, P(T_x \leq k+1 \mid T_x > k)\, D(k+1)\big) \tag{9.9.3}$$

bzw. bei zusammengesetzter Verzinsung mit Aufzinsungsfaktor $r = 1/v$ und unter der Stationaritätsbedingung (3.6.1)

$$V_0(k+1) = \frac{r}{p_{x+k}}\big(V_0(k) - S(k) - v\, q_{x+k}\, D(k+1)\big) \tag{9.9.4}$$

auch vorwärts, d. h. nach der *prospektiven Methode*, lösen.

9.10 Folgerung (Retrospektive Darstellung des prospektiven Deckungskapitals). *Sei A eine natürliche Versicherungszahlungsfunktion, die Zahlungen nur zu Jahreswechseln vorsieht. Es liege zusammengesetzte Verzinsung mit Diskontierungsfaktor v vor, und es gelten* (9.6.1), *die Stationaritätsbedingung* (3.6.1) *sowie das Äquivalenzprinzip* $V_0(0) = 0$. *Für alle $k \in \mathbb{N}_0$ mit $k < \omega_x - x$ ist dann*

$$V_0(k) = -\frac{1}{{}_k p_x}\Big(\sum_{\ell=0}^{k-1} r^{k-\ell}\, S(\ell)\, {}_\ell p_x + \sum_{\ell=0}^{k-1} r^{k-\ell-1}\, D(\ell+1)\, {}_\ell p_x\, q_{x+\ell}\Big). \tag{9.10.1}$$

Beweis. Iteration der Rekursion (9.9.4) (für eine Verallgemeinerung vergleiche Aufgabe 12). □

Im Gegensatz zur prospektiven Darstellung des prospektiven Deckungskapitals (9.6.3) wird bei der retrospektiven Darstellung (9.10.1) das prospektive Deckungskapital durch einen „Blick in die Vergangenheit" bestimmt. $V_0(k)\, P(T_x > k)$ ist der zur Zeit k erwartete Wert der bis ausschließlich dahin gezahlten Prämien vermindert um die bis ausschließlich dahin gezahlten Erlebensfalleistungen und die bis einschließlich dahin gezahlten Todesfalleistungen. Innerhalb einer Aufschubzeit ist (9.10.1) einfacher zu handhaben als (9.6.3), während nach Abschluß der Prämienzahlungen in der Regel (9.6.3) leichter zu berechnen ist.

9.11 Bemerkung. Die Rekursionsformeln (9.9.1) und (9.9.2) lassen verschiedene Interpretationen zu, bei deren Darstellung wir uns an Abschnitt 7.8 von Bowers et al. (1986) anlehnen.

(a) In der Form der Folgerung 9.9 besagen sie, daß – falls (x) zur Zeit k noch lebt – das prospektive Deckungskapital zur Zeit k genügt, um folgende Zahlungen zu finanzieren:

- die Erlebensfallzahlung $S(k)$ (Leistung – Prämie) exakt zur Zeit k, die per Konvention zur Zeit k als noch nicht getätigt gilt,
- eine einjährige Todesfallversicherung für (x) im Zeitintervall $(k, k+1]$ mit Versicherungssumme $D(k+1)$,
- eine Versicherung für (x) auf das Erleben des Zeitpunktes $k+1$ mit Versicherungssumme $V_0(k+1)$.

(b) Spalten wir nun die Erlebensfallzahlungen auf als Differenz von Leistungen und Prämien,

$$S = S^+ - S^- =: L - \mathcal{P}\,,$$

so liefert (9.9.1) für alle $k \in \mathbb{N}_0$ mit $k < \omega_x - x$ und $L(k) = 0$

$$\begin{aligned}\mathcal{P}(k) &= v(k+1)\,K(k)\,V_0(k+1) - V_0(k) \\ &\quad + v(k+1)\,K(k)\,\big(D(k+1) - V_0(k+1)\big)\,P(T_x \le k+1 \mid T_x > k)\,.\end{aligned}$$

Man erhält also eine Zerlegung der Prämie des $(k+1)$-ten Versicherungsjahres

$$\mathcal{P}(k) = \mathcal{P}^s(k) + \mathcal{P}^r(k) \tag{9.11.1}$$

in die *Sparprämie*

$$\mathcal{P}^s(k) := v(k+1)\,K(k)\,V_0(k+1) - V_0(k)\,, \tag{9.11.2}$$

die zur Anpassung des prospektiven Deckungskapitals zum Jahresende dient, und in die *Risikoprämie*

$$\begin{aligned}\mathcal{P}^r(k) := v(k+1)\,K(k)\,&\big(D(k+1) - V_0(k+1)\big) \\ &\cdot P(T_x \le k+1 \mid T_x > k)\,,\end{aligned} \tag{9.11.3}$$

die zur Abdeckung des Todesfallrisikos in $(k, k+1]$ benötigt wird. Das Versicherungsgeschehen im $(k+1)$-ten Versicherungsjahr wird damit aufgefaßt als eine Verbindung eines Sparvorganges und einer einjährigen Todesfallversicherung mit Versicherungssumme $D(k+1) - V_0(k+1)$, die auch als *riskiertes Kapital* oder als *Risikosumme* bezeichnet wird. Das riskierte Kapital kann auch negativ sein. Die Risikoprämie darf nicht mit der natürlichen Prämie verwechselt werden: Im Gegensatz zu dieser ist sie nicht nur abhängig von den Gegebenheiten in der betrachteten Versicherungsperiode, sondern – über $V_0(k+1)$ – auch von denen in der gesamten Restlaufzeit des Versicherungsvertrages. Gilt das Äquivalenzprinzip und ist $L(0) = \cdots = L(k) = 0$, so ist offenbar nach (9.11.2)

$$V_0(k) = K(k) \sum_{\ell=0}^{k-1} v(\ell)\,\mathcal{P}^s(\ell)\,, \tag{9.11.4}$$

d. h. die Partialsummen der aufgezinsten Sparprämien liefern die Deckungskapitalien. Natürlich bleiben die Formeln (9.11.1) – (9.11.4) sinngemäß (d. h. mit $-S$ statt $\mathcal{P}$) richtig, wenn man auf die Aufspaltung von Erlebensfallzahlungen in Leistungen und Prämien verzichtet und gleich $-S(k)$ wie in (9.11.1) – (9.11.3) in Sparzahlung und Risikozahlung zerlegt. Die Bedingungen $L(k) = 0$ bzw. $L(0) = \cdots = L(k-1) = 0$ können dann entfallen.

(c) Eine andere Form der Gleichung (9.9.1) ist

$$\begin{aligned} V_0(k+1) - V_0(k) &\\ = &- S(k) + \big(1 - v(k+1)\, K(k) \cdot P(T_x > k+1 \mid T_x > k)\big)\, V_0(k+1) \\ &- v(k+1)\, K(k)\, P(T_x \le k+1 \mid T_x > k)\, D(k+1)\,. \end{aligned}$$

Diese Identität besitzt erkennbar eine Gestalt, die der Gestalt der aus Aufgabe 8 bekannten Thieleschen Differentialgleichung ähnelt. Die Thielesche Differentialgleichung, die die Dynamik des prospektiven Deckungskapitals im Rahmen der kontinuierlichen Methode beschreibt, erlaubt ähnliche Interpretationen wie die Rekursionsformeln der diskreten Methode. Beispielsweise läßt sich bei Verwendung der Notation aus Aufgabe 8 die Prämienrate $\pi := f^-$ zerlegen in einen Sparanteil $\pi^s := f^+ + V_0' - \varphi V_0$ und in einen Risikoanteil $\pi^r := \big(v(DT)\, K\, D - V_0\big)\lambda_x$. (Für Einzelheiten vergleiche Gerber (1997), Abschnitt 6.11.) Dies legt den Gedanken an eine gemeinsame Struktur nahe, die den Rekursionsformeln und den Differentialgleichungen zugrunde liegt. Diesen Gedanken, der zu Thieleschen Integralgleichungen führt, werden wir in Abschnitt C weiter verfolgen.

9.12 Beispiel. Wir betrachten eine Gemischte Kapitalversicherung mit konstanter Versicherungssumme und jährlich vorschüssig während der gesamten Laufzeit fälligen konstanten Prämien.

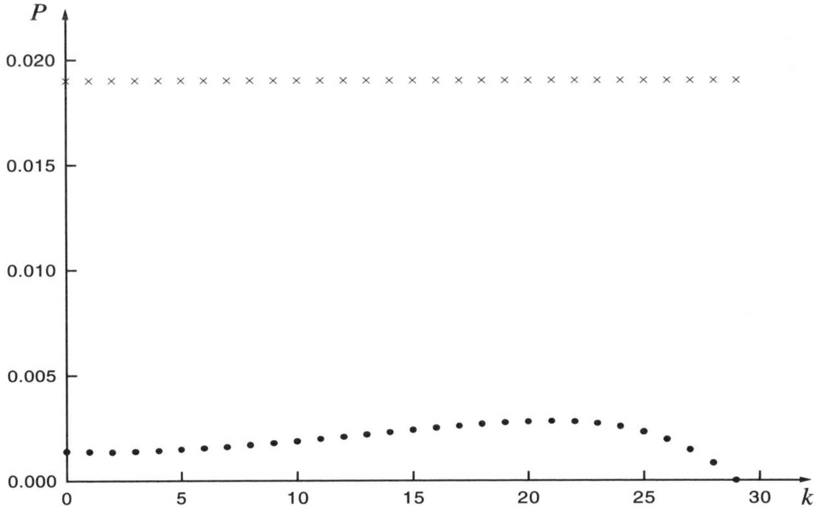

Gemischte Kapitalversicherung: Risikoprämie (Punkte) versus laufende konstante Prämie (Kreuze)

Das Schaubild verdeutlicht die Zerlegung der Prämie in Sparanteil und Risikoanteil, so wie sie sich für die Parameterwahl der Beispiele 9.1 (c) und 9.8 (d) ergibt. Die Risikoprämie liegt stets deutlich unter der Sparprämie und fällt schließlich, da die Ablaufleistung garantiert ist, auf 0.

9.13 Bemerkung. Sind nur die Versicherungsleistungen, nicht aber die Prämien bekannt, so kann Folgerung 9.9 auch zur gemeinsamen Berechnung von Deckungskapitalien und Prämien herangezogen werden, wie wir nun in Anlehnung an Abschnitt 4.2 von Neuburger (1997) kurz ausführen wollen. Wir gehen dazu wiederum aus von einer natürlichen Versicherungszahlung A für (x), die Zahlungen nur zu Jahreswechseln zuläßt. Der Vertrag habe höchstens die Laufzeit $n \leq \omega_x - x$, d. h. es gelte

$$D(\ell) = S(\ell) = 0\,, \quad \ell \geq n+1\,.$$

Die Erlebensfallzahlungen seien von der Form

$$S(\ell) = L(\ell) - {}_{\ell}f \cdot \mathcal{P}\,, \quad \ell \in \{0, \ldots, n\}\,,$$

mit Erlebensfalleistungen $L(0), \ldots, L(n)$, vorgegebenen *Prämienbewertungsfaktoren* ${}_0f \geq 0, \ldots, {}_nf \geq 0$ ($\sum {}_{\ell}f = 1$), also dem Prämienzahlungsmodus

$$\mathrm{Mod}_0 = \sum_{\ell=0}^{n} {}_{\ell}f \cdot 1_{[\ell,\infty)}\,, \quad \mathrm{Mod}_1 \equiv 0\,,$$

und einem zunächst noch unbekannten *Prämienniveau* $\mathcal{P}$, welches gemeinsam mit den Deckungskapitalien $V_0(1), \ldots, V_0(n)$ aus der versicherungsmathematischen Bilanzgleichung (9.9.2) ermittelt werden soll. Insbesondere unterstellen wir zusammengesetzte Verzinsung mit Diskontierungsfaktor v und die Stationaritätsbedingung (3.6.1), nicht jedoch notwendigerweise die Gültigkeit des Äquivalenzprinzips. $V_0(0)$ kann demnach von 0 verschieden sein, wird aber als bekannt vorausgesetzt. Zur Bestimmung der $n+1$ Unbekannten steht das inhomogene lineare Gleichungssystem

$$\begin{aligned}
&{}_kf\,\mathcal{P} + V_0(k) - vp_{x+k}\,V_0(k+1) = L(k) + vq_{x+k}\,D(k+1)\,, \quad k = 0, \ldots, n-1\,,\\
&{}_nf\,\mathcal{P} + V_0(n) = L(n)
\end{aligned}$$

zur Verfügung, welches sich mit der Koeffizientenmatrix

$$M := \begin{pmatrix} {}_0f & -vp_x & 0 & \ldots & 0 & 0 \\ {}_1f & 1 & -vp_{x+1} & \ldots & 0 & 0 \\ {}_2f & 0 & 1 & \ldots & 0 & 0 \\ \vdots & \vdots & \vdots & \ddots & \vdots & \vdots \\ {}_{n-1}f & 0 & 0 & \ldots & 1 & -vp_{x+n-1} \\ {}_nf & 0 & 0 & \ldots & 0 & 1 \end{pmatrix} \tag{9.13.1}$$

sowie den Vektoren

$$\mathfrak{c} := \begin{pmatrix} L(0) + vq_x\, D(1) - V_0(0) \\ L(1) + vq_{x+1}\, D(2) \\ \vdots \\ L(n-1) + vq_{x+n-1}\, D(n) \\ L(n) \end{pmatrix}, \quad \mathfrak{v} := \begin{pmatrix} \mathcal{P} \\ V_0(1) \\ \vdots \\ V_0(n-1) \\ V_0(n) \end{pmatrix} \tag{9.13.2}$$

in der Form

$$M\mathfrak{v} = \mathfrak{c} \tag{9.13.3}$$

schreiben läßt. Indem man, beginnend bei $k = n - 1$, das vp_{x+k}-fache der $(k+1)$-ten Zeile zur k-ten Zeile addiert, wird M durch elementare Zeilenumformungen in eine untere Dreiecksmatrix mit Hauptdiagonalenvektor

$$\Big(\sum_{k=0}^{n} v^k\, {}_k f \prod_{\ell=0}^{k-1} p_{x+\ell}\,, 1, \ldots, 1\Big)^{\top}$$

übergeführt. Folglich gilt

$$\det M = \sum_{k=0}^{n} v^k\, {}_k f\, {}_k p_x\,, \tag{9.13.4}$$

$\det M$ ist also der erwartete Barwert der Prämienzahlungen zum Prämienniveau $\mathcal{P} = 1$. Wird überhaupt mit positiver Wahrscheinlichkeit eine Prämienzahlung fällig (d. h. ist ${}_k f\, {}_k p_x > 0$ für ein k), so ist $\det M > 0$, M ist invertierbar und (9.13.3) geht über in

$$\mathfrak{v} = M^{-1}\, \mathfrak{c}\,. \tag{9.13.5}$$

Für einen schnellen Algorithmus zur Berechnung des Lösungsvektors $\mathfrak{v}$ verweisen wir auf Neuburger (1974 und 1997, Abschnitt 4.2).

C Die Thielesche Integralgleichung

Wie in den vorangegangenen Abschnitten betrachten wir ein unter einem einzigen Risiko stehendes Leben (x) mit zukünftiger Lebensdauer $T_x > 0$, aufgefaßt als Zufallsvariable auf einen Wahrscheinlichkeitsraum $(\Omega, \mathfrak{A}, P)$, mit Verteilungsfunktion F_x und kumulativer Ausscheideintensität Λ_x. K sei eine Kapitalfunktion mit Diskontierungsfunktion v und kumulativer Zinsintensität Φ. Zur Herleitung der Thieleschen Integralgleichung vom Typ 2 aus Satz 9.4 benötigen wir den folgenden technischen Hilfssatz, der ein Spezialfall von Hilfssatz 10.17 ist. Seinen Beweis, im wesentlichen eine Übungsaufgabe zur partiellen Integration, überlassen wir dem Leser.

9.14 Hilfssatz. *Für alle $s < \omega_x - x$ und $t \in [s, \omega_x - x)$ bzw. $t \in (s, \omega_x - x]$ gelten*

$$\begin{aligned} &v(t)\, P(T_x > t \mid T_x > s)\, K(s) - 1 \\ &\quad = -v(t) \Big(\int_{(s,t]} P(T_x > t \mid T_x \geq \tau)\, K(\tau - 0)\, \Phi(d\tau) \\ &\qquad + \int_{(s,t]} K(\tau)\, P(T_x > t \mid T_x > \tau)\, \Lambda_x(d\tau) \Big), \\ &v(t)\, P(T_x \geq t \mid T_x > s)\, K(s) - 1 \\ &\quad = -v(t) \Big(\int_{(s,t]} P(T_x \geq t \mid T_x \geq \tau)\, K(\tau - 0)\, \Phi(d\tau) \\ &\qquad + \int_{(s,t]} K(\tau)\, P(T_x \geq t \mid T_x > \tau)\, \Lambda_x(d\tau) \Big). \end{aligned}$$

9.15 Satz (Thielesche Integralgleichung vom Typ 2). *Sei A eine natürliche Versicherungszahlungsfunktion mit $|F|(\infty) < \infty$. Unter den Integrabilitätsbedingungen* (9.4.1),

$$\int_{(0,\omega_x - x]} v\big(DT(t)\big)\, K(t)\, D(t)\, \Lambda_x(dt) < \infty\,, \tag{9.15.1}$$

$$\int_{[0,\omega_x - x)} \int_{(0,t]} K(\tau)\, \Lambda_x(d\tau)\, v(t)\, |F|(dt) < \infty \tag{9.15.2}$$

und

$$\int_{(0,\omega_x - x]} \int_{(0,t)} K(\tau)\, \Lambda_x(d\tau)\, v\big(DT(t)\big)\, D(t)\, \Lambda_x(dt) < \infty \tag{9.15.3}$$

gilt für alle $s \in [0, \omega_x - x)$

$$\begin{aligned} V_0(s) = F([s, \omega_x - x)) &- \int_{(s,\omega_x - x]} V_0(t - 0)\, \Phi(dt) \\ &+ \int_{(s,\omega_x - x]} \Big(v\big(DT(t)\big)\, K(t)\, D(t) - V_0(t) \Big)\, \Lambda_x(dt)\,. \end{aligned} \tag{9.15.4}$$

Offensichtlich gewinnt man die Thielesche Differentialgleichung aus Aufgabe 8 auch durch Differentiation der Thieleschen Integralgleichung (9.15.4); die dabei benötigten Integrabilitätsbedingungen sind jedoch stärker als die aus Aufgabe 8.

Beweis von Satz 9.15. Sei $0 \le s < \omega_x - x$. Nach Satz 9.4 gilt

$$\begin{aligned} V_0(s) = & \int\limits_{[s,\omega_x - x)} \Big(v(t)\, P(T_x > t \mid T_x > s)\, K(s) - 1 \Big)\, F(dt) \\ & + \int\limits_{(s,\omega_x - x]} v\big(DT(t)\big)\, D(t)\, K(t) \Big(v(t)\, P(T_x \ge t \mid T_x > s)\, K(s) - 1 \Big)\, \Lambda_x(dt) \\ & + F\big([s, \omega_x - x)\big) + \int\limits_{(s,\omega_x - x]} v\big(DT(t)\big)\, K(t)\, D(t)\, \Lambda_x(dt)\,. \end{aligned}$$

Hilfssatz 9.14 und der Satz von Fubini liefern

$$\begin{aligned} V_0(s) = & - \int\limits_{(s,\omega_x - x]} \int\limits_{[\tau,\omega_x - x)} v(t)\, P(T_x > t \mid T_x \ge \tau)\, F(dt)\, K(\tau - 0)\, \Phi(d\tau) \\ & - \int\limits_{(s,\omega_x - x)} \int\limits_{[\tau,\omega_x - x)} v(t)\, P(T_x > t \mid T_x > \tau)\, F(dt)\, K(\tau)\, \Lambda_x(d\tau) \\ & - \int\limits_{(s,\omega_x - x]} \int\limits_{[\tau,\omega_x - x]} v\big(DT(t)\big) D(t)\, P(T_x \ge t \mid T_x \ge \tau)\, \Lambda_x(dt) K(\tau - 0) \Phi(d\tau) \\ & - \int\limits_{(s,\omega_x - x]} \int\limits_{(\tau,\omega_x - x]} v\big(DT(t)\big)\, D(t)\, P(T_x \ge t \mid T_x > \tau)\, \Lambda_x(dt)\, K(\tau)\, \Lambda_x(d\tau) \\ & + F\big([s, \omega_x - x)\big) + \int\limits_{(s,\omega_x - x]} v\big(DT(t)\big)\, K(t)\, D(t)\, \Lambda_x(dt)\,. \end{aligned}$$

Durch erneute Ausnutzung von Satz 9.4 folgt (9.15.4). □

9.16 Bemerkung. Wir gehen aus von der Situation des Satzes 9.15 und spalten den Erlebensfallzahlungsstrom auf als Differenz von Leistungsstrom und Prämienstrom,

$$F = F_+ - F_- =: \Lambda - \Pi\,.$$

Auf Grund der Thieleschen Integralgleichung (9.15.4) vom Typ 2 ergibt sich das prospektive Deckungskapital zur Zeit s, indem man von den zukünftigen Erlebensfalleistungen die zukünftigen Prämien und den zukünftigen Zinsgewinn auf das Deckungskapital

$$\int\limits_{(s,\omega_x - x]} V_0(t-0)\, \Phi(dt) = \int\limits_{(s,\omega_x - x]} V_0(t-0)\, v(t-0)\, K(dt)$$

subtrahiert und einen von der Ausscheideintensität, also dem Risikoverlauf, abhängigen Term addiert. Letzterer soll nun näher betrachtet werden.

Die aufbauend auf der Rekursionsformel (9.9.1) in Bemerkung 9.11 (b) vorgenommene Zerlegung der Prämie in einen Sparanteil und in einen Risikoanteil geht – im diskreten Fall – von einer Anpassung des Deckungskapitals zum Jahresende aus. Tatsächlich jedoch ist auch bei Zahlungen nur zu Jahreswechseln das Deckungskapital nicht unterjährlich konstant (siehe Bemerkung 9.7), sondern unterliegt einer laufenden Anpassung: Bei Tod von (x) zur Zeit t wird das prospektive Deckungskapital $V_0(t)$ unmittelbar frei, während die Versicherungssumme $D(t)$ erst zur Zeit $DT(t)$ bereitzustellen und demnach mit $v\big(DT(t)\big)\,K(t)$ auf den Zeitpunkt t abzuzinsen ist. Wir bezeichnen daher die Funktion

$$R_{01}\colon t \longmapsto v\big(DT(t)\big)\,K(t)\,D(t) - V_0(t) \tag{9.16.1}$$

als *unmittelbar riskiertes Kapital*. Durch Integration nach der kumulativen Ausscheideintensität erhält man den *unmittelbaren Risikoprämienstrom*

$$\Pi^r\colon t \longmapsto \int_{(0,t]} R_{01}(\tau)\,\Lambda_x(d\tau)\,. \tag{9.16.2}$$

Zur Motivation dieser Bezeichnung beachte man, daß sich wegen Hilfssatz 3.45 die diskrete Risikoprämie (9.11.3) schreiben läßt als

$$\mathcal{P}^r(k) = v(k+1)\,K(k)\,\big(D(k+1) - V_0(k+1)\big)\,\Lambda_{K_x}(\{k\})\,.$$

Definiert man in Anlehnung an Bemerkung 9.11 (c) den *unmittelbaren Sparprämienstrom* durch

$$\Pi^s\colon t \longmapsto \Lambda(t) + V_0(t+0) - \int_{(0,t]} V_0(\tau - 0)\,\Phi(d\tau)\,, \tag{9.16.3}$$

so zeigt die zweite Thielesche Integralgleichung bei Voraussetzung des Äquivalenzprinzips die Gültigkeit der *Prämienstromzerlegung*

$$\Pi = \Pi^s + \Pi^r\,, \tag{9.16.4}$$

deren Differentiation im absolutstetigen Fall auf die *Prämienratenzerlegung* aus Bemerkung 9.11 (c) führt. Eine ausführliche Diskussion der Unterschiede der hier vorgenommenen Prämienzerlegung und der Zerlegung bei Zahlungen nur zu ganzzahligen Zeitpunkten (Bemerkung 9.11 (b)) findet sich in den Abschnitten 8.2 bis 8.4 von Wolthuis (1994).

Mit Hilfe der Thieleschen Integralgleichung vom Typ 2 läßt sich zum Beispiel untersuchen, welchen Einfluß die Abänderung von Rechnungsgrundlagen auf die zeitliche Entwicklung des prospektiven Deckungskapitals hat. Diese auf Lidstone (1905) zurückgehende Fragestellung wird unter dem Stichwort „Variation/Änderung der Rechnungsgrundlagen“ in der Literatur diskutiert, siehe u. a. Hoem (1988), Abschnitt 8 und Linnemann (1993), Abschnitte 5 und 6, wo ausgehend von den Thieleschen Differentialgleichungen Differentialgleichungen für die Differenz von Deckungskapitalien nach verschiedenen Rechnungsgrundlagen hergeleitet werden. Ein Spezialfall ist das am Schluß von Abschnitt 8 B aufgeworfene Problem, zu entscheiden, ob eine getroffene Wahl von Rechnungsgrundlagen für Sterblichkeit *und* Verzinsung vorsichtig ist. Unsere Ausführungen lehnen sich an Abschnitt 8 von Hoem (1988) an. Für alternative Kriterien, die von Lidstone (1905) ihren Ausgang genommen haben, verweisen wir auf Norberg (1985) und auf Kapitel 15 von Bowers et al. (1986). Wir benötigen den folgenden Hilfssatz, dessen Beweis ähnlich wie derjenige von Hilfssatz 9.14 eine einfache Übungsaufgabe zur partiellen Integration ist und dem Leser überlassen wird.

9.17 Hilfssatz. *Für alle $s \in [0, \omega_x - x)$, $t \in (s, \omega_x - x]$ und alle signierten Verteilungsfunktionen $Z\colon [0, \infty) \longrightarrow \mathbb{R}^1$ gilt*

$$\begin{aligned}\int\limits_{(s,t]} v(\tau)\, P(T_x \geq \tau \mid T_x > s)\, Z(d\tau) \cdot K(s) \\ = Z((s,t]) - \int\limits_{(s,t]} v(\tau)\, P(T_x \geq \tau \mid T_x > s)\, Z([\tau,t])\, \Phi(d\tau) \cdot K(s) \\ - \int\limits_{(s,t]} v(\tau)\, P(T_x \geq \tau \mid T_x > s)\, Z((\tau,t])\, \Lambda_x(d\tau) \cdot K(s)\,.\end{aligned}$$

Im folgenden gehen wir davon aus, daß Rechnungsgrundlagen erster Ordnung K, v, Φ für die Verzinsung und F_x, Λ_x für die Sterblichkeit sowie Rechnungsgrundlagen zweiter Ordnung K', v', Φ', F_x', Λ_x' gewählt wurden, wobei das rechnerische Höchstalter $\omega_x < \infty$ in beiden Fällen übereinstimmt und für beide Rechnungsgrundlagen die für die Thielesche Integralgleichung vom Typ 2 benötigten Integrabilitätsvoraussetzungen (9.4.1), (9.15.1), (9.15.2) und (9.15.3) gelten. Daneben mögen die folgenden Integrabilitätsbedingungen erfüllt sein:

$$\int\limits_{[0,\omega_x - x)} \int\limits_{(0,t]} K(\tau - 0)\, \Phi'(d\tau)\, v(t)\, |F|\,(dt) < \infty\,, \tag{9.18.1}$$

$$\int\limits_{(0,\omega_x - x]} \int\limits_{(0,t]} K(\tau - 0)\, \Phi'(d\tau)\, v\big(DT(t)\big)\, D(t)\, \Lambda_x(dt) < \infty\,, \tag{9.18.2}$$

$$\int\limits_{[0,\omega_x - x)} \int\limits_{(0,t]} K(\tau)\, \Lambda_x'(d\tau)\, v(t)\, |F|\,(dt) < \infty \tag{9.18.3}$$

und

$$\int\limits_{(0,\omega_x - x]} \int\limits_{(0,t)} K(\tau)\, \Lambda_x'(d\tau)\, v\big(DT(t)\big)\, D(t)\, \Lambda_x(dt) < \infty\,. \tag{9.18.4}$$

Wegen (9.18.1), (9.18.2) und Satz 9.4 ist $V_0(\cdot - 0)$ eigentlich Φ'-integrabel und wegen (9.18.3), (9.18.4) und Satz 9.4 V_0 eigentlich Λ_x'-integrabel. Wir bezeichnen mit V_0' das mit Rechnungsgrundlagen zweiter Ordnung bestimmte prospektive Deckungskapital und setzen $DV_0 := V_0 - V_0'$.

9.18 Satz. *Sei A eine natürliche Versicherungszahlungsfunktion bei einem unter einem einzigen Risiko stehenden Leben mit* $|F|\,(\infty) < \infty$. *Dann gilt unter den obengenannten Integrabilitätsbedingungen für alle* $s \in [0, \omega_x - x)$

$$v'(s)\big(1 - F'_x(s)\big)\, DV_0(s) \tag{9.18.5}$$
$$= \int\limits_{(s,\omega_x - x]} v'(\tau)\big(1 - F'_x(\tau - 0)\big)\Big(R_{01}(\tau)(\Lambda_x - \Lambda'_x)(d\tau) + V_0(\tau - 0)\,(\Phi' - \Phi)(d\tau)$$
$$+ \big(v(DT(\tau))\,K(\tau) - v'(DT(\tau))\,K'(\tau)\big)\,D(\tau)\,\Lambda'_x(d\tau)\Big).$$

Beweis. Wir definieren signierte Verteilungsfunktionen Z_i auf $[0, \infty)$ durch

$$Z_1 := R_{01}\,(\Lambda_x - \Lambda'_x) + V_0(\cdot - 0)\,(\Phi' - \Phi)\,,$$
$$Z_2 := DV_0(\cdot - 0)\,\Phi'$$

und

$$Z_3 := (v \circ DT \cdot K \cdot D - v' \circ DT \cdot K' \cdot D - DV_0)\,\Lambda'_x\,.$$

Indem wir von der Thieleschen Integralgleichung vom Typ 2 für das prospektive Deckungskapital erster Ordnung diejenige für das prospektive Deckungskapital zweiter Ordnung abziehen, erhalten wir

$$DV_0(s) = Z_1((s, \omega_x - x]) - Z_2((s, \omega_x - x]) + Z_3((s, \omega_x - x]), \quad s \in [0, \omega_x - x). \tag{9.18.6}$$

Sei nun $s \in [0, \omega_x - x)$ fest. Einsetzen für $Z_i((s, \omega_x - x])$, $i = 1, 2, 3$, gemäß Hilfssatz 9.17 in die rechte Seite von (9.18.6) liefert

$$v'(s)\big(1 - F'_x(s)\big)\, DV_0(s) = \int\limits_{(s,\omega_x - x]} v'(\tau)\,\big(1 - F'_x(\tau - 0)\big)\, Z_1(d\tau)$$
$$+ \int\limits_{(s,\omega_x - x]} v'(\tau)\big(1 - F'_x(\tau - 0)\big)\, Z_1([\tau, \omega_x - x])\,\Phi'(d\tau)$$
$$+ \int\limits_{(s,\omega_x - x]} v'(\tau)\big(1 - F'_x(\tau - 0)\big)\, Z_1((\tau, \omega_x - x])\,\Lambda'_x(d\tau)$$
$$- \int\limits_{(s,\omega_x - x]} v'(\tau)\big(1 - F'_x(\tau - 0)\big)\, Z_2(d\tau)$$
$$- \int\limits_{(s,\omega_x - x]} v'(\tau)\big(1 - F'_x(\tau - 0)\big)\, Z_2([\tau, \omega_x - x])\,\Phi'(d\tau)$$
$$- \int\limits_{(s,\omega_x - x]} v'(\tau)\big(1 - F'_x(\tau - 0)\big)\, Z_2((\tau, \omega_x - x])\,\Lambda'_x(d\tau) +$$

$$
\begin{aligned}
&+ \int\limits_{(s,\omega_x - x]} v'(\tau)\big(1 - F'_x(\tau - 0)\big)\, Z_3(d\tau) \\
&+ \int\limits_{(s,\omega_x - x]} v'(\tau)\big(1 - F'_x(\tau - 0)\big)\, Z_3([\tau, \omega_x - x])\, \Phi'(d\tau) \\
&+ \int\limits_{(s,\omega_x - x]} v'(\tau)\big(1 - F'_x(\tau - 0)\big)\, Z_3((\tau, \omega_x - x])\, \Lambda'_x(d\tau)\,.
\end{aligned}
$$

Indem man in den zweiten und dritten Summanden auf der rechten Seite dieser Identität für $Z_1([\tau, \omega_x - x])$ und $Z_1((\tau, \omega_x - x])$ gemäß (9.18.6) einsetzt und die so auf der rechten Seite insgesamt entstehenden dreizehn Summanden zusammenfaßt, folgt (9.18.5). □

9.19 Bemerkungen. Gegeben sei die Situation von Satz 9.18.

(a) In Anlehnung an Hoem (1988) nennen wir die *Rechnungsgrundlagen erster Ordnung K und F_x sicherer als die Rechnungsgrundlagen zweiter Ordnung K' und F'_x in Bezug auf die Versicherungsleistung A*, falls

$$DV_0(s) \geq 0\,, \qquad s \in [0, \omega_x - x)\,. \tag{9.19.1}$$

Dies bedeutet, daß das nach technischen Rechnungsgrundlagen erster Ordnung bereitgestellte prospektive Deckungskapital zu jedem Vertragszeitpunkt ausreicht, die tatsächlich nach Rechnungsgrundlagen zweiter Ordnung bestehenden Verpflichtungen zu erfüllen.

(b) Nach (9.18.5) ist hinreichend für (9.19.1), daß

$$R_{01}(\Lambda_x - \Lambda'_x) + V_0(\cdot - 0)(\Phi' - \Phi) + (v \circ DT \cdot K - v' \circ DT \cdot K')\, D\Lambda'_x \geq 0\,, \tag{9.19.2}$$

wobei $\geq$ hier bedeutet, daß die linke Seite, aufgefaßt als Borelmaß auf $(0, \omega_x - x]$, nichtnegativ ist. Die direkte Verifikation dieser Bedingung ist schwierig. Wir zeigen deshalb, daß die gemeinsame Gültigkeit der folgenden Bedingungen

$$V_0(s) \geq 0\,, \quad s \in [0, \omega_x - x)\,, \tag{9.19.3}$$

$$\Phi((s,t]) \leq \Phi'((s,t]), \quad 0 \leq s \leq t \leq \omega_x - x\,, \tag{9.19.4}$$

$$R_{01}(s) \geq 0 \text{ und } \Lambda_x((s,t]) \geq \Lambda'_x((s,t])\,, \quad 0 \leq s \leq t \leq \omega_x - x\,, \tag{9.19.5}$$

oder von (9.19.3), (9.19.4) sowie

$$R_{01}(s) \leq 0 \text{ und } \Lambda_x((s,t]) \leq \Lambda'_x((s,t])\,, \quad 0 \leq s \leq t \leq \omega_x - x\,, \tag{9.19.6}$$

hinreichend für (9.19.2) und damit dafür ist, daß die Rechnungsgrundlagen K und F_x sicherer als K' und F'_x sind: Wegen (9.19.5) oder (9.19.6) definiert der erste Summand in (9.19.2) ein nichtnegatives Maß und wegen (9.19.3) und (9.19.4) auch der zweite Summand. Aus (9.19.4) folgen

$$\Delta\Phi(s) \leq \Delta\Phi'(s) \text{ und } \Phi^{(c)}((s,t]) \leq \Phi'^{(c)}((s,t])\,, \quad 0 \leq s \leq t \leq \omega_x - x\,,$$

und daraus vermöge der Exponentialformel (2.7.2) für alle $0 \le s \le \omega_x - x$

$$\begin{aligned}\frac{K(DT(s))}{K(s)} &= \exp\Big(\Phi^{(c)}\big(DT(s)\big) - \Phi^{(c)}(s)\Big) \prod_{\tau\in(s,DT(s)]} \big(1 + \Delta\Phi(\tau)\big)\\ &\le \exp\Big(\Phi'^{(c)}\big(DT(s)\big) - \Phi'^{(c)}(s)\Big) \prod_{\tau\in(s,DT(s)]} \big(1 + \Delta\Phi'(\tau)\big)\\ &= \frac{K'(DT(s))}{K'(s)},\end{aligned}$$

so daß auch der dritte Summand in (9.19.2) ein nichtnegatives Maß ist.

(c) In den in der Praxis üblicherweise anzutreffenden Situationen ist die Gültigkeit der Bedingungen (9.19.3) – (9.19.6) einfach zu prüfen. Die Bedingung (9.19.3), die besagt, daß der VN zunächst netto (d. h. bei Außerachtlassung von Kosten) durch Prämienzahlung gegenüber dem VR in Vorleistung geht, ist für „vernünftige" Lebensversicherungsprodukte in der Regel erfüllt (vergleiche auch Aufgabe 10.22). Seien nun K bzw. K' die Kapitalfunktionen der zusammengesetzten Verzinsung mit Zinsintensitäten δ bzw. δ'. Die Verteilung der ganzzahlig gestutzten zukünftigen Lebensdauer sei nach Rechnungsgrundlagen erster Ordnung gegeben durch eine Sterbetafel (q_x) und nach Rechnungsgrundlagen zweiter Ordnung durch eine Tafel (q'_x); die ganzzahlig gestutzte Lebensdauer und der erlebte Teil des Todesjahres seien nach beiden Rechnungsgrundlagen stochastisch unabhängig, und letzterer sei $U(0, 1]$-verteilt. Unter Beachtung von Hilfssatz 5.32 gehen die Bedingungen (9.19.4) – (9.19.6) über in

$$\delta \le \delta', \tag{9.19.4'}$$

$$R_{01} \ge 0 \quad \text{und} \quad (q_x) \le_{\text{st}} (q'_x), \tag{9.19.5'}$$

$$R_{01} \le 0 \quad \text{und} \quad (q'_x) \le_{\text{st}} (q_x), \tag{9.19.6'}$$

d. h. der Rechnungszins erster Ordnung sollte niedriger als der zweiter Ordnung sein und die Sterblichkeit erster Ordnung größer oder geringer als diejenige zweiter Ordnung, je nachdem ob das riskierte Kapitel ausschließlich nichtnegativ oder ausschließlich nichtpositiv ist. Wechselt das riskierte Kapital innerhalb der Vertragslaufzeit das Vorzeichen, so müßte man an Stelle von (9.19.5′) oder (9.19.6′) die Bedingung $R_{01}(\Lambda_x - \Lambda'_x) \ge 0$ (als Borelmaß) verwenden.

D Das Hattendorffsche Theorem

Nach Definition 9.3 ist das prospektive Deckungskapital zur Zeit s einer natürlichen Versicherungszahlung A für (x) der bedingte Erwartungswert des „prospektiven Verlustes" $B_{x,s}$, gegeben daß (x) zur Zeit s lebt. Zur Beurteilung des aus einem Versicherungsvertrag für einen VR resultierenden ökonomischen Risikos ist jedoch nicht nur die Kenntnis des (bedingten) Erwartungswertes des Verlustes sondern idealerweise die seiner gesamten Verteilung erforderlich. Hilfsweise können und müssen auch höhere zentrierte Momente – insbesondere die Varianz – des Verlustes herangezogen werden, falls seine Verteilung nicht zugänglich ist. Das wichtigste Hilfsmittel zur Berechnung von Verlustvarianzen ist das Hattendorff-Theorem, dessen Herleitung im Falle eines unter einem einfachen Risiko stehenden Lebens das abschließende Hauptanliegen dieses Einführungskapitels ist. Der Einfachheit halber unterstellen wir für diesen Abschnitt die Gültigkeit des Äquivalenzprinzips $V_0(0) = 0$ und die der Integrabilitätsbedingungen (9.4.1) und (9.4.3), so daß insbesondere das prospektive Deckungskapital stets endlich ist und $\lim_{t\to\infty} v(t)\, V_0(t) = 0$ gilt.

9.20 Definition. Der *Verlust des VR aus der natürlichen Versicherungszahlung A für* (x) *bis einschließlich zur Zeit* $t \geq 0$ ist

$$\mathcal{L}(t) := \frac{D}{K \circ DT}(T_x)\, 1_{[T_x,\infty)}(t) + \int\limits_{[0,T_x\wedge t)} \frac{1}{K(\tau)} F(d\tau) + \frac{V_0(t)}{K(t)}\, 1_{[0,T_x)}(t)\,. \tag{9.20.1}$$

Der *Verlust des VR im Zeitintervall* $(s,t]$ ist

$$\mathcal{L}(t) - \mathcal{L}(s) = \begin{cases} 0, & T_x \leq s \\ \frac{D}{K\circ DT}(T_x) + \int\limits_{[s,T_x)} \frac{1}{K(\tau)} F(d\tau) - \frac{V_0(s)}{K(s)}\,, & s < T_x \leq t \\ \int\limits_{[s,t)} \frac{1}{K(\tau)} F(d\tau) + \frac{V_0(t)}{K(t)} - \frac{V_0(s)}{K(s)}\,, & t < T_x\,. \end{cases} \tag{9.20.2}$$

Der Verlust bis zur Zeit t ist also der Barwert der bis einschließlich zur Zeit t ausgelösten Todesfalleistungen zuzüglich des Barwertes der bis ausschließlich t angefallenen Erlebensfallzahlungen (Leistungen − Prämien) und des Barwertes des zur Zeit t zu stellenden Deckungskapitals. Offenbar besteht zum prospektiven Verlust der Zusammenhang

$$B_{x,t} = K(t)\big(\mathcal{L}(\infty) - \mathcal{L}(t)\big) + V_0(t)\cdot 1_{[0,T_x)}(t)\,, \quad t \geq 0\,; \tag{9.20.3}$$

insbesondere gilt zu Vertragsbeginn

$$B_{x,0} = \mathcal{L}(\infty)\,. \tag{9.20.4}$$

9.21 Beispiele (Teil 1, Teil 2 nach 9.24). Sei A eine natürliche Versicherungszahlungsfunktion in der Lebensversicherung, die Zahlungen höchstens zu Jahreswechseln erlaubt. Es liege zusammengesetzte Verzinsung mit Diskontierungsfaktor v vor, und es gelten (9.6.1) sowie

$$\sum_{k=0}^{[\omega_x - x - 0]} v^{k+1}\, D(k+1)\, F_x\big((k,k+1]\big) < \infty\,. \tag{9.21.1}$$

Nach (9.20.2) ist der Verlust im k-ten Vertragsjahr dann gegeben durch

$$\begin{aligned}&\mathcal{L}(k) - \mathcal{L}(k-1)\\ &\quad = \begin{cases} 0\,, & T_x \le k-1 \\ v^k\, D(k) + v^{k-1}\big(S(k-1) - V_0(k-1)\big)\,, & k-1 < T_x \le k \\ v^k\, V_0(k) + v^{k-1}\big(S(k-1) - V_0(k-1)\big)\,, & k < T_x\,. \end{cases}\end{aligned} \tag{9.21.2}$$

Wir spezialisieren dies nun auf die Beispiele 9.8. Die Deckungskapitalien sind jeweils nach den dort angegebenen Formeln einzusetzen, die Prämien nach den entsprechenden Formeln aus Kapitel 8. Ist $k \in \{1, \dots, n\}$, so gilt

(a) für die n-jährige Erlebensfallversicherung

$$\begin{aligned}&\mathcal{L}(k) - \mathcal{L}(k-1)\\ &\quad = \begin{cases} 0\,, & T_x \le k-1 \\ -v^{k-1}\big(P({}_nE_x) + {}_{k-1}V({}_nE_x)\big)\,, & k-1 < T_x \le k \\ v^k\, {}_kV({}_nE_x) - v^{k-1}\big(P({}_nE_x) + {}_{k-1}V({}_nE_x)\big)\,, & k < T_x\,, \end{cases}\end{aligned}$$

(b) für die um m Jahre aufgeschobene temporäre Leibrente der Dauer $n-m$

$$\begin{aligned}&\mathcal{L}(k) - \mathcal{L}(k-1)\\ &\quad = \begin{cases} 0\,, & T_x \le k-1 \\ -v^{k-1}\big(P({}_{m|n}\ddot{a}_x) + {}_{k-1}V({}_{m|n}\ddot{a}_x)\big)\,, & k-1 < T_x \le k \le m \\ v^{k-1}\big(1 - {}_{k-1}V({}_{m|n}\ddot{a}_x)\big)\,, & m \le k-1 < T_x \le k \\ v^k{}_kV({}_{m|n}\ddot{a}_x) - v^{k-1}\big(P({}_{m|n}\ddot{a}_x) + {}_{k-1}V({}_{m|n}\ddot{a}_x)\big)\,, & k < T_x,\ k \le m \\ v^k{}_kV({}_{m|n}\ddot{a}_x) + v^{k-1}\big(1 - {}_{k-1}V({}_{m|n}\ddot{a}_x)\big)\,, & m < k < T_x\,, \end{cases}\end{aligned}$$

(c) für die n-jährige Todesfallversicherung

$$\mathcal{L}(k) - \mathcal{L}(k-1) = \begin{cases} 0\,, & T_x \le k-1 \\ v^k - v^{k-1}({}_nP_x + {}_{k-1|n}V_x\,, & k-1 < T_x \le k \\ v^k\, {}_{k|n}V_x - v^{k-1}({}_nP_x + {}_{k-1|n}V_x)\,, & k < T_x\,, \end{cases}$$

(d) für die n-jährige Gemischte Kapitalversicherung

$$\mathcal{L}(k) - \mathcal{L}(k-1) = \begin{cases} 0\,, & T_x \le k-1 \\ v^k - v^{k-1}(P_{x:\overline{n}|} + {}_{k-1}V_{x:\overline{n}|})\,, & k-1 < T_x \le k \\ v^k\, {}_kV_{x:\overline{n}|} - v^{k-1}(P_{x:\overline{n}|} + {}_{k-1}V_{x:\overline{n}|})\,, & k < T_x\,. \end{cases}$$

Zum Nachweis von Eigenschaften des Verlustprozesses $\big(\mathcal{L}(t)\big)_{t\ge 0}$ ist eine Darstellung als stochastisches Integral hilfreich, die wir nun aus der Definitionsgleichung (9.20.1) ableiten wollen. Zusätzlich zum Äquivalenzprinzip und zu den Integrabilitätsbedingungen (9.4.1) und (9.4.3) setzen wir für den Rest des Abschnittes voraus, daß $\omega_x = \infty$ oder $\omega_x < \infty$ und $\Delta F_x(\omega_x - x) > 0$. Dann sind $\Lambda_x(t)$, $V_0(t)$ und somit auch

$$\mathcal{L}_0(t) := v(T_x)\, R_{01}(T_x) \cdot 1_{[T_x,\infty)}(t) - \int\limits_{(0,T_x\wedge t]} v(\tau)\, \Pi^r(d\tau) \tag{9.22.1}$$

für jedes $t \geq 0$ endlich. Da $\mathcal{L}_0$ definiert ist als Barwert des für den Tod von (x) gezahlten unmittelbar riskierten Kapitals abzüglich des Barwertes der bis (höchstens) zum Tod von (x) erhaltenen unmittelbaren Risikoprämien, ist zu vermuten, daß $\mathcal{L} = \mathcal{L}_0$. In der Tat gilt

9.22 Hilfssatz. *Sei $\omega_x = \infty$ oder $\omega_x < \infty$ und $\Delta F_x(\omega_x - x) > 0$. Weiter gelte das Äquivalenzprinzip, und es werden die Integrabilitätsbedingungen* (9.4.1),

$$\int_{(0,\omega_x - x)} v(\tau)\, \Lambda_x((0,\tau])\, |F|(d\tau) < \infty\,, \tag{9.22.2}$$

$$\int_{(0,\omega_x - x]} v\big(DT(t)\big)\, D(t)\, \Lambda_x(dt) < \infty\,, \tag{9.22.3}$$

sowie

$$\int_{(0,\omega_x - x]} \int_{(t,\omega_x - x]} v\big(DT(\tau)\big)\, D(\tau)\, \Lambda_x(d\tau)\, \Lambda_x(dt) < \infty \tag{9.22.4}$$

vorausgesetzt. Dann gilt

$$\mathcal{L}(t) = \mathcal{L}_0(t) \quad P\text{-f.s.},\ t \geq 0\,. \tag{9.22.5}$$

Zum Beweis benötigen wir den folgenden

9.23 Hilfssatz. *Unter den Voraussetzungen von Hilfssatz* 9.22 *gilt*

$$\int_{(0,\omega_x - x)} v(\tau)\, |F|(d\tau) < \infty\,, \tag{9.23.1}$$

und das prospektive Deckungskapital zur Zeit $s \geq 0$ erfüllt

$$V_0(s) = \int_{[s,\omega_x - x)} v(\tau)\, F(d\tau) \cdot K(s) + \int_{(s,\omega_x - x]} v(\tau)\, R_{01}(\tau)\, \Lambda_x(d\tau) \cdot K(s)\,. \tag{9.23.2}$$

Beweis. Die Endlichkeitsbehauptung (9.23.1) folgt aus

$$\begin{aligned} &\int_{(0,\omega_x - x)} v(\tau)\, \Lambda_x((0,\tau])\, |F|(d\tau) \\ &= \int_{(0,\omega_x - x)} v(\tau) \int_{(0,\tau]} \frac{F_x(dt)}{1 - F_x(t-0)}\, |F|(d\tau) \geq \int_{(0,\omega_x - x)} v(\tau)\, F_x(\tau)\, |F|(d\tau) \end{aligned}$$

in Verbindung mit den Integrabilitätsbedingungen (9.4.1) und (9.22.2). Zum Beweis von (9.23.2) gehen wir aus von der Darstellung (9.4.2) für das prospektive Deckungskapital, setzen die Rückwärtsintegralgleichung vom Typ 2 (siehe Aufgabe 16) für die bedingten

Überlebenswahrscheinlichkeiten ein, wenden anschließend den Satz von Fubini an und setzen schließlich (9.4.2) für die so entstehenden inneren Integrale ein:

$$
\begin{aligned}
V_0(s) &= \int\limits_{[s,\omega_x-x)} v(t)\, P(T_x > t | T_x > s)\, F(dt)\cdot K(s) \\
&\quad + \int\limits_{(s,\omega_x-x]} v\big(DT(t)\big)\, D(t)\, P(T_x \geq t | T_x > s)\, \Lambda_x(dt)\cdot K(s) \\
&= \int\limits_{[s,\omega_x-x)} v(t)\Big(1 - \int\limits_{(s,t]} P(T_x > t | T_x > \tau)\, \Lambda_x(d\tau)\Big)\, F(dt)\cdot K(s) \\
&\quad + \int\limits_{(s,\omega_x-x]} v\big(DT(t)\big)\, D(t)\, \Big(1 - \int\limits_{(s,t)} P(T_x \geq t | T_x > \tau)\, \Lambda_x(d\tau)\Big)\, \Lambda_x(dt)\cdot K(s) \\
&= \int\limits_{[s,\omega_x-x)} v(t)\, F(dt)\cdot K(s) + \int\limits_{(s,\omega_x-x]} v\big(DT(t)\big)\, D(t)\, \Lambda_x(dt)\cdot K(s) \\
&\quad - \int\limits_{(s,\omega_x-x]} v(\tau)\Big(\int\limits_{[\tau,\omega_x-x)} v(t)\, P(T_x > t | T_x > \tau)\, F(dt)\cdot K(\tau)\Big)\Lambda_x(d\tau)\cdot K(s) \\
&\quad - \int\limits_{(s,\omega_x-x]} v(\tau)\Big(\int\limits_{(\tau,\omega_x-x)} v\big(DT(t)\big) D(t) P(T_x \geq t | T_x > \tau) \Lambda_x(dt)\cdot K(\tau)\Big) \\
&\qquad\qquad \Lambda_x(d\tau)\cdot K(s) \\
&= \int\limits_{[s,\omega_x-x)} v(\tau)\, F(d\tau)\cdot K(s) \\
&\quad + \int\limits_{(s,\omega_x-x]} v(\tau)\Big(v\big(DT(\tau)\big)\, K(\tau)\, D(\tau) - V_0(\tau)\Big)\, \Lambda_x(d\tau)\cdot K(s)\,. \qquad \square
\end{aligned}
$$

Beweis von Hilfssatz 9.22. Sei $t \geq 0$. Hilfssatz 9.23, (9.16.2) und das Äquivalenzprinzip $V_0(0) = 0$ liefern

$$
- \int\limits_{(0,T_x \wedge t]} v(\tau)\, \Pi^r(d\tau) = v(T_x \wedge t)\, V_0(T_x \wedge t) + \int\limits_{[0,T_x \wedge t)} v(\tau)\, F(d\tau)\,.
$$

Zusammen mit (9.16.1) in der Form

$$
v(T_x)\, R_{01}(T_x) = v\big(DT(T_x)\big)\, D(T_x) - v(T_x)\, V_0(T_x)
$$

folgt die Behauptung:

$$\mathcal{L}_0(t) = \begin{cases} v\big(DT(T_x)\big)\,D(T_x) + \int\limits_{[0,T_x)} v(\tau)\,F(d\tau)\,, & T_x \le t \\ v(t)\,V_0(t) + \int\limits_{[0,t)} v(\tau)\,F(d\tau)\,, & T_x > t\,. \end{cases} \qquad \square$$

Aus Hilfssatz 9.22 erhält man das Hattendorffsche Theorem in der Situation eines unter einem einfachen Risiko stehenden Lebens mit Hilfe von Standard-Martingalargumenten.

9.24 Satz (Hattendorffsches Theorem). *Sei* $\omega_x = \infty$ *oder* $\omega_x < \infty$ *und* $\Delta F_x(\omega_x - x) > 0$. *Weiter gelte das Äquivalenzprinzip, und es werden die Integrabilitätsbedingungen* (9.4.1), (9.22.2) – (9.22.4) *sowie*

$$\int\limits_{(0,t]} \Big(v\big(DT(\tau)\big)\,D(\tau)\Big)^2\,F_x(d\tau) < \infty\,, \qquad t \in (0, \omega_x - x] \cap \mathbb{R}^1\,, \tag{9.24.1}$$

vorausgesetzt. Dann ist der Verlust $\mathcal{L}$ *ein zentrierter stochastischer Prozeß mit unkorrelierten Zuwächsen und Varianzstruktur*

$$\begin{aligned} \mathrm{Var}\big(\mathcal{L}(t)\big) &= \int\limits_{(0,t]} \big(v(\tau)\,R_{01}(\tau)\big)^2\,F_x(d\tau) \\ &\quad - \sum_{\tau \le t} \big(v(\tau)\,R_{01}(\tau)\big)^2\,\frac{F_x(\{\tau\})^2}{1 - F_x(\tau - 0)}\,, \qquad t \ge 0\,. \end{aligned} \tag{9.24.2}$$

Beweis. Es ist wohlbekannt und leicht nachzurechnen, daß

$$M_t := 1_{[T_x,\infty)}(t) - \int\limits_{(0,t]} 1_{(0,T_x]}(\tau)\,\Lambda_x(d\tau)\,, \qquad t \ge 0\,, \tag{9.24.3}$$

ein zentriertes quadratintegrables Martingal mit vorhersagbarer quadratischer Variation

$$\langle M\rangle_t = \int\limits_{(0,t]} 1_{(0,T_x]}(\tau)\big(1 - \Lambda_x(\{\tau\})\big)\,\Lambda_x(d\tau)\,, \qquad t \ge 0\,,$$

definiert (siehe zum Beispiel Shorack und Wellner (1986), Theorem 6.1.2 bzw. Aufgabe 12.8). Nach (9.22.1), (9.22.5), (9.16.2) und (9.24.3) gilt

$$\mathcal{L}(t) = \int\limits_{(0,t]} v(\tau)\,R_{01}(\tau)\,dM_\tau \qquad P\text{-f.s.},\ t \ge 0\,. \tag{9.24.4}$$

Der Integrand ist deterministisch – also vorhersagbar – und es gilt die Abschätzung

$$E\Big(\int\limits_{(0,t]} \big(v(\tau)\,R_{01}(\tau)\big)^2\,d\langle M\rangle_\tau\Big) \le E\Big(\int\limits_{(0,t]} \big(v(\tau)\,R_{01}(\tau)\big)^2\,1_{(0,T_x]}(\tau)\,\Lambda_x(d\tau)\Big) =$$

$$= \int\limits_{(0,t]} \Big(v\big(DT(\tau)\big)\, D(\tau) - v(\tau)\, V_0(\tau)\Big)^2\, F_x(d\tau)$$

$$\le 2 \int\limits_{(0,t]} v\big(DT(\tau)\big)^2\, D(\tau)^2\, F_x(d\tau) + 2 \int\limits_{(0,t]} v(\tau)^2\, V_0(\tau)^2\, F_x(d\tau) < \infty\,,$$

letzteres nach (9.24.1) und da $v\,V_0$ beschränkt ist ((9.4.2) in Verbindung mit (9.23.1) und (9.22.3)). Nach Satz 12.26 ist somit auch $\mathcal{L}$ ein zentriertes quadratintegrables Martingal, und die vorhersagbare quadratische Variation ist

$$\langle \mathcal{L} \rangle_t = \int\limits_{(0,t]} \big(v(\tau)\, R_{01}(\tau)\big)^2\, 1_{(0,T_x]}(\tau)\, \big(1 - \Lambda_x(\{\tau\})\big)\, \Lambda_x(d\tau)\,, \quad t \ge 0\,.$$

Insbesondere hat $\mathcal{L}$ unkorrelierte Zuwächse, und es gilt

$$\operatorname{Var}\big(\mathcal{L}(t)\big) = E\big(\langle \mathcal{L} \rangle_t\big) = \int\limits_{(0,t]} \big(v(\tau)\, R_{01}(\tau)\big)^2\, \big(1 - \Lambda_x(\{\tau\})\big)\, F_x(d\tau)\,, \quad t \ge 0\,,$$

also (9.24.2). □

9.21 Beispiele (Teil 2, Teil 3 nach 9.25). Wir wollen nun die Varianzformel (9.24.2) auf die Situation der Beispiele 9.21 (Teil 1) spezialisieren. Dazu beobachten wir zunächst, daß $\mathcal{L}(k) - \mathcal{L}(k-1)$ gemäß (9.21.2) von T_x nur über K_x abhängt: Der Verlust bleibt gleich, wenn T_x durch K_x+1 ersetzt wird. Folglich kann man die Varianzen der jährlichen Verluste mit Hilfe von (9.24.2) berechnen, wobei in dieser Formel F_x ersetzt wird durch

$$\mathcal{L}(K_x + 1 \mid P) = \sum_{k=1}^{\infty} \nu_x(k-1)\, \varepsilon_k\,.$$

Durch diesen einfachen Trick erhalten wir

$$\begin{aligned} \operatorname{Var}\big(\mathcal{L}(k) - \mathcal{L}(k-1)\big) &= v^{2k}\big(D(k) - V_0(k)\big)^2 \left(\nu_x(k-1) - \frac{(\nu_x(k-1))^2}{P(T_x > k-1)}\right) \\ &= v^{2k}\big(D(k) - V_0(k)\big)^2 \nu_x(k-1)\, \frac{P(T_x > k)}{P(T_x > k-1)}\,. \end{aligned} \tag{9.21.3}$$

Zur weiteren Vereinfachung dieser Beziehung setzen wir nun zusätzlich die Stationaritätsbedingung (3.6.1) voraus. Bekanntlich gilt dann $\nu_x(k-1) = {}_{k-1}p_x\, q_{x+k-1}$, $k \in \mathbb{N}$, so daß (9.21.3) übergeht in

$$\operatorname{Var}\big(\mathcal{L}(k) - \mathcal{L}(k-1)\big) = v^{2k}\big(D(k) - V_0(k)\big)^2\, {}_k p_x\, q_{x+k-1}\,, \quad k \in \mathbb{N}\,, \tag{9.21.4}$$

eine aus der Lehrbuchliteratur wohlbekannte Formel (siehe etwa Bowers et al. (1986), (7.10.5)). Die folgenden beiden Plots stellen jeweils für eine reine Todesfallversicherung (Punkte), eine reine Erlebensfallversicherung (Dreiecke) und eine Gemischte Kapitalversicherung (Kreuze) bei Zugrundelegung der Parameter der Beispiele 9.1 (a) – (c) die

Varianzen der jährlichen Verluste graphisch dar, wobei beim ersten Plot laufende, jährlich vorschüssig fällige Prämien und beim zweiten eine Nettoeinmalprämienzahlung unterstellt wird.

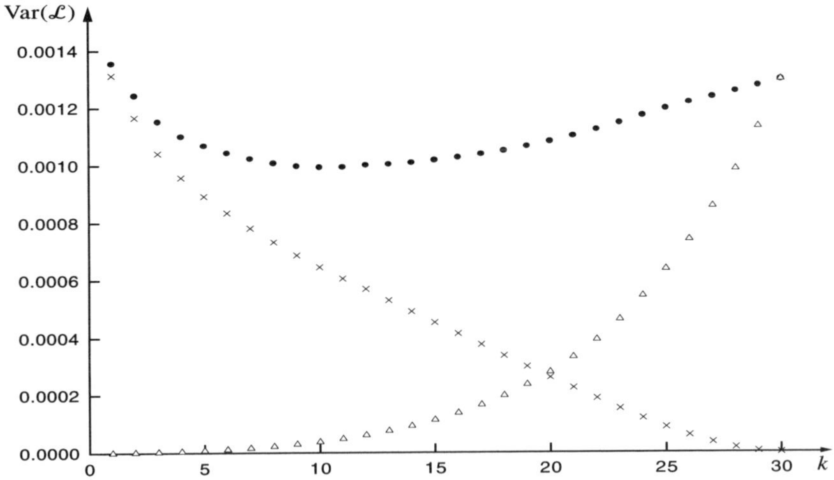

Varianz des Verlustes bei laufenden Prämien: Todesfallversicherung (Punkte), Erlebensfallversicherung (Dreiecke) und Gemischte Kapitalversicherung (Kreuze)

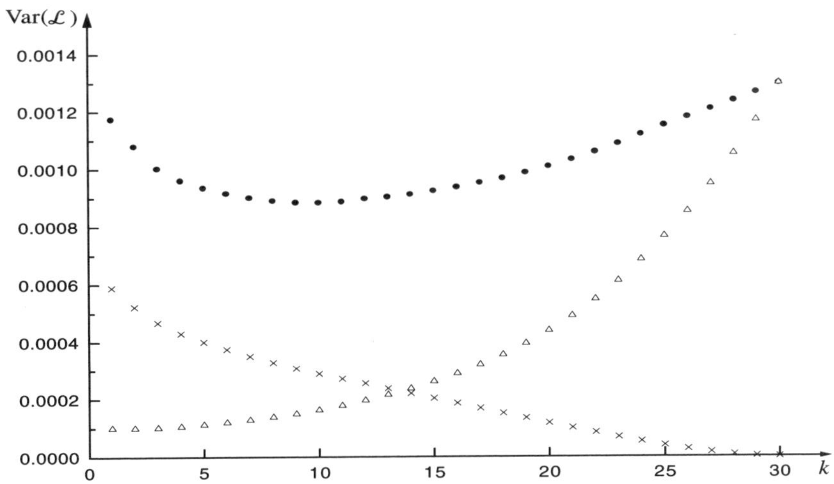

Varianz des Verlustes bei Einmalprämie: Todesfallversicherung (Punkte), Erlebensfallversicherung (Dreiecke) und Gemischte Kapitalversicherung (Kreuze)

Diese Schaubilder zeigen viele interessante Phänomene auf:

- Für die reine Todesfallversicherung ist die Varianz des Gesamtverlustes $\mathcal{L}(n)$ offenbar deutlich größer als für die reine Erlebensfallversicherung oder die Gemischte Kapitalversicherung. (Beispielsweise erhält man bei laufenden Prämien als Gesamtvarianzen 0.0333, 0.0089, 0.0143 und bei Einmalprämienzahlung 0.0306, 0.0125, 0.0064.) Im Hinblick auf die Varianzformel (9.21.4) ist dies auch zu erwarten, da sich bei der reinen Todesfallversicherung nur ein sehr geringes Deckungskapital aufbaut (siehe Beispiel 9.8 (c)) und somit das riskierte Kapital stets vergleichsweise groß ist.
- Bei der Gemischten Kapitalversicherung fällt die Varianz des jährlichen Verlustes mit der Zeit. Auch dies ist plausibel, da das riskierte Kapital durch den raschen Deckungskapitalaufbau – die Prämien sind deutlich höher als bei der reinen Todesfallversicherung, siehe Beispiel 9.8 (d) – schnell fällt und sich das Produkt ${}_kp_{30}\, q_{29+k}$, $k = 1, \dots, 30$, nicht im gleichen Maße ändert (der erste Faktor fällt mit k, der zweite wächst). Klar ist auch, daß die Varianz des Verlustes im letzten Versicherungsjahr 0 ist, da in jedem Falle bei Ablauf dieses Jahres die Versicherungssumme fällig wird.
- Bei einer reinen Erlebensfallversicherung wächst die Varianz des jährlichen Verlustes mit der Zeit, da sich durch den Deckungskapitalaufbau der Absolutbetrag des riskierten Kapitals (hier: des negativen Deckungskapitals) vergrößert. Sie erreicht schließlich, da hier die Todesfallsumme und die Erlebensfallsumme gleich sind, im letzten Versicherungsjahr die Verlustvarianz der reinen Todesfallversicherung.
- Bei Einmalprämienzahlung ist für die Gemischte Kapitalversicherung wie für die reine Todesfallversicherung die Varianz des jährlichen Verlustes zunächst deutlich kleiner als bei laufenden Prämien, wobei dieser Unterschied für die Gemischte Kapitalversicherung sehr viel ausgeprägter ist als für die reine Todesfallversicherung. Durch Verringerung des Betrags der noch ausstehenden Prämien vermindert sich der Unterschied mit fortschreitender Vertragslaufzeit.
- Für die reine Erlebensfallversicherung ist es umgekehrt: Der bei Einmalprämienzahlung schnellere Deckungskapitalaufbau führt zu einer gegenüber laufenden Prämienzahlungen größeren Varianz des Verlustes, der Unterschied vermindert sich ebenfalls mit fortschreitender Zeit.

Wegen des Zusammenhanges (9.20.3) zwischen dem prospektiven Verlust $B_{x,s}$ und dem Gesamtverlust $\mathcal{L}(\infty)$ bzw. dem Verlust bis zur Zeit s kann das Hattendorff-Theorem auch zur Berechnung der bedingten Varianz des prospektiven Verlustes zur Zeit $s \geq 0$ gegeben $T_x > s$ herangezogen werden:

9.25 Bemerkung. Unter den Voraussetzungen von Satz 9.24 und bei Gültigkeit der Stationaritätsbedingung (3.6.1) ist

$$\begin{aligned}\operatorname{Var}(B_{x,s} \mid T_x > s) &= \operatorname{Var}\Big(K(s)\big(\mathcal{L}(\infty) - \mathcal{L}(s)\big) + V_0(s) \cdot 1_{[0,T_x)}(s) \mid T_x > s\Big) \\ &= K(s)^2 \operatorname{Var}\big(\mathcal{L}(\infty) - \mathcal{L}(s) \mid T_x > s\big),\end{aligned}$$

wobei

$$\mathcal{L}(T_x \mid T_x > s) = \varepsilon_s * \mathcal{L}(T_{x+s}),$$

so daß $\operatorname{Var}\big(\mathcal{L}(\infty) - \mathcal{L}(s) \mid T_x > s\big)$ berechnet werden kann, indem man die Varianzformel (9.24.2) mit $\varepsilon_s * \mathcal{L}(T_{x+s})$ an Stelle von $\mathcal{L}(T_x)$ bei sonst gleichen Vertragsparametern benutzt:

$$\begin{aligned}\operatorname{Var}\big(\mathcal{L}(\infty) - \mathcal{L}(s)|T_x > s\big) &= \int\limits_{(0,\infty)} \big(v(\tau+s)\, R_{01}(\tau+s)\big)^2\, F_{x+s}(d\tau) \\ &\quad - \sum_{\tau>s} \big(v(\tau)\, R_{01}(\tau)\big)^2\, \frac{F_{x+s}(\{\tau-s\})^2}{1 - F_{x+s}(\tau-s-0)}, \qquad s \geq 0.\end{aligned}$$

Also gilt für alle $s \geq 0$

$$\begin{aligned}\operatorname{Var}(B_{x,s} \mid T_x > s) &= \int\limits_{(0,\infty)} \Big(\frac{v(\tau+s)}{v(s)} R_{01}(\tau+s)\Big)^2\, F_{x+s}(d\tau) \\ &\quad - \sum_{\tau>s} \Big(\frac{v(\tau)}{v(s)} R_{01}(\tau)\Big)^2\, \frac{F_{x+s}(\{\tau-s\})^2}{1 - F_{x+s}(\tau-s-0)}.\end{aligned} \tag{9.25.1}$$

Anschaulich läuft dies darauf hinaus, daß man an Stelle des ursprünglichen Versicherungsvertrages für (x) einen Vertrag für $(x+s)$ mit Kapitalfunktion $K(\cdot+s)/K(s)$, Erlebensfallzahlungsstrom $F(\cdot+s) - F(s) - V_0(s)$ (also Anfangsprämie $V_0(s)$), Versicherungssumme $D(\cdot+s)$ und Fälligkeitszeit $DT(\cdot+s)$ betrachtet (siehe auch Bowers et al. (1986), Abschnitt 7.10). Wir spezialisieren nun weiter auf die in Beispiel 9.21 betrachtete Situation einer natürlichen Versicherungszahlungsfunktion, die Zahlungen nur zu Jahreswechseln vorsieht, zusammengesetzte Verzinsung und den Fall $s = k \in \mathbb{N}_0$. Wie bei der Herleitung von (9.21.4) erhalten wir dann

$$\operatorname{Var}(B_{x,k} \mid T_x > k) = \sum_{\ell=1}^{\infty} v^{2\ell}\big(D(k+\ell) - V_0(k+\ell)\big)^2\, {}_{\ell}p_{x+k}\, q_{x+k+\ell-1}, \tag{9.25.2}$$

eine Darstellung der bedingten Varianz des prospektiven Verlustes, die man natürlich auch direkt aus (9.21.4) herleiten kann.

Wenn die Verteilung des Gesamtverlustes aus einem Versicherungsvertrag nicht explizit erhältlich ist, so kann sie doch in der Regel für praktische Zwecke hinreichend gut durch stochastische Simulation approximiert werden (vergleiche die Aufgaben 18 (e) sowie 21 (f) und (g)).

9.21 Beispiele (Teil 3, Teil 4 vor Abschnitt E). In der diskreten Situation der Beispiele 9.21 läßt sich ausgehend von einer Sterbetafel die Verteilung des Gesamtverlustes $\mathcal{L}(\infty)$ sehr einfach bestimmen, da sie endlichen Träger besitzt. Seien $n \in \{1, \ldots, \omega_x - x\}$

die Vertragslaufzeit und

$$\ell_k := \begin{cases} \mathcal{L}(\infty)\big|_{K_x+1=k}, & k = 1, \ldots, n \\ \mathcal{L}(\infty)\big|_{K_x+1>n}, & k = n+1, \end{cases} \tag{9.21.5}$$

also ℓ_k der Verlust bei Tod im k-ten Vertragsjahr ($k = 1, \ldots, n$) und ℓ_{n+1} der Verlust, falls die versicherte Person den Vertragsablauf überlebt. $(\ell_k)_{k=1,\ldots,n+1}$ kann aus

$$\mathcal{L}(\infty) = \sum_{k=1}^{n} \big(\mathcal{L}(k) - \mathcal{L}(k-1)\big)$$

in Verbindung mit (9.21.2) berechnet werden. Die Verteilung von $\mathcal{L}(\infty)$ ist dann gegeben durch die Zählmaßdichte („Wahrscheinlichkeitsfunktion")

$$P\big(\mathcal{L}(\infty) = \ell_j\big) = \sum_{\{k\in\{1,\ldots,n+1\}|\ell_j=\ell_k\}} w_x(k), \quad j = 1, \ldots, n+1, \tag{9.21.6}$$

wobei unter der Stationaritätsbedingung (3.6.1)

$$w_x(k) := \begin{cases} \nu_x(k-1) = {}_{k-1}p_x\, q_{x+k-1}, & k = 1, \ldots, n \\ 1 - \sum\limits_{j=1}^{n} w_x(j), & k = n+1, \end{cases} \tag{9.21.7}$$

also $w_x(k)$ für $k = 1, \ldots, n$ die Wahrscheinlichkeit für einen Tod im k-ten Vertragsjahr und $w_x(n+1)$ die Wahrscheinlichkeit für ein Überleben des Vertragsablaufes ist. Sind die ℓ_k paarweise verschieden – das ist der Regelfall – so vereinfacht sich (9.21.6) zu

$$P\big(\mathcal{L}(\infty) = \ell_j\big) = w_x(j), \quad j = 1, \ldots, n+1. \tag{9.21.6'}$$

Die folgenden sechs Schaubilder zeigen diese Zählmaßdichten jeweils für eine Todesfallversicherung, eine Erlebensfallversicherung und eine Gemischte Kapitalversicherung bei Zugrundelegung der Parameter der Beispiele 9.1 (a) – (c) bei laufenden konstanten Prämien (linker Plot) und bei Nettoeinmalprämienzahlung (rechter Plot) im halblogarithmischen Maßstab. Die Gestalt dieser Zählmaßdichten ist leicht zu erklären. Wir beschränken uns auf den Fall der Einmalprämienzahlung zu Vertragsbeginn. Bei der Todesfallversicherung gehört der Trägerpunkt der Verteilung mit negativem Vorzeichen und großer Wahrscheinlichkeit zum Überlebensrisiko, die Trägerpunkte mit positivem Vorzeichen und geringen Wahrscheinlichkeiten gehören jeweils (und zwar „absteigend geordnet") zum Tod in einem Versicherungsjahr. Bei der Erlebensfallversicherung gehört der Trägerpunkt mit negativem Vorzeichen und geringer Wahrscheinlichkeit zum Tod vor Vertragsablauf, der andere Trägerpunkt gehört zum Erleben des Ablaufs. Bei der Gemischten Kapitalversicherung ist die Anzahl der Trägerpunkte der Verlustverteilung gleich der der Vertragsjahre. Der Trägerpunkt mit negativem Vorzeichen und hoher Wahrscheinlichkeit gehört zum Tod nach Beginn des letzten Versicherungsjahres, die anderen Trägerpunkte haben deutlich geringere Eintrittswahrscheinlichkeiten und gehören jeweils (wieder „absteigend geordnet") zum Tod in den vorherigen Versicherungsjahren. Insgesamt fällt die starke Asymmetrie aller dieser Verlustverteilungen auf. Die der Todesfallversicherung und der Gemischten Kapitalversicherung sind rechtsschief (linkssteil), d. h. die Gipfel der Verteilungen und ihre Mediane liegen links vom Erwartungswert Null, anzahlmäßig überwiegen große positive Abweichungen von Null, die allerdings mit geringer Wahrscheinlichkeit auftreten; die Verlustverteilungen der reinen Erlebensfallversicherung sind linksschief (rechtssteil), d. h. die Gipfel der Verteilungen und ihre Mediane liegen rechts vom Erwartungswert Null, es überwiegen negative Abweichungen von Null, die alle mit geringer Wahrscheinlichkeit auftreten. Anschaulich lassen sich die Graphiken dahingehend interpretieren, daß bei der Todesfallversicherung und bei der Gemischten Kapitalversicherung der VR den größten Teil des Verlustrisikos trägt, während bei der Erlebensfallversicherung der VN das Hauptverlustrisiko hat (siehe Teil 4 dieser Beispiele für eine Präzisierung dieser Interpretation).

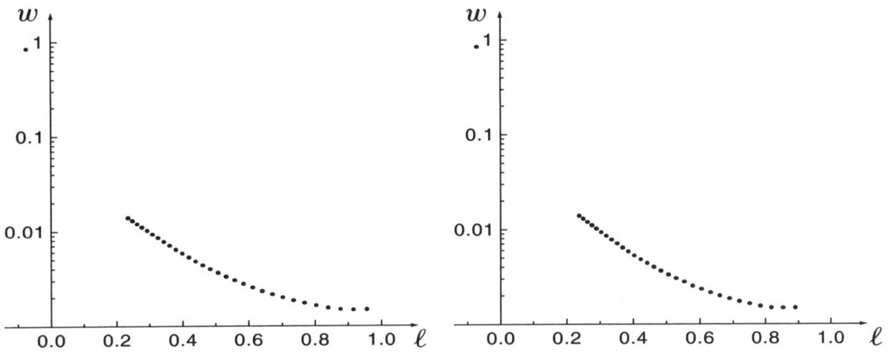

Verteilung des Verlustes aus einer Todesfallversicherung bei laufenden Prämien (links) und bei Einmalprämie (rechts), halblogarithmischer Maßstab

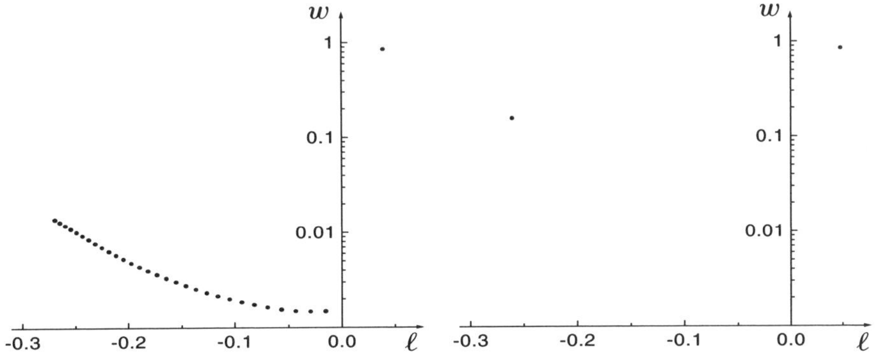

Verteilung des Verlustes aus einer Erlebensfallversicherung bei laufenden Prämien (links) und bei Einmalprämie (rechts), halblogarithmischer Maßstab

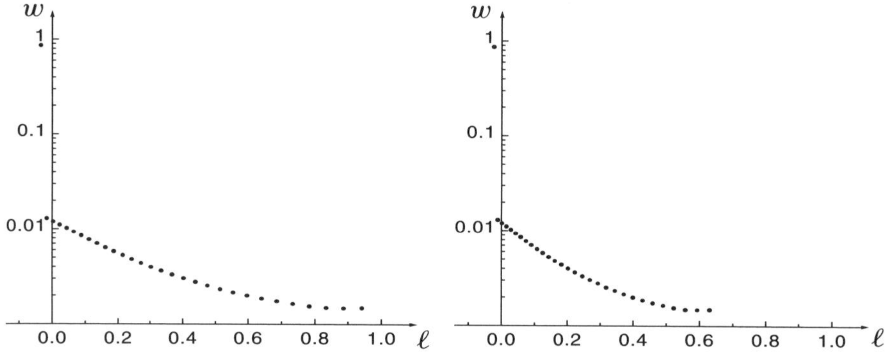

Verteilung des Verlustes aus einer Gemischten Kapitalversicherung bei laufenden Prämien (links) und bei Einmalprämie (rechts), halblogarithmischer Maßstab

Wie diese Beispiele zeigen, bildet die Varianz des Gesamtverlustes nicht alle zur Risikobewertung wichtigen Eigenschaften der Verlustverteilung ab. Das trifft natürlich auf jede beliebige einzelne (Streuungs-) Maßzahl zu. Aber selbst wenn man die Notwendigkeit akzeptiert, durch die Beschränkung auf eine einzige Kennzahl wichtige Informationen über die Verteilung zu verlieren, so ist fraglich, ob es nicht durchweg aussagekräftigere Kennzahlen gibt. Die Varianz gewichtet positive wie negative Abweichungen vom mittleren Verlust Null gleich (bezüglich der Verlustverteilung). Negative Abweichungen bedeuten jedoch einen Gewinn des VR, so daß dieser a priori nur ein ökonomisches Interesse daran hat, die *positive Semivarianz*

$$\mathrm{Var}_+\big(\mathcal{L}(\infty)\big) := E\Big(\big(\mathcal{L}(\infty)^+\big)^2\Big)$$

klein zu halten. Dies ist derselbe Grundgedanke, der dem von Goovaerts et al. (1984) in Abschnitt 2.7 geschilderten Semivarianzprinzip zugrunde liegt. (Überhaupt besteht eine enge Beziehung zwischen Risikokennzahlen einerseits und Prämienberechnungsprinzipien andererseits.) Die positive Semivarianz des Gesamtverlustes ist rechnerisch und theoretisch in der Regel noch schwerer zugänglich als seine Varianz.

9.21 Beispiele (Teil 4). In der diskreten Situation der Beispiele 9.21 ist die positive Semivarianz des Gesamtverlustes natürlich leicht berechenbar, da dessen Verteilung komplett bekannt ist. Mit den Bezeichnungen aus (9.21.5) und (9.21.7) gilt

$$\mathrm{Var}_+\big(\mathcal{L}(\infty)\big) = \sum_{k=1}^{n+1} (\ell_k^+)^2\, w_x(k)\,. \qquad (9.21.8)$$

Die folgende Tabelle enthält die positive Semivarianz des Gesamtverlustes und deren Anteil an der Gesamtvarianz jeweils für eine Todesfallversicherung, eine reine Erlebensfallversicherung und eine Gemischte Kapitalversicherung bei Zugrundelegung der

Parameter der Beispiele 9.1 (a) – (c) bei laufenden konstanten Prämien und bei Nettoeinmalprämienzahlung.

Positive Semivarianz des Gesamtverlustes

	Laufende Prämien		Einmalprämie	
	Var_+	$\text{Var}_+ / \text{Var}$	Var_+	$\text{Var}_+ / \text{Var}$
Todesfallversicherung	0.0288	86.50%	0.0264	86.27%
Erlebensfallversicherung	0.0013	14.61%	0.0019	15.58%
Gem. Kapitalversicherung	0.0133	93.16%	0.0059	93.15%

E Das prospektive Deckungskapital unter Berücksichtigung von Zuschlägen und Kosten

Bisher haben wir in den allgemeinen Überlegungen dieses Kapitels weitgehend darauf verzichtet, Angaben über die Art der in die Deckungskapitalberechnung eingehenden Rechnungsgrundlagen und des Zusammenhanges von Versicherungsleistungsfunktion und Prämienzahlungsfunktion zu machen. Das prospektive Deckungskapital kann berechnet werden mit Rechnungsgrundlagen erster Ordnung oder zweiter Ordnung, mit biometrischen Rechnungsgrundlagen für normale oder für erhöhte Risiken, mit Nettoprämien nach dem Äquivalenzprinzip oder – unter Einbeziehung (eines Teiles) der Kosten – mit Zillmerprämien bzw. mit ausreichenden Prämien. Für theoretische Überlegungen, wie etwa die Herleitung von Rekursionsformeln, der Thieleschen Integralgleichung oder des Hattendorffschen Theorems sind solche Angaben irrelevant. Soweit das Äquivalenzprinzip – beispielsweise bei Anfangsbedingungen für die Lösung von Rekursionsgleichungen und Integralgleichungen – eine Rolle spielt, ist nur von Bedeutung, daß die Rechnungsgrundlagen für die Prämienberechnung identisch sind mit denen der Deckungskapitalberechnung. In der Praxis sind natürlich stets entsprechende Spezifikationen vorzunehmen, die dann ihren Niederschlag in der Sprechweise und in der Notation finden. So sprechen wir etwa vom *prospektiven Deckungskapital erster Ordnung* und vom *prospektiven Deckungskapital zweiter Ordnung* (das häufig mit dem Grundsymbol V' an Stelle von V bezeichnet wird) sowie vom prospektiven Deckungskapital bei normalem oder bei erhöhtem Risiko, wobei man für letzteres häufig das Grundsymbol V^* verwendet.

9.26 Definitionen. Das prospektive Deckungskapital erster Ordnung und für normales Risiko heißt

- *Nettodeckungskapital*, falls die zugrunde gelegte Prämie als Nettoprämie, d. h. nur unter Berücksichtigung der reinen Versicherungsleistungen und ohne Kostenanteile, nach dem Äquivalenzprinzip berechnet wurde;
- *gezillmertes Deckungskapital*, Grundsymbol ${}^{\alpha}V$, falls die Prämie als Zillmerprämie, d. h. nur unter Berücksichtigung der reinen Versicherungsleistungen und der rechnerischen Abschlußkosten, also ohne Verwaltungskostenanteile, nach dem Äquivalenzprinzip berechnet wurde;
- *ausreichendes Deckungskapital*, Grundsymbol ${}^{a}V$, falls die zugrunde gelegte Prämie als ausreichende Prämie, d. h. unter Berücksichtigung aller Versicherungsleistungen und Kosten nach dem Äquivalenzprinzip berechnet wurde und die Verwaltungskosten als Erlebensfalleistungen des VR in die Deckungskapitaldefinition 9.3 eingehen.

Für den verbleibenden Teil dieses Abschnittes setzen wir zusammengesetzte Verzinsung mit Diskontierungsfaktor $v \in (0, 1]$ voraus. Wie der folgende Satz zeigt, können das gezillmerte Deckungskapital und das ausreichende Deckungskapital in der Regel als Funktionen des Nettodeckungskapitals berechnet werden.

9.27 Satz. *Gegeben sei eine natürliche Versicherungszahlungsfunktion für ein unter einem Risiko stehendes Leben (x), die eine Versicherungsdauer von $n \in \mathbb{N}$ Jahren und über $m \in \{1, \dots, n\}$ Jahre jährlich vorschüssig zahlbare konstante Nettoprämien $\mathcal{P} > 0$ vorsieht. Seien $GA > 0$ bzw. $GG > 0$ die Bemessungsgrundlagen für die Abschlußkosten bzw. die allgemeinen Verwaltungskosten und $\alpha \geq 0$ der Zillmersatz. Zusammen mit jeder Prämienzahlung fallen β-Kosten $\beta \cdot {}^{a}\mathcal{P}$ ($\beta \in [0, 1)$) und γ-Kosten $\gamma_1 \cdot GG$ ($\gamma_1 \geq 0$) und nach der Prämienzahlung jährlich vorschüssig γ-Kosten $\gamma_2 \cdot GG$ ($\gamma_2 \in [0, \gamma_1]$) an. Es gelte die Stationaritätsbedingung* (3.6.1). *Dann ist für alle $s \in [0, n]$*

$$ {}^{\alpha}V_0(s) = V_0(s) - \frac{\alpha \cdot GA}{\ddot{a}_{x:\overline{m}|}} \sum_{\ell=[s-0]+1}^{m-1} v^{\ell-s}\, {}_{\ell-s}p_{x+s} \tag{9.27.1} $$

und

$$ {}^{a}V_0(s) = {}^{\alpha}V_0(s) + {}^{\gamma}V_0(s)\,, \tag{9.27.2} $$

wobei

$$ {}^{\gamma}V_0(s) := \gamma_2 \cdot GG \begin{cases} \displaystyle\sum_{\ell=[s-0]+1}^{n-1} v^{\ell-s}\, {}_{\ell-s}p_{x+s} \\ \qquad \displaystyle - \frac{\ddot{a}_{x:\overline{n}|}}{\ddot{a}_{x:\overline{m}|}} \sum_{\ell=[s-0]+1}^{m-1} v^{\ell-s}\, {}_{\ell-s}p_{x+s}\,, & s \leq m-1 \\ \displaystyle\sum_{\ell=[s-0]+1}^{n-1} v^{\ell-s}\, {}_{\ell-s}p_{x+s}\,, & s \in (m-1, n] \end{cases} \tag{9.27.3} $$

als Verwaltungskostenrückstellung bezeichnet wird.

Beweis. Ohne Beschränkung der Allgemeinheit sei $GA = GG = 1$. Sei $s \in [0, n]$. Nach (8.18.1) ist ${}^{\alpha}\mathcal{P} = \mathcal{P} + \alpha / \ddot{a}_{x:\overline{m}|}$, so daß Satz 9.4

$$ {}^{\alpha}V_0(s) = V_0(s) - \frac{\alpha}{\ddot{a}_{x:\overline{m}|}} \sum_{\ell=[s-0]+1}^{m-1} v^{\ell-s} \frac{{}_{\ell}p_x}{{}_{s}p_x} $$

liefert, woraus (9.27.1) vermöge (3.6.3) folgt. Zum Nachweis von (9.27.2) beachte man, daß nach (8.18.4)

$$ {}^{a}\mathcal{P} = \mathcal{P} + \Big(\frac{{}^{\alpha}\mathcal{P}}{1-\beta} + \frac{\gamma_1 - \gamma_2}{1-\beta} + \frac{\gamma_2}{1-\beta} \frac{\ddot{a}_{x:\overline{n}|}}{\ddot{a}_{x:\overline{m}|}} - \mathcal{P} \Big), $$

so daß nach Satz 9.4 in Verbindung mit (3.6.3)

$$ \begin{aligned} {}^{a}V_0(s) = {} & V_0(s) + \Big(\mathcal{P} - \frac{{}^{\alpha}\mathcal{P}}{1-\beta} + \frac{\gamma_1 - \gamma_2}{1-\beta} + \frac{\gamma_2}{1-\beta} \frac{\ddot{a}_{x:\overline{n}|}}{\ddot{a}_{x:\overline{m}|}} \Big) \sum_{\ell=[s-0]+1}^{m-1} v^{\ell-s} {}_{\ell-s}p_{x+s} \\ & + \Big(\frac{\beta}{1-\beta} {}^{\alpha}\mathcal{P} + \frac{(\gamma_1 - \gamma_2)\beta}{1-\beta} + \frac{\gamma_2 \beta}{1-\beta} \frac{\ddot{a}_{x:\overline{n}|}}{\ddot{a}_{x:\overline{m}|}} \Big) \sum_{\ell=[s-0]+1}^{m-1} v^{\ell-s} {}_{\ell-s}p_{x+s} \\ & + \gamma_1 \sum_{\ell=[s-0]+1}^{m-1} v^{\ell-s} {}_{\ell-s}p_{x+s} + \gamma_2 \sum_{\ell=([s-0]+1)\vee m}^{n-1} v^{\ell-s} {}_{\ell-s}p_{x+s} \\ = {} & V_0(s) + (\mathcal{P} - {}^{\alpha}\mathcal{P}) \sum_{\ell=[s-0]+1}^{m-1} v^{\ell-s} {}_{\ell-s}p_{x+s} \\ & - \Big(\gamma_1 - \gamma_2 + \gamma_2 \frac{\ddot{a}_{x:\overline{n}|}}{\ddot{a}_{x:\overline{m}|}} \Big) \sum_{\ell=[s-0]+1}^{m-1} v^{\ell-s} {}_{\ell-s}p_{x+s} \\ & + \gamma_1 \sum_{\ell=[s-0]+1}^{m-1} v^{\ell-s} {}_{\ell-s}p_{x+s} + \gamma_2 \sum_{\ell=([s-0]+1)\vee m}^{n-1} v^{\ell-s} {}_{\ell-s}p_{x+s} \\ = {} & {}^{\alpha}V_0(s) + \gamma_2 \Big(1 - \frac{\ddot{a}_{x:\overline{n}|}}{\ddot{a}_{x:\overline{m}|}} \Big) \sum_{\ell=[s-0]+1}^{m-1} v^{\ell-s} {}_{\ell-s}p_{x+s} \\ & + \gamma_2 \sum_{\ell=([s-0]+1)\vee m}^{n-1} v^{\ell-s} {}_{\ell-s}p_{x+s} \,. \end{aligned} $$

□

9.28 Bemerkungen. Wir gehen aus von der Situation von Satz 9.27.

(a) Für das gezillmerte Deckungskapital zu ganzzahligen Vertragszeitpunkten $k \in \{0, \dots, n\}$ gilt nach (9.27.1)

$$^{\alpha}V_0(k) = \begin{cases} V_0(k) - \alpha \cdot GA \, \dfrac{\ddot{a}_{x+k:\overline{m-k}|}}{\ddot{a}_{x:\overline{m}|}}, & k < m \\ V_0(k)\,, & k \geq m\,, \end{cases}$$

insbesondere ist $^{\alpha}V_0(0) = -\alpha \cdot GA$.

(b) Wie aus (9.27.2) und (9.27.3) ersichtlich, ist das ausreichende Deckungskapital von β und γ_1 unabhängig. Es hängt nur von α (über $^{\alpha}V_0$) und von γ_2 (über $^{\gamma}V_0$) ab. Eine Verwaltungskostenrückstellung wird nur im Hinblick auf die Zeit nach Abschluß der Prämienzahlung gebildet, bis dahin werden die Verwaltungskosten unmittelbar den laufenden Prämien entnommen. Falls die Prämienzahlungsdauer und die Versicherungsdauer übereinstimmen ($m = n$), gilt $^{a}V_0 = {}^{\alpha}V_0$, es wird keine Verwaltungskostenrückstellung gebildet. Bei in der Praxis üblichen Kostenparametern ist die Verwaltungskostenrückstellung klein verglichen mit dem prospektiven Deckungskapital.

Für die Verwaltungskostenrückstellung zu ganzzahligen Vertragszeitpunkten $k \in \{0, \dots, n\}$ gilt nach (9.27.3)

$$^{\gamma}V_0(k) = \gamma_2 \cdot GG \begin{cases} \ddot{a}_{x+k:\overline{n-k}|} - \dfrac{\ddot{a}_{x:\overline{n}|}}{\ddot{a}_{x:\overline{m}|}} \, \ddot{a}_{x+k:\overline{m-k}|}, & k \leq m-1 \\ \ddot{a}_{x+k:\overline{n-k}|}\,, & k = m, \dots, n\,. \end{cases}$$

(c) Nun setzen wir zusätzlich voraus, daß die ganzzahlig gestutzte Lebensdauer und der erlebte Teil des Todesjahres stochastisch unabhängig sind und dieser gleichverteilt auf $(0, 1]$ ist. Nach (3.6.3) und (3.43.2) gilt dann für $s \in [0, n]$ und alle $\ell \in \{[s-0]+1, \dots, n\}$

$$\begin{aligned} {}_{\ell-s}p_{x+s} &= {}_{[s-0]+1-s}p_{x+s} \cdot {}_{\ell-[s-0]-1}p_{x+[s-0]+1} \\ &= \left(1 - \frac{([s-0]+1-s)\, q_{x+[s]}}{1-(s-[s])\, q_{x+[s]}}\right) \prod_{\mu=[s-0]+1}^{\ell-1} p_{x+\mu}\,, \end{aligned}$$

so daß das gezillmerte Deckungskapital und das ausreichende Deckungskapital dann direkt mit Hilfe einer Sterbetafel berechnet werden können: Einsetzen in (9.27.1) liefert für $s \in [0, n]$

$$\begin{aligned} ^{\alpha}V_0(s) &= V_0(s) - \frac{\alpha \cdot GA}{\ddot{a}_{x:\overline{m}|}} \, v^{[s-0]+1-s} \, {}_{[s-0]+1-s}p_{x+s} \\ &\quad \cdot \sum_{\ell=[s-0]+1}^{m-1} v^{\ell-[s-0]-1} \prod_{\mu=[s-0]+1}^{\ell-1} p_{x+\mu} \\ &= V_0(s) - \frac{\alpha \cdot GA}{\ddot{a}_{x:\overline{m}|}} \, v^{[s-0]+1-s} \left(1 - \frac{([s-0]+1-s)\, q_{x+[s]}}{1-(s-[s])\, q_{x+[s]}}\right) \\ &\quad \cdot \ddot{a}_{x+[s-0]+1:\overline{m-[s-0]-1}|}\,. \end{aligned}$$

Ebenso erhält man durch Einsetzen in (9.27.3) für die Verwaltungskostenrückstellung im Falle $s \leq m-1$

$$\begin{aligned} {}^{\gamma}V_0(s) &= \gamma_2 \cdot GG \cdot v^{[s-0]+1-s}\Big(1 - \frac{([s-0]+1-s)\,q_{x+[s]}}{1-(s-[s])\,q_{x+[s]}}\Big) \\ &\quad \cdot \Big(\ddot{a}_{x+[s-0]+1:\overline{n-[s-0]-1}|} - \frac{\ddot{a}_{x:\overline{n}|}}{\ddot{a}_{x:\overline{m}|}}\,\ddot{a}_{x+[s-0]+1:\overline{m-[s-0]+1}|}\Big) \end{aligned}$$

und bei $s > m-1$

$$ {}^{\gamma}V_0(s) = \gamma_2 \cdot GG \cdot v^{[s-0]+1-s}\Big(1 - \frac{([s-0]+1-s)\,q_{x+[s]}}{1-(s-[s])\,q_{x+[s]}}\Big)\,\ddot{a}_{x+[s-0]+1:\overline{n-[s-0]-1}|}\,. $$

F Die Bewertung eines Lebensversicherungsvertrages

In einem Lebensversicherungsvertrag haben sich die beiden Vertragspartner (VN und VR) zu in ihrer Art unterschiedlichen, aber äquivalenten Leistungen verpflichtet: Der VR sagt für den Fall des Eintritts eines bestimmten biologischen Ereignisses (Tod, Erleben eines bestimmten Zeitpunktes, Eintritt von Invalidität) eine Leistung zu; der VN verpflichtet sich, vor Eintritt dieses Ereignisses Prämien zu zahlen (einmalig oder wiederholt). Die Vorleistungen des VN führen dazu, daß sich beim VR ein Betrag ansammelt, der zusammen mit den in Zukunft bei ihm eingehenden Prämien dazu dient (und ausreicht), die später fälligen Leistungen zu erbringen. Der beim VR angesammelte Betrag ist das Deckungskapital, das – wie die soeben skizzierte Überlegung nahelegt – retrospektiv ermittelt werden kann, aber in der Regel mit demselben Ergebnis (vergleiche Folgerung 9.10 und Aufgabe 12) prospektiv als Differenz der erwarteten Barwerte der zukünftigen Leistungen und der noch ausstehenden Prämien ermittelt wird.

Das Deckungskapital wird in der Gesetzgebung und im kaufmännischen Bereich je nach Betrachtungsweise recht unterschiedlich bezeichnet: Neben dem neutral erscheinenden Begriff „Zeitwert" (§ 176 Absatz 3 VVG) stehen je nach Verwendungszweck „Passivwert" bzw. „mathematische Rückstellung" bzw. „Deckungsrückstellung" (§ 341f Absatz 1 HGB, § 65 VAG, Deckungsrückstellungsverordnung (BAV, 1996a)) und „Aktivwert" (in der Bilanz des buchführungspflichtigen VN).

Während mit dem Begriff Deckungskapital die Vorstellung verbunden wird, daß die in den entsprechenden Formeln vorkommenden erwarteten Barwerte und Prämien nach übereinstimmenden Rechnungsgrundlagen berechnet werden, wird bei Verwendung des Begriffes *Zeitwert* auf diese Voraussetzung verzichtet. Insbesondere wird diejenige Prämie verwendet, die vertraglich vereinbart ist, während die Barwerte mittels zeit- und realitätsnaher Rechnungsgrundlagen berechnet werden. Je nach Standpunkt sind unterschiedliche Ansätze für die Wahl dieser Rechnungsgrundlagen denkbar. Beispielsweise könnte ein „wohlinformierter Investor", der bereit wäre, in alle Rechte und Pflichten des VN einzutreten, zu anderen Ansätzen kommen als der VR, der – abgesehen von der Notwendigkeit einer vorsichtigen Bewertung seiner Verpflichtungen – durch Rechnungslegungsvorschriften wie die bereits erwähnte Deckungsrückstellungsverordnung (BAV, 1996a) gezwungen ist, bestimmte Grundlagen (zur Zeit in Deutschland die DAV-Sterbetafeln 1994 T bzw. 1994 R und einen Rechnungszins von $i = 4\%$) zu verwenden. Schließlich ist in den Zeitwert der erwartete Barwert „aller zukünftigen Leistungen aus dem Versicherungsvertrag, zu deren Erbringung der VR vertraglich verpflichtet ist, einzubeziehen" (vergleiche die Begründung des den § 176 VVG betreffenden Teiles des Dritten Gesetzes zur Durchführung versicherungsrechtlicher Richtlinien des Vertrages der Europäischen Gemeinschaften in der Bundestagsdrucksache 12/6959 vom 4.3.1994), also auch die erwartete Überschußbeteiligung (siehe Kapitel 11).

Neben den vorgenannten Begriffen gilt es, den *Rückkaufswert* zu betrachten. Darunter versteht man den Betrag, den der VR bei vorzeitiger Beendigung (durch einseitige Erklärung des VN, *Storno* genannt) eines Lebensversicherungsvertrages, bei dem die Fälligkeit einer Leistung gewiß ist, dem VN auszahlt. Dieser Rückkaufswert ist nach § 176 VVG als Zeitwert zu berechnen, wobei nach Absatz 4 ein *Stornoabzug* vorgenommen werden kann. Durch den Stornoabzug sollen andernfalls beim verbleibenden Portefeuille entstehende Verluste durch negative Risikoauslese („Antiselektion"), durch noch nicht getilgte Abschlußkosten, durch zusätzliche, durch den Rückkauf bedingte Verwaltungskosten, durch reduzierte Kapitalerträge auf Grund der nötigen erhöhten Liquiditätshaltung und durch steigende relative Streuung des Verlustes im verkleinerten Portefeuille ausgeglichen werden.

Ein in der Praxis anzutreffendes Verfahren besteht darin, als Stornoabzug einen Prozentsatz des ausreichenden riskierten Kapitals anzusetzen. Beispielsweise könnte also der Rückkaufswert einer n-jährigen Gemischten Kapitalversicherung für (x) zur Zeit k lauten:

$$RW_{x:\overline{n}|}(k) = {}_k^aV_{x:\overline{n}|} - c\,(1 - {}_k^aV_{x:\overline{n}|}) = (1+c)\,{}_k^aV_{x:\overline{n}|} - c\,;$$

c wird je nach Gewicht der auf die einzelnen Abzugsgründe entfallenden Teilbeträge etwa bei 0.01 liegen.

Auch bei sogenannten versicherungstechnischen Änderungen eines Vertrages kommt es auf das vorhandene Deckungskapital (bzw. den Zeitwert) an. Unter einer *versicherungstechnischen Vertragsumwandlung* verstehen wir jede zwischen VN und VR unter Wahrung des Äquivalenzprinzips vertraglich vereinbarte Änderung des zukünftigen Teiles der Versicherungszahlungsfunktion. Beispiele sind die Prämienfreistellung einer Versicherung unter Beibehaltung des Versicherungstyps und Anpassung der Leistungsbeträge, die Abkürzung der Versicherungsdauer, die Leistungsreduktion mit entsprechender Prämienanpassung bis hin zur Vertragsbeendigung durch Storno. Die retrospektive Darstellung des prospektiven Deckungskapitals (Folgerung 9.10 und Aufgabe 12) legt es nahe, das Deckungskapital als „Eigentum" des VN zu betrachten. Diese Sichtweise führt zu dem folgenden

9.29 Grundsatz. Die versicherungstechnische Vertragsumwandlung wird so durchgeführt, daß das prospektive Deckungskapital der Versicherung nach Umwandlung übereinstimmt mit dem vor Umwandlung, gegebenenfalls verändert um den Betrag der Einmalzahlung zum Umwandlungszeitpunkt und vermindert um die Kosten der Vertragsänderung.

Dieser Grundsatz ist offenbar eine Version des Äquivalenzprinzips für die umgewandelte Versicherung, in die das prospektive Deckungskapital vor Umwandlung als Einmalprämienzahlung zum Umwandlungszeitpunkt eingebracht wird (vergleiche auch die beiden Graphiken in der Kapiteleinleitung). In der Versicherungspraxis gilt der Grundsatz allerdings nicht uneingeschränkt: Wie erwähnt wird bei Storno oder Teilstorno in der Regel ein Stornoabzug vorgenommen, d. h. an Stelle des prospektiven Deckungskapitals der Ausgangsversicherung wird gegebenenfalls ein niedrigerer *Rückkaufswert* ausgezahlt. Bei Leistungserhöhung kann auch eine erneute Risikoprüfung zu veränderten biometrischen Rechnungsgrundlagen führen.

9.30 Beispiel. Prämienfreistellung zur Zeit $k \in \{1, \ldots, n-1\}$ einer n-jährigen Gemischten Kapitalversicherung für (x) mit Versicherungssumme 1 (fällig am Ende des Todesjahres oder bei Erleben des Ablaufs) bei ursprünglich während der gesamten Vertragslaufzeit jährlich vorschüssig zahlbaren konstanten Prämien: Für die alte und die neue Versicherung gelte die Kostenstruktur des Satzes 9.27 mit der Versicherungssumme als Bemessungsgrundlage, wobei allerdings für die neue Versicherung α-Kosten und β-Kosten entfallen. Seien S' die neue Versicherungssumme und γ' der neue γ-Kostensatz. Dann gilt nach 9.29

$$S'(A_{x+k:\overline{n-k}|} + \gamma' \cdot \ddot{a}_{x+k:\overline{n-k}|}) = {}^{a}_{k}V_{x:\overline{n}|}.$$

Mit der Prämiendifferenzformel (Aufgabe 14) und den Bemerkungen 9.28 (a) und (b) geht dies bei zusätzlicher Gültigkeit der Stationaritätsbedingung (3.6.1) über in

$$S'\left(\frac{A_{x+k:\overline{n-k}|}}{\ddot{a}_{x+k:\overline{n-k}|}} + \gamma'\right) = P_{x+k:\overline{n-k}|} - P_{x:\overline{n}|} - \frac{\alpha}{\ddot{a}_{x:\overline{n}|}},$$

woraus man vermöge (8.8.8) für die neue Versicherungssumme

$$S' = \frac{P_{x+k:\overline{n-k}|} - P_{x:\overline{n}|} - \alpha/\ddot{a}_{x:\overline{n}|}}{P_{x+k:\overline{n-k}|} + \gamma'}$$

erhält.

9.31 Beispiel. Abkürzung der Versicherungsdauer (und eventuell auch der Prämienzahlungsdauer) einer n-jährigen Gemischten Kapitalversicherung für (x) mit Versicherungssumme 1 (fällig am Ende des Todesjahres oder bei Erleben des Ablaufs) mit abgekürzter m-jährig vorschüssiger Prämienzahlung durch Prämienerhöhung zur Zeit $k \in \{1, \ldots, m-1\}$. Gestrichene Größen m' und n' bezeichnen die Prämienzahlungsdauer bzw. die Versicherungsdauer nach Abkürzung. Für die alte und die neue Versicherung gelte die Kostenstruktur des Satzes 9.27 mit der Versicherungssumme als Bemessungsgrundlage und identischen Kostensätzen, wobei für die neue Versicherung natürlich die vorgegebene erhöhte ausreichende Jahresprämie ${}_{m'-k}^{\;a}P'(A_{x+k:\overline{n'-k}|})$ als Bemessungsgrundlage der β-Kosten dient. Nach dem Äquivalenzprinzip in der Form 9.29 gilt

$$\begin{aligned}{}_k^aV_{x:\overline{n}|} = A_{x+k:\overline{n'-k}|} + \gamma_1 \cdot \ddot{a}_{x+k:\overline{m'-k}|} + \gamma_2 \cdot {}_{m'-k|n'-m'}\ddot{a}_{x+k} \\ - (1-\beta)\, {}_{m'-k}^{\;a}P'(A_{x+k:\overline{n'-k}|}) \cdot \ddot{a}_{x+k:\overline{m'-k}|}\,.\end{aligned} \tag{9.31.1}$$

Gelte nun die Stationaritätsbedingung (3.6.1). Nach Satz 9.27 ist

$${}_k^aV_{x:\overline{n}|} = {}_kV_{x:\overline{n}|} - \alpha\,\frac{\ddot{a}_{x+k:\overline{m-k}|}}{\ddot{a}_{x:\overline{m}|}} + \gamma_2\Big(\ddot{a}_{x+k:\overline{n-k}|} - \frac{\ddot{a}_{x:\overline{n}|}\,\ddot{a}_{x+k:\overline{m-k}|}}{\ddot{a}_{x:\overline{m}|}}\Big),$$

wobei

$${}_kV_{x:\overline{n}|} = A_{x+k:\overline{n-k}|} - {}_mP(A_{x:\overline{n}|})\,\ddot{a}_{x+k:\overline{m-k}|}$$

(Modifikation von (9.8.7)) und

$${}_mP(A_{x:\overline{n}|}) = (1-\beta)\,{}_m^aP(A_{x:\overline{n}|}) - \frac{\alpha}{\ddot{a}_{x:\overline{m}|}} - \gamma_1 + \gamma_2\Big(1 - \frac{\ddot{a}_{x:\overline{n}|}}{\ddot{a}_{x:\overline{m}|}}\Big)$$

(siehe (8.18.4)), so daß insgesamt

$$\begin{aligned}{}_k^aV_{x:\overline{n}|} = A_{x+k:\overline{n-k}|} + \gamma_1 \cdot \ddot{a}_{x+k:\overline{m-k}|} + \gamma_2 \cdot {}_{m-k|n-m}\ddot{a}_{x+k} \\ - (1-\beta)\,\ddot{a}_{x+k:\overline{m-k}|} \cdot {}_m^aP(A_{x:\overline{n}|})\,.\end{aligned} \tag{9.31.2}$$

Gleichsetzung der rechten Seiten von (9.31.1) und (9.31.2) und Auflösung nach der neuen Prämie liefert

$$\begin{aligned}{}_{m'-k}^{\;a}P'(A_{x+k:\overline{n'-k}|}) = {}_m^aP(A_{x:\overline{n}|})\,\frac{\ddot{a}_{x+k:\overline{m-k}|}}{\ddot{a}_{x+k:\overline{m'-k}|}} + \frac{1}{(1-\beta)\,\ddot{a}_{x+k:\overline{m'-k}|}} \\ \cdot\Big(A_{x+k:\overline{n'-k}|} - A_{x+k:\overline{n-k}|} + \gamma_1(\ddot{a}_{x+k:\overline{m'-k}|} - \ddot{a}_{x+k:\overline{m-k}|}) \\ + \gamma_2\big({}_{m'-k|n'-m'}\ddot{a}_{x+k} - {}_{m-k|n-m}\ddot{a}_{x+k}\big)\Big)\,.\end{aligned} \tag{9.31.3}$$

Wir versuchen zunächst, (9.31.3) unter Beibehaltung der Prämienzahlungsdauer, also für $m' = m$, als Gleichung in der Vertragsdauer n' zu lösen, wobei natürlich die Nebenbedingung $n' \geq m$ zu fordern ist. Offenbar geht (9.31.3) dann über in

$$\begin{aligned}{}_{m-k}^{\;a}P'(A_{x+k:\overline{n'-k}|}) = {}_m^aP(A_{x:\overline{n}|}) + \frac{1}{(1-\beta)\,\ddot{a}_{x+k:\overline{m-k}|}} \\ \cdot\Big(A_{x+k:\overline{n'-k}|} - A_{x+k:\overline{n-k}|} - \gamma_2(\ddot{a}_{x+k:\overline{n-k}|} - \ddot{a}_{x+k:\overline{n'-k}|})\Big),\end{aligned}$$

woraus sich mit Aufgabe 5.9 die folgende Bestimmungsgleichung für n' ergibt:

$$\begin{aligned} \ddot{a}_{x+k:\overline{n'-k}|} &= \ddot{a}_{x+k:\overline{n-k}|} - \frac{1}{d-\gamma_2} \\ &\cdot \left({}_{m-k}^{\;\;a}P'(A_{x+k:\overline{n'-k}|}) - {}_{m}^{a}P(A_{x:\overline{n}|})\right)(1-\beta)\,\ddot{a}_{x+k:\overline{m-k}|}\,. \end{aligned} \tag{9.31.4}$$

Da die neue Prämienhöhe vorgegeben ist, hängt nur die linke Seite von (9.31.4) von der gesuchten neuen Versicherungsdauer n' ab. Diese ist damit allerdings nur implizit gegeben. Sie läßt sich durch Vergleich des Wertes der rechten Seite von (9.31.4) mit einer Tabelle der Barwerte temporärer Leibrenten ablesen. Einfacher ist es jedoch, (9.31.4) vermöge (7.3.2) umzuformen in

$$N_{x+n'} = N_{x+n} + \frac{1}{d-\gamma_2}\left({}_{m-k}^{\;\;a}P'(A_{x+k:\overline{n'-k}|}) - {}_{m}^{a}P(A_{x:\overline{n}|})\right)(1-\beta)\,(N_{x+k} - N_{x+m})$$

und aus einer Tabelle der Kommutationszahlen N_* das neue Endalter der Versicherung zu entnehmen (wobei in der Regel eine Interpolation nach Monaten erforderlich sein wird).

Bei zu hoher neuer Prämie kann der Fall eintreten, daß (9.31.4) und damit auch die letzte Gleichung keine Lösung $n' \geq m$ besitzt. In diesem Fall lösen wir (9.31.3) unter Abkürzung auch der Prämienzahlungsdauer und Gleichsetzung von neuer Prämienzahlungsdauer und neuer Versicherungsdauer, also für $m' = n' < m$. (9.31.3) geht dann über in

$$\begin{aligned} {}_{n'-k}^{\;\;a}P'(A_{x+k:\overline{n'-k}|}) &= {}_{m}^{a}P(A_{x:\overline{n}|})\,\frac{\ddot{a}_{x+k:\overline{m-k}|}}{\ddot{a}_{x+k:\overline{n'-k}|}} + \frac{1}{(1-\beta)\,\ddot{a}_{x+k:\overline{n'-k}|}} \\ &\cdot \Big(A_{x+k:\overline{n'-k}|} - A_{x+k:\overline{n-k}|} + \gamma_1(\ddot{a}_{x+k:\overline{n'-k}|} - \ddot{a}_{x+k:\overline{m-k}|}) - \gamma_2 \cdot {}_{m-k|n-m}\ddot{a}_{x+k}\Big), \end{aligned}$$

woraus sich wiederum mit Aufgabe 5.9 die folgende Bestimmungsgleichung für n' ergibt:

$$\begin{aligned} \ddot{a}_{x+k:\overline{n'-k}|} &= \frac{1}{(1-\beta)\,{}_{n'-k}^{\;\;a}P'(A_{x+k:\overline{n'-k}|}) + d - \gamma_1} \\ &\cdot \Big(\ddot{a}_{x+k:\overline{m-k}|}\big((1-\beta)\,{}_{m}^{a}P(A_{x:\overline{n}|}) - \gamma_1 + \gamma_2\big) + \ddot{a}_{x+k:\overline{n-k}|}\,(d-\gamma_2)\Big)\,. \end{aligned} \tag{9.31.5}$$

Auch diese kann durch Vergleich des Wertes der rechten Seite mit einer Tabelle der Barwerte temporärer Leibrenten gelöst werden oder zunächst vermöge (7.3.2) umgeformt werden zu

$$\begin{aligned} N_{x+n'} &= N_{x+n} - \frac{1}{(1-\beta)\,{}_{n'-k}^{\;\;a}P'(A_{x+k:\overline{n'-k}|}) + d - \gamma_1} \\ &\cdot \Big((N_{x+k} - N_{x+m})\,\big((1-\beta)\,{}_{m}^{a}P(A_{x:\overline{n}|}) - \gamma_1 + \gamma_2\big) + (N_{x+k} - N_{x+n})\,(d-\gamma_2)\Big)\,, \end{aligned}$$

um daraus n' mittels einer Kommutationszahlentabelle zu bestimmen.

Ebenso wie die in Aufgabe 25 behandelten Formen der versicherungstechnischen Vertragsumwandlung tritt auch die in Beispiel 9.31 betrachtete Form als spezielle Art der Verwendung von Überschußanteilen auf (siehe Abschnitt 11 C).

G Aufgaben

Aufgabe 1. Sei A eine natürliche Versicherungszahlungsfunktion bei einem unter einem einzigen Risiko stehenden Leben (x), die Zahlungen höchstens zu Jahreswechseln erlaubt. A sehe vor, daß zu Beginn jeden Versicherungsjahres die zugehörige natürliche Prämie gezahlt wird.

(a) Bestimmen Sie die jährliche Prämienhöhe in Abhängigkeit von den anderen Vertragsparametern (Versicherungsleistungen, Kapitalfunktion und $\mathcal{L}(T_x)$) !

(b) Sei $\omega_x - x < \infty$. Zeigen Sie $V_0 \equiv 0$!

Aufgabe 2. Betrachten Sie eine um m Jahre aufgeschobene lebenslang jährlich vorschüssig zahlbare Leibrente mit Jahresbetrag 1 für (x) !

(a) Wie ist der Verlauf der natürlichen Prämie ?

(b) Geben Sie eine Darstellung des prospektiven Deckungskapitals zu ganzzahligen Zeitpunkten mit und ohne Kommutationszahlen, falls während der Aufschubzeit jährlich vorschüssig konstante Prämien gezahlt werden und die Prämienzahlung danach endet ! Stellen Sie den Deckungskapitalverlauf für $x = m = 30$, einen Rechnungszins von 4%, eine geeignete Sterbetafel und unter geeigneten Zusatzvoraussetzungen graphisch dar !

Aufgabe 3. Verallgemeinern Sie (9.7.1) auf beliebige Kapitalfunktionen !

Aufgabe 4. Schreiben Sie eine Routine, die das prospektive Deckungskapital V_0_s zur Zeit s einer gemischten Versicherung mit Todesfalleistungen fällig am Ende des Todesjahres und Erlebensfallzahlungen fällig bei Erleben der Jahreswechsel berechnet. Die Verzinsung erfolge zusammengesetzt, kaufmännisch oder gemischt mit einem Effektivzinsfuß p, die Sterblichkeit errechne sich aus einer der DAV-Sterbetafeln 1994 T oder 1994 R. Die ganzzahlig gestutzte Lebensdauer und der erlebte Teil des Todesjahres seien stochastisch unabhängig, letzterer sei $U(0, 1]$-verteilt. Es gelte die Stationaritätsbedingung (3.6.1).

Als Eingabeparameter liest die Routine die aktuelle Zeit $s \geq 0$, den Verzinsungsmodus $Z/K/G$, den Zinsfuß $p \geq 0$, die Sterbetafel $94T/94R$, das Geschlecht M/W, das Eintrittsalter $x \in \mathbb{N}_0$, das Kalenderjahr des Vertragsbeginns, die Laufzeit des Vertrags (Dauer entweder $n \in \mathbb{N}$ oder bis zum Tod), den Vektor der Todesfalleistungen und den der Erlebensfallzahlungen, jeweils zeitlich geordnet.

Aufgabe 5. Betrachten Sie folgende n-jährige Todesfallversicherungen für (x) mit jährlich fallenden Versicherungssummen, die am Ende des Todesjahres fällig werden, bei jährlich vorschüssig über eine Dauer von $m \leq n$ Jahren zahlbaren konstanten Prämien:

(a) Die Versicherungssumme beginnt bei n im ersten Jahr und fällt jährlich um den Betrag 1.

(b) Eine Restschuldversicherung folgenden Typs: Ausgangspunkt ist ein n-jähriges Annuitätendarlehen der Höhe B mit jährlich nachschüssig fälligen Annuitäten und einem effektiven Darlehenszins j, der nicht mit dem Rechnungszins i der Restschuldversicherung übereinstimmen muß (vergleiche Aufgabe 2.25). Die Versicherungssumme des k-ten Versicherungsjahres sei identisch mit der Restschuld am Ende des Jahres $k-1$, $k = 1, \ldots, n$.

Geben Sie in beiden Fällen eine möglichst einfache Formel für das prospektive Deckungskapital zu ganzzahligen Zeitpunkten an! Setzen Sie dazu zusammengesetzte Verzinsung und die Stationaritätsbedingung (3.6.1) voraus. Legen Sie die DAV-Sterbetafel 1994 T für Männer, einen Rechnungszins von $i = 4\%$, das Eintrittsalter $x = 30$ und eine Laufzeit von 20 Jahren sowie bei (b) zusätzlich die Darlehenshöhe $B = 400\,000$ und den Darlehenszins $j = 7\%$ zugrunde, und stellen Sie jeweils den Deckungskapitalverlauf für $m = 5, 10, 15, 20$ graphisch dar! Was fällt auf?

Aufgabe 6. Verallgemeinern Sie die Deckungskapitalformeln (9.8.7) und (9.8.8) auf den Fall einer Gemischten Kapitalversicherung für (x) mit Laufzeit n und Versicherungssumme 1 fällig am Ende des Todesjahres oder bei Erleben bei jährlich vorschüssig über die ersten $m \le n$ Vertragsjahre zahlbaren konstanten Prämien! Interpretieren Sie den Wert des Deckungskapitals zur Zeit $m-1$!

Aufgabe 7. Seien $n \in \mathbb{N}$ und A eine natürliche Versicherungszahlungsfunktion mit n-teljährlichen Fälligkeiten, d. h.

$$D = \sum_{\ell=1}^{\infty} D\Big(\frac{\ell}{n}\Big) 1_{(\frac{\ell-1}{n}, \frac{\ell}{n}]}, \quad DT = \sum_{\ell=1}^{\infty} \frac{\ell}{n}\, 1_{(\frac{\ell-1}{n}, \frac{\ell}{n}]}, \quad F = \sum_{\ell=0}^{\infty} S\Big(\frac{\ell}{n}\Big) 1_{[\frac{\ell}{n}, \infty)}\,.$$

Es liege zusammengesetzte Verzinsung mit Diskontierungsfaktor v vor. Weiter seien $T_x > 0$ die zukünftige Lebensdauer von (x) mit Verteilungsfunktion F_x und $\omega_x = x + F_x^{-1}(1)$. Es gelte

$$\sum_{\ell=1}^{[n(\omega_x - x)-0]} v^{\ell/n} \Big(1 - F_x\Big(\frac{\ell}{n}\Big)\Big) \Big|S\Big(\frac{\ell}{n}\Big)\Big| < \infty\,.$$

Außerdem seien $K_x = [T_x - 0]$ und $R_x = T_x - K_x$ stochastisch unabhängig und $R_x \sim U(0,1]$.

(a) Sei $k \in \mathbb{N}_0$ mit $k/n < \omega_x - x$. Zeigen Sie

$$V_0\Big(\frac{k}{n}\Big) = \frac{v^{-k/n}}{n\Big(P(K_x \ge [\frac{k}{n}] + 1) + ([\frac{k}{n}] + 1 - \frac{k}{n})\, P(K_x = [\frac{k}{n}])\Big)} \cdot \sum_{\nu=[\frac{k}{n}]}^{[\omega_x - x - 0]} b_{x,\nu}(k)\, P(K_x = \nu)\,,$$

wobei

$$b_{x,\nu}(k) = \sum_{j=(n\nu)\vee k}^{n\nu+n-1} \Big(v^{\frac{j+1}{n}} D\Big(\frac{j+1}{n}\Big) + \sum_{\ell=k}^{j} v^{\ell/n} S\Big(\frac{\ell}{n}\Big)\Big)\,.$$

(b) Seien nun $D \equiv 0$ und

$$F = \sum_{\nu=0}^{\infty} \frac{S(\nu)}{n} \sum_{\ell=n\nu}^{n\nu+n-1} 1_{[\frac{\ell}{n}, \infty)}\,,$$

d. h. die Todesfalleistungen entfallen und die Erlebensfallzahlungen seien unterjährlich konstant. Leiten Sie eine Beziehung her zwischen dem prospektiven Deckungskapital $V_0(k/n)$ und demjenigen prospektiven Deckungskapital, welches man für die natürliche Versicherungszahlungsfunktion mit Verbleibszahlungen S bei Zahlungen höchstens zu Jahreswechseln erhält !

Hinweis: Gehen Sie bei (a) von (9.5.2) aus, und verfahren Sie analog zu Beispiel 5.11 (c) ! Teil (b) ist rechnerisch aufwendig; orientieren Sie sich hier an Satz 5.15 !

Aufgabe 8. Seien A eine natürliche Versicherungszahlungsfunktion bei einem unter einem einzigen Risiko stehenden Leben (x) mit absolutstetiger Erlebensfallzahlung $F = f\lambda^1, T_x > 0$ die zukünftige Lebensdauer von (x) mit absolutstetiger Verteilungsfunktion F_x und Ausscheideintensität λ_x sowie K eine absolutstetige Kapitalfunktion mit Diskontierungsfunktion v und Zinsintensität φ. Zeigen Sie unter den Integrabilitätsbedingungen

$$\int_{[0,\infty)} v(t)\,\big(1 - F_x(t)\big)\,|f(t)|\,dt < \infty$$

und

$$\int_{(0,\infty)} v\,\big(DT(t)\big)\;D(t)\,\lambda_x(t)\,dt < \infty$$

mit Hilfe von Satz 9.4, daß das prospektive Deckungskapital V_0 λ^1-fast überall auf $(0, \infty)$ differenzierbar ist und der *Thieleschen Differentialgleichung*

$$\frac{d}{ds} V_0(s) = -f(s) + (\varphi(s) + \lambda_x(s))\; V_0(s) - \lambda_x(s)\, v\,(DT(s))\; K(s)\, D(s)$$

genügt ! (Siehe auch Satz 9.15 und die daran anschließenden Ausführungen.)

Aufgabe 9. Gegeben sei die Situation von Aufgabe 8 mit stetigen Funktionen f, DT, D, φ und λ_x. Die Thielesche Differentialgleichung ist eine inhomogene lineare Differentialgleichung erster Ordnung mit nichtkonstanten Koeffizienten. Daher ist das zugehörige Anfangswertproblem, welches man aus dem Äquivalenzprinzip $V_0(0) = 0$ erhält, eindeutig lösbar. Bestimmen Sie die Lösung mittels der Methode der Variation der Konstanten, und vereinfachen Sie soweit wie möglich ! Was fällt auf ?

Aufgabe 10.
(a) Wie lautet die Vorwärtsrekursion (9.9.4), wenn man die Wahrscheinlichkeiten durch Kommutationszahlen ersetzt ?
(b) Geben Sie die zu den Beispielen 9.8 gehörigen Vorwärts- und Rückwärtsrekursionen für das prospektive Deckungskapital an !

Aufgabe 11. Gegeben sei eine natürliche Versicherungszahlungsfunktion bei einem unter einem einzigen Risiko stehenden Leben (x), die Zahlungen nur zu Jahreswechseln erlaubt. Es liege zusammengesetzte Verzinsung mit Diskontierungsfaktor v vor. K_x und R_x seien stochastisch unabhängig und $R_x \sim U(0, 1]$; es gelte (9.6.1) und die Stationaritätsbedingung (3.6.1). Zeigen

Sie die Interpolationsformel

$$V_0(k+r) = \frac{v^{1-r}}{1 - r q_{x+k}} \left(\frac{1-r}{v} \Big(V_0(k) - S(k) \Big) + r p_{x+k}\, V_0(k+1) \right), \quad k \in \mathbb{N}_0,\ r \in (0,1]\,!$$

Begründen und interpretieren Sie die in der Praxis häufig verwendete Näherung

$$V_0(k+r) \approx (1-r) \Big(V_0(k) - S(k) \Big) + r\, V_0(k+1), \qquad k \in \mathbb{N}_0,\ r \in (0,1]\,!$$

Literaturhinweis: Bowers et al. (1986), Abschnitt 7.9.

Aufgabe 12 (*Retrospektive Darstellung des prospektiven Deckungskapitals, allgemeine Form*). Sei A eine natürliche Versicherungszahlung für (x). Es gelte (9.4.1), (9.4.3) und das Äquivalenzprinzip. Zeigen Sie als Verallgemeinerung von Folgerung 9.10 und Satz 2.43, daß

$$\begin{aligned} V_0(s) = &- \int\limits_{[0,s)} v(t)\, P(T_x > t)\, F(dt) \cdot \frac{K(s)}{P(T_x > s)} \\ &- \int\limits_{(0,s]} v\big(DT(t)\big)\, D(t)\, P(T_x \geq t)\, \Lambda_x(dt) \cdot \frac{K(s)}{P(T_x > s)}, \qquad s \geq 0, \end{aligned}$$

und interpretieren Sie diese Darstellung !

Hinweis: $V_0(s) = V_0(s) - K(s)/P(T_x > s) \cdot V_0(0)$, $0 \leq s < \omega_x - x$.

Aufgabe 13. Betrachten Sie eine n-jährige Todesfallversicherung für (x) mit Versicherungssumme 1 fällig am Ende des Todesjahres, sowie eine n-jährige Erlebensfallversicherung für (x) mit Versicherungssumme 1 fällig bei Erleben des Ablaufs, jeweils bei zusammengesetzter Verzinsung und während der gesamten Laufzeit jährlich vorschüssig zahlbaren konstanten Prämien. Geben Sie allgemeine Formeln für die Sparprämie und die Risikoprämie an ! Tabellieren Sie beide Prämienanteile in der Situation der Beispiele 9.1 (a) und (b), und stellen Sie den zeitlichen Verlauf graphisch dar ! Interpretation ?

Aufgabe 14. Begründen Sie folgende Formeln für das prospektive Deckungskapital einer n-jährigen Gemischten Kapitalversicherung für (x) mit Versicherungssumme 1 fällig am Ende des Todesjahres oder bei Ablauf und jährlich vorschüssig während der gesamten Laufzeit fälligen konstanten Prämien:

$${}_kV_{x:\overline{n}|} = \left(P_{x+k:\overline{n-k}|} - P_{x:\overline{n}|}\right) \ddot{a}_{x+k:\overline{n-k}|}$$

(*Prämiendifferenzformel*),

$${}_kV_{x:\overline{n}|} = \left(1 - \frac{P_{x:\overline{n}|}}{P_{x+k:\overline{n-k}|}}\right) A_{x+k:\overline{n-k}|}, \qquad k \in \{0, \ldots, n\}.$$

Geben Sie Interpretationen beider Formeln, und leiten Sie analoge Darstellungen des Deckungskapitals auch für andere Versicherungsformen her !

Aufgabe 15. Geben Sie für die folgenden n-jährigen Versicherungen für (x) mit jährlich vorschüssig während der ersten $m \leq n$ Vertragsjahre fälligen konstanten Prämien bei zusammengesetzter Verzinsung jeweils den Verlust $\mathcal{L}(k) - \mathcal{L}(k-1)$ im k-ten Vertragsjahr an, $k \in \{1, \ldots, n\}$:

(a) Todesfallversicherung mit Versicherungssumme 1 fällig am Ende des Todesjahres bei Tod innerhalb der Vertragslaufzeit.

(b) Erlebensfallversicherung mit Versicherungssumme 1 fällig bei Erleben des Ablaufs.
(c) Gemischte Kapitalversicherung mit Versicherungssumme 1 fällig am Ende des Todesjahres oder bei Erleben des Ablaufs.

Aufgabe 16. Seien $T_x > 0$ die zukünftige Lebensdauer von (x), aufgefaßt als Zufallsvariable auf einem Wahrscheinlichkeitsraum $(\Omega, \mathfrak{A}, P)$, F_x die Verteilungsfunktion von T_x und Λ_x die kumulative Hazardrate. Es gelte $\omega_x < \infty$ oder $\omega_x = \infty$ und $\Delta F_x(\omega_x - x) > 0$. Beweisen Sie die *Rückwärtsintegralgleichung vom Typ* 2

$$P(T_x > t \mid T_x > s) = 1 - \int_{(s,t]} P(T_x > t \mid T_x > \tau)\, \Lambda_x(d\tau)\,, \quad 0 \le s \le t < \omega_x - x\,,$$

(a) durch Spezialisierung von Hilfssatz 9.14,
(b) durch Spezialisierung der Rückwärtsintegralgleichung (4.49.1) und
(c) direkt, indem Sie Aufgabe 2.2 (a) anwenden mit $1 - F_x$ statt F !

Aufgabe 17.
(a) Schreiben Sie eine Routine, welche ausgehend von (9.21.4) die jährlichen Verlustvarianzen und die Varianz des Gesamtverlustes einer gemischten Versicherung mit Todesfallleistungen fällig am Ende des Todesjahres und Erlebensfallzahlungen fällig bei Erleben des Ablaufs berechnet ! Die Verzinsung erfolgt zusammengesetzt, die Sterblichkeit ergebe sich aus einer der DAV-Sterbetafeln 1994 T oder 1994 R, und es gelte die Stationaritätsbedingung (3.6.1).
Als Eingabe liest die Routine den Zinsfuß $p \ge 0$, die Sterbetafel $94T/94R$, das Geschlecht M/W, das Eintrittsalter $x \ge 0$, das Kalenderjahr des Vertragsbeginns, die Laufzeit des Vertrages (Dauer entweder $n \in \mathbb{N}$ oder bis zum Tode), sowie den Vektor der Todesfalleistungen und den der Erlebensfallzahlungen, jeweils zeitlich geordnet. Als Ausgabe liefert die Routine auf einem File VARIANZ.DAT zunächst drei erklärende Kopfzeilen, anschließend pro Zeile je ein Datenpaar bestehend aus der Nummer des Vertragsjahres und der Varianz des Verlustes in diesem Jahr und schließlich die Varianz des Gesamtverlustes in der letzten Ausgabezeile.
(b) Verwenden Sie Aufgabenteil (a), um für eine
- Todesfallversicherung und eine
- Gemischte Kapitalversicherung

jeweils den Einfluß des Eintrittsalters x auf die Gesamtvarianz des Verlustes und den zeitlichen Verlauf des Verlustes in den einzelnen Versicherungsjahren zu studieren ! Gehen Sie aus von einer Vertragsdauer von $n = 20$ Jahren, jährlich vorschüssig während der gesamten Vertragslaufzeit zahlbaren konstanten Prämien, zusammengesetzter Verzinsung mit Zinsfuß $p = 4.0$ und einer männlichen Person, deren Eintrittsalter variiert: $x = 20, 30, 40, 50$. Führen Sie den Vergleich je zweimal durch, und zwar bei
- konstanter Versicherungssumme und bei
- konstantem Leistungsbarwert !

Die erste Variante ist für den VN, die letzte für den VR von Interesse.

Aufgabe 18 (Vergleichen Sie die Aufgaben 5.14 und 5.21). Gegeben sei das Portefeuille aus Aufgabe 5.14 mit jährlich vorschüssig über die gesamte Laufzeit zahlbaren konstanten Prämien, die sich durch Addition der individuellen Äquivalenzprämie und eines altersabhängigen Sicherheitszuschlages ergeben. Legen Sie die DAV-Sterbetafel 1994 T und zusammengesetzte

Verzinsung mit Zinsfuß $p = 4.0$ zugrunde, und unterstellen Sie die Gültigkeit der Stationaritätsbedingung (3.6.1).

(a) Berechnen Sie den Erwartungswert und die Varianz des aggregierten Gesamtverlustes aus diesem Portefeuille !

(b) Verwenden Sie eine Normalverteilungsapproximation für die Verteilung des aggregierten Gesamtverlustes, um näherungsweise zu ermitteln, wie groß der Gesamtsicherheitszuschlag mindestens gewählt werden muß, so daß mit 95%-iger (99%-iger) Sicherheit kein echter Verlust aus dem Portefeuille entsteht !

(c) Wählen Sie den individuellen Sicherheitszuschlag nach dem Standardabweichungsprinzip, d. h. proportional zur Standardabweichung des individuellen Gesamtverlustes, der sich auf der Basis der individuellen Äquivalenzprämie (ohne Sicherheitszuschlag) ergäbe. Schreiben Sie ein Programm zur Simulation des tatsächlich aus dem Portefeuille entstehenden aggregierten Gesamtverlustes !

Als Eingabe liest das Programm den Proportionalitätsfaktor $c \geq 0$ des Standardabweichungsprinzips, die Anzahl $n \in \mathbb{N}$ der Simulationsschritte und eine Schrittweite Δ, mit der die simulierte empirische Quantilfunktion des aggregierten Gesamtverlustes tabelliert werden soll ($1/\Delta \in \mathbb{N}$). Das Ausgabe-File enthält also – nach drei erklärenden Kopfzeilen – aufsteigend geordnet die empirischen $\ell\Delta$-Quantile ($\ell = 0, \ldots, 1/\Delta$) des aggregierten Gesamtverlustes.

(d) Verwenden Sie ein Verfahren der stochastischen Approximation zur Bestimmung des Gesamtsicherheitszuschlages in (b) ! In Frage kommt etwa ein *Robbins-Monroe-Algorithmus* folgender Art: Sei $1 - \alpha$ das gewünschte Sicherheitsniveau (also zum Beispiel $\alpha = 5\%$, $\alpha = 1\%$) und $F(\cdot, c)$ die Verteilung des aggregierten Gesamtverlustes bei gegebenem Proportionalitätsfaktor c für den Sicherheitszuschlag. Gesucht ist offenbar die Lösung c^* der Gleichung

$$F(0, c) = 1 - \alpha\,. \tag{$*$}$$

Realisieren Sie iterativ eine bivariate stochastische Folge $((c_n, Y_n))_{n\in\mathbb{N}}$ wie folgt: Als deterministischen Startwert c_1 wählen Sie zum Beispiel den Näherungswert gemäß (b). Für $n \in \mathbb{N}$ seien Y_n eine Realisation des aggregierten Gesamtverlustes zum Proportionalitätsfaktor c_n, d. h. es gelte

$$\mathcal{L}(Y_n \mid c_1, \ldots, c_n, Y_1, \ldots, Y_{n-1}) = \mathcal{L}(Y_n \mid c_n) = F(\cdot, c_n)\,,$$

und

$$c_{n+1} := c_n - \frac{1}{\sqrt{n}\log n}\left(1_{\{Y_n \leq 0\}} - (1-\alpha)\right)\,.$$

Dann konvergiert $(c_n)_{n\in\mathbb{N}}$ fast sicher und im Mittel gegen die Lösung von c^* von $(*)$.

Literaturhinweise: Métivier (1982), Abschnitt 12.1, Schmetterer (1974), Abschnitt VII 9.

(e) Diskutieren Sie die Normalverteilungsapproximation in (b)
- hinsichtlich ihrer mathematischen Voraussetzungen,
- mittels eines Q–Q-Plots der Quantile der simulierten Verteilung des aggregierten Gesamtverlustes gegen die Quantile der korrespondierenden Normalverteilung (gleicher Erwartungswert und gleiche Varianz) !

Literaturhinweis: Informationen über Q–Q-Plots finden Sie zum Beispiel in Abschnitt XIV1.9 von Hartung (1998).

(f) Betrachten Sie einen Bestand, der jede der ursprünglichen Policen hundertfach enthält. Lösen Sie (a) – (e) erneut ! Vergleich !

Aufgabe 19. Gegeben sei der folgende Bestand stochastisch unabhängiger Policen von auf das Alter 65 aufgeschobenen lebenslänglich jährlich vorschüssig zahlbaren konstanten Leibrenten mit Jahresbetrag 10 000 für Männer bei jährlich vorschüssig während der Aufschubzeit zahlbaren Prämien, die sich durch Addition der individuellen Äquivalenzprämie und eines altersabhängigen Sicherheitszuschlages ergeben:

Alter (Jahre)	25	35	45	55
Anzahl	50	100	200	100

Legen Sie die Generationensterbetafel G 1950 mit den passenden Altersverschiebungen (siehe Lühr, 1986) und zusammengesetzte Verzinsung mit Zinsfuß $p = 4.0$ zugrunde, und unterstellen Sie die Gültigkeit der Stationaritätsbedingung (3.6.1).

(a) Lösen Sie Aufgabe 18 für dieses Portefeuille !

(b) Ermitteln Sie nun individuelle Sicherheitszuschläge, indem Sie jeweils die Äquivalenzprämie (ohne Sicherheitszuschlag) mit der DAV-Sterbetafel 1994 R als Rechnungsgrundlage erster Ordnung bestimmen und weiterhin von der Gültigkeit der Generationensterbetafel G 1950 mit Altersverschiebung als Rechnungsgrundlage zweiter Ordnung ausgehen. Simulieren Sie damit wie in Aufgabe 18 (c) die Quantilfunktion des aggregierten Gesamtverlustes ! Stellen Sie so fest, welches Sicherheitsniveau α dadurch erreicht wird, daß man anstatt mit Rechnungsgrundlagen zweiter Ordnung und expliziten Sicherheitszuschlägen mit Rechnungsgrundlagen erster Ordnung und nach dem Äquivalenzprinzip rechnet !

Aufgabe 20. Schreiben Sie eine Routine, welche die Zählmaßdichte des Gesamtverlustes einer gemischten Versicherung mit Todesfalleistungen fällig am Ende des Todesjahres und Erlebensfallzahlungen fällig bei Erleben der Jahreswechsel berechnet. Die Verzinsung erfolge zusammengesetzt, die Sterblichkeit errechne sich aus einer der DAV-Sterbetafeln 1994 T oder 1994 R, und es gelte die Stationaritätsbedingung (3.6.1).

Als Eingabe liest die Routine den Zinsfuß $p \geq 0$, die Sterbetafel $94T/94R$, das Geschlecht M/W, das Eintrittsalter $x \in \mathbb{N}_0$, das Kalenderjahr des Vertragsbeginns, die Laufzeit des Vertrages (Dauer $n \in \mathbb{N}$ oder bis zum Tode), den Vektor der Todesfalleistungen und den der Erlebensfallzahlungen, jeweils zeitlich geordnet. Als Ausgabe liefert die Routine auf einem File VERLUST.DAT zunächst drei erklärende Kopfzeilen und anschließend pro Zeile je ein Datenpaar bestehend aus einem Trägerpunkt der Verlustverteilung und dessen Eintrittswahrscheinlichkeit. Die Trägerpunkte seien aufsteigend geordnet.

Aufgabe 21. Betrachten Sie die drei Versicherungen aus Aufgabe 15 sowie eine um m Jahre aufgeschobene jährlich vorschüssig zahlbare temporäre Leibrente der Dauer $n - m$ mit Jahresbetrag 1 und jährlich vorschüssig während der Aufschubzeit zahlbaren konstanten Prämien bei Gültigkeit der Stationaritätsbedingung (3.6.1).

(a) Geben Sie jeweils eine Formel für die Varianz des Verlustes im k-ten Vertragsjahr an, $k \in \{1, \ldots, n\}$!

Legen Sie eine männliche Person mit einem Eintrittsalter von $x = 30$ Jahren, einen Rechnungszins von 4%, für die Erlebensfallversicherung, die Todesfallversicherung und die Gemischte

Kapitalversicherung eine Prämienzahlungsdauer von $m = 20$ Jahren sowie eine Gesamtlaufzeit von $n = 30$ Jahren und für die aufgeschobene temporäre Leibrente eine Aufschubzeit (= Prämienzahlungsdauer) von $m = 30$ Jahren sowie eine Gesamtlaufzeit von $n = 55$ Jahren zugrunde. Verwenden Sie in den folgenden Rechnungen die

- DAV-Sterbetafel 1994 T für die Erlebensfallversicherung, die Todesfallversicherung und die Gemischte Kapitalversicherung,
- DAV-Sterbetafel 1994 R bei Versicherungsbeginn 1997 für die Erlebensfallversicherung (zusätzlich) und die aufgeschobene temporäre Leibrente.

(b) Berechnen Sie jeweils die Varianz des Verlustes im k-ten Vertragsjahr, $k \in \{1, \dots, n\}$, stellen Sie die Zeitabhängigkeit graphisch dar, und vergleichen Sie die Ergebnisse (soweit möglich) mit denen aus Teil 2 des Beispiels 9.21 !

(c) Berechnen Sie jeweils für $k \in \{0, \dots, n\}$ die bedingte Varianz des prospektiven Verlustes zur Zeit k gegeben $T_x > k$, stellen Sie die Zeitabhängigkeit graphisch dar, und interpretieren Sie sie !

(d) Berechnen Sie mittels Aufgabe 20 jeweils die Zählmaßdichte der Verteilung des Gesamtverlustes ! Stellen Sie die Verteilungen graphisch dar, und zwar jeweils
   - die Zählmaßdichte selbst,
   - ein Histogramm mit geeigneter Klassenbreite,
   - die Verteilungsfunktion und
   - die Quantilfunktion.

   Vergleichen Sie die Ergebnisse (soweit möglich) mit denen aus Teil 3 des Beispiels 9.21 !

(e) Berechnen Sie jeweils die positive Semivarianz, deren Anteil an der Gesamtvarianz und die Schiefe (siehe Aufgabe 5.18 (b)) des Gesamtverlustes, und interpretieren Sie das Ergebnis !

(f) Bestimmen Sie jeweils die Zählmaßdichte der Verteilung des Gesamtverlustes, ihre positive Semivarianz, deren Anteil an der Gesamtvarianz und die Schiefe der Verlustverteilung mittels stochastischer Simulation ! Vergleichen Sie die Ergebnisse für verschiedene Anzahlen von Simulationsläufen mit den theoretischen Resultaten zu (d) und (e) !

(g) Betrachten Sie für jede der Versicherungen Portefeuilles mit 500 und mit 20 000 Policen, simulieren Sie die Verteilung des jeweiligen aggregierten Gesamtverlustes, standardisieren Sie diese (theoretisch zentrierte) Verteilung mittels ihrer theoretischen Standardabweichung, und untersuchen Sie mit Hilfe eines Q–Q-Plots oder eines anderen geeigneten graphischen Verfahrens, wie gut diese Verteilung durch eine Standardnormalverteilung approximierbar ist !

Aufgabe 22.

(a) Schreiben Sie unter Rückgriff auf Ihre Lösung zu Aufgabe 4 eine Routine, die das Nettodeckungskapital V_0_s, das gezillmerte Deckungskapital $Z\_V\_0\_s$ und das ausreichende Deckungskapital einer n-jährigen gemischten Versicherung $a\_V\_0\_s$ mit Todesfalleistungen fällig am Ende des Todesjahres und Erlebensfallzahlungen fällig bei Erleben der Jahreswechsel berechnet ! Innerhalb der ersten $m \in \{1, \dots, n\}$ Versicherungsjahre seien jährlich vorschüssig konstante Prämienzahlungen fällig, Erlebensfalleistungen seien danach möglich zu den Zeitpunkten $m, \dots, n$, die Kostenstruktur sei wie in Satz 9.27 mit Parametern alpha, beta, gamma_1 und gamma_2, die Verzinsung erfolge zusammengesetzt mit Zinsfuß p, und die Sterblichkeit errechne sich aus einer der DAV-Sterbetafeln 1994 T oder 1994 R. Die ganzzahlig gestutzte Lebensdauer und der erlebte Teil des Todesjahres seien stochastisch unabhängig, letzterer sei $U(0, 1]$-verteilt. Es gelte die Stationaritätsbedingung (3.6.1).

Als Eingabeparameter liest die Routine die aktuelle Zeit $s \geq 0$, den Zinsfuß p, die Sterbetafel $94T/94R$, das Geschlecht M/W, das Eintrittsalter $x \in \mathbb{N}_0$, das Kalenderjahr des Eintritts, die Laufzeit n, die Prämienzahlungsdauer m, die Kostenparameter alpha, beta, gamma_1 und gamma_2, den Vektor der Todesfallzahlungen und den der Erlebensfalleistungen ab dem Zeitpunkt m, jeweils zeitlich geordnet.

(b) Verwenden Sie Aufgabenteil (a), um in der Situation von Bemerkung 9.8 (d) das Nettodeckungskapital, das gezillmerte Deckungskapital und das ausreichende Deckungskapital mit Schrittweite 1/2 zu tabellieren ! Wählen Sie dazu die für Gemischte Kapitalversicherungen am Schluß von Bemerkung 8.18 angegebenen Kostenparameter.

Aufgabe 23. Geben Sie in der Situation von Aufgabe 8.19 eine Formel für das ausreichende Deckungskapital an !

Aufgabe 24. Nach (9.27.1) und (9.27.2) sind das gezillmerte Deckungskapital und das ausreichende Deckungskapital zu jedem Vertragszeitpunkt affin linear fallende Funktionen des Zillmersatzes α. Auf Zillmer (1863) geht die Idee zurück, α so zu wählen, daß das ausreichende Deckungskapital am Ende des ersten Vertragsjahres nichtnegativ ist. Wählt man α als *„Zillmersches Maximum“*, d. h. so, daß das ausreichende Deckungskapital am Ende des ersten Vertragsjahres verschwindet, so sind durch die Prämienzahlung(en) in diesem Jahr genau das biometrische Risiko des Jahres und alle Kosten gedeckt. Im Falle einer Vertragskündigung zum Jahresende erleidet der VR also keinen Verlust.

Betrachten Sie eine n-jährige Gemischte Kapitalversicherung für (x) mit Versicherungssumme 1 und jährlich vorschüssig während der gesamten Vertragslaufzeit fälligen Prämien. Gehen Sie aus von der Kostenstruktur und den Voraussetzungen des Satzes 9.27, und zeigen Sie unter Verwendung der Prämiendifferenzformel aus Aufgabe 14, daß das Zillmersche Maximum durch

$$\alpha = (P_{x+1:\overline{n-1}|} - P_{x:\overline{n}|})\, \ddot{a}_{x:\overline{n}|}$$

gegeben ist ! Tabellieren Sie diesen Wert für $x = 25, \ldots, 50$, $n = 65 - x$, einen Rechnungszins von 4% und die DAV-Sterbetafel 1994 T für Männer.

Literaturhinweis: Gerber (1997), Abschnitt 10.3.

Aufgabe 25. Gegeben sei eine n-jährige Gemischte Kapitalversicherung für (x) mit Versicherungssumme 1 fällig am Ende des Todesjahres oder bei Erleben des Ablaufes und während der ersten m Vertragsjahre jährlich vorschüssig zahlbaren Prämien, die zum Zeitpunkt $k \in \{1, \ldots, n\}$ durch Zahlung einer zusätzlichen Einmalprämie der Höhe $Z > 0$ umgewandelt werden soll. Ermitteln Sie die neue

(a) Versicherungssumme, falls die Zuzahlung der Summenerhöhung dient,

(b) Vertragsdauer, falls die Zuzahlung zur Dauerabkürzung verwendet wird !

Für die alte und die neue Versicherung gelte jeweils die Kostenstruktur des Satzes 9.27 mit der Versicherungssumme als Bemessungsgrundlage.

Hinweis: Diese Formen der Vertragsumwandlung treten auf als spezielle Arten der Verwendung von Überschußanteilen, vergleiche Abschnitt 11 C.

Kapitel 10
Das Deckungskapital in der allgemeinen Personenversicherung

In diesem Kapitel befassen wir uns, dem Aufbau von Kapitel 9 weitgehend folgend, mit dem prospektiven Deckungskapital einer allgemeinen Personenversicherungspolice, deren Zustandsverlauf durch einen Markovschen Sprungprozeß mit endlichem Zustandsraum beschrieben wird. Wir beschränken uns dabei auf die Betrachtung des Nettodeckungskapitals, lassen also Kostenzuschläge unberücksichtigt. Im Gegensatz zu Kapitel 9 setzt die Lektüre dieses Kapitels die Kenntnis der Kapitel 4 und 6 sowie des mathematischen Anhanges voraus.

Ohne dies im einzelnen stets zu erwähnen, lehnen wir uns in den Abschnitten A bis D eng an Milbrodt und Stracke (1997) sowie an Stracke (1997) an. Dort findet man auch zahlreiche Verweise auf weitere Originalliteratur. Hier soll nur auf die grundlegenden Arbeiten von Hoem (1968, 1969) und Norberg (1991, 1992) hingewiesen werden, die die hier vorgestellte Theorie maßgeblich prägten. Abschnitt A dient der Einführung des allgemeinen Deckungskapitalbegriffes. Neben den entsprechenden Definitionen ist für die weitere Lektüre dieses Kapitels vor allem Hilfssatz 10.4 von Wichtigkeit, der eine explizite Darstellung des prospektiven Deckungskapitals mit Hilfe der Versicherungsvertragsparameter angibt.

In Abschnitt B befassen wir uns mit Rekursionsformeln für das prospektive Dekkungskapital, die man als Verallgemeinerung der versicherungsmathematischen Bilanzgleichungen aus Abschnitt 9 B erhält, wenn man (wie dort) voraussetzt, daß Versicherungszahlungen nur zu diskreten äquidistanten Zeiten erfolgen können. Das zentrale Resultat dieses Abschnittes ist die in Satz 10.7 angegebene Rückwärtsrekursion für das prospektive Deckungskapital, in Verbindung mit der zugehörigen Eindeutigkeitsaussage des Hilfssatzes 10.9. Wie in Abschnitt 9 B liefert auch diese Rekursion eine Prämienzerlegung in Sparprämie und Risikoprämie (Bemerkung 10.8). Im Gegensatz zur Situation eines unter einem einzigen Risiko stehenden Lebens ist jedoch die Umformung in eine Vorwärtsrekursion nicht stets möglich (Bemerkung 10.10 (b)).

Abschnitt C dient der Verallgemeinerung der Thieleschen Integralgleichungen. Wir beginnen mit den Thieleschen Integralgleichungen vom Typ 1 (Satz 10.13), die sowohl Satz 6.20 auf die Situation beliebiger Verbleibszahlungsströme (unter Einschluß von Prämienzahlungen) ausdehnen als auch Satz 9.4 auf beliebige Markovsche Zustandsverläufe ausweiten. Diese Gleichungen sind äquivalent zu den Rückwärtsintegralgleichungen vom Typ 1 ((4.46.2)), aber auch zu den Thieleschen Integralgleichungen vom Typ 2 (Satz 10.18), die selbst wiederum zu den Rückwärtsintegralgleichungen vom Typ 2 ((4.49.1)) gleichwertig sind. Insgesamt erhalten wir also die Äquivalenz aller vier erwähnten Gleichungssysteme. In Beispiel 10.16 diskutieren wir die Anwendung der Thieleschen Integralgleichungen vom Typ 1 auf eine Altersrentenversicherung mit (eingeschränkter) Wahl des Rentenalters, Sterbegeld und Stornomöglichkeit. Dieses sehr ausführlich dargestellte Beispiel zeigt, daß unsere Resultate auch in „gemischten" Situationen (mit diskreten und kontinuierlichen Elementen) sowie bei implizit definierten Versicherungsleistungen die Berechnung von Deckungskapitalien und Äquivalenzprämien ermöglichen. Gleichzeitig ist es auch ein Beispiel für die in Aufgabe 4.2 und in Bemerkung 10.23 dargestellte Situation hierarchischer Mengen möglicher Übergänge; in dieser in der Praxis häufig anzutreffenden Situation besitzen beide Systeme Thielescher Integralgleichungen eine „obere Dreiecksgestalt" und sind daher rekursiv lösbar. Den Abschluß von Abschnitt 10 C bilden Resultate zur eindeutigen Lösbarkeit Thielescher Integralgleichungen, die den Eindeutigkeitssatz 4.50 für die Rückwärtsintegralgleichungen verallgemeinern.

In Abschnitt 10 D behandeln wir eine wichtige Anwendung der Thieleschen Integralgleichungen vom Typ 2, den Satz von Cantelli. In seinem wichtigsten Spezialfall (Folgerung 10.31) besagt dieser in Anfängen auf Cantelli (1914) zurückgehende Satz, daß bei der Prämien- und Deckungskapitalberechnung für einen Personenversicherungsvertrag eine Ausscheideursache unberücksichtigt bleiben kann, falls bei Ausscheiden aus dieser Ursache das Deckungskapital zum Ausscheidezeitpunkt ausgezahlt wird. Im Hinblick auf Unklarheiten und Mißverständnisse in der bisherigen Literatur diskutieren wir die Voraussetzungen dieses Satzes insbesondere bei diskreten Ausscheidemodellen mit konkurrierenden Risiken ausführlich (Satz 10.33 und Beispiel 10.34) – hoffend, daß dies auch für den Praktiker von Interesse ist.

Abschnitt E knüpft an Abschnitt 9 D an; er ist dem allgemeinen Hattendorff-Theorem und damit Überlegungen zur Verlustvarianz gewidmet. In Anlehnung an Milbrodt (1999a, b) stellen wir als Satz 10.38 und Folgerung 10.39 eine Verallgemeinerung des Hattendorff-Theorems in der Version von Ramlau-Hansen (1988a) vor, die Satz 9.24 auf Markovsche Zustandsverläufe mit beliebigen endlichen Zustandsräumen ausdehnt. Wie in Abschnitt 9 D beruht sein Beweis auf Martingalmethoden. Sein technischer Kern ist die additive Zerlegung des Gesamtverlustes als Summe der Verluste in den einzelnen Zuständen (Hilfssatz 10.36), die selbst wiederum Summen stochastischer Integrale von deterministischen Integranden nach quadratintegrablen Martingalen sind (Hilfssatz 10.37). Aus dieser Integraldarstellung läßt sich ableiten, daß die Prozesse der Verluste in den einzelnen Zuständen orthogonale quadratintegrable Martingale sind. Man erhält so zunächst den qualitativen Teil des Hattendorff-Theorems: wie in Abschnitt 9 D eine Aufteilung der Verlustvarianz in der Zeit, also auf einzelne Versicherungsperioden, und als neues Phänomen auch eine Zerlegung der Verlustvarianz nach Zuständen. Als quantitativer Teil des Theorems ergeben sich explizite und rechenbare Varianzformeln. Dem nicht mit den notwendigen Kenntnissen der Martingaltheorie ausgestatteten Leser empfehlen wir, 10.36 bis 10.38 zu überspringen. Die ausführliche Diskussion der Anwendung des Hattendorff-Theorems auf die Renten- und Todesfallversicherung des Beispiels 10.16 sowie auf das vereinfachte Modell der Pensionsversicherung ohne Hinterbliebenenversorgung des Beispiels 6.26, die Abschnitt E abschließt, ist auch ohnedies verständlich.

A Das prospektive Deckungskapital

Ziel dieses Abschnittes ist es – anknüpfend an den ersten Teil des Abschnittes 6 B – den allgemeinen Deckungskapitalbegriff für natürliche Versicherungs*zahlungen*, also unter Einbeziehung des jeweiligen Prämienzahlungsstromes, einzuführen. Dazu gehen wir aus von einer versicherten Person (p), deren Zustandsverlauf beschrieben wird durch einen Sprungprozeß $\big(\Omega, \mathfrak{A}, P, (X_t)_{t\geq 0}\big)$ mit endlichem Zustandsraum $\mathcal{S}$ und Übergangsraum J. X sei adaptiert an eine Filtration $(\mathfrak{A}_t)_{t\geq 0}$ von $(\Omega, \mathfrak{A})$. Seien $(N_t)_{t\geq 0}$ der zu X gehörige multivariate Zählprozeß und $((T_m, Z_m))_{m\in\mathbb{N}_0}$ der zugehörige markierte Punktprozeß. Gegeben seien außerdem eine natürliche Versicherungszahlungsfunktion $A = DA + SA$ und eine Kapitalfunktion K mit Diskontierungsfunktion v. Bezeichne $DB_{(p),s}$ den Barwert zur Zeit $s \geq 0$ aller *strikt nach* s ausgelösten Übergangsleistungen für (p), $SB_{(p),s}$ den Barwert zur Zeit s aller *ab einschließlich* s fälligen Verbleibszahlungen (falls definiert), und sei $B_{(p),s} := DB_{(p),s} + SB_{(p),s}$. Offensichtlich gelten auch hier die Formeln (6.15.1) und (6.15.2) für $DB_{(p),s}$ und $SB_{(p),s}$, wobei für (6.15.2) zu fordern ist, daß keine Differenzen der Form $\infty - \infty$ auftreten.

10.1 Definition. Das *prospektive Deckungskapital der natürlichen Versicherungszahlung A für (p) zur Zeit $s \geq 0$* ist

$$V(s) := E(B_{(p),s} \mid \mathfrak{A}_s)\,,$$

vorausgesetzt die rechte Seite ist wohldefiniert.

Im folgenden sei stets $((X_t, \mathfrak{A}_t))_{t\geq 0}$ Markovsch mit regulärer Übergangsmatrix p und kumulativer Intensitätsmatrix q, und es gelte die Integrabilitätsbedingung

$$\sum_{z\in\mathcal{S}} \int_{[0,\infty)} v(t)\,|F_z|\,(dt) < \infty\,. \tag{10.2.1}$$

Man beachte, daß diese Integrabilitätsbedingung, die in diesem allgemeinen Rahmen die Bedingung (9.4.1) ersetzt, im Spezialfall eines unter einfachem Risiko stehenden Lebens stärker ist als (9.4.1). Offensichtlich gilt der folgende

10.2 Hilfssatz. *Sei $s \geq 0$. Unter den genannten Voraussetzungen ist $SB_{(p),s}$ integrabel, $V(s)$ also P-fast sicher wohldefiniert, und mit den Bezeichnungen des Hilfssatzes* 6.17 *ist*

$$V(s) = E(B_{(p),s} \mid X_s) = E\big(b(s, (X_{t+s})_{t\geq 0}) \mid X_s\big) \quad P\text{-f.s.} \tag{10.2.2}$$

10.3 Definition. Das *prospektive Deckungskapital der natürlichen Versicherungszahlung A für (p) zur Zeit $s \geq 0$ im Zustand $y \in \mathcal{S}$* ist

$$V_y(s) := E(B_{(p),s} \mid X_s = y)\,.$$

Unter den genannten Generalvoraussetzungen behalten die Aussagen des Hilfssatzes 6.19 ihre Gültigkeit. Zusätzlich gilt als Verallgemeinerung von Aufgabe 6.23 der

10.4 Hilfssatz („Definitionsformel für das prospektive Deckungskapital"). *Ist q regulär und gilt* (10.2.1), *so folgt für alle $s \geq 0$ und $y \in \mathcal{S}$ mit $P(X_s = y) > 0$*

$$\begin{aligned} V_y(s) &= \sum_{z\in\mathcal{S}} \int_{[s,\infty)} v(t)\, p_{yz}(s,t)\, F_z(dt) \cdot K(s) \\ &\quad + \sum_{(z,\zeta)\in J} \int_{(s,\infty)} v\big(DT(t)\big)\, D_{z\zeta}(t)\, p_{yz}(s,t-0)\, q_{z\zeta}(dt) \cdot K(s)\,. \end{aligned} \tag{10.4.1}$$

Unter der Zusatzvoraussetzung

$$\sum_{(y,z)\in J} \int_{(0,\infty)} v\big(DT(t)\big)\, D_{yz}(t)\, q_{yz}(dt) < \infty \tag{10.4.2}$$

ist V_y gemäß (10.4.1) *für alle $y \in \mathcal{S}$ beschränkt auf Kompakta und erfüllt*

$$\lim_{s\to\infty} v(s)\, V_y(s) = 0\,, \qquad y \in \mathcal{S}\,. \tag{10.4.3}$$

Im Spezialfall (stückweise) stetig differenzierbarer kumulativer Übergangsintensitätsmatrizen und (stückweise) stetiger sonstiger Vertragsparameter geht Hilfssatz 10.4 auf Hoem (1969, (4.1)) und Norberg (1991, (5.2)) zurück. Die Bezeichnung „Definitionsformel für das prospektive Deckungskapital" ist darin begründet, daß man nach Wahl je einer Version der Übergangsmatrix p und der kumulativen Intensitätsmatrix q (10.4.1) zur Festlegung einer Version des prospektiven Deckungskapitals benutzen kann. In der Tat wird (10.4.1) von Wolthuis (1994), Gleichung 2.1 (1), als Definition des prospektiven Deckungskapitals verwendet.

Beweis von Hilfssatz 10.4. Sei $s \geq 0$. Nach (6.15.1) und dem Campbell-Theorem (Hilfssatz 6.12) gilt

$$
\begin{aligned}
E(DB_{(p),s}|X_s = y) &= E\Big(\sum_{(z,\zeta)\in J}\ \int_{(s,\infty)} v\big(DT(t)\big)\, D_{z\zeta}(t)\, dN_{z\zeta,t}\,|X_s = y\Big)\cdot K(s)\\
&= \sum_{(z,\zeta)\in J}\ \int_{(s,\infty)} v\big(DT(t)\big)\, D_{z\zeta}(t)\, dE(N_{z\zeta,t}|X_s = y)\cdot K(s)\,;
\end{aligned}
$$

hierbei ist $t \longmapsto E(N_{z\zeta,t} \mid X_s = y)$ die Verteilungsfunktion des bedingten Mittelwertsmaßes von $(N_{z\zeta,t})_{t\geq s}$ gegeben $X_s = y$, $(z,\zeta) \in J$. Der univariate Zählprozeß $N_{z\zeta}$ hat den Kompensator

$$
A_{z\zeta} : t \longmapsto \int_{(0,t]} 1_{\{X_{\tau-0}=z\}}\, q_{z\zeta}(d\tau) \tag{10.4.4}
$$

(vergleiche den Beweis von Hilfssatz 4.37 und die Bemerkung im Anschluß an Satz 12.29). Also gilt für $t \geq s$

$$
\begin{aligned}
E(N_{z\zeta,t} - N_{z\zeta,s} \mid X_s = y) &= E\Big(\int_{(s,t]} 1_{\{X_{\tau-0}=z\}}\, q_{z\zeta}(d\tau) \mid X_s = y\Big)\\
&= \int_{(s,t]} E(1_{\{X_{\tau-0}=z\}} \mid X_s = y)\, q_{z\zeta}(d\tau)\\
&= \int_{(s,t]} p_{yz}(s,\tau-0)\, q_{z\zeta}(d\tau)\,,
\end{aligned}
$$

d. h. das bedingte Mittelwertsmaß $E(N_{z\zeta} \mid X_s = y)$ hat die $q_{z\zeta}$-Dichte $p_{yz}(s,\cdot - 0)$. Einsetzen dieser Dichte zeigt

$$
E(DB_{(p),s}|X_s = y) = \sum_{(z,\zeta)\in J}\ \int_{(s,\infty)} v\big(DT(t)\big)\, D_{z\zeta}(t)\, p_{yz}(s,t-0)\, q_{z\zeta}(dt)\cdot K(s)\,.
$$

Für die Verbleibszahlungen liefern (6.15.2) und der Satz von Fubini

$$
E(SB_{(p),s}|X_s = y) = \sum_{z\in\mathcal{S}}\ \int_{[s,\infty)} v(t)\, p_{yz}(s,t)\, F_z(dt)\cdot K(s)\,.
$$

Alles Weitere folgt unmittelbar. □

10.5 Beispiel. Wir betrachten ein Ausscheidemodell $\mathcal{L}(T_x, J_x|P)$ mit mehreren Ausscheideursachen. Wie üblich seien U die Menge dieser Ursachen, F_x und Λ_x die Verteilungsfunktion bzw. die kumulative Ausscheideintensität von T_x sowie $F_{x,C}$ und $\Lambda_{x,C}$, $\emptyset \neq C \subset U$, die zugehörigen partiellen Verteilungsfunktionen bzw. kumulativen partiellen Ausscheideintensitäten. Weiter seien DA eine natürliche Todesfalleistungsfunktion bei mehreren Ausscheideursachen mit Leistungszeit DT und Leistungshöhe D,

$$DA\colon (0,\infty)\times(2^U\setminus\{\emptyset\})\times[0,\infty)\ni(s,C;t)\longmapsto \\ DA_{s,C}(t):=D(s,C)\cdot 1_{[DT(s),\infty)}(t)\in[0,\infty)\,,$$

SA eine natürliche Erlebensfallzahlungsfunktion bei mehreren Ausscheideursachen mit Erlebensfallzahlungsstrom $F = F_+ - F_- =: \Lambda - \Pi$,

$$SA\colon (0,\infty)\times(2^U\setminus\{\emptyset\})\times[0,\infty)\ni(s,C;t)\longmapsto \\ SA_{s,C}(t):=F(t)\cdot 1_{[0,s)}(t)+F(s-0)\cdot 1_{[s,\infty)}(t)\in\mathbb{R}^1$$

und $A := DA + SA$. Analog zu Bemerkung 9.2 erhalten wir als Barwert aller strikt nach s ausgelösten Todesfalleistungen

$$DB_{x,s} = 1_{(s,\infty)}(T_x)\,\frac{D(T_x,J_x)}{K\circ DT(T_x)}\cdot K(s)$$

und als Barwert aller ab einschließlich s fälligen Erlebensfallzahlungen

$$SB_{x,s} = \int\limits_{[s,T_x)} \frac{1}{K(\tau)}\,F(d\tau)\cdot K(s)\,.$$

Weiterhin gilt analog zu Satz 9.4: Unter der Integrabilitätsbedingung (9.4.1) ist das prospektive Deckungskapital stets wohldefiniert, und für alle $s \geq 0$ gilt

$$V_0(s) = \int\limits_{[s,\omega_x-x)} v(t)\,P(T_x>t\mid T_x>s)\,F(dt)\cdot K(s) \\ + \sum_{C\in 2^U\setminus\{\emptyset\}}\ \int\limits_{(s,\omega_x-x]} v\big(DT(t)\big)\,D(t,C)\,P(T_x\geq t\mid T_x>s)\,\Lambda_{x,C}(dt)\cdot K(s)\,; \tag{10.5.1}$$

ist zusätzlich

$$\sum_{C\in 2^U\setminus\{\emptyset\}}\ \int\limits_{(0,\omega_x-x]} v\big(DT(t)\big)\,D(t,C)\,F_{x,C}(dt) < \infty\,, \tag{10.5.2}$$

so ist V_0 stets endlich. Man beachte, daß sich wie im Fall eines einfachen Risikos die Integrabilitätsbedingungen (10.2.1) und (10.4.2) abschwächen lassen und daß die in Hilfssatz 10.4 benötigte Regularität der kumulativen Intensitätsmatrix – insbesondere die Endlichkeit von Λ_x – nicht gegeben sein muß (vergleiche auch die an Folgerung 4.38 anschließenden Ausführungen).

Wir greifen nun die Beispiele 5.48 (a), 5.68 (a) und 8.10 einer Gemischten Kapitalversicherung mit verdoppelter Versicherungssumme bei Unfalltod auf und verwenden die dortige Notation. Vereinbart seien während der gesamten Vertragslaufzeit jährlich vorschüssig fällige Prämien der konstanten Höhe $\mathcal{P}$ gemäß (8.10.1). Für die Berechnung des prospektiven Deckungskapitals setzen wir zusätzlich voraus, daß (K_x, J_x) und

$R_x \sim U(0,1]$ stochastisch unabhängig sind. Dann liefert Aufgabe 1

$$
\begin{aligned}
V_0(s) &= v^{n-s}\, P(T_x > n \mid T_x > s) - v^{-s}\, \mathcal{P} \sum_{\ell=[s-0]+1}^{n-1} v^{\ell}\, P(T_x > \ell \mid T_x > s) \\
&\quad + v^{-s} \sum_{\ell=[s-0]+1}^{n-1} v^{\ell+1}\big(P(\ell < T_x \le \ell+1 \,|\, T_x > s) + P(\ell < T_x \le \ell+1,\ J_x = 1 \,|\, T_x > s)\big) \\
&\quad + v^{1-(s-[s-0])}\big(P(T_x \le [s-0]+1 \,|\, T_x > s) + P(T_x \le [s-0]+1,\ J_x = 1 \,|\, T_x > s)\big) \\
&= \frac{v^{n-s}}{1-(s-[s-0])q_{x+[s-0]}} \prod_{i=0}^{n-[s-0]-1} (1 - q_{x+[s-0]+i}) \\
&\quad - \frac{v^{-s}\, \mathcal{P}}{1-(s-[s-0])q_{x+[s-0]}} \sum_{\ell=[s-0]+1}^{n-1} v^{\ell} \prod_{i=0}^{\ell-[s-0]-1} (1 - q_{x+[s-0]+i}) \\
&\quad + \frac{v^{-s}}{1-(s-[s-0])q_{x+[s-0]}} \sum_{\ell=[s-0]+1}^{n-1} v^{\ell+1}(q_{x+\ell} + q^{(1)}_{x+\ell}) \\
&\qquad \cdot \prod_{i=0}^{\ell-[s-0]-1} (1 - q_{x+[s-0]+i}) \\
&\quad + \frac{v^{1-(s-[s-0])}(1-(s-[s-0]))}{1-(s-[s-0])q_{x+[s-0]}} (q_{x+[s-0]} + q^{(1)}_{x+[s-0]}) , \qquad s \in [0,n] ,
\end{aligned}
$$

also eine Formel für das prospektive Deckungskapital, die sich mittels der Kenntnis nur der abhängigen einjährigen Sterbenswahrscheinlichkeiten auswerten läßt.

10.6 Beispiel. Sei SA eine natürliche Erlebensfallzahlungsfunktion bei zwei Leben (x) und (y) mit stochastisch unabhängigen zukünftigen Lebensdauern T_x und T_y, d. h. für $r > 0, s > 0$ sei

$$
\begin{aligned}
SA_{r,s} \colon [0,\infty) \ni t \longmapsto\ & F_{12}\big([0,t] \cap [0, r \wedge s)\big) \\
& + F_1\big([s,t] \cap [s,r)\big) + F_2\big([r,t] \cap [r,s)\big) \in \mathbb{R}^1 ;
\end{aligned}
$$

gemäß F_{12} werden also Zahlungen akkumuliert, solange beide Personen leben, gemäß F_1, solange Person (x) Person (y) überlebt und gemäß F_2, solange Person (y) Person (x) überlebt (siehe Teil 2 von Definition 5.40). Nach Beispiel 4.2 (b) ist

$$
\mathcal{S} = \big\{\emptyset, \{(x)\}, \{(y)\}, \{(x),(y)\}\big\} ,
$$

und für die hier benötigten Übergangswahrscheinlichkeiten gilt

$$p_{\{(x),(y)\},\{(y)\}}(s,t) = P(T_x \leq t \mid T_x > s) \cdot P(T_y > t \mid T_y > s)\,,$$
$$p_{\{(x),(y)\},\{(x)\}}(s,t) = P(T_x > t \mid T_x > s) \cdot P(T_y \leq t \mid T_y > s)\,,$$
$$p_{\{(x),(y)\},\{(x),(y)\}}(s,t) = P(T_x > t \mid T_x > s) \cdot P(T_y > t \mid T_y > s)\,,$$
$$p_{\{(x)\},\{(x)\}}(s,t) = P(T_x > t \mid T_x > s)\,,$$
$$p_{\{(y)\},\{(y)\}}(s,t) = P(T_y > t \mid T_y > s)\,, \quad 0 \leq s \leq t\,.$$

Damit liefert Hilfssatz 10.4 unter der Bedingung (10.2.1)

$$\int_{[0,\infty)} v(t)\left(|F_{12}| + |F_1| + |F_2|\right)(dt) < \infty$$

(die sich auch hier abschwächen läßt, siehe Aufgabe 2)

$$\begin{aligned} V_{\{(x),(y)\}}(s) = & \int_{[s,\infty)} v(t) P(T_x > t | T_x > s) P(T_y > t | T_y > s) F_{12}(dt) \cdot K(s) \\ & + \int_{[s,\infty)} v(t) P(T_x > t | T_x > s) P(T_y \leq t | T_y > s) F_1(dt) \cdot K(s) \qquad (10.6.1) \\ & + \int_{[s,\infty)} v(t) P(T_x \leq t | T_x > s) P(T_y > t | T_y > s) F_2(dt) \cdot K(s)\,, \end{aligned}$$

$$V_{\{(x)\}}(s) = \int_{[s,\infty)} v(t) P(T_x > t | T_x > s) F_1(dt) \cdot K(s)\,, \qquad (10.6.2)$$

$$V_{\{(y)\}}(s) = \int_{[s,\infty)} v(t) P(T_y > t | T_y > s) F_2(dt) \cdot K(s)\,, \quad s \geq 0\,. \qquad (10.6.3)$$

Liegt zusammengesetzte Verzinsung mit Diskontierungsfaktor v vor, und gilt für beide Ausscheideordnungen die Stationaritätsbedingung (3.6.1), so folgt

$$\begin{aligned} V_{\{(x),(y)\}}(s) = & \int_{[s,\infty)} v^{t-s}\ {}_{t-s}p_{x+s}\ {}_{t-s}p_{y+s}\ F_{12}(dt) \\ & + \int_{[s,\infty)} v^{t-s}\ {}_{t-s}p_{x+s}\ {}_{t-s}q_{y+s}\ F_1(dt) \qquad (10.6.4) \\ & + \int_{[s,\infty)} v^{t-s}\ {}_{t-s}q_{x+s}\ {}_{t-s}p_{y+s}\ F_2(dt)\,, \end{aligned}$$

$$V_{\{(x)\}}(s) = \int\limits_{[s,\infty)} v^{t-s}\,{}_{t-s}p_{x+s}\,F_1(dt)\,, \tag{10.6.5}$$

$$V_{\{(y)\}}(s) = \int\limits_{[s,\infty)} v^{t-s}\,{}_{t-s}p_{y+s}\,F_2(dt)\,, \quad s \geq 0\,. \tag{10.6.6}$$

Der Einfachheit halber mögen nun beide Ausscheideordnungen das gleiche Schlußalter $\omega := \omega_x - 1 = \omega_y - 1 \in \mathbb{N}$ besitzen. Dann gilt beispielsweise für die prospektiven Deckungskapitalien zur Zeit $k \in \{0, \ldots, \omega + 1 - x \wedge y\}$ einer jährlich vorschüssig zahlbaren lebenslänglichen Überlebensrente mit Jahresbetrag 1 für (y) nach dem Tod von (x) bei konstanten jährlich vorschüssig bis zum ersten Tod fälligen Prämienzahlungen des Jahresbetrages

$$P_{x|y} = \frac{\ddot{a}_{x|y}}{\ddot{a}_{xy}} = \frac{N_y\,D_{xy}}{D_y\,N_{xy}} - 1 \tag{10.6.7}$$

(der sich aus dem Äquivalenzprinzip ergibt, siehe Aufgabe 8.8 (c))

$$\begin{aligned} V_{\{(x),(y)\}}(k) &= \sum_{\ell=k}^{\omega-y} v^{\ell-k}\,{}_{\ell-k}q_{x+k}\,{}_{\ell-k}p_{y+k} - P_{x|y} \sum_{\ell=k}^{\omega-x\vee y} v^{\ell-k}\,{}_{\ell-k}p_{x+k}\,{}_{\ell-k}p_{y+k} \\ &= \ddot{a}_{x+k|y+k} - P_{x|y}\,\ddot{a}_{x+k:y+k} \qquad\qquad (10.6.8) \\ &= \frac{N_{y+k}}{D_{y+k}} - \frac{N_y\,D_{xy}\,N_{x+k:y+k}}{D_y\,N_{xy}\,D_{x+k:y+k}}\,, \end{aligned}$$

$$V_{\{(y)\}}(k) = \sum_{\ell=k}^{\omega-y} v^{\ell-k}\,{}_{\ell-k}p_{y+k} = \ddot{a}_{y+k} = \frac{N_{y+k}}{D_{y+k}} \tag{10.6.9}$$

und $V_{\{(x)\}}(k) = 0$. Sind für beide Ausscheideordnungen die ganzzahlig gestutzte Lebensdauer und der erlebte Teil des Todesjahres stochastisch unabhängig und ist letzterer gleichverteilt auf $(0, 1]$, so können analog zur Herleitung von (9.7.1) Formeln für den unterjährigen Verlauf des prospektiven Deckungskapitals hergeleitet werden.

Natürlich lassen sich die gesamten Überlegungen des Beispiels 10.6 auf Versicherungen auf zwei Leben erweitern, die auch Todesfalleistungen beinhalten (Aufgabe 5), und auch auf andere der in den Beispielen 5.59 behandelten Versicherungen auf zwei Leben anwenden (Aufgabe 6).

B Rekursionsformeln

In diesem Abschnitt sollen die in Abschnitt 9 B hergeleiteten Rekursionsformeln für das prospektive Deckungskapital von der Situation eines unter einfachem Risiko stehenden

Lebens auf die in Abschnitt A betrachtete Situation einer allgemeinen Personenversicherungspolice (p) ausgedehnt werden. Wie dort wird der Policenverlauf beschrieben durch einen Sprungprozeß $\big(\Omega, \mathfrak{A}, P, (X_t)_{t\geq 0}\big)$ mit endlichem Zustandsraum $\mathcal{S}$ und Übergangsraum J, der Markovsch ist bezüglich einer Filtration $(\mathfrak{A}_t)_{t\geq 0}$ von $(\Omega, \mathfrak{A})$ mit regulärer Übergangsmatrix p. Auch die kumulative Intensitätsmatrix q von X sei regulär. Sei $N = (N_{yz})_{(y,z)\in J}$ der zu X gehörige multivariate Zählprozeß.

Weiterhin seien K eine Kapitalfunktion mit Diskontierungsfunktion v und $A = DA + SA$ eine diskrete natürliche Versicherungszahlung für (p) mit Zahlungen nur zu Jahreswechseln, d. h. es gelten

$$D_{yz} = \sum_{\ell=1}^{\infty} D_{yz}(\ell) \cdot 1_{(\ell-1,\ell]}\,, \qquad (y, z) \in J\,,$$

$$DT = \sum_{\ell=1}^{\infty} \ell \cdot 1_{(\ell-1,\ell]}\,, \qquad F_y = \sum_{\ell=0}^{\infty} S_y(\ell) \cdot 1_{[\ell,\infty)}\,, \qquad y \in \mathcal{S}\,,$$

mit Verbleibszahlungen $S_y(\ell)$, falls (p) zur Zeit $\ell \in \mathbb{N}_0$ im Zustand $y \in \mathcal{S}$ ist. Die Integrabilitätsbedingungen (10.2.1) und (10.4.2) gehen dann über in

$$\sum_{z\in\mathcal{S}} \sum_{\ell=0}^{\infty} v(\ell)\, |S_z(\ell)| < \infty \tag{10.2.1$'$}$$

und

$$\sum_{(y,z)\in J} \sum_{\ell=1}^{\infty} v(\ell)\, D_{yz}(\ell)\, q_{yz}((\ell-1, \ell]) < \infty\,. \tag{10.4.2$'$}$$

Zur Formulierung der nachstehenden Rekursionsformeln für das prospektive Deckungskapital der natürlichen Versicherungszahlung A für (p) benötigen wir die Größen

$$J_{y,z\zeta}(k) := E(N_{z\zeta,k+1} - N_{z\zeta,k} \mid X_k = y)\,, \tag{10.7.1}$$

also die bedingten erwarteten Anzahlen der Sprünge von z nach ζ im Zeitintervall $(k, k+1]$ gegeben $X_k = y$ ($y \in \mathcal{S}$, $(z, \zeta) \in J$, $k \in \mathbb{N}_0$). Im Beweis von Hilfssatz 10.4 wurde eine Darstellung dieser bedingten Erwartungswerte hergeleitet, aus der sie sich in vielen Fällen berechnen lassen:

$$J_{y,z\zeta}(k) = \int\limits_{(k,k+1]} p_{yz}(k, t-0)\, q_{z\zeta}(dt)\,, \quad y \in \mathcal{S},\ (z, \zeta) \in J,\ k \in \mathbb{N}_0\,. \tag{10.7.2}$$

10.7 Satz. *Seien p und q regulär, und es gelte die Integrabilitätsbedingung* (10.2.1′). *Dann gilt für alle $k \in \mathbb{N}_0$ und alle $y \in \mathcal{S}$ mit $P(X_k = y) > 0$*

$$\begin{aligned} V_y(k) = S_y(k) + v(k+1)\,K(k) \cdot \sum_{z\in\mathcal{S}} p_{yz}(k,k+1)\,V_z(k+1) \\ + v(k+1)\,K(k) \cdot \sum_{(z,\zeta)\in J} D_{z\zeta}(k+1)\,J_{y,z\zeta}(k)\,. \end{aligned} \tag{10.7.3}$$

Gilt zusätzlich (10.4.2′), *so sind alle prospektiven Deckungskapitalien endlich, sie erfüllen*

$$\lim_{k\to\infty} v(k)\,V_y(k) = 0\,, \qquad y \in \mathcal{S}\,, \tag{10.4.3′}$$

und für alle $k \in \mathbb{N}_0$ und alle $y \in \mathcal{S}$ mit $P(X_k = y) > 0$ gilt

$$\begin{aligned} V_y(k) &= S_y(k) + v(k+1)\,K(k)\,V_y(k+1) \\ &\quad + v(k+1)\,K(k) \sum_{(z,\zeta)\in J} \big(D_{z\zeta}(k+1) + V_\zeta(k+1) - V_z(k+1)\big)\,J_{y,z\zeta}(k)\,. \end{aligned} \tag{10.7.4}$$

Beweis. Satz 10.7 ist ein Spezialfall der im nächsten Abschnitt behandelten Thieleschen Integralgleichungen vom Typ 1. Jedoch ist der hier auf der Basis der Definitionsformel für das prospektive Deckungskapital gegebene Beweis erheblich kürzer als die Herleitung aus den Thieleschen Gleichungen. Aus (10.4.1) in Verbindung mit den Chapman-Kolmogorov-Gleichungen (4.23.1) erhalten wir für alle $k \in \mathbb{N}_0$ und alle $y \in \mathcal{S}$ mit $P(X_k = y) > 0$

$$\begin{aligned} V_y(k) =& \sum_{z\in\mathcal{S}} \int_{[k,k+1)} v(t)\,p_{yz}(k,t)\,F_z(dt) \cdot K(k) \\ &+ \sum_{(z,\zeta)\in J} \int_{(k,k+1]} v\big(DT(t)\big)\,D_{z\zeta}(t)\,p_{yz}(k,t-0)\,q_{z\zeta}(dt) \cdot K(k) \\ &+ v(k+1)\,K(k) \sum_{z\in\mathcal{S}} \int_{[k+1,\infty)} v(t)\,p_{yz}(k,t)\,F_z(dt) \cdot K(k+1) \\ &+ v(k+1)K(k) \sum_{(z,\zeta)\in J} \int_{(k+1,\infty)} v\big(DT(t)\big)D_{z\zeta}(t)p_{yz}(k,t-0)q_{z\zeta}(dt)\cdot K(k+1) \\ =& \sum_{z\in\mathcal{S}} v(k)\,p_{yz}(k,k)\,S_z(k) \cdot K(k) \\ &+ \sum_{(z,\zeta)\in J} v(k+1)\,D_{z\zeta}(k+1) \int_{(k,k+1]} p_{yz}(k,t-0)\,q_{z\zeta}(dt)\cdot K(k) + \end{aligned}$$

$$+ v(k+1)K(k)\sum_{\eta\in\mathcal{S}} p_{y\eta}(k,k+1)\sum_{z\in\mathcal{S}}\int_{[k+1,\infty)} v(t)p_{\eta z}(k+1,t)F_z(dt)\cdot K(k+1)$$

$$+ v(k+1)K(k)\sum_{\eta\in\mathcal{S}} p_{y\eta}(k,k+1)$$

$$\cdot\sum_{(z,\zeta)\in J}\int_{(k+1,\infty)} v\big(DT(t)\big)D_{z\zeta}(t)p_{\eta z}(k+1,t-0)q_{z\zeta}(dt)\cdot K(k+1)$$

$$= S_y(k) + v(k+1)\,K(k)\sum_{\eta\in\mathcal{S}} p_{y\eta}(k,k+1)\,V_\eta(k+1)$$

$$+ v(k+1)\,K(k)\sum_{(z,\zeta)\in J} D_{z\zeta}(k+1)\,J_{y,z\zeta}(k)\,,$$

also (10.7.3).

Gelte nun zusätzlich (10.4.2′). Wegen Hilfssatz 10.4 bleibt dann nur (10.7.4) zu zeigen. Indem wir zunächst die Vorwärtsgleichung (4.49.2) und dann die Identität (4.29.5) verwenden, erhalten wir

$$\sum_{z\in\mathcal{S}} p_{yz}(k,k+1)\,V_z(k+1)$$

$$= \sum_{\zeta\in\mathcal{S}} V_\zeta(k+1)\left(p_{y\zeta}(k,k+1)-\delta_{y\zeta}\right) + V_y(k+1)$$

$$= \sum_{\zeta\in\mathcal{S}} V_\zeta(k+1)\sum_{z\in\mathcal{S}}\int_{(k,k+1]} p_{yz}(k,t-0)\,q_{z\zeta}(dt) + V_y(k+1)$$

$$= \sum_{\zeta\in\mathcal{S}} V_\zeta(k+1)\sum_{z\neq\zeta}\int_{(k,k+1]} p_{yz}(k,t-0)\,q_{z\zeta}(dt)$$

$$- \sum_{z\in\mathcal{S}} V_z(k+1)\sum_{\zeta\neq z}\int_{(k,k+1]} p_{yz}(k,t-0)\,q_{z\zeta}(dt) + V_y(k+1)$$

$$= \sum_{(z,\zeta)\in J}\big(V_\zeta(k+1)-V_z(k+1)\big)\,J_{y,z\zeta}(k) + V_y(k+1)$$

und damit (10.7.4) aus (10.7.3). □

Wie der Beweis von Satz 10.7 zeigt, gilt die Rekursionsformel (10.7.3) unabhängig von der Voraussetzung $P(X_k = y) > 0$, falls man die Version des prospektiven Deckungskapitals durch die Definitionsformel (10.4.1) festlegt; fordert man zusätzlich, daß p die Vorwärtsgleichung (4.49.2) identisch löst, so gilt auch (10.7.4) ohne Ausnahmemengen. Satz 10.7 verallgemeinert die Rekursionsformel 8.2 von Wolthuis (1994). (Allerdings ist bei einem Vergleich beider Formeln zu beachten, daß Wolthuis im Gegensatz zu uns *alle Leistungen*, also auch die Verbleibsleistungen, dem Deckungskapital nachschüssig zuordnet. Siehe dazu auch die Ausführungen vor Hilfssatz 6.17 und Aufgabe 18.) In Beispiel 10.11 werden wir Satz 10.7 – unter Abschwächung der Integrabilitätsbedingungen – auf die Situation eines Lebens und mehrerer Ausscheideursachen spezialisieren und so zeigen, daß er Folgerung 9.9 und die üblichen Rekursionsformeln der Lehrbuchliteratur (siehe zum Beispiel Abschnitt 7.8 in Bowers et al. (1986) oder die Abschnitte 6.3 und 7.5 von Gerber (1997)) verallgemeinert.

10.8 Bemerkung. Seien p und q regulär, und es gelten die Integrabilitätsbedingungen (10.2.1′) und (10.4.2′). Mit

$$R_{z\zeta}(k) := D_{z\zeta}(k) + V_\zeta(k) - V_z(k)\,, \quad (z,\zeta) \in J,\ k \in \mathbb{N}\,, \tag{10.8.1}$$

hat die Rekursionsformel (10.7.4) die Gestalt

$$\begin{aligned} V_y(k) &= S_y(k) + v(k+1)\,K(k)\,V_y(k+1) \\ &\quad + v(k+1)\,K(k) \sum_{(z,\zeta)\in J} R_{z\zeta}(k+1)\,J_{y,z\zeta}(k)\,. \end{aligned} \tag{10.8.2}$$

Bei einem Wechsel von z nach ζ zur Zeit k müssen die Leistung $D_{z\zeta}(k)$ gezahlt und das Deckungskapital $V_\zeta(k)$ bereitgestellt werden, während das Deckungskapital $V_z(k)$ frei wird; die Sprechweise aus Bemerkung 9.11 (b) verallgemeinernd, wird $R_{z\zeta}(k)$ deshalb als zur Zeit k für den Übergang von z nach ζ *riskiertes Kapital* bezeichnet. Spalten wir wie in Bemerkung 9.11 (b) die Verbleibszahlungen im Zustand $y \in \mathcal{S}$ auf als Differenz von Leistungen und Prämien,

$$S_y = S_y^+ - S_y^- =: L_y - \mathcal{P}_y\,,$$

und definieren wir die *Sparprämie* und die *Risikoprämie im Zustand* y durch

$$\mathcal{P}_y^s(k) := v(k+1)\,K(k)\,V_y(k+1) - V_y(k) \tag{10.8.3}$$

und

$$\mathcal{P}_y^r(k) := v(k+1)\,K(k) \sum_{(z,\zeta)\in J} R_{z\zeta}(k+1)\,J_{y,z\zeta}(k)\,, \tag{10.8.4}$$

so geht (10.8.2) für alle $k \in \mathbb{N}_0$ mit $P(X_k = y) > 0$ und $L_y(k) = 0$ über in die folgende Verallgemeinerung von (9.11.1):

$$\mathcal{P}_y(k) = \mathcal{P}_y^s(k) + \mathcal{P}_y^r(k)\,. \tag{10.8.5}$$

Wir weisen nun die eindeutige Lösbarkeit der Rekursion (10.7.3) nach.

10.9 Hilfssatz. *Seien p regulär, $I\colon \mathbb{N}_0 \longrightarrow \mathbb{R}^{\mathcal{S}}$ und*

$$\mathcal{F} := \left\{(W_y)_{y\in\mathcal{S}}\colon \mathbb{N}_0 \longrightarrow \mathbb{R}^{\mathcal{S}} \mid \lim_{k\to\infty} v(k)\,W_y(k) = 0,\ \ y \in \mathcal{S}\right\}. \tag{10.9.1}$$

Dann besitzt die inhomogene lineare Rekursion

$$W_y(k) = I_y(k) + v(k+1)\,K(k) \sum_{z\in\mathcal{S}} p_{yz}(k,k+1)\,W_z(k+1)\,, \qquad y \in \mathcal{S},\ k \in \mathbb{N}_0\,, \tag{10.9.2}$$

höchstens eine Lösung im Folgenraum $\mathcal{F}$.

Beweis. Seien $W \in \mathcal{F}$ und $\overline{W} \in \mathcal{F}$ zwei Lösungen von (10.9.2) und $h := W - \overline{W}$. Dann ist auch $h \in \mathcal{F}$, und h löst die zu (10.9.1) und (10.9.2) gehörige homogene lineare Rekursion

$$h(k) = v(k+1)\,K(k)\,p(k,k+1)\cdot h(k+1)\,, \quad k \in \mathbb{N}_0\,. \tag{10.9.3}$$

Seien nun $k \in \mathbb{N}_0$ fest und $m \in \mathbb{N}$. Unter Ausnutzung der Chapman-Kolmogorov-Gleichungen folgt aus (10.9.3) induktiv

$$h(k) = v(k+m)\,K(k)\,p(k,k+m)\cdot h(k+m)\,.$$

Bezeichnet $\|\cdot\|_\infty$ die Maximumsnorm auf $\mathbb{R}^{\mathcal{S}}$ und $\|\cdot\|$ die maximale Zeilensummen-Matrixnorm, so gilt wegen $\|p(k,k+m)\| = 1$, $m \in \mathbb{N}_0$, und $h \in \mathcal{F}$

$$\|h(k)\|_\infty \le K(k)\cdot\|v(k+m)\,h(k+m)\|_\infty \overset{m\to\infty}{\longrightarrow} 0\,,$$

also $h(k) = 0$. □

10.10 Bemerkungen.

(a) Ist q regulär, $p = \prod(\mathcal{E} + dq)$ und gelten (10.2.1′) und (10.4.2′), so ist die durch die Definitionsformel (10.4.1) festgelegte Folge der Deckungskapitalien $\big(V_y(k)\big)_{y\in\mathcal{S}}$, $k \in \mathbb{N}_0$, die einzige Lösung von (10.7.3) oder (10.7.4) mit $\lim_{k\to\infty} v(k)\,V_y(k) = 0$, $y \in \mathcal{S}$. Dies folgt aus den Ausführungen im Anschluß an den Beweis von Satz 10.7 und aus Hilfssatz 10.9 mit

$$I_y(k) := S_y(k) + v(k+1)\,K(k) \sum_{(z,\zeta)\in J} D_{z\zeta}(k+1)\,J_{y,z\zeta}(k)\,, \qquad y \in \mathcal{S},\ k \in \mathbb{N}_0\,.$$

(b) Seien p und q regulär. Zusätzlich sei die Laufzeit n des Vertrages endlich. Dann können die Deckungskapitalien $V_y(k)$, $k \in \{0,\dots,n-1\}$ nach der *retrospektiven Methode*, d. h. mittels (10.7.3) oder (10.7.4) ausgehend von den Anfangsbedingungen $V_y(n) := S_y(n)$, $y \in \mathcal{S}$, berechnet werden. In dem praktisch irrelevanten Fall unendlicher Vertragsdauer müssen die Deckungskapitalien nach der *prospektiven Methode*, d. h. mittels der Vorwärtsrekursion

$$\begin{aligned} K(k+1)\,v(k)\big(V_y(k) - S_y(k)\big) &- \sum_{(z,\zeta)\in J} D_{z\zeta}(k+1)\,J_{y,z\zeta}(k) \\ &= \sum_{z\in\mathcal{S}} p_{yz}(k,k+1)\,V_z(k+1)\,, \qquad y \in \mathcal{S},\ k \in \mathbb{N}_0\,, \end{aligned}$$

bestimmt werden. Da die Koeffizientenmatrizen $p(k, k+1)$ der Vorwärtsrekursion singulär sein können, muß die Rekursion nicht nach $\left(V_z(k+1)\right)_{z\in\mathcal{S}}$, $k \in \mathbb{N}_0$, auflösbar sein. Wegen der Chapman-Kolmogorov-Gleichungen ist die Rekursion bei endlicher Vertragsdauer n genau dann auflösbar, wenn die n-Schritt-Übergangsmatrix $p(0, n)$ invertierbar ist. Eine natürliche Anfangsbedingung ist die für die Gültigkeit des Äquivalenzprinzips hinreichende Bedingung

$$V_y(0) = 0 \quad \text{für alle } y \in \mathcal{S} \text{ mit } P(X_0 = y) > 0\,.$$

Allerdings gibt es wegen des Eindeutigkeitssatzes 10.9 nur genau eine Anfangsbedingung zur Zeit 0, die zu den korrekten Deckungskapitalwerten $V_y(n) = S_y(n)$, $y \in \mathcal{S}$, bei Vertragsablauf führt (vergleiche auch Aufgabe 7 (c)).

10.11 Beispiel. Wir greifen nun die Situation des Beispiels 10.5 eines Ausscheidemodells $\mathcal{L}(T_x, J_x \,|\, P)$ mit mehreren Ausscheideursachen auf und verwenden die dortige Notation. Wir nehmen an, daß die Versicherungszahlungsfunktion diskret ist und Zahlungen nur zu ganzzahligen Zeitpunkten vorsieht, d. h. es gelte

$$D(\cdot, C) = \sum_{\ell=1}^{\infty} D(\ell, C) \cdot 1_{(\ell-1,\ell]} \qquad (C \in 2^U \setminus \{\emptyset\}),$$

$$DT = \sum_{\ell=1}^{\infty} \ell \cdot 1_{(\ell-1,\ell]}, \qquad F = \sum_{\ell=0}^{\infty} S(\ell) \cdot 1_{[\ell,\infty)}\,.$$

Weiterhin setzen wir schwächer als (10.2.1′) die Bedingung

$$\sum_{\ell=0}^{[\omega_x - x - 0]} v(\ell)\left(1 - F_x(\ell)\right)|S(\ell)| < \infty \tag{9.6.1}$$

voraus und verzichten wie in Beispiel 10.5 auf die Endlichkeit von Λ_x, da in unserem Spezialfall auch unter diesen schwächeren Voraussetzungen das prospektive Deckungskapital existiert und aus der Definitionsformel berechnet werden kann. Völlig analog zum Beweis von Folgerung 9.9 erhalten wir aus dieser Formel für alle $k \in \mathbb{N}_0$ mit $P(T_x > k) > 0$ die Rekursionsformel

$$\begin{aligned} V_0(k) = {} & S(k) + v(k+1)\, K(k)\, P(T_x > k+1 \mid T_x > k)\, V_0(k+1) \\ & + v(k+1)\, K(k) \sum_{C \in 2^U \setminus \{\emptyset\}} D(k+1, C)\, P(T_x \le k+1,\ J_x = C \mid T_x > k)\,; \end{aligned} \tag{10.7.3′}$$

ist zusätzlich

$$\sum_{C \in 2^U \setminus \{\emptyset\}} \sum_{\ell=0}^{[\omega_x - x - 0]} v(\ell+1) \cdot D(\ell+1, C)\left(F_{x,C}(\ell+1) - F_{x,C}(\ell)\right) < \infty\,, \tag{10.5.2′}$$

so gilt für alle $k \in \mathbb{N}_0$ mit $P(T_x > k) > 0$

$$V_0(k) = S(k) + v(k+1)\, K(k)\, V_0(k+1) + v(k+1)\, K(k) \qquad (10.7.4')$$
$$\cdot \sum_{C \in 2^U \setminus \{\emptyset\}} \big(D(k+1, C) - V_0(k+1)\big) P(T_x \leq k+1,\ J_x = C \mid T_x > k)\,.$$

Im Spezialfall zusammengesetzter Verzinsung und bei Vorliegen der Stationaritätsbedingung (3.31.1) gehen (10.7.3′) und (10.7.4′) über in die Formeln

$$V_0(k) = S(k) + v\, p_{x+k}\, V_0(k+1) + v \sum_{C \in 2^U \setminus \{\emptyset\}} D(k+1, C)\, q_{x+k}^{(C)} \qquad (10.7.3'')$$

und

$$V_0(k) = S(k) + v\, V_0(k+1) + v \sum_{C \in 2^U \setminus \{\emptyset\}} \big(D(k+1, C) - V_0(k+1)\big)\, q_{x+k}^{(C)}\,, \qquad (10.7.4'')$$

die einfache Verallgemeinerungen der rekursiven Beziehungen (7.5.2) und (7.5.3) von Gerber (1997) sind.

10.12 Beispiel. Wir greifen nun den ersten Teil des Beispiels 6.27 wieder auf und betrachten eine Gemischte Kapitalversicherung für (x) der Dauer n mit Versicherungssumme 1 und Teilauszahlung des Betrages $\alpha \in [0, 1]$ bei Dread Disease. Alle Übergangsleistungen seien jeweils am Ende des Übergangsjahres fällig. Es seien jährlich vorschüssig während der Aktivenzeit aber maximal über n Jahre zahlbare konstante Prämien des Jahresbetrages $P_{x:\overline{n|}}^{aa}$ vereinbart. (Hier bezeichnen die Unter- und Oberindices von P die Prämienzahlungsweise.) Weiter liege zusammengesetzte Verzinsung mit Diskontierungsfaktor v vor. Für den zufälligen Zustandsverlauf setzen wir die Markov-Eigenschaft voraus; es gelten die Stationaritätsbedingung (6.22.1) und für alle drei möglichen Übergänge die bedingte Gleichverteilungsannahme (6.24.1).

Mit dem erwarteten Leistungsbarwert $E(B_x)$ gemäß (6.27.8) und dem Barwert $\ddot{a}_{x:\overline{n|}}^{aa}$ einer n-jährigen jährlich vorschüssig zahlbaren Aktivenrente mit Jahresbetrag 1 berechnet sich die Äquivalenzprämienhöhe aus

$$P_{x:\overline{n|}}^{aa} = \frac{E(B_x)}{\ddot{a}_{x:\overline{n|}}^{aa}}\,. \qquad (10.12.1)$$

Im folgenden werden die Deckungskapitalien $V_a(k)$ im Zustand aktiv und $V_{dd}(k)$ im Zustand Dread Disease zu ganzzahligen Zeitpunkten k mit Hilfe von Satz 10.7 berechnet. (Natürlich könnten diese prospektiven Deckungskapitalien völlig analog zur Vorgehensweise im ersten Teil des Beispiels 6.27 auch aus der in Abschnitt C behandelten allgemeinen Form der Thieleschen Integralgleichungen vom Typ 1 hergeleitet werden, vergleiche Aufgabe 17.)

Wegen $n < \omega_x - x$ kann die kumulative Intensitätsmatrix – gegebenenfalls nach geeigneter Abänderung rechts von $x + n$ – ohne Beschränkung der Allgemeinheit als regulär angenommen werden. Die Endlichkeit der Vertragslaufzeit zieht die Gültigkeit der Integrabilitätsbedingungen (10.2.1′) und (10.4.2′) nach sich. Also ist Satz 10.7 anwendbar, und nach (10.7.4) gilt für alle $k \in \{1, \dots, n-1\}$

$$\begin{aligned} V_{dd}(k) &= v\, V_{dd}(k+1) + v\big(D_{dd,t}(k+1) - V_{dd}(k+1)\big)\, J_{dd;dd,t}(k) \\ &= v\, V_{dd}(k+1)\, p_{x+k}^{dd} + v(1-\alpha)\, q_{x+k}^{dd}\,. \end{aligned} \tag{10.12.2}$$

Dabei wurde neben (6.27.1) verwendet, daß während einer Dread-Disease-Erkrankung keine weiteren Prämienzahlungen fällig werden und daß offensichtlich

$$J_{dd,z\zeta}(k) = \begin{cases} q_{x+k}^{dd}\,, & z = dd,\ \zeta = t \\ 0\,, & \text{sonst.} \end{cases}$$

(Dies ergibt sich unmittelbar daraus, daß vom Zustand Dread Disease aus nur der absorbierende Zustand tot erreichbar ist.) Aus der Rekursionsformel (10.12.2) und der Anfangsbedingung

$$V_{dd}(n) = 1 - \alpha \tag{10.12.3}$$

können alle Deckungskapitalien im Zustand Dread Disease zu ganzzahligen Zeitpunkten bestimmt werden.

Weiter liefert (10.7.4) für $k \in \{0, \dots, n-1\}$

$$\begin{aligned} V_a(k) = -P_{x:\overline{n}|}^{aa} &+ v\, V_a(k+1) + v\big(D_{at}(k+1) - V_a(k+1)\big)\, J_{a,at}(k) \\ &+ v\big(D_{a,dd}(k+1) + V_{dd}(k+1) - V_a(k+1)\big)\, J_{a;a,dd}(k) \\ &+ v\big(D_{dd,t}(k+1) - V_{dd}(k+1)\big)\, J_{a;dd,t}(k)\,. \end{aligned}$$

Da der Zustand aktiv nicht wiederkehrend ist, folgen

$$J_{a,at}(k) = q_{x+k}^{aa} \quad \text{und} \quad J_{a;a,dd}(k) = dd_{x+k}\,.$$

Zusammen mit (6.27.1) ergibt dies

$$\begin{aligned} V_a(k) = -P_{x:\overline{n}|}^{aa} &+ v\, V_a(k+1)\, p_{x+k}^{aa} + v\, q_{x+k}^{aa} + v\,\alpha\, dd_{x+k} \\ &+ v\, V_{dd}(k+1)\, \big(dd_{x+k} - J_{a;dd,t}(k)\big) + v(1-\alpha)\, J_{a;dd,t}(k)\,, \end{aligned} \tag{10.12.4}$$

so daß noch die bedingte erwartete Anzahl von Übergängen $J_{a;dd,t}(k)$ von dd nach t im Zeitintervall $(k, k+1]$ gegeben $X_k = a$ zu berechnen bleibt. Auf Grund von (10.7.2), der Rückwärtsgleichung (4.46.2) und der Tatsache, daß vom Zustand Dread Disease aus nur der absorbierende Zustand tot erreichbar ist, erhalten wir

$$\begin{aligned} J_{a;dd,t}(k) &= \int_{(k,k+1]} p_{a,dd}(k, \tau - 0)\, q_{dd,t}(d\tau) \\ &= \int_{(k,k+1]} \int_{(k,\tau)} \overline{p}_{dd}(s, \tau - 0)\, E_{a,dd}(k, ds)\, q_{dd,t}(d\tau)\,. \end{aligned}$$

Nach (6.24.1) gilt

$$E_{a,dd}(k, ds)\big|_{\mathfrak{B}((k,k+1])} = dd_{x+k}\, ds\big|_{\mathfrak{B}((k,k+1])}$$

und nach (6.27.16)

$$q_{dd,t}(d\tau)\big|_{\mathfrak{B}((k,k+1])} = \frac{q^{dd}_{x+k}}{1-(\tau-k)\,q^{dd}_{x+k}}\,d\tau\big|_{\mathfrak{B}((k,k+1])}\,.$$

Mit der Exponentialformel (4.28.10) folgt für $k < s < \tau \leq k+1$

$$\overline{p}_{dd}(s,\tau-0) = \exp\Big(-\int\limits_s^\tau \frac{q^{dd}_{x+k}}{1-(r-k)\,q^{dd}_{x+k}}\,dr\Big) = \frac{1-(\tau-k)\,q^{dd}_{x+k}}{1-(s-k)\,q^{dd}_{x+k}}\,.$$

Insgesamt erhalten wir also

$$\begin{aligned} J_{a;dd,t}(k) &= dd_{x+k}\int\limits_k^{k+1}\int\limits_k^{\tau} \frac{q^{dd}_{x+k}}{1-(s-k)\,q^{dd}_{x+k}}\,ds\,d\tau \\ &= -\,dd_{x+k}\int\limits_k^{k+1}\log\big(1-(\tau-k)\,q^{dd}_{x+k}\big)\,d\tau \\ &= \frac{dd_{x+k}}{q^{dd}_{x+k}}\big(\sigma-\sigma\log(\sigma)\big)\Big|_{\sigma=p^{dd}_{x+k}}^{\sigma=1} \\ &= dd_{x+k}\Big(1+\frac{p^{dd}_{x+k}}{q^{dd}_{x+k}}\log(p^{dd}_{x+k})\Big)\,. \end{aligned}$$

Durch Einsetzen in (10.12.4) ergibt sich für $k \in \{0,\ldots,n-1\}$

$$\begin{aligned} V_a(k) = &-P^{aa}_{x:\overline{n}|} + v\,V_a(k+1)\,p^{aa}_{x+k} \\ &- v\big(V_{dd}(k+1)+\alpha\big)\,dd_{x+k}\,\frac{p^{dd}_{x+k}}{q^{dd}_{x+k}}\log(p^{dd}_{x+k}) \\ &+ v\Big(q^{aa}_{x+k} + dd_{x+k} + dd_{x+k}\,\frac{p^{dd}_{x+k}}{q^{dd}_{x+k}}\log(p^{dd}_{x+k})\Big)\,. \end{aligned} \tag{10.12.5}$$

Aus der Rekursionsformel (10.12.5) und der Anfangsbedingung

$$V_a(n) = 1 \tag{10.12.6}$$

können in Verbindung mit (10.12.1) und (10.12.2) alle Deckungskapitalien berechnet werden. Die nachfolgende Abbildung zeigt die sich aus diesen Rekursionsformeln ergebenden Deckungskapitalverläufe in den Zuständen aktiv und Dread Disease für die Parameter $v = 1.04^{-1}$, $x = 30$, $n = 20$, $\alpha = 0.5$ und die Dread-Disease-Tafel 13.10 für Männer. Der Deckungskapitalverlauf im Zustand aktiv ist dem einer gewöhnlichen Kapitalversicherung bei einem unter einem einzigen Risiko stehenden Leben sehr ähnlich. Das Deckungskapital im Zustand Dread Disease verläuft wesentlich flacher; es liegt anfangs über dem im Zustand aktiv und wächst langsam auf den Wert der Ablaufleistung an, so daß es später deutlich kleiner als das Deckungskapital im Zustand aktiv ist. Dies hat hauptsächlich zwei Gründe: Zwar halbieren sich sofort bei Übergang in den Zustand Dread Disease die Ablaufleistung und die Todesfallsumme, aber es entfallen auch alle zukünftigen Prämienzahlungen. Da der zweite Effekt zunächst überwiegt, gilt $V_{dd}(k) > V_a(k)$ für „kleine" k. In der zweiten Vertragshälfte überwiegt natürlich der erste Effekt, so daß $V_{dd}(k) < V_a(k)$ für „große" k.

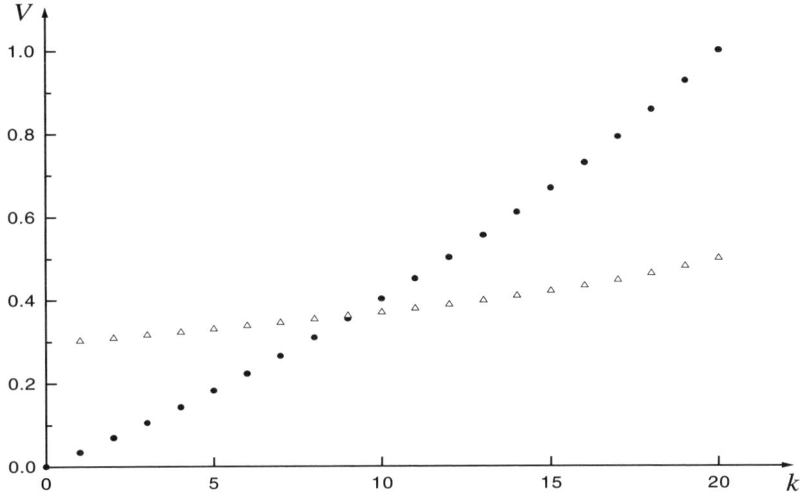

Gemischte Kapitalversicherung mit Teilauszahlung bei Dread Disease: Deckungskapital V_a im Zustand aktiv (Punkte) und V_{dd} im Zustand Dread Disease (Dreiecke)

C Thielesche Integralgleichungen

Wie in Abschnitt A betrachten wir die Situation einer allgemeinen Personenversicherungspolice (p), deren zufälliger Zustandsverlauf beschrieben wird durch einen Sprungprozeß $\left(\Omega, \mathfrak{A}, P, (X_t)_{t\geq 0}\right)$ mit endlichem Zustandsraum $\mathcal{S}$ und Übergangsraum J, der Markovsch ist bezüglich einer Filtration $(\mathfrak{A}_t)_{t\geq 0}$ von $(\Omega, \mathfrak{A})$ mit regulärer Übergangsmatrix p und nicht notwendig regulärer kumulativer Intensitätsmatrix q. Gegeben seien außerdem eine Kapitalfunktion K mit Diskontierungsfunktion v und kumulativer Zinsintensität Φ sowie eine natürliche Versicherungszahlung $A = DA + SA$ für (p).

Im folgenden leiten wir zwei lineare Systeme von Integralgleichungen für das prospektive Deckungskapital her. Wir untersuchen den Zusammenhang zwischen beiden Systemen sowie ihre Beziehungen zu den beiden Typen von Rückwärtsintegralgleichungen aus Abschnitt 4 C.

10.13 Satz (Thielesche Integralgleichungen vom Typ 1). *Unter der Integrabilitätsbedingung* (10.2.1) *gilt für alle* $s \geq 0$ *und alle* $y \in \mathcal{S}$ *mit* $P(X_s = y) > 0$

$$V_y(s) = \int_{[s,\infty)} v(t)\,\overline{p}_y(s,t)\,F_y(dt)\cdot K(s) \qquad (10.13.1)$$
$$+\sum_{z\neq y}\int_{(s,\infty)} \Big(v\big(DT(t)\big)\,D_{yz}(t) + v(t)\,V_z(t)\Big)\,E_{yz}(s,dt)\cdot K(s)\,;$$

ist zusätzlich q regulär, so gilt

$$V_y(s) = \int_{[s,\infty)} v(t)\,\overline{p}_y(s,t)\,F_y(dt)\cdot K(s) \qquad (10.13.2)$$
$$+\sum_{z\neq y}\int_{(s,\infty)} \Big(v\big(DT(t)\big)\,D_{yz}(t) + v(t)\,V_z(t)\Big)\,\overline{p}_y(s,t-0)\,q_{yz}(dt)\cdot K(s)\,.$$

Im Spezialfall eines unter einem einzigen Risiko stehenden Lebens reduziert sich (10.13.1) auf (9.4.2), allerdings sind die Integrabilitätsbedingungen des Satzes 9.4 schwächer als diejenigen, die sich durch Spezialisierung in Satz 10.13 ergeben. Satz 10.13 verallgemeinert Satz 6.20 auf die Situation beliebiger Verbleibszahlungsströme (einschließlich Prämienzahlungen). Der in Abschnitt 6 B aufbauend auf einer Idee von Hoem (1969, Abschnitt 4) geführte Beweis kann wörtlich übernommen werden. Nachstehend geben wir unter der Zusatzvoraussetzung der Regularität von q einen anderen, kürzeren Beweis von (10.13.1).

Zweiter Beweis von Satz 10.13. Seien q regulär, $y \in \mathcal{S}$ und $s \geq 0$ mit $P(X_s = y) > 0$. Zweimaliges Einsetzen der Rückwärtsintegralgleichung (4.46.2) in die Definitionsformel (10.4.1), anschließende zweimalige Anwendung des Satzes von Fubini und nochmalige Verwendung der Definitionsformel (10.4.1) liefern

$$V_y(s) = \sum_{z\in\mathcal{S}}\int_{[s,\infty)} v(t)\Big(\delta_{yz}\,\overline{p}_y(s,t) + \sum_{\eta\neq y}\int_{(s,t]} p_{\eta z}(\tau,t)\,E_{y\eta}(s,d\tau)\Big)\,F_z(dt)\cdot K(s)$$
$$+\sum_{(z,\zeta)\in J}\int_{(s,\infty)} v\big(DT(t)\big)\,D_{z\zeta}(t)\Big(\delta_{yz}\,\overline{p}_y(s,t-0)$$
$$+\sum_{\eta\neq y}\int_{(s,t)} p_{\eta z}(\tau,t-0)\,E_{y\eta}(s,d\tau)\Big)\,q_{z\zeta}(dt)\cdot K(s)$$
$$= \int_{[s,\infty)} v(t)\,\overline{p}_y(s,t)\,F_y(dt)\cdot K(s) +$$

$$+\sum_{\zeta\neq y}\int_{(s,\infty)} v\big(DT(t)\big)\,D_{y\zeta}(t)\,\overline{p}_y(s,t-0)\,q_{y\zeta}(dt)\cdot K(s)$$

$$+\sum_{\eta\neq y}\int_{(s,\infty)} v(\tau)\Big(\sum_{z\in\mathcal{S}}\int_{[\tau,\infty)} v(t)\,p_{\eta z}(\tau,t)\,F_z(dt)\cdot K(\tau)$$

$$+\sum_{(z,\zeta)\in J}\int_{(\tau,\infty)} v\big(DT(t)\big)p_{\eta z}(\tau,t-0)\,D_{z\zeta}(t)\,q_{z\zeta}(dt)\cdot K(\tau)\Big)E_{y\eta}(s,d\tau)\cdot K(s)$$

$$=\int_{[s,\infty)} v(t)\,\overline{p}_y(s,t)\,F_y(dt)\cdot K(s)$$

$$+\sum_{z\neq y}\int_{(s,\infty)} v\big(DT(t)\big)\,D_{yz}(t)\,\overline{p}_y(s,t-0)\,q_{yz}(dt)\cdot K(s)$$

$$+\sum_{z\neq y}\int_{(s,\infty)} v(t)\,V_z(t)\,E_{yz}(s,dt)\cdot K(s)\,. \qquad \square$$

10.14 Bemerkungen.

(a) Wie der zweite Beweis von Satz 10.13 zeigt, folgen die Thieleschen Integralgleichungen vom Typ 1 – bei Regularität von q – aus den Rückwärtsintegralgleichungen (4.46.2). Die Umkehrung gilt ebenfalls. Seien $0\leq s\leq t$ und $(y,z)\in\mathcal{S}^2$ mit $P(X_s=y)>0$. Geht man davon aus, daß keine Verzinsung stattfindet ($K\equiv 1$), keine Übergangsleistungen gezahlt werden ($D_*\equiv 0$) und als Verbleibszahlungen nur eine Einmalleistung der Höhe 1 bei Aufenthalt im Zustand z zur Zeit t fällig wird ($F_\eta=\delta_{\eta z}\cdot 1_{[t,\infty)}$, $\eta\in\mathcal{S}$), so liefert die Definitionsformel (10.4.1)

$$V_\eta(\tau)=p_{\eta z}(\tau,t)\cdot 1_{[0,t]}(\tau)\,,\qquad \eta\in\mathcal{S},\ \tau\geq 0\,,$$

und (10.13.1) geht über in (4.46.2):

$$p_{yz}(s,t)=\delta_{yz}\,\overline{p}_y(s,t)+\sum_{\eta\neq y}\int_{(s,t]} p_{\eta z}(\tau,t)\,E_{y\eta}(s,d\tau)\,.$$

Man beachte, daß dieser Beweis der Rückwärtsintegralgleichungen (4.46.2) im Gegensatz zu demjenigen aus Abschnitt 4 C die Regularität der kumulativen Intensitätsmatrix nicht benötigt.

(b) Sei q regulär. Gemäß (a) sind dann die Thieleschen Integralgleichungen vom Typ 1 und die Rückwärtsintegralgleichungen (4.46.2) äquivalent. Wir bezeichnen diese deshalb auch als *Rückwärtsintegralgleichungen vom Typ* 1. In Abschnitt 4 C ist eine zu diesen Rückwärtsintegralgleichungen äquivalente „Kompaktversion" angegeben ((4.49.1)). Dies legt den Gedanken an eine dazu äquivalente „Kompaktversion" der Thieleschen Integralgleichungen nahe. In der Tat werden wir im Anschluß an Beispiel 10.16 eine solche Version herleiten und diese dann als *Thie-*

lesche Integralgleichungen vom Typ 2 bezeichnen. Dementsprechend nennen wir das Gleichungssystem (4.49.1) auch *Rückwärtsintegralgleichungen vom Typ* 2.

Aus Hilfssatz 4.33 und Beispiel 4.45 ist bekannt, daß der zu X gehörige markierte Punktprozeß eine homogene Markov-Kette ist, umgekehrt aber nicht jede bivariate homogene Markov-Kette $((T_n, Z_n))_{n\in\mathbb{N}_0}$ mit Zustandsraum $[0, \infty) \times \mathcal{S}$ einen Markov-Prozeß definiert. Dies wirft die Frage nach der Gültigkeit der Thieleschen Integralgleichungen (10.13.1) unter den schwächeren Voraussetzungen auf. In der Tat läßt sich diese völlig analog zum ersten, in Abschnitt 6 B gegebenen Beweis der Thieleschen Integralgleichungen vom Typ 1 zeigen (siehe Aufgabe 11 sowie Kapitel 5 von Stracke (1997), aus dem diese Aufgabe extrahiert wurde).

Wie in Kapitel 9 erhält man auch hier unter Absolutstetigkeits- und Integrabilitätsbedingungen an die Versicherungsvertragsparameter durch Differentiation der Thieleschen Integralgleichungen vom Typ 1 ein lineares Differentialgleichungssystem für das prospektive Deckungskapital:

10.15 Folgerung (Thielesche Differentialgleichungen). *Seien K absolutstetig mit Zinsintensität φ, q regulär und absolutstetig mit Intensitätsmatrix $(\mu_{yz})_{(y,z)\in\mathcal{S}^2}$ und F_y absolutstetig mit Dichte f_y, $y \in \mathcal{S}$. Unter den Integrabilitätsbedingungen*

$$\sum_{z\in\mathcal{S}} \int_0^\infty v(t)\,|f_z(t)|\,dt < \infty \tag{10.2.1''}$$

und

$$\sum_{(y,z)\in J} \int_0^\infty v\big(DT(t)\big)\,D_{yz}(t)\,\mu_{yz}(t)\,dt < \infty \tag{10.4.2''}$$

ist V_y für alle $y \in \mathcal{S}$ und λ^1-fast alle $s > 0$ mit $P(X_s = y) > 0$ differenzierbar in s mit

$$\begin{aligned}\frac{d}{ds}V_y(s) &= -f_y(s) + \big(\varphi(s) - \mu_{yy}(s)\big)\,V_y(s)\\ &\quad - \sum_{z\neq y} \mu_{yz}(s)\Big(v\big(DT(s)\big)\,K(s)\,D_{yz}(s) + V_z(s)\Big).\end{aligned} \tag{10.15.1}$$

Beweis. Aufgabe 12. □

An dieser Stelle scheint es angebracht, einige Bemerkungen zum historischen Hintergrund Thielescher Gleichungen zu machen. Wie in der Einleitung zu Kapitel 9 erwähnt, beginnt die Geschichte des Studiums der zeitlichen Dynamik des prospektiven Deckungskapitals mit Hilfe von Differentialgleichungen mit einer unveröffentlichten Note von Thiele aus dem Jahre 1875; diese Note befaßt sich mit der einfachen Situation einer Todesfallversicherung bei einer Ausscheideursache (vergleiche Gram (1910), p. 240). Cantelli (1914) verallgemeinert die Thielesche Differentialgleichung auf die Situation mehrerer Ausscheideursachen und gibt als Anwendung eine erste Version des im nächsten Abschnitt besprochenen „*Satzes von Cantelli*“, demzufolge die Ausscheideursache Storno bei der Prämien- und Deckungskapitalberechnung vernachlässigt werden kann, falls bei Kündigung das prospektive Deckungskapital zum Kündigungszeitpunkt als Ausscheideleistung mitgegeben wird. Von Hoem (1969) und Norberg (1991) werden die Thieleschen Differentialgleichungen weiter auf die auch unserer Folgerung 10.15 zugrunde liegende Situation einer Personenversicherungspolice mit Markovschem Zustandsverlauf und glatten Versicherungsparametern verallgemeinert, wobei die Glattheitsvoraussetzungen stärker als die hier gestellten Absolutstetigkeitsforderungen sind. Hoem (1969) gibt unter diesen einschränkenden Voraussetzungen auch Integralgleichungen für das prospektive Deckungskapital an, die ein Spezialfall der Gleichungen (10.13.2) sind. Norberg (1991) befaßt sich zusätzlich mit dem retrospektiven Deckungskapital und untersucht erstmals systematisch die Zusammenhänge von Thieleschen Gleichungen einerseits sowie Rückwärts- und Vorwärtsgleichungen andererseits. Neben den von uns hier dargestellten und im wesentlichen auf Stracke (1997) zurückgehenden Verallgemeinerungen der Thieleschen Gleichungen gibt es seither zwei weitere Verallgemeinerungsrichtungen, für die wir den interessierten Leser jedoch auf die Originalliteratur verweisen müssen:

- Zusätzlich zum prospektiven Deckungskapital, also dem bedingten erwarteten Barwert zukünftiger Versicherungszahlungen gegeben den bisherigen Policenverlauf, werden auch höhere bedingte Momente (zum Beispiel Varianzen) betrachtet und unter Glattheitsvoraussetzungen Differentialgleichungssysteme für diese Momente hergeleitet (Norberg, 1995a).
- An Stelle von deterministischen Kapitalfunktionen werden auch stochastische Zinsmodelle zugelassen (Markovmodelle, Diffusionsprozesse – Møller (1993, 1995); Norberg (1995b); Norberg und Møller (1996)).

Das folgende Anwendungsbeispiel zu Satz 10.13 zeigt, wie auch in „gemischten Situationen“ (bei denen sowohl Übergänge mit absolutstetigen kumulativen Übergangsintensitäten als auch solche, die nur zu vorgegebenen diskreten Zeitpunkten stattfinden können, vorhanden sind) das prospektive Deckungskapital mit Hilfe Thielescher Integralgleichungen berechnet werden kann. Darüberhinaus diskutieren wir in diesem Beispiel exemplarisch zwei weitere Aspekte der Modellierung eines Personenversicherungsvertrages, die danach allerdings keine weitere Rolle spielen werden:

- Die Definition und Existenz des prospektiven Deckungskapitals bei *implizit gegebenen Versicherungsleistungen*, d. h. bei Leistungen, die in Abhängigkeit vom prospektiven Deckungskapital gegeben sind, in dessen Berechnung sie umgekehrt selbst auch wieder eingehen. In solchen Fällen liefern die Definitionen 10.1 und 10.3 ebenso wie die Definitionsformel des Hilfssatzes 10.4 Integralgleichungen für das prospektive Deckungskapital, deren Lösbarkeit nicht a priori klar ist. Wie wir sehen werden, macht dies Zusatzüberlegungen zur Existenz des prospektiven Deckungskapitals erforderlich. Einige allgemeine diesbezügliche Hinweise finden sich bei Norberg (1991).

- Eine in der Praxis übliche Abwandlung der Unabhängigkeits- und Gleichverteilungsannahme aus Satz 3.42 (a), die davon ausgeht, daß eine Person, die das Schlußalter der Sterbetafel erreicht, dann mit Sicherheit sofort stirbt. Im Gegensatz zu unserem sonstigen Vorgehen führt diese Abwandlung zur Regularität der kumulativen Intensitätsmatrix, eine Tatsache die hier – wie bei vielen konkreten Rechnungen – irrelevant ist (siehe auch die an Folgerung 4.38 anschließenden Ausführungen). Als Nachteil steht ihr die aufwendigere Notation gegenüber.

10.16 Beispiel (Teil 1, Teil 2 nach 10.31). Wir betrachten eine Renten- und Todesfallversicherungspolice für eine aktive männliche Person (x), $x < 60$, welche die folgenden weiteren Zustände, Übergänge und Versicherungszahlungen vorsieht:

- Eine kontinuierlich mit konstanter Zahlungsdichte fließende Aktivenprämie der Jahreshöhe π, die jedoch maximal bis zu einem bei Vertragsabschluß festzulegenden Alter $60 + M$ $(M \in \{0, \dots, 5\})$ gezahlt wird.
- Wahlmöglichkeit zwischen Verrentung und Fortsetzung des Aktivenstatus bei Erreichen jedes der Alter $60, \dots, 64$ als Aktiver, sichere Verrentung bei Erreichen des Alters 65 als Aktiver. Nach Verrentung im Alter $60 + m$ fließt eine lebenslange kontinuierliche Leibrente mit konstanter, vom Verrentungszeitpunkt abhängiger Zahlungsdichte $\mathcal{R}_m > 0$, $m = 0, \dots, 5$. Die Jahresrentenhöhen seien dabei so abgestimmt, daß zu jedem potentiellen Verrentungszeitpunkt $60 + m$ der bedingte erwartete Barwert der zukünftigen Gesamtzahlung für (x) unabhängig davon ist, ob (x) sich für eine Verrentung entschieden hat.
- Unmittelbar fällige Todesfalleistungen der Höhe $D_a \geq 0$ bei Tod als Aktiver und $D_A \geq 0$ bei Tod als Altersrentner, wobei D_A unabhängig vom gewählten Renteneintrittsalter ist.
- Stornomöglichkeit für Aktive zum Ende der Versicherungsjahre $1, \dots, 59 - x$ und unmittelbare Fälligkeit eines Bruchteiles $\alpha \in [0, 1]$ des dann vorhandenen nichtnegativen Aktivendeckungskapitals.

Der Zustandsraum ist also

$$\mathcal{S} := \{a, st, 0, \dots, 5, t\}$$

mit folgenden Bedeutungen:

a :	aktiv
st :	Vertrag durch Storno beendet
m :	Altersrentner seit dem Alter $60 + m$, $m = 0, \dots, 5$
t :	tot.

Der Übergangsraum ist

$$\ddot{U} = \left\{(a, st), (a, 0), \dots, (a, 5), (a, t), (0, t), \dots, (5, t)\right\},$$

d. h. wir haben folgendes Diagramm

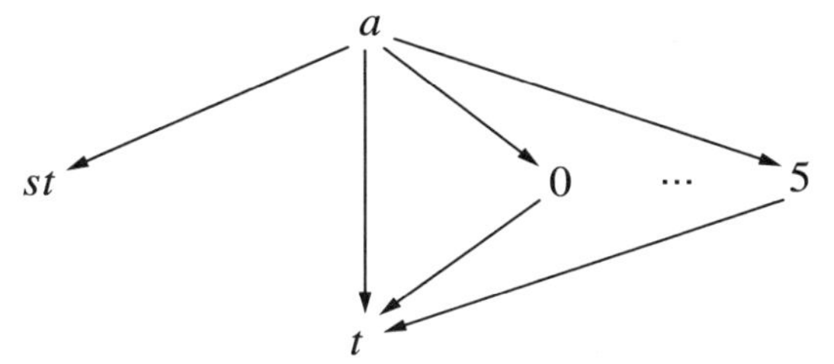

Wie die Zerlegung

$$\mathcal{S} = \{a\} \cup \{st, 0, \ldots, 5\} \cup \{t\}$$

von $\mathcal{S}$ zeigt, ist der zugehörige Raum $\mathcal{V}$ möglicher Zustandsverläufe gestuft im Sinne von Aufgabe 4.2, $\ddot{U}$ also nach Aufgabe 4.2 (d) hierarchisch (was natürlich auch leicht direkt zu sehen ist).

Die natürlichen Übergangsleistungen sind definiert durch die Fälligkeitszeit $DT =$ Id und die Leistungshöhen

$$D_{yz}(s) = \begin{cases} D_a\,, & (y,z) = (a,t) \\ D_A\,, & y = 0,\ldots,5,\; z = t \\ \alpha\, V_a(s)^+\,, & (y,z) = (a, st) \\ 0\,, & \text{sonst.} \end{cases} \tag{10.16.1}$$

Man beachte, daß die Übergangsleistung bei Storno nur implizit über das prospektive Deckungskapital definiert ist, welches selbst wiederum u. a. von den Übergangsleistungen abhängt. Die Existenz und Eindeutigkeit einer Lösung von (10.16.1) ist daher noch nachzuweisen. Die natürlichen Erlebensfallzahlungen sind gegeben durch die Zahlungsströme

$$F_a\colon \tau \longmapsto -\pi\big(\tau \wedge (60 + M - x)\big) \tag{10.16.2}$$

(Aktivenprämie) und

$$F_m\colon \tau \longmapsto \mathcal{R}_m\big(\tau - (60 + m - x)\big)^+\,, \quad m = 0, \ldots, 5 \tag{10.16.3}$$

(Altersrenten).

Nun legen wir die kumulative Intensitätsmatrix und die Rechnungsgrundlagen fest. Dazu setzen wir voraus, daß die kumulative Sterbeintensität unabhängig davon ist, ob der Versicherte als Aktiver oder als Altersrentner stirbt und in welchem Alter er gegebenenfalls Rentner geworden ist. (Im Hinblick auf mögliche Autoselektionseffekte ist dies nicht ganz realistisch.) Wir verwenden die einjährigen bedingten Sterbenswahrscheinlichkeiten (q_{x+j}) aus der DAV-Sterbetafel 1994 R für Männer 13.5. Deren letzter von 1 verschiedener Eintrag ist q_{110}, ihr Schlußalter ist also $\omega = 111$. Wir modifizieren die bedingte Gleichverteilungsannahme (6.24.1) bzw. aus Satz 3.42: Im Gegensatz zur sonstigen Vorgehensweise in diesem Buch gehen wir hier davon aus, daß (x) bei Erreichen des Schlußalters der Sterbetafel unmittelbar stirbt, daß also das Höchstalter ω_0 und das Schlußalter ω übereinstimmen. Weiter seien wie in Aufgabe 13 (a) R_x und K_x stochastisch unabhängig gegeben $T_x < \omega_0 - x$, und es gelte $\mathcal{L}(R_x \mid T_x < \omega_0 - x) = U(0, 1]$. Wie üblich setzen wir auch die Stationaritätsbedingung (6.22.1) voraus. Nach Aufgabe 13 erhält man für die kumulative Sterbeintensität eines Aktiven

$$\frac{dq_{at}}{d\lambda^1} = 1_{[0,65-x)}\, \lambda_x\,, \tag{10.16.4}$$

wobei

$$\begin{aligned} \lambda_x \colon \tau \longmapsto \sum_{j=0}^{\omega_0-x-1} \frac{q_{x+j}}{1-(\tau-j)\, q_{x+j}}\, 1_{[j,j+1)}(\tau) \\ = \frac{q_{x+[\tau]}}{1-(\tau-[\tau])\, q_{x+[\tau]}}\, 1_{[0,\omega_0-x)}(\tau)\,. \end{aligned} \tag{10.16.5}$$

Ebenfalls nach Aufgabe 13 sowie nach Folgerung 3.3 gilt für die kumulativen Sterbeintensitäten von Altersrentnern

$$\begin{aligned} q_{mt}(s,u) = \int_s^u 1_{[60+m-x,\omega_0-x)}(\tau)\, \lambda_x(\tau)\, d\tau + \varepsilon_{\omega_0-x}((s,u])\,, \\ 0 \le s \le u,\ m = 0,\dots,5\,. \end{aligned} \tag{10.16.6}$$

Sei nun $r_m := P(X_{60+m-x} = m \mid X_{60+m-x-0} = a)$ die bedingte Verrentungswahrscheinlichkeit im Alter $60+m$, gegeben daß die Person unmittelbar vor diesem Alter noch aktiv ist, $m = 0, \dots, 5$. Wegen Hilfssatz 4.32 gilt

$$q_{am}(s,u) = r_m\, \varepsilon_{60+m-x}((s,u])\,, \qquad 0 \le s \le u,\ m = 0,\dots,5\,. \tag{10.16.7}$$

Nach Voraussetzung ist $r_5 = 1$; die bedingten Wahrscheinlichkeiten $r_0, \dots, r_4$ müssen vorgegeben werden. Da das Ausscheiden aus der Aktivengesamtheit bis zum Alter 60 nur durch Tod oder Storno möglich ist, können die einjährigen bedingten Stornowahrscheinlichkeiten einer Stornotafel für die Lebensversicherung entnommen werden. Für unsere späteren Beispielrechnungen verwenden wir die nicht vom Eintrittsalter und vom Geschlecht, sondern nur von der verstrichenen Vertragslaufzeit abhängigen einjährigen bedingten Stornowahrscheinlichkeiten $s_0, \dots, s_{58-x}$ gemäß Spalte 2 von Tabelle 13.9. Da Storno voraussetzungsgemäß nur zu ganzzahligen Zeitpunkten möglich sein soll, gilt für $j = 1, \dots, 59-x$

$$\{X_j = st,\ X_{j-0} = a\} = \{X_j = st,\ X_{j-1} = a\}\,;$$

unter Beachtung von $\{X_{j-0} = a\} \subset \{X_{j-1} = a\}$ und mittels Hilfssatz 4.32 folgt

$$q_{a,st}(j-0,j) = P(X_j = st \mid X_{j-0} = a) = \frac{P(X_j = st \mid X_{j-1} = a)}{P(X_{j-0} = a \mid X_{j-1} = a)} = \frac{s_{j-1}}{p_{x+j-1}}\,.$$

Also ist

$$q_{a,st}(s,u) = \sum_{j=1}^{59-x} \frac{s_{j-1}}{p_{x+j-1}} \varepsilon_j((s,u]), \qquad 0 \le s \le u. \tag{10.16.8}$$

Alle nicht durch (10.16.4) – (10.16.8) festgelegten Einträge der kumulativen Intensitätsmatrix seien identisch Null. Durch die (10.16.6) zugrunde liegende Behandlung des rechten Eckpunktes der Lebensdauerverteilung haben wir erreicht, daß q regulär ist.

Für die Berechnung der prospektiven Deckungskapitalien V_a und $V_m, m = 0, \ldots, 5$, mit Hilfe der Thieleschen Integralgleichungen (10.13.2) vom Typ 1 benötigen wir die bedingten Verbleibswahrscheinlichkeiten in den nichtabsorbierenden Zuständen a und $m, m = 0, \ldots, 5$. Dazu definieren wir

$$u_j := \begin{cases} \frac{s_{j-1}}{p_{x+j-1}}, & j = 1, \ldots, 59 - x \\ r_{j-60+x}, & j = 60 - x, \ldots, 65 - x \end{cases} \tag{10.16.9}$$

als die bedingte Wahrscheinlichkeit, exakt zum Alter $x + j$ aus der Aktivengesamtheit auszuscheiden, vorausgesetzt die Person gehörte zum Zeitpunkt $x + j - 0$ noch dazu. Damit gilt

$$\overline{p}_a(s,u) = 0, \qquad 0 \le s < 65 - x \le u,$$

und für $0 \le s \le u < 65 - x$ erhält man aus der Exponentialformel (4.28.10) sowie (10.16.4)

$$\overline{p}_a(s,u) = \exp\Big(-\int_s^u \lambda_x(\sigma)\, d\sigma\Big) \prod_{j=[s]+1}^{[u]} (1 - u_j).$$

Einsetzen von (10.16.5) in den ersten Faktor und Ausführung der Integration liefern

$$\exp\Big(-\int_s^u \lambda_x(\sigma)\, d\sigma\Big) = \frac{1 - q_{x+[s]}}{1 - (s - [s])\, q_{x+[s]}} \prod_{j=[s]+1}^{[u]-1} (1 - q_{x+j}) \big(1 - (u - [u])\, q_{x+[u]}\big),$$

so daß insgesamt

$$\overline{p}_a(s,u) = \frac{1 - (u - [u])\, q_{x+[u]}}{1 - (s - [s])\, q_{x+[s]}} \prod_{j=[s]+1}^{[u]} (1 - u_j)\, p_{x+j-1}. \tag{10.16.10}$$

Für die bedingten Verbleibswahrscheinlichkeiten als Altersrentner mit Renteneintrittsalter $60 + m$ gilt nach (10.16.6) und der Exponentialformel (4.28.10) für $m = 0, \ldots, 5$ und $60 + m - x \le s \le u < \omega_0 - x$

$$\overline{p}_m(s,u) = \exp\Big(-\int_s^u \lambda_x(\sigma)\, d\sigma\Big) = \frac{1 - (u - [u])\, q_{x+[u]}}{1 - (s - [s])\, q_{x+[s]}} \prod_{j=[s]+1}^{[u]} p_{x+j-1}. \tag{10.16.11}$$

Diese bedingten Wahrscheinlichkeiten sind ebenso wie das prospektive Deckungskapital V_m nur im Falle $r_m > 0$ eindeutig bestimmt. Andernfalls werden sie aber auch nicht benötigt.

Wir setzen nun zusammengesetzte Verzinsung mit Diskontierungsfaktor $v \in (0, 1)$ voraus. Dann gilt die für die Thieleschen Integralgleichungen (10.13.2) vom Typ 1 benötigte Integrabilitätsbedingung (10.2.1):

$$\sum_{z \in \mathcal{S}} \int_{[0,\infty)} v(\tau)\,|F_z|\,(d\tau) = \pi \int_0^{60+M-x} v^\tau\,d\tau + \sum_{m=0}^{5} \mathcal{R}_m \int_{60+m-x}^{\infty} v^\tau\,d\tau < \infty .$$

Für das prospektive Deckungskapital als Altersrentner mit Renteneintrittsalter $60 + m$, $m = 0, \dots, 5$, zur Zeit $s \in [60 + m - x, \omega_0 - x)$ liefern die Thieleschen Integralgleichungen (10.13.2) in Verbindung mit (10.16.6)

$$\begin{aligned} V_m(s) &= \mathcal{R}_m \int_s^{\omega_0-x} v^{\tau-s}\,\overline{p}_m(s,\tau)\,d\tau \\ &\quad + D_A \int_s^{\omega_0-x} v^{\tau-s}\,\overline{p}_m(s,\tau-0)\,\lambda_x(\tau)\,d\tau + D_A\,v^{\omega_0-x-s}\,\overline{p}_m(s,\omega_0-x-0)\,. \end{aligned}$$

Durch Einsetzen von (10.16.5) und (10.16.11) und Ausführen der Integrationen folgt

$$\begin{aligned} V_m(s) = \frac{v^{-s}}{1-(s-[s])\,q_{x+[s]}} \Bigg(& \frac{\mathcal{R}_m}{\delta} \Big(v^s (1-(s-[s])\,q_{x+[s]}) \\ & \qquad - p_{x+[s]}\,v^{[s]+1} + \frac{q_{x+[s]}}{\delta}(v^{[s]+1} - v^s) \\ & + \sum_{\ell=[s]+1}^{\omega_0-x-1} \Big(v^\ell - p_{x+\ell}\,v^{\ell+1} + \frac{q_{x+\ell}}{\delta}(v^{\ell+1}-v^\ell)\Big) \prod_{j=[s]+1}^{\ell} p_{x+j-1} \Big) \\ & + \frac{D_A}{\delta} \Big((v^s - v^{[s]+1})\,q_{x+[s]} + \sum_{\ell=[s]+1}^{\omega_0-x-1} (v^\ell - v^{\ell+1})\,q_{x+\ell} \prod_{j=[s]+1}^{\ell} p_{x+j-1} \Big) \\ & + D_A\,v^{\omega_0-x} \prod_{j=[s]+1}^{\omega_0-x} p_{x+j-1} \Bigg) . \end{aligned} \tag{10.16.12}$$

Insbesondere ist V_m endlich und stetig auf $[60 + m - x, \omega_0 - x)$, und es gilt

$$V_m(\omega_0 - x - 0) = D_A\,, \qquad m = 0, \dots, 5\,. \tag{10.16.13}$$

Für das prospektive Deckungskapital als Aktiver zur Zeit $s \in [0, 65 - x)$ erhalten wir wieder mit den Thieleschen Integralgleichungen (10.13.2) und unter Berücksichtigung von (10.16.4), (10.16.7) und (10.16.8)

$$V_a(s) = -\pi \int_{s\wedge(60+M-x)}^{60+M-x} v^{\tau-s}\,\overline{p}_a(s,\tau)\,d\tau + D_a \int_s^{65-x} v^{\tau-s}\,\overline{p}_a(s,\tau-0)\,\lambda_x(\tau)\,d\tau$$
$$+\alpha \sum_{\ell=[s]+1}^{59-x} v^{\ell-s}\,V_a(\ell)^+\,\overline{p}_a(s,\ell-0)\,\frac{s_{\ell-1}}{p_{x+\ell-1}}$$
$$+\sum_{m=([s]-59+x)^+}^{5} v^{60+m-x-s}\,V_m(60+m-x)\,\overline{p}_a(s,60+m-x-0)\,r_m\,.$$

Einsetzen von (10.16.5), (10.16.9) sowie (10.16.10) und Ausführung der Integrationen liefert für $s \in [0, 60+M-x)$

$$V_a(s) = \frac{v^{-s}}{1-(s-[s])\,q_{x+[s]}}\Bigg(-\frac{\pi}{\delta}\Big(v^s\big(1-(s-[s])\,q_{x+[s]}\big) \tag{10.16.14}$$
$$-\,p_{x+[s]}\,v^{[s]+1} + \frac{q_{x+[s]}}{\delta}(v^{[s]+1}-v^s)$$
$$+\sum_{\ell=[s]+1}^{59+M-x}\Big(v^\ell - p_{x+\ell}\,v^{\ell+1} + \frac{q_{x+\ell}}{\delta}(v^{\ell+1}-v^\ell)\Big)\prod_{j=[s]+1}^{\ell}(1-u_j)\,p_{x+j-1}\Big)$$
$$+\frac{D_a}{\delta}\Big((v^s-v^{[s]+1})q_{x+[s]} + \sum_{\ell=[s]+1}^{64-x}(v^\ell-v^{\ell+1})q_{x+\ell}\prod_{j=[s]+1}^{\ell}(1-u_j)p_{x+j-1}\Big)$$
$$+\alpha\sum_{\ell=[s]+1}^{59-x} v^\ell\,V_a(\ell)^+ s_{\ell-1}\prod_{j=[s]+1}^{\ell-1}(p_{x+j-1}-s_{j-1})$$
$$+\sum_{m=([s]-(59-x))^+}^{5} v^{60+m-x}\,V_m(60+m-x)\,r_m\,p_{59+m}\prod_{j=[s]+1}^{59+m-x}(1-u_j)\,p_{x+j-1}\Bigg)$$

und für $s \in [60+M-x, 65-x)$

$$V_a(s) = \frac{v^{-s}}{1-(s-[s])q_{x+[s]}}\Bigg(\frac{D_a}{\delta}\Big((v^s-v^{[s]+1})\,q_{x+[s]} \tag{10.16.15}$$
$$+\sum_{\ell=[s]+1}^{64-x}(v^\ell-v^{\ell+1})q_{x+\ell}\prod_{j=[s]+1}^{\ell}(1-u_j)\,p_{x+j-1}\Big)$$
$$+\sum_{m=[s]-59+x}^{5} v^{60+m-x}\,V_m(60+m-x)\,r_m\,p_{59+m}\prod_{j=[s]+1}^{59+m-x}(1-u_j)p_{x+j-1}\Bigg).$$

Da die Stornoleistung $D_{a,st}$ implizit definiert ist, bleiben die Existenz und die Endlichkeit der prospektiven Deckungskapitalien zu begründen. Die Deckungskapitalien als Altersrentner und das Deckungskapital als Aktiver im Zeitintervall $[59-x, 65-x)$ sind offenbar unabhängig von der Ausscheideleistung bei Vertragskündigung; also existieren diese Deckungskapitalien und sind endlich. In das Deckungskapital als Aktiver im Zeitintervall $[58-x, 59-x)$ geht nach (10.16.14) mittels der Stornoleistung nur das Aktivendeckungskapital $V_a(59-x)$ ein, dessen Existenz und Endlichkeit nach den vorherigen Überlegungen bereits gesichert ist. Somit existiert auch das Aktivendeckungskapital auf $[58-x, 59-x)$ und ist endlich. Durch Rückwärtsrekursion erhält man sukzessive die Existenz und Endlichkeit des Aktivendeckungskapitals $V_a(s)$, $s \in [k-1, k)$, $k = 58-x, \ldots, 1$, so daß insgesamt die Existenz und Endlichkeit aller prospektiven Deckungskapitalien in *diesem* Fall implizit definierter Leistungen folgen.

Offenbar ist das prospektive Deckungskapital V_a stetig auf $[0, 65-x)\setminus\{1, \ldots, 64-x\}$ und rechtsstetig auf $[0, 65-x)$. Als Folgerung aus den später behandelten Thieleschen Integralgleichungen vom Typ 2 läßt sich zeigen (Aufgabe 18 (c)), daß bei der im folgenden vorgenommenen Festlegung der Jahresrentenhöhen V_a stetig ist auf $(59-x, 65-x)$.

Sei nun die Jahresrentenhöhe $\mathcal{R}_5 > 0$ bei Verrentung mit Alter 65 fest vorgegeben. Zu berechnen sind die Jahresprämienhöhe π und die Jahresrentenhöhen $\mathcal{R}_4, \ldots, \mathcal{R}_0$ bei Verrentung mit den Altern $64, \ldots, 60$. Wie eingangs gefordert, sind $\mathcal{R}_0, \ldots, \mathcal{R}_5$ so aufeinander abzustimmen, daß die versicherte Person durch die Wahl des Rentenalters weder Vor- noch Nachteile erlangen kann (Fairness-Bedingung, „No-arbitrage-Bedingung"). Bei vorzeitiger Verrentung soll also genau das jeweils erreichte Aktivendeckungskapital in zukünftige Versicherungsleistungen umgesetzt werden:

$$V_a(60+m-x) = V_m(60+m-x)\,, \quad m = 0, \ldots, 4\,. \tag{10.16.16}$$

Die Prämienhöhe wird als Äquivalenzprämie aus der Forderung

$$V_a(0) = 0 \tag{10.16.17}$$

bestimmt. (Man beachte, daß a der einzig mögliche Startzustand ist.) Nach (10.16.14) bzw. (10.16.15) gilt

$$V_a(65-x-0) = V_5(65-x)\,, \tag{10.16.18}$$

unabhängig von der Wahl von π und $\mathcal{R}_0, \ldots, \mathcal{R}_4$. Zur Lösung des Gleichungssystems (10.16.16), (10.16.17) definieren wir für $m = 0, \ldots, 4$ Konstanten

$$\alpha_m := \Big(\frac{v^{-(60+m-x)}}{\delta} \sum_{\ell=60+m-x}^{\omega_0-x-1} \big(v^\ell - p_{x+\ell}\, v^{\ell+1} + \frac{q_{x+\ell}}{\delta}\,(v^{\ell+1} - v^\ell)\big) \prod_{j=61+m-x}^{\ell} p_{x+j-1}\Big)^{-1},$$

$$\beta_m := \frac{v^{-(60+m-x)}}{\delta} \sum_{\ell=60+m-x}^{59+M-x} \Big(v^\ell - p_{x+\ell}\, v^{\ell+1} + \frac{q_{x+\ell}}{\delta}\,(v^{\ell+1} - v^\ell)\Big) \prod_{j=61+m-x}^{\ell} (1-u_j)\, p_{x+j-1}\,,$$

$$A_{m,\nu} := v^{\nu-m}\, r_\nu\, p_{59+\nu} \prod_{j=61+m-x}^{59+\nu-x} (1-u_j)\, p_{x+j-1} \qquad (\nu = m+1,\dots,5)$$

und

$$\begin{aligned}
\gamma_m := \alpha_m \bigg(& \frac{D_a}{\delta} v^{-(60+m-x)} \sum_{\ell=60+m-x}^{64-x} (v^\ell - v^{\ell+1}) q_{x+\ell} \prod_{j=61+m-x}^{\ell} (1-u_j) p_{x+j-1} \\
& + \sum_{\nu=m+1}^{4} A_{m,\nu} \Big(\frac{D_A}{\delta} v^{-(60+\nu-x)} \sum_{\ell=60+\nu-x}^{\omega_0-x-1} (v^\ell - v^{\ell+1}) q_{x+\ell} \prod_{j=61+\nu-x}^{\ell} p_{x+j-1} \\
& \qquad + D_A v^{\omega_0-60-\nu} \prod_{j=61+\nu-x}^{\omega_0-x} p_{x+j-1} \Big) \\
& - \frac{D_A}{\delta} v^{-(60+m-x)} \sum_{\ell=60+m-x}^{\omega_0-x-1} (v^\ell - v^{\ell+1})\, q_{x+\ell} \prod_{j=61+m-x}^{\ell} p_{x+j-1} \\
& \qquad - D_A\, v^{\omega_0-60-m} \prod_{j=61+m-x}^{\omega_0-x} p_{x+j-1} + A_{m,5}\, V_5(65-x) \bigg).
\end{aligned}$$

Für alle $m = 0, \dots, 4$ ist

$$\alpha_m = \Big(\int_{60+m-x}^{\omega_0-x} v^{\tau-(60+m-x)} \exp\big(-\int_{60+m-x}^{\tau} \lambda_x(\sigma)\, d\sigma\big)\, d\tau \Big)^{-1} > 0\,;$$

für $m = 0, \dots, M-1$ gilt

$$\beta_m = \int_{60+m-x}^{60+M-x} v^{\tau-(60+m-x)} \exp\big(-\int_{60+m-x}^{\tau} \lambda_x(\sigma)\, d\sigma\big) \prod_{j=61+m-x}^{[\tau]} (1-u_j)\, d\tau > 0\,,$$

da der Integrand überall nichtnegativ und auf $[60+m-x, 61+m-x)$ strikt positiv ist. Außerdem gilt

$$A_{m,\nu} \geq 0\,, \qquad m = 0,\dots,4\,, \quad \nu = m+1,\dots,5\,.$$

Wegen (10.16.12), (10.16.14) und (10.16.15) erhält man aus (10.16.16) bei festem $\pi \geq 0$ für $\mathcal{R}_0, \ldots, \mathcal{R}_4$ das folgende inhomogene lineare Gleichungssystem von „oberer Dreiecksgestalt“:

$$
\begin{aligned}
\mathcal{R}_4 &= \gamma_4 \\
&\vdots \\
\mathcal{R}_M &= \gamma_M + \alpha_M \sum_{\nu=M+1}^{4} A_{M,\nu}\, \alpha_\nu^{-1}\, \mathcal{R}_\nu \\
\mathcal{R}_{M-1} &= \gamma_{M-1} - \pi\, \alpha_{M-1}\, \beta_{M-1} + \alpha_{M-1} \sum_{\nu=M}^{4} A_{M-1,\nu}\, \alpha_\nu^{-1}\, \mathcal{R}_\nu \\
&\vdots \\
\mathcal{R}_0 &= \gamma_0 - \pi\, \alpha_0\, \beta_0 + \alpha_0 \sum_{\nu=1}^{4} A_{0,\nu}\, \alpha_\nu^{-1}\, \mathcal{R}_\nu
\end{aligned}
\tag{10.16.19}
$$

(mit offensichtlicher Interpretation der Grenzfälle $M = 0$ und $M = 5$). Dieses System ist, beginnend bei $\mathcal{R}_4$, eindeutig rekursiv lösbar. $\big(\mathcal{R}_0(\pi), \ldots, \mathcal{R}_4(\pi)\big)^\top$ sei der Lösungsvektor, ${}^{(\pi)}V_m$ seien die gemäß (10.16.12) mit $\mathcal{R}_m(\pi)$ berechneten prospektiven Deckungskapitalien als Altersrentner, $m = 0, \ldots, 4$, und ${}^{(\pi)}V_a$ das mit diesen gemäß (10.16.14) bzw. (10.16.15) berechnete Aktivendeckungskapital. $\mathcal{R}_4, \ldots, \mathcal{R}_M$ sind unabhängig von der Jahresprämienhöhe π, dasselbe gilt natürlich auch für ${}^{(\pi)}V_m$, $m = 5, \ldots, M$. $\mathcal{R}_{M-1}(\pi), \ldots, \mathcal{R}_0(\pi)$ sind linear und strikt fallend in π (da $\alpha_{M-1}\beta_{M-1} > 0, \ldots, \alpha_0\beta_0 > 0$), demzufolge sind auch die Deckungskapitalien ${}^{(\pi)}V_m$, $m = M-1, \ldots, 0$, linear strikt fallend in π (man beachte $A_{m,\nu} \geq 0$, $\nu = m+1, \ldots, 4$). Nach (10.16.15) ist das Aktivendeckungskapital ${}^{(\pi)}V_a$ unabhängig von π auf $[60+M-x, 65-x)$ und nach (10.16.14) linear strikt fallend auf $[59-x, 60+M-x)$. Insbesondere ist $\pi \longmapsto {}^{(\pi)}V_a(59-x)^+$ monoton nichtwachsend und somit, wiederum nach (10.16.14), $\pi \longmapsto {}^{(\pi)}V_a(s)$ für alle $s \in [58-x, 59-x)$ strikt fallend. Induktiv erhält man, daß $\pi \longmapsto {}^{(\pi)}V_a(s)$ für alle $s \in [0, 60+M-x)$ strikt fallend ist. Durch eine ähnliche Rückwärtsrekursion schließt man

$$
{}^{(0)}V_a(s) > 0 \quad \text{und} \quad \lim_{\pi\to\infty} {}^{(\pi)}V_a(s) < 0 \text{ auf } [0, 60+M-x)\,.
$$

Da $\pi \longmapsto {}^{(\pi)}V_a(0)$ offensichtlich stetig ist, existiert genau ein $\pi_0 > 0$ mit ${}^{(\pi_0)}V_a(0) = 0$. Folglich ist das Gleichungssystem (10.16.16), (10.16.17) eindeutig lösbar, die Lösung ist $\big(\pi_0, \mathcal{R}_0(\pi_0), \ldots, \mathcal{R}_4(\pi_0)\big)^\top$.

Für die Berechnung der Äquivalenzprämie π_0, der „fairen“ Jahresrenten $\mathcal{R}_m = \mathcal{R}_m(\pi_0)$ ($m = 0, \ldots, 4$) und der Deckungskapitalien $V_m = {}^{(\pi_0)}V_m$ ($m = 0, \ldots, 5$) sowie $V_a = {}^{(\pi_0)}V_a$ ergibt sich bei vorgegebener Jahresrente $\mathcal{R}_5$ bei Verrentung im Alter 65 folgendes Vorgehen:

(a) Man berechne zunächst $V_5(65-x)$ gemäß (10.16.12).

(b) Für eine beliebig vorgegebene Prämie $\pi > 0$ lassen sich die Deckungskapitalien ${}^{(\pi)}V_m$, $m = 0, \ldots, 4$, und ${}^{(\pi)}V_a$ wie folgt berechnen:

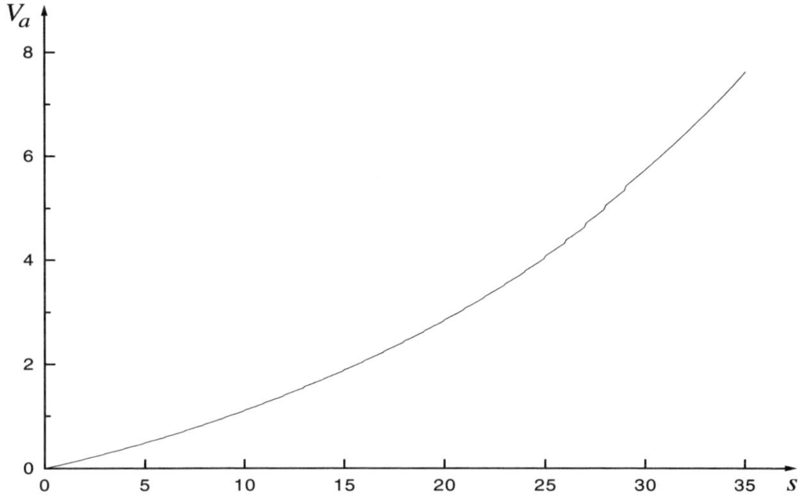

Rentenversicherung: Deckungskapital im Zustand aktiv ($x = 30$)

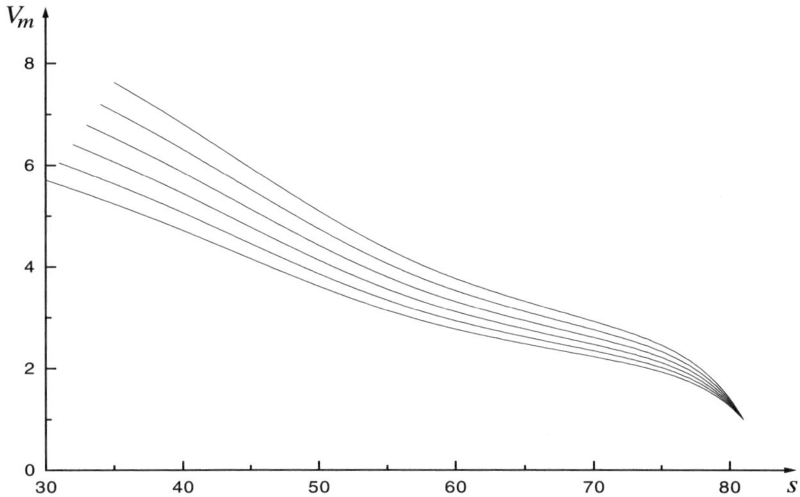

Rentenversicherung: Deckungskapitalien in den Zuständen „Altersrentner seit dem Alter $60 + m$“, $m = 0, \ldots, 5$ ($x = 30$)

- Man löse das Gleichungssystem (10.16.19).
- Man verwende die so erhaltenen Werte $\mathcal{R}_m(\pi)$, $m = 0, \ldots, 4$, um ${}^{(\pi)}V_m$ aus (10.16.12) zu berechnen.
- Iterativ kann nun ${}^{(\pi)}V_a$ auf $[k, k+1)$ für $k = 64 - x, \ldots, 0$ mittels (10.16.14) und (10.16.15) bestimmt werden.

(c) Man bestimme mittels eines geeigneten numerischen Verfahrens (zum Beispiel des Bisektionsverfahrens) eine Näherungslösung $\pi_0 > 0$ von ${}^{(\pi)}V_a(0) = 0$. Es reicht dabei, in jedem Iterationsschritt die Deckungskapitalien ${}^{(\pi)}V_m(s)$, $m = 0, \ldots, 4$, und ${}^{(\pi)}V_a(s)$ mit Hilfe der unter (b) beschriebenen Methode nur für ganzzahlige Zeitpunkte s zu berechnen.

(d) Abschließend berechne man ${}^{(\pi_0)}V_m(s)$, $m = 0, \ldots, 4$, und ${}^{(\pi_0)}V_a(s)$ noch für nicht ganzzahlige Zeitpunkte s mittels (b).

Die vorstehenden beiden Schaubilder zeigen die so erhaltenen Deckungskapitalverläufe für folgenden Satz von Parametern: Eintrittsalter $x = 30$, Eintrittsjahr 1997, die DAV-Sterbetafel 1994 R, bedingte Stornowahrscheinlichkeiten $s_0, \ldots, s_{28}$ gemäß Spalte 2 von Tabelle 13.9, bedingte Verrentungswahrscheinlichkeiten $r_0 = \cdots = r_4 = 0.4$, Aktivenprämienzahlung bis zum Alter 65, Todesfallzahlungen $D_a = D_A = 1$, eine Auszahlungsquote bei Storno von $\alpha = 0.7$, eine Jahresrentenhöhe von $\mathcal{R}_5 = 0.5$ bei Renteneintrittsalter 65 und als Rechnungszinssatz $i = 4\%$. Dies ergibt eine Äquivalenzprämie der Jahreshöhe $\pi = 0.096$ und folgende Jahresrentenhöhen bei Verrentung mit Erreichen des Alters 64, ..., 60: $\mathcal{R}_4 = 0.460$, $\mathcal{R}_3 = 0.424$, $\mathcal{R}_2 = 0.391$, $\mathcal{R}_1 = 0.361$, $\mathcal{R}_0 = 0.334$. Das Aktivendeckungskapital beginnt bei 0 und wächst ähnlich wie das prospektive Deckungskapital einer aufgeschobenen Leibrente während der Aufschubzeit durch Prämienzahlung und Verzinsung an (vergleiche Beispiel 9.8 (b)). Die Deckungskapitalien als Altersrentner sind durch die Gleichungen (10.16.16) und (10.16.18) mit dem Aktivendeckungskapital gekoppelt, beginnen also zur jeweiligen Renteneintrittszeit mit dem dann erreichten Aktivendeckungskapital und fallen bis unmittelbar vor Erreichen des Schlußalters $\omega_0 = 111$ auf die Höhe der Todesfalleistung ab (siehe (10.16.13)). Auffallend ist die deutliche Abhängigkeit der Jahresrentenhöhe vom Verrentungsalter: Ein Abfall auf ungefähr 2/3 der vollen Höhe bei Vorziehen der Verrentung um 5 Jahre.

Beispiel 10.16 illustriert einen wesentlichen Vorteil der Thieleschen Integralgleichungen vom Typ 1 gegenüber der Definitionsformel (10.4.1) im Hinblick auf die konkrete Berechnung von Deckungskapitalien. Die in den Thieleschen Gleichungen enthaltene kumulative Intensitätsmatrix q und die bedingten gemeinsamen Sprungzeit- und Sprungzielverteilungen E_* lassen sich in der Regel mittels der gegebenen Rechnungsgrundlagen einfach angeben, wohingegen die Berechnung der Übergangsmatrix p, die in die Definitionsformel eingeht, aufwendig sein kann (siehe auch die Aufgaben 16 (a) und 17). Ein weiteres wichtiges Anwendungsfeld Thielescher Gleichungen, für das wir u. a. auf Ramlau-Hansen (1990) verweisen, ist die Produktentwicklung in der Personenversicherung.

Wie angekündigt wollen wir nun eine „Kompaktversion" der Thieleschen Integralgleichungen vom Typ 1 herleiten. Diese *Thieleschen Integralgleichungen vom Typ* 2 sind (unter gewissen Zusatzvoraussetzungen) äquivalent zu denen vom Typ 1. Zum Nachweis dieses Sachverhaltes verwenden wir den folgenden technischen Hilfssatz, der verschiedene unserer Hilfsresultate verallgemeinert.

10.17 Hilfssatz. *Seien q regulär, $Z\colon [0,\infty) \longrightarrow \mathbb{R}^1$ ein Zahlungsstrom, $0 \le s \le t$ und $y \in \mathcal{S}$. Dann gelten*

$$\int\limits_{[s,t]} v(\tau)\,\overline{p}_y(s,\tau)\,Z(d\tau)\cdot K(s)$$

$$= Z([s,t]) - \int\limits_{(s,t]}\int\limits_{[\sigma,t]} v(\tau)\,\overline{p}_y(\sigma-0,\tau)\,Z(d\tau)\,K(\sigma-0)\,\Phi(d\sigma) \qquad (10.17.1)$$

$$+ \int\limits_{(s,t]}\int\limits_{[\sigma,t]} v(\tau)\,\overline{p}_y(\sigma,\tau)\,Z(d\tau)\,K(\sigma)\,q_{yy}(d\sigma)\,,$$

$$\int\limits_{(s,t]} v(\tau)\,\overline{p}_y(s,\tau-0)\,Z(d\tau)\cdot K(s)$$

$$= Z((s,t]) - \int\limits_{(s,t]}\int\limits_{[\sigma,t]} v(\tau)\,\overline{p}_y(\sigma-0,\tau-0)\,Z(d\tau)\,K(\sigma-0)\,\Phi(d\sigma) \qquad (10.17.2)$$

$$+ \int\limits_{(s,t]}\int\limits_{(\sigma,t]} v(\tau)\,\overline{p}_y(\sigma,\tau-0)\,Z(d\tau)\,K(\sigma)\,q_{yy}(d\sigma)\,,$$

$$\int\limits_{[s,t]} v(\tau)\overline{p}_y(s,\tau)\,Z(d\tau)\cdot K(s)$$

$$= Z([s,t]) - \int\limits_{(s,t]} v(\tau)\,\overline{p}_y(s,\tau-0)\,Z([\tau,t])\,\Phi(d\tau)\cdot K(s) \qquad (10.17.3)$$

$$+ \int\limits_{(s,t]} v(\tau)\,\overline{p}_y(s,\tau-0)\,Z([\tau,t])\,q_{yy}(d\tau)\cdot K(s)\,,$$

$$\int\limits_{(s,t]} v(\tau)\,\overline{p}_y(s,\tau-0)\,Z(d\tau)\cdot K(s)$$

$$= Z((s,t]) - \int\limits_{(s,t]} v(\tau)\,\overline{p}_y(s,\tau-0)\,Z([\tau,t])\,\Phi(d\tau)\cdot K(s) \qquad (10.17.4)$$

$$+ \int\limits_{(s,t]} v(\tau)\,\overline{p}_y(s,\tau-0)\,Z((\tau,t])\,q_{yy}(d\tau)\cdot K(s)\,.$$

Für $K \equiv 1$ geht (10.17.4) über in die erste Identität von Aufgabe 4.15 (d). Setzt man $K \equiv 1$ und $Z := 1_{[t,\infty)}$, so reduziert sich (10.17.1) auf (4.49.3). In der Situation eines unter einem einfachen Risiko stehenden Lebens reduziert sich (10.17.4) auf die Formel aus Hilfssatz 9.17, wohingegen (10.17.1) und (10.17.2) mit $Z := 1_{[t,\infty)}$ auf die Formeln aus Hilfssatz 9.14 führen. Für $q \equiv 0$ erhält man aus (10.17.1) oder (10.17.2)

$$\int\limits_{(s,t]} v(\tau)\, Z(d\tau) \cdot K(s) = Z((s,t]) - \int\limits_{(s,t]} \int\limits_{[\sigma,t]} v(\tau)\, Z(d\tau)\, K(d\sigma)\,, \tag{10.17.5}$$

während sich (10.17.3) und (10.17.4) auf die letzte Identität aus Aufgabe 2.24 spezialisieren. Wie diese besitzt auch (10.17.5) eine einfache finanzmathematische Interpretation: Der Barwert zur Zeit s aller in $(s,t]$ gemäß Z geleisteten Zahlungen ist der unverzinste Gesamtbetrag $Z((s,t]) = Z(t) - Z(s)$ dieser Zahlungen abzüglich des Zinsertrags, der erzielt wird, wenn zu jedem Zeitpunkt $\sigma \in (s,t]$ der Barwert zur Zeit σ der Zahlungen ab einschließlich σ angelegt ist.

Beweis von Hilfssatz 10.17. Die beiden Identitäten (10.17.1) und (10.17.3) lassen sich mittels des Satzes von Fubini und partieller Integration beweisen, wobei bei (10.17.1) zusätzlich Aufgabe 4.15 (c) und bei (10.17.3) zusätzlich Aufgabe 2.2 (a) eingeht. Die Beweise von (10.17.2) und (10.17.4) beruhen auf den Gleichungen (10.17.1) bzw. (10.17.3) sowie dem Satz von Fubini. Wir beschränken uns auf den Nachweis von (10.17.1) und überlassen die anderen drei Beweise dem Leser. Für alle $\tau > s$ gilt

$$\begin{aligned}\overline{p}_y(s,\tau) \cdot K(s) - K(\tau) &= - \int\limits_{(s,\tau]} \overline{p}_y(\sigma - 0, \tau)\, K(d\sigma) - \int\limits_{(s,\tau]} K(\sigma)\, \overline{p}_y(d\sigma, \tau) \\ &= - \int\limits_{(s,\tau]} \overline{p}_y(\sigma - 0, \tau)\, K(\sigma - 0)\, \Phi(d\sigma) + \int\limits_{(s,\tau]} K(\sigma)\, \overline{p}_y(\sigma, \tau)\, q_{yy}(d\sigma)\,.\end{aligned}$$

Folglich ist

$$\begin{aligned}&\int\limits_{[s,t]} v(\tau)\, \overline{p}_y(s,\tau)\, Z(d\tau) \cdot K(s) - Z([s,t]) \\ &\qquad = \int\limits_{[s,t]} v(\tau) \big(\overline{p}_y(s,\tau)\, K(s) - K(\tau)\big)\, Z(d\tau) \\ &\qquad = - \int\limits_{(s,t]} \int\limits_{(\sigma,t]} v(\tau)\, \overline{p}_y(\sigma - 0, \tau)\, Z(d\tau)\, K(\sigma - 0)\, \Phi(d\sigma) \\ &\qquad\qquad + \int\limits_{(s,t]} \int\limits_{[\sigma,t]} v(\tau)\, \overline{p}_y(\sigma, \tau)\, Z(d\tau)\, K(\sigma)\, q_{yy}(d\sigma)\,. \qquad \square\end{aligned}$$

Für die Thieleschen Integralgleichungen vom Typ 2 benötigen wir stärkere Integrabilitätsbedingungen als für diejenigen vom Typ 1; diese sind nur sinnvoll, falls q regulär ist. Unter dieser Zusatzvoraussetzung fordern wir

$$\sum_{z \in \mathcal{S}} |F_z|(\infty) < \infty\,, \tag{10.18.1}$$

$$\sum_{(y,z)\in J} \int_{(0,\infty)} v\big(DT(t)\big)\, K(t)\, D_{yz}(t)\, q_{yz}(dt) < \infty\,, \tag{10.18.2}$$

$$\sum_{z\in\mathcal{S}} \sum_{(y,\zeta)\in J} \int_{(0,\infty)} \int_{[t,\infty)} v(\tau)\, |F_z|(d\tau)\, K(t)\, q_{y\zeta}(dt) < \infty\,, \tag{10.18.3}$$

$$\sum_{(\zeta,\eta)\in J} \sum_{(y,z)\in J} \int_{(0,\infty)} \int_{(t,\infty)} v\big(DT(\tau)\big)\, D_{yz}(\tau)\, q_{yz}(d\tau)\, K(t)\, q_{\zeta\eta}(dt) < \infty\,. \tag{10.18.4}$$

Offensichtlich folgen (10.2.1) aus (10.18.1) und (10.4.2) aus (10.18.2). Wegen (10.18.1) und (10.18.2) ist für alle $y \in \mathcal{S}$ der linksseitige Limes $V_y(\cdot - 0)$ der durch die Definitionsformel (10.4.1) festgelegten Version V_y des prospektiven Deckungskapitals eigentlich Φ-integrierbar. Die Annahmen (10.18.3) und (10.18.4) haben zur Folge, daß V_y und V_z für alle $(y, z) \in \mathcal{S}^2$ eigentlich q_{yz}-integrabel sind. Mit Hilfe des Satzes von Fubini können diese Annahmen wie folgt umformuliert werden:

$$\sum_{z\in\mathcal{S}} \sum_{(y,\zeta)\in J} \int_{(0,\infty)} \int_{(0,\tau]} K(t)\, q_{y\zeta}(dt)\, v(\tau)\, |F_z|(d\tau) < \infty\,, \tag{10.18.3'}$$

$$\sum_{(\zeta,\eta)\in J} \sum_{(y,z)\in J} \int_{(0,\infty)} \int_{(0,\tau)} K(t)\, q_{\zeta\eta}(dt)\, v\big(DT(\tau)\big)\, D_{yz}(\tau)\, q_{yz}(d\tau) < \infty\,. \tag{10.18.4'}$$

10.18 Satz (Thielesche Integralgleichungen vom Typ 2). *Seien q regulär und p eine rechtsseitig stetige reguläre Übergangsmatrix für X, die die Rückwärtsintegralgleichungen* (4.46.2) *vom Typ* 1 *identisch löst. Weiter seien die Integrabilitätsbedingungen* (10.18.1) – (10.18.4) *erfüllt und Versionen der prospektiven Deckungskapitalien mittels der Definitionsformel* (10.4.1) *festgelegt. Dann gilt für alle $s \geq 0$ und alle $y \in \mathcal{S}$*

$$\begin{aligned} V_y(s) = F_y([s,\infty)) &- \int_{(s,\infty)} V_y(t-0)\, \Phi(dt) \\ &+ \sum_{z\neq y} \int_{(s,\infty)} \Big(v\big(DT(t)\big)\, K(t)\, D_{yz}(t) + V_z(t) - V_y(t) \Big)\, q_{yz}(dt)\,. \end{aligned} \tag{10.18.5}$$

10.19 Bemerkungen.

(a) Im Hinblick auf Satz 4.52 und den Eindeutigkeitssatz 4.50 sind die Voraussetzungen für p aus Satz 10.18 äquivalent zu

$$p(s,t) = \prod_{(s,t]} (\mathcal{E} + dq)\,, \qquad 0 \leq s \leq t < \infty\,.$$

Seien $s \geq 0$ und $y \in \mathcal{S}$. Bekanntlich ist $V_y(s)$ genau dann eindeutig bestimmt, wenn $P(X_s = y) > 0$. Natürlich impliziert $P(X_s = y) > 0$ nicht $P(X_t = y) > 0$ für alle $t \geq s$. Der Zinsterm $\int_{(s,\infty)} V_y(t-0)\, \Phi(dt)$ auf der rechten Seite der Thieleschen

Integralgleichung ist also auch unter $P(X_s = y) > 0$ nicht notwendig eindeutig bestimmt. Dies macht plausibel, daß für die Gültigkeit von (10.18.5) die Festlegung der *Version* des prospektiven Deckungskapitals gemäß (10.4.1) wesentlich ist. In der Tat ist es einfach, durch Gegenbeispiele zu belegen, daß (10.18.5) nicht unabhängig von der Wahl der Version des Deckungskapitals für alle $y \in \mathcal{S}$ mit $P(X_s = y) > 0$ gilt. Dies überlassen wir dem Leser.

(b) Auch die allgemeinen Thieleschen Integralgleichungen (10.18.5) vom Typ 2 lassen sich analog zu Bemerkung 9.16 interpretieren: Nach (10.18.5) erhält man das prospektive Deckungskapital zur Zeit s im Zustand y, indem man von den zukünftigen Verbleibsleistungen $F_{y+}([s,\infty))$ in diesem Zustand die zukünftigen Prämien $F_{y-}([s,\infty))$ sowie den zukünftigen Zinsertrag auf das prospektive Deckungskapital subtrahiert und einen von den Übergangsintensitäten abhängigen Term, die *zukünftigen Risikoprämien für Wechsel aus* y, addiert. Diesen betrachten wir nun näher.

Beim Übergang von y nach $z \neq y$ zur Zeit t wird das prospektive Deckungskapital $V_y(t)$ im alten Zustand y unmittelbar frei, das prospektive Deckungskapital $V_z(t)$ im neuen Zustand z ist unmittelbar zu stellen, während die Übergangsleistung $D_{yz}(t)$ erst zur Zeit $DT(t)$ bereitzustellen und demnach mit dem Faktor $v\big(DT(t)\big)\,K(t)$ auf den Zeitpunkt t abzuzinsen ist. In Verallgemeinerung von (9.16.1) und (9.16.2) bezeichnen wir daher die Funktion

$$R_{yz}\colon t \longmapsto v\big(DT(t)\big)\,K(t)\,D_{yz}(t) + V_z(t) - V_y(t) \tag{10.19.1}$$

als *(unmittelbar) durch den Übergang von y nach z riskiertes Kapital* und

$$\Pi^r_y\colon t \longmapsto \sum_{z\neq y} \int\limits_{(0,t]} R_{yz}(\tau)\, q_{yz}(d\tau) \tag{10.19.2}$$

als den *(unmittelbaren) Risikoprämienstrom für das Verlassen von* y. (Man beachte, daß (10.19.1) auch (10.8.1) verallgemeinert.) Unter den Voraussetzungen von Satz 10.18 gilt für alle $s \geq 0$ und alle $y \in \mathcal{S}$

$$\Pi^r_y((s,\infty)) = V_y(s) + \int\limits_{(s,\infty)} V_y(t-0)\,\Phi(dt) - F_y([s,\infty))\,. \tag{10.19.3}$$

Die Verallgemeinerung der Definition (9.16.3) der *(unmittelbaren) Sparprämien* ist offensichtlich.

(c) Unter der für die Gültigkeit des Äquivalenzprinzips hinreichenden Bedingung $V_y(0) = 0$, $y \in \mathcal{S}$, erhalten wir aus (10.18.5) die folgende retrospektive Form der Thieleschen Integralgleichungen vom Typ 2:

$$V_y(s) = -F_y([0,s)) + \int\limits_{(0,s]} V_y(t-0)\,\Phi(dt) - \Pi^r_y(s)\,, \qquad y \in \mathcal{S},\ s \geq 0. \tag{10.19.4}$$

(d) Wegen der Endlichkeit aller Integrale auf der rechten Seite von (10.18.5) gilt unter den Voraussetzungen des Satzes 10.18 stärker als (10.4.3)

$$\lim_{s\to\infty} V_y(s) = 0\,, \qquad y \in \mathcal{S}\,. \tag{10.19.5}$$

Wir geben nun einen ersten Beweis von Satz 10.18, indem wir in Anlehnung an den von Johansen (1986) inspirierten Beweis von Folgerung 4.49 zeigen, daß die Thieleschen Integralgleichungen vom Typ 1 diejenigen vom Typ 2 implizieren.

Beweis von Satz 10.18. Da p nach Voraussetzung die Rückwärtsintegralgleichungen vom Typ 1 identisch löst, zeigen die Argumente des zweiten Beweises von Satz 10.13, daß V_y, $y \in \mathcal{S}$, wie in (10.4.1) die Thieleschen Integralgleichungen (10.13.2) vom Typ 1 identisch löst. Seien $s \geq 0$ und $y \in \mathcal{S}$. Indem wir (10.17.1) und (10.17.2) auf die Zahlungsströme $Z = F_y$ und

$$Z(d\tau) = \Big(v\big(DT(\tau)\big)\, K(\tau)\, D_{yz}(\tau) + V_z(\tau)\Big)\, q_{yz}(d\tau)$$

anwenden und wiederholt die Thieleschen Integralgleichungen (10.13.2) heranziehen, erhalten wir

$$\begin{aligned}
V_y(s) = &\int\limits_{[s,\infty)} v(t)\,\overline{p}_y(s,t)\, F_y(dt)\cdot K(s)\\
&+\sum_{z\neq y}\int\limits_{(s,\infty)} v(t)\,\overline{p}_y(s,t-0)\Big(v\big(DT(t)\big)\,K(t)\,D_{yz}(t)+V_z(t)\Big)\,q_{yz}(dt)\cdot K(s)\\
= {}&F_y([s,\infty)) - \int\limits_{(s,\infty)}\int\limits_{[\sigma,\infty)} v(\tau)\,\overline{p}_y(\sigma-0,\tau)\,F_y(d\tau)\,K(\sigma-0)\,\Phi(d\sigma)\\
&+\int\limits_{(s,\infty)}\int\limits_{[\sigma,\infty)} v(\tau)\,\overline{p}_y(\sigma,\tau)\,F_y(d\tau)\,K(\sigma)\,q_{yy}(d\sigma)\\
&+\sum_{z\neq y}\int\limits_{(s,\infty)}\Big(v\big(DT(\tau)\big)\,K(\tau)\,D_{yz}(\tau)+V_z(\tau)\Big)\,q_{yz}(d\tau)\\
&-\sum_{z\neq y}\int\limits_{(s,\infty)}\int\limits_{[\sigma,\infty)} v(\tau)\,\overline{p}_y(\sigma-0,\tau-0)\\
&\qquad\cdot\Big(v\big(DT(\tau)\big)\,K(\tau)\,D_{yz}(\tau)+V_z(\tau)\Big)\,q_{yz}(d\tau)\,K(\sigma-0)\,\Phi(d\sigma)\\
&+\sum_{z\neq y}\int\limits_{(s,\infty)}\int\limits_{(\sigma,\infty)} v(\tau)\,\overline{p}_y(\sigma,\tau-0)\\
&\qquad\cdot\Big(v\big(DT(\tau)\big)\,K(\tau)\,D_{yz}(\tau)+V_z(\tau)\Big)\,q_{yz}(d\tau)\,K(\sigma)\,q_{yy}(d\sigma) =
\end{aligned}$$

$$= F_y([s,\infty)) - \int\limits_{(s,\infty)} V_y(\sigma - 0)\,\Phi(d\sigma) + \int\limits_{(s,\infty)} V_y(\sigma)\,q_{yy}(d\sigma)$$

$$+ \sum_{z\neq y} \int\limits_{(s,\infty)} \Big(v\big(DT(\tau)\big)\,K(\tau)\,D_{yz}(\tau) + V_z(\tau)\Big)\,q_{yz}(d\tau)$$

$$= F_y([s,\infty)) - \int\limits_{(s,\infty)} V_y(t - 0)\,\Phi(dt)$$

$$+ \sum_{z\neq y} \int\limits_{(s,\infty)} \Big(v\big(DT(t)\big)\,K(t)\,D_{yz}(t) + V_z(t) - V_y(t)\Big)\,q_{yz}(dt)\,. \qquad \square$$

10.20 Hilfssatz. *Sei q regulär, und es seien die Integrabilitätsbedingungen* (10.18.1) – (10.18.4) *erfüllt. Weiter seien V_* Versionen der prospektiven Deckungskapitalien, die die Thieleschen Integralgleichungen* (10.18.5) *vom Typ 2 identisch lösen. Dann lösen die V_* auch die Thieleschen Integralgleichungen* (10.13.1) *und* (10.13.2) *vom Typ* 1 *ohne Ausnahmemengen.*

Beweis. Seien $y \in \mathcal{S}$ und $s \geq 0$. Indem wir zunächst (10.18.5) ausnutzen, dann (10.17.3) und (10.17.4) auf die Zahlungsströme

$$Z = F_y, \quad Z(d\tau) = V_y(\tau - 0)\,\Phi(d\tau) \;\text{ sowie }\; Z(d\tau) = R_{yz}(\tau)\,q_{yz}(d\tau) \quad (y \neq z)$$

anwenden und schließlich wiederum zweimal (10.18.5) heranziehen, erhalten wir

$$v(s)\,V_y(s) = v(s)\Big(F_y([s,\infty)) - \int\limits_{(s,\infty)} V_y(t-0)\,\Phi(dt) + \sum_{z\neq y} \int\limits_{(s,\infty)} R_{yz}(t)\,q_{yz}(dt)\Big)$$

$$= \int\limits_{[s,\infty)} v(\tau)\,\overline{p}_y(s,\tau)\,F_y(d\tau)$$

$$+ \int\limits_{(s,\infty)} v(\tau)\,\overline{p}_y(s,\tau-0)\,F_y([\tau,\infty))\,\Phi(d\tau)$$

$$- \int\limits_{(s,\infty)} v(\tau)\,\overline{p}_y(s,\tau-0)\,F_y([\tau,\infty))\,q_{yy}(d\tau)$$

$$- \int\limits_{(s,\infty)} v(\tau)\,\overline{p}_y(s,\tau-0)\,V_y(\tau-0)\,\Phi(d\tau)$$

$$- \int\limits_{(s,\infty)} v(\tau)\,\overline{p}_y(s,\tau-0) \int\limits_{[\tau,\infty)} V_y(\sigma-0)\,\Phi(d\sigma)\,\Phi(d\tau) +$$

$$
\begin{aligned}
&+ \int_{(s,\infty)} v(\tau)\, \overline{p}_y(s, \tau - 0) \int_{(\tau,\infty)} V_y(\sigma - 0)\, \Phi(d\sigma)\, q_{yy}(d\tau) \\
&+ \sum_{z \neq y} \int_{(s,\infty)} v(\tau)\, \overline{p}_y(s, \tau - 0)\, R_{yz}(\tau)\, q_{yz}(d\tau) \\
&+ \sum_{z \neq y} \int_{(s,\infty)} v(\tau)\, \overline{p}_y(s, \tau - 0) \int_{[\tau,\infty)} R_{yz}(\sigma)\, q_{yz}(d\sigma)\, \Phi(d\tau) \\
&- \sum_{z \neq y} \int_{(s,\infty)} v(\tau)\, \overline{p}_y(s, \tau - 0) \int_{(\tau,\infty)} R_{yz}(\sigma)\, q_{yz}(d\sigma)\, q_{yy}(d\tau) \\
= &\int_{[s,\infty)} v(t)\, \overline{p}_y(s, t)\, F_y(dt) \\
&+ \sum_{z \neq y} \int_{(s,\infty)} \Big(v\big(DT(t)\big)\, D_{yz}(t) + v(t)\, V_z(t) \Big)\, E_{yz}(s, dt)\,. \qquad \square
\end{aligned}
$$

Ebenso wie die Thieleschen Integralgleichungen vom Typ 1 und die Rückwärtsintegralgleichungen vom Typ 1 sind auch die Thieleschen Integralgleichungen vom Typ 2 und die Rückwärtsintegralgleichungen vom Typ 2 zueinander äquivalent. Der Nachweis, daß die Rückwärtsgleichungen vom Typ 2 ein Spezialfall der Thieleschen Gleichungen vom Typ 2 sind, soll in Aufgabe 19 erbracht werden, der Beweis der Umkehrung geschieht mit Hilfe des folgenden Hilfssatzes 10.21. Da dieser Hilfssatz auch in Abschnitt E für den Beweis des allgemeinen Hattendorff-Theorems herangezogen wird, formulieren wir ihn, wie dort benötigt, mit schwächeren Integrabilitätsbedingungen als in Satz 10.18.

10.21 Hilfssatz. *Seien q regulär und p eine rechtsseitig stetige reguläre Übergangsmatrix für X, die die Rückwärtsintegralgleichungen* (4.46.2) *identisch löst. Weiter seien die Integrabilitätsbedingungen* (10.2.1), (10.4.2),

$$
\sum_{z \in \mathcal{S}} \sum_{(y,\zeta) \in J} \int_{(0,\infty)} \int_{[t,\infty)} v(\tau)\, |F_z|\, (d\tau)\, q_{y\zeta}(dt) < \infty\,, \tag{10.21.1}
$$

$$
\sum_{(\zeta,\eta) \in J} \sum_{(y,z) \in J} \int_{(0,\infty)} \int_{(t,\infty)} v\big(DT(\tau)\big)\, D_{yz}(\tau)\, q_{yz}(d\tau)\, q_{\zeta\eta}(dt) < \infty \tag{10.21.2}
$$

erfüllt und Versionen der prospektiven Deckungskapitalien mittels der Definitionsformel (10.4.1) *festgelegt. Dann gilt für alle $s \geq 0$ und alle $y \in \mathcal{S}$*

$$
V_y(s) = \int_{[s,\infty)} v(t)\, F_y(dt) \cdot K(s) + \sum_{z \neq y} \int_{(s,\infty)} v(t)\, R_{yz}(t)\, q_{yz}(dt) \cdot K(s)\,. \tag{10.21.3}
$$

Beweis. Seien $s \geq 0$ und $y \in \mathcal{S}$. Nach Folgerung 4.49 genügt p den Rückwärtsintegralgleichungen (4.49.1) identisch. Zweimaliges Einsetzen dieser Gleichungen in die Definitionsformel (10.4.1), zweimalige Anwendung des Satzes von Fubini und schließlich wiederum die Definitionsformel (10.4.1) liefern

$$\begin{aligned}
v(s)\,V_y(s) &= \sum_{z\in\mathcal{S}} \int\limits_{[s,\infty)} v(t)\Big(\delta_{yz} + \sum_{\eta\in\mathcal{S}} \int\limits_{(s,t]} p_{\eta z}(\tau,t)\,q_{y\eta}(d\tau)\Big)\,F_z(dt) \\
&\quad + \sum_{(z,\zeta)\in J} \int\limits_{(s,\infty)} v\big(DT(t)\big)D_{z\zeta}(t) \\
&\quad\quad \cdot \Big(\delta_{yz} + \sum_{\eta\in\mathcal{S}} \int\limits_{(s,t)} p_{\eta z}(\tau,t-0)\,q_{y\eta}(d\tau)\Big)q_{z\zeta}(dt) \\
&= \int\limits_{[s,\infty)} v(t)\,F_y(dt) + \sum_{\zeta\neq y} \int\limits_{(s,\infty)} v\big(DT(t)\big)\,D_{y\zeta}(t)\,q_{y\zeta}(dt) \\
&\quad + \sum_{\eta\in\mathcal{S}} \int\limits_{(s,\infty)} v(\tau)\Big(\sum_{z\in\mathcal{S}} \int\limits_{[\tau,\infty)} v(t)\,p_{\eta z}(\tau,t)\,F_z(dt)\,K(\tau)\Big)\,q_{y\eta}(d\tau) \\
&\quad + \sum_{\eta\in\mathcal{S}} \int\limits_{(s,\infty)} \Big(\sum_{(z,\zeta)\in J} \int\limits_{(\tau,\infty)} v\big(DT(t)\big)D_{z\zeta}(t)\,p_{\eta z}(\tau,t-0)\,q_{z\zeta}(dt)\Big)q_{y\eta}(d\tau) \\
&= \int\limits_{[s,\infty)} v(t)\,F_y(dt) + \sum_{\zeta\neq y} \int\limits_{(s,\infty)} v\big(DT(t)\big)\,D_{y\zeta}(t)\,q_{y\zeta}(dt) \\
&\quad + \sum_{\eta\in\mathcal{S}} \int\limits_{(s,\infty)} v(\tau)\,V_\eta(\tau)\,q_{y\eta}(d\tau) \\
&= \int\limits_{[s,\infty)} v(t)\,F_y(dt) + \sum_{z\neq y} \int\limits_{(s,\infty)} v(t)\,R_{yz}(t)\,q_{yz}(dt)\,. \qquad \square
\end{aligned}$$

Zweiter Beweis von Satz 10.18. Seien $s \geq 0$ und $y \in \mathcal{S}$. Indem wir zunächst zweimal die Beziehung

$$1 = v(t)\cdot K(s) + v(t) \int\limits_{(s,t]} K(\tau-0)\,\Phi(d\tau)\,, \qquad s \leq t\,,$$

und anschließend je zweimal den Satz von Fubini und (10.21.3) verwenden, erhalten wir

$$F_y([s,\infty)) + \sum_{z\neq y} \int\limits_{(s,\infty)} R_{yz}(t)\,q_{yz}(dt) =$$

$$= \int\limits_{[s,\infty)} v(t)\, F_y(dt)\, K(s) + \int\limits_{[s,\infty)} v(t) \int\limits_{(s,t]} K(\tau - 0)\, \Phi(d\tau)\, F_y(dt)$$

$$+ \sum_{z \neq y} \int\limits_{(s,\infty)} v(t)\, R_{yz}(t)\, q_{yz}(dt) \cdot K(s)$$

$$+ \sum_{z \neq y} \int\limits_{(s,\infty)} v(t) \int\limits_{(s,t]} K(\tau - 0)\, \Phi(d\tau)\, R_{yz}(t)\, q_{yz}(dt)$$

$$= V_y(s) + \int\limits_{(s,\infty)} \int\limits_{[\tau,\infty)} v(t)\, F_y(dt)\, K(\tau - 0)\, \Phi(d\tau)$$

$$+ \int\limits_{(s,\infty)} \sum_{z \neq y} \int\limits_{[\tau,\infty)} v(t)\, R_{yz}(t)\, q_{yz}(dt)\, K(\tau - 0)\, \Phi(d\tau)$$

$$= V_y(s) + \int\limits_{(s,\infty)} V_y(t - 0)\, \Phi(dt)\,,$$

also die Behauptung. □

10.22 Bemerkung. Im zweiten Beweis von Satz 10.13 wurden die Thieleschen Integralgleichungen vom Typ 1 aus den Rückwärtsintegralgleichungen vom Typ 1 gefolgert; in Bemerkung 10.14 (a) wurde gezeigt, daß die Rückwärtsintegralgleichungen vom Typ 1 ein Spezialfall der Thieleschen Integralgleichungen vom Typ 1 sind. Im ersten Beweis von Satz 10.18 wurden die Thieleschen Integralgleichungen vom Typ 2 aus denjenigen vom Typ 1 hergeleitet; Hilfssatz 10.20 zeigt, daß sich umgekehrt auch die Thieleschen Integralgleichungen vom Typ 1 aus denjenigen vom Typ 2 ergeben. Gemäß Aufgabe 19 sind die Rückwärtsintegralgleichungen vom Typ 2 ein Spezialfall der Thieleschen Integralgleichungen vom Typ 2; umgekehrt liefern aber auch die Rückwärtsintegralgleichungen vom Typ 2 die Thieleschen Integralgleichungen vom Typ 2 (zweiter Beweis von Satz 10.18). In diesem Sinne sind also – unter gewissen Zusatzvoraussetzungen – alle vier Gleichungssysteme (Thielesche Gleichungen der Typen 1 und 2 sowie Rückwärtsgleichungen der Typen 1 und 2) äquivalent.

10.23 Bemerkung. Von Norberg (1991, pp. 18, 19) und Wolthuis (1994, Kapitel 11) wird darauf hingewiesen, daß die Thieleschen Gleichungen eine besonders einfache Gestalt annehmen, falls der zu dem Policenverlauf gehörige Raum $\ddot{U}$ erlaubter Übergänge hierarchisch im Sinne von Aufgabe 4.2 ist. Sei also $\mathcal{S} = \{y_1, \ldots, y_n\}$ so, daß $\big(1_{\ddot{U}}(y_i, y_j)\big)_{i,j=1,\ldots,n}$ eine obere Dreiecksmatrix ist. Unter den Voraussetzungen von Satz 10.13 gelten dann

$$V_{y_i}(s) = \int\limits_{[s,\infty)} v(t)\, \overline{p}_{y_i}(s,t)\, F_{y_i}(dt) \cdot K(s) + \tag{10.13.1'}$$

$$+ \sum_{j=i+1}^{n} \int_{(s,\infty)} \Big(v\big(DT(t)\big)\, D_{y_i y_j}(t) + v(t)\, V_{y_j}(t)\Big) E_{y_i y_j}(s, dt) \cdot K(s)$$

bzw.

$$V_{y_i}(s) = \int_{[s,\infty)} v(t)\, \overline{p}_{y_i}(s,t)\, F_{y_i}(dt) \cdot K(s) \tag{10.13.2'}$$

$$+ \sum_{j=i+1}^{n} \int_{(s,\infty)} \Big(v\big(DT(t)\big) D_{y_i y_j}(t) + v(t)\, V_{y_j}(t)\Big) \overline{p}_{y_i}(s, t-0)\, q_{y_i y_j}(dt) \cdot K(s)$$

für alle $i = n, \dots, 1$ und alle $s \geq 0$ mit $P(X_s = y_i) > 0$. Ausgehend von der Tatsache, daß $V_{y_n}(s) = 0$ für alle $s \geq 0$ mit $P(X_s = y_n) > 0$, lassen sich aus (10.13.1′) oder (10.13.2′) die prospektiven Deckungskapitalien mittels Rückwärtsrekursion berechnen. Von diesem unmittelbar einsichtigen Sachverhalt haben wir bereits in den Beispielen 6.26, 6.27 und 10.16 Gebrauch gemacht.

Auch das System der Thieleschen Integralgleichungen vom Typ 2 läßt sich im Falle eines hierarchischen Raumes erlaubter Übergänge entkoppeln. Unter den Voraussetzungen von Satz 10.18 ist

$$\begin{aligned} V_{y_i}(s) = F_{y_i}([s,\infty)) &- \int_{(s,\infty)} V_{y_i}(t-0)\, \Phi(dt) \\ &+ \sum_{j=i+1}^{n} \int_{(s,\infty)} R_{y_i y_j}(t)\, q_{y_i y_j}(dt) \end{aligned} \tag{10.18.5'}$$

für alle $i = n, \dots, 1$ und alle $s \geq 0$; (10.18.5′) ist durch Rückwärtsrekursion lösbar, eine (die !) Lösung ist explizit durch (10.13.1′) oder (10.13.2′) gegeben.

Hierarchische Räume möglicher Übergänge liegen vor in der Situation eines Lebens oder mehrerer Leben bei einfachem Risiko oder bei konkurrierenden Risiken sowie in vielen Fällen in der Pensionsversicherung (vergleiche Aufgabe 4.2 und die Beispiele 6.26, 6.27 und 10.16).

Als Abschluß dieses Abschnittes zeigen wir nun die eindeutige Lösbarkeit der Thieleschen Integralgleichungen sowohl vom Typ 1 als auch vom Typ 2.

10.24 Satz. *Sei q regulär. Vorausgesetzt seien* (10.2.1) *und* (10.4.2) *im Falle der Thieleschen Integralgleichungen* (10.13.2) *und* (10.18.1) – (10.18.4) *im Falle der Thieleschen Integralgleichungen* (10.18.5). *Dann existiert für jedes der beiden Integralgleichungssysteme jeweils genau eine auf Kompakta beschränkte Borel-meßbare Lösung* $(V_y)_{y\in\mathcal{S}}$, *die zusätzlich*

$$\sum_{(y,z)\in J} \int_{(0,\infty)} v(t)\, |V_z(t)|\, q_{yz}(dt) < \infty$$

im Falle des Systems (10.13.2)

$$\sum_{y \in \mathcal{S}} \int_{(0,\infty)} |V_y(t-0)| \, \Phi(dt) < \infty$$

sowie

$$\sum_{(y,z) \in J} \int_{(0,\infty)} \big(|V_y(t)| + |V_z(t)|\big) \, q_{yz}(dt) < \infty$$

im Falle des Systems (10.18.5) *erfüllt. Unter* (10.18.1) – (10.18.4) *stimmen beide Lösungen überein. Ist p eine rechtsstetige reguläre Übergangsmatrix für X, die die Rückwärtsintegralgleichungen* (4.46.2) *oder* (4.49.1) *identisch erfüllt, so löst die mittels der Definitionsformel* (10.4.1) *festgelegte Version des prospektiven Deckungskapitals unter den jeweiligen Integrabilitätsbedingungen* (10.13.2) *bzw.* (10.18.5) *identisch.*

Dieser Satz ist eine – im Hinblick auf Bemerkung 10.22 nicht erstaunliche – Verallgemeinerung des die Rückwärtsgleichungen betreffenden Teiles des Satzes 4.50. Zu zeigen bleiben nur die Eindeutigkeitsaussagen. Deren Beweis zerfällt in zwei Schritte. Zunächst behandeln wir den Fall, daß die Laufzeit des Versicherungsvertrages endlich ist. Anschließend wird die allgemeine Situation vermöge der „Randbedingung bei ∞“ (10.4.3) auf diesen Spezialfall reduziert. Wir benötigen einige Hilfssätze.

10.25 Hilfssatz. *Seien q regulär und $n > 0$. Dann hat jedes der linearen Integralgleichungssysteme*

$$h_y(s) = \sum_{z \neq y} \int_{(s,n]} v(t) \, h_z(t) \, \overline{p}_y(s, t-0) \, q_{yz}(dt) \cdot K(s) \,, \quad s \in [0,n], \;\; y \in \mathcal{S} \,, \tag{10.25.1}$$

und

$$h_y(s) = -\int_{(s,n]} h_y(t-0) \, \Phi(dt) + \sum_{z \neq y} \int_{(s,n]} \big(h_z(t) - h_y(t)\big) \, q_{yz}(dt) \,, \tag{10.25.2}$$

$$s \in [0,n], \;\; y \in \mathcal{S}$$

genau eine beschränkte, Borel-meßbare Lösung, nämlich $h \equiv 0$.

Beweis. Wir beschränken uns auf die Betrachtung von (10.25.1) und nehmen an, es gäbe eine beschränkte, Borel-meßbare Lösung $h \not\equiv 0$. Nach (10.25.1) ist jede Komponente h_y rechtsstetig und erfüllt $h_y(n) = 0$. Sei

$$t_0 := \min\big\{ s \in [0,n] \,\big|\, h_y|_{[s,n]} \equiv 0, \;\; y \in \mathcal{S} \big\} \,.$$

Nach Annahme ist $t_0 > 0$. Wählen wir ein $s_0 \in (0, t_0)$ mit

$$c := \sum_{(y,z)\in J} q_{yz}((s_0, t_0)) < 1\,,$$

so erhalten wir mittels (10.25.1) einen Widerspruch wie folgt:

$$\begin{aligned} 0 &< \sup\bigl\{|h_y(s)| \bigm| s \in [s_0, n],\quad y \in \mathcal{S}\bigr\} \\ &\leq \sup\Bigl\{\textstyle\sum_{z\neq y} \int_{(s_0,t_0)} v(t)\,|h_z(t)|\,q_{yz}(dt)\cdot K(s) \Bigm| s \in [s_0, t_0],\quad y \in \mathcal{S}\Bigr\} \\ &\leq c \cdot \sup\bigl\{|h_y(s)| \bigm| s \in [s_0, n],\quad y \in \mathcal{S}\bigr\}\,. \end{aligned}$$

□

10.26 Hilfssatz. *Seien q regulär und A eine natürliche Versicherungszahlung mit endlicher Laufzeit $n > 0$, d. h. $A_w((n,\infty)) = 0$, $w \in \mathcal{W}$. Weiter gelte*

$$\sum_{(y,z)\in J} \int_{(0,n]} D_{yz}(t)\,q_{yz}(dt) < \infty\,. \tag{10.26.1}$$

Dann gelten (10.18.1) – (10.18.4) *und somit die Thieleschen Integralgleichungen vom Typ* 1,

$$\begin{aligned} V_y(s) \;=\; &\int_{[s,n]} v(t)\,\overline{p}_y(s,t)\,F_y(dt)\cdot K(s) \\ &+\sum_{z\neq y} \int_{(s,n]} \Bigl(v\bigl(DT(t)\bigr)\,D_{yz}(t) + v(t)\,V_z(t)\Bigr)\,\overline{p}_y(s,t-0)\,q_{yz}(dt)\cdot K(s)\,, \end{aligned} \tag{10.26.2}$$

$0 \leq s \leq n$, $y \in \mathcal{S}$, *und die Thieleschen Integralgleichungen vom Typ 2,*

$$\begin{aligned} V_y(s) \;=\; &F_y([s,n]) - \int_{(s,n]} V_y(t-0)\,\Phi(dt) \\ &+\sum_{z\neq y} \int_{(s,n]} \Bigl(v\bigl(DT(t)\bigr)\,K(t)\,D_{yz}(t) + V_z(t) - V_y(t)\Bigr)\,q_{yz}(dt)\,, \end{aligned} \tag{10.26.3}$$

$0 \leq s \leq n$, $y \in \mathcal{S}$. *Beide Gleichungen haben jeweils eine eindeutige beschränkte, Borel-meßbare Lösung. Diese Lösungen stimmen überein.*

Beweis. Sei $(V_y)_{y\in\mathcal{S}}$ durch die Definitionsformel (10.4.1) mit $p := \prod(\mathcal{E} + dq)$ definiert. Auf Grund des zweiten Beweises von Satz 10.13 und nach Satz 10.18 löst $(V_y)_{y\in\mathcal{S}}$ sowohl (10.26.2) als auch (10.26.3) ohne Ausnahmemengen. Wegen (10.4.2) und der endlichen Laufzeit des Vertrages ist V_y, $y \in \mathcal{S}$, beschränkt.

Die Gleichungssysteme (10.25.1) bzw. (10.25.2) sind die homogenen „Gegenstücke" zu (10.26.2) bzw. (10.26.3), die Differenz zweier Lösungen von (10.26.2) bzw. (10.26.3) löst (10.25.1) bzw. (10.25.2). Der Eindeutigkeitsteil von Hilfssatz 10.26 folgt daher aus Hilfssatz 10.25. □

10.27 Hilfssatz. *Sei q regulär. Dann hat jedes der Integralgleichungssysteme*

$$h_y(s) = \sum_{z \neq y} \int_{(s,\infty)} v(t)\, h_z(t)\, \overline{p}_y(s, t-0)\, q_{yz}(dt) \cdot K(s)\,, \quad s \geq 0,\ y \in \mathcal{S}\,, \qquad (10.27.1)$$

und

$$h_y(s) = -\int_{(s,\infty)} h_y(t-0)\, \Phi(dt) + \sum_{z \neq y} \int_{(s,\infty)} \big(h_z(t) - h_y(t)\big)\, q_{yz}(dt)\,, \qquad (10.27.2)$$
$$s \geq 0,\ y \in \mathcal{S}\,,$$

genau eine Borel-meßbare Lösung, die zusätzlich

$$\sum_{(y,z) \in J} \int_{(0,\infty)} v(t)\, |h_z(t)|\, q_{yz}(dt) < \infty$$

im Falle des Systems (10.27.1) *und*

$$\sum_{y \in \mathcal{S}} \int_{(0,\infty)} |h_y(t-0)|\, \Phi(dt) < \infty$$

sowie

$$\sum_{(y,z) \in J} \int_{(0,\infty)} \big(|h_y(t)| + |h_z(t)|\big)\, q_{yz}(dt) < \infty$$

im Falle des Systems (10.27.2) *erfüllt, nämlich* $h \equiv 0$.

Beweis. Wir beschränken uns auf die Betrachtung von (10.27.1) und überlassen diejenige von (10.27.2) dem Leser. Seien $(h_y)_{y \in \mathcal{S}}$ eine Lösung von (10.27.1), die der zugehörigen Integrabilitätsbedingung genügt, und

$$h_y^{(n)} := h_y \cdot 1_{[0,n]}\,, \qquad y \in \mathcal{S},\ n > 0\,.$$

Mittels (10.27.1) und Aufgabe 4.15 (a) ist leicht zu sehen, daß $(h_y^{(n)})_{y \in \mathcal{S}}$ das System

$$h_y^{(n)}(s) = \sum_{z \neq y} \int_{(s,n]} v(t) h_z^{(n)}(t)\, \overline{p}_y(s, t-0)\, q_{yz}(dt) \cdot K(s) + \overline{p}_y(s,n)\, v(n)\, h_y(n) \cdot K(s)\,,$$
$$s \in [0,n],\ y \in \mathcal{S}\,,$$

löst. Dies ist (10.26.2) mit $F_y^{(n)} = h_y(n) \cdot 1_{[n,\infty)}$ und $D_{yz} \equiv 0$, $(y,z) \in J$. Mit Hilfssatz 10.26, Satz 10.13 und (10.4.1) folgt

$$h_y(s) = h_y^{(n)}(s) = \sum_{z \in \mathcal{S}} v(n)\, p_{yz}(s,n)\, h_z(n) \cdot K(s)\,, \quad s \in [0,n],\ y \in \mathcal{S}.$$

Wegen (10.27.1) und der zugehörigen Integrabilitätsbedingung gilt

$$\lim_{n\to\infty} v(n)\, h_z(n) = 0\,, \qquad z \in \mathcal{S}\,,$$

und damit

$$h_y(s) = 0\,, \qquad s \geq 0,\ y \in \mathcal{S}\,. \qquad \square$$

Beweis von Satz 10.24. Wörtlich wie derjenige von Hilfssatz 10.26 mit dem einzigen Unterschied, daß an Stelle von Hilfssatz 10.25 der Hilfssatz 10.27 zu benutzen ist. □

Die eindeutige Lösbarkeit Thielescher Differentialgleichungen läßt sich mit diesen Ergebnissen ebenfalls leicht herleiten (Aufgabe 20).

D Der Satz von Cantelli

Das allgemeine „Theorem von Cantelli" gibt Antwort auf die Frage, inwieweit sich Versicherungsvertragsparameter und Rechnungsgrundlagen eines Personenversicherungsvertrages ändern dürfen, ohne den Verlauf der prospektiven Deckungskapitalien zu beeinflussen und damit auch ohne die Äquivalenzprämien zu ändern. Die Hauptanwendung dieses Resultates, der Satz von Cantelli (1914), vergleicht die Deckungskapitalverläufe eines Versicherungsvertrages ohne Stornomöglichkeit und des entsprechenden Vertrages mit Stornomöglichkeit. Er besagt, daß die Ausscheideursache Storno bei der Prämien- und Deckungskapitalberechnung unberücksichtigt bleiben kann, falls bei Vertragskündigung das prospektive Deckungskapital zum Kündigungszeitpunkt ausgezahlt wird. Wie in anderen Bereichen der Personenversicherungsmathematik, gibt es auch hier in der bisherigen Literatur einen „kontinuierlichen Ansatz" und einen „zeitdiskreten Ansatz":

- Der kontinuierliche Ansatz geht auf die erwähnte Arbeit von Cantelli (1914, Kapitel III) zurück, die sich speziell mit der Situation zusammengesetzter Ausscheideordnungen befaßt. Wie üblich, untersucht man bei diesem Ansatz Versicherungen mit absolutstetigen Verbleibszahlungsströmen, absolutstetigen Kapitalfunktionen und absolutstetigen kumulativen Intensitätsmatrizen. Es werden Annahmen gemeinsam für die Intensitätsmatrizen und die Übergangsleistungen gemacht. Gemäß der ursprünglichen Idee von Cantelli (1914) beruhen die Beweise auf der eindeutigen Lösbarkeit der Thieleschen Differentialgleichungen (siehe zum Beispiel Wolff (1970), Abschnitt 25.3 und 25.4). Dies gilt auch für Hoem (1988), wo in Abschnitt 6 auf diese Weise eine absolutstetige Version des Satzes für Markovsche Policenverläufe mit endlichem Zustandsraum bewiesen wird.
- Mit dem diskreten Ansatz werden Versicherungen mit diskreten, meist äquidistanten (jährlichen) Zahlungszeitpunkten behandelt, wobei sich die bisherigen Untersuchungen auf den Fall zusammengesetzter Ausscheideordnungen beschränken. Sie

verwenden gemeinsame Annahmen für die (einjährigen) partiellen Ausscheidewahrscheinlichkeiten und die Ausscheideleistungen; die Beweise funktionieren entweder mit Variationsmethoden (Saxer (1955) in Anlehnung an Schärf (1941)) oder sie benutzen die eindeutige Auflösbarkeit der Rekursion (10.7.4′) (Zwinggi (1958), Abschnitt II 2.2 und Reichel (1987), Abschnitt 4.4).

Auch hier ist es unser Anliegen, zu einer gemeinsamen Behandlung beider Ansätze zu finden. Wir beginnen mit einer allgemeinen Version des Satzes von Cantelli für Markovsche Zustandsverläufe mit regulären kumulativen Intensitätsmatrizen und natürlichen Versicherungszahlungsfunktionen (Satz 10.29). Dieser Satz verallgemeinert die erwähnten Cantelli-Sätze für den absolutstetigen Fall, er enthält alle *sinnvollen* diskreten Versionen und er erfaßt auch gemischte Fälle wie etwa den des Beispiels 10.16 (mit $\alpha = 1$). Der Beweis ist einfach und fußt auf der eindeutigen Lösbarkeit der Thieleschen Integralgleichungen vom Typ 2 (Satz 10.24). Im rein absolutstetigen wie auch im rein diskreten Fall kann man durch Rückgriff auf die eindeutige Lösbarkeit der Thieleschen Differentialgleichungen (Aufgabe 20) bzw. der entsprechenden Rekursionsformeln (Bemerkung 10.10 (a)) die Integrabilitätsbedingungen des allgemeinen Satzes von Cantelli noch etwas abschwächen (Aufgabe 21 im absolutstetigen Fall). Als nächstes wenden wir uns dem Vergleich von Versicherungen mit und ohne Storno zu (Folgerung 10.31), um schließlich an Hand des Spezialfalles von Ausscheidemodellen mit mehreren Ausscheideursachen und Versicherungszahlungen nur zu ganzzahligen Zeitpunkten den Sinn verschiedener möglicher Voraussetzungen des Satzes von Cantelli ausführlich zu diskutieren. Im Hinblick auf einige in der Literatur vorhandene Verwirrung erscheint dies als geboten (siehe dazu Reichel (1987), pp. 85, 86 sowie Schuette und Nesbitt (1988)).

In diesem Abschnitt seien $(X_t)_{t\geq 0}$ und $(\overline{X}_t)_{t\geq 0}$ Markovsche Sprungprozesse auf einem Wahrscheinlichkeitsraum $(\Omega, \mathfrak{A}, P)$ mit endlichem Zustandsraum $\mathcal{S}$, regulären kumulativen Intensitätsmatrizen q und $\overline{q}$ sowie rechtsseitig stetigen regulären Übergangsmatrizen $p = \prod(\mathcal{E} + dq)$ und $\overline{p} = \prod(\mathcal{E} + d\overline{q})$, die die jeweiligen Rückwärtsintegralgleichungen (4.46.2) identisch erfüllen. Sei $K\colon [0,\infty) \longrightarrow [1,\infty)$ eine Kapitalfunktion mit Diskontierungsfunktion v und kumulativer Zinsintensität Φ. Weiter seien A und $\overline{A}$ natürliche Versicherungszahlungen für X bzw. $\overline{X}$. Als Ergänzung der Integrabilitätsbedingungen (10.18.1)–(10.18.4) benötigen wir zwei weitere Integrabilitätsvoraussetzungen, die sicherstellen, daß das prospektive Deckungskapital des ersten Versicherungsvertrages integrabel bezüglich der kumulativen Intensitätsmatrix des zweiten Vertrages ist:

$$\sum_{z\in\mathcal{S}} \sum_{(y,\zeta)\in J} \int_{(0,\infty)} \int_{[t,\infty)} v(\tau)\,|F_z|(d\tau)\,K(t)\,\overline{q}_{y\zeta}(dt) < \infty\,, \tag{10.28.1}$$

$$\sum_{(\zeta,\eta)\in J} \sum_{(y,z)\in J} \int_{(0,\infty)} \int_{(t,\infty)} v\big(DT(\tau)\big)\,D_{yz}(\tau)\,q_{yz}(d\tau)\,K(t)\,\overline{q}_{\zeta\eta}(dt) < \infty\,. \tag{10.28.2}$$

Diese Bedingungen sind ähnlich zu den Integrabilitätsbedingungen (10.18.3) und (10.18.4). Offensichtlich gilt der folgende

10.28 Hilfssatz. *Unter Annahme der Integrabilitätsbedingungen* (10.2.1) *für A sowie von* (10.28.1) *und* (10.28.2) *ist die durch die Definitionsformel* (10.4.1) *gegebene Version* $(V_y)_{y\in\mathcal{S}}$ *des prospektiven Deckungskapitals des ersten Versicherungsvertrages* $\overline{q}$*-integrierbar:*

$$\sum_{y\in\mathcal{S}}\sum_{(z,\zeta)\in J}\int_{(0,\infty)}|V_y(t)|\,\overline{q}_{z\zeta}(dt)<\infty\,.$$

10.29 Satz (Allgemeiner Satz von Cantelli). *Sowohl für den ersten als auch für den zweiten Versicherungsvertrag seien* (10.18.1) – (10.18.4) *erfüllt.* $(V_y)_{y\in\mathcal{S}}$ *und* $(\overline{V}_y)_{y\in\mathcal{S}}$ *seien die durch die Definitionsformel* (10.4.1) *gegebenen Versionen der prospektiven Deckungskapitalien beider Versicherungsverträge. Gelten dann* (10.28.1) *und* (10.28.2) *sowie (mit offensichtlicher Notation)*

$$F_y([s,\infty))+\sum_{z\neq y}\int_{(s,\infty)}\Big(v\big(DT(t)\big)\,K(t)\,D_{yz}(t)+V_z(t)-V_y(t)\Big)\,q_{yz}(dt) \qquad (10.29.1)$$

$$=\overline{F}_y([s,\infty))+\sum_{z\neq y}\int_{(s,\infty)}\Big(v\big(\overline{DT}(t)\big)\,K(t)\,\overline{D}_{yz}(t)+V_z(t)-V_y(t)\Big)\,\overline{q}_{yz}(dt)$$

für alle $s\geq 0,\ y\in\mathcal{S}$*, so stimmen die beiden prospektiven Deckungskapitalien überein:*

$$V_y(s)=\overline{V}_y(s)\,,\qquad s\geq 0,\ y\in\mathcal{S}\,.$$

Beweis. Wegen (10.18.5) und (10.29.1) gilt für alle $s\geq 0,\ y\in\mathcal{S}$

$$\begin{aligned}V_y(s)&=F_y([s,\infty))-\int_{(s,\infty)}V_y(t-0)\,\Phi(dt)+\sum_{z\neq y}\int_{(s,\infty)}R_{yz}(t)\,q_{yz}(dt)\\&=\overline{F}_y([s,\infty))-\int_{(s,\infty)}V_y(t-0)\,\Phi(dt)\\&\quad+\sum_{z\neq y}\int_{(s,\infty)}\Big(v\big(\overline{DT}(t)\big)\,K(t)\,\overline{D}_{yz}(t)+V_z(t)-V_y(t)\Big)\,\overline{q}_{yz}(dt)\,,\end{aligned}$$

wobei die $\overline{q}_{yz}$-Integrale nach Hilfssatz 10.28 und (10.18.2) endlich sind. Also löst $(V_y)_{y\in\mathcal{S}}$ die Thieleschen Integralgleichungen (10.18.5) vom Typ 2 für $(\overline{V}_y)_{y\in\mathcal{S}}$, so daß die Behauptung aus dem Eindeutigkeitssatz 10.24 folgt. □

10.30 Bemerkungen.

(a) Die Voraussetzung (10.29.1) ist trivialerweise erfüllt, falls die Verbleibszahlungen übereinstimmen,

$$F_y=\overline{F}_y\,,\qquad y\in\mathcal{S}\,, \qquad (10.29.1')$$

und die Risikoprämienströme gleich sind,

$$\Pi^r_y(s) = \sum_{z \neq y} \int_{(0,s]} \Big(v\big(\overline{DT}(t)\big)\, K(t)\, \overline{D}_{yz}(t) + V_z(t) - V_y(t) \Big)\, \overline{q}_{yz}(dt)\,, \qquad (10.29.1'')$$

$$y \in \mathcal{S},\; s \geq 0\,.$$

Auf der rechten Seite von (10.29.1″) stehen jedoch *a priori* nicht die Risikoprämienströme $\overline{\Pi}^r_y$, $y \in \mathcal{S}$, der *zweiten*, durch $\overline{X}$ und $\overline{A}$ gegebenen Versicherung, sondern „Risikoprämienströme", die gemäß (10.19.1) und (10.19.2), allerdings mit den Deckungskapitalien der *ersten*, durch X und A gegebenen Versicherung gebildet werden. *A posteriori* stellt sich mittels Satz 10.29 jedoch heraus, daß diese mit den Risikoprämienströmen $\overline{\Pi}^r_y$, $y \in \mathcal{S}$, übereinstimmen.

(b) Es seien die Annahmen von Satz 10.29 erfüllt. Weiter seien die Startverteilungen von X und $\overline{X}$ gleich. Erfüllt dann die erste Versicherung das Äquivalenzprinzip $E(B_{(p),0}) = 0$, so auch die zweite:

$$E(\overline{B}_{(p),0}) = E\big(\overline{V}(0)\big) = \sum_{y \in \mathcal{S}} \overline{V}_y(0)\, P(\overline{X}_0 = y)$$
$$= \sum_{y \in \mathcal{S}} V_y(0)\, P(X_0 = y) = E\big(V(0)\big) = E(B_{(p),0}) \;=\; 0\,.$$

Wir vergleichen nun die Deckungskapitalverläufe für Versicherungen mit und ohne Kündigungsmöglichkeit und betrachten dazu einen endlichen Zustandsraum $\mathcal{S} := \mathcal{S}' \cup \{st\}$ mit einem absorbierenden Zustand st (Vertrag durch Storno beendet), $st \notin \mathcal{S}'$. Der erste Versicherungsvertrag erlaube kein Storno, d. h. es gelte

$$X_0 \neq st \;\; P\text{-f.s. und } q_{y,st} = 0\,, \qquad y \in \mathcal{S}'\,. \qquad (10.31.1)$$

Da st für X und für $\overline{X}$ absorbierend sein soll, gelten

$$q_{st,z} = \overline{q}_{st,z} = 0\,,\;\; z \in \mathcal{S},\;\; \text{und } F_{st} = \overline{F}_{st} = 0\,. \qquad (10.31.2)$$

Für $\overline{X}$ nehmen wir an, daß

$$\mathcal{L}(\overline{X}_0) = \mathcal{L}(X_0) \text{ und } \overline{q}_{yz} = q_{yz}\,,\; (y,z) \in J' := \big\{(y,z) \in \mathcal{S}' \times \mathcal{S}' \,|\, y \neq z\big\}\,, \quad (10.31.3)$$

die Startverteilungen und die kumulativen Intensitäten für die Übergänge innerhalb von $\mathcal{S}'$ sollen also übereinstimmen. Für die Storno-Intensitäten $\overline{q}_{y,st}$, $y \in \mathcal{S}'$, machen wir keine über die Regularitätsforderung für $\overline{q}$ hinausgehenden Einschränkungen. Über $\overline{A}$ wird vorausgesetzt, daß

$$\overline{F}_y = F_y\,, \qquad y \in \mathcal{S}\,, \qquad (10.31.4)$$

$$\overline{DT} = DT\,,\;\; \overline{D}_{yz} = D_{yz}\,,\;\; (y,z) \in J'\,, \qquad (10.31.5)$$

sowie

$$\overline{D}_{y,st} = K \circ DT \cdot v \cdot V_y^+ \quad \text{und} \quad V_y^- = 0 \;\; \overline{q}_{y,st}\text{-f.ü.},\;\; y \in \mathcal{S}'\,, \qquad (10.31.6)$$

wobei die V_y wiederum durch (10.4.1) definiert sind. Die Verbleibszahlungen und die Übergangsleistungen für Übergänge innerhalb von $\mathcal{S}'$ sollen also übereinstimmen, während die Leistung bei Rückkauf gegeben sei durch das passend aufgezinste, nichtnegative prospektive Deckungskapital im letzten Zustand vor der Kündigung. Bei negativem Deckungskapital soll Kündigung ausgeschlossen sein. Man beachte, daß $\overline{D}_{y,st} = V_y$, falls $DT = \mathrm{Id}$ und $V_y \geq 0$ $(y \in \mathcal{S})$.

Die Bedingung (10.31.6) erklärt sich daraus, daß es in der Praxis einerseits nicht gut möglich ist, den VN im Kündigungsfalle mit Rückforderungen zu belasten, andererseits aber der VR aus der Kündigung keinen Verlust ziehen soll. Bei fast allen in der Praxis auftretenden Formen von Personenversicherungsverträgen mit Kündigungsmöglichkeit durch einseitige Erklärung des VN ist das prospektive Deckungskapital netto (d. h. ohne Berücksichtigung von Kosten und Zuschlägen) über die gesamte Vertragslaufzeit nichtnegativ. (Man vergleiche Aufgabe 9.5 (b) für ein Beispiel, bei dem für gewisse Parameterkonstellationen – die in der Praxis durch Abkürzung der Prämienzahlungsdauer vermieden werden – negative Deckungskapitalien auftreten können.) Im Hinblick auf Bedingung (10.31.6) ist es von Interesse, (notwendige und) hinreichende Bedingungen für die Nichtnegativität des Deckungskapitals angeben zu können. Bei einem unter einem einzigen Risiko stehenden Leben wurden solche Bedingungen im diskreten Fall von Mauermann (1992, (4) und (5)) ausgehend von den versicherungsmathematischen Bilanzgleichungen in der Form (9.13.1) – (9.13.3) angegeben. In Abschnitt 3 G von Stracke (1997) wurden diese Ergebnisse mit Hilfe der Thieleschen Integralgleichungen (10.13.2) vom Typ 1 wesentlich verallgemeinert. (Man vergleiche auch Aufgabe 22.)

10.31 Folgerung (Satz von Cantelli). *Seien* (10.31.1) – (10.31.6) *erfüllt. Weiter mögen* (10.18.1) – (10.18.4) *für A und q sowie die folgenden Integrabilitätsbedingungen gelten:*

$$\sum_{(y,z)\in\mathcal{S}'\times\mathcal{S}'} \int_{(0,\infty)} \int_{[t,\infty)} v(\tau)\,|F_z|(d\tau)\,\overline{q}_{y,st}(dt) < \infty\,, \tag{10.31.7}$$

$$\sum_{\zeta\in\mathcal{S}'} \sum_{(y,z)\in J'} \int_{(0,\infty)} \int_{(t,\infty)} v\big(DT(\tau)\big)\,D_{yz}(\tau)\,q_{yz}(d\tau)\,K(t)\,\overline{q}_{\zeta,st}(dt) < \infty\,, \tag{10.31.8}$$

$$\sum_{(\zeta,\eta)\in J} \sum_{(y,z)\in\mathcal{S}'\times\mathcal{S}'} \int_{(0,\infty)} \int_{(t,\infty)} \int_{[\sigma,\infty)} v(\tau)\,|F_z|(d\tau)\,\overline{q}_{y,st}(d\sigma) \cdot K(t)\,\overline{q}_{\zeta\eta}(dt) < \infty\,, \tag{10.31.9}$$

$$\sum_{(\zeta,\eta)\in J} \sum_{\xi\in\mathcal{S}'} \sum_{(y,z)\in J'} \int_{(0,\infty)} \int_{(t,\infty)} \int_{(\sigma,\infty)} v\big(DT(\tau)\big)\,D_{yz}(\tau) q_{yz}(d\tau)\,\overline{q}_{\xi,st}(d\sigma) \cdot K(t)\,\overline{q}_{\zeta\eta}(dt) < \infty\,. \tag{10.31.10}$$

Dann stimmen die durch die Definitionsformel (10.4.1) *gegebenen Versionen der prospektiven Deckungskapitalien beider Versicherungen überein. Insbesondere gilt das*

Äquivalenzprinzip für die zweite, durch $\overline{X}$ und $\overline{A}$ gegebene Versicherung, falls es für die erste gilt.

Beweis. Folgerung 10.31 ist eine Konsequenz des allgemeinen Satzes von Cantelli 10.29. Um dies einzusehen, bleiben die Annahmen (10.18.1) – (10.18.4) für $\overline{A}$ und $\overline{q}$, (10.28.1) und (10.28.2) sowie die Voraussetzung (10.29.1) zu verifizieren. Wir beschränken uns auf den Nachweis der Identität (10.29.1$''$) für die Risikoprämien; die Verifikation der Integrabilitätsbedingungen, die einfach ist, wird dem Leser überlassen. Seien $y \in \mathcal{S}'$ und $s \geq 0$. Dann ist

$$\begin{aligned}\Pi_y^r(s) &= \sum_{z \in \mathcal{S}', z \neq y} \int_{(0,s]} \Big(v\big(\overline{DT}(t)\big)\, K(t)\, \overline{D}_{yz}(t) + V_z(t) - V_y(t)\Big)\, \overline{q}_{yz}(dt) \\ &\quad + \int_{(0,s]} \Big(v\big(\overline{DT}(t)\big)\, K(t)\, \overline{D}_{y,st}(t) + V_{st}(t) - V_y(t)\Big)\, \overline{q}_{y,st}(dt) \\ &= \sum_{z \in \mathcal{S}, z \neq y} \int_{(0,s]} \Big(v\big(\overline{DT}(t)\big)\, K(t)\, \overline{D}_{yz}(t) + V_z(t) - V_y(t)\Big)\, \overline{q}_{yz}(dt)\,.\end{aligned}$$

Dabei gilt die erste Identität nach (10.31.1), (10.31.3), (10.31.5) und (10.31.6) sowie wegen $V_{st} \equiv 0$ (st ist absorbierend). Weiter ist $\Pi_{st}^r \equiv 0$, und auch die rechte Seite von (10.29.1$''$) verschwindet identisch für $y = st$ wegen (10.31.2). □

10.16 Beispiel (Teil 2). Der Satz von Cantelli bietet eine Erklärung für den in Aufgabe 14 (c) empirisch feststellbaren Sachverhalt, daß in dem Beispiel 10.16 einer aufgeschobenen Leibrente mit Wahlmöglichkeit des Rentenalters und Sterbegeld die bedingten Wahrscheinlichkeiten r_m, $m = 0, \ldots, 4$, einer vorzeitigen Verrentung weder einen Einfluß auf den Verlauf des Aktivendeckungskapitals V_a – und damit die Äquivalenzprämie π_0 – noch auf die Deckungskapitalien V_m, $m = 0, \ldots, 5$, der Altersrentner haben: Betrachtet man nur das Ausscheiden aus der Aktivengesamtheit und faßt dieses auf als ein Ausscheidemodell mit mehreren Ausscheideursachen, wobei die Zustände $m = 0, \ldots, 5$ hilfsweise zu dem einzigen Zustand „ausgeschieden durch Verrentung" zusammengefaßt werden, so bedeuten die Bedingungen (10.16.16) und (10.16.18), daß bei einem solchen Ausscheiden das prospektive Aktivendeckungskapital ausgezahlt wird. (Man kann sich die Verrentung als Barauszahlung bei gleichzeitigem Abschluß einer Rentenversicherung mit Sterbegeld gegen Einmalprämie vorstellen.) Der Satz von Cantelli macht plausibel, daß die Verrentungswahrscheinlichkeiten für den Verlauf des Aktivendeckungskapitals bis zum Alter 65 keine Rolle spielen. Folglich sind die linken Seiten der Gleichungen (10.16.16) und (10.16.18), die zur Verrentung zur Verfügung stehenden Geldbeträge, von den Verrentungswahrscheinlichkeiten unabhängig. Dasselbe gilt dann auch für die Deckungskapitalverläufe V_m, $m = 0, \ldots, 5$, insgesamt: Zunächst läßt sich aus (10.16.12) mit $s = 60 + m - x$ die Rentenhöhe $\mathcal{R}_m$ ausrechnen und zeigen, daß diese von den Verrentungswahrscheinlichkeiten unabhängig ist, woraus dann wiederum mit (10.16.12) folgt, daß V_m auf ganz $[60 + m - x,\ \omega_0 - x)$ von diesen nicht abhängt. Die Unabhängigkeit der Deckungskapitalverläufe von den Verrentungswahrscheinlichkeiten vereinfacht natürlich auch die iterative Prämienberechnung, da man dazu $r_0 = \cdots = r_4 = 0$ setzen kann.

Im nächsten Abschnitt werden wir zeigen, daß die vom VN beeinflußbaren und einem beträchtlichen Änderungsrisiko unterliegenden Verrentungswahrscheinlichkeiten zwar wie gesehen bei der Berechnung von Deckungskapitalien und Äquivalenzprämien unberücksichtigt bleiben können, daß sie aber durchaus einen Einfluß auf das für den VR mit dem Vertrag verbundene Verlustrisiko haben (siehe Beispiel 10.40). Daneben führt die Möglichkeit der Wahl des Rentenalters insofern zu einer negativen Risikoauslese („Antiselektion"), als Personen mit subjektiv schlechtem Gesundheitszustand ein früheres Verrentungsalter wählen werden. Insgesamt erscheint die Vernachlässigung der Verrentungswahrscheinlichkeiten fragwürdig und die Tatsache, daß sie vom VN beeinflußbar sind, problematisch. Ihre Berücksichtigung bei der Prämienkalkulation ist daher geboten.

10.32 Beispiel. Wir betrachten nun eine um *m Jahre aufgeschobene Leibrente für* (x) *mit Kapitalwahlrecht*, d. h. daß (x) bei Erreichen des Alters $x + m$ einmalig zwischen der Auszahlung des prospektiven Deckungskapitals und dessen Verrentung wählen kann. Ebenso wie im zweiten Teil von Beispiel 10.16 erhält man aus dem Satz von Cantelli, daß die (bedingte) Wahrscheinlichkeit, mit der das Kapitalwahlrecht bei Erleben ausgeübt wird, keinen Einfluß auf den Verlauf des prospektiven Deckungskapitals bis zum Alter $x + m$ und damit auch auf die Äquivalenzprämie hat: Sowohl für die Nettoprämienberechnung als auch für die Berechnung des Deckungskapitalverlaufs kann die Kapitalwahlmöglichkeit ignoriert werden (vergleiche Aufgabe 23). In der Praxis müßte sie allerdings aus mindestens drei Gründen Berücksichtigung finden:

- Wie in Beispiel 10.16 führt die Kapitalwahlmöglichkeit zu einer negativen Risikoauslese; sie erhöht hier das Langlebigkeitsrisiko im Rentnerportefeuille.
- Ebenfalls wie in Beispiel 10.16 beeinflußt die Kapitalwahlmöglichkeit – selbst wenn man gleichbleibende Sterbenswahrscheinlichkeiten unterstellt – das für den VR mit dem Vertrag verbundene Verlustrisiko. Darauf kommen wir in Aufgabe 31 zurück.
- Im Unterschied zu Beispiel 10.16 stellt die Handlungsalternative des VN eine *Option im finanzmathematischen Sinne* mit nicht zu vernachlässigendem Wert dar: Ist zum Wahlzeitpunkt der Marktzins hoch, so wird ein rationaler VN das Kapitalwahlrecht ausüben und damit dem VR Mittel entziehen, die er andernfalls zinsgünstig anlegen könnte; andererseits wird er sich bei niedrigem Marktzins für die Leibrente entscheiden und vom VR über die Überschußbeteiligung (siehe dazu die Abschnitte 11 B und C) einen höheren als den Marktzins erhalten. Dies kann aufgefaßt werden als eine europäische Putoption auf das prospektive Deckungskapital zum Wahlzeitpunkt. (Siehe Gerdes (1997), wo auch dargelegt wird, wie der Wert dieser Option mit Methoden der stochastischen Optionspreistheorie ermittelt werden kann.)

Die beiden letztgenannten Punkte finden derzeit in Deutschland bei der Prämien- oder Leistungsgestaltung keine Berücksichtigung, während der Antiselektion meistens durch Abschläge bei der Überschußbeteiligung Rechnung getragen wird. Werden bei Ausübung des Kapitalwahlrechtes Abschläge vom Nettodeckungskapital vorgenommen, so ist wie in Beispiel 10.16 die Ausscheideursache Storno zu berücksichtigen.

Als Abschluß dieses Abschnittes zeigen wir für den Spezialfall von Ausscheidemodellen mit mehreren Ausscheideursachen, bei denen Versicherungszahlungen nur zu ganzzahligen Zeitpunkten möglich sind, eine separate Version des allgemeinen Satzes 10.29 von Cantelli, die nicht aus diesem folgt. Dieser Satz ist eine geringfügige Verallgemeinerung der Cantelli-Sätze von Saxer (1955), Zwinggi (1958) und Reichel (1987), wobei Reichel allerdings zusätzlich Kosten berücksichtigt. Seien dazu $\mathcal{L}(T_x, J_x | P)$ und $\mathcal{L}(\overline{T}_x, \overline{J}_x | P)$ Ausscheidemodelle mit strikt positiven zukünftigen Lebensdauern T_x bzw. $\overline{T}_x$, übereinstimmenden Lebensspannen $\mathcal{L}_x = \overline{\mathcal{L}}_x$ (siehe (3.21.1)) und Ausscheideursachen $J_x, \overline{J}_x \subset U := \{1, \ldots, \ell\}$. A und $\overline{A}$ seien natürliche Versicherungszahlungsfunktionen für $\mathcal{L}(T_x, J_x | P)$ bzw. $\mathcal{L}_x(\overline{T}_x, \overline{J}_x | P)$, die Zahlungen nur zu ganzzahligen Zeitpunkten zulassen (vergleiche Beispiel 10.11).

10.33 Satz. *Falls beide Versicherungen den Voraussetzungen* (9.6.1) *und* (10.5.2′) *genügen und falls für alle* $k \in \mathcal{L}_x \cap \mathbb{N}_0$

$$\begin{aligned} S(k) + K(k)\, v(k+1) \sum_{C \in 2^U \setminus \{\emptyset\}} \big(D(k+1, C) - V_0(k+1)\big) \\ \cdot P(T_x \le k+1,\ J_x = C \mid T_x > k) \\ = \overline{S}(k) + K(k)\, v(k+1) \sum_{C \in 2^U \setminus \{\emptyset\}} \big(\overline{D}(k+1, C) - V_0(k+1)\big) \\ \cdot P(\overline{T}_x \le k+1,\ \overline{J}_x = C \mid \overline{T}_x > k) \end{aligned} \tag{10.33.1}$$

gilt, stimmen die prospektiven Deckungskapitalien auf der Lebensspanne überein:

$$V_0(k) = \overline{V}_0(k)\,, \qquad k \in \mathcal{L}_x \cap \mathbb{N}_0\,.$$

Beweis. Aus der Rekursionsformel (10.7.4′) erhalten wir mit Hilfe von (10.33.1)

$$\begin{aligned} V_0(k) &= \overline{S}(k) + v(k+1)\, K(k)\, V_0(k+1) + v(k+1)\, K(k) \\ &\cdot \sum_{C \in 2^U \setminus \{\emptyset\}} \big(\overline{D}(k+1, C) - V_0(k+1)\big)\, P(\overline{T}_x \le k+1,\ \overline{J}_x = C \mid \overline{T}_x > k)\,, \end{aligned}$$

d. h. daß $\big(V_0(k)\big)_{k \in \mathbb{N}_0 \cap \mathcal{L}_x}$ die Rekursion (10.7.4′) für $(\overline{V}_0(k))_{k \in \mathbb{N}_0 \cap \mathcal{L}_x}$ löst. Ist $\mathcal{L}_x = [0, \infty)$, so ist die Eindeutigkeitsaussage der Bemerkung 10.10 (a) unmittelbar anwendbar und liefert die Übereinstimmung beider Deckungskapitalfolgen. Andernfalls ist es möglich, $S(k) = \overline{S}(k) = V_0(k) = \overline{V}_0(k) = 0$ für $k \in \mathbb{N}_0 \setminus \mathcal{L}_x$ anzunehmen, ohne

$\big(V_0(k)\big)_{k\in\mathcal{L}_x}$ oder $\big(\overline{V}_0(k)\big)_{k\in\mathcal{L}_x}$ zu ändern, und so ohne Beschränkung der Allgemeinheit zu erreichen, daß $\big(V_0(k)\big)_{k\in\mathbb{N}_0}$ die Rekursion (10.7.4′) für $\big(\overline{V}_0(k)\big)_{k\in\mathbb{N}_0}$ löst. □

Wir wollen nun die Voraussetzung (10.33.1) im Falle eines Ausscheidemodelles mit den beiden identifizierbaren Ausscheideursachen Tod und Storno diskutieren und mit den Voraussetzungen von Folgerung 10.31 vergleichen.

10.34 Beispiel. Sei also $U := \{1, 2\}$, wobei
1: Ausscheiden durch Tod
2: Ausscheiden durch Kündigung

bedeute; $T_x > 0$ sei die zukünftige Verweildauer, falls nur die Ausscheideursache Tod in Betracht kommt ($J_x \equiv 1$), und $\overline{T}_x > 0$ sowie $\overline{J}_x \in \{1, 2\}$ seien die zukünftige Verweildauer und die Ausscheideursache, falls auch Ausscheiden durch Storno zugelassen wird. Die (nach Voraussetzung identischen) Lebensspannen beider Ausscheidemodelle seien beschränkt. Unter Verwendung der üblichen Bezeichnungen für Versicherungszahlungsfunktionen bei Ausscheidemodellen mit mehreren identifizierbaren Ausscheideursachen setzen wir voraus, daß

$$S = \overline{S} \quad \text{und} \quad D(\cdot, 1) = \overline{D}(\cdot, 1)\,. \tag{10.34.1}$$

Weiter sei das prospektive Deckungskapital V_0 für die erste Versicherung nichtnegativ.

(a) Im Hinblick auf Satz 10.33 nehmen wir nun an, daß die Sterbenswahrscheinlichkeiten ohne Storno mit den *abhängigen* Sterbenswahrscheinlichkeiten in Gegenwart von Storno übereinstimmen,

$$P(T_x \le k+1 \mid T_x > k) = P(\overline{T}_x \le k+1,\ \overline{J}_x = 1 \mid \overline{T}_x > k)\,, \qquad k \in \mathcal{L}_x \cap \mathbb{N}_0\,, \tag{10.34.2}$$

und daß bei Vertragskündigung im k-ten Vertragsjahr $V_0(k)$ am Jahresende ausgezahlt wird:

$$\overline{D}(\cdot, 2) = \sum_{k=1}^{\infty} V_0(k)\, 1_{(k-1,k]}\,. \tag{10.34.3}$$

Dann ist offensichtlich (10.33.1) erfüllt, und die prospektiven Deckungskapitalien beider Versicherungen stimmen nach Satz 10.33 auf der Lebensspanne zu ganzzahligen Zeitpunkten überein:

$$V_0(k) = \overline{V}_0(k)\,, \qquad k \in \mathcal{L}_x \cap \mathbb{N}_0\,.$$

Allerdings erscheint die Annahme (10.34.2) als wenig sinnvoll, da die zusätzliche Stornomöglichkeit als Zensierung wirkt und somit die abhängigen Sterbenswahrscheinlichkeiten unter Einfluß von Storno in der Regel kleiner als die Sterbenswahrscheinlichkeiten ohne Storno sein werden (vergleiche Aufgabe 24). Auf dieses Problem hat schon Schärf (1941) hingewiesen (siehe auch Reichel (1987), Stochasius' Randbemerkung 4).

(b) Plausibler erscheint es, an Stelle von (10.34.2) vorauszusetzen, daß die *unabhängigen* Sterbenswahrscheinlichkeiten in Gegenwart von Storno mit den Sterbenswahrscheinlichkeiten ohne Storno übereinstimmen bzw. äquivalent dazu, daß sich die kumulative Sterbeintensität durch die Stornomöglichkeit nicht ändert:

$$\Lambda_{x,1} = \overline{\Lambda}_{x,1} \,. \tag{10.34.4}$$

Unter (10.34.1) und (10.34.4) sind die Voraussetzungen (10.31.1) – (10.31.5) erfüllt. Fordert man zusätzlich an Stelle von (10.34.3)

$$\overline{D}(t,2) = v(t)\, V_0(t) \sum_{k=1}^{\infty} K(k)\, 1_{(k-1,k]}(t) \quad \text{für } \overline{\Lambda}_{x,2}\text{-f.a. } t\,, \tag{10.34.5}$$

so gilt auch (10.31.6), und nach Folgerung 10.31 ist

$$V_0(t) = \overline{V}_0(t)\,, \qquad t \in \mathcal{L}_x\,.$$

(c) Die Stornoleistungen gemäß (10.34.5) sind in der Regel nicht unterjährlich konstant (davon überzeugt man sich leicht mit Hilfe von (10.5.1)), so daß (10.34.5) und (10.34.3) dann unvereinbar sind. Gelte nun (10.34.1), (10.34.3) und (10.34.4). Dann ist es nicht schwer, Beispiele anzugeben, bei denen die erste Versicherung das Äquivalenzprinzip erfüllt und die zweite das Äquivalenzprinzip verletzt (siehe Aufgabe 25 sowie Schuette und Nesbitt (1988)). Insbesondere kann die Ausscheideursache Storno bei der Deckungskapitalberechnung dann nicht unbeachtet bleiben. Nimmt man jedoch zusätzlich an, daß Storno nur zum Ende eines Versicherungsjahres möglich ist,

$$\overline{\Lambda}_{x,2}(t) = \sum_{n=1}^{\infty} \omega_{x,n}\, 1_{[n,\infty)}(t)\,, \qquad t \geq 0 \tag{10.34.6}$$

($\omega_{x,n} \geq 0$ geeignet), so ist mit (10.34.3) auch (10.34.5) erfüllt, und die Deckungskapitalien beider Versicherungen stimmen überein.

E Das Hattendorffsche Theorem

In diesem Abschnitt greifen wir, in einem allgemeineren Rahmen, die in Abschnitt 9 D angestellten Überlegungen zur Varianz des Gesamtverlustes aus einem Personenversicherungsvertrag wieder auf. Unser Hauptziel ist die Bereitstellung eines verallgemeinerten Hattendorff-Theorems, welches eine Zerlegung der Gesamtvarianz des Verlustes nicht nur nach Versicherungsperioden (wie in Satz 9.24), sondern auch nach Policenzuständen liefert. Der Aufbau dieses Abschnittes weist weitgehende Parallelen zu Abschnitt 9 D auf.

Wir beginnen mit einer kurzen historischen Übersicht. Wie schon in der Kapiteleinleitung erwähnt, nahmen die Untersuchungen zur Aufteilung der Verlustvarianz auf die einzelnen Versicherungsperioden ihren Ausgang von einer Veröffentlichung von Hattendorff (1868). Diese befaßt sich speziell mit einer reinen Todesfallversicherung eines unter einem einzigen Risiko stehenden Lebens und formuliert die Varianzzerlegung ausgehend von einer Normalapproximation der Verlustverteilung zunächst nur als Näherungsresultat. Eine Publikation von Steffensen (1929) wird üblicherweise als Quelle für einen ersten Beweis des „exakten Ergebnisses" angesehen. Hickman (1964) verallgemeinert das Hattendorff-Theorem auf Todesfallversicherungen eines unter konkurrierenden Risiken stehenden Lebens. Der erste uns bekannte Hinweis auf Verbindungen zur Martingaltheorie findet sich bei Bühlmann (1976). Von Wolthuis (1987) und von Ramlau-Hansen (1988a) wird das Hattendorff-Theorem auf den Fall einer Personenversicherungspolice mit endlich vielen möglichen Policenzuständen und Markovschem Zustandsverlauf verallgemeinert. Die Varianzzerlegung nicht nur in der Zeit sondern auch nach Policenzuständen findet sich erstmals bei Ramlau-Hansen (1988a). Der dort gegebene Beweis beruht auf Martingalmethoden für den zum Zustandsverlauf gehörigen multivariaten Zählprozeß, insbesondere auf dessen Doob-Meyer-Zerlegung und der Berechnung der vorhersagbaren Kovariation zwischen den Kompensatoren seiner Komponenten. All diesen Arbeiten ist gemeinsam, daß sie sich entweder mit der klassischen diskreten Situation der Personenversicherungsmathematik befassen, bei der Zahlungen und Zustandswechsel nur zu vorgegebenen nichtzufälligen Zeitpunkten stattfinden können (oder registriert werden), oder aber Glattheitsforderungen an das Modell für das biometrische Risiko, die Versicherungszahlungen und die Verzinsung stellen, die die diskrete Situation ausschließen. Die Beziehungen des Hattendorff-Theorems zur modernen Martingaltheorie werden vollständig durch das allgemeine Hattendorff-Theorem von Norberg (1992, Theorem 1) geklärt, welches eine Varianzzerlegung für den Verlust bei nahezu beliebigen Zahlungsströmen und Kapitalfunktionen liefert, die beide zufällig sein können. Die Spezifizierung dieses Theorems für die Lebensversicherungssituation und deterministische Verzinsung (Norberg (1992), Theorem 2; siehe auch Norberg (1996a), Abschnitt B) läßt nach wie vor zufällige Versicherungsvertragsparameter zu und erfordert nicht die Markov-Eigenschaft des Policenverlaufs. Sie basiert ebenfalls auf den schon von Ramlau-Hansen (1988a) verwendeten Martingalmethoden für multivariate Zählprozesse. Um berechenbare Ausdrücke für die Varianz des Gesamtverlustes zu erhalten, muß auch Norberg (1992, Abschnitt E) die Markov-Eigenschaft des Zustandsverlaufes fordern und von natürlichen (und damit bei gegebenem Policenverlauf deterministischen) Versicherungszahlungsfunktionen ausgehen. Außerdem benötigt er in Abschnitt 3 ebenfalls Glattheitsannahmen (stetige Kapitalfunktionen, absolutstetige kumulative Übergangsintensitäten, ...), die den diskreten Fall ausschließen. Da seine Beweismethode wesentlich auf dem Faktum beruht, daß jedes vorhersagbare lokale Martingal, dessen Pfade BV auf Kompakta sind, konstant ist, und da die in Rede stehenden (lokalen) Martingale ohne die erwähnten Glattheitsannahmen nicht vorhersagbar sind, kann zumindest ohne substantielle Änderung der Beweise auf diese Annahmen nicht verzichtet werden.

Nun stellen wir eine Verallgemeinerung des Hattendorff-Theorems in der Version von Ramlau-Hansen (1988a) vor, die auf die erwähnten Glattheitsforderungen verzichtet. Dadurch deckt sie sowohl den diskreten Fall als auch den zeitstetigen Fall unter (Absolut-)Stetigkeitsannahmen ab und erfaßt auch „gemischte Situationen“ (bei denen sowohl Übergänge mit absolutstetigen kumulativen Übergangsintensitäten als auch solche, die nur zu diskreten Zeitpunkten stattfinden können, vorhanden sind). Dahinter steht derselbe Grundgedanke, der in Abschnitt C zu dem Schritt von Thieleschen Differentialgleichungen zu Thieleschen Integralgleichungen geführt hat: eine konsequent kumulative Sichtweise, bei der für alle Modellkomponenten des Personenversicherungsvertrages „differentielle Größen“ durch die entsprechenden „integrierten Größen“ ersetzt werden.

Wir betrachten die Situation einer Personenversicherungspolice (p), deren Zustandsverlauf beschrieben wird durch einen Sprungprozeß $\big(\Omega, \mathfrak{A}, P, (X_t)_{t\geq 0}\big)$ mit endlichem Zustandsraum $\mathcal{S}$ und Übergangsraum J. Der Prozeß sei Markovsch bezüglich einer Filtration $(\mathfrak{A}_t)_{t\geq 0}$ von $(\Omega, \mathfrak{A})$ mit regulärer kumulativer Intensitätsmatrix q und regulärer Übergangsmatrix $p = \prod(\mathcal{E} + dq)$. Wie üblich bezeichne N den zu X gehörigen multivariaten Zählprozeß und (T, Z) den zugehörigen markierten Punktprozeß. Weiterhin seien K eine Kapitalfunktion, $v = 1/K$ die zugehörige Diskontierungsfunktion und $A = DA + SA$ eine natürliche Versicherungszahlung für (p). Wir setzen durchgängig die Integrabilitätsbedingungen (10.2.1) und (10.4.2) voraus und legen das prospektive Deckungskapital durch die Definitionsformel (10.4.1) fest. Die Gültigkeit des Äquivalenzprinzips wird nicht gefordert. Der Leser möge sich vergewissern, daß die folgenden Ausführungen die entsprechenden Überlegungen aus Abschnitt 9 D verallgemeinern.

10.35 Definition. Der *Verlust des VR aus der natürlichen Versicherungszahlung A für (p) bis einschließlich zur Zeit $t \geq 0$* ist

$$\begin{aligned}\mathcal{L}(t) := &\sum_{(y,z)\in J} \int_{(0,t]} v\big(DT(\tau)\big)\, D_{yz}(\tau)\, dN_{yz,\tau} \\ &+ \sum_{y\in\mathcal{S}} \int_{[0,t)} v(\tau)\, 1_{\{X_\tau = y\}}\, F_y(d\tau) + v(t)\, V(t) - V(0)\,.\end{aligned} \tag{10.35.1}$$

Der *Verlust des VR bis einschließlich zur Zeit $t \geq 0$ im Zustand $y \in \mathcal{S}$* ist

$$\begin{aligned}\mathcal{L}_y(t) := &\sum_{z\neq y} \int_{(0,t]} v(\tau)\, R_{yz}(\tau)\, dN_{yz,\tau} \\ &- \sum_{z\neq y} \int_{(0,t]} v(\tau)\, R_{yz}(\tau)\, 1_{\{X_{\tau-0} = y\}}\, q_{yz}(d\tau)\,.\end{aligned} \tag{10.35.2}$$

Wie in Definition 9.20 ist also der Verlust bis zur Zeit t der Barwert der bis einschließlich zur Zeit t ausgelösten Übergangsleistungen zuzüglich des Barwertes der bis ausschließlich t angefallenen Verbleibszahlungen (Leistungen − Prämien) und des Barwertes der aufzubringenden Deckungskapitaldifferenz. (Man beachte, daß hier das Äquivalenzprinzip nicht vorausgesetzt wurde und im Unterschied zu Abschnitt 9 D daher $V(0) \neq 0$ sein kann.) Der Verlust bis zur Zeit t im Zustand y ist der Barwert des für Wechsel aus y gezahlten (unmittelbar) riskierten Kapitals abzüglich des Barwertes der im Zustand y erhaltenen (unmittelbaren) Risikoprämien (siehe Bemerkung 10.19 (b)). Der folgende Hilfssatz, der Hilfssatz 9.22 verallgemeinert, ist daher nicht erstaunlich. Trotz seines elementaren Charakters ist sein Beweis etwas aufwendiger als der der entsprechenden Beziehung (4.4) bei Ramlau-Hansen (1988a) im glatten Fall.

10.36 Hilfssatz. *Unter den Integrabilitätsbedingungen* (10.2.1), (10.4.2), (10.21.1) *und* (10.21.2) *gilt*

$$\mathcal{L}(t) = \sum_{y \in \mathcal{S}} \mathcal{L}_y(t), \quad t \geq 0. \tag{10.36.1}$$

Beweis. Sei $t \geq 0$. Nach (10.35.2) und (10.19.1) gilt

$$\begin{aligned}
\sum_{y \in \mathcal{S}} \mathcal{L}_y(t) &= \sum_{(y,z) \in J} \int_{(0,t]} v\big(DT(\tau)\big)\, D_{yz}(\tau)\, dN_{yz,\tau} \\
&\quad + \sum_{(y,z) \in J} \int_{(0,t]} v(\tau) \big(V_z(\tau) - V_y(\tau)\big)\, dN_{yz,\tau} \\
&\quad - \sum_{(y,z) \in J} \int_{(0,t]} v(\tau)\, R_{yz}(\tau)\, 1_{\{X_{\tau-0}=y\}}\, q_{yz}(d\tau),
\end{aligned}$$

so daß im Hinblick auf (10.35.1)

$$\begin{aligned}
&\sum_{(y,z) \in J} \int_{(0,t]} v(\tau) \big(V_z(\tau) - V_y(\tau)\big)\, dN_{yz,\tau} - \sum_{(y,z) \in J} \int_{(0,t]} v(\tau)\, R_{yz}(\tau)\, 1_{\{X_{\tau-0}=y\}}\, q_{yz}(d\tau) \\
&= \sum_{y \in \mathcal{S}} \int_{[0,t)} v(\tau)\, 1_{\{X_\tau = y\}}\, F_y(d\tau) + v(t)\, V(t) - V(0)
\end{aligned} \tag{10.36.2}$$

zu zeigen ist. Mit Hilfe des markierten Punktprozesses (T, Z) erhalten wir

$$\begin{aligned}
\sum_{(y,z) \in J} \int_{(0,t]} v(\tau) \big(V_z(\tau) - V_y(\tau)\big)\, dN_{yz,\tau} &= \sum_{k=1}^{\infty} 1_{\{T_k \leq t\}}\, v(T_k) \big(V_{Z_k}(T_k) - V_{Z_{k-1}}(T_k)\big) \\
&= \sum_{k=0}^{\infty} 1_{\{T_k \leq t\}} v(T_k)\, V_{Z_k}(T_k) - V_{Z_0}(0) - \sum_{k=0}^{\infty} 1_{\{T_{k+1} \leq t\}}\, v(T_{k+1})\, V_{Z_k}(T_{k+1})
\end{aligned}$$

und damit

$$\begin{aligned}
&\sum_{(y,z)\in J} \int_{(0,t]} v(\tau)\big(V_z(\tau) - V_y(\tau)\big)\, dN_{yz,\tau} \\
&\quad = \sum_{k=0}^{\infty} 1_{\{T_{k+1}\le t\}}\big(v(T_k)\, V_{Z_k}(T_k) - v(T_{k+1})\, V_{Z_k}(T_{k+1})\big) \qquad (10.36.3)\\
&\qquad + \sum_{k=0}^{\infty} 1_{\{T_k\le t<T_{k+1}\}}\big(v(T_k)\, V_{Z_k}(T_k) - v(t)\, V(t)\big) + v(t)\, V(t) - V(0)\,.
\end{aligned}$$

Nach Hilfssatz 10.21 gilt für alle $y \in \mathcal{S}$ und alle $s \in [0, t]$

$$v(s)\, V_y(s) - v(t)\, V_y(t) = \int_{[s,t)} v(\tau)\, F_y(d\tau) + \sum_{z\neq y} \int_{(s,t]} v(\tau)\, R_{yz}(\tau)\, q_{yz}(d\tau)\,,$$

woraus für alle $k \in \mathbb{N}_0$ und alle $t \in [T_k, T_{k+1}]$

$$\begin{aligned}
&v(T_k)\, V_{Z_k}(T_k) - v(t)\, V_{Z_k}(t)\\
&\quad = \sum_{y\in\mathcal{S}} \int_{[T_k,t)} v(\tau)\, 1_{\{X_\tau=y\}}\, F_y(d\tau) + \sum_{(y,z)\in J} \int_{(T_k,t]} v(\tau)\, R_{yz}(\tau)\, 1_{\{X_{\tau-0}=y\}}\, q_{yz}(d\tau)
\end{aligned}$$

folgt. Zweimaliges Einsetzen dieser Beziehung in die rechte Seite von (10.36.3) liefert (10.36.2), also die Behauptung. □

In dem folgenden Hilfssatz fassen wir einige wohlbekannte Fakten aus der Martingaltheorie von Zählprozessen zusammen, die für den Beweis des verallgemeinerten Hattendorff-Theorems benötigt werden. Ihre Gültigkeit hängt nicht von den ansonsten in diesem Abschnitt geforderten Integrabilitätsbedingungen ab.

10.37 Hilfssatz.

(a) *Für alle $(y, z) \in J$ besitzt N_{yz} den Kompensator*

$$A_{yz}\colon t \longmapsto \int_{(0,t]} 1_{\{X_{\tau-0}=y\}}\, q_{yz}(d\tau)\,,$$

und $M_{yz} := N_{yz} - A_{yz}$ ist ein zentriertes quadratintegrables Martingal.

(b) *Für alle $y \in \mathcal{S}$ und alle $t \geq 0$ ist*

$$\mathcal{L}_y(t) = \sum_{z\neq y} \int_{(0,t]} v(\tau)\, R_{yz}(\tau)\, dM_{yz,\tau}\,. \qquad (10.37.1)$$

(c) *Für alle $(y, z) \in J$ und alle $(\eta, \zeta) \in J$ gilt bis auf P-Ununterscheidbarkeit*

$$\begin{aligned}\langle M_{yz}, M_{\eta\zeta}\rangle_t = \delta_{y\eta}\,\delta_{z\zeta} \int\limits_{(0,t]} 1_{\{X_{\tau-0}=y\}}\, q_{yz}(d\tau) \\ - \delta_{y\eta} \int\limits_{(0,t]} 1_{\{X_{\tau-0}=y\}}\, q_{yz}(\{\tau\})\, q_{y\zeta}(d\tau)\,, \quad t \geq 0\,.\end{aligned} \tag{10.37.2}$$

Beweis. Zu (a)*:* Die Gestalt des Kompensators A_{yz} von N_{yz} ist aus dem Beweis der Definitionsformel (10.4.1) für das prospektive Deckungskapital wohlbekannt und ergibt sich in Anlehnung an den Beweis von Hilfssatz 4.37 aus einem im Anhang 12 B als Satz 12.29 wiedergegebenen Resultat von Jacod (1975). Es gilt

$$E(N_{yz,t}) = E(A_{yz,t}) \leq q_{yz}((0,t]) < \infty\,, \quad t > 0$$

(letzteres wegen der Regularität von q), so daß M_{yz} nach Satz 12.27 ein quadratintegrables Martingal ist.

Zu (b)*:* (10.37.1) ist eine unmittelbare Konsequenz der Definition (10.35.2) der Verluste in den einzelnen Zuständen in Verbindung mit der Definition der Martingale M_{yz}.

Zu (c)*:* Seien $t \geq 0$, $(y, z) \in J$, $(\eta, \zeta) \in J$ und zunächst $y = \eta$. Nach Satz 12.28 ist bis auf P-Ununterscheidbarkeit

$$\begin{aligned}\langle M_{yz}, M_{y\zeta}\rangle_t &= \delta_{z\zeta}\, A_{yz,t} - \int\limits_{(0,t]} \Delta A_{yz,\tau}\, dA_{y\zeta,\tau} \\ &= \delta_{z\zeta} \int\limits_{(0,t]} 1_{\{X_{\tau-0}=y\}}\, q_{yz}(d\tau) - \int\limits_{(0,t]} 1_{\{X_{\tau-0}=y\}}\, q_{yz}(\{\tau\})\, q_{y\zeta}(d\tau)\,.\end{aligned}$$

Im Falle $y \neq \eta$ liefert Satz 12.28 bis auf P-Ununterscheidbarkeit

$$\langle M_{yz}, M_{\eta\zeta}\rangle_t = -\int\limits_{(0,t]} 1_{\{X_{\tau-0}=y\}}\, q_{yz}(\{\tau\})\, 1_{\{X_{\tau-0}=\eta\}}\, q_{\eta\zeta}(d\tau) = 0\,. \qquad \square$$

Man beachte, daß im Unterschied zu dem von Ramlau-Hansen (1988a) und von Norberg (1992) behandelten glatten Fall die Martingale M_{yz}, $(y, z) \in J$, hier nach (10.37.2) nicht paarweise orthogonal in dem Sinne sein müssen, daß ihre vorhersagbare Kovariation bei ungleichen Indizes verschwindet: Für alle $(y, z) \in J$ und alle $(y, \zeta) \in J$ mit $z \neq \zeta$ gilt bis auf P-Ununterscheidbarkeit

$$\langle M_{yz}, M_{y\zeta}\rangle_t = -\sum_{\tau \leq t} 1_{\{X_{\tau-0}=y\}}\, q_{yz}(\{\tau\})\, q_{y\zeta}(\{\tau\})\,, \quad t \geq 0\,,$$

wobei die rechte Seite von 0 verschieden ist, falls die kumulativen Intensitäten q_{yz} und $q_{y\zeta}$ gemeinsame Sprünge besitzen. Nach diesen Vorbereitungen ist der Beweis des verallgemeinerten Hattendorff-Theorems bloße Routine.

10.38 Satz (Verallgemeinertes Hattendorff-Theorem). *Unter den Integrabilitätsbedingungen* (10.2.1), (10.4.2), (10.21.1), (10.21.2) *und*

$$\sum_{(y,z)\in J} \int_{(0,t]} \Big(v\big(DT(\tau)\big)\, D_{yz}(\tau)\Big)^2 q_{yz}(d\tau) < \infty\,, \quad t > 0\,, \tag{10.38.1}$$

sind die Prozesse $\big(\mathcal{L}_y(t)\big)_{t\geq 0}$ *der Verluste in den einzelnen Zuständen* $y \in \mathcal{S}$ *paarweise orthogonale, zentrierte quadratintegrable Martingale mit vorhersagbaren quadratischen Variationen, die bis auf* P*-Ununterscheidbarkeit durch*

$$\begin{aligned}\langle\mathcal{L}_y\rangle_t &= \sum_{z\neq y} \int_{(0,t]} \big(v(\tau)\, R_{yz}(\tau)\big)^2\, 1_{\{X_{\tau-0}=y\}}\, q_{yz}(d\tau) \\ &\quad - \sum_{z,\zeta\in\mathcal{S}\setminus\{y\}} \int_{(0,t]} v(\tau)^2\, R_{yz}(\tau)\, R_{y\zeta}(\tau)\, 1_{\{X_{\tau-0}=y\}}\, q_{yz}(\{\tau\})\, q_{y\zeta}(d\tau)\,, \quad t\geq 0\,,\end{aligned} \tag{10.38.2}$$

gegeben sind; der Verlustprozeß $\big(\mathcal{L}(t)\big)_{t\geq 0}$ *ist ein zentriertes quadratintegrables Martingal mit vorhersagbarer quadratischer Variation*

$$\langle\mathcal{L}\rangle = \sum_{y\in\mathcal{S}} \langle\mathcal{L}_y\rangle \tag{10.38.3}$$

(bis auf P*-Ununterscheidbarkeit).*

Man beachte, daß im Falle einer stetigen kumulativen Intensitätsmatrix der zweite Term auf der rechten Seite von (10.38.2) verschwindet. Ist q sogar absolutstetig mit Intensitätsmatrix $(\mu_{yz})_{(y,z)\in\mathcal{S}^2}$, so reduziert sich (10.38.2) auf die Variationsformeln von Ramlau-Hansen (1988a, Theorem) und Norberg (1992, (3.6)):

$$\langle\mathcal{L}_y\rangle_t = \sum_{z\neq y} \int_0^t \big(v(\tau)\, R_{yz}(\tau)\big)^2\, 1_{\{X_{\tau-0}=y\}}\, \mu_{yz}(\tau)\, d\tau\,, \quad y\in\mathcal{S},\ t\geq 0\,. \tag{10.38.2$'$}$$

Beweis von Satz 10.38. Seien $(y,z)\in J$. Nach Hilfssatz 10.37(a) ist M_{yz} ein zentriertes quadratintegrables Martingal; $\tau \longmapsto v(\tau)\, R_{yz}(\tau)$ ist vorhersagbar (weil deterministisch), und nach Hilfssatz 10.37(c) gilt für alle $t\geq 0$

$$0 \leq E\Big(\int_{(0,t]} \big(v(\tau)\, R_{yz}(\tau)\big)^2\, d\langle M_{yz}\rangle_\tau\Big) \leq \int_{(0,t]} \big(v(\tau)\, R_{yz}(\tau)\big)^2\, q_{yz}(d\tau) \leq$$

$$\leq 2 \int_{(0,t]} \Big(v\big(DT(\tau)\big)D_{yz}(\tau)\Big)^2 q_{yz}(d\tau) + 2 \int_{(0,t]} v(\tau)^2\big(V_y(\tau) - V_z(\tau)\big)^2 q_{yz}(d\tau)$$
$$< \infty .$$

(Das erste Integral ist endlich nach (10.38.1) und das zweite, da q regulär und damit $q((0,t]) < \infty$ ist und der Integrand nach Hilfssatz 10.4 unter den Voraussetzungen (10.2.1) und (10.4.2) beschränkt ist.) Nach Satz 12.26 ist das stochastische Integral $\int v(\tau)\, R_{yz}(\tau)\, dM_{yz,\tau}$ wohldefiniert und ein zentriertes quadratintegrables Martingal. Wegen (10.37.1) sind dann auch alle $\mathcal{L}_y$ zentrierte quadratintegrable Martingale. Seien nun $(y,\eta) \in \mathcal{S}^2$ und zunächst $y \neq \eta$. Dann liefern (10.37.1), (10.37.2), Bemerkung 12.25 und Satz 12.26 für die vorhersagbare Kovariation bis auf P-Ununterscheidbarkeit

$$\langle \mathcal{L}_y, \mathcal{L}_\eta \rangle_t = \sum_{z \neq y} \sum_{\zeta \neq \eta} \int_{(0,t]} v(\tau)^2\, R_{yz}(\tau)\, R_{\eta\zeta}(\tau)\, d\langle M_{yz}, M_{\eta\zeta}\rangle_\tau = 0\,, \quad t \geq 0\,,$$

also die Orthogonalität von $\mathcal{L}_y$ und $\mathcal{L}_\eta$. Ebenso liefert Einsetzen von (10.37.2) in

$$\langle \mathcal{L}_y \rangle_t = \sum_{z \neq y} \sum_{\zeta \neq y} \int_{(0,t]} v(\tau)^2\, R_{yz}(\tau)\, R_{y\zeta}(\tau)\, d\langle M_{yz}, M_{y\zeta}\rangle_\tau\,, \quad t \geq 0\,,$$

(bis auf P Ununterscheidbarkeit) die Variationsformel (10.38.2).

Schließlich ist $\mathcal{L}$ als Summe zentrierter quadratintegrabler Martingale selbst ein solches, und wegen der paarweisen Orthogonalität der Summanden gilt bis auf P-Ununterscheidbarkeit

$$\langle \mathcal{L} \rangle = \sum_{(y,\eta) \in \mathcal{S}^2} \langle \mathcal{L}_y, \mathcal{L}_\eta \rangle = \sum_{y \in \mathcal{S}} \langle \mathcal{L}_y \rangle\,. \qquad \square$$

Aus Satz 10.38 erhalten wir leicht die nachstehende Verallgemeinerung von Satz 9.24.

10.39 Folgerung. *Unter den Voraussetzungen von Satz* 10.38 *gelten:*

(a) *Für alle $y \in \mathcal{S}$ ist der Verlust $\mathcal{L}_y$ im Zustand y ein Prozeß mit unkorrelierten Zuwächsen und Varianzstruktur*

$$\begin{aligned} \operatorname{Var}\big(\mathcal{L}_y(t)\big) &= \sum_{z \neq y} \sum_{\eta \in \mathcal{S}} P(X_0 = \eta) \int_{(0,t]} \big(v(\tau)\, R_{yz}(\tau)\big)^2\, p_{\eta y}(0, \tau - 0)\, q_{yz}(d\tau) \\ &\quad - \sum_{z,\zeta \in \mathcal{S}\setminus\{y\}} \sum_{\eta \in \mathcal{S}} P(X_0 = \eta) \int_{(0,t]} v(\tau)^2\, R_{yz}(\tau)\, R_{y\zeta}(\tau)\, p_{\eta y}(0, \tau - 0) \\ &\qquad q_{yz}(\{\tau\})\, q_{y\zeta}(d\tau)\,, \quad t \geq 0\,. \end{aligned}$$

(b) *Für alle $(y,z) \in J$ und alle $s, t \geq 0$ sind die Verlustvariablen $\mathcal{L}_y(s)$ und $\mathcal{L}_z(t)$ unkorreliert.*

(c) *Der Gesamtverlust $\mathcal{L}$ ist ein Prozeß mit unkorrelierten Zuwächsen und*

$$\operatorname{Var}\big(\mathcal{L}(t)\big) = \sum_{y\in\mathcal{S}} \operatorname{Var}\big(\mathcal{L}_y(t)\big)\,, \qquad t \ge 0\,.$$

Beweis. Zu (a)*:* Sei $y \in \mathcal{S}$. Wie jedes quadratintegrable Martingal hat $\mathcal{L}_y$ unkorrelierte Zuwächse. Nach Definition der vorhersagbaren quadratischen Variation gilt für alle $t \ge 0$

$$\operatorname{Var}\big(\mathcal{L}_y(t)\big) = E\big(\langle\mathcal{L}_y\rangle_t\big) = \sum_{\eta\in\mathcal{S}} P(X_0 = \eta)\cdot E\big(\langle\mathcal{L}_y\rangle_t \mid X_0 = \eta\big)\,,$$

woraus die behauptete Varianzformel durch Einsetzen von (10.38.2) und Vertauschung der beiden Summen folgt.

Zu (b)*:* Seien $(y, z) \in J$ und $0 \le s \le t$. Dann liefert Satz 12.26 in Verbindung mit der Orthogonalität von $\mathcal{L}_y$ und $\mathcal{L}_z$

$$E\big(\mathcal{L}_y(s)\,\mathcal{L}_z(t)\big) = E\Big(\int\limits_{(0,t]} 1_{(0,s]}(\tau)\,d\langle\mathcal{L}_y, \mathcal{L}_z\rangle_\tau\Big) = 0\,,$$

woraus wegen $E\big(\mathcal{L}_y(s)\big) = E\big(\mathcal{L}_z(t)\big) = 0$ die Unkorreliertheit von $\mathcal{L}_y(s)$ und $\mathcal{L}_z(t)$ folgt.

Zu (c)*:* Folgt direkt aus (b) und (10.36.1). □

10.40 Beispiel. Wir betrachten die Renten- und Todesfallversicherung des Beispiels 10.16 und leiten zunächst unter den dortigen Voraussetzungen mit Hilfe von Folgerung 10.39 Formeln für die Verlustvarianzen in den einzelnen Zuständen und Versicherungsjahren her. Da die Lebensdauerverteilung endlichen Träger besitzt, sind offensichtlich alle Integrabilitätsbedingungen des verallgemeinerten Hattendorff-Theorems erfüllt.

Wir beginnen mit der Berechnung der Verlustvarianzen in den Zuständen Altersrentner mit Renteneintrittsalter $60 + m$, $m \in \{0, \ldots, 5\}$. Nach Folgerung 10.39 (a) gilt für die Varianz des Verlustes im k-ten Vertragsjahr, $k = 61 + m - x, \ldots, \omega_0 - x$,

$$\begin{aligned}\operatorname{Var}\big(\mathcal{L}_m(k) - \mathcal{L}_m(k-1)\big) = &\int\limits_{(k-1,k]} v^{2\tau}\, R_{mt}(\tau)^2\, p_{am}(0, \tau - 0)\, q_{mt}(d\tau) \qquad (10.40.1)\\ &- 1_{\{\omega_0 - x\}}(k)\, v^{2(\omega_0 - x)}\, R_{mt}(\omega_0 - x)^2\, p_{am}(0, \omega_0 - x - 0)\,.\end{aligned}$$

Die Chapman-Kolmogorov-Gleichungen, (10.16.10), (10.16.7) und (10.16.11) liefern für $\tau \in (k-1, k]$

$$\begin{aligned}&p_{am}(0, \tau - 0)\\ &= \overline{p}_a(0, 60 + m - x - 0)\, p_{am}(60 + m - x - 0, 60 + m - x)\, \overline{p}_m(60 + m - x, \tau - 0)\\ &= p_{59+m} \prod_{j=1}^{59+m-x} (1 - u_j)\, p_{x+j-1}\, r_m\big(1 - (\tau - k + 1)\, q_{x+k-1}\big) \prod_{j=61+m-x}^{k-1} p_{x+j-1}\,.\end{aligned}$$

Das durch den Tod eines Altersrentners mit Renteneintrittsalter $60+m$ riskierte Kapital ist mit V_m gemäß (10.16.12)

$$R_{mt}(\tau) = D_A - V_m(\tau)\,, \quad \tau \in (60+m-x, \omega_0 - x]\,.$$

Durch Einsetzen in (10.40.1), Berücksichtigung von (10.16.5) und (10.16.6) sowie schließliche Näherung vermöge des Mittelwertsatzes der Integralrechnung erhalten wir

$$\begin{aligned}
&\operatorname{Var}\big(\mathcal{L}_m(k) - \mathcal{L}_m(k-1)\big) \\
&= \prod_{j=1}^{59+m-x} (1-u_j)\, p_{x+j-1}\, r_m \prod_{j=60+m-x}^{k-1} p_{x+j-1}\, q_{x+k-1} \\
&\quad \cdot \int_{k-1}^{k} v^{2\tau} \big(D_A - V_m(\tau)\big)^2\, d\tau \\
&\approx \prod_{j=1}^{59+m-x} (1-u_j)\, p_{x+j-1}\, r_m \prod_{j=60+m-x}^{k-1} p_{x+j-1}\, q_{x+k-1}\, v^{2k-1} \Big(D_A - V_m\big(\tfrac{2k-1}{2}\big)\Big)^2
\end{aligned} \tag{10.40.2}$$

(wobei natürlich eine Näherung durch bessere Quadraturformeln möglich ist).

Als nächstes berechnen wir die Varianz des Verlustes im Zustand aktiv im k-ten Vertragsjahr, $k = 1, \ldots, 65-x$. Die meisten der nach Folgerung 10.39 (a) auftretenden Summanden entfallen auf Grund der folgenden Sachverhalte:

$$\begin{aligned}
&q_{am}(\{\tau\})\, q_{ay}(d\tau) = 0\,, && y \neq m\,; \\
&q_{a,st}(\{\tau\})\, q_{ay}(d\tau) = 0\,, && y \neq st\,; \\
&q_{at}(\{\tau\}) = 0\,, && \tau < \omega_0 - x\,; \\
&q_{am}\big((k-1,k]\big) = 0\,, && k \neq 60+m-x\,; \\
&q_{a,st}\big((59-x, \omega_0 - x]\big) = 0\,.
\end{aligned}$$

Für $k \in \{1, \ldots, 59-x\}$ verbleibt

$$\begin{aligned}
&\operatorname{Var}\big(\mathcal{L}_a(k) - \mathcal{L}_a(k-1)\big) \\
&\quad = \int_{(k-1,k]} v^{2\tau} R_{a,st}(\tau)^2\, p_{aa}(0, \tau-0)\, \big(1 - q_{a,st}(\{\tau\})\big)\, q_{a,st}(d\tau) \\
&\qquad + \int_{(k-1,k]} v^{2\tau} R_{at}(\tau)^2\, p_{aa}(0,\tau-0)\, q_{at}(d\tau)
\end{aligned} \tag{10.40.3}$$

und für $k = 60+m-x$, $m \in \{0, \ldots, 5\}$,

$$\operatorname{Var}\big(\mathcal{L}_a(k) - \mathcal{L}_a(k-1)\big) \;=$$

$$= \int\limits_{(59+m-x,60+m-x]} v^{2\tau}\, R_{am}(\tau)^2\, p_{aa}(0,\tau-0)\big(1-q_{am}(\{\tau\})\big)\, q_{am}(d\tau)$$

$$+ \int\limits_{(59+m-x,60+m-x]} v^{2\tau}\, R_{at}(\tau)^2\, p_{aa}(0,\tau-0)\, q_{at}(d\tau)\,.$$

Unter Berücksichtigung von (10.16.7), (10.16.16) und $r_5 = 1$ vereinfacht sich dies zu

$$\operatorname{Var}\big(\mathcal{L}_a(k)-\mathcal{L}_a(k-1)\big) \qquad (10.40.4)$$

$$= \int\limits_{(59+m-x,60+m-x]} v^{2\tau}\, R_{at}(\tau)^2\, p_{aa}(0,\tau-0)\, q_{at}(d\tau),$$

$k = 60+m-x$, $m \in \{0,\dots,5\}$. Nach (10.16.8) – (10.16.10) gilt

$$p_{aa}(0,\tau-0)\big(1-q_{a,st}(\{\tau\})\big)\, q_{a,st}(d\tau)\big|_{\mathfrak{B}((k-1,k])}$$

$$= \prod_{j=1}^{k}(p_{x+j-1}-s_{j-1})\,\frac{s_{k-1}}{p_{x+k-1}}\varepsilon_k(d\tau)\big|_{\mathfrak{B}((k-1,k])}\,, \qquad k \in \{1,\dots,59-x\}\,,$$

und nach (10.16.4), (10.16.5) sowie (10.16.10) ist

$$p_{aa}(0,\tau-0)\, q_{at}(d\tau)\big|_{\mathfrak{B}((k-1,k])}$$

$$= \prod_{j=1}^{k-1}(1-u_j)\, p_{x+j-1}\, q_{x+k-1}\, d\tau\big|_{\mathfrak{B}((k-1,k])}\,, \qquad k \in \{1,\dots,65-x\}\,.$$

Die in (10.40.3) und (10.40.4) auftretenden riskierten Kapitalien berechnen sich mit V_a gemäß (10.16.14) und (10.16.15) aus

$$R_{a,st}(k) = \alpha\, V_a(k)^+ - V_a(k)\,, \qquad k \in \{1,\dots,59-x\}\,,$$
$$R_{at}(\tau) = D_a - V_a(\tau)\,, \qquad \tau \in [0,65-x)\,.$$

Einsetzen in (10.40.3), Beachtung von (10.16.9) und schließlich Näherung vermöge des Mittelwertsatzes der Integralrechnung liefert für die Verlustvarianz im Zustand aktiv im k-ten Vertragsjahr im Falle $k \in \{1,\dots,59-x\}$

$$\operatorname{Var}\big(\mathcal{L}_a(k)-\mathcal{L}_a(k-1)\big) = v^{2k}\big(\alpha\, V_a(k)^+ - V_a(k)\big)^2\frac{s_{k-1}}{p_{x+k-1}}\prod_{j=1}^{k}(p_{x+j-1}-s_{j-1})$$

$$+ \prod_{j=1}^{k-1}(p_{x+j-1}-s_{j-1})\, q_{x+k-1}\int\limits_{k-1}^{k} v^{2\tau}\big(D_a - V_a(\tau)\big)^2\, d\tau \qquad (10.40.5)$$

$$\approx v^{2k}\big(\alpha\, V_a(k)^+ - V_a(k)\big)^2\,\frac{s_{k-1}}{p_{x+k-1}}\prod_{j=1}^{k}(p_{x+j-1}-s_{j-1}) +$$

$$+\prod_{j=1}^{k-1}(p_{x+j-1}-s_{j-1})\,q_{x+k-1}\,v^{2k-1}\Big(D_a-V_a\big(\frac{2k-1}{2}\big)\Big)^2;$$

im Falle $k=60+m-x$, $m\in\{0,\dots,5\}$, erhält man ebenso aus (10.40.4)

$$\begin{aligned}\operatorname{Var}\big(\mathcal{L}_a(k)-\mathcal{L}_a(k-1)\big) &= \prod_{j=1}^{59-x}(p_{x+j-1}-s_{j-1})\prod_{\ell=60-x}^{59+m-x}(1-r_{\ell-60+x})\,p_{x+\ell-1}\,q_{59+m}\\ &\quad\cdot\int_{59+m-x}^{60+m-x} v^{2\tau}\big(D_a-V_a(\tau)\big)^2\,d\tau \qquad (10.40.6)\\ &\approx \prod_{j=1}^{59-x}(p_{x+j-1}-s_{j-1})\prod_{\ell=60-x}^{59+m-x}(1-r_{\ell-60+x})\,p_{x+\ell-1}\,q_{59+m}\\ &\quad\cdot v^{119+2m-2x}\Big(D_a-V_a\big(\frac{119+2m-2x}{2}\big)\Big)^2.\end{aligned}$$

Wir betrachten nun einige Zahlenbeispiele. Die nächsten drei Graphiken beziehen sich auf dic Parameterkonstellation, die schon den beiden Plots zum Schluß des ersten Teiles von Beispiel 10.16 zugrunde gelegt wurde: Eintrittsalter $x=30$, die DAV-Sterbetafel 1994 R für Männer mit Eintrittsjahr 1997, bedingte Stornowahrscheinlichkeiten $s_0,\dots,s_{28}$ gemäß Spalte 2 von Tabelle 13.9, bedingte Verrentungswahrscheinlichkeiten $r_0=\cdots=r_4=0.4$, Aktivenprämienzahlung bis zum Alter 65, Todesfallzahlungen $D_a=D_A=1$, eine Auszahlungsquote bei Storno von $\alpha=0.7$, eine Jahresrentenhöhe von $\mathcal{R}_5=0.5$ bei Renteneintrittsalter 65 und als Rechnungszinssatz $i=4\%$.

Die Varianz des jährlichen Verlustes im Zustand aktiv fällt in den ersten Jahren leicht, da im Hinblick auf die Todesfalleistung $D_a>0$ der Absolutbetrag des Barwertes des durch Tod riskierten Kapitals durch das Anwachsen des prospektiven Deckungskapitals zunächst fällt. Hat das Deckungskapital die Höhe $D_a=1$ erreicht, so wächst dieser Absolutbetrag ebenso wie der des durch Kündigung riskierten Kapitals. Die Varianz des jährlichen Verlustes steigt dadurch dann mit bis zum ersten möglichen Verrentungszeitpunkt fortschreitender Zeit, obwohl die Wahrscheinlichkeit, bis zu irgendeinem Zeitpunkt innerhalb des jeweils betrachteten Jahres noch im Zustand aktiv zu sein, währenddessen leicht fällt. Der zunächst überraschende Varianzsprung nach dem zwölften Versicherungsjahr rührt daher, daß (steuerlich bedingt) die Stornowahrscheinlichkeiten gemäß Tabelle 13.9 vom zwölften zum dreizehnten Versicherungsjahr stark zunehmen. Ab dem erstmöglichen Rentenbeginn fallen diese Wahrscheinlichkeiten rasch (innerhalb von fünf Jahren auf nahe Null), so daß die Verlustvarianzen dann trotz des weiteren Anwachsens des Barwertes des durch Tod riskierten Kapitals bis zum sicheren Ende der Aktivenzeit fallen.

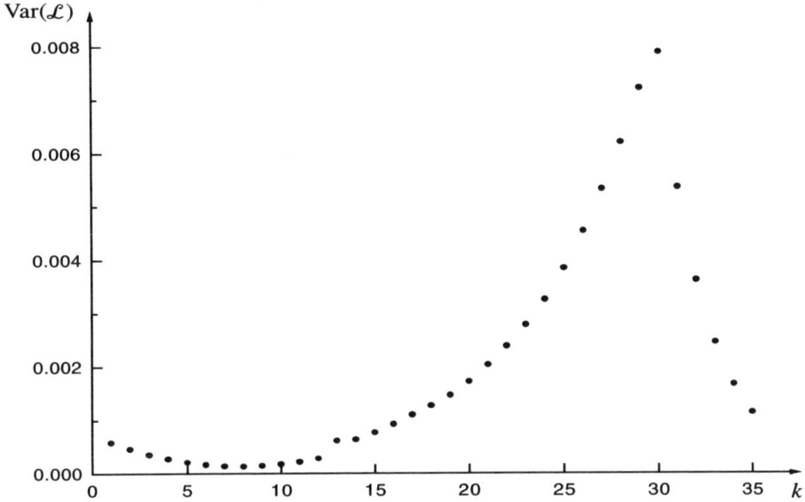

Rentenversicherung: Varianz des jährlichen Verlustes im Zustand aktiv

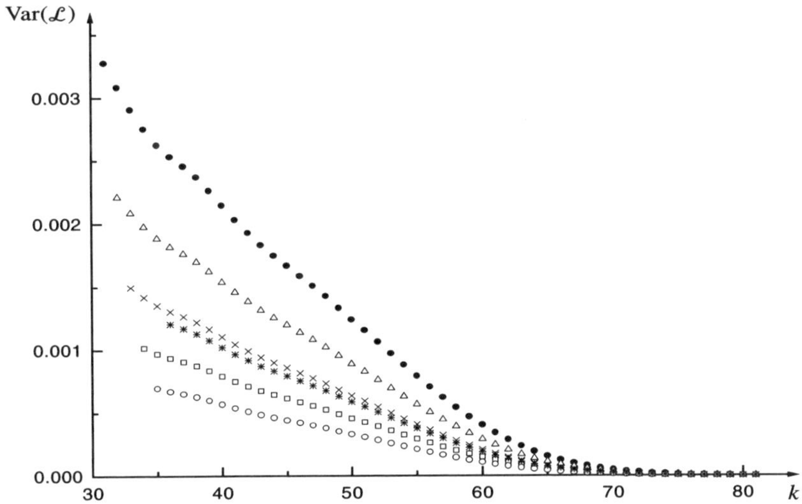

Rentenversicherung: Varianzen der jährlichen Verluste in den Zuständen „Altersrentner seit dem Alter $60 + m$“, $m = 0$: Punkte, $m = 1$: Dreiecke, $m = 2$: Kreuze, $m = 3$: Quadrate, $m = 4$: Kreise, $m = 5$: Sternchen

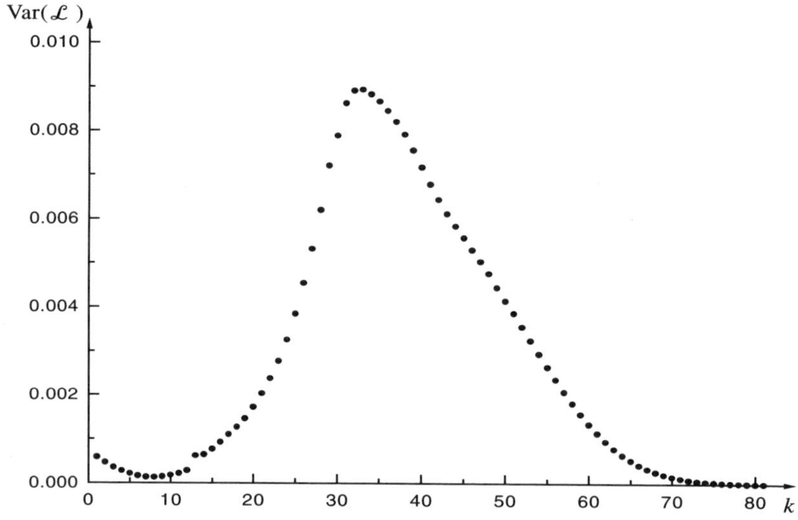

Rentenversicherung: Varianz des jährlichen Gesamtverlustes

Die zweite der Graphiken, in der die Varianzen der jährlichen Verluste für die verschiedenen Renteneintrittsalter dargestellt sind, zeigt zwei auffällige Effekte: Einerseits fallen für alle Renteneintrittsalter diese Verlustvarianzen mit fortschreitender Vertragsdauer, und andererseits variiert das Niveau der Werte bei festem Vertragsjahr mit dem Renteneintrittsalter dergestalt, daß es mit von 60 auf 64 wachsendem Renteneintrittsalter zunächst sinkt, um dann für das Renteneintrittsalter 65 zwischen das Niveau für die Eintrittsalter 62 und 63 nach oben zu springen: Nach (10.40.2) wächst die Varianz des Verlustes im k-ten Vertragsjahr beim Renteneintrittsalter $60+m$, $k > 60+m-x$, zum einen mit den (nichtbedingten) Wahrscheinlichkeiten

$$\prod_{j=1}^{59+m-x} (1-u_j)\, p_{x+j-1}\, r_m \prod_{j=60+m-x}^{k-1} p_{x+j-1}\, q_{x+k-1}\,,$$

zu Beginn des Jahres im Zustand „Altersrentner mit Renteneintrittsalter $60+m$“ zu sein und während des Jahres zu sterben. Diese Wahrscheinlichkeiten sind bei festem $k \geq 66-x$ proportional zu den (nichtbedingten) Wahrscheinlichkeiten

$$\prod_{j=1}^{59+m-x} (1-u_j)\, p_{x+j-1}\, r_m \prod_{j=60+m-x}^{65-x} p_{x+j-1}\,, \qquad m = 0, \ldots, 5\,,$$

das betreffende Rentenalter zu wählen und das Alter 65 lebend zu erreichen, die hier das erwähnte „Monotonieverhalten“ in Abhängigkeit von m zeigen. Zum anderen hängt die Verlustvarianz ab von der Höhe des diskontierten durch den Tod als Altersrentner mit Renteneintrittsalter $60+m$ riskierten Kapitals. Dieses ist wachsend in m, da sich bei späterer Verrentung ein höheres Deckungskapital aufbaut und fällt mit fortschreitender

Zeit. Insgesamt wird unter allen vernünftigen Parameterkonstellationen die Varianz des Verlustes im k-ten Vertragsjahr beim Renteneintrittsalter $60 + m$ in Abhängigkeit von k fallen, während die Rangfolge bei festem k und variierendem m von der konkreten Parameterkonstellation, insbesondere von den bedingten Verrentungswahrscheinlichkeiten, abhängt.

Gemäß Folgerung 10.39 (c) entsteht die dritte Graphik, die die Varianz des Gesamtverlustes in den einzelnen Versicherungsjahren zeigt, durch additive Überlagerung aller Kurven der beiden vorherigen Abbildungen. Diese Gesamtvarianz, die bis zum Ablauf des 30. Versicherungsjahres mit der Varianz im Zustand aktiv übereinstimmt, erreicht ihren Gipfel zwischen dem erstmöglichen und dem letztmöglichen Renteneintrittsjahr und fällt danach bis zum Ende des Vertrages auf Null.

Wie die Varianzformeln (10.40.2), (10.40.5) und (10.40.6) zeigen, hängt die Varianz des jährlichen Verlustes bis zum 30. Versicherungsjahr nicht von den Verrentungswahrscheinlichkeiten ab (dazu beachte man auch Teil 2 des Beispiels 10.16), während danach die Varianzen der Verluste in jedem Zustand von den Verrentungswahrscheinlichkeiten abhängig sind. Beispielsweise ist bei der bisher betrachteten Parameterkonstellation die Varianz des Gesamtverlustes über die gesamte Laufzeit 0.226, setzt man $r_0 = \cdots = r_4 = 0.25$, so ist diese Gesamtvarianz bei ansonsten unveränderten Parametern 0.254, während sie für $r_0 = \cdots = r_4 = 0.75$ den Wert 0.195 hat. Im Gegensatz zu den prospektiven Deckungskapitalien und zur Äquivalenzprämie hängt also das mit dem Versicherungsvertrag für den VR verbundene Gesamtrisiko durchaus von den (bedingten) Verrentungswahrscheinlichkeiten ab. (Man vergleiche dazu auch Aufgabe 30 (c) und (d).)

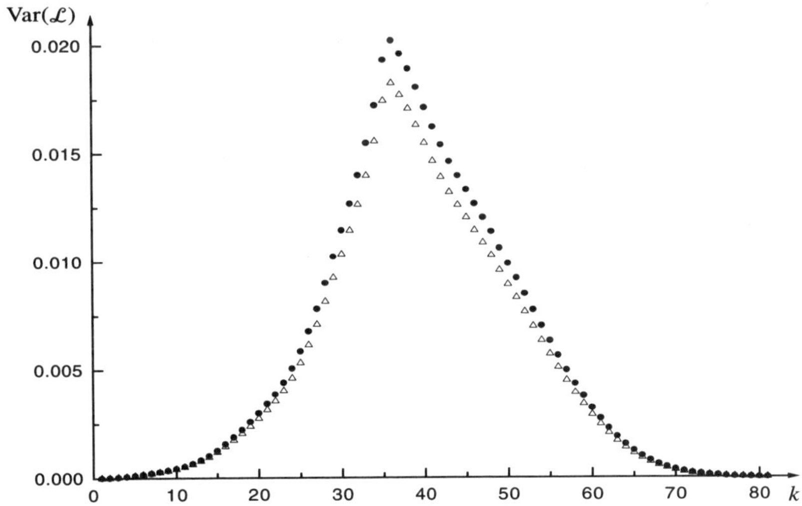

Rentenversicherung: Varianz des jährlichen Gesamtverlustes mit Stornomöglichkeit (Dreiecke) und ohne Storno (Punkte)

Die obige Graphik illustriert, daß auch, falls bei Storno das volle prospektive Deckungskapital ausgezahlt wird und somit die Deckungskapitalverläufe nach dem Satz von Cantelli unabhängig von den Stornowahrscheinlichkeiten sind, die Varianz des Gesamtverlustes von diesen abhängt.

Gegenüber Beispiel 10.16 wurden die Parameter hier dahingehend geändert, daß bei Storno das gesamte Aktivendeckungskapital ausgezahlt wird ($\alpha = 1$), die Verrentung stets beim Erreichen des Alters 65 erfolgt ($r_0 = \cdots = r_4 = 0$) und keine Todesfalleistungen gezahlt werden ($D_a = D_A = 0$). Die Punkte zeigen den zeitlichen Verlauf der Varianz des Verlustes, falls kein Storno möglich ist, die niedriger liegenden Dreiecke ihren Verlauf, falls die Stornowahrscheinlichkeiten wie in 10.16 der Stornotafel 13.9 entnommen werden. Die Varianz in Gegenwart von Storno ist durchgängig niedriger, die Varianz des Gesamtverlustes über die volle Vertragslaufzeit beträgt ohne Storno 0.462 und mit Storno 0.418. Auf den ersten Blick erscheint dies als erstaunlich, da die Stornooption eine zusätzliche Quelle zufälliger Schwankungen zu sein scheint. Im Hinblick auf (10.40.2) sowie (10.40.5) und (10.40.6) ist dieser empirische Befund jedoch plausibel, da die Stornomöglichkeit die Wahrscheinlichkeit für einen Aufenthalt in den anderen Zuständen verringert. Aber auch anschaulich ist er leicht zu erklären: Der im Stornofall realisierte Verlust ist nach Voraussetzung Null und stimmt folglich exakt mit dem Erwartungswert des Gesamtverlustes überein.

10.41 Beispiel. Wir betrachten das schon in Beispiel 6.26 und in Aufgabe 16 untersuchte vereinfachte Modell der Pensionsversicherung ohne Hinterbliebenenversorgung und verwenden die dortigen Bezeichnungen. Wie dort setzen wir die Gültigkeit der Stationaritätsbedingung (6.22.1) und die der unterjährlichen Gleichverteilungsannahme (6.24.1) voraus. Weiter gelte das Äquivalenzprinzip in der Form $V_a(0) = 0$.

Wir beginnen mit der Untersuchung des Verlustes im Zustand aktiv. Nach Folgerung 10.39 (a) gilt für dessen Varianz im k-ten Vertragsjahr, $k = 1, \ldots, z - x$,

$$\begin{aligned}
&\operatorname{Var}\big(\mathcal{L}_a(k) - \mathcal{L}_a(k-1)\big) \\
&= \int\limits_{(k-1,k]} v^{2\tau}\big(V_i(\tau) - V_a(\tau)\big)^2\, p_{aa}(0, \tau - 0)\, q_{ai}(d\tau) \\
&\quad + \int\limits_{(k-1,k]} v^{2\tau}\, V_a(\tau)^2\, p_{aa}(0, \tau - 0)\, q_{at}(d\tau) \qquad (10.41.1) \\
&\quad + \int\limits_{(k-1,k]} v^{2\tau}\big(V_A(\tau) - V_a(\tau)\big)^2\, p_{aa}(0, \tau - 0)\big(1 - q_{aA}(\{\tau\})\big)\, q_{aA}(d\tau)
\end{aligned}$$

mit Deckungskapitalien V_* gemäß Aufgabe 16. Nach Beispiel 6.26 ist

$$p_{aa}(0, \tau - 0)\, q_{ai}(d\tau)\big|_{\mathfrak{B}((k-1,k])} = {}_{k-1}p_x^{aa}\, i_{x+k-1}\, d\tau\big|_{\mathfrak{B}((k-1,k])}\,.$$

Völlig analog zur dortigen Rechnung folgt

$$p_{aa}(0,\tau-0)\,q_{at}(d\tau)\big|_{\mathfrak{B}((k-1,k])} = {}_{k-1}p_x^{aa}\,q_{x+k-1}^{aa}\,d\tau\big|_{\mathfrak{B}((k-1,k])}\,.$$

Außerdem ist $q_{aA} = \varepsilon_{z-x}$. Einsetzen in (10.41.1) liefert unter Berücksichtigung von (6.26.10)

$$\begin{aligned}
&\operatorname{Var}\big(\mathcal{L}_a(k)-\mathcal{L}_a(k-1)\big)\\
&= i_{x+k-1}\prod_{j=1}^{k-1} p_{x+j-1}^{aa}\int_{k-1}^{k} v^{2\tau}\big(V_i(\tau)-V_a(\tau)\big)^2\,d\tau\\
&\quad + q_{x+k-1}^{aa}\prod_{j=1}^{k-1} p_{x+j-1}^{aa}\int_{k-1}^{k} v^{2\tau}\,V_a(\tau)^2\,d\tau \qquad (10.41.2)\\
&\approx i_{x+k-1}\prod_{j=1}^{k-1} p_{x+j-1}^{aa}\,v^{2k-1}\Big(V_i\big(\tfrac{2k-1}{2}\big)-V_a\big(\tfrac{2k-1}{2}\big)\Big)^2\\
&\quad + q_{x+k-1}^{aa}\prod_{j=1}^{k-1} p_{x+j-1}^{aa}\,v^{2k-1}\,V_a\big(\tfrac{2k-1}{2}\big)^2,
\end{aligned}$$

wobei die Näherung wiederum mit dem Mittelwertsatz der Integralrechnung erfolgt.

Als nächstes berechnen wir die Varianz des Verlustes im Zustand invalide im k-ten Versicherungsjahr, $k \in \{1,\dots,z-x\}$. Wiederum nach Folgerung 10.39 (a) ist

$$\begin{aligned}
&\operatorname{Var}\big(\mathcal{L}_i(k)-\mathcal{L}_i(k-1)\big)\\
&= \int_{(k-1,k]} v^{2\tau}\,V_i(\tau)^2\,p_{ai}(0,\tau-0)\,q_{it}(d\tau) \qquad (10.41.3)\\
&\quad + \int_{(k-1,k]} v^{2\tau}\big(V_A(\tau)-V_i(\tau)\big)^2\,p_{ai}(0,\tau-0)\,\big(1-q_{iA}(\{\tau\})\big)\,q_{iA}(d\tau)
\end{aligned}$$

mit Deckungskapitalien V_* gemäß Aufgabe 16. Sei nun $\tau \in (k-1,k]$. Die Rückwärtsintegralgleichung (4.46.2) liefert

$$p_{ai}(0,\tau-0) = \sum_{j=1}^{k-1}\int_{(j-1,j]} p_{ii}(r,\tau-0)\,E_{ai}(0,dr) + \int_{(k-1,\tau)} p_{ii}(r,\tau-0)\,E_{ai}(0,dr)\,.$$

Sei $j \in \{1,\dots,k\}$. Nach Beispiel 6.26 ist

$$E_{ai}(0,dr)\big|_{\mathfrak{B}((j-1,j])} = {}_{j-1}p_x^{aa}\,i_{x+j-1}\,dr\big|_{\mathfrak{B}((j-1,j])}\,,$$

und aus der Exponentialformel (4.28.10) sowie (6.24.5) folgt für $r \in (j-1, j]$

$$p_{ii}(r, \tau - 0) = \exp\Bigl(\int_r^\tau \mu_{ii}(s)\, ds\Bigr) = \frac{1 - (\tau - k + 1)\, q^{ii}_{x+k-1}}{1 - (r - j + 1)\, q^{ii}_{x+j-1}} \prod_{\ell=j}^{k-1} p^{ii}_{x+\ell-1}\,.$$

Insgesamt erhalten wir unter Berücksichtigung von (6.26.10)

$$\begin{aligned} p_{ai}(0, \tau - 0) \;=\; & -\sum_{j=1}^{k-1} \prod_{\ell=1}^{j-1} p^{aa}_{x+\ell-1}\, i_{x+j-1} \prod_{\ell=j}^{k-1} p^{ii}_{x+\ell-1}\, \frac{\log(p^{ii}_{x+j-1})}{q^{ii}_{x+j-1}} \\ & \qquad \cdot \bigl(1 - (\tau - k + 1)\, q^{ii}_{x+k-1}\bigr) \\ & - \prod_{\ell=1}^{k-1} p^{aa}_{x+\ell-1}\, i_{x+k-1}\, \frac{\log(1 - (\tau - k + 1)\, q^{ii}_{x+k-1})}{q^{ii}_{x+k-1}} \\ & \qquad \cdot \bigl(1 - (\tau - k + 1)\, q^{ii}_{x+k-1}\bigr)\,. \end{aligned}$$

Nach (6.24.5) ist

$$q_{it}(d\tau)\big|_{\mathfrak{B}((k-1,k])} = \frac{q^{ii}_{x+k-1}}{1 - (\tau - k + 1)\, q^{ii}_{x+k-1}}\, d\tau\big|_{\mathfrak{B}((k-1,k])}\,.$$

Außerdem gilt $q_{iA} = \varepsilon_{z-x}$. Einsetzen in (10.41.3) liefert für die Varianz des Verlustes im Zustand invalide im k-ten Vertragsjahr

$$\operatorname{Var}\bigl(\mathcal{L}_i(k) - \mathcal{L}_i(k-1)\bigr) \tag{10.41.4}$$

$$\begin{aligned} &= -\sum_{j=1}^{k-1} \prod_{\ell=1}^{j-1} p^{aa}_{x+\ell-1}\, i_{x+j-1} \prod_{\ell=j}^{k-1} p^{ii}_{x+\ell-1}\, \frac{\log(p^{ii}_{x+j-1})}{q^{ii}_{x+j-1}}\, q^{ii}_{x+k-1} \int_{k-1}^{k} v^{2\tau}\, V_i(\tau)^2\, d\tau \\ & \quad - \prod_{\ell=1}^{k-1} p^{aa}_{x+\ell-1}\, i_{x+k-1} \int_{k-1}^{k} \log\bigl(1 - (\tau - k + 1)\, q^{ii}_{x+k-1}\bigr)\, v^{2\tau}\, V_i(\tau)^2\, d\tau \\ &\approx \Bigl(-\sum_{j=1}^{k-1} \prod_{\ell=1}^{j-1} p^{aa}_{x+\ell-1}\, i_{x+j-1} \prod_{\ell=j}^{k-1} p^{ii}_{x+\ell-1}\, \frac{\log(p^{ii}_{x+j-1})}{q^{ii}_{x+j-1}}\, q^{ii}_{x+k-1} \\ & \quad - \prod_{\ell=1}^{k-1} p^{aa}_{x+\ell-1}\, i_{x+k-1} \log\bigl(1 - \frac{q^{ii}_{x+k-1}}{2}\bigr)\Bigr)\, v^{2k-1}\, V_i\bigl(\frac{2k-1}{2}\bigr)^2\,. \end{aligned}$$

Die Herleitung der im folgenden angegebenen Formel für die Varianz des Verlustes im Zustand Altersrentner im k-ten Versicherungsjahr überlassen wir dem Leser (Aufgabe 32 (a)). Für $k \in \{z-x+1, \dots, \omega_0 - x\}$ gilt

$$\begin{aligned} &\operatorname{Var}\big(\mathcal{L}_A(k) - \mathcal{L}_A(k-1)\big) \qquad (10.41.5)\\ &= \Big(\prod_{\ell=1}^{z-x} p^{aa}_{x+\ell-1} - \sum_{j=1}^{z-x} \prod_{\ell=1}^{j-1} p^{aa}_{x+\ell-1}\, i_{x+j-1} \prod_{\ell=j}^{z-x} p^{ii}_{x+\ell-1} \frac{\log(p^{ii}_{x+j-1})}{q^{ii}_{x+j-1}}\Big)\\ &\quad \cdot \prod_{\ell=1}^{k-1-z+x} p^{A}_{z+\ell-1}\, q^{A}_{x+k-1} \int_{(k-1,k]} v^{2\tau}\, V_A(\tau)^2\, d\tau\,. \end{aligned}$$

Wir betrachten nun zwei Zahlenbeispiele. Die folgenden Graphiken beziehen sich auf die Parameterkonstellation, die schon den Aufgaben 16 (d) – (f) zugrunde gelegt wurde: eine männliche Person mit Eintrittsalter 30 und Eintrittsjahr 1997, die DAV-Sterbetafel 1994 R, die Renteneintrittsalter 60 (erster Plot) bzw. 60 und 65 (zweiter Plot) sowie einen Rechnungszins von $p = 4.0$.

Die Varianz der jährlichen Verluste im Zustand aktiv fällt mit fortschreitender Zeit bis kurz vor Rentenbeginn. Im Hinblick auf (10.41.2) ist dies offenbar damit zu erklären, daß das durch Invalidisierung riskierte Kapital durch Abnahme des Invalidendeckungskapitals und Anwachsen des Aktivendeckungskapitals stark fällt, während das durch Tod eines Aktiven riskierte Kapital nur durch das Anwachsen des Aktivendeckungskapitals (und folglich schwächer) fällt (siehe die beiden Graphiken zu Aufgabe 16 (f)). Die

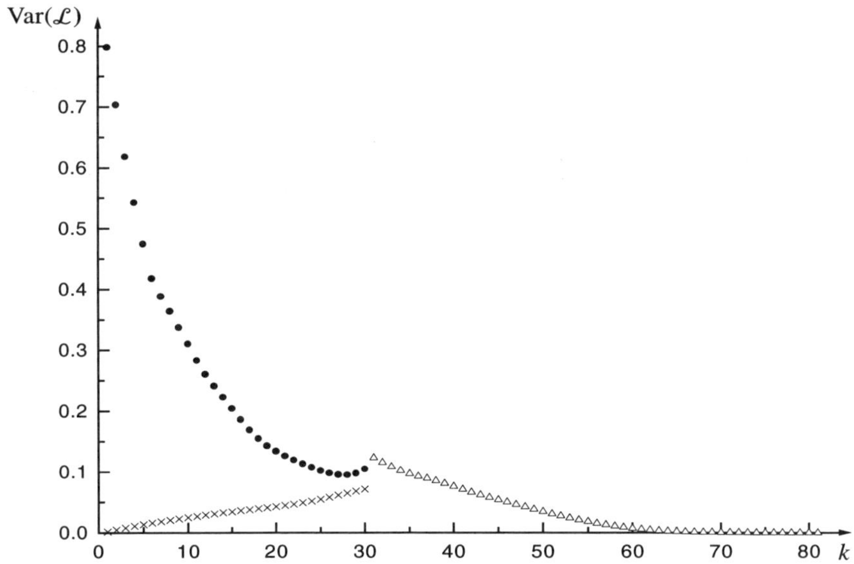

Pensionsversicherung: Varianz der jährlichen Verluste in den Zuständen aktiv (Punkte), invalide (Kreuze) und Altersrentner (Dreiecke) beim Renteneintrittsalter 60

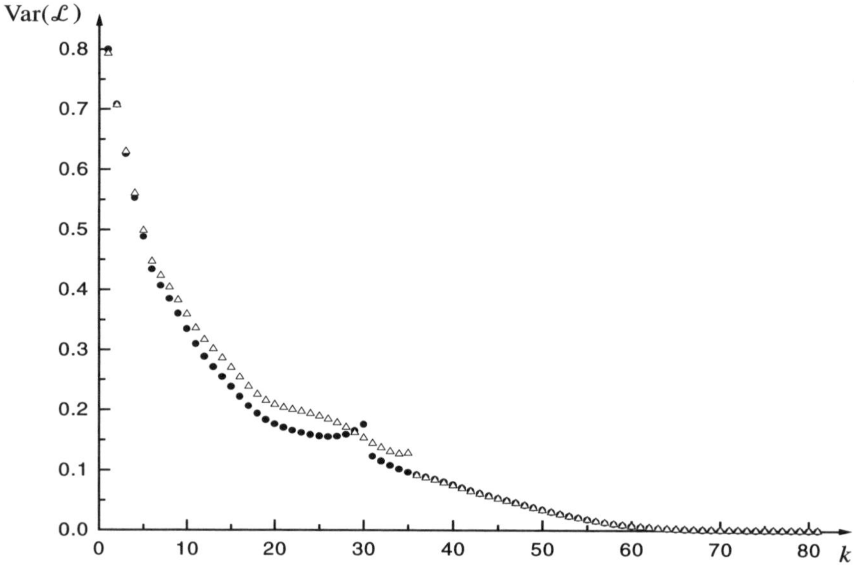

Pensionsversicherung: Varianz der jährlichen Gesamtverluste beim Renteneintrittsalter 60 (Punkte) und beim Renteneintrittsalter 65 (Dreiecke)

Vorfaktoren vor den entsprechenden Integralen in (10.41.2) haben nur einen nachrangigen Einfluß. Die Varianzen der jährlichen Verluste im Zustand invalide sind vergleichsweise klein. Anschaulich gesprochen ist dies sicherlich darin begründet, daß durch die Invalidisierung ein wesentliches Verlustrisiko für den VR schon realisiert wurde und damit als Quelle von *weiteren* zufälligen Verlustschwankungen ausfällt. Das leichte Anwachsen dieser Varianzkurve ist mit Hinblick auf (10.41.3) dadurch zu erklären, daß sowohl die Invalidisierungswahrscheinlichkeiten als auch die Sterbenswahrscheinlichkeiten für Invalide wachsen und dieses Wachstum das Fallen des Invalidendeckungskapitals überkompensiert. Die Varianzen der jährlichen Verluste im Zustand Altersrentner fallen mit der Zeit, da das durch Tod eines Altersrentners riskierte prospektive Deckungskapital im Zustand Altersrentner deutlich fällt (vergleiche die letzte Graphik zu Aufgabe 16 (f)). Die zweite Graphik zeigt die Verläufe der Varianzen der jährlichen Gesamtverluste beim Renteneintrittsalter 60 und beim Renteneintrittsalter 65 im Vergleich, wobei die Höhen der Invalidenrente und der Altersrente bei beiden Eintrittsaltern übereinstimmen (siehe auch Aufgabe 32 (d)). Gemäß Folgerung 10.39 (c) ergibt sich die gepunktete Kurve durch additive Überlagerung der drei Varianzverläufe der vorherigen Abbildung. Sie ist im wesentlichen fallend. Entsprechendes gilt für die Varianzen der jährlichen Verluste beim Renteneintrittsalter 65. Diese Varianzen verlaufen bis zum Renteneintritt (mit Ausnahme des Wertes für das 30. Versicherungsjahr) oberhalb derjenigen beim Renteneintrittsalter 60. Danach stimmen beide natürlich überein. Die Varianz des Gesamtverlustes über die gesamte Vertragslaufzeit für das Rentenalter 65 beträgt 11.490 (9.019 im Zustand aktiv, 1.343 im Zustand invalide, 1.128 im Zustand Altersrentner) gegenüber 10.758 für das Renteneintrittsalter 60 (8.007 im Zustand aktiv, 1.060 im Zustand invalide, 1.691 im Zustand Altersrentner). Bedingt durch die bei beiden Altern übereinstimmenden Rentenhöhen und die ohne Invalidisierung kürzere Rentenbezugszeit sowie längere Prämienzahlungsdauer beim Renteneintritt mit 65 baut sich hier das Aktivendeckungskapital langsamer und in geringerem Maße auf und damit das durch den Übergang (a, i) riskierte Kapital langsamer ab als beim Renteneintrittsalter 60. Zusammen mit der potentiell längeren Aktivenzeit erklärt dies die Tatsache, daß die Verlustvarianz im Zustand aktiv im ersten Falle deutlich größer ist. Die Unterschiede in der Gesamtvarianz der Verluste in den Zuständen invalide und Altersrentner sind im wesentlichen auf die potentiell längere Bezugsdauer für die Invalidenrente und die im Gegenzug kürzere Bezugsdauer für die Altersrente beim Renteneintrittsalter 65 zurückzuführen.

Ausgehend von einem Markov-Modell mit glatten Übergangsintensitäten für den Zustandsverlauf leiten Hesselager und Norberg (1996, Abschnitt 4) Differentialgleichungen für die bedingte Verteilung zukünftiger Versicherungszahlungen gegeben den aktuellen Zustand der Police her. Diese Differentialgleichungen können in vielen Fällen zur (näherungsweisen) Bestimmung der Verteilung des *Gesamtverlustes* aus einem Personenversicherungsvertrag herangezogen werden.

F Aufgaben

Aufgabe 1. Sei A eine natürliche Versicherungszahlungsfunktion für (x) bei mehreren Ausscheideursachen, die Zahlungen nur zu Jahreswechseln zuläßt, d. h.

$$D(\cdot, C) = \sum_{\ell=1}^{\infty} D(\ell, C) \cdot 1_{(\ell-1,\ell]}\,, \quad DT = \sum_{\ell=1}^{\infty} \ell \cdot 1_{(\ell-1,\ell]}\,, \quad F = \sum_{\ell=0}^{\infty} S(\ell) \cdot 1_{[\ell,\infty)}\,.$$

Weiter liege zusammengesetzte Verzinsung mit Diskontierungsfaktor v vor, und es gelte (9.6.1). Seien $k \in \mathbb{N}_0$ und $r \in (0, 1]$. Zeigen Sie mittels (10.5.1):

$$\begin{aligned}
\text{(a)}\, V_0(k+r) = & \sum_{\ell=k+1}^{[\omega_x - x - 0]} v^{\ell-k-r}\, S(\ell)\, P(T_x > \ell \mid T_x > k+r) \\
& + \sum_{C \in 2^U \setminus \{\emptyset\}} \sum_{\ell=k+1}^{[\omega_x - x - 0]} v^{\ell+1-k-r}\, D(\ell+1, C)\, P(\ell < T_x \le \ell+1,\ J_x = C \mid T_x > k+r) \\
& + v^{1-r} \sum_{C \in 2^U \setminus \{\emptyset\}} D(k+1, C)\, P(T_x \le k+1,\ J_x = C \mid T_x > k+r) \\
= {} & V_0(k+1)\, v^{1-r}\, P(T_x > k+1 \mid T_x > k+r) \\
& + v^{1-r} \sum_{C \in 2^U \setminus \{\emptyset\}} D(k+1, C)\, P(T_x \le k+1,\ J_x = C \mid T_x > k+r)\,.
\end{aligned}$$

(b) Sind (K_x, J_x) und $R_x \sim U(0,1]$ stochastisch unabhängig und gilt die Stationaritätsbedingung (3.31.1), so ist

$$\begin{aligned} V_0(k+r) &= v^{-k-r}\,\frac{p_{x+k}}{1-rq_{x+k}} \sum_{\ell=k+1}^{[\omega_x-x-0]} v^{\ell}\, S(\ell)\; {}_{\ell-k-1}p_{x+k+1} \\ &\quad + v^{-k-r}\,\frac{p_{x+k}}{1-rq_{x+k}} \sum_{C\in 2^U\setminus\{\emptyset\}} \sum_{\ell=k+1}^{[\omega_x-x-0]} v^{\ell+1} D(\ell+1,C)\; {}_{\ell-k-1}p_{x+k+1}\, q_{x+\ell}^{(C)} \\ &\quad + v^{1-r}\,\frac{1-r}{1-rq_{x+k}} \sum_{C\in 2^U\setminus\{\emptyset\}} D(k+1,C)\, q_{x+k}^{(C)} \\ &= \frac{v^{1-r}}{1-rq_{x+k}}\Big(p_{x+k}\, V_0(k+1) + (1-r)\sum_{C\in 2^U\setminus\{\emptyset\}} D(k+1,C)\, q_{x+k}^{(C)}\Big). \end{aligned}$$

Aufgabe 2. Wie läßt sich die für die Herleitung der „Definitionsformel für das prospektive Deckungskapital" benötigte Integrabilitätsbedingung (10.2.1) in der Situation der Versicherung zweier stochastisch unabhängiger, unter jeweils einem Risiko stehender Leben abschwächen ?

Aufgabe 3. Betrachten Sie eine Gemischte Kapitalversicherung für (x) mit Dauer n und doppelter Versicherungssumme bei Unfalltod. Setzen Sie voraus, daß (K_x, J_x) und $R_x \sim U(0,1]$ stochastisch unabhängig sind und daß die Stationaritätsbedingung (3.31.1) gilt. Vereinbart seien während der gesamten Laufzeit jährlich vorschüssig fällige konstante Prämien gemäß (8.10.1).

(a) Geben Sie explizite Formeln für die Prämiendifferenz und die Deckungskapitaldifferenz zu jedem Vertragszeitpunkt zwischen dieser Versicherung und der entsprechenden Gemischten Kapitalversicherung ohne Unfallzusatzversicherung an ! Die Formeln sollen sich nur mittels der einjährigen abhängigen Sterbenswahrscheinlichkeiten auswerten lassen.

(b) Begründen Sie anschaulich und mit Hilfe von (a): Sind die Unfalltodwahrscheinlichkeiten $q_{x+\ell}^{(1)} \equiv \text{const}$, so verschwindet die Deckungskapitaldifferenz zu ganzzahligen Zeitpunkten. Wie verhält sie sich unterjährlich ? Welcher Deckungskapitalverlauf ergibt sich für $x = n = 30$, $v := 1.04^{-1}$, die DAV-Sterbetafel 1994 T für Männer und den Ansatz

$$q_{30+\ell}^{(1)} = 3\cdot 10^{-4} + \frac{10^{-4}}{75}(\ell-15)^2\,, \quad \ell = 0,\dots,30\,?$$

Interpretation ?

Aufgabe 4. Sei A eine natürliche Versicherungszahlung für (x) bei mehreren Ausscheideursachen. Es gelten (9.4.1), (10.5.2) und das Äquivalenzprinzip.

(a) Beweisen Sie eine zu Aufgabe 9.12 analoge retrospektive Darstellung des prospektiven Deckungskapitals !

(b) Leiten Sie aus (a) eine „retrospektive Version" der Aufgabe 1 (a) her !

(c) Leiten Sie aus (b) analog zum Schluß von Beispiel 10.5 eine retrospektive Darstellung des prospektiven Deckungskapitals einer Gemischten Kapitalversicherung mit Unfallzusatzversicherung ab !

Aufgabe 5. Verallgemeinern Sie die Überlegungen zu (10.6.1) – (10.6.6) auf natürliche Versicherungszahlungsfunktionen bei zwei Leben, die auch Todesfalleistungen beinhalten!

Aufgabe 6. Berechnen Sie unter geeigneten Voraussetzungen die prospektiven Deckungskapitalien einiger der in den Beispielen 5.59 behandelten Versicherungen auf zwei Leben zu ganzzahligen und zu nichtganzzahligen Zeitpunkten bei jährlich vorschüssig fälligen konstanten Prämien und Prämienzahlung
(a) bis zum ersten Tod, höchstens bis zum Vertragsende,
(b) bis zum Tod von (x) bzw. von (y), höchstens bis zum Vertragsende,
(c) wie (a), jedoch höchstens bis zum Ablauf der Aufschubzeit,
(d) wie (b), jedoch höchstens bis zum Ablauf der Aufschubzeit.
Entscheiden Sie sich jeweils für *eine* sinnvolle Variante der Prämienzahlung!

Aufgabe 7. Der Zustandsverlauf einer Personenversicherungspolice werde beschrieben durch einen Markovschen Sprungprozeß mit Zustandsraum $\mathcal{S}$, regulärer Übergangsmatrix p und regulärer kumulativer Intensitätsmatrix q. Gegeben seien weiter eine Kapitalfunktion K mit Diskontierungsfunktion v und eine natürliche Versicherungszahlungsfunktion, die Zahlungen nur zu Jahreswechseln zuläßt, mit endlicher Vertragsdauer n, Übergangsleistungen $D_{yz}(\ell)$, $(y, z) \in J$, und Verbleibszahlungen $S_y(\ell)$, $y \in \mathcal{S}$, $\ell = 1, \ldots, n$. Zeigen Sie:

(a) Die Lösungen der zu (10.7.3) gehörigen homogenen linearen Rekursion

$$V_y(k) = v(k+1)\, K(k) \sum_{z \in \mathcal{S}} p_{yz}(k, k+1)\, V_z(k+1)\,, \quad y \in \mathcal{S},\ k \in \{0, \ldots, n-1\}\,,$$

bilden einen $\#\mathcal{S}$-dimensionalen linearen Raum $\mathbb{R}^{\mathcal{S}}$-wertiger Folgen der Länge $n+1$. Die Folgen $h^{(z)} = (h_y^{(z)})_{y \in \mathcal{S}}$, $z \in \mathcal{S}$, gemäß

$$h_y^{(z)} \colon \{0, \ldots, n\} \ni k \longmapsto v(n)\, K(k)\, p_{yz}(k, n) \in [0, 1]$$

bilden ein Fundamentalsystem von Lösungen mit $h^{(z)}(n) = (\delta_{yz})_{y \in \mathcal{S}}$, $z \in \mathcal{S}$.

(b) Eine spezielle Lösung $(W_y)_{y \in \mathcal{S}}$ der inhomogenen linearen Rekursion (10.7.3) ist gegeben durch

$$\begin{aligned} &W_y \colon \{0, \ldots, n\} \ni k \longmapsto \\ &K(k) \sum_{z \in \mathcal{S}} \sum_{\ell=k}^{n-1} v(\ell)\, p_{yz}(k, \ell)\, S_z(\ell) + K(k) \sum_{(z,\zeta) \in J} \sum_{\ell=k+1}^{n} v(\ell)\, D_{z\zeta}(\ell) \\ &\qquad \cdot \sum_{\eta \in \mathcal{S}} p_{y\eta}(k, \ell-1)\, J_{\eta, z\zeta}(\ell-1) \in [0, \infty)\,. \end{aligned}$$

Es gilt $W(n) = 0$.

(c) Jede Lösung $(V_y)_{y \in \mathcal{S}}$ von (10.7.3) ist von der Gestalt

$$V_y = W_y + \sum_{z \in \mathcal{S}} c_z\, h_y^{(z)}\,, \quad y \in \mathcal{S}\,,$$

mit $(c_z)_{z\in\mathcal{S}} \in \mathbb{R}^{\mathcal{S}}$; es gelten

$$V_y(n) = c_y\,, \quad V_y(0) = W_y(0) + v(n) \sum_{z\in\mathcal{S}} c_z\, p_{yz}(0,n)\,, \quad y \in \mathcal{S}\,.$$

Ist insbesondere $(V_y)_{y\in\mathcal{S}}$ das gemäß Definitionsformel (10.4.1) festgelegte prospektive Deckungskapital, so gilt

$$\begin{aligned} V_y(0) = W_y(0) + v(n) \sum_{z\in\mathcal{S}} S_z(n)\, p_{yz}(0,n) &= \sum_{z\in\mathcal{S}} \sum_{\ell=0}^{n} v(\ell)\, p_{yz}(0,\ell)\, S_z(\ell) \\ &+ \sum_{(z,\zeta)\in J} \sum_{\ell=1}^{n} v(\ell)\, D_{z\zeta}(\ell) \sum_{\eta\in\mathcal{S}} p_{y\eta}(0,\ell-1)\, J_{\eta,z\zeta}(\ell-1)\,. \end{aligned}$$

Hinweis: Verwenden Sie für (b) die Chapman-Kolmogorov-Gleichungen ! Aufgabe 7 wurde aus Bemerkung 3.9 von Stracke (1997) extrahiert.

Aufgabe 8. Begründen Sie, daß in dem Spezialfall $X_t = X_{[t]}$ P-fast sicher, $t \geq 0$, die Rekursionsformeln (10.7.3) und (10.7.4) für das prospektive Deckungskapital die Form

$$\begin{aligned} V_y(k) &= S_y(k) + v(k+1)\, K(k) \sum_{z\in\mathcal{S}} p_{yz}(k,k+1)\, V_z(k+1) \\ &\quad + v(k+1)\, K(k) \sum_{z\neq y} D_{yz}(k+1)\, p_{yz}(k,k+1) \\ &= S_y(k) + v(k+1)\, K(k)\, V_y(k+1) \\ &\quad + v(k+1)\, K(k) \sum_{z\neq y} \big(D_{yz}(k+1) + V_z(k+1) - V_y(k+1)\big)\, p_{yz}(k,k+1)\,, \end{aligned}$$

$y \in \mathcal{S}$, $k \in \mathbb{N}_0$, annehmen !

Zusatzinformation: In dem in Aufgabe 8 betrachteten Fall, daß Zustandswechsel fast sicher nur zu ganzzahligen Zeitpunkten möglich sind, genügt es natürlich, die diskrete Markov-Kette X_n, $n \in \mathbb{N}_0$, zu beobachten.

Aufgabe 9. Der *Teilwert* einer Pensionsverpflichtung zu irgendeinem Vertragszeitpunkt ist in § 6a Absatz 3 Satz 2 des Einkommensteuergesetzes definiert als das prospektive Deckungskapital am Schluß des laufenden Versicherungsjahres bei konstanten, jährlich vorschüssig zahlbaren „Aktiven-Finanzierungsprämien". (Maßgeblich für die Deckungskapitalberechnung ist dabei der aktuelle Zustand der Police.)

Gehen Sie aus vom vereinfachten Modell der Pensionsversicherung des Beispiels 6.26, und betrachten Sie die folgenden beiden Versorgungszusagen für (x). Zusage I: Ab Erreichen der Altersgrenze als Aktiver wird jährlich vorschüssig eine Leibrente der konstanten Höhe 1 gezahlt, bei Invalidisierung wird der Teilwert verrentet, d. h. ab dem Ende des laufenden Versicherungsjahres wird jährlich vorschüssig eine konstante Leibrente gezahlt, deren Barwert bei Rentenbeginn mit dem Teilwert übereinstimmt. Zusage II: Zusage I wird dahingehend modifiziert, daß bei Invalidisierung statt des Teilwertes der erreichte Anwartschaftsbarwert am Ende des Invalidisierungsjahres, also der Endwert der bisherigen „Prämienzahlungen", verrentet wird.

(a) Geben Sie bei beiden Versorgungszusagen Rekursionsformeln zur Berechnung aller prospektiven Deckungskapitalien zu allen ganzzahligen Zeitpunkten an ! Wie berechnen sich jeweils die Höhe der „Jahresprämie“ und die der Invalidenrente ?

(b) Legen Sie einen männlichen Versicherten mit Eintrittsalter 30, das Eintrittsjahr 1997, das Verrentungsalter 60 sowie einen Rechnungszins von $p = 4.0$ zugrunde, verwenden Sie als biometrische Rechnungsgrundlagen die DAV-Tafeln 1994 R (13.5), 1997 I (13.12) und 1997 TI (13.13), berechnen Sie die Deckungskapitalien, die „Jahresprämien“ und die Invalidenrente gemäß (a), und vergleichen Sie die Ergebnisse für die beiden Zusagen I und II !

Aufgabe 10.

(a) Schreiben Sie eine Routine, welche die Rekursionsformel (10.7.3″) zur Berechnung des prospektiven Deckungskapitals bei mehreren Ausscheideursachen und zusammengesetzter Verzinsung implementiert !

Als Eingabe liest die Routine die Vektoren der Ausscheideleistungen, den Vektor der Erlebensfallzahlungen und die Vektoren der abhängigen Ausscheidewahrscheinlichkeiten, jeweils zeitlich geordnet, sowie den Diskontierungsfaktor $v \in (0, 1]$ und das Eintrittsalter $x \in \mathbb{N}_0$. Die Ausgabe-Datei enthält zunächst zwei Zeilen für die textliche Beschreibung ihres Dateiinhaltes und danach in jeder Zeile nach *fortschreitender* Zeit geordnet das Vertragsjahr und das zugehörige Deckungskapital am Jahresende.

(b) Schreiben Sie eine Ergänzungsroutine zu (a), welche für eine Gemischte Kapitalversicherung für (x) mit Dauer n, Versicherungssumme D bei „normalem“ Tod und Versicherungssumme $2D$ bei Unfalltod sowie jährlich vorschüssig während der gesamten Vertragslaufzeit fälligen konstanten Prämien gemäß (8.10.1) die für (a) benötigte Eingabe-Datei erzeugt. Zugrunde gelegt werde die DAV-Sterbetafel 1994 T, das Mindesteintrittsalter sei $x = 25$, das maximale Endalter sei $x + n = 65$; die abhängigen Unfalltodwahrscheinlichkeiten seien für Männer gegeben durch den Ansatz von Aufgabe 3 (b), diejenigen für Frauen seien halb so groß.

Als Eingabe liest diese Routine n, D, v, x und das Geschlecht M/W.

(c) Welchen Deckungskapitalverlauf liefern die Routinen aus (a) und (b) für die Parameter der Aufgabe 3 (b) ?

(d) Schreiben Sie eine Ergänzungsroutine zu (a), welche zusätzlich zu den dortigen Eingabeparametern einen beliebigen Vertragszeitpunkt $s \in [0, n]$ einliest und vermöge der Ausgabe-Datei von (a) und Aufgabe 1 (b) das prospektive Deckungskapital zur Zeit s berechnet und ausgibt !

Aufgabe 11. Seien $\big(\Omega, \mathfrak{A}, P, ((T_n, Z_n))_{n\in\mathbb{N}_0}\big)$ ein markierter Punktprozeß mit endlichem Markenraum $\mathcal{S}$, $(\mathfrak{A}_n)_{n\in\mathbb{N}_0}$ eine Filtration von $(\Omega, \mathfrak{A})$ und $((T_n, Z_n))_{n\in\mathbb{N}_0}$ eine homogene Markov-Kette bezüglich $(\mathfrak{A}_n)_{n\in\mathbb{N}_0}$. X sei der zu (T, Z) gehörige Sprungprozeß mit Zustandsraum $\mathcal{S}$. Vermöge der Homogenitätsvoraussetzung wählen wir eine von $k \in \mathbb{N}_0$ unabhängige Version der faktorisierten bedingten Verteilung $\mathcal{L}\big(((T_n, Z_n))_{n\geq k} \mid T_k = \cdot\,,\ Z_k = \cdot\big)$ von $((T_n, Z_n))_{n\geq k}$ gegeben (T_k, Z_k) und setzen – motiviert durch (4.44.1) –

$$E_{yz}(s,t) := P(T_{k+1} \leq t,\ Z_{k+1} = z \mid T_k = s,\ Z_k = y)\,, \quad (y,z) \in J,\ 0 \leq s \leq t\,,$$

sowie

$$\overline{p}_y(s,t) := 1 - E_y(s,t) := 1 - \sum_{z\neq y} E_{yz}(s,t)\,, \quad y \in \mathcal{S},\ 0 \leq s \leq t\,.$$

Damit kann dann auch in dieser Situation die kumulative Intensitätsmatrix q wie in Definition 4.28 definiert werden. Seien nun weiter K eine Kapitalfunktion mit Diskontierungsfunktion v und A eine natürliche Versicherungszahlung für eine Police (p) mit Zustandsverlauf X. Es gelte (10.2.1). Zeigen Sie für alle $k \in \mathbb{N}_0$:

(a) Der Barwert $DB_{(p),T_k}$ zur Zeit T_k aller strikt nach T_k ausgelösten Übergangsleistungen ist

$$DB_{(p),T_k} = \sum_{n=k}^{\infty} 1_{\{T_{n+1}<\infty\}} \frac{D_{Z_n Z_{n+1}} \circ T_{n+1}}{K \circ DT \circ T_{n+1}} \cdot K(T_k).$$

(b) Der Barwert $SB_{(p),T_k}$ zur Zeit T_k aller ab einschließlich T_k fälligen Verbleibszahlungen ist

$$SB_{(p),T_k} = \sum_{n=k}^{\infty} \int\limits_{[T_n, T_{n+1})} \frac{1}{K(t)} F_{Z_n}(dt) \cdot K(T_k).$$

(c) $DB_{(p),T_k} + SB_{(p),T_k}$ ist (eventuell uneigentlich) integrierbar; es gilt

$$E(DB_{(p),T_k} + SB_{(p),T_k} \mid \mathfrak{A}_k) = E(DB_{(p),T_k} + SB_{(p),T_k} \mid T_k,\ Z_k)$$

P-fast sicher auf $\{T_k < \infty\}$, und es existiert eine Version des faktorisierten bedingten Erwartungswertes $E(DB_{(p),T_k} + SB_{(p),T_k} \mid T_k = \cdot\,,\ Z_k = \cdot)$, die von $k \in \mathbb{N}_0$ unabhängig ist.

Das *prospektive Deckungskapital der natürlichen Versicherungszahlung A für (p) zur Zeit $s \geq 0$ im Zustand $y \in \mathcal{S}$* ist (unabhängig von $k \in \mathbb{N}_0$) gegeben durch

$$V_y(s) := E(DB_{(p),T_k} + SB_{(p),T_k} \mid T_k = s,\ Z_k = y). \qquad (*)$$

(d) Zeigen Sie: Ist X Markovsch, so stimmen das prospektive Deckungskapital V_* gemäß $(*)$ und $\tilde{V}_*$ gemäß Definition 10.3 überein:

$$V_y(s) = \tilde{V}_y(s) \quad \text{für } \mathcal{L}(T_k, Z_k|P)\text{-fast alle } (s, y) \in [0, \infty) \times \mathcal{S}$$

und alle $k \in \mathbb{N}_0$.

Hinweis: Verwenden Sie Satz 4.13 und die starke Markov-Eigenschaft von X !

(e) Verfahren Sie analog zum Beweis von Satz 6.20, um in dieser allgemeineren Situation die Gültigkeit der Thieleschen Integralgleichungen (10.13.1) vom Typ 1 für *alle* $(s, y) \in [0, \infty) \times \mathcal{S}$ (*ohne Ausnahmemengen*) nachzuweisen.

Die *Übergangsmatrix* p für X sei (unabhängig von $k \in \mathbb{N}_0$) definiert durch

$$p_{yz}(s,t) := P\Big(\bigcup_{n=k}^{\infty} \{T_n \leq t < T_{n+1},\ Z_n = z\} \mid T_k = s,\ Z_k = y\Big), \qquad (**)$$

$(y, z) \in \mathcal{S}^2$, $0 \leq s \leq t$. Beweisen Sie:

(f) Ist X Markovsch, so stimmen die Übergangsmatrix p gemäß $(**)$ und $\tilde{p}$ gemäß Definition 4.18 überein:

$$p_{yz}(s,t) = \tilde{p}_{yz}(s,t) \quad \text{für } \mathcal{L}(T_k, Z_k|P)\text{-f.a. } (s, y) \in [0, \infty) \times \mathcal{S}$$

und alle $k \in \mathbb{N}_0$, $t \geq s$, $z \in \mathcal{S}$.

(g) Die Rückwärtsintegralgleichungen vom Typ 1 gelten *ohne Ausnahmemengen*:

$$p_{yz}(s,t) = \delta_{yz}\,\overline{p}_y(s,t) + \sum_{\eta\neq y}\int\limits_{(s,t]} p_{\eta z}(\tau,t)\,E_{y\eta}(s,d\tau)$$

für *alle* $0 \le s \le t$ und *alle* $(y,z) \in \mathcal{S}^2$.

(h) Die Rückwärtsintegralgleichungen vom Typ 2

$$p(s,t) - \mathcal{E} = \int\limits_{(s,t]} q(s,d\tau)\,p(\tau,t)\,, \qquad 0 \le s \le t\,,$$

gelten auch unter der Zusatzvoraussetzung, daß X Markovsch ist, nicht stets. (Gegenbeispiel!)

Literaturhinweis: Stracke (1997), Kapitel 5.

Aufgabe 12. Gegeben seien die Voraussetzungen von Folgerung 10.15.

(a) Beweisen Sie die Thieleschen Differentialgleichungen (10.15.1)!

(b) Setzen Sie zusätzlich voraus, daß der Versicherungsvertrag endliche Laufzeit besitzt. Sei $y \in \mathcal{S}$, und die Deckungskapitalien V_z seien für $z \neq y$ bekannt. Zeigen Sie, daß die Lösung von (10.15.1) mittels der wohlbekannten Lösungsformel für eindimensionale inhomogene lineare Differentialgleichungen (siehe zum Beispiel Walter (1996), I §2) auf die Thieleschen Integralgleichungen (10.13.2) vom Typ 1 für den Zustand y führt!

Aufgabe 13. Seien $x \ge 0$ und $\omega_x - x \in \mathbb{N}$. Zeigen Sie als Modifikation von Satz 3.42 und Aufgabe 3.16 (a) die Äquivalenz der folgenden Aussagen (Bezeichnungen wie dort):

(a) R_x und (K_x, J_x) sind bedingt stochastisch unabhängig gegeben $T_x < \omega_x - x$, und es gilt $\mathcal{L}(R_x \mid T_x < \omega_x - x) = U(0,1]$.

(b) $P(T_x \le k + r,\ J_x = C) = P(T_x \le k,\ J_x = C) + r\,P(k < T_x < k+1,\ J_x = C)$, $k \in \{0,\dots,\omega_x - x - 1\}$, $r \in (0,1]$, $k + r < \omega_x - x$, $\emptyset \neq C \subset U$.

(c) $\mathcal{L}(T_x)|_{\mathfrak{B}((0,\omega_x - x))}$ ist absolutstetig, und die partiellen Ausscheideintensitäten sind für alle $\emptyset \neq C \subset U$, $k < \omega_x - x$ und λ^1-fast alle $t \in (k, k+1]$ gegeben durch

$$\lambda_{x,C}(t) = \frac{P(T_x < k+1,\ J_x = C \mid T_x > k)}{1 - (t-k)\,P(T_x < k+1 \mid T_x > k)}\,.$$

Hinweis: Vergleichen Sie mit Beispiel 10.16 (Teil 1).

Aufgabe 14.

(a) Schreiben Sie eine Routine, welche in der Situation des Beispiels 10.16 (Teil 1) zu vorgegebener Jahresrente $R5 > 0$ bei Verrentung im Alter 65 die Jahreshöhe PI der Äquivalenzprämie und der Rentenzahlungen $R4, \dots, R0$ zu den Verrentungsaltern $64, \dots, 60$ berechnet und – nach erklärenden Kopfzeilen – auf einem File PARAMET.DAT ausgibt. Weiterhin berechne die Routine zu einem gegebenen Vektor $(s\_0, \dots, s\_k)^\top \subset [0,\infty)^k$ von aufsteigend geordneten Vertragszeitpunkten den Vektor $(VA\_0, \dots, VA\_k)^\top$ der Aktivendeckungskapitalien und die Vektoren $(V5\_0, \dots, V5\_k)^\top, \dots\dots, (V0\_0, \dots, V0\_k)^\top$ der Deckungskapitalien zu den Verrentungsaltern $65, \dots, 60$, soweit die Deckungskapitalien wohldefiniert sind. Diese Vektoren werden auf einem File DECKUNG.DAT –

ebenfalls nach erklärenden Kopfzeilen – spaltenweise ausgegeben, wobei die erste Spalte von den Vertragszeitpunkten gebildet wird.

Die Sterbenswahrscheinlichkeiten und die Trendfunktion der DAV-Sterbetafel 1994 R für Männer gemäß Tabelle 13.5 sollen auf Dateien R94BAS_M.DAT und R94TRE_M.DAT zur Verfügung stehen (je ein Datenpaar pro Zeile). Als Eingabeparameter liest die Routine das Eintrittsalter $x \in \{15, \ldots, 59\}$, das Kalenderjahr des Vertragsbeginns, $M \in \{0, \ldots, 5\}$ (Endalter $60 + M$ für die Aktivenprämie), den Namen der Stornotafel-Datei, die bedingten Verrentungswahrscheinlichkeiten $r\_4 \geq 0, \ldots, r\_0 \geq 0$ für die Alter $64, \ldots, 60$, die Höhen $D\_a \geq 0$ und $D\_A \geq 0$ der Todesfallzahlungen, die Auszahlungsquote $alpha \in [0, 1]$ bei Storno, den Rechnungszinssatz $i > 0$, den Rentenbetrag $R5$ und den Vektor $(s\_0, \ldots, s\_k)^\top$ der Vertragszeitpunkte.

(b) Verwenden Sie die Routine aus (a), um die am Schluß von Beispiel 10.16 (Teil 1) graphisch dargestellten Deckungskapitalverläufe zu erzeugen.

(c) Variieren Sie in (b) die Wahrscheinlichkeiten $r\_4, \ldots, r\_0$ für eine vorgezogene Verrentung bei gleichbleibenden sonstigen Parametern ! Geben Sie eine anschauliche Begründung des gefundenen Ergebnisses !

Aufgabe 15. Modifizieren Sie Beispiel 10.16 (Teil 1) dahingehend, daß die vom Todeszeitpunkt unabhängigen Todesfallsummen D_a und D_A beide durch eine Prämienrückgewähr folgender Art ersetzt werden: Als unmittelbar fällige Todesfalleistung wird der Positivteil der Differenz aus bisher gezahlten Prämien und erhaltenen Rentenleistungen gezahlt.

Aufgabe 16. Betrachten Sie das schon in Beispiel 6.26 untersuchte vereinfachte Modell der Pensionsversicherung ohne Hinterbliebenenversorgung. Verwenden Sie die dortigen Bezeichnungen, und setzen Sie wie dort die Gültigkeit der Stationaritätsbedingung (6.22.1) und die unterjährliche Gleichverteilungsannahme (6.24.1) voraus. Vereinbart seien jährlich vorschüssig zahlbare konstante Aktivenprämien der Höhe $\mathcal{P} > 0$.

(a) Zeigen Sie, daß die prospektiven Deckungskapitalien wie folgt berechnet werden können:

$$V_A(s) = \frac{v^{-s}}{1 - (s - [s])\, q^A_{x+[s]}} \sum_{k=[s-0]+1}^{\omega_0 - x - 1} v^k \prod_{\ell=[s]}^{k-1} p^A_{x+\ell}\,,$$

$$V_i(s) = \frac{v^{-s}}{1 - (s - [s])\, q^{ii}_{x+[s]}} \cdot \left(\sum_{k=[s-0]+1}^{z-x-1} v^k \prod_{\ell=[s]}^{k-1} p^{ii}_{x+\ell} + v^{z-x}\, V_A(z-x) \prod_{\ell=[s]}^{z-x-1} p^{ii}_{x+\ell} \right),$$

$$V_a(s) = \frac{v^{-s}}{1 - (s - [s])\, (q^{aa}_{x+[s]} + i_{x+[s]})}$$

$$\cdot \left(-\mathcal{P} \sum_{k=[s-0]+1}^{z-x-1} v^k \prod_{j=[s]}^{k-1} p^{aa}_{x+j} - i_{x+[s]} \frac{\log \frac{p^{ii}_{x+[s]}}{1-(s-[s])\, q^{ii}_{x+[s]}}}{q^{ii}_{x+[s]}} \sum_{k=[s]+1}^{z-x-1} v^k \prod_{j=[s]}^{k-1} p^{ii}_{x+j} \right.$$

$$- v^{z-x}\, V_A(z-x)\, i_{x+[s]} \frac{\log \frac{p^{ii}_{x+[s]}}{1-(s-[s])\, q^{ii}_{x+[s]}}}{q^{ii}_{x+[s]}} \prod_{j=[s]}^{z-x-1} p^{ii}_{x+j} -$$

$$- \sum_{k=[s]+1}^{z-x-1} i_{x+k} \frac{\log p^{ii}_{x+k}}{q^{ii}_{x+k}} \prod_{j=[s]}^{k-1} p^{aa}_{x+j} \sum_{\ell=k+1}^{z-x-1} v^{\ell} \prod_{j=k}^{\ell-1} p^{ii}_{x+j}$$

$$- v^{z-x}\, V_A(z-x) \sum_{k=[s]+1}^{z-x-1} i_{x+k} \frac{\log p^{ii}_{x+k}}{q^{ii}_{x+k}} \prod_{j=[s]}^{k-1} p^{aa}_{x+j} \prod_{j=k}^{z-x-1} p^{ii}_{x+j}$$

$$+ v^{z-x}\, V_A(z-x) \prod_{j=[s]}^{z-x-1} p^{aa}_{x+j} \Bigg) .$$

Welches sind die jeweiligen Definitionsbereiche ?

(b) Verwenden Sie das Äquivalenzprinzip in der Form $V_a(0) = 0$ und Teil (a) um zu zeigen, daß der Jahresbetrag $P^{aa}_{x:\overline{z-x}|}$ der Äquivalenzprämie gegeben ist durch

$$P^{aa}_{x:\overline{z-x}|} = \left(\sum_{k=0}^{z-x-1} v^k \prod_{j=0}^{k-1} p^{aa}_{x+j} \right)^{-1}$$

$$\cdot \Bigg(- \sum_{k=0}^{z-x-1} i_{x+k} \frac{\log p^{ii}_{x+k}}{q^{ii}_{x+k}} \prod_{j=0}^{k-1} p^{aa}_{x+j} \sum_{\ell=k+1}^{z-x-1} v^{\ell} \prod_{j=k}^{\ell-1} p^{ii}_{x+j}$$

$$- v^{z-x}\, V_A(z-x) \sum_{k=0}^{z-x-1} i_{x+k} \frac{\log p^{ii}_{x+k}}{q^{ii}_{x+k}} \prod_{j=0}^{k-1} p^{aa}_{x+j} \prod_{j=k}^{z-x-1} p^{ii}_{x+j}$$

$$+ v^{z-x}\, V_A(z-x) \prod_{j=0}^{z-x-1} p^{aa}_{x+j} \Bigg) .$$

(c) Schreiben Sie eine Routine, welche in dem vereinfachten Modell der Pensionsversicherung ohne Hinterbliebenenversorgung zu vorgegebenem Eintrittsjahr, vorgegebenem Eintrittsalter $x \in \mathbb{N}_0$, vorgegebenem Verrentungsalter $z \in \{x+1, x+2, \ldots\}$, vorgegebenem Geschlecht (M/W) und zusammengesetzter Verzinsung mit Zinsfuß $p \geq 0$ die Äquivalenzprämie $P^{aa}_{x:\overline{z-x}|}$ sowie die zugehörigen Deckungskapitalien V_a_s, V_i_s und V_A_s zur Zeit $s > 0$ ausgibt (soweit definiert, sonst „fehlender Wert" _) !

Sterbenswahrscheinlichkeiten und Trendfunktion der DAV-Sterbetafel 1994 R für Männer bzw. Frauen sollen auf Dateien R94BAS_M.DAT, R94TRE_M.DAT, R94BAS_F.DAT und R94TRE_F.DAT zur Verfügung stehen, unabhängige Invalidisierungswahrscheinlichkeiten und Sterbenswahrscheinlichkeiten für Invalide gemäß Tabellen 13.12 bis 13.14 seien auf Dateien BERUFUNF.DAT, SELEKT_M.DAT und SELEKT_F.DAT gegeben.

Legen Sie im folgenden einen männlichen VN mit Eintrittsalter 30, das Eintrittsjahr 1997, die Verrentungsalter 60 und 65 und einen Rechnungszins von $p = 4.0$ zugrunde.

(d) Berechnen Sie die Jahresbeträge $P^{aa}_{x:\overline{z-x}|}$ der Äquivalenzprämien mittels (c) „exakt", und vergleichen Sie die Ergebnisse mit den Näherungswerten, die sich aus (6.26.9) in Verbindung mit (6.26.8) und (6.26.6) ergeben und mittels Aufgabe 6.14 berechnet werden können !

(e) Tabellieren Sie die prospektiven Deckungskapitalien in den Zuständen aktiv, invalide und Altersrentner auf ihrem jeweiligen Definitionsbereich mit Schrittweite 1/2, und stellen Sie die Deckungskapitalverläufe graphisch dar !

(f) Die graphische Darstellung der Deckungskapitalverläufe in (e) ergibt bei korrekter Lösung die nachstehenden Bilder. Erläutern und interpretieren Sie diese Deckungskapitalverläufe !

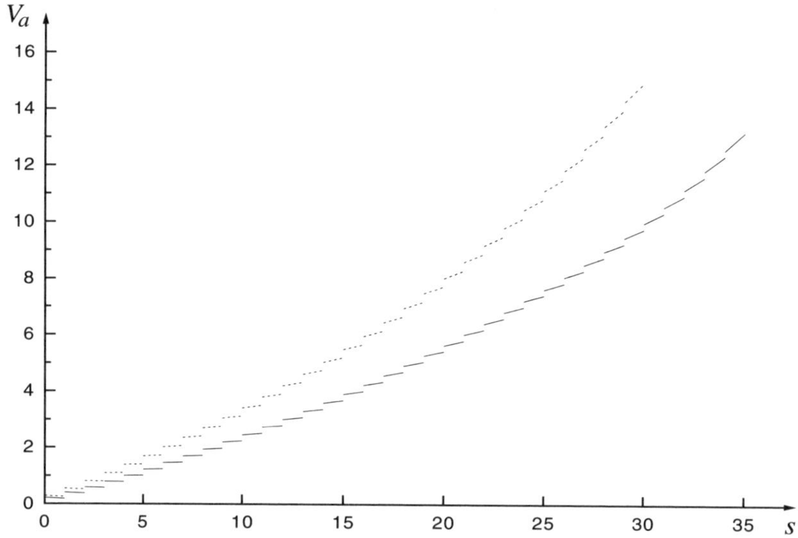

Pensionsversicherung: Deckungskapitalien im Zustand aktiv (gebrochen: Verrentungsalter 60, durchgezogen: Verrentungsalter 65)

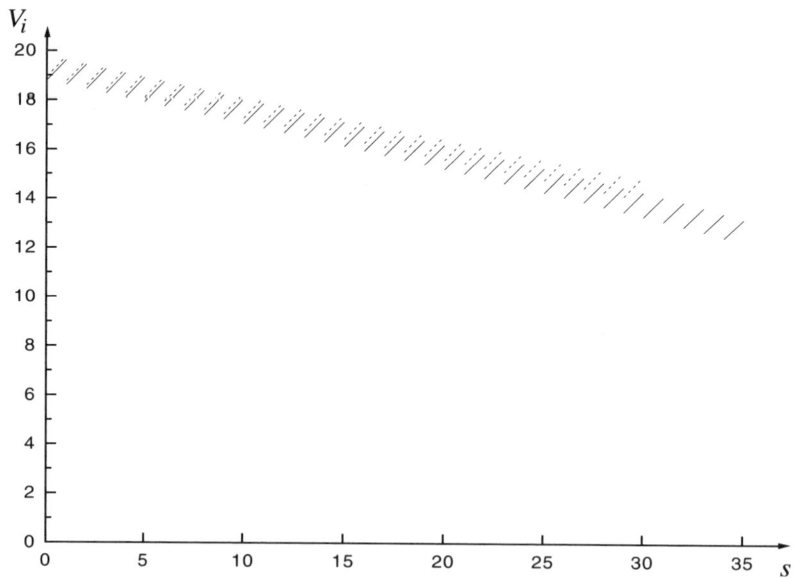

Pensionsversicherung: Deckungskapitalien im Zustand invalide (gebrochen: Verrentungsalter 60, durchgezogen: Verrentungsalter 65)

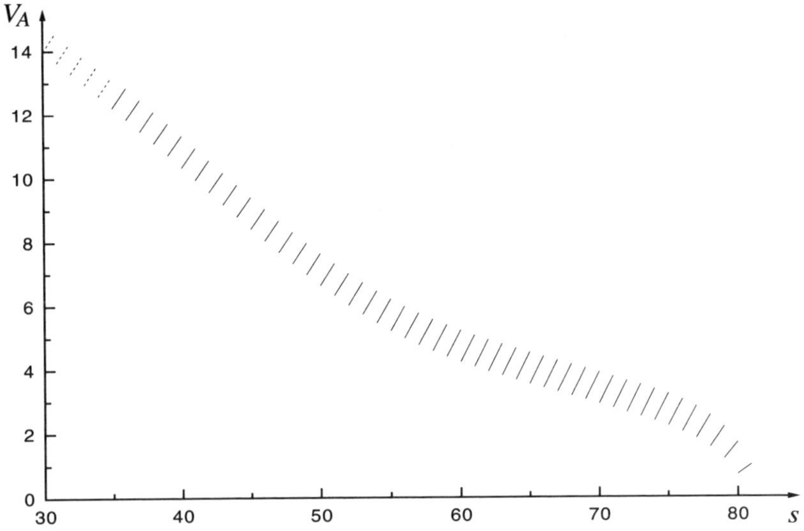

Pensionsversicherung: Deckungskapitalien im Zustand Altersrentner (gebrochen: Verrentungsalter 60, durchgezogen: Verrentungsalter 65)

Aufgabe 17. Betrachten Sie die schon als Abschluß des Beispiels 6.27 untersuchte n-jährige Gemischte Kapitalversicherung mit unmittelbarer Auszahlung eines Teiles $\alpha \in [0, 1]$ der Versicherungssumme bei Dread Disease und unmittelbar fälliger Todesfalleistung. Es seien jährlich vorschüssig während der Aktivenzeit, aber maximal über n Jahre, zahlbare konstante Prämien vereinbart. Weiter liege zusammengesetzte Verzinsung mit Diskontierungsfaktor $v \in (0, 1)$ vor. Leiten Sie Formeln für die Äquivalenzprämie und das prospektive Deckungskapital im Zustand aktiv her

(a) mit Hilfe der Thieleschen Integralgleichungen (10.13.1) oder (10.13.2) vom Typ 1,

(b) mit Hilfe der Definitionsformel (10.4.1) für das prospektive Deckungskapital!

Die Formeln sollen sich unmittelbar mit Hilfe der Dread-Disease-Tafeln 13.10 oder 13.11 auswerten lassen. Stellen Sie beide Deckungskapitalien für einen Mann mit Eintrittsalter 30, $v = 1.04^{-1}$, $n = 20$ und $\alpha = 0.5$ graphisch dar, und vergleichen Sie das Ergebnis mit der Graphik aus Beispiel 10.12!

Hinweise: Bei (a) können Sie sich eng an den letzten Teil des Beispiels 6.27 anlehnen, die für (b) benötigten totalen Sterbenswahrscheinlichkeiten können Sie mit Hilfe der Rückwärtsintegralgleichungen berechnen.

Aufgabe 18. Gegeben sei die Situation des Satzes 10.18.

(a) Zeigen Sie: Für alle $y \in \mathcal{S}$ und alle $s > 0$ existieren die Limites $V_y(s+0)$ und $V_y(s-0)$, und es gelten

$$V_y(s+0) - V_y(s) = -\Delta\, F_y(s)\,,$$
$$V_y(s) - V_y(s-0) = V_y(s-0)\,\Delta\Phi(s) - \sum_{z \neq y} R_{yz}(s)\, q_{yz}(\{s\})\,.$$

Insbesondere ist V_y genau dann rechtsstetig in s, wenn F_y stetig in s ist und linksstetig in s, falls Φ und q_{yy} stetig in s sind.

(b) Von Norberg (1991) und einigen anderen Autoren wird $\tilde{V}_y := V_y(\cdot + 0)$ als prospektives Deckungskapital im Zustand $y \in \mathcal{S}$ bezeichnet. Wie lauten die Definitionsformel (10.4.1) und die Thieleschen Integralgleichungen (10.13.1), (10.13.2) sowie (10.18.5) für diese Variante des prospektiven Deckungskapitals? Zeigen Sie für alle $y \in \mathcal{S}$, daß $\tilde{V}_y$ stets rechtsstetig auf $[0, \infty)$ ist und linksstetig ist in $s > 0$, falls F_y, Φ und q_{yy} in s stetig sind!

(c) Untersuchen Sie in Beispiel 10.16 (Teil 1) die Stetigkeitseigenschaften der prospektiven Deckungskapitalien V_a und $V_m, m = 0, \dots, 5$!

Aufgabe 19. Seien X Markovsch mit regulärer kumulativer Intensitätsmatrix q und p eine rechtsseitig stetige reguläre Übergangsmatrix für X. Folgern Sie durch Einsetzen spezieller Versicherungsvertragsparameter in die Thieleschen Integralgleichungen (10.18.5) vom Typ 2 die Gültigkeit der Rückwärtsintegralgleichungen (4.49.1) vom Typ 2, und geben Sie so einen neuen Beweis des ersten Teiles von Folgerung 4.49!

Aufgabe 20. Zeigen Sie, daß unter den Voraussetzungen der Folgerung 10.15 genau eine absolutstetige Funktion $(V_y)_{y\in\mathcal{S}}\colon [0, \infty) \longrightarrow \mathbb{R}^{\mathcal{S}}$ mit $\lim_{s\to\infty} v(s)\, V_y(s) = 0$, $y \in \mathcal{S}$, und

$$\sum_{(y,z)\in J} \int_0^\infty v(t)\, |V_z(t)|\, \mu_{yz}(t)\, dt < \infty$$

existiert, die die Thieleschen Differentialgleichungen (10.15.1) für alle $y \in \mathcal{S}$ und λ^1-fast alle $s \geq 0$ löst!

Hinweis: Berechnen Sie zum Beweis der Eindeutigkeitsaussage für die Differenz h zweier Lösungen die Ableitung von $v\, \overline{p}_y(0, \cdot - 0)\, h_y$, und verwenden Sie Hilfssatz 10.27!

Aufgabe 21. Sei $K\colon [0, \infty) \longrightarrow [1, \infty)$ eine absolutstetige Kapitalfunktion mit Diskontierungsfunktion v. X und $\overline{X}$ seien Markovsche Sprungprozesse mit endlichem Zustandsraum $\mathcal{S}$, absolutstetigen regulären kumulativen Intensitätsmatrizen q bzw. $\overline{q}$ und zugehörigen Intensitätsmatrizen (μ_{yz}) bzw. $(\overline{\mu}_{yz})$. Weiter seien A und $\overline{A}$ natürliche Versicherungszahlungsfunktionen für X bzw. $\overline{X}$, deren Verbleibszahlungsströme übereinstimmen und durch absolutstetige Verteilungsfunktionen mit Dichten f_y, $y \in \mathcal{S}$, gegeben sind. Nehmen Sie an, daß A und $\overline{A}$ (10.2.1) und (10.4.2) mit q bzw. $\overline{q}$ erfüllen und daß für alle $y \in \mathcal{S}$ und die durch die Definitionsformel (10.4.1) mit $p := \prod(\mathcal{E} + dq)$ bzw. $\overline{p} := \prod(\mathcal{E} + d\overline{q})$ gegebenen Versionen $(V_y)_{y\in\mathcal{S}}$ bzw. $(\overline{V}_y)_{y\in\mathcal{S}}$ der prospektiven Deckungskapitalien

$$\sum_{z\neq y} \mu_{yz}(s)\Big(v\,(DT(s))\; K(s)\, D_{yz}(s) + V_z(s) - V_y(s)\Big)$$
$$= \sum_{z\neq y} \overline{\mu}_{yz}(s)\Big(v\,\big(\overline{DT}(s)\big)\; K(s)\, \overline{D}_{yz}(s) + V_z(s) - V_y(s)\Big)$$

Lebesgue-fast überall für alle $y \in \mathcal{S}$ gilt. Zeigen Sie, daß dann

$$V_y(s) = \overline{V}_y(s)\,, \qquad s \geq 0,\; y \in \mathcal{S}\,!$$

Hinweis: Verwenden Sie Aufgabe 20, um diese Verallgemeinerung eines Ergebnisses von Hoem (1988, Abschnitt 6) zu zeigen!

Aufgabe 22. Gegeben seien ein Markovscher Policenverlauf mit endlichem Zustandsraum $\mathcal{S}$ und regulärer kumulativer Intensitätsmatrix q, eine Kapitalfunktion K mit Diskontierungsfunktion v und eine natürliche Versicherungszahlungsfunktion A, welche die Integrabilitätsbedingungen (10.2.1) und (10.4.2) erfüllt. Sei $(V_y)_{y\in\mathcal{S}}$ durch (10.4.1) mit $p := \prod(\mathcal{E} + dq)$ definiert. Weiter sei $y \in \mathcal{S}$ mit $P(X_0 = y) > 0$ und $V_y(0) = 0$.

(a) Zeigen Sie mit Hilfe der Thieleschen Integralgleichungen (10.13.2) vom Typ 1: Unter den Zusatzvoraussetzungen

$$\int_{[0,\infty)} v(t)\,\overline{p}_y(0,t)\,F_{y-}(dt) > 0\,,$$

$$\int_{[0,\infty)} v(t)\,\overline{p}_y(0,t)\,F_{y+}(dt) + \sum_{z\neq y}\int_{(0,\infty)} \big(v\,(DT(t))\,D_{yz}(t) + v(t)\,V_z(t)\big)\,\overline{p}_y(0,t-0)\,q_{yz}(dt) > 0$$

gilt genau dann $V_y(s) \geq 0$, wenn

$$\begin{aligned}
&\Big(\int_{[s,\infty)} v(t)\,\overline{p}_y(s,t)\,F_{y-}(dt)\Big)\Big(\int_{[0,s)} v(t)\overline{p}_y(0,t)\,F_{y+}(dt)\\
&\qquad + \sum_{z\neq y}\int_{(0,s]} \big(v\,(DT(t))\,D_{yz}(t) + v(t)\,V_z(t)\big)\,\overline{p}_y(0,t-0)\,q_{yz}(dt)\Big)\\
&\leq \Big(\int_{[0,s)} v(t)\,\overline{p}_y(0,t)\,F_{y-}(dt)\Big)\Big(\int_{[s,\infty)} v(t)\overline{p}_y(s,t)\,F_{y+}(dt)\\
&\qquad + \sum_{z\neq y}\int_{(s,\infty)} \big(v\,(DT(t))\,D_{yz}(t) + v(t)\,V_z(t)\big)\,\overline{p}_y(s,t-0)\,q_{yz}(dt)\Big)\,.
\end{aligned}$$

Sei nun speziell A eine natürliche Versicherungszahlungsfunktion, die Zahlungen nur zu ganzzahligen Zeitpunkten zuläßt, d. h.

$$D_{yz} = \sum_{\ell=1}^{\infty} D_{yz}(\ell)\cdot 1_{(\ell-1,\ell]}\,, \qquad (y,z)\in J\,,$$

$$DT = \sum_{\ell=1}^{\infty} \ell\cdot 1_{(\ell-1,\ell]}\,,\quad F_y = \sum_{\ell=0}^{\infty}\Big(S_y^+(\ell) - S_y^-(\ell)\Big)\cdot 1_{[\ell,\infty)}\,,\qquad y\in\mathcal{S}\,.$$

(b) Zeigen Sie vermöge (a): Unter den Zusatzvoraussetzungen $\overline{p}_y(0,k)\cdot S_y^-(k) > 0$ *für ein* $k \in \mathbb{N}_0$ und

$$v(k)\,S_y^+(k) + \sum_{z\neq y}\Big(v(k+1)\,D_{yz}(k+1)\,E_{yz}(k,k+1) +$$

$$+ \int\limits_{(k,k+1]} v(t)\, V_z(t)\, \overline{p}_y(k, t-0)\, q_{yz}(dt)\Big) \geq 0 \qquad \textit{für alle } k \in \mathbb{N}_0\,,$$

gilt für alle $\ell \in \mathbb{N}_0$ genau dann $V_y(\ell) \geq 0$, wenn

$$\Big(\sum_{\nu=\ell}^{\infty} v(\nu)\, \overline{p}_y(\ell, \nu)\, S_y^-(\nu)\Big)$$

$$\cdot \Big(\sum_{\nu=0}^{\ell-1} \overline{p}_y(0, \nu)\Big(v(\nu)\, S_y^+(\nu) + \sum_{z\neq y} \big(v(\nu+1)\, D_{yz}(\nu+1)\, E_{yz}(\nu, \nu+1)$$

$$+ \int\limits_{(\nu,\nu+1]} v(t)\, V_z(t)\, \overline{p}_y(\nu, t-0)\; q_{yz}(dt)\big)\Big)\Big)$$

$$\leq \Big(\sum_{\nu=0}^{\ell-1} v(\nu)\, \overline{p}_y(0, \nu)\, S_y^-(\nu)\Big)$$

$$\cdot \Big(\sum_{\nu=\ell}^{\infty} \overline{p}_y(\ell, \nu)\Big(v(\nu)\, S_y^+(\nu) + \sum_{z\neq y} \big(v(\nu+1)\, D_{yz}(\nu+1)\, E_{yz}(\nu, \nu+1)$$

$$+ \int\limits_{(\nu,\nu+1]} v(t)\, V_z(t)\, \overline{p}_y(\nu, t-0)\; q_{yz}(dt)\big)\Big)\Big).$$

(c) Für alle $\ell \in \mathbb{N}_0$ gelte

$$S_y^-(\ell)\Big(\sum_{\nu=0}^{\ell-1} \overline{p}_y(0, \nu)\Big(v(\nu)\, S_y^+(\nu) + \sum_{z\neq y} \big(v(\nu+1)\, D_{yz}(\nu+1)\, E_{yz}(\nu, \nu+1)$$

$$+ \int\limits_{(\nu,\nu+1]} v(t)\, V_z(t)\, \overline{p}_y(\nu, t-0)\; q_{yz}(dt)\big)\Big)\Big)$$

$$\leq \Big(\sum_{\nu=0}^{\ell-1} v(\nu)\overline{p}_y(0, \nu) S_y^-(\nu)\Big)\Big(S_y^+(\ell) + \sum_{z\neq y} \big(v(\ell+1) D_{yz}(\ell+1) E_{yz}(\ell, \ell+1) K(\ell)$$

$$+ \int\limits_{(\ell,\ell+1]} v(t) V_z(t) \overline{p}_y(\ell, t-0)\; q_{yz}(dt) K(\ell)\big)\Big).$$

Zeigen Sie, daß dann $V_y(\ell) \geq 0$ für alle $\ell \geq 0$ ist!

(d) Spezialisieren Sie (b) und (c) auf die Situation eines unter konkurrierenden Risiken stehenden Lebens!

Literaturhinweise: Die Aufgabe wurde Stracke (1997), Abschnitt 3 G, entlehnt. Die Spezialisierung in (d) führt auf Verallgemeinerungen von Ergebnissen von Mauermann (1992).

Aufgabe 23. Betrachten Sie eine aufgeschobene lebenslängliche Leibrente für einen Aktiven (x), $x < 60$, bei der bis zum Renteneintrittsalter $60 + M$ ($M \in \{0, \ldots, 5\}$) eine kontinuierliche Prämie mit konstanter Zahlungsdichte und Jahreshöhe π gezahlt wird, die sich aus dem Äquivalenzprinzip ergibt. Bei Erreichen des Alters $60 + M$ kann der Versicherte einmalig zwischen dem Beginn einer kontinuierlichen Leibrente (Zustand A) mit konstanter Zahlungsdichte und Jahreshöhe $\mathcal{R}$ und der Beendigung des Versicherungsvertrages (Zustand st) durch Auszahlung des prospektiven Deckungskapitals wählen. Genauer gelte eine der beiden folgenden Varianten für die Übergangsleistung bei Storno:

- $D_{a,st}(60 + M - x) = V_A(60 + M - x)$ oder
- $D_{a,st}(60 + M - x) = V_a(60 + M - x - 0)$.

Vorausgesetzt werden zusammengesetzte Verzinsung mit Diskontierungsfaktor v und Zinsintensität δ, die Stationaritätsbedingung (3.6.1) sowie, daß die ganzzahlig gestutzte Lebensdauer und der erlebte Teil des Todesjahres stochastisch unabhängig sind und letzterer gleichverteilt auf $(0, 1]$ ist.

(a) Zeigen Sie, daß für beide Varianten der Zahlungen bei Storno das prospektive Deckungskapital unabhängig von der bedingten Wahrscheinlichkeit $w_K < 1$, mit der das Kapitalwahlrecht bei Erreichen des Alters $60+M$ ausgeübt wird, für $s \in [0, 60+M-x)$ gegeben ist durch

$$
\begin{aligned}
V_a(s) = \frac{1}{\delta}\,\frac{v^{-s}}{1-(s-[s])\,q_{x+[s]}} \Bigg(&-\pi \Bigg(v^s\left(1-(s-[s])\,q_{x+[s]}\right) - p_{x+[s]}\,v^{[s]+1} \\
&+ \frac{q_{x+[s]}}{\delta}\left(v^{[s]+1}-v^s\right) \\
&+ \sum_{\ell=[s]+1}^{59+M-x}\left(v^\ell - p_{x+\ell}\,v^{\ell+1} + \frac{q_{x+\ell}}{\delta}\left(v^{\ell+1}-v^\ell\right)\right) \prod_{j=[s]+1}^{\ell} p_{x+j-1}\Bigg) \\
&+ \mathcal{R} \sum_{\ell=60+M-x}^{\omega_0-x-1}\left(v^\ell - p_{x+\ell}\,v^{\ell+1} + \frac{q_{x+\ell}}{\delta}\left(v^{\ell+1}-v^\ell\right)\right) \prod_{j=[s]+1}^{\ell} p_{x+j-1}\Bigg),
\end{aligned}
$$

und sich für $s \in [60 + M - x,\ \omega_0 - x)$ aus

$$
\begin{aligned}
V_A(s) = \frac{\mathcal{R}}{\delta}\,\frac{v^{-s}}{1-(s-[s])\,q_{x+[s]}} \Bigg(&v^s\left(1-(s-[s])\,q_{x+[s]}\right) - p_{x+[s]}\,v^{[s]+1} \\
&+ \frac{q_{x+[s]}}{\delta}\left(v^{[s]+1}-v^s\right) \\
&+ \sum_{\ell=[s]+1}^{\omega_0-x-1}\left(v^\ell - p_{x+\ell}\,v^{\ell+1} + \frac{q_{x+\ell}}{\delta}\left(v^{\ell+1}-v^\ell\right)\right) \prod_{j=[s]+1}^{\ell} p_{x+j-1}\Bigg)
\end{aligned}
$$

berechnen läßt. Folgern Sie

$$
\pi = \frac{\mathcal{R}\sum_{\ell=60+M-x}^{\omega_0-x-1}\left(v^\ell - p_{x+\ell}\,v^{\ell+1} + \frac{q_{x+\ell}}{\delta}\left(v^{\ell+1}-v^\ell\right)\right)\prod_{j=1}^{\ell} p_{x+j-1}}{\sum_{\ell=0}^{59+M-x}\left(v^\ell - p_{x+\ell}\,v^{\ell+1} + \frac{q_{x+\ell}}{\delta}\left(v^{\ell+1}-v^\ell\right)\right)\prod_{j=1}^{\ell} p_{x+j-1}}.
$$

(b) Setzen Sie $x = 30$, $M = 5$, $v = 1.04^{-1}$, $\mathcal{R} = 0.5$, und legen Sie die DAV-Sterbetafel 1994 R für Männer zugrunde (Eintrittsjahr 1997). Berechnen Sie π, und stellen Sie den Deckungskapitalverlauf graphisch dar !

Hinweis zu (a)*:* Bestimmen Sie zunächst $V_A(s)$ durch Spezialisierung von Beispiel 10.16 auf den Fall eines festen Rentenalters, d. h. $r_m = \delta_{mM}$! Zeigen Sie dann, daß bei der ersten

Variante die erste Thielesche Integralgleichung für V_a genauso lautet wie bei Beispiel 10.16, wenn dort Storno ausgeschlossen wird, und folgern Sie daraus die Behauptung für V_a ! Zeigen Sie schließlich bei der zweiten Variante, daß notwendigerweise $V_A(60 + M - x) = V_a(60 + M - x - 0)$, so daß sich die Behauptung aus der Lösung für die erste Variante ergibt !

Aufgabe 24. Gegeben seien zwei Ausscheidemodelle $\mathcal{L}(T_x, J_x|P)$ und $\mathcal{L}(\overline{T}_x, \overline{J}_x|P)$ mit den beiden identifizierbaren Ausscheideursachen

1: Ausscheiden durch Tod
2: Ausscheiden durch Storno.

Für die kumulativen (partiellen) Ausscheideintensitäten gelte

$$\Lambda_x = \Lambda_{x,1} = \overline{\Lambda}_{x,1} \,.$$

Seien $0 \le s < t$, so daß

- $P(T_x < t) < 1$ und
- $P(s < \overline{T}_x < t,\ \overline{J}_x = 2) > 0.$

Zeigen Sie mit Hilfe der Exponentialformel (3.1.6), daß dann

$$P(T_x \ge t \mid T_x > s) > P(\overline{T}_x \ge t \mid \overline{T}_x > s)\,.$$

Gilt $P(u < \overline{T}_y < t,\ \overline{J}_x = 1) > 0$ für alle $u \in (s, t)$, so folgt weiterhin

$$P(T_x \le t \mid T_x > s) > P(\overline{T}_x \le t,\ \overline{J}_x - 1 \mid \overline{T}_x > s)\ !$$

Aufgabe 25. Gegeben seien zwei Ausscheidemodelle $\mathcal{L}(T_x, J_x|P)$ und $\mathcal{L}(\overline{T}_x, \overline{J}_x|P)$ mit den identifizierbaren Ausscheideursachen

1: Ausscheiden durch Tod
2: Ausscheiden durch Storno,

wobei im ersten Modell $J_x \equiv 1$ gilt, Vertragskündigung also unmöglich ist. A und $\overline{A}$ seien natürliche Versicherungszahlungsfunktionen für $\mathcal{L}(T_x, J_x|P)$ bzw. $\mathcal{L}(\overline{T}_x, \overline{J}_x|P)$, die Zahlungen nur zu ganzzahligen Zeitpunkten zulassen. Nehmen Sie an, daß

- $\mathcal{L}(T_x|P)$ absolutstetig ist mit rechtem Eckpunkt $\omega_x - x$ und auf $(0, \omega_x - x]$ strikt positiver Sterbeintensität λ_x ,
- $K_x = [T_x - 0]$ und $R_x := T_x - K_x$ stochastisch unabhängig sind und $R_x \sim U(0, 1]$,
- für das erste Ausscheidemodell die Stationaritätsbedingung (3.6.1) gilt,
- $\mathcal{L}(\overline{T}_x|P)$ absolutstetig ist mit rechtem Eckpunkt $\omega_x - x$ und auf $(0, \omega_x - x]$ strikt positiven partiellen Ausscheideintensitäten $\overline{\lambda}_{x,1} = \lambda_x$ und $\overline{\lambda}_{x,2}$,
- zusammengesetzte Verzinsung mit Diskontierungsfaktor v vorliegt,
- die Todesfallsummen bei beiden Versicherungen bis zu einer Zeit $n \in \{1, \dots, [\omega_x - x - 0]\}$ den Wert 1 haben:

$$D = \overline{D}(\cdot, 1) = 1_{(0,n]}\,,$$

- als Erlebensfallzahlung bei *beiden* Versicherungen nur die Nettoeinmalprämie der *ersten* Versicherung fließt

$$S(\ell) = \overline{S}(\ell) = -\,{}_{|n}A_x \cdot 1_{\{0\}}(\ell)\,,$$

- die Stornoleistung der zweiten Versicherung mit dem prospektiven Deckungskapital der ersten gegeben ist durch

$$\overline{D}(\cdot, 2) = \sum_{k=1}^{n} V_0(k) \cdot 1_{(k-1,k]} \,.$$

Zeigen Sie, daß dann $\overline{V}_0(0) < 0$; die zweite Versicherung erfüllt also im Gegensatz zur ersten das Äquivalenzprinzip nicht!

Aufgabe 26. Geben Sie einen elementaren Beweis des Hattendorff-Theorems in der Situation eines unter konkurrierenden Risiken stehenden Lebens, indem Sie den Beweis des Satzes 9.24 entsprechend modifizieren!

Aufgabe 27. Gehen Sie aus von der Situation des verallgemeinerten Hattendorff-Theorems, und zeigen Sie mit Hilfe des zweiten Teiles von Bemerkung 12.25: Ist T eine Stoppzeit, so sind die bei T gestoppten Prozesse $\mathcal{L}_y^T$ der Verluste in den einzelnen Zuständen $y \in \mathcal{S}$ paarweise orthogonale, zentrierte quadratintegrable Martingale mit vorhersagbaren quadratischen Variationen, die bis auf P-Ununterscheidbarkeit durch

$$\begin{aligned}\langle \mathcal{L}_y^T \rangle_t = &\sum_{z \neq y} \int_{(0,t\wedge T]} \big(v(\tau)\, R_{yz}(\tau)\big)^2\, 1_{\{X_{\tau-0}=y\}}\, q_{yz}(d\tau)\\ &- \sum_{z,\zeta \in \mathcal{S}\setminus\{y\}} \int_{(0,t\wedge T]} v(\tau)^2\, R_{yz}(\tau)\, R_{y\zeta}(\tau)\, 1_{\{X_{\tau-0}=y\}}\, q_{yz}(\{\tau\})\, q_{y\zeta}(d\tau)\,,\end{aligned}$$

$t \geq 0$, gegeben sind. Formulieren Sie Folgerung 10.39 für die bei T gestoppten Prozesse $\mathcal{L}_y^T$, $y \in \mathcal{S}$, und $\mathcal{L}^T$, und wenden Sie das Ergebnis an zur Berechnung von $\mathrm{Var}\,(\mathcal{L}(t \wedge T_1))$, $t \geq 0$ (wie üblich sei dabei T_1 die Zeit des ersten Zustandswechsels)!

Literaturhinweise: Wolthuis (1987), Abschnitt 5, und Ramlau-Hansen (1988a), Abschnitt 4, pp. 149,150.

Aufgabe 28. Gehen Sie aus von der Situation des verallgemeinerten Hattendorff-Theorems, allerdings mit der gegenüber (10.38.1) verschärften Integrabilitätsbedingung

$$\sum_{(y,z)\in J} \int_{(0,\infty)} \big(v\,(DT(\tau))\; D_{yz}(\tau)\big)^2\, q_{yz}(d\tau) < \infty\,.$$

(a) Zeigen Sie mit Hilfe der Doobschen Ungleichung, daß die Verlustprozesse $\mathcal{L}_y$, $y \in \mathcal{S}$, und $\mathcal{L}$ *gleichgradig* quadratintegrable Martingale sind!

Folgern Sie aus (a)

(b) mit Hilfe des Martingalkonvergenzsatzes die Existenz „terminaler Variablen" $\mathcal{L}_y(\infty)$ ($y \in \mathcal{S}$) und $\mathcal{L}(\infty)$, so daß

$$\mathcal{L}_y(t) \overset{t\to\infty}{\longrightarrow} \mathcal{L}_y(\infty) \;\; (y \in \mathcal{S}) \qquad \text{und} \qquad \mathcal{L}(t) \overset{t\to\infty}{\longrightarrow} \mathcal{L}(\infty)\,,$$

jeweils P-fast sicher und in L^2. (Diese Variablen sind als Verluste über die gesamte Vertragsdauer zu interpretieren.)

(c) mit Hilfe des Doobschen Stoppsatzes, daß für alle Stoppzeiten $S_1 \leq S_2 \leq T_1 \leq T_2$ und alle $y \in \mathcal{S}$ die Verluste $\mathcal{L}_y(S_2) - \mathcal{L}_y(S_1)$ in $(S_1, S_2]$ und $\mathcal{L}_y(T_2) - \mathcal{L}_y(T_1)$ in $(T_1, T_2]$ unkorreliert sind und daß entsprechendes für den Gesamtverlust $\mathcal{L}$ gilt.

(d) ebenfalls mit Hilfe des Doobschen Stoppsatzes sowie mit Hilfe des Hinweises zu Satz 12.23, daß für alle Stoppzeiten T und alle $(y, z) \in J$ die Verluste $\mathcal{L}_y(T)$ und $\mathcal{L}_z(T)$ in den Zuständen y und z bis zur Zeit T unkorreliert sind und somit für alle Stoppzeiten T

$$\operatorname{Var}(\mathcal{L}(T)) = \sum_{y \in \mathcal{S}} \operatorname{Var}\big(\mathcal{L}_y(T)\big)$$

gilt. Begründen Sie für alle $y \in \mathcal{S}$ und alle Stoppzeiten T

$$\begin{aligned}\operatorname{Var}\big(\mathcal{L}_y(T)\big) = &\sum_{z \neq y} \sum_{\eta \in \mathcal{S}} P(X_0 = \eta) \int_{(0,\infty)} \big(v(\tau)\, R_{yz}(\tau)\big)^2 \\ &\qquad\qquad \cdot P(T \geq \tau,\, X_{\tau-0} = y \mid X_0 = \eta)\, q_{yz}(d\tau) \\ &- \sum_{z,\zeta \in \mathcal{S}\setminus\{y\}} \sum_{\eta \in \mathcal{S}} P(X_0 = \eta) \int_{(0,\infty)} v(\tau)^2\, R_{yz}(\tau)\, R_{y\zeta}(\tau) \\ &\qquad\qquad \cdot P(T \geq \tau,\, X_{\tau-0} = y \mid X_0 = \eta)\, q_{yz}(d\tau)\,.\end{aligned}$$

Literaturhinweis: Norberg (1992), Theorem 1 und Abschnitt 3 E, p. 10.

Aufgabe 29. Betrachten Sie in der Situation des verallgemeinerten Hattendorff-Theorems die Verluste

$$\mathcal{L}_{yz}(t) := \int_{(0,t]} v(\tau)\, R_{yz}(\tau)\, dM_{yz,\tau}\,, \quad t \geq 0\,,$$

die durch die einzelnen Übergänge $(y, z) \in J$ erzeugt werden. Setzen Sie zusätzlich voraus, daß für alle $(y, z) \in J$, $(y, \zeta) \in J$ die kumulativen Intensitäten q_{yz} und $q_{y\zeta}$ keine gemeinsamen Sprünge besitzen, und zeigen Sie, daß dann auch diese den einzelnen Übergängen zugeordneten Verluste paarweise orthogonale zentrierte quadratintegrable Martingale sind. Ihre vorhersagbaren quadratischen Variationen sind bis auf P-Ununterscheidbarkeit gegeben durch

$$\langle \mathcal{L}_{yz} \rangle_t = \int_{(0,t]} \big(v(\tau)\, R_{yz}(\tau)\big)^2\, 1_{\{X_{\tau-0}=y\}} \big(1 - q_{yz}(\{\tau\})\big)\, q_{yz}(d\tau)\,, \quad t \geq 0,\ (y, z) \in J\,,$$

und ihre Varianzstrukturen sind

$$\begin{aligned}\operatorname{Var}\big(\mathcal{L}_{yz}(t)\big) = &\sum_{\eta \in \mathcal{S}} P(X_0 = \eta) \int_{(0,t]} \big(v(\tau)\, R_{yz}(\tau)\big)^2\, p_{\eta y}(0, \tau - 0) \\ &\qquad\qquad \cdot \big(1 - q_{yz}(\{t\})\big)\, q_{yz}(d\tau)\,, \quad t \geq 0,\ (y, z) \in J\,.\end{aligned}$$

Literaturhinweis: Ramlau-Hansen (1988a), Abschnitt 4, p. 149.

Aufgabe 30.

(a) Schreiben Sie eine Routine, welche in der Situation des Beispiels 10.40 für jeden nichtabsorbierenden Zustand den Vektor der Varianzen der Verluste in diesem Zustand in den einzelnen Versicherungsjahren berechnet, daraus den Vektor der Varianzen der Gesamtverluste in den einzelnen Versicherungsjahren sowie die Gesamtvarianz des Verlustes in jedem einzelnen Zustand und die des Gesamtverlustes ermittelt und auf einem File VVERLUST.DAT nach erklärenden Kopfzeilen zunächst die Vektoren als Spalten nebeneinander ausgibt und in der letzten Zeile als Spaltensummen die Gesamtvarianzen angibt ! Verwenden Sie Ihre Lösung zu Aufgabe 14 (a) !

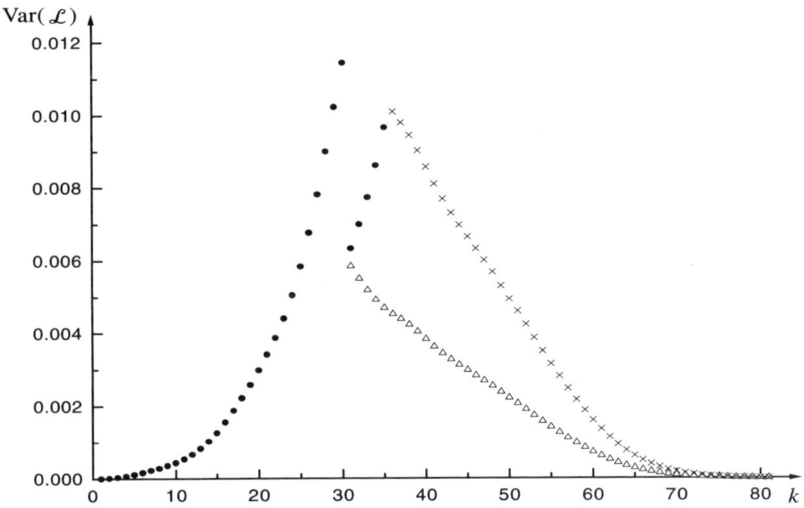

Rentenversicherung mit Wahlmöglichkeit zwischen den Verrentungsaltern 60 und 65: Varianzen der jährlichen Verluste in den Zuständen aktiv (Punkte), Altersrentner mit Verrentungsalter60 (Dreiecke) bzw. 65 (Kreuze)

Wie in dieser Aufgabe sollen die Sterbenswahrscheinlichkeiten und die Trendfunktion der DAV-Sterbetafel 1994 R für Männer auf Dateien R94BAS_M.DAT und R94TRE_M.DAT zur Verfügung stehen (je ein Paar pro Zeile). Als Eingabeparameter liest die Routine wie diejenige aus Aufgabe 14 (a) das Eintrittsalter $x \in \{15, \ldots, 59\}$, das Kalenderjahr des Vertragsbeginns, $M \in \{0, \ldots, 5\}$ (Endalter $60 + M$ für die Aktivenprämie), den Namen der Stornotafel-Datei, die bedingten Verrentungswahrscheinlichkeiten $r\_4 \geq 0, \ldots, r\_0 \geq 0$ für die Alter $64, \ldots, 60$, die Höhen $D\_a \geq 0$ und $D\_A \geq 0$ der Todesfallzahlungen, die Auszahlungsquote *alpha* $\in [0, 1]$, den Rechnungszins $i > 0$ und die Jahresrente $R5 > 0$ bei Verrentung im Alter 65.

(b) Verwenden Sie die Routine aus (a), um die am Schluß von Beispiel 10.40 graphisch dargestellten Varianzverläufe zu erzeugen !

(c) Verwenden Sie die Routine aus (a), um die in der obigen Graphik dargestellten zeitlichen Verläufe der Varianzen der jährlichen Verluste in den einzelnen Zuständen bei einer reinen Altersrentenversicherung einer männlichen Person mit Wahlmöglichkeit zwischen den Verrentungsaltern 60 und 65 zu erzeugen. Die Vertragsparameter seien $x = 30$, Vertragsbeginn 1997, $M = 5$, Stornowahrscheinlichkeiten $s_* \equiv 0$, $r_4 = \cdots = r_1 = 0$, $r_0 = 0.5$, $D_a = D_A = 0$, α beliebig, $i = 4\%$ und $\mathcal{R}_5 = 0.5$. Für diese Parameterkonstellation beträgt die Varianz des Gesamtverlustes über die volle Vertragslaufzeit 0.366.

(d) Erklären Sie die Ergebnisse von (c), und vergleichen Sie sie mit denen für die entsprechende Rentenversicherung, bei der das Verrentungsalter stets 65 ist ($r_0 = 0$); diese finden Sie am Schluß des Beispiels 10.40. Erklären Sie die Unterschiede!

Aufgabe 31. Betrachten Sie die aufgeschobene lebenslängliche Leibrente für (x) mit Kapitalwahlrecht aus Aufgabe 23, und verwenden Sie die dortige Notation.

(a) Zeigen Sie, daß die Varianz des Verlustes im k-ten Vertragsjahr für $k \in \{1, \ldots, 60+M-x\}$ gegeben ist durch

$$\begin{aligned}\operatorname{Var}(\mathcal{L}(k) - \mathcal{L}(k-1)) &= \prod_{j=1}^{k-1} p_{x+j-1}\, q_{x+k-1} \int_{k-1}^{k} v^{2\tau}\, V_0(\tau)^2\, d\tau \\ &\approx \prod_{j=1}^{k-1} p_{x+j-1}\, q_{x+k-1}\, v^{2k-1}\, V_0\Big(\frac{2k-1}{2}\Big),\end{aligned}$$

und für $k \in \{61 + M - x, \ldots, \omega_0 - x\}$ berechnet werden kann gemäß

$$\begin{aligned}\operatorname{Var}(\mathcal{L}(k) - \mathcal{L}(k-1)) &= \prod_{j=1}^{k} p_{x+j-1}\Big(1 - \frac{w_K}{p_{59+M}}\Big)\, q_{x+k-1} \int_{k-1}^{k} v^{2\tau}\, V_0(\tau)^2\, d\tau \\ &\approx \prod_{j=1}^{k-1} p_{x+j-1}\Big(1 - \frac{w_K}{p_{59+M}}\Big)\, q_{x+k-1}\, v^{2k-1}\, V_0\Big(\frac{2k-1}{2}\Big).\end{aligned}$$

Dabei ist w_K die bedingte Wahrscheinlichkeit, mit der (x) nach Erreichen des Alters $59+M$ zum Alter $60 + M$ durch Ausübung des Kapitalwahlrechtes ausscheidet, also w_K / p_{59+M} die bedingte Wahrscheinlichkeit, mit der das Kapitalwahlrecht bei Erreichen des Alters $60 + M$ ausgeübt wird. Das prospektive Deckungskapital berechnet sich gemäß Aufgabe 23 (a).

Hinweis: Wie bei Aufgabe 23 (a) haben Sie die Möglichkeit, entweder eine zusammengesetzte Ausscheideordnung mit zwei Ausscheideursachen zugrunde zu legen oder (einfacher) Beispiel 10.40 anzupassen.

(b) Modifizieren Sie Ihre Lösung zu Aufgabe 30 (a) so, daß sie zur Berechnung der Varianzen der jährlichen Verluste und der Varianz des Gesamtverlustes in der hier betrachteten Situation einer Rentenversicherung mit Kapitalwahlrecht Verwendung finden kann!

(c) Verwenden Sie die Routine aus (b), um für die Parameterkonstellation aus Aufgabe 23 (c) die in der nachstehenden Graphik dargestellten zeitlichen Verläufe der Varianzen der Verluste bei unterschiedlichen Wahrscheinlichkeiten der Ausübung des Kapitalwahlrechts zu erzeugen, und berechnen Sie jeweils auch die Gesamtvarianz des Verlustes! Die Wahrscheinlichkeiten für die Ausübung des Kapitalwahlrechtes seien $w_K = 0$ (kein Kapitalwahlrecht; Ergebnis für die Gesamtvarianz 0.462; durch Punkte dargestellte Kurve), $w_K = 0.3$ (Gesamtvarianz 0.372; Dreiecke) und $w_K = 0.5$ (Gesamtvarianz 0.312; Kreuze).

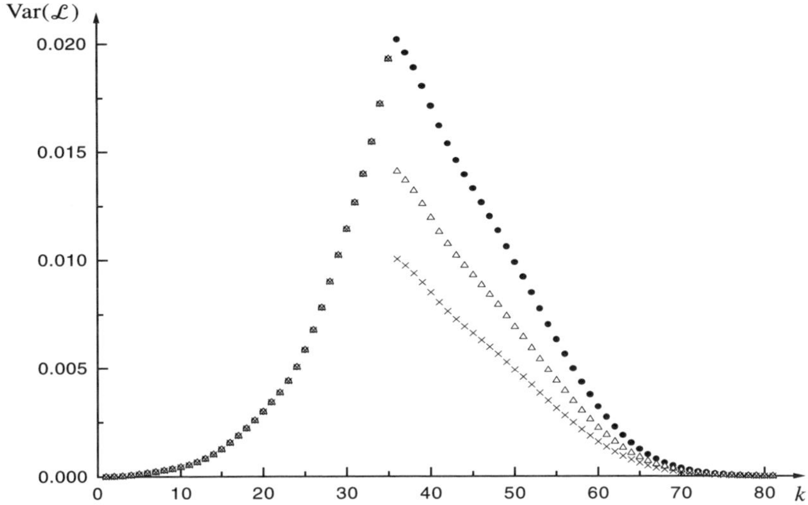

Rentenversicherung mit verschiedenen Wahrscheinlichkeiten der Ausübung des Kapitalwahlrechts: Varianz des jährlichen Verlustes bei $w_K = 0$ (Punkte), $w_K = 0.3$ (Dreiecke) und $w_K = 0.5$ (Kreuze)

(d) Erklären Sie die Ergebnisse aus (c), insbesondere die Tatsache, daß die Verlustvarianz mit wachsender Wahrscheinlichkeit der Ausübung des Kapitalwahlrechtes sinkt! Dabei können Sie sich an die Erklärung des varianzreduzierenden Einflusses der Stornooption zum Schluß des Beispiels 10.40 anlehnen.

Aufgabe 32. Betrachten Sie das in den Beispielen 6.26, 10.41 und in Aufgabe 16 untersuchte vereinfachte Modell der Pensionsversicherung ohne Hinterbliebenenversorgung.

(a) Beweisen Sie die Varianzformel (10.41.5)!

(b) Schreiben Sie eine Routine, welche für alle drei nichtabsorbierenden Zustände die Vektoren der Varianzen der Verluste in diesen Zuständen in den einzelnen Versicherungsjahren berechnet, daraus den Vektor der Varianzen der Gesamtverluste in den einzelnen Versicherungsjahren sowie die Gesamtvarianz des Verlustes in jedem einzelnen dieser Zustände und die des Gesamtverlustes ermittelt und auf einem File VVERLUST.DAT nach erklärenden Kopfzeilen zunächst die Vektoren als Spalten nebeneinander ausgibt und in der letzten Zeile als Spaltensummen die Gesamtvarianzen angibt! Verwenden Sie Ihre Lösung zu Aufgabe 16 (c)!

Wie in dieser Aufgabe sollen die Sterbenswahrscheinlichkeiten und die Trendfunktionen der DAV-Sterbetafel 1994 R für Männer bzw. Frauen auf Dateien R94BAS_M.DAT und R94TRE_M.DAT, R94BAS_F.DAT und R94TRE_F.DAT zur Verfügung stehen (je ein Datenpaar pro Zeile), unabhängige Invalidisierungswahrscheinlichkeiten und Sterbenswahrscheinlichkeiten für Invalide gemäß Tabellen 13.12 bis 13.14 seien auf Dateien BERUFUNF.DAT, SELEKT_M.DAT und SELEKT_F.DAT gegeben. Als Eingabeparameter liest die Routine wie diejenige aus Aufgabe 16 (c) das Eintrittsalter x, das Kalenderjahr des Vertragsbeginns, das Verrentungsalter $z \in \{x+1, x+2, \dots\}$, das Geschlecht (M/W) und den Zinsfuß $p \geq 0$.

(c) Verwenden Sie die Routine aus (b), um die am Schluß von Beispiel 10.41 graphisch dargestellten Varianzverläufe zu erzeugen !
(d) Vergleichen Sie jeweils die Varianzen der jährlichen Gesamtverluste und des Gesamtverlustes über die volle Vertragslaufzeit für das Verrentungsalter 60 mit denen für das Verrentungsalter 65, wobei im Unterschied zum Schluß von Beispiel 10.41 nicht die Rentenhöhen sondern die erwarteten Barwerte bei beiden Verrentungsaltern gleich sein sollen ! Welcher der beiden Vergleiche erscheint Ihnen als sinnvoller ?

Aufgabe 33. Gehen Sie aus von einer aufgeschobenen, lebenslänglich jährlich vorschüssig zahlbaren Leibrente mit jährlich vorschüssig während der Aufschubzeit zahlbaren konstanten Äquivalenzprämien. Legen Sie die DAV-Sterbetafel 1994 R, eine männliche versicherte Person mit Geburtsjahr 1967 und Eintrittsalter 30, eine Aufschubzeit von 30 Jahren und einen Rechnungszins von 4% zugrunde. Betrachten Sie
(a) diese Rentenversicherung mit einer Jahresrente der Höhe 1,
(b) diese Rentenversicherung mit einer Jahresrente der Höhe 1 und Kapitalwahlrecht, welches nach Erreichen des Alters 59 zum Alter 60 mit der bedingten Wahrscheinlichkeit 0.5 ausgeübt wird,
(c) diese Rentenversicherung mit Kapitalwahlrecht wie in (b) und 10-jähriger Rentengarantie, wobei die Jahresrente so bemessen ist, daß der Leistungsbarwert mit demjenigen aus (a) und (b) übereinstimmt,
(d) die Rentenversicherung aus (c), allerdings mit Jahresrente der Höhe 1,
(e) diese Rentenversicherung mit einer Jahresrente der Höhe 1 und Rückgewähr der positiven Differenz aus der unverzinsten Summe der eingezahlten Prämien und der erhaltenen Rentenzahlungen am Ende des Todesjahres,
(f) diese Rentenversicherung mit Kapitalwahlrecht wie in (b) und Prämienrückgewähr wie in (e),
(g) diese Rentenversicherung mit Kapitalwahlrecht wie in (b), 10-jähriger Rentengarantie wie in (c) und Prämienrückgewähr wie in (e), wobei die Jahresrente so bemessen ist, daß der Leistungsbarwert mit demjenigen aus (e) und (f) übereinstimmt,
(h) die Rentenversicherung aus (g), allerdings mit Jahresrente der Höhe 1.

Stellen Sie jeweils die Verteilung des Gesamtverlustes und den zeitlichen Verlauf der Varianz des jährlichen Verlustes graphisch dar ! Stellen Sie in einer Tabelle für alle diese Versicherungen die Höhe der Jahresrente, die Höhe der jährlichen Äquivalenzprämie, die Schiefe der Verteilung des Gesamtverlustes, die Varianz des Gesamtverlustes, seine positive Semivarianz und den Quotienten aus positiver Semivarianz und Varianz zusammen ! Interpretieren Sie die Ergebnisse durch Vergleich der Versicherungsformen !

Kapitel 11
Überschuß und Überschußanalyse in der Lebensversicherung

Lebensversicherungsverträge weisen im allgemeinen sehr lange Laufzeiten auf; die durchschnittliche Vertragsdauer liegt zur Zeit in Deutschland bei rund 30 Jahren. Bereits bei Vertragsabschluß werden die für die gesamte Laufzeit zu entrichtenden Prämien fest vereinbart, sie können nachträglich ohne ausdrückliche Zustimmung des VN nicht mehr geändert werden.

Tatsächlich unterliegen die Rechnungsgrundlagen erster Ordnung, mittels derer die Prämienzahlungen kalkuliert sind (Sterblichkeit, Zinssatz sowie Kosten für Abschluß und Verwaltung), im Zeitablauf Veränderungen, deren künftige Entwicklung schwer abschätzbar und vom VR auch nur in Grenzen beeinflußbar ist. Wegen dieses *Änderungsrisikos* müssen die Rechnungsgrundlagen ausreichende Sicherheiten enthalten, damit die zugesagten Versicherungsleistungen in jedem Fall erbracht werden können. Zu diesem Zweck wird die Wahrscheinlichkeit für den Eintritt des Versicherungsfalles in der Kalkulation etwas höher angesetzt, als es den Gegebenheiten normalerweise entspricht; für die Verzinsung des Deckungskapitals wird entsprechend ein niedrigerer als der am Markt erzielbare Zinsfuß angesetzt (vergleiche die Bemerkungen 3.46, 5.33 (a), vor Definition 8.14 und 9.19).

Seit Juli 1994 ist für die Prämienkalkulation kein fester Zins mehr vorgeschrieben. (§ 11 Absatz (1) Satz 1 VAG lautet: „Die Prämien in der Lebensversicherung müssen unter Zugrundelegung angemessener versicherungsmathematischer Annahmen kalkuliert werden und so hoch sein, daß das VU allen seinen Verpflichtungen nachkommen, insbesondere für die einzelnen Verträge ausreichende Deckungsrückstellungen bilden kann.“)

Indirekt wird er aber, wie schon in Bemerkung 3.46 ausgeführt, durch Rechtsverordnung der Aufsichtsbehörde zu § 65 VAG begrenzt. Danach wird nämlich der Höchstzins für die Berechnung der Deckungsrückstellung zu Versicherungen mit laufender Prämienzahlung an 60% des gleitenden Zehnjahresdurchschnitts der Umlaufrendite festverzinslicher Wertpapiere orientiert.

Analog sollten auch die in die Prämienkalkulation einbezogenen Kostenzuschläge vorsichtig gewählt werden.

Diese vorsichtige Kalkulation führt bei den Lebensversicherern zwangsläufig zu *Überschüssen* in beachtlicher Höhe. Es interessiert, welche Überschüsse in welcher Höhe und aus welchen Gründen entstehen, d. h. welche Abweichungen vom erwarteten Versicherungsverlauf, der der Prämienkalkulation zugrunde gelegt wurde, eintreten. Der Überschußanalyse (Abschnitt B) dienen verschiedene Verfahren, die sich entweder auf den einzelnen Versicherungsvertrag beziehen (Ertragswertberechnung, Profitabilitätstest, Deckungsbeitragsrechnung) oder auf einen Versicherungs(teil)bestand (Gewinnanalyse, Bestandsprojektion, embedded value, appraisal value, model office).

Die Entscheidung für das eine oder andere Verfahren ist selbstverständlich von der Fragestellung abhängig. Beispielsweise beantwortet die Deckungsbeitragsrechnung (Abschnitt G) die Frage, welchen „Deckungsbeitrag", d. h. welchen Anteil zur Deckung der Gemeinkosten des Unternehmens, ein Versicherungsvertrag oder eine Gruppe von Verträgen beisteuert. Dabei steht üblicherweise die Betrachtung eines Geschäftsjahres im Vordergrund. Da aber bei einem mehrjährigen Versicherungsvertrag die erwarteten Erträge in den einzelnen Versicherungsjahren keineswegs gleich hoch sind, was schon allein wegen der „Vorleistungen" einleuchtet, die der VR in Gestalt der Abschlußkosten erbringt (seien es innere, wie zum Beispiel für die Antragsprüfung, oder äußere, wie zum Beispiel für die Werbung und Provisionierung), müssen geeignete Verfahren gefunden werden, die über die üblichen betriebswirtschaftlichen Ansätze hinausgehen.

Zur Wahrung der Interessen der VN verlangt das BAV durch Festlegung sogenannter R-(Rückgewähr-) und Z-(Zuführungs-)Quoten in einer Verordnung zu § 81c VAG, daß gewisse Mindestüberschüsse den VN zugute kommen. Tatsächlich werden seit vielen Jahren in der deutschen Lebensversicherung etwa 97% der Überschüsse an die VN weitergegeben. Dieses Verfahren kann als eine Form der Rückerstattung von aus Sicherheitsgründen überhöhten Versicherungsprämien aufgefaßt werden. Der Wettbewerb der Lebensversicherungsunternehmen untereinander spielte sich im wesentlichen über die Höhe dieser *Überschußbeteiligung* ab (Abschnitt C).

Zur Erzielung einer möglichst (absolut oder im Verhältnis zu bekannten, der einzelnen Versicherung zugeordneten Größen, wie beispielsweise dem Deckungskapital) gleichbleibenden Höhe der Überschußbeteiligung wird der für die Überschußbeteiligung der VN vorgesehene Teil des gesamten Überschusses zunächst der *Rückstellung für Beitragsrückerstattung* (RfB) zugeführt, aus der dann die auf die einzelnen Verträge entfallenden Überschußanteile entnommen werden. (Wir verwenden hier statt des Begriffs Prämienrückerstattung den Begriff Beitragsrückerstattung, da dieser in den Rechnungslegungsvorschriften verwendet wird, wie ganz allgemein die Rechnungslegungsvorschriften die Bezeichnung Beitrag benutzt, der Gesetzgeber aber überwiegend die

Bezeichnung Prämie gebraucht.) Daraus resultiert eine zeitliche Verzögerung der Überschußbeteiligung. Im Interesse einer zeitnäheren Überschußbeteiligung wurde im Jahre 1983 die *Direktgutschrift* eingeführt; hierbei wird beispielsweise ein Prozentsatz des Deckungskapitals festgelegt, der sich aus der Differenz zwischen dem Rechnungszins und einem mit großer Sicherheit erzielbaren Ertragszins ergibt. Damit ist eine Beteiligung der VN am Überschuß im Jahre seiner Entstehung gewährleistet. Der verbleibende Teil der Überschußbeteiligung wird weiterhin der RfB zugeführt und – mit zeitlicher Verzögerung – auf die einzelnen Verträge verteilt.

In Abschnitt A werden unter Verwendung des Jahres-Cashflows der Ertragswert einer Lebensversicherung sowie damit zusammenhängende Größen, die für die Erfolgsmessung eines VR von Bedeutung sind, eingeführt.

Im Zentrum des Abschnittes B zur Überschußanalyse steht die Kontributionsformel, die u. a. Aufschluß darüber gibt, wie der Jahresüberschuß eines Abrechnungsverbandes ursprungsgerecht den Überschußquellen zuzuordnen ist.

Abschnitt C befaßt sich mit der entstehungskonformen Bemessung der Überschußbeteiligung. Dabei wird sowohl auf größere Bestandsgruppen (Abrechnungsverbände) Bezug genommen als auch aufgezeigt, wie der Verlauf eines einzelnen Gruppenvertrages berücksichtigt werden kann. Schließlich werden verschiedene Formen der Überschußverwendung betrachtet.

Abschnitt D behandelt die Bestimmung des Effektivzinses und ähnlicher Meßgrößen.

Die Abschnitte E und F behandeln weitere Anwendungen des in Abschnitt A eingeführten Ertragswertbegriffes: In E werden die Ertragswertmethode und die Sollzinsmethode zum Nachweis der Finanzierbarkeit der Überschußbeteiligung dargestellt, in F wird auf verschiedene Möglichkeiten zur Geschäftssteuerung mit Hilfe des Ertragswertes hingewiesen.

Schließlich wird, anknüpfend an Abschnitt F, in Abschnitt G über Deckungsbeitragsrechnung exemplarisch dargestellt, wie festzustellen ist, ob eine Verkaufsmaßnahme die unmittelbar mit ihr zusammenhängenden Kosten deckt.

Der tabellarische Kapitelanhang I gibt eine Kurzübersicht über die zur praktischen Durchführung der Überschußanalyse erforderlichen Formblätter des BAV.

Das gesamte Kapitel 11 wird aufgrund seiner betriebswirtschaftlichen Orientierung vorwiegend den praktisch tätigen Versicherungsmathematiker ansprechen. Da wir uns hier auf die Darstellung reiner Erwartungswertkalküle beschränken mußten, kann (und sollte) es allerdings wissenschaftlich interessierten Versicherungsmathematikern als Anregung dienen, risikotheoretische Hilfsmittel der Überschußanalyse bereitzustellen, die auf der *Verteilung* des Jahresertrags beruhen. Für Untersuchungen in diese Richtung verweisen wir auf Ramlau-Hansen (1988b, 1991) und Norberg (1996b).

A Erfolgsgrößen zur Beschreibung eines Lebensversicherungsvertrages

Aus Sicht des VR ist es wünschenswert, eine Aussage über den Erfolg machen zu können, den er durch den Abschluß eines Lebensversicherungsvertrages unter Verrechnung aller Leistungen und Gegenleistungen erzielt. Nach Möglichkeit sollte eine entsprechende Maßzahl additiv sein, so daß sie auch bei Summation über mehrere Versicherungen eine sinnvolle Aussage ergibt. Beispielsweise muß sie in der Lage sein anzugeben, welchen Beitrag zum Unternehmenserfolg der in einer bestimmten Periode hereingenommene Neuzugang oder ein anderes abgegrenztes Teilgeschäft liefern.

Wesentliche Teile unserer folgenden diesbezüglichen Ausführungen wurden vorab in dem von Feilmeier (1997) herausgegebenen Heft der Schriftenreihe Angewandte Versicherungsmathematik über Planung und Controlling veröffentlicht (Helbig, 1997).

Wir beginnen mit der Darstellung von *Jahreserfolgsgrößen*, d. h. mit einer Herleitung des zu einem Lebensversicherungsvertrag gehörigen erwarteten Jahres-Cashflows. Jeder einzelne Versicherungs*vertrag* führt zu einem Zahlungsstrom, der sich im Rechenwerk des VR niederschlägt durch

- *Einnahmen* in Gestalt von zum Beispiel jährlich vorschüssig zahlbaren Prämien $P(k)$, $k = 0, 1, \ldots, m-1$ (Prämienzahlungsdauer m, Vertragslaufzeit $n \geq m$), und Zinserträgen,
- *Ausgaben* in Gestalt von zum Beispiel jährlich nachschüssig zahlbaren Versicherungsleistungen, Aufwendungen für Rückkauf (Storno) und Kosten bei Abschluß und für die Verwaltung. Dabei setzen sich die tatsächlichen Ausgaben für Versicherungsleistungen und Rückkauf (gestrichene Größen) additiv zusammen aus den vertraglich vereinbarten garantierten Beträgen (ungestrichen) und dem jeweiligen Überschußanteil, durch ein nachgestelltes $\ddot{U}$ gekennzeichnet. Für $k = 1, \ldots, n$ gelten also

$$\begin{aligned} D'(k) &= D(k) + D\ddot{U}(k) && \text{(Todesfalleistungen)},\\ S'(k) &= S(k) + S\ddot{U}(k) && \text{(Erlebensfalleistungen)},\\ RW'(k) &= RW(k) + RW\ddot{U}(k) && \text{(Rückkaufswerte)}. \end{aligned}$$

Will man jährlich abgrenzen, so kommen hinzu bei den

- *Einnahmen:* das Deckungskapital und das angesammelte Überschußguthaben zu Beginn des Versicherungsjahres,
- *Ausgaben:* das Deckungskapital und das angesammelte Überschußguthaben am Ende des Versicherungsjahres.

Um den erwarteten Jahres-Cashflow bestimmen zu können, ist eine Zuordnung der Überschüsse zu den einzelnen Versicherungsverträgen erforderlich. Dazu müßten als *Rechnungsgrundlagen zweiter Ordnung* die wahren Wahrscheinlichkeiten der den Versicherungs*verlauf* bestimmenden Ereignisse Tod und Storno bekannt sein. Zur Abgrenzung gegen die Rechnungsgrundlagen erster Ordnung, die für die Prämienkalkulation angewendet werden, werden sie mit einem Apostroph gekennzeichnet. Seien also q'_x die abhängige Wahrscheinlichkeit zweiter Ordnung, daß (x) innerhalb des nächsten Jahres durch Tod ausscheidet, $s'_{k:\overline{n}|}$ die als altersunabhängig angenommene abhängige Wahrscheinlichkeit, daß eine Versicherung mit n-jähriger Dauer in $(k, k+1]$ storniert wird und ${}_kp'_x = \prod_{\ell=0}^{k-1}(1 - q'_{x+\ell} - s'_{\ell:\overline{n}|})$ die k-jährige Verbleibswahrscheinlichkeit von (x) (die natürlich ebenfalls von der Versicherungsdauer abhängt und daher auch mit ${}_kp'_{x:\overline{n}|}$ bezeichnet werden könnte. Wir fordern hier, wie im gesamten Kapitel 11, die Gültigkeit der Stationaritätsbedingung (3.31.1) bzw. (3.6.1).) Diese Rechnungsgrundlagen zweiter Ordnung können – geeignete Bestandsführung vorausgesetzt – aus den Bestandsdaten des VR mit den in Abschnitt 3 F beschriebenen Methoden geschätzt werden. Liegen keine hinreichend detaillierten Bestandsbeobachtungen vor, so kann man alternativ versuchen, die Sterbenswahrscheinlichkeiten zweiter Ordnung durch Modifikation der Wahrscheinlichkeiten erster Ordnung zu gewinnen. In der Praxis verwendete sehr einfache Ansätze sind:

Ansatz 1 (Helbig, 1978).

$$q'_x = c_x \cdot q_x\,, \quad \text{wobei}$$
$$c_x = \begin{cases} a\,, & x \le x_1 \\ a + 0.01\,(x - x_1)\,, & x_1 < x \le x_2 \\ a + 0.01\,(x_2 - x_1)\,, & x \ge x_2\,, \end{cases}$$
$$s'_{k:\overline{n}|} = \begin{cases} 0.025\,, & k = 0 \\ 0.041\,, & k = 1 \\ 0.041 - 0.031\,\frac{k-1}{n-4}\,, & 1 < k \le n-3 \\ 0.01\,, & k > n-3\,. \end{cases}$$

Ansatz 2 (Balleer und Claaßen, 1979).

$$q'_{x+k} = q_{x+k} \cdot \min\bigl(a + (k-1)\,0.05,\ b\bigr)\,,$$
$$s'_{k:\overline{n}|} = 0.01 \cdot \max(6 - k, 1) \qquad \text{(unabhängig von } n\text{)}.$$

Die zu schätzenden Modellparameter x_1, x_2, a und b sind sowohl von der jeweils zugrunde gelegten Sterblichkeit erster Ordnung als auch von der (faktischen) Sterblichkeit zweiter Ordnung abhängig. In praktisch aufgetretenen Fällen waren in Ansatz 1 $x_1 = 45$, $x_2 = 65$ und $a = 0.3$ und in Ansatz 2 $a = 0.5$ und $b = 0.7$. Selbstverständlich sind auch die für $s'_{k:\overline{n}|}$ angegebenen Werte je nach den Beobachtungen am betrachteten Bestand zu modifizieren. Alternativ können auch die in den Tabellen 13.8 und 13.9 wiedergegebenen unternehmensunabhängigen Sterbenswahrscheinlichkeiten zweiter Ordnung und Stornowahrscheinlichkeiten Verwendung finden, die aus Bestandsdaten eines großen deutschen Lebensversicherungsunternehmens gewonnen und von der DAV in ihrer Mitteilung Nr. 5 (1995) publiziert wurden.

Die Kenntnis der Einnahmen, der Ausgaben und der Eintrittswahrscheinlichkeiten erlaubt die Bestimmung von Erwartungswerten bei Versicherungsbeginn für das $(k+1)$-te Versicherungsjahr ($k = 0, 1, \ldots, n-1$) der

- Versicherungsleistungen:

$$L_k := \left(D'(k+1)\, q'_{x+k} + RW'(k+1)\, s'_{k:\overline{n}|} + S'(k+1)\, p'_{x+k}\right) \cdot {}_k p'_x\,, \qquad (11.1.1)$$

- Prämieneinnahmen:

$$B_k := P(k) \cdot {}_k p'_x\,. \qquad (11.1.2)$$

Entsprechend seien mit K_k die erwarteten Kosten und mit Z_k die erwarteten Zinserträge des $(k+1)$-ten Versicherungsjahres bezeichnet.

11.1 Definition. Die erwarteten Ein- und Auszahlungen bilden den *erwarteten Jahres-Cashflow* des Versicherungsvertrages im $(k+1)$-ten Versicherungsjahr:

$$C_k := B_k + Z_k - (L_k + K_k)\,. \qquad (11.1.3)$$

Während der erwartete Cashflow die erwartete jährliche Wirkung des Vertrages auf die Liquidität angibt, lassen sich Auswirkungen auf den jährlichen Gewinn oder Verlust erst darstellen, wenn die Veränderungen der vertragsbezogenen Rückstellungen sowie der Aufwand zur Sicherstellung der Solvabilität einbezogen werden. (Der Begriff „*Solvabilität*" meint die dauernde Erfüllbarkeit der Versicherungsverträge. Solvabilitätsmittel sind im wesentlichen die Eigenmittel des VR. Solvabilitätsvorschriften, wie zum Beispiel § 53c VAG, regeln die Mindestausstattung mit Eigenmitteln.) Der erwartete Jahresertrag oder die erwartete jährliche Wirkung des Vertrages auf die Gewinn- und Verlustrechnung (GuV-Rechnung) ergibt sich also aus

$$E_k := C_k - (U_{k+1} - U_k)\,,$$

wobei U_k die erwartete Rückstellung (versicherungstechnische Passiva, nämlich die Bruttodeckungsrückstellung zuzüglich angesammelter Überschußanteile, anteiliger RfB und Solvabilitätsbedarf) bezeichnet.

11.2 Definition. Den ab Versicherungsbeginn aufgelaufenen Cashflow

$$\sum_{\ell=0}^{k-1} C_\ell =: AM_k \qquad (11.2.1)$$

bezeichnet man auch als *Anlagemittel*.

Mit seiner Hilfe läßt sich nun der erwartete Zinsertrag berechnen zu

$$Z_k = i'_k \cdot \left(AM_k + \frac{1}{2}(B_k - L_k - K_k)\right). \qquad (11.2.2)$$

Dabei wird von gemischter Verzinsung mit einem von Jahr zu Jahr variierenden Zinssatz zweiter Ordnung i'_k und – der Einfachheit halber – von Mittelzu- und -abflüssen in der Mitte des laufenden Jahres ausgegangen. Wegen $U_0 = U_n = 0$ (weder zu Beginn einer Versicherung, d. h. vor Aufwand von Abschlußkosten, noch nach vollständiger Abwicklung des Vertrages sind Rückstellungen für diesen Vertrag zu bilden) ist

$$\sum_{\ell=0}^{n-1} E_\ell = \sum_{\ell=0}^{n-1} C_\ell = AM_n\,.$$

11.3 Definition. Diskontiert man die jährlich zu erwartenden Gewinne und Verluste mit $v'(m) := \prod_{k=0}^{m-1}(1+i'_k)^{-1}$, so erhält man den *Ertragswert*

$$EW := \sum_{k=0}^{n-1} E_k \cdot v'(n) = AM_n \cdot v'(n). \tag{11.3.1}$$

Der Ertragswert ist also

- der diskontierte Erwartungswert aller Erträge und Aufwendungen oder
- der Barwert des aufgelaufenen erwarteten Cashflows, d. h. im einzelnen der Barwert der bis zum Versicherungsende saldierten Zahlungsströme aus Prämien, Zinsen, Leistungen und direkt zurechenbaren Kosten.

In (11.3.1) kann i'_k, der Zinssatz zweiter Ordnung, zum Beispiel auch durch eine extern geforderte Kapitalrendite („*risk discount rate*") ersetzt werden. Dies ist bei der Berechnung des „embedded value" üblich (vergleiche das Abschnittsende). Ist der Zinssatz zweiter Ordnung konstant, so ist der Ertragswert gleich dem von Kakies (1972) definierten „Rentabilitätswert" zur Zeit 0.

Eine elementare Aussage über den Aufbau des Ertragswertes ist mit Hilfe des Teiles des Ertragswertes möglich, der auf einen ersten Abschnitt der Versicherungsdauer entfällt:

11.4 Definition. Die Partialsummen der erwarteten diskontierten Jahreserträge

$$TEW_k := \sum_{\ell=0}^{k-1} E_\ell \cdot v'(k)\,, \quad k = 0, \dots, n\,, \tag{11.4.1}$$

werden als *Teilertragswerte* bezeichnet.

Selbstverständlich ist

$$TEW_n = EW. \tag{11.4.2}$$

In der Regel ist der Teilertragswert in den ersten Versicherungsjahren negativ, und es existiert ein Jahr k_0 mit $TEW_k < 0$, $1 \le k \le k_0$, aber $TEW_k \ge 0$, $k > k_0$. Solange der Teilertragswert negativ ist, ist der VR in Vorlage getreten, sei es bei den Kosten, sei es mit der Überschußbeteiligung, sei es mit den für den Stornofall zugesagten Rückkaufswerten. Die Zeit k_0 wird deshalb als *Vorleistungszeit* bezeichnet. Berechnet man die Vorleistungszeit unter der Annahme, daß keine Überschußanteile gezahlt werden, so erhält man die notwendige Wartezeit für die Überschußbeteiligung.

Der Ertragswert und der Teilertragswert stellen diskontierte Erwartungswerte zu Beginn eines Versicherungsvertrages dar. Für bereits im Bestand befindliche Versicherungen interessiert, welchen Beitrag zum Gewinn oder Verlust sie in Zukunft noch leisten können. Wir definieren deshalb:

11.5 Definition. Als *Restertragswerte* bezeichnen wir

$$EW_k := \frac{v'(n)}{v'(k)} \cdot \frac{1}{{}_kp'_x} \cdot \sum_{\ell=k}^{n-1} E_\ell\,, \quad k = 0, \ldots, n\,. \tag{11.5.1}$$

Es gelten

$$EW_0 = EW \tag{11.5.2}$$

und, allgemeiner als (11.4.2) und (11.5.2),

$$TEW_k \cdot \frac{v'(n)}{v'(k)} + EW_k \cdot v'(k) \cdot {}_kp'_x \;= EW\,, \quad k = 0, \ldots, n\,. \tag{11.5.3}$$

Beispielrechnungen wie in Aufgabe 2 lassen erkennen, daß Veränderungen der Stornoquoten einen relativ geringen Einfluß auf die Ertragswerte haben – ein Ergebnis, das in Übereinstimmung mit dem in Abschnitt 10 D diskutierten Satz von Cantelli bei der im Beispiel vorausgesetzten engen Anlehnung des Rückkaufswertes an die Deckungsrückstellung zu erwarten war – während Änderungen der übrigen Rechnungsgrundlagen sich deutlich niederschlagen. Für die Berechnung des Restertragswertes ist es nicht notwendig, auf die Jahresertragswerte zurückzugehen, d. h. die jährlichen Veränderungen der geschäftsplanmäßigen Rückstellungen zu berücksichtigen; denn durch die Summation über die Restlaufzeit hebt sich ihr Einfluß auf den Restertragswert auf. Nur die zum Anfangstermin gebildeten Rückstellungen bleiben relevant.

Mit Hilfe des Ertragswertes (11.3.1) lassen sich Aussagen über die Profitabilität oder Rentabilität eines Geschäftssegmentes machen, also Profitabilitätstests rechnen. Unter *Profitabilität* verstehen wir dabei den Gewinn oder Verlust, der nach der vollständigen Abwicklung dieses Geschäftssegments dem VR verbleibt. Da eine solche Aussage nicht erst nach Abwicklung des Geschäftes benötigt wird, sondern nach Möglichkeit bei Beginn, ist der erwartete Barwert des Überschusses aus dem betrachteten Geschäftssegment zu bestimmen, oder unter Verwendung von Definition 11.3: der Ertragswert, summiert über das betreffende Geschäftssegment.

In Großbritannien wird für entsprechende Untersuchungen ein sogenannter *embedded value* verwendet. Er wird in der Regel auf das Gesamtgeschäft eines Lebensversicherungsunternehmens bezogen und wie folgt definiert: *Embedded value* ist der diskontierte Wert der gegenwärtigen und der zukünftigen Überschüsse, die aus dem Versicherungsbestand eines Lebensversicherungsunternehmens erwartet werden, und zwar hinsichtlich ihrer Nettoauswirkung auf die GuV-Rechnung, d. h. nach Abzug der Steuern, kurz: der Bestandswert, erhöht um die freien Kapitalanlagen. Unter freien Kapitalanlagen verstehen wir die Kapitalanlagen, die nicht zur Bedeckung der Verbindlichkeiten einschließlich der Solvabilitätsmarge benötigt werden, die also theoretisch jederzeit an die Eigentümer des VU ausschüttbar sind. Diskontiert wird mit Hilfe einer extern geforderten Kapitalrendite, der schon erwähnten risk discount rate. Neben dem *embedded value* wird häufig ein sogenannter *appraisal value* angegeben, der zusätzlich den Ertragswert des zukünftigen Neugeschäfts, den sogenannten *goodwill*, umfaßt.

Bedeutungsvoll für die Berechnung des Ertragswertes und des embedded value sind die Annahmen über die Wahrscheinlichkeiten und insbesondere über den Zinssatz zweiter Ordnung bzw. die risk discount rate.

Die praktische Berechnung für den Profitabilitätstest eines (Teil-)Bestandes läuft wie oben für einen Einzelvertrag dargestellt ab, wobei lediglich an die Stelle der Verbleibswahrscheinlichkeit jeweils die erwartete Anzahl der im Bestand befindlichen Verträge mit gleichen Ausgangsdaten tritt. Eine ausführliche Darstellung der einzelnen Rechenschritte enthält Tabelle 2 in Helbig (1978), p. 313.

B Die Ursachen des Überschusses und seine Quellen

Der in einem Abrechnungsjahr entstandene Gewinn wird im Anschluß an dieses Jahr mit Hilfe der GuV-Rechnung festgestellt. Hierzu müssen umfangreiche Berechnungen am Versicherungsbestand durchgeführt werden, was seit Einführung der automatisierten Datenverarbeitung in der Regel einzeln für jede Versicherung erfolgt. Neben den Prämien und den im Geschäftsjahr angefallenen Versicherungsleistungen sind es vor allem die Veränderungen der Prämienüberträge und der Deckungskapitalien sowie die Ermittlung der rechnungsmäßig gedeckten Abschlußkosten, die eine umfangreiche Datenverarbeitung verlangen.

In einer innerbetrieblichen Rechnungslegung, der in der zweiten Hälfte dieses Abschnittes besprochenen Gewinnanalyse, wird der auf den gesamten Versicherungsbestand entfallende Jahresgewinn auf die einzelnen Teilbestände, über die als *Abrechnungsverbände* getrennt abgerechnet wird, verteilt. Die Zerlegung in einzelne Abrechnungsverbände, die im Zusammenhang mit Satz 11.6 behandelt wird, läßt viele, meist betriebswirtschaftliche Probleme entstehen. Wesentliche Positionen, wie beispielsweise die Aufwendungen für den Versicherungsbetrieb, können nicht direkt zugeordnet, sondern müssen in geeigneter Weise aufgeschlüsselt werden. Zudem muß der Jahresüberschuß jedes Abrechnungsverbandes auf die einzelnen Überschußquellen

- Risiko,
- Vermögen,
- Storno,
- Kosten

verteilt werden. Diese vier Überschußquellen werden in der sogenannten Kontributionsformel (Satz 11.6) wieder auftreten, deren Hauptanliegen eine Überschußzerlegung nach Überschußquellen ist.

Werden die Prämien und Leistungen, Zinsen und Deckungskapitalien den Rechnungsgrundlagen erster Ordnung entsprechend ermittelt, so ist für einen Zeitraum $(k, k+1]$ ein Gleichgewicht von Einnahmen und Ausgaben – also ein Überschuß Null – zu erwarten, wenn die tatsächliche Entwicklung mit den Rechnungsgrundlagen erster Ordnung übereinstimmt. Rechnungsgrundlagen sind die Sterbenswahrscheinlichkeiten q_x, die Stornowahrscheinlichkeiten s_* (die im Hinblick auf den Satz von Cantelli in der Regel Null gesetzt werden), der Zinssatz i sowie die Verwaltungskosten KO_k. Weichen die im Zeitraum $(k, k+1]$ tatsächlich beobachteten Sterbenshäufigkeiten, Stornohäufigkeiten, der Zinssatz oder die Verwaltungskosten von den in Rechnung gestellten Werten ab, so ist in der GuV kein Gleichgewicht von Einnahmen und Ausgaben gegeben. Entsprechendes gilt auch im Falle des Rückkaufs, der Prämienfreistellung und anderer versicherungstechnischer Vertragsumwandlungen.

Wir betrachten als Beispiel eine n-jährige reine Todesfallversicherung mit am Ende des Todesjahres fälliger, variabler Versicherungssumme D für einen x-Jährigen, der im Zeitpunkt k das Alter $x+k$ erreicht hat. Unter Berücksichtigung der Rechnungsgrundlagen zweiter Ordnung ergeben sich zur Zeit k die folgenden erwarteten *Einnahmen* EIN_k, aufgezinst auf den Zeitpunkt $k+1$ (also auf das Alter $x+k+1$):

$$EIN_k = ({}_k^aV_x + {}^aP_x)(1+i_k'). \tag{11.6.1}$$

Hierbei bedeutet ${}^aP_x$ die jährlich gleichbleibende ausreichende Prämie und ${}_k^aV_x$ das ausreichende Deckungskapital im Zeitpunkt k, d. h. bei Erreichen des Alters $x+k$. (Wir verwenden hier also bei zeitabhängiger Versicherungssumme D dieselben Bezeichnungsweisen wie für $D = 1_{(0,n]}$ und verzichten der Übersichtlichkeit halber auf die Versicherungsdauer n in den Bezeichnungen für die Prämie und das Deckungskapital.)

An *Ausgaben* sind zunächst die Versicherungsleistungen in Rechnung zu stellen, also im Todesfall eine Ablebensleistung in Höhe $D(k+1)$, die im Zeitpunkt $k+1$ fällig wird. Des weiteren sind die Verwaltungskosten zweiter Ordnung KO_k' zu berücksichtigen und, da sie im Zeitpunkt k, also zu Beginn des Versicherungsjahres, fällig werden, auf den Zeitpunkt $k+1$ mit dem Zinssatz i_k' aufzuzinsen. Ferner wird die Versicherung mit der Wahrscheinlichkeit $s_{k:\overline{n}|}'$ zurückgekauft, so daß auch der Rückkaufswert $RW_x(k+1)$ unter den Ausgaben erscheint. Schließlich wird das ausreichende Deckungskapital ${}_{k+1}^{\;\;a}V_x$, das bei Erleben des Zeitpunktes $k+1$ vorhanden sein muß, den Ausgaben zugerechnet. Insgesamt ergeben sich die folgenden, auf den Zeitpunkt $k+1$, also auf das Alter $x+k+1$, aufgezinsten, zur Zeit k erwarteten Ausgaben AUS_k:

$$AUS_k = q_{x+k}'\, D(k+1) + p_{x+k}'\, {}_{k+1}^{\;\;a}V_x + s_{k:\overline{n}|}'\, RW_x(k+1) + KO_k'\,(1+i_k'). \tag{11.6.2}$$

Hierbei gilt

$$p'_{x+k} + q'_{x+k} + s'_{k:\overline{n}|} = 1.$$

Die Differenz zwischen den erwarteten Einnahmen (11.6.1) und den erwarteten Ausgaben (11.6.2) ist der erwartete Gesamtgewinn des Jahres. Wir bezeichnen den bedingten erwarteten Gewinn aus dem betrachteten $(k+1)$-ten Versicherungsjahr unter der Voraussetzung, daß (x) das Alter $x+k+1$ erlebt, mit ${}_{k+1}G_x$. Für seinen Erwartungswert zur Zeit k gilt also

$$\begin{aligned} p'_{x+k}\ {}_{k+1}G_x &= EIN_k - AUS_k \\ &= ({}_k^aV_x + {}^aP_x - KO'_k)(1+i'_k) - q'_{x+k}\, D(k+1) \\ &\quad - p'_{x+k}\ {}_{k+1}^{\ a}V_x - s'_{k:\overline{n}|}\, RW_x(k+1)\,. \end{aligned} \tag{11.6.3}$$

Stimmen die Rechnungsgrundlagen zweiter Ordnung mit den in Rechnung gestellten überein, dann ist der erwartete Gewinn Null. Es gilt also:

$$\begin{aligned} &({}_k^aV_x + {}^aP_x - KO_k)(1+i) - q_{x+k}\, D(k+1) \\ &\quad - p_{x+k}\ {}_{k+1}^{\ a}V_x - s_{k:\overline{n}|}\, RW_x(k+1) = 0. \end{aligned} \tag{11.6.4}$$

Zieht man nun Gleichung (11.6.4) von Gleichung (11.6.3) ab, so erhält man

11.6 Satz (Kontributionsformel). *Bei einer n-jährigen reinen Todesfallversicherung mit konstanten, jährlich vorschüssig zahlbaren Prämien und variabler Todesfalleistung D für einen x-Jährigen, die am Ende des Todesjahres fällig wird, läßt sich der zum Zeitpunkt k erwartete Gewinn aus dem (k + 1)-ten Versicherungsjahr wie folgt zerlegen:*

$$\begin{aligned} p'_{x+k}\ {}_{k+1}G_x \;=\; & (D(k+1) - {}_{k+1}^{\ a}V_x)(q_{x+k} - q'_{x+k}) && \textit{(Sterblichkeitsüberschüsse)} \\ & + ({}_k^aV_x + {}^aP_x - KO'_k)(i'_k - i) && \textit{(Zinsüberschüsse)} \\ & + \left({}_{k+1}^{\ a}V_x - RW_x(k+1)\right)(s'_{k:\overline{n}|} - s_{k:\overline{n}|}) && \textit{(Stornoüberschüsse)} \\ & + (KO_k - KO'_k)(1+i) && \textit{(Kostenüberschüsse).} \end{aligned}$$

Die Kontributionsformel liefert entsprechend ihrer Herleitung den erwarteten Gewinn eines Jahres aus einem Versicherungsvertrag. Verwendet man aber in dieser Formel statt der Rechnungsgrundlagen zweiter Ordnung die nach Ablauf des Jahres feststellbaren empirischen Sterbens- und Stornohäufigkeiten, so kann zum einen der Jahresüberschuß (eines Abrechnungsverbandes) den Gewinnquellen zugeordnet werden. Die Aufteilung des Jahresüberschusses auf die einzelnen Gewinnquellen ist Gegenstand der sogenannten Gewinnanalyse (vergleiche den letzten Teil dieses Abschnitts). Zum anderen erlaubt die Formel einen begründeten Hinweis darauf, wie der auf eine Versicherung entfallende Jahresüberschußanteil zu bemessen ist.

Der erwartete Barwert des Kontributionsgewinnes des Jahres $(k, k+1]$ beträgt nach (11.6.3) bei zeitunabhängigem Zinssatz zweiter Ordnung $i'_k \equiv i'$ mit Diskontierungsfaktor v'

$$
\begin{aligned}
{}_k p'_x v'^{\,k+1} p'_{x+k}\ {}_{k+1}G_x &= \frac{D'_{x+k}}{D'_x} v'\, p'_{x+k}\ {}_{k+1}G_x \\
&= ({}^a_k V_x + {}^a P_x - KO'_k)\frac{D'_{x+k}}{D'_x} - \frac{D'_{x+k}}{D'_x} v' \Big(\frac{C'_{x+k}}{D'_{x+k} v'} D(k+1) \\
&\qquad + \frac{D'_{x+k+1}}{D'_{x+k} v'}\ {}^a_{k+1} V_x + s'_{k:\overline{n}|} RW_x(k+1) \Big) \\
&= ({}^a_k V_x + {}^a P_x - KO'_k)\frac{D'_{x+k}}{D'_x} - \frac{C'_{x+k}}{D'_x} D(k+1) \\
&\qquad - \frac{D'_{x+k+1}}{D'_x}\ {}^a_{k+1} V_x - \frac{D'_{x+k}}{D'_x} v' s'_{k:\overline{n}|} RW_x(k+1)\,.
\end{aligned}
$$

(C'_* und D'_* bezeichnen dabei aus den Rechnungsgrundlagen zweiter Ordnung errechnete Kommutationszahlen.) Multipliziert man diese Gleichung für ein festes $\ell \in \{0, \ldots, n-1\}$ mit $D'_x / D'_{x+\ell} = v'^{-\ell} \big/ {}_\ell p'_x$ und addiert über alle Jahre $k = \ell, \ldots, n-1$, so erhält man mit der Stationaritätsbedingung (3.6.1) und der Bezeichnung

$$
BRW'_{x+\ell} := \frac{1}{D'_{x+\ell}} \sum_{k=\ell}^{n-1} D'_{x+k}\, v'\, s'_{k:\overline{n}|}\ RW_x(k+1)
$$

unter Beachtung von $\ddot{a}'_{x+\ell:\overline{n-\ell}|} = \frac{1}{D'_{x+\ell}} \sum_{k=\ell}^{n-1} D'_{x+k}$ für den erwarteten Barwert der Rückkaufswerte

$$
\begin{aligned}
\sum_{k=\ell}^{n-1} \frac{D'_{x+k+1}}{D'_{x+\ell}}\ {}_{k+1}G_x &= \frac{D'_{x+\ell}}{D'_{x+\ell}}\ {}^a_\ell V_x + {}^a P_x\ \ddot{a}'_{x+\ell:\overline{n-\ell}|} - \frac{1}{D'_{x+\ell}} \sum_{k=\ell}^{n-1} KO'_k\ D'_{x+k} \\
&\quad - \frac{1}{D'_{x+\ell}} \sum_{k=\ell}^{n-1} C'_{x+k}\ D(k+1) - \frac{D'_{x+n}}{D'_{x+\ell}}\ {}^a_n V_x - BRW'_{x+\ell}\,.
\end{aligned}
$$

Sei nun $\tilde{A}'_{x+\ell:\overline{n-\ell}|}$ der mit Rechnungsgrundlagen zweiter Ordnung berechnete erwartete Barwert einer $(n-\ell)$-jährigen gemischten Versicherung für $(x+\ell)$ mit variabler Todesfalleistung D fällig am Ende des Todesjahres und Ablaufleistung ${}^a_n V_x$ bei Erleben. Wegen

$$
\tilde{A}'_{x+\ell:\overline{n-\ell}|} = \frac{1}{D'_{x+\ell}} \Big(\sum_{k=\ell}^{n-1} C'_{x+k}\ D(k+1) + D'_{x+n}\ {}^a_n V_x \Big)
$$

folgt

$$\sum_{k=\ell}^{n-1} \frac{D'_{x+k+1}}{D'_{x+\ell}}\, {}_{k+1}G_x = {}^a_\ell V_x + {}^aP_x\, \ddot{a}'_{x+\ell:\overline{n-\ell}|} - \tilde{A}'_{x+\ell:\overline{n-\ell}|}$$

$$- BRW'_{x+\ell} - \frac{1}{D'_{x+\ell}} \sum_{k=\ell}^{n-1} KO'_k\, D'_{x+k}\,.$$

Der erwartete Barwert der zukünftigen Kontributionsgewinne ist also nur abhängig von ${}^a_\ell V_x$, dem vorhandenen Deckungskapital erster Ordnung im Zeitpunkt ℓ, und vom zukünftigen Verlauf der Versicherung, nicht jedoch von den später zu bildenden Deckungskapitalien. Für $\ell = 0$ folgt wegen ${}^a_0 V_x = 0$

$$\sum_{k=0}^{n-1} \frac{D'_{x+k+1}}{D'_x}\, {}_{k+1}G_x = {}^aP_x\, \ddot{a}'_{x:\overline{n}|} - \tilde{A}'_{x:\overline{n}|} - BRW'_x - \frac{1}{D'_x} \sum_{k=0}^{n-1} KO'_k\, D'_{x+k}\,,$$

d. h. der erwartete Barwert aller Kontributionsgewinne der betrachteten Versicherung hängt nicht vom Deckungskapital erster Ordnung ab.

Der Aufgliederung des Ergebnisses eines Geschäftsjahres auf die verschiedenen Ursachen (Gewinnquellen) dient die sogenannte *Gewinnanalyse*, der wir uns nun zuwenden. Ihre Methodik geht im wesentlichen auf zwei Arbeiten zurück, die aufgrund eines Preisausschreibens des damaligen Vereins deutscher wissenschaftlicher und leitender praktischer Versicherungs- und Wirtschaftsmathematiker e.V. zum Thema „Gewinnanalyse in der Lebensversicherung" eingereicht worden sind. Eine der veröffentlichten Arbeiten wurde von Dolezel (1938), eine von Nöbel (1938) verfaßt. Auf diesen Arbeiten fußend, haben die Aktuare der Lebensversicherungsunternehmen entsprechende Schemata entwickelt, die schließlich in den Vorschriften für die interne Rechnungslegung der VU, zuletzt in der BerVersV vom 14. Juni 1995, und zwar insbesondere in den sogenannten Nachweisungen (NW) über die Zerlegung des Rohergebnisses nach Ergebnisquellen (zum Beispiel für die Lebensversicherung NW 213 bis 219) ihren Niederschlag gefunden haben (vergleiche den Kapitelanhang zur Gewinnanalyse). Als Rohüberschuß wird dabei der Überschuß der Erträge über die Aufwendungen einschließlich derjenigen für Steuern betrachtet, jedoch vor Aufwendungen für Direktgutschriften von Überschußanteilen an die VN und vor den Zuweisungen zur RfB.

Die einzelnen Ursachen für die Entstehung des Überschusses sind durch die Kontributionsformel aus Satz 11.6 gegeben. Sie können für verschiedene Versicherungsarten unterschiedliche Gewichte haben. Es ist deshalb erforderlich, den Bestand der (selbst abgeschlossenen) Versicherungen in möglichst homogene Teilbestände (Risikogruppen, Abrechnungsverbände) aufzuteilen. Als Kriterien für die Bildung der Abrechnungsverbände werden dabei im wesentlichen die jeweils zugrunde gelegten Rechnungsgrundlagen erster Ordnung verwendet. Man erhält so beispielsweise folgende Abrechnungsverbände:

- Versicherungen mit Todesfallcharakter
  - konventionelle Kapitalversicherungen nach Einzeltarifen
  - konventionelle Kapitalversicherungen nach Gruppentarifen
  - Vermögensbildungsversicherungen,
- Fondsgebundene Kapitalversicherungen,
- Versicherungen mit Erlebensfallcharakter
  - Rentenversicherungen nach Einzeltarifen
  - Rentenversicherungen nach Gruppentarifen,
- Versicherungen mit speziellen Risiken
  - Selbständige Berufsunfähigkeitsversicherungen
  - Berufsunfähigkeitszusatzversicherungen
  - Pflegerentenversicherungen
  - Restschuldversicherungen
  - Versicherungen mit Dread-Disease-Deckungen.

Je nach den bei dem VR gegebenen Verhältnissen sind noch weitere Aufgliederungen, zum Beispiel nach den als Rechnungsgrundlagen erster Ordnung verwendeten Sterbetafeln (ältere, neuere) oder dem Rechnungszins (3%, 3.5%, 4%), angebracht bzw. durch die Rechnungslegungsvorschriften gefordert.

Ausgangspunkt für die Gewinnanalyse ist die GuV-Rechnung. Jeder GuV-Posten wird an einer Stelle im Schema der Gewinnanalyse aufgeführt, und zwar getrennt nach Abrechnungsverbänden. Diesen „Basisposten", deren Saldo den Rohüberschuß des Geschäftsjahres ergibt, werden weitere Posten hinzugefügt, aber nach dem Prinzip der doppelten Buchführung stets einmal positiv und einmal negativ (Posten und Gegenposten), so daß der Saldo aller Posten wieder den Rohüberschuß ergibt.

Soweit die Aufteilung der einzelnen Posten auf die Abrechnungsverbände nicht durch direkte Zuordnung, wie zum Beispiel anhand der gebuchten Beträge oder durch Ermittlung nach versicherungsmathematischen Grundsätzen möglich ist, sind Schlüsselungen vorzunehmen. Als Maßstab für Schlüsselungen werden je nach der Art der aufzuteilenden Posten beispielsweise die Versicherungssummen bzw. Vielfachen der Jahresrenten oder die Zinsträger (Summe aus Deckungsrückstellung, Prämienübertrag, Rückstellung für noch nicht abgewickelte Versicherungsfälle und Rückkäufe, gutgeschriebenem Überschußanteil, RfB) herangezogen.

Von den GuV-Posten sind insbesondere die Prämieneinnahme und die Änderung der Deckungsrückstellung so aufzuteilen, daß ihre Anteile den einzelnen Ergebnisquellen zugeordnet werden können: Mit den Bezeichnungen

α: rechnungsmäßiger Abschlußkostenzuschlag bezogen auf die Versicherungssumme, die Jahresrente bzw. die Prämiensumme

β: rechnungsmäßiger Verwaltungskostenzuschlag bezogen auf die Bruttoprämie

γ: rechnungsmäßiger Verwaltungskostenzuschlag bezogen auf die Versicherungssumme bzw. auf die Jahresrente

σ: Stückkostenzuschlag

${}^{\alpha}_{k}V$:	gezillmertes Deckungskapital am Anfang ($k = 0$) bzw. Ende ($k = 1$) des Geschäftsjahres
${}^{\alpha}_{k}V^{-}$	$:= -\min\{{}^{\alpha}_{k}V, 0\}$
${}^{b}P$:	Bruttojahresprämie
${}^{e}P$:	Bruttoeinmalprämie

erhält man als *Prämienzerlegung* bei Versicherungen gegen

	Jahresprämien	Einmalprämie
Sparprämie	$v \cdot {}^{\alpha}_{1}V - {}^{\alpha}_{0}V$	$(1-\beta) \cdot {}^{e}P - \alpha - \sigma$
Risikoprämie	$(1-\beta) \cdot {}^{b}P - \gamma - \sigma - (v \cdot {}^{\alpha}_{1}V - {}^{\alpha}_{0}V)$	0
Abschlußkosten-anteil	0	α
Verwaltungskosten-anteil	$\beta \cdot {}^{b}P + \gamma + \sigma$	$\beta \cdot {}^{e}P + \sigma$.

Die beiden hier nicht auftretenden Größen (durch „0" gekennzeichnet) entstehen bei der Zerlegung der Deckungsrückstellung (vergleiche Abschnitt I, Tabelle 11.11). Für die *Entwicklung der Deckungsrückstellung* werden neben den Sparprämien und den Erhöhungsbeträgen wegen des Eintritts des Versicherungsfalles mit späteren Leistungen (bei Versicherungen auf festen Termin) bzw. der Verminderung wegen fällig gewordener Leistungen bei Abläufen, Erlebensfällen, Todesfällen, vorzeitigem Abgang, folgende Werte benötigt:

	bei Jahresprämien	bei Einmalprämie
rechnungsmäßige Zinsen auf die Deckungsrückstellung	$d \cdot {}^{\alpha}_{1}V$	$d \cdot {}^{\alpha}_{1}V$
Risikoprämien aus der Deckungsrückstellung	0	${}^{\alpha}_{0}V - v \cdot {}^{\alpha}_{1}V - \gamma$
Abschlußkosten aus der Deckungsrückstellung	${}^{\alpha}_{0}V^{-} - {}^{\alpha}_{1}V^{-}$	0
Verwaltungskosten aus der Deckungsrückstellung	0	γ .

Bei unterjähriger Statusänderung der Versicherung infolge Kündigung, Prämienfreistellung, Tod oder vorzeitigem Rentenbeginn werden alle aufgeführten Größen als Teilbeträge für die Zeit bis zur bzw. ab der jeweiligen Statusänderung ermittelt. Dabei werden

- der Rechnungszins und die prämienbezogenen Vewaltungskosten zeitanteilig berechnet und
- die Deckungskapitalien zum Änderungsstichtag näherungsweise durch lineare Interpolation der entsprechenden Werte zum Beginn und zum Ende des Geschäftsjahres für den alten Status (${}^{\alpha}_{1}V$) bzw. den neuen Status (${}^{\alpha}_{0}V$) ermittelt.

Bei Neuzugang innerhalb des Geschäftsjahres tritt an die Stelle von ${}^{\alpha}_{0}V$ zu Beginn des Geschäftsjahres die gezillmerte Deckungsrückstellung zu Beginn der Versicherung; bei einer Versicherung gegen Einmalprämie ist ${}^{\alpha}_{0}V$ die Sparprämie.

Nach diesen Vorbereitungen, die in NW 216 und NW 217 erfaßt werden, können die Ergebnisse je Ergebnisquelle ermittelt werden. Entsprechend der durch die Kontributionsformel vorgegebenen Gliederung sind dies die Ergebnisse aus

- Risiko und vorzeitigem Abgang (NW 218),
- Kapitalanlagen, aufgeteilt in Zins- und übriges Ergebnis, wie zum Beispiel Abschreibungen (NW 219 S. 1),
- Abschlußkosten (NW 219 S. 2),
- Laufende Verwaltungskosten (NW 219 S. 3).

Hinzu kommen die Ergebnisse aus

- in Rückdeckung gegebenen Versicherungen (NW 219 S. 4), wobei in Risikoergebnis und sonstiges Ergebnis aufzuteilen ist, und
- sonstigen Ursachen (NW 219 S. 5).

Da jeder GuV-Posten in der Gewinnanalyse erfaßt werden muß, kann es vorkommen, daß über die in den Nachweisungen explizit aufgeführten Posten hinaus weitere Posten zu berücksichtigen sind. Soweit diese bestimmten Gewinnquellen zugeordnet werden können, sind sie als entsprechende zusätzliche „sonstige" Posten in den Nachweisungen für die jeweiligen Gewinnquellen hinzuzufügen. Soweit das nicht möglich ist, steht für diese Posten die NW 219 S. 5 zur Verfügung, in der so unterschiedliche Einflüsse wie Änderungen der übrigen versicherungstechnischen Rückstellungen, Erträge aus der Inanspruchnahme eines Organisationsfonds und Steuern zu erfassen sind.

Für die deutsche private Krankenversicherung gelten sehr ähnliche Regelungen, die ihren Niederschlag in den NW 231 bis NW 238 gefunden haben.

C Überschußverteilung und Überschußverwendung

Die jährlichen Überschußzuteilungen sollen von den Schwankungen des Jahresergebnisses möglichst unabhängig sein und sind daher in der Regel etwas niedriger als die tatsächlich angefallenen Überschüsse. Die Differenz und die durch die verzögerte Weitergabe noch nicht erfaßten Überschüsse sowie die Überschüsse aus dem letzten Versicherungsjahr werden als *Schlußüberschußanteil* bei Vertragsbeendigung ausgezahlt.

In der Praxis gibt es mehrere Arten von Überschußverteilungssystemen: Wir sprechen von einem *mechanischen Überschußverteilungssystem*, wenn nicht nach der Gewinnentstehung gefragt wird. So könnte zum Beispiel der Jahresgewinn eines Abrechnungsverbandes in Prozenten der jährlichen Prämieneinnahme ausgedrückt werden. Jeder

VN könnte dann von seiner Prämie diesen Prozentsatz als Überschußanteil erhalten. Ein solches Vorgehen entspräche aber nicht der Kontributionsformel und wird deshalb auch immer seltener angetroffen. Werden die jährlichen Überschußanteile in Anlehnung an die Kontributionsformel entstehungsgerecht ermittelt und verteilt, spricht man von einem *natürlichen Überschußverteilungssystem.* Wir wollen die finanziellen Auswirkungen eines natürlichen Systems der Überschußverteilung am Ende eines festen Jahres an einem Beispiel, etwa an Hand einer Gemischten Kapitalversicherung mit konstanter Versicherungssumme S, erläutern. Zur Entlastung der Notation verzichten wir darauf, das Eintrittsalter x, die Laufzeit n und das aktuelle Jahr k in die Bezeichnungen aufzunehmen. Sei also ${}^{\alpha}V$ das gezillmerte Deckungskapital zu Jahresbeginn, d. h. $S - {}^{\alpha}V$ sei das gezillmerte riskierte Kapital, und mit $\Delta*$ seien die als Überschußanteilsätze verwendeten Differenzen zwischen den Rechnungsgrundlagen zweiter Ordnung und denen erster Ordnung bezeichnet:

Δq : Sterblichkeitsdifferenz
Δi : Zinsdifferenz
Δs : Stornodifferenz
$\Delta\alpha$: Abschlußkostendifferenz
$\Delta\gamma$: Verwaltungskostendifferenz.

In Anlehnung an die Kontributionsformel wird der laufende Überschußanteil $\ddot{U}A$ festgelegt als Saldo aus Sterblichkeitsüberschußanteil $\Delta q \cdot (S - {}^{\alpha}V)$, Zinsüberschußanteil $\Delta i \cdot {}^{\alpha}V$ (der auf die Prämie entfallende Zinsüberschuß wird vernachlässigt), Stornoüberschußanteil $\Delta s \cdot 0.05\,{}^{\alpha}V$ (wobei angenommen wird, daß der Rückkaufswert im Durchschnitt um 5% unter dem Deckungskapital liegt), Verwaltungskostenüberschußanteil $\Delta\gamma \cdot S$ und Abschlußkostenüberschußanteil $-\Delta\alpha \cdot S^{\text{neu}}$ (dabei sei S^{neu} derjenige Anteil an der gesamten Versicherungssumme des Neugeschäfts, der dem Anteil von S an der gesamten Versicherungssumme des Altbestandes in dem Abrechnungsverband entspricht):

$$\ddot{U}A := \Delta q \cdot (S - {}^{\alpha}V) + \Delta i \cdot {}^{\alpha}V + \Delta s \cdot 0.05\,{}^{\alpha}V + \Delta\gamma \cdot S + \Delta\alpha \cdot S^{\text{neu}}.$$

Die Kontributionsformel aus Satz 11.6 für reine Todesfallversicherungen kann Anwendung finden, weil der Erlebensfallüberschuß Teil des Schlußüberschußanteils ist (siehe auch Aufgabe 5). Da $\Delta\alpha$ naturgemäß nur beim Neugeschäft vorkommt, dürfte es nur auf die Versicherungssumme der neu zugegangenen Versicherungen bezogen werden. Überschüsse entstehen aber erst in späteren Versicherungsjahren (siehe die in Definition 11.4 eingeführte Vorleistungszeit). Die Deckung von Abschlußkostenverlusten ist also erst mit Verzögerung bzw. durch die bereits längere Zeit im Bestand befindlichen Versicherungen anteilig möglich. Unter der Annahme, daß die Versicherungssumme des Neuzugangs beispielsweise 15% der Versicherungssumme des Bestandes beträgt, erhalten wir $S^{\text{neu}} = 0.15\,S$. Also gilt

$$\ddot{U}A = gS + z\,{}^{\alpha}V$$

mit *Grundüberschußanteilsatz* $g := \Delta q + \Delta\gamma - 0.15 \cdot \Delta\alpha$ und *Zinsüberschußanteilsatz* $z := \Delta i - \Delta q + 0.05 \cdot \Delta s$. Der so definierte „Zinsüberschußanteilsatz“ z entspricht also nicht dem vollen Überzins, sondern ergibt sich nach Kürzung um den Sterblichkeitsüberschußsatz Δq und Erhöhung um 5% des Stornoüberschußsatzes.

Wirklichkeitsnahe Werte der Überschußanteilsätze für deutsche Versicherungsbestände sind zur Zeit etwa $\Delta q = 0.3\%$, $\Delta\gamma = 0.1\%$, $\Delta\alpha = 1\%$, $\Delta i = 3.5\%$ und $\Delta s = 4\%$. Damit erhält man als *Beispiel* die Werte $g = 0.25\%$ und $z = 3.4\%$, also

$$\ddot{U}A = 0.0025\, S + 0.034\, {}^{\alpha}V.$$

Das bisher dargestellte allgemeine Schema der Überschußbeteiligung berücksichtigt keinerlei Unterschiede im Risikoverlauf einzelner Gruppen und wird deshalb insbesondere bei Gruppenversicherungsverträgen, für die häufig ein günstigerer Risikoverlauf erwartet wird, als inadäquat angesehen. Besondere Verhältnisse solcher Gruppen lassen sich durch eine eigene Gewinnabrechnung, die eine *verlaufsabhängige Überschußbeteiligung* ermöglicht, berücksichtigen. Dabei wird für alle nicht mit den Zinsen zusammenhängenden Positionen, also für die Risikoüberschüsse und die Verwaltungskostenüberschüsse, ein eigenes Verteilungsverfahren abgeleitet, welches wir nun in Anlehnung an Drude (1988, pp. 119 bis 152) darstellen:

Erträge	**Aufwendungen**
rechnungsmäßige Risikoprämien	riskiertes Kapital der im Abrechnungsjahr eingetretenen Versicherungsfälle (Gesamtschaden GS)
Kostenzuschläge	Kapitalkosten auf den Gesamtschaden für ein halbes Jahr
Kapitalertrag für ein Jahr auf Risikoprämien und Kostenzuschläge	Verwaltungskosten, als zu Beginn des Jahres entstanden angenommen
	Kapitalkosten auf die Verwaltungskosten für ein Jahr

Der Gewinn aus dem Gruppenversicherungsvertrag wird durch die obige Gegenüberstellung von Erträgen und Aufwendungen ermittelt.

Definieren wir nun die verfügbare Prämie $\mathcal{P}$ aus dem Gruppenversicherungsvertrag als die Summe aus Risikoprämien und dem Saldo aus Kostenzuschlägen und entstandenen Verwaltungskosten, so berechnet sich der Gewinn unter Berücksichtigung eines Zinssatzes i' zweiter Ordnung wie folgt:

$$\text{Gewinn } = \mathcal{P}\,(1+i') - GS\,\big(1+\frac{i'}{2}\big) \approx \big(1+\frac{i'}{2}\big)\big(\mathcal{P}\,(1+\frac{i'}{2}) - GS\big)\,.$$

Setzen wir $B := \mathcal{P}\,\big(1+i'/2\big)$, so kommt es im wesentlichen auf den Saldo $(B-GS)^+$ an. Der angenäherte Gewinn $(B-GS)^+\,(1+i'/2)$ kann dem VN nicht vollständig ausgeschüttet werden, da sonst dem VR kein Ausgleich für Verlustjahre, kein Beitrag zur Bildung von Rücklagen und für Aktionärsdividenden verbleibt. Daher erscheint es als sinnvoll, davon auszugehen, daß B um Zuweisungen an Rücklagen, Dividenden und auch um steuerliche Aufwendungen bereinigt und der Faktor $1+i'/2$ vernachlässigt wird. Der folgende Ansatz zur Ermittlung des Überschußanteils $\ddot{U}A$ ist naheliegend:

$$\ddot{U}A = aB + (bB - c\,GS)^+ ,$$

der Überschußanteil $\ddot{U}A$ wird also zusammengesetzt aus einem prämienabhängigen Teil aB und einem verlaufsabhängigen Teil $(bB - c\,GS)^+$ mit Parametern a, b, c aus [0, 1]. Aus der Bedingung

$$E(\ddot{U}A) = B - \mu$$

mit $\mu := E(GS)$ folgt daher

$$B - \mu = E\big(aB + (bB - c\,GS)^+\big) .$$

(Insbesondere ist $B \geq \mu$.) Wegen $(bB - c\,GS)^+ = bB - c\,GS + (c\,GS - bB)^+$ erhalten wir als Bestimmungsgleichung für den Zusammenhang von a, b und c

$$B - \mu = aB + bB - c\mu + cE\big((GS - \frac{b}{c}B)^+\big) .$$

Im Fall $a = 0$ und $c = 1$ liefert der Ansatz für $\ddot{U}A$

$$\ddot{U}A = (bB - GS)^+ .$$

Im Fall $a = 0$ und $b = c$, den wir nun betrachten wollen, ergibt sich

$$\ddot{U}A = c\,(B - GS)^+ ,$$

also eine prozentuale Beteiligung am Gewinn. Aus der Bestimmungsgleichung folgt in diesem Fall

$$B - \mu = c\,\big(B - \mu + E\big((GS - B)^+\big)\big) = c\,\big(B - \mu + P_B\big)$$

mit der *Stop-Loss-Prämie* $P_B := E\big((GS - B)^+\big)$ zur Schadengrenze (Priorität) B. Schließlich erhalten wir die folgende Darstellung für c:

$$c = \frac{B - \mu}{B - \mu + P_B} .$$

Mit Hilfe der Varianz σ^2 von GS und den Normierungen

$$\zeta := \frac{B - \mu}{\sigma} \qquad \text{und} \qquad \pi_\zeta := \frac{P_B}{\sigma}$$

ergibt sich

$$c = \frac{\zeta}{\zeta + \pi_\zeta} ,$$

d. h. der VR behält in Gewinnjahren $(1 - c)\,(B - GS)^+$ ein mit

$$1 - c = \frac{\pi_\zeta}{\zeta + \pi_\zeta} .$$

Für die *Verwendung der jährlich zugeteilten Überschußanteile* gibt es verschiedene Möglichkeiten:

- Barauszahlung,
- Prämienreduzierung,
- Verzinsliche Ansammlung,
- Leistungserhöhung (Bonussystem) und
- Dauerabkürzung.

Die einfachste Form einer Überschußverwendung besteht in der *Barauszahlung* der Überschußanteile oder – was wirtschaftlich gleichbedeutend ist – in der Verrechnung der Überschußanteile mit der Prämie, also einer *Prämienreduzierung*.

Vielfach möchten die VN die festgelegte Jahresprämie unverändert weiterzahlen. In diesen Fällen können – je nach den im einzelnen Lebensversicherungsunternehmen vorliegenden Möglichkeiten – die verzinsliche Ansammlung der Überschußanteile, die Abkürzung der ursprünglich vorgesehenen Versicherungsdauer durch die Überschußanteile oder die Verwendung der Überschußanteile für einen Versicherungsbonus vorgeschlagen werden (vergleiche Beispiel 9.31).

Wird von der *verzinslichen Ansammlung* der Überschußanteile Gebrauch gemacht, so werden die jährlich fällig werdenden Überschußanteile sozusagen auf ein Sparbuch gelegt und dort im allgemeinen mit dem Zinssatz verzinst, der sich als Summe aus dem Rechnungszins und dem Zinsüberschußanteil ergibt.

Eine weitere Verwendungsmöglichkeit der Überschußbeteiligung besteht aus der Vereinbarung von Boni. Aus der Fülle der in der Praxis anzutreffenden Verfahren greifen wir der Einfachheit halber das folgende *Bonussystem* heraus: Die jährlich anfallenden Überschußanteile werden zur Erhöhung der Versicherungsleistung benutzt, indem man sie jeweils als Einmalprämie für eine Versicherung derselben Form wie die Grundversicherung verwendet. Dabei haben die zusätzlichen Versicherungen das gleiche Endalter wie die Grundversicherung. Ist die Grundversicherung eine Gemischte Kapitalversicherung, so erhöhen sich die Todes- und Erlebensfalleistungen in gleicher Höhe (siehe Aufgabe 9.25). Rechnet man den jährlichen Bonus ohne zusätzliche Verwaltungskosten – also auf Nettobasis – so wird in der Regel auf den Bonus keine weitere Gewinnbeteiligung gegeben.

VN, denen an einer Erhöhung der Versicherungsleistung nichts gelegen ist, kann die Verwendung der Überschußbeteiligung zur *Abkürzung der Versicherungsdauer* vorgeschlagen werden. Diese Verwendungsart könnte bei einer Gemischten Kapitalversicherung in der Form gestaltet werden, daß aus den fällig werdenden Überschußanteilen solange ein zusätzliches Deckungskapital aufgebaut wird, bis dieses zusammen mit dem Deckungskapital der Grundversicherung den Betrag der Versicherungssumme erreicht. Ist dies der Fall, werden beide Deckungskapitalien ausgezahlt, womit der Versicherungsvertrag beendet ist. Man könnte auch so vorgehen, daß man nach jeder Überschußfälligkeit die Versicherung technisch ändert (vergleiche Abschnitt 9 F und Aufgabe 9.25).

Der Vollständigkeit halber sei erwähnt, daß die in der RfB zur Ausschüttung als Überschußanteile bereitgestellten Mittel mit Zustimmung der Aufsichtsbehörde in Ausnahmefällen zur Abwendung eines Notstandes herangezogen werden können (§ 56 a VAG). Einen solchen Fall stellt zum Beispiel die Nachreservierung für Rentenversicherungen dar, also die Aufstockung des Deckungskapitals, die im Falle der Verlängerung der Lebensdauer über die bei der Prämienkalkulation zugrunde gelegte hinaus notwendig wird.

Abschließend soll nochmals betont werden, daß selbstverständlich sowohl die Höhe der Überschußanteilsätze einerseits als auch die Modalitäten der angesprochenen Verwendungsarten andererseits von VR zu VR durchaus verschieden sein können.

Als Maßstab für die Angemessenheit der Überschußbeteiligung eines Lebensversicherungsunternehmens wurde von der deutschen Aufsichtsbehörde die *Rückgewährquote* (vergleiche die Kapiteleinleitung) entwickelt. Sie gibt dem einzelnen VR Auskunft über seinen Stand im Vergleich zum Durchschnitt aller Lebensversicherungsunternehmen und dient gleichzeitig der Aufsichtsbehörde als Kontrollinstrument und Indikator möglicher Fehlentwicklungen.

D Rendite einer Lebensversicherung

Die Bestimmung der Rendite einer Lebensversicherung für (x) aus Sicht des VN geschieht in Anlehnung an die Bestimmung des Effektivzinses bei Anleihen und Schuldentilgung in den Aufgaben 2.27 und 2.29. Zunächst werden der erwartete Barwert $E(LB'_x)$ der Leistungen einschließlich aller Überschußbeteiligungen und der Stornoleistungen sowie der erwartete Barwert $E(^bPB'_x)$ der Bruttoprämien mit biometrischen Rechnungsgrundlagen zweiter Ordnung bei zusammengesetzter Verzinsung als Funktion des Zinssatzes i berechnet und beide in einem zweiten Schritt dann gleich gesetzt.

11.7 Definition. *Rendite* (auch: *Effektivzins*) heißt jeder Zinssatz $i > 0$, bei dessen Anwendung der erwartete Leistungsbarwert und der erwartete Prämienbarwert übereinstimmen,

$$E(LB'_x) = E(^bPB'_x) :$$

Löst man diese Gleichung in i nach Nullsetzen aller Stornowahrscheinlichkeiten, so erhält man die *Gesamtrendite*. Setzt man zusätzlich die Todesfalleistungen auf Null, so ergibt sich die *Erlebensfallrendite*.

Weder die Existenz noch die Eindeutigkeit der Renditen sind stets gegeben (vergleiche die Aufgaben 10 und 2.29). Definition 11.7 ist jedoch nur in den Fällen sinnvoll, in denen Existenz und Eindeutigkeit vorliegen. (Bei Uneindeutigkeit wählt man i kleinstmöglich.) Die Erlebensfallrendite ist dann kleiner als die oder gleich der Gesamtrendite und diese höchstens gleich dem Effektivzins.

11.8 Beispiel. Wir betrachten eine allgemeine gemischte Versicherung für (x) mit Todesfalleistung D' fällig am Ende des Todesjahres, jährlich vorschüssig zahlbarer Verbleibsleistung S' und Stornoleistung RW'_x fällig am Ende des Ausscheidejahres (jeweils einschließlich Überschußbeteiligung). Bezeichnet man mit 1 die Ausscheideursache „Tod" und mit 2 die Ausscheideursache „Storno", so gilt für die Versicherungsleistungsfunktion (5.48.1)

$$A_{s,j}(t) = \sum_{k=0}^{\infty} S'(k)\, 1_{[k,\infty)}(t)\, 1_{(k,\infty)}(s) + \begin{cases} \sum\limits_{k=1}^{\infty} D'(k)\, 1_{[k,\infty)}(t)\, 1_{(k-1,k]}(s)\,, & j = 1 \\ \sum\limits_{k=1}^{\infty} RW'_x(k)\, 1_{[k,\infty)}(t)\, 1_{(k-1,k]}(s)\,, & j = 2. \end{cases}$$

Die Prämienzahlung erfolge jährlich vorschüssig mit Jahresbruttoprämien ${}^bP$, d. h. die Prämienzahlungsfunktion sei

$$PA_s(t) = \sum_{k=0}^{\infty} {}^bP(k)\, 1_{[k,\infty)}(t)\, 1_{(k,\infty)}(s)\,, \quad s \geq 0,\ t \geq 0\,.$$

Legt man zur Barwertberechnung die abhängigen Sterbenswahrscheinlichkeiten q'_{x+k}, die abhängigen Stornowahrscheinlichkeiten s'_k und den für alle Jahre gleichen Abzinsungsfaktor $v = (1+i)^{-1}$ zugrunde und bezeichnet ω_0 das Höchstalter, so ist

$$\begin{aligned} E(LB'_x) = &\sum_{k=1}^{\omega_0-x} \big(D'(k)\,{}_{k-1}p'_x\, q'_{x+k-1} + RW'_x(k)\,{}_{k-1}p'_x\, s'_{k-1}\big)v^k \\ &+ \sum_{k=0}^{\omega_0-x-1} S'(k)\,{}_kp'_x\, v^k \end{aligned} \tag{11.8.1}$$

und

$$E({}^bPB'_x) = \sum_{k=0}^{\omega_0-x-1} {}^bP(k)\,{}_kp'_x\, v^k\,. \tag{11.8.2}$$

Die Bestimmungsgleichung für die Rendite lautet also

$$\sum_{k=0}^{\omega_0 - x} c_k\, v^k = 0\,, \tag{11.8.3}$$

wobei

$$c_k := \begin{cases} S'(0) - {}^bP(0)\,, & k = 0 \\ \big(D'(k)\, q'_{x+k-1} + RW'_x(k)\, s'_{k-1}\big)_{k-1}p'_x + \big(S'(k) - {}^bP(k)\big)_k p'_x\,, & \\ & k = 1, \ldots, \omega_0 - x - 1 \\ \big(D'(\omega_0 - x) + RW'_x(\omega_0 - x)\, s'_{\omega_0 - x - 1}\big)\,{}_{\omega_0 - x - 1}p'_x\,, & k = \omega_0 - x\,. \end{cases} \tag{11.8.4}$$

Gleichung (11.8.3) kann keine, genau eine oder mehrere Lösungen haben (Aufgabe 10). In der Regel existiert eine eindeutige Rendite, und sie liegt zwischen dem Rechnungszins erster Ordnung und dem Zins zweiter Ordnung. Näherungswerte für eventuelle Nullstellen von (11.8.3) können zum Beispiel mit Hilfe des Newtonverfahrens bestimmt werden.

E Finanzierbarkeit der Überschußbeteiligung

In Deutschland erwarten die VN eine Kontinuität der Überschußbeteiligung. An Hand des Restertragswertes EW_k zum Zeitpunkt k kann eine Antwort auf die Frage gefunden werden, ob die Überschußbeteiligung in Zukunft aufrecht erhalten werden kann, d. h. ob die gegenwärtig gewährten Überschußanteile weiterhin finanzierbar sind. Dazu bezeichne W_k das auf einen Versicherungsbestand zum Zeitpunkt k entfallende Vermögen. Dieses kann etwa als proportional zu den für diesen Versicherungsbestand gebildeten Rückstellungen (Deckungsrückstellung, angesammelte Überschußanteile, anteilige RfB) aus den gesamten Aktiva ermittelt werden.

11.9 Bemerkung. Man unterscheidet zwei im Grunde gleichwertige Verfahren zur Feststellung der Finanzierbarkeit der Überschußbeteiligung:

(a) Nach der *Ertragswertmethode* (Helbig, 1978) ist die *Finanzierbarkeit der Überschußbeteiligung* zu einem Zeitpunkt k genau dann gewährleistet, wenn

$$W_k + EW_k \geq 0$$

gilt. Nach (11.5.1) ist dies gleichbedeutend mit

$$W_k + \frac{v'(n)}{v'(k)}\,\frac{1}{{}_kp'_x}\Big(\sum_{\ell=k}^{n-1} C_\ell + U_k\Big) \geq 0\,. \tag{11.9.1}$$

(b) Das zweite Verfahren zur Feststellung der Finanzierbarkeit ist die *Sollzinsmethode* (Gessner, 1978). In (11.9.1) kommt wegen (11.1.3),

$$C_\ell = B_\ell + Z_\ell - (L_\ell + K_\ell)\,,$$

und (11.2.2),

$$Z_\ell = i'_\ell\, AM_\ell + \frac{i'_\ell}{2}(B_\ell - L_\ell - K_\ell)\,,$$

dem erwarteten Zins i'_ℓ erhebliche Bedeutung zu. Deshalb ist es sinnvoll zu fragen, für welchen Zins $W_k + EW_k = 0$ gilt. Da der Zins meistens als konstant angenommen wird, $i'_\ell \equiv i'$, und $W_k + EW_k$ eine Funktion von i' ist, wird die kleinste Nullstelle $\bar{\imath}$ dieser Funktion gesucht. Im Falle der Existenz wird $\bar{\imath}$ als *Sollzins* bezeichnet; das ist der Zins, bei dem die erwarteten Ausgaben gerade durch die erwarteten Einnahmen finanziert werden können. Die *Finanzierbarkeit* ist also gewährleistet, wenn der Ertragszins höher ist als der Sollzins.

Die Aussagen, daß Finanzierbarkeit gegeben sei, wenn $W_k + EW_k \geq 0$ *oder* $\bar{\imath} \leq i'$, sind mathematisch nicht gleichwertig. Für übliche Versicherungsbestände aber sind sie gleichbedeutend, wie Steiner (1983) gezeigt hat. Der in Deutschland vormals vorhandene Zwang zur Führung eines Finanzierbarkeitsnachweises ist für neue Lebensversicherungsverträge mit der europaweiten Deregulierung des Versicherungsmarktes 1994 entfallen.

F Geschäftssteuerung mit Hilfe des Ertragswertes

Aus der Sicht des VR hat jede Police einen (positiven oder negativen) Ertragswert. Während der Laufzeit einer Versicherung ergeben sich Änderungen sowohl in den Wahrscheinlichkeiten für den Eintritt des jeweiligen Versicherungsfalles, d. h. in den Rechnungsgrundlagen zweiter Ordnung, als auch in der Überschußbeteiligung (durch Änderungen der deklarierten Überschußanteile, eventuell auch durch Änderungen des Überschußsystems). Es ist deshalb von großem Interesse, die Auswirkungen dieser Veränderungen auf den Ertragswert zu kennen.

Berechnet man den Ertragswert nur unter Zugrundelegung der unmittelbar zurechenbaren variablen Kosten, so erhält man den Barwert des Betrages, mit dem die Versicherung zur Deckung der Fixkosten beiträgt. Der Ertragswert erweist sich damit als Barwert der sogenannten „Deckungsbeiträge“, wobei es sich (unter Verwendung der in der Deckungsbeitragsrechnung üblichen Bezeichungsweise) um DB I handelt, wenn nur die variablen Produktkosten berücksichtigt sind, bzw. um DB II, wenn auch die variablen Vertriebskosten einbezogen werden (vergleiche auch Abschnitt G).

Hier zeigt sich der Vorteil der Linearität der Ertragswerte, der aus ihrer Definition als Erwartungswerte resultiert: Sie lassen sich für mehrere Versicherungen addieren. Damit lassen sich zum Beispiel Fragen danach beantworten, ob ein bestimmtes Teilgeschäft betrieben werden soll, ob also dieses Teilgeschäft rentabel ist, oder ob ein VR in einem bestimmten Zeitraum überhaupt rentabel gearbeitet hat (siehe Nicolai (1984)).

Es läßt sich auch ein am Ertrag orientiertes Provisionssystem entwickeln, indem man bei den zu untersuchenden Tarifen (für eine repräsentative Auswahl von Tarifkombinationen, d. h. Eintrittsaltern, Prämienzahlungsdauern, Versicherungsdauern) den Ertragswert vor Provision berechnet und dann die Provisionen so festsetzt, daß sie mit diesem Ertragswert positiv korrelieren. Insbesondere lassen sich hierbei mit Hilfe der Vorleistungszeit auch angemessene Provisionshaftungszeiten zur Vermeidung von Stornoverlusten festlegen. Weitere Einsatzmöglichkeiten des Ertragswertmodells ergeben sich bei

- Absatzförderungsmaßnahmen, indem beispielsweise Bestandsaktionen auf ihre Rentabilität überprüft werden,
- der Festlegung ertragsgerechter Überschußsätze,
- der Entwicklung eines ertragsgerechten Überschußbeteiligungssystems und
- der Festlegung von Produktrestriktionen, wie Mindest- und Höchsteintrittsaltern, Mindest- und Höchstdauern, Mindestprämien, Mindestversicherungssummen bzw. Mindestrenten, Summenrabatten, Kleinsummenzuschlägen.

G Deckungsbeitragsrechnung in der Lebensversicherung

Die Rechnungslegung in der Lebensversicherung geht von der Vollkostenrechnung aus. Diese ist für die Prämienberechnung sinnvoll, ja sogar notwendig. Dabei wird gefragt, was eine verkaufte Leistungseinheit kostet. Als Leistungseinheit ist ein Versicherungsvertrag einer bestimmten Versicherungsart mit einer bestimmten Versicherungsleistung anzusehen. Im Ergebnis werden alle Kosten einer Periode auf die verkaufte Anzahl der Verträge mit Hilfe bestimmter Schlüssel verteilt. Damit gewinnt die Frage nach den „tatsächlichen" Kosten einer Leistungseinheit zentrale Bedeutung. Gerade diese Frage läßt sich aber nicht zwingend beantworten; denn Kostenschlüssel beruhen auf Mutmaßungen und Unterstellungen. Ohne diese Annahmen kann man den Erlösen, zum Beispiel einer Versicherungsart, zunächst nur die Kosten unmittelbar gegenüberstellen, die sich mit der Entscheidung, eine zusätzliche Einheit der betrachteten Versicherungsart zu verkaufen, automatisch ändern. Beispiele für solche direkt zurechenbaren Kosten sind Provisionen, Kosten der Antragsbearbeitung, Rückversicherungsprämien und Versicherungsleistungen.

Diesen Weg geht die Deckungsbeitragsrechnung. Sie fragt, ob eine Maßnahme einen Überschuß der Erlöse infolge dieser Maßnahme über die durch diese Maßnahme verursachten Kosten ergibt. Die Deckungsbeitragsrechnung unterscheidet sich also von der

Vollkostenrechnung dadurch, daß lediglich die unmittelbar mit der Maßnahme zusammenhängenden variablen Kosten betrachtet werden. *Deckungsbeitrag* ist dann der Betrag, mit dem die untersuchte Maßnahme zur Deckung der Gemeinkosten beiträgt, oder genauer: *Deckungsbeitrag* ist der Überschuß der Einzelerlöse über die Einzelkosten eines sachlich und zeitlich abzugrenzenden Kalkulationsobjektes. Der mit der Deckungsbeitragsrechnung nicht vertraute Leser kann sich zum Beispiel in Riebel (1994) informieren.

Als Beispiel für die Deckungsbeitragsrechnung sei die einjährige Todesfallversicherung eines 40-Jährigen betrachtet, wobei als Versicherungssumme $D(1) = 100\,000$, ein Todesfallbonus $D\ddot{U}(1)$ in gleicher Höhe und als Sterbenswahrscheinlichkeit zweiter Ordnung 50% des Wertes q_{40} nach der DAV-Sterbetafel 1994 T angenommen seien und für die Kosten beliebige Zahlen eingesetzt sind, um die übliche Vorgehensweise der Deckungsbeitragsrechnung, wie sie bei einer kurzfristigen (einjährigen) Versicherung möglich ist, zu verdeutlichen:

Bruttoprämieneinnahme		500
Erwartete Versicherungsleistung $\big(D(1) + D\ddot{U}(1)\big) \cdot q'_{40} = 2\,D(1) \cdot 0.5\,q_{40}$		257
Variable Produktkosten:		
• Stückkosten der Antragsbearbeitung (ohne Untersuchung)	20	
• Stückkosten der laufenden Verwaltung	15	35
Variable Vertriebskosten (gerundet):		
• Provision (25‰ von 2.5% von $D(1)$)	63	
• Bestandsbetreuungsgeld (1.5% der Prämie)	8	71
Deckungsbeitrag		137

In der Lebensversicherung haben wir es aber in aller Regel mit Versicherungen zu tun, deren Dauer über mehrere Versicherungsperioden hinwegreicht und im Durchschnitt fast 30 Jahre beträgt. Hinzu kommt, daß als Prämie nicht die Bedarfsprämie des jeweiligen Versicherungsjahres (die natürliche Bruttoprämie) erhoben wird, sondern eine über die gesamte Versicherungsdauer einheitliche Prämie oder nach einem festen Schema veränderliche Prämie, die ohne Bezugnahme auf die jährliche Bedarfsprämie festgelegt ist, etwa als Prämienvektor. Die Deckungsbeitragsrechnung auf der Basis der in einem Jahr vereinnahmten Prämien erfordert deshalb Abgrenzungen, beispielsweise mit Hilfe der Rückstellungen (Deckungsrückstellung, angesammelte Überschußguthaben, anteilige RfB). Entsprechende Schritte findet man in der Literatur, zum Beispiel in Heller (1988). Eine andere Möglichkeit besteht darin, die Erwartungswerte der während der gesamten Versicherungsdauer fließenden Einnahmen und Ausgaben zu betrachten. Dies führt zu einem Prämienvektor, der für jedes Jahr k die in (11.1.2) definierten *erwarteten* Prämieneinnahmen B_k als Eintrag enthält (vergleiche auch (11.8.2)). Wegen der Zinsen und der Ausgaben für Versicherungsleistungen und Kosten siehe Abschnitt A. Durch Diskontierung tritt dann an die Stelle des einjährigen Deckungsbeitrages, der auch unter Berücksichtigung der Rückstellungsbildung nur unzureichende Aussagen gestattet, der erwartete Barwert aller während der Dauer eines Vertrages erzielbaren Deckungsbeiträge (DB). Dieser ist gleich dem in Abschnitt A als (11.3.1) definierten Ertragswert (EW). Beispielsweise können wir in Anlehnung an Riebel (1994) definieren:

$$\begin{aligned} DB\,\mathrm{I} &:= EW \text{ \textit{nach} Produktkosten, aber \textit{vor} Vertriebskosten} \\ DB\,\mathrm{II} &:= EW \text{ \textit{nach} Vertriebskosten} \\ DB\,\mathrm{III} &:= EW \text{ \textit{abzüglich} Unternehmensstrukturkosten.} \end{aligned}$$

Der so definierte DB I ist beispielsweise geeignet, Provisionssysteme zu beurteilen (siehe Damm, 1993) oder eine ertragsorientierte Geschäftssteuerung aufzubauen (siehe Nicolai, 1984, 1995). Der DB III kann zur Entscheidung der Frage herangezogen werden, ob ein neu einzuführender Tarif ausreichend kalkuliert ist.

Deckungsbeiträge können auf den verschiedenen Unternehmensstufen akkumuliert werden, so daß Aussagen über den Deckungsbeitrag beispielsweise einer Agentur gemacht werden können. Wir könnten dann von einem Agentur-Deckungsbeitrag sprechen. Das geschieht dadurch, daß die Deckungsbeiträge aller von derselben Agentur vermittelten Versicherungen zusammengefaßt werden und davon die Gemeinkosten dieser Agentur abgezogen werden. Als Saldo ergibt sich der Deckungsbeitrag der betrachteten Agentur:

(a) Je Versicherung:

$$\begin{array}{rl} & \text{Prämien} \\ - & \text{Produktkosten} \\ \hline = & DB\,\mathrm{I} \\ - & \text{Vertriebskosten} \\ \hline = & DB\,\mathrm{II}\,. \end{array}$$

(b) Zusammenfassung der DB II der von einer Agentur akquirierten Versicherungen:

$$\begin{array}{rl} & DB\,\mathrm{II} \text{ für die Agentur} \\ - & \text{Gemeinkosten der Agentur} \\ \hline = & DB\,\mathrm{III} \text{ der Agentur}\,. \end{array}$$

Analog könnte man alle Versicherungen desselben Tarifes zusammenfassen und dann die entsprechenden produktbezogenen Gemeinkosten zuordnen. Man erhielte dann den Deckungsbeitrag des „Produktes“:

(a) Je Versicherung wie vorstehend.

(b) Zusammenfassung der DB II der zu einem Tarif gehörigen Versicherungen:

$$\begin{array}{rl} & DB \text{ II für den Tarif} \\ - & \text{Gemeinkosten des Tarifes} \\ \hline = & DB \text{ III des Tarifes}\,. \end{array}$$

Weitere Anwendungsmöglichkeiten der Deckungsbeitragsrechnung lassen sich leicht erkennen. Selbstverständliche Voraussetzung ist stets sowohl eine sorgfältige Zuordnung der Kosten zu den einzelnen Kostenträgern als auch, da wir es im vorliegenden Falle mit Erwartungswertberechnungen zu tun haben, eine wohlbegründete Wahl der Rechnungsgrundlagen zweiter Ordnung.

H Aufgaben

Aufgabe 1. Stellen Sie die Formeln und Rechenschritte für die Berechnung des Ertragswertes einer n-jährigen Gemischten Kapitalversicherung für (x) mit unmittelbar bei Tod fälliger Versicherungssumme S und gleicher Ablaufleistung bei jährlich vorschüssig fälligen konstanten ausreichenden Prämien ${}^aP_{x:\overline{n|}}\,S$ zusammen. Die als zu Beginn des $(k+1)$-ten Versicherungsjahres entstanden angenommenen, rechnungsmäßigen Kostenzuschläge seien

$$KO_k := \begin{cases} \big((0.04\,n + 0.03)\,{}^aP_{x:\overline{n|}} + 0.00425\big)\,S\,, & k = 0 \\ (0.03\,{}^aP_{x:\overline{n|}} + 0.00425)\,S\,, & k = 1, \ldots, n-1\,. \end{cases}$$

Weitere Zuschläge auf die Nettoprämie werden nicht erhoben. Die als zu Beginn eines Jahres tatsächlich anfallend angenommenen Kosten seien

$$KO'_k := \begin{cases} 0.0055\,n\;{}^aP_{x:\overline{n|}} \cdot S\,, & k = 0 \\ 60\,, & k = 1, \ldots, n-1\,, \end{cases}$$

also Stückkosten ab Beginn des zweiten Versicherungsjahres. Hinzu kommen bei Fälligkeit einer Leistung anfallende Stückkosten von 60 im Stornofall, 100 im Todesfall und 50 bei Ablauf. Bezeichne ${}^a_kV_{x:\overline{n|}}$ das ausreichende Deckungskapital zu Beginn des $(k+1)$-ten Versicherungsjahres bei Versicherungssumme 1. Der durch Rückkauf im Zeitraum $(k, k+1]$ verursachte und zum Zeitpunkt $k + 1/2$ fällige Rückkaufswert sei

$$RW_x(k + \frac{1}{2}) := (1.1\,S \cdot {}^{\;\;a}_{k+1}V_{x:\overline{n|}} - 0.1\,S)^+\,, \quad k = 0, \ldots, n-1\,.$$

Der unmittelbar bei Erleben des Beginns des $(k+1)$-ten Versicherungsjahres zur verzinslichen Ansammlung bar ausgeschüttete Erlebensfallüberschußanteil sei

$$S\ddot{U}(k) := \begin{cases} (0.0025 + 0.035\, {}_{k-1}^{\ a}V_{x:\overline{n}|})^{+}\, S\,, & k = 3, \ldots, n-1 \\ 0.04\, n\, S\,, & k = n\,; \end{cases}$$

($S\ddot{U}(n)$ ist also der Schlußüberschußanteil); ein Todesfallbonus werde nicht gezahlt. Der Rechnungszins i und der Zinssatz zweiter Ordnung $i' > i$ seien über die gesamte Laufzeit konstant.

Hinweis: Verwenden Sie (11.1.3), (11.2.1), (11.2.2) und (11.3.1) !

Aufgabe 2. Schreiben Sie eine Routine zur Berechnung des Ertragswertes einer Versicherung gemäß Aufgabe 1 !

Im Eingabe-File stehen x, n, S, i, i' und die Namen der beiden Dateien, denen die Sterblichkeiten erster Ordnung und die Stornowahrscheinlichkeiten zweiter Ordnung zu entnehmen sind, sowie Faktoren zur Modifikation der Rechnungsgrundlagen bzw. Annahmen:

- a für die Sterblichkeit zweiter Ordnung, die sich mit diesem Parameter und der Wahl $x_1 = 45$ sowie $x_2 = 65$ aus Ansatz 1 des Abschnitts A ergibt,
- b für die multiplikative Variation der Stornoquoten ausgehend von den eingelesenen Stornowahrscheinlichkeiten,
- c für die multiplikative Variation der Stückkosten gegenüber Aufgabe 1,
- d für die multiplikative Variation der Überschußbeteiligung.

Die Sterbetafel-Datei enthalte für die Alter 0 bis 100 in jeder Zeile zunächst das Alter und dann die zugehörige Sterbenswahrscheinlichkeit. Die Stornotafel-Datei sei wie die Einträge aus Tabelle 13.9 organisiert und enthalte die Stornowahrscheinlichkeiten in Abhängigkeit vom Versicherungsjahr und von n.

Die Ausgabe bestehe in einer beschrifteten Tabelle mit folgenden Spalten: k $(= 0, \ldots, n-1)$, Verbleibswahrscheinlichkeit ${}_kp'_x$, ${}_k^{a}V_{x:\overline{n}|}$ in ‰, erwartete Jahreseinnahmen, erwartete Jahresausgabe, Jahresüberschußanteil, E_k, TEW_{k+1}. (Der Ertragswert ist dann der letzte Wert (TEW_n) in dieser Ausgabe-Tabelle.)

Welche Ertragswerte ergeben sich für $x = 35$, $n = 25$, $S = 20\,000$ bzw. $S = 100\,000$, $i = 4\%$, $i' = 7\%$, die DAV-Sterbetafel 1994 T, die Stornotafel 13.9 sowie

(a) den Parameter $a = 0.5$ (gemäß Ansatz 1 aus Abschnitt A) und die Faktoren $b = c = d = 1$,
(b) wenn die Sterblichkeit zweiter Ordnung durch $a = 0.4$ gegeben ist $(b = c = d = 1)$,
(c) wenn die Stornoquoten doppelt so hoch sind: $b = 2$ $(a = 0.5, c = d = 1)$,
(d) wenn die Stückkosten zweiter Ordnung um 10% höher sind: $c = 1.1$ $(a = 0.5, b = d = 1)$,
(e) wenn die Überschußbeteiligung um 10% gesenkt wird: $d = 0.9$ $(a = 0.5, b = c = 1)$,
(f) wenn alle Änderungen aus (b) bis (e) zusammen eintreten: $a = 0.4$, $b = 2$, $c = 1.1$, $d = 0.9$?

Diskutieren Sie Ihre Ergebnisse !

Zusatz: Zur Ertragswertberechnung sind Tabellenkalkulationsprogramme besonders geeignet. Lösen Sie Aufgabe 2 mit *EXCEL* !

Aufgabe 3. Modifizieren Sie die Routine aus Aufgabe 2 so, daß damit der Ertragswert eines Bestandes berechnet werden kann ! Als zusätzliches Eingabedatum sei die Anzahl N der

Versicherungen gleicher Datenkombination gegeben. Verwenden Sie folgenden Musterbestand:

x	n	S	N
25	40	20 000	1
30	40	30 000	3
35	30	40 000	6
40	25	100 000	4
45	20	50 000	4
50	20	2 500	2

Aufgabe 4. Geben Sie eine Formel für den Jahresertrag einer Pensionsversicherung für (x) mit jährlich vorschüssig während der Aktivenzeit zu zahlender Prämie und folgenden monatlich vorschüssigen Leistungen an:

- Anwartschaft auf Altersrente vom Jahresbetrag R ab Erreichen des regulären Pensionsalters $z > x$,
- Anwartschaft auf Invalidenrente vom Jahresbetrag R bis zum Erreichen des regulären Pensionsalters z,
- Anwartschaft auf Witwenrente vom Jahresbetrag wR, $0 < w \leq 1$.

Für die Anwartschaft auf Witwenrente verwenden Sie einmal die Individualmethode (mit gegebenem y), einmal die Kollektivmethode. Der Rechnungszins i und der Zinssatz zweiter Ordnung i' seien während der gesamten Vertragslaufzeit konstant.

Aufgabe 5.

(a) Leiten Sie die Kontributionsformel her für eine n-jährige Erlebensfallversicherung von (x) mit Erlebensfallsumme S! Verwenden Sie das Ergebnis und Satz 11.6 zur Formulierung einer Kontributionsformel für eine n-jährige Gemischte Kapitalversicherung mit Todesfalleistung D und Ablaufleistung S! Die Prämien seien jährlich vorschüssig fällig und konstant, die Todesfalleistung werde am Ende des Todesjahres ausgezahlt.

(b) Berechnen Sie den Kontributionsgewinn im elften Vertragsjahr im Spezialfall einer Gemischten Kapitalversicherung für eine männliche Person des Eintrittsalters 40, bei einer Versicherungsdauer von $n = 25$ Jahren, einer Versicherungssumme von $D = S = 1$, einem Rechnungszins von 4%, Zugrundelegung der DAV-Sterbetafel 1994 T, einem Abschlußkostensatz von $\alpha = 40‰$ der höchstmöglichen Summe aller Prämien und rechnerischen Verwaltungskostensätzen von $\beta = 3\%$ der konstanten ausreichenden Jahresprämie sowie $\gamma = 4.25‰$ der Versicherungssumme. Die Rechnungsgrundlagen zweiter Ordnung seien: Einjährige Sterbenswahrscheinlichkeiten von 60% der Sterbenswahrscheinlichkeiten erster Ordnung, ein Zinssatz von 7%, altersunabhängige einjährige Stornowahrscheinlichkeiten von 5‰, Verwaltungskosten von $\beta' = 8\%$ und $\gamma' = 0$. Der Ansatz für den Rückkaufswert sei

$$RW_x(k) = 0.95\, {}_kV_{x:\overline{n}|}\,, \qquad k = 1, \ldots, n\,.$$

Literaturhinweis zu (a)*:* Reichel (1987), pp. 139, 140.

Aufgabe 6. Leiten Sie die Kontributionsformel her für eine Anwartschaft auf eine jährlich nachschüssig fällige Altersrente für (x) vom Jahresbetrag $R > 0$! Die Prämie sei jährlich vorschüssig bis zum Ende der Aufschubzeit fällig. Verwenden Sie, abgesehen von den Schreibweisen s_k und

s'_k an Stelle von $s_{k:\overline{n}|}$ und $s'_{k:\overline{n}|}$ für die Stornowahrscheinlichkeiten, die Bezeichungsweisen aus Satz 11.6!

Aufgabe 7. Zeigen Sie, daß die im Zusammenhang mit der Kontributionsformel in Abschnitt B eingeführte Abkürzung

$$\tilde{A}'_{x+\ell:\overline{n-\ell}|} = \frac{1}{D'_{x+\ell}} \left(\sum_{k=\ell}^{n-1} C'_{x+k}\, D(k+1) + D'_{x+n}\, {}^{a}_{n}V_x \right)$$

der mit Rechnungsgrundlagen zweiter Ordnung errechnete erwartete Barwert einer $(n-\ell)$-jährigen gemischten Versicherung für $(x+\ell)$ mit Todesfalleistungen $D(k+1), k = \ell, \ldots, n-1$, und dem ausreichenden Deckungskapital ${}^{a}_{n}V_x$ als Erlebensfalleistung bei Ablauf ist.

Aufgabe 8 (Bezeichnungen wie in Abschnitt 11 C). Betrachten Sie eine Überschußbeteiligung der Form

$$\ddot{U}A = aB + c\,(\varrho B - GS)^+ , \quad a \in (0,1)\,, \ \varrho \in (0,1)\,, \ c > 0\,,$$

bestehend aus einem Grundüberschußanteil aB und einem verlaufsabhängigen Überschußanteil $c\,(\varrho B - GS)^+$! B sei die verfügbare Prämie nach Abzug der Kosten, GS der Gesamtschaden.

(a) Bestimmen Sie c in Abhängigkeit vom erwarteten Gesamtschaden μ sowie von a, B, ϱ und der Stop-Loss-Prämie $P_{\varrho B}$ zur Schadengrenze ϱB!

(b) Diskutieren Sie die Auswirkungen einer besonders „großen" und einer besonders „kleinen" Wahl von a!

(c) Spezialisieren Sie die Definitionsformel für $\ddot{U}A$ und die Gleichung für c aus (a) auf den Spezialfall, daß sich die Überschußbeteiligung additiv zusammensetzt aus einem Grundüberschußanteil aB und einem Anteil c an dem den Grundüberschußanteil übersteigenden Überschuß!

(d) Geben Sie die Formel für eine rein verlaufsabhängige Überschußbeteiligung $\ddot{U}A$ an, bei der bis zu einem Maximum $M < B$ ein Anteil $c \in (0,1)$ des Überschusses vergütet wird und der darüber hinausgehende Überschuß voll weitergegeben wird! Leiten Sie eine Bestimmungsgleichung für c her!

Aufgabe 9. Ist die Überschußbeteiligung der Form

$$\ddot{U}A = gS + z\,{}^{\alpha}V\,,$$

die aus einem Grundüberschußanteil von $g = 4‰$ der Versicherungssumme S und einem Zinsüberschußanteil von $z = 3\%$ des gezillmerten Deckungskapitals ${}^{\alpha}V$ zu Beginn des $(k+1)$-ten Versicherungsjahres besteht, durch den Risiko- und Zinsgewinn dieses Jahres gedeckt? Beantworten Sie diese Frage für das elfte Jahr einer 25-jährigen Gemischten Kapitalversicherung einer männlichen Person mit Eintrittsalter 40! Modifizieren Sie dazu die Rechnungsgrundlagen aus Aufgabe 5 (b), indem Sie Verwaltungskosten und Storno vernachlässigen, also die entsprechenden Parameter gleich Null setzen. Welche Änderung der Überschußsätze schlagen Sie als Konsequenz Ihrer Rechnungen vor?

Aufgabe 10. Betrachten Sie die im Zusammenhang mit der Renditebestimmung einer Lebensversicherung auftretende Gleichung (11.8.3)

$$\sum_{k=0}^{\infty} c_k\, v^k = 0\,, \quad 0 < v \le 1\,,$$

wobei $\sum_{k=0}^{\infty} |c_k| < \infty$ und $c_k \neq 0$ für mindestens ein $k \in \mathbb{N}$.

(a) Zeigen Sie, daß diese Gleichung keine, genau eine und auch mehr als eine Lösung haben kann!

(b) Zeigen Sie, daß im Falle $c_0 < 0$ und $\sum_{k=0}^{\infty} c_k > 0$ mindestens eine Lösung vorliegt und daß die Gleichung eindeutig lösbar ist, falls zusätzlich $c_k \geq 0$ für alle $k > 0$ gilt! Welche Bedeutung besitzt diese Aussage im Hinblick auf (11.8.4)?

(c) Versuchen Sie weitere nichttriviale hinreichende Bedingungen für die eindeutige Lösbarkeit der Gleichung zu finden, und diskutieren Sie deren praktische Bedeutung für die Renditebestimmung!

Hinweise zu (a) *und* (b): Vergleichen Sie mit Aufgabe 2.29 (a) und (b)! Betrachten Sie in (b) insbesondere die Prämienzahlung durch eine Einmalprämie!

I Kapitelanhang zur Gewinnanalyse

In diesem Kapitelanhang stellen wir, der Anlage zur BerVersV (1995) folgend, die für die praktische Durchführung der Gewinnanalyse in Abschnitt 11 B erforderlichen Nachweisungen (NW) 216 bis 219 zusammen und geben eine Auflistung der jeweiligen Gegenposten. Soweit in der Praxis Posten auftreten, die sich nicht zweifelsfrei einem der aufgeführten Posten zuordnen lassen, können sie als „Sonstiges" eingefügt werden; beispielsweise könnte die nachstehende Aufstellung 11.10 um die Position „7. Sonstiges" erweitert werden.

11.10. Zusammensetzung der verdienten Bruttobeiträge und der Beiträge aus der RfB (NW 216)

Posten	Gegenposten
1. Sparbeiträge	NW 217, Nr. 1
2. Risikobeiträge	NW 218, Nr. 4a
3. Beitragszuschläge für laufende Verwaltungskosten (ohne Ratenzuschläge) sowie Nebenleistungen der VN	NW 219 S. 3, Nr. 3
4. Ratenzuschläge	
a) Risiko	NW 218, Nr. 6
b) Zinsausfall	NW 219 S. 1, Nr. 3
c) Verwaltungskosten	NW 219 S. 3, Nr. 4
5. Abschlußkostenzuschläge bei Versicherungen gegen Einmalbeitrag	NW 219 S. 2, Nr. 2b
6. Laufende Amortisationszuschläge	NW 219 S. 2, Nr. 2c
Verdiente Bruttobeiträge und Beiträge aus der RfB	GuV

11.11. Entwicklung der Deckungsrückstellung – saldiert um noch nicht fällige Ansprüche an VN (NW 217)

Posten	Gegenposten
1. Sparbeiträge	NW 216, Nr. 1
2. Rechnungsmäßige Zinsen auf die um noch nicht fällige Ansprüche an VN verminderte Deckungsrückstellung	NW 219 S. 1, Nr. 4
3. Aufwendungen aus der Erhöhung der Deckungsrückstellung durch Direktgutschrift	GuV
4. Aufwendungen aus der Erhöhung der Deckungsrückstellung sowie aus der Verminderung noch nicht fälliger Ansprüche an VN durch Eintritt von Versicherungsfällen	NW 218, Nr. 2
5. Freigewordene Deckungsrückstellung abzüglich der Aufwendungen aus der Verminderung noch nicht fälliger Ansprüche an VN durch den Eintritt sonstiger Versicherungsfälle und vorzeitigen Abgangs	NW 218, Nr. 3
6. Risikobeiträge aus der Deckungsrückstellung	NW 218, Nr. 4b
7. Verwaltungskostenanteile aus der Deckungsrückstellung	NW 219 S. 3, Nr. 5
8. Durch Aktivierung noch nicht fälliger Ansprüche an VN sowie durch Zillmerung der Deckungsrückstellung für den Neuzugang des Geschäftsjahres rechnungsmäßig gedeckte Abschlußkosten	NW 219 S. 2, Nr. 2a
Gesamt	

11.12. Gegenüberstellung des tatsächlichen und des rechnungsmäßigen Verlaufs des Risikos und des vorzeitigen Abgangs (NW 218)

Posten	Gegenposten
1. Aufwendungen für Todesfälle und Rückkäufe (ohne Regulierungsaufwendungen)	GuV
2. Aufwendungen aus der Erhöhung der Deckungsrückstellung sowie aus der Verminderung noch nicht fälliger Ansprüche an VN durch Eintritt von Versicherungsfällen	NW 217, Nr. 5
3. Freigewordene Deckungsrückstellung abzüglich der Aufwendungen aus der Verminderung noch nicht fälliger Ansprüche an VN durch den Eintritt von Todesfällen, sonstigen Versicherungsfällen und vorzeitigem Abgang	NW 217, Nr. 5
Tatsächlicher Aufwand (1. bis 3. saldiert)	
4. Risikobeiträge des Geschäftsjahres	
a) aus den Beiträgen	NW 216, Nr. 2
b) aus der Deckungsrückstellung	NW 217, Nr. 6
5. Rechnungsmäßige Zinsen auf Risikobeiträge	NW 219 S. 1, Nr. 7
6. Ratenzuschläge für das Risiko	NW 216, Nr. 4a
Rechnungsmäßiger Ertrag (4. bis 6. addiert)	
Ergebnis (Ertrag – Aufwand)	

11.13. Gegenüberstellung des tatsächlichen laufenden Reinertrags aus Kapitalanlagen und der rechnungsmäßigen Zinsen sowie das übrige Ergebnis aus Kapitalanlagen (NW 219 S. 1)

Posten	Gegenposten
1. Laufende Erträge aus Kapitalanlagen	GuV
2. Laufende Aufwendungen für Kapitalanlagen	GuV
3. Ratenzuschläge für Zinsausfall bei unterjährlicher Beitragszahlung	NW 216, Nr. 4b
Laufender Reinertrag aus Kapitalanlagen (1. bis 3. saldiert)	
4. Rechnungsmäßige Zinsen auf die um noch nicht fällige Ansprüche an VN verminderte Deckungsrückstellung	NW 217, Nr. 2
5. Zinsen auf die Pensionsrückstellung	GuV
6. Zinsen auf gutgeschriebene Überschußanteile (ohne Direktgutschrift)	GuV
7. Rechnungsmäßige Zinsen auf Risikobeiträge	NW 218, Nr. 5
Rechnungsmäßige Zinsen insgesamt (4. bis 7. addiert)	
Zinsergebnis (Reinertrag – rechnungsmäßige Zinsen)	
8. Übrige Erträge aus Kapitalanlagen	GuV
9. Übrige Aufwendungen für Kapitalanlagen	GuV
Übriges Ergebnis aus Kapitalanlagen (8., 9. saldiert)	

11.14. Gegenüberstellung der tatsächlichen Aufwendungen für den Abschluß von Versicherungen und der rechnungsmäßigen Erträge zu ihrer Deckung (NW 219 S. 2)

Posten	Gegenposten
1. Abschlußaufwendungen	GuV
Tatsächliche Aufwendungen für den Abschluß von Versicherungen	
2. Rechnungsmäßig gedeckt:	
a) durch Aktivierung noch nicht fälliger Ansprüche an VN sowie durch Zillmerung der Deckungsrückstellung für den Neuzugang des Geschäftsjahres	NW 217, Nr. 8
b) durch Abschlußkostenzuschläge bei Versicherungen gegen Einmalbeitrag	NW 216, Nr. 5
c) durch laufende Amortisationszuschläge	NW 216, Nr. 6
Rechnungsmäßiger Ertrag zur Deckung der Aufwendungen für den Abschluß von Versicherungen	
Ergebnis (Ertrag – Aufwendungen)	

11.15. Gegenüberstellung der tatsächlichen Aufwendungen für die laufende Verwaltung und der rechnungsmäßigen Erträge zu ihrer Deckung (NW 219 S. 3)

Posten	Gegenposten
1. Aufwendungen für den Versicherungsbetrieb, soweit es nicht Abschlußaufwendungen sind	GuV
2. Aufwendungen für die Regulierung von Versicherungsfällen und Rückkäufen des Geschäftsjahres	GuV
Tatsächliche Reinaufwendungen für die laufende Verwaltung (1., 2. addiert)	
3. Beitragszuschläge für laufende Verwaltungskosten (ohne Ratenzuschläge) und Nebenleistungen der VN	NW 216, Nr. 3
4. Ratenzuschläge für laufende Verwaltungskosten	NW 216, Nr. 4c
5. Verwaltungskostenanteile aus der Deckungsrückstellung	NW 217, Nr. 7
Rechnungsmäßiger Ertrag zur Deckung der Aufwendungen für die laufende Verwaltung	
Ergebnis (Ertrag – Reinaufwendungen)	

11.16. Abrechnung des in Rückdeckung gegebenen selbst abgeschlossenen Versicherungsgeschäftes (NW 219 S. 4)

Posten	Gegenposten
1. Vergütung des Rückversicherers für Todesfälle (ohne Regulierungsaufwendungen) 2. Anteile des Rückversicherers a) an der Erhöhung der Deckungsrückstellung durch Eintritt von Todesfällen b) an der freigewordenen Deckungsrückstellung für Todesfälle	
3. Tatsächlicher Ertrag zur Deckung der Sterblichkeit aus dem in Rückdeckung gegebenen Versicherungsgeschäft (1., 2. addiert)	
4. Rückversicherungsrisikobeiträge einschließlich der darauf entfallenden rechnungsmäßigen Zinsen 5. Sonstiges	
6. Rechnungsmäßiger Aufwand zur Deckung der Sterblichkeit aus dem in Rückdeckung gegebenen Versicherungsgeschäft (4., 5. addiert)	
7. Sterblichkeitsergebnis aus dem in Rückdeckung gegebenen Versicherungsgeschäft (3. abzüglich 6.) 8. Sonstiges Risikoergebnis aus dem in Rückdeckung gegebenen Versicherungsgeschäft 9. Übriges Ergebnis aus dem in Rückdeckung gegebenen Versicherungsgeschäft	
10. Gesamtes Ergebnis aus dem in Rückdeckung gegebenen Versicherungsgeschäft (7. bis 9. saldiert)	GuV

11.17. Gegenüberstellung der sonstigen Erträge und Aufwendungen (NW 219 S. 5)

	Posten	Gegenposten
1.	Erträge aus der Verminderung der übrigen versicherungstechnischen Rückstellungen	GuV
2.	Sonstige versicherungstechnische Erträge	GuV
3.	Aufwendungen aus der Erhöhung der übrigen versicherungstechnischen Rückstellungen	GuV
4.	Sonstige versicherungstechnische Aufwendungen (ohne Direktgutschrift)	GuV
5.	Sonstige Erträge	GuV
6.	Sonstige Aufwendungen	GuV
7.	Außerordentliches Ergebnis	GuV
8.	Erträge aus Verlustübernahme	GuV
9.	Aufgrund einer Gewinngemeinschaft, eines Gewinnabführungs- oder eines Teilgewinnabführungsvertrages abgeführte Gewinne	GuV
10.	Steuern	GuV
11.	Erträge aus der Inanspruchnahme eines Organisationsfonds	GuV
	Sonstiges Ergebnis	

Kapitel 12
Mathematischer Anhang

In diesem Kapitel stellen wir einige mathematische Grundlagen bereit, die über den Standardinhalt von Stochastik-Vorlesungen hinausgehen: In Abschnitt A die Produktintegration von additiven Intervallfunktionen und die additive Integration von multiplikativen Intervallfunktionen, die in den Abschnitten 4 C und 10 C über Rückwärtsintegralgleichungen und Vorwärtsintegralgleichungen bzw. über Thielesche Integralgleichungen benötigt werden, und in Abschnitt B einige Grundlagen aus der Martingaltheorie, von denen wir an verschiedenen Stellen in den Kapiteln 4, 6 und 10 Gebrauch machen. Beides ist zwar für ein volles mathematisches Verständnis insbesondere der Kapitel 4 und 10 von Wichtigkeit, für den vorwiegend an Anwendungen orientierten Leser allerdings kein „Muß".

A Produktintegrale

Vergleicht man die „Kompaktversion" (4.49.2) der Vorwärtsgleichungen für die Übergangsmatrix eines Markovschen Sprungprozesses bei gegebener kumulativer Intensitätsmatrix mit der Volterraschen Integralgleichung (3.2.1) für die Überlebensfunktion (Survivalfunktion) bei gegebener kumulativer Ausscheideintensität, so stellt man fest, daß beide vom selben Typ sind: (4.49.2) ist eine mehrdimensionale Verallgemeinerung von (3.2.1) (vergleiche Aufgabe 1). Im eindimensionalen Fall kann eine explizite Lösung der Volterraschen Integralgleichung mit Hilfe der Exponentialformel angegeben werden, vergleiche (3.2.2). Eine direkte Verallgemeinerung der Exponentialformel auf den mehrdimensionalen Fall ist nicht möglich. Die im folgenden dargestellten Kalküle der Produktintegration einer additiven Intervallfunktion und der additiven Integration einer multiplikativen Intervallfunktion erlauben die Beschreibung des Zusammenhanges zwischen der Übergangsmatrix und der kumulativen Intensitätsmatrix eines Markovschen Sprungprozesses und damit die explizite Lösung der Vorwärtsgleichungen und der Rückwärtsgleichungen (vergleiche Satz 4.52). Dies ist insofern eine Verallgemeinerung der Vorgehensweise für die eindimensionale Volterrasche Integralgleichung, als sich im eindimensionalen Fall das Produktintegral einer additiven Intervallfunktion mittels der Exponentialformel berechnen läßt, wie wir am Schluß dieses Abschnittes zeigen werden.

Die folgende Darstellung lehnt sich eng an die Abschnitte 2 und 4 von Gill und Johansen (1990) an. Wie dort beginnen wir mit der eindimensionalen Integrationstheorie, auf die sich die mehrdimensionale mit Hilfe eines Dominiertheitskonzeptes zurückführen läßt.

Seien also zunächst $\alpha\colon \big\{(s,t) \mid 0 \le s \le t < \infty\big\} \longrightarrow [0,\infty)$ eine nichtnegative additive Intervallfunktion und $\mu\colon \big\{(s,t) \mid 0 \le s \le t < \infty\big\} \longrightarrow [1,\infty)$ eine multiplikative Intervallfunktion mit Werten größer oder gleich 1.

Ist $0 \le s < t < \infty$ und $\mathcal{T} := \{s =: t_0 < \cdots < t_n := t\}$ eine Zerlegung von $(s,t]$, so seien

$$|\mathcal{T}| := \max\{t_i - t_{i-1} \mid i = 1,\ldots,n\}$$

die *Feinheit von* $\mathcal{T}$,

$$\prod_{\mathcal{T}}(1+\Delta\alpha) := \prod_{i=1}^{n}\big(1+\alpha(t_{i-1},t_i)\big)$$

und

$$\sum_{\mathcal{T}}\Delta(\mu-1) := \sum_{i=1}^{n}\big(\mu(t_{i-1},t_i)-1\big)\,.$$

Wir betrachten die Grenzwerte dieser Riemannschen Produkte und Summen für $|\mathcal{T}| \longrightarrow 0$ und führen so das Produktintegral von α und das additive Integral von μ ein.

12.1 Definition. Das *Produktintegral von α über* $(s,t]$ ist definiert durch

$$\prod_{(s,t]}(1+d\alpha) := \sup_{\mathcal{T}}\prod_{\mathcal{T}}(1+\Delta\alpha)\,, \tag{12.1.1}$$

das *additive Integral von μ über* $(s,t]$ *ist*

$$\int_{(s,t]} d(\mu-1) := \inf_{\mathcal{T}}\sum_{\mathcal{T}}\Delta(\mu-1)\,. \tag{12.1.2}$$

Wie die Sätze 12.2 und 12.4 zeigen, sind das Infimum und das Supremum in Definition 12.1 aus Monotoniegründen in der Tat Limites entlang Verfeinerungen der Zerlegung und auch Limites für $|\mathcal{T}| \longrightarrow 0$. Solche Limites sind wohldefiniert: Sowohl bezüglich der durch die Verfeinerungsrelation definierten Vorordnung als auch bezüglich der Vorordnung vermöge der Feinheit bilden die Zerlegungen eines Intervalles eine gerichtete Menge, d. h. zu je zwei Zerlegungen gibt es jeweils eine gemeinsame „größere“ Zerlegung.

12.2 Satz.
(a) $(s,t) \longmapsto \prod_{(s,t]}(1+d\alpha)$ *ist eine multiplikative Intervallfunktion mit*

$$1+\alpha(s,t) \le \prod_{(s,t]}(1+d\alpha) \le \exp\bigl(\alpha(s,t)\bigr), \qquad 0 \le s \le t < \infty. \tag{12.2.1}$$

Für alle $0 \le s \le t < \infty$ *gilt*

$$\prod_{(s,t]}(1+d\alpha) = \lim_{\mathcal{T}} \prod_{\mathcal{T}}(1+\Delta\alpha). \tag{12.2.2}$$

(b) $(s,t) \longmapsto \int_{(s,t]} d(\mu-1)$ *ist eine additive Intervallfunktion mit*

$$\log\mu(s,t) \le \int_{(s,t]} d(\mu-1) \le \mu(s,t)-1, \qquad 0 \le s \le t < \infty. \tag{12.2.3}$$

Für alle $0 \le s \le t < \infty$ *gilt*

$$\int_{(s,t]} d(\mu-1) = \lim_{\mathcal{T}} \sum_{\mathcal{T}} \Delta(\mu-1). \tag{12.2.4}$$

Beweis. Wir beschränken uns auf den Beweis von (a). Seien $0 \le s < t < \infty$. Aus

$$1+a+b \le (1+a)(1+b) \le \exp(a+b), \qquad a \ge 0,\ b \ge 0,$$

in Verbindung mit der Additivität von α folgt, daß $\mathcal{T} \longmapsto \prod_{\mathcal{T}}(1+\Delta\alpha)$ entlang Verfeinerungen wächst und daß für alle Zerlegungen $\mathcal{T}$

$$1+\alpha(s,t) \le \prod_{\mathcal{T}}(1+\Delta\alpha) \le \exp\bigl(\alpha(s,t)\bigr)$$

gilt. Dies liefert (12.2.1) und (12.2.2). Die Rechtsstetigkeit des Produktintegrals folgt unmittelbar aus (12.2.1) in Verbindung mit der Rechtsstetigkeit von α.

Die Multiplikativität ergibt sich aus der Limesbeziehung (12.2.2) in Verbindung mit der Tatsache, daß für alle $0 \le r < s < t < \infty$, alle Zerlegungen $\mathcal{S}$ von $(r,s]$ und $\mathcal{T}$ von $(s,t]$ durch $\mathcal{S} \cup \mathcal{T}$ eine Zerlegung von $(r,t]$ definiert ist mit

$$\prod_{\mathcal{S}}(1+\Delta\alpha) \cdot \prod_{\mathcal{T}}(1+\Delta\alpha) = \prod_{\mathcal{S}\cup\mathcal{T}}(1+\Delta\alpha). \qquad \square$$

Wir zeigen nun, daß die Produktintegration additiver Intervallfunktionen und die additive Integration multiplikativer Intervallfunktionen zueinander inverse Operationen sind.

12.3 Satz. *Seien*

$$\mu_0(s,t) := \prod_{(s,t]} (1 + d\alpha)$$

und

$$\alpha_0(s,t) := \int_{(s,t]} d(\mu - 1)\,, \qquad 0 \le s \le t < \infty\,.$$

Dann gelten

$$\alpha(s,t) = \int_{(s,t]} d(\mu_0 - 1) \tag{12.3.1}$$

und

$$\mu(s,t) = \prod_{(s,t]} (1 + d\alpha_0)\,, \qquad 0 \le s \le t < \infty\,. \tag{12.3.2}$$

Weiterhin gelten für jede Zerlegung $\mathcal{T}$ von $(s,t]$

$$0 \le \sum_{\mathcal{T}} \Delta(\mu_0 - 1) - \alpha(s,t) \le \mu_0(s,t) - \prod_{\mathcal{T}} (1 + \Delta\alpha) \tag{12.3.3}$$

und

$$0 \le \mu(s,t) - \prod_{\mathcal{T}} (1 + \Delta\alpha_0) \le \mu(s,t) \cdot \Big(\sum_{\mathcal{T}} \Delta(\mu - 1) - \alpha_0(s,t)\Big)\,. \tag{12.3.4}$$

Beweis. Sei $\mathcal{T} = \{s = t_0 < \cdots < t_n = t\}$ eine Zerlegung von $(s,t]$. Einerseits gilt nach (12.2.1)

$$\sum_{\mathcal{T}} \Delta(\mu_0 - 1) - \alpha(s,t) = \sum_{i=1}^{n} \Big(\prod_{(t_{i-1},t_i]} (1 + d\alpha) - 1 - \alpha(t_{i-1},t_i)\Big) \ge 0\,,$$

andererseits folgt aus Aufgabe 2 (d) und (12.2.2)

$$\begin{aligned}
\sum_{\mathcal{T}} \Delta(\mu_0 - 1) - \alpha(s,t) &= \sum_{i=1}^{n} \big(\mu_0(t_{i-1},t_i) - 1 - \alpha(t_{i-1},t_i)\big) \\
&\le \sum_{i=1}^{n} \mu_0(t_0,t_1) \ldots \mu_0(t_{i-2},t_{i-1}) \cdot \big(\mu_0(t_{i-1},t_i) - 1 - \alpha(t_{i-1},t_i)\big) \\
&\qquad \cdot \big(1 + \alpha_0(t_i,t_{i+1})\big) \ldots \big(1 + \alpha_0(t_{n-1},t_n)\big) \\
&= \mu_0(s,t) - \prod_{\mathcal{T}} (1 + \Delta\alpha) \longrightarrow 0
\end{aligned}$$

(bei Verfeinerung von $\mathcal{T}$), insgesamt also (12.3.3) und (12.3.1).

Der Beweis der verbleibenden Beziehungen (12.3.2) und (12.3.4) verläuft ähnlich. Einerseits gilt nach (12.2.3)

$$\mu(s,t) - \prod_{\mathcal{T}}(1+\Delta\alpha_0) = \prod_{i=1}^{n}\mu(t_{i-1},t_i) - \prod_{i=1}^{n}\Big(1 + \int_{(t_{i-1},t_i]} d(\mu-1)\Big) \geq 0,$$

andererseits folgt aus Aufgabe 2 (d) und (12.2.3)

$$\begin{aligned}
\mu(s,t) &- \prod_{\mathcal{T}}(1+\Delta\alpha_0) \\
&= \sum_{i=1}^{n} \mu_0(t_0,t_1)\dots\mu_0(t_{i-2},t_{i-1})\cdot\big(\mu(t_{i-1},t_i) - 1 - \alpha_0(t_{i-1},t_i)\big) \\
&\qquad \cdot\big(1+\alpha_0(t_i,t_{i+1})\big)\dots\big(1+\alpha_0(t_{n-1},t_n)\big) \\
&\leq \sum_{i=1}^{n} \mu(t_0,t_1)\dots\mu(t_{i-2},t_{i-1})\cdot\big(\mu(t_{i-1},t_i) - 1 - \alpha_0(t_{i-1},t_i)\big) \\
&\qquad \cdot\mu(t_i,t_{i+1})\dots\mu(t_{n-1},t_n) \\
&\leq \mu(s,t)\cdot\Big(\sum_{\mathcal{T}}\Delta(\mu-1) - \alpha_0(s,t)\Big),
\end{aligned}$$

letzteres, da $\mu(s,t) = \prod_{j=1}^{n}\mu(t_{j-1},t_j) \geq \prod_{j=1,\, j\neq i}^{n}\mu(t_{j-1},t_j)$, $1 \leq i \leq n$. □

Wir wollen nun zeigen, daß die Limites in den Gleichungen (12.2.2) und (12.2.4) für das Produktintegral und das additive Integral als Limites für Zerlegungsfeinheit $|\mathcal{T}| \longrightarrow 0$ aufgefaßt werden können:

12.4 Satz. *Sei $u > 0$. Dann gelten gleichmäßig in allen $(s,t] \subset (0,u]$*

$$\prod_{(s,t]}(1+d\alpha) = \lim_{|\mathcal{T}|\to 0}\prod_{\mathcal{T}}(1+\Delta\alpha)\,, \tag{12.4.1}$$

$$\int_{(s,t]} d(\mu-1) = \lim_{|\mathcal{T}|\to 0}\sum_{\mathcal{T}}\Delta(\mu-1)\,. \tag{12.4.2}$$

Zum Beweis benötigen wir die folgenden beiden Hilfssätze.

12.5 Hilfssatz. *Seien $\nu\big|_{\mathfrak{B}((0,\infty))}$ ein Borelmaß und $u > 0$. Sind $0 \leq s < t \leq u$ und $\mathcal{T} = \{s = t_0 < \dots < t_n = t\}$ eine Partition von $(s,t]$, so sei $s_i \in (t_{i-1},t_i]$ dasjenige Atom von ν in $(t_{i-1},t_i]$, welches die größte Masse besitzt. (Ist $\nu\big|_{\mathfrak{B}((t_{i-1},t_i])}$ atomlos, so sei $s_i := t_i$.) Dann gilt*

$$\lim_{|\mathcal{T}|\to 0}\ \max_{1\leq i\leq n}\ \nu\big((t_{i-1},t_i]\setminus\{s_i\}\big) = 0$$

gleichmäßig in $(s,t] \subset (0,u]$.

Beweis. Seien $\nu^{(d)} := \sum_{j=1}^{\infty} \nu_j \varepsilon_{a_j}$ der diskrete Anteil von $\nu\big|_{\mathfrak{B}((0,u])}$ und $\nu^{(c)} := \nu\big|_{\mathfrak{B}((0,u])} - \nu^{(d)}$ der stetige Anteil. Weiter seien $\varepsilon > 0$ beliebig, $\delta_1(\varepsilon) > 0$ so, daß $\nu^{(c)}(I) \leq \varepsilon/2$ für jedes Intervall $I \subset (0,u]$ mit $\lambda^1(I) \leq \delta_1(\varepsilon)$, $n(\varepsilon) \in \mathbb{N}$ so, daß $\sum_{j=n(\varepsilon)+1}^{\infty} \nu_j \leq \varepsilon/2$, und $\delta_2(\varepsilon) := \min\big\{|a_i - a_j| \,\big|\, 1 \leq i < j \leq n(\varepsilon)\big\}$. Ist dann $\mathcal{T} = \{s = t_0 < \cdots < t_n = t\}$ eine Partition von $(s,t] \subset (0,u]$ mit Feinheit $|\mathcal{T}| \leq \delta_1(\varepsilon) \wedge \delta_2(\varepsilon)$ und $i \in \{1,\ldots,n\}$, so gilt $\nu^{(c)}\big((t_{i-1},t_i]\big) \leq \varepsilon/2$. Wir zeigen $\nu^{(d)}\big((t_{i-1},t_i] \setminus \{s_i\}\big) \leq \varepsilon/2$, woraus dann die Behauptung folgt.

Wegen $|\mathcal{T}| \leq \delta_2(\varepsilon)$ ist $\#(t_{i-1},t_i] \cap \{a_1,\ldots,a_{n(\varepsilon)}\} \leq 1$. Enthält $(t_{i-1},t_i]$ keines der Atome $a_1,\ldots,a_{n(\varepsilon)}$, so gilt offenbar

$$\nu^{(d)}\big((t_{i-1},t_i]\big) \leq \sum_{j=n(\varepsilon)+1}^{\infty} \nu_j \leq \frac{\varepsilon}{2}\,.$$

Ist $a_{j_0} \in (t_{i-1},t_i]$ für ein $j_0 \in \{1,\ldots,n(\varepsilon)\}$ und ist $s_i = a_{j_0}$, so folgt

$$\nu^{(d)}\big((t_{i-1},t_i] \setminus \{s_i\}\big) \leq \sum_{j=n(\varepsilon)+1}^{\infty} \nu_j \leq \frac{\varepsilon}{2}\,;$$

im Falle $s_i \neq a_{j_0}$ folgt $\nu_{j_0} \leq \nu\big(\{s_i\}\big)$ nach Definition von s_i und somit

$$\nu^{(d)}\big((t_{i-1},t_i] \setminus \{s_i\}\big) \leq \nu_{j_0} + \sum_{\substack{j=n(\varepsilon)+1 \\ a_j \neq s_i}}^{\infty} \nu_j \leq \frac{\varepsilon}{2}\,. \qquad \square$$

12.6 Hilfssatz. *Seien $\nu\big|_{\mathfrak{B}((0,\infty))}$ ein Borelmaß (aufgefaßt als additive Intervallfunktion) und $0 \leq s < r \leq t < \infty$. Dann gilt*

$$0 \leq \prod_{(s,t]}(1+d\nu) - 1 - \nu\big((s,t]\big) \leq \nu\big((s,t] \setminus \{r\}\big) \cdot \nu\big((s,t]\big) \cdot \exp\big(\nu((s,t])\big)\,.$$

Beweis. Definieren wir

$$\prod_{(s,t]\setminus\{r\}}(1+d\nu) := \prod_{(s,t]}\big(1 + d\nu\big|_{(s,t]\setminus\{r\}}\big)\,,$$

so gilt offenbar

$$\prod_{(s,t]}(1+d\nu) = \prod_{(s,t]\setminus\{r\}}(1+d\nu) \cdot \big(1 + \nu(\{r\})\big)\,.$$

Damit liefern (12.2.1) sowie die Aufgaben 3 (a) und (b) (angewandt mit $\alpha := \nu\big|_{(s,t]\setminus\{r\}}$)

$$0 \leq \prod_{(s,t]}(1+d\nu) - 1 - \nu\big((s,t]\big) =$$

$$= \bigl(1 + \nu(\{r\})\bigr) \prod_{(s,t]\setminus\{r\}} (1 + d\nu) - 1 - \nu\bigl((s,t] \setminus \{r\}\bigr) - \nu\bigl(\{r\}\bigr)$$

$$= \prod_{(s,t]\setminus\{r\}} (1 + d\nu) - 1 - \nu\bigl((s,t] \setminus \{r\}\bigr) + \nu\bigl(\{r\}\bigr)\Bigl(\prod_{(s,t]\setminus\{r\}} (1 + d\nu) - 1\Bigr)$$

$$\leq \nu\bigl((s,t] \setminus \{r\}\bigr) \cdot \nu\bigl((s,t]\bigr) \cdot \exp\bigl(\nu((s,t])\bigr)\,. \qquad \square$$

Beweis von Satz 12.4. Seien $0 \leq s < t \leq u$ und $\mathcal{T} = \{s = t_0 < \cdots < t_n = t\}$ eine Zerlegung von $(s, t]$. Für $1 \leq i \leq n$ setzen wir

$$M_i := \prod_{(t_{i-1},t_i]} (1 + d\alpha)\,, \qquad N_i := 1 + \alpha(t_{i-1}, t_i)\,.$$

Nach (12.2.1) gilt

$$1 \leq N_i \leq M_i \leq \exp\bigl(\alpha(t_{i-1}, t_i)\bigr)\,,$$

und nach Hilfssatz 12.6

$$M_i - N_i \leq \alpha\bigl((t_{i-1}, t_i] \setminus \{s_i\}\bigr) \cdot \alpha(t_{i-1}, t_i) \cdot \exp\bigl(\alpha(t_{i-1}, t_i)\bigr)\,,$$

wobei $s_i \in (t_{i-1}, t_i]$ wie in Hilfssatz 12.5 dasjenige Atom von α in $(t_{i-1}, t_i]$ ist, welches die größte α-Masse besitzt. Mit Aufgabe 2 (d) folgt

$$0 \leq \prod_{(s,t]}(1 + d\alpha) - \prod_{\mathcal{T}}(1 + \Delta\alpha) = \prod_{i=1}^{n} M_i - \prod_{i=1}^{n} N_i$$

$$= \sum_{i=1}^{n} M_1 \ldots M_{i-1} \cdot (M_i - N_i) \cdot N_{i+1} \ldots N_n$$

$$\leq \max_{1\leq i\leq n} \alpha\bigl((t_{i-1}, t_i] \setminus \{s_i\}\bigr) \cdot \alpha(s, t) \cdot \exp\bigl(\alpha(s, t)\bigr)\,.$$

Dies beweist (12.4.1), denn für $|\mathcal{T}| \longrightarrow 0$ konvergiert die Schranke gleichmäßig in allen $(s, t] \subset (0, u]$ gegen 0 (Hilfssatz 12.5).

Mit $\alpha_0(s, t) := \int_{(s,t]} d(\mu - 1)$ gilt für alle Zerlegungen $\mathcal{T}$ von $(s, t]$ nach (12.3.3) und (12.3.2)

$$0 \leq \sum_{\mathcal{T}} \Delta(\mu - 1) - \int_{(s,t]} d(\mu - 1) = \sum_{\mathcal{T}} \Delta(\mu - 1) - \alpha_0(s, t)$$

$$\leq \mu(s, t) - \prod_{\mathcal{T}}(1 + \Delta\alpha_0) = \prod_{(s,t]}(1 + d\alpha_0) - \prod_{\mathcal{T}}(1 + \Delta\alpha_0)\,.$$

Anwendung von (12.4.1) mit α_0 statt α zeigt, daß die rechte Seite für $|\mathcal{T}| \longrightarrow 0$ gleichmäßig in allen $(s, t] \subset (0, u]$ gegen 0 konvergiert, also (12.4.2). $\square$

Nach diesen Vorbereitungen wenden wir uns nun der mehrdimensionalen Integrationstheorie zu. Seien also $d \in \mathbb{N}$, $\mathcal{M}(d,d)$ der Raum der reellen $d \times d$–Matrizen versehen mit der maximalen Zeilensummennorm $|\cdot|$ und $\mathcal{E}$ die $d \times d$–Einheitsmatrix.

12.7 Definition. Sei $\beta\colon \{(s,t) \mid 0 \le s \le t < \infty\} \longrightarrow \mathcal{M}(d,d)$ eine Intervallfunktion.
(a) β ist *von beschränkter Variation (BV) über* $(s,t]$, falls

$$|\beta|(s,t) := \sup_{\mathcal{T}} \sum_{i=1}^{n} \left|\beta(t_{i-1}, t_i)\right| < \infty .$$

(Dabei wird das Supremum gebildet über alle Zerlegungen $\mathcal{T} = \{s = t_0 < \cdots < t_n = t\}$ von $(s,t]$.) β ist *von beschränkter Variation (BV) auf Kompakta*, falls $|\beta|(0,t) < \infty$ für alle $t \ge 0$.
(b) β ist *dominiert durch eine reelle Intervallfunktion* β_0, falls

$$|\beta|(s,t) \le \beta_0(s,t), \qquad 0 \le s \le t < \infty .$$

Ist β additiv, so ist β genau dann BV auf Kompakta im Sinne von Definition 12.7 (a), wenn $\beta(s,\cdot)$ für alle $s \ge 0$ BV auf Kompakta im üblichen Sinne ist (also endliche Totalvariation über kompakten Intervallen hat). Ohne die Additivität von β ist dies nicht generell richtig.

12.8 Hilfssatz. *Seien* $\alpha\colon \{(s,t) \mid 0 \le s \le t < \infty\} \longrightarrow \mathcal{M}(d,d)$ *eine additive Intervallfunktion und* $\mu\colon \{(s,t) \mid 0 \le s \le t < \infty\} \longrightarrow \mathcal{M}(d,d)$ *eine multiplikative Intervallfunktion.*
(a) α *ist genau dann BV auf Kompakta, wenn* α *durch eine nichtnegative additive Intervallfunktion* α_0 *dominiert wird.*
(b) $\mu - \mathcal{E}$ *ist genau dann BV auf Kompakta, wenn eine reellwertige multiplikative Intervallfunktion* $\mu_0 \ge 1$ *existiert, so daß* $\mu - \mathcal{E}$ *durch* $\mu_0 - 1$ *dominiert wird.*

Beweis. Nichttrivial ist jeweils nur die Notwendigkeit der Dominiertheitsbedingung.

Zu (a)*:* Ist α additiv und BV auf Kompakta, so ist die Totalvariation $\alpha_0 := |\alpha|$ eine dominierende additive reellwertige Intervallfunktion.

Zu (b)*:* Ist $\mu - \mathcal{E}$ BV auf Kompakta, so ist $|\mu - \mathcal{E}|$ reellwertig und superadditiv,

$$|\mu - \mathcal{E}|(s,t) \ge |\mu - \mathcal{E}|(s,u) + |\mu - \mathcal{E}|(u,t)\,, \qquad 0 \le s \le u \le t < \infty ,$$

jedoch in der Regel nicht additiv (Aufgabe 4). Aber

$$\alpha_0(s,t) := |\mu - \mathcal{E}|(0,t) - |\mu - \mathcal{E}|(0,s)\,, \qquad 0 \le s \le t < \infty ,$$

ist eine nichtnegative additive Intervallfunktion, das Produktintegral $\mu_0 := \prod (1 + d\alpha_0)$ also eine wohldefinierte, durch 1 nach unten beschränkte multiplikative Intervallfunktion. Es gilt

$$\begin{aligned}|\mu(s,t)-\mathcal{E}| &\le |\mu-\mathcal{E}|(s,t) \le |\mu-\mathcal{E}|(0,t)-|\mu-\mathcal{E}|(0,s)\\ &= \alpha_0(s,t) \le \mu_0(s,t)-1\,, \qquad 0\le s\le t<\infty\end{aligned}$$

(vergleiche (12.2.1)). □

Für durch Intervallzerlegungen gegebene Riemannsche Summen und Produkte verwenden wir dieselben Bezeichnungsweisen wie im Fall $d = 1$.

12.9 Satz und Definition. *Seien* $\alpha\colon \{(s,t) \mid 0 \le s \le t < \infty\} \longrightarrow \mathcal{M}(d,d)$ *eine additive Intervallfunktion, die durch eine nichtnegative additive Intervallfunktion* α_0 *dominiert wird, und* $\mu_0 := \prod(1 + d\alpha_0)$. *Dann ist das Produktintegral*

$$\mu(s,t) := \prod_{(s,t]}(\mathcal{E} + d\alpha) := \lim_{|\mathcal{T}|\to 0}\prod_{\mathcal{T}}(\mathcal{E} + \Delta\alpha)$$

($0 \le s \le t < \infty$) *wohldefiniert, und für jedes* $u > 0$ *ist der Limes gleichmäßig in allen* $(s,t] \subset (0,u]$. *Die Intervallfunktion* μ *ist multiplikativ,* $\mu - \mathcal{E}$ *ist dominiert durch* $\mu_0 - 1$ *und* $\mu - \mathcal{E} - \alpha$ *dominiert durch* $\mu_0 - 1 - \alpha_0$.

Beweis. Sei $\mathcal{T} = \{s = t_0 < \cdots < t_n = t\}$ eine Zerlegung von $(s,t]$. Nach Aufgabe 2 (c) ist

$$\begin{aligned}&\prod_{\mathcal{T}}(\mathcal{E} + \Delta\alpha) - \mathcal{E} - \alpha(s,t)\\ &\quad= \sum_{1\le i<j\le n} \alpha(t_{i-1},t_i)\cdot\big(\mathcal{E}+\alpha(t_i,t_{i+1})\big)\ldots\big(\mathcal{E}+\alpha(t_{j-2},t_{j-1})\big)\cdot\alpha(t_{j-1},t_j)\,.\end{aligned}$$

Da dieselbe Identität auch für die dominierende Intervallfunktion α_0 gilt, folgt

$$\Big|\prod_{\mathcal{T}}(\mathcal{E} + \Delta\alpha) - \mathcal{E} - \alpha(s,t)\Big| \le \prod_{\mathcal{T}}(1 + \Delta\alpha_0) - 1 - \alpha_0(s,t)\,. \tag{12.9.1}$$

Sei nun $\mathcal{U}$ eine Verfeinerung von $\mathcal{T}$ und $\mathcal{U}_i$ die zugehörige Zerlegung von $(t_{i-1},t_i]$. Dann gilt

$$\prod_{\mathcal{U}}(\mathcal{E} + \Delta\alpha) - \prod_{\mathcal{T}}(\mathcal{E} + \Delta\alpha) = \prod_{i=1}^{n}\prod_{\mathcal{U}_i}(\mathcal{E} + \Delta\alpha) - \prod_{i=1}^{n}\big(\mathcal{E} + \alpha(t_{i-1},t_i)\big)\,. \tag{12.9.2}$$

Anwendung von Aufgabe 2 (d), (12.9.2) und der Abschätzung (12.9.1) liefert

$$\begin{aligned}&\Big|\prod_{\mathcal{U}}(\mathcal{E} + \Delta\alpha) - \prod_{\mathcal{T}}(\mathcal{E} + \Delta\alpha)\Big|\\ &\quad= \Big|\sum_{i=1}^{n}\prod_{\mathcal{U}_1}(\mathcal{E} + \Delta\alpha)\ldots\prod_{\mathcal{U}_{i-1}}(\mathcal{E} + \Delta\alpha)\cdot\Big(\prod_{U_i}(\mathcal{E} + \Delta\alpha) - \mathcal{E} - \alpha(t_{i-1},t_i)\Big)\cdot\end{aligned}$$

$$\cdot \big(\mathcal{E} + \alpha(t_i, t_{i+1})\big) \ldots \big(\mathcal{E} + \alpha(t_{n-1}, t_n)\big)\big| \tag{12.9.3}$$
$$\le \sum_{i=1}^{n} \prod_{\mathcal{U}_1} (1 + \Delta\alpha_0) \ldots \prod_{\mathcal{U}_{i-1}} (1 + \Delta\alpha_0) \cdot \Big(\prod_{\mathcal{U}_i} (1 + \Delta\alpha_0) - 1 - \alpha_0(t_{i-1}, t_i)\Big)$$
$$\cdot \big(1 + \alpha_0(t_i, t_{i+1})\big) \ldots \big(1 + \alpha_0(t_{n-1}, t_n)\big)$$
$$= \prod_{\mathcal{U}} (1 + \Delta\alpha_0) - \prod_{\mathcal{T}} (1 + \Delta\alpha_0).$$

Ist nun $\mathcal{U}$ irgendeine Zerlegung von $(s, t]$ mit $|\mathcal{U}| \le |\mathcal{T}|$ und $\mathcal{V}$ eine gemeinsame Verfeinerung von $\mathcal{T}$ und $\mathcal{U}$, so folgt aus (12.9.3)

$$\Big|\prod_{\mathcal{U}} (\mathcal{E} + \Delta\alpha) - \prod_{\mathcal{T}} (\mathcal{E} + \Delta\alpha)\Big|$$
$$\le \Big(\prod_{\mathcal{V}} (1 + \Delta\alpha_0) - \prod_{\mathcal{U}} (1 + \Delta\alpha_0)\Big) + \Big(\prod_{\mathcal{V}} (1 + \Delta\alpha_0) - \prod_{\mathcal{T}} (1 + \Delta\alpha_0)\Big).$$

Da das Produktintegral μ_0 von α_0 existiert und gleich dem $\lim_{|\mathcal{T}| \to 0}$ der Riemannschen Produkte ist, gilt dasselbe auch für α. Aus (12.9.3) folgt durch Grenzübergang $|\mathcal{U}| \longrightarrow 0$

$$\Big|\prod_{(s,t]} (\mathcal{E} + d\alpha) - \prod_{\mathcal{T}} (\mathcal{E} + \Delta\alpha)\Big| \le \prod_{(s,t]} (1 + d\alpha_0) - \prod_{\mathcal{T}} (1 + \Delta\alpha_0).$$

Für jedes $u > 0$ konvergiert nach Satz 12.4 die rechte Seite bei $|\mathcal{T}| \longrightarrow 0$ gegen 0 gleichmäßig in allen $(s, t] \subset (0, u]$; damit gilt dieselbe Konvergenz auch für die linke Seite. Die Multiplikativität des Produktintegrals μ folgt aus der Multiplikativität der approximierenden Riemannschen Produkte. Schließlich erhält man durch Grenzübergang $|\mathcal{T}| \longrightarrow 0$ aus (12.9.1)

$$|\mu(s, t) - \mathcal{E} - \alpha(s, t)| \le \mu_0(s, t) - 1 - \alpha_0(s, t),$$

d. h. daß $\mu - \mathcal{E} - \alpha$ durch $\mu_0 - 1 - \alpha_0$ dominiert wird. Die Dominiertheit von $\mu - \mathcal{E}$ durch $\mu_0 - 1$ erhält man aus der aus Aufgabe 2 (a) analog zu (12.9.1) folgenden Abschätzung

$$\Big|\prod_{\mathcal{T}} (\mathcal{E} + \Delta\alpha) - \mathcal{E}\Big| \le \prod_{\mathcal{T}} (1 + \Delta\alpha_0) - 1. \qquad \square$$

Wir kommen nun zu der analogen Aussage für das additive Integral einer multiplikativen Intervallfunktion.

12.10 Satz und Definition. *Seien* $\mu\colon \{(s, t) \mid 0 \le s \le t < \infty\} \longrightarrow \mathcal{M}(d, d)$ *und* $\mu_0\colon \{(s, t) \mid 0 \le s \le t < \infty\} \longrightarrow [1, \infty)$ *multiplikative Intervallfunktionen, so daß* $\mu - \mathcal{E}$ *durch* $\mu_0 - 1$ *dominiert wird, und* $\alpha_0 := \int d(\mu_0 - 1)$. *Dann ist das additive Integral*

$$\alpha(s, t) := \int_{(s,t]} d(\mu - \mathcal{E}) := \lim_{|\mathcal{T}| \to 0} \sum_{\mathcal{T}} \Delta(\mu - \mathcal{E})$$

$(0 \le s \le t < \infty)$ wohldefiniert und für jedes $u > 0$ ist der Limes gleichmäßig in allen $(s,t] \subset (0,u]$. Die Intervallfunktion α ist additiv und dominiert durch α_0, $\mu - \mathcal{E} - \alpha$ ist dominiert durch $\mu_0 - 1 - \alpha_0$.

Beweis. Sei $\mathcal{T} = \{s = t_0 < \cdots < t_n = t\}$ eine Zerlegung von $(s,t]$. Nach Aufgabe 2 (c) (angewandt mit $A_i := \mu(t_{i-1},t_i) - \mathcal{E}$) ist

$$\begin{aligned}\mu(s,t) - \mathcal{E} - \sum_{\mathcal{T}} \Delta(\mu - \mathcal{E}) &= \prod_{i=1}^{n} \mu(t_{i-1},t_i) - \mathcal{E} - \sum_{i=1}^{n} \big(\mu(t_{i-1},t_i) - \mathcal{E}\big) \\ &= \sum_{1 \le i < j \le n} \big(\mu(t_{i-1},t_i) - \mathcal{E}\big)\mu(t_i,t_{i+1}) \ldots \mu(t_{j-2},t_{j-1})\big(\mu(t_{j-1},t_j) - \mathcal{E}\big).\end{aligned}$$

Da dieselbe Identität auch für die Intervallfunktion μ_0 gilt und $\mu - \mathcal{E}$ durch $\mu_0 - 1$ sowie μ durch μ_0 dominiert wird, folgt

$$\Big|\mu(s,t) - \mathcal{E} - \sum_{\mathcal{T}} \Delta(\mu - \mathcal{E})\Big| \le \mu_0(s,t) - 1 - \sum_{\mathcal{T}} \Delta(\mu_0 - 1). \tag{12.10.1}$$

Sei $\mathcal{U}$ eine Verfeinerung von $\mathcal{T}$ und $\mathcal{U}_i$ die zugehörige Zerlegung von $(t_{i-1},t_i]$. Dann gilt

$$\sum_{\mathcal{T}} \Delta(\mu - \mathcal{E}) - \sum_{\mathcal{U}} \Delta(\mu - \mathcal{E}) = \sum_{i=1}^{n} \Big(\mu(t_{i-1},t_i) - \mathcal{E} - \sum_{\mathcal{U}_i} \Delta(\mu - \mathcal{E})\Big).$$

Anwendung von (12.10.1) auf die einzelnen Summanden zeigt

$$\Big|\sum_{\mathcal{T}} \Delta(\mu - \mathcal{E}) - \sum_{\mathcal{U}} \Delta(\mu - \mathcal{E})\Big| \le \sum_{\mathcal{T}} \Delta(\mu_0 - 1) - \sum_{\mathcal{U}} \Delta(\mu_0 - 1). \tag{12.10.2}$$

Ist nun $\mathcal{U}$ irgendeine Zerlegung von $(s,t]$ mit $|\mathcal{U}| \le |\mathcal{T}|$ und $\mathcal{V}$ eine gemeinsame Verfeinerung von $\mathcal{T}$ und $\mathcal{U}$, so folgt aus (12.10.2)

$$\begin{aligned}&\Big|\sum_{\mathcal{T}} \Delta(\mu - \mathcal{E}) - \sum_{\mathcal{U}} \Delta(\mu - \mathcal{E})\Big| \\ &\quad \le \Big(\sum_{\mathcal{T}} \Delta(\mu_0 - 1) - \sum_{\mathcal{V}} \Delta(\mu_0 - 1)\Big) + \Big(\sum_{\mathcal{U}} \Delta(\mu_0 - 1) - \sum_{\mathcal{V}} \Delta(\mu_0 - 1)\Big).\end{aligned}$$

Da das additive Integral α_0 von μ_0 existiert und gleich dem $\lim_{|\mathcal{T}| \to 0}$ der Riemannschen Summen ist, gilt dasselbe auch für μ. Die Additivität von α folgt aus der Additivität der approximierenden Riemannschen Summen. Die Dominiertheit von α durch α_0 ergibt sich unmittelbar aus den Definitionen von α und α_0 und der Dominiertheitsvoraussetzung:

$$|\alpha(s,t)| = \Big|\lim_{|\mathcal{T}| \to 0} \sum_{\mathcal{T}} \Delta(\mu - \mathcal{E})\Big| \le \lim_{|\mathcal{T}| \to 0} \sum_{i=1}^{n} \big|\mu(t_{i-1},t_i) - \mathcal{E}\big| \le$$

$$\leq \lim_{|\mathcal{T}|\to 0} \sum_{i=1}^{n} \bigl(\mu_0(t_{i-1}, t_i) - 1\bigr) = \alpha_0(s, t)\,.$$

Indem man in (12.10.1) zum $\lim_{|\mathcal{T}|\to 0}$ übergeht, erhält man

$$\bigl|\mu(s, t) - \mathcal{E} - \alpha(s, t)\bigr| \leq \mu_0(s, t) - 1 - \alpha_0(s, t)\,,$$

d. h. daß $\mu - \mathcal{E} - \alpha$ durch $\mu_0 - 1 - \alpha_0$ dominiert ist. Zusammen mit (12.3.3) liefert dies die Abschätzung

$$\begin{aligned} \Bigl|\sum_{\mathcal{T}} \Delta(\mu - \mathcal{E}) - \alpha(s, t)\Bigr| &\leq \sum_{i=1}^{n} \bigl|\mu(t_{i-1}, t_i) - \mathcal{E} - \alpha(t_{i-1}, t_i)\bigr| \\ &\leq \sum_{\mathcal{T}} \Delta(\mu_0 - 1) - \alpha_0(s, t)\,, \end{aligned}$$

aus der die behauptete Gleichmäßigkeitsaussage mittels Satz 12.4 folgt. □

Als nächstes zeigen wir in Verallgemeinerung von Satz 12.3, daß auch bei matrixwertigen Intervallfunktionen die additive Integration und die Produktintegration zueinander inverse Operationen sind.

12.11 Satz. *Ist α additiv und BV auf Kompakta und μ definiert durch*

$$\mu(s, t) = \prod_{(s,t]} (\mathcal{E} + d\alpha)\,, \qquad 0 \leq s \leq t < \infty\,, \tag{12.11.1}$$

so gilt

$$\alpha(s, t) = \int_{(s,t]} d(\mu - \mathcal{E})\,, \qquad 0 \leq s \leq t < \infty\,. \tag{12.11.2}$$

Ist andererseits μ multiplikativ, $\mu - \mathcal{E}$ BV auf Kompakta und α definiert durch (12.11.2), *so gilt* (12.11.1).

Beweis. Seien zunächst α additiv und BV auf Kompakta und μ durch (12.11.1) definiert. Wir wählen mittels Hilfssatz 12.8 eine additive Intervallfunktion α_0, die α dominiert, und setzen $\mu_0 := \prod(1 + d\alpha_0)$. Nach Satz 12.9 ist $\mu - \mathcal{E}$ durch $\mu_0 - 1$ dominiert, insbesondere also BV auf Kompakta, so daß $\int d(\mu - \mathcal{E})$ nach Satz 12.10 wohldefiniert ist. Ist $\mathcal{T} = \{s = t_0 < \cdots < t_n = t\}$ eine Zerlegung von $(s, t]$, so gilt

$$\begin{aligned} \Bigl|\sum_{\mathcal{T}} \Delta(\mu - \mathcal{E}) - \alpha(s, t)\Bigr| &\leq \sum_{i=1}^{n} \bigl|\mu(t_{i-1}, t_i) - \mathcal{E} - \alpha(t_{i-1}, t_i)\bigr| \\ &\leq \sum_{i=1}^{n} \bigl(\mu_0(t_{i-1}, t_i) - 1 - \alpha_0(t_{i-1}, t_i)\bigr) = \sum_{\mathcal{T}} \Delta(\mu_0 - 1) - \alpha_0(s, t) \end{aligned}$$

auf Grund von Satz 12.9. Da die rechte Seite für $|\mathcal{T}| \to 0$ nach Satz 12.3 gegen 0 konvergiert, folgt (12.11.2).

Seien nun umgekehrt μ multiplikativ und $\mu - \mathcal{E}$ BV auf Kompakta und α durch (12.11.2) definiert. Wir wählen mittels Hilfssatz 12.8 eine multiplikative Intervallfunktion $\mu_0 \geq 1$, so daß $\mu - \mathcal{E}$ durch $\mu_0 - 1$ dominiert wird, und setzen $\alpha_0 := \int d(\mu_0 - 1)$. Ist $\mathcal{T} = \{s = t_0 < \cdots < t_n = t\}$ eine Zerlegung von $(s, t]$, so gilt nach Aufgabe 2 (d) und Satz 12.10

$$\begin{aligned}
\Big|\mu(s,t) - \prod_{\mathcal{T}}(\mathcal{E} + \Delta\alpha)\Big| &= \Big|\prod_{i=1}^{n}\mu(t_{i-1}, t_i) - \prod_{i=1}^{n}\big(\mathcal{E} + \alpha(t_{i-1}, t_i)\big)\Big| \\
&= \Big|\sum_{i=1}^{n}\mu(t_0, t_1)\ldots\mu(t_{i-2}, t_{i-1})\cdot\big(\mu(t_{i-1}, t_i) - \mathcal{E} - \alpha(t_{i-1}, t_i)\big) \\
&\qquad \cdot\big(\mathcal{E} + \alpha(t_i, t_{i+1})\big)\ldots\big(\mathcal{E} + \alpha(t_{n-1}, t_n)\big)\Big| \\
&\leq \sum_{i=1}^{n}\mu_0(t_0, t_1)\ldots\mu_0(t_{i-2}, t_{i-1})\cdot\big(\mu_0(t_{i-1}, t_i) - 1 - \alpha_0(t_{i-1}, t_i)\big) \\
&\qquad \cdot\big(1 + \alpha_0(t_i, t_{i+1})\big)\ldots\big(1 + \alpha_0(t_{n-1}, t_n)\big) \\
&= \prod_{i=1}^{n}\mu_0(t_{i-1}, t_i) - \prod_{i=1}^{n}\big(1 + \alpha_0(t_{i-1}, t_i)\big) = \mu_0(s,t) - \prod_{\mathcal{T}}(1 + \Delta\alpha_0)\,.
\end{aligned}$$

Da die rechte Seite für $|\mathcal{T}| \to 0$ nach Satz 12.3 gegen 0 konvergiert, folgt (12.11.1). □

Wir leiten nun eine Reihenentwicklung für das Produktintegral her, die sogenannte Peano-Reihe, die als technische Grundlage der weiteren Betrachtungen dient: Aus ihr lassen sich die Vorwärtsgleichung und die Rückwärtsgleichung für das Produktintegral gewinnen, woraus dann wiederum im eindimensionalen Fall die Exponentialformel hergeleitet werden kann. Für die Reihenentwicklung werden matrixwertige Produktmaße benötigt. Sei α eine $\mathcal{M}(d, d)$-wertige additive Intervallfunktion auf $(0, \infty)$, die stets BV auf Kompakta ist und durch die nichtnegative additive Intervallfunktion α_0 dominiert wird.

12.12 Bemerkung. Ist $h\colon (0, \infty) \longrightarrow \mathcal{M}(d, d)$ Borel-meßbar mit kompaktem Träger und beschränkt, so definiert man $\int_{(0,\infty)} h\, d\alpha$ mittels formaler Matrixmultiplikation:

$$\int_{(0,\infty)} h\, d\alpha := \begin{pmatrix} \sum_{i=1}^{d}\int_{(0,\infty)} h_{1i}\, d\alpha_{i1} & \ldots & \sum_{i=1}^{d}\int_{(0,\infty)} h_{1i}\, d\alpha_{id} \\ \vdots & & \vdots \\ \sum_{i=1}^{d}\int_{(0,\infty)} h_{di}\, d\alpha_{i1} & \ldots & \sum_{i=1}^{d}\int_{(0,\infty)} h_{di}\, d\alpha_{id} \end{pmatrix}.$$

Dann läßt sich das $\mathcal{M}(d,d)$-wertige *Produktmaß* $\alpha^{(n)}$ auf beschränkten Mengen $U \in \mathfrak{B}\big((0,\infty)^n\big)$ per vollständiger Induktion über n definieren:

$$\begin{aligned}\alpha^{(n)}(U) &:= \int \alpha^{(n-1)}(U_{u_n})\,\alpha(du_n)\\ &:= \cdots := \int\cdots\int \alpha(U_{u_n\dots u_2})\,\alpha(du_2)\dots\alpha(du_n)\\ &= \int\cdots\int \int\limits_{U_{u_n\dots u_2}} \alpha(du_1)\,\alpha(du_2)\dots\alpha(du_n)\,.\end{aligned}$$

(Dabei bezeichnet für $(u_n,\dots,u_k)^\top \in (0,\infty)^{n-k+1}$

$$U_{u_n\dots u_k} := \big\{(u_1,\dots,u_{k-1})^\top \in (0,\infty)^{k-1} \mid (u_1,\dots,u_n)^\top \in U\big\}$$

wie üblich den $u_n\dots u_k$-Schnitt von u.) Ist speziell $U = (s_1,t_1]\times\cdots\times(s_n,t_n]$ ein links halboffenes Rechteck, so gilt

$$\begin{aligned}\alpha^{(n)}(U) &= \int\cdots\int \alpha(s_1,t_1)\,1_{(s_n,t_n]}(u_n)\dots 1_{(s_2,t_2]}(u_2)\,\alpha(du_2)\dots\alpha(du_n)\\ &= \alpha(s_1,t_1)\dots\alpha(s_n,t_n)\,.\end{aligned}$$

Für nichtnegative Maße α ist $\alpha^{(n)} = \alpha^n$ das gewöhnliche Produktmaß. Da die maximale Zeilensummennorm submultiplikativ ist ($|A\cdot B| \le |A|\cdot|B|$, $\{A,B\}\subset \mathcal{M}(d,d)$), ist $\alpha^{(n)}$ auf Rechteckmengen dominiert durch das gewöhnliche Produktmaß α_0^n:

$$\begin{aligned}\big|\alpha^{(n)}\big((s_1,t_1]\times\cdots\times(s_n,t_n]\big)\big| &\le \prod_{i=1}^n \big|\alpha(s_i,t_i)\big| \le \prod_{i=1}^n \alpha_0(s_i,t_i)\\ &= \alpha_0^n\big((s_1,t_1]\times\cdots\times(s_n,t_n]\big)\,.\end{aligned}$$

12.13 Hilfssatz und Definition. *Seien* $0 \le s \le t < \infty$ *und*

$$U(s,t;n) := \big\{(u_1,\dots,u_n)^\top \in (s,t]^n \mid u_1 < \cdots < u_n\big\}\,,\qquad n\in\mathbb{N}\,.$$

Dann konvergiert die Peano-Reihe

$$P(s,t;\alpha) := \mathcal{E} + \sum_{n=1}^\infty \alpha^{(n)}\big(U(s,t;n)\big)\,,$$

und es gelten die folgenden Ungleichungen:

$$\big|P(s,t;\alpha)\big| \le P(s,t;\alpha_0) \le \exp\big(\alpha_0(s,t)\big)\,, \tag{12.13.1}$$

$$\big|P(s,t;\alpha)-\mathcal{E}\big| \le P(s,t;\alpha_0)-1 \le \alpha_0(s,t)\cdot\exp\big(\alpha_0(s,t)\big)\,, \tag{12.13.2}$$

$$\begin{aligned}\big|P(s,t;\alpha)-\mathcal{E}-\alpha(s,t)\big| &\le P(s,t;\alpha_0)-1-\alpha_0(s,t)\\ &\le \frac{1}{2}\big(\alpha_0(s,t)\big)^2\cdot\exp\big(\alpha_0(s,t)\big)\,.\end{aligned} \tag{12.13.3}$$

Beweis. Sei $\alpha^{(0)} \equiv \mathcal{E}$. Auf Grund der Vorbemerkung gilt

$$\begin{aligned}|\sum_{n=m}^{m+k} \alpha^{(n)}\big(U(s,t;n)\big)| &\leq \sum_{n=m}^{m+k} \int_{s<u_1<\dots<u_n\leq t} \cdots \int \alpha_0(du_1)\dots\alpha_0(du_n) \\ &\leq \sum_{n=m}^{m+k} \frac{1}{n!}\big(\alpha_0(s,t)\big)^n, \qquad \{k,m\} \subset \mathbb{N}_0\end{aligned}$$

(induktive Anwendung von (4.51.1)). Dies liefert die Konvergenz der Peano-Reihe und die Abschätzungen

$$|\sum_{n=m}^{\infty} \alpha^{(n)}\big(U(s,t;n)\big)| \leq \sum_{n=m}^{\infty} \alpha_0^n\big(U(s,t;n)\big) \leq \sum_{n=m}^{\infty} \frac{1}{n!}\big(\alpha_0(s,t)\big)^n, \quad m \in \mathbb{N}_0,$$

aus denen alles Weitere folgt. □

12.14 Hilfssatz. *Die Peano-Reihe $P(\cdot,\cdot;\alpha)$ ist eine multiplikative Intervallfunktion.*

Beweis. Seien $0 \leq s \leq u \leq t < \infty$ und $n \in \mathbb{N}$. Wir definieren

$$U(s,u,t;i;n) := \big\{(u_1,\dots,u_n)^\top \in (s,t]^n \mid u_1 < \dots < u_i \leq u < u_{i+1} < \dots < u_n\big\}, \quad i \in \{1,\dots,n-1\},$$

$$U(s,u,t;0;n) := U(u,t;n) \quad \text{und} \quad U(s,u,t;n;n) := U(s,u;n).$$

Dann sind die $U(s,u,t;\cdot;n)$ paarweise disjunkt, es gilt

$$U(s,t;n) = \bigcup_{i=0}^{n} U(s,u,t;i;n)$$

und damit

$$\begin{aligned}\alpha^{(n)}\big(U(s,t;n)\big) &= \sum_{i=0}^{n} \alpha^{(n)}\big(U(s,u,t;i;n)\big) \\ &= \sum_{i=0}^{n} \int_{u<u_{i+1}<\dots<u_n\leq t} \cdots \int \Big(\int_{s<u_1\dots<u_i\leq u} \cdots \int \alpha(du_1)\dots\alpha(du_i)\Big)\alpha(du_{i+1})\dots\alpha(du_n) \\ &= \sum_{i=0}^{n} \alpha^{(i)}\big(U(s,u;i)\big)\,\alpha^{(n-i)}\big(U(u,t;n-i)\big).\end{aligned}$$

Summation über n liefert die Multiplikativität:

$$P(s,t;\alpha) = \mathcal{E} + \sum_{n=1}^{\infty} \sum_{i=0}^{n} \alpha^{(i)}\big(U(s,u;i)\big) \cdot \alpha^{(n-i)}\big(U(u,t;n-i)\big) =$$

$$= \Big(\mathcal{E} + \sum_{\ell=1}^{\infty} \alpha^{(\ell)}\big(U(s,u;\ell)\big)\Big) \cdot \Big(\mathcal{E} + \sum_{\ell=1}^{\infty} \alpha^{(\ell)}\big(U(u,t;\ell)\big)\Big)$$
$$= P(s,u;\alpha) \cdot P(u,t;\alpha)\,.$$

Die rechtsseitige Stetigkeit folgt aus (12.13.2). □

12.15 Satz. *Das Produktintegral und die Peano-Reihe stimmen überein:*

$$P(s,t;\alpha) = \prod_{(s,t]} (\mathcal{E} + d\alpha)\,, \qquad 0 \le s \le t < \infty\,.$$

Beweis. Der Beweis ist angelehnt an denjenigen von (12.4.1). Mit Aufgabe 2 (d) und Hilfssatz 12.14 erhalten wir für jede Zerlegung $\mathcal{T} = \{s = t_0 < \cdots < t_n = t\}$ von $(s,t]$

$$P(s,t;\alpha) - \prod_{\mathcal{T}} (\mathcal{E} + \Delta\alpha)$$
$$= \sum_{i=1}^{n} P(t_0,t_1;\alpha) \ldots P(t_{i-2},t_{i-1};\alpha) \cdot \big(P(t_{i-1},t_i;\alpha) - \mathcal{E} - \alpha(t_{i-1},t_i)\big)$$
$$\cdot \big(\mathcal{E} + \alpha(t_i,t_{i+1})\big) \ldots \big(\mathcal{E} + \alpha(t_{n-1},t_n)\big)\,.$$

Ist nun α_0 eine nichtnegative additive Intervallfunktion, die α dominiert, und $s_i \in (t_{i-1},t_i]$ dasjenige Atom von α_0 in $(t_{i-1},t_i]$, welches die größte α_0-Masse besitzt, so liefern Aufgabe 5 und Hilfssatz 12.5

$$\Big|P(s,t;\alpha) - \prod_{\mathcal{T}} (\mathcal{E} + \Delta\alpha)\Big| \le \max_{1 \le i \le n} \alpha_0\big((t_{i-1},t_i] \setminus \{s_i\}\big) \cdot \alpha_0(s,t) \cdot \exp\big(\alpha_0(s,t)\big) \overset{|\mathcal{T}| \to 0}{\longrightarrow} 0\,.$$

□

12.16 Satz. *Das Produktintegral einer additiven Intervallfunktion α, die BV auf Kompakta ist, genügt der Vorwärtsgleichung*

$$\prod_{(s,t]} (\mathcal{E} + d\alpha) - \mathcal{E} = \int_{(s,t]} \prod_{(s,u)} (\mathcal{E} + d\alpha)\, \alpha(du)\,, \qquad 0 \le s \le t < \infty\,, \tag{12.16.1}$$

und der Rückwärtsgleichung

$$\prod_{(s,t]} (\mathcal{E} + d\alpha) - \mathcal{E} = \int_{(s,t]} \alpha(du) \prod_{(u,t]} (\mathcal{E} + d\alpha)\,, \qquad 0 \le s \le t < \infty\,. \tag{12.16.2}$$

(Dabei ist $\prod_{(s,u)} (\mathcal{E} + d\alpha) := \lim_{h \searrow 0} \prod_{(s,u-h]} (\mathcal{E} + d\alpha)$, und die äußeren Integrale auf der rechten Seite sind gewöhnliche matrixwertige Lebesgue-Stieltjes-Integrale gemäß Bemerkung 12.12.)

Beweis. Wir beschränken uns auf den Beweis der Rückwärtsgleichung, die Vorwärtsgleichung kann analog bewiesen werden (Aufgabe 6). Aus der Peano-Reihendarstellung des Produktintegrals folgt

$$\begin{aligned}
&\prod_{(s,t]}(\mathcal{E}+d\alpha)-\mathcal{E}\\
&\quad=\alpha(s,t)+\sum_{n=1}^{\infty}\int\cdots\int_{s<u_1<\cdots<u_{n+1}\le t}\alpha(du_1)\ldots\alpha(du_{n+1})\\
&\quad=\alpha(s,t)+\sum_{n=1}^{\infty}\int_{(s,t]}\alpha(du_1)\,\alpha^{(n)}\big(\{(u_2,\ldots,u_{n+1})^\top\mid u_1<u_2<\cdots<u_{n+1}\le t\}\big)\\
&\quad=\int_{(s,t]}\alpha(du_1)\big(\mathcal{E}+\sum_{n=1}^{\infty}\alpha^{(n)}(U(u_1,t;n))\big)\\
&\quad=\int_{(s,t]}\alpha(du)\prod_{(u,t]}(\mathcal{E}+d\alpha)\,.
\end{aligned}$$

Dabei kann die Vertauschung von Summation und Integration (vorletzte Identität) mit Hilfe des Satzes von der majorisierten Konvergenz und der Dominiertheit

$$\Big|\sum_{n=1}^{m}\alpha^{(n)}\big(U(u,t;n)\big)\Big|\le\exp\big(\alpha_0(s,t)\big)\,,\qquad s\le u\le t,\quad m\in\mathbb{N}\,,$$

(vergleiche (12.13.1)) gerechtfertigt werden. □

Sowohl die Vorwärtsgleichung als auch die Rückwärtsgleichung bestimmen das Produktintegral eindeutig:

12.17 Satz. *Seien α eine additive Intervallfunktion, die BV auf Kompakta ist, und β eine Intervallfunktion, die in jedem Argument càdlàg ist und der Vorwärtsgleichung*

$$\beta(s,t)-\mathcal{E}=\int_{(s,t]}\beta(s,u-0)\,\alpha(du)\,,\qquad 0\le s\le t<\infty\,,\tag{12.17.1}$$

oder der Rückwärtsgleichung

$$\beta(s,t)-\mathcal{E}=\int_{(s,t]}\alpha(du)\,\beta(u,t)\,,\qquad 0\le s\le t<\infty\,,\tag{12.17.2}$$

genügt. Dann erfüllt β auch die andere der beiden Gleichungen, und es gilt

$$\beta(s,t)=\prod_{(s,t]}(\mathcal{E}+d\alpha)\,,\qquad 0\le s\le t<\infty\,.$$

Beweis. Wir beschränken uns auf die Betrachtung der Vorwärtsgleichung, den Eindeutigkeitsbeweis für die Rückwärtsgleichung überlassen wir dem Leser.

Seien β eine Lösung von (12.17.1), die in jedem Argument càdlàg ist, und

$$P^{(k)}(s,t;\alpha) := \mathcal{E} + \sum_{n=1}^{k} \alpha^{(n)}\big(U(s,t;n)\big)$$

die k-te Partialsumme der Peano-Reihe, $0 \leq s \leq t$, $k \in \mathbb{N}_0$. Dann liefert der Satz von Fubini

$$\begin{aligned} P^{(k)}(s,t;\alpha) &= \mathcal{E} + \sum_{n=1}^{k} \int\limits_{(s,t]} \alpha^{(n-1)}\big(\{(u_1,\ldots,u_{n-1})^\top \in (s,u)^{n-1} \mid \\ &\qquad\qquad (u_1,\ldots,u_{n-1},u)^\top \in U(s,t;n)\}\big)\,\alpha(du) \\ &= \mathcal{E} + \int\limits_{(s,t]} \sum_{n=0}^{k-1} \alpha^{(n)}\big(U(s,u-0;n)\big)\,\alpha(du) \\ &= \mathcal{E} + \int\limits_{(s,t]} P^{(k-1)}(s,u-0;\alpha)\,\alpha(du)\,. \end{aligned}$$

Zusammen mit der Vorwärtsgleichung (12.17.1) ergibt sich

$$\beta(s,t) - P^{(k)}(s,t;\alpha) = \int\limits_{(s,t]} \big(\beta(s,u-0) - P^{(k-1)}(s,u-0;\alpha)\big)\,\alpha(du)\,.$$

Sei nun α_0 eine nichtnegative additive Intervallfunktion, die α dominiert. Aus der Vorwärtsgleichung folgt die Gültigkeit von

$$\big|\beta(s,t) - P^{(k)}(s,t;\alpha)\big| \leq \sup_{u\in(s,t]} \big|\beta(s,u-0)\big| \,\frac{(\alpha_0(s,t))^k}{k!}\,, \qquad 0 \leq s \leq t,\ k \in \mathbb{N}_0\,, \tag{12.17.3}$$

für $k = 0$. Gilt (12.17.3) für $k-1$, so auch für k, wie die folgende Rechnung zeigt:

$$\begin{aligned} \big|\beta(s,t) - P^{(k)}(s,t;\alpha)\big| &\leq \int\limits_{(s,t]} \big|\beta(s,u-0) - P^{(k-1)}(s,u-0;\alpha)\big|\,\alpha_0(du) \\ &\leq \frac{1}{(k-1)!} \sup_{u\in(s,t]} \big|\beta(s,u-0)\big| \int\limits_{(s,t]} \big(\alpha_0(s,u-0)\big)^{k-1}\,\alpha_0(du) \\ &\leq \frac{1}{k!} \sup_{u\in(s,t]} \big|\beta(s,u-0)\big|\,\big(\alpha_0(s,t)\big)^k \end{aligned}$$

(letzteres nach (4.51.1)). Induktiv folgt (12.17.3) und daraus mit $k \to \infty$ und der Peano-Reihendarstellung des Produktintegrals

$$\beta(s,t) = \lim_{k\to\infty} P^{(k)}(s,t;\alpha) = P(s,t;\alpha) = \prod_{(s,t]} (\mathcal{E} + d\alpha) . \qquad \square$$

Abschließend kommen wir auf den Fall $d = 1$ zurück, in dem sich das Produktintegral mit einer Exponentialformel analog zu (2.7.2) und (3.2.2) berechnen läßt.

12.18 Folgerung. *Sei α eine nichtnegative additive Intervallfunktion. Dann gilt*

$$\prod_{(s,t]} (1 + d\alpha) = \prod_{\tau\in(s,t]} \big(1 + \alpha(\{\tau\})\big) \cdot \exp\big(\alpha^{(c)}((s,t])\big) , \qquad 0 \le s \le t .$$

Beweis. Analog zum Beweis von Satz 2.7 zeigt man mittels partieller Integration, daß

$$\beta(s,t) := \prod_{\tau\in(s,t]} \big(1 + \alpha(\{\tau\})\big) \cdot \exp\big(\alpha^{(c)}((s,t])\big) , \qquad 0 \le s \le t ,$$

die Vorwärtsgleichung (12.17.1) löst. Da deren Lösung nach Satz 12.17 eindeutig ist, folgt

$$\beta(s,t) = \prod_{(s,t]} (1 + d\alpha) . \qquad \square$$

Satz 2.7 ist also ein Spezialfall der Sätze 12.16 und 12.17.

B Intensitätsprozesse von multivariaten Zählprozessen

Ziel dieses Abschnittes ist es, zu Referenzzwecken einige wenige Resultate der Semimartingaltheorie darzustellen, die in den Abschnitten 4 B und 6 A sowie in Kapitel 10 benötigt werden. Im Gegensatz zum vorherigen Abschnitt verzichten wir hier weitgehend auf Beweise, einerseits da sie den Rahmen dieses Buches sprengen würden, andererseits im Hinblick auf die sehr umfangreiche einschlägige Literatur. Den an Einzelheiten und Ergänzungen interessierten Leser verweisen wir auf das einführende Kapitel von Jacod und Shiryaev (1987), auf Daley und Vere-Jones (1988, Kapitel 13 und Anhang 3), die ersten vier Kapitel von Chung und Williams (1990), die ersten drei Kapitel von Protter (1990), Kapitel 2 aus Karr (1991) oder die ersten vier Kapitel aus Last und Brandt (1995), siehe auch Norberg (1995c).

Ausgangspunkt ist ein Wahrscheinlichkeitsraum $(\Omega, \mathfrak{A}, P)$ versehen mit einer Filtration $(\mathfrak{A}_t)_{t\ge 0}$, d. h. einer aufsteigenden Familie von Sub-σ-Algebren von $\mathfrak{A}$. Im folgenden nehmen wir stets an, daß die Filtration $(\mathfrak{A}_t)_{t\ge 0}$ *rechtsstetig* ist, d. h. daß

$$\bigcap_{t>s} \mathfrak{A}_t = \mathfrak{A}_s\,, \quad s \geq 0\,,$$

nicht aber, wie oft üblich, daß $\mathfrak{A}$ P-vollständig ist und $\mathfrak{A}_0$ alle P-Nullmengen enthält (vergleiche dazu Jacod und Shiryaev, 1987, I 1.37, p. 10). Wir haben verschiedentlich Gebrauch von der Möglichkeit gemacht, Zählprozesse in einen systematischen („vorhersagbaren") Anteil und ein rein zufälliges Rauschen, den Martingalanteil, zu zerlegen. Grundlage sind die folgenden Begriffe und Resultate.

12.19 Definition. Die *vorhersagbare σ-Algebra* $\mathfrak{P} \subset \mathfrak{B}([0,\infty)) \otimes \mathfrak{A}$ ist die kleinste σ-Algebra auf $[0,\infty) \times \Omega$, für die alle an $(\mathfrak{A}_t)_{t\geq 0}$ adaptierten stochastischen Prozesse mit Zustandsraum $\mathbb{R}^1$ und linksseitig stetigen Pfaden meßbar sind. Ein càdlàg-Prozeß (X_t) heißt *vorhersagbar*, falls $(t,\omega) \longmapsto X_t(\omega)$ $\mathfrak{P}$-meßbar ist.

12.20 Definition. Sei $\mathfrak{C}$ eine Klasse von adaptierten stochastischen Prozessen auf $\big(\Omega, \mathfrak{A}, (\mathfrak{A}_t)_{t\geq 0}, P\big)$. Dann ist die zugehörige *lokalisierte Klasse* $\mathfrak{C}_{\mathrm{loc}}$ wie folgt definiert: Ein stochastischer Prozeß X gehört genau dann zu $\mathfrak{C}_{\mathrm{loc}}$, wenn eine P-fast sicher gegen ∞ wachsende Folge von Stoppzeiten $(T_n)_{n\in\mathbb{N}}$ existiert, so daß die gestoppten Prozesse $X^{T_n} = (X_{t\wedge T_n})_{t\geq 0}$ zu $\mathfrak{C}$ gehören. $(T_n)_{n\in\mathbb{N}}$ heißt eine *lokalisierende Folge von Stoppzeiten.*

Wir verwenden dieses Konzept mit $\mathfrak{C} := \mathcal{A}^+$, also mit der Klasse aller adaptierten càdlàg-Prozesse X auf $\big(\Omega, \mathfrak{A}, (\mathfrak{A}_t)_{t\geq 0}, P\big)$, die in 0 starten, wachsende Pfade besitzen und der Integrabilitätsbedingung

$$E(X_\infty) < \infty\,, \qquad X_\infty := \sup_{t\geq 0} X_t$$

genügen. Das nachstehende Resultat, welches wir Jacod und Shiryaev (1987, Theorem I 3.17) entnehmen, ist eine Folgerung aus der Doob-Meyer-Zerlegung von Submartingalen (Jacod und Shiryaev (1987), Theorem I 3.15).

12.21 Satz. *Sei $X \in \mathcal{A}^+_{\mathrm{loc}}$. Dann existiert ein vorhersagbarer Prozeß $X^p \in \mathcal{A}^+_{\mathrm{loc}}$, der jede der folgenden drei äquivalenten Bedingungen erfüllt:*
(a) *$X - X^p$ ist ein lokales Martingal.*
(b) *$E(X_T) = E(X^p_T)$ für alle Stoppzeiten T.*
(c) *$E\big(\int_{[0,\infty)} Z\,dX\big) = E\big(\int_{[0,\infty)} Z\,dX^p\big)$ für alle nichtnegativen vorhersagbaren Prozesse Z.*

Der Prozeß X^p ist bis auf P-Ununterscheidbarkeit eindeutig bestimmt, d. h. es gilt

$$P\big(\{\omega \in \Omega \mid X^p_t(\omega) \neq Y_t(\omega) \text{ für ein } t \geq 0\}\big) = 0$$

für jeden Prozeß Y, der den Forderungen dieses Satzes genügt.

12.22 Definition. Sei $X \in \mathcal{A}^+_{\mathrm{loc}}$. Dann heißt X^p gemäß Satz 12.21 der *Kompensator von X*. Das lokale Martingal $X - X^p$ heißt der *Innovationsprozeß von X*.

12.23 Satz. *Seien X, Y càdlàg und quadratintegrable Martingale auf* $(\Omega, \mathfrak{A}, (\mathfrak{A}_t)_{t\geq 0}, P)$. *Dann existiert ein bis auf P-Ununterscheidbarkeit eindeutiger, vorhersagbarer, bei* 0 *startender Prozeß $\langle X, Y\rangle$, dessen Pfade BV auf Kompakta sind, so daß $XY - \langle X, Y\rangle$ ein Martingal ist.*

Hinweis: Im Unterschied zu Jacod und Shiryaev (1987, Definition I 1.41) und einigen anderen Quellen nennen wir ein Martingal $(X_t)_{t\geq 0}$ *quadratintegrabel*, wenn $E(X_t^2) < \infty$, $t \geq 0$. Wir fordern also nicht die wegen der Doobschen Ungleichung zur gleichgradigen Quadratintegrabilität von $(X_t)_{t\geq 0}$ äquivalente Bedingung $\sup_{t\geq 0} E(X_t^2) < \infty$. Sind X und Y beide gleichgradig quadratintegrabel, so ist das Martingal $XY - \langle X, Y\rangle$ gleichgradig integrabel.

Skizze des Existenzbeweises (in Anlehnung an den Beweis von Theorem I4.2, pp. 38, 39 aus Jacod und Shiryaev, 1987). Wegen des Eindeutigkeitsteiles und der Identität

$$XY = \frac{1}{4}\big((X+Y)^2 - (X-Y)^2\big)$$

muß

$$\langle X, Y\rangle = \frac{1}{4}\big(\langle X+Y, X+Y\rangle - \langle X-Y, X-Y\rangle\big) \tag{12.23.1}$$

gelten, so daß es genügt, die Existenz für den Fall $X = Y$ zu zeigen. Nach der bedingten Jensenschen Ungleichung ist X^2 ein nichtnegatives Submartingal und wegen der Voraussetzung $E(X_t^2) < \infty$, $t \geq 0$, und des Doobschen Stoppsatzes für beschränkte Stoppzeiten ist für alle $t \geq 0$

$$\big\{X_T^2 \mid T \text{ Stoppzeit}, \ T \leq t\big\}$$

gleichgradig integrierbar. Damit liefert die Doob-Meyer-Zerlegung einen bis auf P-Ununterscheidbarkeit eindeutigen vorhersagbaren bei 0 startenden Prozeß $\langle X, X\rangle$ mit wachsenden Pfaden, so daß $X^2 - \langle X, X\rangle$ ein Martingal ist. □

12.24 Definition. Seien X, Y càdlàg und quadratintegrable Martingale. Dann heißt $\langle X, Y\rangle$ gemäß Satz 12.23 *vorhersagbare Kovariation* oder *spitze Klammer von X und Y*; $\langle X\rangle := \langle X, X\rangle$ heißt *vorhersagbare quadratische Variation*, *quadratische Charakteristik* oder *spitze Klammer von X*.

12.25 Bemerkung. Die vorhersagbare Kovariation ist eine symmetrische Bilinearform, d. h. für alle quadratintegrablen càdlàg-Martingale X, Y, Z und alle $\{a, b\} \subset \mathbb{R}^1$ gelten bis auf P-Ununterscheidbarkeit

$$\langle aX + bY, Z\rangle = a\langle X, Z\rangle + b\langle Y, Z\rangle\,, \quad \langle X, Y\rangle = \langle Y, X\rangle\,.$$

Die vorhersagbare Kovariation kommutiert mit dem Stoppen von Martingalen: Sind X und Y quadratintegrable Martingale und ist T eine Stoppzeit, so sind nach dem Doobschen Stoppsatz für beschränkte Stoppzeiten auch X^T und Y^T quadratintegrable

Martingale, und es gilt

$$\langle X, Y\rangle^T = \langle X^T, Y\rangle = \langle X, Y^T\rangle = \langle X^T, Y^T\rangle .$$

Im Beweis des verallgemeinerten Hattendorff-Theorems in Abschnitt 10 E ist die vorhersagbare quadratische Kovariation der Barwertprozesse des Gesamtgewinns in verschiedenen Zuständen zu berechnen. Da diese Prozesse unter geeigneten Voraussetzungen stochastische Integrale bezüglich quadratintegrabler Martingale sind, geschieht die Berechnung mit folgendem

12.26 Satz. *Seien X und Y quadratintegrable càdlàg-Martingale; U und V seien vorhersagbare càdlàg-Prozesse mit*

$$E\Big(\int\limits_{[0,t]} U_s^2\, d\langle X\rangle_s\Big) < \infty, \quad E\Big(\int\limits_{[0,t]} V_s^2\, d\langle Y\rangle_s\Big) < \infty, \qquad t \geq 0.$$

Dann sind die stochastischen Integrale $\int U dX$, $\int V dY$ quadratintegrable Martingale, und es gelten

$$\Big\langle \int U dX, \int V dY\Big\rangle_t = \int\limits_{[0,t]} U_s\, V_s\, d\langle X, Y\rangle_s, \quad t \geq 0 \tag{12.26.1}$$

(bis auf P-Ununterscheidbarkeit), sowie

$$E\Big(\Big(\int\limits_{[0,t]} U_s\, dX_s\Big)\Big(\int\limits_{[0,t]} V_s\, dY_s\Big)\Big) = E\Big(\int\limits_{[0,t]} U_s\, V_s\, d\,\langle X, Y\rangle_s\Big), \quad t \geq 0. \tag{12.26.2}$$

Für den ersten Teil verweisen wir auf Jacod und Shiryaev (1987, Theorem I 4.40); (12.26.2) ist dann eine unmittelbare Konsequenz, da nach (12.26.1)

$$\int\limits_{[0,t]} U_s\, dX_s \int\limits_{[0,t]} V_s\, dY_s - \int\limits_{[0,t]} U_s\, V_s\, d\,\langle X, Y\rangle_s, \quad t \geq 0,$$

ein zentriertes Martingal ist.

Seien nun $\mathcal{S} \neq \emptyset$ endlich, $((T_n, Z_n))_{n\in\mathbb{N}}$ ein markierter Punktprozeß mit Markenraum $\mathcal{S}$ und $(M_z)_{z\in\mathcal{S}}$ der gemäß (4.35.7) zugehörige multivariate Zählprozeß,

$$M_{z,t} := \sum_{n\in\mathbb{N}} 1_{\{T_n \leq t,\, Z_n = z\}}, \quad z \in \mathcal{S}, \ t \geq 0.$$

$(M_{z,t})_{t\geq 0}$ sei adaptiert an $(\mathfrak{A}_t)_{t\geq 0}$. Wie stets schließen wir die Möglichkeit der „Explosion" aus, d. h. wir setzen voraus, daß

$$M_{z,t} < \infty \quad P\text{-f.s.}, \quad z \in \mathcal{S}, \ t \geq 0,$$

bzw. äquivalent, daß $\sup T_n = \infty$ P-fast sicher. Wegen $M_{z,T_n} \leq n, n \in \mathbb{N}$, ist $M_z \in \mathcal{A}^+_{\text{loc}}$, $z \in \mathcal{S}$. Der multivariate Prozeß $A = (A_z)_{z \in \mathcal{S}}$ gemäß $A_z := M_z^p$ (Satz 12.21) wird als *Kompensator von M* oder häufig auch als der *kumulative Intensitätsprozeß von M* bezeichnet. Im Falle der Existenz heißt jeder vorhersagbare Prozeß $(a_z)_{z \in \mathcal{S}}$ mit

$$A_{z,t} = \int_0^t a_{z,s}\, ds\,, \qquad z \in \mathcal{S},\ t \geq 0\,,$$

ein *Intensitätsprozeß von M*. Insbesondere ist $\left(M_{z,t} - \int_0^t a_{z,s}\, ds\right)_{t \geq 0}$ für alle $z \in \mathcal{S}$ ein lokales Martingal. Im Gegensatz zum kumulativen Intensitätsprozeß ist ein Intensitätsprozeß nicht bis auf P-Ununterscheidbarkeit eindeutig bestimmt. Im Beweis von Folgerung 6.14 haben wir Gebrauch von der folgenden Integrabilitätsaussage gemacht, die aus Gill (1983, Theorem 2.3.1) entlehnt ist.

12.27 Satz. *Sei $E(M_{z,t}) < \infty$, $z \in \mathcal{S}$, $t > 0$. Dann sind die Innovationen $M_z - A_z$, $z \in \mathcal{S}$, quadratintegrable Martingale.*

Dies ergibt sich aus dem von Gill (1983, Appendix 1, p. 145) gegebenen Beweis, der unter unseren Voraussetzungen

$$E\big([M_{z,t} - A_{z,t},\, M_{z,t} - A_{z,t}]\big) = E\big((M_{z,t} - A_{z,t})^2\big) < \infty$$

liefert. Dabei bezeichne $[N, N]$ die „quadratische Variation" eines lokalen Martingales N (siehe zum Beispiel Protter (1990), Sect. II.6, insbesondere Cor. 3, p. 66).

Die vorhersagbare Kovariation von $M_z - A_z$ und $M_\zeta - A_\zeta$ kann mit Hilfe der Kompensatoren A_z bzw. A_ζ angegeben werden. Auch dies wird im Beweis des verallgemeinerten Hattendorff-Theorems benötigt.

12.28 Satz. *Die vorhersagbare Kovariation von $M_z - A_z$ und $M_\zeta - A_\zeta$ ist bis auf P-Ununterscheidbarkeit gegeben durch*

$$\langle M_z - A_z, M_\zeta - A_\zeta \rangle = \delta_{z\zeta}\, A_z - \int \Delta A_z\, dA_\zeta\,, \qquad (z, \zeta) \in \mathcal{S}^2\,.$$

Beweis. Andersen et al. (1993), Abschnitt II.4.1, pp. 74, 75. □

Falls die Filtration $(\mathfrak{A}_t)_{t \geq 0}$ „nicht zu groß" ist, läßt sich mit Hilfe eines Ergebnisses von Jacod (1975, Prop. (3.1)) der Kompensator des multivariaten Zählprozesses $(M_z)_{z \in \mathcal{S}}$ ausgehend von jeder Folge von regulären bedingten Verteilungen

$$G_n \colon \Omega \times \big(\mathfrak{B}([0, \infty]) \otimes 2^{\mathcal{S}}\big) \longrightarrow [0, 1]$$

von (T_{n+1}, Z_{n+1}) gegeben $a_\sigma(T_0, Z_0, \ldots, T_n, Z_n)$, $n \in \mathbb{N}_0$, konstruieren. Eine solche Folge existiert stets.

12.29 Satz. *Mit einer Anfangsinformation* $\mathfrak{B}$ *sei*

$$\mathfrak{A}_t := a_\sigma\big(\mathfrak{B} \cup a_\sigma((M_{z,s})_{z\in\mathcal{S}} \mid s \le t)\big), \quad t \ge 0.$$

Dann ist der Kompensator A von M von der Form

$$A_{z,t} = \sum_{n=0}^{\infty} A_{z,t}^{(n)}, \quad t \ge 0,$$

wobei

$$A_{z,t}^{(n)} := \int\limits_{(T_n\wedge t,\, T_{n+1}\wedge t]} \frac{1}{G_n(\cdot, [s,\infty] \times \mathcal{S})}\, G_n\big(\cdot, ds, \{z\}\big), \quad z \in \mathcal{S},\ t \ge 0.$$

Zum Beweis verweisen wir auf Jacod und Shiryaev (1987), Theorem III 1.33. Dieser Satz gilt auch bei positiver Explosionswahrscheinlichkeit (vergleiche Jacod, 1975). Offensichtlich kann Satz 12.29 mit Zustandsraum $J = \{(y,z) \in \mathcal{S}^2 \mid y \ne z\}$ statt $\mathcal{S}$ auch zur Berechnung des Kompensators von $(N_{yz})_{(y,z)\in J}$ gemäß

$$N_{yz,t} := \sum_{n\in\mathbb{N}} 1_{\{T_n \le t,\ Z_{n-1}=y,\ Z_n=z\}}, \qquad (y,z) \in J, \quad t \ge 0,$$

herangezogen werden. Auch Satz 12.28 gilt sinngemäß für $(N_{yz})_{(y,z)\in J}$ an Stelle von $(M_z)_{z\in\mathcal{S}}$.

C Aufgaben

Aufgabe 1. Wie lauten die Vorwärtsgleichungen (4.49.2) und die Rückwärtsgleichungen (4.49.1) bei einem unter konkurrierenden Risiken stehenden Leben? Verwenden Sie die Notation aus Beispiel 4.22, und spezialisieren Sie auch auf den Fall eines einfachen Risikos!

Aufgabe 2. Seien $A_1, \ldots, A_n$ und $B_1, \ldots, B_n$ $d \times d$-Matrizen über $\mathbb{R}^1$. Zeigen Sie

(a) $\displaystyle\prod_{i=1}^{n}(\mathcal{E} + A_i) - \mathcal{E} = \sum_{i=1}^{n}(\mathcal{E} + A_1)\ldots(\mathcal{E} + A_{i-1}) \cdot A_i,$

(b) $\displaystyle\prod_{i=1}^{n}(\mathcal{E} + A_i) - \mathcal{E} = \sum_{i=1}^{n} A_i \cdot (\mathcal{E} + A_{i+1})\ldots(\mathcal{E} + A_n),$

(c) $\displaystyle\prod_{i=1}^{n}(\mathcal{E} + A_i) - \mathcal{E} - \sum_{i=1}^{n} A_i = \sum_{1\le i<j\le n} A_i \cdot (\mathcal{E} + A_{i+1})\ldots(\mathcal{E} + A_{j-1}) \cdot A_j,$

(d) $\prod_{i=1}^{n}(\mathcal{E}+A_i)-\prod_{i=1}^{n}(\mathcal{E}+B_i)$

$$=\sum_{i=1}^{n}(\mathcal{E}+A_1)\ldots(\mathcal{E}+A_{i-1})\cdot(A_i-B_i)\cdot(\mathcal{E}+B_{i+1})\ldots(\mathcal{E}+B_n).$$

Aufgabe 3. Seien $0 \le s \le t < \infty$, α eine nichtnegative additive Intervallfunktion und μ eine multiplikative, durch 1 nach unten beschränkte Intervallfunktion. Zeigen Sie

$$\exp(x)-\sum_{k=0}^{n-1}\frac{x^k}{k!}\le\exp(x)\cdot\frac{x^n}{n!}, \qquad x\ge 0,\quad n\in\mathbb{N},$$

$$-\frac{1}{2}(x-1)^2\le\log(x)-x+1, \qquad x\ge 1,$$

und folgern Sie damit aus Satz 12.2 die folgenden Ungleichungen:

(a) $$\prod_{(s,t]}(1+d\alpha)-1\le\alpha(s,t)\cdot\exp\big(\alpha(s,t)\big),$$

(b) $$\prod_{(s,t]}(1+d\alpha)-1-\alpha(s,t)\le\frac{1}{2}\big(\alpha(s,t)\big)^2\cdot\exp\big(\alpha(s,t)\big),$$

(c) $$\int_{(s,t]}d(\mu-1)-\mu(s,t)+1\ge-\frac{1}{2}\big(\mu(s,t)-1\big)^2.$$

Aufgabe 4. Sei $\mu\colon\{(s,t)\mid 0\le s\le t<\infty\}\longrightarrow\mathcal{M}(d,d)$ eine multiplikative Intervallfunktion, für die $\mu-\mathcal{E}$ BV auf Kompakta ist.

(a) Seien $0\le s\le u\le t<\infty$. Zeigen Sie: Ist $\mathcal{T}=\{s=t_0<\cdots<t_n=t\}$ eine Zerlegung von $(s,t]$ und $\mathcal{T}'=\mathcal{T}\cup\{u\}=:\{s=t'_0<\cdots<t'_{n'}=t\}$ diejenige Zerlegung, die durch eventuelle Hinzunahme des Teilungspunktes u entsteht, so gilt

$$\sum_{i=1}^{n}|(\mu-\mathcal{E})(t_{i-1},t_i)|\ge\sum_{i=1}^{n'}|(\mu-\mathcal{E})(t'_{i-1},t'_i)|\ !$$

Folgern Sie so die Superadditivität von $|\mu-\mathcal{E}|$!

(b) Zeigen Sie durch ein Gegenbeispiel, daß $|\mu-\mathcal{E}|$ selbst im Falle $d=1$ nicht additiv sein muß !

Aufgabe 5. Seien $\nu|_{\mathfrak{B}((0,\infty))}$ ein Borelmaß (aufgefaßt als additive Intervallfunktion) und $0\le s<r\le t<\infty$. Zeigen Sie analog zum Beweis von Hilfssatz 12.6 und mit Hilfe von 12.13, daß

$$0\le P(s,t;\nu)-1-\nu\big((s,t]\big)\le\nu\big((s,t]\setminus\{r\}\big)\cdot\nu\big((s,t]\big)\cdot\exp\big(\nu((s,t])\big)\ !$$

Aufgabe 6.

(a) Beweisen Sie die Vorwärtsgleichung (12.16.1) für Produktintegrale !

(b) Wie läßt sich Aufgabe 2 (a) als Spezialfall der Vorwärtsgleichung und wie Aufgabe 2 (b) als Spezialfall der Rückwärtsgleichung herleiten ?

Aufgabe 7. Seien α eine additive Intervallfunktion mit Werten in $\mathbb{R}^n$, die BV auf Kompakta ist, $\mu := \prod(\mathcal{E} + d\alpha)$ das Produktintegral von α und $t > 0$. Zeigen Sie, daß

$$\mu(t-0, t) = \alpha(t-0, t) + \mathcal{E}$$

und folglich μ genau dann stetig in t ist, wenn α dies ist.

Aufgabe 8. Seien $T > 0$ eine Zufallsvariable mit endlicher kumulativer Ausscheideintensität Λ,

$$I_t := 1_{[T,\infty)}(t) - \int\limits_{(0,t]} 1_{(0,T]}(\tau)\, \Lambda(d\tau)$$

und

$$\mathcal{V}_t := \int\limits_{(0,t]} 1_{(0,T]}(\tau) \left(1 - \Lambda(\{\tau\})\right) \Lambda(d\tau)\,, \qquad t \geq 0\,.$$

Legen Sie die natürliche Filtration $(\mathfrak{A}_t)_{t\geq 0}$ von $\left(1_{[T,\infty)}(t)\right)_{t\geq 0}$ zugrunde, zeigen Sie zunächst $\mathfrak{A}_t = a_\sigma\left(T \wedge t,\ 1_{[0,T)}(t)\right)$, $t \geq 0$, und dann direkt (d. h. ohne Rückgriff auf Resultate aus den Abschnitten 4 B oder 12 B):

(a) I ist ein zentriertes quadratintegrables Martingal, $(\Lambda((0, T \wedge t]))_{t\geq 0}$ ist der kumulative Intensitätsprozeß von $\left(1_{[T,\infty)}(t)\right)_{t\geq 0}$.

(b) $(I_t^2 - \mathcal{V}_t)_{t\geq 0}$ ist ein zentriertes Martingal, $\mathcal{V}$ ist die vorhersagbare quadratische Variation von I.

Zusatz: Teil (a) ist ein elementarer Spezialfall von Hilfssatz 4.37, Teil (b) ein Spezialfall von Satz 12.28. Begründung ?

Kapitel 13
Tabellarischer Anhang: Rechnungsgrundlagen

Abschließend stellen wir als Erleichterung für den Leser zitatweise oder in enger Anlehnung an die jeweils angegebene Literatur den größten Teil der biometrischen Rechnungsgrundlagen zur Verfügung, die im Verlaufe des Buches – vielfach in Übungsaufgaben – benötigt werden. Die mit der dem Buch beigefügten Anforderungskarte erhältliche Diskette enthält

- eine *ASCII*-Datei README.TXT mit Angaben zum Inhalt und zum Gebrauch der Diskette,
- ein Unterverzeichnis \DATEN, auf dem alle Tabellen (mit erklärenden Kopfzeilen) als *ASCII*-Dateien abgelegt sind, so daß die Daten direkt von PASCAL- oder anderen Programmen eingelesen werden können,
- ein Unterverzeichnis \TEXT, auf dem der vollständige mit TEX erfaßte Text des Anhanges – einschließlich *aller* Tabellen – nach Umsetzung in *POSTSCRIPT*, aufgeteilt auf drei Dateien des Typs *PS*, gespeichert ist. Dieser Text kann, als Ergänzung des Buchtextes, mit einem *POSTSCRIPT*-fähigen Drucker ausgedruckt werden. TEX-Kenntnisse werden dabei nicht benötigt.

Die Daten stehen zur lokalen Abspeicherung zusätzlich im Internet unter der www-Adresse

www.deGruyter.de/milbrodt_helbig

zur Verfügung. Daneben geben wir die am häufigsten benötigten Tabellen auch in diesem in das Buch integrierten Textteil des Anhanges wieder. Wir beginnen mit einer Übersicht über alle Tabellen und kennzeichnen diejenigen unter ihnen, die nicht nur auf der Diskette, sondern auch in diesem Text enthalten sind, mit einem (∗):

13.10 Dread-Disease-Tafel für Männer: Abhängige Wahrscheinlichkeiten, an Dread Disease zu erkranken und als „aktive" Person zu sterben in ‰, Sterbenswahrscheinlichkeiten für an Dread Disease Erkrankte

13.11 Dread-Disease-Tafel für Frauen: Abhängige Wahrscheinlichkeiten, an Dread Disease zu erkranken und als „aktive" Person zu sterben in ‰, Sterbenswahrscheinlichkeiten für an Dread Disease Erkrankte

13.12$^{(*)}$ DAV-Invalidisierungstafel 1997 I für Männer und Frauen: Unabhängige Berufsunfähigkeitswahrscheinlichkeiten erster Ordnung in ‰

13.13$^{(*)}$ DAV-Selektionssterbetafel 1997 TI für berufsunfähige Männer: Unabhängige Sterbenswahrscheinlichkeiten erster Ordnung in ‰

13.14$^{(*)}$ DAV-Selektionssterbetafel 1997 TI für berufsunfähige Frauen: Unabhängige Sterbenswahrscheinlichkeiten erster Ordnung in ‰

13.15$^{(*)}$ DAV-Selektionsreaktivierungstafel 1997 RI für berufsunfähige Männer: Unabhängige Reaktivierungswahrscheinlichkeiten in ‰

13.16$^{(*)}$ DAV-Selektionsreaktivierungstafel 1997 RI für berufsunfähige Frauen: Unabhängige Reaktivierungswahrscheinlichkeiten in ‰

Die Tabellen 13.1 und 13.2, die zur Erstellung von Generationensterbetafeln verwendet werden, entstammen bis einschließlich der ADSt 1932/34 den entsprechenden Bänden zur Statistik des Deutschen Reichs des Kaiserlichen Statistischen Amtes (Band 200, 1910; Band 246, 1913) bzw. des Statistischen Reichsamtes (Band 275, 1918; Band 360, 1930; Band 495, 1938) und danach aus Veröffentlichungen des Statistischen Bundesamtes (1953, 1965, 1976, 1991).

Die DAV-Sterbetafel 1994 T ist die derzeit von der DAV für Deutschland empfohlene Sterbetafel für Lebensversicherungen mit Todesfallcharakter, die DAV-Sterbetafel 1994 R die für Rentenversicherungen und andere Versicherungen mit Erlebensfallcharakter. Die zugehörigen Tabellen 13.3 und 13.4 entstammen dem Anhang von Loebus (1994), die Tafeln 13.5, 13.6 und 13.7 wurden der Arbeit von Schmithals und Schütz (1995) entnommen (den dortigen Tabellen 2, 4, 5 und 6). Diese Tafeln finden sich auch in den Veröffentlichungen des BAV (VerBAV 1994, 1995), welches sich die DAV-Tafeln zu eigen gemacht hat.

Die in Tabelle 13.8 wiedergegebenen Sterbenswahrscheinlichkeiten zweiter Ordnung entstammen ebenso wie die Stornotafel 13.9 der Mitteilung Nr. 5 der DAV (1995).

Weitere Erläuterungen zu Sterbetafeln finden sich in Abschnitt 3 F.

Die beiden Dread-Disease-Tafeln 13.10 und 13.11 wurden der Arbeit von Allerdissen et al. (1993, Tabelle 1) entnommen. Alternativ können auch die Dread-Disease-Tafeln von Lörper et al. (1991) Verwendung finden, denen allerdings eine eingeschränktere Definition von Dread Disease zugrunde liegt.

Die in den Tabellen 13.12 bis 13.16 wiedergegebenen Rechnungsgrundlagen für Berufsunfähigkeitsversicherungen wurden von einer Arbeitsgruppe der DAV (1997) auf der Basis einer Gemeinschaftsstatistik des ehemaligen deutschen Verbandes der Lebensversicherungs-Unternehmen e.V. und von Statistiken eines deutschen Rückversicherungsunternehmens erstellt. Sie ersetzen frühere Rechnungsgrundlagen von Rupprecht (1990) (siehe auch VerBAV (1990)); alternativ bieten sich (teilweise) die Richttafeln von Heubeck (1983a, b bzw. 1998) an. Die Reaktivierungstafeln 13.15 und 13.16 werden im eigentlichen Buchtext nicht benötigt. Sie wurden hier der Vollständigkeit halber aufgenommen, um dem Leser einen groben Eindruck von der Größenordnung der durch die Vernachlässigung der Reaktivierung entstehenden Fehler zu vermitteln.

Alle Rechnungsgrundlagen finden in diesem Buch nur modellhaft und für qualitative Betrachtungen im Rahmen von Beispielen und Übungsaufgaben Verwendung. Sie können daher vom Leser jederzeit durch solche, die sich auf dieselben Sachverhalte beziehen, ersetzt und insbesondere gegebenenfalls aktualisiert werden.

13.3. **DAV-Sterbetafel 1994 T für Männer:** Sterbenswahrscheinlichkeiten in ‰ und Kommutationszahlen mit Zinssatz 4% und 5 gültigen Ziffern für D_x

x	q_x	ℓ_x	D_x	N_x	S_x
0	11.687	100000	100000	2375513	50492780
1	1.008	98831	95030	2275513	48117267
2	0.728	98731	91282	2180483	45841754
3	0.542	98659	87707	2089201	43661271
4	0.473	98606	84289	2001494	41572070
5	0.452	98559	81008	1917205	39570576
6	0.433	98514	77857	1836197	37653371
7	0.408	98471	74830	1758340	35817174
8	0.379	98431	71923	1683510	34058834
9	0.352	98394	69130	1611587	32375324
10	0.334	98359	66448	1542457	30763737
11	0.331	98326	63871	1476009	29221280
12	0.340	98293	61393	1412138	27745271
13	0.371	98260	59012	1350745	26333133
14	0.451	98224	56722	1291733	24982388
15	0.593	98180	54516	1235011	23690655
16	0.792	98122	52388	1180495	22455644
17	1.040	98044	50333	1128107	21275149
18	1.298	97942	48347	1077774	20147042
19	1.437	97815	46427	1029427	19069268
20	1.476	97674	44577	983000	18039841
21	1.476	97530	42799	938423	17056841
22	1.476	97386	41093	895624	16118418
23	1.476	97242	39454	854531	15222794
24	1.476	97098	37880	815077	14368263
25	1.476	96955	36369	777197	13553186
26	1.476	96812	34919	740828	12775989
27	1.476	96669	33526	705909	12035161
28	1.476	96526	32189	672383	11329252
29	1.476	96384	30906	640194	10656869

x	q_x	ℓ_x	D_x	N_x	S_x
30	1.476	96242	29673	609288	10016675
31	1.476	96100	28490	579615	9407387
32	1.489	95958	27354	551125	8827772
33	1.551	95815	26262	523771	8276647
34	1.641	95666	25213	497509	7752876
35	1.747	95509	24203	472296	7255367
36	1.869	95342	23232	448093	6783071
37	2.007	95164	22297	424861	6334978
38	2.167	94973	21396	402564	5910117
39	2.354	94767	20528	381168	5507553
40	2.569	94544	19692	360640	5126385
41	2.823	94301	18886	340948	4765745
42	3.087	94034	18109	322062	4424797
43	3.387	93745	17359	303953	4102735
44	3.726	93427	16634	286594	3798782
45	4.100	93079	15935	269960	3512188
46	4.522	92697	15259	254025	3242228
47	4.983	92278	14606	238766	2988203
48	5.508	91818	13974	224160	2749437
49	6.094	91312	13363	210186	2525277
50	6.751	90756	12770	196823	2315091
51	7.485	90143	12196	184053	2118268
52	8.302	89468	11639	171857	1934215
53	9.215	88725	11099	160218	1762358
54	10.195	87907	10574	149119	1602140
55	11.236	87011	10063	138545	1453021
56	12.340	86033	9567.5	128482.3	1314476.5
57	13.519	84971	9085.9	118914.8	1185994.2
58	14.784	83822	8618.3	109828.9	1067079.4
59	16.150	82583	8164.4	101210.6	957250.5
60	17.625	81249	7723.5	93046.2	856039.9
61	19.223	79817	7295.6	85322.7	762993.7
62	20.956	78283	6880.2	78027.1	677671.0
63	22.833	76643	6477.0	71146.9	599643.9
64	24.858	74893	6085.6	64669.9	528497.0
65	27.073	73031	5706.1	58584.3	463827.1
66	29.552	71054	5338.1	52878.2	405242.8
67	32.350	68954	4981.1	47540.1	352364.6
68	35.632	66723	4634.6	42559.0	304824.5
69	39.224	64346	4297.5	37924.4	262265.5
70	43.127	61822	3970.2	33626.9	224341.1
71	47.400	59156	3652.8	29656.7	190714.2
72	52.110	56352	3345.9	26003.9	161057.5
73	57.472	53415	3049.5	22658.0	135053.6
74	63.440	50345	2763.7	19608.5	112395.6

x	q_x	ℓ_x	D_x	N_x	S_x
75	70.039	47151	2488.8	16844.8	92787.1
76	77.248	43849	2225.5	14356.0	75942.3
77	85.073	40462	1974.6	12130.5	61586.3
78	93.534	37020	1737.1	10155.9	49455.8
79	102.662	33557	1514.1	8418.8	39299.9
80	112.477	30112	1306.4	6904.7	30881.1
81	122.995	26725	1114.8	5598.3	23976.4
82	134.231	23438	940.13	4483.51	18378.12
83	146.212	20292	782.63	3543.38	13894.61
84	158.964	17325	642.50	2760.75	10351.23
85	172.512	14571	519.58	2118.25	7590.48
86	186.896	12057	413.40	1598.67	5472.23
87	202.185	9804	323.22	1185.27	3873.56
88	218.413	7822	247.96	862.05	2688.29
89	235.597	6114	186.36	614.09	1826.24
90	253.691	4674	136.99	427.73	1212.15
91	272.891	3488	98.297	290.742	784.424
92	293.142	2536	68.720	192.445	493.682
93	314.638	1793	46.717	123.725	301.237
94	337.739	1229	30.791	77.008	177.512
95	362.060	814	19.609	46.217	100.504
96	388.732	519	12.022	26.608	54.287
97	419.166	317	7.0603	14.5862	27.6791
98	452.008	184	3.9405	7.5259	13.0929
99	486.400	101	2.0798	3.5854	5.5670
100	527.137	52	1.0296	1.5056	1.9816
101	1000.000	25	0.47596	0.47596	0.47596

13.4. **DAV-Sterbetafel 1994 T für Frauen:** Sterbenswahrscheinlichkeiten in ‰ und Kommutationszahlen mit Zinssatz 4% und 5 gültigen Ziffern für D_y

y	q_y	ℓ_y	D_y	N_y	S_y
0	9.003	100000	100000	2429058	53534927
1	0.867	99100	95288	2329058	51105869
2	0.624	99014	91544	2233770	48776811
3	0.444	98952	87968	2142226	46543041
4	0.345	98908	84547	2054258	44400815
5	0.307	98874	81267	1969711	42346557
6	0.293	98844	78118	1888444	40376846
7	0.283	98815	75091	1810326	38488402
8	0.275	98787	72183	1735235	36678076
9	0.268	98760	69387	1663052	34942841
10	0.261	98734	66701	1593665	33279789

y	q_y	ℓ_y	D_y	N_y	S_y
11	0.260	98708	64119	1526964	31686124
12	0.267	98682	61636	1462845	30159160
13	0.281	98656	59250	1401209	28696315
14	0.307	98628	56955	1341959	27295106
15	0.353	98598	54748	1285004	25953147
16	0.416	98563	52624	1230256	24668143
17	0.480	98522	50579	1177632	23437887
18	0.537	98475	48610	1127053	22260255
19	0.560	98422	46715	1078443	21133202
20	0.560	98367	44893	1031728	20054759
21	0.560	98312	43143	986835	19023031
22	0.560	98257	41460	943692	18036196
23	0.560	98202	39843	902232	17092504
24	0.560	98147	38289	862389	16190272
25	0.560	98092	36796	824100	15327883
26	0.560	98037	35361	787304	14503783
27	0.581	97982	33982	751943	13716479
28	0.612	97925	32656	717961	12964536
29	0.645	97865	31381	685305	12246575
30	0.689	97802	30154	653924	11561270
31	0.735	97735	28975	623770	10907346
32	0.783	97663	27840	594795	10283576
33	0.833	97587	26748	566955	9688781
34	0.897	97506	25698	540207	9121826
35	0.971	97419	24687	514509	8581619
36	1.057	97324	23715	489822	8067110
37	1.156	97221	22779	466107	7577288
38	1.267	97109	21877	443328	7111181
39	1.390	96986	21009	421451	6667853
40	1.524	96851	20173	400442	6246402
41	1.672	96703	19367	380269	5845960
42	1.812	96541	18591	360902	5465691
43	1.964	96366	17844	342311	5104789
44	2.126	96177	17124	324467	4762478
45	2.295	95973	16430	307343	4438011
46	2.480	95753	15762	290913	4130668
47	2.676	95516	15118	275151	3839755
48	2.902	95260	14498	260033	3564604
49	3.151	94984	13900	245535	3304571
50	3.425	94685	13323	231635	3059036
51	3.728	94361	12767	218312	2827401
52	4.066	94009	12230	205545	2609089
53	4.450	93627	11712	193315	2403544
54	4.862	93210	11211	181603	2210229
55	5.303	92757	10728	170392	2028626
56	5.777	92265	10261	159664	1858234

y	q_y	ℓ_y	D_y	N_y	S_y
57	6.302	91732	9808.9	149402.6	1698569.7
58	6.884	91154	9372.2	139593.7	1549167.1
59	7.530	90526	8949.6	130221.5	1409573.4
60	8.240	89844	8540.6	121271.9	1279351.9
61	9.022	89104	8144.5	112731.3	1158080.0
62	9.884	88300	7760.6	104586.8	1045348.7
63	10.839	87427	7388.3	96826.2	940761.9
64	11.889	86479	7027.1	89437.9	843935.7
65	13.054	85451	6676.5	82410.8	754497.8
66	14.371	84336	6336.0	75734.3	672087.0
67	15.874	83124	6004.7	69398.3	596352.7
68	17.667	81804	5682.1	63393.6	526954.4
69	19.657	80359	5367.0	57711.5	463560.8
70	21.861	78779	5059.1	52344.5	405849.3
71	24.344	77057	4758.2	47285.4	353504.8
72	27.191	75181	4463.8	42527.2	306219.4
73	30.576	73137	4175.4	38063.4	263692.2
74	34.504	70901	3892.1	33888.0	225628.8
75	39.030	68455	3613.3	29995.9	191740.8
76	44.184	65783	3338.7	26382.6	161744.9
77	50.014	62876	3068.4	23043.9	135362.3
78	56.574	59731	2802.8	19975.5	112318.4
79	63.921	56352	2542.6	17172.7	92342.9
80	72.101	52750	2288.5	14630.1	75170.2
81	81.151	48947	2041.9	12341.6	60540.1
82	91.096	44975	1804.0	10299.7	48198.5
83	101.970	40878	1576.6	8495.7	37898.8
84	113.798	36710	1361.4	6919.1	29403.1
85	126.628	32532	1160.0	5557.7	22484.0
86	140.479	28413	974.20	4397.67	16926.30
87	155.379	24422	805.16	3423.47	12528.63
88	171.325	20627	653.88	2618.31	9105.16
89	188.318	17093	521.01	1964.43	6486.85
90	206.375	13874	406.63	1443.42	4522.42
91	225.558	11011	310.31	1036.79	3079.00
92	245.839	8527	231.06	726.48	2042.21
93	267.270	6431	167.56	495.42	1315.73
94	289.983	4712	118.05	327.86	820.31
95	314.007	3346	80.604	209.806	492.452
96	340.119	2295	53.160	129.202	282.646
97	367.388	1514	33.720	76.042	153.444
98	397.027	958	20.516	42.322	77.402
99	428.748	578	11.902	21.806	35.080
100	462.967	330	6.5340	9.9038	13.2736
101	1000.000	177	3.3698	3.3698	3.3698

13.5. DAV-Sterbetafel 1994 R für Männer und Frauen: Sterbenswahrscheinlichkeiten in ‰ (Basistafeln) und Trendfunktionen

Die Wahrscheinlichkeit $q_{x,t}$, daß eine männliche Person, welche zum Zeitpunkt t (angegeben als Kalenderjahr) das Alter x hat, innerhalb eines Jahres stirbt, errechnet sich aus der angegebenen Basistafel und der Trendfunktion F gemäß

$$q_{x,t} = \exp\big(-F(x)\,(t-2000)\big)\,q_x\,;$$

analog für weibliche Personen.

x, y	q_x	$F(x)$	q_y	$F(y)$
0	3.691	0.048333	2.509	0.050169
1	0.154	0.048333	0.083	0.050169
2	0.125	0.043688	0.064	0.046174
3	0.097	0.041833	0.048	0.044890
4	0.075	0.039661	0.036	0.043984
5	0.060	0.037158	0.029	0.042282
6	0.052	0.035218	0.026	0.040662
7	0.048	0.033511	0.026	0.039605
8	0.046	0.032248	0.025	0.038130
9	0.046	0.031145	0.024	0.037086
10	0.045	0.030302	0.023	0.036520
11	0.044	0.029313	0.021	0.035557
12	0.045	0.027834	0.020	0.034881
13	0.050	0.026140	0.020	0.033956
14	0.062	0.024785	0.021	0.032708
15	0.083	0.024785	0.026	0.032518
16	0.115	0.024785	0.033	0.032518
17	0.154	0.024785	0.044	0.032518
18	0.197	0.024785	0.057	0.032518
19	0.235	0.024785	0.068	0.032518
20	0.275	0.024785	0.073	0.032518
21	0.340	0.024785	0.073	0.032518
22	0.439	0.024785	0.073	0.032518
23	0.485	0.024785	0.072	0.032518
24	0.495	0.024785	0.070	0.032518
25	0.499	0.024785	0.066	0.032518
26	0.508	0.024785	0.063	0.032518
27	0.521	0.024785	0.063	0.032518
28	0.546	0.024785	0.068	0.032514
29	0.580	0.024785	0.085	0.032500
30	0.617	0.024785	0.124	0.032406
31	0.660	0.024785	0.189	0.032215

x, y	q_x	$F(x)$	q_y	$F(y)$
32	0.720	0.024785	0.235	0.031974
33	0.790	0.024785	0.264	0.031695
34	0.844	0.024785	0.286	0.031351
35	0.879	0.024785	0.312	0.030979
36	0.899	0.024785	0.342	0.030442
37	0.917	0.024785	0.375	0.029814
38	0.943	0.024705	0.414	0.029135
39	0.988	0.024573	0.466	0.028507
40	1.060	0.024420	0.541	0.027775
41	1.162	0.024175	0.640	0.026880
42	1.297	0.023854	0.731	0.025955
43	1.451	0.023489	0.816	0.024926
44	1.638	0.023111	0.907	0.023929
45	1.864	0.022664	1.018	0.023099
46	2.085	0.022022	1.142	0.022427
47	2.297	0.021325	1.230	0.021929
48	2.507	0.020724	1.283	0.021594
49	2.728	0.020176	1.320	0.021385
50	2.952	0.019582	1.369	0.021238
51	3.174	0.019057	1.437	0.021162
52	3.433	0.018511	1.536	0.021162
53	3.762	0.017991	1.662	0.021162
54	4.162	0.017503	1.804	0.021162
55	4.626	0.017079	1.953	0.021162
56	5.131	0.016603	2.108	0.021162
57	5.666	0.016001	2.276	0.021162
58	6.199	0.015535	2.456	0.021162
59	6.710	0.015215	2.633	0.021162
60	7.196	0.014891	2.830	0.021162
61	7.709	0.014604	3.083	0.021103
62	8.288	0.014326	3.406	0.021026
63	8.988	0.014117	3.797	0.020939
64	9.859	0.013996	4.285	0.020813
65	10.928	0.013796	4.884	0.020572
66	12.201	0.013556	5.629	0.020485
67	13.603	0.013370	6.475	0.020320
68	15.087	0.013252	7.377	0.020185
69	16.680	0.013139	8.338	0.020108
70	18.427	0.012995	9.379	0.019939
71	20.402	0.012740	10.529	0.019744
72	22.701	0.012501	11.845	0.019510
73	25.416	0.012211	13.407	0.019129
74	28.607	0.011972	15.298	0.018717

x, y	q_x	$F(x)$	q_y	$F(y)$
75	32.237	0.011771	17.511	0.018356
76	36.221	0.011429	19.995	0.017831
77	40.590	0.011038	22.809	0.017091
78	45.418	0.010837	26.061	0.016469
79	50.779	0.010553	29.844	0.015889
80	56.731	0.010149	34.237	0.015192
81	63.285	0.009894	39.277	0.014580
82	70.401	0.009667	44.981	0.014057
83	77.983	0.009409	51.342	0.013501
84	85.906	0.009106	58.326	0.012897
85	94.041	0.008746	65.881	0.012310
86	102.251	0.008414	73.958	0.011584
87	110.408	0.008073	82.525	0.010802
88	118.399	0.007669	91.566	0.010022
89	126.129	0.007294	101.059	0.009283
90	133.522	0.006861	110.913	0.008602
91	140.465	0.006489	120.840	0.007939
92	147.006	0.006168	130.591	0.007380
93	153.281	0.005861	139.987	0.006864
94	159.565	0.005568	148.950	0.006391
95	165.956	0.005290	157.520	0.005963
96	172.468	0.005031	165.792	0.005581
97	179.078	0.004792	174.001	0.005245
98	185.753	0.004575	182.224	0.004958
99	192.466	0.004382	190.467	0.004718
100	199.193	0.004211	198.722	0.004526
101	208.221	0.004211	210.417	0.004526
102	217.049	0.004211	221.987	0.004526
103	225.635	0.004211	233.360	0.004526
104	233.937	0.004211	244.465	0.004526
105	241.920	0.004211	255.237	0.004526
106	249.548	0.004211	265.614	0.004526
107	256.791	0.004211	275.543	0.004526
108	263.622	0.004211	284.974	0.004526
109	270.017	0.004211	293.863	0.004526
110	275.955	0.004211	302.175	0.004526

13.6. DAV-Sterbetafel 1994 R für Männer und Frauen: Grundtafeln des Geburtsjahrganges 1955: Modifizierte Sterbenswahrscheinlichkeiten in ‰

x, y	$q_{x,1955+x}$	$q_{y,1955+y}$
0	0.113	0.059
1	0.113	0.059
2	0.113	0.059
3	0.113	0.059
4	0.113	0.059
5	0.113	0.059
6	0.113	0.059
7	0.113	0.059
8	0.113	0.059
9	0.113	0.059
10	0.113	0.059
11	0.113	0.059
12	0.113	0.059
13	0.114	0.059
14	0.133	0.059
15	0.175	0.068
16	0.235	0.085
17	0.309	0.110
18	0.385	0.110
19	0.447	0.110
20	0.511	0.111
21	0.617	0.111
22	0.777	0.111
23	0.786	0.112
24	0.795	0.112
25	0.804	0.112
26	0.813	0.112
27	0.814	0.113
28	0.832	0.118
29	0.863	0.143
30	0.894	0.202
31	0.934	0.297
32	0.994	0.357
33	1.063	0.386
34	1.109	0.404
35	1.112	0.425
36	1.115	0.449
37	1.118	0.475
38	1.121	0.507
39	1.145	0.553
40	1.198	0.622

x, y	$q_{x,1955+x}$	$q_{y,1955+y}$
41	1.280	0.713
42	1.394	0.790
43	1.521	0.857
44	1.676	0.929
45	1.864	1.018
46	2.039	1.117
47	2.201	1.177
48	2.356	1.202
49	2.516	1.212
50	2.677	1.231
51	2.831	1.266
52	3.016	1.324
53	3.258	1.403
54	3.555	1.491
55	3.900	1.581
56	4.274	1.670
57	4.676	1.766
58	5.065	1.866
59	5.422	1.958
60	5.755	2.060
61	6.102	2.199
62	6.496	2.383
63	6.971	2.605
64	7.557	2.885
65	8.293	3.237
66	9.178	3.661
67	10.137	4.141
68	11.123	4.637
69	12.169	5.146
70	13.316	5.698
71	14.649	6.302
72	16.198	6.994
73	18.056	7.848
74	20.216	8.890
75	22.646	10.096
76	25.415	11.504
77	28.511	13.200
78	31.762	15.135
79	35.470	17.388
80	39.770	20.117
81	44.321	23.237

x, y	$q_{x,1955+x}$	$q_{y,1955+y}$
82	49.230	26.740
83	54.540	30.737
84	60.227	35.271
85	66.281	40.263
86	72.418	45.997
87	78.658	52.428
88	85.141	59.507
89	91.502	67.171
90	98.056	75.313
91	104.216	83.869
92	110.010	92.315
93	115.695	100.693
94	121.466	108.900
95	127.386	116.909
96	133.438	124.725

x, y	$q_{x,1955+x}$	$q_{y,1955+y}$
97	139.580	132.466
98	145.758	140.118
99	151.914	147.629
100	158.012	154.934
101	164.479	163.311
102	170.732	171.514
103	176.740	179.486
104	182.474	187.179
105	187.907	194.544
106	193.017	201.540
107	197.785	208.129
108	202.193	214.281
109	206.228	219.967
110	209.878	225.167

13.7. DAV-Sterbetafel 1994 R für Männer und Frauen: ganzzahlige Altersverschiebungen

Geburtsjahr Männer von	bis	Altersverschiebung	Geburtsjahr Frauen von	bis
1900	1906	7		
1907	1910	6	1900	1902
1911	1913	5	1903	1907
1914	1920	4	1908	1930
1921	1934	3	1931	1938
1935	1943	2	1939	1945
1944	1951	1	1946	1951
1952	1958	0	1952	1957
1959	1966	−1	1958	1963
1967	1973	−2	1964	1968
1974	1981	−3	1969	1974
1982	1988	−4	1975	1978
1989	1996	−5	1979	1983
1997	2003	−6	1984	1987
2004	2010	−7	1988	1991
		−8	1992	1996
		−9	1997	2000
		−10	2001	2004
		−11	2005	2009
		−12	2010	2010

13.9. **Stornotafel für Männer und Frauen:** Abhängige Stornowahrscheinlichkeiten für prämienpflichtige Lebensversicherungen

Im Vers. Jahr	Vertragsdauer 45	40	35	30	25	20	15	12
1	9.71	11.21	11.80	10.10	9.79	5.80	2.98	1.88
2	7.47	8.01	13.53	10.93	10.55	6.93	5.76	3.98
3	3.36	3.83	11.42	9.05	8.24	5.67	4.76	3.90
4	3.30	3.75	9.44	7.36	6.51	4.78	3.66	3.76
5	3.24	3.67	7.79	6.00	5.29	4.35	2.61	3.57
6	3.20	3.58	6.45	5.05	4.61	4.19	2.09	3.32
7	3.17	3.48	5.49	4.41	4.06	3.73	2.08	3.02
8	3.15	3.36	4.84	4.07	3.64	3.28	2.03	2.66
9	3.14	3.23	4.35	3.98	3.33	2.96	1.78	2.26
10	3.14	3.09	3.88	3.97	3.03	2.69	1.41	1.82
11	3.13	2.96	3.40	3.93	2.66	2.43	1.34	1.33
12	3.12	2.81	2.87	3.79	2.25	2.08	1.11	0.80
13	6.24	4.60	5.30	4.57	3.19	2.57	2.66	
14	4.98	3.01	3.95	2.93	2.17	2.34	2.80	
15	4.75	2.99	3.72	2.84	2.10	2.33	5.17	
16	4.47	2.95	3.45	2.67	2.00	2.31		
17	4.12	2.77	3.13	2.40	1.90	2.27		
18	3.54	2.58	2.82	2.08	1.85	2.23		
19	3.00	2.44	2.56	1.86	1.84	2.18		
20	2.70	2.38	2.27	1.73	1.85	3.08		
21	2.58	2.26	1.98	1.66	1.88			
22	2.49	2.05	1.72	1.57	1.89			
23	2.35	1.87	1.54	1.43	1.93			
24	2.21	1.78	1.48	1.47	2.06			
25	2.09	1.73	1.48	1.81	4.94			
26	1.98	1.63	1.46	2.40				
27	1.78	1.45	1.42	3.01				
≥ 28	1.48	1.17	1.36	3.05				

13.12. **DAV-Invalidisierungstafel 1997 I für Männer und Frauen:** Unabhängige Berufsunfähigkeitswahrscheinlichkeiten erster Ordnung in ‰

x, y	${}^u i_x$	${}^u i_y$
15	0.7490	0.9245
16	1.0288	0.9363
17	1.3064	0.9464
18	1.5749	0.9568
19	1.8206	0.9704
20	2.0282	0.9898

x, y	${}^u i_x$	${}^u i_y$
21	2.1829	1.0111
22	2.2678	1.0388
23	2.2807	1.0775
24	2.2807	1.1190
25	2.2807	1.1571
26	2.2807	1.2028

x, y	${}^u i_x$	${}^u i_y$
27	2.2807	1.2566
28	2.2807	1.3239
29	2.2807	1.3958
30	2.2807	1.4808
31	2.2807	1.5882
32	2.2807	1.7230
33	2.2807	1.8848
34	2.2807	2.0537
35	2.3012	2.2212
36	2.4604	2.3908
37	2.6587	2.5592
38	2.8520	2.7505
39	3.0383	2.9852
40	3.2306	3.2737
41	3.4725	3.6134
42	3.7716	4.0140
43	4.1007	4.4868
44	4.4404	5.0157
45	4.7767	5.6054
46	5.1541	6.2894
47	5.6249	7.1055
48	6.2273	8.0782

x, y	${}^u i_x$	${}^u i_y$
49	7.0534	9.2114
50	8.1259	10.5028
51	9.5007	11.9495
52	11.2013	13.5635
53	13.2062	15.3174
54	15.5535	17.1766
55	18.2793	19.0882
56	21.3377	21.5467
57	24.6920	24.2570
58	28.2059	27.2921
59	31.7913	30.6883
60	35.3828	34.4857
61	40.3322	38.7280
62	45.4595	43.4633
63	51.0343	48.7439
64	57.0642	54.6268
65	63.5517	61.1742
66	70.4939	68.4529
67	77.8820	76.5351
68	85.7010	85.4985
69	93.9290	95.4258

13.13. **DAV-Selektionssterbetafel 1997 TI für berufsunfähige Männer:** Unabhängige Sterbenswahrscheinlichkeiten erster Ordnung in ‰

x	${}^u q^{ii}_{[x]}$	${}^u q^{ii}_{[x-1]+1}$	${}^u q^{ii}_{[x-2]+2}$	${}^u q^{ii}_{[x-3]+3}$	${}^u q^{ii}_{[x-4]+4}$	${}^u q^{ii}_x$
15	2.0307					
16	2.1924	1.9152				
17	2.4969	2.1840	1.8102			
18	2.9218	2.5543	2.1175	1.5736		
19	3.4440	3.0072	2.4934	1.8641	1.1928	
20	4.0425	3.5245	2.9232	2.1994	1.4161	0.6209
21	4.6949	4.0880	3.3915	2.5662	1.6632	0.7357
22	5.3795	4.6788	3.8829	2.9491	1.9250	0.8624
23	6.2370	5.4166	4.4968	3.4391	2.2841	1.0808
24	7.3535	6.3707	5.2920	4.0901	2.7902	1.4336
25	8.6177	7.4494	6.1908	4.8321	3.3789	1.8634
26	9.9218	8.5603	7.1169	5.5972	3.9886	2.3142
27	11.1552	9.6117	7.9926	6.3161	4.5556	2.7279
28	12.3277	10.6085	8.8235	6.9923	5.0827	3.1045
29	13.5107	11.6109	9.6593	7.6713	5.6119	3.4825

x	${}^{u}q^{ii}_{[x]}$	${}^{u}q^{ii}_{[x-1]+1}$	${}^{u}q^{ii}_{[x-2]+2}$	${}^{u}q^{ii}_{[x-3]+3}$	${}^{u}q^{ii}_{[x-4]+4}$	${}^{u}q^{ii}_{x}$
30	14.6930	12.6133	10.4944	8.3489	6.1390	3.8612
31	15.8606	13.6080	11.3232	9.0195	6.6619	4.2427
32	17.0002	14.5873	12.1394	9.6789	7.1771	4.6256
33	18.1216	15.5610	12.9493	10.3313	7.6846	5.0099
34	19.2339	16.5326	13.7578	10.9795	8.1858	5.3949
35	20.3252	17.4916	14.5544	11.6179	8.6828	5.7827
36	21.3815	18.4233	15.3307	12.2409	9.1735	6.1740
37	22.3916	19.3172	16.0755	12.8429	9.6586	6.5709
38	23.3842	20.1943	16.8035	13.4309	10.1395	6.9699
39	24.3712	21.0637	17.5224	14.0084	10.6162	7.3696
40	25.3127	21.8981	18.2140	14.5684	11.0866	7.7756
41	26.1695	22.6695	18.8615	15.1025	11.5507	8.1942
42	26.9003	23.3492	19.4474	15.6023	12.0064	8.6296
43	27.5863	23.9960	20.0039	16.0790	12.4530	9.0832
44	28.2765	24.6421	20.5513	16.5417	12.8926	9.5522
45	28.8806	25.2203	21.0511	16.9778	13.3259	10.0380
46	29.3083	25.6613	21.4669	17.3768	13.7536	10.5406
47	29.4707	25.8993	21.7602	17.7268	14.1764	11.0628
48	29.4616	26.0050	21.9751	18.0425	14.5957	11.6102
49	29.4336	26.0932	22.1704	18.3386	15.0122	12.1842
50	29.3902	26.1604	22.3307	18.6067	15.4224	12.7771
51	29.3314	26.2038	22.4385	18.8370	15.8249	13.3812
52	29.2600	26.2185	22.4784	19.0204	16.2183	13.9874
53	29.0346	26.0967	22.4399	19.1667	16.6012	14.6118
54	28.5810	25.7817	22.3384	19.2927	16.9764	15.2593
55	27.9951	25.3484	22.1935	19.4019	17.3439	15.9075
56	27.3756	24.8724	22.0255	19.4978	17.6421	16.5354
57	26.8198	24.4307	21.8547	19.5832	18.0607	17.1199
58	26.2493	23.9372	21.6209	19.6679	18.4632	17.7345
59	25.5976	23.3408	21.3024	19.7533	18.9119	18.3967
60	24.9844	22.7633	20.9783	19.8282	19.3298	19.0015
61	24.5294	22.3265	20.7263	19.8807	19.6371	19.4425
62	24.3509	22.1543	20.6255	19.9010	19.7568	19.6126
63	24.3509	22.1543	20.6255	19.9010	19.7568	19.6126
64	24.3509	22.1543	20.6255	19.9010	19.7568	19.6126
65	24.3509	22.1543	20.6255	19.9010	19.7568	19.6126
66	24.3509	22.1543	20.6255	19.9010	19.7568	19.6126
67	24.3509	22.1543	20.6255	19.9010	19.7568	19.6126
68	24.3509	22.1543	20.6255	19.9010	19.7568	19.6126
69	24.3509	22.1543	20.6255	19.9010	19.7568	19.6126

13.14. DAV-Selektionssterbetafel 1997 TI für berufsunfähige Frauen: Unabhängige Sterbenswahrscheinlichkeiten erster Ordnung in ‰

y	${}^{u}q^{ii}_{[y]}$	${}^{u}q^{ii}_{[y-1]+1}$	${}^{u}q^{ii}_{[y-2]+2}$	${}^{u}q^{ii}_{[y-3]+3}$	${}^{u}q^{ii}_{[y-4]+4}$	${}^{u}q^{ii}_{y}$
15	1.5161					
16	1.6368	1.4298				
17	1.8641	1.6305	1.3514			
18	2.1813	1.9070	1.5809	1.1748		
19	2.5712	2.2451	1.8615	1.3917	0.8905	
20	3.0180	2.6313	2.1824	1.6420	1.0572	0.4635
21	3.5051	3.0520	2.5320	1.9159	1.2417	0.5493
22	4.0162	3.4931	2.8989	2.2017	1.4372	0.6438
23	4.6564	4.0439	3.3572	2.5675	1.7052	0.8069
24	5.4899	4.7562	3.9509	3.0536	2.0831	1.0703
25	6.4337	5.5615	4.6219	3.6075	2.5226	1.3912
26	7.4073	6.3909	5.3133	4.1787	2.9778	1.7277
27	8.3282	7.1758	5.9670	4.7154	3.4011	2.0366
28	9.2035	7.9200	6.5874	5.2203	3.7946	2.3177
29	10.0867	8.6684	7.2114	5.7272	4.1897	2.5999
30	10.9694	9.4167	7.8348	6.2331	4.5832	2.8827
31	11.8411	10.1593	8.4536	6.7337	4.9736	3.1675
32	12.6919	10.8905	9.0629	7.2260	5.3582	3.4533
33	13.5291	11.6174	9.6676	7.7131	5.7371	3.7402
34	14.3595	12.3428	10.2712	8.1970	6.1113	4.0277
35	15.1742	13.0587	10.8659	8.6736	6.4823	4.3172
36	15.9628	13.7543	11.4455	9.1387	6.8487	4.6093
37	16.7169	14.4217	12.0015	9.5881	7.2108	4.9056
38	17.4580	15.0765	12.5450	10.0271	7.5699	5.2035
39	18.1948	15.7256	13.0817	10.4583	7.9258	5.5019
40	18.8977	16.3485	13.5981	10.8764	8.2769	5.8050
41	19.5374	16.9244	14.0815	11.2751	8.6234	6.1176
42	20.0830	17.4318	14.5189	11.6482	8.9636	6.4426
43	20.5951	17.9147	14.9343	12.0041	9.2971	6.7813
44	21.1104	18.3971	15.3430	12.3496	9.6252	7.1314
45	21.5614	18.8288	15.7161	12.6751	9.9487	7.4941
46	21.8807	19.1580	16.0266	12.9730	10.2680	7.8693
47	22.0020	19.3357	16.2455	13.2343	10.5837	8.2592
48	21.9952	19.4146	16.4060	13.4700	10.8967	8.6678
49	21.9743	19.4804	16.5518	13.6911	11.2077	9.0964
50	21.9419	19.5306	16.6715	13.8912	11.5139	9.5390
51	21.8980	19.5630	16.7519	14.0632	11.8144	9.9900
52	21.8447	19.5740	16.7817	14.2001	12.1081	10.4426
53	21.6764	19.4831	16.7530	14.3093	12.3940	10.9088
54	21.3378	19.2479	16.6772	14.4034	12.6741	11.3922

y	$^{u}q^{ii}_{[y]}$	$^{u}q^{ii}_{[y-1]+1}$	$^{u}q^{ii}_{[y-2]+2}$	$^{u}q^{ii}_{[y-3]+3}$	$^{u}q^{ii}_{[y-4]+4}$	$^{u}q^{ii}_{y}$
55	20.9003	18.9244	16.5690	14.4849	12.9485	11.8761
56	20.4378	18.5690	16.4436	14.5565	13.1711	12.3449
57	20.0229	18.2393	16.3161	14.6203	13.4836	12.7812
58	19.5970	17.8708	16.1415	14.6835	13.7841	13.2401
59	19.1104	17.4256	15.9038	14.7472	14.1191	13.7345
60	18.6526	16.9944	15.6618	14.8032	14.4311	14.1860
61	18.3129	16.6683	15.4737	14.8424	14.6605	14.5152
62	18.1797	16.5398	15.3984	14.8575	14.7499	14.6422
63	18.1797	16.5398	15.3984	14.8575	14.7499	14.6422
64	18.1797	16.5398	15.3984	14.8575	14.7499	14.6422
65	18.1797	16.5398	15.3984	14.8575	14.7499	14.6422
66	18.1797	16.5398	15.3984	14.8575	14.7499	14.6422
67	18.1797	16.5398	15.3984	14.8575	14.7499	14.6422
68	18.1797	16.5398	15.3984	14.8575	14.7499	14.6422
69	18.1797	16.5398	15.3984	14.8575	14.7499	14.6422

13.15. DAV-Selektionsreaktivierungstafel 1997 RI für berufsunfähige Männer:

Unabhängige Reaktivierungswahrscheinlichkeiten in ‰

x	$^{u}r_{[x]}$	$^{u}r_{[x-1]+1}$	$^{u}r_{[x-2]+2}$	$^{u}r_{[x-3]+3}$	$^{u}r_{[x-4]+4}$	$^{u}r_{x}$
15	59.3504					
16	59.3851	87.8873				
17	59.4823	87.7132	154.8972			
18	59.6333	87.4426	154.4824	191.7457		
19	59.8305	87.0903	153.9438	190.1559	218.6424	
20	60.0637	86.6721	153.3040	188.2682	215.3540	147.9184
21	60.3255	86.2036	152.5872	186.1541	211.6690	144.3681
22	60.6070	85.7004	151.8168	183.8822	207.7108	140.5533
23	60.9912	84.9891	150.8498	180.7862	202.0450	134.8957
24	61.5400	83.9603	149.5177	176.3716	193.8116	126.5664
25	62.2105	82.7254	147.8096	170.9683	183.9903	116.8056
26	62.9605	81.3946	145.7131	164.9048	173.5605	106.8532
27	63.7480	80.0788	143.2168	158.5114	163.5019	97.9513
28	64.8122	78.8222	139.3225	151.2497	153.5522	89.9973
29	66.2048	77.5431	133.5180	142.6966	143.0346	82.1515
30	67.6015	76.1600	126.5228	133.3507	132.3049	74.5450
31	68.6773	74.5933	119.0544	123.7097	121.7207	67.3084
32	69.1084	72.7614	111.8328	114.2726	111.6376	60.5751
33	68.8194	70.3725	104.5745	104.6717	101.8864	54.2021
34	68.0367	67.3622	96.7776	94.5683	92.2128	48.0508

x	${}^{u}r_{[x]}$	${}^{u}r_{[x-1]+1}$	${}^{u}r_{[x-2]+2}$	${}^{u}r_{[x-3]+3}$	${}^{u}r_{[x-4]+4}$	${}^{u}r_{x}$
35	66.8848	63.9894	88.8291	84.5084	82.8492	42.2593
36	65.4881	60.5139	81.1165	75.0380	74.0262	36.9641
37	63.9710	57.1962	74.0262	66.7032	65.9763	32.3020
38	61.9181	54.0104	67.4914	59.2885	58.5215	28.0888
39	59.0458	50.7824	61.2156	52.3008	51.4182	24.1278
40	55.6838	47.5517	55.2391	45.8667	44.7984	20.5387
41	52.1594	44.3544	49.6053	40.1132	38.7926	17.4434
42	48.7995	41.2284	44.3557	35.1669	33.5328	14.9607
43	45.5566	38.1480	39.3530	30.8815	28.8327	12.9635
44	42.2076	35.0873	34.5209	27.0096	24.4698	11.2227
45	38.8246	32.0817	29.9982	23.5328	20.5258	9.7097
46	35.4776	29.1672	25.9230	20.4292	17.0816	8.3939
47	32.2368	26.3799	22.4318	17.6793	14.2188	7.2461
48	29.0401	23.6626	19.3814	15.1654	11.7667	6.2159
49	25.8386	20.9821	16.5716	12.8248	9.5377	5.2795
50	22.7215	18.4130	14.0563	10.7188	7.5861	4.4458
51	19.7778	16.0303	11.8905	8.9100	5.9650	3.7264
52	17.0986	13.9094	10.1279	7.4596	4.7287	3.1314
53	14.5282	11.9857	8.6870	6.2988	3.7645	2.6370
54	11.9768	10.1728	7.4310	5.2979	2.9267	2.2052
55	9.6342	8.5109	6.3342	4.4261	2.2195	1.8251
56	7.6881	7.0387	5.3700	3.6557	1.6470	1.4872
57	6.3274	5.7963	4.5104	2.9560	1.2145	1.1812
58	5.3428	4.7165	3.7196	2.3011	0.8595	0.8956
59	4.4499	3.7230	2.9886	1.6939	0.5338	0.6297
60	3.7210	2.8451	2.3324	1.1444	0.2638	0.3890
61	3.2293	2.1134	1.7680	0.6637	0.0768	0.1775
62	3.0491	1.5552	1.3110	0.2625	0.0000	0.0000
63	3.0491	1.5552	1.3110	0.2625	0.0000	0.0000
64	3.0491	1.5552	1.3110	0.2625	0.0000	0.0000
65	3.0491	1.5552	1.3110	0.2625	0.0000	0.0000
66	3.0491	1.5552	1.3110	0.2625	0.0000	0.0000
67	3.0491	1.5552	1.3110	0.2625	0.0000	0.0000
68	3.0491	1.5552	1.3110	0.2625	0.0000	0.0000
69	3.0491	1.5552	1.3110	0.2625	0.0000	0.0000

13.16. DAV-Selektionsreaktivierungstafel 1997 RI für berufsunfähige Frauen:
Unabhängige Reaktivierungswahrscheinlichkeiten in ‰

y	${}^u r_{[y]}$	${}^u r_{[y-1]+1}$	${}^u r_{[y-2]+2}$	${}^u r_{[y-3]+3}$	${}^u r_{[y-4]+4}$	${}^u r_y$
15	55.7719					
16	55.8045	82.5882				
17	55.8959	82.4246	145.5578			
18	56.0377	82.1703	145.1680	180.1846		
19	56.2231	81.8393	144.6619	178.6906	205.4596	
20	56.4422	81.4463	144.0606	176.9167	202.3694	138.9998
21	56.6882	81.0060	143.3871	174.9301	198.9066	135.6635
22	56.9528	80.5332	142.6631	172.7952	195.1870	132.0787
23	57.3138	79.8648	141.7545	169.8858	189.8629	126.7623
24	57.8295	78.8980	140.5027	165.7374	182.1259	118.9352
25	58.4596	77.7375	138.8975	160.6599	172.8968	109.7629
26	59.1644	76.4870	136.9275	154.9620	163.0958	100.4105
27	59.9043	75.2506	134.5817	148.9541	153.6437	92.0454
28	60.9044	74.0697	130.9222	142.1302	144.2939	84.5710
29	62.2130	72.8677	125.4677	134.0929	134.4105	77.1982
30	63.5255	71.5680	118.8943	125.3105	124.3277	70.0504
31	64.5364	70.0957	111.8761	116.2507	114.3816	63.2501
32	64.9416	68.3743	105.0899	107.3827	104.9065	56.9228
33	64.6700	66.1295	98.2693	98.3606	95.7433	50.9341
34	63.9345	63.3006	90.9425	88.8664	86.6529	45.1537
35	62.8520	60.1312	83.4732	79.4130	77.8538	39.7113
36	61.5395	56.8652	76.2257	70.5137	69.5628	34.7354
37	60.1139	53.7476	69.5628	62.6814	61.9983	30.3544
38	58.1848	50.7539	63.4220	55.7138	54.9930	26.3952
39	55.4856	47.7205	57.5247	49.1474	48.3180	22.6730
40	52.3264	44.6846	51.9085	43.1012	42.0973	19.3004
41	49.0145	41.6801	46.6144	37.6946	36.4537	16.3916
42	45.8572	38.7426	41.6813	33.0465	31.5110	14.0586
43	42.8098	35.8479	36.9802	29.0195	27.0942	12.1819
44	39.6627	32.9718	32.4395	25.3811	22.9944	10.5461
45	36.4837	30.1474	28.1895	22.1139	19.2882	9.1243
46	33.3385	27.4086	24.3600	19.1975	16.0517	7.8878
47	30.2931	24.7894	21.0793	16.6134	13.3615	6.8092
48	27.2891	22.2359	18.2128	14.2510	11.0573	5.8411
49	24.2807	19.7170	15.5724	12.0515	8.9626	4.9612
50	21.3515	17.3028	13.2088	10.0726	7.1287	4.1778
51	18.5853	15.0638	11.1736	8.3728	5.6053	3.5017
52	16.0677	13.0707	9.5173	7.0098	4.4436	2.9426
53	13.6522	11.2630	8.1632	5.9191	3.5375	2.4780
54	11.2547	9.5594	6.9830	4.9784	2.7503	2.0723
55	9.0534	7.9977	5.9523	4.1593	2.0857	1.7151

y	${}^u r_{[y]}$	${}^u r_{[y-1]+1}$	${}^u r_{[y-2]+2}$	${}^u r_{[y-3]+3}$	${}^u r_{[y-4]+4}$	${}^u r_y$
56	7.2245	6.6143	5.0462	3.4353	1.5477	1.3975
57	5.9459	5.4468	4.2385	2.7777	1.1413	1.1099
58	5.0206	4.4321	3.4953	2.1624	0.8077	0.8416
59	4.1816	3.4985	2.8084	1.5917	0.5016	0.5917
60	3.4966	2.6736	2.1918	1.0754	0.2479	0.3655
61	3.0346	1.9860	1.6614	0.6237	0.0722	0.1668
62	2.8653	1.4614	1.2320	0.2467	0.0000	0.0000
63	2.8653	1.4614	1.2320	0.2467	0.0000	0.0000
64	2.8653	1.4614	1.2320	0.2467	0.0000	0.0000
65	2.8653	1.4614	1.2320	0.2467	0.0000	0.0000
66	2.8653	1.4614	1.2320	0.2467	0.0000	0.0000
67	2.8653	1.4614	1.2320	0.2467	0.0000	0.0000
68	2.8653	1.4614	1.2320	0.2467	0.0000	0.0000
69	2.8653	1.4614	1.2320	0.2467	0.0000	0.0000

Literaturverzeichnis

In eckigen Klammern [...] nachgestellte Seitenzahlen verweisen auf Erwähnungen im Buchtext.

Abramowitz, M. and I. Stegun ed. (1970): Handbook of Mathematical Functions. Dover, New York (9th ed.). *[303]*

Allerdissen, K., G. Drude und T. Gebhardt (1993): Zur Kalkulation von Dread Disease. Blätter der DGVM **XXI**, 277–292. *[235, 272, 342, 598]*

Andersen, P.K., Ø. Borgan, R.D. Gill and N. Keiding (1993): Statistical Models based on Counting Processes. Springer, New York. *[83, 174, 593]*

Arjas, E. and P. Greenwood (1981): Competing Risks and Independent Minima: A Marked Point Process Approach. Adv. Appl. Prob. **13**, 669–680. *[76]*

Balleer, M. und J. Claaßen (1979): Analytische Betrachtungen zur Gewinnbeteiligung in der Lebensversicherung. Schriftenreihe Angewandte Versicherungsmathematik **10**, Verlag Versicherungswirtschaft, Karlsruhe. *[535]*

Bauer, H. (1991): Wahrscheinlichkeitstheorie. De Gruyter, Berlin (4. Aufl.). *[VI]*

Behrens, G., H. Loebus, B. Oehlers-Vogel und B. Zschoyan (1985): Methodik von Sterblichkeitsuntersuchungen. Schriftenreihe Angewandte Versicherungsmathematik **15**, Verlag Versicherungswirtschaft, Karlsruhe. *[87, 103, 104, 110, 111, 113, 115, 122]*

Bernoulli, D. (1760, 1765): Essai d'une nouvelle analyse de la mortalité causée par la petite vérole, et des avantages de l'inoculation pour la prévenir. Histoire avec les Mémoirs, Académie Royale des Sciences, Paris, Année MDCCLX, 1–45. *[9, 73]*

BerVersV, Verordnung über die Berichterstattung von Versicherungsunternehmen gegenüber dem Bundesaufsichtsamt für das Versicherungswesen (1995): BGBL I, Bundesanzeiger Verlagsgesellschaft, Bonn, 858–867. *[543, 563]*

Black, F. and M. Scholes (1973): The Pricing of Options and Corporate Liabilities. J. Political Econ. **81**, 637–659. *[11]*

Borgan, Ø. (1979): On the Theory of Moving Average Graduation. Scand. Actuarial J., 83–105. *[113, 122, 123]*

Bowers, N.L., H.U. Gerber, J.C. Hickman, D.C. Jones and C.J. Nesbitt (1986, 1997): Actuarial Mathematics. Society of Actuaries, Itasca (1st and 2nd ed.). *[17, 57, 64, 131, 200, 214, 254, 284, 286, 391, 399, 408, 411, 427, 445]*

Braun, H. (1963): Geschichte der Lebensversicherung und der Lebensversicherungstechnik. Duncker & Humblot, Berlin. *[7]*

Brémaud, P. (1981): Point Processes and Queues. Springer, New York. *[139, 149, 281]*

Brillinger, D.R. (1986): The natural variability of vital rates and associated statistics (with discussion). Biometrics **42**, 693–734. *[105]*

Bühlmann, H. (1964): Optimale Prämienstufensysteme. Mitteilungen VSV **64**, 193–214. *[11]*

Bühlmann, H. (1967): Experience rating and credibility. ASTIN Bull. **4**, 199–207. *[11]*

Bühlmann, H. (1970): Mathematical Methods in Risk Theory. Springer, Berlin. *[11, 345, 348, 372]*

Bühlmann, H. (1976): A probabilistic approach to long term insurance (typically life insurance). Berichte des 20. IKVM, Tokyo 1976 **5**, 267–276. *[490]*

Bühlmann, H. (1987): Actuaries of the third kind? ASTIN Bull. **17**, 137–138 (Editorial). *[11]*

Bühlmann, H. (1995): Life Insurance with Stochastic Interest Rates. In: G. Ottaviani Hrsg. (1995): Financial Risk in Insurance. Springer, Berlin, 1–24. *[205]*

Bühlmann, N. und B. Berliner (1992): Einführung in die Finanzmathematik 1. UTB Haupt, Bern. *[23]*

Bundesaufsichtsamt für das Versicherungswesen (1990): Geschäftsplan für die Fondsgebundene Lebensversicherung. VerBAV, 3–11. *[205]*

Bundesaufsichtsamt für das Versicherungswesen (1990): Neue Rechnungsgrundlagen in der Berufsunfähigkeitsversicherung. VerBAV, 301–303. *[599]*

Bundesaufsichtsamt für das Versicherungswesen (1994): Neue Rechnungsgrundlagen in der Lebensversicherung mit Todesfallcharakter. VerBAV, 174, 175. *[598]*

Bundesaufsichtsamt für das Versicherungswesen (1995): Neue Rechnungsgrundlagen in der Lebensversicherung mit Erlebensfallcharakter. VerBAV, 79–83. *[598]*

Bundesaufsichtsamt für das Versicherungswesen (1996): Verordnung über Rechnungsgrundlagen für die Deckungsrückstellungen (Deckungsrückstellungsverordnung — DeckRV). VerBAV, 139, 140. *[419, 420]*

Bundesaufsichtsamt für das Versicherungswesen (1996): Verordnung über die Mindestbeitragsrückerstattung in der Lebensversicherung (ZRQuotenV). VerBAV, 230–233. *[103]*

Bundestagsdrucksache 12/6959 vom 4.3.1994. Bundesanzeiger Verlagsgesellschaft, Bonn. *[420]*

Cantelli, F.P. (1914): Genesi e costruzione delle tavole di mutualità, Bolletin de Notizie sul Credito e sulla Previdenza **3/4**, 247–303. *[11, 434, 454, 480]*

Chung, K.L. and R.J. Williams (1990): Introduction to Stochastic Integration. Birkhäuser, Boston (2nd ed.). *[589]*

Cramér, H. (1930): On the mathematical theory of risk. Skand. Jubilee Vol., Stockholm. *[11]*

Crowder, M. (1996): On Assessing Independence of Competing Risks when Failure Times are Discrete. Lifetime Data Analysis **2**, 195–209. *[80, 86]*

Daley, D.J. and D. Vere-Jones (1988): An Introduction to the Theory of Point Processes. Springer, New York. *[589]*

Damm, P. (1993): Ertragswertbezogene Vergütungspolitik von Versicherungsunternehmen zur Steuerung von Absatzorganen. Veröffentlichungen des Seminars für Versicherungswissenschaft der Universität Hamburg und des Vereins zur Förderung der Versicherungswissenschaft in Hamburg **B5**. Verlag Versicherungswirtschaft, Karlsruhe. *[557]*

De Vylder, F.E. (1996): Advanced Risk Theory. Editions de l'Université de Bruxelles, Bruxelles. *[348]*

Deutsche Aktuarvereinigung (1995): Mitteilung Nr. 5. Bonn. *[535, 598]*

Deutsche Aktuarvereinigung (1997): Mitteilung Nr. 11. Köln. *[598]*

Dolezel, R. (1938): Gewinnanalyse in der Lebensversicherung. Veröffentlichungen des Deutschen Vereins für Versicherungs-Wissenschaft **61**, 9–61. Mittler, Berlin. *[543]*

Doob, J.L. (1953): Stochastic Processes. Wiley, New York. *[204]*

Drude, G. (1988): Ausgewählte Themen der kollektiven Risikotheorie — Eine Einführung mit Anwendungen aus der Lebensversicherung. Schriftenreihe Angewandte Versicherungsmathematik **18**. Verlag Versicherungswirtschaft, Karlsruhe. *[548]*

Drude, G. und M. Helbig (1991): Bericht zur Prüfung 1990 über Mathematik der Lebensversicherung. Blätter der DGVM **XX**, 77–82. *[374]*

Drude, G., J. Strobel und M. Helbig (1992): Bericht zur Prüfung 1992 über Mathematik der Lebensversicherung. Blätter der DGVM **XX**, 535–540. *[373]*

Dubins, L. and D. Freedman (1964): Measurable sets of measures. Pacific J. Math. **14**, 1211–1222. *[204]*

Eubank, R.L. (1988): Spline Smoothing and Nonparametric Regression. Marcel Dekker, New York. *[118, 119, 120, 124]*

Farny, D. (1988): Theorie der Versicherung B. Fortentwicklung der Theorie. In: Farny, D. et al. (1988), 867–871. *[2]*

Farny, D. (1995): Versicherungsbetriebslehre. Verlag Versicherungswirtschaft, Karlsruhe (2. Aufl.). *[1, 5]*

Farny, D., E. Helten, P. Koch und R. Schmidt Hrsg. (1988): Handwörterbuch der Versicherung. Verlag Versicherungswirtschaft, Karlsruhe. *[1, 2]*

Feilmeier, M. und R. Kunz Hrsg. (1997): Planung und Controlling. Schriftenreihe Angewandte Versicherungsmathematik **29**, Verlag Versicherungswirtschaft, Karlsruhe. *[534]*

Gail, M. (1982): Competing Risks. In: Johnson, N.L. and S. Kotz ed. (1982): Encyclopedia of Statistical Sciences **2**. Wiley, New York, 75–81. *[73]*

Gänßler, P. und W. Stute (1977): Wahrscheinlichkeitstheorie. Springer, Berlin. *[VI, 171, 370]*

Gauß, C.F. (1845, 1851): Anwendung der Wahrscheinlichkeitsrechnung auf die Bestimmung der Bilanz für Witwenkassen. Auszugsweise Reproduktion aus dem Nachlaß von Gauß in: Blätter der DGVM **VIII** (1967), 263–277. *[10]*

Gerber, H.-U. (1979): An Introduction to Mathematical Risk Theory. Huebner, Philadelphia. *[348, 370, 371, 372]*

Gerber, H.-U. (1997): Life Insurance Mathematics. Springer, Berlin (3rd ed.). *[50, 57, 69, 129, 254, 284, 321, 328, 393, 432, 445, 448]*

Gerdes, W. (1997): Bewertung von Finanzoptionen in Lebensversicherungsprodukten. Der Aktuar **3**, 117–124. *[486]*

Gessner, P. (1978): Überschußkraft und Gewinnbeteiligung in der Lebensversicherung. Schriftenreihe Angewandte Versicherungsmathematik **7**, Verlag Versicherungswirtschaft, Karlsruhe. *[554]*

Gikhman, I.I. and A.V. Skorokhod (1969): Introduction to the theory of random processes. Saunders, Philadelphia. *[136]*

Gill, R. (1983): Censoring and Stochastic Integrals. MC Tract **124**, Mathematisch Centrum, Amsterdam (2nd ed.). *[60, 593]*

Gill, R. (1994): Lectures on Survival Analysis. In: Bakry, D., R. Gill and S. Molchanov: Lectures on Probability Theory. Lecture Notes in Mathematics **1581**. Springer, Berlin. *[137, 170]*

Gill, R. and S. Johansen (1990): A survey of product-integration with a view toward application in survival analysis. Ann. Statist. **18**, 1501–1555. *[60, 137, 170, 191, 572]*

Goovaerts, M.J., F.E. de Vylder and J. Haezendonk (1984): Insurance Premiums. North-Holland, Amsterdam. *[348, 371, 372, 414]*

Gram, P. (1910): Professor Thiele as an actuary. In: Haberman, S. and T.A. Sibbett ed. (1995) **IV**, 237–244. *[454]*

Green, P.J. and B.W. Silverman (1994): Nonparametric Regression and Generalized Linear Models. Chapman & Hall, London. *[118, 119, 120]*

Greville, T.N.E. (1981): Moving-Weighted-Average Smoothing Extended to the Extremities of the Data. I. Theory. Scand. Actuarial J., 39–55. *[115]*

Haberman, S. and T.A. Sibbett ed. (1995): History of Actuarial Science **I-X**. Pickering, London. *[7]*

Härdle, W. (1990): Applied nonparametric regression. Cambridge University Press, Cambridge. *[124]*

Hald, A. (1987): On the early history of Life Insurance Mathematics. Scand. Actuarial J., 4 – 18. *[7]*

Hartung, J. (1998): Statistik: Lehr- und Handbuch der angewandten Statistik. Oldenbourg, München (11. Aufl.). *[430]*

Hattendorff, K. (1868): Das Risiko bei der Lebensversicherung. Masius' Rundschau der Versicherungen **18**, 169–183. *[10, 378, 490]*

Helbig, M. (1978): Maßzahlen zur Rentabilität einer Lebensversicherung. Blätter der DGVM **XIII**, 309–315. *[535, 539, 553]*

Helbig, M. Hrsg. (1987): Beiträge zum versicherungsmathematischen Grundwissen. Schriftenreihe Angewandte Versicherungsmathematik **12**, Verlag Versicherungswirtschaft, Karlsruhe. *[336, 364]*

Helbig, M. (1997): Das Ertragsbarwertmodell. In: Feilmeier, M. und R. Kunz (1997), 70–74. *[534]*

Heller, U. (1988): Deckungsbeitrag und Ergebnisschwankung in der Lebensversicherung. Berichte des 23. IKVM, Helsinki 1988 **1**, 223–242. *[556]*

Helten, E. (1988): Versicherungsmathematik. In: Farny, D. et al. (1988), 1077–1081. *[6, 12]*

Hesselager, O. and R. Norberg (1996): On probability distributions of present values in life insurance. Insurance: Mathematics and Economics **18**, 35–42. *[509]*

Heubeck, K. (1982): Neue Rechnungsgrundlagen für die betriebliche Altersversorgung „Richttafeln 1982". Blätter der DGVM **XV**, 493–508.

Heubeck, K. (1983): Neue Rechnungsgrundlagen für die betriebliche Altersversorgung „Richttafeln 1982", Teil II. Blätter der DGVM **XVI**, 129–139. *[599]*

Heubeck, K. (1983, 1998): Richttafeln. Heubeck-Richttafeln-GmbH, Köln. *[19, 82, 87, 132, 140, 287, 292, 296, 311, 312, 599]*

Hickman, J.C. (1964): A statistical approach to premiums and reserves in multiple decrement theory. Transactions of the Society of Actuaries **16**, 1–16. *[490]*

Hipp, C. und R. Michel (1990): Risikotheorie: Stochastische Modelle und Statistische Methoden I. Schriftenreihe Angewandte Versicherungsmathematik **24**, Verlag Versicherungswirtschaft, Karlsruhe. *[16, 345]*

Höckner, G. (1912): Die Zuschlagsregelung der Prämien. Berechnung der Bruttoprämien. Berichte des 7. IKVM, Amsterdam 1912 **1**, 643–658. *[346]*

Hoem, J.M. (1968): Application of time-continuous Markov chains to life insurance. Preprint, University of Oslo. *[137, 433]*

Hoem, J.M. (1969): Markov Chain Models in Life Insurance. Blätter der DGVM **IX**, 91–107. *[11, 137, 199, 286, 377, 433, 436, 452, 455]*

Hoem, J.M. (1972): Inhomogeneous semi-Markov processes, select actuarial tables and duration-dependence in demography. In: Greville, T.N.E. ed. (1972): Population Dynamics. Academic Press, New York, 251–296. *[151]*

Hoem, J.M. (1972): On the statistical theory of analytic graduation. In: LeCam, L.M., J. Neyman and E.L. Scott eds. (1972): Proceedings of the Sixth Berkeley Symposium on Mathematical Statistics and Probability **III**. University of California Press, Berkeley, 569–600. *[126]*

Hoem, J.M. (1984): A Flaw in Actuarial Exposed-to-Risk Theory. Scand. Actuarial J., 187–194. *[110]*

Hoem, J.M. (1988): The Versatility of the Markov Chain as a Tool in the Mathematics of Life Insurance. Berichte des 23. IKVM, Helsinki 1988 **R**, 171–202. *[137, 377, 398, 399, 401, 480, 521]*

Hoem, J.M. and O.O. Aalen (1978): Actuarial Values of Payment Streams. Scand. Actuarial J., 38–47. *[199]*

Hopf, M. (1998): Über die Anwendung nichtparametrischer Regressionsschätzer bei der Erstellung von Sterbetafeln: Kernschätzer und Splineschätzer. Diplomarbeit, Mathematisches Institut, Universität zu Köln. *[124]*

Internationale versicherungsmathematische Bezeichnungsweise (1955): Blätter der DGVM **II**, 367–376. *[17]*

Jacobsen, M. (1972): A Characterization of Minimal Markov Jump Processes. Z. Wahrscheinlichkeitstheorie verw. Geb. **23**, 32–46. *[137, 169, 170, 180, 183]*

Jacod, J. (1975): Multivariate Point Processes: Predictable Projection, Radon-Nikodym Derivatives, Representation of Martingales. Z. Wahrscheinlichkeitstheorie verw. Geb. **31**, 235–253. *[172, 494, 593, 594]*

Jacod, J. and A.N. Shiryaev (1987): Limit Theorems for Stochastic Processes. Springer, Berlin. *[589, 590, 591, 592, 594]*

Janssen, J. and R. de Dominicis (1984): Finite non-homogeneous semi-Markov processes. Theoretical and computational aspects. Insurance: Mathematics and Economics **3**, 157–165. *[151]*

Janssen, J. ed. (1986): Semi-Markov Models. Theory and Applications. Plenum Press, New York. *[151]*

Jensen, G. (1992, 1993): The Calculus of Stieltjes-Schärf Integrals I, II. Blätter der DGVM **XX**, 267–316 und **XXI**, 175–195. *[14]*

Johansen, S. (1986): Product Integrals and Markov Processes. CWI Newsletter **12**, 3–13. *[186, 471]*

Johnson, N.L., S. Kotz and N. Balakrishnan (1994, 1995): Continuous univariate distributions – **1** and – **2**. Wiley, New York (2nd ed.). *[89, 96]*

Kaiserliches Statistisches Amt Hrsg. (1910): Deutsche Sterbetafeln für das Jahrzehnt 1891 bis 1900. In: Statistik des Deutschen Reichs **200**, 24*–27*. *[598]*

Kaiserliches Statistisches Amt Hrsg. (1913): Bewegung der Bevölkerung im Jahre 1910. In: Statistik des Deutschen Reichs **246**, 12*–17*. *[598]*

Kakies, P. (1972): Eine Methode zur Voraussage der Rentabilität und Liquidität einer Lebensversicherungsgesellschaft, Berichte des 19. IKVM, Oslo 1972 **2**, 137–147. *[537]*

Karr, A.F. (1991): Point Processes and Their Statistical Inference. Dekker, New York (2nd ed.). *[589]*

Karatzas, I. and S.E. Shreve (1997): Brownian Motion and Stochastic Calculus. Springer, New York (2nd ed.). *[VII]*

Karup, J. (1893): Die Finanzlage der Gothaischen Staatsdiener-Wittwen-Societät. Morchel, Dresden. *[57, 76]*

Kellerer, H.G. (1987): Markov Property of Point Processes. Probab. Th. Rel. Fields **76**, 71–80. *[183]*

Koch, P. (1988): Versicherungsgeschichte in Stichworten. Schriftenreihe des Vereins zur Förderung der Versicherungswissenschaft in München e.V. **32**. *[7]*

Koch, P. (1988): Versicherungszweige, System und übrige Sparten. In: Farny et al. (1988), 1251–1257. *[4]*

Koch, P. (1998): Geschichte der Versicherungswissenschaft in Deutschland. Verlag Versicherungswirtschaft, Karlsruhe. *[7]*

Koller, M. (1999): Lebensversicherungsmathematik mit Markovketten und Stochastischen Zinsmodellen. Preprint, Rentenanstalt/Swiss Life, Zürich. *[205]*

Krengel, U. (1998): Einführung in die Wahrscheinlichkeitstheorie und Statistik. Vieweg, Braunschweig (4. Aufl.). *[VI]*

Kruschwitz, L. (1995): Finanzmathematik. Vahlen, München (2. Aufl.). *[23]*

Langberg, N., F. Proschan and A.J. Quincy (1978): Converting dependent models into independent ones, preserving essential features. Ann. Prob. **6**, 174–181. *[76]*

Last, G. and A. Brandt (1995): Marked Point Processes on the Real Line. Springer, New York. *[589]*

Lawless, J.F. (1982): Statistical Models and Methods for Lifetime Data. Wiley, New York. *[87, 89]*

Lee, E.T. (1992): Statistical methods for survival data analysis. Wiley, New York (2nd ed.). *[87, 89]*

Leepin, P. (1956): Über den Einfluß von Änderungen von Rechnungsgrundlagen auf Prämien und Prämienreserven. Blätter der DGVM **III**, 3–22. *[200, 223]*

Li, K.C. (1986): Asymptotic optimality of C_L and generalized cross-validation in ridge regression with application to spline smoothing. Ann. Statist. **14**, 1101–1112. *[121]*

Lidstone, G.J. (1905): Changes in Pure Premium Policy Values Consequent upon Variations in the Rate of Interest or Rate of Mortality. J. Institute of Actuaries **39**, 209–252. *[398, 399]*

Lilienthal, M. (1997): Britische Second-Hand-Lebensversicherungen: Ein Produkt für den deutschen Markt? Versicherungswirtschaft **52** 1, 32–37. *[237]*

Linnemann, P. (1993): On the application of Thiele's differential equation in life insurance. Insurance: Mathematics and Economics **13**, 63–74. *[398]*

Loebus, H. (1994): Bestimmung einer angemessenen Sterbetafel für Lebensversicherungen mit Todesfallcharakter. Blätter der DGVM **XXI**, 497–524. *[102, 598]*

Lörper, J., D. Lüttgen und S. Trunk (1991): Dread-Disease-Deckungen. Ein erweitertes Leistungsangebot in der Lebensversicherung — Rechnungsgrundlagen für Deutschland. Blätter der DGVM **XX**, 169–182. *[235, 598]*

Loewy, A. (1917): Zur Theorie und Anwendung der Intensitäten in der Versicherungsmathematik. Heidelberg. *[76]*

Lühr, K.-H. (1986): Neue Sterbetafeln für die Rentenversicherung. Blätter der DGVM **XVII**, 485–513. *[135, 430]*

Lüxmann-Ellinghaus, U. (1989): Markov-Eigenschaften für Punktprozesse. Dissertation, Fachbereich Mathematik der Universität Dortmund. *[183]*

Mauermann, W. (1992): Hinreichende Bedingungen für nichtnegative Lösungen eines linearen Gleichungssystems der Lebensversicherungsmathematik. Blätter der DGVM **XX**, 477–482. *[484, 522]*

Métivier, M. (1982): Semimartingales. De Gruyter, Berlin. *[429]*

Meyer, K. und C. Paul (1991): Allgemeine Sterbetafeln 1986/88. Wirtschaft und Statistik, 371–381, 238*–241*. *[104, 112]*

Meyer, K. und G.-R. Rückert (1974): Allgemeine Sterbetafeln 1970/72. Wirtschaft und Statistik, 465–475. *[104, 112]*

Milbrodt, H. (1992): Zusammengesetzte Ausscheideordnungen, Modelle mit konkurrierenden Risiken, unabhängige Wahrscheinlichkeiten. Einige Zusammenhänge. Blätter der DGVM **XX**, 397–404. *[76]*

Milbrodt, H. (1993): Some remarks on actuarial payment functions. Insurance: Mathematics and Economics **12**, 127–132. *[200, 222]*

Milbrodt, H. (1999): Hattendorff's Theorem for Non-smooth Continuous-time Markov Models I: Theory. Preprint, University of Cologne. To appear in: Insurance: Mathematics and Economics. *[379, 434]*

Milbrodt, H. (1999): Hattendorff's Theorem for Non-smooth Continuous-time Markov Models II: Application. Preprint, University of Cologne. To appear in: Insurance: Mathematics and Economics. *[434]*

Milbrodt, H. and A. Stracke (1997): Markov models and Thiele's integral equations for the prospective reserve. Insurance: Mathematics and Economics **19**, 187–235. *[286, 379, 433]*

Mode, C.J. (1985): Stochastic Processes in Demography and Their Computer Implementation. Springer, Berlin. *[76]*

Møller, C.M. (1992): Numerical evaluation of Markov transition probabilities based on the discretized product integral. Scand. Actuarial J., 76–87. *[191]*

Møller, C.M. (1993): A stochastic version of Thiele's differential equation. Scand. Actuarial J., 1–16. *[455]*

Møller, C.M. (1995): A counting process approach to stochastic interest. Insurance: Mathematics and Economics **17**, 181–192. *[205, 455]*

Möller, H.-G. und H.-J. Zwiesler (1996): Mehrzustandsmodelle in der Berufsunfähigkeitsversicherung. Blätter der DGVM **XXII**, 479–499. *[151]*

Müller, H.-G. (1988): Nonparametric Regression Analysis of Longitudinal Data. Springer, Berlin. *[124, 125]*

Münzner, H. (1966): Zur Allgemeinen Sterbetafel für die Bundesrepublik Deutschland 1960/62. Blätter der DGVM **VII**, 593–625. *[104, 112]*

Neuburger, E. (1974): Notiz über einen rechnerangepaßten Algorithmus zur Berechnung von Prämien und Reserven. Blätter der DGVM **XI**, 641–648. *[395]*

Neuburger, E. (1997): Pensionsversicherungsmathematik. In: Neuburger, E. Hrsg. (1997): Mathematik und Technik betrieblicher Pensionszusagen. Schriftenreihe Angewandte Versicherungsmathematik **25**, Verlag Versicherungswirtschaft, Karlsruhe, 30–98 (2. Aufl.). *[286, 296, 312, 336, 356, 358, 394, 395]*

Nicolai, W. (1984): Ertragsorientierte Geschäftssteuerung in der Lebensversicherung. In: Geld, Banken und Versicherungen **II**, 1399–1412. *[555, 557]*

Nicolai, W. (1995): Umsteuern auf Ertragskurs. Versicherungskaufmann **8/95**, 12–16. *[557]*

Nöbel, H. (1938): Gewinnanalyse in der Lebensversicherung. Veröffentlichungen des Deutschen Vereins für Versicherungs-Wissenschaft **61**, 61–119. Mittler, Berlin. *[543]*

Nollau, V. (1981): Semi-Markovsche Prozesse. Deutsch, Berlin. *[151]*

Norberg, R. (1985): Lidstone in the Continuous Case. Scand. Actuarial J., 27–32. *[399]*

Norberg, R. (1990): Payment measures, Interest and Discounting. Scand. Actuarial J., 14–33. *[23, 34, 37, 40, 45]*

Norberg, R. (1991): Reserves in Life and Pension Insurance. Scand. Actuarial J., 3–24. *[137, 200, 273, 284, 377, 433, 436, 455, 475, 520]*

Norberg, R. (1992): Hattendorff's Theorem and Thiele's Differential Equation Generalized. Scand. Actuarial J., 2–14. *[137, 433, 490, 494, 495, 526]*

Norberg, R. (1993): Identities for Present Values of Life Insurance Benefits. Scand. Actuarial J., 100–106. *[37]*

Norberg, R. (1995): Differential equations for higher order moments of present values in life insurance. Insurance: Mathematics and Economics **17**, 171–180. *[455]*

Norberg, R. (1995): A time-continuous Markov chain interest-model with applications to insurance. J. Applied Stochastic Models and Data Analysis **11**, 245–256. *[205, 455]*

Norberg, R. (1995): Stochastic Calculus in Actuarial Science. Preprint **135**, Laboratory of Actuarial Mathematics, University of Copenhagen. *[589]*

Norberg, R. (1996): Addendum to Hattendorff's Theorem and Thiele's Differential Equation Generalized, SAJ 1992, 2–14. Scand. Actuarial J., 50–53. *[490]*

Norberg, R. (1996): Bonus in life insurance: Principles and prognoses in a stochastic environment. Preprint **142**, Laboratory of Actuarial Mathematics, University of Copenhagen. *[533]*

Norberg, R. and C.M. Møller (1996): Thiele's Differential Equation with Stochastic Interest of Diffusion Type. Scand. Actuarial J., 37–49. *[455]*

Ortega, J.M. (1972): Numerical Analysis: A Second Course. Academic Press, New York. *[55]*

Pannenberg, M. (1997): Statistische Schwankungszuschläge für biometrische Rechnungsgrundlagen in der Lebensversicherung. Blätter der DGVM **XXIII**, 35–64. *[102]*

Persson, S.-A. (1998): Stochastic Interest Rate in Life Insurance. The Principle of Equivalence Revisited. Scand. Actuarial J., 97–112. *[205, 364]*

Pfanzagl, J. (1991): Elementare Wahrscheinlichkeitsrechnung. De Gruyter, Berlin (2. Aufl.). *[VI]*

Prölss, E., R. Schmidt und P. Frey (1997): Versicherungsaufsichtsgesetz mit Europäischem Gemeinschaftsrecht und Recht der Bundesländer. Beck, München (11. Aufl.). *[6, 102]*

Protter, P. (1990): Stochastic Integration and Differential Equations. Springer, Berlin. *[589, 593]*

Ramlau-Hansen, H. (1983): The Choice of a Kernel Function in the Graduation of Counting Process Intensities. Scand. Actuarial J., 165–182. *[124]*

Ramlau-Hansen, H. (1988): Hattendorff's Theorem: A Markov Chain and Counting Process Approach. Scand. Actuarial J., 143–156. *[137, 434, 490, 491, 492, 494, 495, 525, 526]*

Ramlau-Hansen (1988): The emergence of profit in life insurance. Insurance: Mathematics and Economics **7**, 225-236. *[533]*

Ramlau-Hansen, H. (1990): Thiele's Differential Equation as a Tool in Product Development in Life Insurance. Scand. Actuarial J., 97–104. *[466]*

Ramlau-Hansen, H. (1991): Distribution of surplus in life insurance. ASTIN Bull. **21**, 57-71. *[533]*

Rastbichler, F. (1999): Die Individualmethode und die Kollektivmethode bei Anwartschaften auf Hinterbliebenenrenten. Diplomarbeit, Mathematisches Institut, Universität zu Köln. *[318]*

Reichel, G. (1977): Carl Friedrich Gauß, 30. April 1777 bis 30. April 1977, und die Professoren-Witwen- und -Waisenkasse zu Göttingen. Blätter der DGVM **XIII**, 101–117. *[10]*

Reichel, G. (1975, 1976, 1978, 1982): Mathematische Grundlagen der Lebensversicherung 1–4. Schriftenreihe Angewandte Versicherungsmathematik **3, 5, 9, 14**, Verlag Versicherungswirtschaft, Karlsruhe. *[76]*

Reichel, G. (1983): Gibt es „unabhängige“ Verbleibswahrscheinlichkeiten in der Personenversicherungsmathematik? Blätter der DGVM **XVI**, 205–220. *[76]*

Reichel, G. (1987): Grundlagen der Lebensversicherungstechnik. Gabler, Mannheim. *[223, 266, 481, 487, 488, 560]*

Reichstag (1883): Anlage zu der Begründung des Gesetzentwurfs betreffend die Unfallversicherung der Arbeiter: Denkschrift betreffend die Gefahrenklassen und das Gefahrenverhältniß zwischen verschiedenen Gefahrenklassen. In: Stenographische Berichte über die Verhandlungen des Reichstages, 5. Legislaturperiode — II. Session 1882/83, Fünfter Band. Berlin. *[311]*

Reinsch, C.H. (1967): Smoothing by Spline Functions. Numer. Math. **10**, 177–183. *[118]*

Reinsch, C.H. (1971): Smoothing by Spline Functions. II. Numer. Math. **16**, 451–454. *[117]*

Reiss, R.-D. (1993): A Course on Point Processes. Springer, New York. *[280]*

Reiss, R.-D. and M. Thomas (1997): Statistical Analysis of Extreme Values. Birkhäuser, Basel. *[128]*

Rhiel, R. (1991): Demographie und Prognosen. Vorlesungskriptum, Universität Marburg/ Lahn. *[364]*

Riebel, P. (1994): Einzelkosten- und Deckungsbeitragsrechnung. Gabler, Wiesbaden (7. Aufl.). *[556, 557]*

Riesz, F. und B. Sz.-Nagy (1956): Vorlesungen über Funktionalanalysis. Deutscher Verlag der Wissenschaften, Berlin (4. Aufl.). *[35]*

Rudin, W. (1987): Real and Complex Analysis. McGraw-Hill, New York (3rd ed.). *[15, 24, 35]*

Rueff, F. (1955): Ableitung von Sterbetafeln für die Rentenversicherung und sonstige Versicherungen mit Erlebensfallcharakter. Sonderveröffentlichung der DGVM, Triltsch, Würzburg. *[100]*

Rupprecht, G. (1990): Neue Rechnungsgrundlagen für die Berufsunfähigkeitsversicherung. Blätter der DGVM **XIX**, 351–369. *[598 bis 599]*

Sax, U. (1990): Die Fondsgebundene Lebensversicherung. VerBAV 232–240, 258–266 und 324–333. *[205]*

Saxer, W. (1955, 1958): Versicherungsmathematik **I** und **II**. Springer, Berlin. *[14, 105, 113, 126, 200, 336, 365, 481, 487]*

Schärf, H. (1941): Über einige Variationsprobleme der Versicherungsmathematik. Mitteilungen der Vereinigung schweizerischer Versicherungsmathematiker **41**, 163–196. *[481, 488]*

Schmetterer, L. (1974): Introduction to Mathematical Statistics. Springer, Berlin (2nd ed.). *[429]*

Schmidbauer, H. (1989): Ein Punktprozeß-Modell für Bestands- und Ereignismassen in der Demographie. Dissertation, Forschungsbericht aus dem Institut für Statistik und Wissenschaftstheorie der Universität München. *[105, 109, 111]*

Schmidbauer, H. (1990): Demographische Mortalitätsanalyse: Ein Punktprozeß-Modell. Blätter der DGVM **XIX**, 227–246. *[105, 111]*

Schmidt, K.D. (1996): Lectures on Risk Theory. Teubner, Stuttgart. *[20]*

Schmithals, B. und E.U. Schütz (1995): Herleitung der DAV-Sterbetafel 1994 R für Rentenversicherungen. Blätter der DGVM **XXII**, 29–69. *[100, 102, 104, 127, 598]*

Schoenberg, I.J. (1964): Spline functions and the problem of graduation. Proc. Nat. Acad. Sci. USA **52**, 947–950. *[115]*

Schönwiese, R. (1948): Neue Grundlagen zur Waisenrentenversicherung. Fischer, Weißenburg. *[336]*

Schuette, D.R. and C.J. Nesbitt (1988): Withdrawal Benefit Equal to Reserve: Non-Neutrality in the Discrete Case. Actuarial Research Clearing House (ARCH), 179–190. *[481, 489]*

Seal, H.L. (1977): Studies in the History of Probability and Statistics XXXV — Multiple decrements or competing risks. Biometrika **64**, 429–439. *[7, 73]*

Sheynin, O.B. (1977): Early history of the theory of probability. Arch. hist. ex. sci. **17**, 201–259. *[7]*

Shorack, G.R. and J.A. Wellner (1986): Empirical Processes. Wiley, New York. *[83, 407]*

Speckman, P. (1980): Minimax estimates of linear functionals in a Hilbert space. Unveröffentlichtes Manuskript. *[118]*

Speckman, P. (1985): Spline smoothing and optimal rates of convergence in nonparametric regression models. Ann. Statist. **13**, 970–983. *[119]*

Squires, R.J. (1986): Unit Linked Business. Institute of Actuaries, London. *[205]*

Statistisches Reichsamt Hrsg. (1918): Bewegung der Bevölkerung im Jahre 1913. In: Statistik des Deutschen Reichs **275**, 60*. Puttkammer & Mühlbrecht, Berlin. *[598]*

Statistisches Reichsamt Hrsg. (1930): Die Bewegung der Bevölkerung in den Jahren 1925 bis 1927. In: Statistik des Deutschen Reichs **360**, 176–177. Hobbing, Berlin. *[598]*

Statistisches Reichsamt Hrsg. (1938): Die Bewegung der Bevölkerung in den Jahren 1932, 1933 und 1934. In: Statistik des Deutschen Reichs **495**, 1/86–1/87. Schmidt, Berlin. *[598]*

Statistisches Bundesamt Hrsg. (1953): Allgemeine Sterbetafel 1949/51. In: Statistik der Bundesrepublik Deutschland **75**. Kohlhammer, Stuttgart. *[598]*

Statistisches Bundesamt Hrsg. (1965): Sonderbeitrag Allgemeine Sterbetafel für die Bundesrepublik Deutschland 1960/62. Fachserie A Bevölkerung und Kultur, Reihe 2 Natürliche Bevölkerungsbewegung. Kohlhammer, Wiesbaden. *[104, 111, 112, 598]*

Statistisches Bundesamt Hrsg. (1976): Sonderbeitrag Allgemeine Sterbetafel für die Bundesrepublik Deutschland 1970/72. Fachserie A Bevölkerung und Kultur, Reihe 2 Natürliche Bevölkerungsbewegung. Kohlhammer, Wiesbaden. *[104, 111, 112, 598]*

Statistisches Bundesamt Hrsg. (1991): Sonderbeitrag Allgemeine Sterbetafel für die Bundesrepublik Deutschland 1986/88. Fachserie 1 Bevölkerung und Erwerbstätigkeit, Reihe 1.S.2. Metzler-Poeschel, Stuttgart. *[104, 111, 112, 598]*

Steffensen, J.F. (1929): On Hattendorff's theorem in the theory of risk. Skand. Akt. tidskrift **12**, 1–17. *[490]*

Steiner, M. (1983): Der Finanzierbarkeitsnachweis und die Äquivalenzbehauptung von Peter Gessner in der Lebensversicherung, Blätter der DGVM **XVI**, 97–115. *[554]*

Storck, H. (1958): Der Charakter einer Lebensversicherung als Hilfsmittel zur Ermittlung risikotechnisch ausreichender Prämien und Reserven. Blätter der DGVM **III**, 417–460. *[200]*

Stracke, A. (1997): Markov-Modelle und Thielesche Integralgleichungen für das prospektive Deckungskapital. Dissertation, Mathematisches Institut der Universität zu Köln. *[284, 289, 291, 433, 454, 455, 484, 512, 515, 522]*

Takao, A. (1993): Moderne Versicherung und rationalistischer Geist der Neuzeit — Warum sind Herztransplantationen und „Dread Disease" zum erstenmal in Südafrika durchgeführt worden ? ZVersWiss **82**, 566–581. *[235]*

Tetens, J.N. (1785): Einleitung zur Berechnung der Leibrenten und Anwartschaften, die vom Leben und Tode einer oder mehrerer Personen abhangen mit Tabellen zum praktischen Gebrauch. Weidmann, Leipzig. *[9, 321]*

Tirpitz, A. (1997): Das Hattendorff-Theorem — Spezialfälle und Beispiele. Diplomarbeit, Mathematisches Institut, Universität zu Köln. *[379]*

van de Geer, S. (1990): Estimating a regression function. Ann. Statist. **18**, 907–924. *[119]*

Walter, W. (1996): Gewöhnliche Differentialgleichungen. Springer, Berlin (6. Aufl.). *[515]*

Wand, M.P. and M.C. Jones (1995): Kernel Smoothing. Chapman & Hall, London. *[125]*

Wehner, P. (1995): Markov-Eigenschaften für Sprungprozesse. Diplomarbeit, Mathematisches Institut, Universität zu Köln. *[165, 182]*

Whittaker, E.T. (1923): On a New Method of Graduation. Proc. Edinburgh Math. Soc. **41**, 63–75. *[114]*

Willmot, G. (1996): Some Remarks on Statistical Independence and Fractional Age Assumptions. Actuarial Research Clearing House (ARCH), 83–98. *[95, 96]*

Witting, H. (1985): Mathematische Statistik **I**. Teubner, Stuttgart. *[106]*

Wolff, K.-H. (1970): Versicherungsmathematik. Springer, Wien. *[105, 109, 254, 311, 313, 327, 336, 353, 365, 373, 383, 480]*

Wolfsdorf, K. (1997, 1988): Versicherungsmathematik, Teil 1: Personenversicherung, Teil 2: Theoretische Grundlagen, Risikotheorie, Sachversicherung. Teubner, Stuttgart (2. und 1. Aufl.). *[23, 105, 113, 126, 327, 342]*

Wolthuis, H. (1987): Hattendorff's Theorem for a Continuous-time Markov Model. Scand. Actuarial J., 157–175. *[490, 525]*

Wolthuis, H. (1992): Prospective and retrospective premium reserves. Blätter der DGVM **XX**, 317–327. *[377]*

Wolthuis, H. (1994): Life Insurance Mathematics — the Markovian Approach. Caire, Brüssel. *[137, 193, 377, 398, 436, 444, 475]*

Wolthuis, H. and J.M. Hoem (1990): The retrospective premium reserve. Insurance: Mathematics and Economics **9**, 229–234. *[377]*

Wünsche, G. (1964): Strukturanalyse der Verfahren zur Rentenfinanzierung. Blätter der DGVM **VI**, 490–517. *[364]*

Yushkevich, A.A. (1957): On strong Markov Processes. Theory Prob. Applications **II**, 181–205. *[159]*

Zillmer, A. (1863): Beiträge zur Theorie der Prämienreserve bei Lebensversicherungsanstalten. Van der Nahmer, Stettin (Nachdruck in den Blättern der DGVM **VIII**, 1967, 278–311). *[10, 369, 432]*

Zwinggi, E. (1958): Versicherungsmathematik. Birkhäuser, Basel (3. Aufl.). *[82, 85, 95, 312, 336, 481, 487]*

Abkürzungs- und Symbolverzeichnis

Abkürzungen

ADSt	Allgemeine Deutsche Sterbetafel
AFIR	*A*ctuarial approach for *FI*nancial *R*isk
ASTIN	*A*ctuarial *ST*udies *I*n *N*on-life insurance
AVB	Allgemeine Versicherungsbedingungen
BAV	Bundesaufsichtsamt für das Versicherungswesen
BerVersV	Verordnung über die Berichterstattung von Versicherungsunternehmen gegenüber dem BAV
BV	beschränkte Variation
DAV	Deutsche Aktuarvereinigung
DeckRV	Deckungsrückstellungsverordnung
DGVM	Deutsche Gesellschaft für Versicherungsmathematik
f.s., f.ü.	fast sicher, fast überall
GuV	Gewinn- und Verlustrechnung
IAA/AAI	International Actuarial Association/Association Actuarielle Internationale
NW	Nachweisung
RfB	Rückstellung für Beitragsrückerstattung
R- und Z-Quoten	Rückgewähr- und Zuführungs-Quoten
u.i.v.	unabhängig identisch verteilt
VAG	Versicherungsaufsichtsgesetz
VN	Versicherungsnehmer
VR	Versicherer
VU	Versicherungsunternehmen
VVaG	Versicherungsverein auf Gegenseitigkeit
VVG	Versicherungsvertragsgesetz

Bezeichnungen aus der Personenversicherungsmathematik und Nachbargebieten (nach Sinngruppen gegliedert)

Verzinsung, deterministische Zahlungsströme

$d, d^{(k)}$	jährlicher Diskont, nomineller Jahresdiskont bei unterjährlicher Verzinsung 13, 28 bis 29
$i, i^{(k)}$	Zinssatz, nomineller Jahreszinssatz bei unterjährlicher Verzinsung 13, 18
K	Kapitalfunktion 13
K_E; K_Z, K_G, K_K	13; 23
p	Zinsfuß 13
Φ, φ; δ	kumulative Zinsintensität, Zinsintensität; Zinsintensität bei zusammengesetzter Verzinsung 25; 20
v	Diskontierungsfunktion oder Abzinsungsfaktor 13
$\mathcal{Z}$, $\mathcal{Z}_g$	Menge der ungerichteten, gerichteten Zahlungsströme 34

Biometrisches Risiko: Ein oder mehrere Leben, eine oder mehrere Ausscheideursachen

d_x	erwartete Anzahl der im Altersintervall $(x, x+1]$ ausscheidenden Personen 18
dd_x	260
e_x	ganzzahlig gestutzte Restlebenserwartung von (x) 94
$\overset{\circ}{e}_x$	(vollständige) Restlebenserwartung von (x) 63
$F_{x_1 \ldots x_m}$, $f_{x_1 \ldots x_m}$	68
F_x, f_x, $F_{x,C}$, $f_{x,C}$	59, 62, 74, 75
$h_{x,y}$, $h^a_{x,y}$, $h^i_{x,y}$, $h^A_{x,y}$, h_x	308 bis 309
i_x	292
J_x	zutreffende Kombination von Ausscheideursachen 73
ℓ_x; ℓ^a_x, ℓ^i_x, ℓ^A_x	erwartete Anzahl der im Kollektiv befindlichen x-jährigen Personen 18; 334 bis 335
$\mathcal{L}_x$	Lebensspanne 76
$\Lambda_{x_1 \ldots x_m}$, $\lambda_{x_1 \ldots x_m}$	68
Λ_x, λ_x, $\Lambda_{x,C}$, $\lambda_{x,C}$	60, 62, 74, 75
$\nu_x(k) = P(K_x = k)$, $\nu_x^{(C)}(k) = P(K_x = k,\ J_x = C)$	93, 258
ω	Schlußalter einer Sterbetafel
ω_x	rechnerisches Höchstalter 62

p_x, $_tp_x$	einjährige, t-jährige Verbleibswahrscheinlichkeit einer x-jährigen Person 18
$_tp_x^{(C)}$, $_t^up_x^{(C)}$	abhängige, unabhängige partielle Verbleibswahrscheinlichkeiten 74, 81
$_tp_{x_1\ldots x_m}$	68
$_tp_{\frac{\ell}{x_1\ldots x_m}}$, $_tp_{\frac{[\ell]}{x_1\ldots x_m}}$	69
$_tp_x^{aa}$; $_tp_x^{ii}$, $_tp_x^A$	260; 292
q_x, $_tq_x$, $_{s\|t}q_x$	Ausscheidewahrscheinlichkeiten 18
$_tq_x^{(C)}$, $_t^uq_x^{(C)}$	abhängige, unabhängige partielle Ausscheidewahrscheinlichkeiten 74, 81
$_tq_{x_1\ldots x_m}$	68
q_x^{dd}; q_x^{aa}, q_x^{ii}, q_x^A	260; 292
$T_x = K_x + R_x$	zukünftige Lebensdauer von (x) 19, 93
$T_{x_1\ldots x_m} = K_{x_1\ldots x_m} + R_{x_1\ldots x_m}$	68
$T_{\frac{\ell}{x_1\ldots x_m}}$	69
$T_{\overline{xy}} = K_{\overline{xy}} + R_{\overline{xy}}$	132
(x), (y); (p)	Person des Alters x (Mann), y (Frau); Personenversicherungspolice
$y(x)$	ganzzahlig gerundeter bedingter Erwartungswert des Alters der Witwe von (x) 311

Biometrisches Risiko: Stochastische Prozesse

E_{yz}, E_y; $E_{yz}^{(x)}$, $E_y^{(x)}$	161; 288
$G = (G_m)_{m\in\mathbb{N}_0}$	148 bis 149
$H = (H_{yz})_{(y,z)\in J}$	144
$J = \{(y,z) \in \mathcal{S}^2 \mid y \neq z\}$	Übergangsraum
$\mathcal{K}$	Menge der Sprungketten 148
$\mathfrak{K}$, $\mathfrak{K}_m$	148, 149
$(\mu_{yz})_{(y,z)\in\mathcal{S}^2}$	Intensitätsmatrix 191
$\overline{\mu}_A$	Mittelwertsmaß (Intensitätsmaß) eines wachsenden Prozesses A 280
$\mathcal{N}$	Menge der Übergangsverläufe 143
$\mathfrak{N}$, $\mathfrak{N}_t$	143
$p = \big(p_{yz}(\cdot,\cdot)\big)_{(y,z)\in\mathcal{S}^2}$	Übergangsmatrix 155
$\overline{p}_y$, $\overline{p}_y^{(x)}$	162, 289

$q = \left(q_{yz}(\cdot,\cdot)\right)_{(y,z)\in\mathcal{S}^2}, q^{(x)} = \left(q^{(x)}_{yz}(\cdot,\cdot)\right)_{(y,z)\in\mathcal{S}^2}$	kumulative Intensitätsmatrix 161, 288
$\mathcal{S}$	endlicher Zustandsraum 138
$\mathcal{S}_a$	Menge der absorbierenden Zustände 277
$T(s)$, $T^{(x)}(s)$	Zeitpunkt des ersten Sprunges nach s 160 bis 161, 288
$\mathcal{U}$	Menge der möglichen Übergangsverläufe 149
$\mathfrak{U}$, $\mathfrak{U}_t$	149
$\ddot{U}$	Menge der erlaubten Übergänge 193
$\mathcal{V}$	Menge der möglichen Zustandsverläufe 138
$\mathcal{V}_a$, $\mathcal{V}_{\ddot{u}}$, $\mathcal{V}_e$, $\mathcal{V}_s$	139 bis 140
$\mathfrak{V}$, $\mathfrak{V}_t$	139
$\mathcal{X} \subset \mathcal{S}^{[0,\infty)}$	Menge der Zustandsverläufe 138
$\mathfrak{X}$, $\mathfrak{X}_t$	138 bis 139

Versicherungszahlungsströme

$A = DA + SA$	201 bis 202; 216; 228 bis 230, 232; 234; 274, 277; 349
$B_x = DB_x + SB_x$; $B_{(p)} = DB_{(p)} + SB_{(p)}$	Barwert 205, 217; 238
$B_{(p),s} = DB_{(p),s} + SB_{(p),s}$	282 bis 283
D_{yz}	Leistungshöhe 275
$DA = \sum_{(y,z)\in J} DA_{yz}$	natürliche Übergangsleistungsfunktion 274
DT	Leistungszeitpunkt 216, 275
KA	natürliche Kostenfunktion 368
LA	natürliche Versicherungsleistungsfunktion 350
$LB_{(p)}$	Barwert zu LA 352
$PA = \sum_{z\in\mathcal{S}} PA_z$	natürliche Prämienzahlungsfunktion 350
$PB_{(p)}$	Barwert zu PA 352
$SA = \sum_{z\notin\mathcal{S}_a} SA_z$	natürliche Verbleibsleistungsfunktion 277

Erwartete Barwerte und Endwerte

$\ddot{a}$, a	Grundsymbol für einen Rentenbarwert bei vorschüssiger, nachschüssiger Zahlungsweise
$\ddot{a}_{\overline{n}\rceil}$, ${}_{m\|}\ddot{a}_{\overline{n}\rceil}$, $\ddot{a}^{(k)}_{\overline{n}\rceil}$, $\ddot{a}_{\overline{\infty}\rceil}$	30, 31, 32, 31
$a_{\overline{n}\rceil}$, ${}_{m\|}a_{\overline{n}\rceil}$; $a^{(k)}_{\overline{n}\rceil}$	31; 32
$\overline{a}_{\overline{t}\rceil}$	38
$\ddot{a}_x$, $\ddot{a}_{x:\overline{m}\rceil}$, $\ddot{a}^{(n)}_x$, $\ddot{a}^{(n)}_{x:\overline{m}\rceil}$	210, 211, 213 bis 214, 214

$\overline{a}_x$	262
$\ddot{a}_x^{aiA} = \ddot{a}_x^{ai} + \ddot{a}_x^{aA}, \ddot{a}_z^{A}; \ddot{a}_x^{i}; \ddot{a}_z^{A(n)}, \ddot{a}_x^{aiA(n)}$	293; 295; 296
$\ddot{a}_{x:\overline{n}\vert}^{aa}, \ddot{a}_{x:\overline{n}\vert}^{i}$	335
$\ddot{a}_x^{Aw(n)}, \ddot{a}_x^{iw(n)} = \ddot{a}_x^{iiw(n)} + \ddot{a}_x^{iAw(n)}, \ddot{a}_x^{aw(n)} = \ddot{a}_x^{aaw(n)} + \ddot{a}_x^{aiw(n)} + \ddot{a}_x^{aAw(n)}$	310
$\ddot{a}_{xy};\ {}_{m\vert}\ddot{a}_{xy},\ {}_{m\vert n}\ddot{a}_{xy};\ \ddot{a}_{xy}^{(n)},\ {}^{(\delta)}\ddot{a}_{xy}$	247; 269; 254
$\ddot{a}_{xy:\overline{n}\vert}^{(k)}$	342
$\ddot{a}_{xy}^{A(n)}, \ddot{a}_{xy:\overline{z-x}\vert}^{i(n)}$	305, 306
$\ddot{a}_{x_1\ldots x_m:\overline{n}\vert}$	257
$\ddot{a}_{\overline{xy}},\ {}_{m\vert}\ddot{a}_{\overline{xy}},\ {}_{m\vert n}\ddot{a}_{\overline{xy}}$	248
$\ddot{a}_{\overline{x_1\ldots x_m}:\overline{n}\vert}$	257
$\ddot{a}_{\overline{xy}}^{[1]}$	248
${}_{m\vert}\ddot{a}_{y\vert x},\ {}_{m\vert n}\ddot{a}_{y\vert x}$	248
$\ddot{a}_{x\vert y}^{(n)}$	269
$\ddot{a}_{x\vert y}^{Aw(n)}, \ddot{a}_{x\vert y}^{iw(n)}, \ddot{a}_{x\vert y}^{aw(n)} = \ddot{a}_{x\vert y}^{aaw(n)} + \ddot{a}_{x\vert y}^{aiw(n)} + \ddot{a}_{x\vert y}^{aAw(n)}$	305 bis 306
A	Grundsymbol für einen Leistungsbarwert bei einmaliger Zahlung
$A_x, {}_nA_x;\ A_{x:\overline{n}\vert}, {}^{(\delta)}A_x$	210; 211
$\overline{A}_x,\ {}_{h\vert \ell-h}\overline{A}_x$	262, 360
$A_{xy},\ {}_nA_{xy};\ A_{xy:\overline{n}\vert}$	246; 248
${}_nA_{x_1\ldots x_m}$	256
$A_{xy}^1;\ {}_nA_{xy}^1 = A_{xy:\overline{n}\vert}^1,\ A_{xy}^2$	246; 247
$A_{\overline{xy}},\ {}_nA_{\overline{xy}} = A_{\overline{xy}:\overline{n}\vert}$	246
${}_nA_{\overline{x_1\ldots x_m}}$	256
${}_nE_x$	210
$(I_{\overline{\ell}\vert}\ddot{a})_{\overline{n}\vert}, (I_{\overline{n}\vert}^{(k)}\ddot{a})_{\overline{n}\vert}^{(k)}, {}^{\%}(I_{\overline{n}\vert}\ddot{a})_{\overline{n}\vert}$	33, 39, 34
$(I_{\overline{\ell}\vert}a)_{\overline{n}\vert}$	33
$(\overline{I}\,\overline{a})_{\overline{t}\vert}$	38
$(I\ddot{a})_{x:\overline{n}\vert}, (D\ddot{a})_{x:\overline{n}\vert}$	324, 340
$(\overline{I}\,\overline{a})_x$	262
$(\overline{I}\,\overline{A})_x;\ {}_{h\vert}(I_{\overline{k}\vert}\,{}_{\vert \ell-h}\overline{A})_x,\ (I_{\overline{k}\vert \ell}\,\overline{A})_x$	262; 360
$\ddot{s},\ s$	Grundsymbol für einen Rentenendwert bei vorschüssiger, nachschüssiger Zahlungsweise
$\ddot{s}_{\overline{n}\vert},\ s_{\overline{n}\vert}$	31

Kommutationszahlen

C_x, D_x	diskontierte Zahlen der Toten, der Lebenden 322
$C_x^{(j)}$, $M_x^{(j)}$	diskontierte, summierte diskontierte Zahlen der aus der Ursache j Ausgeschiedenen 332, 333
C_{xy}, D_{xy}, N_{xy}, M_{xy}; $C_{x_1\ldots x_m}$, $D_{x_1\ldots x_m}$, $N_{x_1\ldots x_m}$, $M_{x_1\ldots x_m}$	326; 331
D_x^a, D_x^i, D_x^A; D_x^{ai}, $D_x^{ai(k)}$	335; 336, 343
$D_x^{Aw(k)}$, $D_x^{aaw(k)}$; $D_x^{aiw(k)}$, $D_x^{iiw(k)}$	338; 339, 343
$D_{x\|y}^{aaw(k)}$, $D_{x\|y}^{aiw(k)}$	337
N_x, M_x	summierte diskontierte Zahlen der Lebenden, der Toten 322
$N_{x:\overline{n}\|}^a$, $N_{x:\overline{n}\|}^i$, N_x^A; N_x^{ai}, N_x^{aiA}, N_x^{aA}; $N_x^{ai(k)}$, ${}^{(z)}N_x^i$	335; 336; 343
$N_x^{Aw(k)}$, $N_x^{aaw(k)}$; $N_x^{aiw(k)}$, $N_x^{aw(k)}$; $N_x^{iiw(k)}$, $N_x^{iw(k)}$	338; 339; 343
$N_{x\|y}^{aaw(k)}$, $N_{x\|y}^{aiw(k)}$; $N_{x\|y}^{aw(k)}$	337; 338
S_x, R_x	doppelt summierte diskontierte Zahlen der Lebenden, der Toten 322

Prämien

Mod_z	Prämienzahlungsmodus 350
$\mathcal{P}=\mathcal{P}^s+\mathcal{P}^r$, $\mathcal{P}_y=\mathcal{P}_y^s+\mathcal{P}_y^r$	Prämienzerlegung in Sparprämie und Risikoprämie 392 445
${}^{\alpha}\mathcal{P}$	gezillmerte Prämie 369
${}^{a}\mathcal{P}$	ausreichende Prämie 369
${}^{R}P(*)$	Prämie bei Prämienrückgewähr 360
${}_nP_x$, $P_{x:\overline{n}\|}$	354
$P_{x:\overline{n}\|}^{aa}$	448
$P_{xy:\overline{n}\|}$	355
$P_{x\|y}$	441
$P(*)$	352 bis 353

Deckungskapital, Bewertungen

EW, TEW_k; EW_k	Ertragswert, Teilertragswert; Restertragswert 537; 538
$\mathcal{L}(t)$	Verlust des VR bis zur Zeit t 403
R_{yz}	(unmittelbar) riskiertes Kapital 398, 445, 470
$RW_{x:\overline{n}\|}$, RW_x	Rückkaufswert 420, 540
V	Grundsymbol für das Deckungskapital
${}_tV$, ${}_t^{(r)}V$	prospektives, retrospektives Deckungskapital zur Zeit t 46, 48

V_y	prospektives Deckungskapital im Zustand y 284
${}^aV$	ausreichendes Deckungskapital 416
${}^\alpha V$	gezillmertes Deckungskapital 416
${}^\gamma V$	Verwaltungskostenrückstellung 416
${}_sV_{x:\overline{n}\rceil}$, ${}_{s\mid n}V_x$	383, 388, 389
${}_sV(*)$, ${}_sV(*;**)$	383

Allgemeine mathematische Symbole

$a_\sigma(X)$	von der Abbildung X erzeugte σ-Algebra
$\mathfrak{A}_T$	σ-Algebra der Ereignisse vor der Stoppzeit T (Filtration $(\mathfrak{A}_t)_{t\geq 0}$) 145
$\mathcal{A}^+$	590
$\mathfrak{B}(E)$	Borel-σ-Algebra des metrischen Raumes E
$B(\cdot,\cdot;\cdot)$, $B(\cdot,\cdot)$	unvollständige, vollständige Betafunktion 96
$\mathcal{B}(n,q)$	Binomial-Verteilung
$\delta_{yz} = 1_{\{y=z\}}$	Kroneckersymbol
ε_x	Einpunktmaß (Diracmaß) mit Trägerpunkt x
$\mathcal{E}$	Einheitsmatrix
$E_{1/\alpha}$	Exponentialverteilung mit Erwartungswert α
$\mathrm{Ei}(\cdot)$	Exponentialintegral 303
ess sup	essentielles (wesentliches) Supremum
$F^{(d)}$, $F^{(c)}$, $F^{(ca)}$, $F^{(cs)}$	diskreter, stetiger, absolutstetiger, singulärer stetiger Anteil einer Verteilungsfunktion F 14 bis 15
F^{-1}	Quantilfunktion (Pseudoinverse, inverse Abbildung) von F
$\Gamma(a,b)$	Gammaverteilung
Id	Identität
$\mathcal{L}(X\mid P)$	Verteilung der Zufallsgröße X unter P
λ^k	Lebesgue-Maß auf $\mathbb{R}^k$
$L^2(I)$	Äquivalenzklassen quadratintegrabler Funktionen auf I
log	natürlicher Logarithmus (Basis e)
$\mathcal{M} = \mathcal{M}\big([0,\infty), \mathfrak{B}([0,\infty))\big)$	Raum der Borelmaße auf $[0,\infty)$
$M(d,d)$	Raum der reellen $d \times d$-Matrizen
MSE	mittlerer quadratischer Fehler 106
$\mathbb{N}$, $\mathbb{N}_0$	Menge der strikt positiven, nichtnegativen ganzen Zahlen

$O(\cdot), o(\cdot)$	Landau-Symbole
$\mathcal{P}(\lambda)$	Poissonverteilung mit Erwartungswert λ
pr_t	Koordinatenprojektion auf die t-te Koordinate
$P(s, t; \alpha)$	Peano-Reihe 584
$\mathfrak{P}$	vorhersagbare σ-Algebra 590
$\mathbb{Q}, \mathbb{Z}, \mathbb{C}$	Menge der rationalen, ganzen, komplexen Zahlen
$\mathbb{R}^k, \overline{\mathbb{R}}^k$	Menge k-dimensionaler Vektoren reeller Zahlen, $(\mathbb{R}^1 \cup \{-\infty, \infty\})^k$
SMSE	summierter mittlerer quadratischer Fehler 113
SSE	summierter quadratischer Fehler 121
$U(0, 1]$	Gleichverteilung auf dem Intervall (0, 1]
Var, Var_+	Varianz, positive Semivarianz 414
$\mathrm{Var}(X\|\cdot)$	bedingte Varianz
$V_a^b(Z), V_a^\bullet(Z)$	Totalvariation von Z über $[a, b]$, unbestimmte Totalvariation von Z 34, 35
$W_2^2[x_0, \omega]$	Sobolev-Raum zweiter Ordnung 116
$(W_t)_{0 \le t \le 1}$	eindimensionaler Standard-Wienerprozeß
$ZP(\lambda, Q)$	zusammengesetzte Poissonverteilung mit Sprungintensität λ und Sprunghöhenverteilung Q 16
$X \sim Q$	X ist verteilt gemäß Q
$\mu \ll \nu$	das Maß μ ist absolutstetig bezüglich des Maßes ν
$[t]$	Gaußklammer von t, größte ganze Zahl kleiner oder gleich t
$f^+, f^-;\ Z_+, Z_-$	Positivteil, Negativteil einer Funktion; Positivteil, Negativteil eines Maßes (Zahlungsstromes)
$\vee, \bigvee; \wedge, \bigwedge$	Supremum/Maximum; Infimum/Minimum
2^A	Potenzmenge einer Menge A
$\otimes, \times$	Produkt von Maßen oder σ-Algebren, kartesisches Produkt
X^T	der zur Zeit T gestoppte Prozeß X
$x^\top$	Transposition von Vektoren und Matrizen
$1_A = \begin{cases} 1, & \text{auf } A \\ 0, & \text{sonst} \end{cases}$	Indikatorfunktion (charakteristische Funktion) einer Menge A
$\#A$	Anzahl der Elemente einer Menge A
$\propto$	proportional zu
$\nearrow, \searrow$	monoton wachsend, fallend
$\le_{\mathrm{st}}$	stochastische Ordnung von Wahrscheinlichkeitsmaßen oder Zufallsvariablen 220
$F(t+0), F(t-0)$	$\lim_{h \searrow 0} F(t+h), \lim_{h \searrow 0} F(t-h)$

$\lvert\mathcal{T}\rvert$	Feinheit einer Intervall-Zerlegung $\mathcal{T}$ 572
$\prod_{\mathcal{T}}(1+\Delta\alpha)$	572
$\sum_{\mathcal{T}}\Delta(\mu-1)$	572
$\prod_{(s,t]}(1+d\alpha)$	Produktintgral von α über $(s,t]$ 572
$\int_{(s,t]} d(\mu-1)$	additives Integral von μ über $(s,t]$ 572
$\langle X, Y\rangle$	vorhersagbare Kovariation von X und Y
$\langle X\rangle = \langle X, X\rangle$	vorhersagbare quadratische Variation von X

Sachverzeichnis

Schräg gesetzte Ortsangaben verweisen auf Definitionen oder Begriffsklärungen.